개정판

# 미분적분학

강동오 · 강명민 · 강병련 · 구남집 · 김학만
민성홍 · 박종서 · 박진해 · 신동수 · 안재현
오세권 · 오세영 · 이건희 · 이상훈 · 이윤희
주항연(가나다순) 공저

도서출판 신성

# 머리말

미분적분학은 여러 가지 현상에서 일어나는 물체의 운동과 변화를 다루는 수학의 한 분야이다. 인공위성을 발사하거나 우주탐사를 계획하는 등의 연구를 하는 데도 미분적분학이 이용된다. 특히, 현대과학과 공학에서는 물리적인 현상을 연구하기 위하여 여러 가지 물리 법칙을 수학적인 용어로 설명하고 미분적분학을 이용하고 있다.

Isaac Newton(1642~1727)과 Gottfried Wilhelm Leibniz(1646~1716)는 미분적분학의 기본 정리들과 많은 연산공식을 체계화하여 각각 독자적으로 미분적분학을 과학으로 발전시켰다. 그 후 미분적분학은 여러 수학자들에 의하여 많은 발전을 가져왔다.

금세기의 위대한 수학자 John von Neuman(1903~1957)은 "미분적분학은 현대수학 중에서 최고의 작품이며 그 중요성을 평가한다는 것은 쉬운 일이 아니다."라고 하였다. 이것은 현대수학에서 미분적분학의 중요성을 잘 말해주고 있다.

본 교재는 자연과학이나 공학 또는 이와 관련된 분야를 전공하는 학생들이 전공을 공부하기 위해서 필요한 기본적인 미분적분학의 내용을 다루고 있으며 주당 3시간씩 두 학기에 걸쳐서 학습하기에 알맞은 분량으로 구성되어 있다. 그리고 학생들이 내용을 쉽게 이해할 수 있도록 풀이와 함께 많은 예제와 다양한 문제를 수록하여 스스로 공부할 수 있도록 하는데 최선을 다하였다.

또, 좀 더 깊이 있는 내용과 응용에 관심이 있는 학생들을 위하여 필요한 〈심화학습〉자료를 각장의 끝에 수록하였다. 〈심화학습〉자료에는 본문에서 생략한 정리의 증명과 본문과 관련된 응용문제를 일부 수록하였으며 본문에서는 다루지 않은 다소 어려운 개념들을 깊이 있게 공부할 수 있도록 하였다.

본 교재는 2014년에 출판된 미적분학 교재를 2015년 개정 고등학교 수학 교육과정에 맞춰 수정 · 보완한 것이다.

끝으로 신성출판사 편집부 여러분을 비롯하여 본 교재의 출판을 위하여 도움을 주신 많은 분들께 진심으로 감사의 말씀을 드린다

저자 일동

# 차 례

## 제3장 미분의 응용



## 제4장 적 분



## 제5장 적분의 응용

## 제6장 초월함수



## 제7장 적분법



## 제8장 수열과 급수



## 제9장 멱급수

## 제10장 벡 터



## 제11장 극좌표계



## 제12장 벡터함수



## 제13장 편도함수

## 제14장 중적분



## 제15장 벡터미적분학

# 제 0 장 실수와 함수

## 칸토르(Georg Cantor)

칸토르(1845~1918)는 1845년 러시아에서 태어났으나 12살 되던 해에 가족을 따라 독일로 이주하였다. 당시 수학분야에서 세계 최고였던 독일의 베를린 대학에서 수학, 물리학, 철학 등을 공부하였다. 부모가 기독교 신자였던 기독교 가문에서 자라난 그는 신학에도 관심을 가졌다. 특히, 무한의 성질에 관련된 것은 신학과 무관하지 않으며 후에 수학을 공부하는데 칸토르에게 큰 영향을 주었다. 그 뿐만 아니라 예술적인 기질을 가진 사람이었으며 수학에도 뛰어나 1867년에 베를린 대학에서 박사학위를 받았다.

칸토르는 무한은 구체적이고 존경되어야 할 수학적 개념으로 가장 심오한 지적인 연구에 가치가 있는 것이라고 생각하였다. 이 무한에 대한 연구의 결과로 칸토르는 집합론(set theory)을 창시하였다. 그러나, 오직 신만의 영역으로 간주되어 왔던 그의 무한의 개념은 많은 사람들로부터 종교에 도전했다는 비난을 받았다. 이 무한의 세계를 수학적 언어로 체계화한 천재 수학자 칸토르는 많은 사람들의 격렬한 반대와 비난을 이기지 못해 여러 번의 정신질환을 앓은 결과 '수학의 본질은 사고의 자유에 있다'고 외치면서 정신병원에서 쓸쓸히 생을 마치고 말았다. 그러나, 칸토르는 모든 수학의 기초를 집합론의 토대 위에서 출발하도록 함으로써 현대수학의 발달에 크게 기여하였다.

Chapter 0

# 0.1 실수와 직선

## 실수

물건의 개수를 세기 위해 1, 2, 3, 4, 5, ...... 등과 같은 수들이 처음으로 만들어졌다. 이러한 수들을 자연수(natural number)라고 한다. 도형의 넓이를 계산하는 과정 중에 $4x+20=0$ 처럼 생긴 방정식들을 풀어야 했고, 이를 위해 음의 정수 $-1$, $-2$, $-3$, $-4$, $-5$, ......가 도입되었다. 여기에 0을 추가하여 정수(integer)라고 한다. 즉, 정수는 ....., $-5$, $-4$, $-3$, $-2$, $-1$, 0, 1, 2, 3, 4, 5, .....와 같은 수들을 말한다. 음의 정수와 구별하여 자연수를 양의 정수라고 한다. 계수가 정수인 방정식 $ax=b$를 풀기 위해서는 자연스럽게 두 정수 $a$와 $b$의 비율로 나타내어지는 수 $\frac{b}{a}$가 필요하다. 이처럼 두 정수 $a$, $b$의 비율로 주어지는 수 $\frac{b}{a}$ 들을 유리수(rational number)라 한다. 물론 이때 $a \neq 0$이다. 두 변의 길이가 1인 직각삼각형의 빗변의 길이는 $\sqrt{2}$이다. $\sqrt{2}$는 두 정수의 비율로 나타낼 수 없다는 것은 고대 그리스 수학자들이 이미 증명하였다. 이와 같이 유리수가 아닌 수를 무리수(irrational number)라고 한다.

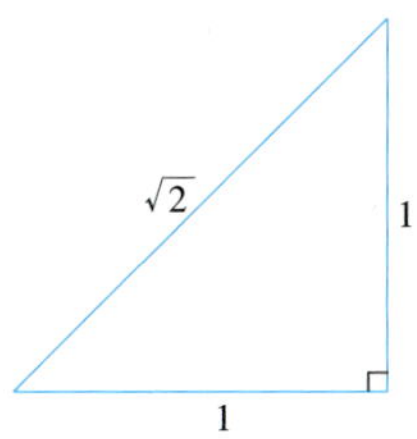

그림 0.1.1

유리수와 무리수를 통틀어서 실수(real number)라고 한다. 자연수의 집합을 $N$, 정수의 집합을 $Z$, 유리수의 집합을 $Q$, 실수의 집합을 $R$로 나타내면 다음과 같이 포함관계로 나타내어진다.

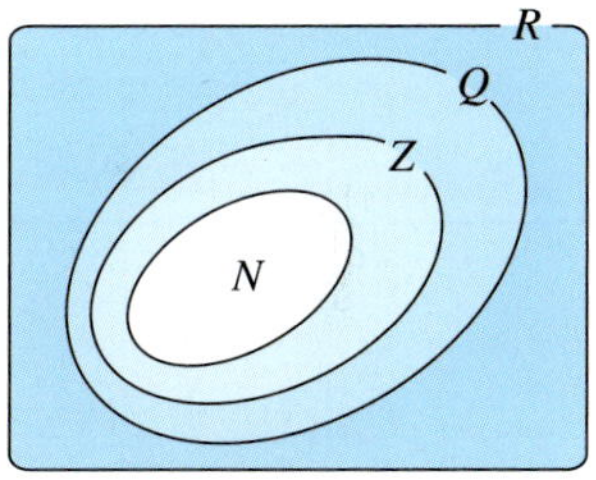

그림 0.1.2

$$N \subset Z \subset Q \subset R$$

직선 위에 원점 0과 단위점 1을 정하면 모든 실수는 직선 위의 한 점으로 나타낼 수 있다. 이 수를 그 점의 좌표라고 하고 이와 같이 좌표가 주어진 직선을 수직선(real line)이라고 한다.

## 실수의 순서관계

0이 아닌 실수는 양의 실수와 음의 실수로 나누어진다. 이것을 이용하여 실수의 순서 관계를 다음과 같이 정의한다.

**정의 0.1.1**

$$x < y \iff y - x > 0$$
$$x \leq y \iff y - x \geq 0$$

위의 정의에 따라서 순서관계 대한 다음 성질이 성립한다.

1. 임의의 실수 $x, y$에 대하여 다음 중 어느 하나만 성립한다.

$$x < y, \quad x = y, \quad x > y$$

2. $x < y$ 이고 $y < z$ 이면, $x < z$
3. $x < y$ 이면, 모든 실수 $z$ 에 대하여 $x + z < y + z$
4. $z$가 양수일 때, $x < y \iff xz < yz$
   $z$가 음수일 때, $x < y \iff xz > yz$

## 절댓값

실수 $x$의 절댓값을 '수직선 위에서 0에서부터 $x$까지의 거리'를 나타내는 값으로 정의하고 기호 $|x|$로 나타내려고 한다. 이를 위해 정확히는 다음과 같이 정의한다.

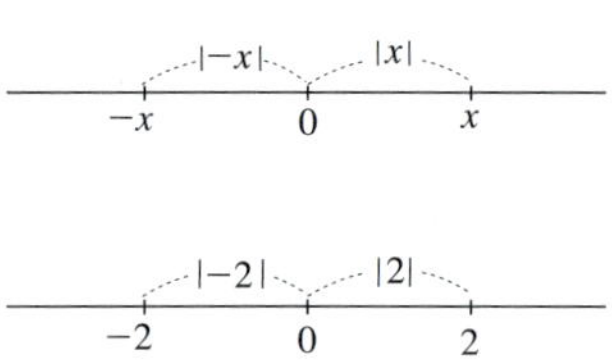


**정의 0.1.2**

$$|x| = \begin{cases} x & (x \geq 0 \text{ 일 때}) \\ -x & (x < 0 \text{ 일 때}) \end{cases}$$

위의 정의에 의해서 $|-2| = -(-2) = 2$가 된다. 일반적으로 $x$가 음수일 때 $-x$는 양수이므로 모든 실수 $x$에 대하여 $|x| \geq 0$임을 알 수 있다.

임의의 실수 $a, b$에 대하여 다음 절댓값의 성질이 성립한다.

### 절댓값의 성질

1. $|ab| = |a||b|$
2. $\left|\dfrac{a}{b}\right| = \dfrac{|a|}{|b|}$ (단, $b \neq 0$)
3. $|a + b| \leq |a| + |b|$ (삼각부등식)
4. $|a| - |b| \leq |a - b|$

## 부등식

절댓값 $|x|$가 0에서 $x$까지의 거리를 나타내므로, $|a-b|$는 두 $a$와 $b$ 사이의 거리를 나타낸다.

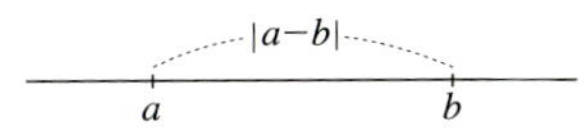


두 실수 $a, b$에 대하여 $|a-b|$는 $a$ 와 $b$ 사이의 거리를 나타낸다.

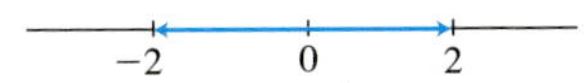

$|x|<2$

$|x|<2$는 $x$와 원점사이의 거리가 2보다 작다는 것을 나타내므로 $x$는 $-2$보다 크고 2보다 작아야 한다. 즉, $-2<x<2$이다. 반면에 $|x|>2$는 $x$와 원점사이의 거리가 2보다 커야하므로 $x>2$ 또는 $x<-2$이어야 한다.

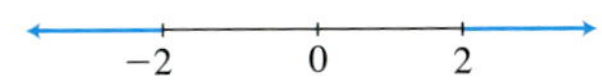

$|x|>2$

일반적으로 양의 실수 $a$에 대하여 다음이 성립한다.

$$|x|<a \iff -a<x<a$$
$$|x|>a \iff x>a \text{ 또는 } x<-a$$

**예제 1** 부등식

$$|x-3|<5$$

을 풀어라.

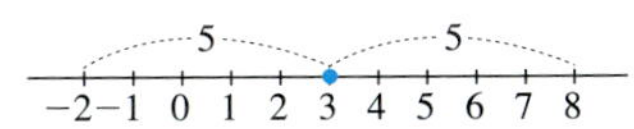


**풀이** 부등식의 성질에 의해서

$$|x-3|<5 \iff -5<x-3<5$$

각 변에 3을 더하면

$$-2<x<8$$

을 얻는다. ■

## 제곱근

음이 아닌 실수 $a$에 대해 제곱하여 $a$가 되는 수를 $a$의 제곱근이라 한다. 즉, 방정식 $x^2=a$의 해를 $a$의 제곱근이라 부른다. $a$가 양수이면, $a$의 제곱근은 2개가 있음이 알려져 있고, 이 두 제곱근을 $\sqrt{a}$ (혹은 $+\sqrt{a}$)와 $-\sqrt{a}$로 적는다. 양수 $a$의 제곱근은 $\pm\sqrt{a}$이다. 이 때, $\sqrt{a}$를 $a$의 양의 제곱근이라고 하고 $-\sqrt{a}$를 음의 제곱근이라고 한다. 이를 테면, 3의 제곱근은 $\pm\sqrt{3}$이고, 9의 제곱근은 $\pm 3$이다.

실수 $x$에 대하여, $x^2$의 양의 제곱근은 $x$의 절댓값과 같다.

$$\sqrt{x^2} = |x|$$

### 이차방정식의 근의 공식

이차방정식의 근은 다음 공식에 의하여 구할 수 있다.

> 이차방정식 $ax^2 + bx + c = 0$의 근은
>
> $$x = \frac{-b \pm \sqrt{b^2 - 4ac}}{2a}$$

위의 식에서 $D = b^2 - 4ac$를 이차방정식의 판별식(discriminant)라고 한다. 이때, $D > 0$이면 두 개의 서로 다른 실근을 가지고, $D = 0$이면 중근을 가지며, $D < 0$이면 실근을 가지지 않는다(허근).

**예제 2** 이차방정식 $3x^2 + x - 1 = 0$을 풀어라.

**풀이** 근의 공식에 의해서

$$x = \frac{-1 \pm \sqrt{1^2 - 4 \times 3 \times (-1)}}{2 \times 3} = \frac{-1 \pm \sqrt{13}}{6}$$ ■

### 직교좌표

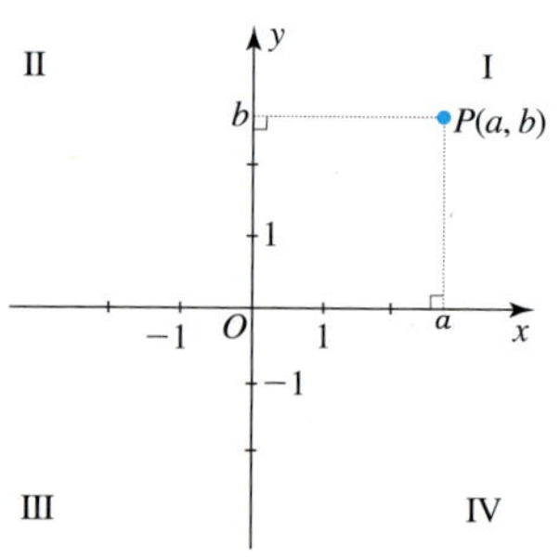

그림 0.1.3

평면에서 각각 좌표가 0인 점에서 서로 수직으로 만나는 두 수직선을 생각한다. 이 때, 왼쪽 그림과 같이 한 수직선을 수평으로 잡고 이것을 $x$축($x$-axis)이라고 한다. 그리고 다른 수직선을 $y$축($y$-axis)이라고 한다. 또, 두 축의 교점 $O$를 원점(origin)이라 하고 두 축에 의하여 나누어진 네 개의 영역을 그림과 같이 각각 제 I, II, III, IV사분면(quadrant)이라고 한다.

평면 위의 한 점 P에서 $x$축과 $y$축에 내린 수선이 두 축과 만나는 점이 각각 $a$, $b$일 때, 점 P의 직교좌표는 $(a, b)$라고 하고 $a$를 $x$좌표($x$-coordinate), $b$를 $y$좌표($y$-coordinate)라고 한다.

## 두 점 사이의 거리

좌표평면 위의 두 점 $P(x_1, y_1)$, $Q(x_2, y_2)$에 대하여 한 점 $R(x_2, y_1)$을 잡으면 직각삼각형 $PQR$의 두 변 $PR$와 $QR$의 길이는 각각 $|x_2-x_1|$, $|y_2-y_1|$이므로 피타고라스의 정리에 의해서 두 점 $P$와 $Q$ 사이의 거리는 다음과 같다.

$$d(P, Q)=\sqrt{(x_2-x_1)^2+(y_2-y_1)^2}$$

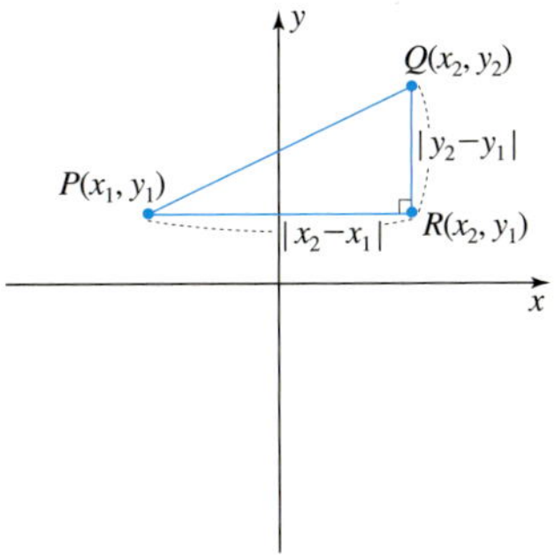

그림 0.1.4

**예제 3** 두 점 (1, 2), (−3, 4) 사이의 거리를 구하여라.

**풀이** 두 점 사이의 거리공식에 의해서

$$\sqrt{(-3-1)^2+(4-2)^2}=2\sqrt{5}$$ ■

## 직선의 방정식

직선의 기울기를 다음과 같이 정의한다.

**정의 0.1.3**

평면상의 두 점 $P(x_1, y_1)$과 $Q(x_2, y_2)$를 지나는 직선의 기울기 $m$은 다음과 같이 정의한다.

$$m=\frac{y_2-y_1}{x_2-x_1} \quad (\text{단, } x_1 \neq x_2)$$

위의 정의에서 $x_1=x_2$인 경우, 이 직선은 $x$축에 수직인 직선이고 기울기는 정의하지 않는다.

기울기가 $m$이고 점 $P(x_0, y_0)$를 지나는 직선상의 임의의 점을 $Q(x, y)$하면

$$m=\frac{y-y_0}{x-x_0}$$

을 만족한다. 이 식의 양변에 $x-x_0$를 곱하면

$$y-y_0=m(x-x_0)$$

가 된다.

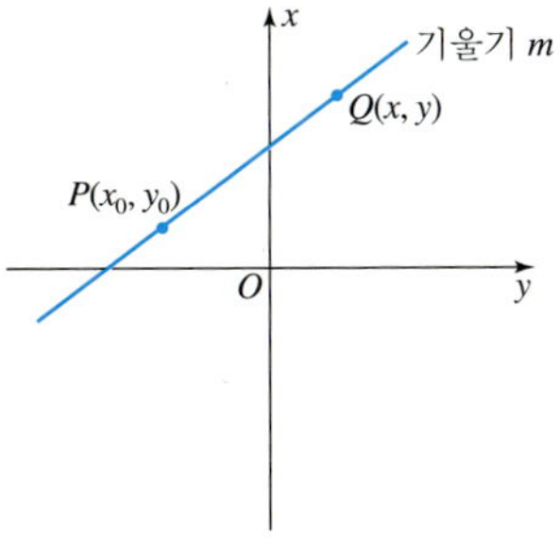

그림 0.1.5

기울기가 $m$이고 점 $(x_0, y_0)$를 지나는 직선의 방정식은

$$y-y_0=m(x-x_0)$$

**예제 4** 점 (3,1)과 (4, −2)를 지나는 직선의 방정식을 구하여라.

**풀이** 직선의 기울기 $m$을 구하면

$$m = \frac{-2-1}{4-3} = -3$$

이 된다. 이 직선이 점 (3,1)을 지나므로 직선의 방정식은

$$y - 1 = -3(x-3)$$

이다. 이 식을 정리하면 다음 식을 얻는다.

$$y = -3x + 10$$

■

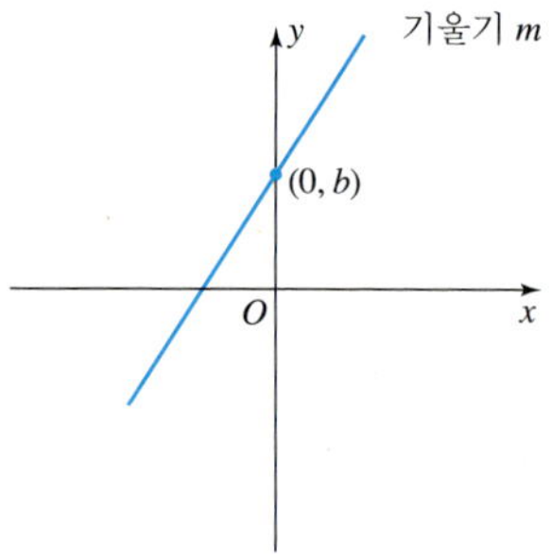

그림 0.1.6

기울기가 $m$이고 $y$절편이 $b$인 직선은 점 $(0, b)$를 지나므로 직선의 방정식은

$$y - b = m(x - 0)$$

가 된다. 이것을 정리하면 다음 식을 얻는다.

$$y = mx + b$$

> 기울기가 $m$이고 $y$절편이 $b$인 직선의 방정식은
>
> $$y = mx + b$$

다음 정리는 두 직선의 평행과 수직에 관한 잘 알려진 정리이다.

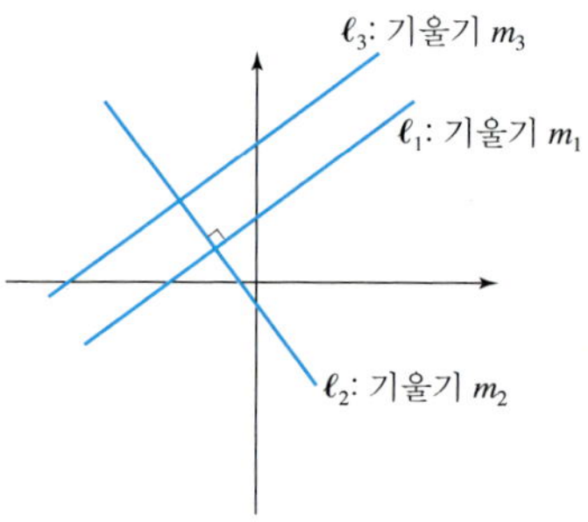

그림 0.1.7

**정리 0.1.4**

(1) $x$축에 수직이 아닌 두 직선이 서로 평행할 필요충분조건은 기울기가 같고 $y$절편이 다른 것이다.

(2) 기울기가 $m_1$, $m_2$인 두 직선이 서로 수직으로 만날 필요충분조건은 $m_1$, $m_2$의 곱이 −1이 되는 것이다. 즉,

$$m_1 \cdot m_2 = -1$$

**예제 5** (1) 기울기가 2이고 $y$절편이 −1인 직선의 방정식을 구하여라.

(2) 점 (−1, 2)를 지나고 직선 $y = 3x - 4$에 평행한 직선과 수직인 직선을 구하여라.

**풀이** (1) 기울기 $m=2$이고 $y$절편 $b=-1$이므로

$$y=2x-1$$

(2) 평행한 직선의 기울기는 직선 $y=3x-4$의 기울기 3과 같아야 하므로

$$y-2=3(x+1).$$

가 된다. 또, 수직인 직선의 기울기 $m$은 직선 $y=3x-4$ 기울기 3과의 곱이 $-1$이 되어야 하므로

$$3m=-1,\quad m=-\frac{1}{3}.$$

따라서, 수직인 직선의 방정식은

$$y-2=-\frac{1}{3}(x+1).$$

■

## 연습문제 0.1

**1.** 다음 부등식의 해집합을 구하여라.

(1) $|2x-1|<2$　　(2) $|4x+3|\le 9$

(3) $\left|\frac{x}{3}+1\right|>5$　　(4) $\left|\frac{2x}{7}-5\right|\ge 7$

**2.** 절댓값의 성질을 이용하여 다음이 성립함을 보여라.

(1) $|a-b|\le|a|+|b|$

(2) $|a|-|b|\le|a-b|$

(3) $|a+b+c|\le|a|+|b|+|c|$

**3.** $\frac{a+b}{2}$를 두 실수 $a$와 $b$의 산술평균(arithmetic mean)이라고 한다. 이 때, 다음이 성립함을 보여라.

$$a<b\ \Rightarrow\ a<\frac{a+b}{2}<b$$

**4.** $\sqrt{ab}$를 두 실수 $a$와 $b$의 기하평균(geometric mean)이라고 한다. 이 때, 다음이 성립함을 보여라.

$$a<b\ \Rightarrow\ a<\sqrt{ab}<b$$

**5.** 두 양수 $a$와 $b$에 대하여 다음이 성립함을 보여라.

$$\sqrt{ab}\le\frac{a+b}{2}$$

**6.** 꼭지점의 좌표가 $(2,\ -4)$, $(4,\ 0)$, $(8,\ -2)$인 삼각형은 직각삼각형임을 보여라.

**7.** 점 $(3,\ -1)$과 $(3,\ 3)$이 정삼각형의 두 꼭지점일 때 나머지 꼭지점으로 가능한 두 점을 찾아라.

**8.** 점 $(3,\ 1)$과 $(6,\ 4)$로부터 같은 거리에 있는 $x$축 위의 점을 찾아라.

**9.** 네 점 $A(1,\ 3)$, $B(2,\ 6)$, $C(4,\ 7)$, $D(3,\ 4)$에 대하여 선분 $\overline{AB}$와 선분 $\overline{CD}$의 중점 사이의 거리를 구하여라.

**10.** 다음 직선의 방정식을 구하여라.

(1) 점 $(3,\ 4)$를 지나고 기울기가 $-1$인 직선

(2) $y$절편이 3이고 기울기가 2인 직선

(3) 두 점 $(2,\ 3)$, $(4,\ 8)$을 지나는 직선

(4) $x$절편이 3이고 $y$절편이 $-2$인 직선

**11.** 점 $(3,\ -3)$을 지나고 다음 조건을 만족하는 직선의 방정식을 구하여라.

(1) 직선 $y=2x+5$와 평행한 직선

(2) 직선 $2x+3y=5$와 수직인 직선

(3) 두 점 $(-1, 2)$와 $(3, -1)$을 지나는 직선과 평행한 직선

(4) 직선 $x=5$와 평행한 직선

**12.** 직선 $3x+ky=5$가 다음 조건을 만족하도록 $k$의 값을 정하여라.

(1) 점 $(3, 1)$을 지난다.

(2) $y$축과 평행하다.

(3) 직선 $2x+y=-1$과 평행하다.

(4) $x$절편과 $y$절편이 같다.

(5) $y-2=3(x+3)$과 수직으로 만난다.

**13.** $x$절편이 $a$이고 $y$절편이 $b$인 직선의 방정식은 다음과 같이 나타내어짐을 보여라(단, $a \neq 0$, $b \neq 0$).

$$\frac{x}{a}+\frac{y}{b}=1$$

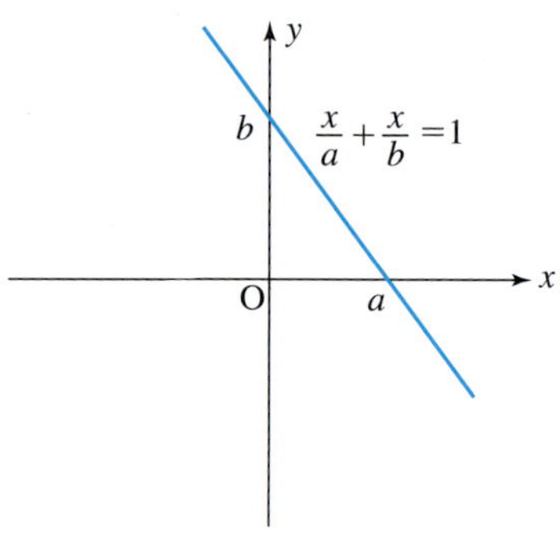


**14.** 점 $(x_1, y_1)$과 직선 $Ax+By+C=0$ 사이의 거리 $d$는

$$d=\frac{|Ax_1+By_1+C|}{\sqrt{A^2+B^2}}$$

같이 나타내어짐을 보이고, 다음 주어진 점과 직선 사이의 거리를 구하여라.

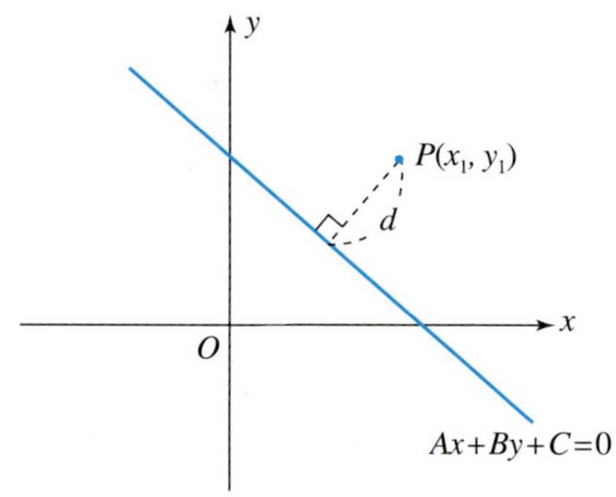


(1) $(-3, 2)$, $3x+4y=6$

(2) $(4, -1)$, $2x-3y+4=0$

(3) $(-2, -1)$, $5y=12x+1$

(4) $(3, -1)$, $y=2x-5$

**15.** 어느 양계장의 달걀 생산량은 하나의 직선을 이루며 증가한다고 한다. 2000년에 700,000개를 생산하였고, 2010년에 820,000개 생산하였다고 한다. 2000년에서 $n$년 후의 달걀 생산량 $N$개를 나타내는 식을 구하여라. 또, 2020년의 달걀 생산량을 추정하여라.

# 0.2 함 수

## 함수의 정의

원의 넓이 $S$는 원의 반지름 $r$에 따라서 $S=\pi r^2$으로 결정된다. 각각의 양의 수 $r$에 대하여 $S$의 값은 하나로 결정된다. 이를 테면,

$$r=1\text{일 때 } S=\pi$$
$$r=2\text{일 때 } S=4\pi$$

가 된다. 이때, $S$는 $r$의 함수라고 한다. 함수는 수학에서 가장 기본적인 개념으로서 특히 미적분학에서 중요한 역할을 한다.

일반적으로 집합 $X$, $Y$에 대하여 함수를 다음과 같이 정의한다.

**정의 0.2.1(함수)**

집합 $X$, $Y$에 대하여 집합 $X$의 각 원소 $x$에 집합 $Y$의 하나의 원소 $y$를 대응시키는 규칙을 $X$에서 $Y$로의 **함수**(function)라고 하고, 이 함수 $f$를 기호 $f: X \to Y$로 나타낸다.

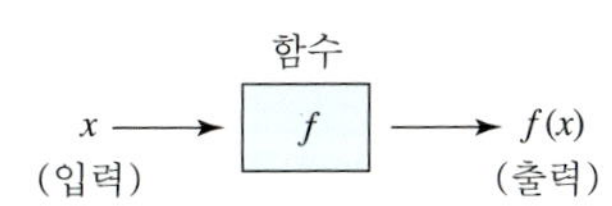


그림 0.2.1

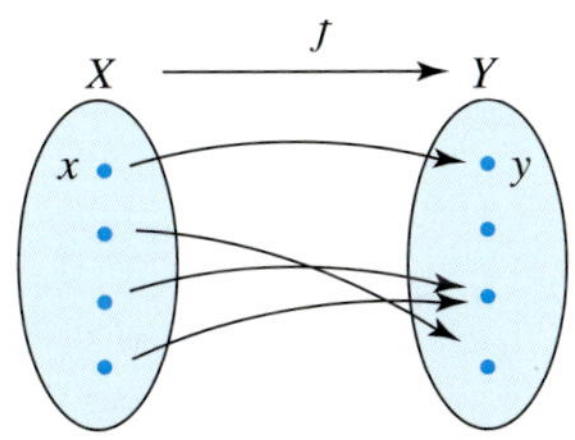


## 정의역과 치역

위의 함수의 정의에서 집합 $X$를 함수 $f$의 **정의역**(domain), 집합 $Y$를 $f$의 **공역**(codomain)이라고 한다. 앞으로는 집합 $X$, $Y$를 모두 실수의 부분집합으로 생각한다.

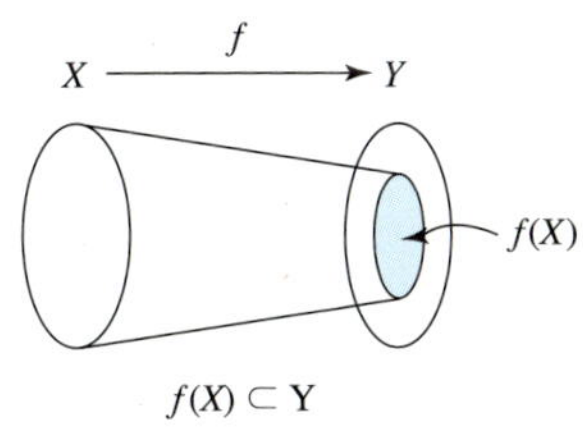


그림 0.2.2

또, $X$의 원소 $x$에 대응되는 $Y$의 원소 $f(x)$를 $f$에 의한 $x$의 **값**(value) 또는 **상**(image)이라고 한다. $X$의 각 원소에 대응된 $Y$의 원소들 전체의 집합

$$\{f(x) \mid x \in X\}$$

를 $f$의 치역(range)이라고 하고, $f(X)$로 나타낸다.

또, 함수 $f$를 $y = f(x)$로 나타내기도 한다. 이 때, $x$를 독립변수(independent variable), $y$를 종속변수(dependent variable)라고 한다.

## 함수의 그래프

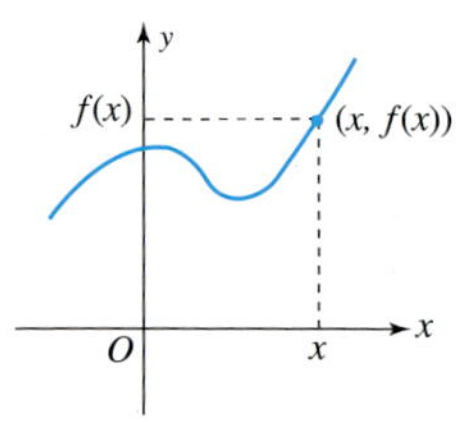

그림 0.2.3

함수 $f$의 정의역이 $X$일 때 순서쌍의 집합

$$\{(x,\ f(x)) \mid x \in X\}$$

을 함수 $f$의 그래프(graph)라고 한다. 즉, 함수 $f$의 그래프는 정의역 내의 점 $x$에 대하여 $y = f(x)$가 되는 좌표평면 상의 모든 점 $(x, y)$로 이루어져 있다.

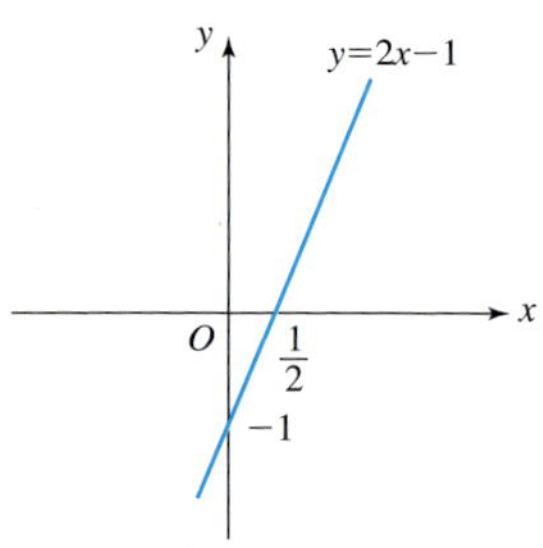

그림 0.2.4

**예제 1** 다음 함수의 그래프를 그리고 정의역과 치역을 구하여라.

(1) $y = 2x - 1$ (2) $f(x) = x^2 - 4$

**풀이** (1) 기울기가 2이고 $y$절편이 $-1$인 직선이므로 정의역과 치역은 모두 실수전체의 집합 $R$이다.

(2) $y$절편이 $-4$인 아래로 볼록한 포물선이므로 정의역은 실수 전체의 집합 $R$이다. 또, 모든 실수 $x$에 대하여

$$x^2 - 4 \geq -4$$

이므로, 치역은 $\{y \mid y \geq -4\}$이다. ■

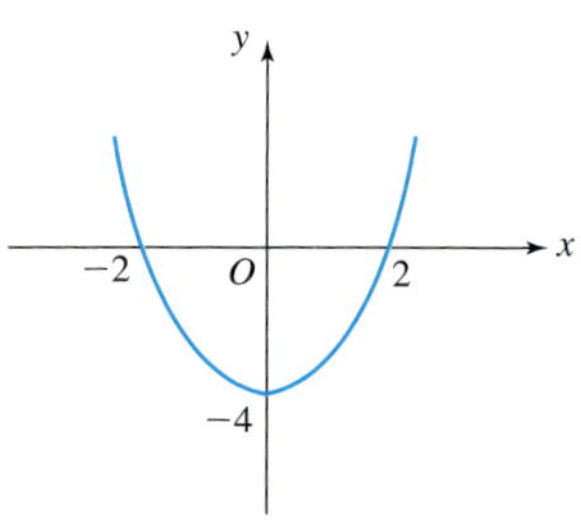

그림 0.2.5

## 단사함수와 전사함수

함수 $f : X \rightarrow Y$에 대하여 정의역의 서로 다른 원소 $x_1$, $x_2$에 대응하는 함수값도 다를 때, 즉

$$x_1 \neq x_2 \text{이면, } f(x_1) \neq f(x_2)$$

일 때, 이 함수 $f$를 단사함수(injective function) 또는 일대일함수(one to one function)라고 한다. 또, 치역이 공역과 같을 때, 즉

$$f(X) = Y$$

일 때, $f$를 전사함수(surjective function) 또는 위로의 함수(onto function)라고 한다. 그리고, 함수 $f$가 단사함수이고 전사함수일 때, 전단사함수(bijective function)라고 한다.

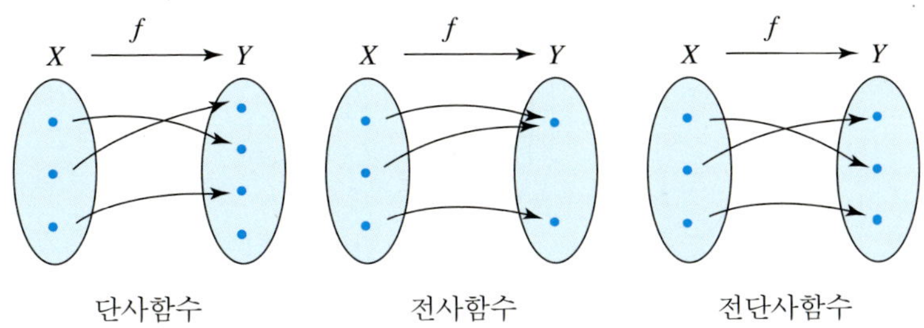


그림 0.2.6

**예제 2** 함수 $f : R \to R$가 $f(x) = x^3$으로 정의되는 함수는 전단사함수임을 보여라.

**풀이** 임의의 $x_1$, $x_2$에 대하여 $x_1 \neq x_2$라고 하자. 그러면 $x_1 > x_2$이거나 $x_1 < x_2$ 중 하나가 성립한다.

먼저, $x_1 > x_2$이고 $x_1 \neq 0$이라고 하면

$$x_1^3 - x_2^3 = (x_1 - x_2)(x_1^2 + x_1 x_2 + x_2^2)$$

에서

$$x_1^2 + x_1 x_2 + x_2^2 = \left(\frac{x_1}{2} + x_2\right)^2 + \frac{3}{4}x_1^2 > 0$$

이므로, $x_1^3 > x_2^3$가 되어 $x_1^3 \neq x_2^3$이다. $x_1 < x_2$인 경우도 같은 방법으로 증명된다. 따라서, $f$는 단사함수이다.

또, 공역의 임의의 원소 $y \in R$에 대하여 정의역의 원소 $y^{\frac{1}{3}} \in R$이 존재하여

$$f(y^{\frac{1}{3}}) = (y^{\frac{1}{3}})^3 = y$$

이므로, $y$는 치역에 속한다. 곧, $f(R) = R$이므로 전사함수이다.

따라서, 함수 $f$는 전단사함수이다. ■

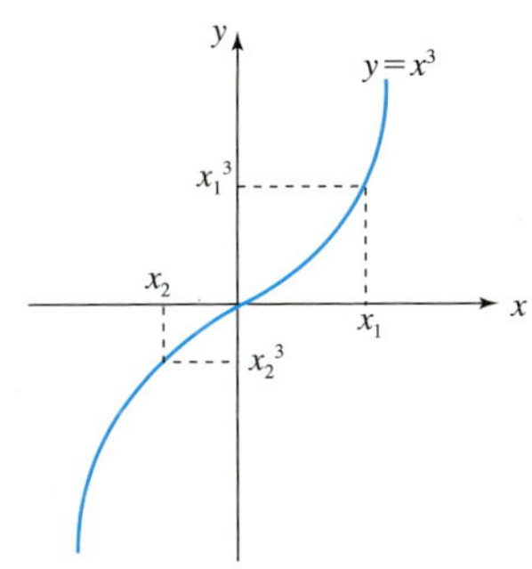


그림 0.2.7

## 합성함수

**정의 0.2.2**

함수 $f$의 치역이 함수 $g$의 정의역에 포함되면 $f$의 정의역의 원소 $x$를 $g(f(x))$에 대응시키는 새로운 함수를 얻는다. 이 함수를 $f$와 $g$의 **합성함수**(composite function)라 하고, $g \circ f$로 나타낸다. 즉,

$$(g \circ f)(x) = g(f(x)).$$

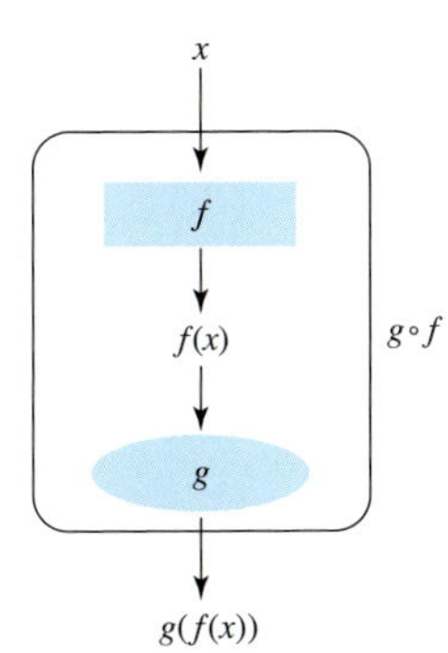


그림 0.2.8

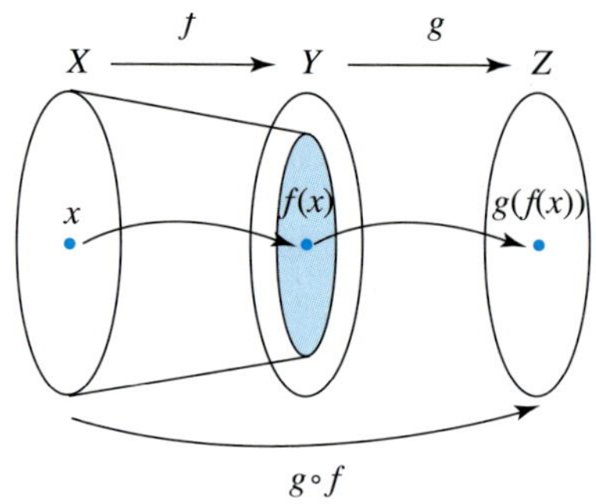

그림 0.2.9

**예제 3** $f(x)=x^2$, $g(x)=x-1$일 때, 합성함수 $f\circ g$와 $g\circ f$를 구하여라.

일반적으로

$$f\circ g \neq g\circ f$$

**풀이** $(f\circ g)(x)=f(g(x))=f(x-1)=(x-1)^2,$
$(g\circ f)(x)=g(f(x))=g(x^2)=x^2-1.$ ■

## 역함수

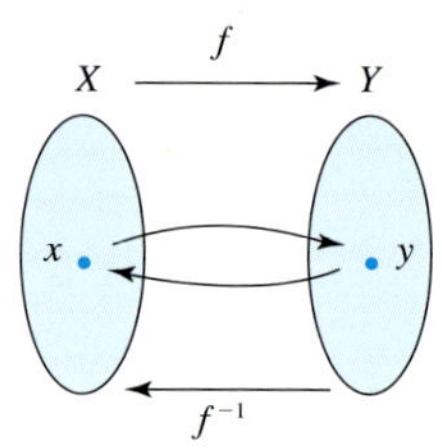

그림 0.2.10

**정의 0.2.3**

함수 $f:X\to Y$가 전단사함수일 때, $f$의 역함수 $f^{-1}$는 정의역 $Y$와 치역 $X$를 가지며, 임의의 $y\in Y$에 대하여

$$f^{-1}(y)=x \Leftrightarrow f(x)=y$$

로 정의된다.

함수 $f:X\to X$가 모든 $x\in X$에 대하여 $f(x)=x$로 정의될 때, 이 함수 $f$를 항등함수(identity function)라고 하고, $I_X$로 나타낸다. 함수 $f:X\to Y$의 역함수가 존재할 때

$$\text{모든 } x\in X \text{에 대하여 } f^{-1}(f(x))=x$$
$$\text{모든 } y\in Y \text{에 대하여 } f(f^{-1}(y))=y$$

이므로,

$$f^{-1}\circ f=I_X,\ f\circ f^{-1}=I_Y$$

임을 알 수 있다.

### 역함수의 그래프

$f(x)=y$일 필요충분조건은 $f^{-1}(y)=x$이므로 점 $(x, y)$가 $f$의 그래프 위에 있을 필요충분조건은 점 $(y, x)$가 점 $f^{-1}$의 그래프 위에 있는 것이다. 그런데, 점 $(y, x)$와 점 $(x, y)$는 직선 $y=x$에 관하여 대칭이므로 역함수 $f^{-1}$의 그래프와 함수 $f$의 그래프는 직선 $y=x$에 관하여 대칭이 된다.

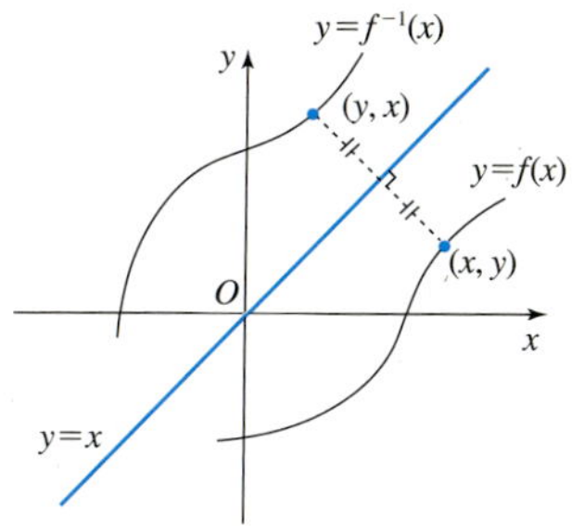


그림 0.2.11

**예제 4** 함수 $f(x)=x^3+1$의 역함수를 구하고 $f^{-1}(1)$의 값을 구하여라.

**풀이** $y=x^3+1$라 두고, 이것을 $x$에 관하여 풀면,

$$x^3=y-1 \quad \text{즉,} \quad x=\sqrt[3]{y-1}$$

따라서,

$$x=f^{-1}(y)=\sqrt[3]{y-1}$$

$y$를 $x$로 바꾸면 역함수

$$f^{-1}(x)=\sqrt[3]{x-1}$$

를 얻는다. 따라서, $f^{-1}(1)=0$이다. ■

### 우함수와 기함수

함수 $f$의 정의역 내의 모든 $x$에 대하여

$$f(-x)=f(x)$$

일 때, $f$를 우함수(even function)라고 하고,

$$f(-x)=-f(x)$$

일 때, $f$를 기함수(odd function)라고 한다. 우함수의 그래프는 $y$축에 관하여 대칭이고, 기함수의 그래프는 원점에 관하여 대칭이다.

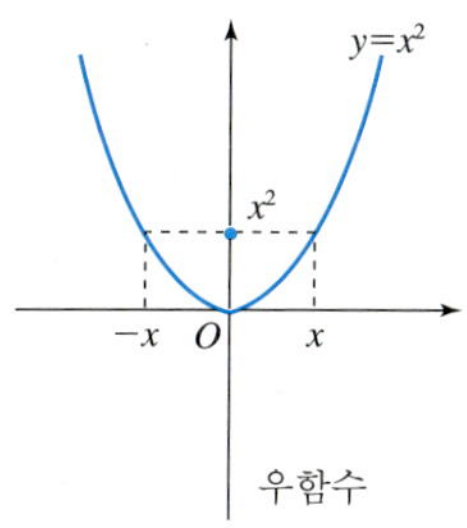


그림 0.2.12

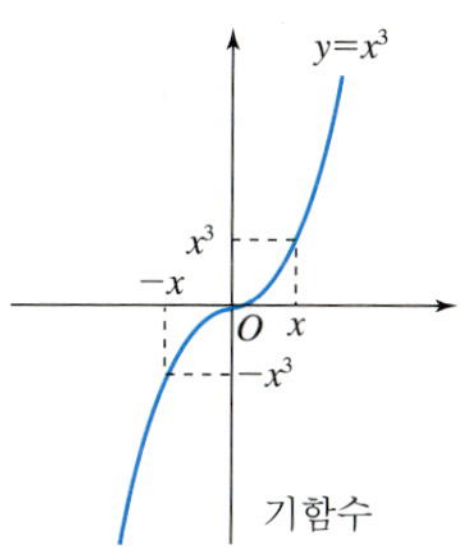


그림 0.2.13

**예제 5** 함수 $f(x)=x^2$은 우함수이고, 함수 $g(x)=x^3$은 기함수임을 보여라.

**풀이**

$$f(-x)=(-x)^2=x^2=f(x)$$
$$g(-x)=(-x)^3=-x^3=-g(x)$$

이므로, 함수 $f$는 우함수이고, 함수 $g$는 기함수이다. ■

## 함수의 연산

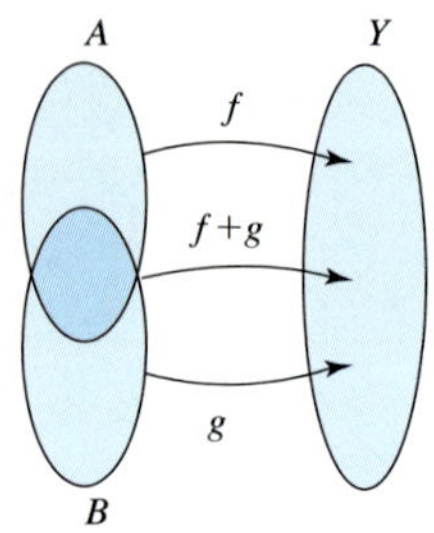


그림 0.2.14

실수의 경우와 마찬가지로, 두 함수 $f: A \to Y$, $g: B \to Y$에 대하여 함수의 연산을 다음과 같이 정의한다.

$$(f+g)(x) = f(x) + g(x)$$
$$(f-g)(x) = f(x) - g(x)$$
$$(fg)(x) = f(x)g(x)$$
$$\left(\frac{f}{g}\right)(x) = \frac{f(x)}{g(x)}$$

이 때, $f+g$, $f-g$, $fg$의 정의역은 $A \cap B$고, $\dfrac{f}{g}$의 정의역은

$$\{x \in A \cap B \mid g(x) \neq 0\}$$

이다.

**예제 6** 두 함수 $f(x) = \sqrt{x}$, $g(x) = \sqrt{1-x}$에 대하여 $f+g$, $f-g$, $fg$, $\dfrac{f}{g}$를 식으로 나타내고, 정의역을 구하여라.

**풀이** $f$의 정의역은 $[0, \infty)$이고, $g$의 정의역은 $(-\infty, 1]$이므로 $f+g$, $f-g$, $fg$의 정의역은 모두

$$[0, \infty) \cap (-\infty, 1] = [0, 1]$$

이다. 이 때,

$$(f+g)(x) = \sqrt{x} + \sqrt{1-x}$$
$$(f-g)(x) = \sqrt{x} - \sqrt{1-x}$$
$$(fg)(x) = \sqrt{x(1-x)}$$

또, $g(1) = 0$이므로 $\dfrac{f}{g}$의 정의역은 $[0, 1]$에서 1을 제외한 구간 $[0, 1)$이다. 이 때,

$$\left(\frac{f}{g}\right)(x) = \frac{\sqrt{x}}{\sqrt{1-x}}$$

■

## 여러 가지 함수

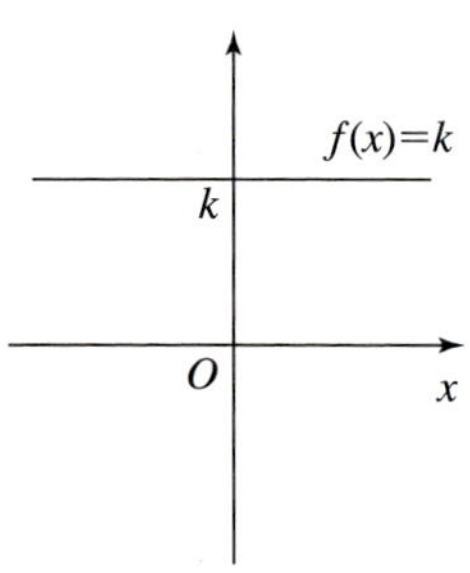


그림 0.2.15

모든 $x$에 대하여 $f(x) = k$(단, $k$는 상수)가 되는 함수를 상수함수(constant function)라고 한다. 상수함수와 항등함수의 연산에 의하여

$$f(x) = a_n x^n + a_{n-1} x^{n-1} + \cdots\cdots + a_1 x + a_0$$

와 같이 다항식의 꼴로 나타내어지는 함수를 다항함수(polynomial function)라

고 하고, $a_n \neq 0$일 때, $n$을 다항함수의 차수(degree)라고 한다. 또, 분모와 분자가 다항함수인 분수의 꼴로 나타내어진 함수 즉,

$$f(x) = \frac{a_n x^n + a_{n-1} x^{n-1} + \cdots\cdots + a_1 x + a_0}{b_m x^m + b_{m-1} x^{m-1} + \cdots\cdots + b_1 x + b_0}$$

를 유리함수(rational function)라고 한다. 단, 유리함수의 분모는 0이 아니다.

다항함수들의 대수연산 즉, 사칙연산과 제곱근연산에 의하여 만들어지는 함수를 대수함수(algebraic function)라 한다. 이를 테면,

$$f(x) = \sqrt{x^2+1}, \quad g(x) = \frac{x^4 - 16x^2}{x + \sqrt{x}} + (x-2)\sqrt[3]{x+1}$$

등은 모두 대수함수이다. 대수함수가 아닌 함수를 초월함수(transcendental function)라고 한다.

## 연습문제 0.2

**1.** 다음 각 함수의 정의역과 치역을 구하고, 그 그래프를 그려라.

(1) $y = \sqrt{2x+3}$ (2) $y = \sqrt{4 - x^2}$

(3) $y = \dfrac{1}{x-3}$ (4) $y = 2 - x^2$

**2.** 함수 $f(x) = x^2 + x$와 $g(x) = \dfrac{2}{x+3}$에 대하여 다음 값을 구하여라.

(1) $(f+g)(2)$ (2) $(f-g)(1)$

(3) $\left(\dfrac{f}{g}\right)(1)$ (4) $(fg)(3)$

**3.** $f(x) = x^2 + 1$, $g(x) = |x+1|$일 때 다음 함수를 구하여라.

(1) $(f \circ g)(x)$ (2) $(g \circ f)(x)$

(3) $f^3(x)$ (4) $(f \circ f \circ f)(x)$

**4.** $f(x) = x^2 - 2x$에 대하여 다음을 구하고 간단히 하여라.

(1) $f(3)$ (2) $f(2+h)$

(3) $f(1+h) - f(1)$ (4) $\dfrac{f(1+h) - f(1)}{h}$

**5.** 다음 함수 중에서 우함수와 기함수를 각각 골라라.

(1) $f(x) = -3$ (2) $g(x) = \dfrac{x}{x^2 - 1}$

(3) $f(x) = 3x + x^3$ (4) $h(x) = |2x|$

(5) $f(z) = \sqrt{z^2 + 4}$ (6) $f(x) = 2x + 1$

**6.** $f(x) = \dfrac{ax+b}{cx-a}$라고 하자. $a^2 + bc \neq 0$이고 $x \neq a/c$일 때, $f(f(x)) = x$임을 보여라.

**7.** $f(x) = \dfrac{x-3}{x+1}$이라고 하자. $x \neq \pm 1$일 때, $f(f(f(x))) = x$임을 보여라.

**8.** 함수 $f$의 정의역에 $x$가 속하면 $-x$도 반드시 속한다고 하자. 다음을 증명하여라.

(1) $f(x) - f(-x)$는 기함수이다.

(2) $f(x) + f(-x)$는 우함수이다.

(3) $f$는 항상 기함수와 우함수의 합으로 표현할 수 있다.

**9.** 어떤 상품의 단위 가격 $P$와 수요 $D$ 사이에는 다음 식이 성립한다.

$$P = \sqrt{32 - 2D + D^2}$$

한편, 지금부터 $t$년 후의 수요는 식 $D = 2 + \sqrt{t}$에 따라서 증가하였다.

(1) $P$를 $t$의 함수로 나타내어라.

(2) $t = 4$일 때 $P$를 구하여라.

**10.** 그림과 같이 $15\text{ cm} \times 10\text{ cm}$인 판자의 네 귀퉁이를 한 변의 길이가 $x\text{ cm}$인 정사각형으로 잘라 내어 접어 오려 만든 뚜껑 없는 상자가 있다. 이 상자의 부피를 $x$의 함수로 표현하고, 정의역을 구하여라.

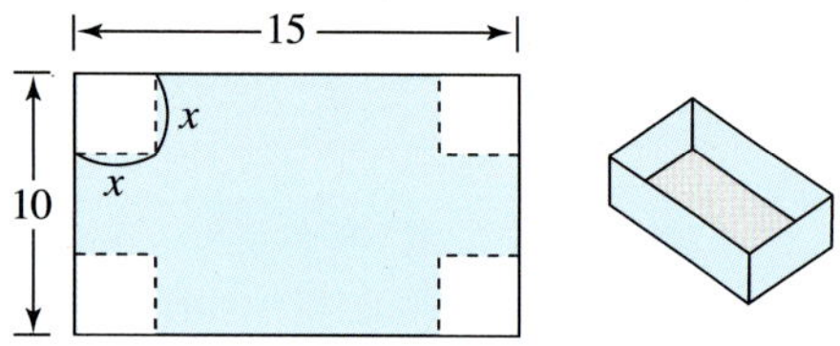


**11.** 함수 $f$의 정의역이 $[-5, 5]$이고 그래프의 일부가 아래에 그려져 있다.

(1) $f$가 우함수일 때 그래프를 완성하여라.

(2) $f$가 기함수일 때 그래프를 완성하여라.

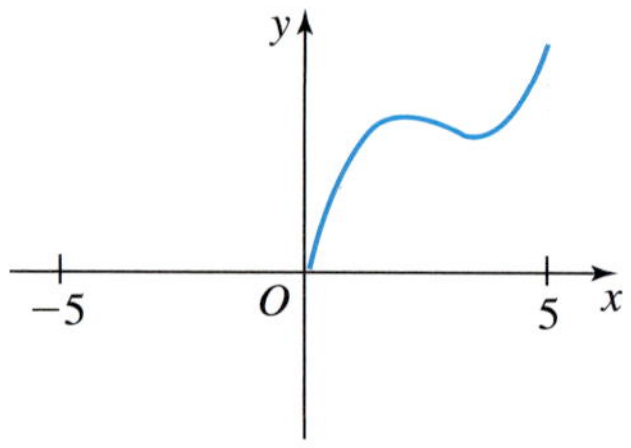

# 0.3 삼각함수

## 삼각함수의 정의

원의 반지름의 길이와 같은 길이의 호에 대한 중심각의 크기를 1라디안(radian)이라고 한다.

오른쪽 그림과 같이, 반지름이 1인 단위원 위의 점 $A$와 $B$에 대하여 호 $AB$의 길이가 1일 때 호 $AB$에 대한 중심각의 크기는 1라디안이고, 점 $C$와 $D$에 대하여 호 $CD$의 길이가 $x$일 때 호 $CD$에 대한 중심각의 크기는 $x$라디안이다. 반지름이 1인 원의 둘레의 길이는 $2\pi$ 이므로

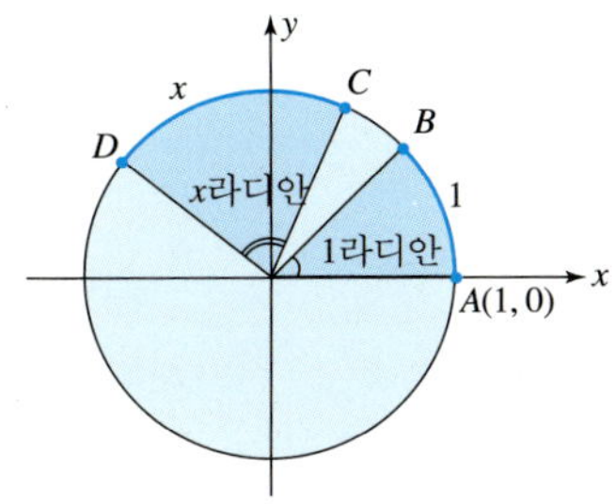

그림 0.3.1

$$360° = 2\pi \text{ 라디안}, \quad 180° = \pi \text{ 라디안}$$

이다. 따라서,

$$1\text{라디안} = \left(\frac{180}{\pi}\right)°, \quad 1° = \frac{\pi}{180} \text{ 라디안}$$

**정의 0.3.1**

반지름이 $r$인 원 위의 점 $P(a, b)$와 점 $A(r, 0)$에 대하여 호 $AP$에 대한 중심각의 크기가 $x$라디안일 때, 사인함수(sine function)와 코사인함수(cosine function)를 각각 다음과 같이 정의한다.

$$\sin x = \frac{b}{r}, \qquad \cos x = \frac{a}{r}$$

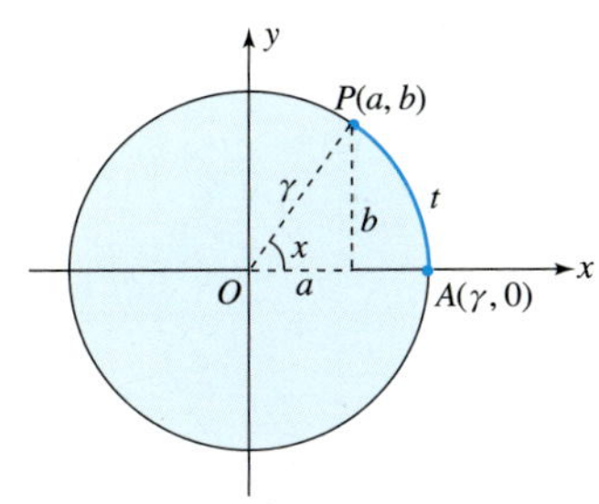

그림 0.3.2

$y = \sin x$와 $y = \cos x$의 그래프는 아래 그림과 같다.

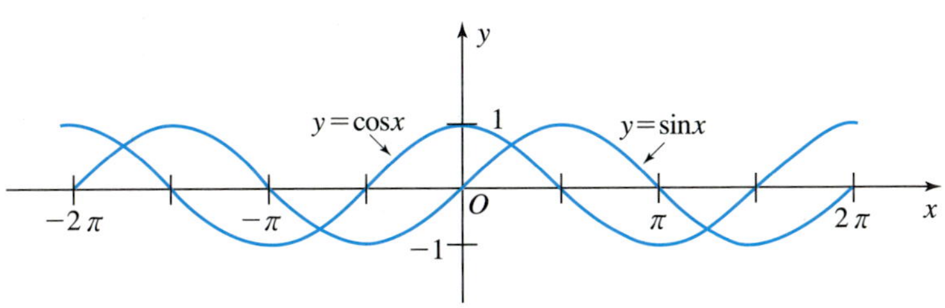

그림 0.3.3

함수 $y=\sin x$와 $y=\cos x$의 정의역은 실수 전체의 집합 $R$이고 치역은 구간 $[-1, 1]$이다. 같은 원에서 중심각 $x$와 $x+2\pi$에 대응하는 원 위의 점은 일치하므로 다음이 성립한다.

$$\sin(x+2\pi)=\sin x, \quad \cos(x+2\pi)=\cos x$$

또, 중심각 $x$와 $-x$에 대응하는 점은 $x$축에 관하여 대칭이므로 다음이 성립한다.

$$\sin(-x)=-\sin x, \quad \cos(-x)=\cos x$$

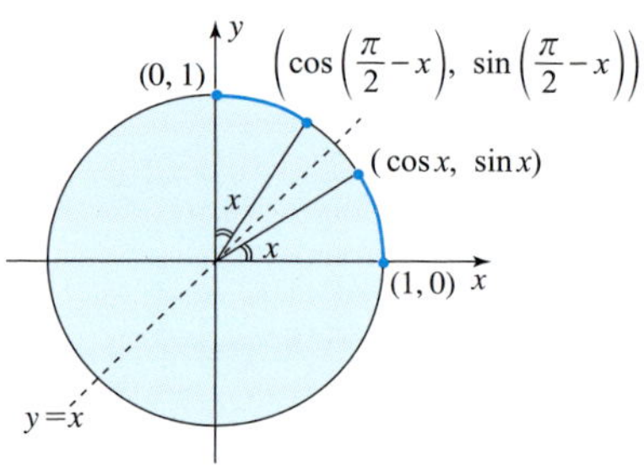


그림 0.3.4

따라서, $\sin x$는 기함수이고, $\cos x$는 우함수임을 알 수 있다. 그리고, 중심각 $x$와 $\frac{\pi}{2}-x$에 대응하는 점은 직선 $y=x$에 관하여 대칭이므로 $x$좌표와 $y$좌표를 서로 바꾸면 된다. 따라서, 다음이 성립한다.

$$\sin\left(\frac{\pi}{2}-x\right)=\cos x, \quad \cos\left(\frac{\pi}{2}-x\right)=\sin x$$

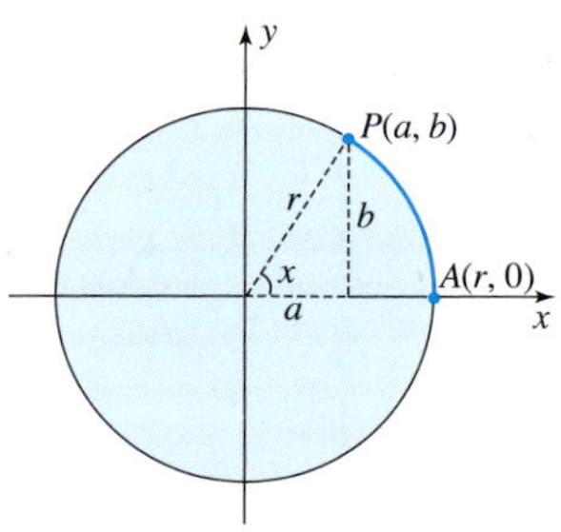


그림 0.3.5

**예제 1** 다음 항등식이 성립함을 보여라.

$$\sin^2 x+\cos^2 x=1$$

**증명.** 반지름 $r$인 원에서 중심각 $x$에 대응하는 원위의 점을 $(a, b)$라고 하면 피타고라스의 정리에 의해서 $a^2+b^2=r^2$이므로

$$\sin^2 x+\cos^2 x=\left(\frac{b}{r}\right)^2+\left(\frac{a}{r}\right)^2=\frac{a^2+b^2}{r^2}=1$$ ■

## 삼각함수의 주기

어떤 실수 $p$가 존재하여 함수 $f$의 정의역에 속하는 모든 $x$에 대하여

$$f(x+p)=f(x)$$

가 성립할 때, $f$를 주기함수(periodic function)라고 하고, 이 식을 만족하는 최소의 양수 $p$를 주기(period)라고 한다. 이를 테면,

$$\cdots=\sin(x-2\pi)=\sin x=\sin(x+2\pi)=\sin(x+4\pi)=\cdots$$

이므로, $\sin x$는 주기함수이고 주기는 $2\pi$이다. 또, $\cos x$도 주기가 $2\pi$인 주기함수이다.

$a > 0$일 때

$$\sin\left[a\left(x + \frac{2\pi}{a}\right)\right] = \sin(ax + 2\pi) = \sin ax$$

이므로, 함수 $\sin(ax)$는 주기가 $\frac{2\pi}{a}$인 주기함수이다.

또, $y = A\sin x$의 값은 $-A$와 $A$ 사이에서 진동한다. 이때, $A$의 절댓값 $|A|$를 이 함수의 진폭(amplitude)이라고 한다.

**예제 2** 다음 함수의 주기와 진폭을 구하여라.

(1) $2\sin 3x$　　　　(2) $-3\cos \pi x$

**풀이** (1) 주기는 $\frac{2\pi}{3}$, 진폭은 2

(2) 주기는 $\frac{2\pi}{\pi} = 2$, 진폭은 $|-3| = 3$ ■

## 다른 삼각함수

사인함수와 코사인함수를 이용하여 다른 삼각함수를 다음과 같이 정의한다.

$$\tan x = \frac{\sin x}{\cos x}, \quad \cot x = \frac{1}{\tan x}$$
$$\sec x = \frac{1}{\cos x}, \quad \csc x = \frac{1}{\sin x}$$

$\sin x$는 기함수이고 $\cos x$는 우함수이므로

$$\tan(-x) = \frac{\sin(-x)}{\cos(-x)} = \frac{-\sin x}{\cos x} = -\tan x$$

가 성립한다. 따라서, $\tan x$는 기함수이다.

**예제 3** 다음 항등식이 성립함을 보여라.

$$1 + \tan^2 x = \sec^2 x, \quad 1 + \cot^2 x = \csc^2 x$$

**증명.** $1 + \tan^2 x = 1 + \frac{\sin^2 x}{\cos^2 x} = \frac{\cos^2 x + \sin^2 x}{\cos^2 x} = \frac{1}{\cos^2 x} = \sec^2 x$

$1 + \cot^2 x = 1 + \frac{\cos^2 x}{\sin^2 x} = \frac{\sin^2 x + \cos^2 x}{\sin^2 x} = \frac{1}{\sin^2 x} = \csc^2 x$ ■

위의 각 삼각함수의 그래프는 다음과 같다.

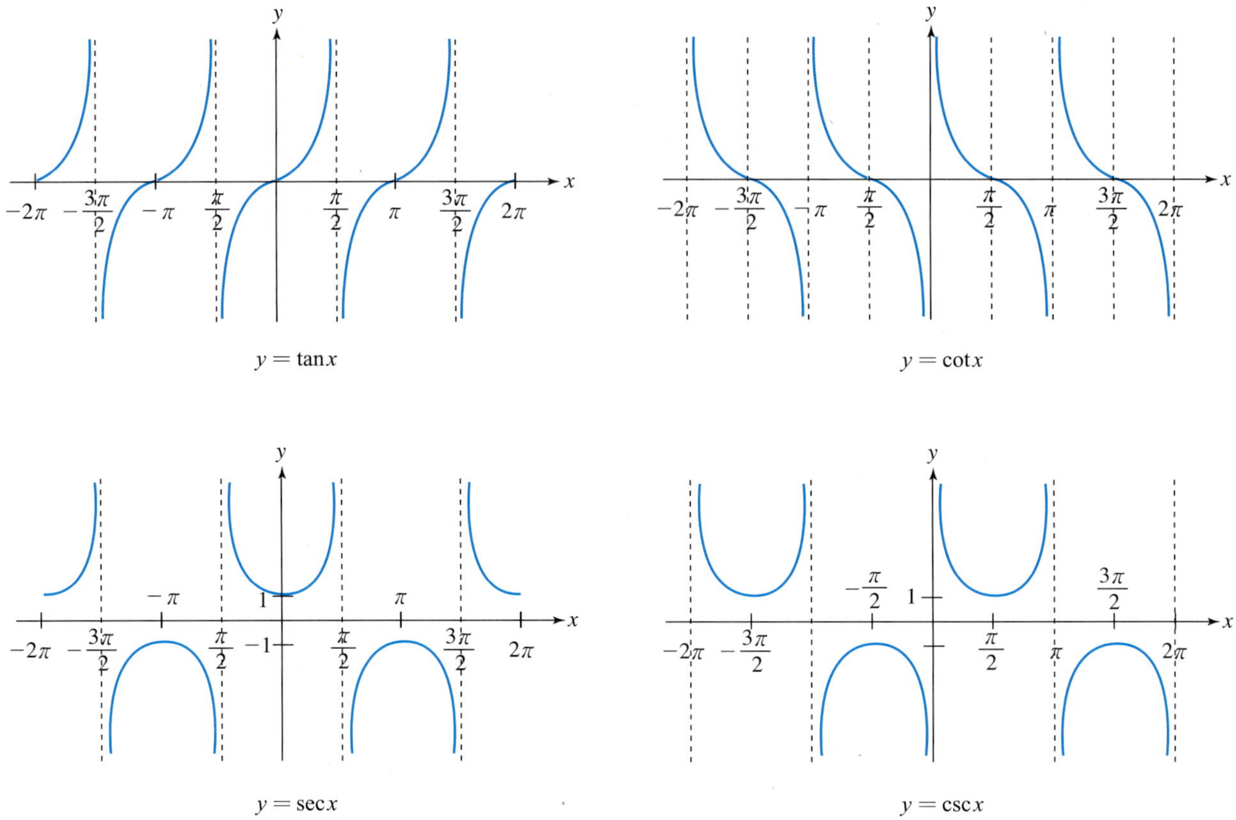


그림 0.3.6

## 삼각함수의 여러 가지 공식

삼각함수를 공부하기 위하여 많이 사용되는 여러 가지 공식을 알아 보자.

(1) $-x$ 의 공식

$$\sin(-x) = -\sin x$$
$$\cos(-x) = \cos x$$
$$\tan(-x) = -\tan x$$

(2) 여각 공식

$$\sin\left(\frac{\pi}{2} - x\right) = \cos x$$

$$\cos\left(\frac{\pi}{2} - x\right) = \sin x$$

$$\tan\left(\frac{\pi}{2} - x\right) = \cot x$$

(3) 항등식

$$\sin^2 x + \cos^2 x = 1$$
$$1 + \tan^2 x = \sec^2 x$$
$$1 + \cot^2 x = \csc^2 x$$

(4) 덧셈공식

$$\sin(x \pm y) = \sin x \cos y \pm \cos x \sin y$$
$$\cos(x \pm y) = \cos x \cos y \mp \sin x \sin y$$
$$\tan(x \pm y) = \frac{\tan x \pm \tan y}{1 \mp \tan x \tan y}$$

(복호동순)

(5) 배각 공식

$$\sin 2x = 2\sin x \cos x$$
$$\cos 2x = \cos^2 x - \sin^2 x = 2\cos^2 x - 1 = 1 - 2\sin^2 x$$
$$\tan 2x = \frac{2\tan x}{1 - \tan^2 x}$$

(6) 반각 공식

$$\sin^2 \frac{x}{2} = \frac{1 - \cos x}{2}$$
$$\cos^2 \frac{x}{2} = \frac{1 + \cos x}{2}$$
$$\tan^2 \frac{x}{2} = \frac{1 - \cos x}{1 + \cos x}$$

(7) 합, 차를 곱으로 고치는 공식

$$\sin x + \sin y = 2\sin \frac{x+y}{2} \cos \frac{x-y}{2}$$
$$\sin x - \sin y = 2\cos \frac{x+y}{2} \sin \frac{x-y}{2}$$
$$\cos x + \cos y = 2\cos \frac{x+y}{2} \cos \frac{x-y}{2}$$
$$\cos x - \cos y = -2\sin \frac{x+y}{2} \sin \frac{x-y}{2}$$

(8) 곱을 합,차로 고치는 공식

$$\sin x \cos y = \frac{1}{2}\{\sin(x+y)+\sin(x-y)\}$$

$$\cos x \sin y = \frac{1}{2}\{\sin(x+y)-\sin(x-y)\}$$

$$\cos x \cos y = \frac{1}{2}\{\cos(x+y)+\cos(x-y)\}$$

$$\sin x \sin y = \frac{1}{2}\{\cos(x+y)-\cos(x-y)\}$$

## 연습문제 0.3

**1.** 다음 각을 라디안으로 나타내어라.

(1) $30°$ (2) $45°$

(3) $-60°$ (4) $240°$

(5) $-370°$ (6) $600°$

**2.** 다음 라디안으로 나타낸 각을 각도로 바꾸어라.

(1) $\frac{3\pi}{4}$ (2) $-\frac{\pi}{3}$

(3) $\frac{4\pi}{3}$ (4) $\frac{\pi}{18}$

(5) $\frac{7\pi}{6}$ (6) $-\frac{9\pi}{8}$

**3.** 다음 값을 구하여라.

(1) $\tan\left(\frac{\pi}{6}\right)$ (2) $\sec\left(\frac{\pi}{4}\right)$

(3) $\cot\left(\frac{3\pi}{4}\right)$ (4) $\csc\left(\frac{\pi}{4}\right)$

(5) $\tan\left(-\frac{\pi}{6}\right)$ (6) $\cos\left(-\frac{\pi}{3}\right)$

**4.** 다음 식이 성립함을 보여라.

(1) $\sec x - \sin x \tan x = \cos x$

(2) $\frac{\sec^2 t - 1}{\sec^2 t} = \sin^2 t$

(3) $\frac{1-\csc^2 t}{\csc^2 t} = -\frac{1}{\sec^2 t}$

(4) $\sin x(\csc x - \sin x) = \cos^2 x$

(5) $\cos 3t = 4\cos^3 t - 3\cos t$

(6) $\sin 4x = 8\sin x \cos^3 x - 4\sin x$

**5.** 다음 함수의 주기와 진폭을 구하고 그래프를 그려라.

(1) $y = 2\sin 3x$ (2) $y = 3\cos\frac{x}{2}$

(3) $y = \tan\left(2x - \frac{\pi}{3}\right)$ (4) $y = 3 + \sec(x - \pi)$

**6.** 다음 함수 중에서 우함수와 기함수를 찾아라.

(1) $y = x\sin x$ (2) $y = \csc t$

(3) $y = \sin(\cos x)$ (4) $y = x + \sin x$

(5) $y = \sqrt{\sin^2 x}$ (6) $y = \sec t$

**7.** 직선이 $x$축의 양의 방향과 이루는 각이 $\theta$일 때 이 직선의 기울기 $m$은 $m = \tan\theta$임을 보여라.

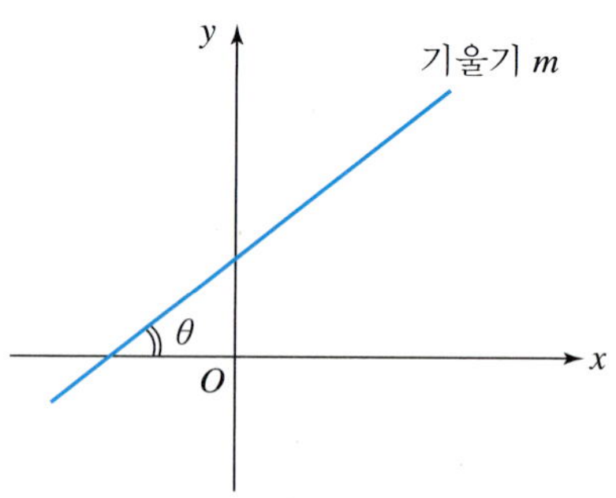


이것을 이용하여 다음 직선이 $x$축의 양의 방향과 이루는 각을 구하여라.

(1) $y = \sqrt{3}x - 5$ (2) $\sqrt{3}x + 3y = 4$

**8.** 두 직선 $l_1$, $l_2$의 기울기가 각각 $m_1$, $m_2$이고, 직선 $l_1$에서 $l_2$ 방향으로 이루는 예각이 $\theta$일 때 다음 식이 성립함을 보여라.

$$\tan\theta = \frac{m_2 - m_1}{1 + m_1 m_2}$$

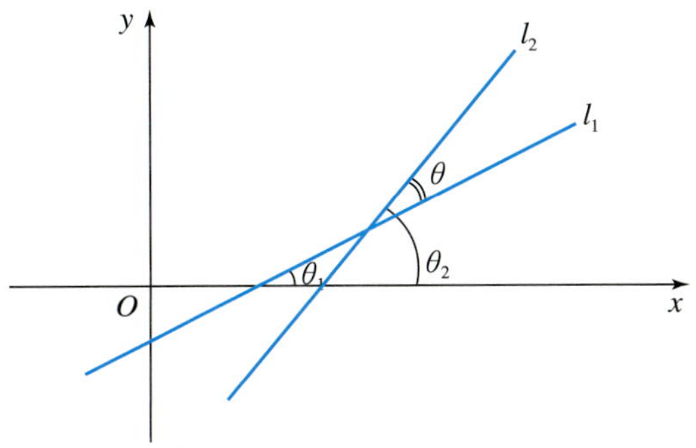


**9.** 반지름이 $r$이고 중심각이 $\theta$ 라디안인 부채꼴의 넓이 $S$는

$$S = \frac{1}{2}r^2\theta$$

임을 보여라. 이것을 이용하여 반지름이 4cm이고 중심각이 3라디안인 부채꼴의 넓이를 구하여라.

# 제 1 장 함수의 극한과 연속

### 코시(Augustin Louis Cauchy)

코시(1789~1857)는 19세기 전반의 프랑스의 수학자이다. 그는 처음에는 토목기사가 되었으나 수학적 업적이 인정되어 1816년 과학아카데미 회원으로 추대됨과 동시에 에꼴 포리테크닉(E'cole Polytechnique)의 대학교수가 되었다. 1830년 7월 혁명때 토리노(Torino)에 망명하고 뒤에 프라그로 옮겼으나 1848년 모국에 복귀하여 파리대학 교수가 되어 최후까지 이 대학에 있었다. 그는 학문상으로는 이론물리학, 광학 등 연구부문이 다양하고 많은 업적을 남겼다.

코시는 함수를 변수 사이의 대응으로서 정의하고 극한에 대한 이론적 근거를 부여하였다. 또, 그의 〈미적분학요강,1823〉에서는 실제로 $\varepsilon, \delta$ 등의 기호를 써서 현재의 $\varepsilon-\delta$방법을 사용하고 있다. 해석학의 철저한 이론적 정비작업은 코시에 의해서 비로소 이루어졌다. 그는 〈해석학과정〉에서 변수, 상수, 극한값 등을 정의하여 이것을 바탕으로 차례로 무한소, 함수, 연속, 무한급수의 합 등을 정의하였다. 또, 그의 〈미분적분학요강〉에서는 도함수와 정적분이 정의되고 평균값정리를 거쳐 미분적분학의 체계가 현재의 미적분학의 기본정리를 중심으로 이루어지고 있다. 연속함수에 대해 정적분이 존재한다는 것을 처음으로 증명한 사람도 코시이다.

# 1.1 함수의 극한

함수 $f(x)$에서 $x$가 한없이 어떤 일정한 값에 가까이 갈 때 이에 대응하는 함수값의 변화 상태를 알아 보자.

| $x$ | $f(x)$ |
|---|---|
| 0.9 | 1.9 |
| 0.99 | 1.99 |
| 0.999 | 1.999 |
| 0.9999 | 1.9999 |
| 0.99999 | 1.99999 |
| ↓ | ↓ |
| 1 | 2 |
| ↑ | ↑ |
| 1.00001 | 2.00001 |
| 1.0001 | 2.0001 |
| 1.001 | 2.001 |
| 1.01 | 2.01 |
| 1.10 | 2.10 |

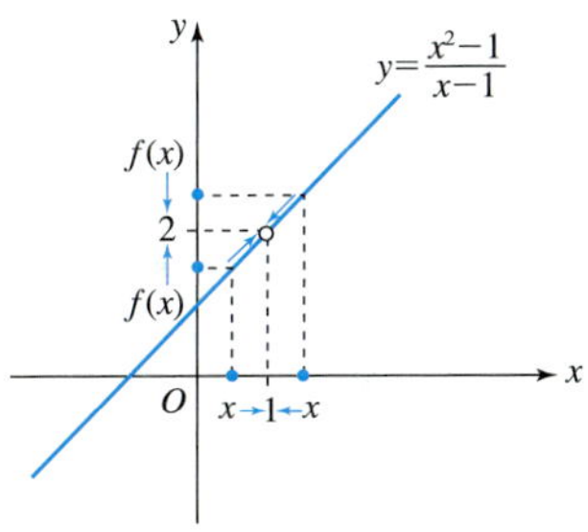


그림 1.1.1

### 극한의 직관적 의미

함수 $f(x)=\dfrac{x^2-1}{x-1}$은 $x=1$이면 분모가 0이므로 이 함수는 $x=1$에서 정의되지 않는다. 그러나, $x\neq 1$일 때

$$\frac{x^2-1}{x-1}=\frac{(x+1)(x-1)}{x-1}=x+1$$

이므로, $x$가 1이 아니면서 1에 가까이 가면 $f(x)$의 값은 2에 가까이 간다.

이 때, $x$가 1에 가까이 갈 때 $f(x)$의 극한은 2라고 하고

$$\lim_{x\to 1} f(x)=2$$

로 나타낸다.

$x$가 1이 아니면서 1에 가까이 가면, $x-1\neq 0$이다. 따라서, 분자를 인수분해한 후 $x-1$를 소거하여 다음과 같이 계산할 수 있다.

$$\begin{aligned}\lim_{x\to 1}\frac{x^2-1}{x-1}&=\lim_{x\to 1}\frac{(x+1)(x-1)}{x-1}\\&=\lim_{x\to 1}(x+1)\\&=1+1\\&=2\end{aligned}$$

**정의 1.1.1**

$x$가 $a$에 접근할 때 $f(x)$의 값이 $L$에 접근하면

$$\lim_{x\to a} f(x)=L$$

로 나타내고, $L$을 $x=a$에서의 $f$의 **극한**(limit)이라고 한다.

$\lim_{x \to a} f(x) = L$
$\Leftrightarrow x \to a$ 일 때 $f(x) \to L$

$\lim_{x \to a} f(x) = L$은 $x$가 $a$에 점점 가까이 갈 때 $f(x)$의 값은 $L$에 점점 가까이 감을 의미한다. 이것을

$$x \to a \text{ 일 때 } f(x) \to L$$

로 나타내기도 한다.

$x$가 $a$에 접근한다는 것은 $x$가 $a$가 아닌 값으로서 $a$의 양쪽에서 $a$에 가까이 가는 것을 뜻한다. 따라서, $x = a$에서 함수가 정의되지 않는 경우에도 극한은 존재할 수 있다.

아래 그림의 함수는 $x = a$에서 극한이 모두 존재하고, $\lim_{x \to a} f(x) = L$이다.

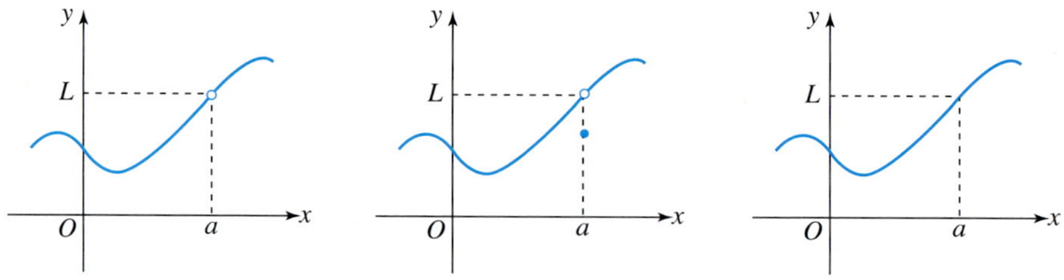


그림 1.1.2

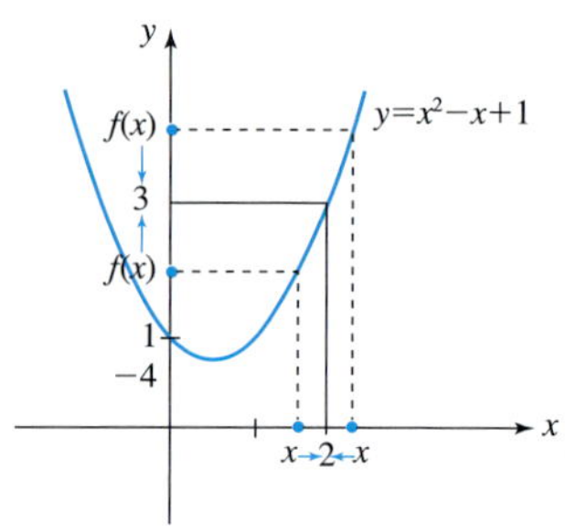


그림 1.1.3

**예제 1** $\lim_{x \to 2}(x^2 - x + 1)$을 구하여라.

**풀이** $x$가 2에 가까이 갈 때, $x^2 - x + 1$은

$$2^2 - 2 + 1 = 3$$

에 가까이 가므로

$$\lim_{x \to 2}(x^2 - x + 1) = 3.$$

■

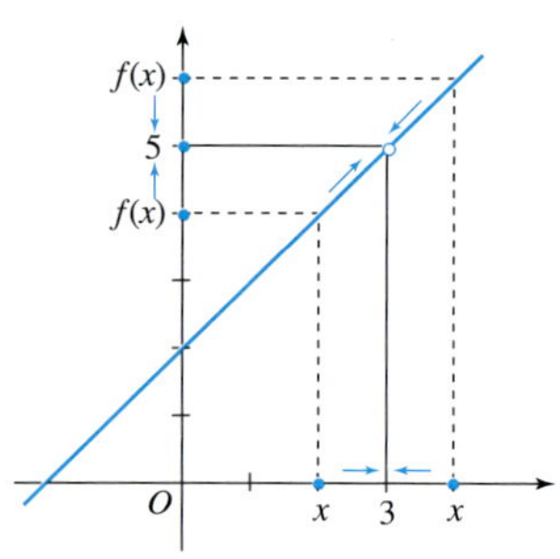


그림 1.1.4

**예제 2** $\lim_{x \to 3} \dfrac{x^2 - x - 6}{x - 3}$을 구하여라.

**풀이** $x = 3$에서 $\dfrac{x^2 - x - 6}{x - 3}$은 정의되지 않는다. 그러나, $x \neq 3$일 때

$$\frac{x^2 - x - 6}{x - 3} = \frac{(x-3)(x+2)}{x-3} = x + 2$$

이므로, $x \to 3$일때 $\dfrac{x^2 - x - 6}{x - 3}$의 극한은 $x + 2$의 극한과 같다.
따라서,

$$\begin{aligned} \lim_{x \to 3} \frac{x^2 - x - 6}{x - 3} &= \lim_{x \to 3} \frac{(x-3)(x+2)}{x-3} \\ &= \lim_{x \to 3}(x + 2) \\ &= 3 + 2 = 5 \end{aligned}$$

■

## 좌극한과 우극한

함수 $f$를 다음과 같이 정의해 보자

$$f(x) = \begin{cases} (x-1)^2+2 & (x \geq 1 \text{일 때}) \\ x & (x < 1 \text{일 때}) \end{cases}$$

이 함수에서 $x$가 왼쪽에서 1에 접근할 때 함수값 $f(x)$는 1에 접근한다. 또, $x$가 오른쪽에서 1에 접근할 때 $f(x)$는 2에 접근한다. 이것을 각각

$$\lim_{x \to 1^-} f(x) = 1, \quad \lim_{x \to 1^+} f(x) = 2$$

로 나타낸다.

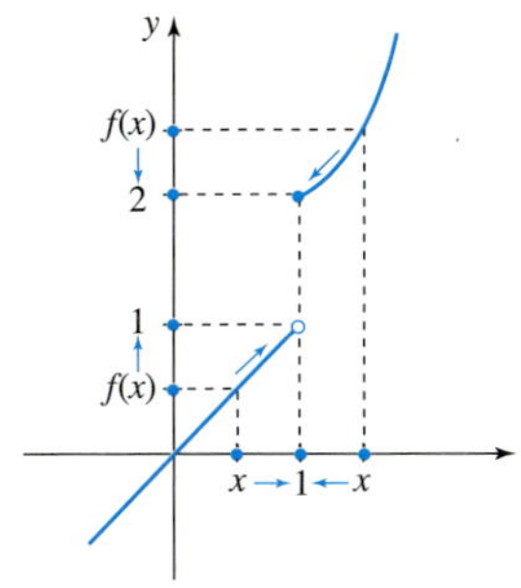


그림 1.1.5

일반적으로, $x$가 $a$의 왼쪽에서 $a$에 접근할 때 즉, $x<a$이면서 $a$에 접근할 때 $f(x)$의 값이 $L_1$에 접근하면

$$\lim_{x \to a^-} f(x) = L_1$$

로 나타내고, $L_1$을 $x \to a^-$일 때의 $f(x)$의 좌극한(left hand limit)이라고 한다. 또, $x$가 $a$의 오른쪽에서 $a$에 접근할 때 즉, $x>a$이면서 $a$에 접근할 때 $f(x)$의 값이 $L_2$에 접근하면

$$\lim_{x \to a^+} f(x) = L_2$$

로 나타내고, $L_2$를 $x \to a^+$일 때의 $f(x)$의 우극한(left hand limit)이라고 한다.

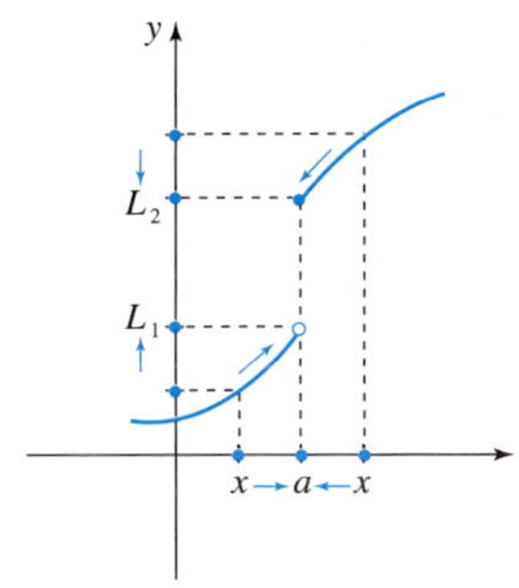


그림 1.1.6

함수의 극한의 정의로부터 다음 정리를 얻는다.

**정리 1.1.2**

$\lim_{x \to a} f(x) = L$ 일 필요충분조건은

$$\lim_{x \to a^-} f(x) = L = \lim_{x \to a^+} f(x)$$

**예제 3** $\lim_{x \to 2^+} [x]$, $\lim_{x \to 2^-} [x]$를 각각 구하여라. $\lim_{x \to 2} [x]$가 존재하는가? (단, $[x]$는 $x$를 넘지 않는 최대의 정수를 의미한다.)

**풀이** $x$가 2보다 작은 수로서 2에 가까운 수일 때는 $[x] = 1$이고, $x$가 2보다 큰 수로서 2에 가까운 수일 때는 $[x] = 2$이므로

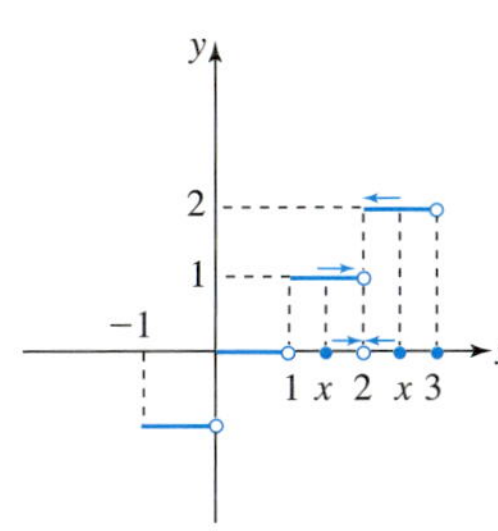


그림 1.1.7

$$\lim_{x \to 2^-} [x] = 1, \qquad \lim_{x \to 2^+} [x] = 2$$

따라서, $\lim_{x \to 2^-} [x] \neq \lim_{x \to 2^+} [x]$이므로, $\lim_{x \to 2} [x]$는 존재하지 않는다. ■

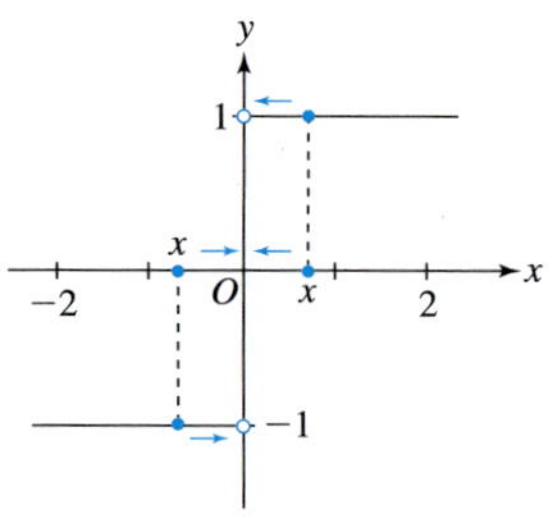


그림 1.1.8

**예제 4** $\lim_{x \to 0} \frac{x}{|x|}$를 구하여라.

**풀이**

$$\lim_{x \to 0^+} \frac{x}{|x|} = \lim_{x \to 0^+} \frac{x}{x} = \lim_{x \to 0^+} 1 = 1$$

$$\lim_{x \to 0^-} \frac{x}{|x|} = \lim_{x \to 0^-} \frac{x}{(-x)} = \lim_{x \to 0^-} (-1) = -1$$

따라서, 좌우극한이 서로 다르므로 $\lim_{x \to 0} \frac{x}{|x|}$은 존재하지 않는다. ■

**예제 5** 함수 $f$의 그래프가 오른쪽 그림과 같을 때, 다음 극한을 구하여라.

(1) $\lim_{x \to 1^-} f(x)$ (2) $\lim_{x \to 1^+} f(x)$

(3) $\lim_{x \to 1} f(x)$ (4) $\lim_{x \to 3^-} f(x)$

(5) $\lim_{x \to 3^+} f(x)$ (6) $\lim_{x \to 3} f(x)$

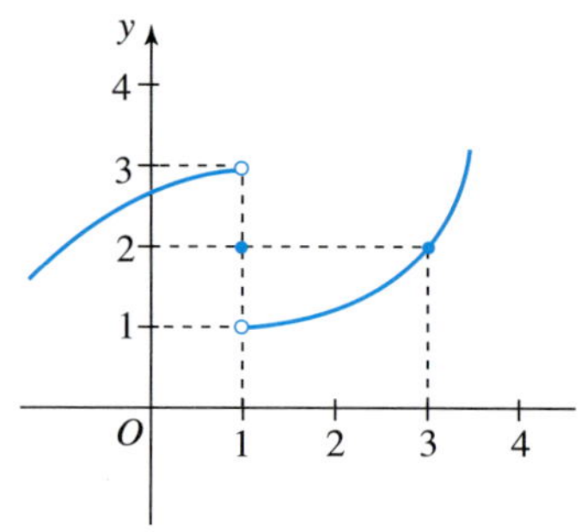


그림 1.1.9

$\lim_{x \to a} f(x) = L$
$\Leftrightarrow \lim_{x \to a^+} f(x) = L = \lim_{x \to a^-} f(x)$

**풀이** (1) $\lim_{x \to 1^-} f(x) = 3$

(2) $\lim_{x \to 1^+} f(x) = 1$

(3) $\lim_{x \to 1^-} f(x) \neq \lim_{x \to 1^+} f(x)$이므로, $\lim_{x \to 1^+} f(x)$은 존재하지 않는다.

(4) $\lim_{x \to 3^-} f(x) = 2$ (5) $\lim_{x \to 3^+} f(x) = 2$

(6) $\lim_{x \to 3^-} f(x) = \lim_{x \to 3^+} f(x) = 2$이므로, $\lim_{x \to 3} f(x) = 2$ ■

## 연습문제 1.1

**1.** 다음 극한을 구하여라.

(1) $\lim\limits_{x\to1}(2x-3)$ (2) $\lim\limits_{t\to-2}(t^2+2t-1)$

(3) $\lim\limits_{x\to-3}\dfrac{3x+9}{x^2-9}$ (4) $\lim\limits_{x\to-a}\dfrac{x+a}{x^2-a^2}$

(5) $\lim\limits_{t\to1}\dfrac{t^2-3t+2}{t^2-1}$ (6) $\lim\limits_{h\to0}\dfrac{(a+h)^2-a^2}{h}$

**2.** 아래 그림의 함수 $f$에 대하여 다음 극한이 존재하면 그것을 구하여라.

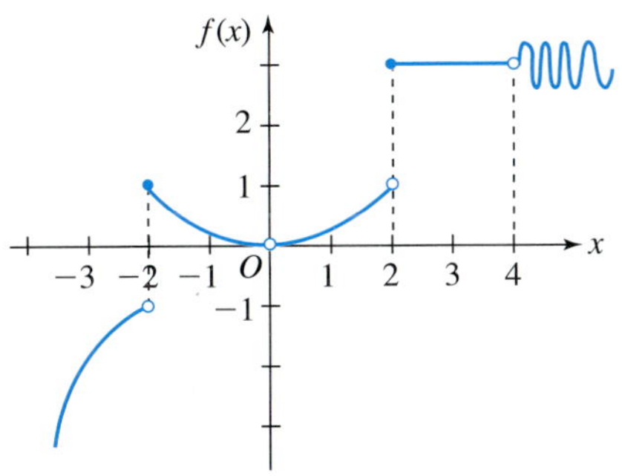


(1) $\lim\limits_{x\to0}f(x)$ (2) $\lim\limits_{x\to-2^-}f(x)$

(3) $\lim\limits_{x\to-2^+}f(x)$ (4) $\lim\limits_{x\to-2}f(x)$

(5) $\lim\limits_{x\to2^-}f(x)$ (6) $\lim\limits_{x\to2^+}f(x)$

(7) $\lim\limits_{x\to2}f(x)$ (8) $\lim\limits_{x\to4}f(x)$

**3.** 다음 극한을 구하여라 (단, $[x]$는 $x$를 넘지 않는 최대의 정수를 나타낸다.)

(1) $\lim\limits_{x\to1}\dfrac{|x-1|}{x-1}$ (2) $\lim\limits_{x\to2}\dfrac{x^2-4}{x-2}$

(3) $\lim\limits_{x\to2}\dfrac{[x]}{x}$ (4) $\lim\limits_{x\to3^+}([x]+[-x])$

**4.** (1) 다음 함수의 그래프를 그려라.

$$f(x)=\begin{cases}1-x & (x\le0\text{ 일 때})\\ 1 & (x>0\text{ 일 때})\end{cases}$$

(2) (1)의 함수에서 다음 극한이 존재하면 그것을 구하여라.

$$\lim_{x\to0^-}f(x),\quad \lim_{x\to0^+}f(x),\quad \lim_{x\to0}f(x)$$

**5.** 아래 함수의 그래프를 그리고 다음을 각각 구하여라.

$$g(x)=\begin{cases}-x+1 & (x<1\text{일 때})\\ x-1 & (1<x<2\text{일 때})\\ 5-x^2 & (x\le2\text{일 때})\end{cases}$$

(1) $\lim\limits_{x\to1}g(x)$ (2) $g(1)$

(3) $\lim\limits_{x\to2}g(x)$ (4) $\lim\limits_{x\to2^+}g(x)$

**6.** 함수 $f(x)=x-[x]$의 그래프를 그리고 다음을 각각 구하여라.

(1) $f(0)$ (2) $\lim\limits_{x\to0}f(x)$

(3) $\lim\limits_{x\to0^-}f(x)$ (4) $\lim\limits_{x\to\frac{1}{2}}f(x)$

**7.** $f(x)$를 다음과 같이 정의하자.

$$f(x)=\begin{cases}x & (x\text{가 유리수일 때})\\ -x & (x\text{가 무리수일 때})\end{cases}$$

다음 값이 존재하면 구하여라.

(1) $\lim\limits_{x\to1}f(x)$ (2) $\lim\limits_{x\to0}f(x)$

**8.** $f(x)$를 다음과 같이 정의하자.

$$f(x)=\begin{cases}x^2 & (x\text{가 유리수일 때})\\ x^4 & (x\text{가 무리수일 때})\end{cases}$$

이 때, $a$의 어떠한 값에 대해서 $\lim\limits_{x\to a}f(x)$가 존재하는가?

**9.** 다음 함수의 그래프를 그리고 $\lim\limits_{x\to a}f(x)$가 존재하지 않는 $a$의 값을 구하여라.

$$f(x)=\begin{cases}2-x & (x<-1\text{일 때})\\ x & (-1\le x<1\text{일 때})\\ (x-1)^2 & (x\ge1\text{일 때})\end{cases}$$

## 1.2 극한의 성질

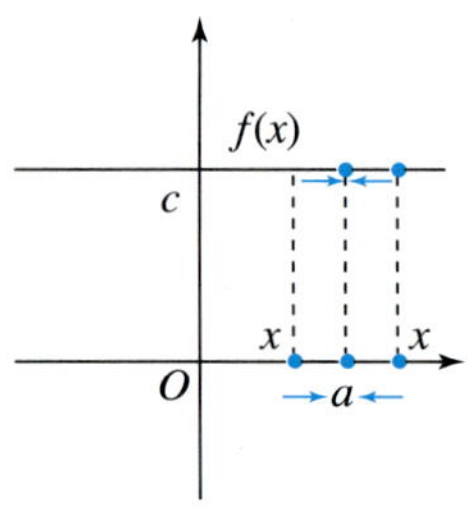


그림 1.2.1

함수의 극한을 계산하는데 편리한 극한의 여러 가지 성질을 알아보자.

상수함수 $f(x) = c$는 모든 $x$에 대하여 함수값이 $c$이므로, $x \to a$일 때 $f(x)$의 극한은 $c$이다.

또, 항등함수 $f(x) = x$는 $x \to a$일 때 $f(x) \to a$이므로, 다음 정리를 얻는다.

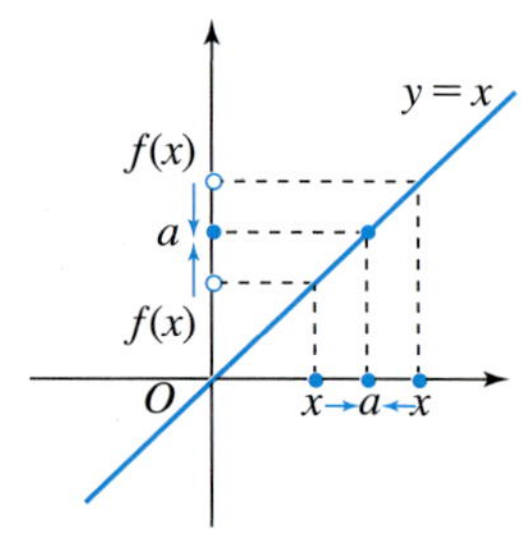


그림 1.2.2

**정리 1.2.1**

(1) $\lim_{x \to a} c = c$  (2) $\lim_{x \to a} x = a$

함수의 극한에 관한 다음 여러 가지 성질이 있다

**정리 1.2.2**

$\lim_{x \to a} f(x)$와 $\lim_{x \to a} g(x)$가 존재할 때, 다음이 성립한다.

(1) $\lim_{x \to a} [f(x) + g(x)] = \lim_{x \to a} f(x) + \lim_{x \to a} g(x)$

(2) $\lim_{x \to a} [cf(x)] = c \lim_{x \to a} f(x)$ (단, $c$는 상수)

(3) $\lim_{x \to a} [f(x) - g(x)] = \lim_{x \to a} f(x) - \lim_{x \to a} g(x)$

(4) $\lim_{x \to a} [f(x)g(x)] = \lim_{x \to a} f(x) \cdot \lim_{x \to a} g(x)$

(5) $\lim_{x \to a} \dfrac{f(x)}{g(x)} = \dfrac{\lim_{x \to a} f(x)}{\lim_{x \to a} g(x)}$ (단, $\lim_{x \to a} g(x) \neq 0$)

(6) $\lim_{x \to a} [f(x)]^n = [\lim_{x \to a} f(x)]^n$ (단, $n$은 양의 정수)

(7) $\lim_{x \to a} \sqrt[n]{f(x)} = \sqrt[n]{\lim_{x \to a} f(x)}$

(단, $n$은 양의 정수이고, $n$이 짝수일 때 $\lim_{x \to a} f(x) \geq 0$)

**예제 1** $\lim_{x\to1} f(x) = -1$ 이고 $\lim_{x\to1} g(x) = 2$ 일 때, 다음 극한을 구하여라.

(1) $\lim_{x\to1}[f(x)+3g(x)]$  (2) $\lim_{x\to1}[f(x)g(x)]$

(3) $\lim_{x\to1}\dfrac{f(x)}{g(x)}$

**풀이** (1) $\lim_{x\to1}[f(x)+3g(x)] = \lim_{x\to1} f(x) + \lim_{x\to1}[3g(x)]$ (정리 1.2.2의 (1))

$= \lim_{x\to1} f(x) + 3\lim_{x\to1} g(x)$ (정리 1.2.2의 (2))

$= -1 + 3\cdot 2 = 5$

(2) $\lim_{x\to1}[f(x)g(x)] = [\lim_{x\to1} f(x)][\lim_{x\to1} g(x)] = (-1)\cdot 2 = -2$ (정리 1.2.2의 (4))

(3) $\lim_{x\to1}\dfrac{f(x)}{g(x)} = \dfrac{\lim_{x\to1} f(x)}{\lim_{x\to1} g(x)} = -\dfrac{1}{2}$ (정리 1.2.2의 (5)) ■

**예제 2** $\lim_{x\to4}(3x^2-5x+2)$를 구하여라.

**풀이** $\lim_{x\to4}(3x^2-5x+2) = \lim_{x\to4}3x^2 - \lim_{x\to4}5x + \lim_{x\to4}2$ (정리 1.2.2의 (1), (3))

$= 3\lim_{x\to4}x^2 - 5\lim_{x\to4}x + 2$ (정리 1.2.2의 (2), 정리 1.2.1의 (1))

$= 3[\lim_{x\to4}x]^2 - 5\cdot 4 + 2$ (정리 1.2.2의 (6), 정리 1.2.1의 (2))

$= 3\cdot 4^2 - 20 + 2$ (정리 1.2.1의 (2))

$= 30$ ■

**예제 3** $\lim_{x\to3}\dfrac{\sqrt[3]{x^2-1}}{x}$를 구하여라.

**풀이**

$\lim_{x\to3}\dfrac{\sqrt[3]{x^2-1}}{x} = \dfrac{\lim_{x\to3}\sqrt[3]{x^2-1}}{\lim_{x\to3}x}$ (정리 1.2.2의 (5))

$= \dfrac{\sqrt[3]{\lim_{x\to3}(x^2-1)}}{3}$ (정리 1.2.2의 (7))

$= \dfrac{1}{3}\sqrt[3]{\lim_{x\to3}x^2 - \lim_{x\to3}1}$ (정리 1.2.2의 (3))

$= \dfrac{1}{3}\sqrt[3]{(\lim_{x\to3}x)^2 - 1}$ (정리 1.2.2의 (6))

$= \dfrac{2}{3}$ (정리 1.2.1의 (2)) ■

정리 1.2.2의 극한의 성질을 이용하면 다음 정리들을 쉽게 증명할 수 있다.

**정리 1.2.3(다항함수의 극한)**

함수 $f$가 다항함수이면,

$$\lim_{x \to a} f(x) = f(a)$$

**증명.** $f(x) = c_n x^n + c_{n-1} x^{n-1} + \ldots\ldots + c_1 x + c_0$ $(n > 0)$ 라고 하면 정리 1.2.2(6)에 의해서 모든 $n$에 대하여

$$\lim_{x \to a} x^n = (\lim_{x \to a} x)^n = a^n$$

이 성립하므로

$$\begin{aligned}\lim_{x \to a} f(x) &= \lim_{x \to a}(c_n x^n + c_{n-1} x^{n-1} + \ldots\ldots + c_1 x + c_0) \\ &= c_n \lim_{x \to a} x^n + c_{n-1} \lim_{x \to a} x^{n-1} + \ldots\ldots + c_1 \lim_{x \to a} x + \lim_{x \to a} c_0 \\ &= c_n a^n + c_{n-1} a^{n-1} + \ldots\ldots + c_1 a + c_0 \\ &= f(a)\end{aligned}$$

■

**정리 1.2.4(유리함수의 극한)**

함수 $f(x)$와 $g(x)$가 다항함수이면,

$$\lim_{x \to a} \frac{f(x)}{g(x)} = \frac{f(a)}{g(a)} \qquad (\text{단, } g(a) \neq 0)$$

**증명.** 정리 1.2.2(5)와 정리 1.2.3에 의해서

$$\lim_{x \to a} \frac{f(x)}{g(x)} = \frac{\lim_{x \to a} f(x)}{\lim_{x \to a} g(x)} = \frac{f(a)}{g(a)}$$

■

**예제 4** $\lim_{x \to -2} \dfrac{x^3 + 2x^2 - 1}{5 - 3x}$ 을 구하여라.

**풀이** $x = -2$일 때 분모가 0이 되지 않으므로, 정리 1.2.4에 의해서

$$\begin{aligned}\lim_{x \to -2} \frac{x^3 + 2x^2 - 1}{5 - 3x} &= \frac{(-2)^3 + 2(-2)^2 - 1}{5 - 3 \times (-2)} \\ &= -\frac{1}{11}\end{aligned}$$

■

**예제 5** $\lim_{h \to 0} \frac{(2+h)^2 - 4}{h}$ 를 구하여라.

**풀이** $h = 0$일 때는 분모가 0이 되므로 정리 1.2.4를 적용할 수 없다.
$h \neq 0$일 때

$$\frac{(2+h)^2 - 4}{h} = \frac{(4 + 4h + h^2) - 4}{h} = \frac{4h + h^2}{h} = 4 + h$$

따라서,

$$\lim_{h \to 0} \frac{(2+h)^2 - 4}{h} = \lim_{h \to 0} (4 + h) = 4$$

■

$$\begin{aligned} &(2+h)^2 - 4 \\ &= (2+h)^2 - 2^2 \\ &= \{(2+h) - 2\}\{(2+h) + 2\} \\ &= h(h+4) \end{aligned}$$

**정리 1.2.5(Sandwich 정리)**

$a$ 근방의 모든 $x$에 대하여 ($x \neq a$)

$$f(x) \leq g(x) \leq h(x)$$

이고, $\lim_{x \to a} f(x) = \lim_{x \to a} h(x) = L$이면

$$\lim_{x \to a} g(x) = L$$

이다.

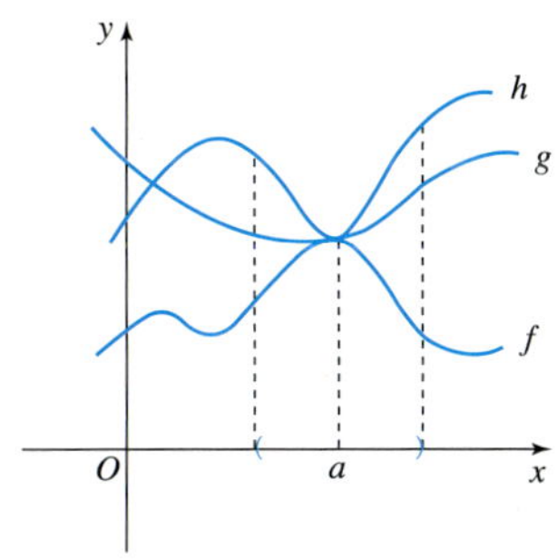

그림 1.2.3

위의 Sandwich정리는 Squeeze정리라고도 한다. 이 정리는 $a$의 근방에서 $g(x)$가 $f(x)$와 $h(x)$ 사이에 있고, 함수 $f$와 $h$가 $a$에서 극한이 다 같이 $L$이면 $g$도 $a$에서 같은 극한 $L$을 가짐을 보여준다.

**예제 6** $\lim_{x \to 0} x^2 \sin\frac{1}{x} = 0$임을 증명하여라.

**증명.** $y = \sin\frac{1}{x}$의 그래프는 진폭이 1이므로 오른 쪽 그림과 같이 $-1$과 1 사이를 위 아래로 진동하며 $x$가 0에 가까이 갈수록 진동은 더 빨라진다. 따라서 $\lim_{x \to 0} \sin\frac{1}{x}$은 존재하지 않기 때문에

$$\lim_{x \to 0} x^2 \sin\frac{1}{x} = \lim_{x \to 0} x^2 \cdot \lim_{x \to 0} \sin\frac{1}{x}$$

와 같이 계산할 수 없다. 그러나

$$-1 \leq \sin\frac{1}{x} \leq 1$$

이므로, 양변에 $x^2$을 곱하면

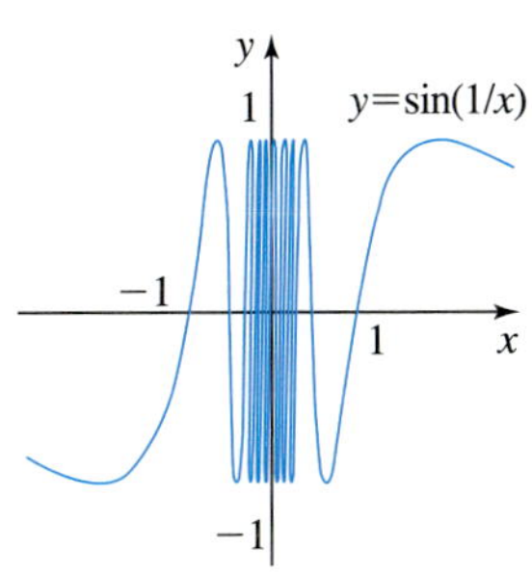

그림 1.2.4

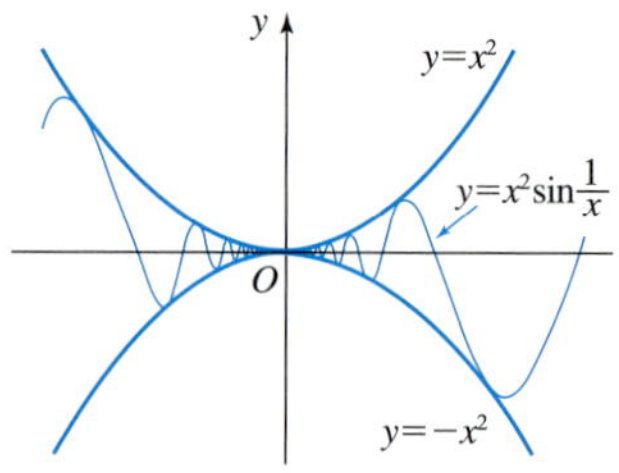


그림 1.2.5

$$-x^2 \le x^2 \sin\frac{1}{x} \le x^2$$

이 성립한다. 그런데,

$$\lim_{x\to 0} x^2 = 0 = \lim_{x\to 0}(-x^2)$$

이므로, Sandwich정리에 의하여

$$\lim_{x\to 0} x^2 \sin\frac{1}{x} = 0$$

■

**예제 7** $\lim\limits_{\theta\to 0}\dfrac{\sin\theta}{\theta} = 1$임을 증명하여라.

**증명.** (i) $0 < \theta < \dfrac{\pi}{2}$ 일 때

오른쪽 그림과 같이 중심각 $\theta$인 부채꼴 $AOP$에서, 선분 $OP$의 연장선과 점 $A$에서의 원의 접선이 만나는 점을 $T$라고 하면

$$\triangle AOP \text{ 의 면적} \le \text{부채꼴 } AOP\text{의 면적} \le \triangle AOT \text{ 의 면적}$$

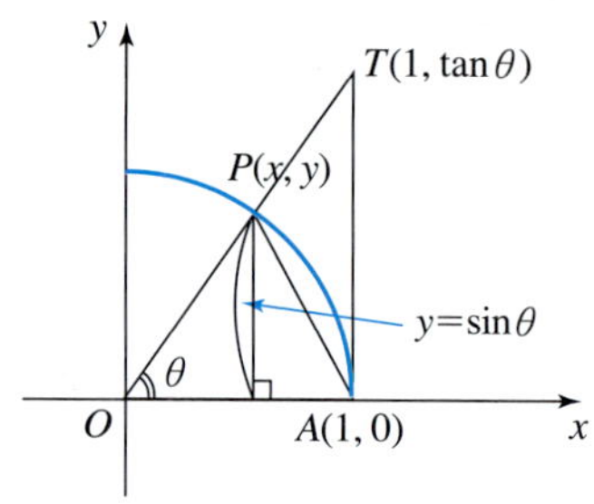


그림 1.2.6

반지름 $r$, 중심각 $\theta$인 부채꼴의 면적 $S$는

$$S = \frac{1}{2}r^2\theta$$

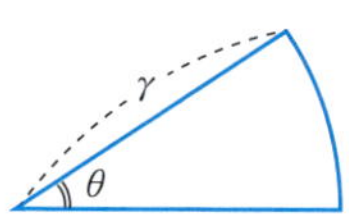


그런데,

$$\triangle AOP\text{의 면적} = \frac{1}{2}\cdot 1\cdot \sin\theta = \frac{1}{2}\sin\theta$$

$$\text{부채꼴 } AOP\text{의 면적} = \frac{1}{2}\cdot 1^2\cdot \theta = \frac{1}{2}\theta$$

$$\triangle AOT\text{의 면적} = \frac{1}{2}\cdot 1\cdot \tan\theta = \frac{1}{2}\tan\theta$$

이므로,

$$\frac{1}{2}\sin\theta \le \frac{1}{2}\theta \le \frac{1}{2}\tan\theta$$

가 성립한다. 양변을 양수 $\frac{1}{2}\sin\theta$로 나누면

$$1 \le \frac{\theta}{\sin\theta} \le \frac{1}{\cos\theta}$$

따라서,

$$\cos\theta \le \frac{\sin\theta}{\theta} \le 1$$

(ii) $-\dfrac{\pi}{2} < \theta < 0$ 일 때

$0 < -\theta < \dfrac{\pi}{2}$ 이므로 앞의 (i)의 결과에 의해서

$\sin(-\theta) = -\sin\theta$
$\cos(-\theta) = \cos\theta$

$$\cos(-\theta) \le \frac{\sin(-\theta)}{-\theta} \le 1$$

$$\cos\theta \le \frac{\sin\theta}{\theta} \le 1$$

(i), (ii)에 의해서 $-\frac{\pi}{2}<\theta<\frac{\pi}{2}$ 이고 $\theta \neq 0$ 인 모든 $\theta$에 대하여

$$\cos\theta \leq \frac{\sin\theta}{\theta} \leq 1$$

$\lim_{\theta\to 0}\cos\theta = 1$

가 성립한다. 그런데, $\theta \to 0$ 일 때 $\cos\theta \to 1$이므로 Sandwich 정리에 의하여

$$\lim_{\theta\to 0}\frac{\sin\theta}{\theta} = 1$$ ■

**예제 8** $\lim_{x\to 0}\frac{\sin 3x}{2x}$ 를 구하여라.

**풀이**

$$\lim_{x\to 0}\frac{\sin 3x}{2x} = \lim_{x\to 0}\frac{\sin 3x}{3x}\cdot\frac{3}{2} = \frac{3}{2}\lim_{x\to 0}\frac{\sin 3x}{3x}$$

여기서, $y = 3x$ 라 두면 $y \to 0$ 일 필요충분조건은 $x \to 0$이므로

$$\lim_{x\to 0}\frac{\sin 3x}{3x} = \lim_{y\to 0}\frac{\sin y}{y} = 1$$

이다. 따라서, 극한값은 다음과 같이 계산된다.

$$\lim_{x\to 0}\frac{\sin 3x}{2x} = \frac{3}{2}\lim_{x\to 0}\frac{\sin 3x}{3x} = \frac{3}{2}$$ ■

## 연습문제 1.2

**1.** 다음 극한을 구하여라.

(1) $\lim_{x\to 4}(4x^2-3x+2)$　(2) $\lim_{x\to 2}\frac{3x^2+2}{x^2+5x-4}$

(3) $\lim_{t\to -1}(t+2)^8(t^2+1)$　(4) $\lim_{u\to -2}\sqrt{u^2+2u+3}$

(5) $\lim_{x\to 1}\left(\frac{2x+1}{2x^3+3x^2-1}\right)^4$　(6) $\lim_{t\to -3}\frac{t^2-9}{2t^2+7t+3}$

(7) $\lim_{h\to 0}\frac{(2+h)^3-8}{h}$　(8) $\lim_{h\to 0}\frac{\sqrt{1+h}-1}{h}$

**2.** $\lim_{x\to a}f(x) = -3$, $\lim_{x\to a}g(x) = 1$, $\lim_{x\to a}h(x) = 2$일 때, 다음 극한을 구하여라.

(1) $\lim_{x\to a}[f(x)+g(x)]$　(2) $\lim_{x\to a}[f(x)]^3$

(3) $\lim_{x\to a}\sqrt[3]{h(x)}$　(4) $\lim_{x\to a}\frac{f(x)}{h(x)}$

(5) $\lim_{x\to a}\sqrt{f^2(x)+g^2(x)}$　(6) $\lim_{x\to a}\frac{2f(x)}{g(x)-h(x)}$

**3.** 모든 $x$에 대하여

$$1 \leq f(x) \leq x^2+2x+2$$

일 때, $\lim_{x\to -1}f(x)$를 구하여라.

**4.** $\lim_{x\to 0}x^4\sin\frac{2}{x} = 0$임을 보여라.

**5.** $\lim_{x\to 0}\frac{\sin x}{x} = 1$임을 이용하여, 다음 극한을 구하여라.

(1) $\lim_{\theta\to 0}\frac{\tan\theta}{\theta}$　(2) $\lim_{x\to 0^+}\frac{\sin x}{x}$

(3) $\lim_{x\to 0}\frac{\sin 5x}{\sin 3x}$　(4) $\lim_{t\to 0}\frac{2\sin t\cos t}{t}$

**6.** 0의 근방에서 0이 아닌 $x$에 대하여

$$1-\frac{x^2}{6} \le \frac{\sin x}{x} \le 1$$

이 성립한다. 이것을 이용하여 $\lim_{x\to 0}\frac{\sin x}{x}=1$임을 보여라.

**7.** $\lim_{\theta\to 0}\frac{\cos\theta}{\theta}$을 구하여라.

**8.** $\lim_{x\to -2}\frac{3x^2+ax+a+3}{x^2+x-2}$이 존재하도록 하는 $a$가 있는가? 있으면 $a$와 이 극한값을 구하여라.

**9.** 모든 $x$에 대해서 $f(x)g(x)=1$이고 $\lim_{x\to a}g(x)=0$이라고 하자. 그러면 $\lim_{x\to a}f(x)$는 존재하지 않음을 보여라.

**10.** $Q$는 $(\pm x,\ 0)$과 $(0,\ \pm 1)$을 꼭지점으로 가지는 사각형이고, $R$는 그 변의 중점을 연결해서 만들어진 직사각형이다. 이 때, 다음 극한을 구하여라.

$$\lim_{x\to 0^+}\frac{(R\text{의 둘레의 길이})}{(Q\text{의 둘레의 길이})}$$

**11.** 다음 그림과 같이 방정식 $(x-1)^2+y^2=1$의 그래프인 원 $C_1$과 원점을 중심으로 하는 반지름 $r$인 줄어드는 원 $C_2$가 있다. 점 $P$의 좌표가 $(0, r)$, 점 $Q$가 두 원의 위쪽 교점이고 $R$이 직선 $PQ$와 $x$축과의 교점이라 할 때 $C_2$가 줄어들어 $r\to 0^+$이면 $R$의 위치는 어떻게 되겠는가?

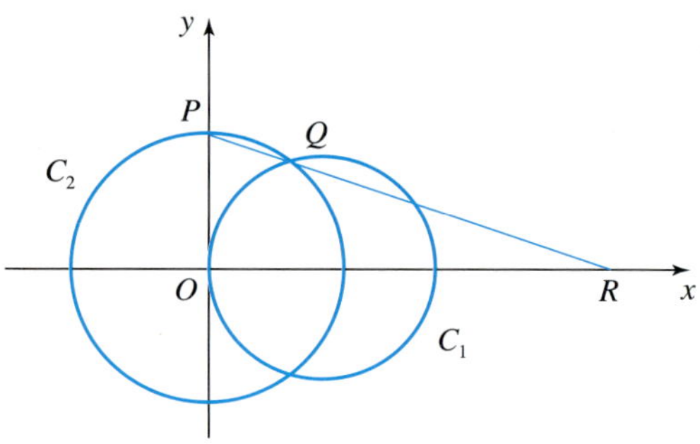

# 1.3 무한대와 극한

실수 $x$가 한없이 커질 때 이것을 기호로 간단히 $x \to \infty$로 나타낸다. 또, $x$가 한없이 작아질 때 $x \to -\infty$로 나타낸다. 이 때, $\infty$와 $-\infty$는 실수가 아니고 각각 한없이 크고 작은 상태를 나타내는 의미로 사용된다.

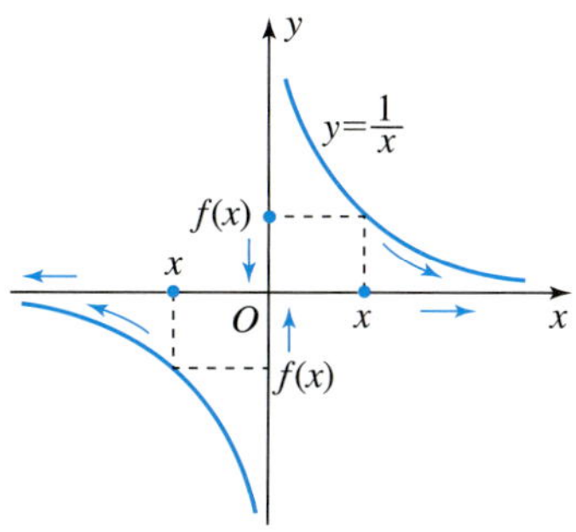


그림 1.3.1

| $x$ | $\frac{1}{x}$ |
|---|---|
| 1 | 1 |
| 10 | 0.1 |
| 100 | 0.01 |
| 1000 | 0.001 |
| 10000 | 0.0001 |
| ⇣ | ⇣ |
| $\infty$ | 0 |

| $x$ | $\frac{1}{x}$ |
|---|---|
| −1 | −1 |
| −10 | −0.1 |
| −100 | −0.01 |
| −1000 | −0.001 |
| −10000 | −0.0001 |
| ⇣ | ⇣ |
| $-\infty$ | 0 |

함수 $y=\frac{1}{x}$에서 $x$가 한없이 커지면 $\frac{1}{x}$의 값은 한없이 0에 가까워진다. 즉

$$x \to \infty \text{일 때} \quad \frac{1}{x} \to 0$$

이다. 이것을 기호로

$$\lim_{x\to\infty} \frac{1}{x} = 0$$

으로 나타낸다. 또, $x$가 한없이 작아지면 $\frac{1}{x}$의 값도 0에 가까워지므로

$$x \to -\infty \text{일 때} \quad \frac{1}{x} \to 0$$

이다. 이것을 기호로

$$\lim_{x\to-\infty} \frac{1}{x} = 0$$

으로 나타낸다.

### $x \to +\infty$일 때의 극한

**정의 1.3.1**

$x \to \infty$일 때 $f(x) \to L$이면 기호

$$\lim_{x\to\infty} f(x) = L$$

로 나타내고, $L$을 $x \to \infty$일 때의 함수 $f$의 극한(limit)이라고 한다.

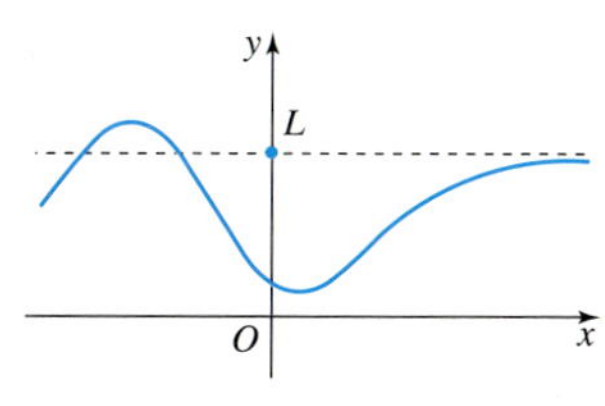


그림 1.3.2

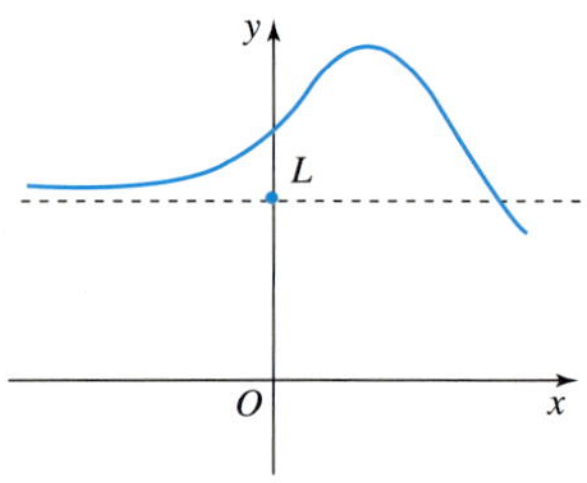


그림 1.3.3

**정의 1.3.2**

$x \to -\infty$일 때 $f(x) \to L$이면 기호

$$\lim_{x \to -\infty} f(x) = L$$

로 나타내고, $L$을 $x \to -\infty$일 때의 함수 $f$의 극한(limit)이라고 한다.

$x \to \pm\infty$일 때의 극한에 대해서도 $x \to a$일 때의 극한의 성질이 성립한다.

**정리 1.3.3($x \to \infty$일 때 극한의 성질)**

$\lim_{x \to \infty} f(x)$와 $\lim_{x \to \infty} g(x)$가 존재할 때, 다음이 성립한다.

(1) $\lim_{x \to \infty}[f(x)+g(x)] = \lim_{x \to \infty} f(x) + \lim_{x \to \infty} g(x)$

(2) $\lim_{x \to \infty}[cf(x)] = c \lim_{x \to \infty} f(x)$ (단, $c$는 상수)

(3) $\lim_{x \to \infty}[f(x)-g(x)] = \lim_{x \to \infty} f(x) - \lim_{x \to \infty} g(x)$

(4) $\lim_{x \to \infty}[f(x)g(x)] = \lim_{x \to \infty} f(x) \cdot \lim_{x \to \infty} g(x)$

(5) $\lim_{x \to \infty} \dfrac{f(x)}{g(x)} = \dfrac{\lim_{x \to \infty} f(x)}{\lim_{x \to \infty} g(x)}$ (단, $\lim_{x \to \infty} g(x) \neq 0$)

**정리 1.3.4**

$n$이 자연수일 때, $n$차 다항식

$$p_n = a_n x^n + a_{n-1} x^{n-1} + \ldots + a_1 x + a_0$$

에 대하여 다음이 성립한다.

$$\lim_{x \to \infty} p_n(x) = \begin{cases} \infty & (a_n > 0\text{일 때}) \\ -\infty & (a_n < 0\text{일 때}) \end{cases}$$

**증명.** $a_n > 0$일 때,

$$\lim_{x \to \infty} \left( a_n + \frac{a_{n-1}}{x} + \ldots + \frac{a_0}{x^n} \right) = a_n$$

이고, $\lim_{x \to \infty} x^n = \infty$이므로

$$\begin{aligned} \lim_{x \to \infty} p_n(x) &= \lim_{x \to \infty} (a_n x^n + a_{n-1} x^{n-1} + \ldots + a_1 x + a_0) \\ &= \lim_{x \to \infty} \left[ x^n \left( a_n + \frac{a_{n-1}}{x} + \ldots + \frac{a_0}{x^n} \right) \right] \\ &= \infty \end{aligned}$$

$a_n < 0$인 경우에도 같은 방법으로, $\lim_{x \to \infty} p_n(x) = -\infty$임을 보일 수 있다. ■

**예제 1** 다음 극한을 구하여라.

(1) $\lim_{x \to \infty} \frac{3x^2 - 4x}{2x^3 + 1}$ (2) $\lim_{x \to \infty} \frac{-2x^2 + x - 5}{5x^2 - 6x + 1}$

**풀이** (1) 정리 1.3.4에 의해서,

$$\lim_{x \to \infty} (3x^2 - 4x) = \infty, \ \lim_{x \to \infty} (2x^3 + 1) = \infty$$

이므로, 분모와 분자의 극한이 존재하지 않기 때문에

$$\lim_{x \to \infty} \frac{3x^2 - 4x}{2x^3 + 1} = \frac{\lim_{x \to \infty} (3x^2 - 4x)}{\lim_{x \to \infty} (2x^3 + 1)}$$

과 같이 계산할 수가 없다. 이와 같이 유리함수의 극한을 계산할 때 $\frac{\infty}{\infty}$꼴이 되는 경우에는 분모의 최고차항 $x^3$으로 분모, 분자를 나누어서 다음과 같이 계산한다.

$$\lim_{x \to \infty} \frac{3x^2 - 4x}{2x^3 + 1} = \frac{\lim_{x \to \infty} \left( \frac{3}{x} - \frac{4}{x^2} \right)}{\lim_{x \to \infty} \left( 2 + \frac{1}{x^3} \right)} = \frac{0 - 0}{2 + 0} = 0$$

$n$이 양의 정수일 때

$$\lim_{x \to \infty} \frac{1}{x^n} = 0$$

$$\lim_{x \to -\infty} \frac{1}{x^n} = 0$$

(2) $\lim_{x \to \infty} (-2x^2 + x - 5) = -\infty, \ \lim_{x \to \infty} (5x^2 - 6x + 1) = \infty$

이므로, 분모와 분자를 최고차항 $x^2$으로 나누어서 계산하면

$$\lim_{x \to \infty} \frac{-2x^2 + x - 5}{5x^2 - 6x + 1} = \frac{\lim_{x \to \infty} \left( -2 + \frac{1}{x} - \frac{5}{x^2} \right)}{\lim_{x \to \infty} \left( 5 - \frac{6}{x} + \frac{1}{x^2} \right)} = \frac{-2 + 0 - 0}{5 - 0 + 0} = -\frac{2}{5}$$

■

**예제 2** $\lim_{x \to \infty} \left( \sqrt{x^2 + 1} - x \right)$를 구하여라.

**풀이**

$$\begin{aligned} \lim_{x \to \infty} \left( \sqrt{x^2 + 1} - x \right) &= \lim_{x \to \infty} \left( \sqrt{x^2 + 1} - x \right) \frac{\sqrt{x^2 + 1} + x}{\sqrt{x^2 + 1} + x} \\ &= \lim_{x \to \infty} \frac{\left( \sqrt{x^2 + 1} \right) - x^2}{\sqrt{x^2 + 1} + x} \\ &= \lim_{x \to \infty} \frac{1}{\sqrt{x^2 + 1} + x} \\ &= 0 \end{aligned}$$

$(a + b)(a - b) = a^2 - b^2$

■

## 무한대인 극한

| $x$ | $\frac{1}{x}$ |
|---|---|
| 1 | 1 |
| 0.1 | 10 |
| 0.01 | 100 |
| 0.001 | 1000 |
| 0.0001 | 10000 |
| ↓ | ↓ |
| 0 | $\infty$ |

| $x$ | $\frac{1}{x}$ |
|---|---|
| $-1$ | $-1$ |
| $-0.1$ | $-10$ |
| $-0.01$ | $-100$ |
| $-0.001$ | $-1000$ |
| $-0.0001$ | $-10000$ |
| ↓ | ↓ |
| 0 | $-\infty$ |

함수 $y=\frac{1}{x}$에서 $x$가 양수로서 0에 가까이 가면 $\frac{1}{x}$의 값은 한없이 커지고, 음수로서 0에 가까이 가면 $\frac{1}{x}$의 값은 한없이 작아진다.

즉,

$$x \to 0^+ \text{ 일 때 } \frac{1}{x} \to \infty$$

$$x \to 0^- \text{ 일 때 } \frac{1}{x} \to -\infty$$

이다. 이것을 기호로

$$\lim_{x\to 0^+}\frac{1}{x} = \infty, \quad \lim_{x\to 0^-}\frac{1}{x} = -\infty$$

와 같이 나타낸다.

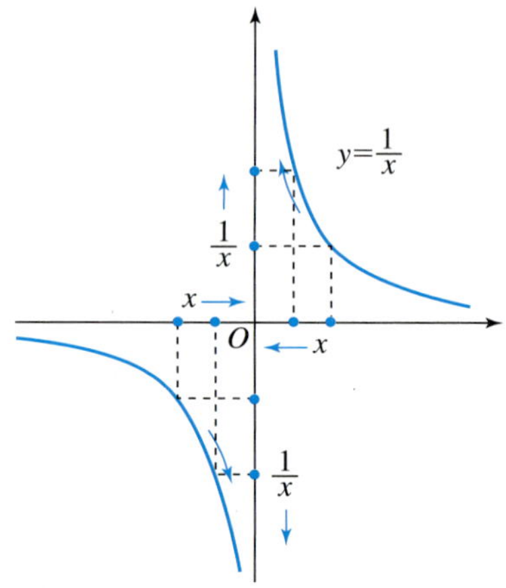


그림 1.3.4

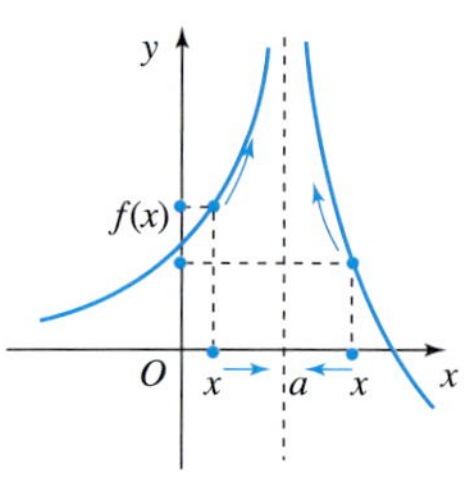


그림 1.3.5

**정의 1.3.5**

$x \to a^+$ 일 때 $f(x) \to \infty$ 이면 기호

$$\lim_{x\to a^+} f(x) = \infty$$

로 나타내고, $x \to a^-$ 일 때 $f(x) \to \infty$ 이면 기호

$$\lim_{x\to a^-} f(x) = \infty$$

로 나타낸다.

$\lim_{x\to a^+} f(x) = -\infty$, $\lim_{x\to a^-} f(x) = -\infty$ 도 같은 방법으로 정의한다.

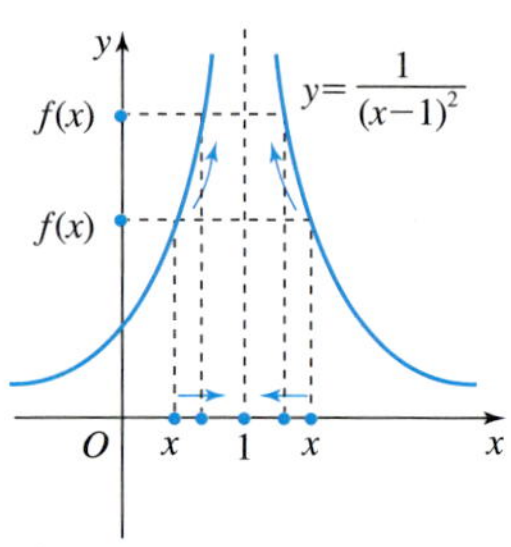


그림 1.3.6

**예제 3** $\lim_{x\to 1^+}\frac{1}{(x-1)^2}$ 과 $\lim_{x\to 1^-}\frac{1}{(x-1)^2}$ 을 구하여라.

**풀이** $x \to 1^+$ 일 때 분모는 양수로서 0에 가까워지고, 분자는 모든 $x$에 대하여 언제나 1이다. 따라서, $x \to 1^+$ 일 때 $\frac{1}{(x-1)^2}$ 의 값은 한없이 커지므로

$$\lim_{x\to 1^+}\frac{1}{(x-1)^2} = \infty$$

또, $x \to 1^-$일 때도 분모는 양수로서 0에 가까워지고, 분자는 모든 $x$에 대하여 언제나 1이므로

$$\lim_{x \to 1^-} \frac{1}{(x-1)^2} = \infty$$

■

## 점근선

함수 $y = f(x)$의 그래프 위의 한 점 $P$가 원점으로부터 점점 멀어지면서 그래프 위를 움직일 때 점 $P$가 어떤 직선에 점점 가까워지는 경우가 있다. 이 때, 이 직선을 함수 $f$의 점근선(asymptote)이라고 한다.

이를 테면, 함수 $y = \dfrac{1}{x}$에서

$$\lim_{x \to \infty} \frac{1}{x} = 0, \quad \lim_{x \to -\infty} \frac{1}{x} = 0$$

이므로, 한 점 $P$가 곡선을 따라서 한없이 크거나 작아지면 $x$축에 가까워지므로 직선 $y = 0$가 점근선이다. 또,

$$\lim_{x \to 0^+} \frac{1}{x} = +\infty, \quad \lim_{x \to 0^-} \frac{1}{x} = -\infty$$

이므로, 직선 $x = 0$도 점근선이 된다.

일반적으로 점근선을 다음과 같이 정의한다.

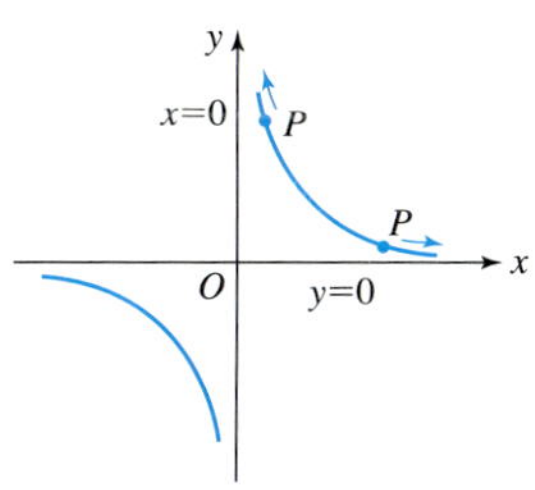


그림 1.3.7

**정의 1.3.6**

함수 $y = f(x)$에서

(1) $\lim_{x \to a^+} f(x) = \pm\infty$ 또는 $\lim_{x \to a^-} f(x) = \pm\infty$일 때, 직선 $x = a$를 함수 $f$의 수직점근선(vertical asymptote)라 한다.

(2) $\lim_{x \to \infty} f(x) = b$ 또는 $\lim_{x \to -\infty} f(x) = b$일 때, 직선 $y = b$를 함수 $f$의 수평점근선(horizontal asymptote)이라 한다.

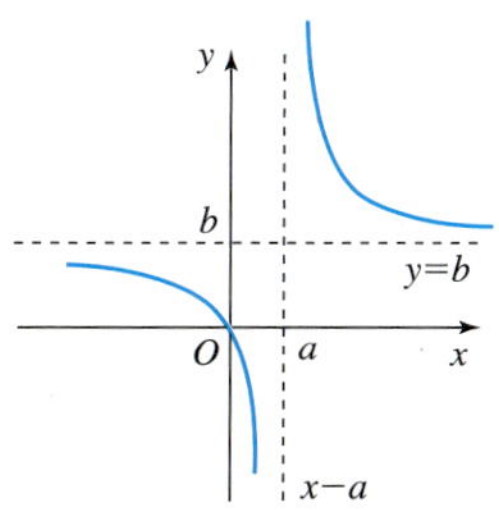


그림 1.3.8

**예제 4** 함수 $f(x) = \dfrac{3x}{x-1}$의 그래프의 점근선을 구하여라.

**풀이** $x \to 1^-$일 때

$$x - 1 \to 0^- \text{ 이고 } 3x \to 3$$

이므로

$$\lim_{x \to 1^-} \frac{3x}{x-1} = -\infty$$

또, $x \to 1^+$ 일 때

$$x-1 \to 0^+ \text{ 이고 } 3x \to 3$$

이므로

$$\lim_{x \to 1^+} \frac{3x}{x-1} = \infty$$

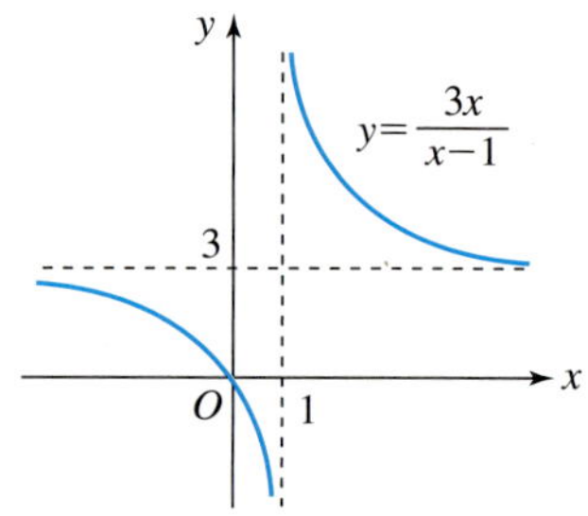


그림 1.3.9

따라서, 직선 $x=1$은 수직점근선이다. 그리고

$$\lim_{x \to \infty} \frac{3x}{x-1} = \lim_{x \to \infty} \frac{3}{1-\frac{1}{x}} = \frac{3}{1-0} = 3$$

$$\lim_{x \to -\infty} \frac{3x}{x-1} = \lim_{x \to -\infty} \frac{3}{1-\frac{1}{x}} = \frac{3}{1-0} = 3$$

이므로, 직선 $y=3$은 수평점근선이다. ■

## 연습문제 1.3

**1.** 다음 극한을 구하여라.

(1) $\lim_{x \to \infty} \frac{x}{x-3}$ (2) $\lim_{x \to \infty} \frac{x^2+2}{3x^2-x+2}$

(3) $\lim_{x \to -\infty} \frac{3x+2}{x^2-1}$ (4) $\lim_{x \to -\infty} \frac{x^2-3}{5x+2}$

(5) $\lim_{x \to \infty} \frac{\sqrt{x^3}+2x}{\sqrt{2x^3}}$ (6) $\lim_{x \to \infty} \sqrt{\frac{\pi x^3+2x}{3x^3+5x}}$

(7) $\lim_{x \to \infty} \frac{2x-1}{\sqrt{x^2+3}}$ (8) $\lim_{x \to \infty} \frac{\sqrt{2x-1}}{x+3}$

(9) $\lim_{x \to \infty}(\sqrt{2x^2+3}-\sqrt{2x^2-3})$

(10) $\lim_{x \to \infty}(\sqrt{x^2+2x}-x)$

**2.** 다음 극한을 구하여라.

(1) $\lim_{x \to 3^+} \frac{x}{x-3}$ (2) $\lim_{t \to 2^+} \frac{t^2-4}{t+2}$

(3) $\lim_{t \to 2^-} \frac{t^2}{4-t^2}$ (4) $\lim_{x \to 0^+} \frac{[x]}{x}$

(5) $\lim_{x \to 0^-} \frac{|x|}{x}$ (6) $\lim_{x \to 0^+} \frac{|x|}{x}$

(7) $\lim_{x \to -1^-} \frac{1-x}{(x+1)^2}$ (8) $\lim_{x \to -2^+} \frac{-x}{\sqrt{4-x^2}}$

(9) $\lim_{x \to 1} \frac{2-x}{(x-1)^2}$ (10) $\lim_{x \to 1^-} \frac{1-2x}{x^2-1}$

**3.** 다음 함수의 그래프의 수평점근선과 수직점근선을 구하여라.

(1) $y = \frac{3x}{x-2}$ (2) $y = \frac{3}{2x+1}$

(3) $y = \frac{5}{4-x^2}$ (4) $y = 2+\frac{3}{x^2-4}$

(5) $y = \frac{x}{9-x^2}$ (6) $y = -\frac{2x}{\sqrt{x^2+3}}$

**4.** 직선 $y=ax+b$에 대하여

$$\lim_{x \to \infty}[f(x)-(ax+b)] = 0$$
$$\text{또는 } \lim_{x \to -\infty}[f(x)-(ax+b)] = 0$$

일 때, $y=ax+b$도 함수 $y=f(x)$의 점근선이 된다. 이것을 이용하여 다음 함수의 점근선을 구하여라.

(1) $y = \frac{x^2-3}{x-2}$ (2) $y = x+\frac{1}{x}$

**5.** 함수 $f(x) = \dfrac{\sqrt{x^2+1}}{3x-5}$의 그래프를 그리고 수평점근선과 수직점근선을 구하여라. $\displaystyle\lim_{x\to\infty} \frac{\sqrt{x^2+1}}{3x-5}$와 $\displaystyle\lim_{x\to-\infty} \frac{\sqrt{x^2+1}}{3x-5}$를 구하여라.

**6.** 어떤 동물이 출생한지 $t$일이 경과한 후의 길이를

$$h(t) = \frac{700}{1+9(0.5)^t}\text{(cm)}$$

라고 하자.

(1) 출생 직후의 길이를 구하여라.

(2) 가장 큰 동물의 길이($t \to \infty$ 일 때)를 구하여라.

**7.** 아인슈타인(Einstein)의 특수 상대성 이론에 의하면 어떤 물체의 질량 $m$는 그 물체의 속력 $v$와 다음과 같은 관계가 성립한다.

$$m(v) = \frac{m_0}{\sqrt{1-\dfrac{v^2}{c^2}}}$$

여기서 $m_0$는 정지 질량이고, $c$는 빛의 속력이다. 이 때, $\displaystyle\lim_{v\to c^-} m(v)$를 구하여라.

**8.** 빛의 세기가 $x$일 때 어떤 동물의 눈동자의 크기를 $f(x)$라 하면

$$f(x) = \frac{80x^{-0.2}+50}{2x^{-0.2}+5}\text{ (mm)}$$

라고 한다.

(1) 빛이 없을 경우의 눈동자의 크기를 구하여라.

(2) 빛의 양이 한없이 클 때의 눈동자의 크기를 구하여라.

**9.** 낙하하는 물체의 속도는 다음과 같다는 것이 알려져 있다.

$$v(t) = -\sqrt{\frac{32}{k}}\,\frac{1-e^{-2t\sqrt{32k}}}{1+e^{-2t\sqrt{32k}}}\text{ (ft/sec)}$$

여기서 $k$는 공기의 밀도, 물체의 크기와 모양에 의하여 결정되는 상수이다.

(1) 물체의 제한속도 $\displaystyle\lim_{t\to\infty} v(t)$를 구하여라.

(2) $k = 0.00016$(머리부터 거꾸로 떨어질 때)인 경우와 $k = 0.001$(팔다리를 벌리고 떨어질 때)인 경우 스카이다이버의 제한속도를 구하여라.

## 1.4 함수의 연속성

함수가 연속이라는 것은 함수의 그래프가 끊어져 있지 않다는 것을 의미한다. 일반적으로 함수의 연속을 다음과 같이 정의한다.

### 연속의 정의

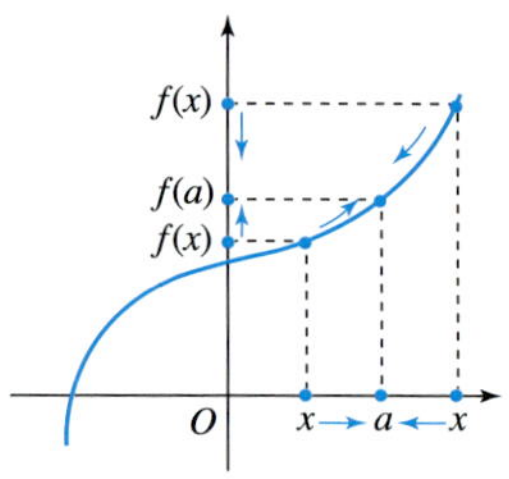

그림 1.4.1

**정의 1.4.1**

함수 $f$가 $a$를 포함하는 한 개구간에서 정의되고

$$\lim_{x \to a} f(x) = f(a)$$

일 때, $f$는 $x = a$에서 연속(continuous)이라고 한다.

정의로부터 함수 $f$가 $x = a$에서 연속이라는 것은 다음 3가지 조건이 만족되어야 함을 알 수 있다.

(1) $\lim_{x \to a} f(x)$가 존재한다.

(2) $f(a)$가 존재한다.

(3) $\lim_{x \to a} f(x) = f(a)$.

함수 $f$가 $x = a$에서 연속이 아닐 때, $f$는 $x = a$에서 불연속(discontinuous)이라고 한다. 따라서, 위의 세 가지 조건 중 어느 하나라도 만족되지 않으면 그 함수는 불연속이 된다.

다음 그림에서 (a), (b), (c)는 모두 $x = a$에서 불연속이다. 그러나, (d)는 위의 세 가지 조건을 모두 만족하므로 연속이 된다.

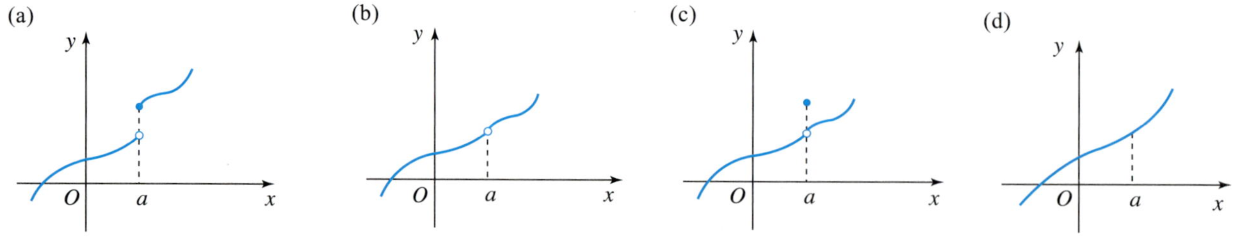

(a) $\lim_{x \to a} f(x)$가 존재하지 않는다. (b) $f(a)$가 존재하지 않는다. (c) $\lim_{x \to a} f(x) \neq f(a)$ (d) $\lim_{x \to a} f(x) = f(a)$

그림 1.4.2

**예제 1** 다음 함수에서 불연속인 점을 구하고 그 이유를 설명하여라.

(1) $f(x)=\begin{cases} \dfrac{1}{x} & (x\neq 0\text{일 때}) \\ 1 & (x=0\text{일 때}) \end{cases}$

(2) $f(x)=\begin{cases} \dfrac{x^2+x-2}{x-1} & (x\neq 1\text{일 때}) \\ 2 & (x=1\text{일 때}) \end{cases}$

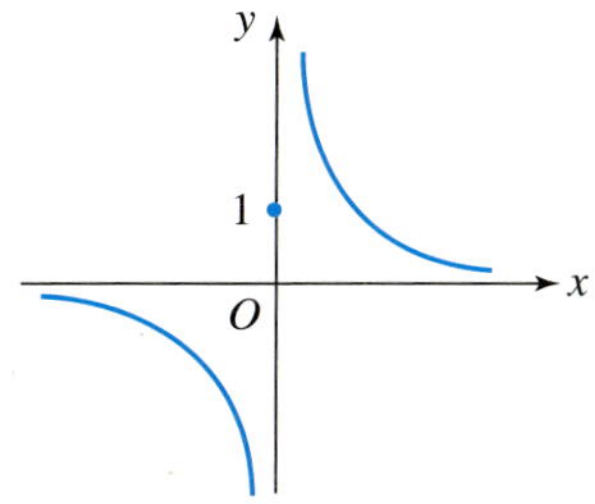


**풀이** (1) $f(0)$의 값은 1로 존재하지만 $\lim_{x\to 0}\dfrac{1}{x}$은 존재하지 않는다. 따라서, $f$는 $x=0$에서 불연속이다.

(2) $f(1)$의 값은 2로 존재하고

$$\begin{aligned}\lim_{x\to 1} f(x) &= \lim_{x\to 1}\frac{x^2+x-2}{x-1} \\ &= \lim_{x\to 1}(x+2)=3\end{aligned}$$

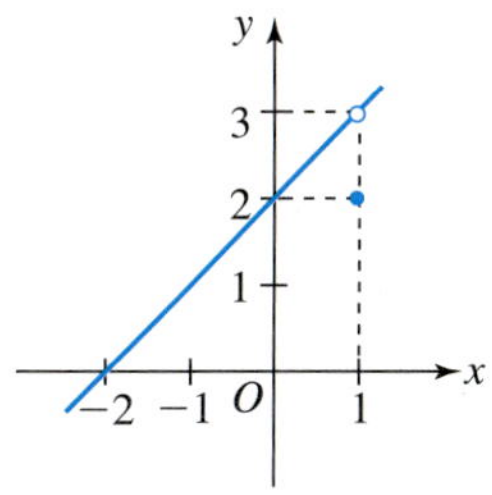


도 존재한다. 그러나, $\lim_{x\to 1} f(x)\neq f(1)$ 이므로, $f$는 $x=1$에서 불연속이다. ■

**예제 2** 함수 $f(x)=\dfrac{x^2-x-2}{x-2}$가 $x=2$에서 연속이 되려면, $f(2)$의 값을 어떻게 정의하여야 하는가?

**풀이** $f(2)$의 값이 존재하지 않으므로 $x=2$에서 불연속이다.

$$\begin{aligned}\lim_{x\to 2} f(x) &= \lim_{x\to 2}\frac{x^2-x-2}{x-2} \\ &= \lim_{x\to 2}\frac{(x+1)(x-2)}{x-2} \\ &= \lim_{x\to 2}(x+1)=3\end{aligned}$$

이므로, $f(2)=3$ 으로 정의하여야 $\lim_{x\to 2} f(x)=f(2)$가 되어 $x=2$에서 연속이 된다. ■

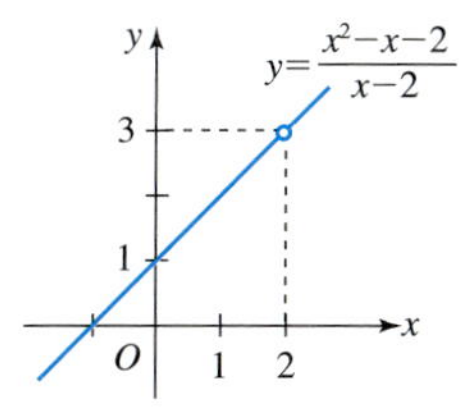


그림 1.4.3

**정의 1.4.2(좌연속과 우연속)**

함수 $f$가 $a$를 포함하는 한 왼쪽 구간에서 정의되고

$$\lim_{x\to a^-} f(x) = f(a)$$

일 때, $f$는 $x=a$에서 좌연속(continuous from the left)이라고 한다. 또, 함수 $f$가 $a$를 포함하는 한 오른 쪽 구간에서 정의되고

$$\lim_{x\to a^+} f(x) = f(a)$$

일 때, $f$는 $x=a$에서 우연속(continuous from the right)이라고 한다.

**예제 3** 함수 $f(x) = [x]$은 모든 정수점에서 우연속이지만 좌연속은 아님을 보여라. (단, $[x]$는 $x$를 넘지 않는 최대의 정수를 나타낸다.)

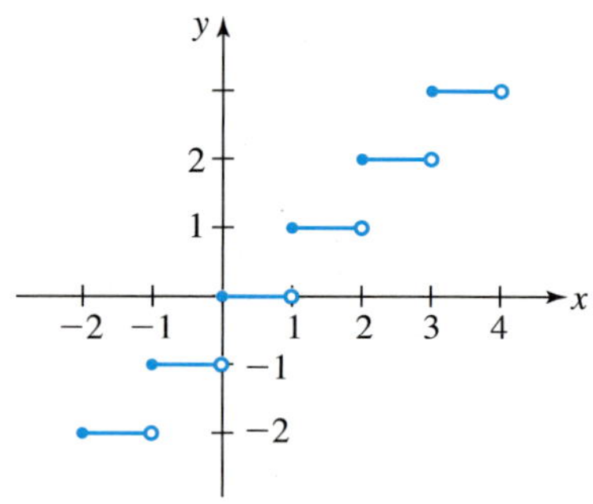


그림 1.4.4

**풀이** $n$이 정수일 때

$$\lim_{x\to n^+} f(x) = \lim_{x\to n^+} [x] = n = f(n)$$
$$\lim_{x\to n^-} f(x) = \lim_{x\to n^-} [x] = n-1 \neq f(n)$$

따라서, $f$는 모든 정수점에서 우연속이지만 좌연속은 아니다. ■

**정의 1.4.3**

함수 $f$가 구간 $(a, b)$ 내의 모든 점에서 연속이면 $f$는 개구간$(a, b)$에서 연속이라고 한다. 또, 개구간 $(a, b)$의 모든 점에서 연속이고 $a$에서 우연속, $b$에서 좌연속이면 $f$는 폐구간 $[a, b]$에서 연속이라고 한다.

## 함수의 연산과 연속성

**정리 1.4.4**

$f$와 $g$가 $x = a$에서 연속이고 $c$가 상수일 때, 함수

$$f+g, \quad f-g, \quad cf, \quad fg, \quad \frac{f}{g}(\text{단, } g(a)\neq 0)$$

는 모두 $x = a$에서 연속이다.

**증명.** 극한의 성질을 이용하여 쉽게 증명할 수 있으므로 $f+g$의 연속성만 증명하기로 한다.

$f$와 $g$가 $x = a$에서 연속이므로

$$\lim_{x\to a} f(x) = f(a), \quad \lim_{x\to a} g(x) = g(a).$$

따라서,

$$\begin{aligned}\lim_{x\to a} f(x+g)(x) &= \lim_{x\to a} [f(x)+g(x)] \\ &= \lim_{x\to a} f(x) + \lim_{x\to a} g(x) \\ &= f(a)+g(a) \\ &= (f+g)(a)\end{aligned}$$

그러므로, $f+g$는 $x=a$에서 연속이다. ■

$f$가 $a$에서 연속일 때

$$\lim_{x\to a} cf(x) = c\lim_{x\to a} f(x) = cf(a)$$

이므로, $cf$는 $a$에서 연속이다.



## 다항함수와 유리함수의 연속성

함수 $f$와 $g$가 다항함수일 때 정리 1.2.3과 정리 1.2.4에 의해서

$$\lim_{x\to a} f(x) = f(a), \quad \lim_{x\to a} \frac{f(x)}{g(x)} = \frac{f(a)}{g(a)} (\text{단, } g(a)\neq 0)$$

이므로, 다음 정리를 얻는다.

**정리 1.4.5**

다항함수는 모든 점에서 연속이다. 또, 유리함수는 그 함수가 정의되는 모든 점에서 연속이다.

**예제 4** $\lim_{x\to -2} \dfrac{x^2+2x+4}{4-2x}$을 구하여라.

**풀이** $f(x) = \dfrac{x^2+2x+4}{4-2x}$은 $x=-2$에서 분모가 0이 되지 않으므로 $x=-2$에서 연속이다. 따라서

$$\lim_{x\to -2} \frac{x^2+2x+4}{4-2x} = \lim_{x\to -2} f(x) = f(-2) = \frac{(-2)^2+2(-2)+4}{4-2(-2)} = \frac{1}{2}$$

■

## $n$승근 함수의 연속성

정리 1.2.2(7)에 의해서

$$\lim_{x\to a} \sqrt[n]{x} = \sqrt[n]{\lim_{x\to a} x} = \sqrt[n]{a} \ (\text{단, } n\text{이 짝수일 때, } a \geq 0)$$

이 성립하므로, 다음 정리를 얻는다.

**정리 1.4.6**

$n$이 짝수이면, $f(x) = \sqrt[n]{x}$는 $[0, \infty)$에서 연속이다.
$n$이 홀수이면, $f(x) = \sqrt[n]{x}$는 $(-\infty, \infty)$에서 연속이다.

**예제 5** $\lim_{x \to 1} \frac{2|x| - x^2}{\sqrt{x} + \sqrt[3]{x}}$을 구하여라.

**풀이** $f(x) = \frac{2|x| - x^2}{\sqrt{x} + \sqrt[3]{x}}$라 하면, 분모함수와 분자함수는 모두 1에서 연속이다. 또, $x = 1$일 때 분모가 0이 아니므로 $f(x)$는 $x = 1$에서 연속이다. 따라서

$$\lim_{x \to 1} \frac{2|x| - x^2}{\sqrt{x} + \sqrt[3]{x}} = \lim_{x \to 1} f(x) = f(1) = \frac{2-1}{1+1} = \frac{1}{2}$$

■

## 연속함수의 합성

연속인 두 함수 $f$와 $g$의 합성함수 $f \circ g$도 연속임을 보일 수 있다. 이것은 다음 정리의 결과이다. 증명은 어려우므로 생략하기로 한다.

**정리 1.4.7**

$\lim_{x \to a} g(x) = L$이고 $f$가 $L$에서 연속이면

$$\lim_{x \to a} f(g(x)) = f(L) = f(\lim_{x \to a} g(x))$$

이 정리는 $x \to a$이면 $g(x) \to L$이고, $f$가 $L$에서 연속이므로 $f(g(x)) \to f(L)$임을 나타낸다.

**정리 1.4.8**

$g$가 $x = a$에서 연속이고 $f$가 $g(a)$에서 연속이면 $f \circ g$는 $x = a$에서 연속이다.

**증명.** $g$가 $x = a$에서 연속이므로

$$\lim_{x \to a} g(x) = g(a)$$

또, $f$가 $L = g(a)$에서 연속이므로 정리 1.4.7에 의해서

$$\lim_{x \to a} (f \circ g)(x) = \lim_{x \to a} f(g(x)) = f(\lim_{x \to a} g(x)) = f(g(a)) = (f \circ g)(a)$$

따라서, $f \circ g$는 $x = a$에서 연속이다. ■

**예제 6** 함수 $h(x) = \left|\dfrac{\sin x}{x^2+1}\right|$는 모든 실수에서 연속임을 보여라.

**풀이**

$$f(x) = |x|, \quad g(x) = \frac{\sin x}{x^2+1}$$

라 두면, 두 함수 $f$, $g$는 모든 실수에서 연속이고 $h(x) = f(g(x))$이다.
따라서, $h$는 두 연속함수 $f$와 g의 합성함수이므로 정리 1.4.7에 의해서 $h$는 모든 실수에서 연속이다. ■

## 중간값정리

다음 정리는 폐구간에서 연속인 함수가 갖는 중요한 성질이다. 이 정리의 증명은 어려우므로 생략하기로 한다.

**정리 1.4.9(중간값정리)**

함수 $f$가 폐구간 $[a, b]$에서 연속이면 $f(a) < N < f(b)$인 $N$에 대하여

$$f(c) = N$$

이 되는 점 $c$가 $(a, b)$ 내에 적어도 하나 존재한다.

중간값의 정리로부터, 연속함수는 $f(a)$와 $f(b)$ 사이에 있는 모든 값을 함수값으로 갖는다는 것을 알 수 있다.

**따름정리 1.4.10**

함수 $f$가 폐구간 $[a, b]$에서 연속이고, $f(a)\cdot(b) < 0$이면 $f(c) = 0$인 점 $c$가 $(a, b)$ 내에 적어도 하나 존재한다.

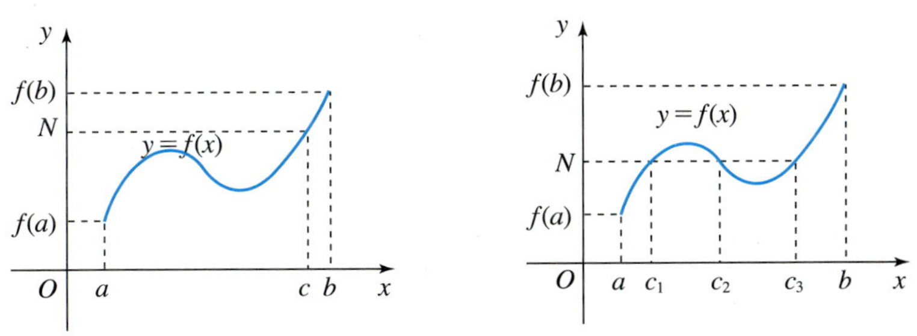


그림 1.4.5

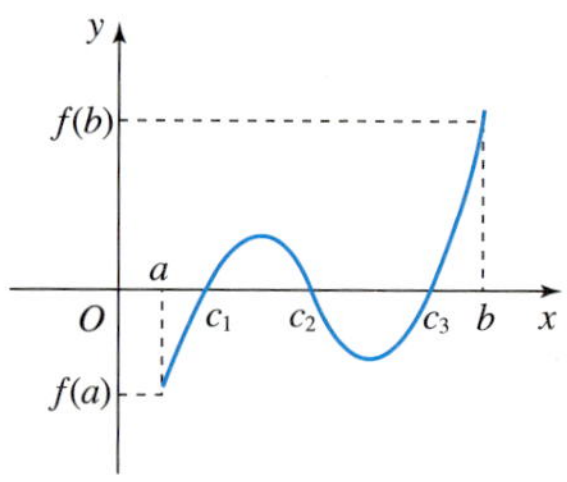

그림 1.4.6

위의 따름정리는 중간값정리에서 $N = 0$인 경우이다. $f(a)$와 $f(b)$의 부호가 서로 다르면 $f$의 그래프는 $a$와 $b$ 사이의 적어도 한 점 $c$에서 $x$축과 만난다는 것을 의미한다. 여기서 $c$를 $f$의 근이라고 한다. 이것을 이용하여 방정식의 근의 존재성을 보일 수 있다.

**예제 7** 방정식 $x - \cos x = 0$의 근이 0과 $\frac{\pi}{2}$ 사이에 존재함을 보여라.

**풀이** $f(x) = x - \cos x$라 두면, $f(x)$는 $\left[0, \frac{\pi}{2}\right]$에서 연속이고

$$f(0) = 0 - \cos 0 = -1 < 0$$
$$f\left(\frac{\pi}{2}\right) = \frac{\pi}{2} - \cos\frac{\pi}{2} = \frac{\pi}{2} > 0$$

따라서, $f(0) \cdot f\left(\frac{\pi}{2}\right) < 0$이므로, 따름정리 1.4.10에 의해서 $f(c) = 0$이 되는 $c$가 $\left(0, \frac{\pi}{2}\right)$ 내에 적어도 하나 존재한다. 즉, $c - \cos c = 0$이므로, $x = c$가 방정식 $x - \cos x = 0$의 근이다. ■

## 연습문제 1.4

1. 다음 그림의 함수에서 불연속인 점을 구하고 그 이유를 설명하여라.

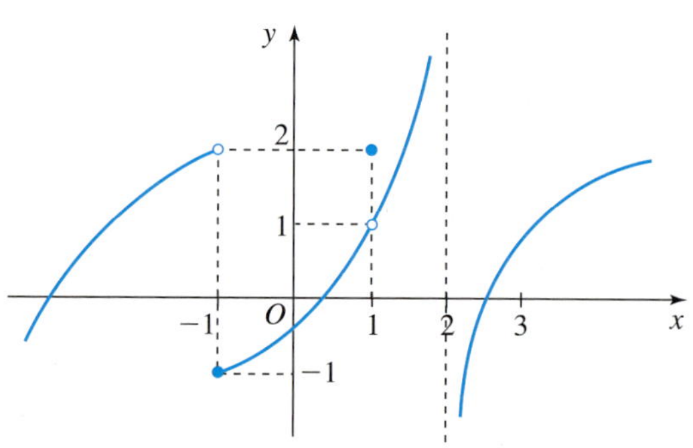


2. 다음 함수에서 불연속인 점을 구하여라. 또, 그 점에서 연속이 되게 하려면 함수값을 어떻게 정의하여야 하는가?

(1) $f(x) = \dfrac{x^2 - 16}{x - 4}$ (2) $f(x) = \dfrac{x^4 + 2x^2 - 3}{x + 1}$

(3) $f(x) = \dfrac{x - 1}{\sqrt{x} - 1}$ (4) $f(x) = \dfrac{x^2 - 9}{x - 3}$

3. 다음 함수는 $x = 2$에서 우연속인가? 또는 좌연속인가?

(1) $f(x) = \begin{cases} x^2 & (x < 2) \\ 3 & (x = 2) \\ 3x - 3 & (x > 2) \end{cases}$

(2) $f(x) = \begin{cases} x^2 & (x \le 2) \\ 3x - 3 & (x > 2) \end{cases}$

4. 함수 $f$와 $g$가 $f(x) = 1$이고, $\lim_{x \to 3}[2f(x) - g(x)] = -4$를 만족하는 연속함수일 때, $g(3)$을 구하여라.

5. 다음 함수 $f$는 주어진 점 $a$에서 연속임을 보여라.

(1) $f(x) = x^2 + \sqrt{5 - x}$, $a = 4$

(2) $f(x) = (x - 2x^3)^4$, $a = -1$

6. 다음 함수는 $a$가 어떤 값일 때, 모든 실수에서 연속이

되는가?

$$f(x)=\begin{cases} x\sin\dfrac{1}{x} & (x\neq 0) \\ a & (x=0) \end{cases}$$

**7.** 중간값정리를 이용하여, 방정식 $x^3+3x^2-2=0$의 근이 0과 1 사이에 존재함을 보여라.

**8.** 함수 $f(x)=x^3-x^2+x$에서, $f(c)=10$이 되는 $c$가 존재함을 보여라.

**9.** 다음 함수가 모든 실수에서 연속이 되도록 $a$와 $b$의 값을 정하여라.

$$f(x)=\begin{cases} x+1 & (x<1) \\ ax+b & (1\leq x<2) \\ 3x & (x\geq 2) \end{cases}$$

**10.** 중간값정리를 이용하여 방정식

$$(\cos t)t^3+6\sin^5 t-3=0$$

은 0과 $\dfrac{\pi}{2}$ 사이에서 실근을 가짐을 보여라.

**11.** 지구의 중심에서 $r$만큼 떨어진 단위질량에 미치는 지구의 중력 $F(r)$은 다음과 같다.

$$F(r)=\begin{cases} \dfrac{GMr}{R^3} & (r<R\text{일 때}) \\ \dfrac{GM}{r^2} & (r\geq R\text{일 때}) \end{cases}$$

여기서 $M$은 지구의 질량, $R$은 지구의 반지름이고 $G$는 중력상수이다. 이 때, $F$는 $r$의 연속함수가 되는가?

**12.** 함수 $f(x)=\dfrac{1}{x-1}$에 대하여 중간값정리에 따라 $f(c)=0$이 되는 $c$가 $-2$와 2 사이에 존재하는가? 이를 설명하여라.

**13.** 연속함수 $f$는 $f(a)=f(b)=0$를 만족하고, $a<x<b$일 때 $f(x)\neq 0$이다. 또, $a$와 $b$ 사이의 어떤 값 $c$에 대하여 $f(c)>0$라고 하자. 이 때, $a<x<b$인 모든 $x$에 대하여 $f(x)>0$임을 증명하여라.

## 1.5 $\varepsilon$-$\delta$ 방법에 의한 극한의 정의

앞의 1.1절에서는 극한을 직관적으로 정의하였으나 이 절에서는 좀 더 엄밀하게 정의하여 보자.

### 극한의 정의

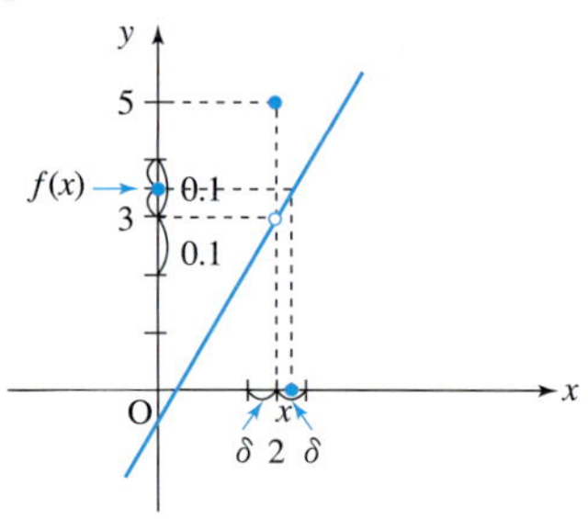

그림 1.5.1

함수

$$f(x) = \begin{cases} 2x-1 & (x \neq 2) \\ 5 & (x = 2) \end{cases}$$

에서, $\lim_{x \to 2} f(x) = 3$이다. 이것은 $x$를 2에 충분히 가깝게 잡으면, $f(x)$와 3과의 차이를 얼마든지 작게 할 수 있음을 뜻한다.

이 때, "$f(x)$와 3과의 차이를 0.1보다 작게 하려면 $x$를 2에 얼마나 가까이 잡아야 하는가?"라는 문제를 생각해 보자.

$f(x)$와 3과의 차이가 0.1보다 작다는 것은

$$|f(x) - 3| < 0.1$$

$|f(x) - 3| < 0.1$
$\Leftrightarrow -0.1 < f(x) - 3 < 0.1$
$\Leftrightarrow 2.9 < f(x) < 3.1$

을 뜻하고, $f(x)$가 구간 $(2.9, 3.1)$ 내에 있음을 나타낸다. 또, $x$가 2가 아니면서 2에 가까이 있다는 것은

$$0 < |x-2| < \delta$$

을 만족하는 작은 양수 $\delta$가 존재함을 의미한다. 따라서, 위의 문제는

$$0 < |x-2| < \delta \ \Rightarrow \ |f(x) - 3| < 0.1$$

$x \neq 2 \Leftrightarrow |x-2| > 0$
$|x-2| < \delta \Leftrightarrow -\delta < x-2 < \delta$
$\Leftrightarrow 2-\delta < x < 2+\delta$

따라서, $0 < |x-2| < \delta$
$\Leftrightarrow x \neq 2$이고

$$2-\delta < x < 2+\delta$$

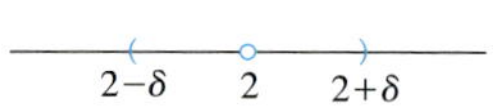


를 만족하는 $\delta$를 구하는 것과 같다. 그런데,

$$\begin{aligned} |f(x) - 3| < 0.1 \ &\Leftrightarrow \ |(2x-1) - 3| < 0.1 \\ &\Leftrightarrow \ 2|x-2| < 0.1 \\ &\Leftrightarrow \ |x-2| < 0.05 \end{aligned}$$

이므로

$$0 < |x-2| < 0.05 \ \Rightarrow \ |f(x) - 3| < 0.1$$

즉, $\delta = 0.05$이므로 $x$가 2로부터 0.05보다 작은 거리에 있으면 $f(x)$와 3과의 차이는 0.1보다 작음을 알 수 있다.

또, $f(x)$와 3과의 차이를 0.01, 0.001, $\cdots$ 보다 작게 하려면 $\delta$를 각각 0.005, 0.0005, $\cdots$으로 두면 된다. 즉,

$$0<|x-2|<0.005 \;\Rightarrow\; |f(x)-3|<0.01$$
$$0<|x-2|<0.0005 \;\Rightarrow\; |f(x)-3|<0.001$$
$$\vdots \qquad\qquad\qquad \vdots$$

이 때, 임의의 양수 $\varepsilon$에 대하여

$$\begin{aligned} |f(x)-3|<\varepsilon &\Leftrightarrow |(2x-1)-3|<\varepsilon \\ &\Leftrightarrow 2|x-2|<\varepsilon \\ &\Leftrightarrow |x-2|<\frac{\varepsilon}{2} \end{aligned}$$

이므로, $\delta=\dfrac{\varepsilon}{2}$로 택하면

$$0<|x-a|<\delta \;\Rightarrow\; |f(x)-3|<\varepsilon$$

와 같이 나타낼 수 있다.

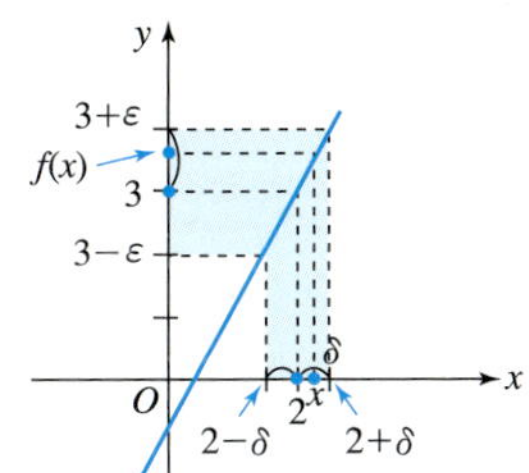

그림 1.5.2

일반적으로 극한의 엄밀한 정의는 다음과 같다.

**정의 1.5.1(극한의 정의)**

임의의 양수 $\varepsilon$에 대하여 적당한 양수 $\delta$가 존재하여

$$0<|x-a|<\delta \text{인 모든 } x\text{에 대하여 } |f(x)-L|<\varepsilon$$

일 때, $L$을 $x=a$에서 $f$의 극한(limit)이라고 하고 $\lim\limits_{x\to a} f(x)=L$로 나타낸다.

$\lim\limits_{x\to a} f(x)=L$
$\Leftrightarrow \forall\varepsilon>0,\quad \exists\delta>0:$
$0<|x-a|<\delta \Rightarrow |f(x)-L|<\varepsilon$

$\forall$: "임의의"라는 뜻의 전칭기호 (Arbitrary의 첫 글자에서 따온 기호)

$\exists$: "존재한다"라는 뜻의 존재기호 (Exist의 첫 글자에서 따온 기호)

위의 정의를 $\varepsilon-\delta$ 방법($\varepsilon-\delta$ method)이라고 하며 그림으로 나타내면 다음과 같다.

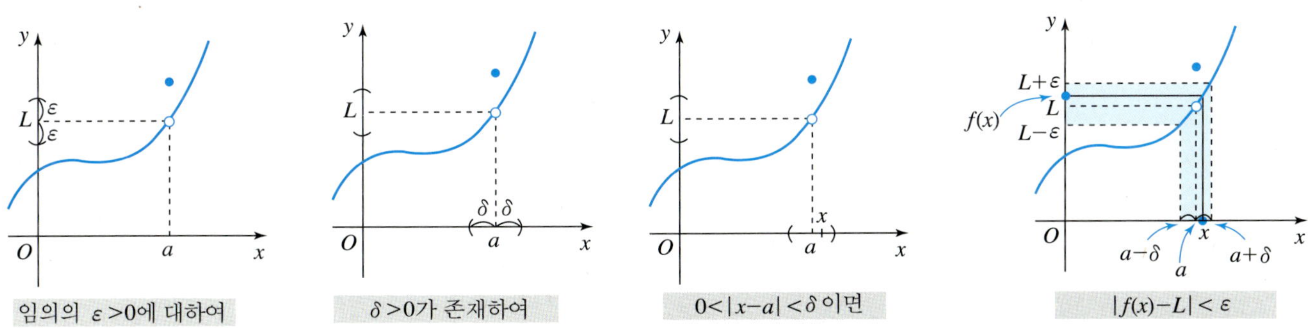

그림 1.5.3

**예제 1** $\lim_{x \to 3}(4x-5)=7$임을 증명하여라.

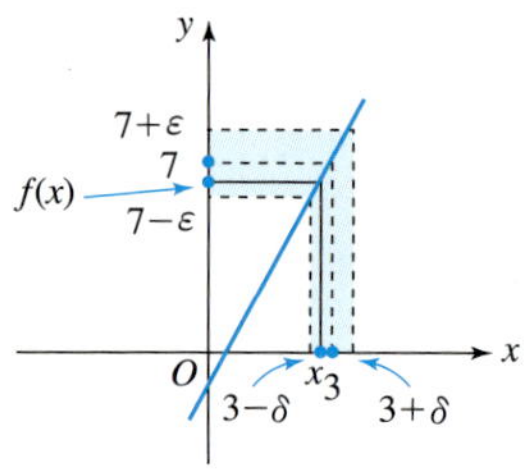


그림 1.5.4

**예비분석.** 임의의 $\varepsilon>0$에 대하여

$$0<|x-3|<\delta \Rightarrow |(4x-5)-7|<\varepsilon$$

인 $\delta$를 찾아야 한다. 그런데,

$$\begin{aligned}|(4x-5)-7|<\varepsilon &\Leftrightarrow |4x-12|<\varepsilon\\ &\Leftrightarrow 4|x-3|<\varepsilon\\ &\Leftrightarrow |x-3|<\frac{\varepsilon}{4}\end{aligned}$$

이므로, $\delta=\frac{\varepsilon}{4}$로 택하면 된다.

**증명.** 임의의 $\epsilon>0$에 대하여 $\delta=\frac{\varepsilon}{4}$으로 두자. 그러면

$$\begin{aligned}0<|x-3|<\delta \Rightarrow |(4x-5)-7| &= 4|x-3|<4\delta\\ &= 4\cdot\frac{\varepsilon}{4}=\varepsilon\end{aligned}$$

따라서, 극한의 정의에 의해

$$\lim_{x\to 3}(4x-5)=7.$$

■

**예제 2** $\lim_{x \to 2}(x^2+1)=5$임을 증명하여라.

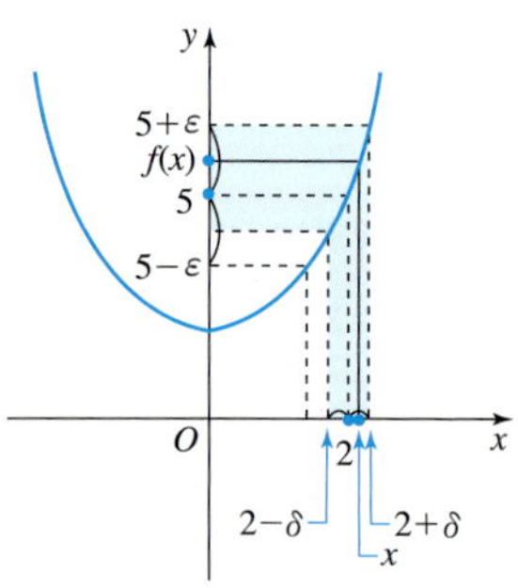


그림 1.5.5

**예비분석.** 임의의 $\varepsilon>0$에 대하여

$$0<|x-2|<\delta \Rightarrow |(x^2+1)-5|<\varepsilon$$

인 $\delta$를 찾아야 한다. 그런데

$$\begin{aligned}|(x^2+1)-5| &= |x^2-4|\\ &= |x+2||x-2|\end{aligned}$$

이다. 여기서 $x$가 2근방에 있을 때만 생각하면 되므로 $x$가 2와의 거리가 1보다 작은 $|x-2|<1$인 경우만 생각해도 좋다.

그러면, $|x-2|<1$일 때

$$\begin{aligned}|x+2| &= |(x-2)+4|\\ &\le |x-2|+4<5\end{aligned}$$

이므로

$$\begin{aligned}|(x^2+1)-5| &= |x+2||x-2|\\ &<5|x-2|\end{aligned}$$

따라서,

$$5|x-2|<\varepsilon \text{ 이면 } |(x^2+1)-5| = 5|x-2| < \varepsilon$$

이 된다. 이 때, $|x-2|<\frac{\varepsilon}{5}$를 얻는다. 두 부등식 $|x-2|<1$과 $|x-2|<\frac{\varepsilon}{5}$을 동시에 만족해야 하므로 $\delta = \min\left\{1, \frac{\varepsilon}{5}\right\}$으로 택하면 된다.

$\delta = \min\left\{1, \frac{\varepsilon}{5}\right\}$
$\Rightarrow \delta \le 1$이고 $\delta \le \frac{\varepsilon}{5}$

**증명.** 임의의 $\varepsilon>0$에 대하여 $\delta = \min\left\{1, \frac{\varepsilon}{5}\right\}$로 두면

$$\begin{aligned} 0<|x-2|<\delta \ \Rightarrow |(x^2+1)-5| &= |x+2||x-2| \\ &< 5|x-2| \\ &< 5\delta \\ &\le 5\cdot\frac{\varepsilon}{5}=\varepsilon \end{aligned}$$

따라서, $\lim_{x\to 2}(x^2+1)=5$. ■

## 우극한과 좌극한의 정의

우극한은 다음과 같이 정의된다.

**정의 1.5.2(우극한)**

임의의 양수 $\varepsilon$에 대하여 적당한 $\delta>0$가 존재하여

$$0<x-a<\delta \text{ 인 모든 } x\text{에 대하여 } |f(x)-L|<\varepsilon$$

일 때, $L$을 $x=a$에서 $f$의 우극한(limit)이라고 하고 $\lim_{x\to a^+} f(x)=L$로 나타낸다.

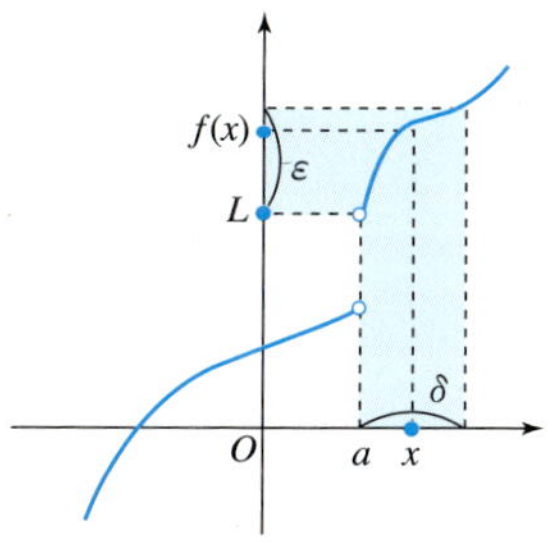

그림 1.5.6

좌극한도 우극한과 같은 방법으로 정의한다.

**정의 1.5.3(좌극한)**

임의의 양수 $\varepsilon$에 대하여 적당한 $\delta>0$가 존재하여

$$0<a-x<\delta \text{ 인 모든 } x\text{에 대하여 } |f(x)-L|<\varepsilon$$

일 때, $L$을 $x=a$에서 $f$의 좌극한(limit)이라고 하고 $\lim_{x\to a^-} f(x)=L$로 나타낸다.

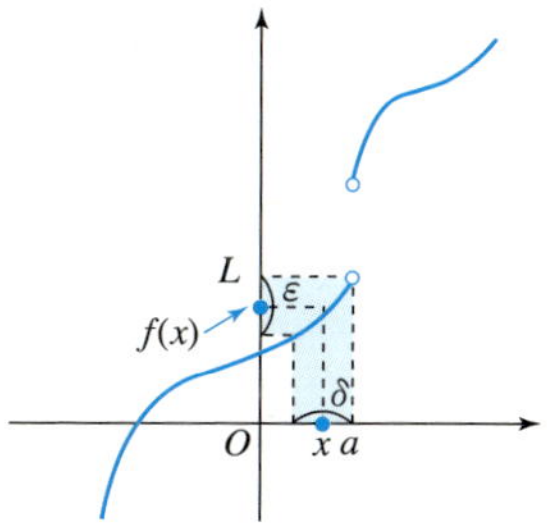

그림 1.5.7

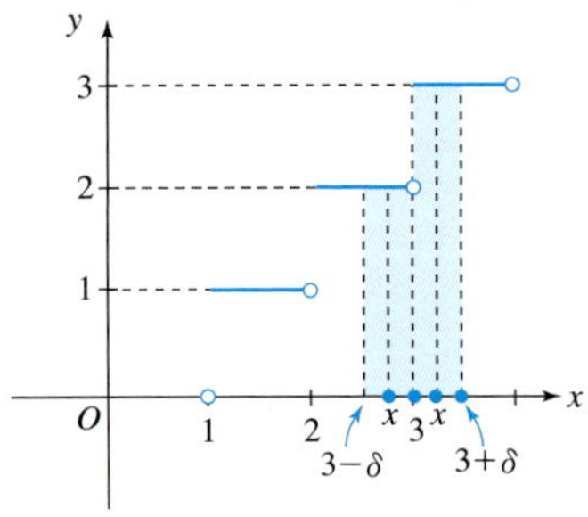


그림 1.5.8

**예제 3** $\lim_{x \to 3^+} [x] = 3$, $\lim_{x \to 3^-} [x] = 2$ 임을 증명하여라.(단, $[x]$는 $x$를 넘지 않는 최대의 정수를 나타낸다.)

**풀이** $\delta$가 1보다 작은 양수일 때

$3 < x < 3 + \delta \quad (0 < x - 3 < \delta)$ 이면

$$[x] = 3$$

$3 - \delta < x < 3 \quad (0 < 3 - x < \delta)$ 이면

$$[x] = 2$$

그러므로, 임의의 $\varepsilon > 0$에 대하여

$0 < \delta < 1$ 인 $\delta$를 택하면

$$0 < x - 3 < \delta \Rightarrow |[x] - 3| = |3 - 3| = 0 < \varepsilon$$
$$0 < 3 - x < \delta \Rightarrow |[x] - 2| = |2 - 2| = 0 < \varepsilon$$

따라서,

$$\lim_{x \to 3^+} [x] = 3, \quad \lim_{x \to 3^-} [x] = 2$$ ■

극한의 성질 중 쉽게 증명할 수 있는 것만 $\varepsilon - \delta$ 방법으로 증명하여 보자.

**정리 1.5.4(극한의 성질)**

$\lim_{x \to a} f(x)$와 $\lim_{x \to a} g(x)$가 존재한다고 하자. 그러면 다음이 성립한다.

(1) $\lim_{x \to a} k = k$ (단, $k$는 상수)

(2) $\lim_{x \to a} x = a$

(3) $\lim_{x \to a} [f(x) + g(x)] = \lim_{x \to a} f(x) + \lim_{x \to a} g(x)$

(4) $\lim_{x \to a} cf(x) = c \lim_{x \to a} f(x)$ (단, $c$는 상수)

(5) $\lim_{x \to a} [f(x) - g(x)] = \lim_{x \to a} f(x) - \lim_{x \to a} g(x)$

**증명.** (1) $f(x) = k$라 두면, 임의의 $\varepsilon > 0$에 대하여, $\delta$를 어떤 양수로 놓더라도

$$0 < |x - a| < \delta \Rightarrow |f(x) - k| = |k - k| = 0 < \varepsilon$$

따라서, $\lim_{x \to a} k = k$.

(2) $f(x) = x$라 두자. 임의의 $\varepsilon > 0$에 대하여, $\delta = \varepsilon$로 놓으면

$$0 < |x - a| < \delta \Rightarrow |f(x) - a| = |x - a| < \delta = \varepsilon$$

따라서, $\lim_{x \to a} x = a$.

(3) $\lim_{x\to a} f(x) = L$, $\lim_{x\to a} g(x) = M$ 이라고 하자.

임의의 $\varepsilon > 0$에 대하여

$$0<|x-a|<\delta \Rightarrow |[f(x)+g(x)]-(L+M)|<\varepsilon$$

이 되는 $\delta$를 찾아야 한다.

$\lim_{x\to a} f(x) = L$이므로 $\frac{\varepsilon}{2}$에 대응하는 $\delta_1>0$이 존재하여

$$0<|x-a|<\delta_1 \Rightarrow |f(x)-L|<\frac{\varepsilon}{2}$$

또, $\lim_{x\to a} g(x) = M$ 이므로, $\delta_2>0$이 존재하여

$$0<|x-a|<\delta_2 \Rightarrow |g(x)-M|<\frac{\varepsilon}{2}$$

여기서 $\delta = \min\{\delta_1, \delta_2\}$라 두면,

$$\begin{aligned}0<|x-a|<\delta &\Rightarrow 0<|x-a|<\delta_1 \text{이고, } 0<|x-a|<\delta_2 \\ &\Rightarrow |f(x)-L|<\frac{\varepsilon}{2}\text{이고, } |g(x)-M|<\frac{\varepsilon}{2}\end{aligned}$$

이므로, $0<|x-a|<\delta$이면

$$\begin{aligned}|[f(x)+g(x)]-(L+M)| &= |(f(x)-L)+(g(x)-M)| \\ &\le |f(x)-L|+|g(x)-M| \\ &< \frac{\varepsilon}{2}+\frac{\varepsilon}{2}=\varepsilon\end{aligned}$$

따라서,

$$\lim_{x\to a}[f(x)+g(x)] = L+M = \lim_{x\to a} f(x)+\lim_{x\to a} g(x).$$

(4) $c=0$이면 분명하므로 $c\neq 0$이라고 가정하자.

$c=0$일 때

$$\lim_{x\to a} cf(x) = 0 = c\lim_{x\to a} f(x)$$

$\lim_{x\to a} f(x) = L$이므로 임의의 $\varepsilon>0$에 대하여 $\delta = 0$가 존재하여

$$0<|x-a|<\delta \Rightarrow |f(x)-L|<\frac{\varepsilon}{|c|}$$

따라서,

$$0<|x-a|<\delta \Rightarrow |cf(x)-cL| = |c||f(x)-L|<|c|\frac{\varepsilon}{|c|}=\varepsilon$$

이므로

$$\lim_{x\to a} cf(x) = cL = c\lim_{x\to a} f(x)$$

(5) 위의 (3), (4)의 결과를 이용하여 쉽게 증명할 수 있다.

$$\begin{aligned}\lim_{x\to a}[f(x)-g(x)] &= \lim_{x\to a}[f(x)+(-g(x))] \\ &= \lim_{x\to a} f(x)+\lim_{x\to a}(-g(x)) \\ &= \lim_{x\to a} f(x)+(-1)\lim_{x\to a} g(x) \\ &= \lim_{x\to a} f(x)-\lim_{x\to a} g(x)\end{aligned}$$

■

다음 Sandwich정리를 $\varepsilon - \delta$ 방법으로 증명할 수 있다.

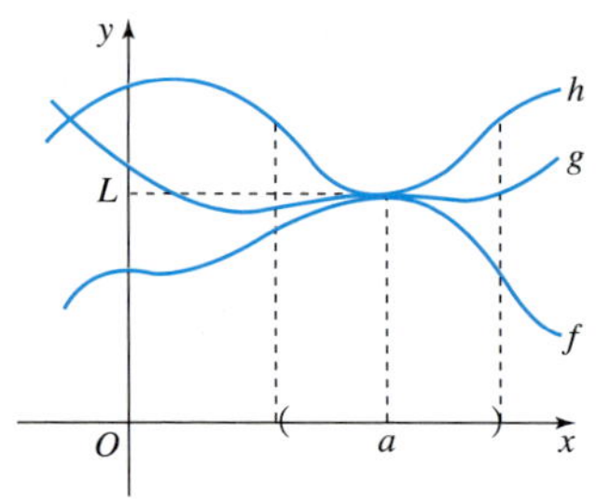


그림 1.5.9

**정리 1.5.5(Sandwich 정리)**

$a$ 근방의 모든 $x$에 대하여 $(x \neq a)$

$$f(x) \le g(x) \le h(x)$$

가 성립한다고 하자. 이 때

$$\lim_{x \to a} f(x) = \lim_{x \to a} h(x) = L$$

이면, $\lim_{x \to a} g(x) = L$이다.

**증명.** $\varepsilon > 0$이 주어졌다고 하자. $\lim_{x \to a} f(x) = L$이므로

$$0 < |x-a| < \delta_1 \Rightarrow L - \varepsilon < f(x) < L + \varepsilon$$

을 만족하는 $\delta_1$을 잡는다. 또, $\lim_{x \to a} h(x) = L$이므로

$$0 < |x-a| < \delta_2 \Rightarrow L - \varepsilon < h(x) < L + \varepsilon$$

을 만족하는 $\delta_2$를 잡는다. 그리고

$$0 < |x-a| < \delta_3 \Rightarrow f(x) \le g(x) \le h(x)$$

를 만족하는 $\delta_3$를 잡는다. 이제 $\delta = \min\{\delta_1, \delta_2, \delta_3\}$라 두면

$$\begin{aligned} 0 < |x-a| < \delta &\Rightarrow L - \varepsilon < f(x) \le g(x) \le h(x) < L + \varepsilon \\ &\Rightarrow |g(x) - L| < \varepsilon \end{aligned}$$

따라서, $\lim_{x \to c} g(x) = L$. ■

## 무한대와 극한

$x \to +\infty$이거나 $f(x) \to \infty$인 경우의 극한의 정의를 알아보자.

**정의 1.5.6($x \to \infty$인 극한)**

$\lim_{x \to \infty} f(x) = L$
$\Leftrightarrow \forall \varepsilon > 0, \exists M > 0:$
$x > M \Rightarrow |f(x) - L| < \varepsilon$

임의의 $\varepsilon > 0$에 대하여 그것에 대응하는 적당히 큰 수 $M > 0$이 존재하여

$$x > M \Rightarrow |f(x) - L| < \varepsilon$$

이면, $L$을 $x \to \infty$일 때 $f$의 극한이라 하고 $\lim_{x \to \infty} f(x) = L$로 나타낸다.

위의 정의에서 $M$은 $\varepsilon$에 따라서 결정된다. 일반적으로 $\varepsilon$이 작아지면 $M$은 커진다.



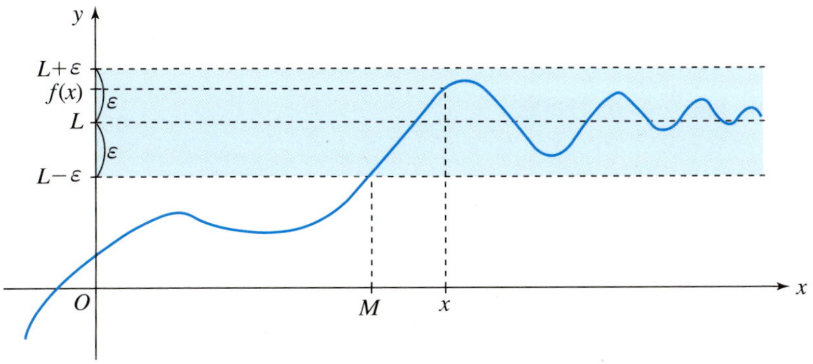


그림 1.5.10

**정의 1.5.7($x\to-\infty$인 극한)**

임의의 $\varepsilon>0$에 대하여 그것에 대응하는 적당히 큰 수 $M>0$이 존재하여

$$x<-M \Rightarrow |f(x)-L|<\varepsilon$$

이면, $L$을 $x\to-\infty$일 때 $f$의 극한이라 하고 $\lim_{x\to-\infty} f(x)=L$로 나타낸다.

$\lim_{x\to-\infty} f(x)=L$
$\Leftrightarrow \forall\varepsilon>0,\ \exists M>0:$
$x<-M \Rightarrow |f(x)-L|<\varepsilon$

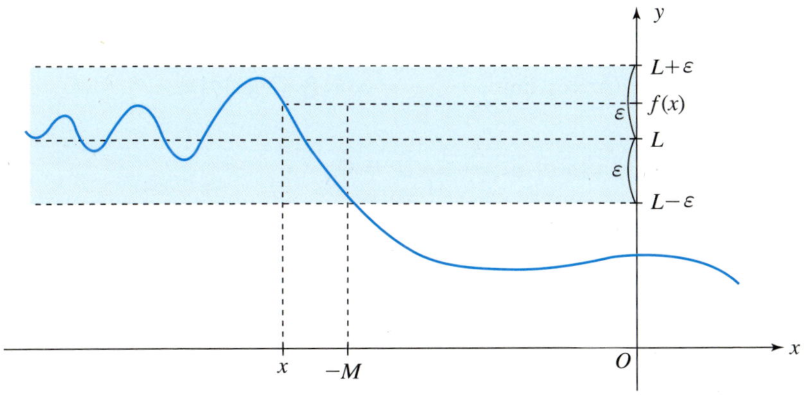


그림 1.5.11

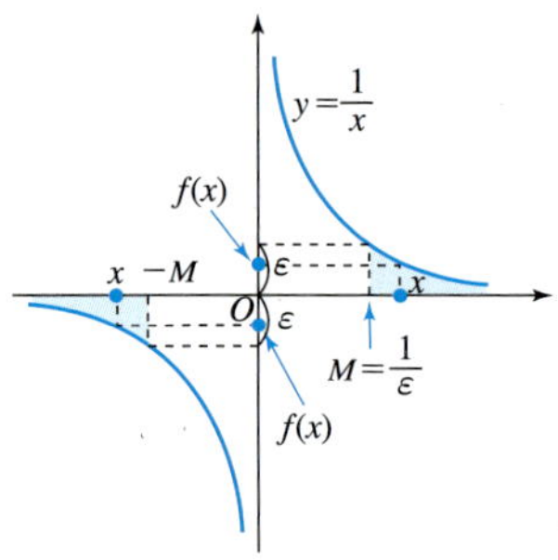


그림 1.5.12

**예제 4** $\lim_{x \to \infty} \frac{1}{x} = 0,\ \lim_{x \to -\infty} \frac{1}{x} = 0$임을 증명하여라.

**증명.** 임의의 $\varepsilon > 0$에 대하여 $M = \frac{1}{\varepsilon}$로 두자.

$$x > M \Rightarrow \left|\frac{1}{x} - 0\right| = \left|\frac{1}{x}\right| = \frac{1}{x} < \frac{1}{M} = \varepsilon$$

따라서, $\lim_{x \to \infty} \frac{1}{x} = 0$. 그리고,

$$x < -M \Rightarrow \left|\frac{1}{x} - 0\right| = \left|\frac{1}{x}\right| = -\frac{1}{x} < \frac{1}{M} = \varepsilon$$

따라서, $\lim_{x \to -\infty} \frac{1}{x} = 0$. ■

$\lim_{x \to a^+} f(x) = \infty$
$\Leftrightarrow \forall M > 0, \exists \delta > 0:$
$0 < x - a < \delta \Rightarrow f(x) > M$

**정의 1.5.8($f(x) \to \infty$인 극한)**

임의의 $M > 0$에 대하여 그것에 대응하는 $\delta > 0$이 존재하여

$$0 < x - a < \delta \Rightarrow f(x) > M$$

일 때, $\lim_{x \to a^+} f(x) = \infty$로 나타낸다.

$\lim_{x \to a^-} f(x) = \infty$
$\Leftrightarrow \forall M > 0, \exists \delta > 0:$
$0 < a - x < \delta \Rightarrow f(x) > M$

$\lim_{x \to a^+} f(x) = -\infty,\ \lim_{x \to a^-} f(x) = \infty,\ \lim_{x \to a^-} f(x) = -\infty$도 같은 방법으로 정의한다.

**예제 5** $\lim_{x \to 3^+} \frac{1}{(x-3)^2} = \infty,\ \lim_{x \to 3^-} \frac{1}{(x-3)^2} = \infty$임을 증명하여라.

$y = M$일 때, $\frac{1}{(x-3)^2} = M$
$(x-3)^2 = \frac{1}{M}$ $x - 3 = \pm\frac{1}{\sqrt{M}}$
$\therefore x = 3 \pm \frac{1}{\sqrt{M}}$

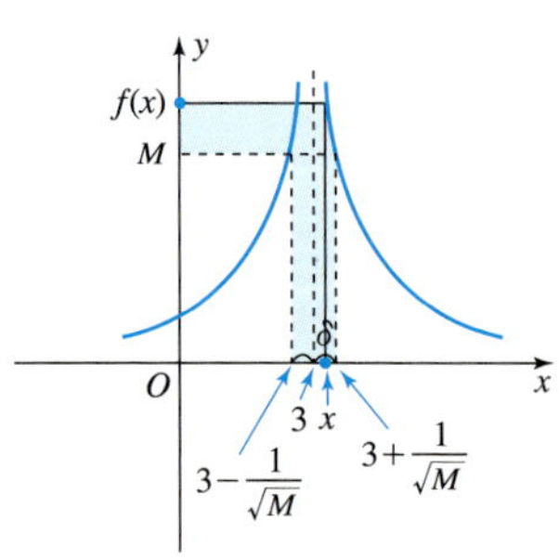


그림 1.5.13

**증명.** 임의의 $M > 0$에 대하여 $\delta = \frac{1}{\sqrt{M}}$로 두자.

$$0 < x - 3 < \delta \Rightarrow f(x) = \frac{1}{(x-3)^2} > \frac{1}{\delta^2} = M$$

또, $0 < x - 3 < \delta \Rightarrow f(x) = \frac{1}{(x-3)^2} > \frac{1}{\delta^2} = M$

따라서, $\lim_{x \to 3^+} \frac{1}{(x-3)^2} = \infty,\ \lim_{x \to 3^-} \frac{1}{(x-3)^2} = \infty$. ■

## 함수의 연속성

함수의 연속의 정의를 $\epsilon - \delta$방법을 써서 나타낼 수 있다.

**정의 1.5.9(함수의 연속)**

임의의 $\varepsilon>0$에 대하여 적당한 $\delta>0$가 존재하여

$$|x-a|<\delta \Rightarrow |f(x)-f(a)|<\varepsilon$$

일 때, $f$는 $a$에서 연속(continuous)이라고 하고 $\lim_{x\to a} f(x)=f(a)$로 나타낸다.

$\lim_{x\to a} f(x)=f(a)$
$\Leftrightarrow \forall\varepsilon>0,\ \exists\delta>0:$
$|x-a|<\delta \Rightarrow |f(x)-f(a|<\varepsilon$

**정리 1.5.10(함수의 연속)**

$\lim_{x\to a} g(x)=L$이고 $f$가 $L$에서 연속이면

$$\lim_{x\to a} f(g(x))=f(L)=f(\lim_{x\to a} g(x))$$

$f$가 $a$에서 연속
$\Rightarrow \lim_{x\to a} f(x)=f(a)=f\left(\lim_{x\to a} x\right)$

**증명.** $\varepsilon>0$이 주어졌다고 하자. $f$가 $L$에서 연속이므로 $\delta_1>0$이 존재하여

$$|t-L|<\delta_1 \Rightarrow |f(t)-f(L)|<\varepsilon \qquad (1)$$

을 만족한다. 그런데, $\lim_{x\to a} g(x)=L$이므로 $\delta_1>0$에 대응하는 $\delta_2>0$가 존재하여

$$0<|x-a|<\delta_2 \Rightarrow |g(x)-L|<\delta_1 \qquad (2)$$

(1), (2)로부터

$$0<|x-a|<\delta_2 \Rightarrow |f(g(x))-f(L)|<\varepsilon$$

따라서, $\lim_{x\to a} f(g(x))=f(L)=f(\lim_{x\to a} g(x))$. ■

정리 1.5.10을 이용하여 연속인 두 함수 $f$와 $g$의 합성함수 $f\circ g$도 연속임을 보일 수 있다.

**정리 1.5.11**

$g$가 $a$에서 연속이고 $f$가 $g(a)$에서 연속이면 $f\circ g$는 $a$에서 연속이다.

$g$가 $a$에서 연속이고
$f$가 $g(a)$에서 연속
$\Rightarrow \lim_{x\to a} f(g(x))=f\left(\lim_{x\to a} g(x)\right)$
$=f(g(a))$

**증명.** $g$가 $a$에서 연속이므로, $\lim_{x\to a} g(x)=g(a)$이다. 따라서, 정리 1.5.10에서 $L=g(a)$라 두면 다음과 같이 증명된다.

$f$가 $g(a)$에서 연속이므로 임의의 $\varepsilon>0$에 대하여 $\delta_1>0$가 존재하여

$$|t-g(a)|<\delta_1 \Rightarrow |f(t)-f(g(a))|<\varepsilon \qquad (1)$$

를 만족한다. 또, $g$가 $a$에서 연속이므로 $\delta_1>0$에 대응하는 $\delta_2>0$가 존재하여

$$|x-a|<\delta_2 \Rightarrow |g(x)-g(a)|<\delta_1 \qquad (2)$$

을 만족한다.

(1), (2)에 의해

$$|x-a| < \delta_2 \Rightarrow |f(g(x)) - f(g(a))| < \varepsilon$$

따라서, $f \circ g$는 $a$에서 연속이다. ■

## 연습문제 1.5

**1.** $4x-5$와 3과의 차가 다음 값보다 작기 위해서는 $x$는 2에 얼마나 가까이 있어야 하는가?

(1) 0.01　　(2) 0.001

(3) 0.0001

**2.** $\varepsilon - \delta$ 방법으로, 다음 극한을 증명하여라.

(1) $\lim_{x\to 2}(3x-2) = 4$　　(2) $\lim_{x\to 4}(5-2x) = -3$

(3) $\lim_{x\to 3}(x^2+x-5) = 7$　　(4) $\lim_{x\to -2}(x^2-1) = 3$

(5) $\lim_{x\to 0^-}\sqrt{x} = 0$　　(6) $\lim_{x\to 2}[x] = 1$

**3.** 기호 $\delta$와 양의 실수 $M$을 써서, 다음 정의를 제시하여라.

(1) $\lim_{x\to c^+} f(x) = \infty$　　(2) $\lim_{x\to c^-} f(x) = \infty$

**4.** 양의 실수 $M$과 $N$을 써서, 다음 정의를 제시하여라.

(1) $\lim_{x\to\infty} f(x) = \infty$　　(2) $\lim_{x\to -\infty} f(x) = \infty$

**5.** 다음 각 경우의 $\varepsilon - \delta$정의를 제시하여라.

(1) $\lim_{u\to a} g(u) = M$　　(2) $\lim_{x\to a^-} f(x) = L$

**6.** $\varepsilon - \delta$ 방법으로, $\lim_{x\to c}(mx+b) = mc+b$임을 보여라.

**7.** $\varepsilon - \delta$ 방법으로, $c>0$이면 $\lim_{x\to c}\sqrt{x} = \sqrt{c}$임을 보여라.

**8.** $\varepsilon - \delta$ 방법으로 다음 극한을 증명하여라.

(1) $\lim_{x\to 1}(2x^2+1) = 3$　　(2) $\lim_{x\to 1}\dfrac{14x^2-20x+6}{x-1} = 8$

(3) $\lim_{x\to 5}\dfrac{x^2-25}{x-5} = 10$　　(4) $\lim_{x\to 5}\dfrac{2x^2-11x+5}{x-5} = 9$

(5) $\lim_{x\to 4}\dfrac{\sqrt{2x-1}}{\sqrt{x-1}} = \sqrt{7}$　　(6) $\lim_{x\to 1}\dfrac{14x^2-20x+6}{x-1} = 8$

**9.** $\varepsilon - \delta$ 방법으로, 다음을 증명하여라.

(1) $\lim_{x\to a} f(x) = L$이고 $\lim_{x\to a} f(x) = M$이면 $L = M$.

(2) $\lim_{x\to a} f(x) = b$이면, $\lim_{x\to a}|f(x)| = |b|$.

(3) $\lim_{x\to c} f(x) = 0$이면, $\lim_{x\to c}|f(x)| = 0$.

(4) $\lim_{x\to c}|x| = |c|$임을 보여라.

**10.** 함수 $f$가 다음과 같이 정의된다고 하자.

$$f(x) = \begin{cases} 0 & (x\text{가 유리수일 때}) \\ 1 & (x\text{가 무리수일 때}) \end{cases}$$

이 때, $\lim_{x\to 0} f(x)$는 존재하지 않음을 증명하여라.

**11.** 만약 $|x-a|<1$이면 $|f(x)|<B$이고, $\lim_{x\to a} g(x) = 0$이면 $\lim_{x\to a} f(x)g(x) = 0$임을 보여라.

**12.** $a$근방의 어떤 구간($a$는 제외)에 속하는 모든 $x$에 대해서 $f(x) \le g(x)$라 하자. 만약 $\lim_{x\to a} f(x) = L$이고 $\lim_{x\to a} g(x) = M$이면, $L \le M$임을 보여라.

**13.** $y = \sqrt{x}$의 그래프를 그리고, 점 $M, N, O$,의 좌표는 각각 $(1, 0), (0, 1), (0, 0)$, 점 P의 좌표는 그래프 $y = \sqrt{x}$의 점 $(x, y)$라고 하자. 다음을 계산하여라.

(1) $\lim_{x\to 0^+}\dfrac{\triangle NOP\text{의 둘레 길이}}{\triangle MOP\text{의 둘레 길이}}$

(2) $\lim_{x\to 0^+}\dfrac{\triangle NOP\text{의 넓이}}{\triangle MOP\text{의 넓이}}$

# 제 2 장 미 분

### 라이프니츠(Gottfried Wilhelm Leibnitz)

라이프니츠(1646~1716)는 1646년 독일의 Leipzig에서 태어나 그곳 대학에서 수학, 법학, 신학, 철학, 물리학, 정치학 등을 공부하였다. 그는 진정한 르네상스 시대의 사람으로서 20세에 법학박사학위를 받고 중요한 업적을 남겨서 박학다식한 사람으로 인정을 받았다. 라이프니츠는 외교관이 되어 일생의 대부분을 외교사절로 유럽을 여행하면서 보냈다. 수학에 대한 그의 진지한 연구는 파리에 외교사절로 가 있는 동안인 1672년부터 시작되었다. 라이프니츠는 논리적 추론을 간편하게 하기 위한 기호논리학과 표기체계를 개발하려고 노력하였다. 특히, 1684년 출판된 미적분학에 관한 그의 논문에서 오늘날 사용하고 있는 도함수의 표기법과 도함수를 구하는 법칙들을 정립하였다. 그가 개발한 기호들은 간단하고 논리적이어서 많은 사람들이 미적분학을 쉽게 접할 수 있었고 그 기호들은 300년이 지난 지금까지도 거의 그대로 사용되고 있다. 그러나, 1690년대에는 뉴턴(S. I. Newton)과 라이프니츠의 후계자들 사이에 제기된 미적분학을 누가 먼저 발견했는가라는 우위논쟁에 휘말리게 되었다. 결국은 두 사람 모두 독자적으로 미적분학을 발견했다는 것이 진실로 인정되었다. 뉴턴은 먼저 미적분학을 발견했으나 비판의 두려움 때문에 그 성과를 즉시 출판하지 못했고 1684년 라이프니츠가 미적분학에 관한 연구결과를 최초로 출판하게 되었다.

# 2.1 접선과 속도



## 곡선의 접선

곡선 위의 한 점을 $P$라 하고 이 점과 가까운 점 $Q$가 곡선을 따라서 움직인다고 하자. 이 때, 두 점 $P$와 $Q$를 지나는 직선을 할선(secant line)이라고 하고, 점 $Q$가 곡선을 따라서 점 $P$에 가까이 갈 때 할선 $\overleftrightarrow{PQ}$가 특정한 직선으로 수렴하면, 그 직선을 접선(tangent line)이라고 한다.

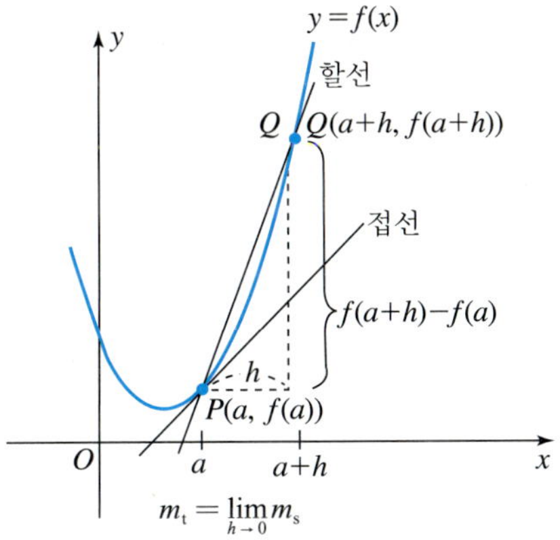


그림 2.1.1

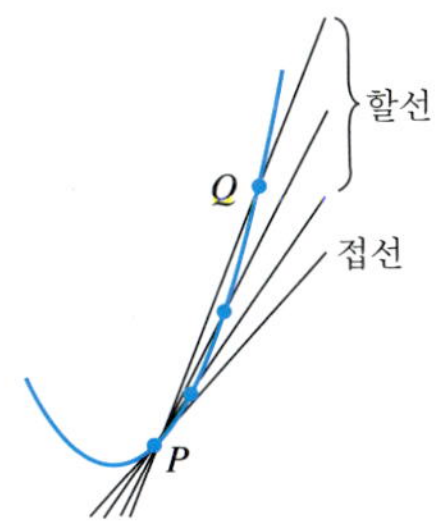


그림 2.1.2

곡선 $y = f(x)$ 위의 점 $P(a,\ f(a))$와 점 $Q(a+h,\ f(a+h))$를 지나는 할선의 기울기 $m_s$는

$$m_s = \frac{f(a+h)-f(a)}{h}$$

와 같다.

앞에서 배운 극한의 개념을 써서 다음과 같이 접선을 정의한다.

**정의 2.1.1(접선)**

곡선 $y = f(x)$ 위의 점 $P(a,\ f(a))$에서의 접선은 점 $P$를 지나고 기울기가

$$m_t = \lim_{h \to 0} m_s = \lim_{h \to 0} \frac{f(a+h)-f(a)}{h}$$

인 직선이다. (단, 극한이 존재하고 $\pm\infty$가 아니다.)

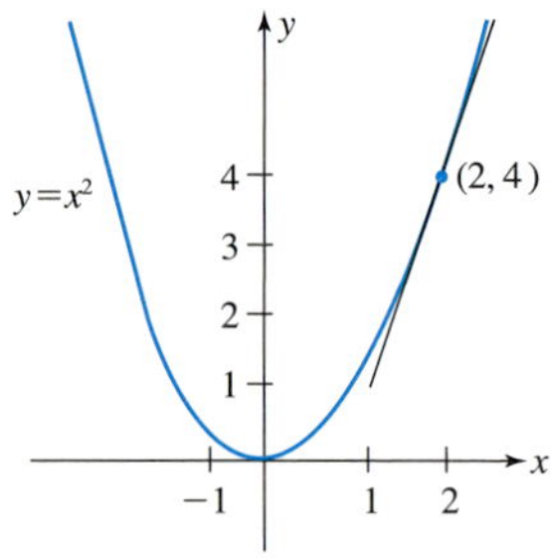


그림 2.1.3

**예제 1** 곡선 $y = x^2$ 위의 점 (2, 4)에서의 접선의 방정식을 구하여라.

**풀이** $f(x) = x^2$라 두고 접선의 기울기 $m_t$를 구하면

$$\begin{aligned} m_t &= \lim_{h \to 0} \frac{f(2+h) - f(2)}{h} \\ &= \lim_{h \to 0} \frac{(2+h)^2 - 2^2}{h} \\ &= \lim_{h \to 0} \frac{4 + 4h + h^2 - 4}{h} \\ &= \lim_{h \to 0} (4 + h) = 4 \end{aligned}$$

따라서, 접선의 방정식은 기울기가 4이고 점 (2, 4)을 지나는 직선이므로

$$y - 4 = 4(x - 2) \quad 즉, \quad y = 4x - 4$$ ■

## 순간속도

진공상태에서 공을 자유낙하시킬 때 $t$초 후의 낙하거리 $s$가

$$s = 4.9t^2 (\mathrm{m})$$

로 주어진다고 하자.

이 때, $t = 1$에서 $t = 2$ 사이의 물체의 평균속도는

$$v_a = \frac{4.9 \times 2^2 - 4.9 \times 1}{2 - 1} = 14.7$$

또, $t = 1$에서 $t = 1.5$ 사이의 평균속도는

$$v_a = \frac{4.9 \times 1.5^2 - 4.9 \times 1}{1.5 - 1} = 12.25$$

같은 방법으로 $t = 1$에서 $t = 1.1$ 사이 그리고 $t = 1$에서 $t = 1.01$ 사이의 평균속도를 계산해보면

$$v_a = \frac{4.9 \times 1.1^2 - 4.9 \times 1}{1.1 - 1} = 10.29$$

$$v_a = \frac{4.9 \times 1.01^2 - 4.9 \times 1}{1.01 - 1} = 9.849$$

위의 계산에서 시간 간격이 짧을수록 평균속도의 값은 9.8에 가까워짐을 알 수 있다.

일반적으로, 직선 위를 움직이는 물체의 시간 $t$일 때의 위치가 $s = f(t)$로 주어질 때 $t = a$에서 $t = a + h$ 사이의 평균속도(average velocity)는

$$v_a = \frac{f(a+h) - f(a)}{h}$$

이다. 이 때, $t = a$에서의 순간속도는 다음과 같이 정의된다.

**정의 2.1.2**

직선 위를 움직이는 물체의 시간 $t$일 때의 위치가 $f(t)$로 주어질 때 시간 $t=a$에서의 순간속도(instantaneous velocity) $v$는

$$v=\lim_{h\to 0} v_a=\lim_{h\to 0}\frac{f(a+h)-f(a)}{h}$$

이다.

위의 정의에서 극한이 존재하고 $\infty$ 또는 $-\infty$가 아닐 때 순간속도가 정의된다. 이를테면, 시간 $t$일 때의 위치가 $f(t)=4.9t^2$로 주어지는 물체의 $t=1$에서의 순간속도는 다음과 같다.

$$\begin{aligned} v &= \lim_{h\to 0}\frac{f(1+h)-f(1)}{h} \\ &= \lim_{h\to 0}\frac{4.9(1+h)^2-4.9\times 1^2}{h} \\ &= \lim_{h\to 0} 4.9(2+h) \\ &= 9.8 \end{aligned}$$

$(a+b)^2=a^2+2ab+b^2$

**예제 2** 시간 $t$일 때의 위치가 $f(t)=16t^2$으로 주어지는 물체의 $t=2$에서의 순간속도를 구하여라.

**풀이**

$$\begin{aligned} v &= \lim_{h\to 0}\frac{f(2+h)-f(2)}{h} \\ &= \lim_{h\to 0}\frac{16(2+h)^2-16\times 2^2}{h} \\ &= \lim_{h\to 0} 16(4+h) \\ &= 64 \end{aligned}$$

■

## 평균변화율과 순간변화율

속도는 시간에 대한 거리의 변화율이다. 함수에 대해서도 평균변화율과 순간변화율을 각각 다음과 같이 정의한다.

**정의 2.1.3**

함수 $y=f(x)$에서 $x=a$에서 $x=a+h$까지의 평균변화율은

$$\frac{f(a+h)-f(a)}{h}$$

이고, 한 점 $x=a$에서의 순간변화율은

$$\lim_{h\to 0}\frac{f(a+h)-f(a)}{h}$$

이다.

위의 정의에서 함수의 순간변화율은 평균변화율의 극한으로 정의됨을 알 수 있다.

**예제 3** 구의 반지름이 $r$에서 $r+\Delta r$로 변할 때 구의 체적의 평균변화율을 구하여라. 또, 반지름이 $r$일 때의 체적의 순간변화율을 구하여라.

반지름이 $r$인 구의 체적 $V$와 표면적 $S$는

$$V=\frac{4}{3}\pi r^3$$
$$S=4\pi r^2$$

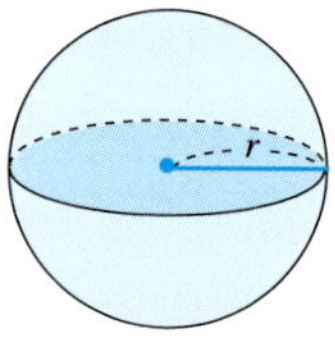

그림 2.1.4

$(a+b)^3=a^3+3a^2b+3ab^2+b^3$

**풀이** 반지름이 $r$인 구의 체적 $V$는

$$V=\frac{4}{3}\pi r^3$$

이므로, 평균변화율은

$$\begin{aligned}\frac{\Delta V}{\Delta r}&=\frac{V(r+\Delta r)-V(r)}{\Delta r}\\&=\frac{4}{3}\pi\frac{(r+\Delta r)^3-r^3}{\Delta r}\\&=\frac{4}{3}\pi\frac{3r^2\Delta r+3r(\Delta r)^2+(\Delta r)^3}{\Delta r}\\&=\frac{4}{3}\pi\left[3r^2+3r\Delta r+(\Delta r)^2\right]\end{aligned}$$

따라서, 순간변화율은

$$\lim_{\Delta r\to 0}\frac{\Delta V}{\Delta r}=\lim_{\Delta r\to 0}\frac{4}{3}\pi\left[3r^2+3r\Delta r+(\Delta r)^2\right]=4\pi r^2$$

즉, 구의 체적의 순간변화율은 반지름 $r$인 구의 표면적과 같다. ■

## 연습문제 2.1

1. 다음 각 곡선 $y = f(x)$에 대하여 $x = 3$에서의 접선의 기울기 $m$와 접선의 방정식을 구하여라.
   (1) $f(x) = x^2$　　(2) $f(x) = 2x+3$
   (3) $f(x) = \dfrac{1}{x}$　　(4) $f(x) = \dfrac{1}{2x+1}$
   (5) $f(x) = \sqrt{3x+3}$　　(6) $f(x) = \dfrac{1}{\sqrt{x}}$

2. $y = 1 - x^2$에 대하여
   (1) 그래프를 그려라.
   (2) 곡선 위의 두 점 (0, 1)과 (1, 0)을 이은 할선의 기울기를 구하여라.
   (3) (1, 0)에서 접선의 기울기를 구하여라.
   (4) (1, 0)에서 접선의 방정식을 구하여라.

3. $y = \dfrac{1}{x}$의 그래프를 그리고 (1, 1)과 (−1, −1)에서 접선의 기울기를 구하여라.

4. $y = x^2$의 그래프를 그리고 $x$좌표가 각각 $x = -1, 0, 1, 2$인 곡선 위의 점에서 접선의 방정식을 구하여라.

5. $a, b, c$가 상수이고 $f(t) = at^2 + bt + c$일 때,
$$f'(t) = \lim_{\Delta t \to 0} \frac{f(t+\Delta t) - f(t)}{\Delta t} = 2at + b$$
임을 보여라.

6. 초속 10m로 수직 상방으로 던진 공의 지상으로부터의 거리 $s$는
$$s = 10t - 5t^2$$
으로 주어진다.
   (1) 지상에 다시 떨어졌을 때의 속도를 구라여라.
   (2) 속도가 0이 될 때의 시간을 구하여라.

7. $t$초 동안에 $t^2 + t$만큼 불어나는 어떤 종류의 박테리아를 배양중이다.
   (1) $2 \le t \le 3$ 사이의 평균증가율을 구하여라.
   (2) $t = 2$에서의 순간변화율을 구하여라.

8. (1) 원의 반지름이 $r$에서 $r + \Delta r$로 변한다면 반지름에 관한 원의 면적의 평균변화율을 구하여라.
   (2) 반지름에 관한 면적의 순간변화율을 구하여라.

9. 어떤 원뿔의 반지름 $r$와 높이 $h$가 언제나 같다. 높이 $h$에 관한 체적 $V = \dfrac{1}{3}\pi r^2 h$의 변화율을 구하여라.

10. $t$는 시간(초), $s$는 변위(m)를 나타낼 때, 어떤 입자가 직선 위를
$$s = t^2 - 8t + 18$$
과 같이 움직이고 있다.
   (1) 다음 시간 구간에서 평균속도를 구하여라.
      (a) [3, 4]　　(b) [3.5, 4]
      (c) [4, 5]　　(d) [4, 4.5]
   (2) $t = 4$일 때, 순간속도를 구하여라.
   (3) $t$의 함수 $s$의 그래프를 그려서 기울기가 (1)의 평균속도와 같은 할선들과, 기울기가 (2)의 순간속도와 같은 접선을 나타내 보아라.

11. 어떤 상품의 $x$개의 생산원가는 $C(x) = 2000 + 10x + 0.05x^2$(원)이라고 한다.
   (1) 다음과 같이 생산량이 변할 때, $C$의 평균변화율을 구하여라.
      (a) $x = 100$에서 $x = 105$
      (b) $x = 100$에서 $x = 101$
   (2) $x = 100$일 때, $x$에 관한 $C$의 순간변화율을 구하여라.

## 2.2 도함수

앞 절에서 접선의 기울기, 물체의 순간속도, 그리고 함수의 순간변화율은 모두 같은 형태의 극한으로 표현됨을 보았다. 이러한 형태의 극한을 일반화하여 다음과 같이 도함수를 정의한다.

$f$가 $x = a$에서 미분가능하면

$$f'(a) = \lim_{h \to 0} \frac{f(a+h) - f(a)}{h}$$

**정의 2.2.1**

함수 $y = f(x)$에 대하여 극한

$$\lim_{h \to 0} \frac{f(a+h) - f(a)}{h}$$

이 존재할 때, 함수 $f$는 $x = a$에서 미분가능(differentiable)하다고 한다. 또, 그 극한을 $x = a$에서의 함수 $f$의 미분계수(differential coefficient)라 하고 $f'(a)$로 나타낸다.

위의 정의에서 $x = a + h$라 놓으면 $h = x - a$이고

$$h \to 0 \iff x \to a$$

이므로, 미분계수는 다음 식으로도 구할 수 있다.

$$f'(a) = \lim_{x \to a} \frac{f(x) - f(a)}{x - a}$$

**예제 1** $f(x) = \dfrac{1}{x}$일 때, $f'(2)$를 구하여라.

**풀이**

$$\begin{aligned} f'(2) &= \lim_{h \to 0} \frac{\dfrac{1}{2+h} - \dfrac{1}{2}}{h} \\ &= \lim_{h \to 0} \frac{2 - (2+h)}{2(2+h)} \cdot \frac{1}{h} \\ &= \lim_{h \to 0} \frac{-h}{2(2+h)} \cdot \frac{1}{h} \\ &= \lim_{h \to 0} \frac{-1}{2(2+h)} \\ &= -\frac{1}{4} \end{aligned}$$

■

함수 $y = f(x)$의 미분가능한 모든 점에서 그 미분계수를 생각할 수 있으므로 새로운 함수 $f'(x)$를 얻을 수 있다.

**정의 2.2.2(도함수)**

함수 $y = f(x)$의 도함수(derivative) $f'$은 $f$가 미분가능한 점들 전체의 집합을 정의역으로 하는 다음 함수로 정의된다.

$$f'(x) = \lim_{h \to 0} \frac{f(x+h) - f(x)}{h}$$

주어진 함수의 도함수를 구하는 것을 미분한다(differentiate)고 한다. 함수 $y = f(x)$의 도함수는 다음과 같은 여러 가지 기호로 나타낸다.

$$f'(x),\quad y',\quad \frac{dy}{dx},\quad \frac{df}{dx},\quad D_x f(x)$$

또, $x = a$에서의 함수 $y = f(x)$의 미분계수도

$$f'(a),\quad y'_{x=a},\quad \left.\frac{dy}{dx}\right|_{x=a},\quad D_x f(a)$$

등으로 나타낸다.

**예제 2** 함수 $f(x) = \sqrt{x}$의 도함수 $f'(x)$와 그 정의역을 구하여라.

**풀이**

$$\begin{aligned} f'(x) &= \lim_{h \to 0} \frac{f(x+h) - f(x)}{h} \\ &= \lim_{h \to 0} \frac{\sqrt{x+h} - \sqrt{x}}{h} \\ &= \lim_{h \to 0} \left[ \frac{\sqrt{x+h} - \sqrt{x}}{h} \cdot \frac{\sqrt{x+h} + \sqrt{x}}{\sqrt{x+h} + \sqrt{x}} \right] \\ &= \lim_{h \to 0} \frac{(x+h) - x}{h(\sqrt{x+h} + \sqrt{x})} \\ &= \lim_{h \to 0} \frac{1}{\sqrt{x+h} + \sqrt{x}} \\ &= \frac{1}{2\sqrt{x}} \end{aligned}$$

$(a+b)(a-b) = a^2 - b^2$

따라서, $x > 0$일 때 도함수 $f'(x)$가 존재하고 그 정의역은 $(0, \infty)$이다. ■

**정의 2.2.3**

함수 $f$가 구간 $(a, b)$ (또는 $(a, \infty)$, $(-\infty, a)$, $(-\infty, \infty)$) 내의 모든 점에서 미분가능할 때, $f$는 그 **구간에서 미분가능**하다고 한다.

$$|x| = \begin{cases} x & (x \ge 0 \text{일 때}) \\ -x & (x < 0 \text{일 때}) \end{cases}$$

**예제 3** 함수 $f(x) = |x|$의 미분가능한 구간을 구하여라.

**풀이** $x > 0$일 때, $|x| = x$이고, $x + h > 0$을 만족하는 충분히 작은 $h$에 대하여 $|x + h| = x + h$이므로

$$\lim_{h \to 0} \frac{f(x+h) - f(x)}{h} = \lim_{h \to 0} \frac{|x+h| - |x|}{h} = \lim_{h \to 0} \frac{(x+h) - x}{h} = \lim_{h \to 0} \frac{h}{h} = 1$$

따라서, $x > 0$일 때 미분가능하고 $f'(x) = 1$이다.

또, $x < 0$일 때 $|x| = -x$이고, $x + h < 0$를 만족하는 충분히 작은 $h$에 대하여 $|x + h| = -(x + h)$이므로

$$\lim_{h \to 0} \frac{f(x+h) - f(x)}{h} = \lim_{h \to 0} \frac{|x+h| - |x|}{h} = \lim_{h \to 0} \frac{-(x+h) - (-x)}{h} = \lim_{h \to 0} \frac{-h}{h} = -1$$

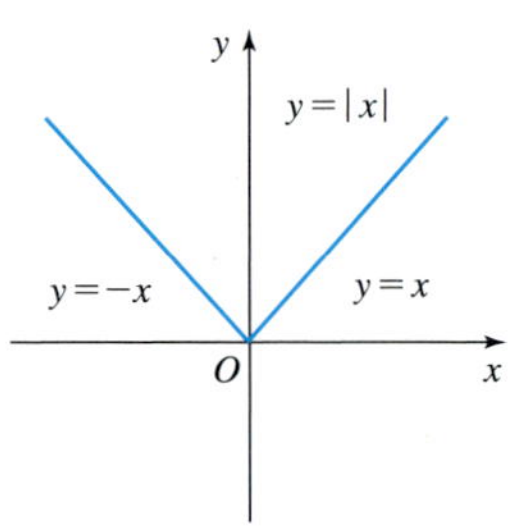


그림 2.2.1

따라서, $x < 0$일 때 미분가능하고 $f'(x) = -1$이다.

그러나, $x = 0$일 때

$$\lim_{h \to 0^+} \frac{f(0+h) - f(0)}{h} = \lim_{h \to 0^+} \frac{|h|}{h} = \lim_{h \to 0} \frac{h}{h} = 1$$

$$\lim_{h \to 0^-} \frac{f(0+h) - f(0)}{h} = \lim_{h \to 0^-} \frac{|h|}{h} = \lim_{h \to 0} \frac{-h}{h} = -1$$

이므로 $f'(0)$은 존재하지 않는다.

그러므로, $f$는 0을 제외한 모든 점 $x$에서 미분가능하다. 즉, $f$는 구간 $(-\infty, 0)$, $(0, \infty)$에서 미분가능하고

$$f'(x) = \begin{cases} 1 & (x > 0) \\ -1 & (x < 0) \end{cases}$$

이다. ■

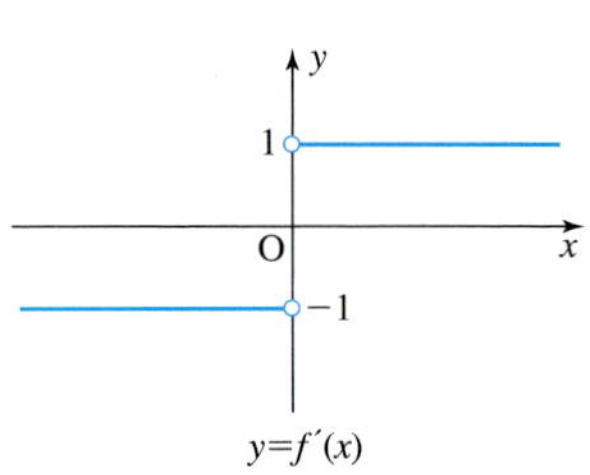


그림 2.2.2

다음 정리는 함수의 미분가능성과 연속성 사이의 관계를 보여준다.

**정리 2.2.4**

함수 $f$가 $x=a$에서 미분가능하면 $f$는 $x=a$에서 연속이다.

**증명.** 함수 $f$가 $x=a$에서 연속임을 보이려면

$$\lim_{x\to a} f(x) = f(a)$$

임을 보이면 충분하다. $f$가 $x=a$에서 미분가능하므로

$$f'(a) = \lim_{x\to a} \frac{f(x)-f(a)}{x-a}$$

가 존재한다. 그런데, $x \neq a$이므로

$$\begin{aligned}\lim_{x\to a} f(x) &= \lim_{x\to a}\left[f(a) + \frac{f(x)-f(a)}{x-a}(x-a)\right] \\ &= \lim_{x\to a} f(a) + \lim_{x\to a}\frac{f(x)-f(a)}{x-a}\cdot \lim_{x\to a}(x-a) \\ &= f(a) + f'(a)\cdot 0 \\ &= f(a)\end{aligned}$$

따라서, $f$는 $x=a$에서 연속이다. ■

위의 정리의 역은 성립하지 않는다. 이를테면, 함수 $f(x)=|x|$은

$$\lim_{x\to 0} f(x) = \lim_{x\to 0}|x| = 0 = f(0)$$

이므로 $x=0$에서 연속이지만 $x=0$에서 미분불가능하다(예제 3).

## 연습문제 2.2

**1.** 다음 함수에서 미분계수 $f'(1)$을 구하여라.

(1) $f(x) = x^2-2x$  (2) $f(x) = \sqrt{2x+1}$

(3) $f(x) = \dfrac{x}{x-5}$  (4) $f(x) = \dfrac{x}{x^2+1}$

(5) $f(x) = x^2-x$  (6) $f(x) = \dfrac{x-1}{x+1}$

(7) $f(x) = |2x-1|$  (8) $f(x) = \dfrac{1}{x^2+x}$

(9) $f(x) = x+|x|$  (10) $f(x) = \dfrac{1}{\sqrt{x+1}}$

**2.** 아래 극한은 $x=a$에서 함수 $f$의 미분계수를 나타낸 것이다. $f$와 $a$를 각각 구하여라.

(1) $\displaystyle\lim_{h\to 0}\frac{(1+h)^{10}-1}{h}$  (2) $\displaystyle\lim_{h\to 0}\frac{\sqrt[4]{16+h}-2}{h}$

(3) $\displaystyle\lim_{x\to 5}\frac{2^x-32}{x-5}$  (4) $\displaystyle\lim_{x\to \frac{\pi}{4}}\frac{\tan x-1}{x-\frac{\pi}{4}}$

(5) $\displaystyle\lim_{h\to 0}\frac{\cos(\pi+h)+1}{h}$  (6) $\displaystyle\lim_{t\to 1}\frac{t^2+t-2}{t-1}$

3. 함수 $s = f(t)$에 따라 어떤 입자가 직선상을 움직이고 있다. (단, $s$는 $m$, $t$는 초) $t = 2$일 때, 순간속도를 구하여라.

(1) $f(t) = t^2 - 6t - 5$ (2) $f(t) = 2t^3 - t + 1$

4. 다음 함수는 $x = 0$에서 미분가능함을 보여라.

$$f(x) = \begin{cases} x^2 \sin\dfrac{1}{x} & (x \neq 0) \\ 0 & (x = 0) \end{cases}$$

5. 함수 $f(x)$가 다음과 같이 정의되었을 때, $f'(1)$이 존재하는가?

(1) $f(x) = \begin{cases} x^3 & (x \geq 1) \\ x^2 & (x < 1) \end{cases}$

(2) $f(x) = \begin{cases} (x-1)^3 & (x \geq 1) \\ (x-1)^2 & (x < 1) \end{cases}$

6. 모든 $x$, $y$에 대해서 $f(x+y) = f(x)f(y)$가 성립한다고 하자. 만약 $f'(0)$이 존재하면, $f'(a)$도 존재하고 $f'(a) = f(a)f'(0)$임을 보여라.

7. 다음 함수 $f$가 모든 점에서 미분가능하도록 $m$과 $b$의 값을 결정하여라.

$$f(x) = \begin{cases} mx + b & (x < 2) \\ x^2 & (x \geq 2) \end{cases}$$

8. 함수 $f(x) = \sqrt[3]{x}$에 대하여 다음 물음에 답하여라.

(1) $a \neq 0$일 때, $f'(a)$를 구하여라.

(2) $f'(0)$은 존재하지 않음을 보여라.

(3) $y = \sqrt[3]{x}$에서 수직접선을 가짐을 보여라.

9. 함수 $f(x) = |x - 6|$는 $x = 6$에서 미분가능하지 않음을 보여라. 또, $f'$을 구하고, 그 그래프를 그려라.

10. 정의역 상의 모든 $x$에 대하여

$$f(-x) = f(x)$$

일 때, 함수 $f$는 우함수라고 하고

$$f(-x) = -f(x)$$

일 때, 함수 $f$는 기함수라고 한다. 다음을 증명하여라.

(1) 우함수의 도함수는 기함수이다.

(2) 기함수의 도함수는 우함수이다.

11. 함수 $g(x) = x^{\frac{2}{3}}$에 대하여 다음 물음에 답하여라.

(1) $g'(0)$은 존재하지 않음을 보여라.

(2) $a \neq 0$일 때, $g'(a)$을 구하여라.

(3) $y = x^{\frac{2}{3}}$은 $(0, 0)$에서 수직접선을 가짐을 보여라.

(4) $y = x^{\frac{2}{3}}$의 그래프를 그려서 (3)를 예시하여라.

# 2.3 미분공식

도함수를 구하는데 편리한 여러 가지 공식을 알아 보자.

상수함수 $f(x) = c$의 그래프는 기울기가 0인 $x$축에 평행한 직선이다. 따라서, $f'(x) = 0$이 되어야 한다.

**정리 2.3.1(상수함수의 도함수)**

$f(x) = c$ ($c$는 상수)이면,

$$f'(x) = 0$$

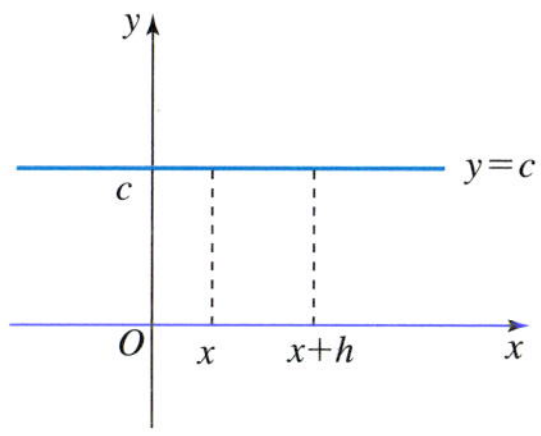


그림 2.3.1

**증명.**

$$f'(x) = \lim_{h \to 0} \frac{f(x+h) - f(x)}{h} = \lim_{h \to 0} \frac{c - c}{h} = \lim_{h \to 0} 0 = 0$$ ■

**정리 2.3.2(거듭제곱의 도함수)**

$f(x) = x^n$ ($n$은 양의 정수)이면, $f'(x) = nx^{n-1}$

**증명.**

$$\begin{aligned} f'(x) &= \lim_{h \to 0} \frac{f(x+h) - f(x)}{h} \\ &= \lim_{h \to 0} \frac{(x+h)^n - x^n}{h} \\ &= \lim_{h \to 0} \frac{\left(x^n + nx^{n-1}h + \frac{n(n-1)}{2}x^{n-2}h^2 + \cdots + nxh^{n-1} + h^n\right) - x^n}{h} \\ &= \lim_{h \to 0}\left[nx^{n-1} + \frac{n(n-1)}{2}x^{n-2}h + \cdots + nxh^{n-2} + h^{n-1}\right] \\ &= nx^{n-1} \end{aligned}$$ ■

$$(x+h)^n = {}_nC_0 x^n + {}_nC_1 x^{n-1}h + {}_nC_2 x^{n-2}h^2 + \cdots + {}_nC_{n-1} xh^{n-1} + {}_nC_n h^n$$

**정리 2.3.3(상수 곱의 도함수)**

$f$가 미분가능한 함수이고, $c$가 상수이면

$$(cf)'(x) = cf'(x).$$

**증명.**

$$
\begin{aligned}
(cf)'(x) &= \lim_{h\to 0}\frac{cf(x+h)-cf(x)}{h}\\
&= c\lim_{h\to 0}\frac{f(x+h)-f(x)}{h}\\
&= cf'(x)
\end{aligned}
$$

■

**예제 1** 곡선 $y=2x^3$ 위의 점 $(1, 2)$에서 접선의 방정식을 구하여라.

**풀이** 곡선 $f(x)=2x^3$ 위의 점 $(1, 2)$에서 접선의 기울기는 $f'(1)$이다.

$$f'(x)=2\cdot 3x^2=6x^2$$

이므로, $f'(1)=6$이다.

따라서, 접선은 기울기가 6이고 점 $(1, 2)$를 지나는 직선이므로 접선의 방정식은 다음과 같다.

$$y-2=6(x-1)$$

■

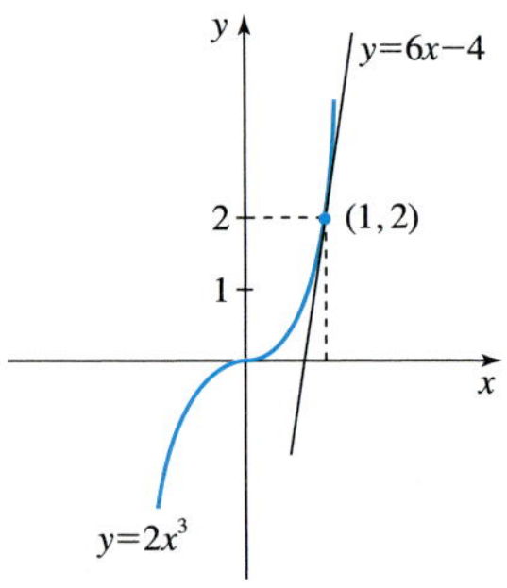


그림 2.3.2

**정리 2.3.4(합의 도함수)**

$f$와 $g$가 미분가능한 함수이면

$$(f+g)'(x)=f'(x)+g'(x)$$

**증명.**

$$
\begin{aligned}
(f+g)'(x) &= \lim_{h\to 0}\frac{[f(x+h)+g(x+h)]-[f(x)+g(x)]}{h}\\
&= \lim_{h\to 0}\left[\frac{f(x+h)-f(x)}{h}+\frac{g(x+h)-g(x)}{h}\right]\\
&= \lim_{h\to 0}\frac{f(x+h)-f(x)}{h}+\lim_{h\to 0}\frac{g(x+h)-g(x)}{h}\\
&= f'(x)+g'(x)
\end{aligned}
$$

■

$$
\begin{aligned}
&(f-g)'(x)\\
&= \lim_{h\to 0}\frac{[f(x+h)-g(x+h)]-[f(x)+g(x)]}{h}\\
&= \lim_{h\to 0}\left\{\frac{f(x+h)-f(x)}{h}-\frac{g(x+h)-g(x)}{h}\right\}\\
&= \lim_{h\to 0}\frac{f(x+h)-f(x)}{h}-\lim_{h\to 0}\frac{g(x+h)-g(x)}{h}\\
&= f'(x)-g'(x)
\end{aligned}
$$

**정리 2.3.5(차의 도함수)**

$f$와 $g$가 미분가능한 함수이면

$$(f-g)'(x)=f'(x)-g'(x)$$

**증명.** 정리 2.3.3와 정리 2.3.4에 의해서

$$
\begin{aligned}
(f-g)'(x) &= (f+(-1)g)'(x)\\
&= f'(x)+(-1)g'(x) = f'(x)-g'(x)
\end{aligned}
$$

■

**예제 2** $y = 2x^4 + 3x^3 + x^2 - 5$의 도함수를 구하여라.

$n$이 양의 정수일 때

$$(x^n)' = nx^{n-1}$$



**풀이**

$$\begin{aligned} y' &= (2x^4 + 3x^3 + x^2 - 5)' \\ &= (2x^4)' + (3x^3)' + (x^2)' - (5)' \\ &= 2(x^4)' + 3(x^3)' + (x^2)' \\ &= 8x^3 + 9x^2 + 2x. \end{aligned}$$

■

**정리 2.3.6(곱의 도함수)**

$f$와 $g$가 미분가능한 함수이면

$$(fg)'(x) = f(x)g'(x) + f'(x)g(x)$$

**증명.**

$$\begin{aligned} (fg)'(x) &= \lim_{h \to 0} \frac{f(x+h)g(x+h) - f(x)g(x)}{h} \\ &= \lim_{h \to 0} \frac{f(x+h)g(x+h) - f(x+h)g(x) + f(x+h)g(x) - f(x)g(x)}{h} \\ &= \lim_{h \to 0} \left[ f(x+h) \cdot \frac{g(x+h) - g(x)}{h} + \frac{f(x+h) - f(x)}{h} \cdot g(x) \right] \\ &= \lim_{h \to 0} f(x+h) \cdot \lim_{h \to 0} \frac{g(x+h) - g(x)}{h} + \lim_{h \to 0} \frac{f(x+h) - f(x)}{h} g(x) \end{aligned}$$

정리 2.2.4에 의하여 미분가능한 함수 $f$는 연속이므로

$$\lim_{h \to 0} f(x+h) = f(x)$$

따라서,

$$(fg)'(x) = f(x)g'(x) + f'(x)g(x).$$

■

**예제 3** $y = (3x^2 - 1)(x^3 - 5)$의 도함수를 구하여라.

**풀이**

$$\begin{aligned} y &= (3x^2 - 1)(x^3 - 5)' + (3x^2 - 1)'(x^3 - 5) \\ &= (3x^2 - 1)3x^2 + 6x(x^3 - 5) \\ &= 15x^4 - 3x^2 - 30x \end{aligned}$$

■

**정리 2.3.7(몫의 도함수)**

$f$와 $g$가 미분가능한 함수이고, $g(x) \neq 0$이면

$$\left(\frac{f}{g}\right)'(x) = \frac{f'(x)g(x) - f(x)g'(x)}{[g(x)]^2}$$

**증명.**

$$\left(\frac{f}{g}\right)'(x) = \lim_{h\to 0}\frac{\dfrac{f(x+h)}{g(x+h)} - \dfrac{f(x)}{g(x)}}{h}$$

$$= \lim_{h\to 0}\frac{g(x)f(x+h)-f(x)g(x+h)}{h}\cdot\frac{1}{g(x)g(x+h)}$$

$$= \lim_{h\to 0}\left[g(x)\cdot\frac{f(x+h)-f(x)}{h} - f(x)\cdot\frac{g(x+h)-g(x)}{h}\right]\cdot\lim_{h\to 0}\frac{1}{g(x)g(x+h)}$$

미분가능한 함수 $g$는 연속이므로

$$\lim_{h\to 0} g(x+h) = g(x)$$

따라서,

$$\left(\frac{f}{g}\right)'(x) = \frac{f'(x)g(x)-f(x)g'(x)}{g(x)^2}.$$

■

**예제 4** $y = \dfrac{3x-1}{x^2+1}$의 도함수를 구하여라.

**풀이**

$$y' = \frac{(3x-1)'(x^2+1)-(3x-1)(x^2+1)'}{(x^2+1)^2}$$

$$= \frac{3(x^2+1)-2x(3x-1)}{(x^2+1)^2}$$

$$= \frac{-3x^2+2x+3}{(x^2+1)^2}$$

■

**예제 5** $n$이 음의 정수일 때, 다음이 성립함을 보여라.

$$(x^n)' = nx^{n-1}$$

$n$이 양의 정수일 때

$$x^{-n} = \frac{1}{x^n}$$

**풀이** $n = -m$($m$은 양의 정수)라 두면

$$x^n = x^{-m} = \frac{1}{x^m}$$

이므로, 몫의 미분공식에 의해서

$$(x^n)' = \left(\frac{1}{x^m}\right)'$$

$$= \frac{0\cdot x^m - 1\cdot mx^{m-1}}{x^{2m}}$$

$$= -mx^{-m-1}$$

$$= nx^{n-1}$$

■

**예제 6** 다음 함수의 도함수를 구하여라.

(1) $y = x^{-2} + x^{-6}$ (2) $y = \frac{1}{x} + \frac{1}{x^3} + \frac{1}{5x^5}$

$n$이 양의 정수일 때

$$x^{-n} = \frac{1}{x^n}$$

**풀이** (1)

$$y' = -2x^{-3} - 6x^{-7} = -\frac{2}{x^3} - \frac{6}{x^7}$$

(2)

$$y = \frac{1}{x} + \frac{1}{x^3} + \frac{1}{5x^5} = x^{-1} + x^{-3} + \frac{1}{5}x^{-5}$$

이므로,

$$y' = -x^{-2} - 3x^{-4} + \frac{1}{5} \cdot (-5)x^{-6} = -\frac{1}{x^2} - \frac{3}{x^4} - \frac{1}{x^6}$$

■

**예제 7** 질량이 $m$kg인 골프채로 질량이 0.05kg인 골프공을 50m/초의 속도로 치면 골프공의 처음 속도는

$$v(m) = \frac{83m}{m + 0.05} \text{ (m/초)}$$

가 된다고 한다.

(1) $v'(m) > 0$ 임을 보여라. 골프채의 질량이 커지면 골프공의 속도는 어떻게 변하는가?

(2) $\lim_{m \to \infty} v'(m)$ 을 구하여라. 골프채가 무거울수록 좋다고 할 수 있는가?

**풀이** (1) 몫의 도함수 공식에 의하여 미분하면

$$v'(m) = \frac{83(m + 0.05) - 83m}{(m + 0.05)^2} = \frac{4.15}{(m + 0.05)^2}$$

이다. 분자와 분모가 모두 양수이므로 $v'(m) > 0$ 이다.

모든 점에서 접선의 기울기가 양수라는 것은 $y = v(m)$ 의 그래프가 왼쪽에서 오른쪽으로 갈수록 증가한다한다는 것을 의미한다. 따라서, 골프채의 질량 $m$ 이 증가함에 따라 골프공의 속도 $v(m)$ 도 증가한다.

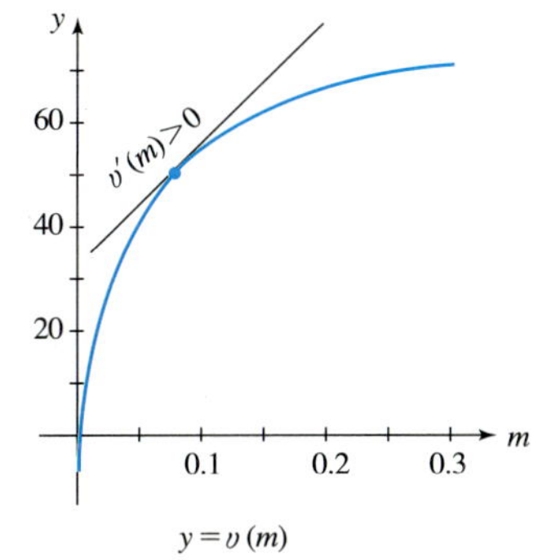


그림 2.3.3

(2)

$$\lim_{m \to \infty} v'(m) = \lim_{m \to \infty} \frac{4.15}{(m + 0.05)^2} = 0$$

이므로, 골프채의 질량이 증가함에 따라 골프공의 속도의 증가율은 점점 감소하여 0에 가까이 간다.

따라서, 골프채가 무거울수록 골프공의 속도의 증가는 현저히 낮은데 비해 무거운 골프채는 다루기가 쉽지 않으므로 무겁다고 반드시 좋은 것은 아니다.

■

## 고계도함수

$f$가 미분가능한 함수일 때 그 도함수 $f'$도 함수이므로 다시 $f'$의 도함수를 생각할 수 있다. 이것을 함수 $f$의 2계도함수(second derivative)라고 하고, $y = f(x)$의 2계도함수를

$$y'', \quad f''(x), \quad \frac{d^2 y}{dx^2}, \quad D^2 y$$

와 같이 나타낸다. 또, 2계도함수를 계속 미분하여 3계, 4계, ⋯ 도함수를 생각할 수 있다.

일반적으로, 함수 $y = f(x)$를 $n$번 미분하여 얻어진 $n$계도함수($n$-th derivative)를

$$y^{(n)}, \quad f^{(n)}(x), \quad \frac{d^n y}{dx^n}, \quad D^{(n)} y$$

와 같이 나타낸다.

**예제 8** $f(x) = x^3 - 2x$일 때, 1계, 2계, 3계도함수를 각각 구하여라.

**풀이** $f(x) = x^3 - 2x$을 미분하면

$$\begin{aligned} f'(x) &= 3x^2 - 2 \\ f''(x) &= 6x \\ f'''(x) &= 6 \end{aligned}$$

■

## 가속도

직선상을 움직이는 어떤 물체의 위치함수가 $s = s(t)$로 주어질 때 이 함수의 1계도함수는 물체의 속도를 나타낸다는 것을 알고 있다. 즉,

$$v(t) = s'(t) = \frac{ds}{dt}$$

또, 속도의 시간에 관한 순간변화율을 가속도(acceleration)라고 한다. 따라서, 가속도는 속도의 도함수이고 위치함수의 2계도함수가 된다. 즉,

$$a(t) = \frac{dv}{dt} = \frac{d^2 s}{dt^2}$$

**예제 9** 높이가 80m인 건물의 옥상에서 초속 20m/초의 초속도로 공을 똑바로 위로 던졌을 때 $t$초 후의 위치는 다음과 같다.

$$s(t) = -5t^2 + 20t + 80$$

(1) 최고의 높이에 이르는 것은 언제인가? 또, 그 때의 높이를 구하여라.

(2) $t = 2$일 때의 가속도를 구하여라.

**풀이** (1) 속도가 0일 때 최고의 높이에 도달하므로

$$v = \frac{ds}{dt} = -10t + 20 = 0$$

에서, $t = 2$초일 때 최고의 높이에 도달하고 그 때의 높이는

$$s(2) = (-5)\cdot 2^2 + 20\cdot 2 + 80 = 100(\text{m})$$

(2) 가속도를 구하면

$$a(t) = \frac{dv}{dt} = -10(\text{m/초}^2)$$

이므로, 가속도는 항상 $-10\text{m/초}^2$이다. ■

$v = \dfrac{ds}{dt}$

$a = \dfrac{dv}{dt}$

## 연습문제 2.3

1. 다음 함수의 도함수 $\dfrac{dy}{dx}$를 구하여라.

(1) $y = (5-x)(4-3x^2)$

(2) $y = (\sqrt{x}+x)(3x^2+2x)$

(3) $y = (x-1)^3(x+2)^4$

(4) $y = [(x+1)(4-3x)]^2$

(5) $y = (x+1)^2(x^2+1)^{-2}$

(6) $y = (2x-1)(x+7)^{-3}$

(7) $y = \dfrac{2x+1}{x^2-1}$

(8) $y = \left(\dfrac{x+1}{x-1}\right)^4$

(9) $y = \dfrac{x^2}{(x+1)^3}$

(10) $y = \dfrac{5}{(2x-3)^3}$

(11) $y = \dfrac{2x}{(x+1)^2(x-1)^2}$

(12) $y = \dfrac{x^2}{(x+1)(2x+1)(3x+1)}$

(13) $y = (x^2+1)^5$

(14) $y = (x^2-x)^4$

(15) $y = (2x^3+x^2-1)^{-1}$

(16) $y = (x^{-1}+2x)^{-3}$

2. $u(x)$, $v(x)$가 $x = 0$에서 미분가능하고,

$$u(0) = 5,\ u'(0) = -3,\ v(0) = -1,\ v'(0) = 2$$

일 때, $x = 0$에서 다음 도함수의 값을 구하여라.

(1) $\dfrac{d}{dx}(u-v)$ (2) $\dfrac{d}{dx}\left(\dfrac{u}{v}\right)$

(3) $\dfrac{d}{dx}\left(\dfrac{v}{u}\right)$ (4) $\dfrac{d}{dx}u^3$

3. $f(0) = 4$, $f'(0) = -1$, $g(0) = -3$, $g'(0) = 5$일 때, 다음을 구하여라.

(1) $(f\cdot g)'(0)$ (2) $(f+g)'(0)$

(3) $(f/g)(0)$

**4.** $f(3)=7,\ f'(3)=2,\ g(3)=6,\ g'(3)=-10$일 때, 다음을 구하여라.

(1) $(f\cdot g)'(3)$  (2) $(f+g)'(3)$

(3) $(g/f)(3)$

**5.** 곱의 미분공식을 써서, $D_x[f(x)]^2 = 2\cdot f(x)\cdot D_x f(x)$ 임을 보여라.

**6.** $y=x^3-x^2$의 그래프에서 접선이 수평이 되는 점들을 모두 찾아라.

**7.** $y=\frac{1}{3}x^3+x^2-x$의 그래프에서 접선의 기울기가 1이 되는 점들을 모두 찾아라.

**8.** 어떤 공이 지면으로부터의 높이 $s$(m)가 시간 $t$(초)의 함수로서,

$$s=-16t^2+40t+100$$

으로 주어졌다.

(1) $t=2$ 일 때의 순간속도는?

(2) 순간속도가 0이 되는 때는?

**9.** 곡선 $y=4x-x^2$의 접선들 중에 점 (2, 5)를 지나는 것은 두 개가 있다. 그 두 개의 방정식을 구하여라.

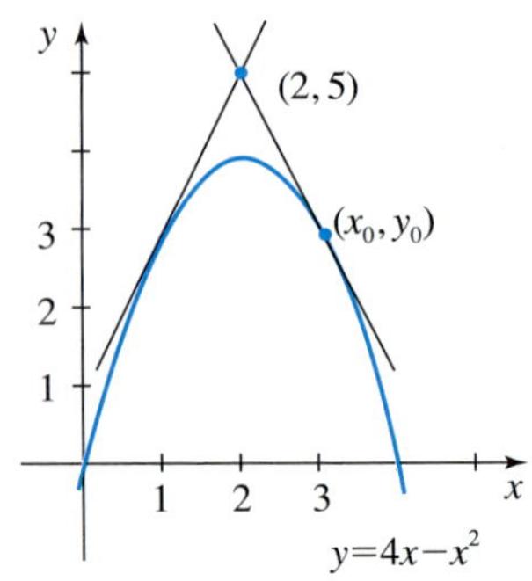


**10.** 점 $P(a, b)$가 곡선 $y=\frac{1}{x}$의 1사분면에 놓여 있는 점이라 하고, 점 $P$에서 접하는 접선이 $x$축과 만나는 점을 $A$라 하자. 삼각형 $AOP$는 이등변 삼각형임을 보이고, 그 넓이를 구하여라.

## 2.4 연쇄법칙

이 절에서는 두 함수의 합성함수의 도함수를 구하는 방법을 알아보자.

먼저 $(x^2-1)^2$을 곱의 도함수를 구하는 공식을 이용하여 미분하면

$$\begin{aligned}\frac{d}{dx}(x^2-1)^2 &= \frac{d}{dx}\left[(x^2-1)(x^2-1)\right] \\ &= 2x(x^2-1)+(x^2-1)\cdot 2x \\ &= 2(x^2-1)\cdot 2x\end{aligned}$$

$[f(x)g(x)]' = f'(x)g(x)+f(x)g'(x)$

이 결과를 이용하여 다시 $(x^2-1)^3$을 미분하면

$$\begin{aligned}\frac{d}{dx}(x^2-1)^3 &= \frac{d}{dx}[(x^2-1)(x^2-1)^2] \\ &= 2x(x^2-1)^2+(x^2-1)\frac{d}{dx}(x^2-1)^2 \\ &= 2x(x^2-1)^2+(x^2-1)\cdot\left[2(x^2-1)\cdot 2x\right] \\ &= 3(x^2-1)^2\cdot 2x\end{aligned}$$

을 얻는다. 여기서, $f(x) = x^3$, $g(x) = x^2-1$라 두면

$$(f\circ g)(x) = f(g(x)) = (x^2-1)^3$$

이다. 또, $f'(x) = 3x^2$ 이므로

$$f'(g(x)) = 3(x^2-1)^2$$

한편, $g'(x) = 2x$ 이므로

$$(f\circ g)'(x) = \frac{d}{dx}(x^2-1)^3 = 3(x^2-1)^2\cdot 2x = f'(g(x))g'(x)$$

임을 알 수 있다.

일반적으로 함수 $f$와 $g$가 미분가능한 함수이면 합성함수 $f\circ g$도 미분가능하고 그 도함수는 $f$의 도함수와 $g$의 도함수의 곱으로 표시된다.

즉,
$$(f\circ g)'(x) = f'(g(x))g'(x)$$

이것을 $y = f(u)$, $u = g(x)$로 나타내면

$$\frac{dy}{dx} = \frac{dy}{du}\frac{du}{dx}$$

로 표시된다. 이것을 연쇄법칙(chain rule)이라고 한다.

**정리 2.4.1(연쇄법칙)**

함수 $y = f(u)$, $u = g(x)$ 에서 $u = g(x)$가 $x$에서 미분가능하고, $y = f(u)$가 $g(x)$에서 미분가능하면 합성함수 $f \circ g$도 $x$에서 미분가능하고 그 도함수는 다음과 같다.

$$(f \circ g)'(x) = f'(g(x))g'(x)$$

또는

$$\frac{dy}{dx} = \frac{dy}{du}\frac{du}{dx}$$

**증명.** 이 정리의 부분적인 증명만 알아보고 완전한 증명은 이장의 끝에 있는 〈심화학습〉에서 다루기로 한다.

$x$의 증분 $\Delta x$에 대응하는 $u$와 $y$의 증분을 각각 $\Delta u$, $\Delta y$라고 하면

$$\begin{aligned} \Delta u &= g(x+\Delta x) - g(x) \\ \Delta y &= f(u+\Delta u) - f(u) \end{aligned}$$

가 된다. 이 때, $\Delta u \neq 0$이라고 하면

$$\begin{aligned} \frac{dy}{dx} &= \lim_{\Delta x \to 0} \frac{\Delta y}{\Delta x} = \lim_{\Delta x \to 0} \frac{\Delta y}{\Delta u}\frac{\Delta u}{\Delta x} \\ &= \lim_{\Delta x \to 0} \frac{\Delta y}{\Delta u} \cdot \lim_{\Delta x \to 0} \frac{\Delta u}{\Delta x} \end{aligned}$$

그런데, $g$는 연속함수이므로

$$\Delta x \to 0 \text{ 일 때 } \Delta u \to 0$$

따라서,

$$\begin{aligned} \frac{dy}{dx} &= \lim_{\Delta u \to 0} \frac{\Delta y}{\Delta u} \cdot \lim_{\Delta x \to 0} \frac{\Delta u}{\Delta x} \\ &= \frac{dy}{du}\frac{du}{dx} \end{aligned}$$

■

위의 증명에서 상수함수와 같이 $\Delta u = 0$이 되는 경우에는 $\Delta u$로 나눌 수가 없다. 이 경우에도 연쇄법칙은 성립하지만 증명이 쉽지가 않다.

**예제 1** $y = \sqrt{x^2+1}$의 도함수를 구하여라.

**풀이 1** $f(x) = \sqrt{x}$, $g(x) = x^2+1$로 놓으면

$$y = \sqrt{x^2+1} = (f \circ g)(x)$$

이고, $f'(x) = \dfrac{1}{2\sqrt{x}}$, $g'(x) = 2x$ 이므로

$$y' = f'(g(x))g'(x) = \frac{1}{2\sqrt{g(x)}} \cdot 2x = \frac{x}{\sqrt{x^2+1}}$$

**풀이 2** $y = \sqrt{u}$, $u = x^2+1$라 두면

$$\frac{dy}{dx} = \frac{dy}{du} \cdot \frac{du}{dx} = \frac{1}{2\sqrt{u}} \cdot 2x = \frac{1}{2\sqrt{x^2+1}} \cdot 2x = \frac{x}{\sqrt{x^2+1}}$$ ■

## 멱함수 미분법

$u = g(x)$가 미분가능한 함수이고 $n$이 정수일 때, $y = [g(x)]^n$의 도함수를 구하여 보자.

$f(u) = u^n$라 두면

$$y = [g(x)]^n = (f \circ g)(x)$$

이고 $f'(u) = nu^{n-1}$이므로, 연쇄법칙에 의하여

$$y' = f'(g(x))g'(x) = n[g(x)]^{n-1}g'(x)$$

따라서, 다음 정리를 얻는다.

**정리 2.4.2**

$u = g(x)$가 미분가능한 함수이고 $n$이 정수일 때

$$\frac{d}{dx}[g(x)]^n = n[g(x)]^{n-1}g'(x)$$

**예제 2** $y = (x^2-2x-1)^{30}$의 도함수를 구하여라.

**풀이** $g(x) = x^2-2x-1$라 두면

$$y = [g(x)]^{30} \text{ 이고, } \quad g'(x) = 2x-2$$

이므로, 연쇄법칙에 의해서

$$\begin{aligned} y' &= 30[g(x)]^{29}g'(x) \\ &= 30(x^2-2x-1)^{29}(2x-2) \\ &= 60(x^2-2x-1)^{29}(x-1) \end{aligned}$$ ■

**예제 3** $y = (2x+1)^5(x^3-x+1)^4$ 의 도함수를 구하여라.

**풀이** $$\frac{dx}{dy} = \left[\frac{d}{dx}(2x+1)^5\right]\cdot(x^3-x+1)^4 + (2x+1)^5\frac{d}{dx}(x^3-x+1)^4$$
$$= 5(2x+1)^4\frac{d}{dx}(2x+1)\cdot(x^3-x+1)^4 + (2x+1)^5 4(x^3-x+1)^3\frac{d}{dx}(x^3-x+1)$$
$$= 2(2+1)^4(x^3-x+1)^3(17x^3+6x^2-9x+3)$$ ■

### 연쇄법칙의 반복

세 함수 $y = f(u)$, $u = g(x)$, $x = h(t)$가 모두 미분가능하면 합성함수 $y = (f\circ g\circ h)(t) = f(g(h(t)))$도 미분가능하다.

$y = ((f\circ g)\circ h)(t)$ 로 생각하면

$$y = (f\circ g)(x)$$

이므로 연쇄법칙에 의해서 다음이 성립한다.

$$\frac{dy}{dt} = \frac{dy}{dx}\frac{dx}{dt}$$

그런데,

$$\frac{dy}{dx} = \frac{dy}{du}\frac{du}{dx}$$

이므로

$$\frac{dy}{dt} = \frac{dy}{du}\frac{du}{dx}\frac{dx}{dt}$$

가 된다.

**예제 4** $y = \dfrac{1}{(x^2+x+1)^3}$ 의 도함수를 구하여라.

**풀이** $y = f(u) = \dfrac{1}{u}$, $u = g(v) = v^3$, $v = h(x) = x^2+x+1$라 두면

$$y = \frac{1}{(x^2+x+1)^3} = (f\circ g\circ h)(x)$$

따라서,

$$\begin{aligned}\frac{dy}{dx} &= \frac{dy}{du}\frac{du}{dv}\frac{dv}{dx}\\ &= \left(-\frac{1}{u^2}\right)\cdot 3v^2\cdot(2x+1)\\ &= \left(-\frac{1}{v^6}\right)\cdot 3v^2\cdot(2x+1)\\ &= -\frac{3}{v^4}\cdot(2x+1)\\ &= -\frac{3(2x+1)}{(x^2+x+1)^4}\end{aligned}$$ ■

연쇄법칙을 이용하여 역함수의 도함수를 구하여 보자.

**정리 2.4.3(역함수의 도함수)**

미분가능한 함수 $f$의 역함수 $g = f^{-1}$도 미분가능하고 $f'(g(x)) \neq 0$일 때 다음이 성립한다.

$$g'(x) = \frac{1}{f'(g(x))}$$

**증명.** $f \circ g$는 항등함수이므로, 모든 $x$에 대하여

$$f(g(x)) = x$$

가 된다. 역함수 $g$도 미분가능하므로 연쇄법칙을 이용하여 미분하면

$$f'(g(x))g'(x) = 1$$

가 된다. 그런데 $f'(g(x)) \neq 0$이므로

$$g'(x) = \frac{1}{f'(g(x))}$$

을 얻는다.

**예제 5** $f(x) = x^3 + 1$의 역함수를 $g(x)$라 할 때, $g'(2)$를 구하여라.

**풀이** $f$는 전단사함수이므로 역함수 $g$를 갖고

$$g'(2) = \frac{1}{f'(g(2))}$$

가 성립한다. $x = g(2)$라 하면 $f(x) = 2$이므로

$$x^3 + 1 = 2, \qquad x^3 = 1$$

가 된다. 이 식을 풀면 $g(2) = 1$을 얻는다.

또, $f'(x) = 3x^2$이므로 다음이 성립한다.

$$g'(2) = \frac{1}{f'(g(2))} = \frac{1}{f'(1)} = \frac{1}{3}.$$

■

## 연습문제 2.4

**1.** 연쇄법칙을 이용하여 $\dfrac{dy}{dt}$를 구하여라.

(1) $y = \sqrt{u}, \quad u = t^2 + t^{-2}$

(2) $y = 4 - x^{-2}, \quad x = (1+t)^3$

(3) $y = \dfrac{x^2}{x^2+1}, \quad x = \sqrt{2t+1}$

(4) $y = x^2 + 3x - 1, \quad x = 2t+1$

(5) $y = w^2 - w^{-1}, \quad w = t^2 + 1$

(6) $y = (x^2+x+1)^3, \quad x = \sqrt{t}$

(7) $y = \dfrac{1}{u+u^{-1}}, \quad u = \sqrt{t+1}$

(8) $y = \dfrac{1}{(x^2-x+1)^2}, \quad x = t^{-1}$

(9) $y = \dfrac{x-1}{x+1}, \quad x = \sqrt{t^2+1}$

(10) $y = \sqrt{2x^3+x+1}, \quad x = t^{-1}$

**2.** 연쇄법칙을 이용하여 $\dfrac{dy}{dx}$를 구하여라.

(1) $y = (x^3 - 2x^2 + 1)^5$ (2) $y = \dfrac{1}{(x^2+1)^6}$

(3) $y = \dfrac{(x^2-1)^4}{x+4}$ (4) $y = \sqrt{\dfrac{x^2-1}{x^2+1}}$

**3.** $F(x) = f(g(x)),\ g(3) = 6,\ g'(3) = 4,\ f'(3) = 2,$ $f'(6) = 7$일 때, $F'(3)$을 구하여라.

**4.** $w = uv,\ u(0) = 1,\ v(0) = 2,\ u'(0) = 3,\ v'(0) = 6$일 때, $w'(0)$을 구하여라.

**5.** $z = w^2 - w^{-1},\ w = 3x$에서 $dz/dx$를 구하여라.

**6.** $y = 2v^3 = 2v^{-3},\ v = (3x+2)^{2/3}$에서 $dy/dx$를 구하여라.

**7.** $r = (s+1)^{1/2},\ s = 16t^2 - 20t$에서 $dr/dt$를 구하여라.

**8.** $(1, 32)$에서 $y = (x^2+1)^3(x^4+1)^2$에 접하는 접선의 방정식을 구하여라.

**9.** $f(0) = 0$이고 $f'(0) = 2$라고 하자. 함수 $f(f(f(f(x))))$의 $x = 0$에서의 도함수를 구하여라.

**10.** 두 번 미분가능한 함수 $g$에 대하여 $f(x) = xg(x^2)$라고 하자. 이 때, $f''$을 $g,\ g'$과 $g''$으로 나타내어라.

**11.** 공 모양의 풍선에다 공기를 초당 $3\text{cm}^3$의 일정한 비율로 펌프질해 넣고 있다. 부피가 $60\text{cm}^3$일 때, 풍선의 반지름은 얼마나 빨리 커지는가?

**12.** 함수 $f$와 $g$의 그래프가 다음 그림과 같이 주어져 있다. 이 때

$$u(x) = f(g(x)),\ v(x) = g(f(x)),\ w(x) = g(g(x))$$

라고 하자. 다음 미분계수가 존재하면 그 값을 구하고, 존재하지 않으면 그 이유를 설명하여라.

(1) $u'(1)$ (2) $v'(1)$

(3) $w'(1)$

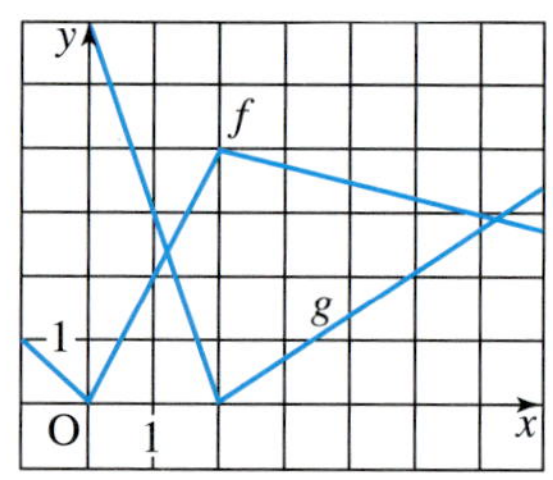


**13.** 함수 $f(x)$가 역함수 $g(x)$를 갖고 미분가능할 때, $g'(a)$를 구하여라.

(1) $f(x) = x^3 + 4x - 1,\ a = -1$

(2) $f(x) = x^5 + 3x^3 + x,\ a = 5$

(3) $f(x) = \sqrt{x^3 + 2x + 4},\ a = 2$

(4) $f(x) = \sqrt{x^5 + 4x^3 + 3x + 1},\ a = 3$

**14.** 함수 $f(x)$가 미분가능할 때, 다음 함수의 도함수를 구하여라.

(1) $f(x^2)$ (2) $f(\sqrt{x})$

(3) $\sqrt{3f(x)+2}$ (4) $\dfrac{1}{1+[f(x)]^2}$

# 2.5 삼각함수의 도함수

이 절에서는 여러 가지 삼각함수의 도함수를 구하여 보자. 앞의 1.2절에서 다음 극한이 성립함을 알고 있다.

$$\lim_{\theta \to 0} \frac{\sin\theta}{\theta} = 1$$

이 식과 함께 다음 극한은 삼각함수의 도함수를 구하기 위하여 필요한 식이다.

**정리 2.5.1**

(1) $\lim_{\theta \to 0} \sin\theta = 0$ (2) $\lim_{\theta \to 0} \cos\theta = 1$

(3) $\lim_{\theta \to 0} \frac{\cos\theta - 1}{\theta} = 0$

**증명.** (1) $0 < \theta < \frac{\pi}{2}$ 인 경우를 생각해 보자.

오른 쪽 그림과 같이 반지름이 1이고 중심각이 $\theta$ 인 부채꼴을 생각하자. 점 $B$에서 선분 $OA$에 내린 수선의 발을 $C$라고 하면 선분 $BC$의 길이는 호 $AB$의 길이보다 크지 않으므로

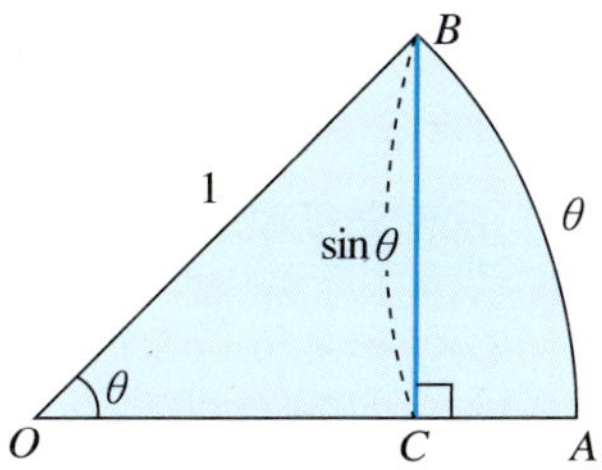

그림 2.5.1

반지름 $r$, 중심각 $\theta$ 인 부채꼴의 호의 길이 $l$는

$$l = r\theta$$

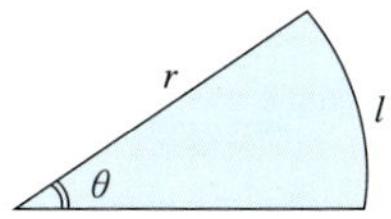


$$0 < \sin\theta \le \theta$$

그런데, $\lim_{\theta \to 0^+} 0 = 0 = \lim_{\theta \to 0^+} \sin\theta$ 이므로 Sandwich 정리에 의해

$$\lim_{\theta \to 0^+} \sin\theta = 0$$

한편, $-\frac{\pi}{2} < \theta < 0$ 인 경우, $0 < -\theta < \frac{\pi}{2}$ 이므로 위의 결과에 의해서

$$0 < \sin(-\theta) \le -\theta$$

이고, $\sin(-\theta) = -\sin\theta$ 이므로

$$\theta \le \sin\theta < 0$$

이 된다. 그런데, $\lim_{\theta \to 0^-} \theta = 0 = \lim_{\theta \to 0^-} 0$ 이므로 Sandwich 정리에 의해

$$\lim_{\theta \to 0^-} \sin\theta = 0$$

따라서, $$\lim_{\theta \to 0} \sin\theta = 0.$$

$\sin^2\theta + \cos^2\theta = 1$

(2) $-\frac{\pi}{2} < \theta < \frac{\pi}{2}$ 이면 $\cos\theta > 0$이므로

$$\cos\theta = \sqrt{1-\sin^2\theta}$$

이다. 따라서

$\lim_{\theta\to 0}\sin\theta = 0$

$$\lim_{\theta\to 0}\cos\theta = \lim_{\theta\to 0}\sqrt{1-\sin^2\theta} = \sqrt{\lim_{\theta\to 0}(1-\sin^2\theta)} = \sqrt{1-(\lim_{\theta\to 0}\sin\theta)^2} = 1$$

$\lim_{\theta\to 0}\frac{\sin\theta}{\theta} = 1$

(3)
$$\lim_{\theta\to 0}\frac{\cos\theta-1}{\theta} = \lim_{\theta\to 0}\frac{\cos\theta-1}{\theta}\cdot\frac{\cos\theta+1}{\cos\theta+1} = \lim_{\theta\to 0}\frac{\cos^2\theta-1}{\theta(\cos\theta+1)} = \lim_{\theta\to 0}\frac{\sin\theta}{\theta}\cdot\frac{-\sin\theta}{\cos\theta+1} = \lim_{\theta\to 0}\frac{\sin\theta}{\theta}\cdot\lim_{\theta\to 0}\frac{-\sin\theta}{\cos\theta+1} = 1\cdot\frac{0}{1+1} = 0$$

■

위의 극한을 이용하여 다음 삼각함수의 도함수를 구할 수 있다.

$\tan x = \frac{\sin x}{\cos x}$

$\sec x = \frac{1}{\cos x}$

$\csc x = \frac{1}{\sin x}$

$\cot x = \frac{1}{\tan x} = \frac{\cos x}{\sin x}$

**정리 2.5.2(삼각함수의 도함수)**

(1) $\frac{d}{dx}\sin x = \cos x$　　(2) $\frac{d}{dx}\cos x = -\sin x$

(3) $\frac{d}{dx}\tan x = \sec^2 x$　　(4) $\frac{d}{dx}\csc x = -\csc x\cot x$

(5) $\frac{d}{dx}\sec x = \sec x\tan x$　　(6) $\frac{d}{dx}\cot x = -\csc^2 x$

**증명.** (1), (2)만 증명하기로 한다. 나머지는 몫의 미분공식을 이용하여 쉽게 구할 수 있다.

$\lim_{h\to 0}\frac{\cos h-1}{h} = 0$

$\lim_{h\to 0}\frac{\sin h}{h} = 1$

(1)
$$\frac{d}{dx}\sin x = \lim_{h\to 0}\frac{\sin(x+h)-\sin x}{h} = \lim_{h\to 0}\frac{\sin x\cos h+\cos x\sin h-\sin x}{h} = \lim_{h\to 0}\frac{\sin x(\cos h-1)+\cos x\sin h}{h} = \lim_{h\to 0}\frac{\sin x(\cos h-1)}{h}+\lim_{h\to 0}\frac{\cos x\sin h}{h} = \sin x\lim_{h\to 0}\frac{(\cos h-1)}{h}+\cos x\lim_{h\to 0}\frac{\sin h}{h} = \sin x\cdot 0+\cos x\cdot 1 = \cos x.$$

(2)

$$\begin{aligned}\frac{d}{dx}\cos x &= \lim_{h\to 0}\frac{\cos(x+h)-\cos x}{h}\\ &= \lim_{h\to 0}\frac{\cos x\cos h-\sin x\sin h-\cos x}{h}\\ &= \lim_{h\to 0}\frac{\cos x(\cos h-1)-\sin x\sin h}{h}\\ &= \cos x\lim_{h\to 0}\frac{(\cos h-1)}{h}-\sin x\lim_{h\to 0}\frac{\sin h}{h}\\ &= \cos x\cdot 0-\sin x\cdot 1\\ &= -\sin x\end{aligned}$$

■

**예제 1** 다음 함수의 도함수를 구하여라.

(1) $y = 2\sin x - 3\cos x$　　(2) $y = x^2\sin 2x$

(3) $y = 3\cos^2(2x)$　　(4) $y = 2\sin\sqrt{x}$

$(\sin x)' = \cos x$
$(\cos x)' = -\sin x$

**풀이** (1) $\frac{d}{dx}(2\sin x - 3\cos x) = 2\cos x + 3\sin x$

(2) $$\begin{aligned}\frac{d}{dx}(x^2\sin 2x) &= (\sin 2x)\frac{d}{dx}x^2 + x^2\frac{d}{dx}(\sin 2x)\\ &= 2x\sin 2x + 2x^2\cos 2x\end{aligned}$$

(3) $$\begin{aligned}\frac{d}{dx}(3\cos^2(2x)) &= 6\cos(2x)(-\sin 2x)\cdot 2\\ &= -12\sin 2x\cos 2x\end{aligned}$$

(4) $$\begin{aligned}\frac{d}{dx}(2\sin\sqrt{x}) &= 2\cos\sqrt{x}\frac{d}{dx}(\sqrt{x})\\ &= 2\cos\sqrt{x}\cdot\frac{1}{2\sqrt{x}} = \frac{\cos\sqrt{x}}{\sqrt{x}}\end{aligned}$$

■

**예제 2** 다음 함수의 도함수를 구하여라.

(1) $y = \tan(x^2)$　　(2) $y = \cot(4x)$

(3) $y = \sec\sqrt{2x+1}$　　(4) $y = \csc(\sqrt{x}+x)$

$(\tan x)' = \sec^2 x$
$(\cot x)' = -\csc^2 x$
$(\sec x)' = \sec x\tan x$
$(\csc x)' = -\csc x\cot x$

**풀이** (1) $\frac{d}{dx}\tan(x^2) = \sec^2(x^2)\left(\frac{d}{dx}x^2\right) = 2x\sec^2(x^2)$

(2) $\frac{d}{dx}\cot(4x) = -\csc^2(4x)\frac{d}{dx}(4x) = -4\csc^2(4x)$

(3) $$\begin{aligned}\frac{d}{dx}\sec\sqrt{2x+1} &= \sec\sqrt{2x+1}\tan\sqrt{2x+1}\frac{d}{dx}\sqrt{2x+1}\\ &= \sec\sqrt{2x+1}\tan\sqrt{2x+1}\frac{1}{2\sqrt{2x+1}}\frac{d}{dx}(2x+1)\\ &= \frac{\sec\sqrt{2x+1}\tan\sqrt{2x+1}}{\sqrt{2x+1}}\end{aligned}$$

(4) $$\frac{d}{dx}\csc(\sqrt{x}+x) = -\csc(\sqrt{x}+x)\cot(\sqrt{x}+x)\frac{d}{dx}(\sqrt{x}+x)$$
$$= \left[-\csc(\sqrt{x}+x)\cot(\sqrt{x}+x)\right]\left[\frac{1+2\sqrt{x}}{2\sqrt{x}}\right]$$
$$= -\frac{(1+2\sqrt{x})\csc(\sqrt{x}+x)\cot(\sqrt{x}+x)}{2\sqrt{x}}$$
$$= -\frac{(2\sqrt{x}+1)\cos(\sqrt{x}+x)}{2\sqrt{x}\sin^2(\sqrt{x}+x)}$$ ■

**예제 3** 함수 $f(x) = 2\sin 3x$ 의 그래프 위의 점 $\left(\frac{\pi}{3},\ 0\right)$에서의 접선의 방정식을 구하여라.

$\cos\pi = -1$

**풀이**

$$f'(x) = 2\cos 3x \frac{d}{dx}(3x) = 6\cos 3x$$

이므로, 점 $\left(\frac{\pi}{3},\ 0\right)$에서의 접선의 기울기는

$$f'\left(\frac{\pi}{3}\right) = 6\cos\pi = -6$$

따라서, 접선의 방정식은

$$y - 0 = -6\left(x - \frac{\pi}{3}\right) \quad 즉,\ y = -6x + 2\pi.$$ ■

**예제 4** 전기회로에서 시각 $t$일 때의 전하량이 $Q(t)$이면 전류 $I(t)$는

$$I(t) = \frac{dQ}{dt}$$

로 나타내어진다.

또, 시각 $t$일 때 전하량이 1패럿이고 유도상수가 1헨리이며 가해진 전압이 $2t^2$ 볼트라고 하면, 시각 $t$일 때 회로의 전체 전하량 $Q(t)$는

$$Q(t) = 2\sin t + 2t^2 - 4\,(쿨롬)$$

로 주어진다. $t = 0$과 $t = \frac{\pi}{3}$일 때의 전류를 구하여라.

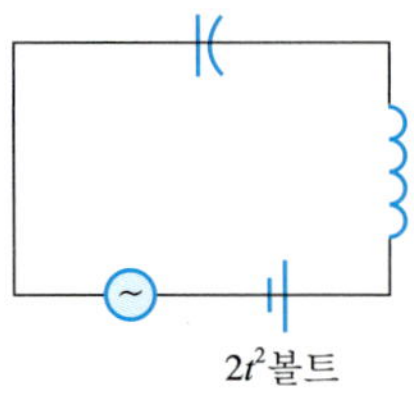

그림 2.5.2

**풀이** 전류의 세기 $I(t)$는 시간에 대한 전하량의 변화율이므로

$$I(t) = \frac{dQ}{dt} = 2\cos t + 4t\,(암페어)$$

따라서, $t = 0,\ t = \frac{\pi}{3}$ 일 때의 전류는

$$I(0) = 2\cos 0 + 4\cdot 0 = 2\,(암페어)$$
$$I\left(\frac{\pi}{3}\right) = 2\cos\frac{\pi}{3} + 4\cdot\frac{\pi}{3} = 1 + \frac{4\pi}{3}\,(암페어)$$

이다. ■

## 연습문제 2.5

**1.** 다음 각 함수의 도함수 $\dfrac{dy}{dx}$를 구하여라.

(1) $y = \sin^3(x^2)$ (2) $y = x\cos 2x$

(3) $y = x\sin x + \dfrac{1}{x}\tan x$ (4) $y = \sin^4 2x + \cos^4 2x$

(5) $y = \dfrac{2x}{\cos 3x}$ (6) $y = \cot\sqrt{x^2+1}$

(7) $y = \sqrt{2+\cos 2x}$ (8) $y = \dfrac{\sec(x+1)}{x+1}$

(9) $y = \dfrac{\csc(x^2)}{x^2+1}$ (10) $y = \tan\sqrt{x^2+1}$

(11) $y = \sec^2 x$ (12) $y = -\csc^2 x$

**2.** 다음에 주어진 두 함수의 도함수가 같음을 보여라.

(1) $y = \sin^2 x$, $y = -\dfrac{\cos 2x}{2}$

(2) $y = \sin^4 x$, $y = \cos^4 x - 2\cos^2 x$

(3) $y = \sqrt{\dfrac{1+\cos x}{2}}$, $y = \cos\dfrac{x}{2}$

**3.** 다음 곡선에서 $x = \dfrac{\pi}{4}$에서의 접선과 법선의 방정식을 구하여라.

(1) $y = \sin x$ (2) $y = \cos 2\left(x - \dfrac{\pi}{4}\right) + 1$

(3) $y = \tan x + 1$

**4.** 함수 $y = A\sin x + B\cos x$가 $y'' + y' - 2y = \sin x$를 만족하도록 상수 $A, B$를 구하여라.

**5.** $f(x) = x - \sin x$라고 하자. $y = f(x)$의 그래프에서 접선이 수평이 되는 점들을 모두 찾아라.

**6.** 곡선 $y = \sqrt{2}\sin x$와 $y = \sqrt{2}\cos x$는 구간 $0 < x < \pi/2$의 어떤 점에서 서로 직교함을 보여라.

**7.** 곡선 $y = \sin x$와 $y = \sin 2x$가 교차하는 가장 작은 양수 $x$를 $x_0$라 하자. $x_0$을 구하고, $x_0$에서 두 곡선이 교차하는 예각 $\theta$의 $\tan\theta$를 구하여라.

**8.** 반지름이 20cm인 바퀴가 초속 1라디안의 각속도로 반시계 방향으로 돌고 있다. 바퀴 위의 한 입자가 $t = 0$일 때 $(20, 0)$ 지점에 있다.

(1) $t = \pi/6$일 때 그 좌표는?

(2) $t = \pi/6$일 때 얼마나 빨리 (수직으로) 올라가고 있는가?

(3) 가장 빨리 올라갈 때 얼마나 빨리 (수직으로)올라가고 있는가?

**9.** 그림은 중심각 $\theta$에 대응하는 길이가 $s$인 원호와 길이가 $d$인 현을 나타낸다. 이 때,

$$\lim_{\theta \to 0} \frac{s}{d}$$

를 구하여라.

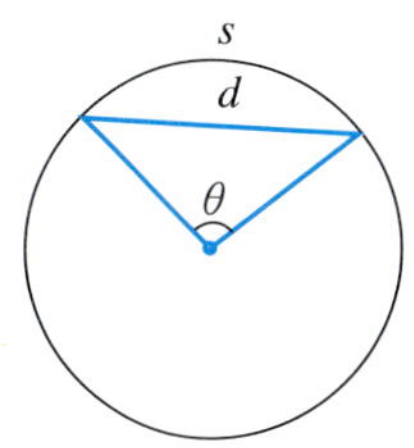


**10.** 다음 그림과 같이 이등변삼각형에다 반원을 붙여 놓았다. 삼각형 $AOB$의 넓이를 $D$라 하고, 반원의 넓이를 $E$라 하자. $D/E$를 $t$로써 나타내는 공식을 구하고, 다음 극한을 구하여라.

(1) $\displaystyle\lim_{t \to 0^+} \frac{D}{E}$ (2) $\displaystyle\lim_{t \to \pi^-} \frac{D}{E}$

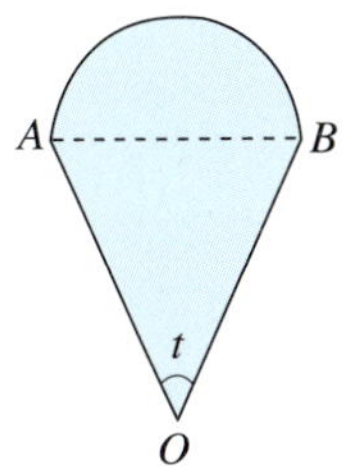


**11.** 탄성이 있는 고무줄에 고리가 매달려 있고 줄의 끝에 추가 달려있다. 추를 아래로 당긴 후 놓으면 추는 수직으로 진동한다. 이 때, 운동방정식은

$$s = 2\cos t + 3\sin t \quad (t \geq 0)$$

으로 주어진다. 여기서 $s$의 단위는 cm이고 $t$의 단위는 초이다. 그리고 아래로의 방향을 양의 방향으로 생각한다.

(1) 시각 $t$에서의 속도와 가속도를 구하여라.

(2) 추가 처음으로 평형점을 통과하는 시간을 구하여라.

(3)평형점에서 추는 얼마나 멀리 움직이는가?

(4) 속도가 최고가 되는 시간을 구하여라.

**12.** 무게가 $W$인 물체가 물체에 달린 끈을 따라 가해지는 힘에 의해 수평면을 따라 끌려가고 있다. 만약 끈이 평면과 각 $\theta$를 이룬다면 힘의 크기 $F$는

$$F = \frac{\mu W}{\mu \sin\theta + \cos\theta}$$

이고, $\mu$는 마찰계수인 상수이다.

(1) $\theta$에 대한 $F$의 변화율을 구하여라.

(2) 이 변화율은 언제 0이 되는가?

(3) $W = 50$ (lb) 이고 $\mu = 0.6$일 때 $\dfrac{dF}{d\theta} = 0$이 되는 $\theta$의 값을 구하여라.

## 2.6 음함수의 미분법

앞 절에서 우리는 함수

$$y = \sqrt{x^2 - 1}, \quad y = x + \sin x$$

등과 같이 $y = f(x)$의 형태로 나타내어지는 함수의 도함수에 대하여 공부하였다.

그러나, 방정식

$$y^3 + 7y = x^3$$

은 $y = f(x)$와 같이 $y$를 $x$의 식으로 나타내기가 어렵다. 그렇지만 각각의 $x$에 대하여 단 하나의 실수 $y$가 대응한다. 이를 테면

$x = 2$일 때

$$y^3 + 7y = 8$$

을 만족하는 $y$의 값은 1이다. 이 때, $y$는 $x$의 음함수(implicit function)로 나타내어진다고 한다. 이것을 $y(x)$로 나타내면

$$[y(x)]^3 + 7y(x) = x^3$$

와 같이 쓸 수 있다. 이 방정식의 양변을 $x$에 관하여 미분하면

$$\begin{aligned} \frac{d}{dx}(y^3) + \frac{d}{dx}(7y) &= \frac{d}{dx}(x^3) \\ 3y^2\frac{dy}{dx} + 7\frac{dy}{dx} &= 3x^2 \\ (3y^2 + 7)\frac{dy}{dx} &= 3x^2 \end{aligned}$$

$n$이 양의 정수일 때

$$(x^n)' = nx^{n-1}$$

$3y^2 + 7 \neq 0$이므로,

$$\frac{dy}{dx} = \frac{3x^2}{3y^2 + 7}$$

위와 같은 방법으로 양변을 $x$에 관하여 미분한 후 도함수를 구하는 방법을 음함수 미분법(implicit differentiation)이라고 한다.

**예제 1** $x^3+y^3 = 2-3y$ 일때, $\dfrac{dy}{dx}$를 구하여라.

**풀이** 주어진 식의 양변을 $x$에 관한여 미분하면

$$\begin{aligned} 3x^2+3y^2\frac{dy}{dx} &= -3\frac{dy}{dx} \\ x^2+y^2\frac{dy}{dx} &= -\frac{dy}{dx} \\ (y^2+1)\frac{dy}{dx} &= -x^2 \end{aligned}$$

따라서,
$$\frac{dy}{dx} = -\frac{x^2}{y^2+1}.$$
■

**예제 2** $3x^2y+2y = x^3-1$일 때, $\dfrac{dy}{dx}$를 구하여라.

$$\left[\frac{f(x)}{g(x)}\right]' = \frac{f'(x)g(x)-f(x)g'(x)}{\{g(x)\}^2}$$

**풀이 1** 주어진 방정식을 $y$에 관하여 풀면

$$\begin{aligned} (3x^2+2)y &= x^3-1 \\ y &= \frac{x^3-1}{3x^2+2} \end{aligned}$$

따라서, 몫의 미분법을 써서 미분하면

$$\begin{aligned} \frac{dy}{dx} &= \frac{3x^2(3x^2+2)-(x^3-1)(6x)}{(3x^2+2)^2} \\ &= \frac{9x^4+6x^2-6x^4+6x}{(3x^2+2)^2} \\ &= \frac{3x(x^3+2x+2)}{(3x^2+2)^2} \end{aligned}$$

**풀이 2** 음함수 미분법을 써서 주어진 식의 양변을 $x$에 관하여 미분하면

$$\begin{aligned} \frac{d}{dx}(3x^2y+2y) &= \frac{d}{dx}(x^3-1) \\ 6xy+3x^2\frac{dy}{dx}+2\frac{dy}{dx} &= 3x^2 \\ (3x^2+2)\frac{dy}{dx} &= 3x^2-6xy \end{aligned}$$

따라서,
$$\frac{dy}{dx} = \frac{3x^2-6xy}{3x^2+2}$$

이 식에 $y = \dfrac{x^3-1}{3x^2+2}$를 대입하면 (풀이 1)과 같은 결과를 얻는다. ■

**예제 3** 다음 곡선 위의 점 (0, 1)에서의 접선의 방정식을 구하여라.

$$2y^3 - xy^2 - \sin xy = 2$$

**풀이** 주어진 식의 양변을 미분하면

$$6y^2 y' - y^2 - 2xyy' - (\cos xy)(y + xy') = 0$$
$$(6y^2 - 2xy - x\cos xy)y' = y^2 + y\cos xy$$

$6y^2 - 2xy - x\cos xy \neq 0$일 때,

$$y' = \frac{y^2 + y\cos xy}{6y^2 - 2xy - x\cos xy}$$

$x = 0,\ y = 1$일 때,

$$y' = \frac{1^2 + 1 \cdot \cos 0}{6 \cdot 1^2 - 2 \cdot 0 \cdot 1 - 0 \cdot \cos 0} = \frac{1}{3}$$

이므로, 접선의 방정식은

$$y - 1 = \frac{1}{3}(x - 0)$$

즉, $$y = \frac{1}{3}x + 1$$ ■

**예제 4** 어떤 기체의 반 데 발스(van der Waals) 방정식이

$$\left(P + \frac{5}{V^2}\right)(V - 0.03) = 9.7$$

이라고 한다. 부피 $V$를 압력 $P$의 함수로 생각하고 $P = 5,\ V = 1$일 때의 압력 $P$에 관한 부피 $V$의 변화율 $\frac{dV}{dP}$를 구하여라.

**풀이** 양변을 $P$에 관하여 미분하면

$$\frac{d}{dP}[(P + 5V^{-2})(V - 0.03)] = 0$$

곱의 법칙과 연쇄법칙에 의해서

$$\left(1 - 10V^{-3}\frac{dV}{dP}\right)(V - 0.03) + (P + 5V^{-2})\frac{dV}{dP} = 0$$
$$[-10V^{-3}(V - 0.03) + P + 5V^{-2}]\frac{dV}{dP} = 0.03 - V$$

이 식을 $\frac{dV}{dP}$에 관하여 풀면

$$\frac{dV}{dP} = \frac{0.03 - V}{-10V^{-3}(V - 0.03) + P + 5V^{-2}}$$

따라서, $$\left.\frac{dV}{dP}\right|_{\substack{P=5 \\ V=1}} = \frac{0.03 - 1}{(-10) \cdot 1 \cdot 0.97 + 5 + 5 \cdot 1} = -\frac{97}{30}$$ ■

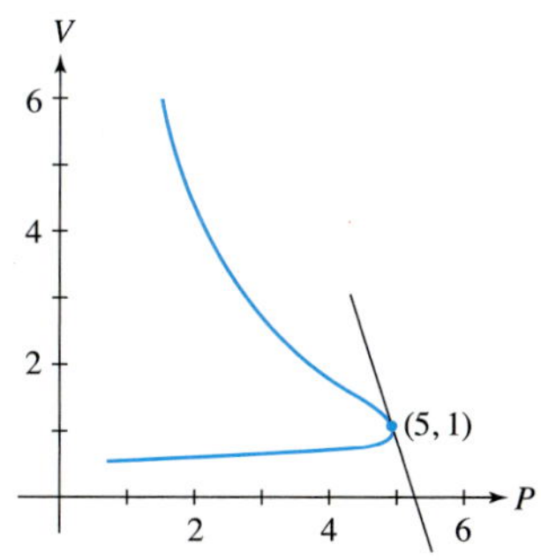

그림 2.6.1 반 데 발스 방정식의 그래프

**예제 5** $r$을 임의의 유리수라고 할 때, 다음 미분공식을 증명하여라.

$$\frac{d}{dx}(x^r) = rx^{r-1}$$

**증명.** $r$이 유리수이므로 $r = \frac{p}{q}$로 쓸 수 있다. 여기서 $p, q$는 정수이며 $q > 0$라 하자.

$$y = x^r = x^{\frac{p}{q}}$$

라 하면 $y^q = x^p$이므로 양변을 $x$에 관하여 미분하면

$$qy^{q-1}\frac{dy}{dx} = px^{p-1}$$

따라서,

$m, n$이 유리수일 때

$$(a^n)^m = a^{mn}$$

$$\frac{a^m}{a^n} = a^{m-n}$$

$$\begin{aligned}\frac{dy}{dx} &= \frac{p}{q}\cdot\frac{x^{p-1}}{y^{q-1}} = \frac{p}{q}\cdot\frac{x^{p-1}}{(x^{p/q})^{q-1}}\\ &= \frac{p}{q}\cdot\frac{x^{p-1}}{x^{p-p/q}} = \frac{p}{q}x^{p/q-1}\\ &= rx^{r-1}\end{aligned}$$

■

**예제 6** 다음 함수의 도함수를 구하여라.

$$y = 3x^{\frac{5}{3}} + \sqrt{x^2+1}$$

**풀이** 예제 5와 연쇄법칙을 써서 미분하면

$$\begin{aligned}\frac{dy}{dx} &= 3\frac{d}{dx}x^{\frac{5}{3}} + \frac{d}{dx}(x^2+1)^{\frac{1}{2}}\\ &= 3\cdot\frac{5}{3}x^{\frac{5}{3}-1} + \frac{1}{2}(x^2+1)^{\frac{1}{2}-1}\cdot 2x\\ &= 5x^{\frac{2}{3}} + \frac{x}{\sqrt{x^2+1}}\end{aligned}$$

■

## 연습문제 2.6



**1.** 다음 함수의 도함수 $\dfrac{dy}{dx}$를 구하여라.

(1) $y^2 = \dfrac{x-1}{x+1}$　　(2) $\dfrac{1}{y}+\dfrac{1}{x}=1$

(3) $\sqrt{x}+\sqrt{y}=1$　　(4) $x^2=\dfrac{x-y}{x+y}$

(5) $y=\sqrt{x}+\sqrt[3]{x}+\sqrt[4]{x}$　　(6) $x^2y^2=x^2+y^2$

**2.** 다음 함수에서 $\dfrac{dy}{dx}$와 $\dfrac{d^2y}{dx^2}$을 구하여라.

(1) $x^3+y^3=1$　　(2) $x^{2/3}+y^{2/3}=1$

(3) $xy+y^2=1$　　(4) $2x^3-3y^2=7$

**3.** 다음 주어진 점 $P$에서 곡선의 접선과 법선의 방정식을 구하여라.

(1) $x^2+xy+y^2=7$,　$P(1, 2)$

(2) $y^2+6x^2+4y+19=0$,　$P(2, 1)$

(3) $x^2y^2=9$,　$P(-1, 3)$

(4) $(x-y)^2=2x+4$,　$P(6, 2)$

(5) $\dfrac{x-y}{x-2y}=2$,　$P(3, 1)$

**4.** 곡선 $y^2=x^3$을 그리고 $\dfrac{dy}{dx}$를 구하여라. 또, $\dfrac{dy}{dx}$가 존재하지 않는 점이 있으면 그 점을 구하여라.

**5.** 곡선 $x^3+y^3=3xy$ 위의 점 $\left(\dfrac{3}{2}, \dfrac{3}{2}\right)$에서의 법선이 원점을 지남을 보여라.

**6.** $2x^2+y^2=6$의 그래프와 $y^2=4x$의 그래프는 서로 직교함을 보여라.

**7.** 음함수 미분법을 사용하여 타원 $\dfrac{x^2}{a^2}+\dfrac{y^2}{b^2}=1$ 위의 점 $(x_0, y_0)$에서의 접선방정식은 $\dfrac{x_0x}{a^2}+\dfrac{y_0y}{b^2}=1$임을 보여라.

**8.** 곡선 $xy=c$($c$는 상수)는 곡선 $x^2-y^2=k$($k$는 상수)와 수직으로 만남을 보여라. 즉, 만나는 점에서 접선이 서로 수직임을 보여라.

**9.** 질량이 $m$인 입자가 $x$축을 따라 움직일 때 그 위치 $x$와 속도 $v=dx/dt$가 다음을 만족한다.

$$m(v^2-v_0^2)=k(x_0^2-x^2)$$

여기서 $v_0$, $x_0$, $k$는 상수들이다. $v\neq 0$일 때, 음함수 미분법을 써서

$$m\frac{dv}{dt}=-kx$$

임을 보여라.

**10.** 다음 그림과 같이 램프가 $y$축의 오른쪽으로 3만큼 떨어져 있고 그림자는 $x^2+4y^2\le 5$의 타원 영역이 된다. 만약 $(-5, 0)$가 그림자의 한 변 위에 있다면 램프는 $x$축의 위쪽으로부터 얼마나 떨어져 있는가?

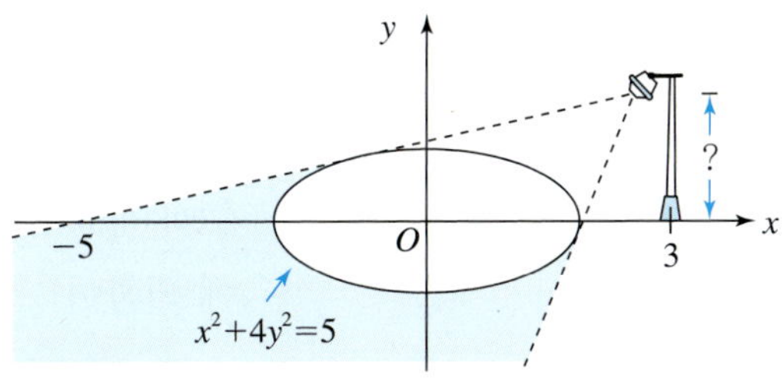


**11.** 반지름이 $r$이고 중심이 $(0, c)$인 원이 포물선 $y=x^2$에 내접해 있다. 접하는 점에서 기울기는 같다. 이 점에서 원의 기울기를 음함수 미분법으로 구하고 $y$좌표가 $c-\dfrac{1}{2}$임을 보여라. 또, 원과 포물선의 방정식을 이용하여

$$c=r^2+\frac{1}{4}$$

임을 보여라.

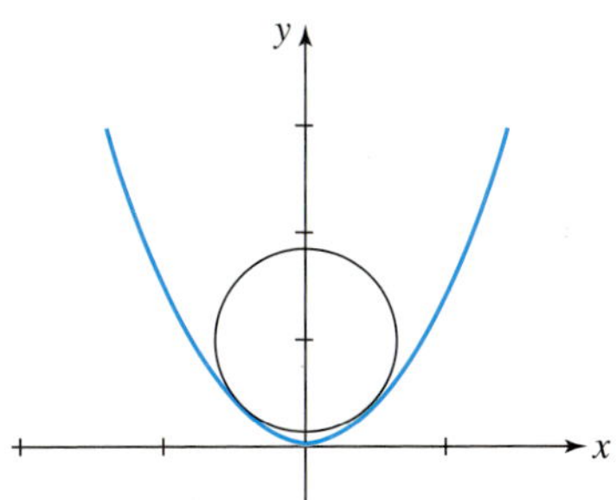

## 2.7 매개변수 곡선의 접선

곡선 위의 점 $P$의 좌표 $(x, y)$가 두 함수 $f$와 $g$에 의하여

$$x = f(t),\ y = g(t)$$

와 같이 표시될 때 이것을 이 곡선의 매개방정식(parametric equation)이라고 하고 $t$를 매개변수(parameter)라 한다. 점 $P(x, y)$가 운동하는 물체의 위치를, 매개변수 $t$가 시각을 나타낸다고 하면 매개방정식은 점 $P$의 $x$, $y$좌표를 결정한다.

이때 $x$와 $y$가 $t$에 관하여 미분가능함수이고 $dx/dt$가 어떤 구간 $I$에서 0이 아니면 $x = f(t)$의 역함수 $t = f^{-1}(x)$가 존재하고 $t = f^{-1}(x)$도 미분가능한 함수이다. 따라서 연쇄법칙에 의하여 $g \circ f^{-1}$도 미분가능함수이다. 또,

$$y = g(t) = g(f^{-1}(x))$$

이고 $y = g(f^{-1}(x))$는 위의 매개방정식에서 $t$를 소거한 곡선의 직교방정식(rectangular equation)이 된다. 이 함수의 양변을 $t$에 관하여 미분하면 연쇄법칙에 의하여

$$\frac{dy}{dt} = \frac{dy}{dx}\frac{dx}{dt}$$

그런데, $dx/dt \neq 0$이므로 양변을 $dx/dt$로 나누면

$$\frac{dy}{dx} = \frac{dy}{dt} \Big/ \frac{dx}{dt}$$

가 되고 $dy/dx$는 곡선 위의 점 $P(x, y)$에서 접선의 기울기를 나타낸다.

**정리 2.7.1**

두 함수 $f, g$가 구간 $I$에서 미분가능하고 $f'(t) \neq 0,\ t \in I$이면 매개 방정식

$$x = f(t),\quad y = g(t)$$

에 의하여 표시되는 곡선 위의 점 $(x, y)$에서 접선의 기울기는 다음과 같다.

$$\frac{dy}{dx} = \frac{dy}{dt} \Big/ \frac{dx}{dt}$$

**예제 1** 폐구간 $[0,\ 2\pi]$에서 정의된 다음 매개방정식

$$x = 2\sin t, \quad y = \sqrt{3}\cos t$$

에서

(1) $t$를 소거하여 직교방정식으로 나타내어라.

(b) $t = \dfrac{\pi}{6}$에 대응되는 곡선 위의 점에서 접선의 방정식을 구하여라.

**풀이** (1) 주어진 매개방정식에서

$$\sin t = \frac{x}{2}, \quad \cos t = \frac{y}{\sqrt{3}}$$

이므로, $\sin^2 t + \cos^2 t = 1$을 이용하여 $t$를 소거하면 직교방정식은 다음 타원의 방정식이 된다.

$$\frac{x^2}{4} + \frac{y^2}{3} = 1$$

(b) $t = \dfrac{\pi}{6}$일 때

$$x = 2\sin\frac{\pi}{6} = 1, \quad y = \sqrt{3}\cos\frac{\pi}{6} = \frac{3}{2}$$

이므로, 대응되는 곡선 위의 점은 $\left(1,\ \dfrac{3}{2}\right)$이다.

$x, y$는 구간 $\left(0,\ \dfrac{\pi}{2}\right)$에서 미분가능하고

$$\frac{dx}{dt} = 2\cos t \neq 0,$$
$$\frac{dy}{dt} = -\sqrt{3}\sin t$$

따라서,

$$\frac{dy}{dx} = \frac{dy}{dt}\bigg/\frac{dt}{dx} = -\frac{\sqrt{3}\sin t}{2\cos t} = -\frac{\sqrt{3}}{2}\tan t.$$

곡선 위의 점 $\left(1,\ \dfrac{3}{2}\right)$에서 접선의 기울기는

$$\left.\frac{dy}{dx}\right|_{t=\frac{\pi}{6}} = -\frac{\sqrt{3}}{2}\tan\frac{\pi}{6} = -\frac{\sqrt{3}}{2}\cdot\frac{1}{\sqrt{3}} = -\frac{1}{2}$$

따라서, 곡선 위의 점 $\left(1,\ \dfrac{3}{2}\right)$에서의 접선의 방정식은

$$y - \frac{3}{2} = -\frac{1}{2}(x-1)$$

■

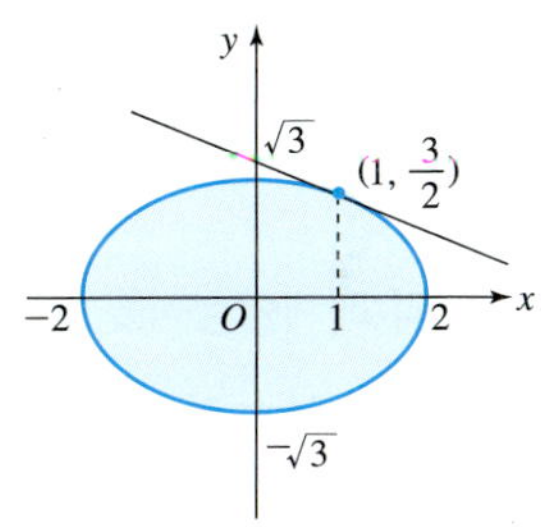


그림 2.7.1

매개방정식 $x = f(t),\ y = g(t)$에서 $y' = \dfrac{dy}{dx}$가 $x$에 관하여 미분가능할 때 $y$의 2계도함수는

$$\frac{d^2y}{dx^2} = \frac{d}{dx}\left(\frac{dy}{dx}\right) = \frac{dy'}{dx} = \frac{dy'}{dt}\bigg/\frac{dx}{dt}$$

로 구할 수 있다.

**예제 2** 매개방정식 $x = 2\cos t,\ y = 3\sin t\left(0 < t < \frac{\pi}{2}\right)$에서 $\frac{dy}{dx},\ \frac{d^2y}{dx^2}$를 구하여라.

$(\cot t)' = -\csc^2 t$

**풀이** $x, y$는 구간 $\left(0,\ \frac{\pi}{2}\right)$에서 미분가능하고

$$dx/dt = -2\sin t \neq 0$$
$$dy/dt = 3\cos t$$

이므로,

$$\frac{dy}{dx} = \frac{dy}{dt}\Big/\frac{dx}{dt} = \frac{3\cos t}{-2\sin t} = -\frac{3}{2}\cot t$$

따라서,

$$\frac{d^2y}{dx^2} = \frac{dy'}{dx} = \frac{dy'}{dt}\Big/\frac{dx}{dt} = \frac{\frac{3}{2}\csc^2 t}{-2\sin t} = -\frac{3}{4}\csc^3 t$$

■

## 연습문제 2.7

1. 다음의 매개방정식을 직교방정식으로 나타내어라.
   (1) $x = \sqrt{1-t^2},\ y = t\quad (-1 \le t \le 1)$
   (2) $x = \sin t,\ y = \cos t\quad \left(-\frac{\pi}{2} \le t \le \frac{\pi}{2}\right)$
   (3) $x = 2\sec t,\ y = 3\tan t\quad \left(-\frac{\pi}{2} < t < \frac{\pi}{2}\right)$
   (4) $x = t^2 + 2t,\ y = t - 3\quad (-2 \le t \le 3)$
   (5) $x = 2t + 1,\ y = t^2\quad (0 \le t \le 2)$

2. 다음 각 곡선의 주어진 점에서 접선의 방정식을 구하여라.
   (1) $x = t^2,\ y = t^3\quad (t = 2)$
   (2) $x = \sec t,\ y = \tan t\quad \left(t = \frac{\pi}{3}\right)$
   (3) $x = t + \frac{1}{t},\ y = t - \frac{1}{t}\quad (t = 2)$

3. 다음 매개방정식에서 $\frac{dy}{dx},\ \frac{d^2y}{dx^2}$를 구하여라.
   (1) $x = t^2,\ y = t^3$
   (2) $x = 2t - \frac{3}{5},\ y = 2t + \frac{3}{5}\quad (t \neq 0)$
   (3) $x = \frac{t-1}{t+1},\ y = \frac{t+1}{t-1}\quad (t \neq -1)$

4. $y = 2v^3 + 2v^{-3},\ v = (3x+2)^{\frac{2}{3}}$에서 $\frac{dy}{dx}$를 구하여라.

5. $r = (s+1)^{\frac{1}{2}},\ s = 16t^2 - 20t$에서 $\frac{dr}{dt}$를 구하여라.

6. $u = t + \frac{1}{t},\ t = 1 - \frac{1}{v}$에서 $\frac{du}{dv}$를 구하여라.

7. 다음 각 곡선을 매개방정식으로 나타내어라.
   (1) $x^2 + y^2 = 2$
   (2) $y = x^2 - 1$
   (3) $y^2 = x^3 - x$

8. $x = 4t - 5$와 $y = t^2$일 때 $t = 2$에서 $dy/dx$의 값을 구하여라.

9. $x = 3t^2 + 2,\ y = 2t^4 - 1$일 때 $t = 1$에서 $dy/dx$의 값을 구하여라.

10. 점 (2, 1)에서 곡선

$$x = \frac{1}{t} + t^2,\ y = t^2 - t + 1$$

의 접선의 방정식을 구하여라.

11. $x = 80t$와 $y = 64t - 16t^2$이 주어졌을 때 $dy/dx = 0$인 $t$의 값을 구하여라.

**12.** 한 점이 원 $x^2+y^2=25$을 따라 움직이고, 이 점이 (3, 4)에 도달할 때 $dy/dt=4$이다. 이 점에서 $dx/dt$를 구하여라.

**13.** 한 질점 $P$가 곡선 $x^2y^3=27$을 따라 운동하고 있다. $P$가 $(1, 3)$인 시간에 $\dfrac{dy}{dt}=10$이다. 이 시간에 $\dfrac{dx}{dt}$의 값을 구하여라.

**14.** 어떤 낙하하는 물체가 출발점으로부터 $s$(m) 거리에 도달한 순간 이 낙하물체의 속도는 $k\sqrt{s}$(m/초)이다. 이 물체의 가속도는 일정함을 보여라. (단, $k$는 상수)

## 2.8 심화학습: 연쇄법칙의 증명

**정리 2.8.1**

함수 $y = f(x)$에서 $x$의 증분 $\Delta x$에 대한 $y$의 변화량을 $\Delta y$라고 하면

$$\Delta y = f'(x)\Delta x + \varepsilon\Delta x \quad (\text{단, } \Delta x \to 0 \text{ 일 때 } \varepsilon \to 0)$$

**증명.** $y = f(x)$에서 $x$의 증분 $\Delta x$에 대한 $y$의 변화량은

$$\Delta y = f(x + \Delta x) - f(x)$$

$$\lim_{\Delta x \to 0} \frac{\Delta y}{\Delta x} = \lim_{\Delta x \to 0} \frac{f(x + \Delta x) - (f(x)}{\Delta x} = f'(x)$$

이므로, 도함수의 정의에 의해서

$$\lim_{\Delta x \to 0} \frac{\Delta y}{\Delta x} = f'(x)$$

따라서, $\varepsilon = \frac{\Delta y}{\Delta x} - f'(x)$라 두면

$$\Delta y = f'(x)\Delta x + \varepsilon\Delta x$$

이때, $$\lim_{\Delta x \to 0} \varepsilon = \lim_{\Delta x \to 0} \left(\frac{\Delta y}{\Delta x} - f'(x)\right) = f'(x) - f'(x) = 0$$ ■

**정리 2.8.2(연쇄법칙)**

함수 $y = f(u)$, $u = g(x)$에서 $u = g(x)$가 $x$에서 미분가능하고, $y = f(u)$가 $g(x)$에서 미분가능하면 합성함수 $f \circ g$도 $x$에서 미분가능하고

$$(f \circ g)'(x) = f'(g(x))g'(x)$$

**증명.** $x$의 증분 $\Delta x$에 대한 $u$와 $y$의 증분을 각각 $\Delta u$, $\Delta y$라고 하면 정리 1에 의해서

$$\Delta u = g'(x)\Delta x + \varepsilon_1 \Delta x = [g'(x) + \varepsilon_1]\Delta x \tag{1}$$

여기서 $\Delta x \to 0$일 때 $\varepsilon_1 \to 0$이다. 같은 방법으로

$$\Delta y = f'(g(x))\Delta u + \varepsilon_2 \Delta u = [f'(g(x)) + \varepsilon_2]\Delta u \tag{2}$$

여기서 $\Delta u \to 0$일 때 $\varepsilon_2 \to 0$이다. 식 (1)을 식 (2)에 대입하면

$$\Delta y = [f'(g(x)) + \varepsilon_2][g'(x) + \varepsilon_1]\Delta x$$

따라서,

$$\frac{\Delta y}{\Delta x} = [f'(g(x)) + \varepsilon_2][g'(x) + \varepsilon_1]$$

식 (1)에서

$$\Delta x \to 0 \text{이면 } \Delta u \to 0$$

이다. 따라서,

$$\Delta x \to 0 \text{일 때 } \varepsilon_1 \to 0 \text{이고 } \varepsilon_2 \to 0$$

이다. 그러므로

$$\frac{dy}{dx} = \lim_{\Delta x \to 0} [f'(g(x)) + \varepsilon_2][g'(x) + \varepsilon_1] = f'(g(x))g'(x).$$ ■

# 제 3 장 미분의 응용

## 페르마(Pierre de Fermat)

페르마(1601~1665)는 페르마의 정리를 비롯한 많은 수학적 결과를 발견한 프랑스의 수학자이다. 페르마의 정리는 프랑스의 법률가이고 수학을 취미로 연구하였던 페르마의 이름에서 유래된 것이다. 수학에는 아마츄어였지만 데카르트와 함께 해석기하를 발견한 사람 중의 한 사람이다. 곡선의 접선과 최댓값과 최솟값을 구하는 그의 방법 덕분에 뉴턴에 앞서서 미적분학 이론을 만들어 간 사람이다. 그가 남긴 저서 〈아마추어의 왕자(Prince of Amateurs)〉의 한 여백에는 다음과 같은 말이 남아 있다.

"나는 위대한 결과의 증명을 발견하였다. 그러나, 증명을 적기에는 여백이 부족하다". 1995년 앤드류 와일즈(Andrew Wiles)가 증명하기 전까지 300년이 넘는 동안 이 페르마의 마지막 정리(Fermat's Last Theorem)는 세계의 많은 수학자들에게 풀리지 않는 과제였다. 페르마의 마지막 정리는

"$n>2$인 정수들에 대하여 $x^n+y^n=z^n$을 만족하는 정수해는 없다"

는 것이다. 와일즈는 성공적인 수학자로 10년이상 연구에 정진한 후 정리의 증명에 필요한 수학을 공부하기 위해 7년 동안 동료 수학자들과 떨어져 지냈다. 또한 증명의 한 단계를 위하여 1년간의 맹렬한 연구 끝에 마지막 단계의 증명을 했다. 그리고 그는 "이렇게 믿을 수 없는 의외의 사실과 같이 증명은 표현할 수 없을 만큼 아름답고 단순하며 우아했다"라고 말했다.

# 3.1 최댓값과 최솟값

일상생활에서 일어나는 여러 가지 중요한 문제 중의 하나가 가장 좋은 방법을 찾는 최적화 문제(opimization problem)이다. 이러한 최적화 문제는 함수의 최댓값과 최솟값을 찾는 문제와 관계가 있다.

함수의 최댓값이란 주어진 정의역에서 가장 큰 함숫값을 의미한다. 최솟값은 반대로 가장 작은 함숫값을 말한다. 엄밀하게 최댓값과 최솟값을 다음과 같이 정의한다.

**정의 3.1.1(최댓값과 최솟값)**

함수 $f$의 정의역이 $D$이고, $c$가 $D$의 한 원소라고 하자. 이 때,

(1) $D$에 속하는 모든 점 $x$에 대하여

$$f(c) \geq f(x)$$

이면, $f$는 $x = c$에서 최댓값(maximum value) $f(c)$를 갖는다고 한다.

(2) $D$에 속하는 모든 점 $x$에 대하여

$$f(c) \leq f(x)$$

이면, $f$는 $x = c$에서 최솟값(minimum value) $f(c)$를 갖는다고 한다.

다음 그림의 함수들은 $x = c$에서 최댓값 $f(c)$를 갖고, $x = d$에서 최솟값 $f(d)$를 갖는다.

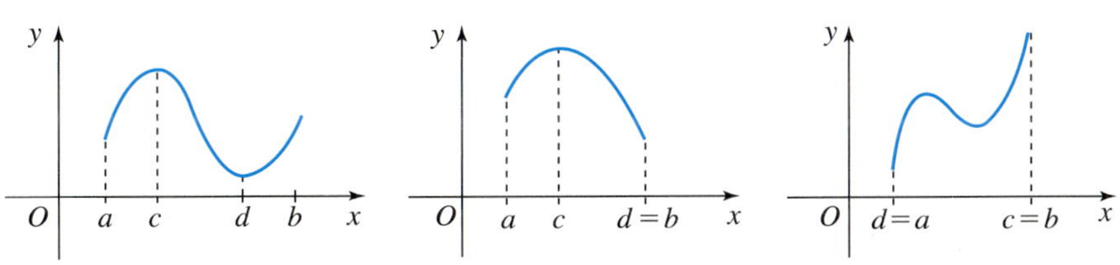


그림 3.1.1

모든 함수가 최댓값이나 최솟값을 갖지는 않는다.

이를테면, 오른쪽 그림의 함수 $f$는 최댓값 $f(1) = 3$을 갖지만 최솟값은 존

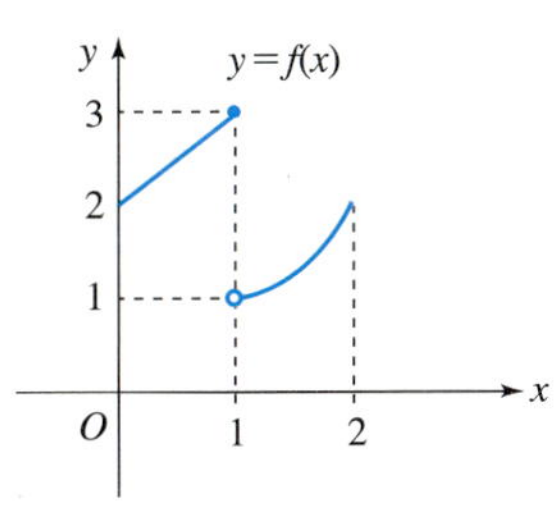


그림 3.1.2

재하지 않는다. 또, 오른쪽 그림의 함수 $g$는 최솟값 $g(0) = 1$을 갖지만 최댓값은 존재하지 않는다.

그러나 폐구간에서 연속인 함수는 언제나 최댓값과 최솟값을 가진다는 사실이 알려져 있다.

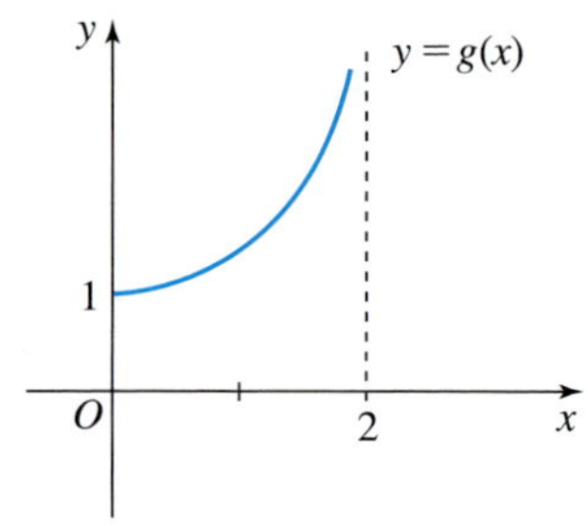


그림 3.1.3

**정리 3.1.2(최댓값과 최솟값의 정리)**

함수 $f$가 폐구간 $[a, b]$에서 연속이면 최댓값과 최솟값을 갖는다.

**예제 1** 다음 각 구간에서 함수 $f(x) = x^2 - 3$의 최댓값과 최솟값을 구하여라.

(1) 구간 $(-\infty, \infty)$

(2) 구간 $(-2, 2)$

(3) 구간 $[-2, 2]$

**풀이** (1) 함수 $f$의 그래프에서 $f$는 최솟값 $f(0) = -3$을 갖지만 최댓값은 존재하지 않는다.

(2) 함수 $f$의 그래프에서 $f$는 최솟값 $f(0) = -3$을 갖지만 끝점 $-2$와 $2$가 포함되지 않으므로 최댓값은 존재하지 않는다.

(3) 구간의 끝점 $-2$와 $2$가 포함되므로 최댓값은 $f(-2) = f(2) = 1$을 갖는다. 또, 최솟값은 $f(0) = -3$이다. ■

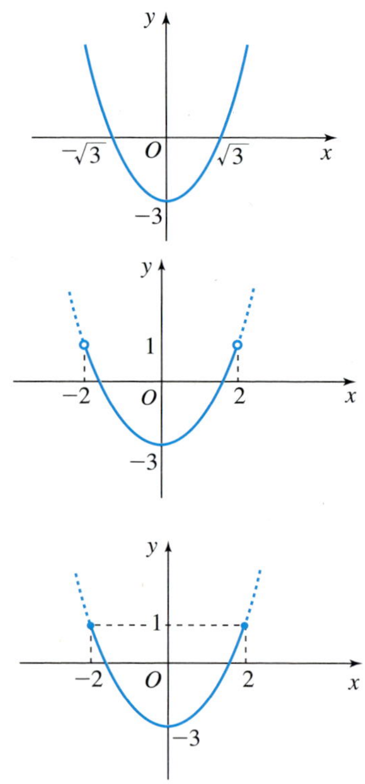


그림 3.1.4

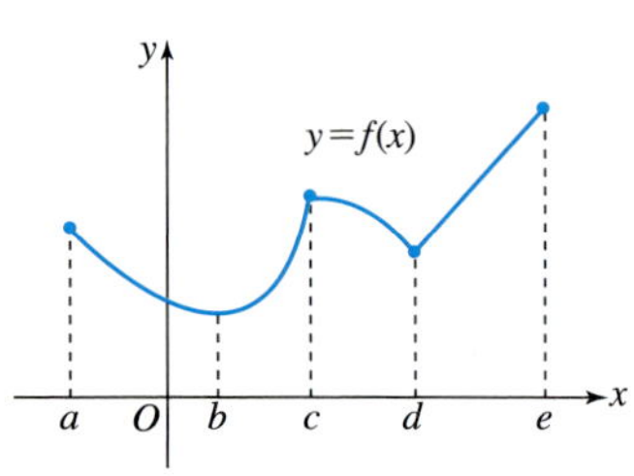


그림 3.1.5

왼쪽 그림의 함수 $f$에서 정의역을 $D = [a, e]$라고 하면 $f$는 $x = b$에서 최솟값 $f(b)$를 갖고 $x = e$에서 최댓값 $f(e)$를 갖는다. 한편, $x = d$에서는 최솟값을 갖지는 않지만 $x = d$ 근방에서는 가장 작은 값을 가짐을 알 수 있다. 이때 $f$는 극솟값 $f(d)$를 갖는다고 한다.

또, $x = c$ 근방에서는 최댓값을 갖지는 않지만 이 점의 근방에서 가장 큰 값을 갖는다. 이때, $f$는 극댓값 $f(c)$를 갖는다고 한다.

일반적으로 극댓값과 극솟값을 다음과 같이 정의한다.

**정의 3.1.3(극댓값과 극솟값)**

함수 $f$의 정의역이 $D$이고, $c$가 $D$의 한 원소라고 하자. 이 때

(1) $c$를 포함하는 어떤 개구간 내의 모든 점 $x$에 대하여

$$f(c) \geq f(x)$$

일 때, $f$는 $x = c$에서 극댓값(local maximum value) $f(c)$를 갖는다고 한다.

(2) $c$를 포함하는 어떤 개구간 내의 모든 점 $x$에 대하여

$$f(c) \leq f(x)$$

일 때, $f$는 $x = c$에서 극솟값(local minimum value) $f(c)$를 갖는다고 한다.

(3) $x = c$에서 극댓값 또는 극솟값을 가질 때, $f$는 극값(extreme value) $f(c)$를 갖는다고 한다.

**예제 2** 함수 $f(x) = 4 - x^2$의 극값을 구하고 극값을 갖는 점에서의 미분계수를 구하여라.

**풀이** 오른쪽 그림의 함수 $f$의 그래프에서 이 함수는 $x = 0$에서 극댓값 $f(0) = 4$를 가짐을 알 수 있다. 또, $f'(x) = -2x$이므로

$$f'(0) = 0$$

이다. 따라서, $x = 0$에서 함수 $f$는 수평접선을 갖는다. ■

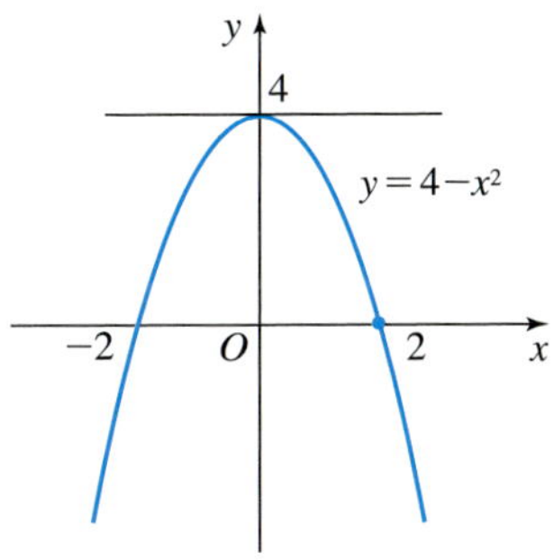


그림 3.1.6

미분가능한 함수 $f(x)$의 도함수 $f'(x)$는 접선의 기울기를 나타낸다. 예를 들어 $x=c$에서 극댓값을 가진다면, $x=c$ 근방에서 함숫값 $f(x)$는 $f(c)$보다 클 수 없다. 이런 조건을 만족하도록 매끈한 그래프를 그려보면, $x = c$에서 접선은 $x$축에 나란하게 그려질 수밖에 없다. 즉, 접선의 기울기 $f'(c)$는 0이다. 비슷하게 $x=c$에서 극솟값을 가질 때도 마찬가지로 $f'(c) = 0$라고 예측할 수 있다.

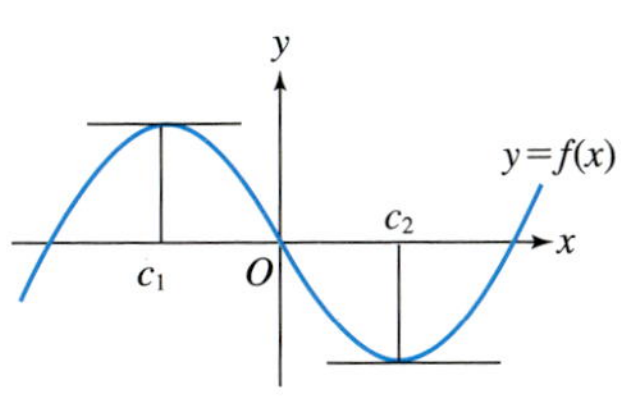


그림 3.1.7

다음 정리는 미분가능한 함수에서 이것이 항상 성립함을 보여준다.

**정리 3.1.4(Fermat정리)**

구간 $(a, b)$에서 정의된 함수 $f$가 한 점 $c \in (a, b)$에서 극값을 갖고 $f'(c)$가 존재하면 $f'(c) = 0$이다.

**증명.** 먼저 $f(x)$가 $x = c$에서 극댓값을 갖는다고 하자. 극댓값의 정의에 의해서 $x = c$ 근방의 모든 $x$에 대하여

$$f(c) \geq f(x)$$

이므로 아주 작은 값 $h$(양수 혹은 음수)에 대하여

$$f(c) \geq f(c+h)$$

가 성립한다.

첫째, $h > 0$인 경우에는

$$\frac{f(c+h)-f(c)}{h} \leq 0 \cdots\cdots\cdots\cdots ①$$

이므로,

$$\lim_{h \to 0^+} \frac{f(c+h)-f(c)}{h} = f'(c) \leq 0$$

이다.

둘째, $h < 0$인 경우에는

$$\frac{f(c+h)-f(c)}{h} \geq 0$$

이므로

$$\lim_{h \to 0^-} \frac{f(c+h)-f(c)}{h} = f'(c) \geq 0 \cdots\cdots\cdots\cdots ②$$

이다. 따라서 ①, ②에 의해서

$$f'(c) = 0$$

이다.

함수 $f$가 $x = c$에서 극솟값을 갖는 경우에도 같은 방법으로 증명할 수 있다. ■

**예제 3** 함수 $f(x) = 2x^3 - 3x^2 - 12x + 4$의 극값을 구하여라.

**풀이**

$$\begin{aligned} f'(x) &= 6x^2 - 6x - 12 \\ &= 6(x^2 - x - 2) \\ &= 6(x-2)(x+1) \end{aligned}$$

이므로, $f'(x) = 0$ 이라 두면

$$x = 2, -1$$

오른 쪽 그림에서

$x = -1$ 에서 극댓값 $f(-1) = 11$,

$x = 2$ 에서 극솟값 $f(2) = -16$

을 가짐을 알 수 있다. ■

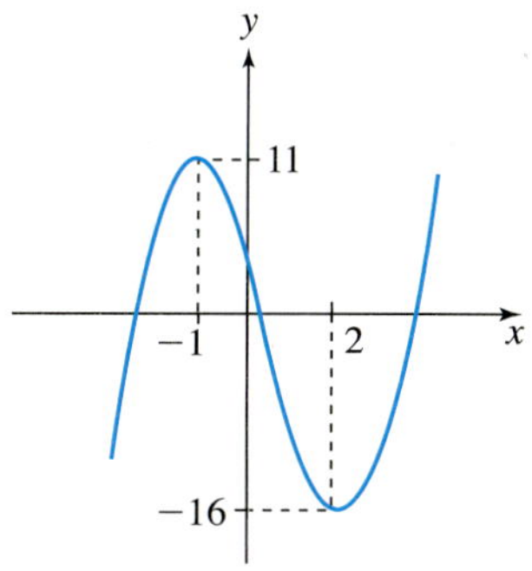

그림 3.1.8

위의 정리 3.1.4는 만약 함수 $f$가 한 점 $c$에서 극댓값 또는 극솟값을 갖고 그 점에서 미분가능하면 $f'(c) = 0$이 된다는 것을 의미한다. 하지만 주어진 함수가 미분불가능한 점에서도 극값을 가질 수 있다.

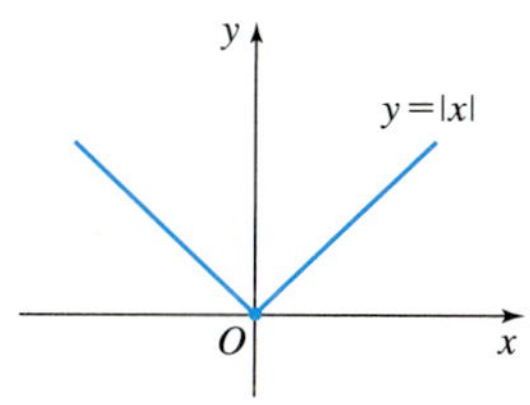

그림 3.1.9

오른 쪽 그림의 함수 $f(x) = |x|$는 $x = 0$에서 미분불가능하지만

$$x = 0 \text{ 에서 극솟값 } f(0) = 0$$

을 가짐을 알 수 있다.

또, 정리 3.1.4의 역은 성립하지 않는다. 이를테면 함수 $f(x) = x^3$에서 $f'(x) = 3x^2$이므로

$$f'(0) = 0$$

이지만 $f$는 $x = 0$에서 극댓값이나 극솟값을 갖지 않는다. 단지 원점 (0, 0)에서 수평인 접선을 가짐을 의미한다. 따라서, $f'(c) = 0$이더라도 $x = c$에서 극값을 가질 필요는 없다.

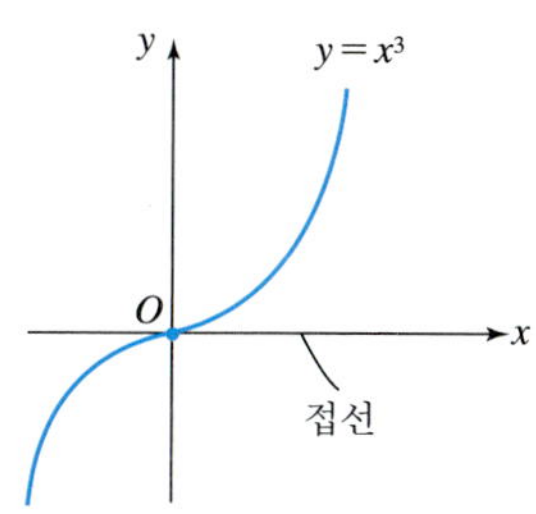

그림 3.1.10

함수 $f$가 폐구간 $[a, b]$에서 정의된 함수라고 하자. 이때, 점 $a$와 $b$를 이 구간의 끝점(end point)라고 한다. 또, $f'(c) = 0$인 점 $c$를 정점(stationary point)이라고 하는데, 이 점에서는 $f$는 수평인 접선을 갖는다.

그리고, $f'$이 존재하지 않는 구간 내부의 점 $c$를 특이점(singular point)라고 하는데 이 점에서는 함수의 그래프가 뾰족한 모서리를 갖거나, 접선이 수직이 되거나, 점프(jump)가 일어나거나, 또는 이 점 근방에서 심한 진동이 일어난다. 이 세 종류의 끝점, 정점, 특이점을 함수 $f$의 임계점(critical point)이라고 한다.

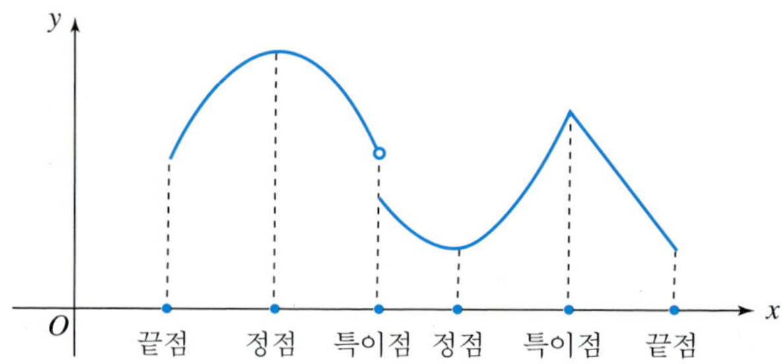


그림 3.1.11

다음 정리로부터 폐구간에서 정의된 함수는 임계점 중에서 최댓값과 최솟값을 가짐을 알 수 있다.

**정리 3.1.5(임계점 정리)**

함수 $f$가 폐구간 $I$에서 정의되고 $c$가 $I$ 내의 점일 때 $f(c)$가 최댓값이나 최솟값이면 $c$는 임계점이다. 즉, $c$는 다음 세 점 중 하나이다.

(1) $I$의 끝점 (2) 정점 (3) 특이점

**증명.** 먼저 $f(c)$가 구간 $I$에서 최댓값인 경우를 생각해 보자. 점 $c$가 끝점도 아니고 특이점도 아니라고 가정하고 $c$가 정점임을 보이자.

$f(c)$가 최댓값이므로 구간 $I$에 속하는 모든 $x$에 대하여 $f(x) \le f(c)$이므로

$$f(x) - f(c) \le 0$$

가 성립한다.

따라서, $x < c$이면

$$\frac{f(x)-f(c)}{x-c} \ge 0 \cdots\cdots ①$$

또, $x > c$이면

$$\frac{f(x)-f(c)}{x-c} \le 0 \cdots\cdots ②$$

가 된다. 그런데 $c$는 특이점이 아니므로, $f'(c)$가 존재한다. 따라서, ①에서

$$\lim_{x \to c^-} \frac{f(x)-f(c)}{x-c} = f'(c) \ge 0$$

이고, ②에서

$$\lim_{x \to c^+} \frac{f(x)-f(c)}{x-c} = f'(c) \le 0$$

가 된다. 따라서, $f'(c) = 0$이므로 $c$는 정점이다.

$f(c)$가 구간 $I$에서 최솟값인 경우에도 같은 방법으로 증명된다. ■

특히, 함수 $f$가 폐구간 $I$에서 연속일 때, $f$는 최댓값과 최솟값을 반드시 가지므로 이 값들을 다음 순서로 구할 수 있다.

**정리 3.1.6(폐구간에서 연속인 함수의 최댓값과 최솟값)**

함수 $f$가 폐구간 $[a, b]$에서 연속일 때

1. 폐구간 $I$에서 $f$의 임계점을 찾는다.
2. 각각의 임계점에서 $f$의 값을 계산한다.
3. 이 값들 중에서 가장 큰 값이 최댓값이고, 가장 작은 값이 최솟값이다.

Chapter 3

**예제 4** 구간 $\left[-1, \frac{3}{2}\right]$에서 함수 $f(x) = 2x^3 - 3x^2$의 최댓값과 최솟값을 구하여라.

**풀이** 끝점은 $-1$과 $\frac{3}{2}$이다. 정점을 구하기 위하여

$$f'(x) = 6x^2 - 6x = 0$$

을 풀면, $x = 0, 1$이다. 따라서, 특이점은 없으므로 임계점은 모두

$$-1,\ 0,\ 1,\ \frac{3}{2}$$

이다. 이때,

$$f(-1) = -5,\ \ f(0) = 0,\ \ f(1) = -1,\ \ f\left(\frac{3}{2}\right) = 0$$

이므로, 최댓값은 0이고, 최솟값은 $-5$이다. ■

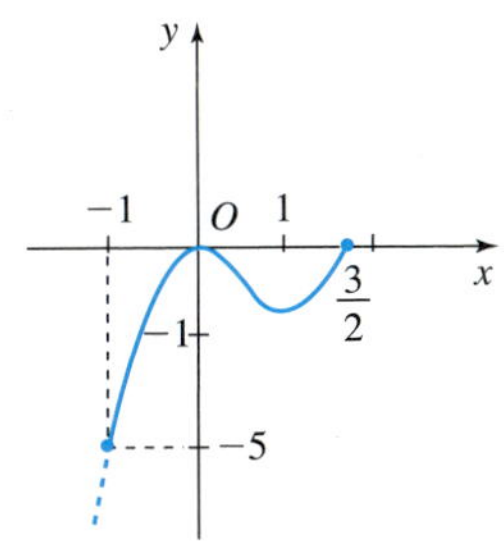

그림 3.1.12

**예제 5** 구간 $[-1, 2]$에서 함수 $f(x) = x^{1/3}(4 - x)$의 최댓값과 최솟값을 구하여라.

**풀이** 함수 $f$를 미분하면 다음과 같다.

$$\begin{aligned} f'(x) &= \frac{1}{3}x^{-2/3}(4 - x) + x^{1/3} \cdot (-1) \\ &= \frac{4 - x}{3x^{2/3}} - x^{1/3} \\ &= \frac{4 - x - 3x}{3x^{2/3}} \\ &= \frac{4(1 - x)}{3x^{2/3}} \end{aligned}$$

따라서, $f'(1) = 0$이고 $f'(0)$은 존재하지 않으므로 1은 정점이고, 0은 특이점이다. 또, $-1$과 2는 끝점이므로, 임계점은 모두

$$-1,\ 0,\ 1,\ 2$$

이다. 이때,

$$f(-1) = -5,\ \ f(0) = 0,\ \ f(1) = 3,\ \ f(2) = 2^{4/3}$$

이므로, 최댓값은 3이고, 최솟값은 $-5$이다. ■

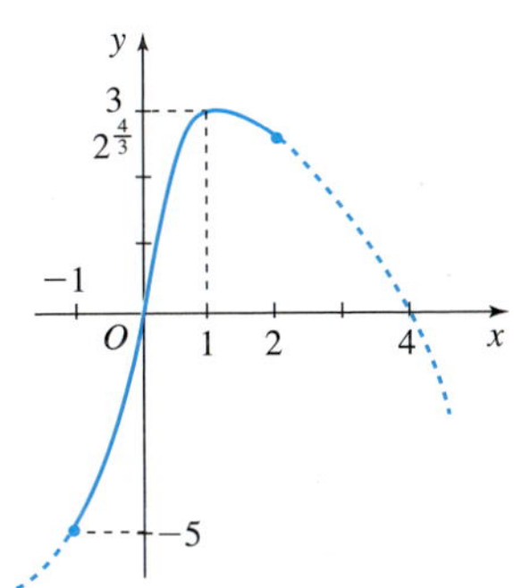

그림 3.1.13

## 연습문제 3.1

**1.** 다음 함수의 모든 임계점을 구하고 최댓값과 최솟값을 구하여라. 모든 함수의 정의역은 [-2, 3]이다.

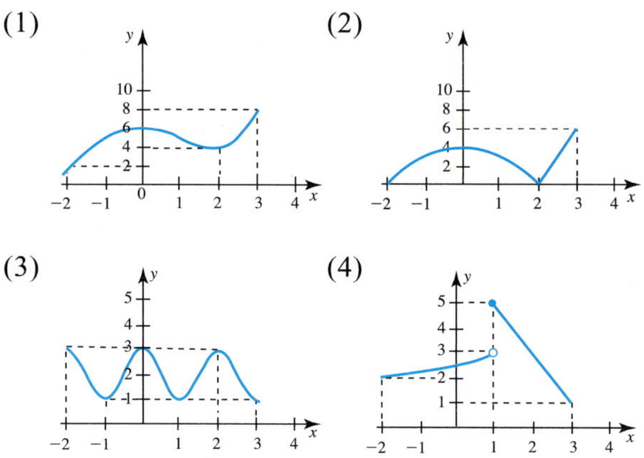

**2.** 함수 $f(x) = [x+2]$에서 모든 정수가 임계점임을 보여라. 단, $[x]$는 $x$를 넘지 않는 최대의 정수이다.

**3.** 함수 $f(x) = \begin{cases} x^2 + mx + b, & x < 0 \\ x + 4, & x \geq 0 \end{cases}$ 가 연속이고 미분가능 하도록 각각 상수 $m$과 $b$를 구하여라.

**4.** 만약 $f(x)$가 $x = c$에서 최댓값을 가진다면 $g(x) = -f(x)$는 $x = c$에서 최솟값을 가짐을 증명하여라.

**5.** $f(x) = -x^3 + 3x^2 + 2$가 $\left[-\frac{1}{3}, 3\right]$에서 정의되었을 때 $f(x)$의 임계점을 모두 구하고 최댓값과 최솟값을 구하여라.

**6.** 모든 양수 $x$에 대하여 $ax^2 + \frac{b}{x} \geq c$이면 $27ab^2 - 4c^3 \geq 0$임을 보여라(단, $a, b > 0$).

**7.** 함수 $f(x) = |x-5| + |x+2| + |x+5| + |x+10|$가 최솟값을 가질 때의 $x$의 값과 그 최솟값을 구하여라.

**8.** 더하면 10이 되는 음이 아닌 두 수 중에서 곱하면 최대가 되는 수를 찾아라.

**9.** 둘레의 길이가 $k$로서 일정한 직사각형들 중에서, 넓이가 최대인 것은 정사각형임을 보여라.

**10.** 농부가 180 m의 담장 재료를 가지고, 헛간 한쪽 면에 우리를 붙이고 싶다. 우리의 넓이를 최대가 되게 하려면 가로와 세로의 거리를 각각 얼마로 하여야 하는가?

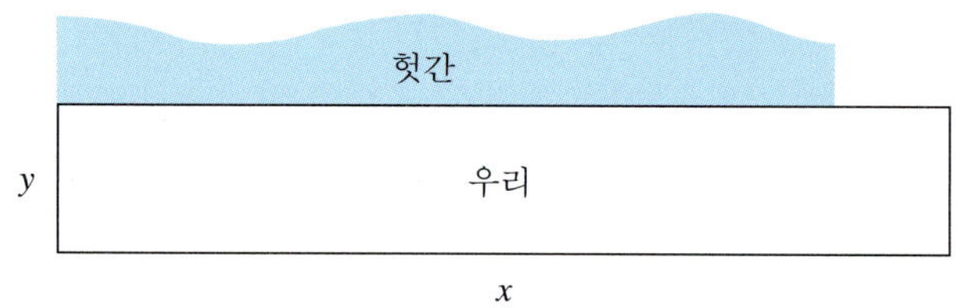


**11.** 직사각형의 두 꼭짓점이 $x$축에 놓여 있고, 다른 두 꼭짓점은 포물선 $y = 12 - x^2$의 $y \geq 0$인 부분에 놓여 있다. 이 직사각형의 넓이가 최대가 될 때의 가로와 세로의 길이를 구하여라.

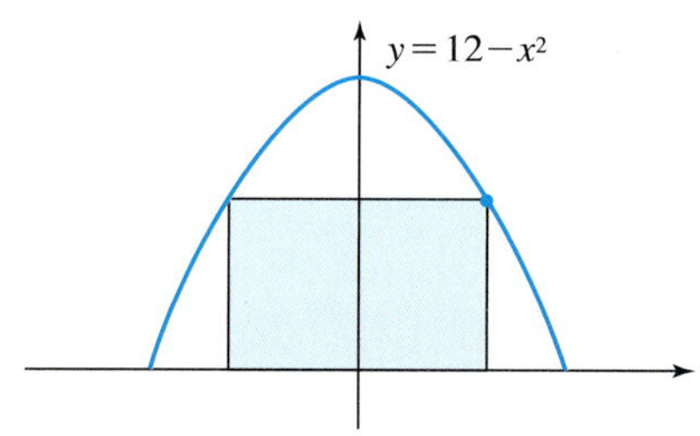


**12.** 반지름이 $r$인 반원에 직사각형이 내접해 있다. 그 넓이가 최대가 되려면, 직사각형의 가로와 세로의 길이를 얼마로 하여야 하는가?

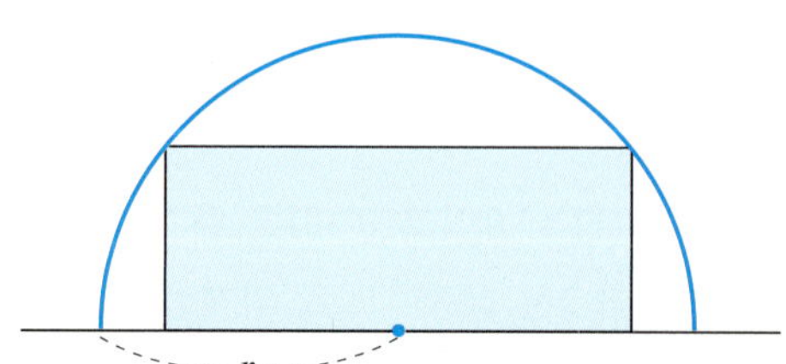


**13.** 곡선 $y = \frac{x^2}{4}$, $0 \leq x \leq 2\sqrt{3}$ 위에 있는 점들 중에서, 점 $(0, 4)$와 가장 가까운 점 $P$와 가장 멀리 떨어진 점 $Q$를 찾아라.

# 3.2 평균값정리

구간 $[a, b]$의 양 끝점에서 같은 함숫값을 가지는 미분가능한 함수 $y = f(x)$의 그래프를 떠올려보자. 즉, $f(a) = f(b)$이고 함수의 그래프는 매끈하게 그려야 한다. 그래프를 어떻게 그리더라도, 접선의 기울기가 0인 점이 반드시 있다.

다음 정리는 이러한 문제를 명확히 설명해 준다.

**정리 3.2.1(Rolle의 정리)**

$f$가 폐구간 $[a, b]$에서 연속이고, 개구간 $(a, b)$에서 미분가능한 함수라고 하자. 이 때,

$$f(a) = f(b)$$

이면, $f'(c) = 0$이 되는 $c$가 $a$와 $b$ 사이에 적어도 하나 존재한다.

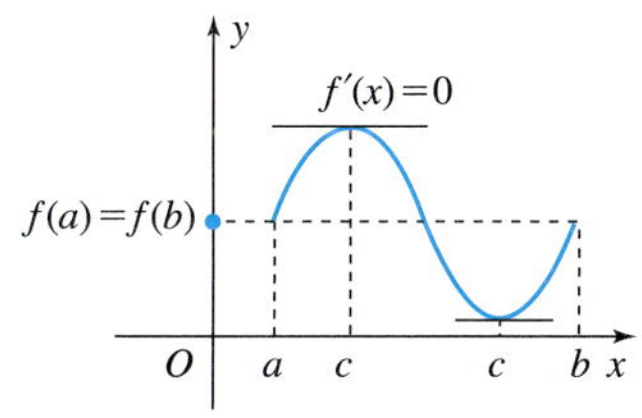


그림 3.2.1

**증명.** 함수 $f$가 상수함수이면 모든 $x$에 대하여 $f'(x) = 0$이므로 $f'(c) = 0$이 되는 점 $c$는 $a$와 $b$ 사이의 모든 점이 된다.

이제, $f$가 $[a, b]$에서 상수함수가 아니라고 하자. 그러면 $f$는 정리 3.1.2에 의하여 최댓값과 최솟값을 갖는다. 그런데 $f$는 상수함수가 아니므로 최댓값과 최솟값이 동시에 $f(a)$가 될 수는 없다.

만약, 최댓값 $f(c)$가 $f(a)$가 아니라고 하면 $f(b)$도 될 수 없으므로

$$a < c < b$$

이어야 한다. 즉, $c$는 구간 $[a, b]$의 끝점이 아니다. 또, $f$는 $(a, b)$에서 미분가능하므로 $c$는 특이점도 아니다.

따라서, 임계점정리에 의하여 $c$는 정점이 되어야 하므로 $f'(c) = 0$이 된다. ■

**예제 1** 함수 $f(x) = x^3 - 4x$에 대하여 구간 $[0, 2]$에서 Rolle의 정리를 만족하는 점 $c$를 구하여라.

**풀이** 함수 $f$는 $[0, 2]$에서 연속이고, $(0, 2)$에서 미분가능하다. 또, $f(0) = f(2) = 0$이므로 Rolle의 정리에 의하여 $f'(c) = 0$이 되는 $c$가 0과 2 사이에 존재한다. 이 점을 구하기 위하여

$$f'(x) = 3x^2 - 4 = 0$$

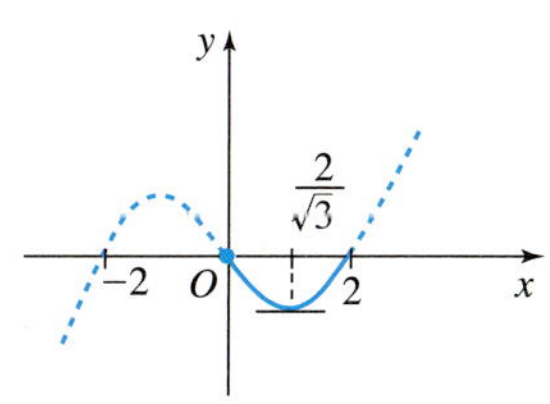


그림 3.2.2

을 풀면, 0과 2 사이의 수는 $\frac{2}{\sqrt{3}}$이므로 $c = \frac{2}{\sqrt{3}}$. 즉,

$$f'\left(\frac{2}{\sqrt{3}}\right) = 0$$

■

**예제 2** 방정식 $x^3 + 2x - 1 = 0$은 0과 1 사이에 단 하나의 실근을 가짐을 보여라.

**풀이** $f(x) = x^3 + 2x - 1$이라 두면

$$f(0) = -1 < 0 \text{ 이고 } f(1) = 2 > 0$$

이므로, 중간값정리에 의하여 $f(c) = 0$인 점이 0과 1사이에 존재한다. 즉, $x^3 + 2x - 1 = 0$은 0과 1사이에서 실근을 갖는다.

다음에는 실근이 하나임을 보이자. $x = a$와 $x = b(a \neq b)$가 서로 다른 실근이라고 가정하면

$$f(a) = f(b) = 0$$

이다. 또, $f(x)$는 다항식이므로 연속함수이고 미분가능한 함수이다. 따라서, Rolle의 정리의 가정을 모두 만족하므로 $f'(c) = 0$인 점 $c$가 $a$와 $b$ 사이에 존재하여야 한다.

그러나, $f'(x) = 3x^2 + 2 > 0$이므로 $f'(c) = 0$인 점 $c$가 존재하지 않는다. 따라서, 서로 다른 실근이 있다는 가정은 모순이 되므로 실근의 수는 단 하나이다.

■

롤의 정리 때와 비슷하게 구간 $[a, b]$에서 미분가능한 함수 $y = f(x)$의 그래프를 떠올려보자. 단, 양 끝점에서의 함숫값이 같을 필요는 없다. 대신 함수의 그래프는 매끈하게 그려야 한다. 이제 그래프의 양 끝점 $(a, f(a))$와 $(b, f(b))$를 연결하는 직선을 그려보자. 그런 뒤 이 직선을 평행하게 위 아래로 움직여 보자. 어느 순간 그래프에 접하게 되는 순간이 반드시 있다. 조금 더 구체적으로는 다음과 같다.

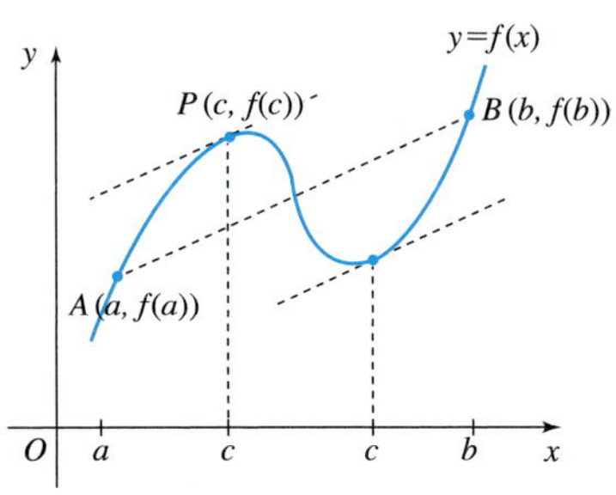

그림 3.2.3

미분가능한 함수 $y = f(x)$ 위의 두 점 $A(a, f(a))$와 $B(b, f(b))$를 지나는 할선 $AB$의 기울기는

$$\frac{f(b) - f(a)}{b - a}$$

이다. 이때 곡선 위의 한 점 $P(c, f(c))$에서의 접선의 기울기 $f'(c)$이 할선 $AB$의 기울기와 같은 점 $P$가 적어도 하나 존재함을 보일 수 있다. 이것을 평균값 정리(Mean Value Theorem)라 한다. 이 정리는 Rolle의 정리를 이용하여 증명할 수 있다.

**정리 3.2.2(평균값정리)**

함수 $f$가 폐구간 $[a, b]$에서 연속이고 개구간 $(a, b)$에서 미분가능하면

$$\frac{f(b)-f(a)}{b-a} = f'(c)$$

을 만족하는 점 $c$가 $a$와 $b$ 사이에 적어도 하나 존재한다.

**증명.** 오른쪽 그림에서 $a$와 $b$ 사이의 임의의 점 $x$에서의 곡선과 할선 사이의 거리는

$$\overline{RQ} = \overline{PR} - \overline{PQ}$$

이다. 할선 $AB$는 두 점 $A(a, f(a))$와 $B(b, f(b))$를 지나는 직선이므로

$$y - f(a) = \frac{f(b)-f(a)}{b-a}(x-a)$$

가 된다. 즉,

$$y = \frac{f(b)-f(a)}{b-a}(x-a) + f(a)$$

그러므로,

$$\overline{RQ} = f(x) - \left\{\frac{f(b)-f(a)}{b-a}(x-a) + f(a)\right\}$$

이다. 따라서, $x$에서의 곡선과 할선 사이의 거리 $\overline{RQ}$를 $F(x)$라 두면

$$F(x) = f(x) - \left[\frac{f(b)-f(a)}{b-a}(x-a) + f(a)\right]$$

가 된다. 이 때, $f$가 $[a, b]$에서 연속이고, $(a, b)$에서 미분가능하므로 함수 $F$도 같은 구간에서 연속이고 미분가능하다. 또, $F(a) = F(b) = 0$이므로 Rolle의 정리에 의하여 $F'(c) = 0$인 $c$가 $a$와 $b$ 사이에 존재한다.

즉,

$$F'(c) = f'(c) - \frac{f(b)-f(a)}{b-a} = 0$$

이므로

$$\frac{f(b)-f(a)}{b-a} = f'(c)$$

인 $c \in (a, b)$가 존재한다. ■

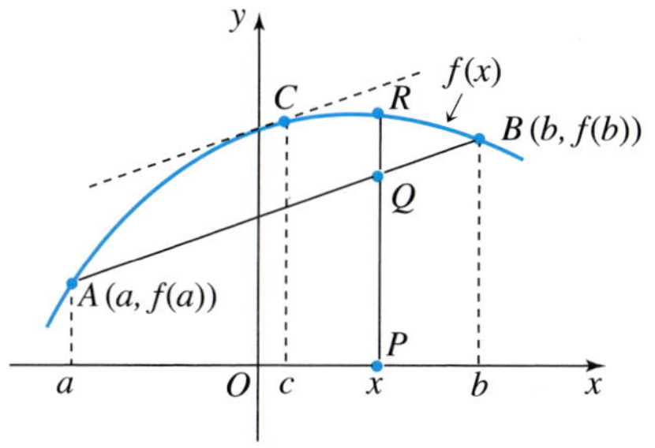


그림 3.2.4

**예제 3** $f(x) = 4\sqrt{x}$ 가 $[0, 4]$에서 정의되었을 때 평균값정리를 만족하는 점 $c$를 구하여라.

**풀이** $[0, 4]$에서 정의된 함수 $f(x) = 4\sqrt{x}$ 는 $[0, 4]$에서 연속이고 $(0, 4)$에서 미분가능하다.

따라서, 평균값정리의 가정을 모두 만족하므로

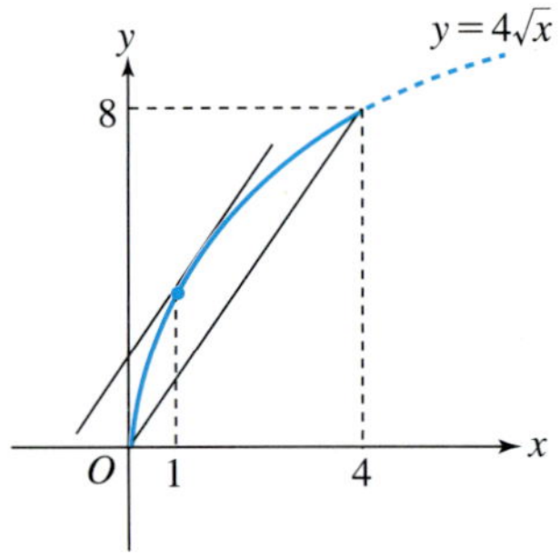


그림 3.2.5

$$\frac{f(4)-f(0)}{4-0} = 2 = f'(c)$$

인 $c \in (0,\ 4)$가 존재한다. 그런데,

$$f'(x) = \frac{2}{\sqrt{x}}$$

이므로

$$\frac{2}{\sqrt{c}} = 2 \text{에서} \quad c = 1.$$ ■

**예제 4** 폐구간 $[-8, 27]$에서 정의된 함수 $f(x) = \frac{1}{2}x^{2/3}$에 대하여 평균값정리의 성립여부를 밝히고 만약 성립하지 않는다면 그 이유를 설명하여라.

**풀이** $x \neq 0$일 때, $f'(x) = \frac{1}{3}x^{-1/3}$이고

$$\frac{f(27)-f(-8)}{27-(-8)} = \frac{\frac{9}{2}-\frac{4}{2}}{35} = \frac{1}{14}$$

이므로

$$f'(c) = \frac{1}{3}c^{-1/3} = \frac{1}{14}$$

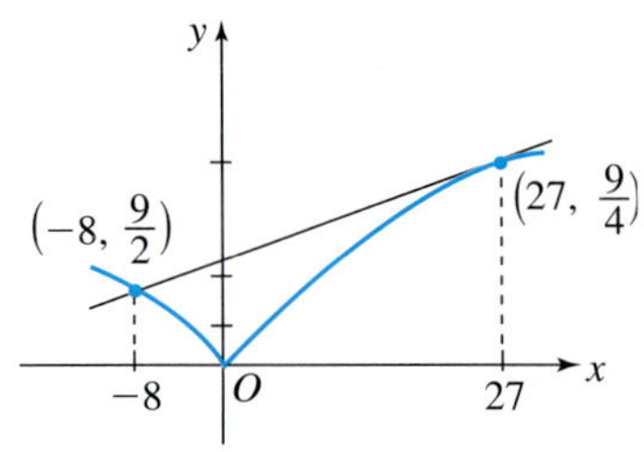


그림 3.2.6

을 풀면

$$c = \left(\frac{14}{3}\right)^3 \fallingdotseq 101.6$$

이다. 이 $c$의 값은 $(-8, 27)$ 범위 내에 있지 않다. 따라서, 평균값정리를 만족하는 $c$가 존재하지 않는다. 그 이유는 위의 그림과 같이 함수 $f$는 $x = 0$에서 미분불가능하므로 구간 $(-8, 27)$에서 미분가능하지 않기 때문이다. ■

**예제 5** 모든 실수 $x$에 대하여 다음 부등식이 성립함을 보여라.

$$|\cos x - 1| \leq |x|$$

**풀이** $x = 0$일 때는 $|\cos 0 - 1| = 0 = |0|$이므로 분명하다. $x \neq 0$이라고 하자. $f(x) = \cos x$라 두면 $f$는 모든 실수 $x$에 대하여 연속이고 미분가능한 함수이다.

$x > 0$일 때, 구간 $[0, x]$에 대하여 평균값정리를 적용하면

$$\frac{f(x)-f(0)}{x-0} = \frac{\cos x - \cos 0}{x} = \frac{\cos x - 1}{x} = f'(c) = -\sin c$$

를 만족하는 점 $c$가 0과 $x$ 사이에 존재한다. 양변에 절댓값을 취하면

$$\left|\frac{\cos x - 1}{x}\right| = |-\sin c| \leq 1$$

이므로, $|\cos x - 1| \leq |x|$이 성립한다.

$x < 0$일 때도 구간 $[x, 0]$에 대하여 평균값정리를 적용하면 같은 결과를 얻는다. 따라서, 모든 실수 $x$에 대하여 부등식은 성립한다. ■

평균값정리를 이용하여 다음 정리를 증명하여 보자.

**정리 3.2.3**

$f(x)$가 $[a, b]$에서 연속이고 $(a, b)$ 내의 모든 $x$에 대하여 $f'(x) = 0$이면 $f(x)$는 상수함수이다.

**증명.** $x_1$, $x_2 (a \le x_1 < x_2 \le b)$을 $[a, b]$ 내의 임의의 두 점이라 하자. 그러면 $[x_1, x_2]$에서 정의되는 함수 $f(x)$는 평균값정리의 가정을 모두 만족한다. 따라서 평균값정리에 의하여

$$\frac{f(x_2) - f(x_1)}{x_2 - x_1} = f'(c)$$

인 $c$가 $x_1$과 $x_2$ 사이에 존재 한다. 그런데 $(a, b)$ 사이의 모든 $x$에 대한 도함수가 0이므로 $f'(c) = 0$이다. 따라서,

$$f(x_2) - f(x_1) = 0 \quad \text{또는} \quad f(x_1) = f(x_2)$$

이다. 즉, $f(x)$는 $[a, b]$ 내의 임의의 두 점에서 그 함숫값이 같으므로 $f(x)$는 $[a, b]$에서 상수함수이다. ■

**따름정리 3.2.4**

$f(x)$, $g(x)$가 $[a, b]$에서 연속이고 $(a, b)$ 내의 모든 $x$에 대하여 $f'(x) = g'(x)$이면 적당한 상수 $c$가 있어, $[a, b]$ 내의 모든 $x$에 대하여

$$f(x) = g(x) + c$$

이다.

**증명.** $h(x) = f(x) - g(x)$라 두면 $(a, b)$ 내의 모든 $x$에 대하여

$$h'(x) = f'(x) - g'(x) = 0$$

이다. 따라서 정리 3.2.3에 의하여

$$h(x) = f(x) - g(x)$$

는 상수함수이다. 즉,

$$h(x) = f(x) - g(x) = c, \quad x \in (a, b).$$

따라서, $f(x) = g(x) + c$ (단, $c$는 상수이다.) ■

## 연습문제 3.2

1. 다음 주어진 함수들에 대하여 평균값정리를 만족하는 모든 점 $c$를 구하여라.

   (1) $f(x) = 1 - 2x^2$, $[0, 2]$

   (2) $f(x) = x^3 - 6x + 5$, $[1, 4]$

   (3) $f(x) = 2\cos x$, $[0, 2\pi]$

   (4) $f(x) = x^{\frac{2}{3}}$, $[0, 2]$

2. $0 < x < \dfrac{\pi}{2}$ 일 때, $\tan x > x$ 임을 보여라.

3. 함수 $f(x) = |x - 1|$는 구간 $[0, 3]$에서 평균값정리를 만족하는 $c$가 존재하지 않음을 보이고 그 이유를 말하여라.

4. 방정식 $x^7 + 5x^3 + x - 4 = 0$은 단 하나의 실근만을 가짐을 보여라.

5. 만약 구간 $(a, b)$의 모든 $x$에 대해서 $|f'(x)| \le M$이고, $x_1$과 $x_2$가 구간 $(a, b)$의 임의의 두 점이면,

$$|f(x_2) - f(x_1)| \le M|x_2 - x_1|$$

   임을 보여라.

6. 평균값정리를 써서, 다음을 보여라.

$$\lim_{x \to \infty} (\sqrt{x+2} - \sqrt{x}) = 0$$

7. 평균값정리를 써서, 다음을 보여라.

$$|\sin x - \sin y| \le |x - y|$$

8. 미분가능한 함수 $f$가 $|f'(x)| \le 1$이고 $f(-3) = -3$, $f(3) = 3$일 때 $f(0)$의 값을 구하여라.

9. 평균값정리를 이용하여 $|\cos b - \cos a| \le |b - a|$임을 보여라.

10. (1) 모든 $x$에 대하여 $-\dfrac{1}{2} \le \dfrac{x}{1+x^2} \le \dfrac{1}{2}$임을 보여라.

    (2) $f'(x) = \dfrac{x}{1+x^2}$인 함수 $f(x)$는

$$|f(b) - f(a)| \le \frac{1}{2}|b - a|$$

    을 만족함을 보여라.

11. $f(x) = \dfrac{1}{x}$이고, $g(x) = \begin{cases} \dfrac{1}{x} & (x > 0) \\ 1 + \dfrac{1}{x} & (x > 0) \end{cases}$ 이라 할 때

    (1) $f'(x) = g'(x)$임을 보여라.

    (2) $f(x) - g(x)$에 대하여 따름정리 3.2.4가 성립하지 않음을 보이고 그 이유를 설명하여라.

12. Rolle의 정리를 이용하여 삼차방정식 $x^3 + ax + b = 0$이 서로 다른 세 실근을 가질 필요충분조건을 구하여라.

13. 평균값의 정리를 이용하여 $\sqrt{1.1}$의 근삿값을 추정하여라.

14. 이차함수 $f(x) = ax^2 + bx + c\,(a \ne 0)$에 대하여 평균값정리를 만족하는 점 $c$는 주어진 구간 $[\alpha, \beta]$의 중점임을 보여라.

15. (1) 함수 $f$가 구간 $[a, b]$에서 연속이고, $(a, b)$에서 미분가능하다고 하자. $f(a)$와 $f(b)$가 서로 반대 부호를 가지고, $(a, b)$ 내의 모든 $x$에 대하여 $f'(x) \ne 0$이면 방정식 $f(x) = 0$은 $a$와 $b$ 사이에 꼭 한 개의 근을 가짐을 보여라.

    (2) 위의 (1)을 이용하여 방정식

$$f(x) = 2x^3 - 9x^2 + 1 = 0$$

    은 구간 $(-1, 0)$, $(0, 1)$, $(4, 5)$에서 각각 한 개의 근을 가짐을 보여라.

# 3.3 단조성과 1계도함수

어떤 구간에서 $x$의 값이 증가함에 따라 함숫값 $f(x)$도 증가하면 함수 $f$는 그 구간에서 증가한다(increase)고 한다.

또, $x$의 값이 증가함에 따라 함숫값 $f(x)$가 감소하면 함수 $f$는 그 구간에서 감소한다(decrease)고 한다.

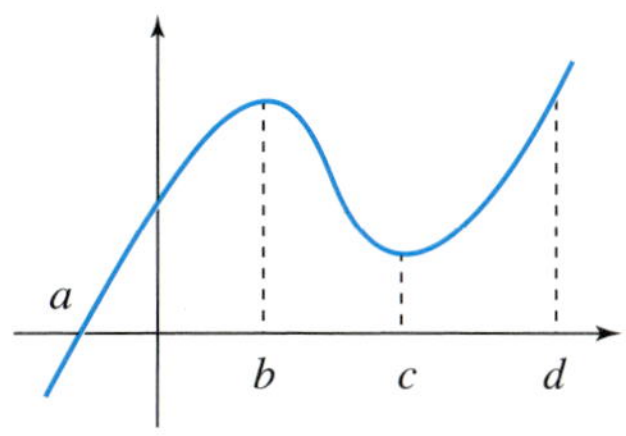


그림 3.3.1

오른쪽 그림에서 함수 $f$는 구간 $[a, b]$에서 증가하고 구간 $[b, c]$에서 감소한다. 또, 구간 $[c, d]$에서 증가한다.

일반적으로 함수의 증가와 감소를 다음과 같이 정의한다.

**정의 3.3.1(함수의 증가, 감소)**

구간 $I$ 내의 모든 $x_1$, $x_2$에 대하여

(1) $x_1 < x_2$이면 $f(x_1) < f(x_2)$일 때 구간 $I$에서 함수 $f$는 증가한다고 한다.

(2) $x_1 < x_2$이면 $f(x_1) > f(x_2)$일 때 구간 $I$에서 함수 $f$는 감소한다고 한다.

**예제 1** 함수 $f(x) = x^2$은

구간 $(-\infty, 0]$에서 감소, 구간 $[0, \infty)$에서 증가

하는 함수이다. ■

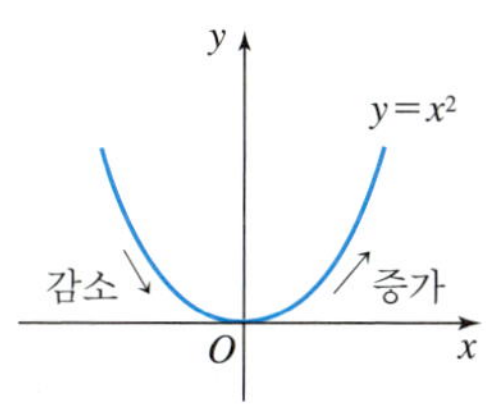


그림 3.3.2

함수 $f$의 도함수 $f'(x)$는 $f$의 그래프 위의 점 $(x, f(x))$에서의 접선의 기울기를 나타내므로 $f'(x) > 0$이면 접선은 오른쪽 위로 올라가고 $f'(x) < 0$이면 접선은 오른쪽으로 아래로 내려간다.

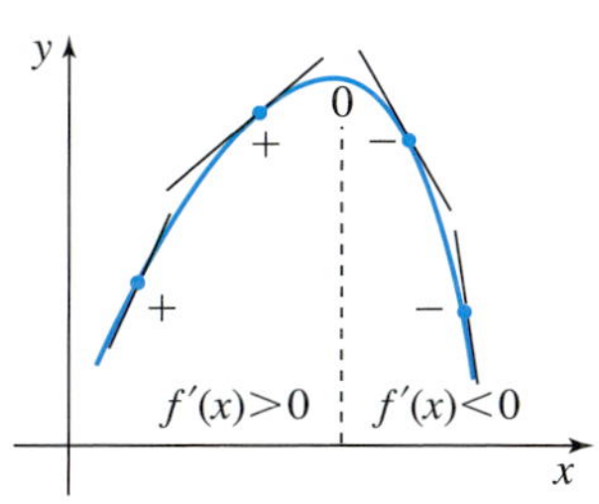


그림 3.3.3

일반적으로 다음 정리를 얻는다.

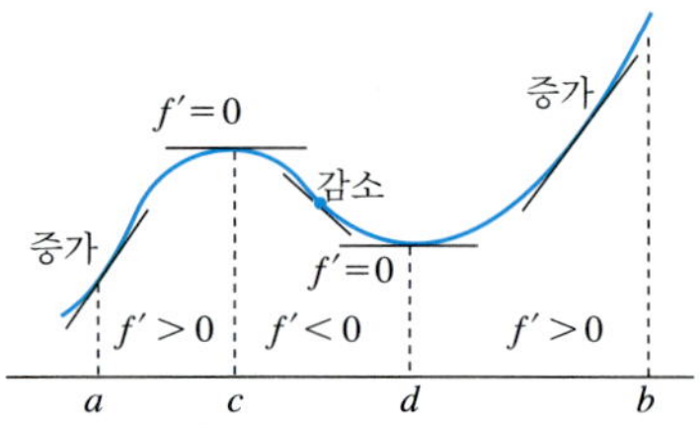


그림 3.3.4

**정리 3.3.2(단조성의 정리)**

함수 $f$가 구간 $[a, b]$에서 연속이고 구간 $(a, b)$에서 미분가능할 때

(1) $(a, b)$ 내의 모든 $x$에 대하여 $f'(x)>0$이면 $f$는 구간 $[a, b]$에서 증가하고,

(2) $(a, b)$ 내의 모든 $x$에 대하여 $f'(x)<0$이면 $f$는 구간 $[a, b]$에서 감소한다.

**증명.** 구간 $[a, b]$ 내의 임의의 두 점 $x_1$, $x_2$에 대하여 $x_1<x_2$라고 하면 함수 $f(x)$는 구간 $[x_1, x_2]$에서 평균값정리의 모든 가정을 만족하므로

$$\frac{f(x_2)-f(x_1)}{x_2-x_1}=f'(c)$$

인 $c\in(x_1, x_2)$가 존재한다. 그런데, $(a, b)$ 내의 모든 $x$에 대하여 $f'(x)>0$이므로 $f'(c)>0$이다. 따라서

$$f(x_2)-f(x_1)=(x_2-x_1)f'(c)>0,$$
$$f(x_1)<f(x_2)$$

가 된다. 즉, 구간 $[a, b]$ 내의 임의의 두 점 $x_1<x_2$에 대하여 $f(x_1)<f(x_2)$이므로 $f(x)$는 구간 $[a, b]$에서 증가한다. (2)도 마찬가지 방법으로 증명된다. ■

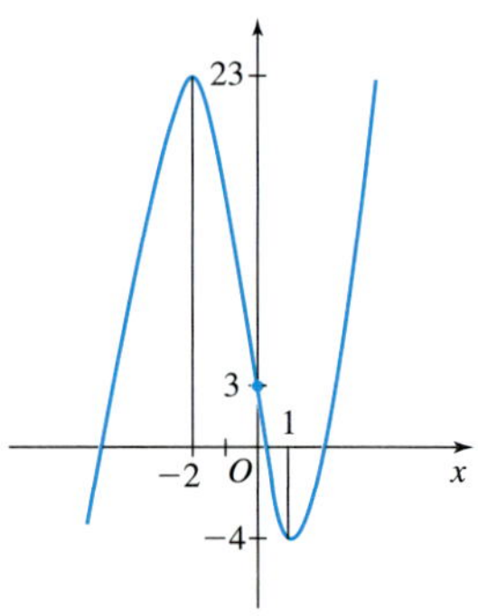


그림 3.3.5

**예제 2** $f(x)=2x^3+3x^2-12x+3$일 때 함수 $f$가 증가 또는 감소하는 구간을 구하여라.

**풀이** $f(x)$를 미분하면

$$f'(x)=6x^2+6x-12=6(x+2)(x-1).$$

$f'(x)=6(x+2)(x-1)>0$을 풀면

$$x>1 \text{ 또는 } x<-2$$

또, $f'(x)<0$을 풀면

$$-2<x<1$$

따라서, 구간 $[1, \infty)$ 또는 $(-\infty, -2]$에서 $f(x)$는 증가하고, 구간 $[-2, 1]$에서 $f(x)$는 감소한다. ■

함수 $f$가 $x=c$에서 극값을 가지면 $x=c$는 임계점임을 알고 있다. 그러나 모든 임계점에서 $f$는 극값을 갖는 것은 아니다.

다음 정리는 임계점에서 극값을 판정하는 방법을 보여 준다.

**정리 3.3.3(1계도함수 판정법)**

점 $c$를 연속함수 $f$의 한 임계점이라고 하자.

(1) $c$근방에서 $c$를 경계로 하여 $f'$의 부호가 양에서 음으로 바뀌면 $f$는 $c$에서 극댓값을 갖는다.

(2) $c$근방에서 $c$를 경계로 하여 $f'$의 부호가 음에서 양으로 바뀌면 $f$는 $c$에서 극솟값을 갖는다.

(3) $c$근방에서 $c$를 경계로 하여 부호가 바뀌지 않으면 $f$는 $c$에서 극값을 갖지 않는다.

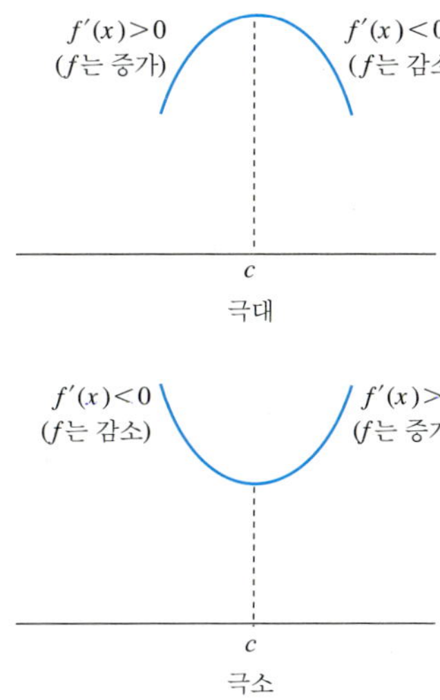


그림 3.3.6

**증명.** (1) $(c-\delta,\ c)$에서 $f'(x)>0$이므로 정리 3.3.2에 의하여 $f(x)$는 $(c-\delta,\ c]$에서 증가한다. 따라서, 모든 $x\in(c-\delta,\ c]$에 대하여 $f(c)\ge f(x)$이다.

또한 $(c,\ c+\delta)$에서 $f'(x)<0$이므로 $f(x)$는 $[c,\ c+\delta)$에서 감소하고 모든 $x\in[c,\ c+\delta)$에 대하여 $f(c)\ge f(x)$이다.

따라서, $(c-\delta,\ c+\delta)$ 내의 모든 $x$에 대하여 $f(c)\ge f(x)$이므로 $f$는 $x=c$에서 극댓값을 갖는다.

(2), (3)도 (1)과 같은 방법으로 증명할 수 있다. ■

**예제 3** $f(x)=2x^3+3x^2+2$의 극댓값과 극솟값을 구하여라.

**풀이** $f$는 다항함수이므로 실수 전체에서 정의되고 미분가능한 함수이다.

따라서,

$$f'(x)=6x^2+6x=6x(x+1)=0$$

에서

$$x=0,\ \ -1$$

만 $f$의 임계점이 된다.

$f'(x)$는 $(-\infty,\ -1)$에서는 양의 값을 $(-1,\ 0)$에서는 음의 값을 가지므로

$$x=-1\text{에서 극댓값 } f(-1)=3$$

을 갖는다. 또, $(-1,\ 0)$에서는 음의 값을 $(0,\ \infty)$에서는 양의 값을 가지므로

$$x=0\text{에서 극솟값 } f(0)=2$$

를 갖는다. ■

| $x$ | | $-1$ | | $0$ | |
|---|---|---|---|---|---|
| $f'(x)$ | $+$ | $0$ | $-$ | $0$ | $+$ |
| $f(x)$ | ↗ | 극대 | ↘ | 극소 | ↗ |

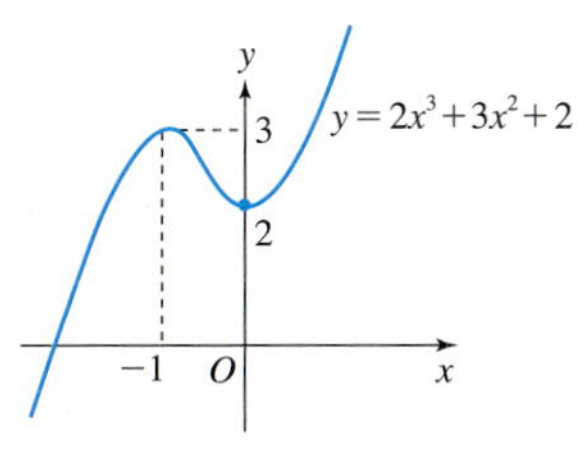


그림 3.3.7

**예제 4** 함수 $f(x) = x^{5/3} - 3x^{2/3}$ 의 극댓값과 극솟값을 구하여라.

| $x$ | | 0 | | $\frac{6}{5}$ | |
|---|---|---|---|---|---|
| $f'(x)$ | + | | − | 0 | + |
| $f(x)$ | ↗ | 극대 | ↘ | 극소 | ↗ |

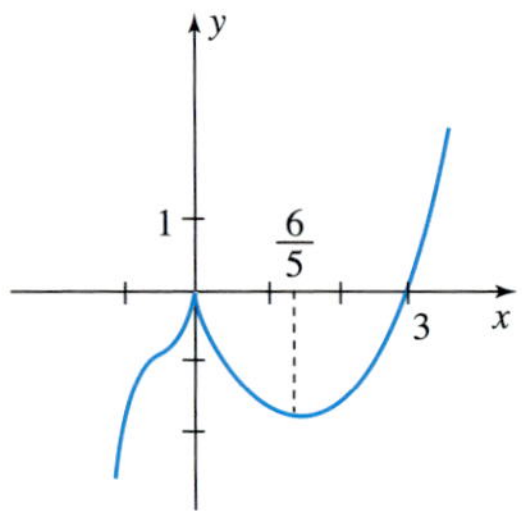


그림 3.3.8

**풀이** 함수 $f(x)$를 미분하면

$$f'(x) = \frac{5}{3}x^{2/3} - 3 \cdot \frac{2}{3}x^{-1/3} = \frac{5x-6}{3x^{1/3}}$$

이므로, $f'\left(\frac{6}{5}\right) = 0$이고 $f'(0)$은 존재하지 않는다. 따라서, 임계점은 $x = \frac{6}{5}, 0$ 이다.

이 때, $f'(x)$는 $\left(0, \frac{6}{5}\right)$에서는 음의 값을 갖고 $\left(\frac{6}{5}, \infty\right)$에서는 양의 값을 가지므로

$$x = \frac{6}{5}\text{에서 극솟값 } f\left(\frac{6}{5}\right) = \left(\frac{6}{5}\right)^{5/3} - 3\left(\frac{6}{5}\right)^{2/3} = -\frac{9}{5}\left(\frac{6}{5}\right)^{2/3}$$

갖는다. 또, $(-\infty, 0)$에서는 양의 값을 갖고 $\left(0, \frac{6}{5}\right)$에서는 음의 값을 가지므로

$$x = 0\text{에서 극댓값 } f(0) = 0$$

을 갖는다. ■

## 연습문제 3.3

1. 함수 $f$의 도함수 $f'$의 그래프가 다음 그림과 같이 주어져 있다.

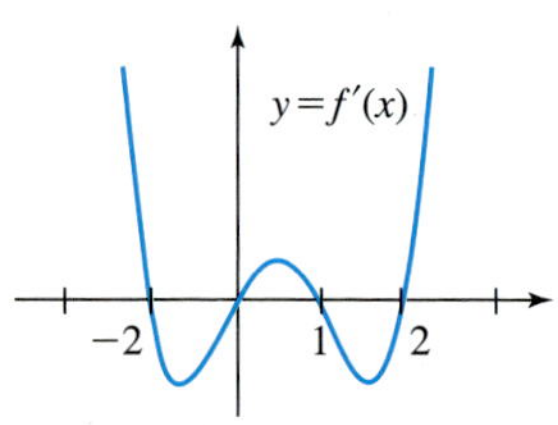


(1) $f$의 증가하는 구간과 감소하는 구간을 구하여라.

(2) $f$가 극댓값과 극솟값을 갖는 $x$의 값을 구하여라.

2. 다음 함수에 대하여 증가, 감소하는 구간을 구하고 극댓값과 극솟값을 구하여라.

(1) $f(x) = 2 - 2x - x^2$

(2) $f(x) = x^3 = x + 5$

(3) $f(x) = x^4 - 4x^3 - 8x^2 + 1$

(4) $f(x) = x^{1/5}(x+1)$

3. 모든 $x > 0$에 대하여 $(1+2x)^n \geq 1 + 2nx$(단, $n \geq 1$)임을 보여라.

4. 함수 $f(x) = x^3 + ax^2 + bx + 1$이 $x = -1$에서 극솟값을 $x = -3$에서 극댓값을 가질 때, $a$와 $b$의 값을 구하여라.

5. $f(x)$와 $g(x)$가 양의 값을 갖는 증가함수이면 $f(x)g(x)$도 증가함수임을 보여라.

6. 방정식 $f(x) = x^{99} + x^{41} + 2x - 2 = 0$는 몇 개의 실근을 갖는가?

7. $f(x) = x + \cos x$ 의 임계점을 모두 구하고 $f(x)$는 극솟값, 극댓값이 없음을 보여라.

8. $a + \frac{1}{a} < b + \frac{1}{b}$은 모든 $1 < a < b$에 대하여 성립함을 보여라.

**9.** $x = -2$에서 극댓값 3, $x = 1$에서 극솟값 0을 가지는 삼차함수 $f(x) = ax^3 + bx^2 + cx + d$를 구하여라.

**10.** 구간 $I = [-2, 4]$에서 $f'(x) = x^3 - 5x^2 + 2$라 하자. 어디에서 $f$가 증가하는가?

**11.** 함수 $f(x) = ax^3 + bx^2 + cx + d$가 항상 증가하려면 $a$, $b$, $c$는 어떤 조건을 만족해야 하는가?

**12.** 함수 $f$는 $[0, 1]$에서 연속이고 $(0, 1)$에서 미분가능하며 $f(0) = 0$이다. $f'$이 $(0, 1)$에서 증가함수이면 $g(x) = \dfrac{f(x)}{x}$도 $(0, 1)$에서 증가함수임을 보여라.

## 3.4 오목성과 2계도함수

함수 $y = f(x)$의 그래프를 따라 왼쪽에서 오른쪽으로 이동할 때 접선의 방향이 어떻게 변하는지 알아보자.

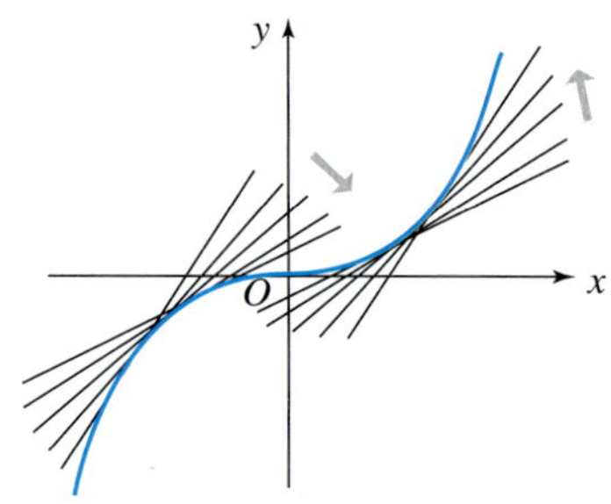

그림 3.4.1

함수의 그래프를 따라 왼쪽에서 오른쪽으로 이동할 때 어떤 구간에서 접선이 시계 방향으로 회전하면 그래프는 아래로 오목(concave down)하다고 한다. 이때 접선의 기울기는 감소한다. 또, 접선이 반시계 방향으로 회전하면 위로 오목(concave up)하다고 한다. 이때 접선의 기울기는 증가한다.

일반적으로 미분을 이용해서 함수의 오목성을 다음과 같이 정의한다.

**정의 3.4.1(함수의 오목성)**

함수 $f$가 개구간 I에서 미분가능하다고 하자.

(1) $f'$가 I에서 증가하면 $f$는 I에서 위로 오목하다고 한다.

(2) $f'$가 I에서 감소하면 $f$는 I에서 아래로 오목하다고 한다.

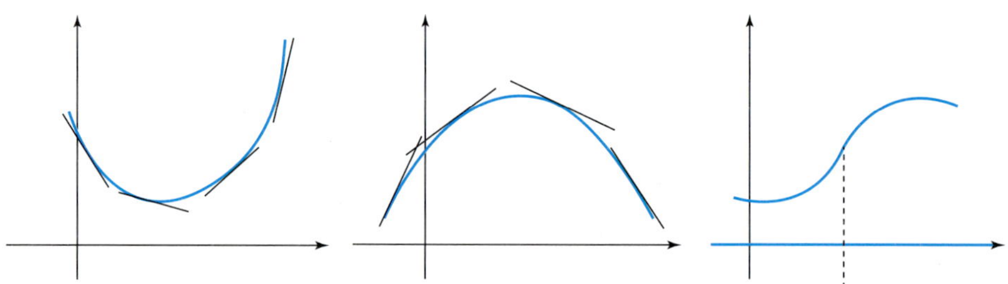

그림 3.4.2

함수의 오목성은 2계도함수를 이용하여 다음과 같이 판정할 수 있다.

**정리 3.4.2(오목성의 정리)**

함수 $f$가 개구간 I에서 두 번 미분가능하다고 하자.

(1) I에 속하는 모든 $x$에 대하여 $f''(x) > 0$이면 $f$는 I에서 위로 오목하다.

(2) I에 속하는 모든 $x$에 대하여 $f''(x) < 0$이면 $f$는 I에서 아래로 오목하다.

**증명.** (1) $f'' = (f')'$이므로 구간 I에서 $f''(x) > 0$이면 I에서 $f'$는 증가함수이므로 이 구간에서 $f$는 위로 오목하다.

(2) 구간 I에서 $f''(x) < 0$이면 I에서 $f'$는 감소함수이므로 이 구간에서 $f$는 아래로 오목하다. ■

함수 $f$가 $c$에서 연속이고 $c$를 경계로 한 쪽에서는 위로 오목하고 다른 쪽에서는 아래로 오목할 때 점 $(c, f(c))$를 변곡점(inflection point)이라고 한다. 따라서, 함수 $f$가 두 번 미분가능하면 한 쪽에서는 $f''$의 값이 양이 되고 다른 쪽에서는 음의 값을 갖는다.

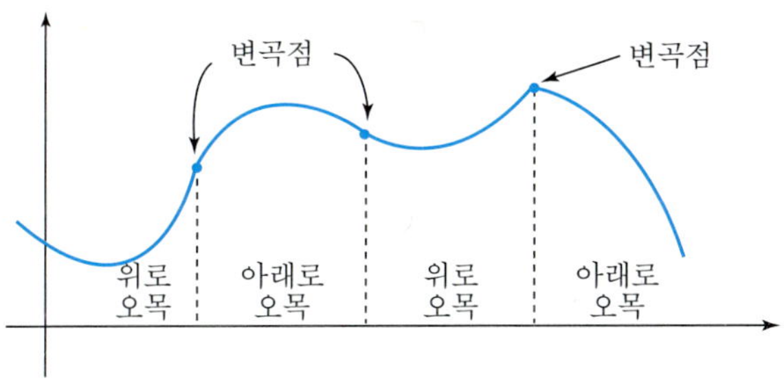


그림 3.4.3

만약 $f''$이 연속함수이고 $(c, f(c))$이 변곡점이라면 $f''(c) = 0$이 된다. 그러나, $f''(c) = 0$이라 하더라도 $c$는 변곡점의 후보이지 반드시 변곡점이 되는 것은 아니다.

이를테면, 함수 $f(x) = x^4$에서 $f''(x) = 12x^2$은 연속함수이고 $f''(0) = 0$이지만 $x = 0$의 양쪽에서 $f''$의 부호가 모두 양이 되므로 $x = 0$ 근방에서 위로 오목하다. 따라서, 점 $(0, 0)$은 변곡점이 아니다.

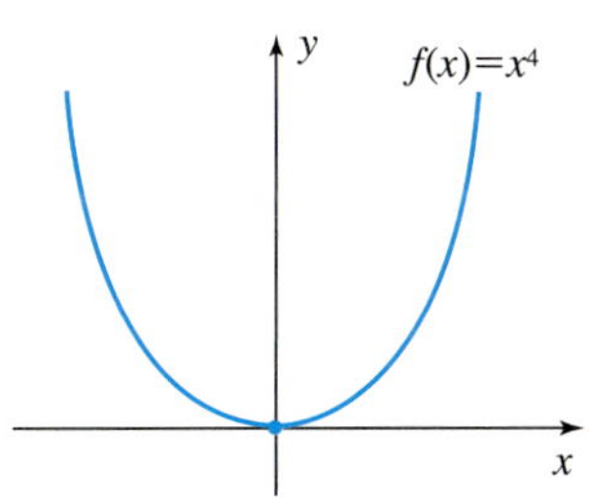


그림 3.4.4

함수 $f$의 2계도함수를 이용하여 극댓값과 극솟값을 판정할 수 있다.

**정리 3.4.3(2계도함수 판정법)**

함수 $f$가 $c$의 근방에서 두 번 미분가능하고, $f'(c)=0$이라고 하자. 이 때,
(1) $f''(c)<0$이면 $f$는 $c$에서 극댓값 $f(c)$를 갖는다.
(2) $f''(c)>0$이면 $f$는 $c$에서 극솟값 $f(c)$를 갖는다.

**증명.** (1) $f''(c)<0$ 라고 하자. $f'(c)=0$이므로

$$f''(c)=\lim_{x\to c}\frac{f'(x)-f'(c)}{x-c}=\lim_{x\to c}\frac{f'(x)}{x-c}<0$$

따라서, $c$에 충분히 가까운 $x$에 대하여

$$\frac{f'(x)}{x-c}<0$$

가 된다. 이때,

$x<c$이면 $f'(x)>0$이므로 $f$는 증가하고,
$x>c$이면 $f'(x)<0$이므로 $f$는 감소한다.

따라서, $f$는 $c$에서 극댓값을 갖는다.

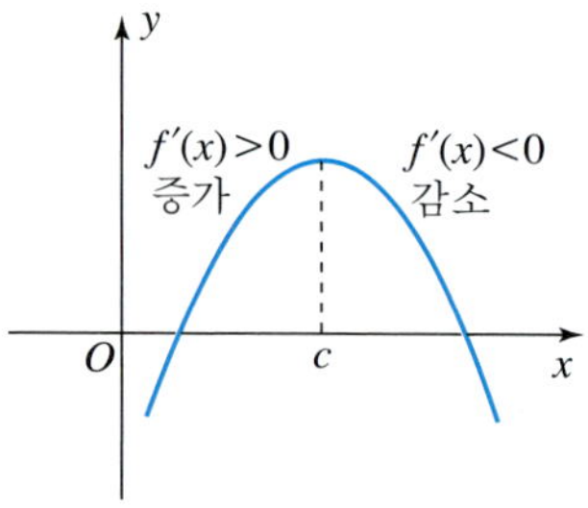

그림 3.4.5

(2)도 (1)과 같은 방법으로 증명된다. ■

**예제 1** 함수 $f(x)=x^4-8x^2+10$의 극댓값과 극솟값을 구하여라.

**풀이**

$$\begin{aligned}f'(x)&=4x^3-16x\\&=4x(x^2-4)\\&=4x(x+2)(x-2)\end{aligned}$$

이므로, 임계점은 $x=0,\ -2,\ 2$이다.
또, $f''(x)=12x^2-16$이고

$$f''(0)=-16<0,\quad f''(-2)=32>0,\quad f''(2)=32>0$$

이므로

극댓값은 $f(0)=10$,
극솟값은 $f(-2)=f(2)=-6$

이다. ■

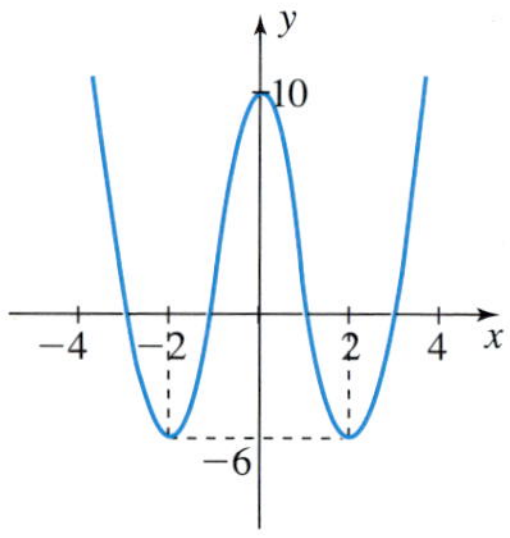

그림 3.4.6

위의 2계도함수 판정법에서 함수 $f$의 1계도함수가 존재하지 않는 점이거나, $f'(c)=0$이고 $f''(c)=0$인 점 $c$에 대해서는 극댓값과 극솟값을 판정할 수가 없다.

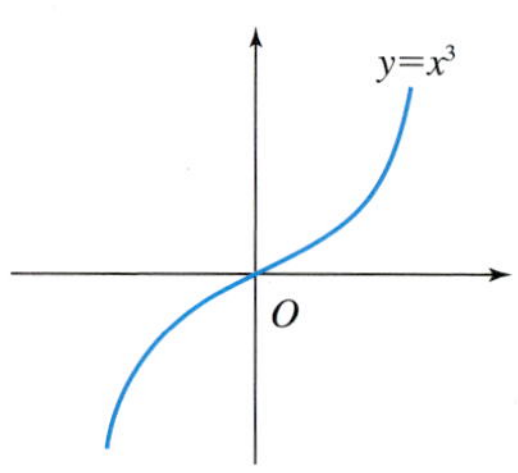

그림 3.4.7 $f(0)$은 극값이 아니다.

이를테면, 함수 $f(x)=x^3$에서

$$f'(0) = 0, \quad f''(0) = 0$$

이지만, $x = 0$에서 극값을 갖지 않는다.

그러나, 함수 $g(x) = x^4$에서는

$$g'(0) = 0, \quad g''(0) = 0$$

이지만, $x = 0$에서 극솟값 $g(0) = 0$을 갖는다.

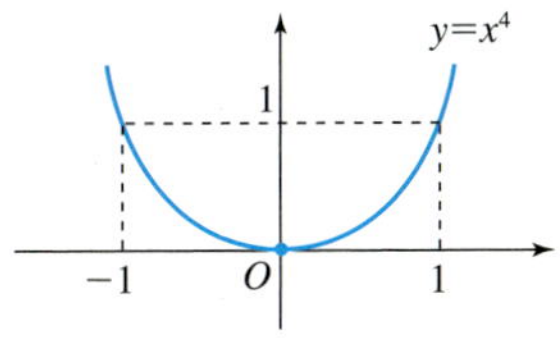


그림 3.4.8 $f(0)$은 극솟값이다.

Chapter 3

**예제 2** 함수 $f(x) = x^4 - 4x^3$의 극값을 구하고 오목성을 조사하여라. 또, 변곡점을 구하고 그래프의 개형을 그려라.

**풀이** $f(x) = x^4 - 4x^3$를 미분하면 다음과 같다.

$$f'(x) = 4x^3 - 12x^2 = 4x^2(x-3)$$
$$f''(x) = 12x^2 - 24x = 12x(x-2)$$

$f'(x) = 0$이라 두면 임계점 $x = 0$과 $x = 3$을 얻는다.

이 때,

$$f''(0) = 0, \quad f''(3) = 36 > 0$$

이므로, 극솟값은

$$f(3) = -27$$

이다. 한편, $f''(0) = 0$이므로 임계점 $x = 0$에 대해서는 2계도함수 판정법으로는 알 수 없다. 그러나,

$$x < 0\text{과 } 0 < x < 3\text{에서 } f'(x) < 0$$

이므로 1계도함수 판정법에 의해서 $x = 0$에서는 극값을 갖지 않음을 알 수 있다.

| $x$ | | 0 | | 3 | |
|---|---|---|---|---|---|
| $f'(x)$ | − | 0 | − | 0 | + |
| $f(x)$ | ↘ | | ↘ | 극소 | ↗ |

| $x$ | | 0 | | 2 | |
|---|---|---|---|---|---|
| $f''(x)$ | + | 0 | − | 0 | + |
| $f(x)$ | 위로 오목 | | 아래로 오목 | | 위로 오목 |

또, $x < 0$일 때 $f''(x) > 0$이므로 $f$는 위로 오목,
$0 < x < 2$일 때 $f''(x) < 0$이므로 $f$는 아래로 오목,
$x > 2$일 때 $f''(x) > 0$이므로 $f$는 위로 오목

하다. 따라서, 점 $(0, 0)$에서 곡선은 위로 오목에서 아래로 오목으로 변하므로 점 $(0, 0)$은 변곡점이다. 또, 점 $(2, -16)$에서는 곡선이 아래로 오목에서 위로 오목으로 변하므로 점 $(2, -16)$도 변곡점이다.

위의 극솟값, 오목성에 대한 구간과 변곡점들을 이용하여 곡선의 개형을 그리면 오른쪽 그림과 같다. ■

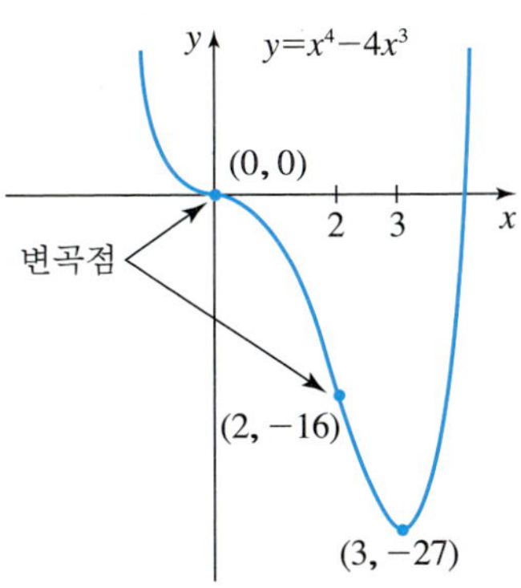


그림 3.4.9

## 연습문제 3.4

**1.** 다음 함수들에 대하여 극값과 변곡점, 위로 오목과 아래로 오목인 구간을 구하여라.

(1) $f(x) = x^3 + x$ (2) $f(x) = x^4 - 6x^2$

(3) $f(x) = \sin^2 x$ (4) $f(x) = x + \sin x$

(5) $f(x) = x^2 - \dfrac{1}{x^2}$ (6) $f(x) = \dfrac{x^2}{x^2+1}$

(7) $f(x) = x\sqrt{x-2}$ (8) $f(x) = x^{2/3}(1-x)$

**2.** 구간 $I = [-2, 3]$에서 $f''(x) = x^4 - 5x^3 + 4x^2 + 4$라 하다. $I$의 어디서 $f$가 아래로 오목인가?

**3.** 함수 $f$의 2계도함수 $f''$의 그래프가 다음과 같이 주어졌다고 하자. 이 때, $f$의 변곡점의 $x$좌표를 말하고, 그 이유를 설명하여라.

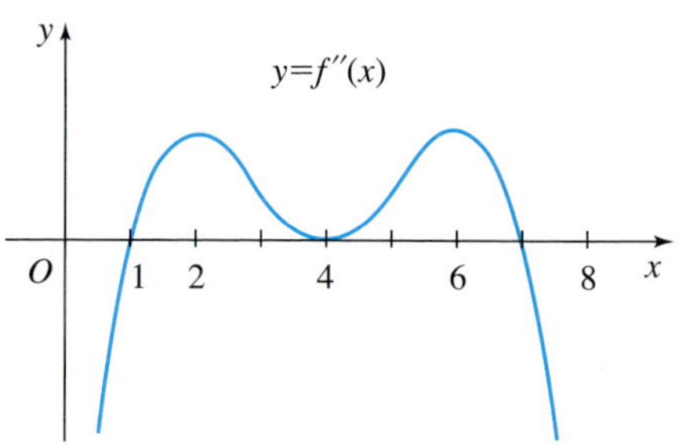


**4.** 함수 $f$의 1계도함수 $f'$의 그래프가 다음과 같이 주어졌다고 하자.

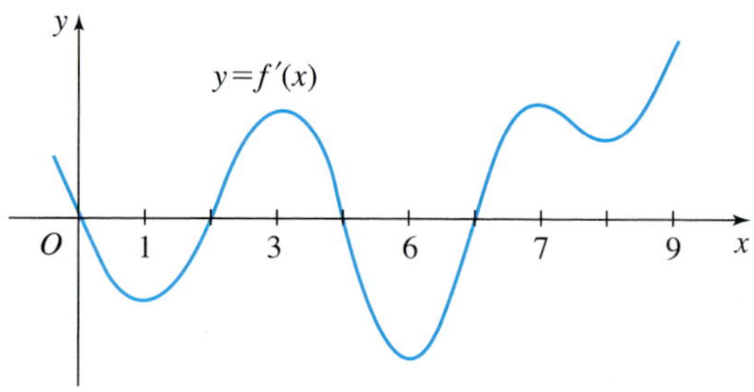


(1) $f$가 증가하는 구간을 구하여라.

(2) $f$가 극댓값이나 극솟값을 갖는 $x$의 값을 구하여라.

(3) $f$가 위로 오목이거나 아래로 오목한 구간을 구하여라.

(4) $f$의 변곡점의 $x$좌표를 구하여라.

**5.** $f(x) = x|x|$는 $(0, 0)$에서 변곡점을 갖지만 $f''(0)$는 존재하지 않음을 보여라.

**6.** $f(x) = \dfrac{1}{\sin x} + \dfrac{1}{\cos x}\left(0 < x < \dfrac{\pi}{2}\right)$의 최댓값과 최솟값이 존재하면 구하여라.

**7.** $f(x)$가 $(a, b)$에서 양수이고, 위로 오목이면 $f^2(x)$도 위로 오목임을 보여라.

**8.** $f'(x) = 4(x+1)(x-2)^2(x-3)^3(x-5)^4$일 때, $f(x)$가 극댓값과 극솟값을 갖는 $x$의 값을 구하여라.

**9.** 점 $(a, 0)$에서 가장 가까운 곡선 $y = \sqrt{x}$ 위의 점을 구하여라. (단, $a > \dfrac{1}{2}$)

**10.** $f(x) = 2\cos x + \sin 2x$의 그래프의 개형을 그려라.

**11.** 함수 $f(x) = a\sqrt{x} + \dfrac{b}{\sqrt{x}}$가 점 $(4, 13)$을 변곡점으로 가지려면, $a$와 $b$는 어떤 값이어야 하는가?

**12.** 삼차함수 $f(x)$가 세 개의 실근 $r_1, r_2, r_3$을 가진다고 하자. 이 때, 변곡점의 $x$좌표는 $(r_1 + r_2 + r_3)/3$임을 보여라.

## 3.5 극대, 극소의 응용

우리는 일상생활에서 어떤 일을 효과적으로 하기 위하여 최선의 방법을 찾아야 할 때가 자주 있다. 예를 들면 사업가는 어떤 제품을 생산하는데 최소의 비용을 들여서 최대의 이윤을 얻기를 원하고, 의사는 병을 치료하기 위하여 약의 최소 복용량을 알고 싶어 한다. 이러한 종류의 문제들은 함수로 공식화해서 변수가 어떤 특정한 영역에 있을 때 함수의 최댓값이나 최솟값을 구하는 문제로 생각할 수 있다.

이 절에서는 일상생활에서 일어 날 수 있는 여러 가지 문제들을 함수의 극댓, 극솟값을 이용하여 해결하는 방법을 알아 보자.

**예제 1** 한 변의 길이가 $a$인 정사각형 모양인 양철의 네 모퉁이로부터 작은 정사각형을 잘라내고 측면을 접어서 위쪽이 열린 상자를 만들려고 한다. 이때 이 상자의 부피를 최대로 하기 위하여 잘라내는 정사각형의 한 변의 길이를 얼마로 하여야 하는가?

**풀이** 잘라내는 작은 정사각형의 한 변의 길이를 $x$라 하자.

이 상자의 부피를 $v$라 하면

$$v = x(a-2x)^2, \quad 0 < x < \frac{a}{2}.$$

$v$는 $\left(0, \frac{a}{2}\right)$에서 연속이고 미분가능한 함수이다.

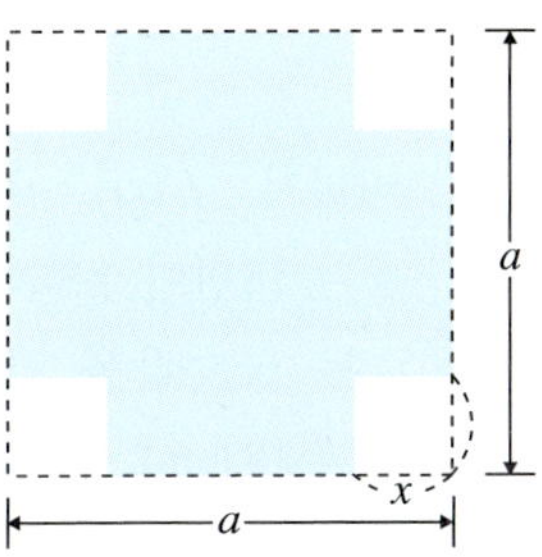

그림 3.5.1

따라서

$$v'(x) = 12x^2 - 8ax + a^2 = (6x-a)(2x-a)$$

$$v'(x) = 0 \Leftrightarrow x = \frac{a}{6} \quad \text{또는} \quad x = \frac{a}{2}$$

$0 < x < \frac{a}{2}$이므로, $x = \frac{a}{6}$를 얻는다.

또 $v''(x) = 24x - 8a$이므로

$$v''\left(\frac{a}{6}\right) = 4a - 8a = -4a < 0.$$

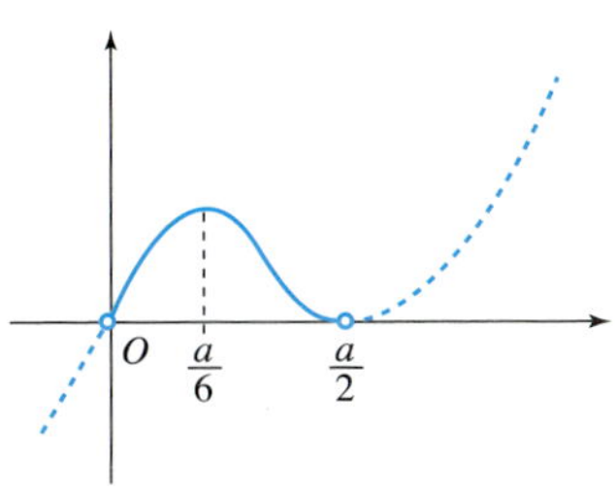

그림 3.5.2

따라서, $v$는 $x = \frac{a}{6}$에서 극댓값 $v\left(\frac{a}{6}\right) = \frac{2}{27}a^3$을 갖는다. 즉, 한 변이 $a$인 정사각형으로부터 한 변의 길이가 $\frac{a}{6}$인 작은 정사각형을 네 모퉁이로부터 떼어내고 만든 상자가 가장 큰 부피를 갖는다. ■

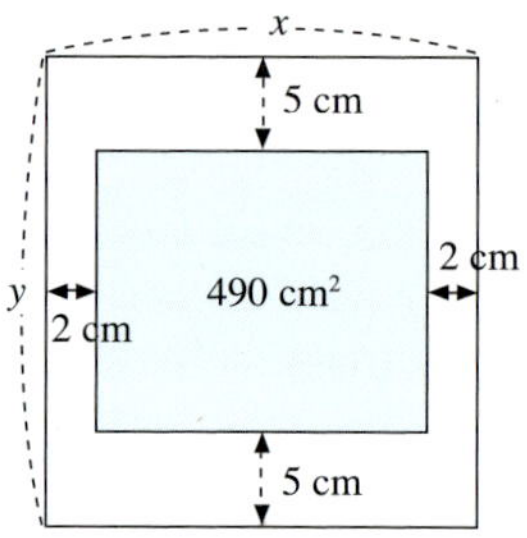

그림 3.5.3

**예제 2** 광고지에 490 $\text{cm}^2$에 해당하는 광고내용을 직사각형으로 인쇄하려고 한다. 이 때 광고지의 위쪽과 아래쪽은 각각 5 cm의 여백을, 좌우는 각각 2 cm의 여백이 있게 하고 싶다. 이 때 종이의 사용을 최소화하는 광고지의 가로와 세로의 길이를 구하여라.

**풀이** 광고지의 가로를 $x$ cm 세로를 $y$ cm라 하면 광고지의 면적 $A$는

$$A = xy$$

으로 나타내어진다. 이 때, 인쇄할 부분은 한 변이 각각 $x-4$와 $y-10$인 직사각형이므로

$$(x-4)(y-10) = 490, \quad x > 4, \quad y > 10$$

가 성립한다. 따라서

$$y = \frac{490}{x-4} + 10, \quad x > 4$$

가 된다. $A$를 $x$의 식으로 나타내면

$$A(x) = x\left(\frac{490}{x-4} + 10\right) = \frac{490x}{x-4} + 10x, \quad x > 4$$

정의역 $(4, \infty)$에서 $A$는 미분가능하므로

$$\begin{aligned}\frac{dA}{dx} &= 490\left(\frac{x-4-x}{(x-4)^2}\right) + 10 \\ &= \frac{10(x-18)(x+10)}{(x-4)^2}, \quad x > 4\end{aligned}$$

따라서, $f'(x) = 0$인 점은 $x = 18$ 또는 $x = -10$이다. 그런데, $x > 4$이므로 $x = 18$만이 유효하며, $x = 18$ 근방의 $\frac{dA}{dx}$의 부호를 비교함으로서 $x = 18$에서 $A$는 극솟값을 가짐을 알 수 있다. 또 다른 극점이 존재하지 않으므로 $x = 18\,(\text{cm})$, $y = 45\,(\text{cm})$일 때 $A$는 최솟값을 갖는다. ■

**예제 3** 주어진 직원뿔에 내접하는 직원기둥 중에서 부피가 최대인 것을 구하여라.

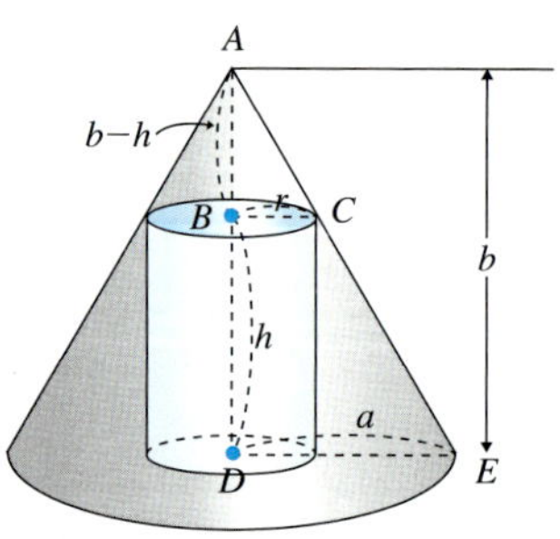

그림 3.5.4

**풀이** 주어진 원뿔의 반지름을 $a$, 높이를 $b$라고 하자. 또, 내접하는 원기둥의 반지름을 $r$, 높이를 $h$라고 하면 부피 $V$는

$$V = \pi r^2 h$$

로 나타내어진다. 한편, $\triangle ABC \sim \triangle ADE$이므로

$$\frac{b-h}{r} = \frac{b}{a}$$

가 성립한다. 따라서, $h = b - \frac{b}{a}r$을 얻는다. 이것을 부피 $V$를 나타내는 식에 대입하면

$$V = \pi r^2\left(b - \frac{b}{a}r\right) = \pi br^2 - \frac{\pi b}{a}r^3$$

가 된다. 따라서,

$$\frac{dV}{dr} = 2\pi br - \frac{3\pi b}{a}r^2 = \pi br\left(2 - \frac{3r}{a}\right)$$

이고, $\frac{dV}{dr} = 0$에서 두 정점 $r = 0$과 $r = \frac{2a}{3}$를 얻는다. 그런데, $0 < r < a$이므로 $r = \frac{2a}{3}$에서 최댓값이 된다. 이 때,

$$h = b - \frac{br}{a} = b - \frac{b}{a}\frac{2a}{3} = \frac{b}{3}$$

가 된다. 따라서, 내접하는 원기둥의 부피가 최대가 되는 것은 반지름이 원뿔의 반지름의 $\frac{2}{3}$이고, 높이가 원뿔의 높이의 $\frac{1}{3}$일 때이다. ■

**예제 4** 어떤 공장에서 제품 $x$개를 1개당 가격 $P = 300 - 0.1x$원으로 판매할 수 있다고 한다. 이 때, $x$개의 생산비용이 $E = 20x + 10000$원 들어간다고 할 때, 이윤을 가장 많게 하려면 제품을 몇 개 생산하는 것이 좋은가?

**풀이** 제품 $x$개를 판매하여 얻은 총 매상고는

$$xP = 300x - 0.1x^2$$

이고, 이윤 $T$는 매상고에서 생산비용을 뺀 것과 같으므로

$$\begin{aligned} T &= xP - E \\ &= (300x - 0.1x^2) - (20x + 10000) \\ &= -0.1x^2 + 280x - 10000 \qquad (x \geq 0) \end{aligned}$$

가 된다. $T$는 미분가능하고

$$\frac{dT}{dx} = 280 - 0.2x$$

이므로, $\frac{dT}{dx} = 0$서 $x = 1400$을 얻는다. $x = 0$일 때 $T < 0$이므로 1400개의 제품을 생산할 때 최대 이윤이 남는다. ■

## 연습문제 3.5

1. 합이 30인 두 양의 정수 중에서 곱이 최대가 되는 것을 구하여라.

2. 곱이 −16인 두 수 중에서 그 제곱들의 합이 최소가 되는 것을 구하여라.

3. 포물선 $y = x^2$ 위의 점들 중에, 점 $(0, 5)$에 가장 가까운 점을 구하여라.

4. 직선 모양의 호숫가에서 3 km 떨어진 섬이 있다. 그리고 섬에서 가장 가까운 호숫가의 지점 $P$에서 호숫가를 따라 15 km 떨어진 지점에 도시 $Q$가 있다. 보트로는 시속 2 km, 육로로는 시속 4 km로 움직일 때, 가장 짧은 시간에 도시 $Q$에 도착하려면 어느 지점에 상륙하여야 하는가?

5. 반지름이 $r$인 구에 내접하는 직원기둥의 최대의 부피를 구하여라.

6. 직각삼각형의 직각을 낀 두 변이 각각 $x, y$이고 빗변이 10일 때, $3x + 4y$의 최댓값을 구하여라.

7. 주어진 원에 내접하는 직사각형들 중에 둘레의 길이가 최대인 것은 정사각형임을 보여라.

8. 반지름이 $r$인 구에 내접하는 직원뿔이 가질 수 있는 최대의 부피를 구하여라.

9. 한 점이 곡선 $3x^2 - 2y^2 = 16$ 위를 움직이고 있다. 이때, $y$좌표가 초당 5 m의 비율로 증가하면 $x = 4$일 때, $x$좌표의 변화율은 얼마인가?

10. 공기가 단열 팽창할 때 압력 $P$와 부피 $V$의 관계는 $PV^{7/5} = c$(단, $c$는 상수)이다. 어떤 순간의 압력이 60 IB/cm$^2$, 부피는 30 cm$^3$이다. 부피가 5 cm$^3$/초의 비율로 감소하고 있을 때, 압력의 변화율은 얼마인가?

11. 연을 날리는데 그 높이가 50 m이다. 바람이 30 m/초의 비율로 연을 수평으로 날린다. 연이 사람으로부터 600 m 떨어져 있을 때, 실은 얼마만큼 빨리 풀어 주어여 하는가?

12. 구의 표면적이 $8\pi$cm$^2$의 비율로 변하고 있다. 그 표면적이 $64\pi$cm$^2$가 될 때, 구의 체적의 변화율을 구하여라.

13. 타원 $\dfrac{x^2}{a^2} + \dfrac{y^2}{b^2} = 1$ 위의 한 점 $(x, y)$에서 이 타원의 접선의 기울기는 $-\dfrac{b^2 x}{a^2 y}$임을 보여라.

14. 용수철에 연결한 추가 $x$축을 따라서 움직이는데, 시간 $t$일 때, 그 $x$좌표는 다음과 같다.

$$x = \sin 2t + \sqrt{3}\cos t$$

이 추는 원점으로부터 얼마나 멀리 갈 수 있는가?

15. 반지름이 $r$이고 꼭지각의 크기가 $\theta$인 부채꼴 모양으로 화단을 만들려고 한다. 넓이가 상수 $A$일 때, 둘레의 길이가 최소가 되게 하는 $r$과 $\theta$를 구하여라.

16. 100 m 높이의 절벽에서 어떤 물체를 던졌더니, 곡선 $y = -\dfrac{x^2}{10} + x + 100$을 따라서 움직였다. 관찰자가 절벽의 아래에서 2 m 떨어진 곳에 서 있다.
(1) 물체가 관찰자와 가장 가까울 때의 위치를 구하여라.
(2) 물체가 관찰자와 가장 멀 때의 위치를 구하여라.

# 3.6 로피탈의 법칙



극한을 구하는 문제에서 두 함수 $f$와 $g$에 대하여

$$\lim_{x \to a} f(x) = \lim_{x \to a} g(x) = 0$$

일 때, $\lim_{x \to a} \frac{f(x)}{g(x)}$와 같은 극한을 $\frac{0}{0}$꼴의 부정형이라고 한다. 또,

$$\lim_{x \to a} f(x) = \lim_{x \to a} g(x) = \pm\infty$$

일 때, $\lim_{x \to a} \frac{f(x)}{g(x)}$와 같은 극한을 $\frac{\infty}{\infty}$꼴의 부정형이라고 한다.

이 절에서는 $\frac{0}{0}$, $\frac{\infty}{\infty}$, $0 \cdot \infty$, $\infty - \infty$와 같은 꼴의 부정형이 되는 여러 가지 극한 문제를 로피탈의 법칙(L'Hospital's Rule)이용하여 푸는 방법을 공부한다.

## $\frac{0}{0}$꼴의 극한

**정리 3.6.1(로피탈의 법칙 : $\frac{0}{0}$꼴)**

함수 $f$와 $g$가 $a$를 포함하는 개구간 $I$에서 미분가능하고 $a$를 제외한 $I$ 내의 모든 $x$에 대하여 $g'(x) \neq 0$라고 하자.

$\lim_{x \to a} \frac{f(x)}{g(x)}$가 $\frac{0}{0}$꼴의 부정형이고 $\lim_{x \to a} \frac{f'(x)}{g'(x)} = A$($A$는 실수 또는 $\pm\infty$)이면

$$\lim_{x \to a} \frac{f(x)}{g(x)} = A = \lim_{x \to a} \frac{f'(x)}{g'(x)}$$

가 된다.

**증명.** $g'(a) \neq 0$, $f'$와 $g'$가 구간 $I$에서 연속인 특수한 경우만 증명한다. 일반적인 증명은 고등미적분학에서 다룬다.

도함수의 정의에서

$$f'(a) = \lim_{x \to a} \frac{f(x) - f(a)}{x - a}, \quad g'(a) = \lim_{x \to a} \frac{g(x) - g(a)}{x - a}$$

이고, $f'$와 $g'$가 $x = a$에서 연속이므로 다음이 성립한다.

$$\lim_{x\to a}\frac{f'(x)}{g'(x)}=\frac{f'(a)}{g'(a)}=\frac{\lim_{x\to a}\frac{f(x)-f(a)}{x-a}}{\lim_{x\to a}\frac{g(x)-g(a)}{x-a}}$$

$$=\lim_{x\to a}\frac{\frac{f(x)-f(a)}{x-a}}{\frac{g(x)-g(a)}{x-a}}$$

$$=\lim_{x\to a}\frac{f(x)-f(a)}{g(x)-g(a)}$$

그런데, $f$와 $g$는 $x=a$에서 연속이므로

$$f(a)=\lim_{x\to a}f(x)=0 \quad , \quad g(a)=\lim_{x\to a}g(x)=0$$

이다. 따라서,

$$\lim_{x\to a}\frac{f'(x)}{g'(x)}=\lim_{x\to a}\frac{f(x)-f(a)}{g(x)-g(a)}=\lim_{x\to a}\frac{f(x)}{g(x)}$$

가 된다. ■

위의 정리는 $x\to a^+$, $x\to a^-$, $x\to\infty$, $x\to-\infty$인 경우에도 성립한다.

**예제 1** $\lim_{x\to 2}\frac{x^2-4}{x-2}$을 구하여라.

**풀이** $\lim_{x\to 2}(x^2-4)=\lim_{x\to 2}(x-2)=0$이므로, $\frac{0}{0}$꼴의 부정형이다. 따라서, 로피탈의 법칙에 의해서 다음과 같이 계산된다.

$$\lim_{x\to 2}\frac{x^2-4}{x-2}=\lim_{x\to 2}\frac{(x^2-4)'}{(x-2)'}=\lim_{x\to 2}\frac{2x}{1}=4.$$ ■

**예제 2** $\lim_{x\to 0}\frac{1-\cos x}{x^2+2x}$를 구하여라.

**풀이** $\lim_{x\to 0}(1-\cos x)=\lim_{x\to 0}(x^2+2x)=0$이므로, $\frac{0}{0}$꼴의 부정형이다. 따라서, 로피탈의 법칙에 의해서 다음과 같이 계산된다.

$$\lim_{x\to 0}\frac{1-\cos x}{x^2+2x}=\lim_{x\to 0}\frac{(1-\cos x)'}{(x^2+2x)'}=\lim_{x\to 0}\frac{\sin x}{2x+2}=\frac{0}{2}=0.$$ ■

위의 로피탈의 법칙은 $\frac{0}{0}$꼴의 극한 $\lim_{x\to a}\frac{f(x)}{g(x)}$에서 $\frac{0}{0}$꼴이 계속되는 한 연속적으로 이 법칙을 사용할 수 있음을 의미한다. 즉, 분자, 분모의 어느 한 함수의 도함수가 0이 아닐 때까지 연속적으로 미분하여 극한값을 구할 수 있다.

**예제 3** $\lim_{x\to 0}\dfrac{1-\cos x}{x^2+3x^3}$ 을 구하여라.

**풀이** $\dfrac{0}{0}$꼴의 부정형이 계속되므로 로피탈의 법칙을 반복하여 사용하면 다음과 같다.

$$\lim_{x\to 0}\frac{1-\cos x}{x^2+3x^3}=\lim_{x\to 0}\frac{\sin x}{2x+9x^2}=\lim_{x\to 0}\frac{\cos x}{2+18x}=\frac{1}{2}$$ ■

**예제 4** $\lim_{x\to 0}\dfrac{\tan x-x}{x^3}$ 를 구하여라.

**풀이** $\dfrac{0}{0}$꼴의 부정형이 계속됨으로 로피탈의 법칙을 반복하여 사용하면 다음과 같다.

$$\begin{aligned}\lim_{x\to 0}\frac{\tan x-x}{x^3}&=\lim_{x\to 0}\frac{\sec^2 x-1}{3x^2}\\&=\lim_{x\to 0}\frac{2\sec^2 x\tan x}{6x}\\&=\lim_{x\to 0}\frac{4\sec^2 x\tan^2 x+2\sec^4 x}{6}\\&=\frac{2}{6}=\frac{1}{3}\end{aligned}$$ ■

$(\tan x)'=\sec^2 x$
$(\sec x)'=\sec x\tan x$

## $\dfrac{\infty}{\infty}$꼴의 극한

다음 정리는 로피탈의 법칙이 $\dfrac{0}{0}$꼴의 극한 뿐 아니라 $\dfrac{\infty}{\infty}$꼴의 극한에도 적용될 수 있음을 보여준다. 이 정리의 증명은 생략하기로 한다.

**정리 3.6.2(로피탈의 법칙 : $\dfrac{\infty}{\infty}$꼴)**

함수 $f$와 $g$가 $a$를 포함하는 개구간 $I$에서 미분가능하고 $a$를 제외한 $I$ 내의 모든 $x$에 대하여 $g'(x)\neq 0$라고 하자.

$\lim_{x\to a}\dfrac{f(x)}{g(x)}$가 $\dfrac{\infty}{\infty}$꼴의 부정형이고 $\lim_{x\to a}\dfrac{f'(x)}{g'(x)}=A$($A$는 실수 또는 $\pm\infty$)이면

$$\lim_{x\to a}\frac{f(x)}{g(x)}=A=\lim_{x\to a}\frac{f'(x)}{g'(x)}$$

가 된다.

위의 정리는 $x\to a^+$, $x\to a^-$, $x\to\infty$, $x\to-\infty$인 경우에도 성립한다.

**예제 5** $\lim_{x\to\infty}\frac{x+3x^2}{4x+7x^3}$를 구하여라.

**풀이** $\lim_{x\to\infty}(x+3x^2)=\lim_{x\to\infty}(4x+7x^3)=\infty$이므로, $\frac{\infty}{\infty}$꼴의 부정형이다. 따라서, 로피탈의 법칙을 사용하면

$$\lim_{x\to\infty}\frac{x+3x^2}{4x+7x^3}=\lim_{x\to\infty}\frac{1+6x}{4+21x^2}=\lim_{x\to\infty}\frac{6}{42x}=0$$

이 된다. ■

### $0\cdot\infty$와 $\infty-\infty$ 형태의 극한

부정형 $0\cdot\infty$와 $\infty-\infty$꼴의 극한은 대수적으로 식을 $\frac{0}{0}$ 또는 $\frac{\infty}{\infty}$꼴로 변형하여 로피탈의 법칙을 적용한다.

**예제 6** $\lim_{x\to\frac{\pi}{2}}\left(x-\frac{\pi}{2}\right)\tan x$를 구하여라.

**풀이** $\lim_{x\to\frac{\pi}{2}}\left(x-\frac{\pi}{2}\right)=0$이고 $\lim_{x\to\frac{\pi}{2}}|\tan x|=\infty$이므로, $0\cdot\infty$꼴의 부정형이지만

$$\left(x-\frac{\pi}{2}\right)\tan x=\frac{x-\frac{\pi}{2}}{\cot x}$$

로 변형하면 이것은 $\frac{0}{0}$꼴의 부정형이 된다.

따라서, 로피탈의 법칙을 사용하면 다음과 같다.

$(\cot x)'=-\csc^2 x$

$\csc x=\frac{1}{\sin x}$

$$\begin{aligned}\lim_{x\to\frac{\pi}{2}}\left(x-\frac{\pi}{2}\right)\tan x&=\lim_{x\to\frac{\pi}{2}}\frac{\left(x-\frac{\pi}{2}\right)}{\cot x}\\&=\lim_{x\to\frac{\pi}{2}}\frac{1}{-\csc^2 x}\\&=\lim_{x\to\frac{\pi}{2}}(-\sin^2 x)\\&=-1\end{aligned}$$

■

**예제 7** $\lim_{x\to 0}\left(\frac{1}{x}-\frac{1}{\sin x}\right)$를 구하여라.

**풀이** $\frac{1}{x}-\frac{1}{\sin x}$는 $x\to 0^+$일 때는 $\infty-\infty$꼴이고, $x\to 0^-$일 때는 $-\infty-(-\infty)$꼴로 어느 경우에도 $\infty-\infty$꼴의 부정형이다. 그러나

$$\frac{1}{x}-\frac{1}{\sin x}=\frac{\sin x-x}{x\sin x}$$

로 변형하면 $\frac{0}{0}$ 꼴의 부정형이 된다.

따라서, 로피탈의 법칙을 사용하면 다음과 같다.

$$\begin{aligned}\lim_{x\to 0}\left(\frac{1}{x}-\frac{1}{\sin x}\right) &= \lim_{x\to 0}\frac{\sin x - x}{x\sin x}\\ &= \lim_{x\to 0}\frac{\cos x - 1}{\sin x + x\cos x}\\ &= \lim_{x\to 0}\frac{-\sin x}{\cos x+\cos x - x\sin x}\\ &= \frac{0}{2}=0\end{aligned}$$

■

## 연습문제 3.6

**1.** 함수 $f, g, h, p$와 $q$에 대하여 다음 극한이 성립한다.

$$\lim_{x\to a} f(x)=0,\quad \lim_{x\to a} g(x)=0,\quad \lim_{x\to a} h(x)=1$$
$$\lim_{x\to a} p(x)=\infty,\quad \lim_{x\to a} q(x)=\infty$$

이 때, 다음 중 어떤 것이 부정형인가? 부정형이 아닌 것 중 극한이 존재하면 구하여라.

(1) $\lim_{x\to a}\frac{f(x)}{g(x)}$ (2) $\lim_{x\to a}\frac{f(x)}{p(x)}$

(3) $\lim_{x\to a}\frac{h(x)}{p(x)}$ (4) $\lim_{x\to a}\frac{p(x)}{f(x)}$

(5) $\lim_{x\to a}\frac{p(x)}{q(x)}$ (6) $\lim_{x\to \frac{\pi}{2}}(\sec x-\tan x)$

**2.** 다음의 극한을 구하여라.

(1) $\lim_{x\to 1}\frac{x^2-1}{x-1}$ (2) $\lim_{x\to \infty}\frac{3x+7}{6x-2}$

(3) $\lim_{x\to 0}\frac{\sin x^2}{x\cos x}$ (4) $\lim_{x\to 0}\frac{\cos x-1}{2x^2}$

(5) $\lim_{x\to 0}\frac{2x(\cos x-1)}{\sin x - x}$ (6) $\lim_{x\to 0}\left(\frac{1}{x}-\frac{1}{\sqrt{x}}\right)$

(7) $\lim_{x\to \infty}(x-\sqrt{x^2+x+1})$ (8) $\lim_{x\to \frac{\pi}{2}}(\sec x-\tan x)$

**3.** 다음 극한에서 로피탈의 법칙의 적용여부를 밝히고 극한값을 구하여라.

(1) $\lim_{x\to \infty}\frac{\sqrt{2x+1}}{\sqrt{x+2}}$ (2) $\lim_{x\to \infty}\frac{4x+\sqrt{x}}{x+\sqrt{7x+1}}$

(3) $\lim_{x\to \infty}-\frac{2x+1}{x+\sqrt{x+2}}$

**4.** 두 함수

$$f(x)=\begin{cases}2x+2 & (x\neq 0)\\ 0 & (x=0)\end{cases},\quad g(x)=\begin{cases}x+5 & (x\neq 0)\\ 0 & (x=0)\end{cases}$$

에 대하여 $\lim_{x\to 0}\frac{f'(x)}{g'(x)}$와 $\lim_{x\to 0}\frac{f(x)}{g(x)}$를 구하고, 로피탈의 법칙의 성립여부를 밝혀라.

**5.** $n$이 양의 정수일 때, $\lim_{x\to\infty}\frac{e^x}{x^n}=\infty$을 증명하라.

**6.** 다음 그림은 중심각이 $\theta$인 부채꼴이다. $A(\theta)$를 현 $PR$과 호 $PR$에 의해서 생긴 부분의 면적이라 하자. 또, $B(\theta)$를 삼각형 $PQR$의 면적이라 할 때, $\lim_{\theta\to 0} A(\theta)/B(\theta)$을 구하여라.

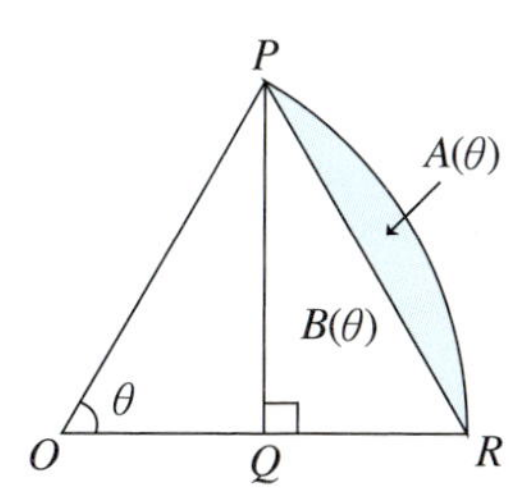


**7.** $f'$가 연속일 때, 로피탈의 법칙을 이용하여

$$\lim_{h \to 0} \frac{f(x+h) - f(x-h)}{2h} = f'(x)$$

임을 보여라.

**8.** $f'$은 연속이고, $f(2) = 0$, $f'(2) = 7$일 때 다음 값을 구하여라.

$$\lim_{x \to 0} \frac{f(2+3x) + f(2+5x)}{x}$$

**9.** $a$와 $b$가 어떤 값일 때 다음 식이 성립하는가?

$$\lim_{x \to 0} \left( \frac{\sin 2x}{x^3} + a + \frac{b}{x^2} \right) = 0$$

# 제 4 장 적 분

### 리만(Bernhard Riemann)

리만(1826~1866)은 독일의 수학자로 루터교 목사의 여섯 자녀 중 둘째로 태어났다. 1846~1851년 괴팅겐대학교와 베를린대학교에서 공부하였다. 1851년 괴팅겐대학에서 박사학위를 받고 1859년 이 대학 교수가 되었다. 그의 학위논문은 등각사상론의 기본정리를 논한 것이며 기하학적 함수론의 바탕이 되었다. 또, 1854년 논문에서는 리만적분을 정의하고 삼각급수의 수렴에 관한 조건을 제시했다. 그는 실험 물리학과 모든 자연현상으로부터 보편적 원리를 얻으려는 자연주의 철학의 연구를 통해서 수학이론이 자기, 빛, 중력, 전기 사이에 어떠한 연결을 줄 수 있다고 결론지었다. 또한 전하를 둘러싸고 있는 공간을 수학적으로 묘사할 수 있는 장이론을 제안하는 등 학창시절 동안 근대 수리물리학의 근간이 될 그의 독창적 개념들을 발전시켰다. 리만은 많은 논문을 남기지 못하고 일찍 세상을 떠났지만 매우 중요한 논문들을 발표하였다. 적분에 관한 그의 업적은 푸리에 급수에 관한 논문의 일부이다. 기하학에 대해 발표해 달라는 가우스(C. F. Gauss)의 요청을 받고 리만 기하학 이론을 만들었는데 이것은 유클리드 기하학을 일반화한 것이다.

# 4.1 합과 Σ 기호



여러 개의 수의 합으로 나타내어진 식을 그리스 문자 Σ(sigma)를 사용하여 간단히 나타내면 편리하다. 이를 테면 $n$개의 수의 합

$$a_1 + a_2 + a_3 + \cdots + a_n$$

을 $\sum_{i=1}^{n} a_i$와 같이 나타낸다. 즉,

$$\sum_{i=1}^{n} a_i = a_1 + a_2 + a_3 + \cdots + a_n$$

예를 들면,

$$\sum_{i=1}^{100} i = 1 + 2 + 3 + \cdots\cdots + 100$$
$$\sum_{j=2}^{10} \frac{1}{j} = \frac{1}{2} + \frac{1}{3} + \frac{1}{4} + \cdots\cdots + \frac{1}{10}$$
$$\sum_{k=1}^{5} a_k b_k = a_1 b_1 + a_2 b_2 + \cdots\cdots + a_5 b_5$$
$$\sum_{i=m}^{n} f(i) = f(m) + f(m+1) + \cdots\cdots + f(n) \ (\text{단, } n \geq m)$$

와 같이 나타내어진다. 또, $c_i$들이 모두 $c$와 같을 때

$$\sum_{i=1}^{n} c_i = \overbrace{c + c + c + \cdots\cdots + c}^{n\text{개}} = nc$$

이므로, 다음 결과를 얻는다.

$$\sum_{i=1}^{n} c = nc$$

예를 들면,

$$\sum_{i=1}^{5} 3 = 5 \cdot 3 = 15, \qquad \sum_{j=1}^{10} (-2) = 10 \cdot (-2) = -20$$

와 같다.

기호 $\sum$는 다음과 같은 기본 성질을 갖는다.

**정의 4.1.1($\sum$의 성질)**

$a_i, b_i(i = 1, 2, \cdots\cdots, n)$가 실수이고, $c$가 상수일 때 다음이 성립한다.

(1) $\sum_{i=1}^{n} ca_i = c\sum_{i=1}^{n} a_i$

(2) $\sum_{i=1}^{n} (a_i + b_i) = \sum_{i=1}^{n} a_i + \sum_{i=1}^{n} b_i$

(3) $\sum_{i=1}^{n} (a_i - b_i) = \sum_{i=1}^{n} a_i - \sum_{i=1}^{n} b_i$

**증명.** $\sum$기호의 정의에 의하여 다음과 같이 증명할 수 있다.

(1)
$$\begin{aligned}\sum_{i=1}^{n} ca_i &= ca_1 + ca_2 + \cdots + ca_n \\ &= c(a_1 + a_2 + \cdots + a_n) \\ &= c\sum_{i=1}^{n} a_i\end{aligned}$$

(2)
$$\begin{aligned}\sum_{i=1}^{n} (a_i + b_i) &= (a_1 + b_1) + \cdots + (a_n + b_n) \\ &= (a_1 + \cdots + a_n) + (b_1 + \cdots + b_n) \\ &= \sum_{i=1}^{n} a_i + \sum_{i=1}^{n} b_i\end{aligned}$$

(3)은 (2)와 마찬가지 방법으로 증명된다. ■

**예제 1** $\sum_{i=1}^{100} a_i = 50$, $\sum_{i=1}^{100} b_i = 25$일 때, $\sum_{i=1}^{100} (2a_i + 3b_i - 4)$를 구하여라.

**풀이** $\sum$의 성질에 의해서 다음과 같이 계산된다.

$$\begin{aligned}\sum_{i=1}^{100} (2a_i + 3b_i - 4) &= \sum_{i=1}^{100} 2a_i + \sum_{i=1}^{100} 3b_i + \sum_{i=1}^{100} (-4) \\ &= 2\sum_{i=1}^{100} a_i + 3\sum_{i=1}^{100} b_i + \sum_{i=1}^{100} (-4) \\ &= 2 \cdot 50 + 3 \cdot 25 + (-4) \cdot 100 \\ &= -225\end{aligned}$$
■

다음 특수한 합의 공식은 여러 가지 계산에서 사용되는 편리한 공식이다.

**정리 4.1.2(합의 공식)**

모든 자연수 $n$에 대해 다음 식이 성립한다.

(1) $\sum_{i=1}^{n} i = \frac{n(n+1)}{2}$

(2) $\sum_{i=1}^{n} i^2 = \frac{n(n+1)(2n+1)}{6}$

(3) $\sum_{i=1}^{n} i^3 = \left\{\frac{n(n+1)}{2}\right\}^2$

**증명.** (1)

$$\sum_{i=1}^{n} i = 1+2+3+\cdots\cdots+(n-2)+(n-1)+n$$

의 합의 순서를 뒤부터 합하면

$$\sum_{i=1}^{n} i = n+(n-1)+(n-2)+\cdots\cdots+3+2+1$$

가 된다. 이 두 식을 순서대로 항별로 합하면

$$\begin{aligned} 2\sum_{i=1}^{n} i &= (1+n)+(2+n-1)+(3+n-2)+\cdots\cdots \\ &\qquad +(n-2+3)+(n-1+2)+(n+1) \\ &= \overbrace{(n+1)+(n+1)+(n+1)+\cdots\cdots+(n+1)+(n+1)+(n+1)}^{n\text{개}} \\ &= n(n+1) \end{aligned}$$

가 된다. 따라서

$$\sum_{i=1}^{n} i = \frac{n(n+1)}{2}$$

(2) 수학적 귀납법으로 증명한다.

$n=1$일 때 $\sum_{i=1}^{1} i^2 = 1^2 = 1 = \frac{1\cdot 2\cdot 3}{6}$이므로, 성립한다.

$n=k$ 일 때 (2)식이 성립한다고 가정하면

$$\sum_{i=1}^{k} i^2 = \frac{k(k+1)(2k+1)}{6}$$

가 된다.

$n=k+1$일 때

$$\begin{aligned} \sum_{i=1}^{k+1} i^2 &= \sum_{i=1}^{k} i^2 + (k+1)^2 \\ &= \frac{k(k+1)(2k+1)}{6} + (k+1)^2 \\ &= (k+1)\left[\frac{k(2k+1)}{6} + k + 1\right] \\ &= (k+1)\frac{2k^2+7k+6}{6} \\ &= \frac{(k+1)(k+2)(2k+3)}{6} = \frac{(k+1)(k+2)\{(2k+1)+1\}}{6}. \end{aligned}$$

이므로 $n = k+1$일 때도 (2)가 성립한다. 그러므로 수학적 귀납법에 의하여 (2)는 모든 자연수 $n$에 대해 성립한다.

(3)식도 마찬가지로 수학적 귀납법에 의해 증명된다. ■

**예제 2** $\sum_{j=1}^{10}(j+2)(j-5)$를 계산하여라.

**풀이** $\Sigma$의 성질과 공식 (1), (2)를 이용하면 다음과 같이 계산된다.

$$\begin{aligned}\sum_{j=1}^{10}(j+2)(j-5) &= \sum_{j=1}^{10}(j^2-3j-10) = \sum_{j=1}^{10}j^2 - 3\sum_{j=1}^{10}j - \sum_{j=1}^{10}10 \\ &= \frac{10(10+1)(20+1)}{6} - 3\frac{10(10+1)}{2} - 10\cdot 10 \\ &= 120\end{aligned}$$

■

**예제 3** $\sum_{i=1}^{n} i(4i^2-3)$을 계산하여라.

**풀이** $\Sigma$의 성질과 합의 공식을 이용하여 다음과 같이 계산할 수 있다.

$$\begin{aligned}\sum_{i=1}^{n} i(4i^2-3) &= \sum_{i=1}^{n}(4i^3-3i) \\ &= 4\sum_{i=1}^{n}i^3 - 3\sum_{i=1}^{n}i \\ &= 4\left(\frac{n(n+1)}{2}\right)^2 - 3\frac{n(n+1)}{2} \\ &= n(n+1)\left(n^2+n-\frac{3}{2}\right)\end{aligned}$$

■

## 연습문제 4.1

**1.** 다음 식들을 $\Sigma$를 써서 나타내어라.

(1) $\sqrt{2}+\sqrt{3}+\cdots+\sqrt{10}$

(2) $\frac{1}{2}+\frac{2}{3}+\frac{3}{4}+\cdots+\frac{19}{20}$

(3) $x+x^2+\cdots+x^n$

(4) $\cos x + \cos\frac{x^2}{2}+\cdots+\cos\frac{x^n}{n}$

(5) $f(c_1)+f(c_2)+\cdots+f(c_n)$

(6) $f(\omega_1)\Delta x + f(\omega_2)\Delta x + \cdots + f(\omega_n)\Delta x$

**2.** 다음 문제의 각 합을 구하여라.

(1) $\sum_{k=0}^{5}\frac{k}{5}$ (2) $\sum_{n=1}^{5}\frac{n-1}{n}$

(3) $\sum_{i=0}^{4}\frac{1}{2^i}$ (4) $\sum_{m=0}^{5}\sin\frac{m\pi}{2}$

**3.** 다음을 계산하여라.

(1) $\sum_{i=1}^{5}(3i^2-2)$ (2) $\sum_{i=1}^{5}i(i^2+1)$

(3) $\sum_{i=1}^{n}(3+i)^2$ (4) $\sum_{i=1}^{n}i(i+1)(i+2)$

(5) $\sum_{i=1}^{n}(i^3 - i^2 + 2i)$ (6) $\sum_{i=1}^{n}(\sqrt{i} - \sqrt{i-1})$

**4.** $\sum_{i=1}^{10} a_i = 40,\ \sum_{i=1}^{10} b_i = 50$일 때, 다음을 계산하여라.

(1) $\sum_{i=1}^{10}(a_i + b_i)$ (2) $\sum_{n=1}^{10}(3a_n + 2b_n)$

(3) $\sum_{p=0}^{9}(a_{p+1} - b_{p+1})$ (4) $\sum_{q=1}^{10}(a_q - b_p - q)$

**5.** 수학적 귀납법을 이용하여 정리 2의 (3)을 증명하여라.

**6.** 다음의 극한을 구하여라.

(1) $\lim_{n\to\infty}\sum_{i=1}^{n}\left[\left(\frac{i}{n}\right)^2 + \frac{i}{n}\right]\frac{1}{n}$

(2) $\lim_{n\to\infty}\sum_{i=1}^{n}\left(\frac{i}{n}\right)^3\frac{1}{n}$

(3) $\lim_{n\to\infty}\sum_{i=1}^{n}\left[\left(\frac{i}{n}\right)^3 + \frac{5i}{n}\right]\frac{1}{n}$

(4) $\lim_{n\to\infty}\sum_{i=1}^{n}\left[\left(\frac{2i}{n}\right)^2 + 1\right]\frac{2}{n}$

**7.** 다음 각각의 합을 구하여라.

(1) $\sum_{i=1}^{40}\left(\frac{1}{k} - \frac{1}{k+1}\right)$ (2) $\sum_{k=1}^{10}(2^k - 2^{k-1})$

(3) $\sum_{k=3}^{20}\left(\frac{1}{(k+1)^2} - \frac{1}{k^2}\right)$ (4) $\sum_{k=3}^{m+1}(a_k - a_{k-1})$

**8.** 어떤 수열 $x_1, x_2, \cdots, x_n$의 평균 $\bar{x}$와 분산 $s^2$을 다음과 같이 정의한다.

$$\bar{x} = \frac{1}{n}\sum_{i=1}^{n} x_i,\ s^2 = \frac{1}{n}\sum_{i=1}^{n}(x_i - \bar{x})^2$$

다음 수열에 대해서 $\bar{x}$와 $s^2$을 구하여라.

$$2,\ 5,\ 7,\ 8,\ 9,\ 10,\ 14$$

**9.** 항등식 $(i+1)^4 - i^4 = 4i^3 + 6i^2 + 4i + 1$을 써서, 합의 공식 (3)을 증명하여라.

$$1^3 + 2^3 + \cdots + n^3 = \left[\frac{n(n+1)}{2}\right]^2$$

**10.** 항등식 $(i+1)^5 - i^5 = 5i^4 + 10i^3 + 10i^2 + 5i + 1$을 써서, 합의 공식 (4)를 증명하여라.

$$1^4 + 2^4 + \cdots + n^4 = \frac{n(n+1)(6n^3 + 9n^2 + n - 1)}{30}$$

**11.** 12일 동안의 크리스마스라는 노래를 보면, 사랑하는 사람이 나에게 선물을 주는 데, 첫날은 1개를 주고, 둘째날은 $1+2$개를 셋째날은 $1+2+3$개를 주고, 이런 식으로 12일 동안 계속 선물을 준다.

(1) 12일 동안 주는 선물의 총 개수는?

(2) 처음 $n$일 동안 준 선물의 총 개수 $T_n$을 나타내는 간단한 공식을 구하여라.

## 4.2 면 적

이 절에서는 여러 가지 평면도형의 면적을 구하는 방법을 알아보자.

평면도형 $R$이 다각형일 때는 다각형을 몇 개의 직사각형이나 삼각형으로 나누고 각각의 직사각형과 삼각형의 면적을 합하면 다각형의 면적 $A(R)$을 구할 수 있다.

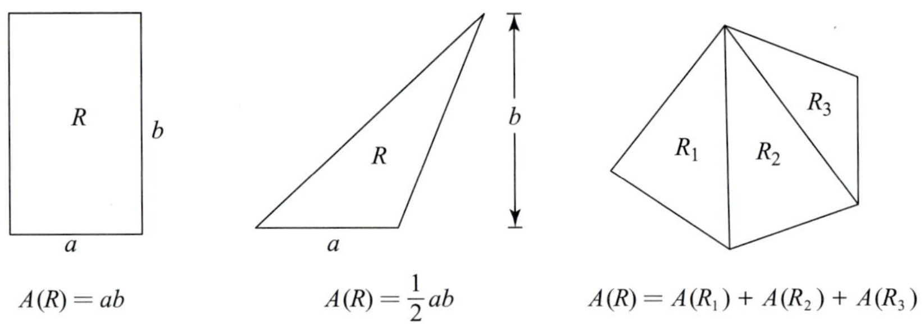


그림 4.2.1

그러나, 도형 $R$이 곡선으로 둘러싸여 있는 경우에는 간단하지가 않다. 이와 같은 경우에는 도형 $R$의 면적은 이 도형에 내접 또는 외접하는 하는 다각형의 면적의 극한으로 구할 수 있다.

예를 들면, 원에 내접하는 다각형의 변의 수를 점점 늘여나가면 다각형의 면적은 원의 면적에 접근함을 알 수 있다. 즉, 내접하는 $n$각형 $R_n$의 변의 수 $n$을 한없이 증가시킬 때 다각형의 면적의 극한값이 원의 면적이 되므로 원의 면적을 $A(R)$는

$$A(R) = \lim_{n \to \infty} A(R_n)$$

으로 구할 수 있다.

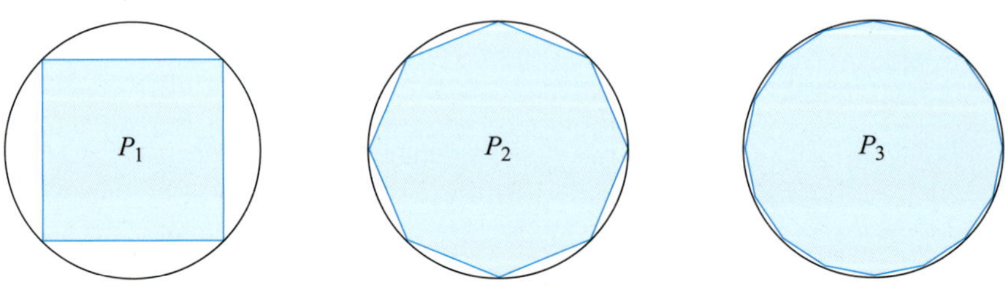


그림 4.2.2

또, 다음 그림과 같이 원에 외접하는 다각형을 생각하고 다각형의 변의 수를 한없이 늘여나가면 외접하는 다각형의 면적이 점점 원의 면적에 접근함을 알 수 있다. 따라서, 원의 넓이는 외접하는 다각형의 면적의 극한값으로도 구할 수 있다.

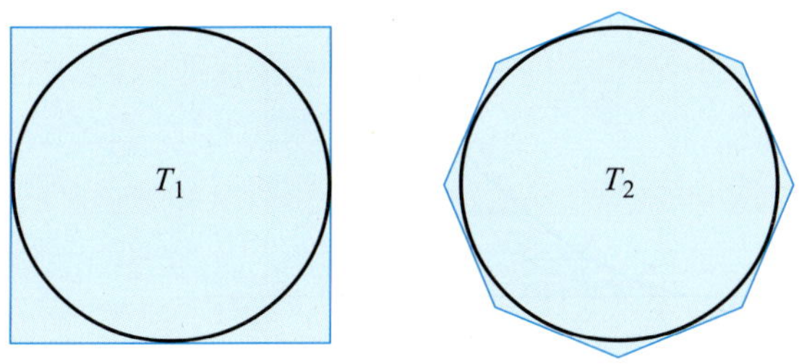


그림 4.2.3

**예제 1** 반지름 $r$인 원의 면적을 구하여라.

**풀이** 반지름 $r$인 원에 내접하는 정$n$각형 $R_n$의 면적 $A(R_n)$을 구하여보자. $R_n$은 $n$개의 이등변 삼각형으로 구성되어 있으므로

$$\begin{aligned} A(R_n) &= n \cdot \frac{1}{2} \cdot r \cdot r \cdot \sin\frac{2\pi}{n} \\ &= \frac{r^2}{2} n \sin\frac{2\pi}{n} \end{aligned}$$

가 된다. 원에 내접하는 정다각형의 변의 수를 무한히 증가시킬 때 다각형의 면적의 극한값을 구하면

$$\begin{aligned} \lim_{n\to\infty} A(R_n) &= \lim_{n\to\infty} \frac{r^2}{2} n \sin\frac{2\pi}{n} \\ &= \frac{r^2}{2} \lim_{n\to\infty} n \sin\frac{2\pi}{n} \\ &= \pi r^2 \end{aligned}$$

가 된다. 따라서 원의 면적은 $\pi r^2$임을 알 수 있다. ■

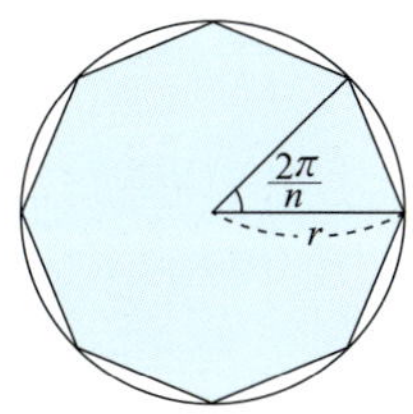


그림 4.2.4

$$\begin{aligned} &\lim_{n\to\infty} n \sin\frac{2\pi}{n} \\ &= \lim_{n\to\infty} 2\pi \cdot \frac{\sin\frac{2\pi}{n}}{\frac{2\pi}{n}} \\ &= 2\pi \lim_{\theta\to 0} \frac{\sin\theta}{\theta} \left(\theta = \frac{2\pi}{n}\right) \\ &= 2\pi \end{aligned}$$

**예제 2** 함수 $f(x) = x^2$의 그래프와 $x$축, $x = 1$로 둘러싸인 영역 $R$의 면적을 구하여라.

**풀이** 폐구간 $[0, 1]$을 $n$등분하여 길이가 같은 $n$개의 소구간 $[x_{i-1}, x_i]$, $i = 1, \cdots, n$으로 분할하면, 다음과 같다.

$$x_i = \frac{i}{n}, \quad i = 0, \cdots, n.$$

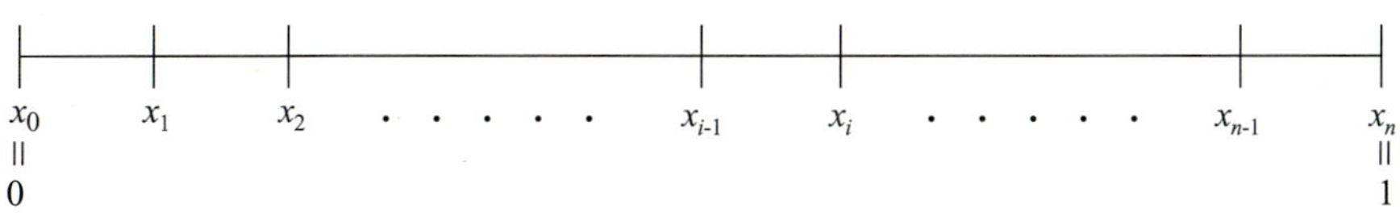


그림 4.2.5

(방법 1) 밑변이 $[x_{i-1}, x_i]$ 이고 높이가 $f(x_{i-1})$, $i \le i \le n$인 $n$개의 직사각형들을 생각하자. $n$개의 직사각형들은 영역 $R$에 내접하는 다각형 $R_n$을 이룬다.

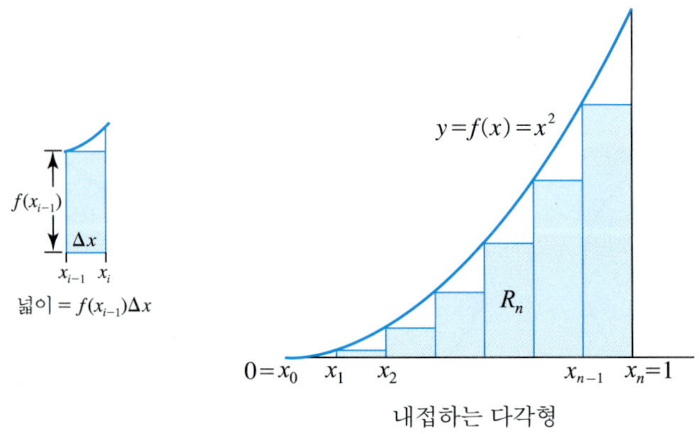


그림 4.2.6

$R_n$의 면적 $S_n$은

$$\begin{aligned} S_n &= \frac{1}{n}f(x_0) + \frac{1}{n}f(x_1) + \cdots + \frac{1}{n}f(x_{n-1}) \\ &= \frac{1}{n}\cdot 0^2 + \frac{1}{n}\cdot\left(\frac{1}{n}\right)^2 + \cdots + \frac{1}{n}\cdot\left(\frac{n-1}{n}\right)^2 \\ &= \frac{1}{n^3}(1^2 + 2^2 + \cdots + (n-1)^2) \\ &= \frac{1}{n^3}\sum_{i=1}^{n-1} i^2 \end{aligned}$$

이므로

$$S_n = \frac{1}{n^3}\frac{(n-1)n(2n-1)}{6} = \frac{2n^3 - 3n^2 + n}{6n^3}$$

이 된다.

그림 4.2.6을 관찰해 보면 영역 $R$의 면적 $A(R)$은 $S_n$보다 크다. 그러나 $n$이 점점 커질수록 $A(R)$과 $S_n$의 차이가 점점 작아짐을 알 수 있다. 즉,

$$A(R) = \lim_{n\to\infty} S_n$$

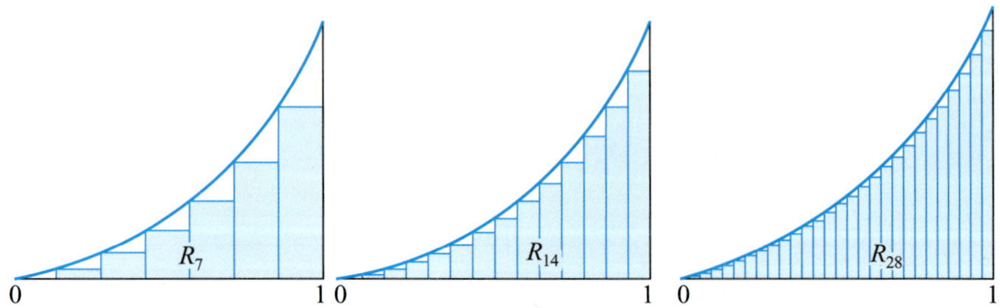


그림 4.2.7

그런데,

$$\lim_{n \to \infty} S_n = \lim_{n \to \infty} \frac{2n^3 - 3n^2 + n}{6n^3} = \frac{1}{3}$$

이므로 영역 $R$의 면적 $A(R)$은 $\frac{1}{3}$임을 알 수 있다.

(방법 2) 밑변이 $[x_{i-1}, x_i]$이고 높이가 $f(x_i)$, $i \le i \le n$인 $n$개의 직사각형들을 생각하자. $n$개의 직사각형들은 영역 $R$에 외접하는 다각형 $R_n'$을 이룬다.

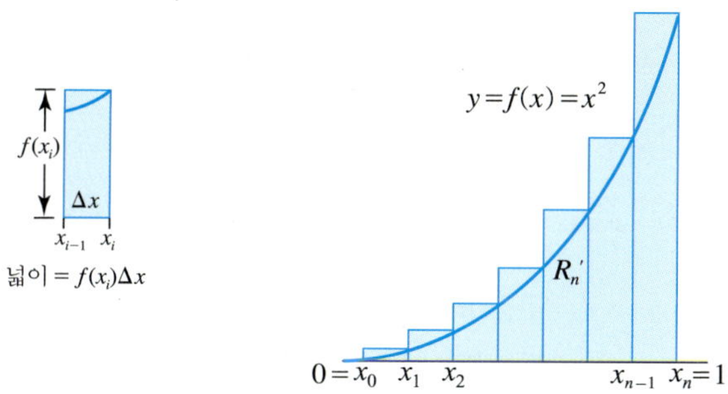


외접하는 다각형

그림 4.2.8

$R_n'$의 면적 $T_n$은

$$\begin{aligned} T_n &= \frac{1}{n} f(x_1) + \frac{1}{n} f(x_2) + \cdots + \frac{1}{n} f(x_n) \\ &= \frac{1}{n}\left(\frac{1}{n}\right)^2 + \frac{1}{n} \cdot \left(\frac{2}{n}\right)^2 + \cdots + \frac{1}{n} \cdot \left(\frac{n}{n}\right)^2 \\ &= \frac{1}{n^3}(1^2 + 2^2 + \cdots + n^2) \\ &= \frac{1}{n^3}\sum_{i=1}^{n} i^2 \end{aligned}$$

이므로

$$T_n = \frac{1}{n^3} \frac{n(n+1)(2n+1)}{6} = \frac{2n^3 + 3n^2 + n}{6n^3}$$

가 된다.

그림 4.2.8을 관찰해 보면 영역 $R$의 면적 $A(R)$은 $T_n$보다 작다. 그러나 $n$이 점점 커질수록 $A(R)$과 $T_n$의 차이가 점점 작아짐을 알 수 있다. 즉,

$$A(R) = \lim_{n \to \infty} T_n$$

그런데,

$$\lim_{n \to \infty} T_n = \lim_{n \to \infty} \frac{2n^3 + 3n^2 + n}{6n^3} = \frac{1}{3}$$

이므로 영역 $R$의 면적 $A(R)$은 $\frac{1}{3}$임을 알 수 있다. ■

## 연습문제 4.2

**1.** 다음 주어진 내접다각형 또는 외접다각형의 면적을 구하여라.

(1)

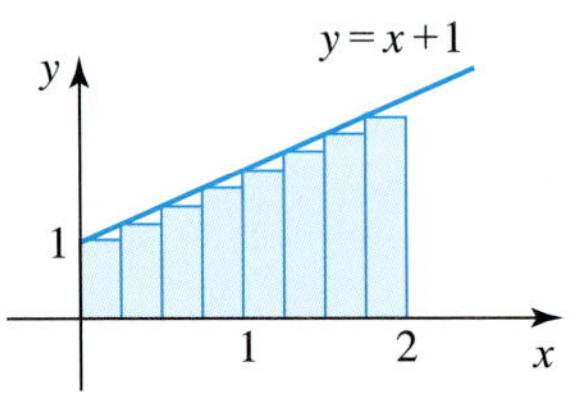


(2)

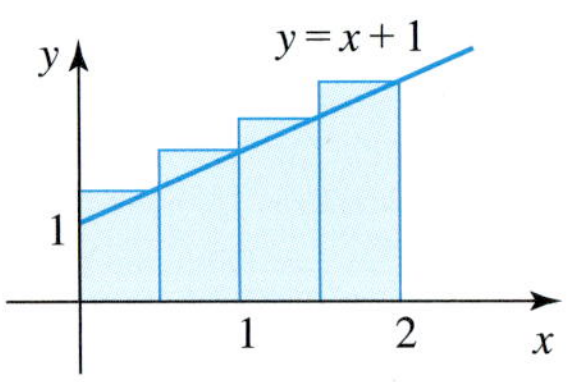


(3)

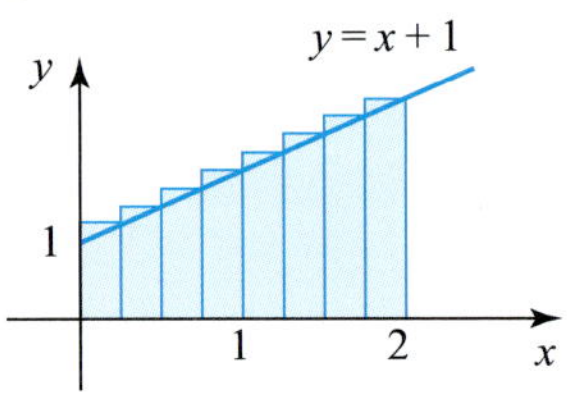


(4)

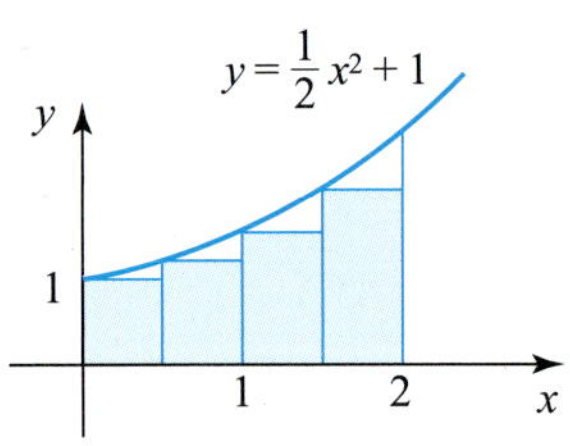


**2.** 간 [0, 1]을 5등분하고 다음 각 점을 높이로 하는 직사각형들의 넓이의 합을 이용하여 직선 $y = x+1$ 아래 부분의 넓이의 근삿값을 구하여라.

(1) 왼쪽 끝점　　(2) 중점

(3) 오른쪽 끝점

**3.** 다음 주어진 함수의 그래프와 직선들로 둘러싸인 영역의 면적을 구하여라.

(1) $y = x+2$, $x$축, $x = 0$, $x = 1$

(2) $y = 2x+2$, $x$축, $x = -1$, $x = 1$

(3) $y = x^2+1$, $x$축, $x = 0$, $x = 1$

(4) $y = -x^2+2$, $x$축, $x = 0$, $x = 1$

(5) $y = x^3$, $x$축, $x = 1$

(6) $y = -x^3+1$, $x$축, $x = 0$, $x = 1$

**4.** 구간 $[a, b]$에서 곡선 $y = x^2$의 아래 영역의 넓이를 $S_a^b$로 나타내자.

(1) $S_0^b = b^3/3$임을 증명하여라.

(2) $S_a^b = b^3/3 - a^3/3$임을 보여라. (단, $a \geq 0$)

**5.** 어떤 물체가 좌표축을 따라서 움직이는데, 시간 $t$초일 때 그 속도는 $v = t^2$(m/초)이다. $t = 3$에서 $t = 5$ 사이 동안 얼마나 멀리 움직이는가?

**6.** 반지름이 $r$인 원에 외접하는 정 $n$각형의 넓이는 $S = nr^2\tan(\pi/n)$임을 보이고, 이것을 이용하여 원의 넓이를 구하여라.

**7.** 영역의 넓이가 다음의 극한과 같아지는 영역을 결정하여라.

$$\lim_{n\to\infty}\sum_{i=1}^{n}\frac{\pi}{4n}\tan\frac{i\pi}{4n}$$

**8.** (1) 0으로부터 1까지 곡선 $y = x^3$ 아래의 넓이를 극한으로서 나타내어라.

(2) (1)에서 극한을 계산하여라.

# 4.3 정적분

## 정적분의 정의

함수 $f$를 폐구간 $[a, b]$에서 정의된 유계함수라고 하자. 구간 $[a, b]$에서 다음의 점

$$a = x_0 < x_1 < x_2 < \ldots < x_n = b$$

을 잡으면 $[a, b]$는 $n$개의 작은 구간들로 나누어진다. 이와 같이 하나의 폐구간 $[a, b]$를 여러 개의 작은 구간들로 나누는 것을 구간 $[a, b]$를 분할한다(partition)고 하고

$$P = \{a = x_0 < x_1 < x_2 < \ldots < x_n = b\}$$

를 구간 $[a, b]$의 분할(partition)이라고 한다. 또, 각각의 작은 구간 $[x_{i-1}, x_i]$의 길이를 $\Delta x_i$로 나타낸다. 이때, 작은 구간의 길이 중에서 가장 긴 길이를 분할 $P$의 크기(norm)라고 하고 $\|P\|$로 나타낸다. 즉,

$$\Delta x_i = x_i - x_{i-1},\ i = 1, 2, \cdots, n$$
$$\|P\| = \max\{\Delta x_1, \Delta x_2, \cdots, \Delta x_n\}$$

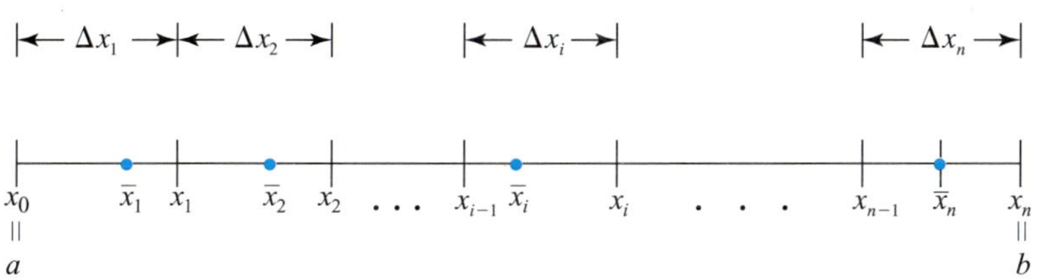


그림 4.3.1

위의 그림 4.3.1과 같이 각각의 작은 구간 $[x_{i-1}, x_i]$에서 임의로 한 점 $\bar{x}_i$를 잡는다. 이것을 $i$번째 작은 구간의 표본점(sample point)이라고 한다. 이 때, 다음 합

$$S(f, P, \bar{x}_i) = \sum_{i=1}^{n} f(\bar{x}_i)\Delta x_i$$

을 분할 $P$에 대한 함수 $f$의 리만 합(Riemann sum)이라고 한다.

리만 합에서 $f(\bar{x}_i)>0$ 인 경우에는 $f(\bar{x}_i)\Delta x_i$ 는 $x$ 축 위쪽 사각형의 면적을 나타내지만 $f(\bar{x}_i)<0$ 인 경우에는 $f(\bar{x}_i)\Delta x_i$ 는 $x$ 축 아래쪽 사각형의 면적의 음수값을 나타낸다.

따라서, 아래 그림의 함수에 대하여 $i$ 번째 구간의 사각형의 면적을 $A_i$ 라고 하면 리만 합은 다음과 같이 나타내어짐을 알 수 있다.

$$\sum_{i=1}^{5} f(x_i)\Delta x_i = A_1+(-A_2)+(-A_3)+(-A_4)+A_5$$

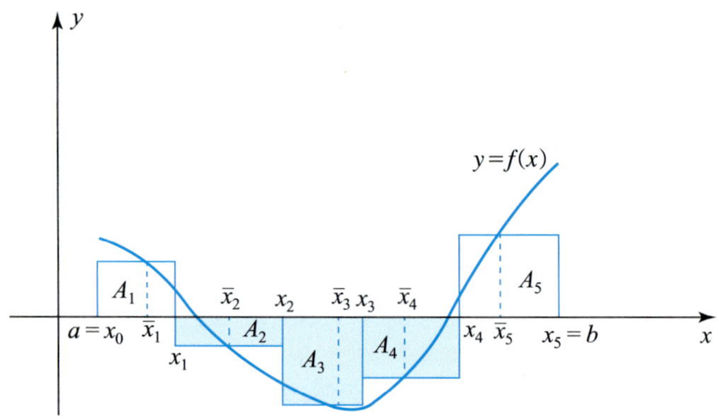


그림 4.3.2

분할 $P$ 의 크기 $\|P\|$ 가 0에 가까워지면 분할 $P$ 는 더욱 잘게 나누어진다. 이때, 표본점의 선택에 관계없이 리만 합의 극한이 존재할 때 함수 $f$ 는 구간 $[a, b]$ 에서 적분가능(integrable)하다고 한다. 그리고, 그 극한을 $\int_a^b f(x)dx$ 로 나타내고 함수 $f$ 의 정적분(definite integral)이라고 한다. 즉,

$$\int_a^b f(x)dx = \lim_{\|P\|\to 0}\sum_{i=1}^{n} f(\bar{x}_i)\Delta x_i$$

또, 정적분에 관하여 다음을 약속한다.

$$\int_a^a f(x)dx = 0$$

$$\int_a^b f(x)dx = -\int_b^a f(x)dx$$

**예제 1** 폐구간 [0, 1]에서 함수 $f$ 를 다음과 같이 정의하자.

$$f(x) = \begin{cases} 0 & (x\text{가 유리수일 때}) \\ 1 & (x\text{가 무리수일 때}) \end{cases}$$

그러면, $f$ 는 [0, 1]에서 적분가능하지 않음을 보여라.

**증명.** 구간 [0, 1]의 임의의 분할을

$$P = \{0 = x_1 < x_2 < \ldots < x_n = 1\}$$

라고 하자. 각각의 작은 구간 $[x_{i-1} \cdot x_i]$에는 언제나 유리수와 무리수가 포함되어 있다. 이 때, 표본점 $\bar{x}_i$를 모두 유리수로 선택하면 $f(\bar{x}_i) = 0$이므로

$$S(f, P, \bar{x}_i) = \sum_{i=1}^{n} f(\bar{x}_i)\Delta x_i = 0.$$

또, 표본점 $\bar{x}_i$를 모두 무리수로 선택하면 $f(\bar{x}_i) = 1$이므로

$$S(f, P, \bar{x}_i) = \sum_{i=1}^{n} f(\bar{x}_i)\Delta x_i = \sum_{i=1}^{n} \Delta x_i = 1.$$

따라서, 임의의 분할 $P$에 대하여 표본점 $\bar{x}_i$를 선택하는 방법에 따라 리만 합이 0이나 1이 될 수 있다. 그러므로, 분할을 아무리 잘게 나누어도 리만 합이 표본점에 관계없이 어떤 특정한 값으로 수렴할 수가 없다. 즉, $\lim_{\|P\|\to 0} \sum_{i=1}^{n} f(\bar{x}_i)\Delta x_i$이 존재하지 않으므로 함수 $f$는 구간 [0, 1]에서 적분불가능하다. ■

## 적분가능성

앞의 예제 1의 함수와 같이 적분이 가능하지 않은 함수도 있다. 그러면 어떤 함수들이 적분가능한지 알아 보자.

다음 정리는 연속함수는 모두 적분가능함을 보여 준다. 이 정리의 증명은 고등미적분에서 다룬다.

**정리 4.3.1(연속함수와 적분가능성)**

함수 $f$가 구간 $[a, b]$에서 유계이고 많아야 유한개의 점을 제외한 모든 점에서 연속이면 함수 $f$는 $[a, b]$에서 적분가능하다. 특히, $f$가 구간 $[a, b]$ 내의 모든 점에서 연속이면 $f$는 $[a, b]$에서 적분가능하다.

**예제 2** 다항함수 $f(x) = a_n x^n + a_{n-1} x^{n-1} + \cdots + a_1 x + a_0$은 임의의 폐구간 $[a, b]$에서 적분가능함을 설명하여라.

**풀이** 다항함수는 실수전체에서 연속이므로 임의의 폐구간 $[a, b]$에서도 연속이다. 따라서, 정리 4.3.1에 의해서 다항함수 $f$는 임의의 구간 $[a, b]$에서 적분가능하다.

■

**예제 3** 함수 $f(x)=\begin{cases}2x+1, & 1\le x\le 2\\ x-3, & 2<x\le 3\end{cases}$ 은 구간 $[1, 3]$에서 적분가능함을 설명하여라.

**풀이** 함수 $f$는 구간 $[1, 3]$에서 $x=2$를 제외한 모든 점에서 연속이다. 따라서 정리 4.3.1에 의해 함수 $f$는 구간 $[1, 3]$에서 적분가능하다. ■

## 정적분과 면적

우리는 4.2절에서 여러 가지 도형의 면적을 구하는 방법을 알아 보았다. 이제 폐구간 $[a, b]$에서 $f(x)\ge 0$인 함수 $f$의 그래프 아래 부분 $R$의 면적을 구하는 방법을 알아 보자.

폐구간 $[a, b]$의 분할 $P$와 표본점 $\bar{x}_i$에 대한 함수 $f$의 리만 합

$$S(f, P, \bar{x}_i)=\sum_{i=1}^{n} f(\bar{x}_i)\Delta x_i$$

는 영역 $R$의 면적과 가까운 다각형 $R_P$의 면적을 나타낸다.

이 때, 분할 $P$의 크기 $\|P\|$가 0에 가까워짐에 따라 다각형 $R_P$의 면적은 영역 $R$의 면적에 가까워진다. 따라서, 함수 $f$가 적분가능하면 리만 합 $S(f, P, \bar{x}_i)$의 극한이 존재하고 그 극한이 영역 $R$의 면적이 되므로 다음 정리를 얻는다.

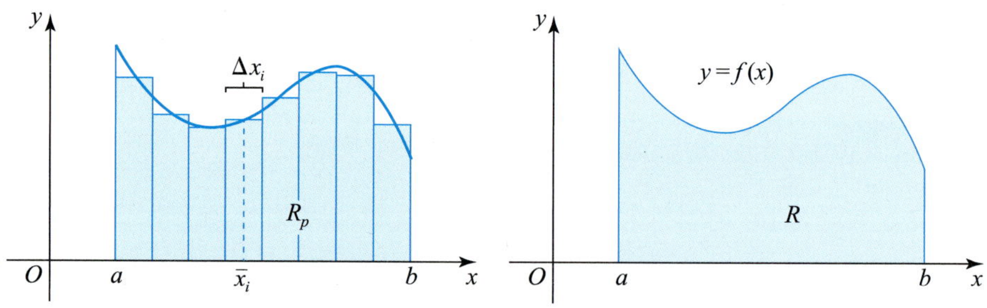


$R_P=\sum_{i=1}^{n} f(\bar{x}_i)\Delta x_i$ $\qquad$ $R=\int_a^b f(x)\,dx=\lim_{\|P\|\to 0} R_p$

그림 4.3.3

**정리 4.3.2(정적분과 면적)**

함수 $f$가 구간 $[a, b]$에서 적분가능하고 모든 점에서 $f(x)\ge 0$이면 구간 $[a, b]$에서 함수 $f$의 그래프 아래 부분의 면적은 정적분 $\int_a^b f(x)dx$와 같다.

## 구분구적법

구간 $[a, b]$를 같은 크기의 작은 구간들로 나누는 분할을 정칙분할(regular partition)이라고 한다.

정적분을 계산하기 위해서는 구간의 분할을 생각하고 표본점을 정한 후에 리만 합을 구해야 한다. 그러나, 임의의 분할에 대하여 리만 합을 계산하는 것은 불편한 점이 많다. 이 때, 구간을 등분하는 정칙분할을 사용하면 편리하다. 함수가 적분가능하면 임의의 분할에 대하여 표본점의 선택에 관계없이 리만 합이 수렴하므로 정칙분할에 대하여 특정한 표본점을 선택하더라도 이것에 대한 리만 합은 같은 값으로 수렴한다. 따라서, 이 극한값을 구하여 정적분을 구할 수 있다.

**정리 4.3.3(구분구적법)**

함수 $f$가 구간 $[a, b]$에서 적분가능하면 정적분의 값은 다음과 같다.

$$\int_a^b f(x)\,dx = \lim_{n\to\infty}\frac{b-a}{n}\sum_{i=1}^{n} f\left(a + i\,\frac{b-a}{n}\right)$$
$$= \lim_{n\to\infty}\frac{b-a}{n}\sum_{i=1}^{n} f\left(a + (i-1)\,\frac{b-a}{n}\right)$$

**증명.** 함수 $f$는 구간 $[a, b]$에서 적분가능하므로 임의의 분할 $P$와 임의의 표본점 $\bar{x}_i \in [x_{i-1}, x_i]$에 대하여 다음 식이 성립한다.

$$\int_a^b f(x)\,dx = \lim_{\|P\|\to 0}\sum_{i=1}^{n} f(\bar{x}_i)\Delta x_i.$$

이 때, 분할 $P = \{a = x_0 < x_1 < \ldots < x_n = b\}$를 구간 $[a, b]$를 $n$등분하는 정칙분할을 택하면 각각의 작은 구간의 길이는 $\dfrac{b-a}{n}$이므로

$$x_i = a + \frac{i}{n}(b-a),\ i = 0, 1, 2, \ldots, n$$

가 된다. 그리고, 표본점 $\bar{x}_i$를 각각의 작은 구간의 오른쪽 끝점으로 선택하면

$$\bar{x}_i = a + \frac{i}{n}(b-a),\quad i = 1, 2, \ldots, n$$

가 된다. 또, $\|P\| = \dfrac{b-a}{n}$이므로 $\|P\| \to 0$일 때 $n \to \infty$가 된다.

따라서, 다음 식을 얻는다.

$$\int_a^b f(x)\,dx = \lim_{\|P\|\to 0}\sum_{i=1}^{n} f(\bar{x}_i)\Delta x_i$$
$$= \lim_{n\to\infty}\frac{b-a}{n}\sum_{i=1}^{n} f\left(a + i\,\frac{b-a}{n}\right)$$

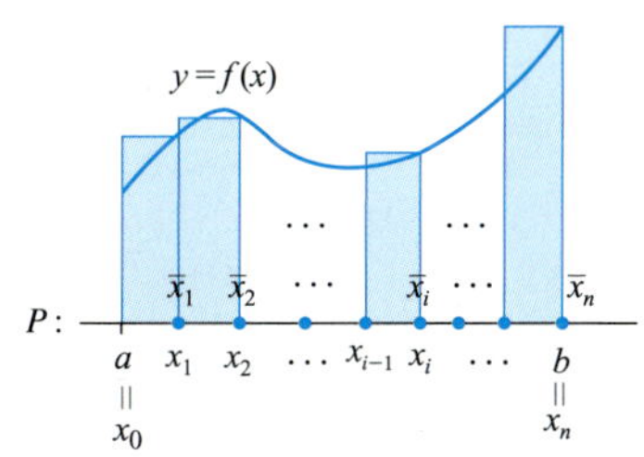


그림 4.3.4

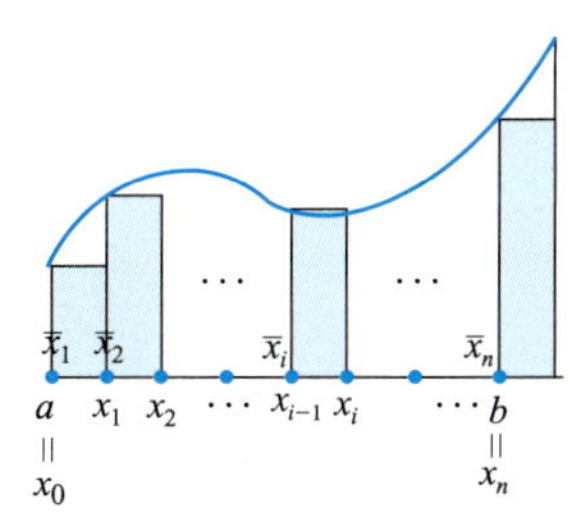

그림 4.3.5

한편, 표본점 $\bar{x}_i$를 각각의 작은 구간의 왼쪽 끝점으로 선택하고 같은 방법으로 계산하면 두 번째 식을 얻을 수 있다. ■

**예제 4** $\int_1^2 (x^2 + x)\,dx$를 구하여라.

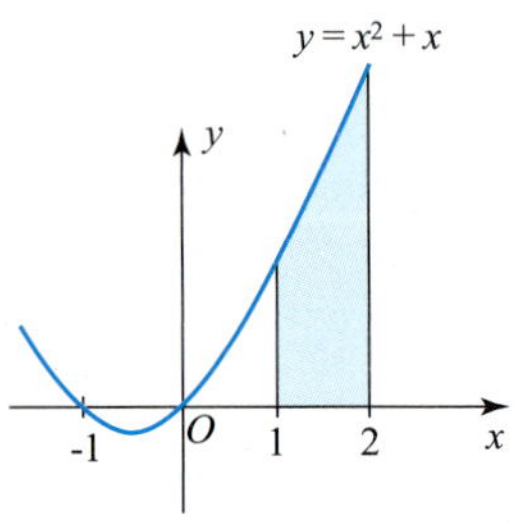

그림 4.3.6

**풀이** $y = x^2 + x$는 연속함수이므로 적분가능하다. 구간 [1, 2] 위에서 정칙분할 $P = \{1 = x_0 < x_1 < \cdots < x_n = 2\}$를 택하고 표본점 $\bar{x}_i$를 오른쪽 끝점으로 선택하면

$$x_i = 1 + \frac{i}{n}, \quad i = 0, 1, \cdots, n$$
$$\bar{x}_i = 1 + \frac{i}{n}, \quad i = 1, 2, \cdots, n$$

가 된다.

따라서, 다음 식을 얻는다.

$$\begin{aligned}
\int_1^2 (x^2 + x)\,dx &= \lim_{n\to\infty} \frac{1}{n} \sum_{i=1}^{n} f\left(1 + \frac{i}{n}\right) \\
&= \lim_{n\to\infty} \frac{1}{n} \sum_{i=1}^{n} \left[\left(1 + \frac{i}{n}\right)^2 + \left(1 + \frac{i}{n}\right)\right] \\
&= \lim_{n\to\infty} \frac{1}{n} \sum_{i=1}^{n} \left[\frac{i^2}{n^2} + \frac{3i}{n} + 2\right] \\
&= \lim_{n\to\infty} \frac{1}{n} \left[\frac{1}{n^2} \sum_{i=1}^{n} i^2 + \frac{3}{n} \sum_{i=1}^{n} i + \sum_{i=1}^{n} 2\right] \\
&= \lim_{n\to\infty} \frac{1}{n} \left[\frac{n(n+1)(2n+1)}{6n^2} + \frac{3n(n+1)}{2n} + 2n\right] \\
&= \frac{23}{6}
\end{aligned}$$

■

**예제 5** $\int_0^1 (x^3 - 1)\,dx$를 구하여라.

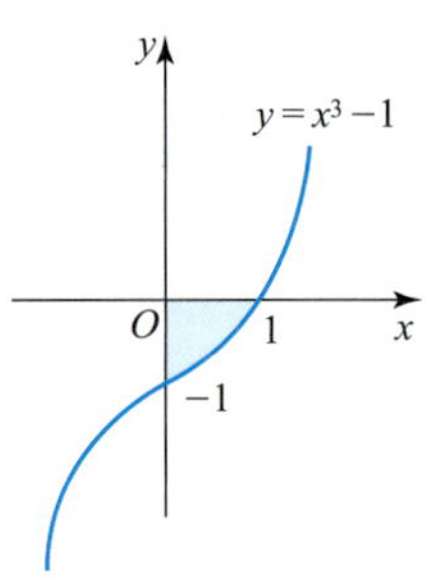

그림 4.3.7

**풀이** $y = x^3 - 1$는 연속함수이므로 적분가능하다. 구간 [0, 1] 위에서 정칙분할 $P = \{0 = x_0 < x_1 < \cdots < x_n = 1\}$를 택하고 표본점 $\bar{x}_i$를 왼쪽 끝점으로 선택하면

$$x_i = \frac{i}{n}, \quad i = 0, 1, \cdots, n$$
$$\bar{x}_i = \frac{i-1}{n}, \quad i = 1, 2, \cdots, n$$

가 된다. 따라서, 다음 식을 얻는다.

$$\int_0^1 (x^3-1)\,dx = \lim_{n\to\infty}\frac{1}{n}\sum_{i=1}^{n} f\left(\frac{i-1}{n}\right)$$
$$= \lim_{n\to\infty}\frac{1}{n}\sum_{i=1}^{n}\left[\left(\frac{i-1}{n}\right)^3-1\right]$$
$$= \lim_{n\to\infty}\frac{1}{n}\sum_{i=1}^{n}\left[\frac{i^3-3i^2+3i-1}{n^3}-1\right]$$
$$= \lim_{n\to\infty}\frac{1}{n}\left[\frac{1}{n^3}\left(\sum_{i=1}^{n} i^3-3\sum_{i=1}^{n} i^2+3\sum_{i=1}^{n} i-\sum_{i=1}^{n}1\right)-\sum_{i=1}^{n}1\right]$$
$$= \lim_{n\to\infty}\frac{1}{n}\left[\frac{n^2(n+1)^2}{4n^3}-\frac{3n(n+1)(2n+1)}{6n^3}+\frac{3n(n+1)}{2n^3}-\frac{1}{n^2}-n\right]$$
$$= -\frac{3}{4}$$
■

**예제 6** 구간 [1, 3]에서 $y = x^2+3x$ 로 둘러싸인 영역의 면적을 구하여라.

**풀이** $f(x) = x^2+3x$ 는 연속함수이므로 적분가능하다. 그리고 [1, 3]에서 $f(x)\ge 0$ 이므로 구하는 영역의 면적 $A$ 는 정적분으로 나타내어진다. 따라서, 다음과 같이 계산된다.

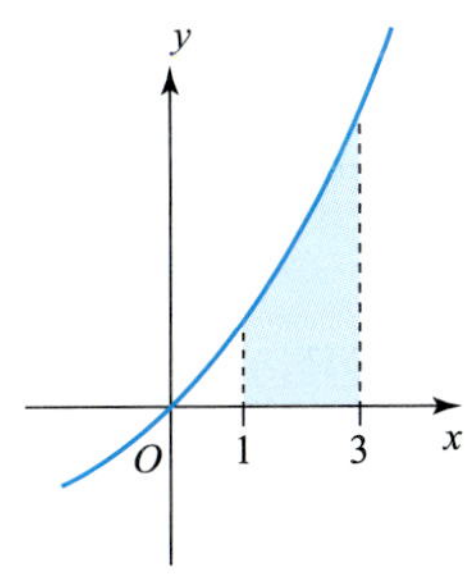

그림 4.3.8

$$A = \int_1^3 (x^2+3x)\,dx$$
$$= \lim_{n\to\infty}\frac{2}{n}\sum_{i=1}^{n} f\left(1+\frac{2i}{n}\right)$$
$$= \lim_{n\to\infty}\frac{2}{n}\sum_{i=1}^{n}\left[\left(1+\frac{2i}{n}\right)^2+3\left(1+\frac{2i}{n}\right)\right]$$
$$= \lim_{n\to\infty}\frac{2}{n}\sum_{i=1}^{n}\left[\frac{4i^2}{n^2}+\frac{10i}{n}+4\right]$$
$$= \lim_{n\to\infty}\frac{2}{n}\left[\frac{4}{n^2}\sum_{i=1}^{n} i^2+\frac{10}{n}\sum_{i=1}^{n} i+\sum_{i=1}^{n}4\right]$$
$$= \lim_{n\to\infty}\frac{2}{n}\left[\frac{4n(n+1)(2n+1)}{6n^2}+\frac{10n(n+1)}{2n}+4n\right]$$
$$= \frac{62}{3}.$$
■

## 연습문제 4.3

1. 다음 주어진 값을 이용하여 리만합 $\sum_{i=1}^{n} f(\bar{x}_i)\Delta x_i$을 계산하여라.

   (1) $f(x)=x-1;\ P=\{2<3.75<4.25<5.5<6<7\}$

   $\bar{x}_1=3,\ \bar{x}_2=4,\ \bar{x}_3=4.75,\ \bar{x}_4=6,\ \bar{x}_5=6.5$

   (2) $f(x)=-x/2+3;\ P=\{-3 \leftarrow 1.3<0<0.9<2\}$

   $\bar{x}_1=-2,\ \bar{x}_2=-0.5,\ \bar{x}_3=0,\ \bar{x}_4=2$

2. 다음의 극한식을 정적분으로 나타내어라.

   (1) $\lim_{n\to\infty}\sum_{i=1}^{n}\frac{i^4}{n^5}$  (2) $\lim_{n\to\infty}\frac{1}{n}\sum_{i=1}^{n}\frac{1}{1+\left(\frac{i}{n}\right)^3}$

   (3) $\lim_{n\to\infty}\frac{2}{n}\sum_{i=1}^{n}\left[\left(1+\frac{2i}{n}\right)^3+2\right]$  (4) $\lim_{n\to\infty}\frac{\pi}{n}\sum_{i=1}^{n}\sin\frac{\pi i}{n}$

3. 다음 정적분을 구하여라.

   (1) $\int_0^1 (ax+b)\,dx$  (2) $\int_0^b (2x+1)\,dx$

   (3) $\int_1^2 (x^2+2)\,dx$  (4) $\int_a^b (Px^2+Qx+R)\,dx$

   (5) $\int_1^2 (Px^3+Qx^2)\,dx$  (6) $\int_0^1 (x^3+x-1)\,dx$

4. $\int_4^9 \sqrt{x}\,dx=\frac{38}{3}$일 때 $\int_9^4 \sqrt{t}\,dt$는 얼마인가?

5. $\int_1^1 x^2\cos x\,dx$를 계산하여라.

6. 다음 주어진 극한을 정적분 $\int_a^b f(x)\,dx$로 나타내어라.

   (1) $\lim_{\|P\|\to 0}\sum_{i=1}^{n}\bar{x}_i^3\Delta x_i;\ a=1,\ b=3$

   (2) $\lim_{\|P\|\to 0}\sum_{i=1}^{n}(\bar{x}_i^3+1)^3\Delta x_i;\ a=0,\ b=2$

   (3) $\lim_{\|P\|\to 0}\sum_{i=1}^{n}\frac{\bar{x}_i^2}{1+\bar{x}_i}\Delta x_i;\ a=-1,\ b=1$

   (4) $\lim_{\|P\|\to 0}\sum_{i=1}^{n}(\sin\bar{x}_i)^2\Delta x_i;\ a=0,\ b=\pi$

7. $f$는 기함수, $g$는 우함수 이다. 그리고

$$\int_0^1 |f(x)|\,dx=\int_0^1 g(x)\,dx=3$$

   이라고 하자. 기하학적으로 추론해서, 다음 각각을 구하여라.

   (1) $\int_{-1}^1 f(x)\,dx$  (2) $\int_{-1}^1 g(x)\,dx$

   (3) $\int_{-1}^1 |f(x)|\,dx$  (4) $\int_{-1}^1 |g(x)|\,dx$

   (5) $\int_{-1}^1 xg(x)\,dx$  (6) $\int_{-1}^1 f^3(x)g(x)\,dx$

8. 도형의 넓이를 이용하여 다음 극한을 구하여라.

   (1) $\int_{-2}^2 \sqrt{4-x^2}\,dx$  (2) $\int_{-3}^0 \left(1+\sqrt{9-x^2}\right)dx$

   (3) $\int_{-2}^2 (1-|x|)\,dx$  (4) $\int_0^3 |3x-5|\,dx$

9. $f$의 그래프가 다음과 같이 주어졌다. 다음의 각 적분을 넓이로 설명함으로써 그것을 계산하여라.

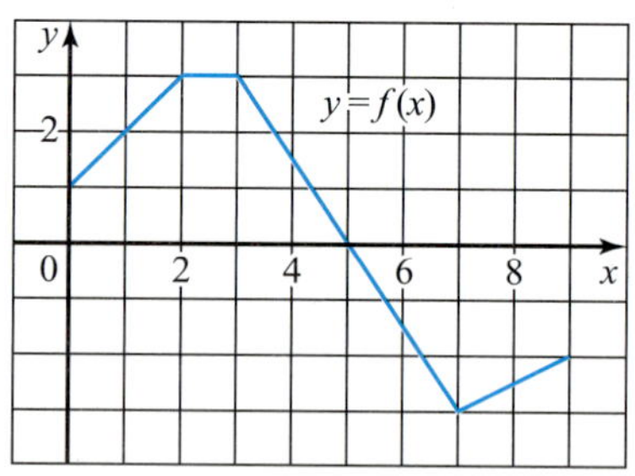


   (1) $\int_0^2 f(x)\,dx$  (2) $\int_0^5 f(x)\,dx$

   (3) $\int_5^7 f(x)\,dx$  (4) $\int_0^9 f(x)\,dx$

Chapter 4

## 4.4 정적분의 성질

앞 절에서는 정적분을 정의하고 구분구적법을 이용하여 정적분을 계산하였다. 이 절에서는 정적분의 계산에서 유용하게 쓰이는 정적분의 기본적인 성질을 알아보자.

**정리 4.4.1(정적분의 성질(1))**

두 함수 $f$와 $g$가 구간 $[a, b]$에서 적분가능하고 $c$가 상수일 때, 상수함수 $c$와 함수 $cf$, $f+g$, $f-g$도 적분가능하고 다음 식이 성립한다.

(1) $\int_a^b c\,dx = c(b-a)$

(2) $\int_a^b cf(x)\,dx = c\int_a^b f(x)\,dx$

(3) $\int_a^b [f(x)+g(x)]\,dx = \int_a^b f(x)\,dx + \int_a^b g(x)\,dx$

(4) $\int_a^b [f(x)-g(x)]\,dx = \int_a^b f(x)\,dx - \int_a^b g(x)\,dx$

**풀이** 구간 $[a, b]$의 임의의 분할 $P = \{x_0 < x_1 < \ldots < x_n\}$에 대하여 표본점 $\overline{x}_i$를 $[x_{i-1}, x_i]$에서 임의로 선택한다.

(1) 상수함수 $c$는 연속함수이므로 적분가능하고, 다음이 성립한다.

$$\begin{aligned}\int_a^b c\,dx &= \lim_{\|P\|\to 0}\sum_{i=1}^n c\Delta x_i \\ &= \lim_{\|P\|\to 0} c\sum_{i=1}^n \Delta x_i \\ &= \lim_{\|P\|\to 0} c(b-a) \\ &= c(b-a)\end{aligned}$$

(2) 함수 $f$가 $[a, b]$에서 적분가능하므로

$$\lim_{\|P\|\to 0}\sum_{i=1}^n f(\overline{x}_i)\Delta x_i = \int_a^b f(x)\,dx$$

가 된다. 따라서, 다음이 성립한다.

$$\begin{aligned}\lim_{\|P\|\to 0}\sum_{i=1}^n cf(\overline{x}_i)\Delta x_i &= \lim_{\|P\|\to 0} c\sum_{i=1}^n f(\overline{x}_i)\Delta x_i \\ &= c\lim_{\|P\|\to 0} c\sum_{i=1}^n f(\overline{x}_i)\Delta x_i \\ &= c\int_a^b f(x)\,dx\end{aligned}$$

그러므로, $cf$는 적분가능하고 다음 식이 성립한다.

$$\int_a^b cf(x)\,dx = c\int_a^b f(x)\,dx$$

(3) 함수 $f$, $g$는 $[a, b]$에서 적분가능하므로

$$\lim_{\|P\|\to 0}\sum_{i=1}^{n} f(\bar{x}_i)\Delta x_i = \int_a^b f(x)\,dx$$
$$\lim_{\|P\|\to 0}\sum_{i=1}^{n} g(\bar{x}_i)\Delta x_i = \int_a^b g(x)\,dx$$

가 된다. 따라서, 다음 식이 성립한다.

$$\begin{aligned}\lim_{\|P\|\to 0}\sum_{i=1}^{n}(f+g)(\bar{x}_i)\Delta x_i &= \lim_{\|P\|\to 0}\sum_{i=1}^{n}(f(\bar{x}_i)+g(\bar{x}_i))\Delta x_i \\ &= \lim_{\|P\|\to 0}\sum_{i=1}^{n} f(\bar{x}_i)\Delta x_i + \lim_{\|P\|\to 0}\sum_{i=1}^{n} g(\bar{x}_i)\Delta x_i \\ &= \int_a^b f(x)\,dx + \int_a^b g(x)\,dx\end{aligned}$$

그러므로, $f+g$는 적분가능하고 다음 식이 성립한다.

$$\int_a^b [f(x)+g(x)]\,dx = \int_a^b f(x)\,dx + \int_a^b g(x)\,dx$$

(4) $f-g = f+(-g) = f+(-1)g$이므로 (2)와 (3)에 의해 함수 $f-g$는 적분가능하고, 다음이 성립한다.

$$\begin{aligned}\int_a^b \{f(x)-g(x)\}\,dx &= \int_a^b f(x)\,dx + \int_a^b (-1)g(x)\,dx \\ &= \int_a^b f(x)\,dx + (-1)\int_a^b g(x)\,dx \\ &= \int_a^b f(x)\,dx - \int_a^b g(x)\,dx\end{aligned}$$ ■

**예제 1** 앞의 4.2절의 예제 2를 이용하여 다음 정적분의 값을 구하여라.

$$\int_0^1 (2+3x^2)\,dx$$

**풀이**

$$\begin{aligned}\int_0^1 (2+3x^2)\,dx &= \int_0^1 2\,dx + \int_0^1 3x^2\,dx \ (\text{성질 (3)}) \\ &= 2(1-0) + 3\int_0^1 x^2\,dx \ (\text{성질 (1),(2)}) \\ &= 2 + 3\cdot\frac{1}{3} = 3\end{aligned}$$ ■

함수 $f$가 $[a, b]$에서 적분가능하고 $f(x)\ge 0$인 경우를 생각하자. 정리 4.3.2에 의해 $\int_a^b f(x)\,dx$는 구간 $[a, b]$에서 함수 $f$의 아랫 부분의 면적과 같다. 따라서 $a<c<b$이면 다음이 성립한다.

$$\int_a^b f(x)\,dx = \int_a^c f(x)\,dx + \int_c^b f(x)\,dx$$

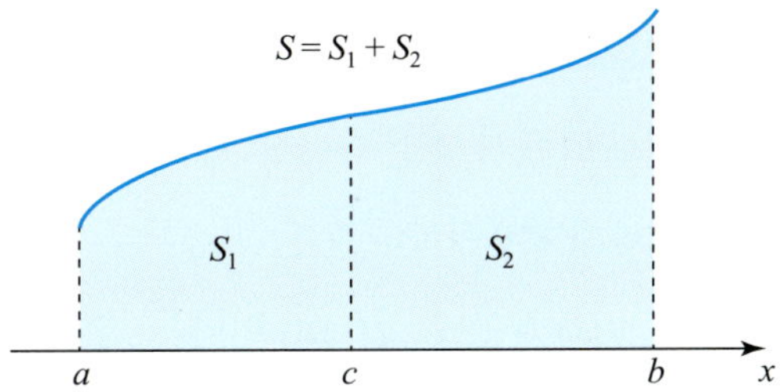


그림 4.4.1

**정리 4.4.2(정적분의 성질(2))**

함수 $f$가 $a, b, c$를 포함하는 구간에서 적분가능하면, 다음이 성립한다.

$$\int_a^b f(x)\,dx = \int_a^c f(x)\,dx + \int_c^b f(x)\,dx$$

**예제 2** $\int_0^{10} f(x)\,dx = 7$이고 $\int_0^3 f(x)\,dx = 5$일 때 $\int_3^{10} f(x)\,dx$를 구하여라.

**풀이** 정리 4.4.2에 의해서, 다음과 같이 계산할 수 있다.

$$\begin{aligned}\int_3^{10} f(x)\,dx &= \int_0^{10} f(x)\,dx - \int_0^3 f(x)\,dx \\ &= 7 - 5 = 2\end{aligned}$$

■

적분가능한 두 함수 $f, g$가 구간 $[a, b]$에서 $f(x) \geq g(x) \geq 0$을 만족하면 구간 $[a, b]$ 위에서 $x$축과 함수 $f$로 둘러싸인 영역의 면적이 함수 $g$로 둘러싸인 영역의 면적보다 크다. 즉,

$$\int_a^b f(x)\,dx \geq \int_a^b g(x)\,dx$$

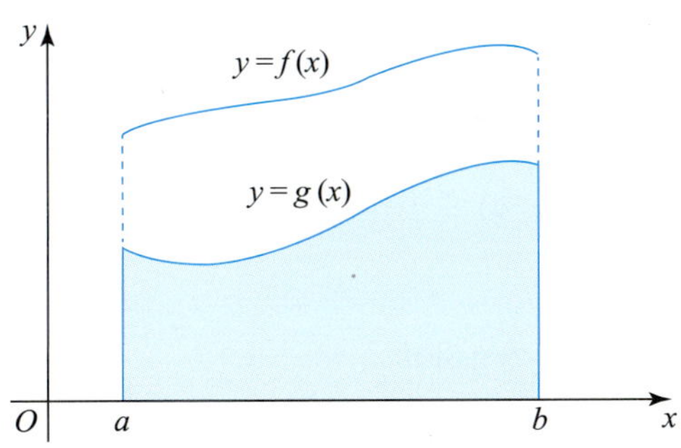


그림 4.4.2

**정리 4.4.3(정적분의 성질(3))**

두 함수 $f$와 $g$가 구간 $[a, b]$에서 적분가능할 때

(1) $f(x) \geq 0$이면 $\int_a^b f(x)dx \geq 0$이다.

(2) $f(x) \geq g(x)$이면 $\int_a^b f(x)dx \geq \int_a^b g(x)dx$이다.

**증명.** 구간 $[a, b]$의 임의의 분할 $P = \{a = x_0 < x_1 < \ldots < x_n = b\}$에 대하여 표본점 $\overline{x}_i$를 $[x_{i-1}, x_i]$에서 임의로 선택한다.

(1) 함수 $f$는 구간 $[a, b]$에서 적분가능하므로

$$\int_a^b f(x)dx = \lim_{\|P\| \to 0} \sum_{i=1}^{n} f(\overline{x}_i)\Delta x_i$$

이다. 여기서 $f(x_i) \geq 0$, $\Delta x_i \geq 0$이므로 $\lim_{\|P\| \to 0} \sum_{i=1}^{n} f(\overline{x}_i)\Delta x_i \geq 0$가 된다. 따라서, $\int_a^b f(x)dx \geq 0$이 성립한다.

(2) 함수 $f$, $g$가 구간 $[a, b]$에서 $f(x) \geq g(x) \geq 0$이고 적분가능하므로 $f - g$도 적분가능하고 $(f - g)(x) \geq 0$이다. 그러므로 (1)에 의해서 다음이 성립한다.

$$\begin{aligned}\int_a^b f(x)dx - \int_a^b g(x)dx &= \int_a^b (f(x) - g(x))dx \\ &= \int_a^b (f - g)(x)dx \geq 0.\end{aligned}$$

따라서,

$$\int_a^b f(x)dx \geq \int_a^b g(x)dx$$

가 성립한다. ■

**정리 4.4.4(정적분의 성질(4))**

두 함수 $f$가 적분가능하고 구간 $[a, b]$에서 $m \leq f(x) \leq M$이면, 다음이 성립한다.

$$m(b-a) \leq \int_a^b f(x)dx \leq M(b-a)$$

**증명.** $f$가 구간 $[a, b]$에서 적분가능하고

$$m \leq f(x) \leq M$$

이므로, 정리 4.3.3에 의해서

$$\int_a^b mdx \leq \int_a^b f(x)dx \leq \int_a^b Mdx$$

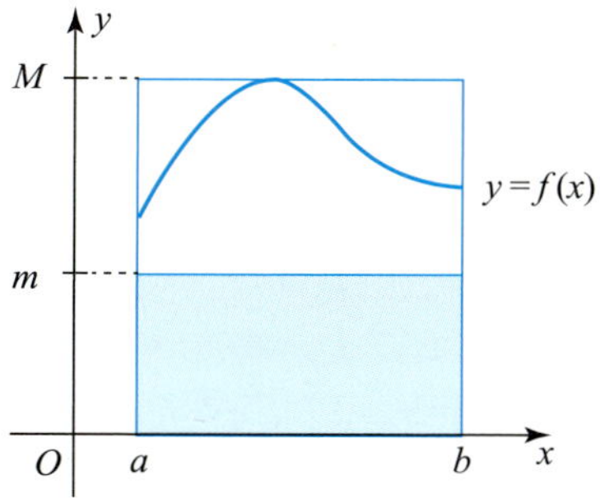


그림 4.4.3

가 된다. 따라서, 정리 4.4.1에 의해서

$$m(b-a) \le \int_a^b f(x)\,dx \le M(b-a)$$

가 성립한다. ■

**예제 3** $3 \le \int_0^3 (x^2-2x+2)\,dx \le 15$ 임을 증명하여라.

**풀이** $0 \le x \le 3$ 이면 $1 \le x^2-2x+2 \le 5$ 이다. 따라서, 다음이 성립한다.

$$3 = \int_0^3 1\,dx \le \int_0^3 (x^2-2x+2)\,dx \le \int_0^3 5\,dx = 15$$

■

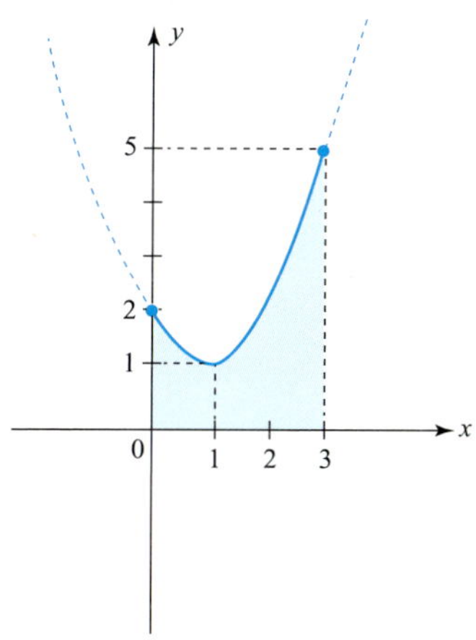


그림 4.4.4

## 적분의 평균값정리

다음 그림은 함수 $f$가 구간 $[a, b]$에서 연속일 때 $[a, b]$ 위에서 이 함수와 $x$축으로 둘러싸인 도형의 면적은 높이가 $f(c)$이고 폭이 $b-a$인 직사각형의 면적과 같음을 보여 준다. 이것은 적분의 평균값정리로 설명할 수 있다.

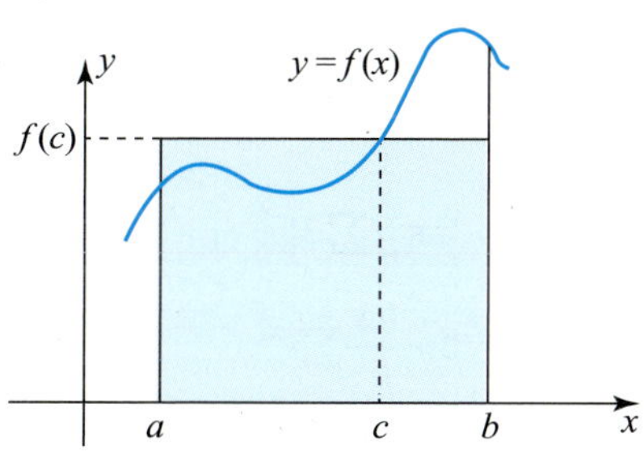


그림 4.4.5

**정리 4.4.5(적분의 평균값 정리)**

함수 $f$가 구간 $[a, b]$에서 연속이면

$$\frac{1}{b-a}\int_a^b f(x)\,dx = f(c)$$

인 $c \in (a, b)$가 존재한다.

**증명.** $f$가 구간 $[a, b]$에서 연속이므로 $f$는 최솟값 $m$과 최댓값 $M$을 갖는다. 즉, 모든 $x \in [a, b]$에 대하여

$$m \le f(x) \le M$$

가 된다. 정리 4.4.4에 의해서

$$m(b-a) \le \int_a^b f(x)\,dx \le M(b-a)$$

성립한다. 따라서,

$$m \le \frac{1}{b-a}\int_a^b f(x)\,dx \le M$$

를 얻는다. 그런데, $f$는 연속함수이므로 중간값정리에 의해서

$$f(c) = \frac{1}{b-a}\int_a^b f(x)\,dx$$

인 $c \in (a, b)$가 존재한다. ■

**예제 4** 함수 $f(x) = 3x^2$에 대하여

(1) $\int_0^2 f(x)\,dx$를 구하여라.

(2) 적분의 평균값정리를 만족하는 $c$를 구하여라.

**풀이** (1) 구분구적법으로 계산하면 다음과 같다.

$$\begin{aligned}\int_0^2 f(x)\,dx &= \lim_{n\to\infty}\frac{2}{n}\sum_{i=1}^{n} f\left(\frac{2}{n}i\right)\\ &= \lim_{n\to\infty}\frac{2}{n}\sum_{i=1}^{n} 3\left(\frac{2}{n}i\right)^2\\ &= \lim_{n\to\infty}\frac{24}{n^3}\sum_{i=1}^{n} i^2\\ &= \lim_{n\to\infty}\frac{24}{n^3}\cdot\frac{n(n+1)(2n+1)}{6} = 8\end{aligned}$$

(2) $\frac{1}{2}\int_0^2 f(x)\,dx = f(c)$인 $c$를 구하기 위하여

$$\frac{1}{2}\cdot 8 = 3c^2, \qquad c^2 = \frac{4}{3}$$

를 풀면, $c = \frac{2}{\sqrt{3}} \in (0, 2)$를 얻는다. ■

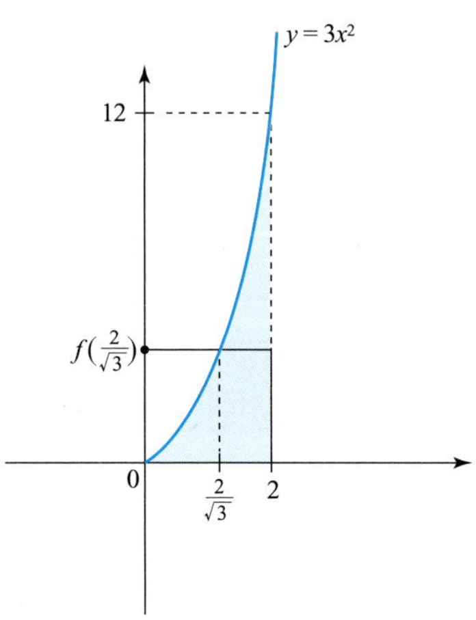

그림 4.4.6

## 연습문제 4.4



**1.** 다음의 부등식을 적분계산을 하지 않고 증명하여라.

(1) $\int_0^1 xdx \geq \int_0^1 x^2 dx$

(2) $\int_1^2 xdx \leq \int_1^2 x^2 dx$

(3) $\int_0^{\frac{\pi}{2}} \sin x\, dx \geq \int_0^{\frac{\pi}{2}} \sin^2 x\, dx$

(4) $\int_0^1 xdx \geq \int_0^1 \sin x\, dx$

(5) $\int_1^2 (3x^3 - 2)\, dx \geq \int_1^2 (2x^3 - 1)\, dx$

(6) $\int_1^2 \sqrt{5-x}\, dx \geq \int_1^2 \sqrt{x+1}\, dx$

(7) $1 \leq \int_0^1 \sqrt{1+x}\, dx \leq \sqrt{2}$

**2.** $\int_0^1 f(x)dx = 2,\ \int_1^2 f(x)dx = 3,\ \int_0^1 g(x)dx = -1,$ $\int_0^2 g(x)dx = 4$ 일 때, 다음 적분을 계산하여라.

(1) $\int_0^2 [2f(x) + g(x)]dx$

(2) $\int_0^1 [2f(s) + g(s)]ds$

(3) $\int_2^1 [2f(s) + 5g(s)]ds$

(4) $\int_1^1 [3f(x) + 2g(x)]dx$

(5) $\int_0^2 [3f(t) + 2g(t)]dt$

(6) $\int_0^2 [\sqrt{3}\, f(t) + \sqrt{2}\, g(t) + \pi]dt$

**3.** 다음 각 함수에 대하여 $\int_0^4 f(x)dx$를 구하여라.

(1) $f(x) = \begin{cases} x^2, & 0 \leq x < 2 \\ x, & 2 \leq x \leq 4 \end{cases}$

(2) $f(x) = \begin{cases} 1, & 0 \leq x < 1 \\ x, & 1 \leq x < 2 \\ 4-x, & 2 \leq x \leq 4 \end{cases}$

(3) $f(x) = |x-2|$

(4) $f(x) = 3 + |x-3|$

**4.** 다음 부분들의 합을 하나의 적분 $\int_a^b f(x)dx$ 로 나타내어라.

(1) $\int_1^3 f(x)dx + \int_3^6 f(x)dx + \int_6^{12} f(x)dx$

(2) $\int_1^{10} f(x)dx - \int_2^7 f(x)dx$

**5.** $\int_2^8 f(x)dx = 1.7$이고 $\int_5^8 f(x)dx = 2.5$일 때, $\int_2^5 f(x)dx$를 구하여라.

**6.** $\int_0^1 f(t)dt = 2,\ \int_0^4 f(t)dt = -6$이고 $\int_3^4 f(t)dt = 2$일 때, $\int_1^3 f(t)dt$를 구하여라.

**7.** 정적분의 성질을 이용하여 다음 식을 증명하여라.

$$\int_0^{\frac{\pi}{2}} \sin^2 xdx = \int_0^{\frac{\pi}{2}} \cos^2 xdx = \frac{\pi}{4}$$

**8.** 함수 $f$가 $[a, b]$에서 연속이고 $[a, b]$의 모든 점에서 $f(x) > 0$이면 $\int_a^b f(x)dx > 0$임을 증명하여라.

**9.** 함수 $f$가 $[a, b]$에서 적분가능하고 $|f(x)| \leq M$이라 하자. 함수 $g(x) = \int_a^x f(t)dt,\ a \leq x \leq b$가 $[a, b]$에서 연속임을 증명하여라.

**10.** $f$가 적분 가능이고, 모든 $x$에 대해서 $|f'(x)| \leq M$이라고 하자. 그러면 $|f(x)| \leq |f(a)| + M|x-a|$임을 보여라.

# 4.5 미적분학의 기본정리

함수의 식이 복잡한 경우에는 정의에 의하여 정적분을 계산하는 것이 어렵거나 불가능한 경우가 있다. 이 절에서는 역도함수를 이용하여 정적분을 비교적 쉽게 계산할 수 있는 방법을 알아보자.

## 적분으로 정의된 함수

적분가능한 함수의 적분으로 정의된 함수의 성질을 알아보자.

**정리 4.5.1**

함수 $f$가 구간 $[a, b]$에서 연속일 때 함수 $F$를

$$F(x) = \int_a^x f(t)dt, \quad x \in [a, b]$$

로 정의하면, $F$는 $(a, b)$에서 미분가능하고 임의의 점 $x \in (a, b)$에 대하여 $F'(x) = f(x)$이다.

**증명.** 구간 $(a, b)$ 내의 임의의 한 점을 $x$라고 하자. $x+h$가 $(a, b)$ 내의 점이 되도록 작은 $h$를 잡으면 다음이 성립한다.

$$\begin{aligned}\lim_{h\to 0}\frac{F(x+h)-F(x)}{h} &= \lim_{h\to 0}\frac{1}{h}\left[\int_a^{x+h} f(t)dt - \int_a^x f(t)dt\right]\\ &= \lim_{h\to 0}\frac{1}{h}\left[\int_a^{x+h} f(t)dt + \int_x^a f(t)dt\right]\\ &= \lim_{h\to 0}\frac{1}{h}\int_x^{x+h} f(t)dt\end{aligned}$$

적분의 평균값정리에 의해서 $x$와 $x+h$ 사이에 적당한 수 $c$가 존재하여

$$\frac{1}{h}\int_x^{x+h} f(t)dt = f(c)$$

가 성립한다. 그런데, $h \to 0$일 때 $c \to x$이고 $f$는 연속함수이므로

$$\lim_{h\to 0}\frac{1}{h}\int_x^{x+h} f(t)dt = \lim_{c\to x} f(c) = f(x)$$

가 된다. 따라서,

$$\lim_{h\to 0}\frac{F(x+h)-F(x)}{h} = f(x)$$

이므로, $F$는 구간 $(a, b)$에서 미분가능하고 $F'(x) = f(x)$이다. ■

위의 정리의 증명에서 $x = a$(또는 $x = b$)인 경우에는 $h > 0$(또는 $h < 0$)인 경우를 생각하면

$$\lim_{h \to 0^+} \frac{F(a+h) - F(a)}{h} = f(a)$$
$$\lim_{h \to 0^-} \frac{F(b+h) - F(b)}{h} = f(b)$$

이므로, 함수 $F$는 $a$에서 우미분가능하고 $b$에서 좌미분가능하다. 따라서 함수 $F$는 $a$에서 우연속이고 $b$에서 좌연속이므로, $F$는 폐구간 $[a, b]$에서 연속임을 알 수 있다.

**따름정리 4.5.2**

함수 $f$가 구간 $[a, b]$에서 연속일 때

$$\frac{d}{dx}\int_a^x f(t)\,dt = f(x)$$

**예제 1** $F(x) = \int_1^x (t^2 - t + 2)\,dt$ 일 때, $F'(x)$를 구하여라.

**풀이** $f(t) = t^2 - t + 2$는 연속함수이므로

$$F'(x) = f(x) = x^2 - x + 2$$

가 된다. ■

**예제 2** $F(x) = \int_2^{x^2} \sin t\,dt$ 일 때, $F'(x)$를 구하여라.

**풀이** $u(x) = x^2$으로 두면

$$F(u) = \int_2^u \sin t\,dt$$

가 된다. 따라서, $f(t) = \sin t$는 연속함수이므로 연쇄법칙을 이용하여 미분하면 다음과 같다.

$$\begin{aligned} F'(x) &= \frac{dF}{du}\frac{du}{dx} \\ &= \sin u \frac{du}{dx} \\ &= \sin(x^2) \cdot 2x \\ &= 2x\sin(x^2) \end{aligned}$$ ■

위의 예제 2에서 다음 식이 성립함을 알 수 있다.

$$F'(x) = \frac{d}{dx}\int_a^{u(x)} f(t)\,dt = f(u(x))u'(x)$$

**예제 3** $F(x) = \int_{-x}^{x^2} \sqrt{t^2+1}\,dt$일 때, $F'(x)$를 구하여라.

**풀이**

$$\begin{aligned} F(x) &= \int_{-x}^{0} \sqrt{t^2+1}\,dt + \int_{0}^{x^2} \sqrt{t^2+1}\,dt \\ &= -\int_{0}^{-x} \sqrt{t^2+1}\,dt + \int_{0}^{x^2} \sqrt{t^2+1}\,dt \end{aligned}$$

이므로 연쇄법칙을 사용하여 미분하면 다음과 같다.

$$\begin{aligned} F'(x) &= -\sqrt{(-x)^2+1}\frac{d}{dx}(-x) + \sqrt{(x^2)^2+1}\frac{d}{dx}(x^2) \\ &= \sqrt{x^2+1} + 2x\sqrt{x^4+1} \end{aligned}$$

■

## 미적분학의 기본정리

두 함수 $f$와 $F$가 $[a, b]$에서 연속이고 $(a, b)$에서 $F'(x) = f(x)$를 만족할 때 함수 $F$를 $f$의 역도함수(anti-derivative)라고 한다.

**정리 4.5.3(미분적분학의 기본정리)**

함수 $f$가 $[a, b]$에서 연속이고 $F$가 $f$의 한 역도함수이면 다음이 성립한다.

$$\int_a^b f(t)\,dt = F(b) - F(a)$$

**증명.** 다음 함수 $G$를 생각하자.

$$G(x) = \int_a^x f(t)\,dt, \quad x \in [a, b].$$

정리 4.5.1에 의해서 $G'(x) = f(x)$이므로 함수 $G$는 $[a, b]$에서 $f$의 한 역도함수이다. 가정에 의해서 $F$도 $[a, b]$에서 $f$의 역도함수이므로 $(a, b)$내의 임의의 점 $x$에 대하여

$$G'(x) = F'(x)$$

가 성립한다. 따라서, 따름정리 3.2.4에 의해서 적당한 상수 $c$가 존재하여

$$F(x) = G(x) + c, \quad x \in [a, b]$$

가 된다. 그런데, $G(a) = 0$이므로 다음이 성립한다.

$$\begin{aligned} F(b) - F(a) &= G(b) - G(a) \\ &= \int_a^b f(t)\,dt. \end{aligned}$$

■

**예제 4** $\int_1^2 3x^2\,dx$를 계산하여라.

**풀이** $(x^3)' = 3x^2$이므로 $F(x) = x^3$은 $3x^2$의 한 역도함수이다. 따라서, 미적분학의 기본정리에 의해서 다음과 같이 계산할 수 있다.

$$\int_1^2 3x^2\,dx = F(2) - F(1) = 7$$ ■

다음 기호

$$[F(x)]_a^b = F(b) - F(a)$$

를 사용하면 미적분학의 기본정리는 다음과 같이 표현할 수 있다.

$$\int_a^b f(t)\,dt = [F(x)]_a^b$$

**예제 5** $[0, \pi]$에서 $f(x) = \sin x$와 $x$축로 둘러싸인 영역의 면적을 구하여라.

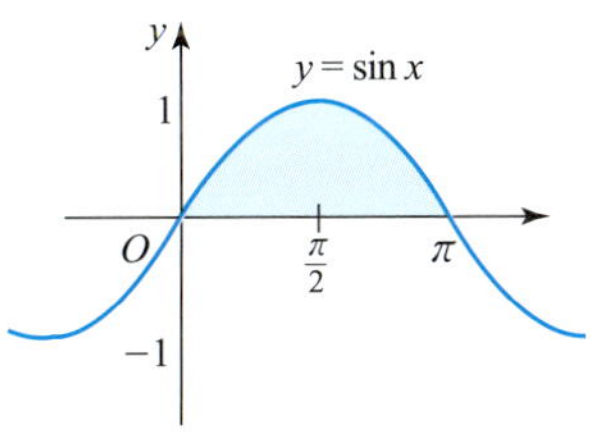


그림 4.5.1

$(-\cos x)' = \sin x$
$\cos \pi = -1$
$\cos 0 = 1$

**풀이** 함수 $f$는 $[0, \pi]$에서 음이 아닌 값을 가지므로 구하는 영역의 면적은 정적분 $\int_0^\pi \sin x\,dx$와 같다.

$F(x) = -\cos x$는 $f(x) = \sin x$의 한 역도함수이므로 미적분학의 기본정리에 의해서 다음과 같이 계산할 수 있다.

$$\begin{aligned}\int_0^\pi \sin x\,dx &= [F(x)]_0^\pi \\ &= [-\cos x]_0^\pi \\ &= -\cos\pi - (-\cos 0) \\ &= 2\end{aligned}$$ ■

함수 $F$와 $G$가 $f$의 역도함수이면

$$F'(x) = f(x) = G'(x)$$

이므로 따름정리 3.2.4에 의해서

$$G(x) = F(x) + c$$

가 된다. 따라서, $F$가 $f$의 한 역도함수이면 다른 모든 역도함수는

$$F(x) + c$$

와 같은 꼴임을 알 수 있다.

**정의 4.5.4**

함수 $F$가 $f$의 한 역도함수일 때, $f$의 역도함수 전체의 집합을 $f$의 부정적분(indefinite integral)이라고 하고 기호 $\int f(x)dx$로 나타낸다. 즉,

$$\int f(x)dx = F(x) + c$$

여기서 $c$를 적분상수(integration constant)라고 한다.

부정적분 $\int f(x)dx$에서 함수 $f(x)$를 피적분함수(integrand)라고 하고, 함수 $f$의 부정적분을 구하는 것을 적분한다(integrate)고 한다. 또,

$$\int f(x)dx = F(x) + c \iff F'(x) = f(x)$$

이므로, 적분은 미분의 역연산임을 알 수 있다.

**예제 6** 부정적분 $\int x^5 dx$를 구하여라.

**풀이** $(x^6)' = 6x^5$이므로 $\left(\frac{x^6}{6}\right)' = x^5$은 이다. 따라서

$$\int x^5 dx = \frac{x^6}{6} + c$$

가 된다. ■

**정리 4.5.5**

$r \neq -1$인 임의의 유리수 $r$에 대하여 다음이 성립한다.

$$\int x^r dx = \frac{x^{r+1}}{r+1} + c$$

**증명.**

$$\frac{d}{dx}\left(\frac{x^{r+1}}{r+1}\right) = \frac{1}{r+1}(r+1)x^r = x^r$$

이므로, $\frac{x^{r+1}}{r+1}$은 $x^r$의 한 역도함수가 된다. 따라서,

$$\int x^r dx = \frac{x^{r+1}}{r+1} + c$$

가 성립한다. ■

**예제 7** 부정적분 $\int \left(x^{15} + \frac{1}{x^3}\right) dx$를 구하여라.

**풀이**

$$\int \left(x^{15} + \frac{1}{x^3}\right) dx = \int \left(x^{15} + x^{-3}\right)$$
$$= \frac{x^{15+1}}{15+1} + \frac{x^{-3+1}}{-3+1} + c$$
$$= \frac{x^{16}}{16} - \frac{1}{2x^2} + c$$

■

**예제 8** 자유낙하하는 물체의 가속도가 $a(t) = -9.8\text{ m/sec}^2$일 때 속도함수 $v(t)$와 위치함수 $s(t)$를 구하여라. 또, $t = 10$일 때의 위치를 구하여라. 단, 낙하하는 물체의 처음속도는 $v(0) = -30\text{ m/sec}$이고 처음위치는 $s(0) = 500\text{ m}$라고 한다.

**풀이** $v'(t) = a(t)$이므로 $v(t)$는 $a(t)$의 역도함수이다. 따라서,

$$\int a(t)\,dt = v(t) + c_1$$

이므로

$$v(t) = \int a(t)\,dt - c_1$$
$$= \int (-9.8)\,dt - c_1$$
$$= -9.8t - c_1$$

가 된다. 그런데, $v(0) = -30$이므로

$$-30 = v(0) = -9.8 \times 0 - c_1 = -c_1$$

이다. 따라서, $c_1 = 30$이고 속도함수는

$$v(t) = -9.8t - 30$$

가 된다. 또, $s'(t) = v(t)$이므로 $s(t)$는 $v(t)$의 역도함수이다.
따라서,

$$\int v(t)\,dt = s(t) + c_2$$

이므로

$$s(t) = \int v(t)\,dt - c_2$$
$$= \int (-9.8t - 30)\,dt - c_2$$
$$= -9.8 \cdot \frac{t^2}{2} - 30t - c_2$$
$$= -4.9t^2 - 30t - c_2$$

가 된다. 그런데, $s(0) = 500$이므로

$$500 = s(0) = -4.9 \times 0^2 - 30 \times 0 - c_2 = -c_2$$

이다. 따라서, $c_2 = -500$이고 위치함수는

$$s(t) = -4.9t^2 - 30t + 500$$

이 된다. 또, $t = 10$일 때의 위치는

$$\begin{aligned} s(10) &= -4.9 \times 10^2 - 30 \times 10 + 500 \\ &= -290(\text{m}) \end{aligned}$$

가 된다. ■

미적분학의 기본정리를 부정적분을 이용하여 다음과 같이 나타낼 수 있다.

$$\int_a^b f(x)\,dx = \left[\int f(x)\,dx\right]_a^b$$

**예제 9** 정적분 $\int_0^1 \left(x^2 - \frac{1}{\sqrt[3]{x}}\right) dx$를 계산하여라.

**풀이** 먼저 부정적분을 구하면 다음과 같다.

$$\begin{aligned} \int \left(x^2 - \frac{1}{\sqrt[3]{x}}\right) dx &= \int (x^2 - x^{-1/3})\,dx \\ &= \frac{x^{2+1}}{2+1} - \frac{x^{-1/3+1}}{-\frac{1}{3}+1} + c \\ &= \frac{x^3}{3} - \frac{3x^{2/3}}{2} + c \end{aligned}$$

따라서, 정적분은 다음과 같이 계산 할 수 있다.

$$\int_0^1 \left(x^2 - \frac{1}{\sqrt[3]{x}}\right) dx = \left[\frac{x^3}{3} - \frac{3x^{2/3}}{2} + c\right]_0^1 = -\frac{7}{6}$$ ■

## 연습문제 4.5

**1.** 미적분학의 기본정리를 이용하여 다음 정적분을 계산하여라.

(1) $\int_0^1 x^2\,dx$  (2) $\int_1^2 (2x^2 - x + 3)\,dx$

(3) $\int_0^2 \sqrt{x}\,dx$  (4) $\int_{-2}^{-1} \left(x + \frac{1}{x^2}\right) dx$

(5) $\int_0^{\pi} \cos x\,dx$  (6) $\int_0^1 \frac{d}{dx} e^{t^2}\,dx$

(7) $\int_1^0 \sqrt{2x+1}\,dx$  (8) $\int_2^4 \sqrt{3x+2}\,dx$

**2.** 다음을 계산하여라.

(1) $\frac{d}{dx}\int_0^{\tan x} t^2\,dt$

(2) $\frac{d}{dx}\int_0^{x^3} \sqrt{1+t^2}\,dt$

(3) $\frac{d}{dx}\int_1^{x^2} \sin t\,dt$

(4) $\frac{d}{dx}\int_{x^2}^{x} \frac{t^2}{1+t^2}\,dt$

**3.** 다음 함수에서 $\int_a^b f(x)dx = f(c)(b-a)$를 만족하는 $c$를 주어진 구간에서 찾아라.

(1) $f(x) = \sqrt{x+1}$, $[0, 3]$

(2) $f(x) = x^2$, $[-1, 1]$

(3) $f(x) = |x|$, $[0, 2]$

(4) $f(x) = |x|$, $[-2, 2]$

**4.** 다음 극한을 정적분으로 나타내고 그 적분을 구하여라.

(1) $\lim_{n\to\infty}\sum_{i=1}^{n}\left(\frac{3i}{n}\right)^2\frac{3}{n}$

(2) $\lim_{n\to\infty}\sum_{i=1}^{n}\left(\frac{2i}{n}\right)^2\frac{2}{n}$

(3) $\lim_{n\to\infty}\sum_{i=1}^{n}\left[\sin\left(\frac{\pi i}{n}\right)\right]\frac{\pi}{n}$

(4) $\lim_{n\to\infty}\sum_{i=1}^{n}\left[1+\frac{2i}{n}+\left(\frac{2i}{n}\right)^2\right]\frac{2}{n}$

**5.** $g(x) = \int_0^x f(t)dt$로 놓자. 여기에서 $f$는 아래의 그림으로 보여지는 그래프를 갖는 함수이다.

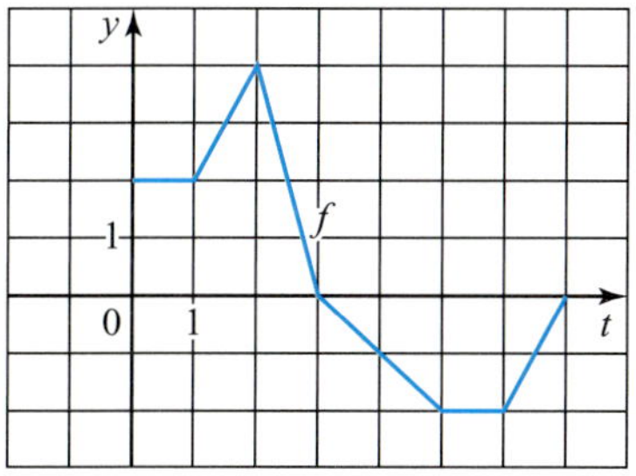


(1) $g(0), g(1), g(2), g(3), g(6)$를 계산하여라.

(2) 어느 구간 위에서 $g$는 증가하는가?

(3) $g$는 어느곳에서 최대값을 갖는가?

(4) $g$의 그래프의 개형을 그려라.

**6.** 다음 함수의 도함수를 구하여라.

(1) $h(x) = \int_0^{x^2}\sqrt{1+r^3}\,dr$

(2) $y = \int_3^{\sqrt{x}}\frac{\cos t}{t}dt$

(3) $g(x) = \int_{2x}^{3x}\frac{u^2-1}{u^2+1}du$

(4) $y = \int_{\cos x}^{5x}\cos(u^2)du$

**7.** $f(x) = \begin{cases} 0, & x<0 \\ x, & 0\le x\le 1 \\ 2-x, & 1<x\le 2 \\ 0, & x>2 \end{cases}$ 이고 $g(x) = \int_0^x f(t)dt$라 하자.

(1) $f(x)$와 유사하게 $g(x)$에 대한 표현을 구하여라.

(2) $f$와 $g$의 그래프를 그려라.

(3) $f$는 어느 곳에서 미분 가능한가? $g$는 어느 곳에서 미분 가능한가?

**8.** $x \ge 0$인 모든 $x$에 대하여

$$6 + \int_a^x \frac{f(t)}{t^2}dt = 2\sqrt{x}$$

를 만족하는 함수 $f$와 수 $a$를 구하여라.

**9.** $\lim_{x\to 0}\frac{\int_0^x \sin t^2 dt}{x^3+\sin x}$를 구하여라.

## 4.6 정적분 계산법

미적분학의 기본정리를 이용하여 정적분을 계산하기 위해서는 먼저 적분하려는 함수의 부정적분을 구해야 한다. 그러나, 단순히 미분을 이용해서 부정적분을 구할 수 없는 경우가 많이 있다. 다소 복잡한 형태의 부정적분을 구할 때는 다음 치환적분을 이용하면 편리하다. 이것은 미분의 연쇄법칙을 이용한 것이다.

**정리 4.6.1(부정적분과 치환적분)**

함수 $y = f(u)$가 구간 I에서 연속일 때 미분가능한 함수 $u = g(x)$의 치역이 I에 포함되고 $g'(x)$가 연속이면 다음이 성립한다.

$$\int f(g(x))g'(x)\,dx = \int f(u)\,du$$

**증명.** 구간 I에서 $f$의 한 역도함수를 $F$라고 하면 $F' = f$이므로

$$\frac{d}{dx}F(g(x)) = F'(g(x))g'(x) = f(g(x))g'(x)$$

가 된다. 따라서, $u = g(x)$이므로 다음이 성립한다.

$$\begin{aligned}\int f(g(x))g'(x)\,dx &= F(g(x)) + c\\ &= F(u)+c\\ &= \int f(u)\,du\end{aligned}$$

■

**예제 1** $\int x^2\sin(x^3+1)\,dx$를 구하여라.

**풀이** $u = x^3+1$로 두면 $du = 3x^2\,dx$이므로, 다음이 성립한다.

$$\begin{aligned}\int x^2\sin(x^3+1)\,dx &= \frac{1}{3}\int \sin u\,du\\ &= -\frac{1}{3}\cos u + c\\ &= -\frac{1}{3}\cos(x^3+1) + c\end{aligned}$$

■

**예제 2** $\int \sqrt{2x+1}\,dx$를 구하여라.

**풀이** $u = 2x+1$로 두면 $du = 2dx$이므로, 다음이 성립한다.

$$\begin{aligned}\int \sqrt{2x+1}\,dx &= \frac{1}{2}\int \sqrt{u}\,du \\ &= \frac{1}{3}u^{3/2} + c \\ &= \frac{1}{3}(2x+1)^{3/2} + c\end{aligned}$$ ■

**예제 3** $\int x\sin^3(x^2)\cos(x^2)\,dx$를 구하여라.

**풀이** $u = \sin(x^2)$으로 두면 $du = 2x\cos(x^2)\,dx$이므로, 다음이 성립한다.

$$\begin{aligned}\int x\sin^3(x^2)\cos(x^2)\,dx &= \frac{1}{2}\int \sin^3(x^2)\cdot 2x\cos(x^2)\,dx \\ &= \frac{1}{2}\int u^3\,du \\ &= \frac{1}{2}\cdot\frac{u^4}{4} + c \\ &= \frac{1}{8}\sin^4(x^2) + c\end{aligned}$$ ■

치환적분을 이용하여 정적분을 계산하는 방법은 두 가지가 있다. 첫째 방법은 4.5절의 예제 6과 같이 부정적분을 먼저 구한 뒤에 정적분을 계산하는 방법이다. 그리고, 두 번째 방법은 치환적분을 이용하여 정적분을 새로운 형태로 변형시켜서 계산하는 방법이다.

**정리 4.6.2(정적분과 치환적분)**

함수 $f$가 구간 $[a, b]$에서 연속일 때 미분가능한 함수 $g$의 치역이 $[a, b]$에 포함되고 $g'$이 연속이면 다음이 성립한다.

$$\int_a^b f(g(x))\,g'(x)\,dx = \int_{g(a)}^{g(b)} f(u)\,du$$

**증명.** $u = g(x)$라 하면 정리 4.6.1에 의해서

$$\int f(g(x))g'(x)\,dx = \int f(u)\,du$$

가 성립한다. 따라서, 미적분학의 기본정리에 의해서 다음이 성립한다.

$$\begin{aligned}\int_a^b f(g(x))g'(x)\,dx &= \left[\int f(g(x))g'(x)\,dx\right]_a^b \\ &= \left[\int f(u)\,du\right]_{u=g(a)}^{g(b)} \\ &= \int_{g(a)}^{g(b)} f(g(x))g'(x)\,dx \\ &= \int_a^b f(g(x))g'(x)\,dx = \int_{g(a)}^{g(b)} f(u)\,du.\end{aligned}$$ ■

**예제 4** $\int_{-1}^{0} 3x^2(x^3+1)^9\,dx$를 구하여라.

**풀이** $u = x^3+1$로 두면 $du = 3x^2dx$이다.

$$x = -1\text{일 때}\quad u = 0$$
$$x = 0\text{일 때}\quad u = 1$$

이므로, 다음이 성립한다.

$$\begin{aligned}\int_{-1}^{0} 3x^2(x^3+1)^9\,dx &= \int_0^1 u^9\,du \\ &= \left[\frac{1}{10}u^{10}\right]_0^1 \\ &= \frac{1}{10}\end{aligned}$$

■

**예제 5** $\int_0^2 \frac{x+1}{(x^2+2x+2)^2}\,dx$를 구하여라.

**풀이** $u = x^2+2x+2$로 두면 $du = 2(x+1)dx$이다.

$$x = 0\text{일 때}\quad u = 2$$
$$x = 2\text{일 때}\quad u = 10$$

이므로, 다음이 성립한다.

$$\begin{aligned}\int_0^2 \frac{x+1}{(x^2+2x+2)^2}\,dx &= \int_2^{10} \frac{1}{u^2}\frac{1}{2}\,du \\ &= \left[-\frac{1}{2u}\right]_2^{10} \\ &= \frac{1}{5}\end{aligned}$$

■

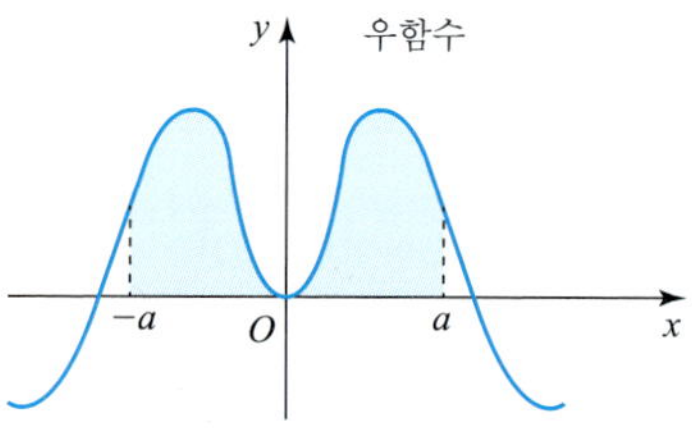


$\int_{-a}^{0} f(x)\,dx = \int_0^a f(x)\,dx$

그림 4.6.1

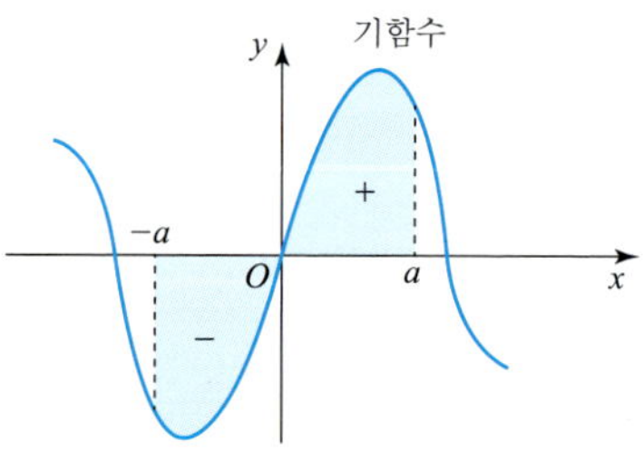


$\int_{-a}^{0} f(x)\,dx = -\int_0^a f(x)\,dx$

그림 4.6.2

## 대칭함수의 적분

함수 $f$가 정의역의 모든 $x$에 대하여

$$f(-x) = f(x)$$

를 만족할 때, $f$를 우함수(even function)라고 하고

$$f(-x) = -f(x)$$

를 만족할 때, $f$를 기함수(odd function)라고 한다. 우함수는 $y$축에 관하여 대칭이고, 기함수는 원점에 관하여 대칭이다. 다음 정리는 이러한 함수들의 적분에 유용한 정리이다.

**정리 4.6.3(대칭함수의 적분)**

함수 $f$가 구간 $[-a, a]$에서 연속이면 다음이 성립한다.

(1) $f$가 우함수이면, $\int_{-a}^{a} f(x)\,dx = 2\int_{0}^{a} f(x)\,dx$

(2) $f$가 기함수이면, $\int_{-a}^{a} f(x)\,dx = 0$

**증명.** 적분의 성질에 의해서

$$\begin{aligned}\int_{-a}^{a} f(x)\,dx &= \int_{-a}^{0} f(x)\,dx + \int_{0}^{a} f(x)\,dx \\ &= -\int_{0}^{-a} f(x)\,dx + \int_{0}^{a} f(x)\,dx\end{aligned}$$

가 성립한다. $u = -x$라 두면 $du = -dx$이다. 또,

$$x = -a \text{ 이면 } \quad u = a$$

이므로

$$\begin{aligned}-\int_{0}^{-a} f(x)\,dx &= -\int_{0}^{a} f(-u)(-du) \\ &= \int_{0}^{a} f(-u)\,du\end{aligned}$$

가 된다. 그러므로, 다음 식이 성립한다.

$$\int_{-a}^{a} f(x)\,dx = \int_{0}^{a} f(-u)\,du + \int_{0}^{a} f(x)\,dx$$

이 때,

(1) $f$가 우함수이면 $f(-u) = f(u)$이므로

$$\begin{aligned}\int_{-a}^{a} f(x)\,dx &= \int_{0}^{a} f(-u)\,du + \int_{0}^{a} f(x)\,dx \\ &= \int_{0}^{a} f(u)\,du + \int_{0}^{a} f(x)\,dx \\ &= 2\int_{0}^{a} f(x)\,dx\end{aligned}$$

$\int_{0}^{a} f(u)\,du = \int_{0}^{a} f(x)\,dx$

가 된다.

(2) $f$가 기함수이면 $f(-u) = -f(u)$이므로

$$\begin{aligned}\int_{-a}^{a} f(x)\,dx &= \int_{0}^{a} f(-u)\,du + \int_{0}^{a} f(x)\,dx \\ &= -\int_{0}^{a} f(u)\,du + \int_{0}^{a} f(u)\,du \\ &= 0\end{aligned}$$

이 된다. ■

**예제 6** 정적분 $\int_{-2}^{2}(x\sin^2 x - x^4 + 4x^3)\,dx$를 구하여라.

(기함수)×(우함수) = 기함수

**풀이** 함수 $x\sin^2 x$와 $4x^3$은 기함수이고, $x^4$는 우함수이므로, 다음이 성립한다.

$$\begin{aligned}\int_{-2}^{2}(x\sin^2 x - x^4 + 4x^3)\,dx &= \int_{-2}^{2}(x\sin^2 x + 4x^3)\,dx - \int_{-2}^{2} x^4\,dx \\ &= -2\int_{0}^{2} x^4\,dx \\ &= -2\left[\frac{x^5}{5}\right]_0^2 \\ &= -\frac{64}{5}\end{aligned}$$

■

**예제 7** $\int_{-1}^{1}\frac{\sin x}{x^2+1}\,dx$를 구하여라.

$\frac{\text{기함수}}{\text{우함수}}$ = 기함수

**풀이** $\sin x$는 기함수이고 $x^2+1$은 우함수이므로, $f(x) = \frac{\sin x}{x^2+1}$은 기함수이다. 따라서,

$$\int_{-1}^{1}\frac{\sin x}{x^2+1}\,dx = 0$$

이 된다. ■

## 주기함수의 적분

함수 $f$의 정의역에 속하는 모든 $x$에 대하여

$$f(x) = f(x+p)$$

를 만족하는 실수 $p$가 존재할 때, 함수 $f$를 주기함수(periodic function)라고 한다. 또, 이 식을 만족하는 가장 작은 양수 $p$를 주기함수 $f$의 주기(period)라고 한다.

이를 테면, 사인함수와 코사인함수는 주기가 $2\pi$인 주기함수이고 탄젠트함수는 주기가 $\pi$인 주기함수이다.

**정리 4.6.4(주기함수의 적분)**

함수 $f$가 $[a, b]$에서 연속이고 주기가 $p$인 주기함수이면, 다음이 성립한다.

$$\int_{a+p}^{b+p} f(x)\,dx = \int_{a}^{b} f(x)\,dx$$

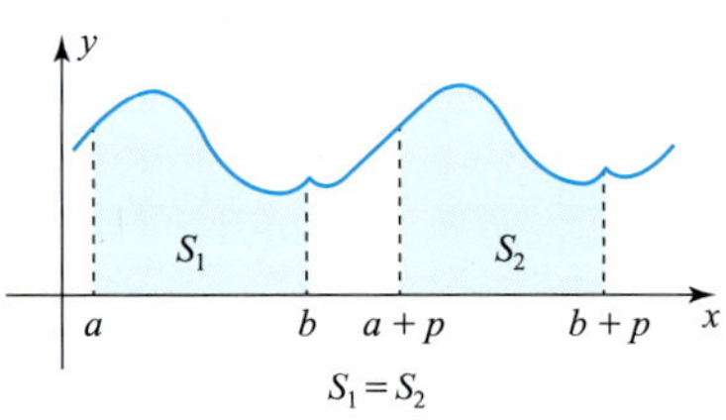


그림 4.6.3

**증명.** $u = x - p$라 두면 $du = dx$이고

$$x = a + p \text{일 때 } u = a$$
$$x = b + p \text{일 때 } u = b$$

이다. 따라서, 치환적분에 의해서 다음이 성립한다.

$$\int_{a+p}^{b+p} f(x)\,dx = \int_a^b f(u+p)\,du = \int_a^b f(u)\,du$$

■

**예제 8** $\int_0^{2\pi} |\cos x|\,dx$를 구하여라.

**풀이** $f(x) = |\cos x|$는 주기 $\pi$인 주기함수이다. 따라서,

$$\int_\pi^{2\pi} |\cos x|\,dx = \int_0^\pi |\cos x|\,dx$$

이므로, 다음이 성립한다.

$$\begin{aligned}\int_0^{2\pi} |\cos x|\,dx &= \int_0^\pi |\cos x|\,dx + \int_\pi^{2\pi} |\cos x|\,dx \\ &= \int_0^\pi |\cos x|\,dx + \int_0^\pi |\cos x|\,dx \\ &= 2\int_0^\pi |\cos x|\,dx \\ &= 2\left[\int_0^{\pi/2} \cos x\,dx + \int_{\pi/2}^\pi (-\cos x)\,dx\right] \\ &= 2\{[\sin x]_0^{\pi/2} - [\sin x]_{\pi/2}^{\pi}\} \\ &= 4\end{aligned}$$

■

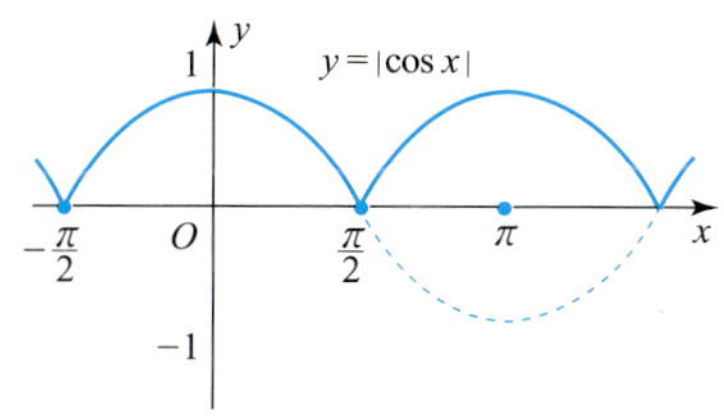


그림 4.6.4

## 연습문제 4.6

**1.** 치환적분을 이용하여 다음 정적분을 계산하여라.

(1) $\int_0^1 \sqrt{2x+4}\,dx$ (2) $\int_1^2 x\sqrt{x^2+1}\,dx$

(3) $\int_0^\pi \sin 3x\,dx$ (4) $\int_0^{\frac{\pi}{6}} \cos 3x\,dx$

(5) $\int_0^1 \frac{1}{(2x+1)^2}\,dx$ (6) $\int_1^3 \frac{x+3}{(x^2+6x)^2}\,dx$

(7) $\int_0^2 \frac{x+2}{(x^2+4x+2)^2}\,dx$ (8) $\int_0^1 \frac{t}{(t^2+1)^2}\,dt$

(9) $\int_0^1 \frac{x^2}{\sqrt{x^3+1}}\,dx$ (10) $\int_1^4 \frac{1}{\sqrt{t}\,(\sqrt{t}+1)^3}\,dx$

**2.** 함수의 대칭성을 이용하여 다음 정적분을 계산하여라.

(1) $\int_{-\pi}^{\pi} (\sin x + \cos x)\,dx$ (2) $\int_{-\pi/4}^{\pi/4} \frac{\tan x}{1+\cos x}\,dx$

(3) $\int_{-1}^{1} (|x|^3 + x^3)\,dx$ (4) $\int_{-\pi}^{\pi} x^2 \sin x\,dx$

**3.** 연속함수 $f$가 주기 $a$인 주기함수일 때

$$\int_a^{a+p} f(x)\,dx = \int_0^p f(x)\,dx$$

가 성립함을 증명하여라. 또 이것을 이용하여 $\int_1^{1+\pi} |\sin x|\,dx$를 구하여라.

**4.** 다음을 증명하여라.

$$\int_a^b f(-x)\,dx = \int_{-b}^{-a} f(x)\,dx$$

**5.** 어떤 날의 기온 $T$가

$$T(t) = 70 + 8\sin\left[\frac{\pi}{12}(t-9)\right]$$

를 만족한다. 여기서 $t$는 자정 이후의 시간을 나타낸다. 오전 6시에서 오후 6시까지의 평균 기온을 구하여라.

**6.** $f$가 연속함수이고 $\int_0^4 f(x)\,dx = 10$일 때, $\int_0^2 f(2x)\,dx$를 구하여라.

**7.** $f$가 연속함수이고 $\int_0^9 f(x)\,dx = 4$일 때, $\int_0^3 x\,f(x^2)\,dx$를 구하여라.

**8.** 함수 $f$가 $\mathbb{R}$ 위에서 연속이라고 가정하자.

$$\int_a^b f(x+c)\,dx = \int_{a+c}^{b+c} f(x)\,dx$$

임을 증명하여라.

**9.** $a$와 $b$가 양수이면,

$$\int_0^1 x^a(1-x)^b\,dx = \int_0^1 x^b(1-x)^a\,dx$$

임을 밝혀라.

**10.** 박테리아의 수가 400개에서 시간당 함수 $r(t) = (450.268)e^{1.12546t}$로 증가한다. 박테리아는 3시간 후에 얼마나 많아지는가?

# 제 5 장 적분의 응용

## 라그랑즈(Joseph Louis Lagrange)

라그랑즈(1736~1813)는 이탈리아의 토리노(Torino)에서 태어났다. 1766년 프레대릭(Friedrich)대왕의 초청을 받아 베를린으로 이사하여 베를린 아카데미에서 가우스(C. F. Gauss)의 대를 이었으며 오일러(L. Euler)의 후임으로 베를린대학교 수학부장이 되었다. 1787년에 루이 14세의 초청으로 파리로 이사하여 에꼴 폴리테크닉(École Politechnique)의 대학교수로 재직하며 줄곧 프랑스에서 활약했다. 그는 어려서는 신동으로 알려졌고 수론, 함수론, 방정식이론, 천체역학 등에서 큰 업적을 남겼다. 평균값정리는 라그랑즈가 처음 만들었으며 특히 미적분학을 이용하여 태양계의 안정성을 분석하는데 이용하였다. 그는 친절하고 조용한 사람이었으며 오로지 과학을 위해 살았던 사람이었다. 수학사상 오일러와 라플라스(P. S. Laplace)의 중간에 위치한 18세기 후반을 대표하는 수학자 중의 한 사람이었다. 그는 미분법을 유도하고 일반좌표를 도입하여 해석학에 있어서의 공적도 크지만 그의 업적에는 대수적인 색채가 짙었다.

## 5.1 곡선 사이의 면적

함수 $f$가 구간 $[a, b]$에서 적분가능하고 $f(x) \geq 0$이면 곡선 $y = f(x)$와 $x$축 및 직선 $x = a$, $x = b$로 둘러싸인 영역의 면적 $A$는 정적분

$$A = \int_a^b f(x)dx$$

로 나타내어진다.

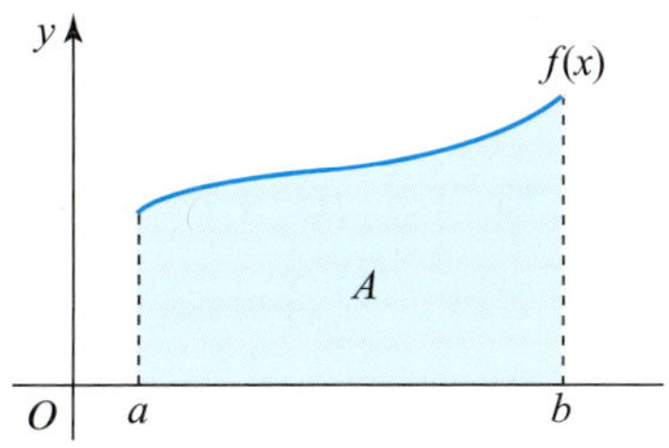

그림 5.1.1

따라서, 오른쪽 그림과 같이 두 함수 $f$와 $g$가

$$f(x) \geq g(x) \geq 0$$

을 만족할 때 두 곡선으로 둘러싸인 영역의 면적 $A$는 곡선 $y = f(x)$ 아래 부분의 면적에서 곡선 $y = g(x)$ 아래 부분의 면적을 뺀 것과 같으므로

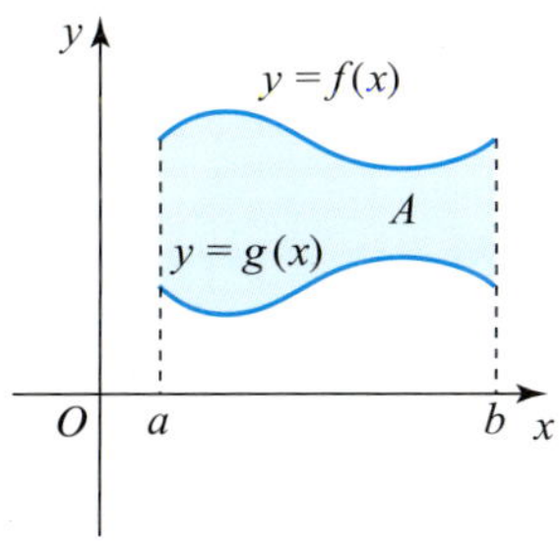

그림 5.1.2

$$\begin{aligned} A &= \int_a^b f(x)dx - \int_a^b g(x)dx \\ &= \int_a^b \{f(x) - g(x)\}dx \end{aligned}$$

로 나타내어진다.

그러나, 곡선의 그래프가 $x$축 아래에 있는 부분이 있을 때에는 그 부분의 적분은 음수가 되므로 면적이 될 수 없다.

아래 왼쪽 그림과 같이 두 함수 $f$와 $g$가 구간 $[a, b]$에서 적분가능하고 $f(x) \geq g(x)$일 때 두 곡선으로 둘러싸인 영역의 면적 $A$를 구하는 방법을 알아보자.

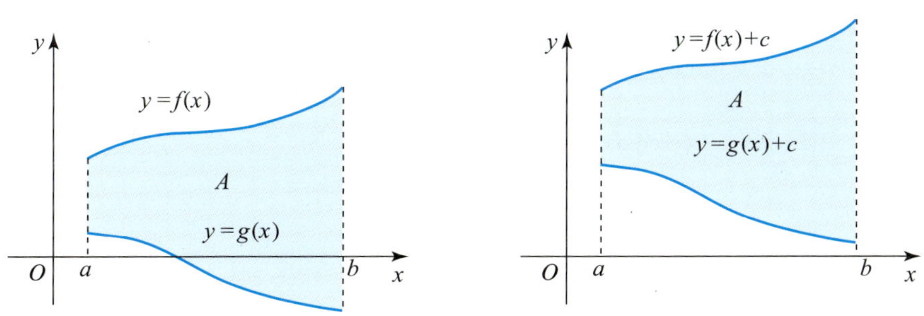

그림 5.1.3

Chapter 5

이 경우에는 〈그림 5.1.3〉의 오른쪽 그림과 같이 두 곡선이 모두 $x$축 위에 있도록 $y$축의 양의 방향으로 적당한 값 $c\,(c>0)$만큼 평행이동하여

$$g(x)+c \geq 0$$

되게 하면

$$f(x)+c \geq g(x)+c \geq 0$$

이고, 두 곡선 $f(x)+c$와 $g(x)+c$ 사이의 면적도 $A$와 같음을 알 수 있다. 따라서, 면적 $A$는 다음과 같이 나타내어진다.

$$\begin{aligned} A &= \int_a^b \{f(x)+c\}dx - \int_a^b \{g(x)+c\}dx \\ &= \int_a^b [\{f(x)+c\}-\{g(x)+c\}]dx \\ &= \int_a^b [f(x)-g(x)]dx \end{aligned}$$

**정리 5.1.1(두 곡선사이의 면적)**

두 함수 $f$와 $g$가 구간 $[a, b]$에서 적분가능하고 $f(x) \geq g(x)$일 때 $[a, b]$ 위에서 두 곡선 사이의 면적 $A$는 다음과 같다.

$$A = \int_a^b \{f(x)-g(x)\}dx$$

**예제 1** 곡선 $y=2-x^2$과 직선 $y=-x$로 둘러싸인 영역의 면적을 구하여라.

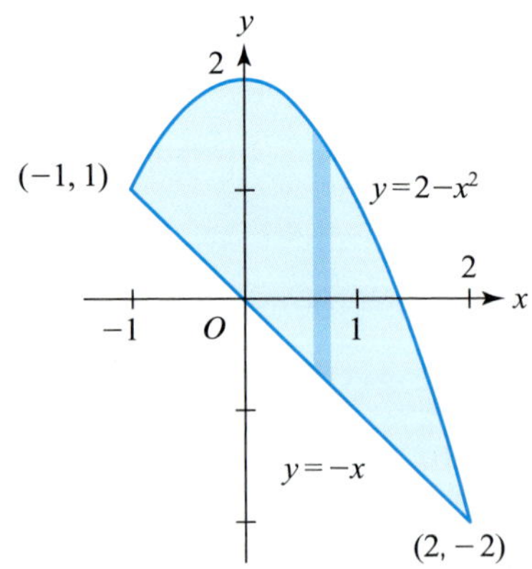

그림 5.1.4

**풀이** 두 그래프의 교점의 $x$좌표를 구하기 위하여

$$2-x^2=-x$$

를 풀면, $x=-1, 2$를 얻는다. 또, 구간 $[-1, 2]$에서

$$2-x^2 \geq -x$$

이므로, 면적은 다음과 같이 계산할 수 있다.

$$\int x^n\,dx = \frac{x^{n+1}}{n+1}+c \quad (n \neq -1)$$

$$\begin{aligned} \int_{-1}^{2}\{(2-x^2)-(-x)\}dx &= \int_{-1}^{2}(2-x^2+x)dx \\ &= \left[2x-\frac{x^3}{3}+\frac{x^2}{2}\right]_{-1}^{2} \\ &= \frac{9}{2} \end{aligned}$$

■

앞에서와 같은 방법으로 두 연속함수 $x = f(y)$, $x = g(y)$에 대하여 $f(y) \geq g(y)$일 때 이 두 곡선과 직선 $y = c$, $y = d$로 둘러싸인 영역의 면적 $A$는 다음과 같이 계산 할 수 있다.

$$A = \int_c^d \{f(y) - g(y)\}dy$$

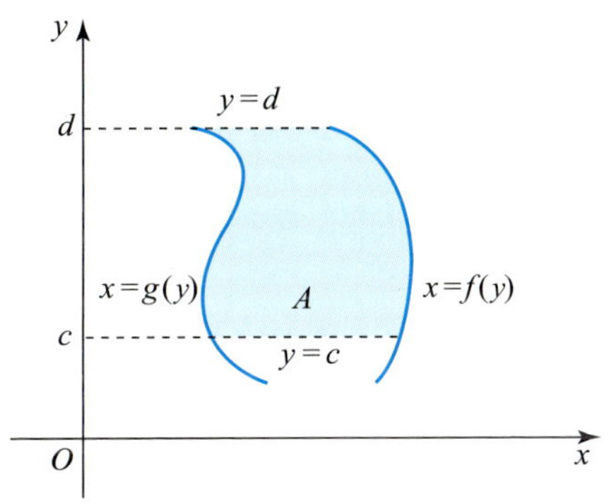


그림 5.1.5

Chapter 5

**예제 2** 포물선 $y^2 = 2x + 6$과 직선 $y = x - 1$로 둘러싸인 영역의 면적을 구하여라.

**풀이** 두 그래프의 교점을 구하면

$$(-1, -2), \quad (5, 4)$$

가 된다. 또, 두 식을 $x$에 관하여 풀면

$$x = \frac{1}{2}y^2 - 3, \quad x = y + 1$$

이고 $-2 \leq y \leq 4$에서

$$\frac{1}{2}y^2 - 3 \leq y + 1$$

이므로, 구하는 면적은 다음과 같다.

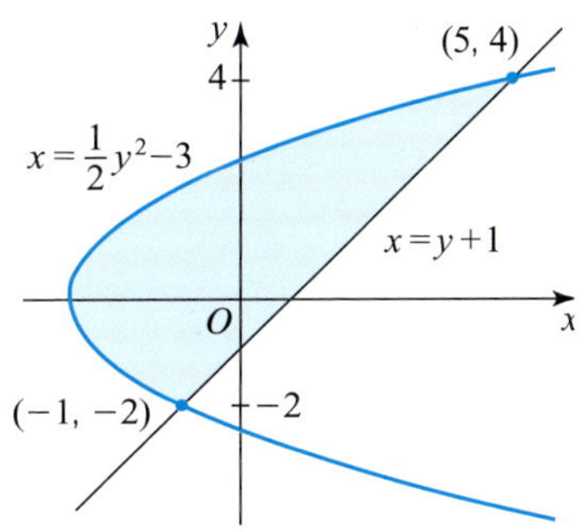


그림 5.1.6

$$\begin{aligned}
&\int_{-2}^{4} \left\{(y+1) - \left(\frac{1}{2}y^2 - 3\right)\right\} \\
&= \int_{-2}^{4} \left(-\frac{1}{2}y^2 + y + 4\right) dy \\
&= \left[-\frac{1}{2} \cdot \frac{y^3}{3} + \frac{y^2}{2} + 4y\right]_{-2}^{4} \\
&= \left(-\frac{1}{6} \cdot 64 + 8 + 16\right) - \left(\frac{4}{3} + 2 - 8\right) \\
&= 18
\end{aligned}$$

■

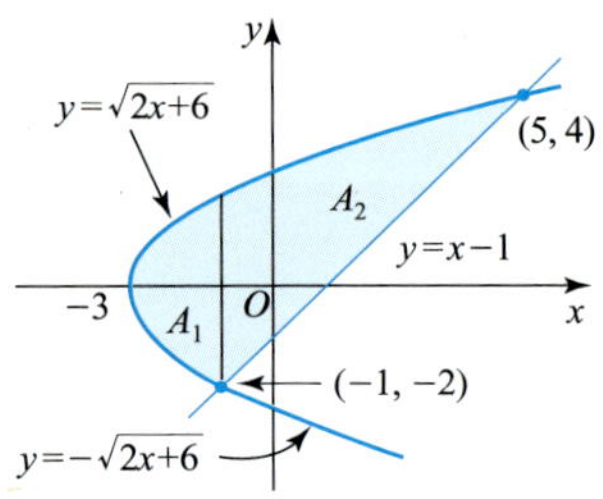


그림 5.1.7

한편, 왼쪽 그림과 같이 영역을 두 부분으로 나누어 $x$에 관하여 적분하면 면적은 다음과 같이 나타내어진다.

$$\begin{aligned} A &= A_1 + A_2 \\ &= \int_{-3}^{-1} \left\{ \sqrt{2x+6} + \sqrt{2x+6} \right\} dx + \int_{-1}^{5} \left\{ \sqrt{2x+6} - (x-1) \right\} dx \end{aligned}$$

그러나, 이 방법보다는 위와 같이 $y$에 관하여 적분하는 계산이 훨씬 편리함을 알 수 있다.

## 매개방정식으로 표시된 영역의 면적

함수 $F$가 $F(x) \geq 0$을 만족할 때 $a$에서 $b$까지 곡선 $y = F(x)$ 아래 영역의 면적은

$$A = \int_a^b F(x)dx$$

로 나타내어진다. 만일 이 곡선이 매개변수 방정식

$$x = f(t), \quad y = g(t), \quad \alpha \leq t \leq \beta$$

로 주어진다고 하면 영역의 넓이는 정적분의 치환공식을 이용하여 다음과 같이 계산할 수 있다.

$$A = \int_a^b y\,dx = \int_\alpha^\beta g(t) f'(t) dt$$

**예제 3** 다음 매개방정식으로 주어지는 곡선 아래의 넓이를 구하여라.

$$x = r(\theta - \sin\theta), \quad y = r(1 - \cos\theta), \quad 0 \leq \theta \leq 2\pi$$

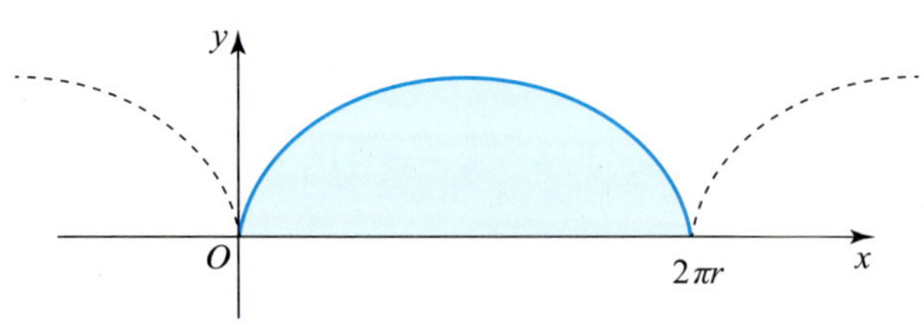


그림 5.1.8

**풀이** $y = r(1 - \cos\theta)$, $dx = r(1 - \cos\theta)d\theta$ 이므로, 구하는 면적은 다음과 같다.

$$\begin{aligned}\int_0^{2\pi r} y\,dx &= \int_0^{2\pi} r(1-\cos\theta)r(1-\cos\theta)\,d\theta \\ &= r^2\int_0^{2\pi}(1-\cos\theta)^2\,d\theta \\ &= r^2\int_0^{2\pi}(1-2\cos\theta+\cos^2\theta)\,d\theta \\ &= r^2\int_0^{2\pi}\left[1-2\cos\theta+\frac{1}{2}(1+\cos 2\theta)\right]d\theta \\ &= r^2\left[\frac{3}{2}\theta-2\sin\theta+\frac{1}{4}\sin 2\theta\right]_0^{2\pi} \\ &= r^2\left(\frac{3}{2}\cdot 2\pi\right) \\ &= 3\pi r^2\end{aligned}$$
■

$$\sin^2\theta = \frac{1-\cos 2\theta}{2}$$
$$\cos^2\theta = \frac{1+\cos 2\theta}{2}$$

Chapter 5

## 연습문제 5.1

**1.** 다음 방정식의 그래프들로 둘러싸인 영역의 면적을 구하여라.

(1) $x$축, $y = 2x - x^2$

(2) $y$축, $x = y^2 - y^3$

(3) $y^2 = x$, $x = 4$

(4) $y = 2x - x^2$, $y = -3$

(5) $x = y^2$, $x = y + 2$

(6) $y = \sin\left(\frac{\pi x}{2}\right)$, $y = x$

(7) $x = y^2$, $x = -2y^2 + 3$

(8) $y = x^2 - 4x$, $y = -x^2$

**2.** $y = x$와 $y = x^3(-1 \le x \le 1)$ 사이의 면적을 구하여라.

**3.** $y = x + 6$, $y = x^3$, $2y + x = 0$으로 둘러싸인 영역의 면적을 구하여라.

**4.** 타원 $\frac{x^2}{a^2} + \frac{y^2}{b^2} = 1$의 면적을 다음 두 가지 방법으로 구하여라.

(1) $x$에 관한 적분 (2) $y$에 관한 적분

**5.** $y = x + 6$, $y = x^3$, $x = 0$으로 둘러싼 영역 $R$을 그리고 그 면적을 구하여라.

**6.** 꼭지점이 $(-1, 4)$, $(2, -2)$, $(5, 1)$인 삼각형의 면적을 적분으로 구하여라.

**7.** 곡선 $y = \frac{1}{x^2}$을 구간 $1 \le x \le 6$에서 다음을 구하여라.

(1) 이 곡선 아래 부분의 면적을 계산하여라.

(2) 직선 $y = c$가 이 면적을 이등분하도록 $c$를 결정하여라.

(3) 직선 $x = d$가 이 면적을 이등분하도록 $d$를 결정하여라.

**8.** 아래 그림의 면적 $A$, $B$, $C$, $D$를 계산하여라. 또, $A+B+C+D$를 한 적분으로 나타내고 계산하여라.

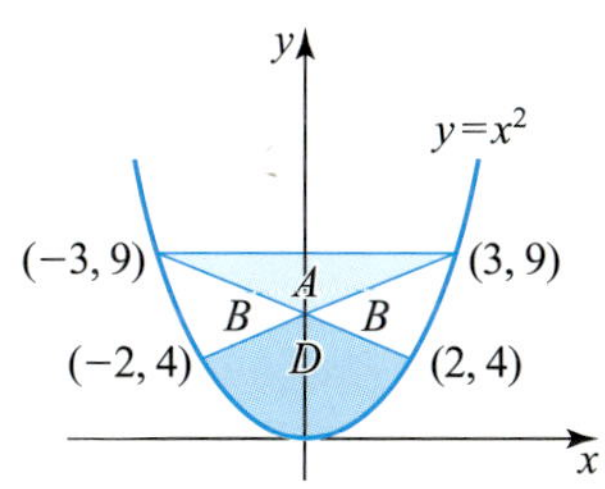


**9.** 아래 그림과 같이 반지름이 각각 $r$, $R$인 두 원으로 둘러싸인 초승달과 같은 영역의 면적을 적분으로 나타내어라.

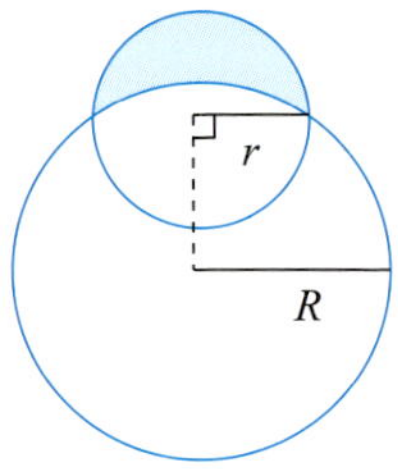


10. 타원의 매개변수 방정식 $x = a\cos\theta,\ y = b\sin\theta$ $(0 \le \theta \le 2\pi)$를 이용하여 타원 내부의 면적을 구하여라.

11. 포물선 $y = x^2 - c^2$과 $y = c^2 - x^2$으로 둘러싸인 영역의 면적이 576일 때 $c$의 값을 구하여라.

12. 곡선 $y = x^2$과 $y = 4$로 둘러싸인 영역을 $y = b$가 이등분할 때 $b$의 값을 구하여라.

13. 구간 $[a, b]$에서 함수 $f(x)$의 평균값은

$$A = \frac{1}{b-a}\int_a^b f(x)\,dx$$

로 주어진다. 구간 $[0, 3]$에서 함수 $f(x) = x^2$의 평균값 $A$를 구하고, 구간 $[0, 3]$에서 곡선 $y = x^2$ 아랫 부분의 면적은 직선 $y = A$ 아랫부분의 면적과 같음을 보여라.

14. 구간 $0 \le x \le 17\pi/6$에서 $y = \sin x$와 $y = \frac{1}{2}$ 사이의 면적을 구하여라.

15. 포물선 $y = x^2$과 포물선 위의 점 $(1, 1)$에서의 접선과 $x$축으로 둘러싸인 영역의 면적을 구하여라.

16. (1) 곡선 $y = \frac{1}{x^2}$로 둘러싸인 영역을 직선 $x = a$가 이등분할 때 $a$의 값을 구하여라.
(2) 위의 (1)의 영역을 직선 $y = b$가 이등분할 때 $b$의 값을 구하여라.

17. 다음 부등식에 의하여 정의된 영역의 면적을 구하여라.

$$x - 2y^2 \ge 0,\quad 1 - x - |y| \ge 0$$

## 5.2 거 리



어떤 물체가 직선 위의 한 점을 출발하여 시간이 $t$일 때 속도 $v = f(t)$로 직선 위를 움직인다고 하자. 또, 속도함수 $f(t)$가 적분가능하고 음이 아닌 함수라고 하자. 속도가 음이 아니라는 것은 물체가 한 방향으로만 움직인다는 것을 의미한다. 이 때 $t = a$와 $t = b$ 사이에서 물체가 이동한 거리를 구하여 보자.

시간이 $t$일 때 물체가 이동한 거리가 $s(t)$일 때 거리를 미분하면 속도가 되므로

$$\frac{ds}{dt} = f(t)$$

가 된다. 이 때, 함수 $f$의 한 역도함수를 $F$라고 하면 다음 식이 성립한다.

$$s(t) = F(t) + c, \quad a \le t \le b \text{ (단, } c\text{는 상수)}$$

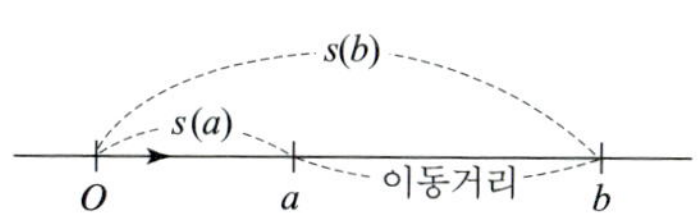


그림 5.2.1

따라서, $t = a$에서 $t = b$까지 이동한 거리는

$$\begin{aligned} s(b) - s(a) &= \{F(b) + c\} - \{F(a) + c\} \\ &= F(b) - F(a) \end{aligned}$$

가 된다. 한편,

$$\int_a^b f(t)\,dt = [F(t)]_a^b = F(b) - F(a)$$

이므로, $t = a$에서 $t = b$까지 이동한 거리는

$$\int_a^b f(t)\,dt$$

로 나타내어진다.

**예제 1** 한 개의 돌덩이가 $t = 0$에서 절벽으로부터 떨어질 때 $t$초 후의 속도가

$$v = 9.8t + 10 \text{(m/sec)}$$

으로 나타내어진다. 이 때, 처음 5초 동안 이 돌이 낙하한 거리를 구하여라.

**풀이** 속도가 음이 아니므로 낙하한 거리는 다음과 같다.

$$\begin{aligned} \int_0^5 (9.8t + 10)\,dt &= \left[4.9t^2 + 10t\right]_0^5 \\ &= 122.5 + 50 = 172.5\text{(m)} \end{aligned}$$

■

## 변위와 운행거리

이제 속도함수 $f(t)$가 양이나 음이 되는 일반적인 경우를 생각하여 보자.

속도 $f(t)$의 부호가 변하면 물체는 반대방향으로 움직이게 된다. 따라서, 적분값 $\int_a^b f(t)dt$는 시간 $t=a$일 때의 물체의 위치와 시간 $t=b$일 때의 위치 사이의 거리가 된다. 이것을 이 시간 구간 $[a, b]$에서의 물체의 변위(displacement)라고 한다. 또, 물체가 주어진 시간 내에 실제로 이동한 총 거리를 운행거리라고 한다.

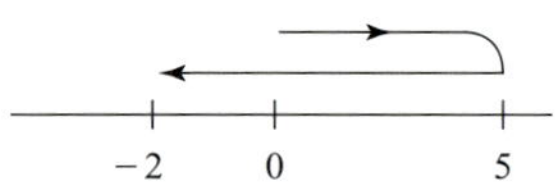

그림 5.2.2

일반적으로 속도의 부호가 변하면 변위와 운행거리는 일치하지 않는다. 이를테면, 물체가 앞으로 가는 것을 양으로 나타낼 때 앞으로 5 m 움직이고 그 다음 뒤로 7 m 움직이면 변위는 −2 m이지만 운행거리는 모두 12 m이다.

따라서, 운행거리는 속도의 절대값을 적분하여 계산하면 된다. 즉, 시간 구간 $[a, b]$에서의 운행거리는

$$\int_a^b |f(t)|dt$$

로 나타내어진다. 속도의 크기 $|f(t)|$를 물체의 속력(speed)이라고 한다. 따라서, 운행거리는 물체의 속력을 시간에 관하여 적분한 값이다.

**정리 5.2.1(변위와 운행거리)**

직선 위를 운동하는 물체의 속도함수 $f(t)$가 $a \le t \le b$에서 적분가능하면 물체의 변위와 운행거리는 다음과 같다.

$$\text{변위} = \int_a^b f(t)dt$$

$$\text{운행거리} = \int_a^b |f(t)|dt$$

**예제 2** 직선 위를 운동하는 물체의 $t$초 후의 위치를 $s(t)$, 속도를 $v(t)$라고 하면 다음 식을 만족한다고 한다.

$$\frac{ds}{dt} = v(t) = 2\cos \pi t \text{ (m/sec)}, \qquad s(0) = 3.$$

이 때, 위치함수 $s(t)$를 구하여라. 또 $t=0$에서 $t=\frac{3}{2}$까지 물체의 변위와 운행거리를 구하여라.

**풀이** $\frac{d}{dt}\left(\frac{2}{\pi}\sin\pi t\right) = 2\cos\pi t$이므로, $s(t)$는 다음과 같이 나타내어진다.

$$s(t) = \frac{2}{\pi}\sin \pi t + c \quad (c\text{는 상수})$$

$3 = s(0) = 0 + c = c$ 이므로 $c = 3$ 이다. 그러므로 $t$초 후의 물체의 위치는 다음과 같다.

$$s(t) = \frac{2}{\pi}\sin\pi t + 3.$$

또, 시간 $t = 0$부터 $t = \frac{3}{2}$까지의 변위와 운행거리는 다음과 같다.

$$\begin{aligned} \text{변위} &= \int_0^{3/2} 2\cos\pi t\, dt = \left[\frac{2}{\pi}\sin\pi t\right]_0^{3/2} \\ &= -\frac{2}{\pi}\,(\mathrm{m}) \end{aligned}$$

$$\begin{aligned} \text{이동거리} &= \int_0^{3/2} |2\cos\pi t|\, dt \\ &= \int_0^{1/2} 2\cos\pi t\, dt + \int_{1/2}^{3/2} (-2\cos\pi t)\, dt \\ &= \left[\frac{2}{\pi}\sin\pi t\right]_0^{1/2} + \left[-\frac{2}{\pi}\sin\pi t\right]_{1/2}^{3/2} \\ &= \frac{6}{\pi}\,(\mathrm{m}) \end{aligned}$$

■

## 연습문제 5.2

**1.** 함수 $v = f(t)$는 시간 $t$초 후의 운동체의 속도를 나타낸다. 주어진 구간에서 운동체의 변위와 운행거리를 구하여라.

(1) $v = 2t + 3,\ 0 \le t \le 1$

(2) $v = t - \frac{6}{t^2},\ 1 \le t \le 3$

(3) $v = |t - 1|,\ 0 \le t \le 2$

(4) $v = 3\sin t,\ 0 \le t \le \frac{\pi}{2}$

(5) $v = 4\cos 2t,\ 0 \le t \le \pi$

(6) $v = \sin t + \cos t,\ 0 \le t \le \pi$

**2.** 함수 $a = f(t)$는 운동체의 가속도($\mathrm{m/sec^2}$)이고 $v_0$는 $t = 0$일 때의 속도이다. $t = 0$에서 $t = 2$ 사이에 운동체의 운행거리를 구하여라.

(1) $a = \sin t,\ v_0 = 1$

(2) $a = g$(상수), $v_0 = 0$

(3) $a = \sqrt{4t+1},\ v_0 = -\frac{1}{3}$

(4) $a = \frac{1}{\sqrt{2t+1}},\ v_0 = 1$

**3.** 시간 $t$일 때 운동체의 속도 $v = f(t)$는 각각 다음 식으로 주어진다. 위치함수 $s(t)$를 구하여라. 또, 변위와 운행거리를 구하여라.

(1) $v = \cos t\ (0 \le t \le 2\pi),\ s(0) = 1$

(2) $v = 3\sin\pi t\left(0 \le t \le \frac{3}{2}\right),\ s(0) = 0$

**4.** 어떤 물체가 직선을 따라서 움직이는 데, 시간 $t$일 때의 속도가 $v(t) = 3t^2 - 24t + 36$(m/sec)이다. 시간 $-1 \le t \le 9$ 동안 이 물체의 변위와 운행거리를 구하여라.

**5.** 속도가 $v(t) = \frac{1}{2} + \sin 2t$일 때, 시간 $0 \le t \le \frac{3\pi}{2}$ 사이에 물체의 변위와 운행거리를 구하여라.

**6.** $t = 0$일 때 $s = 0$에서 출발하여, 어떤 물체가 직선을 따라서 움직이는데, 시간 $t$일 때의 속도가 $v(t) = 2t -$

4(cm/sec)이다. $s = 12$에 이르기까지 시간이 얼마나 걸리는가? 또, 운행거리가 12 cm가 되기까지는 시간이 얼마나 걸리는가?

**7.** 두 대의 자동차 $A, B$가 정지 상태에서 동시에 출발하여 가속한다. 다음 그림은 두 자동차의 속도함수에 대한 그래프를 나타낸다.

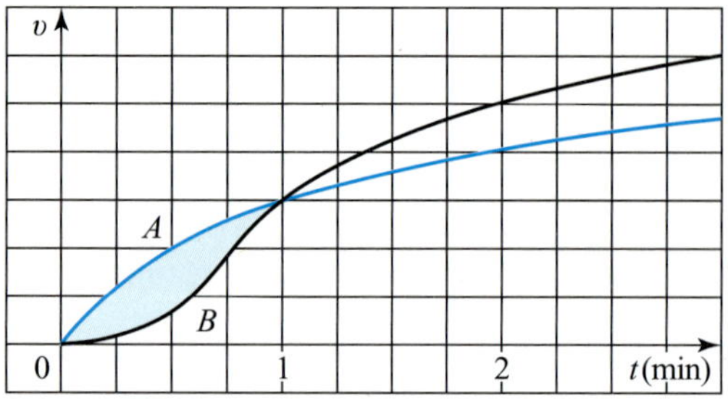


(1) 1분 후에 어떤 차가 앞서는가? 설명하여라

(2) 색칠한 영역의 넓이가 무엇을 의미하는가?

(3) 두 대의 자동차가 다시 만나는 시간을 계산하여라.

## 5.3 단면적에 의한 입체의 체적



$x$축 위의 점 $x(a \le x \le b)$ 에서 $x$축에 수직인 평면으로 자른 단면적이 $A(x)$ 인 입체의 체적을 구하여 보자.

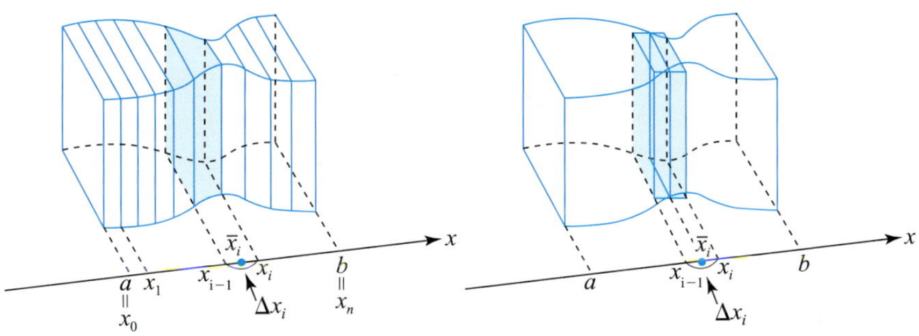

그림 5.3.1

먼저 구간 $[a, b]$의 분할 $P = \{a = x_0 < x_1 < \ldots < x_n = b\}$를 선택하고 각 소구간 $[x_{i-1}, x_i]$에서 표본점 $\bar{x}_i$를 잡는다. 이제 $x$축에 수직이고 각 분할점 $x_i$를 지나는 평면으로 입체를 자르면 얇은 평판들이 생긴다. 이때, 한 평판의 체적 $\Delta V_i$의 근삿값으로 밑면의 면적이 $A(\bar{x}_i)$이고 높이가 $\Delta x_i = x_i - x_{i-1}$인 기둥의 체적을 생각한다. 즉,

$$\Delta V_i \approx A(\bar{x}_i)\Delta x_i$$

이 때, 잘려진 각 평판의 근삿값을 합하면 입체의 체적 $V$의 근삿값을 얻을 수 있다. 즉,

$$V \approx \sum_{i=1}^{n} A(\bar{x}_i)\Delta x_i$$

여기서 분할의 크기 $\|P\|$을 0에 가까워지도록 분할을 세분하면 이 근삿값은 점점 입체의 체적 $V$에 가까워진다. 따라서, $A(x)$가 구간 $[a, b]$에서 적분가능하면 다음 식을 얻는다.

$$V = \lim_{\|P\| \to 0} \sum_{i=1}^{n} A(\bar{x}_i)\Delta x_i = \int_a^b A(x)\, dx$$

**정리 5.3.1(입체의 체적)**

$x$축 위의 점 $x$를 지나고 $x$축에 수직인 평면으로 자른 단면적이 $A(x)$ $(a \le x \le b)$인 입체의 체적 $V$는 다음과 같다.

$$V = \int_a^b A(x)dx$$

**예제 1** $y = \sqrt{x}$, $x$축 및 $x = 4$로 둘러싸인 영역을 $x$축에 관 하여 회전할 때 생기는 입체의 체적을 구하여라.

**풀이** $x$축 위의 점 $x$를 지나는 입체의 단면은 반지름 $\sqrt{x}$인 원이므로 단면적은 다음과 같다.

$$A(x) = \pi(\sqrt{x})^2 = \pi x, \quad 0 \le x \le 4.$$

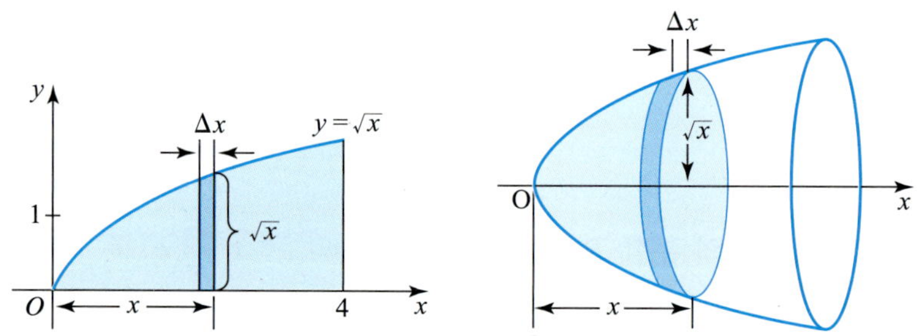


그림 5.3.2

따라서, 체적은 다음과 같이 계산된다.

$$V = \int_0^4 \pi x\,dx = \pi\left[\frac{x^2}{2}\right]_0^4 = 8\pi.$$

■

**예제 2** 곡선 $y = x^3$, $y$축 및 직선 $y = 3$으로 둘러싸인 영역을 $y$축에 관하여 회전할 때 생기는 입체의 체적을 구하여라.

**풀이** $y$축 위의 점 $y$를 지나고 $y$축에 수직인 평면으로 자른 단면은 반지름 $y^{\frac{1}{3}}$인 원이므로 단면적은 다음과 같다.

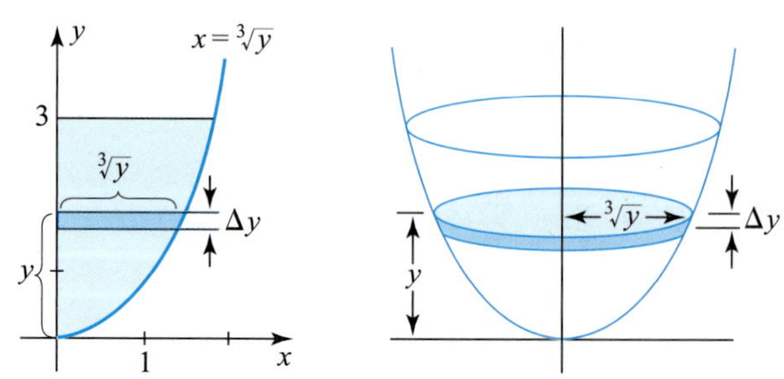


그림 5.3.3

$$A(y) = \pi(y^{1/3})^2 = \pi y^{2/3}, \quad 0 \le y \le 3.$$

따라서, 체적은 다음과 같이 계산된다.

$$V = \int_0^3 \pi y^{2/3}\,dy = \pi\left[\frac{3}{5}y^{5/3}\right]_0^3 = \frac{9\sqrt[3]{9}}{5}\pi.$$

■

Chapter 5

**예제 3** 두 포물선 $y = x^2$과 $y^2 = 8x$로 둘러싸인 영역을 $x$축에 관하여 회전할 때 생기는 입체의 체적을 구하여라.

**풀이** $x$축 위의 점 $x$를 지나는 단면은 반지름 $\sqrt{8x}$인 원과 반지름 $x^2$인 두 동심원 사이의 부분이 되므로 단면적은 다음과 같다.

$$A(x) = \pi\{(\sqrt{8x})^2 - (x^2)^2\} = \pi(8x - x^4), \quad 0 \le x \le 2.$$

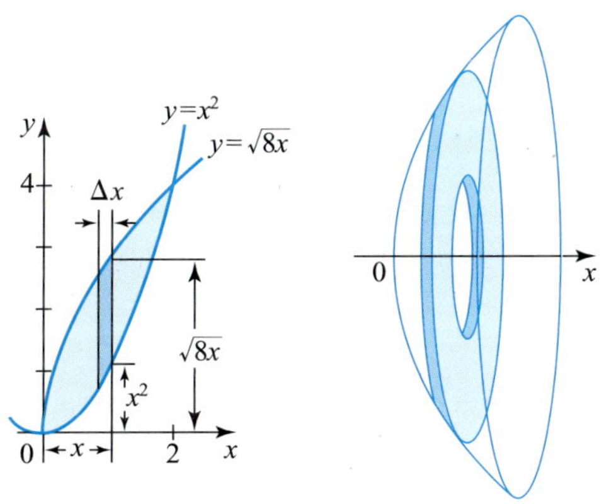


그림 5.3.4

따라서, 체적은 다음과 같이 계산된다.

$$V = \pi\int_0^2 (8x - x^4)\,dx = \pi\left[\frac{8x^2}{2} - \frac{x^5}{5}\right]_0^2 = \frac{48\pi}{5}$$

■

**예제 4** 포물선 $y = 4 - x^2$과 $x$축으로 둘러싸인 영역을 다음 직선에 관하여 회전할 때 생기는 입체의 체적을 구하여라.

(1) 직선 $x = 3$ (2) 직선 $y = -3$

**풀이** (1) $y = 4 - x^2$을 $x$에 관하여 풀면 $x = \pm\sqrt{4-y}$이다. 따라서, $y$축 위의 점 $y$를 지나고 $y$축에 수직인 평면으로 자른 단면은 바깥 반지름 $(3 + \sqrt{4-y})$인 원과 안쪽 반지름 $(3 - \sqrt{4-y})$인 두 동심원 사이의 부분이므로 단면적은 다음과 같다.

$$A(y) = \pi\{(3 + \sqrt{4-y})^2 - (3 - \sqrt{4-y})^2\}$$

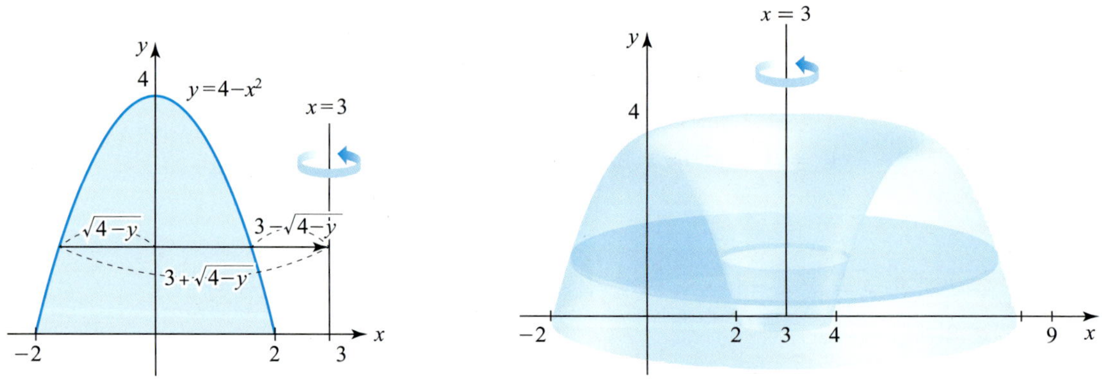


그림 5.3.5

따라서, 체적 $V$는 다음과 같이 계산된다.

$$
\begin{aligned}
V &= \int_0^4 \pi \left\{\left(3+\sqrt{4-y}\right)^2 - \left(3-\sqrt{4-y}\right)^2\right\} dy \\
&= 12\pi \int_0^4 \sqrt{4-y}\, dy \\
&= 64\pi
\end{aligned}
$$

(2) $x$축 위의 점 $x$를 지나는 단면은 두 동심원 사이의 부분이된다. 바깥 원의 반지름은 회전축 $y = -3$으로부터 곡선 $y = 4 - x^2$까지의 거리

$$(4 - x^2) - (-3) = 7 - x^2$$

이고, 안 쪽 원의 반지름은 회전축과 $x$축까지의 거리 3과 같으므로, 단면적은 다음과 같다.

$$A(x) = \pi\{(7 - x^2)^2 - 3^2\}$$

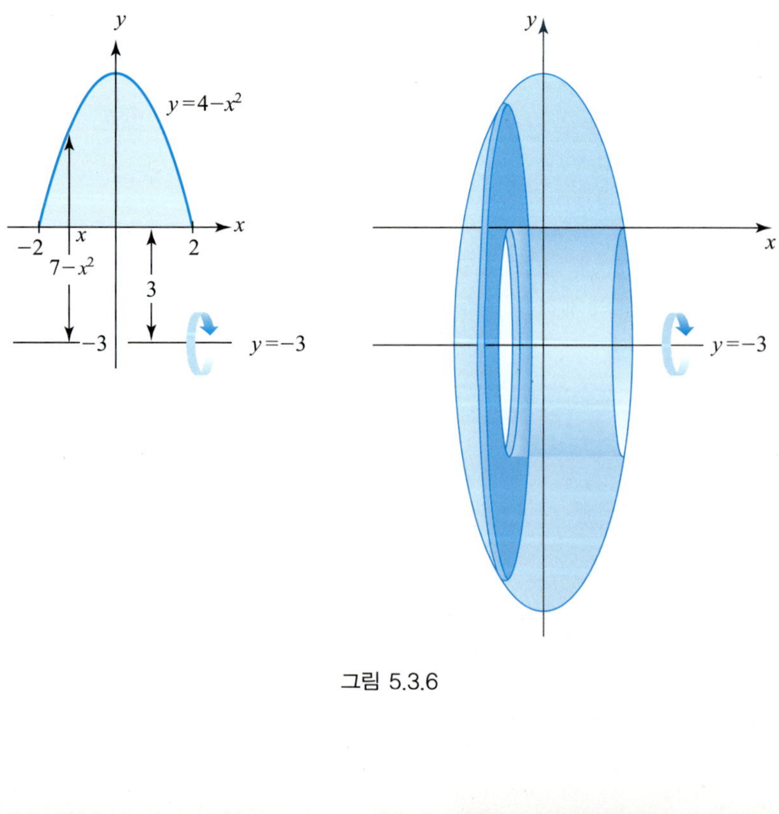


그림 5.3.6

따라서, 체적 $V$는 다음과 같이 계산된다.

$$V = \int_{-2}^{2} \pi \{(7 - x^2)^2 - 3^2\} dx = \frac{1472}{15}\pi$$ ■

지금까지는 단면이 원인 입체의 체적을 구하였으나 단면이 삼각형이거나 사각형등 일반적인 경우에도 같은 방법으로 체적을 구할 수 있다.



**예제 5** 멤피스의 피라미드의 밑면은 한 변의 길이가 약 180 m인 정사각형이고, 그 높이는 약 100 m라고 한다. 이 피라미드의 체적을 구하여라.

**풀이** 지상으로부터 높이가 $x$(m)인 점을 지나고 밑면에 수평인 평면으로 자르면 단면은 정사각형이 된다. 단면의 한 변의 길이를 $a$(m)라고 하면 잘려진 윗부분의 입체와 본래의 입체는 닮은 꼴이므로 두 입체의 높이의 비는 정사각형의 한 변의 길이의 비와 같다. 따라서,

$$(100 - x) : 100 = a : 180$$

가 성립한다. 이 식으로부터

$$a = \frac{9}{5}(100 - x)$$

를 얻는다. 따라서, 단면적은 다음과 같다.

$$A(x) = a^2 = \frac{81}{25}(100 - x)^2$$

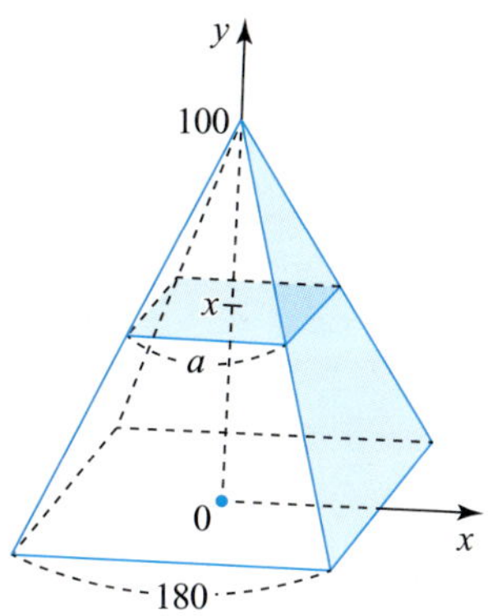

그림 5.3.7

따라서, 체적 $V$는 다음과 같이 계산된다.

$$\begin{aligned} V &= \int_{0}^{100} \frac{81}{25}(100 - x)^2 dx \\ &= \frac{81}{25}\int_{0}^{100} (10000 - 200x + x^2) dx \\ &= \frac{81}{25}\left[10000x - 100x^2 + \frac{x^3}{3}\right]_0^{100} \\ &= 1{,}080{,}000(\text{m}^3) \end{aligned}$$ ■

**예제 6** 함수 $y = \sin x (0 \le x \le \pi)$의 그래프와 $x$축으로 둘러싸인 영역을 밑면으로 하는 입체가 있다. $x$축에 수직으로 자른 단면이 정삼각형일 때 이 입체의 체적을 구하여라.

**풀이** 입체를 $x$축에 수직인 평면으로 자르면 단면은 한 변의 길이가 $\sin x$인 정삼각형이 된다. 그러므로, 단면적은 다음과 같다.

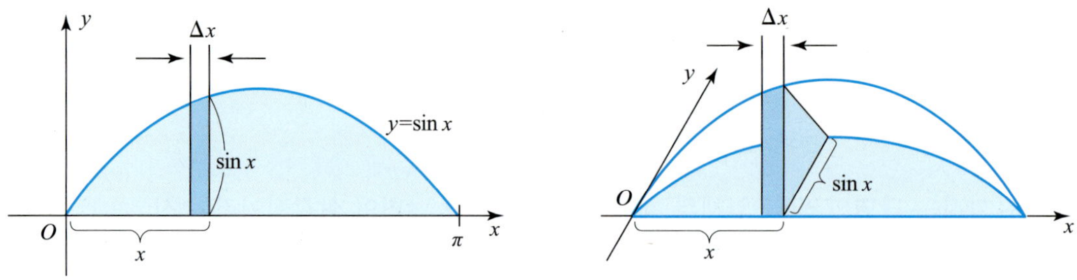


그림 5.3.8

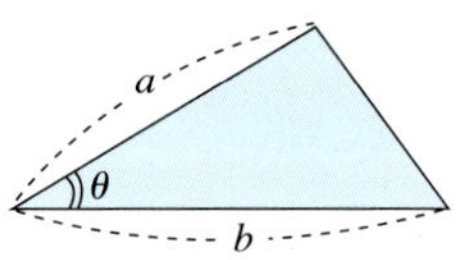


$S = \frac{1}{2}ab\sin\theta$

$\sin^2 x = \frac{1-\cos 2x}{2}$

$$\begin{aligned} A(x) &= \frac{1}{2}\cdot \sin x \cdot \sin x \cdot \sin\frac{\pi}{3} \\ &= \frac{\sqrt{3}}{4}\cdot\frac{1-\cos 2x}{2} \qquad (0 \le x \le \pi). \end{aligned}$$

따라서, 구하는 체적 $V$는 다음과 같이 계산할 수 있다.

$$\begin{aligned} V &= \frac{\sqrt{3}}{4}\int_0^\pi \frac{1-\cos 2x}{2}\,dx \\ &= \frac{\sqrt{3}}{8}\int_0^\pi (1-\cos 2x)\,dx \\ &= \frac{\sqrt{3}}{8}\left[x - \frac{1}{2}\sin 2x\right]_0^\pi \\ &= \frac{\sqrt{3}}{8}\pi. \end{aligned}$$

■

## 연습문제 5.3

**1.** 다음 그림의 영역을 $x$축에 관하여 회전할 때 생기는 입체의 체적을 구하여라.

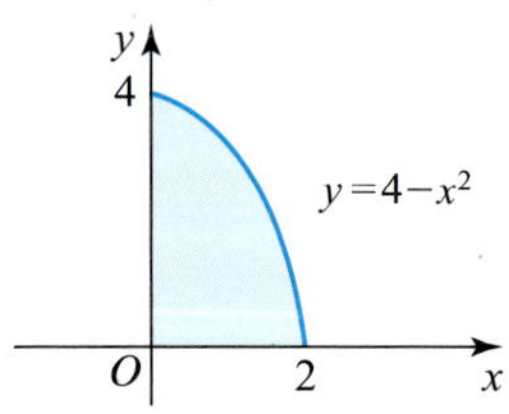


**2.** (1) 다음 그림의 영역을 $x$축에 관하여 회전할 때 생기는 입체의 체적을 구하여라.

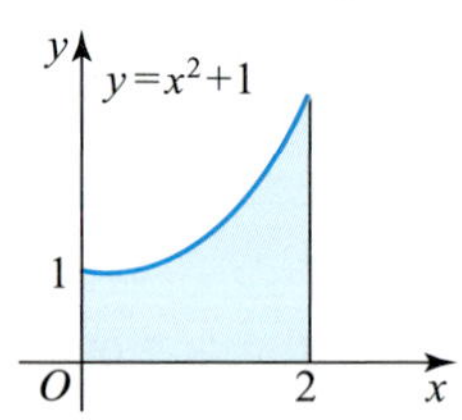


(2) 위의 그림의 영역을 $y$축에 관하여 회전할 때 생기는 입체의 체적을 구하여라.

**3.** 다음의 방정식들의 그래프들로 둘러싸인 영역을 $x$축에 관하여 회전할 때 생기는 입체의 체적을 구하여라.

(1) $y = \frac{x^2}{4}$, $x = 4$, $y = 0$

(2) $y = \frac{1}{x}$, $x = 1$, $x = 4$, $y = 0$

(3) $y = \sqrt{4-x^2}$, $y = 0$, $x = -1$, $x = 2$

**4.** 다음의 방정식들의 그래프들로 둘러싸인 영역을 $y$축에 관하여 회전할 때 생기는 입체의 체적을 구하여라.

(1) $x = y^2$, $x = 0$, $y = 2$

(2) $x = \sqrt{y}$, $y = 4$, $x = 0$

(3) $x = y^{\frac{3}{2}}$, $y = 4$, $x = 0$

**5.** 타원 $\dfrac{x^2}{a^2} + \dfrac{y^2}{b^2} = 1(0 < b < a)$의 $x$축 윗부분과 $x$축으로 둘러싸인 영역을 $x$축에 관하여 회전할 때 생기는 입체의 체적을 구하여라.

**6.** 직선 $x-2y = 0$과 포물선 $y^2-2x = 0$으로 둘러싸인 영역을 $x$축에 관하여 회전할 때 생기는 입체의 체적을 구하여라.

**7.** 직선 $y = 4x$와 포물선 $y = 4x^2$으로 둘러싸인 영역을 $y$축에 관하여 회전할 때 생기는 입체의 체적을 구하여라.

**8.** $x^2+y^2 = 4$의 내부를 밑면으로 하는 입체도형이 있다. $x$축에 수직으로 자른 단면이 정사각형일 때 이 입체의 체적을 구하여라.

**9.** 함수 $y = \sqrt{\cos x}$, $-\dfrac{\pi}{2} \le x \le \dfrac{\pi}{2}$의 그래프와 $x$축으로 둘러싸인 영역을 밑면으로 하는 입체가 있다. $x$축에 수직으로 자른 단면이 정사각형일 때 이 입체의 체적을 구하여라.

**10.** (1) 제 1사분면 내에서 곡선 $y^2 = x^3$, 직선 $x = 4$ 그리고 $x$축으로 둘러싸인 영역을 직선 $x = 4$에 관하여 회전할 때 생기는 입체의 체적을 구하여라.

(2) 위 영역을 직선 $y = 8$에 관하여 회전할 때 생기는 입체의 체적을 구하여라.

**11.** 반지름이 $r$인 두 구의 중심이 각각 다른 구의 표면 위에 놓여 있을 때 두 구가 공유하고 있는 입체의 부피를 구하여라.

**12.** 지름이 30 cm인 반구 모양의 용기 속에 지름이 10 cm인 공을 놓고 물을 $h$ cm 깊이로 채웠을 때, 용기속의 물의 체적을 구하여라.

**13.** (1) 다음 그림과 같이 반지름이 $r$, $R$인 토러스(도넛 형태의 입체)의 체적을 구하는 적분식을 구하여라.

(2) 적분식을 넓이로 해석하여 원환체의 체적을 구하여라.

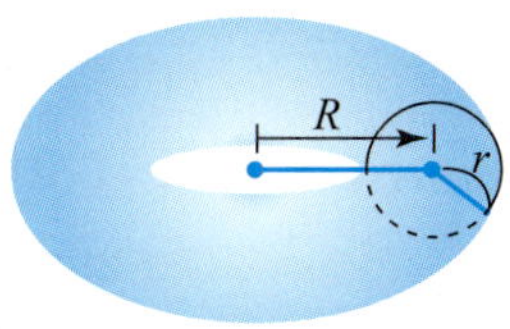


**14.** 어떤 입체의 밑면은 곡선 $y = 1-x^2$과 $y = 1-x^4$으로 둘러싸인 영역이고 이 입체의 $x$축에 수직인 평면으로 자른 모든 단면이 정사각형이다. 이 입체의 부피를 구하여라.

## 5.4 원주각에 의한 회전체의 체적

오른 쪽 그림과 같이 포물선 $y = 4 - x^2$ 과 $x$축으로 둘러싸인 영역을 직선 $x = 3$에 관하여 회전할 때 생기는 회전체의 체적 $V$는 5.3절 예제 4에서 단면적을 적분하여

$$V = \int_0^4 \pi \left\{\left(3 + \sqrt{4 - y}\right)^2 - \left(3 - \sqrt{4 - y}\right)^2\right\} dy$$

로 구하였다. 이와 같이 $y$에 관하여 적분하는 것 보다는 $x$에 관하여 적분하여 보다 쉽게 체적을 구할 수 있는 방법을 알아 보자.

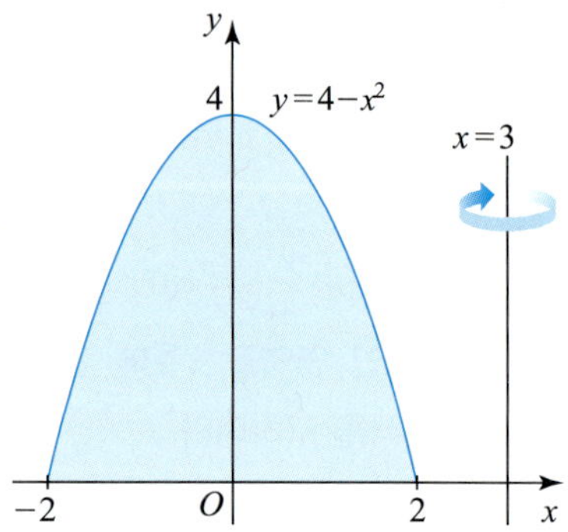

그림 5.4.1

### y축을 회전축으로 한 회전체의 체적

먼저, 영역 $R$가 구간 $[a, b]$ 위에서 곡선 $y = f(x)$와 $x$축으로 둘러싸여 있고 $f(x) \geq 0$일 때 이 영역을 $y$축에 관하여 회전할 때 생기는 회전체의 체적을 구하여 보자.

구간 $[a, b]$의 분할 $P = \{a = x_0 < x_1 < \ldots < x_n = b\}$를 선택하고, 각 소구간 $[x_{i-1}, x_i]$에서 표본점 $\bar{x}_i$를 잡는다. 또, $f(\bar{x}_i)$를 높이로 하는 직사각형을 만들고 이것을 $y$축에 관하여 회전하면 그림 5.4.3과 같이 두 원기둥 사이의 얇은 껍질이 생긴다. 이것을 원주각(cylindrical shell)이라고 한다.

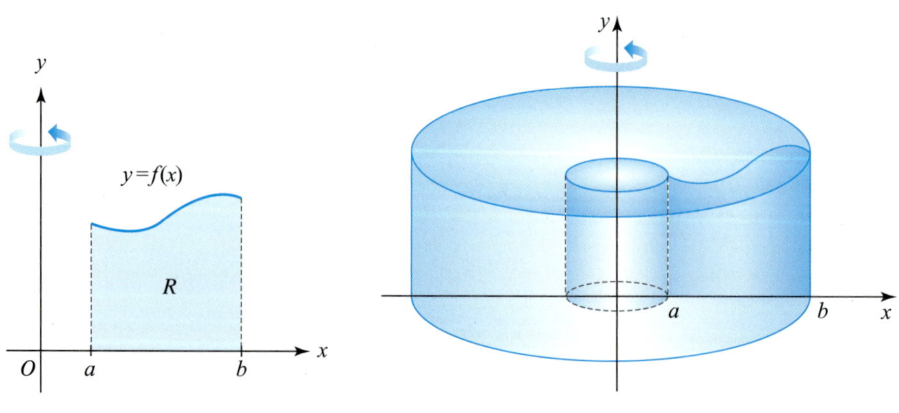

그림 5.4.2

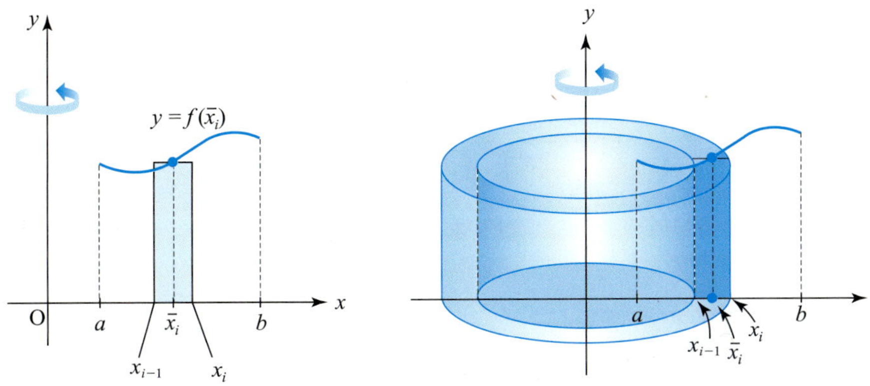


그림 5.4.3

이 원주각의 옆면을 세로로 잘라 펼치면 그림 5.4.4와 같이 얇은 직사각형판과 가까운 모양이 된다. 이때, 펼쳐진 직사각형판의 가로의 길이는 원주각의 둘레의 길이와 같으므로 그 길이는 $2\pi \bar{x}_i$가 된다.

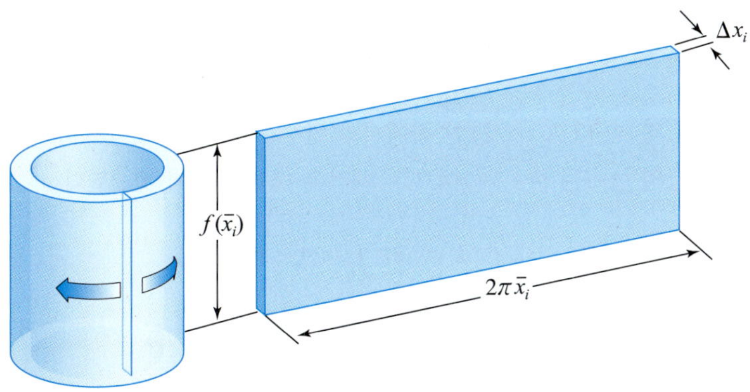


그림 5.4.4

따라서, $i$번째 소구간 $[x_{i-1}, x_i]$에 대한 원주각의 체적 $V_i$의 근삿값은

$$V_i \approx \underset{\text{가로}}{(2\pi \bar{x}_i)} \times \underset{\text{높이}}{f(\bar{x}_i)} \times \underset{\text{두께}}{\Delta x_i}$$

이므로, 회전체의 체적 $V$의 근삿값을 구하면

$$V \approx \sum_{i=1}^{n} V_i \approx \sum_{i=1}^{n} 2\pi \bar{x}_i f(\bar{x}_i) \Delta x_i$$

가 된다. 여기서 $\|P\| \to 0$일 때 원주각의 체적의 합은 회전체의 체적 $V$에 가까워지므로 정적분의 정의에 의해서 다음 식을 얻는다.

$$\begin{aligned} V &= \lim_{\|P\|\to 0}\sum_{i=1}^{n} 2\pi \bar{x}_i f(\bar{x}_i)\Delta x_i \\ &= \int_a^b 2\pi x f(x)\,dx \\ &= 2\pi \int_a^b \underset{\uparrow}{x}\ \underset{\uparrow}{f(x)}\,dx \end{aligned}$$

반지름 높이

**정리 5.4.1(회전체의 체적)**

구간 $[a, b]$에서 적분가능한 함수 $y = f(x)$와 $x$축 및 두 직선 $x = a$, $x = b$로 둘러싸인 영역을 $y$축에 관하여 회전할 때 생기는 회전체의 체적 $V$는 다음과 같다.

$$V = 2\pi \int_a^b x f(x)\,dx \quad (\text{단, } f(x) \ge 0)$$

**예제 1** 곡선 $y = 4 - x^2$과 $x$축, $y$축으로 둘러싸인 제 1사분면의 영역을 $y$축에 관하여 회전할 때 생기는 회전체의 체적을 구하여라.

**풀이** $x$축 위의 점 $x(-2 \le x \le 2)$인 점에서의 원주각의 반지름은 $y$축까지의 거리 $x$이고 원주각의 높이는 $(4 - x^2)$이므로, 체적은 다음과 같이 계산된다.

$$\begin{aligned} V &= 2\pi \int_0^2 x(4 - x^2)\,dx \\ &= 2\pi \int_0^2 (4x - x^3)\,dx \\ &= 2\pi \left[2x^2 - \frac{x^4}{4}\right]_0^2 \\ &= 8\pi. \end{aligned}$$

■

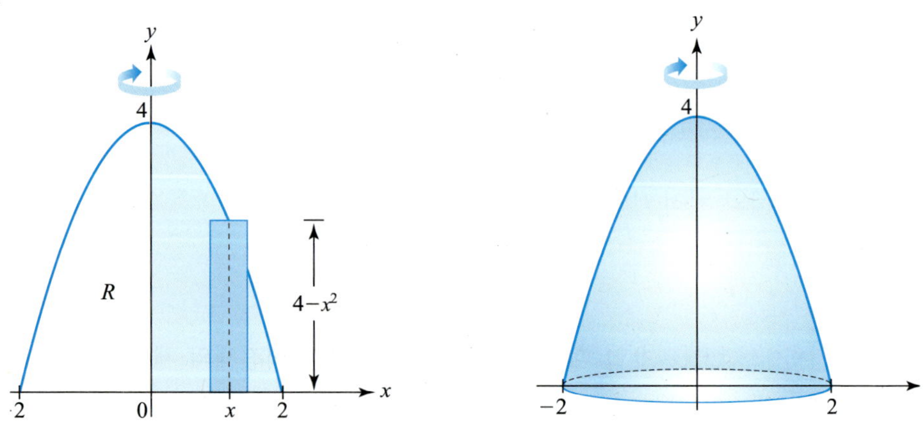


그림 5.4.5

**예제 2** 제 1사분면 내에서 직선 $y = x$와 포물선 $y = x^2$에 의하여 둘러싸인 영역을 $y$축에 관하여 회전할 때 생기는 입체의 체적을 구하여라.

**풀이** 직선 $y = x$와 포물선 $y = x^2$의 교점의 $x$좌표는

$$x = 0,\ x = 1$$

이다. 또, 점 $x(0 \le x \le 1)$에서의 원주각의 반지름은 $x$이고 높이는 $(x - x^2)$이므로, 구하는 체적은 다음과 같다.

$$\begin{aligned} V &= 2\pi \int_0^1 x(x - x^2)\,dx \\ &= 2\pi \int_0^1 (x^2 - x^3)\,dx \\ &= 2\pi \left[\frac{x^3}{3} - \frac{x^4}{4}\right]_0^1 \\ &= \frac{\pi}{6} \end{aligned}$$

■

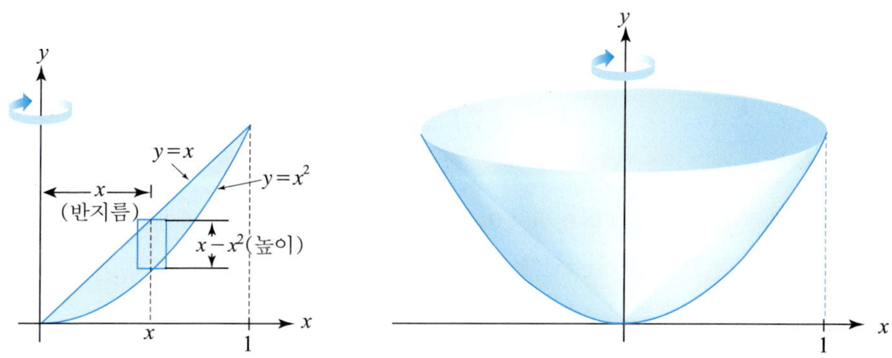


그림 5.4.6

앞의 5.3절 예제 4의 회전체에 대한 체적을 원주각에 의한 방법으로 구하여 보자.

**예제 3** 포물선 $y = 4 - x^2$과 $x$축에 의하여 둘러싸인 영역을 직선 $x = 3$에 관하여 회전할 때 생기는 입체의 체적을 구하여라.

**풀이** $x$축 위의 점 $x$에서의 원주각의 반지름은 점 $x$에서 회전축 $x = 3$까지의 거리 $(3 - x)$이고 높이는 $(4 - x^2)$이므로, 회전체의 체적은 다음과 같이 계산된다.

$$\begin{aligned} V &= 2\pi \int_{-2}^{2} (3 - x)(4 - x^2)\,dx \\ &= 2\pi \int_{-2}^{2} (x^3 - 3x^2 - 4x + 12)\,dx \\ &= 64\pi \end{aligned}$$

■

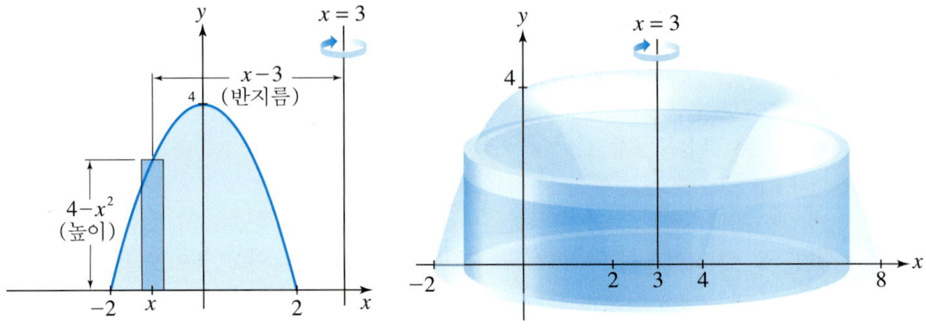


그림 5.4.7

## $x$축을 회전축으로 한 회전체의 체적

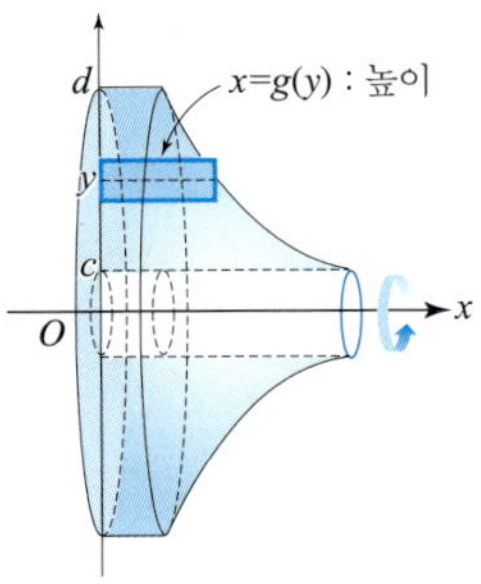


그림 5.4.8

주어진 영역을 $x$축에 관하여 회전할 때 생기는 입체의 체적을 구할 때에도 $y$축에 관하여 회전하는 경우와 같은 방법으로 그 체적을 구할 수 있다.

즉, 함수 $x = g(y)$와 $y$축 및 두 직선 $y = c$, $y = d$로 둘러싸인 부분을 $x$축에 관하여 회전할 때 생기는 입체의 체적은 다음 식으로 구할 수 있다.

$$V = 2\pi \int_c^d y\,g(y)\,dy$$

**예제 4** 직선 $y = \frac{r}{h}x$, $(r > 0,\ h > 0)$, $x$축 및 직선 $x = h$로 둘러싸인 영역을 $x$축에 관하여 회전할 때 생기는 입체(원뿔)의 체적을 구하여라.

**풀이** (방법 1) 단면적에 의한 방법

$x$축 위의 점 $x$를 지나고 $x$축에 수직인 평면으로 자른 단면은 반지름 $\frac{r}{h}x$인 원이므로 단면적은

$$A(x) = \pi\left(\frac{r}{h}x\right)^2 = \frac{\pi r^2}{h^2}x^2$$

가 된다. 따라서, 체적 $V$는 다음과 같이 계산된다.

$$V = \frac{\pi r^2}{h^2}\int_0^h x^2\,dx = \frac{\pi r^2}{h^2}\left[\frac{x^3}{3}\right]_0^h = \frac{\pi r^2 h^3}{3h^2} = \frac{1}{3}\pi r^2 h$$

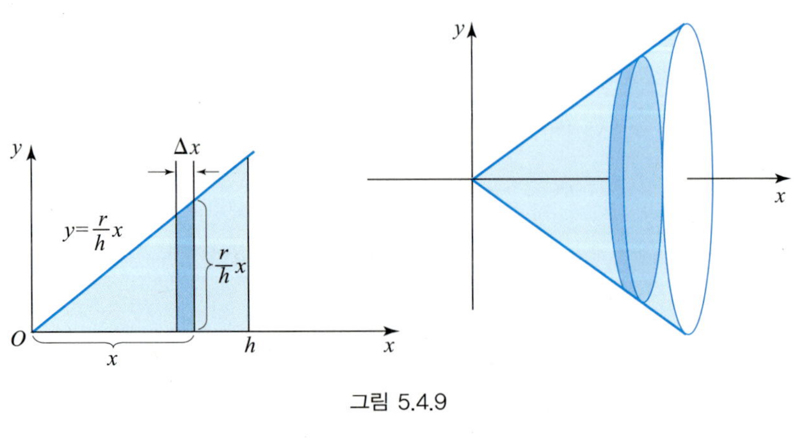


그림 5.4.9

(방법 2) 원주각에 의한 방법

$x$축과 원주각까지의 거리가 $y$인 점에서 원주각의 높이는 $\left(h - \frac{h}{r}y\right)$이다.

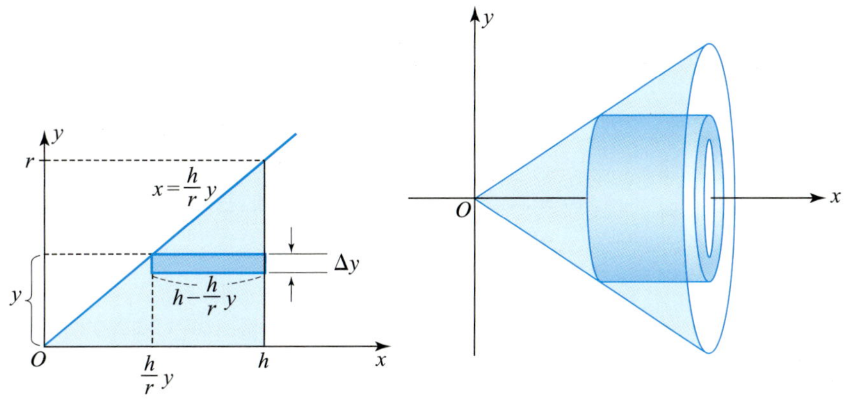


그림 5.4.10

따라서, 체적 $V$는 다음과 같이 계산된다.

$$\begin{aligned} V &= 2\pi \int_0^r y\left(h - \frac{h}{r}y\right)dy \\ &= 2\pi h \int_0^r \left(y - \frac{y^2}{r}\right)dy \\ &= 2\pi h \left[\frac{y^2}{2} - \frac{y^3}{3r}\right]_0^r \\ &= 2\pi h \left(\frac{r^2}{2} - \frac{r^2}{3}\right) \\ &= \frac{1}{3}\pi r^2 h \end{aligned}$$

■

## 연습문제 5.4

**1.** 다음 곡선들에 의하여 둘러싸인 영역을 지정한 축이나 직선에 관하여 회전할 때 생기는 입체의 체적을 구하여라.

(1) $y = \frac{4}{x}$, $x = 1$, $x = 4$, $y = 0$; $y$축

(2) $y = \sqrt{x}$, $x = 4$, $y = 0$; $y$축

(3) $y = \sqrt{x}$, $x = 4$, $y = 0$

(4) $y = \frac{1}{4}x^3 - 2$, $y = 2 - x$, $x = 2$; $y$축

(5) $x = y^2$, $y = 2$, $x = 0$; $x$축

(6) $x = y^2$, $y = 2$, $x = 0$; $y = 2$

**2.** 아래 그림의 영역을 다음 주어진 직선에 관하여 회전할 때 생기는 입체의 체적을 원주각에 의한 방법으로 구하기 위한 식을 세워라.

(1) $x$축 (2) $y$축

(3) 직선 $x = a$

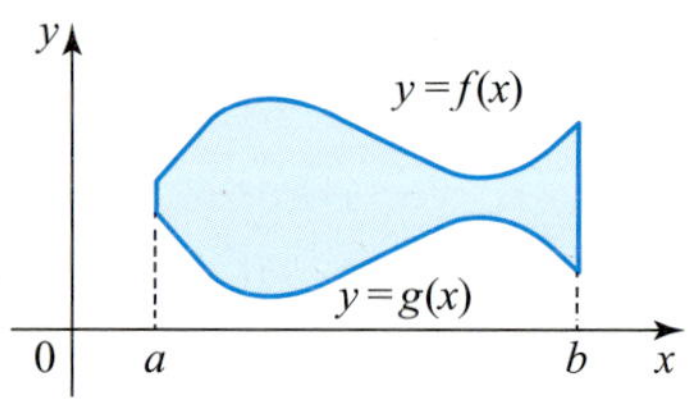


**3.** 아래 그림의 영역을 주어진 직선에 관하여 회전할 때 생기는 입체의 체적을 원주각에 의한 방법으로 구하기 위한 식을 세워라.

(1) $x$축 (2) $y$축

(3) 직선 $y=3$

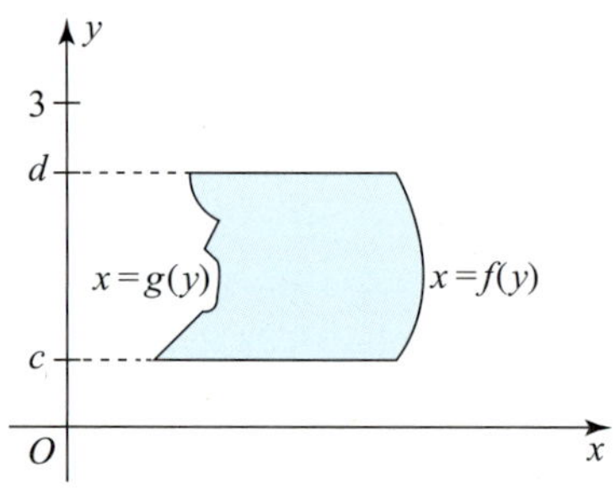


**4.** 곡선 $y=\dfrac{1}{x^3}$, $x=1$, $x=3$ 그리고 $y=0$으로 둘러싸인 영역 $R$의 그림을 그리고 다음을 구하기 위한 식을 구하여라.

(1) $R$의 면적

(2) $R$을 $y$축에 관하여 회전할 때 생기는 입체의 체적

(3) $R$을 직선 $y=-1$에 관하여 회전할 때 생기는 입체의 체적

(4) $R$을 직선 $x=4$에 관하여 회전할 때 생기는 입체의 체적

**5.** 두 곡선 $x=\sqrt{y}$와 $x=\dfrac{y^3}{32}$에 의하여 둘러싸인 영역을 $x$축에 관하여 회전할 때 생기는 입체의 체적을 구하여라.

**6.** 반지름이 $b$인 구의 중심을 지나는 직선을 축으로 하는 반지름이 $a$인 둥근 구멍을 뚫었을 때 남는 입체의 체적을 구하여라. (단, $0<a<b$)

**7.** 제 1사분면 내에 있는

$$x=0,\ y=\sin(x^2),\ y=\cos(x^2)$$

으로 둘러싸인 영역을 $y$축에 관하여 회전할 때 생기는 입체의 부피를 구하여라.

**8.** $R$은 $y=x^2$과 $y=x$로 둘러싸인 영역이다. $R$을 다음 직선에 관하여 회전할 때 생기는 입체의 부피를 구하여라.

(1) $x$축 (2) $y$축

(3) 직선 $y=2$

**9.** 반지름이 $r$이고 높이가 $h$인 원통에 물이 가득 차 있다. 이 원통을 기울여서 물이 흘러 나가서 수면이 밑면의 지름과 일치할 때 원통에 남은 물의 부피를 구하여라.

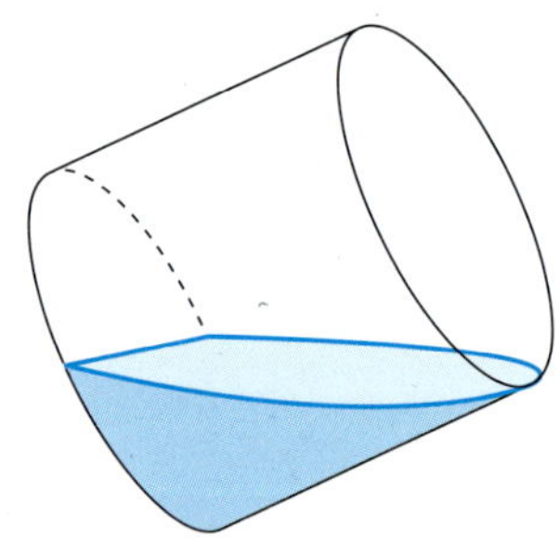

**10.** 원 $x^2+y^2=a^2$의 내부 영역을 직선 $x=b$에 관하여 회전할 때 생기는 토러스의 부피를 구하여라(단, $0<a<b$).

**11.** 포물선 $y=1-x^2$과 $x$축으로 둘러싸인 영역을 $y$축에 관하여 회전한 회전체 모양의 개미집이 있다. 이 개미집의 중앙에 원통형으로 길게 구멍을 내어 전체 흙의 10% 만 제거하려면 원통의 반지름을 얼마로 하여야 하는가?

# 5.5 평면곡선의 길이

정적분을 이용하여 여러 가지 평면곡선의 길이를 구하는 방법을 알아 보자.

곡선이 여러 개의 선분으로 이루어진 절선으로 되어 있으면 이 선분들의 길이를 더하여 곡선의 길이를 구할 수 있다. 그러나, 일반적인 곡선의 경우에는 먼저 한 절선을 접근시킨 후에 선분의 수를 늘여나가면 절선의 길이는 점점 주어진 곡선의 길이에 가까워진다. 따라서, 곡선의 길이는 이러한 절선의 길이의 극한으로 정의한다.

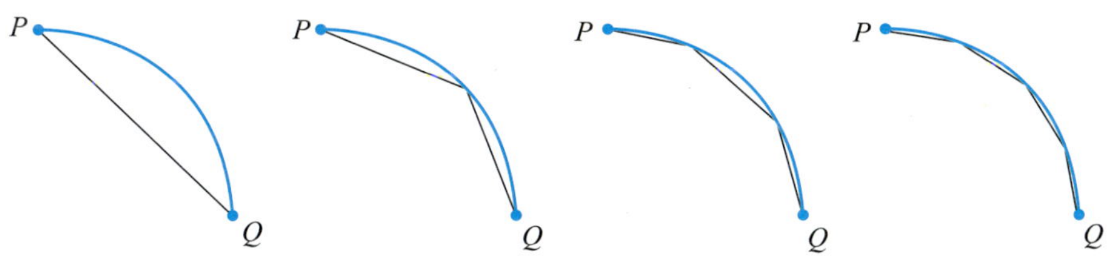


그림 5.5.1

다음과 같이 매개방정식으로 나타내어진 곡선 $C$의 길이를 구하여 보자.

$$C : x = f(t),\ y = g(t),\ a \le t \le b.$$

여기서 함수 $f$와 $g$는 구간 $[a, b]$에서 연속인 도함수를 갖는다고 가정한다. 구간 $[a, b]$의 분할 $P = \{a = t_o < t_1 < \dots < t_n = 0\}$를 선택하면 곡선 $C$는 $(n+1)$개의 점 $Q_i(f(t_i), g(t_i)),\ i = 0, 1, \dots, n$에 의하여 $n$개의 부분으로 나누어진다.

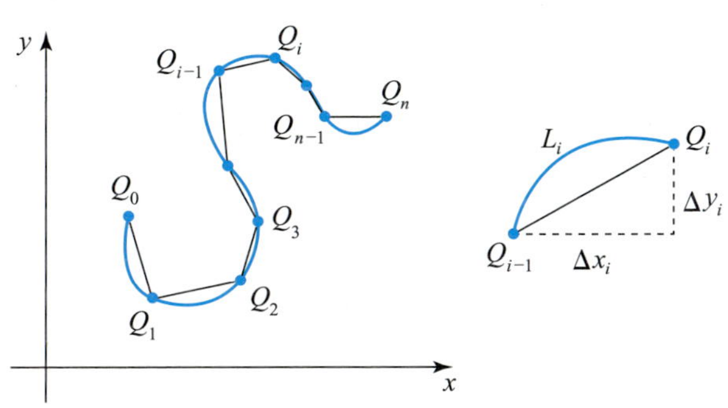


그림 5.5.2

여기서

$$\begin{aligned}\Delta t_i &= t_i - t_{i-1}\\ \Delta x_i &= f(t_i) - f(t_{i-1}),\\ \Delta y_i &= g(t_i) - g(t_{i-1}),\quad i = 1, 2, \ldots, n.\end{aligned}$$

라 두고 선분 $\overline{Q_{i-1}Q_i}$의 길이를 구하면

$$\overline{Q_{i-1}Q_i} = \sqrt{(\Delta x_i)^2 + (\Delta y_i)^2}.$$

이므로 곡선 $\widehat{Q_{i-1}Q_i}$의 길이 $L_i$의 근삿값으로 선분 $\overline{Q_{i-1}Q_i}$의 길이를 생각하면

$$L_i \approx \sqrt{(\Delta x_i)^2 + (\Delta y_i)^2}$$

가 된다. 따라서, 곡선 $C$의 길이를 $L$이라고 하면 다음이 성립한다.

$$L = \sum_{i=1}^{n} L_i \approx \sum_{i=1}^{n} \sqrt{(\Delta x_i)^2 + (\Delta y_i)^2}.$$

한편, 함수 $f$와 $g$는 구간 $[a, b]$에서 미분가능하므로 평균값정리에 의하여 다음 식을 만족하는 $c_i$와 $d_i$가 소구간 $[t_{i-1}, t_i]$ 내에 존재한다.

$$\begin{aligned}\Delta x_i &= f(t_i) - f(t_{i-1}) = f'(c_i)\Delta t_i\\ \Delta y_i &= g(t_i) - g(t_{i-1}) = g'(d_i)\Delta t_i\end{aligned}$$

따라서, 이것을 위의 식에 대입하면

$$L \approx \sum_{i=1}^{n} \sqrt{[f'(c_i)]^2 + [g'(d_i)]^2}\,\Delta t_i.$$

가 된다. 이때, 함수 $f$와 $g$는 연속인 도함수를 가지므로 함수

$$\sqrt{[f'(t)]^2 + [g'(t)]^2}$$

은 적분가능하고, 분할의 크기 $\|P\|$가 0에 가까워지면 선분의 길이의 합은 곡선의 길이 $L$에 가까워지므로 다음 식으로 나타내어진다는 것이 알려져 있다.

$$\begin{aligned}L &= \lim_{\|P\|\to 0} \sum_{i=1}^{n} \sqrt{[f'(c_i)]^2 + [g'(d_i)]^2}\,\Delta t_i\\ &= \int_a^b \sqrt{[f'(t)]^2 + [g'(t)]^2}\,dt\\ &= \int_a^b \sqrt{\left(\frac{dx}{dt}\right)^2 + \left(\frac{dy}{dt}\right)^2}\,dt\end{aligned}$$

한편, 평면곡선이 구간 $[a, b]$에서 연속인 도함수를 갖는 함수 $y = f(x)$로 주어졌을 때에는 $x$를 매개변수로 하여 다음과 같은 매개방정식으로 나타낼 수 있다.

$$C : x = x,\ y = f(x),\ a \le x \le b.$$

따라서, 곡선의 길이 $L$은 다음과 같이 나타내어진다.

$$\begin{aligned} L &= \int_a^b \sqrt{\left(\frac{dx}{dx}\right)^2 + \left(\frac{dy}{dx}\right)^2}\, dx \\ &= \int_a^b \sqrt{1+[f'(x)]^2}\, dx \end{aligned}$$

**정리 5.5.1(곡선의 길이)**

(1) 곡선 $C$가 다음 매개방정식으로 주어진다고 하자.

$$C : x = f(t),\ y = g(t),\ a \le t \le b.$$

이때, 함수 $f$와 $g$가 구간 $[a, b]$에서 연속인 도함수를 가지면 곡선 $C$의 길이 $L$은 다음과 같다.

$$L = \int_a^b \sqrt{\left(\frac{dx}{dt}\right)^2 + \left(\frac{dy}{dt}\right)^2}\, dt$$

(2) 곡선 $C$가 연속인 도함수를 갖는 함수 $y = f(x)$로 주어지면 곡선의 길이 $L$은 다음과 같다.

$$L = \int_a^b \sqrt{1+[f'(x)]^2}\, dx$$

**예제 1** 원 $x^2 + y^2 = r^2$의 둘레의 길이를 구하여라.

**풀이** 반지름 $r$인 원의 매개방정식은 다음과 같다.

$$x = r\cos t,\quad y = r\sin t,\qquad 0 \le t \le 2\pi$$

$x$와 $y$를 각각 $t$로 미분하면

$$\frac{dx}{dt} = -r\sin t,\qquad \frac{dy}{dt} = r\cos t$$

이므로, 둘레의 길이 $L$는 다음과 같다.

$$\begin{aligned} L &= \int_0^{2\pi} \sqrt{(-r\sin t)^2 + (r\cos t)^2}\, dt \\ &= \int_0^{2\pi} r\, dt \\ &= 2\pi r \end{aligned}$$

■

**예제 2** 시간 $t$에서 위치가

$$x = \sin^2 t, \quad y = \cos^2 t$$

로 나타내어지는 점 $P(x, y)$가 $0 \le t \le \frac{\pi}{2}$에서 이동한 거리를 구하여라.

**풀이** $x$와 $y$를 각각 $t$로 미분하면

$$\frac{dx}{dt} = 2\sin t \cos t, \quad \frac{dy}{dt} = -2\cos t \sin t$$

이고, 이동한 거리는 곡선의 길이와 같으므로 다음과 같이 계산된다.

$$\begin{aligned}\int_0^{\frac{\pi}{2}} \sqrt{\left(\frac{dx}{dt}\right)^2 + \left(\frac{dy}{dt}\right)^2}\, dt &= \int_0^{\pi/2} \sqrt{(2\sin t \cos t)^2 + (-2\cos t \sin t)^2}\, dt \\ &= \int_0^{\pi/2} \sqrt{8\sin^2 t \cos^2 t}\, dt \\ &= \int_0^{\pi/2} 2\sqrt{2} \sin t \cos t\, dt \\ &= \int_0^{\pi/2} \sqrt{2} \sin 2t\, dt \\ &= \left[-\frac{\sqrt{2}}{2}\cos 2t\right]_0^{\pi/2} \\ &= \sqrt{2}\end{aligned}$$

■

**예제 3** 곡선 $y = x^{3/2}\ (1 \le x \le 4)$의 길이를 구하여라.

**풀이** $\frac{dy}{dx} = \frac{3}{2}x^{1/2}$이므로, 곡선의 길이는 다음과 같이 나타내어진다.

$$\begin{aligned}\int_1^4 \sqrt{1 + \left(\frac{dy}{dx}\right)^2}\, dx &= \int_1^4 \sqrt{1 + \left(\frac{3}{2}x^{1/2}\right)^2}\, dx \\ &= \int_1^4 \sqrt{1 + \frac{9}{4}x}\, dx\end{aligned}$$

$u = 1 + \frac{9}{4}x$로 두면 $du = \frac{9}{4}dx$이므로 부정적분은 다음과 같이 계산된다.

$$\begin{aligned}\int \sqrt{1 + \frac{9}{4}x}\, dx &= \frac{4}{9}\int \sqrt{u}\, du \\ &= \frac{4}{9} \cdot \frac{2}{3} u^{3/2} + C \\ &= \frac{8}{27}\left(1 + \frac{9}{4}x\right)^{3/2} + C\end{aligned}$$

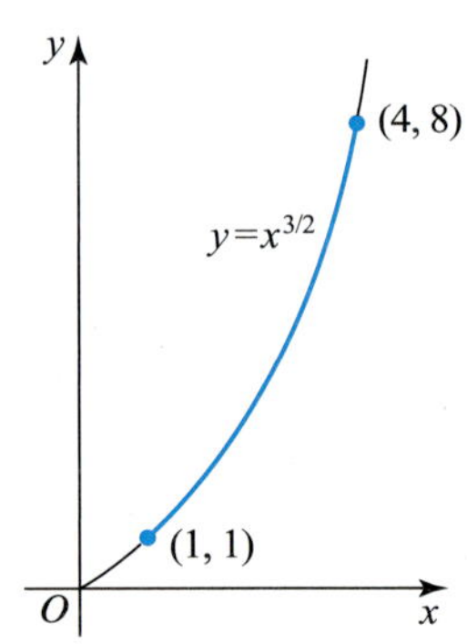

그림 5.5.3

따라서, 곡선의 길이는 다음과 같다.

$$\begin{aligned}\int_1^4 \sqrt{1 + \frac{9}{4}x}\, dx &= \left[\frac{8}{27}\left(1 + \frac{9}{4}x\right)^{3/2}\right]_1^4 \\ &= \frac{8}{27}\left(10^{3/2} - \frac{13^{3/2}}{8}\right) \\ &= \frac{1}{27}(80\sqrt{10} - 13\sqrt{13}).\end{aligned}$$

■

## 연습문제 5.5

**1.** 다음 곡선의 길이를 구하여라.

(1) $y = 2x+1, \quad 0 \le x \le 2$

(2) $y = 4x^{3/2}+1, \quad 1 \le x \le 2$

(3) $y = \dfrac{1}{8}x^4 + \dfrac{1}{4x^2}, \quad -2 \le x \le -1$

(4) $y = \dfrac{2}{3}(x^2+1)^{3/2}, \quad 1 \le x \le 2$

**2.** 다음 매개방정식으로 나타내어지는 곡선의 길이를 구하여라.

(1) $x = t^3,\ y = t^2, \quad 0 \le t \le 4$

(2) $x = 3\sin t,\ y = 3\cos t - 3, \quad 0 \le t \le \pi$

(3) $x = a\sin^3 t,\ y = a\cos^3 t, \quad 0 \le t \le 2\pi$

(4) $x = a(t - \sin t),\ y = a(1-\cos t), \quad 0 \le t \le 2\pi$

**3.** 단위원의 매개방정식은 $x = \cos t,\ y = \sin t,\ 0 \le t \le 2\pi$ 이다. 이 방정식 이용하여 단위원의 둘레 길이를 구하여라.

**4.** 네 개의 뾰족한 끝을 가지는 하이포사이클로이드(hypocycloid)

$$x = a\sin^3 t, \quad y = a\cos^3 t, \quad 0 \le t \le 2\pi$$

의 그래프를 그리고 그 길이를 구하여라.

**5.** 다음 곡선의 길이를 구하여라.

(1) $y = \displaystyle\int_1^x \sqrt{u^3-1}\,du, \quad 1 \le x \le 2$

(2) $y = \displaystyle\int_{\pi/6}^x \sqrt{64\sin^2 u\cos^4 u - 1}\,du, \quad \dfrac{\pi}{6} \le x \le \dfrac{\pi}{3}$

**6.** 고도 180 m에서 15 m/s의 속도로 날고 있는 새가 실수로 떨어뜨린 먹이가 땅에 닿을 때까지 다음과 같은 방정식으로 포물선 궤도를 그렸다.

$$y = 180 - \frac{x^2}{45}$$

($y$는 땅에서부터 높이이고 $x$는 미터 단위로 측정한 수평거리이다.) 먹이를 처음 떨어뜨린 순간부터 땅에 닿을 때까지 먹이가 이동한 거리를 계산하여라.

**7.** 성망형

$$x = \cos^3\theta, \quad y = \sin^3\theta, \quad 0 \le \theta \le 2\pi$$

에서 곡선의 길이를 구하여라.

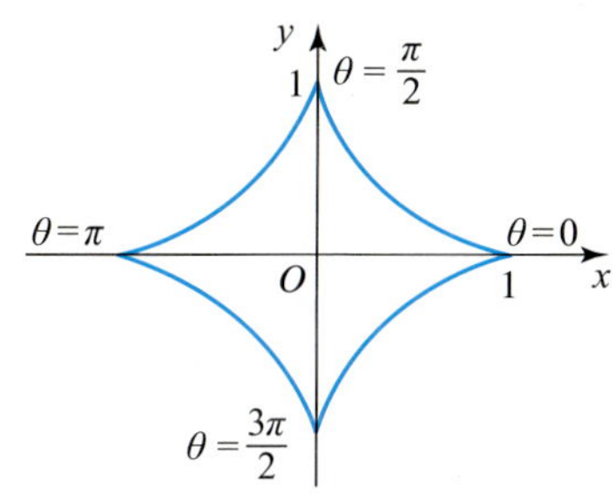


**8.** 곡선 $x^{2/3}+y^{2/3} = 1$을 그리고 그 길이를 구하여라.

**9.** 곡선 $y = \displaystyle\int_0^x \sqrt{\cos 2t}\,dt$에서 $x = 0$에서 $x = \dfrac{\pi}{4}$까지의 곡선의 길이를 구하여라.

**10.** 시간 $t$에서 질점 $P(x, y)$의 위치가

$$x = \cos t, \quad y = t + \sin t$$

으로 나타내어질 때 $t = 0$부터 $t = \pi$까지의 이동한 거리를 구하여라.

**11.** 어떤 시간 $t$에서 질점 $P(x, y)$의 위치가 다음과 같이 주어졌을 대 $t = 0$과 $t = 3$ 사이의 이동한 거리를 구하여라.

$$x = \frac{1}{3}(2t+3)^{\frac{3}{2}}, \quad y = \frac{t^2}{2} + t$$

**12.** 정동쪽으로 연이 날리고 있다. $x = 0\,(\mathrm{m})$에서 $x = 80\,(\mathrm{m})$까지 지상으로부터의 높이가

$$y = 150 - \frac{1}{40}(x-50)^2\,(\mathrm{m})$$

으로 나타내어진다. 이 연이 날린 거리를 구하여라.

# 5.6 회전체의 표면적

## $x$축을 회전축으로 한 회전체의 표면적

다음 매개방정식으로 나타내어진 평면곡선 $C$가 주어져 있다고 하자.

$$C : x = f(t),\quad y = g(t),\quad a \le t \le b$$

여기서 구간 $[a, b]$에서 $g(t) \ge 0$이고 함수 $f$와 $g$는 연속인 도함수를 갖는다고 가정한다. 곡선 $C$를 $x$축에 관하여 회전할 때 생기는 회전체의 표면적을 구하여 보자.

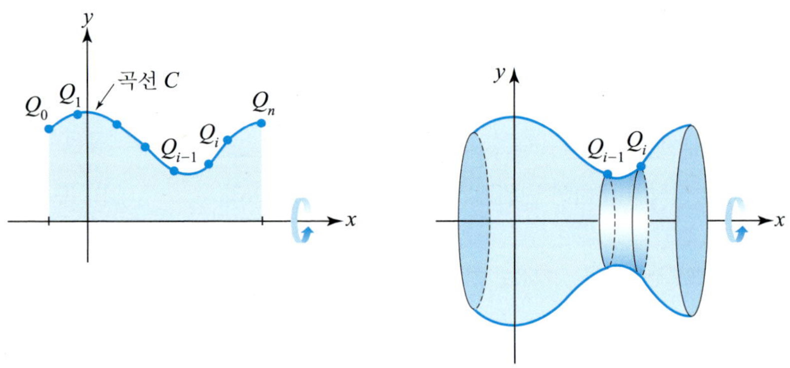


그림 5.6.1

먼저 구간 $[a, b]$의 분할 $P = \{a = t_0 < t_1 < \ldots < t_n = b\}$를 선택하면 곡선 $C$는 점 $Q_i(f(t_i), g(t_i))$, $i = 0, 1, 2, \ldots, n$에 의하여 $n$개의 작은 부분으로 나누어진다. 여기서 다음 기호를 사용하여 작은 선분이 회전할 때 생기는 곡면의 표면적을 구하여 보자.

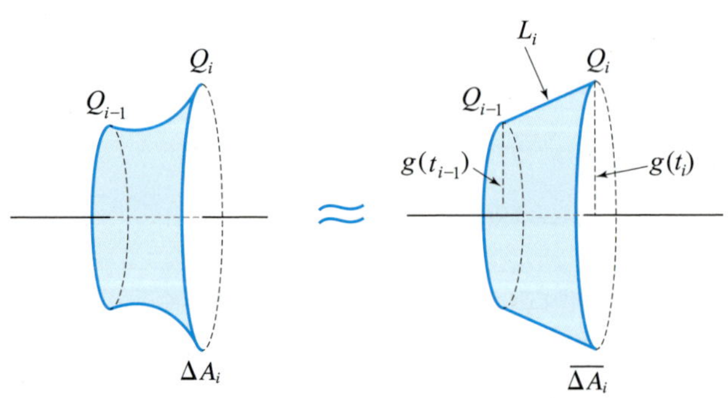


그림 5.6.2

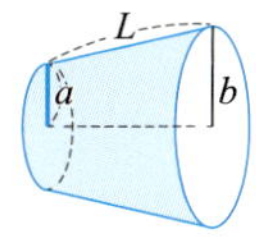


원뿔대의 옆면적
$A = \pi(a+b)L$
그림 5.6.3

이 때,

$$\begin{aligned}\Delta t_i &= t_i - t_{i-1},\\ \Delta x_i &= f(t_i) - f(t_{i-1}),\\ \Delta y_i &= g(t_i) - g(t_{i-1}),\quad i = 1, 2, \ldots, n\end{aligned}$$

가 된다.

곡선 $\widehat{Q_{i-1}Q_i}$를 $x$축에 관하여 회전할 때 생기는 곡면의 면적을 $\Delta A_i$로 나타내고, 선분 $\overline{Q_{i-1}Q_i}$를 $x$축에 관하여 회전할 때 생기는 곡면의 면적을 $\overline{\Delta A_i}$로 나타내자. 선분 $\overline{Q_{i-1}Q_i}$의 길이가 $L_i$일 때 면적 $\overline{\Delta A_i}$를 구하면 다음과 같다.

$$\begin{aligned}\overline{\Delta A_i} &= \pi[g(t_i) + g(t_{i-1})]L_i\\ &= 2\pi\left[\frac{g(t_i) + g(t_{i-1})}{2}\right]L_i\\ &= 2\pi\left[\frac{g(t_i) + g(t_{i-1})}{2}\right]\sqrt{(\Delta x_i)^2 + (\Delta y_i)^2}\end{aligned}$$

한편, 함수 $f$와 $g$는 구간 $[a, b]$에서 미분가능하므로 평균값정리에 의하여 다음 식을 만족하는 $c_i$와 $d_i$가 소구간 $[t_{i-1}, t_i]$ 내에 존재한다.

$$\begin{aligned}\Delta x_i &= f(t_i) - f(t_{i-1}) = f'(c_i)\Delta t_i\\ \Delta y_i &= g(t_i) - g(t_{i-1}) = g'(d_i)\Delta t_i\end{aligned}$$

따라서,

$$\overline{\Delta A_i} = 2\pi\left[\frac{g(t_i)+g(t_{i-1})}{2}\right]\sqrt{[f'(c_i)]^2 + [g'(d_i)]^2}\,\Delta t_i$$

가 된다. 이때, 곡면의 면적 $\Delta A_i$의 근삿값으로 $\overline{\Delta A_i}$를 택하면

$$\begin{aligned}A &= \sum_{i=1}^{n}\Delta A_i \approx \sum_{i=1}^{n}\overline{\Delta A_i}\\ &= 2\pi\sum_{i=1}^{n}\left[\frac{g(t_i) + g(t_{i-1})}{2}\right]\sqrt{[f'(c_i)]^2 + [g'(d_i)]^2}\,\Delta t_i\end{aligned}$$

여기서 함수 $f$와 $g$는 연속인 도함수를 갖고, 분할의 크기 $\|P\|$이 0에 가까워지면 근삿값은 회전체의 표면적 $A$에 가까워지므로 다음 식이 성립한다는 것이 알려져 있다.

$$\begin{aligned}A &= \lim_{\|P\|\to 0}\sum_{i=1}^{n}\overline{\Delta A_i}\\ &= 2\pi\lim_{\|P\|\to 0}\sum_{i=1}^{n}\left[\frac{g(t_i) + g(t_{i-1})}{2}\right]\sqrt{[f'(c_i)]^2 + [g'(d_i)]^2}\,\Delta t_i\\ &= 2\pi\int_a^b g(t)\sqrt{[f'(t)]^2 + [g'(t)]^2}\,dt\end{aligned}$$

한편, 평면곡선이 구간 $[a, b]$에서 연속인 도함수를 갖는 함수 $y = f(x)$로 주어지고 $f(x) \ge 0$일 때에는 $x$를 매개변수로 하여 다음 매개방정식으로 나타

낼 수 있다.

$$C : x = x, \quad y = f(x), \quad a \le x \le b$$

따라서, 이때 회전체의 표면적은 다음과 같다.

$$A = 2\pi \int_a^b f(x)\sqrt{1+[f'(x)]^2}\,dx$$

**정리 5.6.1(회전체의 표면적)**

(1) 곡선 $C : x = f(t),\ y = g(t),\ a \le t \le b$를 $x$축에 관하여 회전할 때 생기는 회전체의 표면적 $A$는 다음과 같다.

$$A = 2\pi \int_a^b g(t)\sqrt{[f'(t)]^2+[g'(t)]^2}\,dt$$

단, $[a, b]$에서 $g(t) \ge 0$이고 $f$와 $g$는 연속인 도함수를 갖는다.

(2) 구간 $[a, b]$에서 연속인 도함수를 갖는 함수 $y = f(x)$로 나타내어지는 곡선 $C$를 $x$축에 관하여 회전할 때 생기는 회전체의 표면적 $A$는 다음과 같다.

$$A = 2\pi \int_a^b f(x)\sqrt{1+[f'(x)]^2}\,dx$$

단, $[a, b]$에서 $f(x) \ge 0$이다.

**예제 1** 사이크로이드(cycloid)

$$x = a(t - \sin t),\ y = a(1 - \cos t),\ 0 \le t \le 2\pi$$

을 $x$축에 관하여 회전할 때 생기는 회전체의 표면적을 구하여라.

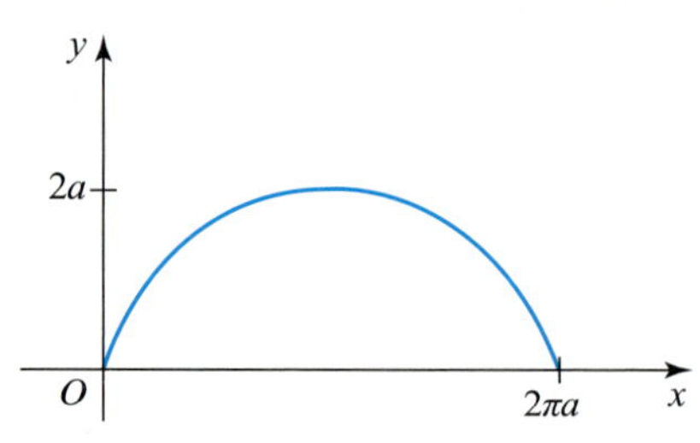


그림 5.6.4

**풀이**

$$\frac{dx}{dt} = a(1-\cos t), \quad \frac{dy}{dt} = a\sin t$$

이므로, 표면적 $A$는 다음과 같이 나타내어진다.

$$A = 2\pi \int_0^{2\pi} a(1-\cos t)\sqrt{a^2(1-\cos t)^2 + a^2\sin^2 t}\, dt$$
$$= 2\pi a^2 \int_0^{2\pi} (1-\cos t)\sqrt{2-2\cos t}\, dt$$
$$= 2\sqrt{2}\,\pi a^2 \int_0^{2\pi} (1-\cos t)^{3/2}\, dt$$

$1-\cos t = 2\sin^2\left(\frac{t}{2}\right)$이므로

$$A = 2\sqrt{2}\,\pi a^2 \int_0^{2\pi} \left[2\sin^2\left(\frac{t}{2}\right)\right]^{3/2} dt$$
$$= 8\pi a^2 \int_0^{2\pi} \sin^3\left(\frac{t}{2}\right) dt$$
$$= 8\pi a^2 \int_0^{2\pi} \left[1-\cos^2\left(\frac{t}{2}\right)\right]\sin\left(\frac{t}{2}\right) dt$$

가 된다. 여기서 $u = \cos\left(\frac{t}{2}\right)$로 치환하면

$$du = -\frac{1}{2}\sin\left(\frac{t}{2}\right) dt$$

이고

$$t = 0 \text{일 때} \quad u = 1$$
$$t = 2\pi \text{일 때} \quad u = -1$$

이므로, 표면적 $A$는 다음과 같다

$$A = -16\pi a^2 \int_1^{-1} (1-u^2)\, du$$
$$= -16\pi a^2 \left[u - \frac{u^3}{3}\right]_1^{-1}$$
$$= \frac{64\pi a^2}{3}$$

■

**예제 2** 곡선 $y = \sqrt{x}$, $0 \le x \le 4$를 $x$축에 관하여 회전할 때 생기는 회전체의 표면적을 구하여라.

**풀이** $f(x) = \sqrt{x}$를 미분하면

$$f'(x) = \frac{1}{2\sqrt{x}}$$

이므로, 곡면의 표면적 $A$는 다음과 같다.

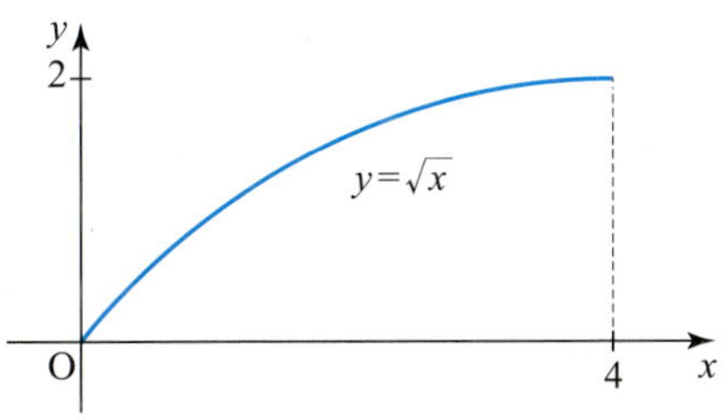


그림 5.6.5

$$A = 2\pi \int_0^4 \sqrt{x}\sqrt{1+\frac{1}{4x}}\, dx$$
$$= \pi \int_0^4 \sqrt{4x+1}\, dx$$
$$= \left[\pi \frac{1}{4}\cdot\frac{2}{3}(4x+1)^{3/2}\right]_0^4$$
$$= \frac{\pi}{6}(17^{3/2}-1)$$

■

### $y$축을 회전축으로 한 회전체의 표면적

주어진 곡선을 $y$축에 관하여 회전할 때 생기는 회전체의 표면적을 구할 때에도 $x$축에 관하여 회전할 때와 같은 방법으로 그 표면적을 구할 수 있다.

**정리 5.6.2(회전체의 표면적)**

(1) 곡선 $C : x = f(t),\ y = g(t),\ a \le t \le b$를 $y$축에 관하여 회전할 때 생기는 회전체의 표면적 $A$는 다음과 같다.

$$A = 2\pi \int_a^b f(t)\sqrt{[f'(t)]^2 + [g'(t)]^2}\, dt$$

단, $[a, b]$에서 $f(t) \ge 0$이고 $f$와 $g$는 연속인 도함수를 갖는다.

(2) 구간 $[a, b]$에서 연속인 도함수를 갖는 함수 $x = g(y)$로 나타내어지는 곡선을 $y$축에 관하여 회전할 때 생기는 회전체의 표면적 $A$는 다음과 같다.

$$A = 2\pi \int_a^b g(y)\sqrt{1 + [g'(y)]^2}\, dy$$

단, $[a, b]$에서 $g(y) \ge 0$이다.

**예제 3** 곡선 $x = \sqrt{r^2 - y^2},\ -r \le y \le r\ (r > 0)$를 $y$축에 관하여 회전할 때 생기는 회전체의 표면적, 즉 반지름 $r$인 구의 표면적을 구하여라.

**풀이** $x = g(y) = \sqrt{r^2 - y^2}$을 $y$로 미분하면

$$g'(y) = \frac{-y}{\sqrt{r^2 - y^2}}$$

이므로, 표면적 $A$는 다음과 같다.

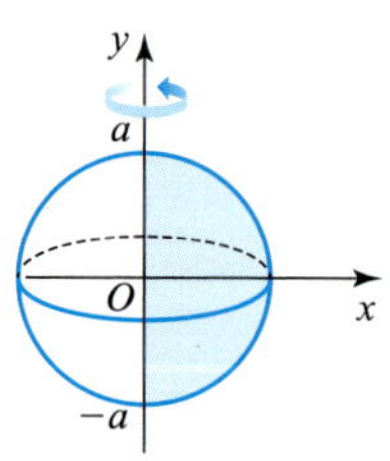

그림 5.6.6

$$\begin{aligned} A &= 2\pi \int_{-r}^{r} \sqrt{r^2 - y^2}\sqrt{1 + \left(\frac{-y}{\sqrt{r^2 - y^2}}\right)^2}\, dy \\ &= 2\pi \int_{-r}^{r} \sqrt{r^2 - y^2}\sqrt{1 + \frac{y^2}{r^2 - y^2}}\, dy \\ &= 2\pi \int_{-r}^{r} \sqrt{r^2}\, dy \\ &= 2\pi r [y]_{-r}^{r} \\ &= 4\pi r^2 \end{aligned}$$

■

## 연습문제 5.6

**1.** 다음 곡선을 지정된 축에 관하여 회전할 때 생기는 회전체의 표면적을 구하여라.

(1) $y = 6x,\ 0 \le x \le 1;\ \ x$축

(2) $y = \sqrt{25 - x^2},\ -2 \le x \le 3;\ \ x$축

(3) $x = y^2,\ 0 \le y \le 1;\ \ y$축

(4) $y = \frac{1}{2}x^2 - 1,\ 0 \le x \le 2\sqrt{2};\ \ y$축

(5) $x = t,\ y = t^3,\ 0 \le t \le 1;\ \ x$축

**2.** 다음 곡선을 지정된 직선에 관하여 회전할 때 생기는 회전체의 표면적을 구하기 위한 식을 세워라.

(1) $y = \sin x,\ 0 \le x \le \pi;\ \ y = -1$

(2) $y = \sin x,\ 0 \le x \le \pi;\ \ y = 0$

(3) $y = \sqrt{x^2 + x},\ 2 \le x \le 4;\ \ x = 2$

(4) $x = t^2,\ y = \sin t,\ 0 \le t \le \pi;\ \ y = -1$

**3.** 곡선 $y = x^3,\ 0 \le x \le 1$의 호를 $x$축에 관하여 회전할 때 생기는 회전체의 표면적을 구하여라.

**4.** 곡선 $y = x^2$에서 $(0, 0)$에서 $(2, 4)$까지의 호를 $y$축에 관하여 회전할 때 생기는 회전체의 표면적을 구하여라.

**5.** 타원 $x^2 + 4y^2 = 4$를 다음 축에 관하여 회전할 때 생기는 회전체의 표면적을 구하여라.

(1) $x$축 (2) $y$축

**6.** 성망형

$$x = a\cos^3\theta,\quad y = a\sin^3\theta\ (0 \le \theta \le 2\pi)$$

를 $x$축에 관하여 회전할 때 생기는 회전체의 표면적을 구하여라.

**7.** 구간 $-1 \le x \le 1$과 $-1 \le y \le 1$ 사이의 정사각형을 $y$축에 관하여 회전할 때 생기는 회전체의 표면적을 구하여라.

**8.** 세 꼭지점 $(-1, -1), (0, 1), (1, -1)$을 연결한 삼각형을 $y$축에 관하여 회전할 때 생기는 회전체의 표면적을 구하여라.

**9.** 곡선 $y = \frac{x^3}{3} + \frac{1}{4x},\ 1 \le x \le 3$을 직선 $y = -1$에 관하여 회전할 때 생기는 회전체의 표면적을 구하여라.

**10.** 곡선

$$x = \cos t,\quad y = 1 + \sin t,\quad 0 \le t \le 2\pi$$

를 $x$축에 관하여 회전할 때 생기는 회전체의 표면적을 구하여라.

**11.** 곡선 $9x^2 = y(3 - y)^2$을 $x$축에 관하여 회전할 때 생기는 회전체의 표면적을 구하여라.

**12.** 밑면의 반지름이 $r$, 사면의 길이가 $l$인 원뿔의 표면을 사면을 따라 잘라서 펼치면 반지름이 $l$이고 중심각이 $\theta$인 부채꼴이 된다.

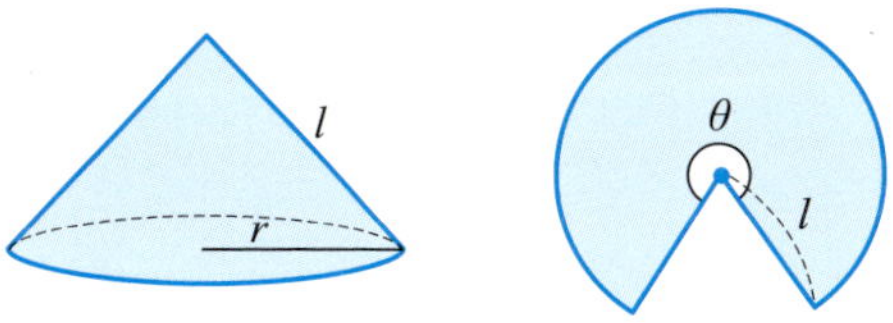


(1) $\theta = \frac{2\pi r}{l}$(라디안)임을 밝혀라.

(2) 반지름이 $l$이고 중심각이 $\theta$인 부채꼴의 면적은 $\frac{1}{2}l^2\theta$임을 이용하 여 원뿔의 표면적이 $\pi rl$이 됨을 밝혀라.

(3) (2)의 결과를 이용하여 반지름이 각각 $r_1, r_2$이고 사면의 높이가 $l$인 원뿔대의 면적이 $A = \pi(r_1 + r_2)l$임을 밝혀라.

**13.** 반원 $y = \sqrt{r^2 - x^2}$을 $x$축에 관하여 회전하면 반지름 $r$인 구가 된다. 이 때, 폭이 $h$인 구간의 위쪽의 호 $\widehat{AB}$에 의하여 만들어진 띠의 면적은 구간의 위치에 관계없이 일정함을 보여라.

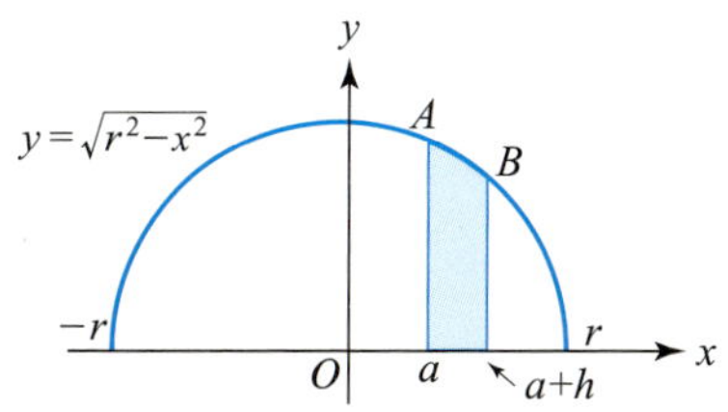

# 5.7 미분방정식

## 증분과 미분

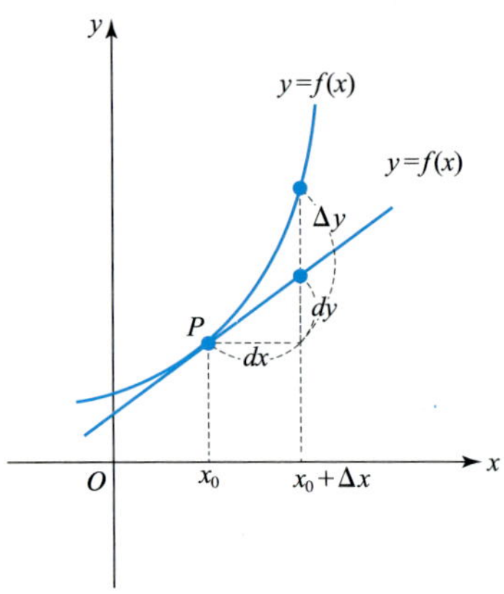


그림 5.7.1

$y = f(x)$가 미분가능한 함수라고 하자. $x$가 $x_0$에서 $x_0 + \Delta x$로 변할때 $y$의 변화량 $\Delta y$를 $y$의 증분(increment)이라고 한다. 즉,

$$\Delta y = f(x_0 + \Delta x) - f(x_0)$$

이 때, $\Delta x$는 독립변수 $x$의 증분이라고 한다. 또, $dx$를 $x$의 미분(differential)이라고 하는데 이것은 $\Delta x$와 같다. 그리고, $dy$는

$$dy = f'(x)\,dx$$

로 정의하고 종속변수 $y$의 미분이라고 한다. 이것은 왼쪽 그림에서 $x$가 $x_0$에서 $x_0 + \Delta x$로 변할 때 점 $P$에서의 접선에서 $y$의 변화량을 나타낸다.

$dy = f'(x)\,dx$에서 양변을 $x$의 미분 $dx$로 나누면

$$\frac{dy}{dx} = f'(x)$$

가 되므로, 도함수는 $x$와 $y$의 미분의 몫으로 생각할 수 있다.

**예제 1** 곡선 위의 임의의 점에서의 접선의 기울기가

$$\frac{dy}{dx} = 3x^2$$

이고, 점 (0, 1)을 지나는 곡선의 방정식을 구하여라.

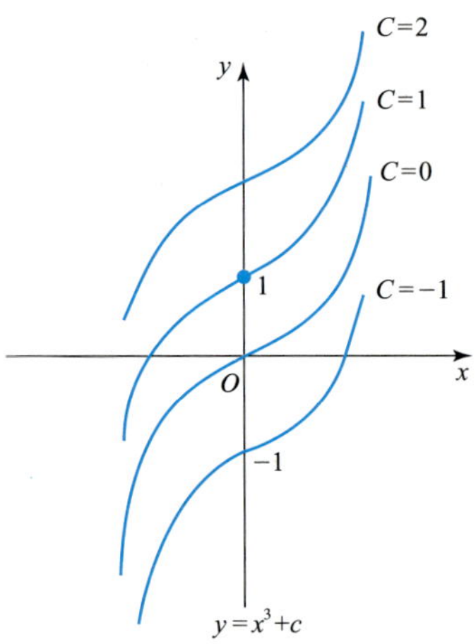


그림 5.7.2

**풀이** $\frac{dy}{dx}$는 $dy$를 $dx$로 나누었다고 생각하고 $\frac{dy}{dx} = 3x^2$의 양변에 $dx$를 곱하면

$$dy = 3x^2\,dx$$

가 된다. 양변의 미분을 각각 적분하면 다음을 얻는다.

$$\int dy = \int 3x^2\,dx$$
$$y + C_1 = x^3 + C_2$$
$$y = x^3 + C_2 - C_1$$
$$y = x^3 + C$$

여기서 $x = 0$일 때 $y = 1$이므로

$$1 = 0 + C$$

에서 $C = 1$을 얻는다. 따라서, 구하는 방정식은 다음과 같다.

$$y = x^3 + 1$$

■

## 1계 변수분리형 미분방정식

$\dfrac{dy}{dx} = 3x^2$ 또는 $dy = 3x^2 dx$와 같이 미지의 함수와 그 도함수를 포함하는 방정식을 미분방정식(differential equation)이라고 한다. 다음 식들도 모두 미분방정식이다.

$$\frac{dy}{dx} = 3x^2 y + \sin x$$
$$(y+1)dy = (x^2+3)dx$$
$$\frac{d^2 y}{dx^2} + (x^2-1)\frac{dy}{dx} = 3xy$$

주어진 미분방정식을 만족하는 함수를 그 미분방정식의 해(solution)라고 하고, 해를 구하는 것을 그 미분방정식을 푼다고 한다. 여기서는 간단한 1계 변수분리형 미분방정식(first-order separable differential equation)만 다루기로 한다.

**예제 2** 다음 미분방정식을 풀어라.

$$\frac{dy}{dx} = \frac{2x - x^2}{y^2}, \qquad y(1) = 2$$

**풀이** 양변에 $y^2 dx$를 곱하면 다음 식을 얻는다.

$$y^2 dy = (2x - x^2)dx$$

이 식의 좌변은 $y$항, 우변은 $x$항만으로 변수가 분리되어 있다. 양변을 적분하면 다음과 같은 식을 얻는다.

$$\begin{aligned}\int y^2 dy &= \int (2x - x^2)dx \\ \frac{y^3}{3} + C_1 &= x^2 - \frac{x^3}{3} + C_2 \\ y^3 &= 3x^2 - x^3 + (3C_2 - 3C_1) \\ &= 3x^2 - x^3 + C \\ y &= \sqrt[3]{3x^2 - x^3 + C}\end{aligned}$$

$x = 1$일 때 $y = 2$가 되므로

$$2 = \sqrt[3]{3 - 1 + C}$$
$$8 = 2 + C$$

에서 $C = 6$을 얻는다. 따라서, 구하는 방정식은 다음과 같다.

$$y = \sqrt[3]{3x^2 - x^3 + 6}$$

■

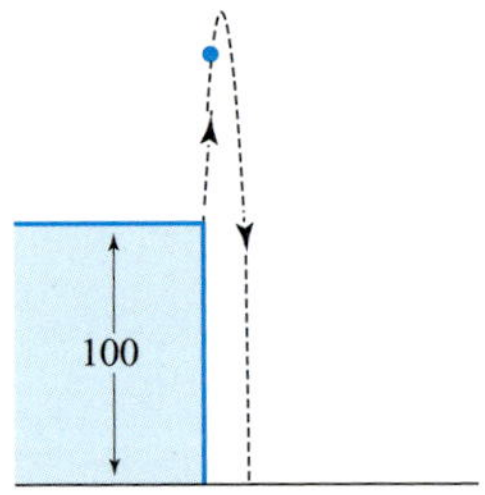

그림 5.7.3

**예제 3** 지표면 근처에서 중력에 의해서 떨어지는 물체의 가속도는 $-9.8\ \mathrm{m/sec^2}$이다. 어떤 물체를 처음 높이 100 m에서 초속 50 m/sec의 속도로 위로 던질 때 2초 후의 속도와 높이를 구하여라. 단, 공기의 저항은 없다고 가정한다.

**풀이** $t$초 후의 거리를 $s(t)$, 속도를 $v(t)$라고 하면 가속도는 $a(t) = -9.8$이므로 다음과 같은 미분방정식을 얻는다.

$$\frac{dv}{dt} = -9.8, \qquad v(0) = 50$$

이 미분방정식을 풀면 다음과 같다.

$$\begin{aligned} dv &= -9.8\,dt \\ \int dv &= \int (-9.8)\,dt \\ v &= -9.8t + C \end{aligned}$$

여기서, $t = 0$일 때 $v = 50$이므로

$$50 = (-9.8) \times 0 + C$$

에서, $C = 50$이다. 따라서,

$$v = -9.8t + 50$$

을 얻는다. $v = \dfrac{ds}{dt}$이므로 미분방정식

$$\frac{ds}{dt} = -9.8t + 50, \qquad s(0) = 100$$

을 풀면 다음과 같다.

$$\begin{aligned} ds &= (-9.8t + 50)\,dt \\ \int ds &= \int (-9.8t + 50)\,dt \\ s &= -4.9t^2 + 50t + C \end{aligned}$$

여기서, $t = 0$일 때 $s = 100$이므로

$$100 = 0 + 0 + C$$

에서, $C = 100$이다. 따라서,

$$s = -4.9t^2 + 50t + 100$$

를 얻는다.

$t = 2$일 때의 속도와 높이를 각각 구하면 다음과 같다.

$$\begin{aligned} v &= (-9.8) \times 2 + 50 = 30.4\,(\mathrm{m/sec}) \\ s &= (-4.9) \times 2^2 + 50 \times 2 + 100 = 180.4\,(\mathrm{m}) \end{aligned}$$ ■

**예제 4** 지구표면으로부터 $x$ km의 고도에 있는 우주선의 속도가 초속 $v$ km일 때 공기의 저항을 무시하면 뉴톤의 중력법칙과 제2운동법칙에 의하여 속도 $v$는 다음 미분방정식을 만족한다.

$$v\frac{dv}{dx} = -\frac{gR^2}{(R+x)^2}$$

지구표면에서의 초기속도가 초속 12 km일 때 속도 $v$를 구하여라 (단, $v > 0$). 여기서 $R$은 지구의 반경이고, $g$는 지구표면에서의 중력가속도이다.

**풀이** 미분방정식을 변수분리하면

$$vdv = -\frac{gR^2}{(R+x)^2}dx$$

가 된다. 양변을 적분하면 다음과 같다.

$$\int vdv = \int -\frac{gR^2}{(R+x)^2}dx$$

$$\frac{1}{2}v^2 = \frac{gR^2}{R+x} + C$$

$$\int \frac{1}{x^2}dx = -\frac{1}{x} + c$$

여기서 $x = 0$일 때 $v = 12$이므로

$$\frac{1}{2} \times 12^2 = \frac{gR^2}{R+0} + C = gR + C$$

$$C = 72 - gR$$

$C$의 값을 대입하면 다음 식을 얻는다.

$$\frac{1}{2}v^2 = \frac{gR^2}{R+x} + 72 - gR = 72 - \frac{gRx}{R+x}$$

$v > 0$이므로 구하는 속도는 다음과 같다.

$$v = \sqrt{144 - \frac{2gRx}{R+x}}$$

■

## 연습문제 5.7

**1.** 다음 주어진 미분방정식에 제시된 함수를 대입하여 미분방정식의 해임을 보여라.

(1) $\frac{dy}{dx} = \frac{x}{y}$; $y = \sqrt{1-x^2}$

(2) $y - x\frac{dy}{dx} = 0$; $y = Cx$

(3) $\frac{d^2y}{dx^2} + y = 0$; $y = C_1 \sin x + C_2 \cos x$

(4) $\left(\frac{dy}{dx}\right)^2 + y^2 = 1$; $y = \sin(x+C)$

**2.** 다음 주어진 조건을 만족하는 미분방정식의 해를 구하여라.

(1) $\frac{dy}{dx} = x^2 + 1$; $x = 1$일 때 $y = 1$

(2) $\frac{dy}{dx} = x^{-3} + 2$; $x = 1$일 때 $y = 3$

(3) $\frac{dz}{dt} = t^2 z^2$; $t = 1$일 때 $z = 1/3$

(4) $\frac{ds}{dt} = 16t^2 + 4t - 1$; $t = 0$일 때 $s = 100$

(5) $\frac{dy}{dx} = (2x+1)^4$; $x = 0$일 때 $y = 6$

(6) $\frac{dy}{dx} = -y^2 x(x^2+2)^4$; $x = 0$일 때 $y = 1$

**3.** 수직선을 따라 움직이는 어떤 물체의 가속도 $a$, 초기 속도 $v_0$, 초기거리 $s_0$가 다음과 같이 주어져 있다. 이 때, 2초 후의 속도 $v$와 거리 $s$를 구하여라.

(1) $a = t$; $v_0 = 3$, $s_0 = 0$

(2) $a = (1+t)^{-4}$; $v_0 = 0$, $s_0 = 10$

(3) $a = \sqrt[3]{2t+1}$; $v_0 = 0$, $s_0 = 10$

(4) $a = (3t+1)^{-3}$; $v_0 = 4$, $s_0 = 0$

**4.** 점 $(1, 2)$를 지나고 임의의 점에서의 접선의 기울기가 그 점의 $x$좌표의 3배인 곡선의 방정식을 구하여라.

**5.** 중력가속도가 $k(\text{m/sec}^2)$인 행성의 표면에서 물체를 위로 던졌다. 이 때, 초기 속도가 $v_0$이면 최고 높이는 $-v_0^2/2k$임을 보여라.

**6.** 눈덩이가 녹을 때 부피 $V$의 변화율은 눈덩이의 겉넓이 $S$에 비례한다. 즉, $\frac{dV}{dt} = -kS$가 성립한다. 여기서 $k$는 양수인 상수이다. $t = 0$일 때 눈덩이의 반지름은 $r = 2$이고 $t = 10$일 때 $r = 0.5$이면, $r = -\frac{3}{20}t + 2$임을 보여라.

**7.** 땅바닥에 다다를 때의 속도가 $-136(\text{m/sec})$가 되게 하려면 공을 얼마의 높이에서 떨어뜨려야 하는가?

**8.** 자동차가 10초 동안 시속 45 km에서 시속 60 km로 증가하였다. 가속도가 일정하였다면 그 가속도는 얼마인가?

**9.** 어떤 로켓을 똑바로 위로 발사하였는데 발사 후 처음 10초 동안 $6t(\text{m/sec}^2)$로 가속되었으며, 그 후 엔진을 중지하여 $-10(\text{m/sec}^2)$의 중력가속도만을 받게 된다. 이 로켓은 얼마나 높이 올라가는가?

**10.** 자동차의 브레이크를 힘껏 밟으면 $11(\text{m/sec}^2)$의 가속도로 감속이 된다. 시속 60 km 달리다가 브레이크를 밟아서 설 수 있는 가장 짧은 거리는 얼마인가?

# 제 6 장 초월함수

### 네이피어(John Napier)

네이피어(1550–1617)는 스코틀랜드의 귀족지주로 Murchiston 남작이었다. 그는 정치, 종교등 다양한 주제에 대하여 저작을 남겼지만 직업적인 수학자는 아니었다. 그는 수학에서도 한정된 분야 특히 계산과 삼각함수에 대하여 관심을 가졌다. 현재 수학사에 기록된 그의 중요한 업적은 네 가지로 1) 로그의 발명, 2) 원형부분의 법칙(The rule of circular parts), 3) 네이피어의 유동식(Napier's analogies) 그리고 4) 네이피어의 막대(Napier's rods)라 불리는 기구 등이다.

그는 1614년에 "놀라운 로그체계의 기술"이라는 소책자에서 처음으로 로그를 다루었지만 실제로 로그에 대한 아이디어는 20년전인 1594년경부터 시작된 것으로 짐작된다. 로그의 발명이후로 브리그즈에 의하여 상용로그로 발전하는 등 계산을 쉽게 할 수 있어 로그는 전 유럽에서 열광적으로 채택되었다. 특히 천문학에 지대한 공헌을 하여 라플라스는 심지어 "로그의 발명으로 일거리가 줄어 천문학자의 수명이 배로 연장되었다"고 까지 말하였다. 이렇게 로그는 인류의 발전에 지대한 기여를 해 왔다. 현재는 계산기의 출현으로 로그나 로그자를 이용하지는 않지만 로그적 변환들은 자연계와 해석학분야에서 중요한 부분이므로 로그의 중요성은 여전할 것이다.

## 6.1 역삼각함수

어떤 함수가 일대일 대응함수이면 역함수가 존재한다. 삼각함수는 주기함수이므로 일대일 대응함수가 아니다. 하지만 정의역을 적당히 제한하면 일대일 대응이 되게 할 수 있고 따라서 역함수가 존재한다. 또 한 삼각함수는 모두 미분가능하므로 역함수의 정리에 의하여 역함수 또한 미분가능하다.

이 절에서는 역삼각함수를 정의하고 이들에 대한 도함수 및 적분에 대하여 알아보자.

함수 $y = \sin x$가 일대일 대응이 되도록 정의역을 $[-\pi/2, \pi/2]$로 정하고 역함수는 $y = \sin^{-1}x$ 또는 $y = \arcsin x$로 표시한다. 역함수 $y = \sin^{-1}x$의 정의역은 함수 $y = \sin x$의 치역인 $[-1, 1]$이고, 치역은 $[-\pi/2, \pi/2]$이다.

**정의 6.1.1($y = \sin x$의 역함수)**

$$y = \sin^{-1}x(-1 \le x \le 1) \Longleftrightarrow x = \sin y(-\pi/2 \le y \le \pi/2)$$

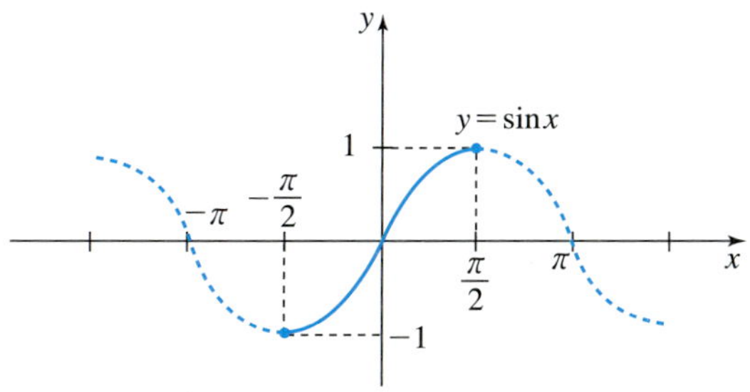


그림 6.1.1

어떤 함수의 그래프와 그 역함수의 그래프는 직선 $y = x$에 대하여 대칭이므로 그림 6.1.1의 $y = \sin x$의 그래프를 직선 $y = x$에 대하여 대칭이동 시키면 $y = \sin^{-1}x$의 그래프를 얻는다.

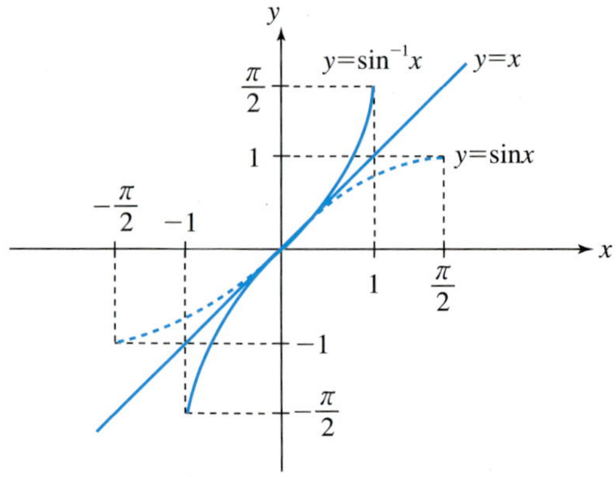


그림 6.1.2

**예제 1** 다음을 계산하여라.

(1) $\sin^{-1}\left(-\dfrac{\sqrt{2}}{2}\right)$ (2) $\sin^{-1}(2)$

(3) $\sin\left(\sin^{-1}\dfrac{1}{3}\right)$ (4) $\sin^{-1}\left(\sin\dfrac{4\pi}{3}\right)$

**풀이** (1) $\sin^{-1}\left(-\dfrac{\sqrt{2}}{2}\right)=-\dfrac{\pi}{4}$

(2) 2는 $y=\sin^{-1}x$의 정의구역 $[-1, 1]$에 속하지 않으므로 $\sin^{-1}(2)$는 정의 되지 않는다

(3) $\sin\left(\sin^{-1}\dfrac{1}{3}\right)=\dfrac{1}{3}$

(4) $\sin^{-1}\left(\sin\dfrac{4\pi}{3}\right)=\sin^{-1}\left(-\dfrac{\sqrt{3}}{2}\right)=-\dfrac{\pi}{3}$ ■

위 예제 (4)의 답이 $4\pi/3$가 아닌 이유는 $y=\sin^{-1}x$의 치역이 $[-\pi/2, \pi/2]$이기 때문이다. 역함수의 정의에 의하면 $f(f^{-1}(x))=f^{-1}(f(x))=x$이지만 $y=\sin x$는 주기함수이고 정의역을 제한하였기 때문에 다음과 같은 제약조건이 부가됨에 유의하여야 한다.

$$-1\le x\le 1 \Rightarrow \sin(\sin^{-1}(x))=x$$
$$-\frac{\pi}{2}\le x\le\frac{\pi}{2} \Rightarrow \sin^{-1}(\sin(x))=x$$

나머지 삼각함수도 다음과 같이 정의역을 적당히 제한하여 그 역함수를 정의한다.

**정의 6.1.2(삼각함수의 역함수)**

(1) $y = \cos^{-1}x(-1 \le x \le 1) \iff x = \cos y(0 \le y \le \pi)$

(2) $y = \tan^{-1}x(-\infty < x < \infty) \iff x = \tan y(-\pi/2 < y < \pi/2)$

(3) $y = \sec^{-1}x(|x| \ge 1) \iff x = \sec y(0 \le y \le \pi,\ y \ne \pi/2)$

(4) $y = \csc^{-1}x(|x| \ge 1) \iff x = \csc y(|y| \le \pi/2,\ y \ne 0)$

(5) $y = \cot^{-1}x(-\infty < x < \infty) \iff x = \cot y(0 < y < \pi)$

**예제 2** 다음을 계산하여라.

(1) $\cos^{-1}\left(-\frac{1}{2}\right)$ (2) $\tan^{-1}(-1)$

(3) $\cos\left(\tan^{-1}\frac{1}{\sqrt{3}}\right)$ (4) $\sec^{-1}\left(\frac{2}{\sqrt{3}}\right) = \frac{\pi}{6}$

**풀이** (1) $\cos^{-1}\left(-\frac{1}{2}\right) = \frac{2\pi}{3}$ (2) $\tan^{-1}(-1) = -\frac{\pi}{4}$

(3) $\cos\left(\tan^{-1}\frac{1}{\sqrt{3}}\right) = \cos\left(\frac{\pi}{6}\right) = \frac{\sqrt{3}}{2}$ (4) $\sec^{-1}\left(\frac{2}{\sqrt{3}}\right) = \frac{\pi}{6}$ ■

**예제 3** 다음 함수의 그래프를 그려라.

(1) $y = \cos^{-1}x$ (2) $y = \tan^{-1}x$

**풀이** 어떤 함수의 그래프와 그 역함수의 그래프는 직선 $y = x$에 대하여 대칭이라는 사실을 이용하여 그리면 각각 다음과 같다.

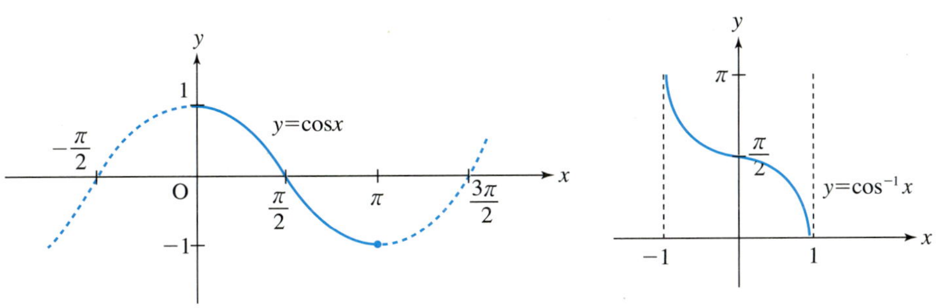


그림 6.1.3

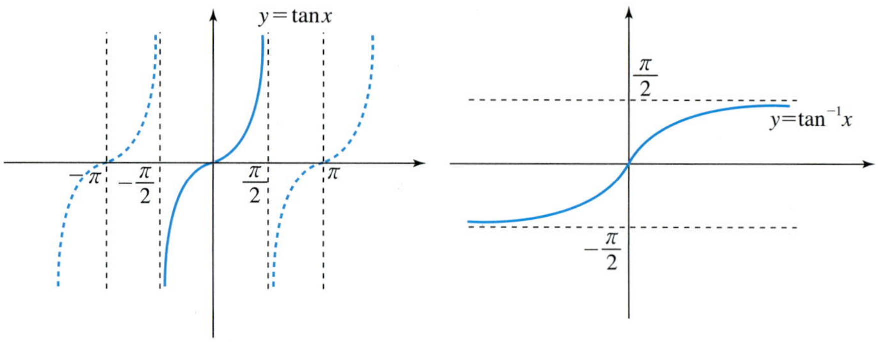


그림 6.1.4

■

**정리 6.1.3**

(1) $\sin(\cos^{-1}x) = \sqrt{1-x^2}$  (2) $\cos(\sin^{-1}x) = \sqrt{1-x^2}$

(3) $\sec(\tan^{-1}x) = \sqrt{1+x^2}$  (4) $\tan(\sec^{-1}x) = \begin{cases} \sqrt{x^2-1} & (x \ge 1) \\ -\sqrt{x^2-1} & (x \le -1) \end{cases}$

**증명.** (1)과 (3)만 증명하기로 하자. 나머지도 같은 방법으로 증명하면 된다.

(1) $y = \cos^{-1}x$로 치환하면 역삼각함수의 정의에 의하여 $x = \cos y (0 \le y \le \pi)$이다. 따라서 $\sin(\cos^{-1}x) = \sin y \ge 0$이므로 $\sin^2 y + \cos^2 y = 1$을 이용하면

$$\sin y = \sqrt{1-\cos^2 y} = \sqrt{1-x^2}.$$

(3) $y = \tan^{-1}x$로 치환하면 역삼각함수의 정의에 의하여 $x = \tan y (-\pi/2 < y < \pi/2)$이다. 따라서 $\sec(\tan^{-1}x) = \sec y > 0$이므로 $\sec^2 y = \tan^2 y + 1$을 이용하면

$$\sec y = \sqrt{1+\tan^2 y} = \sqrt{1+x^2}.$$

■

**예제 4** 다음을 계산하여라.

(1) $\sin\left(\cos^{-1}\frac{4}{5}\right)$  (2) $\cos\left(\tan^{-1}\left(-\frac{1}{2}\right)\right)$

**풀이** (1) $\sin\left(\cos^{-1}\frac{4}{5}\right) = \sqrt{1-\left(\frac{4}{5}\right)^2} = \frac{3}{5}$

(2) $\cos\left(\tan^{-1}\left(-\frac{1}{2}\right)\right) = \dfrac{1}{\sec\left(\tan^{-1}\left(-\frac{1}{2}\right)\right)} = \dfrac{1}{\sqrt{1+\left(\frac{1}{2}\right)^2}} = \dfrac{2}{\sqrt{5}}$

■

## 역삼각함수의 도함수

2장에 의하면 모든 삼각함수는 미분가능하다. 따라서 역함수의 정리에 의하여 모든 역삼각함수들도 미분가능하다.

우선 $y = \sin^{-1}x(-1 < x < 1)$의 도함수를 구하여 보자. 역함수의 정의에 의하여 동치인 $x = \sin y(-\pi/2 < y < \pi/2)$의 양변을 $x$에 대하여 미분하면 연쇄법칙에 의하여

$$1 = \cos y \frac{dy}{dx}$$

이다. 그런데 $\sin^2 y + \cos^2 y = 1$이고, $-\pi/2 < y < \pi/2$일 때 $\cos y > 0$이므로

$$\cos y = \sqrt{1 - \sin^2 y} = \sqrt{1 - x^2}$$

이다. 따라서 $y = \sin^{-1}x(-1 < x < 1)$의 도함수는

$$\frac{dy}{dx} = \frac{1}{\sqrt{1 - x^2}} \, (-1 < x < 1)$$

이다.

동일한 방법으로 아래 정리 6.1.4를 증명할 수 있다.

**정리 6.1.4(역삼각함수의 도함수)**

(1) $\dfrac{d}{dx}\sin^{-1}x = \dfrac{1}{\sqrt{1 - x^2}} \, (|x| < 1)$  (2) $\dfrac{d}{dx}\csc^{-1}x = \dfrac{-1}{|x|\sqrt{x^2 - 1}} \, (|x| > 1)$

(3) $\dfrac{d}{dx}\cos^{-1}x = \dfrac{-1}{\sqrt{1 - x^2}} \, (|x| < 1)$  (4) $\dfrac{d}{dx}\sec^{-1}x = \dfrac{1}{|x|\sqrt{x^2 - 1}} \, (|x| > 1)$

(5) $\dfrac{d}{dx}\tan^{-1}x = \dfrac{1}{1 + x^2}$  (6) $\dfrac{d}{dx}\cot^{-1}x = \dfrac{-1}{1 + x^2}$

**예제 5** 다음의 도함수를 구하여라.

(1) $y = \sin^{-1}(x^3 - 2)$  (2) $y = (\tan^{-1}x)^3$

**풀이** (1) $u = x^3 - 2$라 두면 연쇄법칙에 의하여

$$\frac{dy}{dx} = \frac{d}{du}\sin^{-1}u \frac{du}{dx} = \frac{1}{\sqrt{1 - u^2}} \times 3x^2 = \frac{3x^2}{\sqrt{1 - (x^3 - 2)^2}}$$

(2) $u = \tan^{-1}x$라 두면 연쇄법칙에 의하여

$$\frac{dy}{dx} = \frac{d}{du}u^3 \frac{du}{dx} = 3u^2 \times \frac{1}{1 + x^2} = \frac{3(\tan^{-1}x)^2}{1 + x^2}$$

■

**예제 6** 바닷가 100m 높이의 절벽 바로 아래로부터 보트가 초속 5m의 속도로 멀어져 가고 있다. 보트가 절벽으로부터 50m 거리에 있는 순간 보트에 타고 있는 사람이 절벽 꼭대기를 올려다보는 각의 변화율을 구하여라.

**풀이** 절벽 바로 아래부터 보트까지의 거리를 $x$m, 보트에서 절벽 꼭대기를 올려다 본 각도를 $\theta$ 라디안이라 하면 $x$와 $\theta$는 모두 시간 $t$의 함수이고 둘의 관계식은

$$\theta = \tan^{-1}\frac{100}{x}$$

이다. 양변을 $t$에 관하여 미분하면

$$\frac{d\theta}{dt} = \frac{d\theta}{dx}\frac{dx}{dt} = \frac{1}{1+(100/x)^2} \times \frac{-100}{x^2} \times \frac{dx}{dt}$$

이다. 거리의 변화율은 $\frac{dx}{dt} = 5\,\text{m/sec}$이므로 $x = 50\,\text{m}$일 때 각의 변화율은

$$\frac{d\theta}{dt} = \frac{1}{1+(100/50)^2} \times \frac{-100}{50^2} \times 5 = -0.04\,(\text{rad/sec})$$ ■

부정적분의 정의와 정리 6.1.4 (1), (5), (4)로부터 다음 정리 6.1.5 (1), (2), (3)이 각각 나온다.

**정리 6.1.5**

(1) $\int \frac{1}{\sqrt{1-x^2}}\,dx = \sin^{-1}x + c$

(2) $\int \frac{1}{1+x^2}\,dx = \tan^{-1}x + c$

(3) $\int \frac{1}{x\sqrt{x^2-1}}\,dx = \sec^{-1}|x| + c$

**예제 7** 다음을 구하여라.

(1) $\int \frac{1}{\sqrt{1-3x^2}}\,dx$　　　　(2) $\int_0^2 \frac{1}{x^2+4}\,dx$

**풀이** (1) $u = \sqrt{3}\,x$라 치환하면 $du = \sqrt{3}\,dx$이므로

$$\int \frac{1}{\sqrt{1-3x^2}}\,dx = \frac{1}{\sqrt{3}}\int \frac{1}{\sqrt{1-u^2}}\,du$$
$$= \frac{1}{\sqrt{3}}\sin^{-1}u + c = \frac{1}{\sqrt{3}}\sin^{-1}(\sqrt{3}\,x) + c$$

2) $u = x/2$라 치환하면 $2du = dx$이므로

$$\int \frac{1}{x^2+4}\,dx = \frac{1}{2}\int \frac{1}{1+u^2}\,du$$
$$= \frac{1}{2}\tan^{-1}u + c = \frac{1}{2}\tan^{-1}\frac{x}{2} + c$$

따라서

$$\int_0^2 \frac{1}{x^2+4}\,dx = \left[\frac{1}{2}\tan^{-1}\frac{x}{2}\right]_0^2$$
$$= \frac{1}{2}(\tan^{-1}1 - \tan^{-1}0) = \frac{1}{2}\left(\frac{\pi}{4} - 0\right) = \frac{\pi}{8}$$ ■



## 연습문제 6.1

**1.** 다음을 구하여라.

(1) $\cos^{-1}\left(\frac{1}{2}\right)$ (2) $\tan^{-1}(-\sqrt{3})$

(3) $\csc^{-1}\sqrt{2}$ (4) $\tan^{-1}\left(\tan\frac{4}{3}\pi\right)$

(5) $\cos\left(\sin^{-1}\frac{\sqrt{3}}{2}\right)$ (6) $\sin\left(2\cos^{-1}\frac{2}{3}\right)$

(7) $\cos\left[\sin^{-1}\frac{3}{4} + \cos^{-1}\frac{1}{4}\right]$

(8) $\sin\left[\cos^{-1}\left(\frac{3}{5}\right) + \cos^{-1}\left(\frac{5}{13}\right)\right]$

(9) $\sin\left[\cos^{-1}\left(\frac{3}{5}\right) + \cos^{-1}\left(\frac{5}{13}\right)\right]$

(10) $\sec^{-1}2 - \sec^{-1}(-2)$

**2.** 다음을 구하여라.

(1) $\lim_{x\to 2^+} \arctan\left(\frac{2}{x-2}\right)$

(2) $\lim_{x\to 1^-} \sin^{-1}x$

**3.** 다음을 증명하여라.

(1) $\sin^{-1}x + \cos^{-1}x = \frac{\pi}{2}$

(2) $\cos^{-1}x + \cos^{-1}(-x) = \pi$

(3) $\tan^{-1}x + \cot^{-1}x = \frac{\pi}{2}$

(4) $\tan(\sin^{-1}x) = \frac{x}{\sqrt{1-x^2}}$

(5) $\sin(\tan^{-1}x) = \frac{x}{\sqrt{1+x^2}}$

(6) $\cos(2\sin^{-1}x) = 1 - 2x^2$

(7) $\tan(2\sin^{-1}x) = \frac{2x}{1-x^2}$

**4.** 다음을 증명하여라.

(1) $\frac{d}{dx}(\tan^{-1}x) = \frac{1}{1+x^2}$

(2) $\frac{d}{dx}(\cot^{-1}x) = -\frac{1}{1+x^2}$

(3) $\frac{d}{dx}(\csc^{-1}x) = -\frac{1}{|x|\sqrt{x^2-1}}\ (|x|>1)$

(4) $\frac{d}{dx}(\sec^{-1}x) = \frac{1}{|x|\sqrt{x^2-1}}\ (|x|>1)$

**5.** 다음에 주어진 함수들의 도함수를 구하여라.

(1) $f(x) = \sin^{-1}(2x^2-1)$ (2) $y = (\sin^{-1}x)^2$

(3) $g(x) = \tan^{-1}(e^x)$ (4) $h(x) = (\sin^{-1}x)\ln x$

(5) $y = \csc^{-1}(x^2+1)$ (6) $y = (1+\sqrt{x})\tan^{-1}x$

(7) $y = \tan^{-1}(\sin x)$

(8) $G(t) = \sin^{-1}t + \ln\sqrt{\frac{t-a}{t+a}}$

(9) $y = \cot^{-1}\frac{2}{x} + \tan^{-1}\frac{x}{2}$

(10) $y = \tan^{-1}\left(x - \sqrt{1+x^2}\right)$

(11) $y = \frac{\sin^{-1}x}{\cos^{-1}x}$

(12) $y = \sec^{-1}\sqrt{1+x^2}$

**6.** 주어진 $x$에 대하여 다음 삼각함수들을 구하여라.

(1) $\cos x,\ \tan x,\ \sec x,\ \csc x,\ \cot x$: $x = \sin^{-1}(12/13)$

(2) $\cos x$, $\sin x$, $\sec x$, $\csc x$, $\cot x$: $x = \tan^{-1}(3/4)$

(3) $\cos x$, $\sin x$, $\tan x$, $\csc x$, $\cot x$: $x = \sec^{-1}(-\sqrt{5})$

**7.** 다음 적분을 구하여라.

(1) $\int_{2/\sqrt{3}}^{2/\sqrt{2}} \frac{1}{x\sqrt{x^2-1}}\,dx$ (2) $\int \frac{1}{1+4x^2}\,dx$

(3) $\int \frac{e^x}{e^{2x}+1}\,dx$ (4) $\int \frac{\tan^{-1}x}{1+x^2}\,dx$

(5) $\int \frac{dx}{\sqrt{x}\sqrt{1-x}}$ (6) $\int \frac{\sin x}{1+\cos^2 x}\,dx$

(7) $\int_0^{1/2} \frac{\sin^{-1}x}{\sqrt{1-x^2}}\,dx$ (8) $\int \frac{2(x-1)}{\sqrt{1-(x-1)^4}}\,dx$

**8.** 다음을 증명하여라.

(1) $\int \frac{dx}{\sqrt{a^2-x^2}} = \sin^{-1}\frac{x}{a} + c$ ($a > 0$, $c$는 상수)

(2) $\int \sqrt{a^2-x^2}\,dx = \frac{x}{2}\sqrt{a^2-x^2} + \frac{a^2}{2}\sin^{-1}\frac{x}{a} + c$
($a > 0$, $c$는 상수)

**9.** 곡선 $x^2y + y - 2 = 0$, $x = 0$, $x = 1$ 및 $y = 0$으로 둘러싸인 부분의 면적을 구하여라.

## 6.2 자연로그함수

함수 $f(x) = 1/x$는 구간 $(0, \infty)$에서 연속이므로 정리 4.5.1에 의하면 함수

$$F(x) = \int_1^x \frac{1}{t}\,dt,\ x > 0$$

는 $(0, \infty)$에서 항상 미분 가능하고 $f(x) = 1/x$의 역도함수이다. 이런 함수 $F(x)$를 자연로그함수(natural logarithmic function) $\ln x$로 정의한다.

**정의 6.2.1(자연로그함수)**

$$\ln x = \int_1^x \frac{1}{t}\,dt,\ x > 0$$

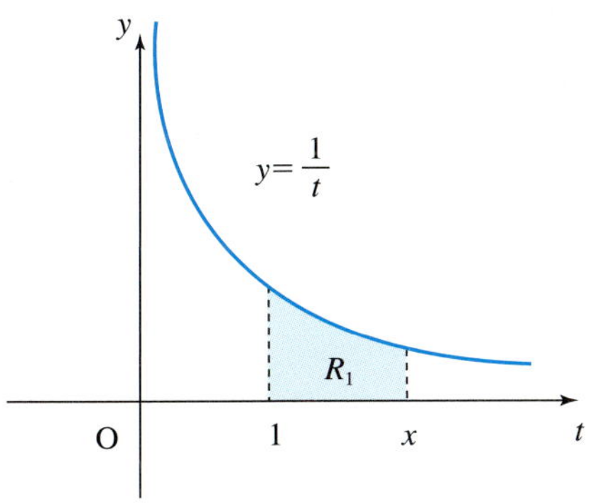


그림 6.2.1

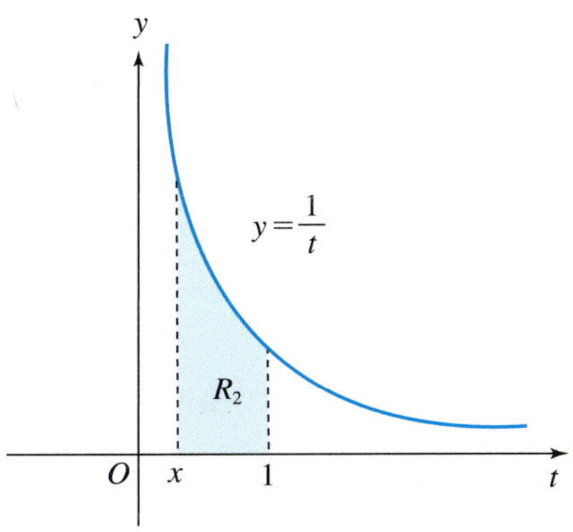


그림 6.2.2

위의 정의와 정적분의 성질 $\int_a^a f(x)dx = 0$에 의하면 $\ln 1 = 0$이 된다. 또한, $\ln x$는 $x > 1$이면 $t = 1, t = x, y = 0, y = 1/t$로 둘러싸인 영역의 면적 $R_1$이고, $0 < x < 1$이면 $-R_2$이다. 따라서 $\ln x$는 단조 증가함수임을 알 수 있다.

### 자연로그함수의 도함수

정리 4.5.1에 의하여, 다음이 성립한다.

**정리 6.2.2**

$$\frac{d}{dx}\ln x = \frac{1}{x},\ x > 0$$

만일 $f(x)$가 양함수($f(x) > 0$)이고 미분가능하면 연쇄법칙에 의하여

$$\frac{d}{dx}\ln f(x) = \frac{f'(x)}{f(x)}$$

이다.

**예제 1** $y = \ln\sqrt{x^2+1}$의 도함수를 구하여라.

**풀이** $f(x) = \sqrt{x^2+1}$이라 하면 연쇄 법칙에 의하여

$$\begin{aligned}\frac{d}{dx}\ln\sqrt{x^2+1} &= \frac{d}{dx}\ln f(x) = \frac{f'(x)}{f(x)} \\ &= \frac{1}{\sqrt{x^2+1}}\frac{d}{dx}\sqrt{x^2+1} = \frac{x}{x^2+1}\end{aligned}$$ ■

**예제 2** $y = \ln(-x),\ x < 0$의 도함수를 구하여라.

**풀이** $f(x) = -x$이라 하면 연쇄 법칙에 의하여

$$\frac{d}{dx}\ln(-x) = \frac{-1}{-x} = \frac{1}{x}$$ ■

위의 예제 2와 정리 6.2.2에 의하면

$$\frac{d}{dx}\ln|x| = \frac{1}{x},\ x \neq 0$$

이므로 다음 부정적분공식을 얻는다.

**정리 6.2.3**

$$\int \frac{1}{x}\,dx = \ln|x| + c,\ x \neq 0$$

**예제 3** $\int \frac{x}{x^2+1}\,dx$를 구하여라.

**풀이** $u = x^2+1$이라 하면 $du = 2x\,dx$이므로

$$\begin{aligned}\int \frac{x}{x^2+1}\,dx &= \frac{1}{2}\int \frac{2x}{x^2+1}\,dx = \frac{1}{2}\int \frac{1}{u}\,du \\ &= \frac{1}{2}\ln|u| + c = \frac{1}{2}\ln(x^2+1) + c\end{aligned}$$ ■

**예제 4** $\int \tan x\, dx$를 구하여라.

**풀이** $u = \cos x$라 하면 $du = -\sin x\, dx$이므로

$$\int \tan x\, dx = -\int \frac{-\sin x}{\cos x} dx = -\int \frac{1}{u} du$$
$$= -\ln|u| + c = -\ln|\cos x| + c\,(\text{또는 } \ln|\sec x| + c)$$ ■

## 자연로그함수의 성질

**정리 6.2.4**

$a, b$가 양의 실수이고, $r$이 유리수이면 다음이 성립한다.

(1) $\ln(ab) = \ln a + \ln b$　　(2) $\ln\left(\frac{a}{b}\right) = \ln a - \ln b$

(3) $\ln a^r = r \ln a$

**증명.** (1) 양의 실수 $x$에 대하여 $\ln ax$와 $\ln x$는 같은 도함수 $1/x$을 가지므로 그 차이는 상수이다.

$$\ln ax = \ln x + c$$

이 식에 $x = 1$을 대입하면 $\ln a = \ln 1 + c = c$이다. 따라서

$$\ln ax = \ln x + \ln a$$

이고 $x = b$을 대입하면 (1)이 나온다.

식 (2)는 식 (1)을 이용하여 $\ln\frac{1}{b} = -\ln b$을 보이고 다시 이 사실을 식 (1)에 적용하면 증명되고 식 (3)은 식 (1)과 같은 방법으로 증명할 수 있다. ■

## 자연로그함수의 성질을 이용한 미분

정리 6.2.4를 이용하면 함수들의 곱, 몫, 거듭제곱, 거듭제곱근등의 도함수를 좀 더 간단히 구할 수 있다.

**예제 5** $y = \ln\frac{x^3\sqrt{x-5}}{(x-2)^4}\ (x > 5)$의 도함수를 구하여라.

**풀이** 정리 6.2.4의 성질을 이용하면

$$y = \ln\frac{x^3\sqrt{x-5}}{(x-2)^4}$$
$$= 3\ln x + \frac{1}{2}\ln(x-5) - 4\ln(x-2)$$

이다. 따라서

$$\frac{dy}{dx} = \frac{3}{x} + \frac{1}{2(x-5)} - \frac{4}{x-2}$$ ■

**예제 6** $y = \dfrac{x^3\sqrt{x-5}}{(x-2)^4}\ (x>5)$의 도함수를 구하여라.

**풀이** 양변에 자연로그를 취하고 정리 6.2.4의 성질을 이용하면

$$\begin{aligned}\ln y &= \ln\frac{x^3\sqrt{x-5}}{(x-2)^4}\\ &= 3\ln x + \frac{1}{2}\ln(x-5) - 4\ln(x-2)\end{aligned}$$

이다. 따라서 음함수 미분법을 사용하여 양변을 미분하면

$$\frac{d}{dx}\ln y = \frac{3}{x} + \frac{1}{2(x-5)} - \frac{4}{x-2}$$

또는

$$\frac{y'}{y} = \frac{3}{x} + \frac{1}{2(x-5)} - \frac{4}{x-2}$$

이므로 도함수는

$$y' = \left(\frac{3}{x} + \frac{1}{2(x-5)} - \frac{4}{x-2}\right)\frac{x^3\sqrt{x-5}}{(x-2)^4}$$

■

## 자연로그 함수의 그래프와 초월수 $e$

자연로그함수 $y = \ln x\,(x>0)$의 도함수에 관한 정리 6.2.2에 의하면

$$\frac{dy}{dx} = \frac{1}{x} > 0, \quad \frac{d^2y}{dx^2} = -\frac{1}{x^2} < 0$$

이므로 $y = \ln x\,(x>0)$는 증가함수이고 아래로 오목하다. $\ln 2$는 양수이므로

$$\lim_{n\to\infty}\ln 2^n = \lim_{n\to\infty}(n\ln 2) = \infty$$

즉

$$\begin{aligned}&\lim_{x\to\infty}\ln x = \infty\\ &\lim_{x\to 0^+}\ln x = \lim_{t\to\infty}\ln\left(\frac{1}{t}\right) = \lim_{t\to\infty}(-\ln t) = -\infty\end{aligned}$$

이 성립한다. 따라서 $y = \ln x\,(x>0)$의 그래프는 $(1, 0)$에서 $x$축과 만나고 $-\infty$에서 $\infty$까지 증가하는 아래로 오목인 함수이다. 이러한 여러 가지 성질들을 종합하여 $y = \ln x\,(x>0)$의 그래프를 그린 결과가 그림 6.2.3이다.

함수 $y = \ln x\,(x>0)$는 전 구간에서 연속인 증가함수이고 치역은 $(-\infty, \infty)$이므로 중간값 정리에 의하여

$$\ln x = 1$$

을 만족하는 $x$가 존재하는데 이를 $e$로 정의한다.

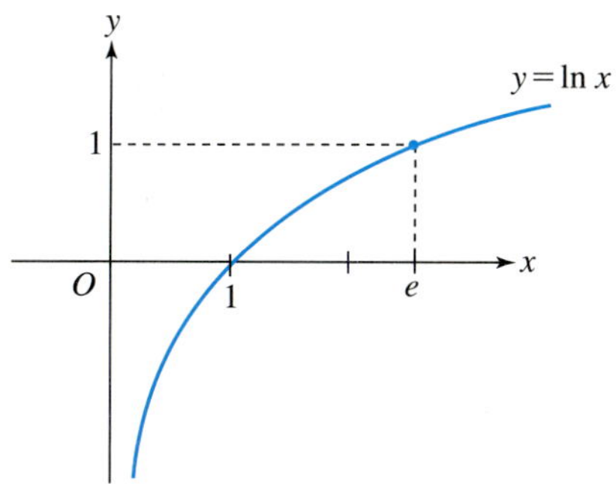


그림 6.2.3



**정의 6.2.5(초월수 $e$)**

$$\ln e = 1$$

정의 6.2.5의 수 $e$는 무리수이고

$$e = 2.7182818284\cdots\cdots$$

이다. 또한 이 수는 다음과 같이 극한으로 구할 수 있다(정리 6.5.1 참조).

$$\lim_{x\to 0}(1+x)^{\frac{1}{x}} = \lim_{x\to\infty}\left(1+\frac{1}{x}\right)^x$$

## 연습문제 6.2

**1.** 다음 함수의 도함수를 구하여라.

(1) $y = x\ln x - x$ (2) $y = \ln(2-x-x^2)$

(3) $y = \ln(\sqrt{x}-\sqrt{x-1})$ (4) $y = x^2\ln(1-x^2)$

(5) $y = \ln\ln x$ (6) $y = \ln x^3 + (\ln x)^3$

(7) $y = \ln(\tan x + \sec x)$

(8) $y = x[\sin(\ln x) + \cos(\ln x)]$

**2.** $\ln 2 = 0.693$, $\ln 3 = 1.099$일 때, 다음을 계산하여라.

(1) $\ln 12$ (2) $\ln 2\sqrt{2}$

(3) $\ln e^{\sqrt{2}}$ (4) $\ln\frac{4}{9}$

(5) $\ln 0.25$ (6) $\ln\sqrt[3]{2}$

**3.** 다음 적분을 구하여라.

(1) $\int \frac{dx}{2x-1}$ (2) $\int_0^1 \frac{1}{x+1}dx$

(3) $\int \frac{x}{4x^2+1}dx$ (4) $\int \frac{(\ln x)^2}{x}dx$

(5) $\int \frac{\sin x}{1+\cos x}dx$ (6) $\int x\ln x\,dx$

(7) $\int_4^9 \frac{dx}{\sqrt{x}(1+\sqrt{x})}$ (8) $\int \frac{4x-4}{x^2-2x+5}dx$

**4.** 다음 함수의 그래프를 그려라.

(1) $y = \ln\left(\frac{1}{x}\right)$ (2) $y = |\ln x|$

(3) $y = \ln|x|$

5. 자연로그의 성질을 이용하여 다음 함수의 도함수를 구하여라.

(1) $y=\sqrt{\dfrac{x+1}{x^3+1}}$ (2) $y^2=x^3(x+1)\ (x>0)$

(3) $y=\dfrac{(x^4+1)^3\sin^2 x}{\sqrt[5]{x}}$ (4) $y=\sqrt[3]{\dfrac{x(x-2)}{x^2+1}}\ (x>2)$

(5) $y^5=\sqrt{\dfrac{(x+1)^5}{(x+2)^{10}}}$

6. (1) $x$축, $y=\tan x$, $x=\dfrac{\pi}{3}$로 둘러싸인 영역의 넓이를 구하여라.

(2) (1)의 영역을 $x$축에 대하여 회전한 회전체의 체적을 구하여라.

7. $\lim\limits_{x\to\infty}\displaystyle\int_x^{2x}\frac{1}{t}\,dt$를 구하여라.

8. $\lim\limits_{n\to\infty}\left[\dfrac{1}{n+1}+\dfrac{1}{n+2}+\dots+\dfrac{1}{2n}\right]$을 구하여라.

9. 다음을 증명하여라.

(1) $t>1$에 대하여 $\dfrac{1}{t}<\dfrac{1}{\sqrt{t}}$이고, $x>1$에 대해서 $\ln x<2(\sqrt{x}-1)$.

(2) $\lim\limits_{x\to\infty}\dfrac{\ln x}{x}=0$

10. $y=(x^2+4)^{-1}$, $y=0$, $x=1$, $x=4$로 둘러싼 영역을 $y$축에 대해 회전시켜서 입체를 만들었다. 그 부피를 구하여라.

11. 곡선 $y=\dfrac{x^2}{4}-\ln\sqrt{x}$ $(1\leqq x\leqq 2)$의 길이를 구하여라.

12. $0<x<y$일 때 네이피어(Napier) 부등식을 증명하여라.

$$\frac{1}{y}<\frac{\ln y-\ln x}{y-x}<\frac{1}{x}$$

## 6.3 자연지수함수

자연로그함수 $\ln x$는 구간 $(0, \infty)$에서 연속이고, 증가함수이므로 역함수가 존재하는데 이를 자연지수함수(natural exponential function) $\ln^{-1} x$라고 표시한다. 자연로그함수 $\ln x$의 치역이 모든 실수이므로 역함수 $\ln^{-1} x$의 정의역은 모든 실수이다.



**정의 6.3.1(자연지수함수)**

모든 실수 $x$와 양의 실수 $y$에 대하여

$$y = \ln^{-1} x \iff x = \ln y$$

$x$가 유리수이면 역함수의 정의, 정리 6.2.4의 (3), 실수 $e$의 정의($\ln e = 1$) 에 의하여

$$e^x = \ln^{-1}(\ln e^x) = \ln^{-1}(x \ln e) = \ln^{-1} x$$

이 성립한다. 즉 모든 유리수 $x$에 대하여 $e^x = \ln^{-1} x$인데 이를 바탕으로 모든 실수 $x$에 대하여

$$e^x = \ln^{-1} x$$

로 정의한다. 즉,

$$y = e^x \iff x = \ln y$$

**예제 1** 다음 등식이 성립함을 보여라.

(1) $\ln e^x = x$ ($x$는 모든 실수) (2) $e^{\ln x} = x \, (x > 0)$

**증명.** (1) $\ln e^x = \ln(\ln^{-1} x) = x$ (2) $e^{\ln x} = \ln^{-1}(\ln x) = x \, (x > 0)$ ■

**예제 2** 다음 식을 $y$에 관하여 풀어라.

(1) $e^{3y} = 2 - \cos x$ (2) $\ln(y+1) = \ln y + 2x$

**풀이** (1) 자연지수함수의 정의에 의하여

$$3y = \ln(2 - \cos x)$$

이므로

$$y = \frac{1}{3}\ln(2-\cos x)$$

(2) 정리 6.2.4의 (2)와 자연지수함수의 정의에 의하여

$$\ln\frac{y+1}{y} = 2x$$

$$\frac{y+1}{y} = e^{2x}$$

따라서 $y = (e^{2x}-1)^{-1}$이다. ■

**정리 6.3.2**

모든 실수 $a, b$와 모든 유리수 $r$에 대하여 다음이 성립한다.

(1) $e^a e^b = e^{a+b}$ (2) $\frac{e^a}{e^b} = e^{a-b}$ (3) $(e^a)^r = e^{ra}$

**증명.** (1) 아래의 첫 번째, 두 번째 그리고 세 번째 등식에는 각각 예제 1의 (2), 정리 6.2.4의 (1) 그리고 예제 1의 (1)이 사용되었다.

$$e^a e^b = e^{\ln(e^a e^b)} = e^{\ln e^a + \ln e^b} = e^{a+b}$$

(3) $\ln(e^a)^r = r\ln(e^a) = r(a\ln e) = ra$이므로 자연지수함수의 정의에 의하여 $(e^a)^r = e^{ra}$이다. ■

두 번째 등식도 (1)과 같은 방법으로 증명할 수 있고 이로부터

$$\frac{1}{e^b} = e^{-b}$$

이 성립함을 알 수 있다. 실제로 등식 (3)은 모든 실수 $r$에 대하여 성립한다.

## 자연지수함수의 도함수와 적분

**정리 6.3.3**

(1) $\frac{d}{dx}e^x = e^x$ (2) $\int e^x dx = e^x + c$

**증명.** $y = e^x$의 양변에 자연로그를 취하면

$$\ln y = x$$

이고 이 식의 양변에 음함수 미분법을 적용하면

$$\frac{1}{y}\frac{dy}{dx} = 1$$

이므로 (1)이 증명되었고 (2)는 부정적분의 정의와 (1)에 의하여 증명되었다. ■

**예제 3** 다음 함수의 도함수를 구하여라.

(1) $y = e^{3x^2}$ (2) $y = e^{\ln\sqrt{2x}}$

**풀이** (1) $u = 3x^2$로 치환하면 연쇄법칙에 의하여

$$\frac{dy}{dx} = \frac{d}{du}e^u\frac{d}{dx}(3x^2) = 6xe^{3x^2}$$

(2) $u = \ln\sqrt{2x}$로 치환하면 연쇄법칙에 의하여

$$\frac{dy}{dx} = \frac{d}{du}e^u\frac{d}{dx}(\ln\sqrt{2x}) = e^{\ln\sqrt{2x}}\left(\frac{1}{\sqrt{2x}}\frac{d}{dx}\sqrt{2x}\right)$$

$$= e^{\ln\sqrt{2x}}\left(\frac{1}{\sqrt{2x}}\frac{2}{2\sqrt{2x}}\right) = \frac{e^{\ln\sqrt{2x}}}{2x}$$ ■

**예제 4** $\int_0^2 xe^{-x^2}dx$를 구하여라.

**풀이** 먼저 부정적분을 구하자. $u = -x^2$으로 치환하면 $du = -2x\,dx$ 또는 $xdx = -\frac{1}{2}du$이므로

$$\int xe^{-x^2}dx = \int e^u\left(-\frac{1}{2}du\right) = -\frac{1}{2}\int e^u\,du = -\frac{1}{2}e^u + c$$

따라서

$$\int_0^2 xe^{-x^2}dx = \left[-\frac{1}{2}e^{-x^2}\right]_0^2 = \frac{1-e^{-4}}{2}$$ ■

## 자연지수함수의 그래프

함수 $y = e^x$와 자연로그 함수 $y = \ln x$는 서로 역함수 관계이므로 두 함수의 그래프는 직선 $y = x$에 대하여 대칭이다. 이 사실을 이용하면 $y = e^x$의 그래프의 개형을 그릴 수 있다. 자연로그 함수 $y = \ln x$의 정의역과 치역은 각각 $(0, \infty)$, $(-\infty, \infty)$이므로 함수 $y = e^x$의 정의역과 치역은 각각 $(-\infty, \infty)$, $(0, \infty)$이다. 그런데 일계 도함수는 항상 양수($y' = e^x > 0$)이므로 전 정의역에서 증가함수이다. 따라서

$$\lim_{x\to-\infty} e^x = 0, \quad \lim_{x\to\infty} e^x = \infty$$

이고 이계 도함수도 항상 양수 즉 $y'' = e^x > 0$이므로 전 정의역에서 위로 오목하다.

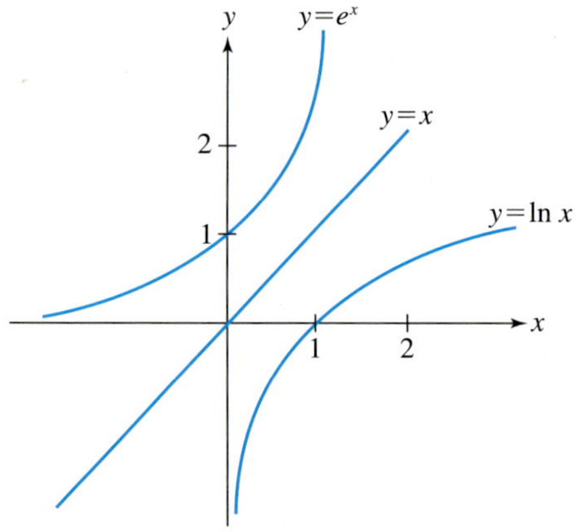


그림 6.3.1

## 연습문제 6.3

**1.** 다음 함수의 도함수를 구하여라.

(1) $y = e^{x+2}$ (2) $y = e^{2x^2 - x}$

(3) $y = e^{\sqrt{x+2}}$ (4) $y = e^{-1/x^2}$

(5) $y = e^{2\ln x}$ (6) $y = e^{x/\ln x}$

(7) $y = x^3 e^x$ (8) $y = e^{x^3 \ln x}$

(9) $y = \sqrt{e^{x^2}} + e^{\sqrt{x^2}}$ (10) $y = e^{1/x^2} + 1/e^{x^2}$

**2.** 다음 식을 간단히 하여라.

(1) $\ln e^{2x}$ (2) $e^{-\ln(x^2)}$

(3) $\ln\left(\dfrac{1}{e^x}\right)$ (4) $e^{\ln 2 + \ln x}$

(5) $e^{3\ln x}$ (6) $e^{-2\ln x}$

(7) $\ln e^{\cos x}$ (8) $\ln e^{-2x-3}$

(9) $\ln(x^3 e^{-3x})$ (10) $e^{x - \ln x}$

(11) $e^{\ln 3 + 2\ln x}$ (12) $e^{\ln x^2 - y\ln x}$

**3.** 다음 적분을 구하여라.

(1) $\int e^{3x+1} dx$ (2) $\int xe^{x^2-3} dx$

(3) $\int_0^1 \dfrac{e^x - 1}{e^{2x}} dx$ (4) $\int \dfrac{e^x + 1}{e^x} dx$

(5) $\int (x+3)e^{x^2+6x} dx$ (6) $\int \dfrac{e^x}{e^x - 1} dx$

(7) $\int \dfrac{e^{-1/x}}{x^2} dx$ (8) $\int e^{x+e^x} dx$

(9) $\int_0^1 e^{2x+3} dx$ (10) $\int_1^2 \dfrac{e^{3/x}}{x^2} dx$

**4.** $y = e^x$, $y = 0$, $x = 0$ 그리고 $x = \ln 3$으로 둘러싸인 영역을 $x$축을 회전축으로 하여 회전시킬 때 생기는 회전체의 체적을 구하여라.

**5.** 함수 $y = e^{\sin x}(-\pi \leqq x \leqq 2\pi)$의 극대, 극소점과 최대, 최소점을 구하여라.

**6.** 함수 $y = e^x - 2e^{-x}$의 아래로 오목한 구간을 구하여라.

**7.** $y = e^{-x^2}$, $y = 0$, $x = 0$, $x = 1$로 둘러싼 영역을 $y$축에 대해 회전시켰다. 이때 생기는 입체의 부피를 구하여라.

**8.** 곡선 $y = e^{-x}$와 점 $(0, 1)$과 $(1, 1/e)$을 지나는 직선으로 둘러싼 영역의 넓이를 구하여라.

**9.** 함수 $f(x) = \dfrac{x}{e^x - 1} - \ln(1 - e^{-x})$는 $x > 0$에서 감소함을 보여라.

**10.** 다음 매개변수로 주어진 곡선의 길이를 구하여라.

$$x = e^t \sin t, \quad y = e^t \cos t, \quad 0 \leqq t \leqq \pi$$

**11.** $R$은 $x = 0$, $y = e^x$ 그리고 $y = e^x$의 접선으로서 원점을 지나는 것으로 둘러싸인 도형이라고 하자. 다음을 구하여라.

(1) $R$의 넓이

(2) $R$을 $x$축에 대해 회전시켰을 때 생기는 입체의 부피

**12.** $\lim_{n \to \infty} \dfrac{e^{1/n} + e^{2/n} + \ldots + e^{n/n}}{n}$을 구하여라.

**13.** 다음을 구하여라.

(1) $\lim_{x \to 0} (1 + 2x)^{\frac{1}{x}}$ (2) $\lim_{x \to \infty} \left(1 - \dfrac{3}{x}\right)^x$

(3) $\lim_{x \to 0} (1 - 2x)^{\frac{3}{x}}$ (4) $\lim_{x \to \infty} \left(1 + \dfrac{3}{x}\right)^{2x}$

**14.** (1) $x \geq 0$에서 $e^x \geq 1 + x$임을 증명하여라.

(2) $x \geq 0$에서 $e^x \geq 1 + x + \dfrac{1}{2}x^2$임을 증명하여라.

(3) 수학적 귀납법을 이용하여, 임의의 $x \geq 0$와 양의 정수 $n$에 대해서 다음의 부등식이 성립함을 보여라.

$$e^x \geq 1 + x + \frac{x^2}{2!} + \frac{x^3}{3!} + \cdots + \frac{x^n}{n!}$$

## 6.4 일반적인 지수함수와 로그함수

### 지수함수

6장 3절에서 밑(base)이 $e$인 지수함수 즉 $e^2$, $e^{\sqrt{2}}$ 등을 정의하였는데 이번에는 일반적인 양수 $a$를 밑으로 하는 지수 함수를 정의 할 것이다.

**정의 6.4.1**

모든 실수 $x$에 대하여

$$a^x = e^{x\ln a}\ (a > 0)$$

위의 정의에 의하여 $y = a^x (a > 0)$ 정의역은 모든 실수이고 치역은 자연지수함수의 치역 $(0, \infty)$과 같음을 알 수 있다.

정리 6.2.4의 (3)에 의하면 임의의 유리수 $r$에 대하여

$$\ln a^r = r\ln a$$

이 성립한다고 하였는데 유리수뿐만 아니라 모든 실수에 대하여 성립함을 알 수 있다. 정의 6.4.1의 양변에 자연로그를 취하면 임의의 $x$에 대하여

$$\ln a^x = \ln e^{x\ln a} = x\ln a$$

이 성립하기 때문이다. 이 사실을 이용하면 유리수뿐만 아니라 모든 실수에 대하여 정리 6.3.2의 성질 (3)

$$(e^a)^x = e^{xa}$$

이 성립함을 보일 수 있다. 이는 아래의 정리 6.4.2 의 성질 (3)과 같다.

**정리 6.4.2**

임의의 실수 $x, y$에 대하여 다음이 성립한다. (단, $a>0$, $b>0$)

(1) $a^x a^y = a^{x+y}$  (2) $\dfrac{a^x}{a^y} = a^{x-y}$

(3) $(a^x)^y = a^{xy}$  (4) $(ab)^x = a^x b^x$

(5) $\left(\dfrac{b}{a}\right)^x = \dfrac{b^x}{a^x}$

**증명.** (1)과 (3)만 증명한다. 나머지도 같은 방법으로 증명할 수 있다.

(1) $a^x a^y = e^{x\ln a} e^{y\ln a} = e^{x\ln a + x\ln a} = e^{(x+y)\ln a} = a^{x+y}$

(3) $(a^x)^y = e^{y\ln a^x} = e^{y(x\ln a)} = e^{(xy)\ln a} = a^{xy}$ ■

## 지수함수의 도함수와 적분

**정리 6.4.3**

(1) $\dfrac{d}{dx}a^x = a^x \ln a (a>0)$

(2) $\displaystyle\int a^x dx = \frac{a^x}{\ln a} + c, (a \neq 1,\ a>0)$

**증명.** (1) $\dfrac{d}{dx}a^x = \dfrac{d}{dx}(e^{x\ln a}) = e^{x\ln a}\dfrac{d}{dx}(x\ln a) = a^x \ln a$

(2) 부정적분의 정의와 (1)에 의하여 증명된다. ■

**예제 1** $y = x^{\sqrt{x}}$의 도함수를 구하여라.

**풀이**

$$\frac{d}{dx}x^{\sqrt{x}} = \frac{d}{dx}(e^{\sqrt{x}\ln x}) = e^{\sqrt{x}\ln x}\frac{d}{dx}(\sqrt{x}\ln x)$$
$$= x^{\sqrt{x}}\left(\frac{1}{2\sqrt{x}}\ln x + \sqrt{x}\frac{1}{x}\right) = x^{\sqrt{x}}\left(\frac{\ln x}{2\sqrt{x}} + \frac{1}{\sqrt{x}}\right)$$ ■

**예제 2** $y = 2^{-x}$의 그래프와 $x$축 사이의 제 1사분면 영역의 넓이를 $\lim_{a\to\infty}\left(\int_0^a 2^{-x}dx\right)$로 정의한다. 이를 구하여라.

**풀이** $u = -x$라 하면 $du = -dx$이므로 정리 6.4.3의 (2)에 의하여

$$\int 2^{-x}dx = \int 2^u(-du) = -\int 2^u du = -\frac{2^u}{\ln 2} + c = -\frac{2^{-x}}{\ln 2} + c$$

이다. 따라서

$$\int_0^a 2^{-x}\,dx = \left[-\frac{2^{-x}}{\ln 2}\right]_0^a = \frac{1-2^{-a}}{\ln 2}$$

$$\lim_{a\to\infty}\left(\int_0^a 2^{-x}\,dx\right) = \lim_{a\to\infty}\left(\frac{1-2^{-a}}{\ln 2}\right) = \frac{1}{\ln 2}$$ ■

### 로그함수 $\log_a x$

지수함수 $y = a^x$의 도함수 $y' = a^x \ln a$는 $\ln a$와 마찬가지로 $a>1$이면 양수, $0<a<1$이면 음수이다. 따라서 지수함수 $y = a^x$는 $a>1$이면 전 구간에서 증가함수, $0<a<1$이면 전 구간에서 감소함수이다. 따라서 어느 경우든 역함수가 존재하는데 이를 $\log_a x$로 표기하고 $a$를 밑으로 하는 로그함수라고 한다.

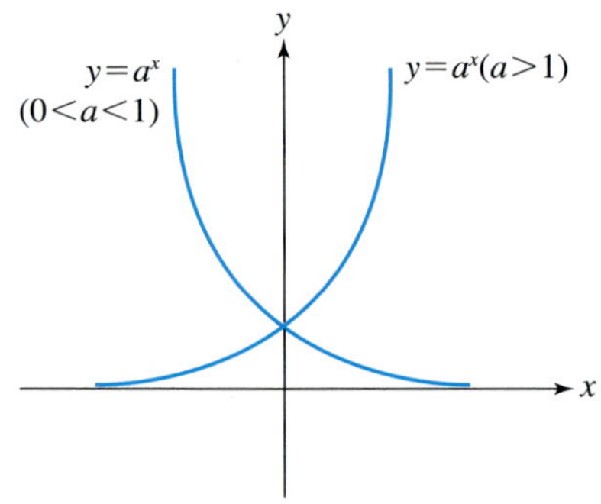


그림 6.4.1

**정의 6.4.4**

$a$가 1이 아닌 양수일 때

$$y = \log_a x \iff x = a^y\ (x>0)$$

위의 정의에 의하여 $a = e$이면 $\log_e x = \ln x$임을 알 수 있다. $a = 10$이면 상용로그라 하고 밑을 표시하지 않고 $\log x$로 쓴다.

지수함수 $y = \log_a x$의 정의에 의하면 $x = a^y$이므로 이 식의 양변에 자연로그를 취하면

$$\ln x = \ln a^y = y \ln a$$

이다. 따라서 정리 6.4.5가 증명되었고 이를 이용하면 정리 6.4.6도 증명된다.

**정리 6.4.5**

$a$가 1이 아닌 양수일 때

$$\log_a x = \frac{\ln x}{\ln a}$$

**정리 6.4.6**

$$\frac{d}{dx}\log_a x = \frac{1}{x\ln a}$$

**예제 3** $a \neq 1$, $x$, $y$가 양수일 때 다음을 증명하여라.

$$\log_a xy = \log_a x + \log_a y$$

**증명.** 정리 6.4.5와 정리 6.2.4의 성질 (1)에 의하여

$$\log_a xy = \frac{\ln xy}{\ln a} = \frac{\ln x + \ln y}{\ln a} = \frac{\ln x}{\ln a} + \frac{\ln y}{\ln a} = \log_a x + \log_a y \quad ■$$

위의 예제 3과 같이 정리 6.2.4의 자연지수 함수의 모든 성질은 일반 지수함수 $\log_a x$에 대하여도 성립한다.

**예제 4** 함수 $y = \log_{10}(x^2+1)$의 도함수를 구하여라.

**풀이** $u = x^2+1$이라 하면 $du = 2xdx$이므로

$$\frac{dy}{dx} = \frac{d}{du}\log_{10} u\frac{du}{dx} = \frac{1}{u\ln 10}(2x) = \frac{2x}{(x^2+1)\ln 10} \quad ■$$

## 연습문제 6.4

**1.** 다음 함수의 도함수를 구하여라.

(1) $y = 2^{3x} + x^e$  (2) $y = x^{\sin x}(x > 0)$

(3) $y = \log_{10} e^x$  (4) $y = 2^x \log_2 x$

(5) $y = 5^{2x}$  (6) $y = 3^{2x^2-3x}$

(7) $y = 10^{(x^2)} + (x^2)^{10}$  (8) $y = \sin^2 x + 2^{\sin x}$

(9) $y = x^{\pi+1} + (\pi+1)^x$  (10) $y = 2^{(e^x)} + (2^e)^x$

(11) $y = (x^2+1)^{\ln x}$  (12) $y = (\ln x^2)^{2x+3}$

**2.** 다음 각 식을 $x$에 관하여 풀어라.

(1) $\log_2 x = 3$  (2) $3^{x+2} = 4$

(3) $5^{\log_5 2x} = 6$  (4) $2^x = 17$

(5) $5^{2x-3} = 4$  (6) $\log_3(2x-1) = 2$

(7) $2\log_9\left(\frac{x}{3}\right) = 1$  (8) $\log_4\left(\frac{1}{2x}\right) = 3$

(9) $\log_2(x+3) - \log_2 x = 2$

(10) $\log_5(x+3) - \log_5 x = 1$

**3.** 다음 적분을 구하여라.

(1) $\int x \cdot 3^{x^2} dx$ (2) $\int 5^{-x} dx$

(3) $\int \frac{10^{\sqrt{x}}}{\sqrt{x}} dx$ (4) $\int_1^{\sqrt{2}} x2^{-x^2} dx$

(5) $\int 10^{5x-1} dx$ (6) $\int_0^1 (10^{3x}+10^{-3x})dx$

**4.** $\lim_{x\to 0^+} \log_{10}(\tan^2 x)$을 구하여라.

**5.** 방정식 $4^x - 2^{x+3} + 12 = 0$을 풀어라.

**6.** 계산기를 사용치 않고 두수 $\log_{10} 99$와 $\log_9 82$ 중 큰 수를 결정하여라.

**7.** 양의 실수 $x, y$와 임의의 실수 $r$에 대하여 다음 식들이 성립함을 보여라.

(1) $\log_a(xy) = \log_a x + log_a y$

(2) $\log_a\left(\frac{x}{y}\right) = \log_a x - \log_a y$

(3) $\log_a(x^r) = r\log_a x$

**8.** 함수 $f(x) = \frac{a^x - 1}{a^x + 1}$는 역함수를 가짐을 보이고, $f^{-1}(x)$의 식을 구하여라. (단, $a > 0$, $a \neq 1$)

**9.** 상수 $a > 1$에 대하여, 구간 $[0, \infty)$에서 $f(x) = \frac{x^a}{a^x}$라 하자. 이때, 다음을 보여라.

(1) $\lim_{x\to\infty} f(x) = 0$

(2) $f(x)$는 $x_0 = \frac{a}{\ln a}$에서 최대값을 가진다.

(3) $x^a = a^x$는 $a \neq e$일 때 두 개의 양수근을 가지고, $a = e$일 때 한 개의 양수근을 가진다.

(4) $\pi^e < e^\pi$

# 6.5 지수적 성장과 감소



여러 가지 자연현상 중에는 어떤 양의 변화율이 현재의 양에 비례하는 경우가 많이 있다. 인구수, 방사성 물질의 잔류량, 어떤 물질의 온도와 주위 온도와의 차, 이자 등이 그러한 예이다.

시점 $t$에서의 인구수를 $y(t)$라면 인구의 증가율은 여러 가지 요인에 따라 달라지겠지만 단순히 현재의 인구수에 비례한다고 할 수 있다. 이 경우 인구수에 대한 수학적 모델은 다음과 같은 초기값 미분방정식으로 표현된다.

$$\text{미분방정식: } \frac{dy}{dt} = ky$$
$$\text{초기값 } : y(0) = y_0$$

상수 $k$가 양수이면 인구는 증가하고 음수이면 감소한다. 미분방정식의 변수분리를 하고 양변을 적분하자.

$$\frac{1}{y}dy = kdt$$
$$\int \frac{1}{y}dy = \int kdt$$
$$\ln y = kt + c$$

초기 조건 $y(0) = y_0$를 사용하면 $c = \ln y_0$이다. 따라서 인구 모델은 자연지수함수

$$y = y_0 e^{kt}$$

로 주어짐을 알 수 있다. 이러한 모델에 의하여 변하는 양은 상수 $k$가 양수이면 지수적으로 증가하고 음수이면 지수적으로 감소한다고 한다.

**예제 1** $t$의 단위가 년 일 때 $k$는 약 0.0132이라고 가정하고 현재인구의 배가 되는데 필요한 시간을 구하여라.

**풀이** 현재 시점을 $t = n$이라 하고 인구수를 $P$라고 하면

$$P = y_0 e^{0.0132n}$$
$$2P = y_0 e^{0.0132t}$$

이다. 따라서 변끼리 나누어 주고 양변에 자연로그를 취하면

$$\ln 2 = 0.0132(t-n)$$
$$t-n = \frac{\ln 2}{0.0132} \approx 53$$

이다. 즉 약 53년이 지나면 인구가 두 배가 된다. ■

**예제 2** 라듐의 반감기는 1590년이고, 그 붕괴율은 그 당시 무게에 비례한다. 현재 200mg의 라듐은 1000년 후에 얼마나 남아 있겠는가? 또 한 60mg이 남게 되는 해는 몇 년후 인가?

**풀이** $t$년 후의 양은 $y(t) = y(0)e^{kt} = 200e^{kt}$이고 반감기가 1590년이므로 상수 $k$는

$$100 = 200e^{1590k}$$

를 만족하여야 한다. 양변에 로그를 취하고 $k$에 대하여 풀면

$$k = -\frac{\ln 2}{1590}$$

이다. 따라서 1000년 후의 양 $y(1000)$은

$$y(1000) = 200e^{-\frac{\ln 2}{1590}\times 1000} \approx 130\,(\text{mg})$$

이다. $y(t) = 60$ 즉

$$60 = 200e^{-\frac{\ln 2}{1590}t}$$

을 풀면

$$t = -1590 \cdot \frac{\ln 0.3}{\ln 2} \approx 2762$$

이다. 즉 약 2762년이 지나야 잔류 라듐양이 60mg이 된다. ■

**예제 3** 연 $r$%의 이자를 년 $n$번 복리로 계산한다면 $t$년 후의 원리합계를 구하여라.

**풀이** 어느 분기말 원리 합계는 전분기말 원리합계에 $(1+r/100n)$을 곱하면 되고 또한 $t$년 동안에는 $nt$만큼의 분기가 존재하므로 원금을 $A_0$라고 하면 $t$년 후의 원리합계 $A(t)$는

$$A(t) = A_0\left(1+\frac{r}{100n}\right)^{nt}$$

이다. ■

매년 이자를 계산해주는 횟수가 무한대인 경우를 연속 복리라고 한다. 이 때의 원리합계는

$$A(t) = \lim_{n\to\infty}\left[A_0\left(1+\frac{r}{n}\right)^{nt}\right]$$

이다. 이 값을 계산을 위해서는 6.2.4에서 정의한 초월수 $e$에 관한 다음의 정리 6.5.1이 필요하다.

**정리 6.5.1**

$$\lim_{x \to 0}(1+x)^{\frac{1}{x}} = \lim_{n \to \infty}\left(1+\frac{1}{n}\right)^n = e$$

**증명.** 함수 $f(x) = \ln x$라 하면 $f'(x) = 1/x$이다. 따라서 도함수의 정의에 의하여

$$1 = f'(1) = \lim_{h \to 0}\frac{\ln(1+h) - \ln 1}{h} = \lim_{h \to 0}\left[\frac{1}{h}\ln(1+h)\right]$$
$$= \lim_{h \to 0}\ln(1+h)^{1/h}$$

$\ln x$가 연속이므로

$$1 = \lim_{h \to 0}\ln(1+h)^{1/h} = \ln[\lim_{h \to 0}(1+h)^{1/h}]$$

이다. 따라서 $e$의 정의에 의하여 $\lim_{h \to 0}(1+h)^{1/h} = e$이고 $n = 1/x$라 하면 나머지도 증명된다. ■

정리 6.5.1을 사용하면 연속복리의 원리합계는

$$A(t) = \lim_{n \to \infty}\left[A_0\left(1+\frac{r}{n}\right)^{nt}\right]$$
$$= A_0\lim_{n \to \infty}\left[\left(1+\frac{r}{n}\right)^{n/r}\right]^{rt} = A_0\lim_{h \to 0}\left[(1+h)^{1/h}\right]^{rt}$$

이다. 그런데 지수 함수 $a^x$는 연속이므로

$$A(t) = A_0\lim_{h \to 0}\left[(1+h)^{1/h}\right]^{rt} = A_0\left(\lim_{h \to 0}(1+h)^{1/h}\right)^{rt} = A_0e^{rt}$$

이다. 즉 연속 복리는 지수적으로 증가함을 알 수 있다. 이는 다시 말해 원리금의 순간 변화율이 현재금액에 비례한다는 뜻이다. 즉,

$$\frac{dA}{dt} = rA$$

**예제 4** 100만원을 연 5%로 예금 하였을 때 다음 각 경우에 3년 후의 원리합계를 구하여라.

(1) 월 복리　　(2) 일 복리　　(3) 연속 복리

**풀이** 각 경우의 원리합계는 각각

(1) $A = 100\left(1+\dfrac{0.05}{12}\right)^{12\cdot 3} \cong 116.1472$

(2) $A = 100\left(1+\dfrac{0.05}{365}\right)^{365\cdot 3} \cong 116.1822$

(3) $A = 100e^{0.05\cdot 3} \cong 116.1834$

## 연습문제 6.5

1. 용수철 질량계의 용수철에 매달려 있는 물체의 수직변위는 $s(t) = e^{-t}\cos t$로 나타내어진다. 시간 $t$에서 이 물체의 속도 $v(t)$를 구하여라.

2. 어떤 화학 물질의 촉매반응이 일어난 $t$초 후의 농도 $x$는 $x(t) = 5/(3e^{-10t}+1)$로 주어진다고 한다. 이 화학물질의 농도는 5를 넘을 수 없음을 보여라.

3. 초기의 박테리아 수가 500이었으나 3시간 후에는 8,000이 되었다. 그 수의 증가율은 그 당시의 수에 비례할 때 다음에 답하여라.
   (1) $t$시간 후의 박테리아수 $y(t)$를 식으로 표현하여라.
   (2) 4시간 후의 박테리아 수를 구하여라.
   (3) 박테리아 수가 30,000되려면 몇 시간 후인가?

4. 1985년 어떤 도시의 인구는 30만 명이었고 매년 인구의 증가율은 2%이다. 이 도시의 1995년 인구는 얼마가 되는가?

5. 어떤 방사성 물질의 반감기가 $1.4\times10^{-4}$초이다.
   (1) 초기에 50mg이 있었다면 $t$초 후의 남은 양 $y(t)$를 구하여라.
   (2) 0.01초 후에 남은 물질의 양을 구하여라.
   (3) 40mg이 남아 있을 때는 몇 초 후인가?

6. 어떤 방사성 물질의 반감기가 700년이다. 원래 10그램이 있었다면, 300년 후에는 얼마가 남아 있겠는가?

7. 지구의 대기압 $P$의 고도 $h$에 따라 변하는 율은 온도가 일정하다면 그 당시 고도에서의 대기압 $P$에 비례한다. 15°C, $h=0$에서의 기압이 101.3 kpa이고 $h=1000$m 에서는 87.14 kpa이었다. 해발 6178 m인 산 정상에서의 대기압을 구하여라.

8. 좌표평면 위의 한 점 $(0, 5)$를 지나는 곡선의 임의의 점 $P$에서의 기울기는 점 $P$의 $y$좌표값의 2배이다. 이 곡선의 방정식을 구하여라.

9. 어떤 방사성 물질이 2일 동안 방사능의 15%를 잃었다. 반감기는 얼마인가?

10. $x$가 작으면, $\ln(1+x)\approx x$이다. 이 사실을 이용하여, 이자율 $p$%로 매년 복리로 계산해 주면, 돈이 2배가 되기까지 약 $70/p$년이 걸림을 보여라.

11. 어느 나라의 GNP가 년 4%로 증가하고 있을 때, GNP가 현재의 배가 되려면 몇 년 후인가?

12. 연 14%, 매달 복리로 500만원을 빌렸을 때 2년 후에 갚아야 할 금액을 구하여라.

Chapter 6

# 6.6 쌍곡선 함수

이 절에서는 공학, 물리학등 여러분야에서 자주 사용되는 쌍곡선 함수에 대하여 알아 본다.

**정의 6.6.1(쌍곡선 함수)**

(1) $\sinh x = \dfrac{e^x - e^{-x}}{2}$ (2) $\cosh x = \dfrac{e^x + e^{-x}}{2}$

(3) $\tanh x = \dfrac{\sinh x}{\cosh x}$ (4) $\coth x = \dfrac{1}{\tanh x}$

(5) $\operatorname{sech} x = \dfrac{1}{\cosh x}$ (6) $\operatorname{csch} x = \dfrac{1}{\sinh x}$

정의에 의하여 쌍곡선 함수 $y = \sinh x$, $y = \cosh x$는 각각 기함수, 우함수임을 쉽게 알 수 있다.

**정리 6.6.2**

(1) $\sinh(-x) = -\sinh x$ (2) $\cosh(-x) = \cosh x$

쌍곡선 함수들은 다음 정리 6.6.3에서 보는 바와 같이 삼각함수의 경우와 아주 유사한 성질을 갖는다. 증명은 정의를 이용하면 간단한 대수적 계산만으로 할 수 있으므로 생략한다.

**정리 6.6.3(쌍곡선 함수의 성질)**

(1) $\cosh^2 x - \sinh^2 x = 1$ (2) $\tanh^2 x + \operatorname{sech}^2 x = 1$

(3) $\coth^2 x - \operatorname{csch}^2 x = 1$

(4) $\sinh(x \pm y) = \sinh x \cosh y \pm \cosh x \sinh y$

(5) $\cosh(x \pm y) = \cosh x \cosh y \pm \sinh x \sinh y$

(6) $\tanh(x \pm y) = \dfrac{\tanh x \pm \tanh}{1 \pm \tanh x \tanh y}$

자연지수함수 $y = e^x$ 의 도함수와 쌍곡선함수의 정의를 이용하면 쌍곡선 함수의 도함수를 바로 구 할수 있다.

**정리 6.6.4(쌍곡선 함수의 도함수)**

(1) $\dfrac{d}{dx}\sinh x = \cosh x$ (2) $\dfrac{d}{dx}\cosh x = \sinh x$

(3) $\dfrac{d}{dx}\tanh x = \operatorname{sech}^2 x$ (4) $\dfrac{d}{dx}\operatorname{csch} x = -\operatorname{csch} x \coth x$

(5) $\dfrac{d}{dx}\operatorname{sech} x = -\operatorname{sech} x \tanh x$ (6) $\dfrac{d}{dx}\coth x = -\operatorname{csch}^2 x$

**예제 1** $y = \sinh^2(2x-1)$ 의 도함수를 구하여라.

**풀이**

$$\begin{aligned} y' &= 2\sinh(2x-1)\frac{d}{dx}\sinh(2x-1) \\ &= 2\sinh(2x-1)\cosh(2x-1)\frac{d}{dx}(2x-1) \\ &= 4\sinh(2x-1)\cosh(2x-1) \end{aligned}$$

■

**예제 2** $\int \tanh x\, dx$ 를 구하여라.

**풀이** $u = \cosh x$ 라면 $du = \sinh x\, dx$ 이므로

$$\int \tanh x\, dx = \int \frac{\sinh x}{\cosh x}dx = \int \frac{1}{u}du = \ln|u| + c = \ln(\cosh x) + c$$

■

**예제 3** 현수선 $y = 2\cosh(x/2)$, $-2 \le x \le 2$ 의 길이를 구하여라.

**풀이** 정리 5.5.1에 의하면 현수선의 길이 $L$은

$$L = \int_{-2}^{2}\sqrt{1+(y')^2}\,dx = \int_{-2}^{2}\sqrt{1+\sinh^2(x/2)}\,dx$$

이다. 따라서 $\cosh^2 t - \sinh^2 t = 1$, $\cosh t \ge 1$, $(\sinh t)' = \cosh t$ 을 이용하면

$$\begin{aligned} L &= \int_{-2}^{2}\cosh(x/2)\,dx = [2\sinh(x/2)]_{-2}^{2} \\ &= 2(\sinh 1 - \sinh(-1)) = 2(e - e^{-1}) \end{aligned}$$

이다.

■

쌍곡선 함수 $y = \sinh x$ 의 그래프에 대하여 알아보자. $y' = \cosh x > 0$ 이므로 전 구간에서 증가한다. 또 한 $y'' = \sinh x$ 는 $x > 0$ 이면 양수이고 $x < 0$ 이면 음수이므로 $y = \sinh x$ 의 그래프는 $x > 0$ 이면 위로 오목이고 $x < 0$ 이면 아래로 오목이다. 또 한

$$\sinh 0 = 0$$

$$\lim_{x \to \infty} \sinh x = \lim_{x \to \infty} \frac{e^{x} - e^{-x}}{2} = \infty$$

$$\lim_{x \to -\infty} \sinh x = \lim_{x \to -\infty} \frac{e^{x} - e^{-x}}{2} = -\infty$$

이다. 이러한 사실을 종합하면 $y = \sinh x$ 의 그래프를 그릴 수 있다. 나머지도 비슷한 방법으로 그래프를 그리면 된다.



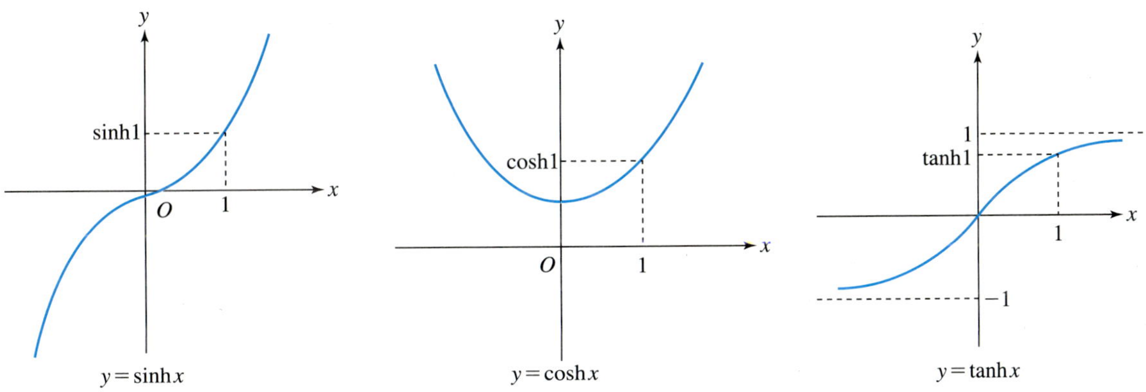


그림 6.6.1

## 쌍곡선함수의 역함수

쌍곡선 함수 $y = \sinh x$ 와 $y = \tanh x$ 는 전 구간에서 증가함수이므로 역함수가 존재한다. $y = \cosh x$ 는 정의역을 $x \geq 0$ 으로 제한하면 이 구간에서 $y' = \sinh x > 0$ 이므로 증가함수이고 따라서 역함수가 존재한다.

**정리 6.6.5(역쌍곡선 함수)**

(1) $\sinh^{-1} x = \ln\left(x + \sqrt{x^{2}+1}\right)$

(2) $\cosh^{-1} x = \ln\left(x + \sqrt{x^{2}-1}\right),\ x \geq 1$

(3) $\tanh^{-1} x = \frac{1}{2}\ln\frac{1+x}{1-x},\ -1 < x < 1$

**증명.** (1) 쌍곡선 함수 $y = \sinh x$ 의 역함수를 $y = \sinh^{-1} x$ 라면 정의에 의하여

$$x = \sinh y = \frac{e^{y} - e^{-y}}{2} = \frac{(e^{y})^{2} - 1}{2e^{y}}$$

이고 이는 양수 $e^{y}$ 에 대한 이차방정식 $(e^{y})^{2} - 2xe^{y} - 1 = 0$ 이다. 이차방정식의 근의 공식에 의하여

$$e^y = x + \sqrt{x^2+1}$$

이다. 따라서 양변에 자연로그를 취하면 성질 (1)이 나온다. 나머지도 비슷한 방법으로 증명한다. ■

역쌍곡선 함수의 그래프는 쌍곡선 함수의 그래프를 직선 $y = x$에 대하여 대칭이동시키면 얻을 수 있다.

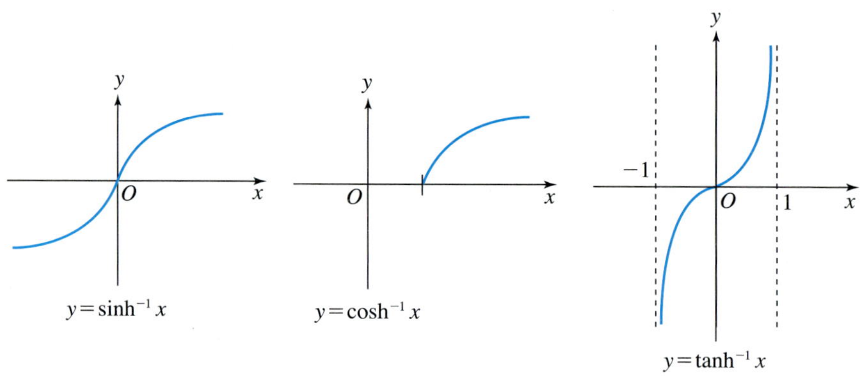


그림 6.6.2

미분가능한 함수의 역함수는 미분가능하므로 쌍곡선함수의 역함수도 미분할 수 있는데 실제의 도함수는 정리 6.6.5를 이용하면 쉽게 구할 수 있다.

**정리 6.6.6(역쌍곡선 함수의 도함수)**

(1) $\dfrac{d}{dx}\sinh^{-1}x = \dfrac{1}{\sqrt{1+x^2}}$  (2) $\dfrac{d}{dx}\cosh^{-1}x = \dfrac{1}{\sqrt{x^2-1}},\ x>1$

(3) $\dfrac{d}{dx}\tanh^{-1}x = \dfrac{1}{1-x^2},\ -1<x<1$

**증명.** (1) 정리 6.6.5를 이용하면 도함수

$$\frac{d}{dx}\sinh^{-1}x = \frac{d}{dx}\ln\left(x+\sqrt{1+x^2}\right) = \frac{1}{\sqrt{1+x^2}}$$

을 얻는다. 나머지도 동일한 방법으로 증명한다. ■

**예제 4** $y = \tanh^{-1}x^2$의 도함수를 구하여라.

**풀이** 치환 $u = x^2$을 하고 정리 6.6.6을 이용하면

$$\frac{dy}{dx} = \frac{d}{du}\tanh^{-1}u\,\frac{du}{dx} = \frac{1}{1-u^2}(2x) = \frac{2x}{1-x^4}$$

을 얻는다. ■

**예제 5** $\int_0^1 \frac{1}{\sqrt{1+4x^2}}\,dx$를 구하여라.

**풀이** 치환 $u = 2x$을 하면 정리 6.6.6의 (1)에 의하여

$$\begin{aligned}\int_0^1 \frac{1}{\sqrt{1+4x^2}}\,dx &= \frac{1}{2}\int_0^2 \frac{1}{\sqrt{1+u^2}}\,du \\ &= \frac{1}{2}\left[\sinh^{-1} n\right]_0^2 \\ &= \frac{1}{2}\sinh^{-1}2 = \frac{1}{2}\ln(2+\sqrt{5})\end{aligned}$$

를 얻는다. ■



## 연습문제 6.6

**1.** 다음의 값을 구하여라.

(1) $\sinh(\ln 3)$ (2) $\sinh^{-1}\frac{4}{3}$

(3) $\cosh^{-1}\frac{11}{9}$ (4) $\tanh^{-1}\left(-\frac{4}{7}\right)$

**2.** 다음을 간단히 하여라.

(1) $\sinh^{-1}\left(\frac{1-x^2}{2x}\right)$ (2) $\sinh(2\ln x)$

(3) $2\cosh(\ln x)$ (4) $\tanh(\ln x)$

**3.** 다음이 성립함을 증명하여라.

(1) $\sinh 2x = 2\sinh x\cosh x$

(2) $\cosh 2x = \cosh^2 x + \sinh^2 x$

(3) $\sinh u\cosh v = \frac{1}{2}[\sinh(u+v) + \sinh(u-v)]$

(4) $\cosh u\cosh v = \frac{1}{2}[\cosh(u+v) + \cosh(u-v)]$

(5) $\sinh u\sinh v = \frac{1}{2}[\cosh(u+v) - \cosh(u-v)]$

(6) $\sinh 3x = \sinh^3 x + 3\cosh^2 x\sinh x$
$= 3\sinh x + x4\sinh^3 x$

(7) $\cosh 3x = \cosh^3 x + 3\sinh^2 x\cosh x$
$= 4\cosh^3 x - 3\cosh x$

(8) $(\cosh x + \sinh x)^n = \cosh nx + \sinh nx$

(9) $\operatorname{sech}^{-1} x = \ln\left(\frac{1+\sqrt{1-x^2}}{x}\right)$, $0 < x \le 1$

(10) $\frac{d}{dx}\operatorname{sech}^{-1} x = \frac{-1}{x\sqrt{1-x^2}}$, $0 < x < 1$

**4.** 정리 6.6.4를 증명하여라.

**5.** 다음 함수의 도함수를 구하여라.

(1) $y = \sinh 2x$ (2) $y = \tanh 3x$

(3) $y = \coth(\tan x)$ (4) $y = \tanh^2 x$

(5) $y = \sinh^{-1}(x^2)$ (6) $y = \cosh^{-1}(x^2)$

(7) $y = x^2\sinh x$ (8) $y = x^{-1}\cosh x$

**6.** 정리 6.6.5와 6.6.6을 증명하여라.

**7.** 다음의 적분을 구하여라.

(1) $\int \operatorname{csch}^2 3x\,dx$ (2) $\int \cosh^2 3x\,dx$

(3) $\int e^x \sinh e^x\,dx$ (4) $\int \frac{\cosh\sqrt{x}}{\sqrt{x}}\,dx$

(5) $\int \cos x\sinh(\sin x)\,dx$ (6) $\int \frac{\sinh x}{1+\cosh x}\,dx$

(7) $\int \frac{1}{\sqrt{x^2+a^2}}\,dx$ (8) $\int \frac{x}{9x^4-1}\,dx$

**8.** 곡선 $y = \cosh 2x$, $y = 0$, $x = 0$ 및 $x = \ln 3$으로 둘러싸인 영역의 면적을 구하여라.

**9.** 예제 3의 현수선을 $x$축을 회전축으로 하여 얻은 회전체의 표면적을 구하여라.

# 제 7 장 적분법

### 뉴턴(Isaac Newton)

뉴턴(1642-1727)은 갈릴레오가 죽은 해인 1642년의 성탄절에 농부의 유복자로 태어났고 세 살 때 어머니가 개가하여 조모의 손에서 컸다. 1661년에 Cambridge 대학의 Trinity College에 입학하였고 그 때부터 유클리드의 〈원론〉, 데카르트의 〈기하학〉, 월리스의 〈무한수론〉 등을 읽고 수학에 관심을 가지고 연구를 하여 1665년에는 이미 당대 최고의 수학자가 되어 있었다. 뉴턴은 후에 "내가 만약 데카르트보다 더 멀리 보았다면 그것은 내가 거인들의 어깨위에 서 있었기 때문이다"라는 말을 남겼다. 학사학위를 취득한 직후부터 창궐한 페스트 때문에 트리니티 대학이 폐쇄되어 뉴턴은 2년(1665-1666)동안 고향에서 지내야 했고 이 기간 동안 그의 생애에서 가장 중요한 네 가지의 수학적 발견을 하였다. 1) 이항정리 2) 미분법 3) 만유인력의 법칙 4) 색채 이론. 그러나 이런 발견들은 대부분 발견한 후 오랫동안 발표되지 않았다. 이는 병적일 정도로 논쟁을 싫어하는 성격때문으로 라이프니츠와 누가 먼저 미적분학을 발견했느냐는 논쟁의 빌미가 되기도 하였다. 1685년에 1권을 쓰고 1687년에 3권으로 완간된 〈프린키피아(Philosophiae naturalis principia mathematica)〉는 물리학과 천문학의 기본을 순수기하학으로 설명하고 공식화한 뉴턴의 가장 위대한 저서로 과학사에 가장 많은 영향을 미친 책이다.

## 7.1 기본적인 적분 공식

함수 $F(x)$가 $f(x)$의 원시함수이면 즉 $F'(x) = f(x)$이면 부정적분의 정의에 의하여

$$\int f(x)dx = F(x) + C$$

이다. 따라서 지금까진 배운 미분공식에 의하여 기본적인 적분공식들을 유도할 수 있다. 이런 기본적인 적분공식은 다음에 배울 다양한 적분 기법을 이해하는데 필수적이다.

• 다항식

(1) $\int k\,dx = kx + C$

(2) $\int x^n dx = \begin{cases} \dfrac{x^{n+1}}{n+1} + C, & n \neq -1 \\ \ln|x| + C, & n = -1 \end{cases}$

• 삼각함수

(3) $\int \sin x\,dx = -\cos x + C$

(4) $\int \cos x\,dx = \sin x + C$

(5) $\int \sec^2 x\,dx = \tan x + C$

(6) $\int \csc^2 x\,dx = -\cot x + C$

(7) $\int \sec x \tan x\,dx = \sec x + C$

(8) $\int \csc x \cot x\,dx = -\csc x + C$

(9) $\int \tan x\,dx = -\ln|\cos x| + C$

(10) $\int \cot x\,dx = \ln|\sin x| + C$

• 지수함수

(11) $\int e^x dx = e^x + C$

(12) $\int a^x dx = \dfrac{a^x}{\ln a} + C\,(a \neq 1,\ a > 0)$

• 대수함수

(13) $\int \dfrac{1}{\sqrt{a^2 - x^2}} dx = \sin^{-1}\left(\dfrac{x}{a}\right) + C = -\cos^{-1}\left(\dfrac{x}{a}\right) + C$

(14) $\int \dfrac{1}{a^2 + x^2} dx = \dfrac{1}{a}\tan^{-1}\left(\dfrac{x}{a}\right) + C$

(15) $\int \dfrac{1}{x\sqrt{x^2 - a^2}} dx = \dfrac{1}{a}\sec^{-1}\left|\dfrac{x}{a}\right| + C$

• 쌍곡선함수

(16) $\int \sinh x dx = \cosh x + C$ (17) $\int \cosh x dx = \sinh x + C$

• 역쌍곡선함수

(18) $\int \frac{1}{\sqrt{1+x^2}} dx = \sinh^{-1} x + C$ (19) $\int \frac{1}{\sqrt{x^2-1}} dx = \cosh^{-1} x + C$

(20) $\int \frac{1}{1-x^2} dx = \tanh^{-1} x + C$

## 연습문제 7.1

**1.** 기본공식을 이용하여 다음 적분을 하여라.

(1) $\int \sqrt{x}\, dx$ (2) $\int (2x+1)^2 dx$

(3) $\int \frac{1}{\sqrt{x}} dx$ (4) $\int \frac{2}{2x+1} dx$

(5) $\int 3x^4 - 3x^3 - 2dx$ (6) $\int \sqrt[5]{x}\, dx$

(7) $\int x^2 + \frac{1}{x^4} dx$ (8) $\int_3^{11} \sqrt{x-2}\, dx$

(9) $\int \sin(3x-1) dx$ (10) $\int 3^x dx$

(11) $\int \tan 2x\, dx$ (12) $\int \sin^2 x dx$

(13) $\int_0^{1/2} \frac{1}{1-x^2} dx$ (14) $\int x^{2/3} dx$

(15) $\int \frac{1}{9+4x^2} dx$ (16) $\int \frac{1}{\sqrt{16-x^2}} dx$

(17) $\int \frac{1}{x\sqrt{x^2-9}} dx$ (18) $\int \frac{1}{x\sqrt{4x^2-9}} dx$

**2.** 다음 적분공식을 증명하여라.

(1) $\int \frac{1}{x\sqrt{x^2-1}} dx = \sec^{-1}|x| + c$

(2) $\int \frac{1}{x\sqrt{x^2-1}} dx = -\csc^{-1}|x| + c$

(3) $\int \frac{1}{1+x^2} dx = -\cot^{-1} x + c$

(4) $\int \frac{1}{\sqrt{a^2-x^2}} dx = \sin^{-1}\left(\frac{x}{a}\right) + c,\ a > 0$

(5) $\int \frac{1}{a^2+x^2} dx = \frac{1}{a}\tan^{-1}\frac{x}{a} + c,\ a \neq 0$

(6) $\int \frac{1}{x\sqrt{x^2-a^2}} dx = \frac{1}{a}\sec^{-1}\frac{|x|}{a} + c,\ a > 0$

# 7.2 부분적분

부분적분(integration by parts)은 피적분함수가 두 함수의 곱일 때 사용하는 방법으로 치환적분과 더불어 중요한 적분기법이다.

함수 $f(x)$, $g(x)$가 미분 가능하다면 곱의 미분 공식에 의하여

$$\frac{d}{dx}[f(x)g(x)] = f'(x)g(x) + f(x)g'(x)$$

이므로 부정적분의 정의에 의하여

$$\int [f'(x)g(x) + f(x)g'(x)]\,dx = f(x)g(x)$$

이다. 따라서

$$\int f(x)g'(x)\,dx = f(x)g(x) - \int f'(x)g(x)\,dx$$

을 얻는다.

만약 $u = f(x)$, $v = g(x)$로 치환하면 $du = f'(x)dx$, $dv = g'(x)dx$이므로 또 다른 형태의 부분적분 공식

$$\int u\,dv = uv - \int v\,du$$

을 얻는다.

### 부분적분공식

(1) $\int f(x)g'(x)\,dx = f(x)g(x) - \int f'(x)g(x)\,dx$

(2) $\int u\,dv = uv - \int v\,du$

**예제 1** $\int x\sin x\,dx$을 구하여라.

**풀이** $u = x$, $dv = \sin x\,dx$라고 하면 $du = dx$, $v = -\cos x$이므로 식 (2)에 의하여

$$\begin{aligned}\int x\sin x\,dx &= \int u\,dv = uv - \int v\,du \\ &= x(-\cos x) - \int (-\cos x)\,dx \\ &= -x\cos x + \int \cos x\,dx \\ &= -x\cos x + \sin x + C\end{aligned}$$

이다. ■

Chapter 7

만약 $u = \sin x$, $dv = xdx$라 하면 $du = \cos x\,dx$, $v(x) = x^2/2$이다. 따라서 공식 (2)를 적용하면

$$\int x\sin x\,dx = (\sin x)\frac{x^2}{2} - \int \frac{x^2}{2}\cos x\,dx$$

이고 이는 본래 주어진 적분 $\int x\sin x\,dx$보다 더 복잡한 적분 $\int x^2\cos x\,dx$을 하여야 한다. 이 예에서 보듯이 $u$, $dv$를 정할 때 $\int v\,du$가 본래의 적분 $\int u\,dv$보다는 구하기가 쉬워야 한다. 그러기 위해서는 많은 연습이 필요한데 몇몇 유형의 적분에 대한 적당한 선택은 다음과 같다. 단, $k \geq 0$인 정수이다.

(a) $\int x^k e^{ax}\,dx$ : $u = x^k$, $dv = e^{ax}\,dx$
(b) $\int x^k \ln x\,dx$ : $u = \ln x$, $dv = x^k\,dx$
(c) $\int x^k \sin ax\,dx$ : $u = x^k$, $dv = \sin ax\,dx$
(d) $\int x^k \cos ax\,dx$ : $u = x^k$, $dv = \cos ax\,dx$
(e) $\int e^{ax} \sin bx\,dx$ : $u = e^{ax}$, $dv = \sin bx\,dx$
(f) $\int e^{ax} \cos bx\,dx$ : $u = e^{ax}$, $dv = \cos bx\,dx$

**예제 2** $\int x^2 e^x\,dx$을 구하여라.

**풀이** $u = x^2$, $dv = e^x dx$라 하면 $du = 2xdx$, $v = e^x$이다. 따라서 식 (2)에 의하여

$$\begin{aligned}\int x^2 e^x dx &= uv - \int v\,du \\ &= x^2 e^x - \int e^x (2xdx) \\ &= x^2 e^x - 2\int xe^x\,dx\end{aligned}$$

이다. 적분 $\int xe^x\,dx$를 풀기 위하여 다시 $u = x$, $dv = e^x dx$라 하면 $du = dx$, $v = e^x$이므로

$$\begin{aligned}\int x^2 e^x dx &= x^2 e^x - 2\int xe^x\,dx \\ &= x^2 e^x - 2(xe^x - e^x + c) = x^2 e^x - 2xe^x + 2e^x + C\end{aligned}$$

■

**예제 3** $y = \ln x$, $x$축, $x = e$로 둘러싸인 영역을 $x$축으로 회전하여 얻은 회전체의 부피는 $\pi\int_1^e (\ln x)^2\,dx$이다. $\int (\ln x)^2\,dx$를 구하여라.

**풀이** $t = \ln x$라 하면 $dt = dx/x$ 또는 $dx = xdt = e^t dt$이므로

$$\int (\ln x)^2\,dx = \int t^2 e^t\,dt$$

이다. 따라서 예제 2의 결과를 이용하면

$$\begin{aligned}\int (\ln x)^2\,dx &= \int t^2 e^t\,dt\\ &= (t^2-2t+2)e^t + C\\ &= [(\ln x)^2 - 2\ln x + 2]x + C\end{aligned}$$

■

**예제 4** $\int \tan^{-1} x\,dx$ 을 구하라.

**풀이** $u = \tan^{-1} x,\ dv = dx$ 라 하면

$$du = \frac{1}{1+x^2}\,dx,\ v = x$$

이다. 따라서 공식 (2)에 의하여

$$\begin{aligned}\int \tan^{-1} x\,dx &= uv - \int v\,du\\ &= x\tan^{-1} x - \int x\cdot\frac{1}{1+x^2}\,dx\end{aligned}$$

이다. 우변의 부정적분을 하기 위하여 $t = 1 + x^2$ 으로 치환하자. $dt = 2x\,dx$ 이므로 이를 대입하고 계산하면 다음과 같다.

$$\begin{aligned}\int \tan^{-1} x\,dx &= x\tan^{-1} x - \int x\cdot\frac{1}{1+x^2}\,dx\\ &= x\tan^{-1} x - \frac{1}{2}\int\frac{dt}{t}\\ &= x\tan^{-1} x - \frac{1}{2}\ln|t| + C\\ &= x\tan^{-1} x - \frac{1}{2}\ln(1+x^2) + C\end{aligned}$$

■

예제 4에서처럼 부분적분을 하다보면 과정중에서 또 다른 부분적분을 반복하여야 하는 경우가 종종 있다. 다음 예제 5도 그러한 경우이다.

**예제 5** 다음 점화식을 증명하여라.

$$\int \sin^n x\,dx = -\frac{1}{n}\sin^{n-1} x\cos x + \frac{n-1}{n}\int \sin^{n-2} x\,dx,\ n \ge 2$$

**풀이** $u = \sin^{n-1} x,\ dv = \sin x\,dx$ 라 하면

$$du = (n-1)\sin^{n-2} x\cos x\,dx,\ v = -\cos x$$

이다. $I_k \equiv \int \sin^k x\,dx$ 라 하면, 따라서 부분적분 공식 (2)에 의하여

$$
\begin{aligned}
I_n &= \int u\,dv = uv - \int v\,du \\
&= \sin^{n-1}x(-\cos x) - \int (-\cos x)(n-1)\sin^{n-2}x\cos x\,dx \\
&= \sin^{n-1}x(-\cos x) + (n-1)\int \cos^2 x\sin^{n-2}x\,dx \\
&= \sin^{n-1}x(-\cos x) + (n-1)\int (1-\sin^2 x)\sin^{n-2}x\,dx \\
&= \sin^{n-1}x(-\cos x) + (n-1)\left[\int \sin^{n-2}x\,dx - \int \sin^n x\,dx\right] \\
&= \sin^{n-1}x(-\cos x) + (n-1)[I_{n-2} - I_n]
\end{aligned}
$$

이다. 위 식을 정리하면 원하는 결과가 나온다. ■

**예제 6** $\int_0^{\pi/2} \sin^8 x\,dx$ 를 구하라.

**풀이** 예제 5의 결과와 미적분학의 기본정리를 사용하면 수열 $s_n = \int_0^{\pi/2} \sin^n x\,dx$ $(n \geq 2)$은 점화식

$$
\begin{aligned}
s_n &= \int_0^{\pi/2} \sin^n x\,dx \\
&= \left[-\frac{1}{n}\sin^{n-1}x\cos x\right]_0^{\pi/2} + \frac{n-1}{n}s_{n-2} \\
&= \frac{n-1}{n}s_{n-2}
\end{aligned}
$$

을 만족한다. 따라서

$$
\begin{aligned}
\int_0^{\pi/2} \sin^8 x\,dx = s_8 &= \frac{7}{8}\cdot\frac{5}{6}\cdot\frac{3}{4}\cdot\frac{1}{2}\cdot\int_0^{\pi/2}\sin^0 x\,dx \\
&= \frac{7}{8}\cdot\frac{5}{6}\cdot\frac{3}{4}\cdot\frac{1}{2}\cdot\frac{\pi}{2} = \frac{35\pi}{256}
\end{aligned}
$$

이다. ■

## 연습문제 7.2

**1.** 다음 적분을 구하여라.

(1) $\int x^2\cos x\,dx$ (2) $\int e^x\sin x\,dx$

(3) $\int x^2\ln x\,dx$ (4) $\int x^3\sin 2x\,dx$

(5) $\int \sec^{-1}x\,dx$ (6) $\int \cos^5 x\,dx$

(7) $\int \sec^3 x\,dx$ (8) $\int \sin^{-1}x\,dx$

(9) $\int \cos^{-1}2x\,dx$ (10) $\int \ln(x^2+x)\,dx$

(11) $\int x(\ln x)^4\,dx$ (12) $\int \ln x\,dx$

**2.** 다음 정적분을 구하여라.

(1) $\int_1^9 \sqrt{x}\ln x\,dx$ (2) $\int_0^1 (x^2-2)e^x\,dx$

(3) $\int_{\pi/3}^{\pi/2} x\csc^2 x\,dx$ (4) $\int_0^1 \tan^{-1}x\,dx$

(5) $\int_0^1 xe^{-x}\,dx$ (6) $\int_0^1 \cos^{-1}x\,dx$

**3.** 다음 점화식을 증명하여라.

(1) $\int \cos^n x\,dx = \frac{1}{n}\cos^{n-1}x\sin x + \frac{n-1}{n}\int \cos^{n-2}x\,dx$, $n \geq 2$

(2) $\int \sec^n x dx = \frac{1}{n-1}\sec^{n-2}x \tan x + \frac{n-2}{n-1}\int \sec^{n-2} x dx$, $n \geq 2$

(3) $\int (\ln x)^n dx = x(\ln x)^n - n\int (\ln x)^{n-1} dx$, $n \geq 1$

(4) $\int x^n e^{ax} dx = \frac{x^n e^{ax}}{a} - \frac{n}{a}\int x^{n-1} e^{ax} dx$, $n \geq 1$

**4.** 다음을 증명하여라.

(1) $\int_0^{\pi/2} \sin^{2n} x dx = \int_0^{\pi/2} \cos^{2n} x dx = \frac{1 \cdot 3 \cdot \cdots \cdot (2n-1)}{2 \cdot 4 \cdot \cdots \cdot (2n)} \frac{\pi}{2}$, $n = 1, 2, \cdots$

(2) $\int_0^{\pi/2} \sin^{2n+1} x dx = \int_0^{\pi/2} \cos^{2n+1} x dx = \frac{2 \cdot 4 \cdot \cdots \cdot (2n)}{1 \cdot 3 \cdot \cdots \cdot (2n+1)}$, $n = 1, 2, \cdots$

**5.** 다음 적분을 구하여라.

(1) $\int \sec^3 x dx$

(2) $\int (\ln x)^3 dx$

(3) $\int x^9 e^{2x} dx$

(4) $\int_0^1 (\ln x)^n dx$, $n > 0$

**6.** 부분적분을 이용하여 다음 적분을 구하여라. 단, $m, n$은 정수이다.

(1) $\int \sin ax \cos bx dx$, $a \neq b$

(2) $\int \sin ax \sin bx dx$, $a \neq b$

(3) $\int \cos ax \cos bx dx$, $a \neq b$

(4) $\int_0^{\pi} \sin mx \cos n dx$

(5) $\int_0^{\pi} \sin mx \sin nx dx$

(6) $\int_0^{\pi} \cos mx \cos nx dx$, $m \neq n$

# 7.3 삼각함수의 적분

삼각함수의 적분은 삼각함수의 항등식과 치환을 이용하여 보다 다루기 쉬운 형태로 변형할 수 있다. 본 절에서는 유형별로 변형에 관하여 알아 볼 것이다.

### 유형 1. $\int \sin^k x \cos^m x dx$

**• $k$ 또는 $m$ 이 홀수인 경우**

(1) $k = 2n+1$ 인 경우: $u = \cos x$ 라 치환하면 $du = -\sin x\, dx$ 이므로 항등식 $\sin^2 x + \cos^2 x = 1$ 을 이용하면

$$\begin{aligned}\int \sin^{2n+1} x \cos^m x dx &= \int (\sin^2 x)^n \cos^m x \sin x dx \\ &= \int (1-\cos^2 x)^n \cos^m x \sin x dx \\ &= \int -(1-u^2)^n u^m du\end{aligned}$$

이다. 따라서 다항식의 부정적분으로 변환되었다.

(2) $m = 2n+1$ 인 경우: 치환 $u = \sin x$ 와 $\sin^2 x + \cos^2 x = 1$ 을 이용하면

$$\int \sin^k x \cos^{2n+1} x dx = \int u^k (1-u^2)^n du$$

**• $k$ 와 $m$ 이 모두 짝수인 경우**

반각공식을 이용하여 적분함수를 차수가 더 낮은 $\cos 2x$ 의 다항식으로 변환한다. $k = 2l$, $m = 2n$ 이라 하면

$$\begin{aligned}\int \sin^{2l} x \cos^{2n} x dx &= \int \left(\frac{1-\cos 2x}{2}\right)^l \left(\frac{1+\cos 2x}{2}\right)^n dx \\ &= \frac{1}{2^{l+n}} \int (1-\cos 2x)^l (1+\cos 2x)^n dx\end{aligned}$$

이다.

**예제 1** 적분 $\int \cos^5 x dx$ 을 구하여라.

**풀이** $u = \sin x$ 라 하면 $du = \cos x dx$ 이다. 항등식 $\sin^2 x + \cos^2 x = 1$ 을 이용하면

$$\begin{aligned}\int \cos^5 x dx &= \int (\cos^2 x)^2 \cos x\, dx = \int (1-u^2)^2 du \\ &= \int (u^4 - 2u^2 + 1) du = \frac{1}{5}u^5 - \frac{2}{3}u^3 + u + c \\ &= \frac{1}{5}\sin^5 x - \frac{2}{3}\sin^3 x + \sin x + c\end{aligned}$$

■

**예제 2** 적분 $\int \sin^4 x\, dx$ 을 구하여라.

**풀이** 반각공식 $\sin^2 x = (1-\cos 2x)/2$ 를 이용하면

$$\begin{aligned}\int \sin^4 x dx &= \int \left(\frac{1-\cos 2x}{2}\right)^2 dx \\ &= \frac{1}{4}\int (1 - 2\cos 2x + \cos^2 2x) dx \\ &= \frac{1}{4}\left(\int 1 dx - 2\int \cos 2x\, dx + \int \cos^2 2x\, dx\right)\end{aligned}$$

이다. 다시 한번 반각공식 $\cos^2 2x = (1+\cos 4x)/2$ 을 이용하면 우변의 세 번째 적분은

$$\int \cos^2 2x\, dx = \int \frac{1+\cos 4x}{2} dx = \frac{x}{2} + \frac{\sin 4x}{8} + c$$

이고 따라서

$$\begin{aligned}\int \sin^4 x\, dx &= \frac{1}{4}\left(x - 2\left(\frac{\sin 2x}{2}\right) + \left(\frac{x}{2} + \frac{\sin 4x}{8}\right)\right) + c \\ &= \frac{3}{8}x - \frac{1}{4}\sin 2x + \frac{1}{32}\sin 4x + c\end{aligned}$$

■

**예제 3** 적분 $\int \sin^3 x \cos^6 x dx$ 을 구하여라.

**풀이** $u = \cos x$ 라 치환하면 $du = -\sin x\, dx$ 이므로 다음을 얻는다.

$$\begin{aligned}\int \sin^3 x \cos^6 x dx &= \int \sin^2 x \cos^6 x \sin x dx \\ &= \int (1-\cos^2 x)\cos^6 x (\sin x dx) \\ &= -\int (1-u^2)u^6 du = -\frac{u^7}{7} + \frac{u^9}{9} + c \\ &= -\frac{1}{7}\cos^7 x + \frac{1}{9}\cos^9 x + c\end{aligned}$$

■

**예제 4** 적분 $\int \sin^2 x \cos^4 x\, dx$ 을 구하여라.

**풀이** 반각공식을 이용하면

$$\begin{aligned}\int \sin^2 x \cos^4 x\, dx &= \int \frac{1-\cos 2x}{2}\left(\frac{1+\cos 2x}{2}\right)^2 dx \\ &= \frac{1}{8}\int (1 + \cos 2x - \cos^2 2x - \cos^3 2x) dx \\ &= \frac{1}{8}\left[\int 1 dx + \int \cos 2x\, dx - \int \cos^2 2x\, dx - \int \cos^3 2x\, dx\right]\end{aligned}$$

이므로 마지막 줄의 각 적분에 이미 배운 적당한 방법을 사용하면 다음을 얻는다.

$$\int \sin^2 x\cos^4 x\,dx = \frac{1}{16}x - \frac{1}{64}\sin 4x + \frac{1}{48}\sin^3 2x + c$$ ■

## 유형 2. $\int \sin kx\cos mx\,dx,\ \int \sin kx\sin mx\,dx,\ \int \cos kx\cos mx\,dx$

삼각함수의 곱을 합 또는 차로 변환하는 공식을 이용한다.

**예제 5** 적분 $\int_0^{2\pi} \sin kx\cos mx\,dx$ 를 구하여라. (단, $k$와 $m$은 자연수)

$\sin\alpha\cos\beta = \frac{1}{2}\{\sin(\alpha+\beta)+\sin(\alpha-\beta)\}$

$\cos\alpha\cos\beta = \frac{1}{2}\{\cos(\alpha+\beta)+\cos(\alpha-\beta)\}$

$\sin\alpha\sin\beta = -\frac{1}{2}\{\cos(\alpha+\beta)-\cos(\alpha-\beta)\}$

**풀이** (1) $k = m$ 이면

$$\int_0^{2\pi} \sin kx\cos mx\,dx = \frac{1}{2}\int_0^{2\pi}\sin 2kx\,dx = \frac{1}{2}\left[-\frac{\cos 2kx}{2k}\right]_0^{2\pi} = 0$$

(2) $k \neq m$ 이면 변환공식 $\sin\alpha\cos\beta = [\sin(\alpha+\beta)+\sin(\alpha-\beta)]/2$ 을 사용하면 다음 결과를 얻는다.

$$\begin{aligned}\int_0^{2\pi} \sin kx\cos mx\,dx &= \frac{1}{2}\int_0^{2\pi}[\sin(k+m)x+\sin(k-m)x]\,dx \\ &= \frac{1}{2}\left[\frac{-1}{k+m}\cos(k+m)x + \frac{-1}{k-m}\cos(k-m)x\right]_0^{2\pi} = 0\end{aligned}$$ ■

## 유형 3. $\int \tan^k x\,dx,\ \int \cot^k x\,dx\,(k = 2, 3, \cdots)$

항등식 $\tan^2 x = \sec^2 x - 1$을 사용하면

$$\begin{aligned}\int \tan^k x\,dx &= \int \tan^{k-2}x\tan^2 x\,dx \\ &= \int \tan^{k-2}x(\sec^2 x - 1)\,dx \\ &= \int \tan^{k-2}x\sec^2 x\,dx - \int \tan^{k-2}x\,dx\end{aligned}$$

이다. 치환 $u = \tan x$을 하면 $du = \sec^2 x\,dx$ 이므로 마지막 줄의 첫 번째 적분에 대입하면 점화식

$$\begin{aligned}\int \tan^k x\,dx &= \int u^{k-2}\,du - \int \tan^{k-2}x\,dx \\ &= \frac{\tan^{k-1}x}{k-1} - \int \tan^{k-2}x\,dx\end{aligned}$$

을 얻는다. 항등식 $\cot^2 x = \csc^2 x - 1$을 사용하여 마찬가지 방법으로 다음의 점화식을 유도할 수 있다.

$$\int \cot^k x\,dx = -\frac{\cot^{k-1}x}{k-1} - \int \cot^{k-2}x\,dx$$

**예제 6** 적분 $\int \tan^4 x\,dx$을 구하여라.

**풀이**

$$\begin{aligned}\int \tan^4 x\,dx &= \int \tan^2 x(\sec^2 x - 1)\,dx \\ &= \int \tan^2 x\sec^2 x\,dx - \int \tan^2 x\,dx \\ &= \int \tan^2 x\sec^2 x\,dx - \int (\sec^2 x - 1)\,dx\end{aligned}$$

첫 번째 적분에 치환 $u = \tan x$를 사용하면

$$\int \tan^2 x\sec^2 x\,dx = \int u^2\,du = \frac{1}{3}u^3 + c$$

이고 두 번째 적분은

$$\int (\sec^2 x - 1)\,dx = \tan x - x + c$$

이다. 따라서

$$\int \tan^4 x\,dx = \frac{1}{3}\tan^3 x - \tan x + x + c$$ ■

## 유형 4. $\int \tan^k x\sec^n x\,dx,\ \int \cot^k x\csc^n x\,dx$

$d(\sec x) = \sec x\tan x\,dx$
$d(\tan x) = \sec^2 x\,dx$

$k$가 홀수인 경우(예제 7), $n$이 짝수인 경우(예제 8), $k$는 짝수이고 $n$은 홀수인 경우(예제 9)를 나누어 생각하자.

**예제 7** 적분 $\int \tan^3 x\sec x\,dx$을 구하여라.

**풀이** $u = \sec x$라 치환하면 $du = \sec x\tan x\,dx$이다. 따라서

$$\begin{aligned}\int \tan^3 x\sec x\,dx &= \int \tan^2 x\tan x\sec x\,dx \\ &= \int (\sec^2 x - 1)(\tan x\sec x\,dx) \\ &= \int (u^2 - 1)\,du = \frac{1}{3}u^3 - u + c \\ &= \frac{1}{3}\sec^3 x - \sec x + c\end{aligned}$$ ■

**예제 8** 적분 $\int \tan^{1/2} x\sec^4 x\,dx$을 구하여라.

**풀이** $u = \tan x$라 치환하면 $du = \sec^2 x\,dx$이다. 따라서

$$\begin{aligned}\int \tan^{1/2} x\sec^4 x\,dx &= \int \tan^{1/2} x(1 + \tan^2 x)\sec^2 x\,dx \\ &= \int u^{1/2}(1 + u^2)\,du = \frac{2}{7}u^{7/2} + \frac{2}{3}u^{3/2} + c \\ &= \frac{2}{7}\tan^{7/2} x + \frac{2}{3}\tan^{3/2} x + c\end{aligned}$$ ■

**예제 9** 적분 $\int \sec^3 x\,dx$ 을 구하여라.

**풀이** $u = \sec x,\ dv = \sec^2 x\,dx$ 라 하면 $du = \sec x \tan x\,dx,\ v = \tan x$ 이다. 따라서 부분적분법과 항등식 $1 + \tan^2 x = \sec^2 x$ 에 의하여

$$\begin{aligned}\int \sec^3 x\,dx &= \sec x \tan x - \int \tan x(\sec x \tan x\,dx)\\ &= \sec x \tan x - \int \sec x \tan^2 x\,dx\\ &= \sec x \tan x - \int \sec x(\sec^2 x - 1)\,dx\\ &= \sec x \tan x - \int \sec^3 x\,dx + \int \sec x\,dx\end{aligned}$$

이다. 이 식을 $\int \sec^3 x\,dx$ 에 대하여 정돈하면 된다.

$$\begin{aligned}\int \sec^3 x\,dx &= \frac{1}{2}\sec x \tan x + \frac{1}{2}\int \sec x\,dx\\ &= \frac{1}{2}\sec x \tan x + \frac{1}{2}\ln|\sec x + \tan x| + c\end{aligned}$$

■

## 연습문제 7.3

**1.** 다음의 적분을 구하여라.

(1) $\int \sin^5 x\,dx$ (2) $\int \cos^4 x\,dx$

(3) $\int \sin^2(3x-5)\,dx$ (4) $\int \sec^5 x\,dx$

(5) $\int \sin^4 x\,dx$ (6) $\int \cos^5(3x-5)\,dx$

(7) $\int \sin^5 3x\,dx$ (8) $\int \cos^4 4x\,dx$

(9) $\int \tan^4 x\,dx$ (10) $\int \cot^4 x\,dx$

(11) $\int \sin^5 x \cos^2 x\,dx$ (12) $\int \sin^2 x \cos^3 x\,dx$

(13) $\int \sin^3 x \cos^3 x\,dx$ (14) $\int \sin^4 2x \cos^4 2x\,dx$

(15) $\int \sin 3x \cos 5x\,dx$ (16) $\int \sin 3x \sin 5x\,dx$

(17) $\int \cos 3x \cos 5x\,dx$ (18) $\int \cos 3x \sin 5x\,dx$

**2.** 괄호 안에 주어진 치환을 이용하여 다음의 적분을 구하여라.

(1) $\int \tan^3 x \sec^4 x\,dx\ (u = \tan x)$

(2) $\int \tan^{-1/3} x \sec^2 x\,dx\ (u = \tan x)$

(3) $\int \tan^3 x \sec^4 x\,dx\ (u = \sec x)$

(4) $\int \tan^5 x \sec^{1/2} x\,dx\ (u = \sec x)$

**3.** 다음의 항등식을 이용하여 적분을 구하여라.

$$\cos^2 x = \frac{1+\cos 2x}{2},\quad \sin^2 x = \frac{1-\cos 2x}{2}$$
$$\sin^2 x + \cos^2 x = 1,\quad 1 + \tan^2 x = \sec^2 x$$

(1) $\int_0^{\pi} \sqrt{\cos 2x + 1}\,dx$ (2) $\int_0^{\pi} \sqrt{1 - \cos x}\,dx$

(3) $\int_0^{\pi} \sqrt{1 - \sin^2 x}\,dx$ (4) $\int_{-\pi}^{\pi} (1 - \cos^2 x)^{3/2}\,dx$

(5) $\int \sqrt{1 + \tan^2 3x}\,dx$ (6) $\int \sqrt{\sec^2 x - 1}\,dx$

**4.** 다음을 증명하여라.

(1) $\int_{-\pi}^{\pi} \cos kx \cos mx\,dx = \begin{cases} 0, & k \neq m \\ 2\pi, & k = m = 0 \\ \pi, & k = m \neq 0 \end{cases}$

(2) $\int_{-\pi}^{\pi} \sin kx \sin mx\,dx = \begin{cases} 0, & k \neq m \\ \pi, & k = m \neq 0 \end{cases}$

(3) $\int_{-\pi}^{\pi} \cos kx \sin mx\,dx = 0$

**5.** 적당한 조건을 만족하는 주기가 $2\pi$ 인 주기함수 $f$ 의 푸리에 급수(Fourier series)는

$$f(x) = \frac{a_0}{2} + \sum_{k=1}^{\infty} [a_k \cos kx + b_k \sin kx]$$

$$a_k = \int_{-\pi}^{\pi} f(x) \cos kx\, dx, \quad k = 0, 1, 2, \cdots$$

$$b_k = \int_{-\pi}^{\pi} f(x) \sin kx\, dx, \quad k = 1, 2, \cdots$$

이다. 다음 함수의 푸리에 급수를 구하여라.

(1) $f(x) = |x|$

(2) $f(x) = x$

(3) $f(x) = x^2$

## 7.4 삼각치환

피적분함수에 제곱근이 있는 경우에는 치환과 삼각함수의 항등식을 이용하여 제곱근을 제거할 수 있다. 이러한 유리화가 가능한 다음 세 유형에 대하여 알아보자.

1. $\sqrt{\alpha^2 - x^2}$ : 치환 $x = \alpha \sin u \, (-\pi/2 \le u \le \pi/2)$
2. $\sqrt{\alpha^2 + x^2}$ : 치환 $x = \alpha \tan u \, (-\pi/2 < u < \pi/2)$
3. $\sqrt{x^2 - \alpha^2}$ : 치환 $x = \alpha \sec u \, (0 \le u \le \pi,\ u \ne \pi/2)$

예를 들어 첫 번째 형은 치환 $x = \alpha \sin u \, (-\pi/2 \le u \le \pi/2)$와 항등식 $\sin^2 u + \cos^2 u = 1$을 사용하면

$$\sqrt{\alpha^2 - x^2} = \sqrt{\alpha^2(1 - \sin^2 u)} = \alpha |\cos u| = \alpha \cos u$$

와 같이 유리화가 되고 $dx = \alpha \cos u \, du$를 대입하면 적분을 용이하게 할 수 있다.

**예제 1** 적분 $\int \frac{1}{\sqrt{4 - x^2}} dx$을 구하여라.

**풀이** 치환 $x = 2\cos t \, (0 \le t \le \pi)$을 하면 $dx = -2\sin t \, dt$이고

$$\sqrt{4 - x^2} = \sqrt{2^2(1 - \cos^2 t)} = 2\sin t$$

이므로

$$\int \frac{1}{\sqrt{4 - x^2}} dx = \int \frac{1}{2\sin t}(-2\sin t \, dt) = \int (-1) dt$$
$$= -t + c = -\cos^{-1}\left(\frac{x}{2}\right) + c$$

이다. ■

**예제 2** 적분 $\int \frac{1}{\sqrt{4 + x^2}} dx$을 구하여라.

**풀이** 치환 $x = 2\tan t \, (-\pi/2 < t < \pi/2)$을 하면 $dx = 2\sec^2 t \, dt$이고 $\sqrt{4 + x^2} = \sqrt{4(1 + \tan^2 t)} = \sqrt{4\sec^2 t} = 2\sec t$이므로

$$\int \frac{1}{\sqrt{4 + x^2}} dx = \int \frac{1}{2\sec t}(2\sec^2 t \, dt) = \int \sec t \, dt = \ln|\sec t + \tan t| + c$$

이다. 그림 7.4.1을 이용하면 $\sec t = \sqrt{4 + x^2}/2$임을 쉽게 알 수 있다. 따라서

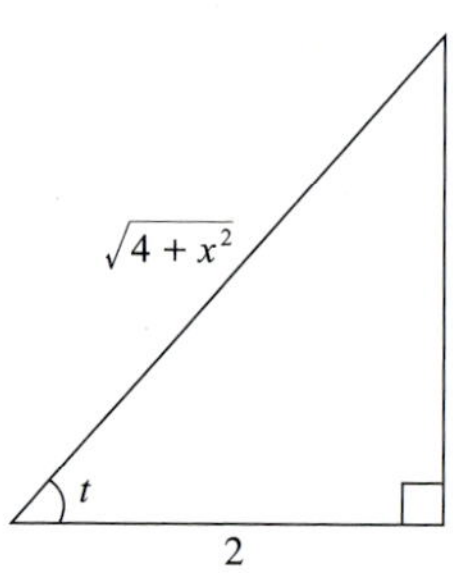

그림 7.4.1

$$\int \frac{1}{\sqrt{4+x^2}}dx = \ln\left|\frac{x+\sqrt{4+x^2}}{2}\right| + c$$
$$= \ln\left|x+\sqrt{4+x^2}\right| - \ln 2 + c$$
$$= \ln\left|x+\sqrt{4+x^2}\right| + C$$

■

**예제 3** 적분 $\int_{-4}^{-2} \frac{\sqrt{x^2-4}}{2x}dx$을 구하여라.

**풀이** 치환 $x = 2\sec u\left(\frac{\pi}{2} < u \le \pi\right)$을 하면 $dx = 2\sec u \tan u\, du$이다. 또한 $x$가 $-4$에서 $-2$까지 변하면 $u$는 $2\pi/3$에서 $\pi$까지 변하고 이 구간에서 $\tan u$는 음수이므로

$$\sqrt{x^2-4} = \sqrt{4\sec^2 u - 4} = \sqrt{4\tan^2 u} = -2\tan u$$

이다. 따라서

$$\int_{-4}^{-2} \frac{\sqrt{x^2-4}}{2x}dx = \int_{2\pi/3}^{\pi} \frac{-2\tan u}{2 \cdot 2\sec u}(2\sec u \tan u\, du)$$
$$= -\int_{2\pi/3}^{\pi} \tan^2 u\, du = \int_{2\pi/3}^{\pi} (1-\sec^2 u)\, du$$
$$= [u - \tan u]_{2\pi/3}^{\pi} = \frac{\pi}{3} - \sqrt{3}$$

이다. ■

이차 다항식 $ax^2+bx+c$는 항등식

$$ax^2+bx+c = a\left(x+\frac{b}{2a}\right)^2 + \frac{4ac-b^2}{4a}$$

을 만족하므로 $\sqrt{ax^2+bx+c}$은 적당한 치환에 의하여 세 가지 유형

$$\sqrt{\alpha^2-x^2},\ \sqrt{\alpha^2+x^2},\ \sqrt{x^2-\alpha^2}$$

중의 어느 하나로 변형할 수 있다.

**예제 4** 적분 $\int \frac{1}{\sqrt{-9t^2+18t-5}}dt$을 구하여라.

**풀이** 근호안의 이차다항식은 $-9t^2+18t-5 = 4-9(t-1)^2$으로 바꾸어 쓸 수 있다. 서로 약간 다른 두 가지 방법으로 적분을 구하자.

**방법1** $x = 3(t-1)$라 치환하자. $dx = 3dt$이므로 예제 1의 결과를 이용하면

$$\int \frac{1}{\sqrt{-9t^2+18t-5}}dt = \int \frac{1}{\sqrt{4-9(t-1)^2}}dt = \frac{1}{3}\int \frac{1}{\sqrt{4-x^2}}dx$$
$$= -\frac{1}{3}\cos^{-1}\left(\frac{x}{2}\right) + c = -\frac{1}{3}\cos^{-1}\frac{3(t-1)}{2} + c$$

이다.

**방법2** $t-1=(2/3)\sin u\,(-\pi/2<u<\pi/2)$라 치환하면

$$\begin{aligned} dt &= \frac{2}{3}\cos u\,du \\ \sqrt{-9t^2+18t-5} &= \sqrt{4-9(t-1)^2} \\ &= \sqrt{4-4\sin^2 u} = 2\cos u \end{aligned}$$

이다. 따라서

$$\begin{aligned} \int \frac{1}{\sqrt{-9t^2+18t-5}}\,dt &= \int \frac{1}{2\cos u}\left(\frac{2}{3}\cos u\,du\right) = \frac{1}{3}\int (1)\,du \\ &= \frac{1}{3}u + c \\ &= \frac{1}{3}\sin^{-1}\frac{3(t-1)}{2} + c \end{aligned}$$

■

위 예제 4의 방법 1과 방법 2의 답이 달라 보이지만 사실은 동일하다. 두 답의 도함수는 동일하므로(정리 6.1.4 참조) 두 답의 차이는 상수이고 이는 적분상수에 흡수되어 있다고 보면 된다. 치환을 어떻게 하느냐에 따라 나타나는 현상이다. 예를 들어 4/3에서 5/3까지의 정적분을 구하여 보면 답은 동일함을 알 수 있다.

방법 1. $\displaystyle\int_{4/3}^{5/3} \frac{1}{\sqrt{-9t^2+18t-5}}\,dt = -\frac{1}{3}\cos^{-1}\frac{3(t-1)}{2}\Bigg|_{4/3}^{5/3} = \frac{\pi}{9}$

방법 2. $\displaystyle\int_{4/3}^{5/3} \frac{1}{\sqrt{-9t^2+18t-5}}\,dt = \frac{1}{3}\sin^{-1}\frac{3(t-1)}{2}\Bigg|_{4/3}^{5/3} = \frac{\pi}{9}$

## 연습문제 7.4

**1.** 다음 적분을 하여라.

(1) $\int \sqrt{9-x^2}\,dx$  (2) $\int \sqrt{9-4x^2}\,dx$

(3) $\int \frac{1}{\sqrt{4+x^2}}\,dx$  (4) $\int \frac{x}{\sqrt{4-x^2}}\,dx$

(5) $\int \frac{1}{\sqrt{16x^2-9}}\,dx$  (6) $\int \frac{\sqrt{x^2-9}}{x}\,dx$

(7) $\int \frac{1}{x^2\sqrt{x^2-1}}\,dx$  (8) $\int \frac{1}{x^2\sqrt{16x^2-9}}\,dx$

(9) $\int \frac{1}{x\sqrt{(\ln x)^2+1}}\,dx$  (10) $\int \frac{1}{x^2\sqrt{x^2+1}}\,dx$

(11) $\int \frac{x^2}{\sqrt{4-x^2}}\,dx$  (12) $\int_0^1 \frac{1}{(4-x^2)^{3/2}}\,dx$

(13) $\int \frac{e^x}{\sqrt{4-e^{2x}}}\,dx$  (14) $\int \frac{e^x}{(4+e^{2x})^{3/2}}\,dx$

(15) $\int \frac{\sqrt{9-x^2}}{x^2}\,dx$  (16) $\int_{\sqrt{2}}^{2} \frac{1}{x^3\sqrt{x^2-1}}\,dx$

(17) $\int \frac{1}{\sqrt{x^2+2x+10}}\,dx$  (18) $\int \frac{1}{\sqrt{-x^2+2x+8}}\,dx$

(19) $\int \sqrt{3-2x-x^2}\,dx$  (20) $\int \frac{x}{\sqrt{x^2+2x+10}}\,dx$

**2.** 타원 $\frac{x^2}{a^2}+\frac{y^2}{b^2}=1\,(a,\ b>0)$의 넓이를 구하여라.

**3.** 반지름이 $r$인 원의 넓이를 구하여라.

**4.** $x^2y+y-9=0$, $x=2$, $x$축, $y$축로 둘러싸인 도형의 면적을 구하여라.

**5.** 곡선 $y=1/(x^2+2x+10)$ 직선 $x=-1$, $x=2$, $y=0$으로 둘러싸인 영역을 $x$축으로 회전했을 때 생기는 입체의 체적을 구하여라.

## 7.5 유리함수의 적분: 부분분수법

이 절에서는 분모, 분자가 모두 다항식인 분수로 이루어진 유리함수 $f(x) = p(x)/q(x)$의 적분에 대하여 알아보자.

Chapter 7

**예제 1** 적분 $\int \frac{x-4}{x^2-5x+6}\,dx$를 구하여라.

**풀이** 분모를 인수분해하면 $x^2-5x+6=(x-2)(x-3)$이므로 피적분함수는

$$\frac{x-4}{x^2-5x+6} = \frac{A}{x-2} + \frac{B}{x-3}$$

처럼 부분분수(partial fraction)로 분해할 수 있다. 위 식에서 상수 $A, B$의 값을 정하기 위하여 양변을 $(x-2)(x-3)$로 곱하면 항등식 즉 임의의 $x$값에 대하여 성립하는 식

$$x-4 = A(x-3) + B(x-2)$$

을 얻는다. $x=3$, $x=2$를 각각 대입하면

$$3-4 = A(3-3) + B(3-2)$$
$$2-4 = A(2-3) + B(2-2)$$

이므로 $A=2$, $B=-1$이다. 따라서 구하려는 적분은

$$\int \frac{x-4}{x^2-5x+6}\,dx = \int \frac{2}{x-2}\,dx - \int \frac{1}{x-3}\,dx$$
$$= 2\ln|x-2| - \ln|x-3| + c$$

이다. ■

예제 1처럼 유리함수를 보다 간단한 부분분수의 합으로 표시(부분분수 분해)하고 이를 이용하여 주어진 유리함수를 적분하는 방법을 부분분수법이라고 한다.

**예제 2** 적분 $\int \frac{x^3+x+4}{x+1}\,dx$를 구하여라.

**풀이** $x^3+x+4$을 $x+1$으로 나누면 몫은 $x^2-x+2$이고 나머지는 2이다. 따라서

$$\int \frac{x^3+x+4}{x+1}\,dx = \int \left(x^2-x+2+\frac{2}{x+1}\right)dx$$
$$= \int (x^2-x+2)\,dx + 2\int \frac{1}{x+1}\,dx$$
$$= \left(\frac{1}{3}x^3 - \frac{1}{2}x^2 + 2x\right) + 2\ln|x+1| + c$$

■

예제 2에서처럼 분자의 차수가 분모의 차수보다 높은 모든 유리함수는 다항식과 진유리함수(분자의 차수가 분모의 차수보다 낮은 유리함수)의 합으로 표시할 수 있으므로 앞으로는 모든 유리함수는 진유리함수로 간주할 것이다.

유리함수에 부분적분을 사용하려면 먼저 일단계로 분모인 다항식을 인수분해하고 2단계로 유리함수를 부분분수로 분해하여야 한다. 하지만 차수가 높은 다항식을 인수분해 하는 것 즉 근을 구하는 것은 사실상 불가능할 때가 많다. 따라서 분모의 인수분해가 알려졌다고 가정하고 2단계인 부분 분수로 분해하는 방법에 대하여 논의 할 것이다.

이론적으로는 모든 실계수 다항식은 일차식 $(ax+b)$과 기약 2차 다항식 $(ax^2+bx+c,\ b^2-4ac<0)$들의 곱으로 표시할 수 있다. 즉 모든 실계수 다항식의 인수는 다음 두 가지 형태 중의 하나이다(단, $m \ge 1$).

$$(ax+b)^m,\ (ax^2+bx+c)^m\ (\text{단, } b^2-4ac<0)$$

이런 사실을 바탕으로 각 유형에 따른 부분분수 분해방법을 다음에 소개하였다.

## 부분분수 분해 방법

### 단계 1. 부분분수의 합으로 표시

(1) $(ax+b)^m$이 분모 $q(x)$의 인수에 포함되어 있는 경우:

$$\frac{p(x)}{q(x)} = \frac{A_1}{ax+b} + \frac{A_2}{(ax+b)^2} + \cdots + \frac{A_m}{(ax+b)^m} +$$

[$q(x)$의 나머지 인수와 관계된 부분분수들]

예. $$\frac{6x^4-2x+5}{(2x-1)(x+2)^2(3x-4)^3} = \frac{A}{2x-1} + \frac{B_1}{x+2} + \frac{B_2}{(x+2)^2} + \frac{C_1}{3x-4} + \frac{C_2}{(3x-4)^2} + \frac{C_3}{(3x-4)^3}$$

(2) $(ax^2+bx+c)^m$이 분모 $q(x)$의 인수에 포함되어 있는 경우:

$$\frac{p(x)}{q(x)} = \frac{A_1x+B_1}{ax^2+bx+c} + \frac{A_2x+B_2}{(ax^2+bx+c)^2} + \cdots + \frac{A_mx+B_m}{(a^2+bx+c)^m}$$

[$q(x)$의 나머지 인수와 관계된 부분분수들]

예. $$\frac{5x^3+1}{(3x-1)(x^2+1)(x^2+2x+5)^3} = \frac{A}{3x-1} + \frac{Bx+C}{x^2+1} + \frac{D_1x+E_1}{x^2+2x+5} + \frac{D_2x+E_2}{(x^2+2x+5)^2} + \frac{D_3x+E_3}{(x^2+2x+5)^3}$$

### 단계 2. 계수 구하기

단계 1의 양변에 피적분함수의 분모 $q(x)$를 곱하여 얻은 항등식에 다음 두 가지 방법 중 하나를 사용하여 미정 계수의 연립 방정식을 만들고 이의 해를 구한다.

(1) 계수비교법: 양변의 차수가 같은 항의 계수 비교

(2) 수치대입법: 적당한 $x$값들을 대입

**예제 3** $\int \frac{x^2-22x+2}{(2x-1)(3x+2)(x-3)}\,dx$을 구하여라.

**풀이** 피적분 함수를

$$\frac{x^2-22x+2}{(2x-1)(3x+2)(x-3)} = \frac{A}{2x-1}+\frac{B}{3x+2}+\frac{C}{x-3}$$

처럼 부분분수의 합으로 표시한 다음 양변에 피적분함수의 분모 $(2x-1)(3x+2)(x-3)$을 곱하고 우변을 정리하면

$$x^2-22x+2 = A(3x+2)(x-3)+B(2x-1)(x-3)+C(2x-1)(3x+2)$$

**방법1** 계수 비교법: 위 식의 우변을 정리하면

$$\begin{aligned} &x^2-22x+2 \\ &\quad = (3A+2B+6C)x^2+(-7A-7B+C)x+(-6A+3B-2C) \end{aligned}$$

이고 이는 항등식이므로 양변의 차수가 같은 항의 계수들이 같아야 한다. 따라서

$$\begin{aligned} 3A+2B+6C &= 1 \\ -7A-7B+C &= -22 \\ -6A+3B-2C &= -2 \end{aligned}$$

**방법2** 수치대입법: $x = 1/2,\ -2/3,\ 3$을 각각 대입하면

$$\begin{aligned} \left(\frac{1}{2}\right)^2-22\times\frac{1}{2}+2 &= A\left(3\times\frac{1}{2}+2\right)\left(\frac{1}{2}-3\right) \\ \left(-\frac{2}{3}\right)^2-22\times\left(-\frac{2}{3}\right)+2 &= B\left(2\times\frac{-2}{3}-1\right)\left(\frac{-2}{3}-3\right) \\ 3^2-22\times3+2 &= C(2\times3-1)(3\times3+2) \end{aligned}$$

이다.

어느 방정식을 풀던 답은 $A = 1,\ B = 2,\ C = -1$이다. 따라서

$$\begin{aligned} \int \frac{x^2-22x+2}{(2x-1)(3x+2)(x-3)}\,dx &= \int \frac{1}{2x-1}\,dx+2\int\frac{1}{3x+2}\,dx-\int\frac{1}{x-3}\,dx \\ &= \frac{1}{2}\int\frac{1}{x-1/2}\,dx+\frac{2}{3}\int\frac{1}{x+2/3}\,dx-\int\frac{1}{x-3}\,dx \\ &= \frac{1}{2}\ln\left(x-\frac{1}{2}\right)+\frac{2}{3}\ln\left(x+\frac{2}{3}\right)-\ln(x-3)+c \end{aligned}$$

■

예제 3에서 보듯이 경우에 따라서는 $x$값을 잘 선택하여 수치대입법을 사용하면 연립방정식을 풀어야 하는 번거로움을 피할 수 있거나 또는 풀기 쉬운 연립방정식을 만들 수 있다.

**예제 4** $\displaystyle\int \frac{3x^2-13x-2}{(x+2)(x-4)^2}dx$ 을 구하여라.

**풀이** 피적분 함수를

$$\frac{3x^2-13x-2}{(x+2)(x-4)^2} = \frac{A}{x+2}+\frac{B}{(x-4)}+\frac{C}{(x-4)^2}$$

처럼 부분분수의 합으로 표시한 다음 양변에 피적분함수의 분모 $(x+2)(x-4)^2$를 곱하면 항등식

$$3x^2-13x-2 = A(x-4)^2+B(x+2)(x-4)+C(x+2)$$

을 얻는다. 이제 $x=-2$, $x=4$, $x=0$을 대입하면

$$\begin{aligned} 3(-2)^2-13(-2)-2 &= A(-2-4)^2 \Rightarrow A=1 \\ 3(4)^2-13(4)-2 &= C(4+2) \Rightarrow C=-1 \\ -2 &= A(-4)^2+B(2)(-4)+C(2) \Rightarrow B=2 \end{aligned}$$

따라서

$$\begin{aligned} \int \frac{3x^2-13x-2}{(x+2)(x-4)^2}dx &= \int \frac{1}{x+2}dx+\int \frac{2}{x-4}dx+\int \frac{-1}{(x-4)^2}dx \\ &= \ln|x+2|+2\ln|x-4|+\frac{1}{x-4}+c \end{aligned}$$

■

**예제 5** $\displaystyle\int \frac{3x^3+2x^2+3x+8}{(x-1)^2(x^2+2x+5)}dx$를 구하여라.

**풀이** 피적분 함수를

$$\frac{3x^3+2x^2+3x+8}{(x-1)^2(x^2+2x+5)} = \frac{A}{x-1}+\frac{B}{(x-1)^2}+\frac{Cx+D}{x^2+2x+5}$$

처럼 부분분수로 분해하고 양변에 $(x-1)^2(x^2+2x+5)$를 곱하고 우변을 정리하면

$$\begin{aligned} &3x^3+2x^2+3x+8 \\ &\quad = A(x-1)(x^2+2x+5)+B(x^2+2x+5)+(Cx+D)(x-1)^2 \end{aligned}$$

을 얻는다. $x=1$을 대입하면 $B=2$를 얻고 다시 $x=0$, $x=-1$, $x=2$를 대입하여 얻는 연립방정식

$$\begin{aligned} 8 &= -5A+10+D \\ 4 &= -8A+8+4(-C+D) \\ 46 &= 13A+26+2C+D \end{aligned}$$

을 풀면 $A=1$, $C=2$, $D=3$이다. 따라서

$$\int \frac{3x^3+2x^2+3x+8}{(x-1)^2(x^2+2x+5)}dx = \int \frac{1}{x-1} + \frac{2}{(x-1)^2} + \frac{2x+3}{x^2+2x+5}dx$$
$$= \ln|x-1| - \frac{2}{x-1} + \int \frac{2x+3}{x^2+2x+5}dx$$

이다. 마지막 적분의 피적분함수는

$$\frac{2x+3}{x^2+2x+5} = \frac{2x+2}{x^2+2x+5} + \frac{1}{(x+1)^2+2^2}$$

이므로

$$\int \frac{2x+3}{x^2+2x+5}dx = \int \frac{2x+2}{x^2+2x+5}dx + \int \frac{1}{(x+1)^2+2^2}dx$$

이다. 우변의 첫 번째 적분은 치환 $u = x^2+2x+5$을 하고, 두 번째 적분은 치환 $u = x+1$을 한 다음 7장 1절 기본 적분공식 (2)와 (14)를 각각 적용하면

$$\int \frac{2x+3}{x^2+2x+5}dx = \int \frac{2x+2}{x^2+2x+5}dx + \int \frac{1}{(x+1)^2+2^2}dx$$
$$= \ln(x^2+2x+5) + \frac{1}{2}\tan^{-1}\left(\frac{x+1}{2}\right) + C$$

이므로

$$\int \frac{3x^3+2x^2+3x+8}{(x-1)^2(x^2+2x+5)}dx$$
$$= \ln|x-1| - \frac{2}{x-1} + \ln(x^2+2x+5) + \frac{1}{2}\tan^{-1}\left(\frac{x+1}{2}\right) + C$$

■

**예제 6** $\int \sec x\, dx$를 구하여라.

**풀이** 피적분함수를 $\sec x = 1/\cos x$처럼 표시하고 분모, 분자에 각각 $\cos x$를 곱한 다음 삼각항등식 $\sin^2 x + \cos^2 x = 1$을 이용하면

$$\int \sec x\, dx = \int \frac{\cos x}{1-\sin^2 x}dx$$

이다. $u = \sin x$로 치환하면 $du = \cos x\, dx$이므로

$$\int \sec x\, dx = \int \frac{\cos x}{1-\sin^2 x}dx = \int \frac{1}{1-u^2}du$$

이다. 피적분함수를 부분분수 분해하면

$$\int \sec x\, dx = \int \frac{1}{1-u^2}du = \frac{1}{2}\left(\int \frac{1}{u+1}du - \int \frac{1}{u-1}du\right)$$
$$= \frac{1}{2}(\ln|u+1| - \ln|u-1|) + C = \frac{1}{2}\ln\left|\frac{u+1}{u-1}\right| + C$$
$$= \frac{1}{2}\ln\left|\frac{\sin x+1}{\sin x-1}\right| + C = \frac{1}{2}\ln\left|\frac{(\sin x+1)^2}{\sin^2 x-1}\right| + C$$
$$= \frac{1}{2}\ln\left|\frac{(\sin x+1)^2}{\cos^2 x}\right| + C = \frac{1}{2}\ln\left|\left(\frac{\sin x}{\cos x} + \frac{1}{\cos x}\right)^2\right| + C$$
$$= \ln|\tan x + \sec x| + C$$

■

Chapter 7

## 연습문제 7.5

**1.** 다음 적분을 구하여라.

(1) $\int \frac{3x-1}{x^2+x-6}\,dx$

(2) $\int \frac{4x+1}{2x^2+x-1}\,dx$

(3) $\int \frac{3x^2-2x-1}{(x-1)(x+2)(x-3)}\,dx$

(4) $\int \frac{x^2+2x+4}{(x-1)(x+2)^2}\,dx$

(5) $\int \frac{2x-4}{(x^2-1)(x+2)^2}\,dx$

(6) $\int \frac{1}{(x-1)^3(x+2)^2}\,dx$

(7) $\int \frac{2x-1}{(x-1)(x^2+2)}\,dx$

(8) $\int \frac{2x}{(x^2+1)^2}\,dx$

(9) $\int \frac{5x^2-2x+4}{(x-1)^2}\,dx$

(10) $\int \frac{x^3-1}{x^2+2x+2}\,dx$

(11) $\int \frac{\sqrt{x}-1}{x-9}\,dx$

(12) $\int \frac{\sin x}{\cos^2 x-2\cos x-8}\,dx$

**2.** $u=\tan\frac{x}{2}$일 때 배각공식을 이용하여 다음을 증명하여라.

(1) $\sin x=\frac{2u}{1+u^2}$ (2) $\cos x=\frac{1-u^2}{1+u^2}$

(3) $dx=\frac{2}{1+u^2}\,du$

**3.** 치환 $u=\tan\frac{x}{2}$을 이용하여 다음 적분을 구하여라.

(1) $\int \frac{1}{1+\sin x}\,dx$ (2) $\int \frac{1}{5\sin x+12\cos x}\,dx$

(3) $\int \frac{1}{1+\sin x-\cos x}\,dx$ (4) $\int \frac{\cos x}{1-\cos x}\,dx$

## 7.6 특이적분

지금까지는 유한 구간 $[a, b]$에서 정의된 유계 함수 $f(x)$에 대해서만 정적분을 정의하였다. 하지만 유한구간이 아니거나 유계함수가 아닌 경우에도 정적분을 정의할 필요가 있는데 이런 두 가지 경우의 정적분을 특이적분(Improper Integral)이라고 한다. 우선 적분구간이 무한한 경우에 대하여 알아보자.

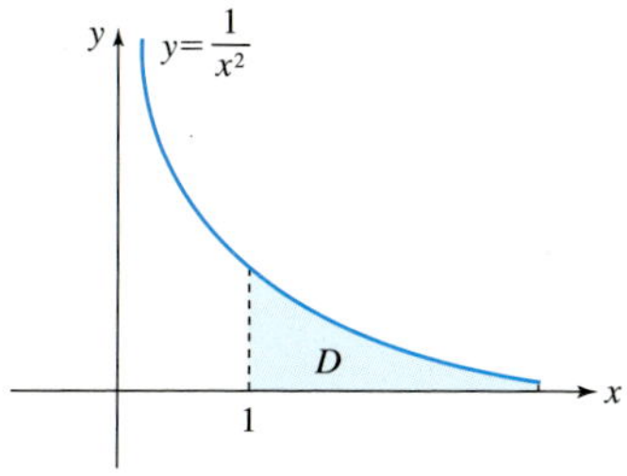

그림 7.6.1

예를 들어 곡선 $y = 1/x^2$과 $x$축 사이의 영역중에서 직선 $x = 1$의 오른쪽 부분인 무한영역 $D$(그림 7.6.1)의 면적에 대하여 생각해보자. 곡선 $y = 1/x^2$, $x$축, 직선 $x = 1$, $x = b(b > 1)$로 둘러싸인 영역의 면적(그림 7.6.2)은 $y = 1/x^2$이 양수이므로 면적의 정의에 의하여

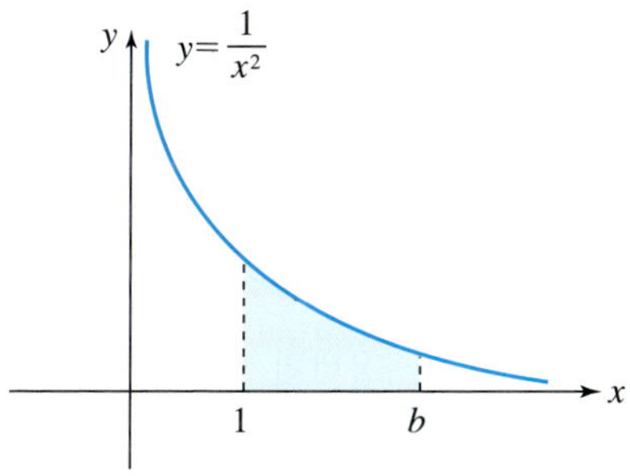

그림 7.6.2

$$\int_1^b \frac{1}{x^2}\,dx = \left[-\frac{1}{x}\right]_1^b = 1 - \frac{1}{b}$$

이고, 이는 $b$가 무한대로 커지더라도 항상 1보다 작고 극한값은

$$\lim_{b\to\infty}\int_1^b \frac{1}{x^2}\,dx = \lim_{b\to\infty}\left(1 - \frac{1}{b}\right) = 1$$

이다. 이 극한값 1을 무한영역 $D$의 면적이라고 정의한다. 이는 적분구간이 무한인 적분을 적분구간이 유한인 정적분의 극한값으로 정의한 것으로 볼 수 있다.

$$\int_1^\infty \frac{1}{x^2}\,dx = \lim_{b\to\infty}\int_1^b \frac{1}{x^2}\,dx$$

이와 같은 방법으로 적분구간이 무한인 특이적분을 정의하는데 한 쪽 끝이 무한이거나 양쪽 끝이 모두 유한인 두 가지 경우가 있다.

**정의 7.6.1(적분구간이 무한인 특이적분)**

1. 한쪽 끝이 무한인 경우: 극한값 $\lim_{a\to-\infty}\int_a^b f(x)\,dx$이 유한이면

$$\int_{-\infty}^b f(x)\,dx = \lim_{a\to-\infty}\int_a^b f(x)\,dx$$

로 정의하고 $\int_{-\infty}^b f(x)\,dx$이 수렴한다고 하고 그렇지 않으면 발산한다고 한다. 특이 적분 $\int_a^\infty f(x)\,dx$에 대해서도 마찬가지로 정의한다.

2. 양쪽 끝이 무한인 경우: 임의의 $c$에 대하여 두 특이적분 $\int_{-\infty}^c f(x)\,dx$, $\int_c^\infty f(x)\,dx$이 각각 수렴하면

$$\int_{-\infty}^\infty f(x)\,dx = \int_{-\infty}^c f(x)\,dx + \int_c^\infty f(x)\,dx$$

로 정의한다.

**예제 1** $\int_1^\infty xe^{-x}\,dx$를 구하여라.

**풀이** 부분적분을 하면

$$\int_1^b xe^{-x}\,dx = \left[-(x+1)e^{-x}\right]_1^b = 2e^{-1} - (b+1)e^{-b}$$

이다. 따라서 로피탈의 정리를 사용하면

$$\begin{aligned}\int_1^\infty xe^{-x}\,dx &= \lim_{b\to\infty}\int_1^b xe^{-x}\,dx\\ &= \lim_{b\to\infty}\left[2e^{-1} - (b+1)e^{-b}\right] = 2/e\end{aligned}$$

이다. ■

**예제 2** $\int_{-\infty}^\infty \frac{1}{1+x^2}\,dx$를 구하여라.

**풀이** 정의에 따라 $c = 0$으로 택하고 두 특이적분

$$\int_0^\infty \frac{1}{1+x^2}\,dx, \quad \int_{-\infty}^0 \frac{1}{1+x^2}\,dx$$

의 수렴여부를 각각 정하여야 한다. 부정적분 기본 공식을 이용하면

$$\int_0^b \frac{1}{1+x^2}\,dx = \left[\tan^{-1}x\right]_0^b = \tan^{-1}b - \tan^{-1}0 = \tan^{-1}b$$

이므로

$$\begin{aligned}\int_0^\infty \frac{1}{1+x^2}\,dx &= \lim_{b\to\infty}\int_0^b \frac{1}{1+x^2}\,dx = \lim_{b\to\infty}(\tan^{-1}b) = \frac{\pi}{2}\\ \int_{-\infty}^0 \frac{1}{1+x^2}\,dx &= \int_0^\infty \frac{1}{1+x^2}\,dx = \frac{\pi}{2}\end{aligned}$$

이다. 각각의 특이적분이 수렴하므로

$$\int_{-\infty}^{\infty}\frac{1}{1+x^2}dx = \int_0^{\infty}\frac{1}{1+x^2}dx + \int_{-\infty}^{0}\frac{1}{1+x^2}dx$$
$$= \frac{\pi}{2}+\frac{\pi}{2} = \pi$$

이다. ■

**예제 3** $\int_1^{\infty}\frac{1}{x}dx$를 구하여라.

**풀이**

$$\int_1^{\infty}\frac{1}{x}dx = \lim_{b\to\infty}\int_1^{b}\frac{1}{x}dx$$
$$= \lim_{b\to\infty}[\ln x]_1^b = \lim_{b\to\infty}[\ln b - \ln 0] = \infty$$

따라서 주어진 특이적분은 발산한다. ■

**예제 4** 특이적분 $\int_1^{\infty}\frac{1}{x^p}dx$가 수렴하기 위한 $p$를 구하여라.

**풀이** $p=1$이면 발산함을 이미 알고 있으므로 $p\neq 1$이라고 가정하자.

$$\int_1^{\infty}\frac{1}{x^p}dx = \lim_{b\to\infty}\int_1^{b}\frac{1}{x^p}dx$$
$$= \lim_{b\to\infty}\left[\frac{x^{-p+1}}{-p+1}\right]_1^b = \lim_{b\to\infty}\frac{b^{-p+1}-1}{1-p} = \begin{cases}\frac{1}{p-1}, & p>1\\ \infty, & p<1\end{cases}$$

이다. 따라서 $p>1$이면 수렴하고 적분값은 $1/(p-1)$이다. $p\le 1$이면 발산한다. ■

피적분함수가 적분 구간내에서 유계가 아닌 특이적분은 한 쪽 끝점이나 내부의 한 점에서 무한대인 두 가지 경우로 나눌 수 있다.

**정의 7.6.2(피적분함수가 유계가 아닌 특이적분)**

1. 끝점에서 유계가 아닌 경우: 함수 $f(x)$가 구간 $(a, b]$에서 연속이고 끝점 $a$에서 유계가 아닌 경우 극한값 $\lim_{c\to a^+}\int_c^b f(x)dx$이 유한이면

$$\int_a^b f(x)dx = \lim_{c\to a^+}\int_c^b f(x)dx$$

로 정의하고 특이적분 $\int_a^b f(x)dx$는 수렴한다고 하고 그렇지 않으면 발산한다고 한다.

함수 $f(x)$가 구간 $[a, b)$에서 연속이고 점 $b$에서 유계가 아닌 경우에 대해서도 마찬가지로 정의한다.

2. 내부점에서 유계가 아닌 경우: 피적분함수 $f(x)$가 내부의 한 점 $c$를 제외한 구간 $[a, b]$에서 연속이고 $c$에서 유계가 아닌 경우 특이적분 $\int_a^c f(x)\,dx$, $\int_c^b f(x)\,dx$가 각각 수렴하면

$$\int_a^b f(x)\,dx = \int_a^c f(x)\,dx + \int_c^b f(x)\,dx$$

로 정의하고 특이적분 $\int_a^b f(x)\,dx$는 수렴한다고 하고 그렇지 않으면 발산한다고 한다.

**예제 5** $\int_3^{12} \frac{1}{\sqrt{x-3}}\,dx$를 구하여라.

**풀이** 함수 $1/\sqrt{x-3}$은 $x = 3$에서 무한대이므로 특이적분의 정의에 의하여

$$\begin{aligned}\int_3^{12} \frac{1}{\sqrt{x-3}}\,dx &= \lim_{a\to 3^+} \int_a^{12} \frac{1}{\sqrt{x-3}}\,dx \\ &= \lim_{a\to 3^+} \left[2\sqrt{x-3}\right]_a^{12} = \lim_{a\to 3^+}\left[6 - 2\sqrt{a-3}\right] \\ &= 6\end{aligned}$$

이다. ■

**예제 6** $\int_0^5 \frac{1}{x-2}\,dx$를 구하여라.

**풀이** 함수 $1/(x-2)$는 구간 내부의 한 점 $x = 2$에서 유계가 아니므로 주어진 적분이 수렴하려면 두 특이적분 $\int_0^2 \frac{1}{x-2}\,dx$, $\int_2^5 \frac{1}{x-2}\,dx$ 모두 수렴하여야 한다.

$$\begin{aligned}\int_0^2 \frac{1}{x-2}\,dx &= \lim_{b\to 2^-} \int_0^b \frac{1}{x-2}\,dx \\ &= \lim_{b\to 2^-} \left[\ln|x-2|\right]_0^b = \lim_{b\to 2^-}\left[\ln|b-2| - \ln 2\right] = -\infty\end{aligned}$$

이므로 $\int_0^2 \frac{1}{x-2}\,dx$은 발산하고 따라서 $\int_0^5 \frac{1}{x-2}\,dx$도 발산한다. ■

다음의 (a), (b) 두 방법 모두 틀린 방법임에 유의하여야 한다.

(a) $$\begin{aligned}\int_0^5 \frac{1}{x-2}\,dx &= \lim_{\varepsilon\to 0^+}\left[\int_0^{2-\varepsilon} \frac{1}{x-2}\,dx + \int_{2+\varepsilon}^5 \frac{1}{x-2}\,dx\right] \\ &= \lim_{\varepsilon\to 0^+}\left(\left[\ln|x-2|\right]_0^{2-\varepsilon} + \left[\ln|x-2|\right]_{2+\varepsilon}^5\right) \\ &= \lim_{\varepsilon\to 0^+}\left[(\ln\varepsilon - \ln 2) + (\ln 3 - \ln\varepsilon)\right] = \ln 3 - \ln 2\end{aligned}$$

(b) $$\int_0^5 \frac{1}{x-2}\,dx = \left[\ln|x-2|\right]_0^5 = \ln 3 - \ln 2$$

**예제 7** 곡선 $y = \ln x$, $x$축, $y$축으로 둘러 싸인 도형의 면적을 구하여라.

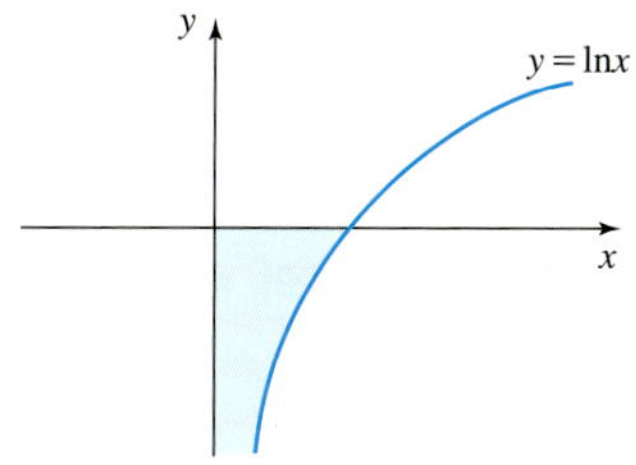


**풀이** 함수 $y = \ln x$는 구간 $[0, 1]$에서 음수이므로 면적 $A$는 특이적분 $-\int_0^1 \ln x\,dx$와 같다. 따라서 부분 적분법과 로피탈의 정리를 사용하면

$$\begin{aligned} A &= -\int_0^1 \ln x dx = -\lim_{a\to 0^+}\int_a^1 \ln x\,dx \\ &= -\lim_{a\to 0^+}[x\ln x - x]_a^1 = \lim_{a\to 0^+}[1 + a\ln a - a] = 1 \end{aligned}$$

이다. ■

## 특이적분의 수렴판정법

특이적분의 수렴, 발산을 정의에 의하여 판단하기가 어려운 경우에 사용 할 수 있는 방법 중 하나가 다음 정리 7.6.3의 비교판정법이다.

**정리 7.6.3(비교판정법)**

두 함수 $f(x)$, $g(x)$가 모든 $x \ge a$에 대하여 $0 \le f(x) \le g(x)$를 만족하면 다음이 성립한다.

(1) $\int_a^\infty g(x)dx$가 수렴하면 $\int_a^\infty f(x)dx$도 수렴한다.

(2) $\int_a^\infty f(x)dx$가 발산하면 $\int_a^\infty g(x)dx$도 발산한다.

**예제 8** $\int_0^\infty e^{-x^2}dx$의 수렴여부를 판정하여라.

**풀이** 자연지수함수는 전 구간에서 증가함수이고 $-x^2 \le -2x + 1$이므로 $0 \le e^{-x^2} \le e^{-2x+1}$이다. 또한

$$\int_0^\infty e^{-2x+1}dx = \lim_{b\to\infty}\int_0^b e^{-2x+1}dx = \frac{e}{2}$$

이다. 따라서 정리 7.6.3의 비교판정법 (1)에 의하여 주어진 특이적분은 수렴한다.

■

## 연습문제 7.6

1. 다음 각 적분의 수렴여부를 판정하고, 수렴하면 그 값을 구하여라.

(1) $\int_1^\infty \frac{1}{x^{1/3}}dx$ (2) $\int_1^\infty \frac{1}{x^3}dx$

(3) $\int_0^1 \frac{1}{x^{1/3}}dx$ (4) $\int_0^\infty \frac{1}{x^{1/3}}dx$

(5) $\int_{-\infty}^0 \frac{1}{x^2+1}dx$ (6) $\int_1^\infty \frac{\ln x}{x^2}dx$

(7) $\int_0^\infty e^{-x}dx$ (8) $\int_0^\infty xe^{-x}dx$

(9) $\int_{-\infty}^\infty x^2e^{-x^3}dx$ (10) $\int_1^\infty \frac{1}{(x+2)^2}dx$

(11) $\int_1^\infty \frac{1}{x}dx$ (12) $\int_0^\infty \frac{1}{(x+2)(x^2+2)}dx$

(13) $\int_0^\infty \cos x\,dx$ (14) $\int_1^2 \frac{1}{(x-1)^{1/3}}dx$

(15) $\int_0^\infty \frac{1}{\sqrt{x}(x+2)}dx$ (16) $\int_1^2 \frac{1}{\sqrt{x-1}}dx$

(17) $\int_1^5 \frac{1}{x-2}dx$ (18) $\int_0^2 \ln x\,dx$

(19) $\int_0^\infty \frac{2}{(x-1)(x^2+1)}dx$ (20) $\int_3^6 \frac{1}{x\sqrt{x^2-9}}dx$

2. 정리 1의 비교판정법과 다음의 극한비교판정법을 이용하여 다음 적분의 수렴여부를 판정하여라.

극한비교판정법: 구간 [a, ∞]에서 연속인 두 양함수 $f(x)$, $g(x)$의 비의 극한이 유한한 값이면 즉

$$\lim_{x\to\infty}\frac{f(x)}{g(x)} = r < \infty$$

이면 $\int_a^\infty f(x)dx$, $\int_a^\infty g(x)dx$는 동시에 수렴하거나 발산한다.

(1) $\int_1^\infty \frac{1}{1+x^2\sqrt{x}}dx$ (2) $\int_1^\infty \frac{\cos^2 x}{1+x\sqrt{x}}dx$

(3) $\int_2^\infty \frac{1}{\sqrt{x^2-1}}dx$ (4) $\int_2^\infty \frac{1}{\sqrt{x-1}}dx$

(5) $\int_0^1 \frac{e^{-x}}{\sqrt{x}}dx$ (6) $\int_0^\infty \frac{1}{\ln x}dx$

(7) $\int_1^\infty \frac{\sqrt{x}}{1+x^2}dx$ (8) $\int_0^{\pi/2} \tan x\,dx$

(9) $\int_{-\infty}^\infty \frac{1}{\sqrt{x^6+1}}dx$ (10) $\int_1^\infty \frac{2+\sqrt{x+1}}{x^2}dx$

3. 오일러의 감마함수 $\Gamma(x)$는 모든 $x>0$에 대하여 특이적분

$$\Gamma(x) = \int_0^\infty t^{x-1}e^{-t}dt$$

으로 정의된다. 다음에 답하여라.

(1) $0<x<1$일 때 다음 특이적분이 수렴함을 보여라.

$$\int_0^1 t^{x-1}e^{-t}dt$$

(2) 임의의 $x$에 대하여

$$0<t^{x-1}e^{-t}\le t^{-2},\ t\ge L>0$$

을 만족하는 양수 $L$이 존재함을 보이고 이 사실을 이용하여

$$\int_1^\infty t^{x-1}e^{-t}dt$$

이 수렴함을 보여라.

(3) 감마 함수 $\Gamma(x)$는 모든 $x>0$에 대하여 수렴함을 보여라.

(4) 모든 $x>0$에 대하여 다음이 성립함을 보여라.

$$\Gamma(1)=1,\ \Gamma(x+1)=x\Gamma(x)$$

(5) 음이 아닌 모든 정수 $n$에 대하여

$$\Gamma(n+1)=n!$$

임을 보여라.

# 제 8 장 수열과 급수

### 가우스(Carl Friedrich Gauss)

수학의 왕이라 칭송받는 가우스(1777-1855)는 1777년 독일의 Brunswick에서 태어났는데 어려서부터 신동이었다. 그는 10세인 어느 날 선생님이 1부터 100까지의 급수합을 구하라는 문제를 내자 50×101=5050이라고 즉시 답을 하였다는 일화가 전해 내려오고 있다. 이 이야기를 전해들은 부룬스빅 공작의 후원으로 지방의 대학과 괴팅겐 대학에서 공부하였다. 19세를 한 달 정도 남겨둔 1796년 3월에 그는 콤파스와 자만을 이용한 정 17각형의 작도법을 최초로 발견하였고, 이 날 부터 향후 18년간 그는 그의 모든 수학적 발견을 일기에 기록하였다. 1807년부터 죽을 때까지 그는 괴팅겐 대학의 수학교수와 천문대장으로 재직하였다. 그는 대수학에 지대한 공헌을 하였는데 20세 때 헬름스타트 대학 박사학위 논문에서 $n$차 다항식은 반드시 하나 이상의 복소수근을 가진다는 대수학의 기본정리를 최초로 증명하였고 1801년 현대 대수론의 중요한 책 〈정수론(Disquisitiones Arithmeticae)〉에서 페르마 소수 $n=2^{2^k}+1$, $k=0$, 1, 2, 3, 4에 대하여 정 $n$각형의 작도법을 발표하였다. 그는 천문학에서도 공헌을 하였다. 1801년에 이탈리아 천문학자에 의하여 발견되었으나 41일후에 사라진 소행성 케레스(Ceres)의 궤적을 관측자료가 빈약했음에도 불구하고 계산해 내었다. 그는 "수학은 과학의 여왕이고 정수론은 수학의 여왕이다"라는 유명한 말을 남겼다.

## 8.1 무한수열

수열이란 실수들을 정해진 순서대로 나열한 것이다.

$$a_1, a_2, \cdots, a_n, \cdots$$

여기서 $a_1$을 첫 번째 항, $a_2$를 두 번째 항, $\cdots$, $a_n$을 $n$번째 항 또는 일반항이라 부른다. 이 장에서 수열이라 함은 무한수열을 뜻한다. 수열이란 임의의 자연수 $n$에 대하여 실수 $a_n$이 대응되는 것이므로 수열을 정의역이 자연수의 집합인 실함수로 정의할 수 있다. 이 경우에 우리는 보통 자연수 $n$에 대한 함수값으로 $f(n)$과 같은 기호 대신 $a_n$을 사용한다. 일반항이 $a_n$인 수열을 $\{a_n\}$ 또는 $\{a_n\}_{n=1}^{\infty}$로 나타낸다.

**예제 1** 수열은 윗 표기를 이용하거나 일반항 또는 각 항을 모두 나열하는 형태로 나타낼 수 있다. 예를 들면 다음과 같다.

(1) $\left\{\dfrac{n}{n+1}\right\}_{n=1}^{\infty}$ $\quad a_n=\dfrac{n}{n+1}$ $\quad \left\{\dfrac{1}{2}, \dfrac{2}{3}, \dfrac{3}{4}, \cdots, \dfrac{n}{n+1}, \cdots\right\}$

(2) $\{\sqrt{n-3}\}_{n=3}^{\infty}$ $\quad a_n=\sqrt{n-3},\ n \geq 3$ $\quad \{0, 1, \sqrt{2}, \cdots, \sqrt{n-3}, \cdots\}$

(3) $\left\{\cos\dfrac{n\pi}{6}\right\}_{n=0}^{\infty}$ $\quad a_n=\cos\dfrac{n\pi}{6},\ n \geq 0$ $\quad \left\{1, \dfrac{\sqrt{3}}{2}, \dfrac{1}{2}, \cdots, \cos\dfrac{n\pi}{6}, \cdots\right\}$

**예제 2** 어떤 수열들은 간단한 식(예컨대 일반항)으로 표시할 수 없다.

(1) $a_n$을 무리수 $e$의 소숫점 $n$번째 자리수라 하자. 이때 수열 $\{a_n\}$은

$$\{7, 1, 8, 2, 8, 1, 8, 2, 8, 4, 5, \cdots\}$$

(2) 피보나치 수열 $\{f_n\}$은

$$f_1=1,\ f_2=1,\ f_n=f_{n-1}+f_{n-2}\ (n \geq 3)$$

으로 정의된 수열이다. 이 수열의 각 항은 앞의 2항을 합한 것이다. 이 수열의 각 항을 나열해 보면

$$\{1, 1, 2, 3, 5, 8, 13, 21, \cdots\}$$

이 수열은 13세기 이탈리아 수학자 피보나치가 토끼의 번식에 관계된 문제를 해결하는 과정에서 생겨난 것이다.

수열 $a_n=\dfrac{n}{n+1}$은 $n$이 증가함에 따라 1에 가까워진다. 실제로 1과 $\dfrac{n}{n+1}$과

의 차

$$1-\frac{n}{n+1}=\frac{1}{n+1}$$

은 $n$이 충분히 커질 때 0에 가까워진다. 이와 같은 상황을

$$\lim_{n\to\infty}\frac{n}{n+1}=1$$

로 나타낸다.

일반적으로 기호

$$\lim_{n\to\infty}a_n=L$$

은 $n$의 값이 커짐에 따라 $a_n$의 값이 $L$에 가까워진다는 것을 의미한다. 다음에 기술된 수열의 극한에 관한 엄밀한 정의는 함수의 극한과 매우 유사함을 알 수 있다.

**정의 8.1.1**

정의 $\lim_{n\to\infty}a_n=L$이라 함은 임의의 양수 $\epsilon$에 대하여 적당한 자연수 $N$이 존재하여

$$n>N \text{ 이면 } |a_n-L|<\epsilon$$

이 성립하는 것이다.

$\lim_{n\to\infty}a_n=L$일 때 수열 $\{a_n\}$은 **극한 $L$로 수렴한다**고 한다. 수렴하지 않는 수열은 **발산한다**고 한다.

수열은 정의역이 자연수의 집합인 함수이므로 함수의 극한에 대한 정리들이 모두 수열에 대해서도 성립함을 알 수 있다.

**정리 8.1.2**

$\lim_{n\to\infty}a_n=A$, $\lim_{n\to\infty}b_n=B$, $c\in\mathbb{R}$이면 다음이 성립한다.

(1) $\lim_{n\to\infty}=c$　　(2) $\lim_{n\to\infty}(ca_n)=cA$

(3) $\lim_{n\to\infty}(a_n\pm b_n)=A\pm B$　　(4) $\lim_{n\to\infty}(a_nb_n)=AB$

(5) $\lim_{n\to\infty}\frac{a_n}{b_n}=\frac{A}{B}$ (단, $B\neq 0$)

**예제 3** $\lim_{n\to\infty}\dfrac{n^3+3n^2}{5-2n^3}$ 을 구하여라.

**풀이** $\lim_{n\to\infty}\dfrac{n^3+3n^2}{5-2n^3}=\lim_{n\to\infty}\dfrac{1+\dfrac{3}{n}}{\dfrac{5}{n^3}-2}=\dfrac{1+0}{0-2}=-\dfrac{1}{2}$ ■

**예제 4** $\lim_{n\to\infty}\left(\sqrt{n^2+2n+2}-\sqrt{n^2-n+2}\right)$를 구하여라.

**풀이**

$$\begin{aligned}\sqrt{n^2+2n+2}-\sqrt{n^2-n+2}&=\frac{\left(\sqrt{n^2+2n+2}-\sqrt{n^2-n+2}\right)\left(\sqrt{n^2+2n+2}+\sqrt{n^2-n+2}\right)}{\sqrt{n^2+2n+2}+\sqrt{n^2-n+2}}\\&=\frac{3n}{\sqrt{n^2+2n+2}+\sqrt{n^2-n+2}}\\&=\frac{3}{\sqrt{1+\dfrac{2}{n}+\dfrac{2}{n^2}}+\sqrt{1-\dfrac{1}{n}+\dfrac{2}{n^2}}}\end{aligned}$$

이므로 $\lim_{n\to\infty}\left(\sqrt{n^2+2n+2}-\sqrt{n^2-n+2}\right)=\dfrac{3}{2}$ ■

다음의 정리는 수열의 극한을 구할 때 자연수 $n$을 일반적인 실수 $x$로 여기고 극한을 구하면 된다는 사실을 보여주고 있다. 따라서 수열의 극한에 로피탈의 정리를 사용할 수 있음을 알려주고 있다.

**정리 8.1.3**

적당한 자연수 $n_0$보다 큰 모든 자연수 $n$에 대하여 $a_n=f(n)$이고 $\lim_{x\to\infty}f(x)=L$이면 $\lim_{n\to\infty}a_n=L$이다.

**증명.** 임의의 $\epsilon>0$에 대하여 $x>M$이면 $|f(x)-L|<\epsilon$인 $M$이 존재한다.
$N>\max\{n_0, M\}$인 자연수 $N$을 택하자. 모든 $n>N$에 대하여
$|a_n-L|=|f(n)-L|<\epsilon$이므로 $\lim_{n\to\infty}a_n=L$이다. ■

**예제 5** 다음 수열의 극한을 구하여라.

(1) $a_n=\dfrac{\ln n}{n}$　　　(2) $b_n=n\tan^{-1}\dfrac{1}{n}$

**풀이** (1) 함수 $f(x)=\dfrac{\ln x}{x}$는 모든 자연수 $n$에 대하여 $a_n=f(n)$을 만족하므로 정리 8.1.3과 로피탈의 정리에 의하여

$$\lim_{n\to\infty}\frac{\ln n}{n}=\lim_{x\to\infty}\frac{\ln x}{x}=\lim_{x\to\infty}\frac{\frac{1}{x}}{1}=0$$

이다.

(2) 함수 $g(x) = x\tan^{-1}\frac{1}{x}$는 모든 자연수 $n$에 대하여 $b_n = g(n)$이므로 정리 8.1.3과 로피탈의 정리에 의하여

$$\lim_{n\to\infty} n\tan^{-1}\frac{1}{n} = \lim_{n\to\infty} n\tan^{-1}\frac{1}{x} = \lim_{n\to\infty}\frac{\tan^{-1}\frac{1}{x}}{\frac{1}{x}}$$

$$= \frac{\frac{1}{1+\frac{1}{x^2}}\left(-\frac{1}{x^2}\right)}{-\frac{1}{x^2}} = \lim_{n\to\infty}\frac{1}{1+\frac{1}{x^2}} = 1$$

이다. ■

아래의 정리는 함수 $f(x)$가 수열 $\{a_n\}$의 극한에서 연속이면 먼저 극한을 찾아 그 극한에서의 함수값을 구하거나 아니면 순서를 바꾸어 수열 $\{f(a_n)\}$의 극한을 구하거나 결과는 동일하다는 사실을 말하고 있다.

**정리 8.1.4**

$\lim_{n\to\infty} a_n = L$이고 함수 $f(x)$가 $x = L$에서 연속이면

$$\lim_{n\to\infty} f(a_n) = f\left(\lim_{n\to\infty} a_n\right) = f(L)$$

이다.

**증명.** 임의의 $\epsilon > 0$에 대하여 $f(x)$가 $x = L$에서 연속이므로

$$|x - L| < \delta \text{ 이면 } |f(x) - f(L)| < \epsilon$$

인 $\delta > 0$가 존재한다. $\lim_{n\to\infty} a_n = L$이므로

$$n > N \text{ 이면 } |a_n - L| < \delta$$

인 자연수 $N$이 존재한다. 따라서

$$n > N \text{ 이면 } |f(a_n) - f(L)| < \epsilon$$

이 된다. ■

**예제 6** 다음의 극한을 구하여라.

(1) $a_n = \sqrt{\frac{2n-1}{n+1}}$ (2) $b_n = \left(1 + \frac{x}{n}\right)^n$

(3) $c_n = \sqrt[n]{n}$

**풀이** (1) 함수 $f(x) = \sqrt{x}$가 연속이므로 정리 8.1.4에 의하여

$$\lim_{n\to\infty}\sqrt{\frac{2n-1}{n+1}} = \sqrt{\lim_{n\to\infty}\frac{2n-1}{n+1}} = \sqrt{2}$$

(2) 로피탈의 정리를 사용하여

$$\lim_{n\to\infty} e^{n\ln\left(1+\frac{x}{n}\right)} = \lim_{n\to\infty}\frac{\ln\left(1+\frac{x}{n}\right)}{\frac{1}{n}} = x$$

를 얻는다. 따라서

$$\lim_{n\to\infty}\left(1+\frac{x}{n}\right)^n = \lim_{n\to\infty}{}^{n\ln\left(1+\frac{x}{n}\right)} = e^{\lim_{n\to\infty} n\ln\left(1+\frac{x}{n}\right)} = e^x$$

가 된다.

(3) $\lim_{n\to\infty}\sqrt[n]{n} = \lim_{n\to\infty} e^{\frac{1}{n}\ln n} = e^{\lim_{n\to\infty}\frac{\ln n}{n}} = e^0 = 1$ ■

정의역이 실수인 함수에 대한 샌드위치 정리 역시 수열에 대하여도 성립한다.

**정리 8.1.5**

수열 $\{a_n\}$, $\{b_n\}$, $\{c_n\}$의 처음 유한개의 항들을 제외한 모든 항들이

$$a_n \le c_n \le b_n$$

을 만족하고 $\lim_{n\to\infty} a_n = L = \lim_{n\to\infty} b_n$이면 $\lim_{n\to\infty} c_n = L$이다.

**예제 7** 다음 수열의 극한을 구하여라.

(1) $a_n = x^n$ (단, $|x| < 1$) (2) $b_n = \dfrac{x^n}{n!}$

**풀이** (1) $x = 0$이면 $\lim_{n\to\infty} x^n = 0$이다. $x \ne 0$이라 가정하자. $|x| < 1$이므로

$$\frac{1}{|x|} = 1 + a$$

를 만족하는 양수 $a$가 존재한다. 이항정리에 의하면

$$\begin{aligned}\frac{1}{|x|^n} &= (1+a)^n \\ &= 1 + {}_nC_1 a + {}_nC_2 a^2 + \cdots + {}_nC_{n-1}a^{n-1} + a^n > 1 + na\end{aligned}$$

이다. 따라서

$$0 < |x|^n < \frac{1}{1+na}$$

이고 이 부등식의 우변의 극한은 0이므로 샌드위치 정리에 의하여 $\lim_{n\to\infty}|x|^n = 0$이다. 따라서 부등식

$$-|x|^n \le x^n \le |x|^n$$

에 다시 샌드위치 정리를 사용하면

$$\lim_{n\to\infty} x^n = 0$$

이다.

(2) $|x| < M < n$을 만족하는 임의의 자연수 $M$, $n$에 대하여

$$0 \le \frac{|x|^n}{n!} = \frac{|x|}{1}\cdot\frac{|x|}{2}\cdots\frac{|x|}{M}\cdot\frac{|x|}{M+1}\cdots\frac{|x|}{n}$$

$$\le \frac{|x|^M}{M!}\left(\frac{|x|}{M}\right)^{n-M} = \frac{M^M}{M!}\left(\frac{|x|}{M}\right)^n$$

이다. 따라서 부등식

$$0 \le \frac{|x|^n}{n!} \le \frac{M^M}{M!}\left(\frac{|x|}{M}\right)^n$$

이 성립하고 이 부등식의 우변은 극한이 0이다. 따라서 샌드위치 정리에 의하여

$$\lim_{n\to\infty}\frac{x^n}{n!} = 0$$

이다. ■

지금까지의 예제를 정리한 것이 다음의 정리이다.

**정리 8.1.6**

(1) $\lim_{n\to\infty}\frac{\ln n}{n} = 0$

(2) $\lim_{n\to\infty}\sqrt[n]{x} = 1$ (단, $x>0$)

(3) $\lim_{n\to\infty}\sqrt[n]{n} = 1$

(4) $|x| < 1$이면 $\lim_{n\to\infty} x^n = 0$

(5) $\lim_{n\to\infty}\frac{x^n}{n!} = 0$

(6) $\lim_{n\to\infty}\left(1+\frac{x}{n}\right)^n = e^x$

**예제 8** 다음 극한을 구하여라.

(1) $\lim_{n\to\infty}\frac{\ln(3n+2)}{2n+1}$

(2) $\lim_{n\to\infty}\left(\frac{n+2}{n+1}\right)^{2n}$

**풀이** (1) $\lim_{n\to\infty}\frac{\ln(3n+2)}{2n+1} = \lim_{n\to\infty}\frac{\ln(3n+2)}{3n+2}\cdot\frac{3n+2}{2n+1} = 0\cdot\frac{3}{2} = 0$

(2) $\lim_{n\to\infty}\left(\frac{n+2}{n+1}\right)^{2n} = \lim_{n\to\infty}\left[\left(1+\frac{1}{n+1}\right)^{n+1}\right]^{\frac{2n}{n+1}} = e^2$ ■

## 수열의 수렴성

이제 극한을 실제로 구하지 않고도 수렴성을 판단하는데 사용할 수 있는 정리에 대하여 논의할 것이다.

**정의 8.1.7**

정의 모든 $n$에 대하여 $a_n \le a_{n+1}$이면 $\{a_n\}$은 **단조증가수열**이라 하고 모든 $n$에 대하여 $a_n \ge a_{n+1}$이면 $\{a_n\}$은 **단조감소수열**이라 한다.

**정의 8.1.8**

정의 모든 $n$에 대하여 $a_n \le M$을 만족하는 수 $M$이 존재하면 수열 $\{a_n\}$은 **위로 유계**라 하고 모든 $n$에 대하여 $m \le a_n$을 만족하는 수 $m$이 존재하면 수열 $\{a_n\}$은 **아래로 유계**라 한다.

**정리 8.1.9**

(1) 위로 유계인 단조증가수열은 수렴한다.

(2) 아래로 유계인 단조감소수열은 수렴한다.

**증명.** (1) $\{a_n\}$이 위로 유계인 단조증가수열이라 하자. 집합 $\{a_n\}$이 위로 유계이므로 실수의 완비성의 공리에 의하여 집합 $\{a_n\}$의 상한 $L$이 존재한다. 임의의 $\epsilon > 0$에 대하여 $L-\epsilon < L$이므로 $L-\epsilon < a_N \le L$인 자연수 $N$이 존재한다. $\{a_n\}$이 단조증가수열이므로 모든 $n > N$에 대하여 $L-\epsilon < a_N \le a_n \le L$이므로 $|a_n - L| < \epsilon$이 된다. 따라서 $\lim_{n\to\infty} a_n = L$이다.

(2) (1)과 같은 방법으로 증명할 수 있다. ■

**예제 9** 수열 $\left\{a_n = \left(1+\frac{1}{n}\right)^n\right\}$은 수렴함을 보여라.

**풀이** 먼저 수열 $\{a_n\}$이 위로 유계임을 보이자. 이항정리에 의하여

$$
\begin{aligned}
a_n = \left(1+\frac{1}{n}\right)^n &= 1 + {}_nC_1\left(\frac{1}{n}\right) + {}_nC_2\left(\frac{1}{n}\right)^2 + {}_nC_3\left(\frac{1}{n}\right)^3 + \cdots + {}_nC_{n-1}\left(\frac{1}{n}\right)^{n-1} + \left(\frac{1}{n}\right)^n \\
&= 1 + 1 + \frac{1}{2}\left(\frac{n-1}{n}\right) + \frac{1}{3!}\left(\frac{n-1}{n}\right)\left(\frac{n-2}{n}\right) + \cdots + \frac{1}{(n-1)!}\left(\frac{n-1}{n}\right)\left(\frac{n-2}{n}\right)\cdots\left(\frac{2}{n}\right) \\
&\qquad + \frac{1}{n!}\left(\frac{n-1}{n}\right)\left(\frac{n-2}{n}\right)\cdots\left(\frac{2}{n}\right)\left(\frac{1}{n}\right) \\
&\le 1 + 1 + \frac{1}{2} + \frac{1}{3!} + \cdots + \frac{1}{(n-1)!} + \frac{1}{n!} \\
&\le 1 + 1 + \frac{1}{2} + \frac{1}{2^2} + \cdots + \frac{1}{2^{n-2}} + \frac{1}{2^{n-1}} \\
&< 1 + \frac{1}{1-\frac{1}{2}} = 3
\end{aligned}
$$

다음으로 $\{a_n\}$이 단조증가수열임을 보이자. $\frac{k}{n} \le \frac{k+1}{n+1}$이므로

$$\begin{aligned} a_n &= 1 + 1 + \frac{1}{2}\left(\frac{n-1}{n}\right) + \frac{1}{3!}\left(\frac{n-1}{n}\right)\left(\frac{n-2}{n}\right) + \cdots + \frac{1}{n!}\left(\frac{n-1}{n}\right)\left(\frac{n-2}{n}\right)\cdots\left(\frac{1}{n}\right) \\ &\le 1 + 1 + \frac{1}{2}\left(\frac{n}{n+1}\right) + \frac{1}{3!}\left(\frac{n}{n+1}\right)\left(\frac{n-1}{n+1}\right) + \cdots + \frac{1}{n!}\left(\frac{n}{n+1}\right)\left(\frac{n-1}{n+1}\right)\cdots\left(\frac{2}{n+1}\right) \\ &\qquad + \frac{1}{(n+1)!}\left(\frac{n}{n+1}\right)\left(\frac{n-1}{n+1}\right)\cdots\left(\frac{1}{n+1}\right) \\ &= a_{n+1} \end{aligned}$$

따라서 정리 8.1.9에 의하여 수열 $\left\{\left(1+\frac{1}{n}\right)^n\right\}$은 수렴한다.

이 극한을 $e$로 나타내고 오일러수라 부른다. 즉

$$\lim_{n\to\infty}\left(1+\frac{1}{n}\right)^n = e$$

이다. $e = 2.718281828459045\cdots$는 무리수임을 1737년 오일러가 증명하였고 더 나아가 초월수임을 1873년 에르미트가 증명하였다. ■

**예제 10** 다음 수열이 수렴함을 보이고 그 극한을 구하여라.

$$a_1 = 1,\ a_{n+1} = \frac{a_n}{2} + \frac{1}{a_n}\quad (n \ge 1)$$

**풀이** 구간 $(0, \infty)$에서 함수 $f(x) = \frac{x}{2} + \frac{1}{x}$는 $x = \sqrt{2}$일 때 최소값 $\sqrt{2}$를 갖는다. 그런데 $a_n$은 항상 양수이므로 임의의 $n$에 대하여 $a_{n+1} = f(a_n) \ge \sqrt{2}$이다. 따라서 $\{a_n\}$은 아래로 유계인 수열이다. $a_2 = \frac{3}{2}$, $a_3 = \frac{17}{12}$이므로 $a_2 > a_3$이다. $a_{n-1} > a_n$이라 가정하면 함수 $f(x)$는 $[\sqrt{2}, \infty)$에서 증가하므로

$$a_n = f(a_{n-1}) > f(a_n) = a_{n+1}$$

이 성립한다. 따라서 수학적 귀납법에 의하여 $\{a_n\}$은 단조감소수열이고 정리 8.1.9에 의하여 수렴한다. 이제 극한값을 $L$이라고 하면

$$L = \lim_{n\to\infty} a_{n+1} = \lim_{n\to\infty}\left(\frac{a_n}{2} + \frac{1}{a_n}\right) = \frac{L}{2} + \frac{1}{L}$$

이다. 이를 풀면 $L = \pm\sqrt{2}$이다. $a_n$은 항상 양수이므로 $L = \sqrt{2}$이다. ■

## 연습문제 8.1

1. 다음 수열의 수렴여부를 판단하고 수렴하면 극한을 구하여라.

(1) $a_n = \frac{2-3n}{1+3n}$

(2) $a_n = \frac{n+4}{1-\sqrt{2n}}$

(3) $a_n = \frac{(-1)^n n}{n-1}$

(4) $a_n = \frac{\sqrt{3n^2+2}}{4n-1}$

(5) $a_n = \frac{n\cos n\pi}{n-1}$

(6) $a_n = \sqrt[n]{10n+1}$

(7) $a_n = \frac{\ln n}{\sqrt{n}}$

(8) $a_n = \frac{\ln n}{n^p},\ p > 0$

(9) $a_n = \left(\frac{n}{n+1}\right)^n$

(10) $a_n = n - \sqrt{n^2-1}$

(11) $a_n=(3n)^{\frac{1}{2n}}$ (12) $a_n=\left(\dfrac{2n-2}{2n+3}\right)^n$

(13) $a_n=\dfrac{n!}{n^n}$ (14) $a_n=n\sin\dfrac{1}{n}$

(15) $a_n=\ln\left(1+\dfrac{2}{n}\right)^n$ (16) $a_n=\ln\left(1-\dfrac{2}{n}\right)^{\frac{n}{3}}$

(17) $a_n=\dfrac{1}{n}\displaystyle\int_1^n \dfrac{1}{x}\,dx$ (18) $a_n=\displaystyle\int_1^n \dfrac{1}{x^p}\,dx,\ p>1$

(19) $a_n=\tanh(\ln n)$ (20) $a_n=\tan^{-1}n$

(21) $a_n=\left(1+\dfrac{1}{n}\right)^{-n}$ (22) $a_n=\sqrt[n]{n^2}$

**2.** $\displaystyle\lim_{n\to\infty}|a_n|=0$이면 $\displaystyle\lim_{n\to\infty}a_n=0$임을 증명하고 이를 이용하여 $\displaystyle\lim_{n\to\infty}\frac{(-1)^n}{n}=0$임을 증명하여라.

**3.** 단조수열의 수렴정리를 사용하여 다음 수열이 수렴함을 보여라.

(1) $a_n=\dfrac{(2n)!}{(4n)^n\,n!}$ (2) $a_n=\displaystyle\sum_{k=1}^{n}\frac{1}{k!}$

(3) $a_1=\sqrt{2},\ a_2=\sqrt{2\sqrt{2}},\ a_3=\sqrt{2\sqrt{2\sqrt{2}}},\ \cdots$

(4) $a_1=1,\ a_{n+1}=\dfrac{a_n}{2}+\dfrac{3}{2a_n},\ n\geq 1$

(5) $a_1=\sqrt{3},\ a_{n+1}=\sqrt{3+a_n},\ n\geq 1$

(6) $a_1=1,\ a_{n+1}=1+\dfrac{a_n}{2},\ n\geq 1$

**4.** 문제 3의 (3), (4), (5), (6)의 극한값을 구하여라.

**5.** 정리 8.1.4를 증명하여라.

**6.** 정리 8.1.6을 증명하여라.

**7.** 수열 $\{a_n\}$의 극한값은 유일함을 증명하여라. 즉 $\displaystyle\lim_{n\to\infty}a_n=L_1,\ \lim_{n\to\infty}a_n=L_2$이면 $L_1=L_2$임을 증명하여라.

**8.** 수열 $\{a_n\}$의 짝수 번째 항으로 이루어진 수열 $\{a_{2n}\}$과 홀수 번째 항으로 이루어진 수열 $\{a_{2n-1}\}$이 모두 수렴하고 그 극한값이 같으면 $\{a_n\}$도 수렴하고 같은 극한값을 가진다는 것을 증명하여라.

**9.** 피보나치 수열

$$F_1=F_2=1,\ F_{n+2}=F_n+F_{n+1}$$

에 대하여 다음에 답하여라.

(1) 인접한 두 항의 비를 $r_n=\dfrac{F_{n+1}}{F_n}$이라고 하면 수열 $\{r_n\}$은

$$r_1=1,\ r_{n+1}=1+\frac{1}{r_n}$$

임을 보여라.

(2) 수열 $\{r_n\}$은 황금비

$$\frac{1+\sqrt{5}}{2}=1.610083\cdots$$

으로 수렴함을 보여라.

Chapter 8

## 8.2 무한급수

무한수열 $\{a_n\}$의 각 항들의 합

$$\sum_{n=1}^{\infty} a_n = a_1 + a_2 + \cdots + a_n + \cdots$$

을 무한급수라고 하며 초항부터 $n$번째 항까지의 합

$$S_n = \sum_{k=1}^{n} a_k = a_1 + a_2 + \cdots + a_n$$

을 부분합이라고 한다.

**정의 8.2.1**

부분합들의 수열 $\{S_n\}$이 수렴하고 그 극한이 $S$이면 무한급수 $\sum_{n=1}^{\infty} a_n$은 수렴한다고 하고

$$\sum_{n=1}^{\infty} a_n = S$$

라고 표기한다. 이때 $S$를 급수의 합이라 부른다. 수렴하지 않는 무한급수는 발산한다고 하며 발산하는 급수의 합은 정의하지 않는다.
극한의 정의에 의하면 급수의 합이 $S$라는 말은 충분히 많은 항들을 더하면 $S$에 얼마든지 가깝게 할 수는 있지만 결코 $S$는 아니라는 뜻이다.
일반적으로 급수의 수렴여부를 판단하는 것은 매우 어렵고 수렴하는 급수일지라도 합을 모르는 경우가 많은 것이 사실이다. 본 절에서는 잘 알려진 기하급수, 조화급수등 수렴여부를 쉽게 판단할 수 있는 급수에 대하여 살펴보고 다음 절에서 여러 가지 수렴판정법에 대하여 논의할 것이다.

**예제 1** 기하급수 $\sum_{n=1}^{\infty} ar^{n-1}\,(a \neq 0)$에 대하여 다음을 증명하여라.

$$\sum_{n=1}^{\infty} ar^{n-1} = \begin{cases} \dfrac{a}{1-r}, & |r| < 1 \\ \text{발산}, & |r| \geq 1 \end{cases}$$

**풀이** $r = 1$이면 부분합은 $S_n = na$이고 $\lim_{n\to\infty} S_n = \pm\infty$이므로 급수는 발산한다.
$r \neq 1$이라고 하자. 간단한 계산에 의하면

$$\lim_{n\to\infty} S_n = \lim_{n\to\infty} \frac{a(1-r^n)}{1-r} = \frac{a\left(1-\lim_{n\to\infty} r^n\right)}{1-r}$$

이므로 $|r|<1$인 경우에만 수렴하고 그 극한은 $\frac{a}{1-r}$이다. ■

**예제 2** 순환소수 $2.3\dot{1}\dot{7} = 2.3171717\cdots$를 분수로 나타내어라.

**풀이** $2.3171717\cdots = 2.3 + \frac{17}{10^3} + \frac{17}{10^5} + \frac{17}{10^7} + \cdots$

뒷 급수는 초항이 $a = \frac{17}{10^3}$이고 공비가 $r = \frac{1}{10^2}$인 기하급수이므로

$$2.3\dot{1}\dot{7} = 2.3 + \frac{\frac{17}{10^3}}{1-\frac{1}{10^2}} = \frac{23}{10} + \frac{17}{990} = \frac{1147}{495}$$

■

**예제 3** 급수 $\sum_{n=1}^{\infty} 2^{2n} 3^{1-n}$의 수렴, 발산을 판정하여라.

**풀이** $\sum_{n=1}^{\infty} 2^{2n} 3^{1-n} = \sum_{n=1}^{\infty} 4\left(\frac{4}{3}\right)^{n-1}$

주어진 급수는 초항이 $a=4$이고 공비가 $r=\frac{4}{3}$인 기하급수이다. 그러나 $r>1$이기 때문에 주어진 급수는 예제1에 의해서 발산함을 알 수 있다. ■

**예제 4** 한 변의 길이가 1인 정삼각형의 각 변을 삼등분하고 각 변의 가운데 선분에 한 변의 길이가 $\frac{1}{3}$인 정삼각형을 붙이고 가운데 선분은 떼어낸다. 이렇게 만들어진 별모양 도형의 12개의 변에 대하여 동일한 방법으로 각 변에 작은 삼각형을 붙인다. 이러한 작업을 되풀이 하여 얻어진 도형을 코흐의 눈송이라고 한다. 코흐의 눈송이의 길이와 면적을 구하여라.

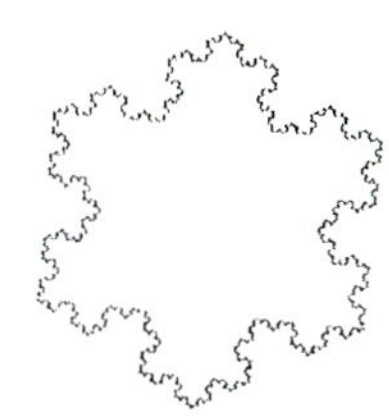

그림 8.2.1

**풀이** $n$번째 도형의 면적, 길이, 변의 개수, 붙이는 정삼각형의 넓이를 각각 $a_n$, $b_n$, $c_n$, $d_n$이라고 하자. $n$번째 도형은 $n-1$번째 도형의 각 변에 넓이가 $d_n$인 정삼각형을 하나씩 붙이므로

$$a_1 = \frac{\sqrt{3}}{4}, \quad a_n = a_{n-1} + c_{n-1} d_n, \quad n \ge 2$$

이고 또한 $n$번째 도형의 한 변의 길이는 $(1/3)^{n-1}$이므로

$$b_n = c_n \left(\frac{1}{3}\right)^{n-1}, \quad n \ge 1$$

이다. 한 변에 삼각형을 붙이고 가운데 선분을 떼어내면 그 변은 4개의 변을 갖는 도형으로 변하므로 $c_n = 4c_{n-1}$인데 $c_1 = 3$이므로 $c_n = 3 \cdot 4^{n-1}$이다. 또한 $n$번째 도형의 한 변에 붙이는 정삼각형의 한 변은 $n-1$번째 도형의 한 변의 1/3 즉 $(1/3)^{n-1}$이므로 넓이는

$$d_n = \frac{\sqrt{3}}{4}\left(\frac{1}{3^{n-1}}\right)^2 = \frac{9\sqrt{3}}{4}\left(\frac{1}{9}\right)^n$$

이다. $c_n$, $d_n$을 대입하면

$$\begin{aligned} a_n &= a_{n-1} + (3\cdot 4^{n-2})\left(\frac{9\sqrt{3}}{4}\left(\frac{1}{9}\right)^n\right) \\ &= a_{n-1} + \frac{27\sqrt{3}}{64}\left(\frac{4}{9}\right)^n,\ n \ge 2 \end{aligned}$$

$$b_n = 3\cdot 4^{n-1}\cdot\left(\frac{1}{3}\right)^{n-1} = 3\cdot\left(\frac{4}{3}\right)^{n-1},\ n \ge 1$$

이다. 따라서 도형의 길이 $b_n$은 무한대로 발산하고 넓이는

$$a_n = \frac{\sqrt{3}}{4} + \frac{27\sqrt{3}}{64}\left[\left(\frac{4}{9}\right)^2 + \left(\frac{4}{9}\right)^3 + \cdots \left(\frac{4}{9}\right)^n\right]$$

이고 이 수열은 꺾쇠안의 급수가 공비가 4/9인 기하급수의 부분합이므로

$$\lim_{n\to\infty} a_n = \frac{\sqrt{3}}{4} + \frac{27\sqrt{3}}{64}\cdot\frac{\left(\frac{4}{9}\right)^2}{1-\frac{4}{9}} = \frac{2\sqrt{3}}{5}$$

으로 수렴한다. ■

코흐의 눈송이는 스웨덴의 수학자 코흐가 1904년에 처음으로 만든 도형으로 어느 부분을 확대해도 전체의 특성을 그대로 간직하고 유한한 영역을 둘러싸는 무한한 길이를 가지는 곡선으로 프랙탈 이론에서 유명한 모델이다.

**예제 5** 급수 $\sum_{n=1}^{\infty}\frac{1}{n(n+1)}$는 수렴함을 보이고 합을 구하여라.

**풀이** 부분합은

$$S_n = \sum_{k=1}^{n}\frac{1}{k(k+1)} = \sum_{k=1}^{n}\left(\frac{1}{k} - \frac{1}{k+1}\right) = 1 - \frac{1}{n+1}$$

이다. 따라서 이 급수는 1로 수렴한다. ■

**예제 6** 조화급수 $\sum_{n=1}^{\infty}\frac{1}{n}$이 발산함을 보여라.

**풀이** 부분합을 $S_n$이라 하면

$$\begin{aligned} S_1 &= 1 \\ S_2 &= 1 + \frac{1}{2} \\ S_4 &= 1 + \frac{1}{2} + \left(\frac{1}{3} + \frac{1}{4}\right) > 1 + 2\left(\frac{1}{2}\right) \\ S_8 &= 1 + \frac{1}{2} + \left(\frac{1}{3} + \frac{1}{4}\right) + \left(\frac{1}{5} + \cdots + \frac{1}{8}\right) > 1 + 3\left(\frac{1}{2}\right) \end{aligned}$$

이다. 이를 일반화하면 다음 부등식을 얻는데 이 부등식은 수학적 귀납법으로 엄밀하게 증명할 수 있다.

$$S_{2^n} > 1 + n\left(\frac{1}{2}\right)$$

따라서 부분합으로 이루어진 수열 $S_n$은 발산하고 동시에 주어진 조화급수도 발산한다. ■

**정리 8.2.2**

무한급수 $\sum_{n=1}^{\infty} a_n$이 수렴하면 $\lim_{n\to\infty} a_n = 0$이다.

**증명.** $\sum_{n=1}^{\infty} a_n = S$라 하면 $S = \lim_{n\to\infty} S_n$이므로

$$\lim_{n\to\infty} a_n = \lim_{n\to\infty}(S_n - S_{n-1}) = S - S = 0$$

이다.

예제 6의 조화급수는 $\lim_{n\to\infty} a_n = 0$이지만 발산한다. 따라서 정리 8.2.2의 역은 참이 아니다. 즉, $\lim_{n\to\infty} a_n = 0$이면 급수는 수렴할 수도 있고 발산할 수도 있다. 그러나 명제의 대우는 본 명제와 동치이므로 다음 정리는 정리 8.2.2의 대우명제이므로 항상 참이다. ■

**정리 8.2.3**

$\lim_{n\to\infty} a_n$이 존재하지 않거나 $\lim_{n\to\infty} a_n \neq 0$이면 $\sum_{n=1}^{\infty} a_n$은 발산한다.

**예제 7** 급수 $\sum_{n=1}^{\infty} n\sin\frac{1}{n}$의 수렴여부를 판정하여라.

**풀이** $\lim_{n\to\infty} n\sin\frac{1}{n} = \lim_{n\to\infty}\frac{\sin\frac{1}{n}}{\frac{1}{n}} = 1 \neq 0$이므로 급수 $\sum_{n=1}^{\infty} n\sin\frac{1}{n}$은 발산한다. ■

**정리 8.2.4**

급수 $\sum_{n=1}^{\infty} a_n$, $\sum_{n=1}^{\infty} b_n$이 수렴하면 $\sum_{n=1}^{\infty} ca_n$와 $\sum_{n=1}^{\infty}(a_n \pm b_n)$은 모두 수렴하고

(1) $\sum_{n=1}^{\infty} ca_n = c\sum_{n=1}^{\infty} a_n$

(2) $\sum_{n=1}^{\infty}(a_n \pm b_n) = \sum_{n=1}^{\infty} a_n \pm \sum_{n=1}^{\infty} b_n$

이 성립한다. 단, $c$는 임의의 실수이다.

**증명.** 급수 $\sum_{n=1}^{\infty} a_n$, $\sum_{n=1}^{\infty} b_n$의 부분합을 각각 $s_n$, $t_n$이라고 하자. 부분합은 유한급수이므로

$$\sum_{j=1}^{n} ca_k = c\sum_{k=1}^{n} a_k = cs_n$$

$$\sum_{k=1}^{n} (a_k \pm b_k) = \sum_{k=1}^{n} a_k \pm \sum_{k=1}^{n} b_k = s_n \pm t_n$$

을 만족하고 양변의 극한을 취하면 원하는 결과가 얻어진다. ■

**예제 8** $\sum_{n=1}^{\infty}\left(\frac{2}{n(n+1)}+\frac{1}{2^n}\right)$의 합을 구하여라.

**풀이** 급수 $\sum_{n=1}^{\infty}\frac{1}{2^n}$은 초항이 $\frac{1}{2}$이고 공비가 $\frac{1}{2}$인 기하급수이므로

$$\sum_{n=1}^{\infty}\frac{1}{2^n} = \frac{\frac{1}{2}}{1-\frac{1}{2}} = 1$$

예제 5에서

$$\sum_{n=1}^{\infty}\frac{1}{n(n+1)} = 1$$

이었다. 따라서

$$\sum_{n=1}^{\infty}\left(\frac{2}{n(n+1)}+\frac{1}{2^n}\right) = 2\sum_{n=1}^{\infty}\frac{1}{n(n+1)} + \sum_{n=1}^{\infty}\frac{1}{2^n} = 2\cdot 1 + 1 = 3$$

이다. ■

유한급수의 합은 결합법칙 때문에 더하는 순서에 관계없이 일정한데 무한급수에서도 이것이 가능한가? 예를 들어 급수 $\sum_{n=1}^{\infty}(-1)^n$의 일반항의 극한은 존재하지 않으므로 정리 8.2.3 발산판정법에 의하면 발산이다. 그러나 더하는 순서를 임의로 바꿀 수 있다면 예를 들어

$$\sum_{n=1}^{\infty}(-1)^n = -1+(1-1)+(1-1)+\cdots = -1$$

$$\sum_{n=1}^{\infty}(-1)^n = (-1+1)+(-1+1)+\cdots = 0$$

처럼 바꾸면 $-1=0$과 같은 엉뚱한 결과를 얻는다. 이러한 모순된 결과는 급수의 합은 부분합의 극한이라는 정의를 사용하지 않았기 때문이고 일반적으로 더하는 순서를 임의로 바꿀 수 없음을 보여주고 있다. 하지만 수렴하는 무한급수는 항들을 인접한 항끼리만 묶는다면 임의로 묶어서 더해도 문제가 없다.

**정리 8.2.5**

수렴하는 무한급수 $\sum a_n$의 항들을 인접한 항끼리 임의로 묶어서 만들어진 새로운 급수 $\sum b_n$은 수렴하고 극한값은 $\sum a_n$과 같다.

**증명.** 급수 $\sum a_n$과 $\sum b_n$의 부분합으로 이루어진 수열을 각각 $\{S_n\}$, $\{T_n\}$이라고 하면 임의의 $m$에 대하여 유일한 $n \geq m$이 존재하여 $T_m = S_n$이 된다. $m$이 무한대로 커지면 $n$도 무한대로 커지므로 $\lim_{m\to\infty} T_m = \lim_{n\to\infty} S_n$이다. ■

## 연습문제 8.2

**1.** 다음 급수의 수렴여부를 판정하고 수렴하면 합을 구하여라.

(1) $\sum_{n=1}^{\infty} \frac{3}{2^{n-1}}$　　(2) $\sum_{n=1}^{\infty} \left(\frac{3}{2}\right)^n$

(3) $\sum_{n=1}^{\infty} \frac{(-1)^n}{3^n}$　　(4) $\sum_{n=1}^{\infty} \left(\frac{1}{2^n} - \frac{(-1)^n}{3^n}\right)$

(5) $\sum_{n=1}^{\infty} \frac{1}{(3n+1)(3n-2)}$　　(6) $\sum_{n=1}^{\infty} \frac{2}{n(n+2)}$

(7) $\sum_{n=1}^{\infty} \left(1 - \frac{1}{2n}\right)^n$　　(8) $\sum_{n=1}^{\infty} \frac{n^n}{n!}$

(9) $\sum_{n=1}^{\infty} \ln\frac{n}{n+1}$　　(10) $\sum_{n=1}^{\infty} \ln\frac{n}{4n+1}$

(11) $\sum_{n=1}^{\infty} \frac{4n}{(n-1)^2(n+1)^2}$　　(12) $\sum_{n=1}^{\infty} \left(\frac{1}{\sqrt{n}} - \frac{1}{\sqrt{n+2}}\right)$

(13) $\sum_{n=1}^{\infty} \cos n\pi$　　(14) $\sum_{n=1}^{\infty} \frac{\sin\left(n + \frac{\pi}{2}\right)}{2^n}$

(15) $\sum_{n=2}^{\infty} \ln\left(1 - \frac{1}{n^2}\right)$

(16) $\sum_{n=1}^{\infty} x(1-x)^n \ (0 < x < 2)$

**2.** 다음의 순환소수를 분수로 표시하여라.

(1) $0.\dot{3}$　　(2) $0.\dot{3}2\dot{5}$

(3) $0.0\dot{0}2\dot{3}$　　(4) $0.435\dot{4}\dot{3}$

**3.** 다음 급수가 수렴하도록 $x$의 범위를 구하고 합을 구하여라.

(1) $\sum_{n=1}^{\infty} (4x)^n$　　(2) $\sum_{n=1}^{\infty} (-2x)^{-3n}$

(3) $\sum_{n=1}^{\infty} (1-2x)^n$　　(4) $\sum_{n=1}^{\infty} \left(\frac{x-1}{3}\right)^n$

**4.** 급수 $\sum a_n$이 수렴하고 $\sum b_n$이 발산하면 급수 $\sum (a_n \pm b_n)$와 $\sum cb_n (c \neq 0)$는 발산함을 증명하여라.

**5.** 주어진 급수에 유한개의 항을 더하거나 소거하여도 수렴성은 변하지 않음을 보여라.

**6.** 다음 급수의 합을 구하여라.

(1) $\sum_{n=1}^{\infty} \frac{n}{3^n}$　　(2) $\sum_{n=1}^{\infty} nx^n,\ |x| < 1$

**7.** 피보나찌 수열

$$F_1 = F_2 = 1,\ F_{n+2} = F_n + F_{n+1},\ n \geq 1$$

에 대하여 다음을 보여라.

(1) $\frac{1}{F_{n-1}F_{n+1}} = \frac{1}{F_{n-1}F_n} + \frac{1}{F_n F_{n+1}},\ n \geq 2$

(2) $\sum_{n=2}^{\infty} \frac{1}{F_{n-1}F_{n+1}} = 1$

**8.** 시어핀스키의 카펫 : 한 변의 길이가 1인 정사각형을 9개의 작은 정사각형으로 나누고 가운데 작은 정사각형을 제거한다. 그리고 나머지 남은 8개의 작은 정사각형에 대하여도 같은 방법으로 가운데 작은 정사각형을 제거한다. 이렇게 동일한 과정을 끝없이 반복하여 만들어지는 도형을 시어핀스키의 카펫이라고 한다. 이 카펫의 넓이는 0임을 보여라.

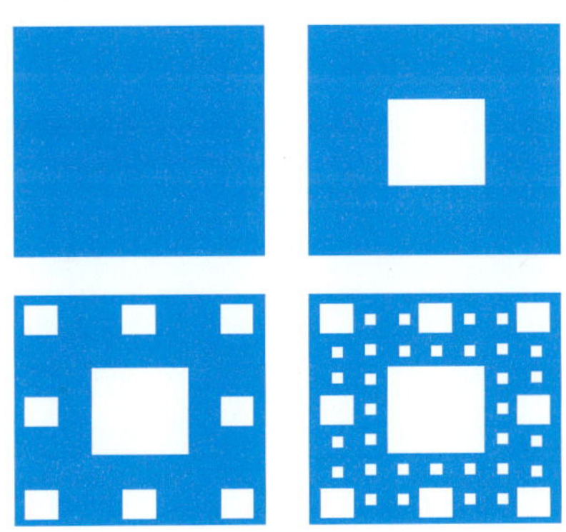

Chapter 8

## 8.3 양항급수의 수렴판정법

급수의 합을 구체적으로 구하는 것은 일반적으로 어렵거나 불가능한 경우가 많다. 이런 경우 합을 구하지 않고도 급수의 수렴여부를 판정할 수 있는 방법이 있으면 유용할 것이다.

모든 항이 음수가 아닌 급수를 양항급수라고 하는데 이 절에서는 우선 양항급수의 수렴여부에 대한 판정법을 다루고 다음 절에서 이를 이용하여 일반 급수의 수렴여부를 판정하는 방법을 다룰 것이다.

양항급수의 부분합은 단조증가 수열이기 때문에 정리 8.1.9에 의하여 양항급수의 수렴여부는 부분합이 위로 유계인지 아닌지에 달려있다.

**정리 8.3.1**

부분합이 위로 유계인 양항급수는 수렴하고 역으로 수렴하는 양항급수의 부분합은 위로 유계이다.

**예제 1** 급수 $\sum_{n=0}^{\infty} \frac{1}{n!}$은 수렴함을 보여라.

**풀이**

$$S_n = \sum_{k=0}^{n} \frac{1}{k!} = 1 + 1 + \frac{1}{2} + \frac{1}{3 \cdot 2} + \frac{1}{4 \cdot 3 \cdot 2} + \cdots + \frac{1}{n(n-1)\cdots 2}$$

$$< 1 + 1 + \frac{1}{2} + \frac{1}{2^2} + \frac{1}{2^3} + \cdots + \frac{1}{2^{n-1}}$$

$$< 1 + \frac{1}{1 - \frac{1}{2}} = 3$$

이므로 정리 8.3.1에 의하여 수렴한다.

$\sum_{n=0}^{\infty} \frac{1}{n!} = e$ 임이 알려져 있다. ■

**정리 8.3.2(적분판정법)**

$f$는 $[1, \infty)$에서 연속이고 양이며 감소한다고 하자. $a_n = f(n)$이면 급수 $\sum a_n$과 특이적분 $\int_1^{\infty} f(x)\,dx$는 동시에 수렴하거나 동시에 발산한다.

**증명.** 함수 $f$는 감소하므로 임의의 자연수 $k \geq 2$에 대하여

$$a_k = f(k) < \int_{k-1}^{k} f(x)\,dx \leq f(k-1) = a_{k-1}$$

이 성립한다. $k=2$ 부터 $k=n$까지 더하면

$$S_n - a_1 \le \int_1^n f(x)\,dx \le S_{n-1} \tag{1}$$

이다. 부등식 (1)에서 $S_n$은 급수 $\sum a_n$의 부분합을 나타낸다. 부등식 (1)의 첫 번째 부등식에 의하면

$$S_n \le a_1 + \int_1^n f(x)\,dx \le a_1 + \int_1^\infty f(x)\,dx$$

이다. 따라서 특이적분 $\int_1^\infty f(x)\,dx$가 수렴하면 단조증가수열 $\{S_n\}$은 위로 유계이므로 수렴하고 따라서 $\sum_{n=1}^\infty a_n$도 수렴한다.

부등식 (1)의 두 번째 부등식에 의하면

$$\int_1^n f(x)\,dx \le S_{n-1} \le \sum_{n=1}^\infty a_n$$

이다. 따라서 급수 $\sum_{n=1}^\infty a_n$이 수렴하면 단조증가수열 $\left\{\int_1^n f(x)\,dx\right\}$은 위로 유계이므로 특이적분 $\int_1^\infty f(x)\,dx$도 수렴한다.

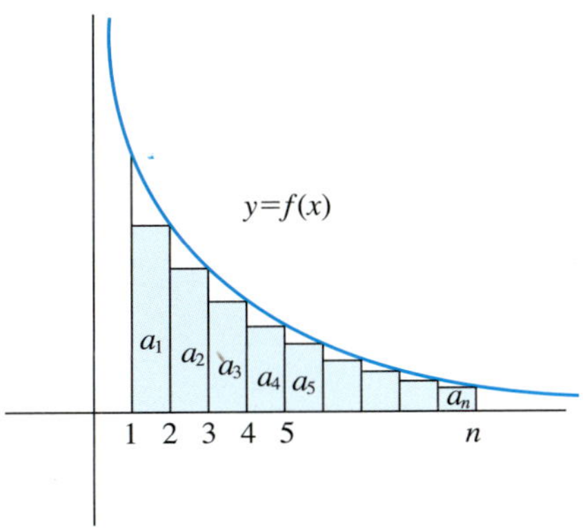


그림 8.3.1

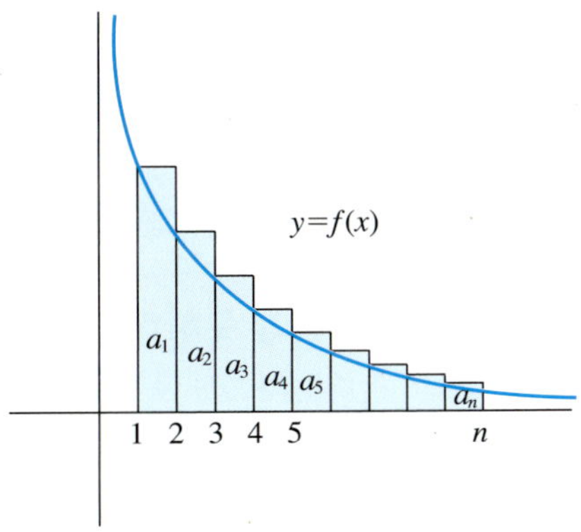


그림 8.3.2

적분판정법을 이용할 때 급수나 적분구간을 반드시 $n=1$에서부터 판정할 필요는 없다. 예를 들어

$$\sum_{n=3}^\infty \frac{1}{(n-2)^2}$$

를 판정할 때 우리는

$$\int_3^\infty \frac{1}{(x-2)^2}\,dx$$

를 이용하면 된다. 중요한 것은 $f$가 적당한 자연수 $N$보다 크거나 같은 $x$값들에 대해 감소하면 된다는 것이다. 그때 $\sum_{n=N}^\infty a_n$이 수렴하면 $\sum_{n=1}^\infty a_n$도 수렴한다는 사실에 주목하여라.

**예제 2** $p$-급수

$$\sum_{n=1}^{\infty} \frac{1}{n^p} = 1 + \frac{1}{2^p} + \frac{1}{3^p} + \cdots$$

는 $p > 1$이면 수렴하고 $p \le 1$이면 발산함을 보여라.

**풀이** $p = 1$이면 조화급수이므로 이미 알려진 대로 발산한다. 따라서 $p \neq 1$라고 하자. 함수 $f(x) = 1/x^p$는 구간 $[1, \infty)$에서 적분판정법의 세 조건을 모두 만족한다.

$$\int_1^{\infty} \frac{1}{x^p}\,dx = \left[\frac{a^{-p+1} - 1}{-p+1}\right]_1^{\infty} = \begin{cases} \dfrac{1}{p-1}, & p > 1 \\ \infty, & p < 1 \end{cases}$$

이다. 따라서 적분판정법에 의하여 $p > 1$일 때만 수렴한다. ■

**예제 3** 급수 $\displaystyle\sum_{n=2}^{\infty} \frac{1}{n(\ln n)^2}$의 수렴여부를 판정하여라.

**풀이** 함수 $f(x) = \dfrac{1}{x(\ln x)^2}$는 구간 $[2, \infty)$에서 적분판정법의 세 가지 조건을 모두 만족한다. $\ln x = t$라 치환하면 특이적분은

$$\int_2^{\infty} \frac{1}{x(\ln x)^2}\,dx = \int_{\ln 2}^{\infty} \frac{1}{t^2}\,dt = \left[-\frac{1}{t}\right]_{\ln 2}^{\infty} = \frac{1}{\ln 2}$$

가 되므로 적분판정법에 의하여 수렴한다. ■

## 비교판정법과 극한비교 판정법

비교판정법이란 이미 수렴 발산 여부를 알고 있는 급수를 이용하여 새로운 급수의 수렴 발산 여부를 판정하는 방법이다.

**정리 8.3.3(비교판정법)**

양항급수 $\sum a_n$, $\sum b_n$이 처음 유한개의 항을 제외한 모든 항들이 $0 \le a_n \le b_n$을 만족한다고 하자.

(1) $\sum b_n$이 수렴하면 $\sum a_n$도 수렴하고,

(2) $\sum a_n$이 발산하면 $\sum b_n$도 발산한다.

**증명.** (2)는 (1)의 대우이므로 (1)만 증명하면 된다. 처음 유한개의 항들은 급수의 수렴 여부에 영향을 미치지 못하므로 모든 항들이 $a_n \le b_n$을 만족한다고 하자. $\sum b_n = S$라 하면 $\sum a_n$의 부분합 $S_n$은 부등식

$$S_n = \sum_{k=1}^{n} a_k \le \sum_{k=1}^{n} b_k \le \sum_{k=1}^{\infty} b_k = S$$

을 만족한다. 따라서 양항급수의 부분합 $S_n$이 위로 유계이므로 정리 8.3.1에 의하여 $\sum a_n$은 수렴한다. ■

비교판정법에서는 당연히 주어진 급수의 수렴 발산판정을 위하여 이미 수렴 발산 여부가 판정된 적절한 급수를 선택하여야만 한다. 대개의 경우 비교대상으로 선택되는 급수로서는 $p$-급수나 기하급수가 많이 이용된다.

**예제 4** 급수 $\displaystyle\sum_{n=1}^{\infty}\frac{5n-1}{2n^3+4n+3}$의 수렴여부를 판정하여라.

**풀이** $\displaystyle\sum\frac{5n-1}{2n^3+4n+3} \le \sum\frac{5n}{2n^3} = \frac{5}{2}\sum\frac{1}{n^2}$

이고 $\sum\frac{1}{n^2}$은 수렴하므로 비교판정법에 의하여 주어진 급수는 수렴한다. ■

**예제 5** 급수 $\displaystyle\sum_{n=1}^{\infty}\frac{\ln n}{n}$의 수렴여부를 판정하여라.

**풀이** $n \ge 3$이면 $\ln n > 1$이므로

$$\sum_{n=3}^{\infty}\frac{\ln n}{n} > \sum_{n=3}^{\infty}\frac{1}{n}$$

그런데 $\displaystyle\sum_{n=3}^{\infty}\frac{1}{n}$이 발산하므로 비교판정법에 의하여 주어진 급수는 발산한다. ■

수렴여부를 알려고 하는 급수의 각 항들이 수렴하는 급수의 항들보다 작거나 또는 발산하는 급수의 각 항들보다 커야 비교판정법을 사용할 수 있다. 이런 부등식을 정확히 만족하는 수렴 또는 발산하는 급수를 찾는 것이 쉽지 않다. 이런 어려움을 피하는 방법에 대하여 알아보자.

만약 판정대상 급수의 항들이 수렴급수의 항들보다 크거나 발산급수의 항들보다 작으면 비교판정법은 적용될 수 없다. 예를 들어 급수 $\sum\frac{1}{n^2-n+1}$의 일반항은

$$\frac{1}{n^2-n+1} \ge \frac{1}{n^2}$$

인데 급수 $\sum\frac{1}{n^2}$이 수렴하므로 비교판정법을 사용할 수 없다. 하지만 $n$이 충분히 크면

$$\frac{1}{n^2-n+1} \approx \frac{1}{n^2}$$

이므로 이 급수와 급수 $\sum\frac{1}{n^2}$은 수렴여부가 동일할 것으로 추측된다.

**정리 8.3.4(극한 비교판정법)**

양항급수의 일반항 $\sum a_n$과 $\sum b_n$에 대하여

$$\lim_{n\to\infty}\frac{a_n}{b_n} = r$$

이라고 할 때

(1) $0 < r < \infty$이면 두 급수의 수렴여부는 동일하고,

(2) $r = 0$이고 $\sum b_n$이 수렴하면 $\sum a_n$도 수렴하고,

(3) $r = \infty$이고 $\sum b_n$이 발산하면 $\sum a_n$도 발산한다.

**증명.** (1) $\lim_{n\to\infty}\frac{a_n}{b_n} = r$이므로 $\epsilon = \frac{r}{2}$에 대응하는 자연수 $N$이 존재하여 모든 $n \ge N$에 대하여

$$\left|\frac{a_n}{b_n} - r\right| < \frac{r}{2} \quad \text{즉,} \quad \frac{r}{2}b_n < a_n < \frac{3r}{2}b_n$$

이 성립한다. 따라서 위 부등식의 첫 번째 부등식과 비교 판정법에 의하여 $\sum b_n$이 발산하면 $\sum a_n$도 발산하고 위 부등식의 두 번째 부등식과 비교 판정법에 의하여 $\sum b_n$이 수렴하면 $\sum a_n$도 수렴한다.

(2)와 (3)의 증명은 연습문제로 남긴다. ■

**예제 6** 다음 급수의 수렴여부를 판정하여라.

(1) $\sum_{n=1}^{\infty}\frac{1}{n^2 - n + 1}$ (2) $\sum_{n=1}^{\infty}\sin\frac{1}{n}$

**풀이** (1) $a_n = \frac{1}{n^2 + n + 1}$, $b_n = \frac{1}{n^2}$이라 하자.

$$\lim_{n\to\infty}\frac{a_n}{b_n} = \lim_{n\to\infty}\frac{n^2}{n^2 + n + 1} = 1$$

이고 $\sum b_n = \sum\frac{1}{n^2}$이 수렴하므로 주어진 급수는 수렴한다.

(2) $a_n = \sin\frac{1}{n}$, $b_n = \frac{1}{n}$이라 하자.

$$\lim_{n\to\infty}\frac{a_n}{b_n} = 1$$

이고 $\sum b_n = \sum\frac{1}{n}$이 발산하므로 주어진 급수는 발산한다. ■

**예제 7** 다음 급수의 수렴여부를 판정하여라.

(1) $\sum_{n=1}^{\infty}\frac{\ln n}{\sqrt{n}}$ (2) $\sum_{n=1}^{\infty}\frac{2n^2 + 3n}{\sqrt{n^7 + 5}}$

**풀이** (1) $a_n = \frac{\ln n}{n\sqrt{n}}$, $b_n = \frac{1}{n^{\frac{4}{3}}}$이라 하자.

$$\lim_{n\to\infty}\frac{a_n}{b_n} = \lim_{n\to\infty}\frac{\ln n}{n^{\frac{1}{6}}} = 0$$

이고 $\sum b_n = \sum \frac{1}{n^{\frac{4}{3}}}$ 이 수렴하므로 주어진 급수는 수렴한다.

(2) $a_n = \frac{2n^2+3n}{\sqrt{n^7+5}}$, $b_n = \frac{1}{n\sqrt{n}}$ 이라 하자.

$$\lim_{n\to\infty}\frac{a_n}{b_n} = 2$$

이고 $\sum b_n = \sum \frac{1}{n\sqrt{n}}$ 이 수렴하므로 주어진 급수는 수렴한다. ■

## 비판정법과 멱근판정법

적분판정법은 특이적분을 계산하여야 하고 비교판정법 또는 극한 비교판정법은 주어진 급수와 비슷하면서 수렴여부가 이미 알려진 급수를 찾아야 하는 어려움이 있다. 이러한 어려움을 피하기 위하여 주어진 급수 자체만을 사용하여 수렴여부를 판정하는 방법이 비판정법과 멱근판정법이다.

**정리 8.3.5(비판정법)**

양항급수 $\sum a_n$ 에서

$$\lim_{n\to\infty}\frac{a_{n+1}}{a_n} = r$$

이라고 하면 $\sum a_n$ 은

(1) $r<1$ 이면 수렴하고,

(2) $r>1$ 이면 발산하고,

(3) $r=1$ 이면 수렴할 수도, 발산할 수도 있다.

**증명.** 수열의 극한의 정의에 의하여 임의의 $\epsilon>0$ 이 주어지면 이에 대응하는 자연수 $N$ 이 존재하여 모든 $n \ge N$ 에 대하여

$$\left|\frac{a_{n+1}}{a_n} - r\right| < \epsilon$$

즉,

$$r-\epsilon < \frac{a_{n+1}}{a_n} < r+\epsilon \qquad \text{(a)}$$

이 성립한다.

(1) $r<s<1$ 을 만족하는 $s$ 가 존재하므로 $\epsilon = s-r$ 로 택하면 (a)의 두 번째 부등식

$$a_{n+1} < sa_n,\ n \ge N$$

에 의하여 부등식

$$a_{N+k} < s^k a_N,\ k = 0, 1, 2, \cdots$$

을 얻는다. 따라서

$$\sum_{n=N}^{\infty} a_n = \sum_{k=0}^{\infty} a_{N+k} < \sum_{k=0}^{\infty} a_N s^k$$

이 성립한다. 기하급수 $\sum_{k=0}^{\infty} a_N s^k$는 수렴하므로 비교판정법에 의하여 $\sum_{n=N}^{\infty} a_n$ 도 수렴하고 급수의 수렴은 처음 유한개의 항들과는 관계가 없으므로 $\sum_{n=1}^{\infty} a_n$ 도 수렴한다.

(2) $\epsilon = r - 1$로 택하면 (a)의 첫 번째 부등식

$$a_n < a_{n+1},\ n \geq N$$

에 의하여 $\lim_{n\to\infty} a_n \geq a_N > 0$이므로 정리 8.2.3의 발산판정법에 의하여 발산한다.

(3) $\sum \frac{1}{n}$과 $\sum \frac{1}{n^2}$은 모두 $r = 1$이지만 전자는 발산하고 후자는 수렴한다. 따라서 $r = 1$이면 판정불가능이다. ■

**예제 8** 급수 $\sum_{n=1}^{\infty} \frac{n^2+1}{2^n}$의 수렴여부를 판정하여라.

**풀이** $\lim_{n\to\infty} \frac{a_{n+1}}{a_n} = \lim_{n\to\infty} \frac{n^2+2n+2}{2n^2+2} = \frac{1}{2} < 1$
이므로 주어진 급수는 수렴한다. ■

**예제 9** 급수 $\sum_{n=1}^{\infty} \frac{n^n}{n!}$의 수렴여부를 판정하여라.

**풀이** $\lim_{n\to\infty} \frac{a_{n+1}}{a_n} = \lim_{n\to\infty} \left(1 + \frac{1}{n}\right)^n = e > 1$
이므로 주어진 급수는 발산한다. ■

**정리 8.3.6(멱근판정법)**

양항급수 $\sum a_n$에서

$$\lim_{n\to\infty} \sqrt[n]{a_n} = r$$

이라고 하면 $\sum a_n$은

(1) $r < 1$이면 수렴하고,

(2) $r > 1$이면 발산하고,

(3) $r = 1$이면 수렴할 수도, 발산할 수도 있다.

**증명.** 수열의 극한의 정의에 의하여 임의의 $\epsilon > 0$이 주어지면 이에 대응하는 자연수 $N$이 존재하여 모든 $n \geq N$에 대하여

$$\left|\sqrt[n]{a_n} - r\right| < \epsilon$$

즉,

$$(r-\epsilon)^n < a_n < (r+\epsilon)^n \qquad \text{(a)}$$

이 성립한다.

(1) $r < s < 1$을 만족하는 $s$가 존재하므로 $\epsilon = s - r$로 택하면 (a)의 두 번째 부등식

$$a_n < s^n, \ n \geq N$$

에 의하여

$$\sum_{n=N}^{\infty} a_n = \sum_{k=0}^{\infty} a_{N+k} < a_N \sum_{k=0}^{\infty} s^k$$

이 성립한다. 기하급수 $\sum_{k=0}^{\infty} s^k$는 수렴하므로 비교판정법에 의하여 $\sum_{n=N}^{\infty} a_n$도 수렴하고 급수의 수렴은 처음 유한개의 항들과는 관계가 없으므로 $\sum_{n=1}^{\infty} a_n$도 수렴한다.

(2) $\epsilon = r - 1$로 택하면 (a)의 첫 번째 부등식

$$1 < a_n, \ n \geq N$$

에 의하여 $\lim_{n\to\infty} a_n \geq 1$이다. 따라서 정리 8.2.3의 발산판정법에 의하여 발산한다.

(3) $\sum \frac{1}{n}$과 $\sum \frac{1}{n^2}$은 모두 $r = 1$이지만 전자는 발산하고 후자는 수렴한다. 따라서 $r = 1$이면 판정불가능이다. ■

**예제 10** 급수 $\sum_{n=1}^{\infty} \left(\frac{2n+3}{3n+2}\right)^n$의 수렴여부를 판정하여라.

**풀이** $a_n = \left(\frac{2n+3}{3n+2}\right)^n$이라 하자.

$$\lim_{n\to\infty} \sqrt[n]{a_n} = \lim_{n\to\infty} \frac{2n+3}{3n+2} = \frac{2}{3} < 1$$

이므로 주어진 급수는 수렴한다. ■

**예제 11** 급수 $\sum_{n=1}^{\infty} \frac{3^n}{n^2}$의 수렴여부를 판정하여라.

**풀이** $a_n = \frac{3^n}{n^2}$이라 하자.

$$\lim_{n\to\infty} \sqrt[n]{a_n} = \lim_{n\to\infty} \frac{3}{n^{\frac{2}{n}}} = 3 > 1$$

이므로 주어진 급수는 발산한다. ■

## 고급판정법

지금까지 소개한 판정법으로는 판정할 수 없는 다양한 급수를 판정할 수 있는 새로운 판정법들을 소개한다.

**정리 8.3.7(쿰머(Kummer) 판정법)**

양항급수 $\sum a_n$에 대하여

(1) 양항수열 $\{b_n\}$, 양수 $\alpha$, 자연수 $N$이 존재하여 모든 $n \geq N$에 대하여

$$c_n \equiv \frac{a_n}{a_{n+1}} b_n - b_{n+1} \geq \alpha$$

이면 $\sum a_n$은 수렴한다.

(2) 모든 $n \geq N$에 대하여 $c_n \leq 0$이고 $\sum \frac{1}{b_n}$이 발산하면 $\sum a_n$은 발산한다.

**증명.** (1) $a_{n+1} > 0$ 이므로 모든 $n \geq N$에 대하여

$$a_n b_n - a_{n+1} b_{n+1} \geq \alpha a_{n+1}$$

따라서

$$\begin{aligned} a_N b_N - a_{N+1} b_{N+1} &\geq \alpha a_{N+1} \\ a_{N+1} b_{N+1} - a_{N+2} b_{N+2} &\geq \alpha a_{N+2} \\ &\cdots \\ a_{N+p-1} b_{N+p-1} - a_{N+p} b_{N+p} &\geq \alpha a_{N+p} \end{aligned}$$

변변 더하면

$$a_N b_N - a_{N+p} b_{N+p} \geq \alpha (a_{N+1} + a_{N+2} + \cdots + a_{N+p})$$

즉,

$$S_{N+p} - S_N \leq \frac{1}{\alpha}(a_N b_N - a_{N+p} b_{N+p}) \leq \frac{1}{\alpha} a_N b_N$$

따라서

$$S_{N+p} \leq S_N + \frac{1}{\alpha} a_N b_N$$

$p \to \infty$를 취하면

$$\sum_{n=1}^{\infty} a_n \leq S_N + \frac{1}{\alpha} a_N b_N$$

그러므로 $\sum a_n$은 수렴한다.

(2) 모든 $n \geq N$에 대하여 $a_n b_n - a_{n+1} b_{n+1} \leq 0$이므로

$$a_n b_n \geq \cdots \geq a_N b_N \equiv k$$

따라서

$$\sum_{n=1}^{\infty} a_n \geq \sum_{n=N}^{\infty} a_n \geq k \sum_{n=N}^{\infty} \frac{1}{b_n}$$

그런데 $\sum \frac{1}{b_n}$이 발산하므로 $\sum a_n$은 발산한다. ■

**정리 8.3.8(라브(Raabe) 판정법)**

양항급수 $\sum a_n$에 대하여

$$\lim_{n \to \infty} n\left(\frac{a_n}{a_{n+1}} - 1\right) = r$$

이라 하자.

(1) $r > 1$이면 $\sum a_n$은 수렴한다.

(2) $r < 1$이면 $\sum a_n$은 발산한다.

(3) $r = 1$이면 판정불가능하다.

**증명.** (1) $1 < \alpha < r$인 $\alpha$를 택하면 모든 $n \geq N$에 대하여

$$n\left(\frac{a_n}{a_{n+1}} - 1\right) > \alpha$$

인 자연수 $N$이 존재한다.

$$\frac{a_n}{a_{n+1}} n - (n+1) \geq \alpha - 1 \text{이고 } \alpha - 1 > 0$$

이는 정리 8.3.7에서 $b_n = n$의 경우에 해당하므로 $\sum a_n$은 수렴한다.

(2) $1 < \alpha < r$인 $\alpha$를 택하면 모든 $n \geq N$에 대하여

$$n\left(\frac{a_n}{a_{n+1}} - 1\right) < \alpha$$

인 자연수 $N$이 존재한다.

$$\frac{a_n}{a_{n+1}} n - (n+1) \leq \alpha - 1 < 0$$

이므로 정리 8.3.7에 의하여 $\sum a_n$은 발산한다. ■

**정리 8.3.9(가우스(Gauss) 판정법)**

양항급수 $\sum a_n$에 대하여 유계인 수열 $\{A_n\}$과 자연수 $N$이 존재하여 모든 $n \geq N$에 대하여

$$\frac{a_n}{a_{n+1}} = 1 + \frac{r}{n} + \frac{A_n}{n^2}$$

이라 하자.

(1) $r > 1$이면 $\sum a_n$은 수렴하고

(2) $r \leq 1$이면 $\sum a_n$은 발산한다.

**증명.** (1) $n\left(\dfrac{a_n}{a_{n+1}}-1\right)=r+\dfrac{A_n}{n}$이고 $\{A_n\}$이 유계이므로

$$\lim_{n\to\infty} n\left(\frac{a_n}{a_{n+1}}-1\right)=r>1$$

따라서 정리 8.3.8에 의하여 $\sum a_n$은 수렴한다.

(2) $r<1$이면 정리 8.3.8에 의하여 $\sum a_n$은 발산한다.

$r=1$이라 하자.

$b_n=n\ln n$이라 하면 $b_n>0\ (n\ge 2)$이고 $\displaystyle\sum_{n=2}^{\infty}\frac{1}{b_n}=\sum_{n=2}^{\infty}\frac{1}{n\ln n}$은 발산한다.

$$\begin{aligned}\frac{a_n}{a_{n+1}}b_n-b_{n+1}&=\left(1+\frac{1}{n}+\frac{A_n}{n^2}\right)n\ln n-(n+1)\ln(n+1)\\&=(n+1)(\ln n-\ln(n+1))+A_n\frac{\ln n}{n}\end{aligned}$$

그런데 $\displaystyle\lim_{n\to\infty}(n+1)(\ln n-\ln(n+1))=-1$이고 $\{A_n\}$이 유계이므로

$\displaystyle\lim_{n\to\infty}A_n\frac{\ln n}{n}=0$ 따라서 모든 $n\ge N$에 대하여

$$\frac{a_n}{a_{n+1}}b_n-b_{n+1}<0$$

인 자연수 $N$이 존재한다. 정리 8.3.7에 의하여 $\sum a_n$은 발산한다. ■

**예제 12** 급수

$$\frac{1}{2}+\frac{1\cdot 3}{2\cdot 4}+\frac{1\cdot 3\cdot 5}{2\cdot 4\cdot 6}+\cdots+\frac{1\cdot 3\cdot 5\cdots(2n-1)}{2\cdot 4\cdot 6\cdots(2n)}+\cdots$$

의 수렴 여부를 판정하여라.

**풀이**

$$\begin{aligned}\frac{a_n}{a_{n+1}}&=\frac{2n+2}{2n-1}\\&=1+\frac{1}{2}\cdot\frac{1}{n}-\frac{1}{n^2}\cdot\frac{n}{2(2n+1)}\end{aligned}$$

이므로 가우스 판정법에서 $r=\dfrac{1}{2}$, $A_n=-\dfrac{n}{2(2n+1)}$의 경우에 해당한다.

$r<1$이고 $|A_n|\le\dfrac{1}{4}$이므로 주어진 급수는 발산한다. ■

## 연습문제 8.3

**1.** 적분판정법(1~6), 비교판정법 또는 극한 비교판정법(8~13), 비판정법(14~22) 그리고 멱근판정법(23~28)을 이용하여 다음 급수의 수렴여부를 판정하여라.

(1) $\displaystyle\sum_{n=1}^{\infty}\frac{1}{n^2+1}$ (2) $\displaystyle\sum_{n=1}^{\infty}\frac{n}{n^2+1}$

(3) $\displaystyle\sum_{n=2}^{\infty}\frac{1}{n(\ln n)^3}$ (4) $\displaystyle\sum_{n=2}^{\infty}\frac{1}{n(\ln n)^{\frac{1}{3}}}$

(5) $\displaystyle\sum_{n=1}^{\infty}\frac{\ln n}{n}$ (6) $\displaystyle\sum_{n=1}^{\infty}\frac{\ln n}{n^2}$

(7) $\displaystyle\sum_{n=1}^{\infty}\frac{1}{2n-1}$ (8) $\displaystyle\sum_{n=1}^{\infty}\frac{1}{2n+1}$

(9) $\sum_{n=1}^{\infty} \frac{3n}{n^3 - 2n + 5}$　　(10) $\sum_{n=1}^{\infty} \frac{1}{\sqrt{n^2 + 3n}}$

(11) $\sum_{n=1}^{\infty} \frac{\sqrt{n+1}}{n^2}$　　(12) $\sum_{n=1}^{\infty} \frac{\ln n}{n^{\frac{3}{2}}}$

(13) $\sum_{n=1}^{\infty} \left(1 - \cos\frac{1}{n}\right)$　　(14) $\sum_{n=1}^{\infty} \frac{5^n}{n!}$

(15) $\sum_{n=1}^{\infty} \frac{3^n}{n^3}$　　(16) $\sum_{n=1}^{\infty} \frac{n^n}{n!}$

(17) $\sum_{n=1}^{\infty} \frac{3^n + 2}{4^n}$　　(18) $\sum_{n=1}^{\infty} \frac{(2n)!}{(n!)^2}$

(19) $\sum_{n=1}^{\infty} \frac{(2n)!}{4^n (n!)^2}$　　(20) $\sum_{n=1}^{\infty} \frac{(n!)^2}{n^n}$

(21) $\sum_{n=1}^{\infty} \frac{(n!)^2}{n^{2n}}$　　(22) $\sum_{n=1}^{\infty} \frac{n^3}{2^n}$

(23) $\sum_{n=1}^{\infty} \frac{e^{2n}}{n^2}$　　(24) $a_n = \begin{cases} \frac{n}{3^n}, & (n : \text{짝수}) \\ \frac{1}{3^n}, & (n : \text{홀수}) \end{cases}$

(25) $\sum_{n=1}^{\infty} \frac{3e^n}{2 + e^{2n}}$　　(26) $\sum_{n=1}^{\infty} \left(\frac{n}{2n+1}\right)^n$

(27) $\sum_{n=2}^{\infty} \left(\frac{2}{\ln n}\right)^n$

**2.** 급수 $\sum_{n=2}^{\infty} \frac{1}{n(\ln n)^p}$는 $p > 1$일 때만 수렴함을 보이고 다음 급수의 수렴여부를 판정하여라.

(1) $\sum_{n=2}^{\infty} \frac{1}{n(\ln n)^{1.001}}$　　(2) $\sum_{n=2}^{\infty} \frac{1}{n \ln n}$

(3) $\sum_{n=2}^{\infty} \frac{1}{n(\ln n)^{\frac{2}{3}}}$　　(4) $\sum_{n=2}^{\infty} \frac{100}{n(\ln n)^2}$

**3.** 다음 급수의 수렴여부를 판정하여라.

(1) $\sum_{n=1}^{\infty} \frac{1}{n(n+1)}$　　(2) $\sum_{n=1}^{\infty} \frac{n^2}{3n^2 + n - 2}$

(3) $\sum_{n=1}^{\infty} \left(1 - \frac{2}{n}\right)^n$　　(4) $\sum_{n=1}^{\infty} \frac{\tan^{-1} n}{1 + n^2}$

(5) $\sum_{n=1}^{\infty} \frac{\ln n}{\sqrt{n}}$　　(6) $\sum_{n=1}^{\infty} n \sin\frac{1}{n}$

(7) $\sum_{n=1}^{\infty} \frac{\ln n}{2 + n^3}$　　(8) $\sum_{n=2}^{\infty} \frac{\sqrt{n}}{\ln n}$

(9) $\sum_{n=1}^{\infty} \frac{3e^n}{2 + e^{2n}}$　　(10) $\sum_{n=1}^{\infty} \frac{4^n}{n!}$

(11) $\sum_{n=1}^{\infty} \frac{n^n}{(3n)!}$　　(12) $\sum_{n=2}^{\infty} \frac{1}{\ln(\ln n)}$

(13) $\sum_{n=1}^{\infty} \frac{3^n}{n^2 4^n}$　　(14) $\sum_{n=1}^{\infty} \frac{(\ln n)^2}{n(n+1)}$

(15) $\sum_{n=2}^{\infty} \frac{1}{(\ln n)^3}$　　(16) $\sum_{n=1}^{\infty} \sqrt{n}\left(1 - \cos\frac{1}{n}\right)$

(17) $\sum_{n=1}^{\infty} \left(\frac{1}{2} + \frac{1}{n}\right)^{\frac{n}{2}}$

(18) $a_1 = 1,\ a_{n+1} = \frac{n}{2n+1} a_n$

**4.** 오일러 상수 $\gamma = 0.5772\cdots$는 수열

$$a_n = 1 + \frac{1}{2} + \cdots + \frac{1}{n} - \ln n$$

의 극한값으로 유리수인지 무리수인지 아직 밝혀지지 않았다. 이 수열의 극한이 존재함을 다음과 같이 보여라.

(1) $y = \frac{1}{x}$의 그래프를 이용하여 부등식

$$\ln(n+1) < 1 + \frac{1}{2} + \cdots + \frac{1}{n}$$

이 성립함을 보여라. 즉 $\{a_n\}$은 유계인 수열임을 보여라.

(2) 먼저 부등식

$$\frac{1}{n+1} < \ln(n+1) - \ln n$$

을 증명하고 이로부터 $\{a_n\}$은 단조감소 수열임을 보여라.

Chapter 8

# 8.4 교대급수와 절대수렴

이번 절에서는 양항급수가 아닌 일반적인 급수의 수렴판정법에 대하여 알아보자.

## 교대급수

양수인 항과 음수인 항이 교대로 나오는 급수를 교대급수라고 한다.

**정리 8.4.1(교대급수 판정법)**

아래의 두 조건을 만족하는 교대급수 $\sum_{n=1}^{\infty}(-1)^{n+1}a_n$은 수렴하고 합 $S$와 부분합 $S_n$과의 차이는 $a_{n+1}$ 보다 작다.

(1) $a_n \geq a_{n+1} \geq 0,\ n \geq 1$ (2) $\lim_{n\to\infty} a_n = 0$

**증명.** 조건 (1)에 의하여 부분합 $S_{2n-2}$와 $S_{2n}$은 부등식

$$S_{2n} = S_{2n-2} + a_{2n-1} - a_{2n} \geq S_{2n-2}$$

를 만족하므로 $\{S_{2n}\}$은 단조증가수열이다. 또한

$$S_{2n} = a_1 - (a_2 - a_3) - (a_4 - a_5) - \cdots - (a_{2n-2} - a_{2n-1}) - a_{2n}$$

에서 괄호안의 수와 $a_{2n}$은 모두 양수이므로 $S_{2n} < a_1$이다. 따라서 $\{S_{2n}\}$은 위로 유계인 단조증가수열이므로 수렴한다. 그 극한을 $S$라고 하면

$$\lim_{n\to\infty} S_{2n+1} = \lim_{n\to\infty}(S_{2n} + a_{2n+1}) = S + 0 = S$$

이고 따라서

$$\lim_{n\to\infty} S_{2n} = S = \lim_{n\to\infty} S_{2n+1}$$

이다. 그러므로 $\{S_n\}$은 $S$로 수렴한다.

수열 $\{S_{2n}\}$이 위로 유계인 단조증가수열임을 보인 방법과 비슷하게 $\{S_{2n+1}\}$이 아래로 유계인 단조감소수열임을 보일 수 있다. 그런데 $S$는 $\{S_{2n}\}$의 상계이고 동시에 $\{S_{2n+1}\}$의 하계이므로 임의의 자연수 $i, j$에 대하여

$$S_{2i} \leq S \leq S_{2j+1} \tag{a}$$

이 성립한다. 이 부등식에 $i = j = n$와 $i = n+1,\ j = n$을 대입하면 각각

$$0 \leq S - S_{2n} \leq a_{2n+1} \tag{b}$$

$$-a_{2n+2} \leq S - S_{2n+1} \leq 0 \tag{c}$$

을 얻는다. $n$이 임의의 자연수이므로 위의 두 부등식으로부터

$$|S - S_n| \le a_{n+1}$$

이 성립함을 알 수 있다. ■

위 부등식 (a)에 의하면 교대급수의 부분합 $S_n$은 급수의 합 $S$보다 한 번은 큰 쪽에서 그 다음은 작은 쪽에서 교대하면서 $S$로 수렴하고 위 부등식 (b)와 (c)에 의하면 오차 $S - S_n$의 부호는 버린 첫 번째 항의 부호와 같다. 이러한 사실은 수렴하는 교대급수의 근사값과 그 때의 오차를 구하는데 유용하다.



**예제 1** 교대 조화급수

$$1 - \frac{1}{2} + \frac{1}{3} - \frac{1}{4} + \cdots$$

는 수렴함을 보여라.

**풀이** $a_n = \dfrac{1}{n}$은 감소수열이고 $\lim\limits_{n \to \infty} \dfrac{1}{n} = 0$이므로 교대급수 판정법에 의하여 수렴한다. ■

**예제 2** 교대급수 $\sum\limits_{n=0}^{\infty} \dfrac{(-1)^n}{n!}$의 근사값을 절대오차가 0.0005보다 작게 되도록 구하여라.

**풀이** 주어진 교대급수는 정리 8.4.1의 두 가지 조건을 만족하므로 부분합을 $S_n = \sum\limits_{k=0}^{n} \dfrac{(-1)^k}{k!}$이라고 하면 절대오차는 $\dfrac{1}{(n+1)!}$이다.

$$\frac{1}{6!} = \frac{1}{720} = 0.00138\cdots > 0.0005$$
$$\frac{1}{7!} = \frac{1}{5040} = 0.000198\cdots < 0.0005$$

이므로 $n = 6$이면 충분하다. 근사값은

$$1 - \frac{1}{1!} + \frac{1}{2!} - \frac{1}{3!} + \frac{1}{4!} - \frac{1}{5!} + \frac{1}{6!} \approx 0.3680$$

이다. ■

## 절대수렴과 조건부수렴

**정의 8.4.2**

(1) 급수 $\sum |a_n|$이 수렴하면 급수 $\sum a_n$은 **절대수렴**한다고 한다.

(2) 수렴하지만 절대수렴하지 않는 급수 $\sum a_n$은 **조건부수렴**한다고 한다.

**예제 3** 급수 $\sum_{n=1}^{\infty} \frac{(-1)^{n+1}}{\sqrt{n}}$은 조건부수렴 함을 보여라.

**풀이** 교대급수 판정법에 의하여 $\sum \frac{(-1)^{n+1}}{\sqrt{n}}$은 수렴하지만 $\sum |a_n| = \sum \frac{1}{\sqrt{n}}$인 $p$-급수로 발산하므로 주어진 급수는 조건부수렴 한다. ■

**정리 8.4.3**

급수 $\sum |a_n|$이 수렴하면 급수 $\sum a_n$도 수렴한다.

**증명.** 임의의 $a_n$에 대하여 부등식

$$0 \le a_n + |a_n| \le 2|a_n|$$

이 성립하므로 양항급수의 비교판정법에 의하여 양항급수 $\sum (a_n + |a_n|)$은 수렴한다. 따라서 급수 $\sum a_n$은 수렴하는 두 급수 $\sum (a_n + |a_n|)$와 $\sum |a_n|$의 차

$$\sum a_n = \sum (a_n + |a_n|) - \sum |a_n|$$

으로 표시할 수 있으므로 정리 8.2.4에 의하여 수렴한다. ■

**예제 4** 급수 $\sum_{n=1}^{\infty} \frac{\sin n}{n^3}$의 수렴여부를 판정하여라.

**풀이** 주어진 급수에는 양수인 항과 음수인 항이 불규칙하게 뒤섞여 있다. 하지만 $|a_n|$은 부등식

$$|a_n| = \left| \frac{\sin n}{n^2} \right| \le \frac{1}{n^2}$$

을 만족하고 $\sum \frac{1}{n^2}$은 수렴하는 $p$-급수이므로 양항급수의 비교판정법에 의하여 급수 $\sum |a_n|$은 수렴한다. 따라서 정리 8.4.3에 의하여 $\sum a_n$도 수렴한다. ■

양항급수의 비판정법을 적용하여 $\sum |a_n|$이 수렴하는 경우에는 정리 8.4.3에 의하여 $\sum a_n$도 수렴한다고 판정할 수 있다. $\sum |a_n|$이 발산하는 경우에는 다음 정리 8.4.4에 의하여 $\sum a_n$의 수렴여부를 판정한다.

**정리 8.4.4**

급수 $\sum a_n$에서

$$\lim_{n\to\infty}\left|\frac{a_{n+1}}{a_n}\right| = r$$

이라고 하면 $\sum a_n$는

(1) $r<1$이면 절대수렴 하고 따라서 수렴하고

(2) $r>1$이면 발산하고,

(3) $r=1$이면 수렴할 수도 발산할 수도 있다.

**증명.** (1)과 (3)은 양항급수의 비판정법에 의하여 분명하다. (2)의 경우 정리 8.3.5 비판정법의 증명에 의하면 $\lim|a_n|>0$이다. 따라서 $\lim a_n \neq 0$이고 발산판정법에 의하여 급수 $\sum a_n$은 발산한다.

**예제 5** 다음 급수 $\sum_{n=1}^{\infty} a_n$의 수렴여부를 판정하여라.

(1) $a_n = \dfrac{(-3)^n}{n^2}$　　　(2) $a_n = (-1)^n \dfrac{n^2+2}{3^n}$

**풀이** (1) $a_n = \dfrac{(-3)^n}{n^2}$이라 하면

$$\lim_{n\to\infty}\left|\frac{a_{n+1}}{a_n}\right| = \lim_{n\to\infty} 3\left(\frac{n}{n+1}\right)^2 = 3>1$$

이므로 발산한다.

(2) $a_n = (-1)^n \dfrac{n^2+2}{3^n}$이라 하면

$$\lim_{n\to\infty}\left|\frac{a_{n+1}}{a_n}\right| = \lim_{n\to\infty}\frac{n^2+2n+3}{3(n^2+2)} = \frac{1}{3}<1$$

이므로 수렴한다. ■

**정리 8.4.5**

급수 $\sum a_n$에서

$$\lim_{n\to\infty}\sqrt[n]{|a_n|} = r$$

이라고 하면 $\sum a_n$는

(1) $r<1$이면 절대수렴 하고 따라서 수렴하고

(2) $r>1$이면 발산하고

(3) $r=1$이면 수렴할 수도 발산할 수도 있다.

Chapter 8

**증명.** (1)과 (3)은 양항급수의 멱근판정법에 의하여 분명하다. (2)의 경우 정리 8.3.6 멱근판정법의 증명에 의하면 $\lim|a_n|>0$이다. 따라서 $\lim a_n \neq 0$이고 발산판정법에 의하여 급수 $\sum a_n$은 발산한다.

**예제 6** 급수 $\sum_{n=1}^{\infty} \frac{a_n}{(-2)^n}$, $a_n = \begin{cases} n, & n\text{은 소수} \\ 1, & \text{기타} \end{cases}$의 수렴여부를 판정하여라.

**풀이** $\lim_{n\to\infty}\left|\frac{a_n}{(-2)^n}\right|^{\frac{1}{n}} = \frac{1}{2} < 1$이므로 수렴한다. ■

### 재배열

유한개의 수를 더할 때에는 더하는 순서를 바꾸어 재배열하여도 그 합이 일정하지만 무한개의 수를 더하는 급수에서는 그렇지 않다. 예를 들어 조건부 수렴하는 교대 조화급수

$$\ln 2 = 1 - \frac{1}{2} + \frac{1}{3} - \frac{1}{4} + \cdots$$

를 재배열하여 보자. 양수항들을 순서대로 일렬로 배열하고 나머지 음수항들을 순서대로 두 개씩 양수항 사이에 끼워 넣어 얻어지는 급수

$$1 - \frac{1}{2} - \frac{1}{4} + \frac{1}{3} - \frac{1}{6} - \frac{1}{8} + \frac{1}{5} - \frac{1}{10} - \cdots$$

의 합을 구해보자. 다음과 같이 묶으면 합이 $\frac{1}{2}\ln 2$임을 알 수 있다.

$$\begin{aligned} &\left(1-\frac{1}{2}\right) - \frac{1}{4} + \left(\frac{1}{3}-\frac{1}{6}\right) - \frac{1}{8} + \left(\frac{1}{5}-\frac{1}{10}\right) - \cdots \\ &= \frac{1}{2} - \frac{1}{4} + \frac{1}{6} - \frac{1}{8} + \frac{1}{10} - \cdots \\ &= \frac{1}{2}\left(1 - \frac{1}{2} + \frac{1}{3} - \frac{1}{4} + \frac{1}{5} - \cdots\right) \end{aligned}$$

따라서 조건부 수렴하는 급수는 그 항들을 재배열하면 합이 바뀐다는 것을 알 수 있다. 실제로 모든 조건부 수렴하는 급수는 그 합이 임의의 실수 $L$이 되도록 재배열 할 수 있다.(문제7 참조) 그러나 절대수렴하는 급수의 항들을 임의로 재배열한 급수는 역시 절대수렴하고 합도 원래의 급수와 동일하다. 이는 절대수렴하는 급수가 가지고 있는 중요한 성질이다.

**정리 8.4.6**

절대수렴하는 급수의 항들을 임의로 재배열한 급수는 역시 절대수렴하고 그 합도 원 급수와 동일하다.

증명은 고등미적분학을 참고하기 바란다.

## 연습문제 8.4

1. 다음 각 급수가 조건부수렴, 절대수렴, 발산하는지를 조사하여라.

(1) $\sum_{n=1}^{\infty} \frac{(-1)^n n}{3n-1}$　(2) $\sum_{n=1}^{\infty} \frac{(-1)^n n}{n^2+1}$

(3) $\sum_{n=1}^{\infty} \frac{(-1)^n \ln n}{n}$　(4) $\sum_{n=1}^{\infty} \frac{(-1)^n \ln n}{\sqrt{n}}$

(5) $\sum_{n=1}^{\infty} \frac{\cos n!}{n^2}$　(6) $\sum_{n=1}^{\infty} \frac{(-1)^{n+1} \sin n}{n\sqrt{n}}$

(7) $\sum_{n=2}^{\infty} \frac{(-1)^{n+1}}{n\sqrt{n}}$　(8) $\sum_{n=1}^{\infty} \frac{(-1)^{n+1}(3n)!}{3^n (n!)^2}$

(9) $\sum_{n=1}^{\infty} \frac{(-1)^{n+1} n^3}{e^n}$　(10) $\sum_{n=1}^{\infty} \frac{(-3)^n}{n!}$

(11) $\sum_{n=2}^{\infty} \frac{(-1)^n}{n \ln n}$　(12) $\sum_{n=1}^{\infty} n \sin \frac{1}{n^2}$

(13) $\sum_{n=1}^{\infty} \frac{(-1)^{n+1}}{\sqrt{n(n+1)}}$　(14) $\sum_{n=1}^{\infty} \frac{(-1)^{n+1} \ln n}{n - \ln n}$

(15) $\sum_{n=1}^{\infty} \frac{\cos n\pi}{n\sqrt{n}}$　(16) $\sum_{n=1}^{\infty} \frac{\cos n\pi}{n}$

2. $\sum a_n$이 발산하면 $\sum |a_n|$도 발산함을 증명하여라.

3. 수렴하는 다음 급수들의 합의 오차가 주어진 한계보다 작게 되도록 하려고 하면 몇 번째 항까지 더하여야 하는가?

(1) $\sum_{n=1}^{\infty} \frac{(-1)^{n+1}}{n^3}$, 오차의 한계 $= 0.001$

(2) $\sum_{n=1}^{\infty} \frac{(-1)^{n+1}}{n!}$, 오차의 한계 $= 0.0001$

(3) $\sum_{n=1}^{\infty} \frac{(-1)^{n+1} n}{2^n}$ , 오차의 한계 $= 0.005$

4. 다음 급수의 합을 소수점 아래 세자리까지 정확하게 구하여라.

(1) $\sum_{n=1}^{\infty} \frac{(-1)^{n+1}}{2^n}$　(2) $\sum_{n=1}^{\infty} \frac{(-1)^{n+1}}{2^n n!}$

5. 만약 $\sum a_n$이 절대수렴하면

$$\sum_{n=1}^{\infty} \frac{(-1)^{n+1}}{2^n n!}$$

이 성립함을 보여라.

6. 교대 조화급수

$$\ln 2 = 1 - \frac{1}{2} + \frac{1}{3} - \frac{1}{4} + \frac{1}{5} - \cdots$$

의 양수 항들을 순서대로 일렬로 배열하고 나머지 음수 항들을 순서대로 두 개의 양수 항 다음에 하나씩 끼워 넣으면 얻어지는 급수

$$1 + \frac{1}{3} - \frac{1}{2} + \frac{1}{5} + \frac{1}{7} - \frac{1}{4} + \frac{1}{9} + \frac{1}{11} - \frac{1}{6} + \cdots$$

도 수렴하고 그 합이 $\frac{3}{2}\ln 2$임을 보여라.

7. $\sum_{n=1}^{\infty} a_n$이 조건부 수렴하는 급수라 하자.

(1) 양수 항들의 합과 음수 항들의 합은 각각 $\infty$와 $-\infty$로 발산함을 보여라.

(2) 임의의 실수 $L$에 대하여 $\sum_{n=1}^{\infty} b_n = L$이 되는 $\sum a_n$의 재배열급수 $\sum b_n$이 존재함을 보여라.

# 제 9 장 멱급수

### 맥클로린(Colin Maclaurin)

맥클로린(1698-1746)은 영국 스코틀랜드 태생으로 뉴턴이후 가장 위대한 당대의 영국 수학자이다. 그는 11세에 이미 글라스고 대학에 입학하였고 19세에 애버딘 대학의 수학과 교수가 되었고 후에 에딘버러대학에 재직하였다. 그는 21세가 되기 전부터 논문을 발표하기 시작했고 특히 고차곡선에 대한 매우 뛰어난 논문으로 기하학에 많은 공헌을 하였다. 1720년에는 잘 알려진 〈기하학의 기본(Geometrica organica)〉을 발간했는데 이는 원추곡선, 3차 곡선, 고차 대수곡선에 대한 뉴턴과 스털링의 결과를 확장한 것이다. 그는 또한 기하학을 물리문제에 응용하는 데에도 지대한 공헌을 하였다. 그의 기하학에 대한 많은 공헌에도 불구하고 오늘날 그의 이름은 오직 맥클로린 급수에서만 언급되고 있다. 맥클로린 급수는 1742년에 발표한 〈유율법(Treatise of Fluxions)〉에 나오는데 이는 이미 테일러(Brook Taylor)가 1715년에 발표한 논문에 포함된 테일러 급수의 특별한 경우이다. 미분에 관한 그의 논문 〈유율법(Treatise of Fluxions)〉은 뉴턴의 유율법에 대한 최초의 논리적이고 체계적인 해설서로서 그 가치를 가지고 있다.

## 9.1 멱급수

변수 $x$에 대하여

$$f(x) = \sum_{n=0}^{\infty} a_n (x-c)^n = a_0 + a_1(x-c) + a_2(x-c)^2 + \cdots$$

꼴의 무한급수를 멱급수라 하고 $a_n$을 멱급수의 계수, $c$를 멱급수의 중심이라 부른다. 멱급수는 $x$가 어떤 값을 취하는가에 따라 수렴하기도 하고 발산하기도 한다. 멱급수가 수렴하는 모든 $x$의 집합을 멱급수의 수렴집합이라 부른다. 그러면 멱급수 $f(x) = \sum_{n=0}^{\infty} a_n (x-c)^n$은 정의역이 수렴집합인 함수이다.

예를 들어 기하급수

$$f(x) = \sum_{n=0}^{\infty} x^n = 1 + x + x^2 + \cdots$$

은 $|x| < 1$일 때 $\frac{1}{1-x}$로 수렴하고 $|x| \geq 1$일 때 발산하므로 정의역이 $-1 < x < 1$인 함수

$$f(x) = \frac{1}{1-x}$$

이다.

**예제 1** 멱급수 $\sum_{n=1}^{\infty} n!(x-c)^n$의 수렴집합을 구하여라.

**풀이** 일반항이 $a_n = n!(x-c)^n$인 급수이므로 $x \neq c$이면

$$\begin{aligned}\lim_{n\to\infty}\left|\frac{a_{n+1}}{a_n}\right| &= \lim_{n\to\infty}\left|\frac{(n+1)!(x-c)^{n+1}}{n!(x-c)^n}\right| \\ &= \lim_{n\to\infty}|(n+1)(x-c)| = \infty\end{aligned}$$

이므로 비판정법에 의하여 발산한다. 따라서 수렴집합은 $x = c$이다. ■

**예제 2** 베셀함수 $J_0(x) = \sum_{n=0}^{\infty} \frac{(-1)^n}{(n!)^2 2^{2n}} x^{2n}$의 수렴집합을 구하여라.

**풀이** 일반항이 $a_n = \frac{(-1)^n}{(n!)^2 2^{2n}} x^{2n}$인 급수이다. 모든 $x \neq 0$에 대하여

$$\begin{aligned}\lim_{n\to\infty}\left|\frac{a_{n+1}}{a_n}\right| &= \lim_{n\to\infty}\left|\frac{x^{2n+2}}{(n+1)!(n+1)!2^{2n+2}} \times \frac{n!n!2^{2n}}{x^{2n}}\right| \\ &= \lim_{n\to\infty}\left|\frac{x^2}{4(n+1)^2}\right| = 0\end{aligned}$$

Chapter 9

이므로 비판정법에 의하여 수렴한다. 따라서 수렴집합은 $-\infty < x < \infty$이다. ■

**예제 3** 멱급수 $\sum_{n=1}^{\infty} \frac{1}{n}(x-c)^n$의 수렴집합을 구하여라.

**풀이** 일반항이 $a_n = \frac{(x-c)^n}{n}$인 급수이므로 $x \neq 0$일 때 비판정법에 의하여

$$\begin{aligned} \lim_{n\to\infty}\left|\frac{a_{n+1}}{a_n}\right| &= \lim_{n\to\infty}\left|\frac{(x-c)^{n+1}}{n+1} \times \frac{n}{(x-c)^n}\right| \\ &= |x-c| < 1 \end{aligned}$$

이면 수렴하고 $|x-c| > 1$이면 발산한다. 또한 $x-c=1$이면 조화급수이므로 발산하고 $x-c=-1$이면 교대조화급수이므로 수렴한다. 따라서 수렴집합은 $c-1 \leq x < c+1$이다. ■

다음 정리는 멱급수의 수렴집합은 언제나 예제 1, 2, 3에서 나타난 세 가지 유형(한 점, 모든 실수, 유한구간) 중의 한 가지임을 보여준다.

**정리 9.1.1**

멱급수 $\sum_{n=0}^{\infty} a_n(x-c)^n$의 수렴에 대하여 다음 세 가지 중 오직 하나만이 성립한다.

(1) 오직 한 점 $x=c$에서만 수렴한다.

(2) 모든 실수 $x$에 대하여 수렴한다.

(3) 적당한 양수 $r$이 존재하여 $|x-c| < r$이면 수렴하고 $|x-c| > r$이면 발산한다.

**증명.** $\lim_{n\to\infty}\left|\frac{a_{n+1}(x-c)^{n+1}}{a_n(x-c)^n}\right| = |x-c|\lim_{n\to\infty}\left|\frac{a_{n+1}}{a_n}\right|$이므로 비판정법에 의하여 $|x-c| < \frac{1}{\lim_{n\to\infty}\left|\frac{a_{n+1}}{a_n}\right|}$이면 수렴하고 $|x-c| > \frac{1}{\lim_{n\to\infty}\left|\frac{a_{n+1}}{a_n}\right|}$이면 발산한다. 따라서

$$r = \frac{1}{\lim_{n\to\infty}\left|\frac{a_{n+1}}{a_n}\right|} = \lim_{n\to\infty}\left|\frac{a_n}{a_{n+1}}\right|$$

이다. $\lim_{n\to\infty}\sqrt[n]{|a_n(x-c)^n|} = |x-c|\lim_{n\to\infty}\sqrt[n]{|a_n|}$이므로 멱근판정법에 의하여

$|x-c| < \frac{1}{\lim_{n\to\infty}\sqrt[n]{|a_n|}}$이면 수렴하고 $|x-c| > \frac{1}{\lim_{n\to\infty}\sqrt[n]{|a_n|}}$이면 발산한다. 따라서

$$r = \frac{1}{\lim_{n\to\infty}\sqrt[n]{|a_n|}} = \lim_{n\to\infty}\frac{1}{\sqrt[n]{|a_n|}}$$

이다. ■

정리 9.1.1 (3)의 양수 $r$을 멱급수의 수렴반경이라 부른다. 단, (1), (2)의 경우 $r = 0$, $r = \infty$로 정의한다. 멱급수의 수렴반경이 $0 < r < \infty$일 때 $x = r$ 또는 $x = -r$인 경우 수렴할 수도 있고 발산할 수도 있다. 따라서 정리 9.1.1에 의하면 수렴집합은 항상

$$(c - r, c + r), [c - r, c + r), (c - r, c + r], [c - r, c + r]$$

중의 하나이다. 이런 이유로 수렴집합을 수렴구간이라고도 부른다.

**예제 4** 멱급수 $\sum_{n=0}^{\infty} \frac{n}{3^{n+1}}(x+2)^n$의 수렴반경 및 수렴구간을 구하여라.

**풀이** 수렴반경은

$$r = \lim_{n\to\infty}\left|\frac{a_n}{a_{n+1}}\right| = \lim_{n\to\infty}\frac{n}{3^{n+1}} \times \frac{3^{n+2}}{n+1} = 3$$

따라서 $|x+2| < 3$이면 수렴하고 $|x+2| > 3$이면 발산한다.

$x + 2 = -3$이면

$$\sum_{n=0}^{\infty}\frac{n}{3^{n+1}}(x+2)^n = \sum_{n=0}^{\infty}\frac{n}{3^{n+1}}(-3)^n = \frac{1}{3}\sum_{n=0}^{\infty}(-1)^n n$$

이므로 발산하고 $x + 2 = 3$이면

$$\sum_{n=0}^{\infty}\frac{n}{3^{n+1}}(x+2)^n = \sum_{n=0}^{\infty}\frac{n}{3^{n+1}}3^n = \frac{1}{3}\sum_{n=0}^{\infty} n$$

이므로 발산한다. 따라서 수렴구간은 $-3 < x + 2 < 3$ 즉 $-5 < x < 1$이다. ■

## 멱급수의 미분과 적분

다음 정리에 의하면 멱급수로 정의된 함수의 미분, 적분은 다항식과 마찬가지로 항별로 미분, 항별로 적분을 하면 되고 그 결과로 얻어진 멱급수는 원래의 멱급수와 수렴반경이 같다는 것을 알 수 있다. 증명은 고등미적분학을 참고하기 바란다.

**정리 9.1.2**

멱급수 $\sum_{n=0}^{\infty} a_n(x-c)^n$의 수렴반경이 $r$이면 멱급수 함수

$$f(x) = \sum_{n=0}^{\infty} a_n(x-c)^n$$

는 구간 $(c-r, c+r)$에서 미분과 적분이 모두 가능하고

(1) $f'(x) = \sum_{n=0}^{\infty} \frac{d}{dx}(a_n(x-c)^n) = \sum_{n=0}^{\infty} na_n(x-c)^{n-1}$

(2) $\int f(x)\,dx = \sum_{n=0}^{\infty} \int a_n(x-c)^n\,dx = C + \sum_{n=0}^{\infty} \frac{a_n}{n+1}(x-c)^{n+1}$

이 성립한다. 멱급수 (1), (2)의 수렴반경은 모두 $r$이다.

(주의) 정리 9.1.2에서 멱급수를 미분하거나 적분해도 역시 수렴반경은 변하지 않음을 알 수 있다. 그러나 수렴구간조차 변하지 않는다는 의미는 아니다. 실제로 원래의 멱급수는 수렴구간의 양 끝점에서 수렴하지만 미분을 시행한 멱급수는 발산하는 경우가 있다.

**예제 5** 함수 $f(x) = \sum_{n=0}^{\infty} a_n(x-c)^n$, $|x| < r$의 계수는 $a_n = \frac{f^{(n)}(c)}{n!}$ 즉

$$f(x) = \sum_{n=0}^{\infty} \frac{f^{(n)}(c)}{n!}(x-c)^n$$

임을 보여라.

**풀이** $f^{(k)}(x) = \sum_{n=k}^{\infty} a_n n(n-1)\cdots(n-k+1)(x-c)^{n-k}$

이다. 이 식에 $x = c$를 대입하면 원하는 식

$$f^{(k)}(c) = a_k k(k-1)\cdots 1 = a_k k!$$

을 얻는다. ■

**예제 6** 멱급수 $f(x) = \sum_{n=0}^{\infty} \frac{1}{n!}x^n$의 합을 구하여라.

**풀이** 멱급수 $f(x)$는 수렴반경이 무한대이므로 정의역이 실수 전체인 함수이다.

$$\frac{d}{dx}f(x) = \frac{d}{dx}\left(1 + \sum_{n=1}^{\infty} \frac{1}{n!}x^n\right) = \sum_{n=1}^{\infty} \frac{1}{(n-1)!}x^{n-1} = \sum_{n=0}^{\infty} \frac{1}{n!}x^n = f(x)$$

이므로 $\frac{d}{dx}(f(x)e^{-x}) = f'(x)e^{-x} - f(x)e^{-x} = f(x)e^{-x} - f(x)e^{-x} = 0$ 따라서 $f(x)e^{-x} = c$($c$는 상수)인데 $x = 0$을 대입하면 $c = 1$이므로 $f(x)e^{-x} = 1$ 그러므로 $f(x) = e^x$이다. ■

**예제 7** 함수 $f(x) = \ln(1+x)$를 멱급수로 전개하고 수렴반경을 구하여라.

**풀이** $|x|<1$이면

$$\frac{1}{1+x} = \frac{1}{1-(-x)} = \sum_{n=0}^{\infty}(-x)^n = \sum_{n=0}^{\infty}(-1)^n x^n$$

양변을 적분하면

$$\ln(1+x) = C + \sum_{n=0}^{\infty}\frac{(-1)^n}{n+1}x^{n+1}$$

$x=0$을 대입하면 $C=0$ 따라서

$$\ln(1+x) = \sum_{n=0}^{\infty}\frac{(-1)^n}{n+1}x^{n+1}$$

■



**예제 8** 급수 $\sum_{n=1}^{\infty}\frac{1}{n2^n}$의 합을 구하여라.

**풀이** $\ln(1+x) = \sum_{n=0}^{\infty}\frac{(-1)^n}{n+1}x^{n+1}$에 $x=-\frac{1}{2}$을 대입하면

$$\ln\frac{1}{2} = \sum_{n=0}^{\infty}\frac{(-1)^n}{n+1}\left(-\frac{1}{2}\right)^{n+1} = -\sum_{n=0}^{\infty}\frac{1}{(n+1)2^{n+1}} = -\sum_{n=1}^{\infty}\frac{1}{n2^n}$$

따라서

$$\sum_{n=1}^{\infty}\frac{1}{n2^n} = -\ln\frac{1}{2} = \ln 2$$

■

**예제 9** 함수 $f(x) = \tan^{-1}x$를 멱급수로 전개하고 수렴반경을 구하여라.

**풀이** $|x|<1$이면

$$\frac{1}{1+x^2} = \frac{1}{1-(-x^2)} = \sum_{n=0}^{\infty}(-x^2)^n = \sum_{n=0}^{\infty}(-1)^n x^{2n}$$

양변을 적분하면

$$\tan^{-1}x = C + \sum_{n=0}^{\infty}\frac{(-1)^n}{2n+1}x^{2n+1}$$

$x=0$을 대입하면 $C=0$이므로

$$\tan^{-1}x = \sum_{n=0}^{\infty}\frac{(-1)^n}{2n+1}x^{2n+1}$$

■

**예제 10** 급수 $\sum_{n=0}^{\infty}\frac{(-1)^n}{(2n+1)(\sqrt{3})^{2n+1}}$의 합을 구하여라.

**풀이** $\tan^{-1}x = \sum_{n=0}^{\infty}\frac{(-1)^n}{2n+1}x^{2n+1}$에 $x=\frac{1}{\sqrt{3}}$을 대입하면

$$\sum_{n=0}^{\infty}\frac{(-1)^n}{(2n+1)(\sqrt{3})^{2n+1}} = \tan^{-1}\frac{1}{\sqrt{3}} = \frac{\pi}{6}$$

■

## 멱급수의 연산

다음 정리는 공통 수렴구간 내에서의 멱급수의 합 또는 곱셈은 다항식의 그것과 같음을 보여준다. 증명은 고등미적분학을 참고하여라.

**정리 9.1.3**

두 멱급수

$$f(x) = \sum_{n=0}^{\infty} a_n(x-c)^n,\ g(x) = \sum_{n=0}^{\infty} b_n(x-c)^n$$

가 구간 $(c-r,\ c+r)$에서 수렴하면 임의의 $x \in (c-r,\ c+r)$에 대하여

$$f(x) \pm g(x) = \sum_{n=0}^{\infty} (a_n \pm b_n)(x-c)^n$$

$$f(x)g(x) = \sum_{n=0}^{\infty} c_n(x-c)^n,\ c_n = \sum_{k=0}^{n} a_k b_{n-k}$$

이 성립한다.

**예제 11** 함수 $f(x) = \dfrac{1}{1-x} + \ln(1+x)$를 멱급수로 전개하여라.

**풀이** 두 함수 $\dfrac{1}{1-x}$, $\ln(1+x)$의 멱급수는 각각

$$\frac{1}{1-x} = \sum_{n=0}^{\infty} x^n = 1 + x + x^2 + \cdots,\ |x| < 1$$

$$\ln(1+x) = \sum_{n=0}^{\infty} \frac{(-1)^n}{n+1} x^{n+1} = x - \frac{x^2}{2} + \frac{x^3}{3} - \cdots,\ |x| < 1$$

이므로 임의의 $x \in (-1,\ 1)$에 대하여

$$\frac{1}{1-x} + \ln(1+x) = 1 + \sum_{n=1}^{\infty} \left(1 + \frac{(-1)^{n-1}}{n}\right) x^n$$

이다. ■

## 연습문제 9.1

**1.** 다음 멱급수의 수렴반경 및 수렴구간을 구하여라.

(1) $\displaystyle\sum_{n=1}^{\infty} \frac{1}{\sqrt{n}} x^n$ (2) $\displaystyle\sum_{n=0}^{\infty} \frac{n}{2^n}(x-1)^n$

(3) $\displaystyle\sum_{n=0}^{\infty} \frac{1}{n!} x^n$ (4) $\displaystyle\sum_{n=0}^{\infty} \frac{3^n}{n!} x^n$

(5) $\displaystyle\sum_{n=2}^{\infty} \frac{1}{n \ln n} x^n$ (6) $\displaystyle\sum_{n=2}^{\infty} \frac{1}{n(\ln n)^2} x^n$

(7) $\displaystyle\sum_{n=0}^{\infty} \frac{1}{\sqrt{n^3+2}}(x+2)^n$ (8) $\displaystyle\sum_{n=0}^{\infty} \frac{1}{\sqrt{n+1}}(3x-1)^n$

(9) $\displaystyle\sum_{n=1}^{\infty} \frac{1}{n^n}(x-1)^n$ (10) $\displaystyle\sum_{n=1}^{\infty} \left(1+\frac{1}{n}\right)^n x^n$

(11) $\sum_{n=0}^{\infty} \frac{(-1)^n}{2n+1} x^{2n+1}$

(12) $\sum_{n=1}^{\infty} \frac{n!}{1 \cdot 3 \cdots (2n-1)} x^{2n+1}$

**2.** 다음 함수를 멱급수로 표시하여라.

(1) $\frac{1}{1-x^2}$ (2) $\frac{1}{1+x^3}$

(3) $\frac{1}{(1-x)^2}$ (4) $\frac{1}{1+3x}$

(5) $\ln \frac{1+x}{1-x}$ (6) $\tan^{-1} \frac{x}{3}$

(7) $\ln(3-x)$

**3.** 다음 함수를 멱급수로 표시하고 수렴반경을 구하여라.

(1) $\int_0^x \frac{1}{2-t} dt$ (2) $\int_0^x \ln(1-t) dt$

(3) $\int_0^x \tan^{-1} t \, dt$ (4) $\int_0^x \frac{1}{1-t^2} dt$

**4.** 함수 $f(x)$를 멱급수로 표현하고 이를 이용하여 주어진 급수의 합을 구하여라.

(1) $\sum_{n=1}^{\infty} \frac{2^n}{n3^n}$, $f(x) = \ln(1-x)$

(2) $\sum_{n=1}^{\infty} \frac{n}{2^n}$, $f(x) = \frac{1}{(1-x)^2}$

(3) $\sum_{n=1}^{\infty} \frac{(-1)^n n(n+1)}{2^n}$, $f(x) = \frac{1}{(1-x)^3}$

(4) $\sum_{n=1}^{\infty} \frac{n^2}{2^n}$, $f(x) = \frac{1}{(1-x)^2}$, $g(x) = \frac{1}{(1-x)^3}$

**5.** 다음 정적분의 값을 무한급수로 표시하여라.

(1) $\int_0^1 \sin t^2 \, dt$ (2) $\int_0^{\frac{1}{2}} \frac{1}{1-t^2} dt$

(3) $\int_{-1}^1 e^{t^2} dt$ (4) $\int_0^{0.1} \frac{\tan^{-1} t^2}{t} dt$

**6.** 관계식

$$\frac{\pi}{4} = \tan^{-1}\frac{1}{2} + \tan^{-1}\frac{1}{3}$$

을 증명하고 이를 이용하여 $\pi$를 무한급수로 표시하여라.

**7.** 멱급수 $\sum a_n x^n$의 계수의 비 $\frac{a_{n+1}}{a_n}$가

$$\lim_{n \to \infty} \left| \frac{a_{n+1}}{a_n} \right| = \rho$$

일 때 이 멱급수의 수렴반경을 구하여라.

Chapter 9

## 9.2 테일러 급수

9장 1절에서 멱급수는 수렴구간 내에서 무한 번 미분가능하고 또한 적분 가능한 연속함수라는 것을 알아보았다. 본 절에서는 그 반대의 경우 즉 무한 번 미분 가능한 함수를 멱급수로 표시하는 방법과 그 멱급수의 수렴여부에 대하여 논의 할 것이다.

**정리 9.2.1(테일러정리)**

함수 $f$가 구간 $I = (a-r, a+r)$에서 $n+1$번 미분가능하면 임의의 $x \in I$에 대하여

$$f(x) = \sum_{k=0}^{n} \frac{f^{(k)}(a)}{k!}(x-a)^k + \frac{f^{(n+1)}(c)}{(n+1)!}(x-a)^{n+1}$$

을 만족하는 $c$가 $a$와 $x$ 사이에 존재한다.

**증명.** $x = a$이면 등식이 성립하므로 $x \neq a$라고 하자.

$$M = \frac{f(x) - \sum_{k=0}^{n} \frac{f^{(k)}(a)}{k!}(x-a)^k}{(x-a)^{n+1}}$$

이라 놓으면

$$f(x) = \sum_{k=0}^{n} \frac{f^{(k)}(a)}{k!}(x-a)^k + M(x-a)^{n+1} \qquad \cdots ①$$

$f$가 $n+1$번 미분가능 하므로 함수

$$g(t) = f(x) - \sum_{k=0}^{n} \frac{f^{(k)}(t)}{k!}(x-t)^k - M(x-t)^{n+1}$$

은 미분가능하다. $g(a) = g(x) = 0$이므로 롤의 정리에 의하여 $g'(c) = 0$인 $c$가 $a$와 $x$ 사이에 존재한다.

$$g'(t) = -\frac{f^{(n+1)}(t)}{n!}(x-t)^n + (n+1)M(x-t)^n$$

이므로

$$g'(c) = -\frac{f^{(n+1)}(c)}{n!}(x-c)^n + (n+1)M(x-c)^n = 0$$

에서 $M = \dfrac{f^{(n+1)}(c)}{(n+1)!}$를 얻는다. 이를 ①에 대입하면

$$f(x) = \sum_{k=0}^{n} \frac{f^{(k)}(a)}{k!}(x-a)^k + \frac{f^{(n+1)}(c)}{(n+1)!}(x-a)^{n+1}$$

이 된다. ■

함수 $\frac{f^{(n+1)}(c)}{(n+1)!}(x-a)^{n+1}$을 $n$계의 잉여항이라 부르고 $R_n(a, x)$로 나타낸다. 이는 $f(x)$의 근사식으로 $n$차 테일러다항식 $T_n(a, x) = \sum_{k=0}^{n} \frac{f^{(k)}(a)}{k!}(x-a)^k$를 사용했을 때 생기는 오차를 의미한다.

함수 $f$가 구간 $I = (a-r, a+r)$에서 무한 번 미분가능하고 모든 $x \in I$에 대하여

$$\lim_{n \to \infty} R_n(a, x) = 0$$

이면 $I$에서 $f(x)$에 대한 테일러 급수전개가 $f(x)$에 수렴한다고 말하고

$$f(x) = \sum_{n=0}^{\infty} \frac{f^{(n)}(a)}{n!}(x-a)^n$$

와 같이 쓴다. $a = 0$인 경우 즉

$$f(x) = \sum_{n=0}^{\infty} \frac{f^{(n)}(0)}{n!}x^n$$

를 맥클로린 급수라고 한다.

**예제 1** $f(x) = xe^x$의 $x = -2$에서의 테일러급수를 구하여라.

**풀이** $f^{(n)}(x) = {}_nC_0 x(e^x)^{(n)} + {}_nC_1 x'(e^x)^{(n-1)} = xe^x + ne^x$이므로

$f^{(n)}(-2) = (n-2)e^{-2}$ 따라서

$$f(x) = \sum_{n=0}^{\infty} \frac{f^{(n)}(-2)}{n!}(x+2)^n = \sum_{n=0}^{\infty} \frac{n-2}{n!e^2}(x+2)^n$$ ■

**예제 2** $f(x) = e^x$의 맥클로린 급수를 구하여라.

**풀이** $f^{(n)}(x) = e^x$이므로 $R_n(0, x) = \frac{e^c}{(n+1)!}x^{n+1}$

$|R_n(0, x)| \le e^{|x|}\frac{|x|^{n+1}}{(n+1)!}$이고 $\lim_{n\to\infty}\frac{|x|^n}{n!} = 0$이므로 $\lim_{n\to\infty} R_n(0, x) = 0$

따라서 $f(x) = \sum_{n=0}^{\infty} \frac{f^{(n)}(0)}{n!}x^n = \sum_{n=0}^{\infty} \frac{1}{n!}x^n$ ■

**예제 3** $f(x) = \sin x$ 의 맥클로린 급수를 구하여라.

**풀이** $f^{(n)}(x) = \sin\left(x + \frac{n\pi}{2}\right)$이므로

$$R_n(0,\ x) = \frac{\sin\left(c + \frac{(n+1)\pi}{2}\right)}{(n+1)!} x^{n+1}$$

$|R_n(0, x)| = \left|\sin\left(c + \frac{(n+1)\pi}{2}\right)\right| \frac{|x|^{n+1}}{(n+1)!} \le \frac{|x|^{n+1}}{(n+1)!}$이고 $\lim_{n\to\infty} \frac{|x|^n}{n!} = 0$이므로 $\lim_{n\to\infty} R_n(0,\ x) = 0$ 따라서

$$\begin{aligned} f(x) &= \sum_{n=0}^{\infty} \frac{\sin\frac{n\pi}{2}}{n!} x^n = \sum_{n=0}^{\infty} \frac{\sin\left(n\pi + \frac{\pi}{2}\right)}{(2n+1)!} x^{2n+1} + \sum_{n=0}^{\infty} \frac{\sin n\pi}{(2n)!} x^{2n} \\ &= \sum_{n=0}^{\infty} \frac{(-1)^n}{(2n+1)!} x^{2n+1} \end{aligned}$$

■

**예제 4** $f(x) = \cos x$ 의 맥클로린 급수를 구하여라.

**풀이** $\sin x = \sum_{n=0}^{\infty} \frac{(-1)^n}{(2n+1)!} x^{2n+1}$의 양변을 미분하면

$$\cos x = \sum_{n=0}^{\infty} \frac{(-1)^n}{(2n)!} x^{2n}$$

을 얻는다. ■

$e^x = \sum_{n=0}^{\infty} \frac{1}{n!} x^n$에 $x = i\theta$를 대입하면

$$\begin{aligned} e^{i\theta} &= \sum_{n=0}^{\infty} \frac{1}{n!} (i\theta)^n = \sum_{n=0}^{\infty} \frac{1}{(2n)!} (i\theta)^{2n} + \sum_{n=0}^{\infty} \frac{1}{(2n+1)!} (i\theta)^{2n+1} \\ &= \sum_{n=0}^{\infty} \frac{(-1)^n}{(2n)!} \theta^{2n} + i \sum_{n=0}^{\infty} \frac{(-1)^n}{(2n+1)!} \theta^{2n+1} \\ &= \cos\theta + i \sin\theta \end{aligned}$$

가 된다. 이를 오일러공식이라 부른다. $\theta = \pi$를 대입하여 그 유명한 관계식

$$e^{i\pi} + 1 = 0$$

을 얻는다.

**예제 5** $f(x) = \ln(1+x)$의 맥클로린 급수

$$\sum_{n=1}^{\infty} \frac{(-1)^n}{n} x^n,\ -1 < x \le 1$$

은 $\ln(1+x)$로 수렴함을 보이고 이를 이용하여 교대 조화급수의 합을 구하여라.

**풀이** 9장 1절의 예제 7에서 $|x| < 1$일 때 주어진 테일러급수는 $\ln(1+x)$로 수렴함을

이미 보였다. 이제 $x = 1$일 때도 수렴함을 보이자. $n$계 도함수는

$$f^{(n)}(x) = \frac{(-1)^{n-1}(n-1)!}{(1+x)^n}$$

이므로 $x = 1$일 때 잉여항 $R_n(0, 1)$은

$$R_n(0, 1) = \frac{f^{(n+1)}(c)}{(n+1)!} = \frac{(-1)^n}{(n+1)(1+c)^{n+1}},\ 0 < c < 1$$

이다. 그런데 $0 < c < 1$이므로

$$|R_n(0, 1)| = \frac{1}{(n+1)(1+c)^{n+1}} < \frac{1}{n+1}$$

이다. 따라서 $\lim_{n\to\infty} R_n(0, 1) = 0$이고 $x = 1$일 때도 수렴한다. 위 테일러급수에 $x = 1$을 대입하면 교대 조화급수의 합은

$$\sum_{n=1}^{\infty} \frac{(-1)^{n-1}}{n} = 1 - \frac{1}{2} + \frac{1}{3} - \frac{1}{4} + \cdots = \ln 2$$

가 된다. ■

## 이항급수

우리는 이미 자연수 $n$에 대하여 성립하는 이항정리

$$(1+x)^n = \sum_{k=0}^{n} {}_nC_k x^k$$

에 대하여 알고 있다. 자연수 $n$을 임의의 실수 $\alpha$로 확장할 수 있다. $f(x) = (1+x)^\alpha$이라고 하면

$$f^{(k)}(x) = \alpha(\alpha-1)\cdots(\alpha-k+1)(1+x)^{\alpha-k}$$
$$f^{(k)}(0) = \alpha(\alpha-1)\cdots(\alpha-k+1)$$

이므로 $(1+x)^\alpha$의 테일러급수는

$$\sum_{k=0}^{\infty} \frac{\alpha(\alpha-1)\cdots(\alpha-k+1)}{k!} x^k$$

이고 비판정법에 의하면 이 급수의 수렴구간은 $(-1, 1)$이다. 이 테일러급수가 실제로 $(1+x)^\alpha$로 수렴하지만 $\lim_{n\to\infty} R_n(0, x) = 0$임을 보이는 것이 의외로 어려움으로 증명은 고등미적분학으로 넘긴다.

Chapter 9

**정리 9.2.2(이항급수)**

임의의 실수 $\alpha$에 대하여

$$(1+x)^{\alpha} = \sum_{k=0}^{\infty} \binom{\alpha}{k} x^k, \quad |x|<1$$

이 성립한다. 단,

$$\binom{\alpha}{k} = \begin{cases} \dfrac{\alpha(\alpha-1)\cdots(\alpha-k+1)}{k!}, & k \neq 0 \\ 1, & k = 0 \end{cases}$$

**예제 6** $f(x) = \dfrac{1}{\sqrt{1+x}}$의 맥클로린 급수를 구하여라.

**풀이** $f(x) = (1+x)^{-\frac{1}{2}}$이므로 $\alpha = -\dfrac{1}{2}$를 정리 9.2.2에 대입하면 $|x|< 1$일 때 수렴하는 멱급수

$$(1+x)^{-\frac{1}{2}} = \sum_{k=0}^{\infty} \binom{-\frac{1}{2}}{k} x^k = 1 + \sum_{k=1}^{\infty} \frac{(2k)!}{(k!)^2 2^{2k}} x^k$$

을 얻는다. ■

## 연산에 의한 테일러급수 구하기

정리 9.1.3에 의하면 멱급수끼리의 연산은 멱급수들을 마치 유한 차수의 다항식처럼 여기고 하면 된다. 이 사실을 이용하면 정의에 의하여 테일러급수를 구하는 것보다 이미 알고 있는 테일러급수를 이용하는 것이 훨씬 쉬운 경우가 있는데 이에 대하여 알아보자.

**예제 7** $f(x) = \cosh x$의 맥클로린 급수를 구하여라.

**풀이** 예제 2의 결과에 $x$대신 $-x$를 대입하면 모든 실수 $x$에 대하여 수렴하는 $e^{-x}$의 맥클로린 급수

$$e^{-x} = \sum_{n=0}^{\infty} \frac{(-x)^n}{n!} x^n$$

을 얻는다. $\cosh x = \dfrac{e^x + e^{-x}}{2}$이므로 정리 9.1.3에 의하여

$$\begin{aligned} \cosh x &= \frac{e^x + e^{-x}}{2} = \frac{1}{2}\left( \sum_{n=0}^{\infty} \frac{1}{n!} x^n + \sum_{n=0}^{\infty} \frac{(-1)^n}{n!} x^n \right) \\ &= \frac{1}{2} \sum_{n=0}^{\infty} \frac{1+(-1)^n}{n!} x^n = \sum_{n=0}^{\infty} \frac{1}{(2n)!} x^{2n} \end{aligned}$$

이고 이 급수는 모든 $x$에 대하여 수렴한다. ■

**예제 8** $\sqrt{1+x}\sin x$ 의 맥클로린 급수의 처음 몇 개의 항을 구하여라.

**풀이** 이미 알고 있는 $\sqrt{1+x}$, $\sin x$ 의 맥클로린 급수를 이용하면

$$\begin{aligned}&\sqrt{1+x}\sin x\\ &=\left(1+\frac{1}{2}x-\frac{1}{8}x^2+\frac{1}{16}x^3+\cdots\right)\left(x-\frac{1}{3!}x^3+\frac{1}{5!}x^5-\frac{1}{7!}x^7+\cdots\right)\end{aligned}$$

이다. 유한 차수의 다항식의 곱셈처럼 하고 동류항을 모으면 구하는 급수는

$$\sqrt{1+x}\sin x = x+\frac{1}{2}x^2\frac{7}{24}x^3-\frac{1}{48}x^4-\frac{19}{1920}x^5+\cdots$$

이고 수렴구간은 $\sqrt{1+x}$ 와 $\sin x$ 의 맥클로린 급수들의 공통수렴구간인 $|x|< 1$이다. ■

**예제 9** $\dfrac{e^x}{1+x}$ 의 맥클로린 급수의 처음 몇 개의 항을 구하여라.

**풀이** $e^x$ 의 맥클로린 급수를 이용하면

$$\frac{e^x}{1+x}=\frac{1+x+\frac{1}{2!}x^2+\frac{1}{3!}x^3+\cdots}{1+x}$$

이고 다항식의 나눗셈처럼 하면 다음과 같다.

$$\begin{array}{r|l}
 & 1 \quad +\frac{1}{2}x^2-\frac{1}{3}x^3+\frac{3}{8}x^4 \\
1+x & 1+x+\frac{1}{2}x^2+\frac{1}{6}x^3+\frac{1}{24}x^4+\frac{1}{120}x^5+\cdots \\ \hline
 & \frac{1}{2}x^2+\frac{1}{8}x^3+\frac{1}{24}x^4+\frac{1}{120}x^5+\cdots \\
 & \frac{1}{2}x^2+\frac{1}{2}x^3 \\ \hline
 & -\frac{1}{3}x^3+\frac{1}{24}x^4+\frac{1}{120}x^5+\cdots \\
 & -\frac{1}{3}x^3-\frac{1}{3}x^4 \\ \hline
 & \frac{3}{8}x^4+\frac{1}{120}x^5+\cdots \\
 & \frac{3}{8}x^4+\frac{3}{8}x^5 \\ \hline
 & -\frac{11}{60}x^5+\cdots
\end{array}$$

따라서 $\dfrac{e^x}{1+x}=1+\frac{1}{2}x^2-\frac{1}{6}x^3+\frac{3}{8}x^4+\cdots$ ■

## 연습문제 9.2

1. 다음 함수의 맥클로린 급수를 구하여라.

(1) $e^{-2x}$ (2) $\sin 2x$

(3) $\ln(2-x)$ (4) $\ln\dfrac{1+x}{1-x}$

(5) $\dfrac{1}{2+x}$ (6) $\dfrac{x}{\sqrt{1-x}}$

(7) $\sinh x$ (8) $\tanh x$

(9) $\cos x^{\frac{3}{2}}$ (10) $e^{-x}\sin x$

(11) $\cos^{-1}x$ (12) $\dfrac{1}{1-x^2+x^3}$

(13) $\cos\sqrt{1+x}$ (14) $\sqrt{1+x}\sin x$

(15) $\sin^2 x$ (16) $\cos^2 x$

(17) $\dfrac{1}{(1+x)^2}$ (18) $\dfrac{1}{(1+x)^3}$

(19) $(1-x^2)^{\frac{3}{2}}$ (20) $e^{\sin x}$

2. 다음에 주어진 함수의 테일러 급수를 $x=a$ 근방에서 구하여라.

(1) $\ln x,\quad a=1$ (2) $\cos x,\quad a=\dfrac{\pi}{4}$

(3) $e^x,\quad a=2$ (4) $\dfrac{1}{x},\quad a=1$

3. 주어진 힌트를 이용하여 다음 함수의 맥클로린 급수를 구하여라.

(1) $\sin^{-1}x$ 힌트: $\sin^{-1}x=\displaystyle\int_0^x \frac{1}{\sqrt{1-t^2}}\,dt$

(2) $\tan^{-1}x$ 힌트: $\tan^{-1}x=\displaystyle\int_0^x \frac{1}{1+t^2}\,dt$

(3) $\sinh^{-1}x=\ln(x+\sqrt{1+x^2})$

힌트: $\sinh^{-1}x=\displaystyle\int_0^x \frac{1}{\sqrt{1+t^2}}\,dt$

(4) $\tanh^{-1}x$ 힌트: $\tanh^{-1}x=\displaystyle\int_0^x \frac{1}{1-t^2}\,dt$

4. $\sin^{-1}x$의 맥클로린 급수를 이용하여 $\pi$를 유리수의 무한급수

$$\frac{\pi}{6}=\sum_{n=0}^{\infty}\frac{(2n)!}{2^{4n}(n!)^2(4n+2)}$$

로 표시할 수 있음을 보여라.

5. 함수 $\dfrac{x}{(1-x)^2}$의 멱급수 전개식을 이용하여 무한급수 $\displaystyle\sum_{n=1}^{\infty}\frac{n}{3^n}$의 합을 구하라.

6. 테일러 정리와 교대급수 정리를 이용하여 다음 부등식을 증명하여라.

(1) $1-\dfrac{x^2}{6}<\dfrac{\sin x}{x}<1,\quad x\neq 0$

(2) $\dfrac{1}{2}-\dfrac{x^2}{24}<\dfrac{1-\cos x}{x^2}<\dfrac{1}{2},\quad x\neq 0$

7. 정리 9.2.2(이항급수)를 다음과 같이 증명하여라.

(1) 멱급수로 정의된 함수 $y=\displaystyle\sum_{k=0}^{\infty}\binom{s}{k}x^k$는 $|x|<1$일 때 수렴함을 보여라.

(2) 함수 $y$는 미분방정식 $(1+x)y'=sy,\quad y(0)=1$을 만족하고 따라서 이 미분방정식의 해 $(1+x)^s$와 같음을 보여라.

8. 다음 함수 $f(x)$의 테일러 급수는 모든 점에서 수렴하지만 테일러 급수는 오직 한 점 $x=0$에서만 함수 $f(x)$에 수렴함을 보여라.

$$f(x)=\begin{cases}0, & x=0\\ e^{-\frac{1}{x^2}}, & x\neq 0\end{cases}$$

# 9.3 테일러 급수의 응용

## 테일러 다항식과 근사값 계산

**예제 1** $f(x) = \ln(1+x)$의 테일러 다항식을 이용하여 $\ln 1.05$의 근사값을 구하려고 한다.

(1) 2차 테일러 다항식을 이용할 때 $\ln 1.05$의 근사값과 오차를 구하여라.

(2) 오차가 $10^{-7}$보다 작게 되도록 근사값을 구하여라.

**풀이** $f(x) = \ln(1+x)$의 테일러 다항식과 잉여항은 각각 다음과 같다.

$$T_n(x) = \sum_{k=1}^{n} \frac{(-1)^{k-1}}{k} x^k$$

$$R_n(x) = \frac{(-1)^n}{(n+1)(1+c)^{n+1}} x^{n+1},\ 0 < c < x$$

(1) 2차 테일러 다항식을 사용한 근사값은

$$f(0.05) \approx T_2(0.05) = 0.05 - \frac{(0.05)^2}{2} = 0.04875$$

이다. 테일러 정리에 의하면 오차 즉 잉여항의 절대값은

$$E = \left| \frac{(0.05)^3}{3(1+c)^3} \right|$$

이다. 그런데 $0 < c < 0.05$이므로 오차의 한계는

$$E = \left| \frac{(0.05)^3}{3(1+c)^3} \right| \le \frac{(0.05)^3}{3} = 0.00004166\cdots$$

이다. 오차의 한계가 $5 \times 10^{-5}$보다 작으므로 근사값 0.04875는 소수아래 네 자리까지는 유효숫자임을 알 수 있다.

(2) $n$차 테일러 다항식을 사용하면 테일러 정리에 의하여 오차의 한계는

$$E = \left| \frac{(0.05)^{n+1}}{(n+1)(1+c)^{n+1}} \right| \le \frac{(0.05)^{n+1}}{n+1}$$

이다. 따라서

$$E \le \frac{(0.05)^{n+1}}{n+1} \le 10^{-7}$$

를 만족하는 가장 작은 자연수 $n$을 찾아야 한다.

$$n = 3\text{이면 } \frac{(0.05)^{n+1}}{n+1} = 1.5625 \times 10^{-6} > 10^{-7}$$

$$n = 4\text{이면 } \frac{(0.05)^{n+1}}{n+1} = 6.25 \times 10^{-8} < 10^{-7}$$

이므로 $n = 4$이다. 4차 테일러 다항식을 사용한 근사값은

$$f(0.05) \approx T_4(0.05) = 0.05 - \frac{(0.05)^2}{2} + \frac{(0.05)^3}{3} - \frac{(0.05)^4}{4}$$
$$\approx 0.0487901$$

이다. ■

**예제 2** $\sin x$의 근사값으로 3차 테일러 다항식 $T_3(x) = x - \frac{1}{3!}x^3$을 사용하고 오차의 한계는 $10^{-7}$이 되게 하고 싶다. 이 조건을 만족하는 $x$의 범위를 구하여라.

**풀이** 테일러 정리에 의하면

$$\sin x = x - \frac{1}{3!}x^3 + 0 \times x^4 + \frac{\cos c}{5!}x^5$$

이다.(단, $c$는 0과 $x$ 사이의 실수이다.) 따라서 $x$는 부등식

$$\left|\frac{\cos c}{5!}x^5\right| \le \frac{|x^5|}{120} < 10^{-7}$$

을 만족하여야 한다. 그러므로 $|x| < 0.103717\cdots$인 모든 $x$에 대하여 $\sin x$의 근사값으로 $T_3(x)$를 택할 때 오차가 $10^{-7}$보다 작게 된다. ■

## 적분을 급수로 표시하기

함수 $f(x)$의 원시함수 즉 $F'(x) = f(x)$인 함수 $F(x)$를 우리가 잘 알고 있는 초등함수로 표시할 수 없는 경우 적분을 멱급수로 표시하면 편리한 경우가 있다.

**예제 3** 정적분

$$\int_0^1 \frac{\sin t^2}{t^2}\,dt$$

의 근사값을 오차가 $10^{-4}$보다 작게 되도록 구하여라.

**풀이** $\sin t^2 = \sum_{n=0}^{\infty} \frac{(-1)^n}{(2n+1)!}(t^2)^{2n+1} = \sum_{n=0}^{\infty} \frac{(-1)^n}{(2n+1)!} t^{4n+2}$

이므로

$$\frac{\sin t^2}{t^2} = \sum_{n=0}^{\infty} \frac{(-1)^n}{(2n+1)!} t^{4n}$$

따라서

$$\int_0^1 \frac{\sin t^2}{t^2}\,dt = \int_0^1 \sum_{n=0}^{\infty} \frac{(-1)^n}{(2n+1)!} t^{4n}\,dt = \sum_{n=0}^{\infty} \int_0^1 \frac{(-1)^n}{(2n+1)!} t^{4n}\,dt$$
$$= \sum_{n=0}^{\infty} \frac{(-1)^n}{(2n+1)!(4n+1)}$$

교대급수이므로 $S_n$을 근사값으로 택하면 오차의 한계는 다음 항의 절대값 보다 작다. 그러므로

$$E \leq \frac{1}{(2n+3)!(4n+4)} < 10^{-4} \quad \text{즉} \quad (2n+3)!(4n+5) > 10^4$$

인 가장 작은 자연수 $n$을 찾아야 한다.

$$n = 1 \text{ 이면 } (2n+3)!(4n+5) = 1080 < 10^4$$
$$n = 2 \text{ 이면 } (2n+3)!(4n+5) = 65520 > 10^4$$

이므로 $n = 2$이다. 따라서 구하는 근사값은

$$S_2 = 1 - \frac{1}{3!5} + \frac{1}{5!9} \approx 0.9676$$

이 된다. ■



## 부정형의 극한

**예제 4** 테일러 정리를 이용하여 극한값 $\lim_{x \to 0} \frac{\cos x - 1}{x}$을 구하여라.

**풀이** $\cos x = 1 - \frac{1}{2!}x^2 + \frac{1}{24}x^4 + \cdots$ 이므로

$$\frac{\cos x - 1}{x^2} = -\frac{1}{2} + \frac{1}{24}x^2 + \cdots$$

따라서

$$\lim_{x \to 0} \frac{\cos x - 1}{x^2} = \lim_{x \to 0} \left( -\frac{1}{2} + \frac{1}{24}x^2 + \cdots \right) = -\frac{1}{2}$$

이다. ■

## $\pi$의 근사식

**예제 5** $f(x) = \tan^{-1}x$의 테일러 급수

$$\sum_{n=0}^{\infty} \frac{(-1)^n}{2n+1} x^{2n+1} = x - \frac{1}{3}x^3 + \frac{1}{5}x^5 - \frac{1}{7}x^7 + \cdots$$

이 구간 $[-1, 1]$에서 $\tan^{-1}x$로 수렴함을 보이고 이를 이용하여 라이프니츠 공식

$$\frac{\pi}{4} = 1 - \frac{1}{3} + \frac{1}{5} - \frac{1}{7} + \cdots$$

를 유도하여라.

**풀이** 공비가 $-t^2$인 기하급수로부터 유도된 항등식

$$\frac{1}{1+t^2} = \sum_{k=0}^{n} (-t^2)^k + \frac{(-1)^{n+1} t^{2n+2}}{1+t^2}$$

을 적분하면

$$\tan^{-1}x = \int_0^x \frac{1}{1+t^2}\,dt = \sum_{k=0}^{n}\frac{(-1)^k}{2k+1}x^{2k+1} + \int_0^x \frac{(-1)^{n+1}t^{2n+2}}{1+t^2}\,dt$$

이므로 잉여항은

$$R_n(x) = \int_0^x \frac{(-1)^{n+1}t^{2n+2}}{1+t^2}\,dt$$

이다. $1+t^2 \geq 1$이므로 부등식

$$|R_n(x)| \leq \int_0^{|x|} \frac{t^{2n+2}}{1+t^2}\,dt \leq \int_0^{|x|} t^{2n+2}\,dt = \frac{|x|^{2n+3}}{2n+3}$$

이 성립하고 따라서 구간 $[-1, 1]$에 속하는 임의의 $x$에 대하여 $\lim_{n\to\infty} R_n(x) = 0$이므로 정리 9.2.3에 의하여 테일러 급수는 $\tan^{-1}x$로 수렴한다. 즉,

$$\tan^{-1}x = \sum_{n=0}^{\infty}\frac{(-1)^n}{2n+1}x^{2n+1} = x - \frac{1}{3}x^3 + \frac{1}{5}x^5 - \frac{1}{7}x^7 + \cdots,\ |x| \leq 1$$

이다. 이 멱급수에 $x=1$을 대입하고 $\tan^{-1}1 = \frac{\pi}{4}$를 이용하면 라이프니츠 공식을 얻는다. ■

라이프니츠 공식은 수렴하는 속도가 너무 느린 것이 단점이다. 오차가 $10^{-2}$보다 작도록 $\pi$의 근사값을 구하려면 무려 50항을 더하여야 한다. $\tan^{-1}x$는 $|x|$의 값이 작을수록 수렴속도가 빠르므로 $\pi$의 근사값을 구한다면 오일러 공식으로 알려진 다음식이 더 효과적이다.

$$\frac{\pi}{4} = \tan^{-1}\frac{1}{2} + \tan^{-1}\frac{1}{3}$$

2009년 일본 쓰쿠바대학 계산과학연구센터는 관계식

$$\frac{\pi}{4} = 6\tan^{-1}\frac{1}{8} + 2\tan^{-1}\frac{1}{57} + \tan^{-1}\frac{1}{239}$$

과 슈퍼컴퓨터를 사용하여 $\pi$의 근사값을 소수점아래 2조 5769억 8037만 자리까지 구하였다. 만일 이 근사값을 인쇄한다면 그 결과는 1줄에 200자, 1페이지에 50줄, 1권에 1,000페이지인 책 257,699권이 된다.

## 연습문제 9.3

**1.** 함수 $f(x)$의 $x=0$ 근방에서의 $n$차 테일러 다항식을 이용하여 근사값을 구하고 그때의 오차의 한계를 구하여라.

(1) $\ln 1.2,\ f(x)=\ln(1+x),\ n=3$

(2) $\sqrt{0.95},\ f(x)=\sqrt{1+x},\ n=2$

(3) $\sin 0.01,\ f(x)=\sin x,\ n=2$

(4) $e^{-0.1},\ f(x)=e^x,\ n=2$

(5) $1.02^{\frac{3}{2}},\ f(x)=(1+x)^{\frac{3}{2}},\ n=2$

(6) $\frac{1}{\sqrt[3]{0.9}},\ f(x)=\frac{1}{\sqrt[3]{1+x}},\ n=2$

**2.** 함수 $f(x)$의 근사값을 $x=0$ 근방에서의 $n$차 테일러 다항식을 이용하여 구하려고 한다. 주어진 $x$의 범위에 대하여 오차의 한계를 구하여라.

(1) $f(x)=e^x,\ n=2,\ |x|\le 0.1$

(2) $f(x)=\ln(1+x),\ n=3,\ |x|\le 0.05$

(3) $f(x)=\frac{1}{\sqrt{1+x}},\ n=2,\ |x|\le 0.1$

(4) $f(x)=\cos x,\ n=4,\ |x|\le 0.5$

(5) $f(x)=\sin x,\ n=4,\ |x|\le 0.5$

(6) $f(x)=\sqrt{1+x},\ n=4,\ |x|\le 00.1$

**3.** 오차가 $10^{-6}$보다 작게 되도록 $e$의 근사값을 구하여라.

**4.** 다음 부정적분을 매클로린 급수로 표시하여라.

(1) $\int e^{-t^2}dt$ (2) $\int \frac{1}{\sqrt{1+x^5}}dt$

(3) $\int \frac{\sin t^2}{t^2}dt$ (4) $\int \cos t^2\,dt$

**5.** 다음 정적분의 근사값을 오차가 $10^{-3}$보다 작게 되도록 구하여라.

(1) $\int_0^{0.5} e^{-t^2}dt$ (2) $\int_0^{0.5} \frac{1}{\sqrt{1+x^5}}dt$

(3) $\int_0^{0.1} \frac{\sin t^2}{t^2}dt$ (4) $\int_0^{0.5} \cos t^2\,dt$

**6.** 함수 $f(x)$의 근사값을 $x=a$ 근방에서의 $n$차 테일러 다항식을 이용하여 소수 아래 3자리까지 구하려고 한다. 이 조건을 만족하는 $n$을 구하여라. (힌트: 오차가 $5\times10^{-4}$보다 작으면 된다.)

(1) $f(x)=\ln x,\quad a=1,\quad 0.9\le x\le 1.1$

(2) $f(x)=e^x,\quad a=1,\quad 0.9\le x\le 1.1$

(3) $f(x)=\sin x,\quad a=0,\quad 0\le x\le 0.01$

(4) $f(x)=\sqrt{1+x},\quad a=0,\quad -0.1\le x\le 0.1$

**7.** 테일러 정리를 이용하여 다음의 극한값을 구하여라.

(1) $\lim_{x\to0}\frac{\sin x-x}{x^2}$

(2) $\lim_{x\to0}\frac{\sin x-x+\frac{x^3}{6}}{x^5}$

(3) $\lim_{x\to0}\frac{\cos x-1+\frac{x^2}{2}-\frac{x^4}{24}}{x^5}$

(4) $\lim_{x\to0}\frac{1+x-e^x\cos x}{x}$

**8.** 다음 관계식과 $\tan^{-1}x$의 멱급수를 이용하여 $\pi$를 무한급수로 표시하여라. 또한 어느 것이 수렴속도가 가장 빠른지 추측하여라.

(1) $\frac{\pi}{4}=\tan^{-1}\frac{1}{2}+\tan^{-1}\frac{1}{3}$

(2) $\frac{\pi}{4}=3\tan^{-1}\frac{1}{4}+\tan^{-1}\frac{5}{99}$

(2) $\frac{\pi}{4}=12\tan^{-1}\frac{1}{18}+8\tan^{-1}\frac{1}{57}-5\tan^{-1}\frac{1}{239}$

**9.** (미분 방정식의 멱급수 해법) 미분방정식의 해를 멱급수 $y=\sum_{n=0}^{\infty}a_nx^n$로 표시하고 이를 미분방정식에 대입한 후 계수를 비교하여 해를 구하는 방법이다. 예를 들어 $y'-y=0$의 멱급수해 $y=\sum_{n=0}^{\infty}a_nx^n$를 항별 미분을 하고 미분방정식에 대입하면 항등식

$$\sum_{n=0}^{\infty}[(n+1)a_{n+1}-a_n]x^n=0$$

을 얻는다. 이 항등식이 성립하려면 모든 계수가 0이어야 하므로

Chapter 9

$$a_{n+1} = \frac{a_n}{n+1}, \quad n = 0, 1, 2, \cdots$$

이다. 따라서

$$a_n = \frac{1}{n!} a_0, \quad n = 0, 1, 2, \cdots$$

이 된다. 그러므로

$$y = a_0 \sum_{n=0}^{\infty} \frac{1}{n!} x^n$$

이다. 이 멱급수는 $y = a_0 e^x$이다. 만약 초기값이 주어지면 상수 $a_0$은 유일하게 결정됨에 유의하라. 예를 들어 $y(0) = 1$이면 $a_0 = 1$이다. 다음 미분 방정식의 멱급수 해를 구하여라.

(1) $y' - xy = 0$

(2) $y' - x^2 y = 0, \quad y(0) = 1$

(3) $y'' - xy = 0$

(4) $y'' + x^2 y = 0$

# 제 10 장 벡 터

### 해밀턴(William Rowan Hamilton)

해밀턴(1805~1865)는 아일랜드의 수학자, 물리학자 및 천문학자로, 광학, 동역학 및 대수학의 발전에 큰 공헌을 했다. 제자인 케일리(Arthur Cayley)와 함께 — 실수체, 혹은 복소체에서 정의된 모든 정사각행렬이 특성 방정식을 만족한다는 — 케일리-해밀턴 정리를 발견하였다. 그는 사원수(quaternion)를 발견한 이로써 널리 알려져 있으며, 해밀토니안 개념은 나중에 양자역학의 발전에도 중요한 영향을 미쳤다. 사원수를 발견한 일화를 소개하자면, 해밀턴은 복소수가 2차원 평면상의 점으로 표현될 수 있다는 사실로부터, 3차원 공간에서 점을 표현하는 같은 방법을 찾으려 하였다. 3차원 공간에서의 정점은 3개의 수로 이루어지며, 해밀턴은 그 3개의 수들을 어떻게 더하고 곱할 수 있는지에 관해 생각해왔다. 그러나 그는 두개의 정점간의 나누기를 어떻게 정의할지 알지 못했고, 난관에 부딪히고 말았다. 1843년 10월 16일, 해밀턴은 그의 아내와 더블린의 로열 운하를 걷고 있었다. 브로엄 다리를 걷고 있을 때, 나누기에 관한 해답이 그의 뇌리를 스쳤다. 그는 3개의 요소를 나누지는 못하지만, 4개의 요소를 나눌 수 있다는 걸 생각했다. 그는 다음과 같은 이 수체계의 기본 규칙을 다리에 새겨놓았다.

$$i^2 = j^2 = k^2 = ijk = -1$$

해밀턴은 위의 기본적인 규칙을 적용한 4개의 요소를 "사원수"라고 명명했다. 그 후 그는 사원수를 연구하고 알리는데 그의 남은 여생을 바쳤다.

## 10.1 벡 터

길이, 면적, 부피, 질량 등과 같이 크기만을 가진 양을 스칼라라 부르고 속도, 가속도, 힘, 무게 등과 같이 크기와 방향을 함께 가진 양을 벡터라 부른다. 스칼라는 $a, b, c, \cdots$ 등과 같이 보통의 문자로 나타내고 벡터는 $\mathbf{a}, \mathbf{b}, \mathbf{c}, \cdots$ 등과 같이 굵은 문자 또는 $\vec{a}, \vec{b}, \vec{c}, \cdots$ 등과 같이 문자 위에 화살표를 붙여서 나타낸다. 벡터를 그림으로 나타낼 때에는 방향을 가진 선분인 화살표로 나타내는데 화살표의 길이로 벡터의 크기를, 화살표의 방향으로 벡터의 방향을 나타낸다. 이때 화살표가 시작되는 점을 벡터의 시점, 화살표가 끝나는 점을 벡터의 종점이라 부른다. 시점이 $A$이고 종점이 $B$인 벡터를 $\overrightarrow{AB}$라 표기하기도 한다. 그리고 벡터 $\mathbf{u}$의 크기를 $\|\mathbf{u}\|$로 표시한다.

두 벡터 $\mathbf{u}$, $\mathbf{v}$가 있을 때 벡터 $\mathbf{u}$를 평행이동하여 벡터 $\mathbf{v}$와 일치시킬 수 있다면 두 벡터 $\mathbf{u}$, $\mathbf{v}$는 크기가 같고 같은 방향을 가지는 벡터이다. 이때 두 벡터는 동치라 하고

$$\mathbf{u} = \mathbf{v}$$

로 나타낸다.

### 벡터의 연산

두 벡터 $\overrightarrow{AB}$와 $\overrightarrow{BC}$의 합을 다음과 같이 정의한다.

$$\overrightarrow{AC} = \overrightarrow{AB} + \overrightarrow{BC}$$

그림 10.1.1을 보면 이 벡터의 합에 대한 정의를 삼각형법칙이라 하는 이유

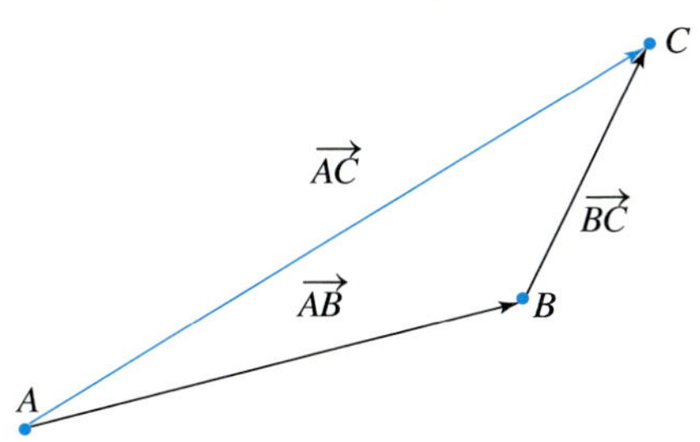


그림 10.1.1

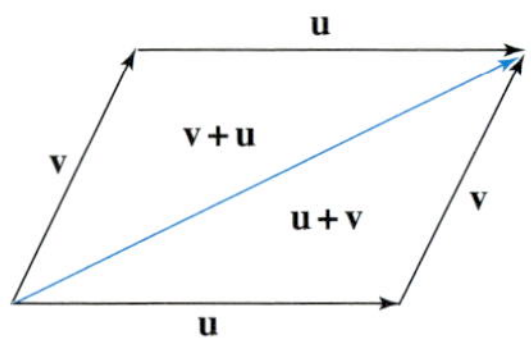

그림 10.1.2

를 알 수 있다.

그림 10.1.2에서는 두 벡터 **u**, **v**의 합을 구하는 다른 방법을 보여준다. 두 벡터의 시점을 일치시키고 두 벡터를 두 변으로 하는 평행사변형을 그린다. 이때 평행사변형의 대각선으로 이루어지는 벡터가 두 벡터의 합이 된다. 이를 평행사변형법칙이라 하며 이 그림으로부터 다음이 성립함을 쉽게 알 수 있다.

$$\mathbf{u}+\mathbf{v} = \mathbf{v}+\mathbf{u} \text{ (교환법칙)}$$

크기가 0인 벡터를 영벡터라 하고 0으로 표시한다. 영벡터 0의 방향은 정해지지 아니하며 임의의 벡터 **u**에 대해 다음이 성립함을 알 수 있다.

$$\mathbf{u}+\mathbf{0} = \mathbf{0}+\mathbf{u} = \mathbf{u}$$

정의 **u**가 영이 아닌 벡터이고 $k$가 스칼라일 때 벡터 **u**의 스칼라배 $k\mathbf{u}$는 크기가 벡터 u의 크기의 $|k|$배인 벡터이다. 이때 $k\mathbf{u}$의 방향은 $k>0$이면 벡터 **u**와 같은 방향이고 $k<0$이면 벡터 **u**와 반대방향이다. $k=0$이거나 $\mathbf{u}=\mathbf{0}$이면 $k\mathbf{u}=\mathbf{0}$으로 정의한다.

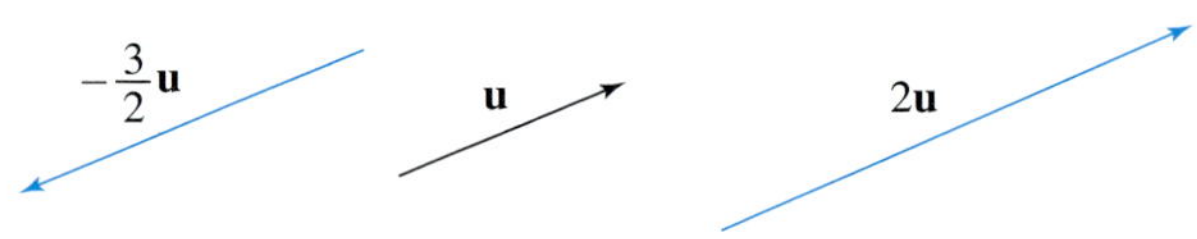


두 벡터 **u**, **v**가 같은 방향을 가지거나 서로 반대방향을 가질 때 두 벡터는 평행하다고 하고 **u** // **v**로 나타낸다. 두 벡터 **u**, **v**가 평행하기 위한 필요충분조건은 벡터 **v**가 벡터 **u**의 스칼라배가 되는 것이다. 즉,

$$\mathbf{u} \,/\!/\, \mathbf{v} \Longleftrightarrow \mathbf{v} = k\mathbf{u} \,(k\text{는 상수})$$

이다.

영이 아닌 벡터 **u**에 대하여 $-\mathbf{u}$를 **u**와 같은 크기를 갖고 방향이 반대인 벡터로 정의한다. 스칼라배의 정의로부터 다음을 알 수 있다.

$$-\mathrm{u} = (-1)\mathbf{u}$$

이때 다음이 성립한다.

$$\mathbf{u}+(-\mathbf{u}) = (-\mathbf{u})+\mathbf{u} = \mathbf{0}$$

두 벡터 **u**, **v**에 대하여 두 벡터의 차 $\mathbf{u}-\mathbf{v}$를 다음과 같이 정의한다.

$$\mathbf{u}-\mathbf{v} = \mathbf{u}+(-1)\mathbf{v}$$

**정리 10.1.1**

$\mathbf{u}, \mathbf{v}, \mathbf{w}$가 벡터, $a, b$가 스칼라일 때 다음이 성립한다.

(1) $(\mathbf{u}+\mathbf{v})+\mathbf{w} = \mathbf{u}+(\mathbf{v}+\mathbf{w})$ (2) $a(\mathbf{u}+\mathbf{v}) = a\mathbf{u}+a\mathbf{v}$

(3) $(a+b)\mathbf{u} = a\mathbf{u}+b\mathbf{u}$ (4) $a(b\mathbf{u}) = (ab)\mathbf{u}$

(5) $1\mathbf{u} = \mathbf{u}$

두 벡터 $\overrightarrow{AB}, \overrightarrow{AC}$에 대하여 $M$이 선분 $BC$를 $m:n$으로 내분한 점이면

$$\overrightarrow{AM} = \frac{m\overrightarrow{AC}+n\overrightarrow{AB}}{m+n}$$

이 되고 $M$이 선분 $BC$의 중점이면

$$\overrightarrow{AM} = \frac{\overrightarrow{AB}+\overrightarrow{AC}}{2}$$

가 됨을 쉽게 알 수 있다.

다음 예제들을 통하여 벡터의 유용성을 알게 될 것이다.

**예제 1** $\triangle ABC$에서 선분 $BC$를 1:2로 내분하는 점을 $D$, 선분 $AC$를 1:3으로 내분하는 점을 $E$, 선분 $AD$와 선분 $BE$의 교점을 $F$라 할 때 $\overline{BF}:\overline{FE}$를 구하여라.

**풀이** $\overrightarrow{AB} = \mathbf{u}$, $\overrightarrow{AC} = \mathbf{v}$라 하자. $\overline{BF}:\overline{FE} = x:1-x$라 하면

$$\overrightarrow{AF} = (1-x)\overrightarrow{AB}+x\overrightarrow{AE} = (1-x)\mathbf{u}+\frac{x}{4}\mathbf{v}$$

$\overline{AF}:\overline{FD} = y:1-y$라 하면

$$\overrightarrow{AF} = y\overrightarrow{AD} = y\left(\frac{2\overrightarrow{AB}+\overrightarrow{AC}}{3}\right) = \frac{2y}{3}\mathbf{u}+\frac{y}{3}\mathbf{v}$$

따라서 $1-x = \frac{2y}{3}$, $\frac{x}{4} = \frac{y}{3}$ 이를 풀면 $x = \frac{2}{3}$, $y = \frac{1}{2}$. 그러므로

$$\overline{BF}:\overline{FE} = \frac{2}{3}:\frac{1}{3} = 2:1$$

■

**예제 2** $\triangle ABC$에서 선분 $BC, AC, AB$의 중점을 각각 $D, E, F$라 하면 세 중선 $AD$, $BE$, $CF$는 한 점 $G$에서 만나고 $G$는 세 중선 $AD, BE, CF$를 각각 2:1로 내분함을 보여라.

**풀이** $\overrightarrow{AB} = \mathbf{u}$, $\overrightarrow{AC} = \mathbf{v}$라 하자. 선분 $AD$를 2:1로 내분하는 점을 $G_1$이라 하면

$$\overrightarrow{AG_1} = \frac{2}{3}\overrightarrow{AD} = \frac{2}{3}\left(\frac{\overrightarrow{AB}+\overrightarrow{AC}}{2}\right) = \frac{1}{3}(\mathbf{u}+\mathbf{v})$$

선분 $BE$를 $2:1$로 내분하는 점을 $G_2$라 하면

$$\overrightarrow{AG_2} = \frac{\overrightarrow{AB} + \overrightarrow{AE}}{3} = \frac{1}{3}(\mathbf{u} + \mathbf{v})$$

선분 $CF$를 $2:1$로 내분하는 점을 $G_3$라 하면

$$\overrightarrow{AG_3} = \frac{2\overrightarrow{AF} + \overrightarrow{AC}}{3} = \frac{1}{3}(\mathbf{u} + \mathbf{v})$$

$\overrightarrow{AG_1} = \overrightarrow{AG_2} = \overrightarrow{AG_3}$이므로 $G_1 = G_2 = G_3$이다. 따라서 세 중선 $AD, BE, CF$는 한 점 $G$에서 만나고 $G$는 세 중선 $AD, BE, CF$를 각각 $2:1$로 내분한다. ■

## 3차원 직교좌표계

평면에서 한 점의 위치를 결정하는 데에는 두 수가 필요하다. 평면의 어떤 점도 $a$가 $x$-좌표, $b$가 $y$-좌표일 때 두 실수의 순서쌍 $(a, b)$로 나타내어질 수 있음을 알고 있다. 이같은 이유로 평면을 2차원이라 부른다. 공간에서 한 점의 위치를 결정하는 데에는 세 수가 필요하다. 공간의 어떤 점도 세 실수의 순서조 $(a, b, c)$로 나타내어진다. 이를 위하여 먼저 고정된 점 $O$(원점)를 정하고 $O$에서 서로 수직으로 만나는 세 개의 방향을 가진 직선들(이들을 좌표축이라 부르고 각각 $x$-축, $y$-축, $z$-축이라 이름 붙인다.)을 택한다. 보통 $x$-축과 $y$-축은 수평으로 $z$-축은 연직으로 생각하고 축들의 방위는 그림 10.1.3과 같이 그린다. 세 좌표축들은 세 좌표평면을 결정한다. $xy$-평면은 $x$-축과 $y$-축을, $yz$-평면은 $y$-축과 $z$-축을, $xz$-평면은 $x$-축과 $z$-축을 포함하는 평면이다.

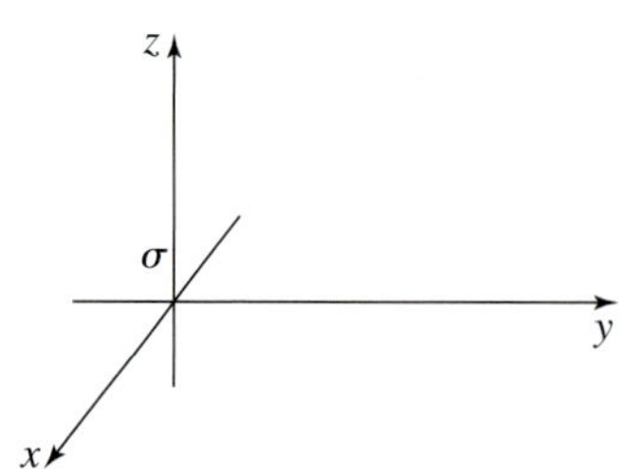

그림 10.1.3

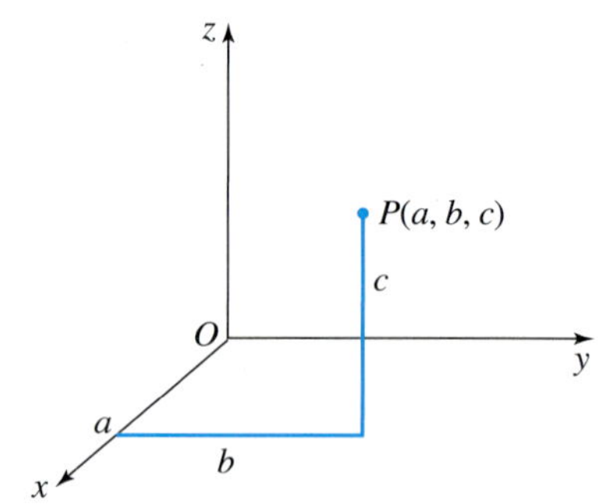

그림 10.1.4

이제 $P$를 공간의 임의의 점이라 하고 $yz$-평면에서 $P$까지의 (방향이 정해진) 거리를 $a$, $xz$-평면에서 $P$까지의 거리를 $b$, $xy$-평면에서 $P$까지의 거리를 $c$라 하자. 점 $P$를 세 실수의 순서조 $(a, b, c)$로 나타내고 $a, b, c$를 $P$의 좌표들이라 부른다. 즉, $a$는 $x$-좌표, $b$는 $y$-좌표, $c$는 $z$-좌표이다. 따라서 점 $(a, b, c)$의 위치를 결정하기 위하여 그림 10.1.4에서와 같이 원점 $O$에서 출발하여 $x$-축을 따

라 $a$만큼 이동한 뒤 $y$-축과 평행하게 $b$만큼, 다시 $z$-축과 평행하게 $c$만큼 이동한다.

카테시안 곱 $\mathbb{R}\times\mathbb{R}\times\mathbb{R} = \{(x, y, z) \mid x, y, z \in \mathbb{R}\}$은 세 실수의 순서조 전체의 집합이고 $\mathbb{R}^3$으로 나타낸다. 이것은 공간의 점들과 $\mathbb{R}^3$의 순서조 $(a, b, c)$들 사이에 일대일 대응관계를 준 것으로 3차원 직교좌표계라 부른다.

**정리 10.1.2**

두 점 $P_1(x_1, y_1, z_1)$과 $P_2(x_2, y_2, z_2)$ 사이의 거리는

$$\overline{P_1P_2} = \sqrt{(x_2-x_1)^2+(y_2-y_1)^2+(z_2-z_1)^2}$$

이다.

**예제 3** 점 $P(2, -1, 7)$에서 점 $Q(1, -3, 5)$까지의 거리는

$$\overline{PQ} = \sqrt{(1-2)^2+(-3+1)^2+(5-7)^2} = 3$$

이다. ■

### 벡터의 성분

공간벡터 $\mathbf{u}$가 시점이 원점인 공간벡터 $\overrightarrow{OP}$와 동치일 때 즉, $\mathbf{u} = \overrightarrow{OP}$일 때 $\mathbf{u}$와 $P$의 좌표 $(a, b, c)$를 같게 취급하여 $\mathbf{u} = (a, b, c)$라 표기한다. 이때 $a, b, c$를 각각 벡터 $\mathbf{u}$의 $x$-성분, $y$-성분, $z$-성분이라 한다.

기호 $(a, b, c)$는 3차원 공간의 점을 나타내기도 하고 3차원 공간의 벡터를 나타내기도 한다. 이 기호가 사용되는 경우 점을 나타내는지 벡터를 나타내는지를 판단하여야 하는데 이 기호를 사용하는 부분에서 전후관계를 살펴보고 판단하여야 한다.

**정리 10.1.3**

두 벡터 $\mathbf{u} = (u_1, u_2, u_3)$, $\mathbf{v} = (v_1, v_2, v_3)$와 스칼라 $k$에 대하여 다음이 성립한다.

$$\begin{aligned}\mathbf{u}+\mathbf{v} &= (u_1+v_1, u_2+v_2, u_3+v_3)\\ \mathbf{u}-\mathbf{v} &= (u_1-v_1, u_2-v_2, u_3-v_3)\\ k\mathbf{u} &= (ku_1, ku_2, ku_3)\end{aligned}$$

**정리 10.1.4**

(1) 두 점 $A(a_1, a_2, a_3)$, $B(b_1, b_2, b_3)$에 대하여 $\overrightarrow{AB} = (b_1 - a_1, b_2 - a_2$ $b_3 - a_3)$이다.

(2) 벡터 $\mathbf{u} = (u_1, u_2, u_3)$의 크기는 $\|\mathbf{u}\| = \sqrt{u_1^2 + u_2^2 + u_3^2}$이다.

(3) 벡터 $\mathbf{u}$와 스칼라 $k$에 대하여 $\|k\mathbf{u}\| = |k|\|\mathbf{u}\|$가 성립한다.

**예제 4** $\mathbf{u} = (3, -2, 1)$, $\mathbf{v} = (2, 1, 1)$일 때 $3\mathbf{u} - 2\mathbf{v}$, $\|3\mathbf{u} - 2\mathbf{v}\|$를 구하여라.

**풀이**

$$
\begin{aligned}
3\mathbf{u} - 2\mathbf{v} &= 3(3, -2, 1) - 2(2, 1, 1) \\
&= (9, -6, 3) - (4, 2, 2) \\
&= (9 - 4, -6 - 2, 3 - 2) \\
&= (5, -8, 1)
\end{aligned}
$$

따라서 $\|3\mathbf{u} - 2\mathbf{v}\| = \sqrt{5^2 + (-8)^2 + 1^2} = 3\sqrt{10}$ ■

크기가 1인 벡터를 단위벡터라 한다.

다음과 같이 기본단위벡터 $\mathbf{i}$, $\mathbf{j}$, $\mathbf{k}$를 정의한다.

$$\mathbf{i} = (1, 0, 0), \quad \mathbf{j} = (0, 1, 0), \quad \mathbf{k} = (0, 0, 1)$$

기본벡터를 사용하면 벡터 $\mathbf{u} = (u_1, u_2, u_3)$를 다음과 같이 나타낼 수 있다.

$$\mathbf{u} = u_1\mathbf{i} + u_2\mathbf{j} + u_3\mathbf{k}$$

영벡터가 아닌 벡터 $\mathbf{u}$와 같은 방향의 단위벡터 $\mathbf{e}$는 다음과 같이 주어짐을 알 수 있다.

$$\mathbf{e} = \frac{1}{\|\mathbf{u}\|}\mathbf{u}$$

**예제 5** 벡터 $\mathbf{u} = 2\mathbf{i} - 3\mathbf{j} + \mathbf{k}$와 같은 방향을 가지는 단위벡터를 구하여라.

**풀이** $\|\mathbf{u}\| = \sqrt{2^2 + (-3)^2 + 1^2} = \sqrt{14}$이므로 $\mathbf{u}$와 같은 방향의 단위벡터는

$$\frac{2}{\sqrt{14}}\mathbf{i} - \frac{3}{\sqrt{14}}\mathbf{j} + \frac{1}{\sqrt{14}}\mathbf{k}$$

이다. ■

평면벡터는 두 성분을 가지는 순서쌍 $(a, b)$로 표시된다. 기본단위벡터 $\mathbf{i}$, $\mathbf{j}$를

$$\mathbf{i} = (1, 0), \ \mathbf{j} = (0, 1)$$

이라 정의하면

$$(a,b) = a\mathbf{i} + b\mathbf{j}$$

가 된다.

**예제 6** 그림과 같이 무게 200N인 물체를 두 개의 철사줄이 지탱하고 있다. 각각의 철사줄의 장력을 구하여라.

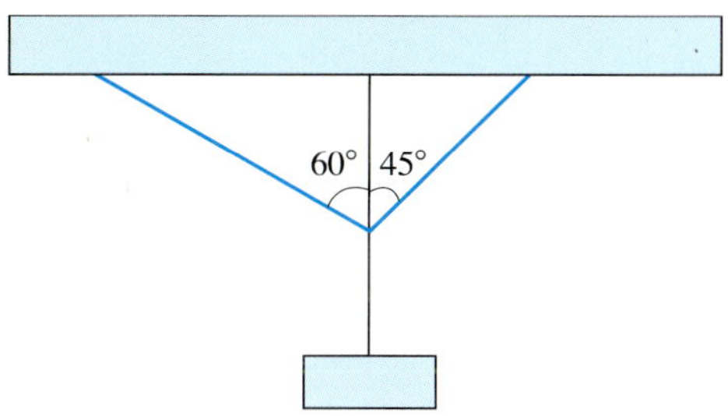


**풀이** 두 철사줄에 작용하는 힘을 벡터 **u**, **v**로 물체에 작용하는 힘을 벡터 **w**로 표시하면 두 철사줄의 장력은 각각 $\|\mathbf{u}\|$, $\|\mathbf{v}\|$이다. 세 벡터 **u**, **v**, **w**는 평형상태를 유지하고 있으므로 세 벡터에 의하여

(1) 왼쪽으로 작용하는 힘과 오른쪽으로 작용하는 힘의 크기가 같다.

(2) 위쪽으로 작용하는 힘과 아래쪽으로 작용하는 힘의 크기가 같다.

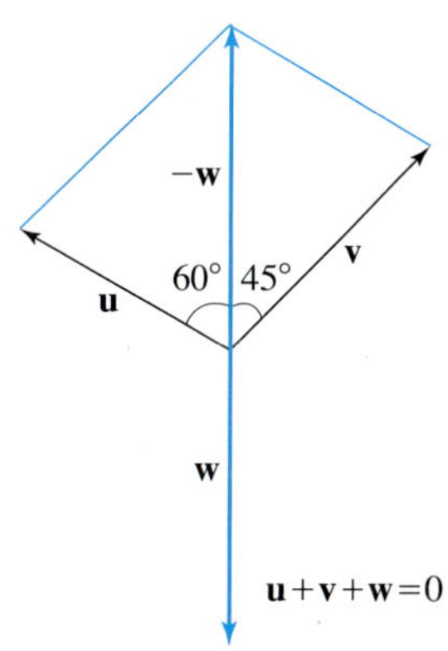


그러므로 다음 식이 성립한다.

$$\|\mathbf{u}\|\cos 30^\circ = \|\mathbf{v}\|\cos 45^\circ$$
$$\|\mathbf{u}\|\sin 30^\circ + \|\mathbf{v}\|\sin 45^\circ = \|\mathbf{w}\|$$

따라서

$$\frac{\sqrt{3}}{2}\|\mathbf{u}\| = \frac{1}{\sqrt{2}}\|\mathbf{v}\|$$
$$\frac{1}{2}\|\mathbf{u}\| + \frac{1}{\sqrt{2}}\|\mathbf{v}\| = 200$$

위의 식을 풀면

$$\|\mathbf{u}\| = \frac{400}{\sqrt{3}+1}\text{N}, \quad \|\mathbf{v}\| = \frac{200\sqrt{6}}{\sqrt{3}+1}\text{N}$$

■

## 연습문제 10.1

**1.** 다음 평행사변형에서 동치인 벡터들을 모두 구하여라.

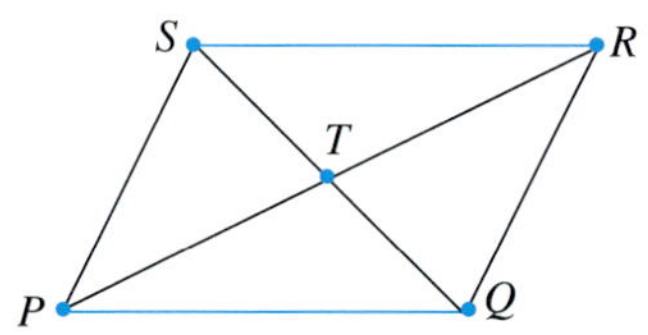


**2.** 그림에서 다음 벡터들을 간단히 나타내어라.

(1) $\overrightarrow{PQ}+\overrightarrow{QR}$　　(2) $\overrightarrow{RP}+\overrightarrow{PS}$

(3) $\overrightarrow{QS}+\overrightarrow{PS}$　　(4) $\overrightarrow{RS}+\overrightarrow{SP}+\overrightarrow{PQ}$

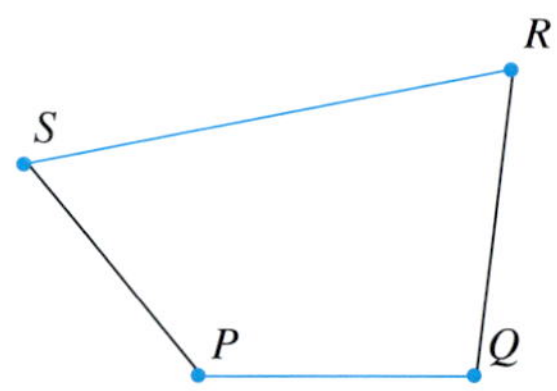


**3.** 주어진 벡터를 이용하여 다음 벡터를 그려라.

(1) $\mathbf{u}+\mathbf{v}$　　(2) $\mathbf{u}-\mathbf{v}$　　(3) $2\mathbf{u}$

(4) $-\frac{1}{2}\mathbf{v}$　　(5) $2\mathbf{u}+\mathbf{v}$　　(6) $\mathbf{u}-3\mathbf{v}$

**4.** 다음에서 $\overrightarrow{AB}$의 성분을 구하여라.

(1) $A(4, 8), B(3, 7)$

(2) $A(3, -5), B(-4, -7)$

(3) $A(-5, 0), B(-3, 1)$

(4) $A(0, 0), B(a, b)$

(5) $A(3, -7, 2), B(-2, 5, -4)$

(6) $A(-1, 0, 2), B(0, -1, 0)$

**5.** 다음에서 $A$ 또는 $B$의 좌표를 구하여라.

(1) $\overrightarrow{AB}=(6, 7, -3), A(-1, 3, -5)$

(2) $\overrightarrow{AB}=(4, -2, -1), B(3, 0, -5)$

**6.** $\mathbf{u}=(-3, 1, 2)$, $\mathbf{v}=(4, 0, 1)$, $\mathbf{w}=(6, -1, -4)$일 때 다음 벡터를 구하여라.

(1) $\mathbf{u}+\mathbf{v}$　　(2) $\mathbf{u}-\mathbf{v}$

(3) $2\mathbf{u}+\mathbf{v}$　　(4) $\mathbf{u}-3\mathbf{v}$

(5) $5(\mathbf{u}-4\mathbf{v})$　　(6) $(2\mathbf{u}-7\mathbf{v})-(8\mathbf{v}+\mathbf{w})$

**7.** $\mathbf{u}=(2, -2, 3)$, $\mathbf{v}=(1, -3, 4)$, $\mathbf{w}=(3, 6, -4)$일 때 다음을 구하여라.

(1) $\|\mathbf{u}+\mathbf{v}\|$　　(2) $\|\mathbf{u}\|+\|\mathbf{v}\|$

(3) $\|-2\mathbf{u}\|+\|2\mathbf{u}\|$　　(4) $\|3\mathbf{u}-5\mathbf{v}+\mathbf{w}\|$

**8.** $\mathbf{u}=(-1, 3, 5)$일 때 $\|k\mathbf{u}\|=6$ 인 $k$를 모두 구하여라.

**9.** 문제 6의 벡터에 대해서 다음 식이 성립하도록 스칼라 $c_1$, $c_2$, $c_3$를 구하여라.

$$c_1\mathbf{u}+c_2\mathbf{v}+c_3\mathbf{w}=(2, 0, 4)$$

**10.** 문제 6의 벡터에 대해서 다음 식을 만족하는 벡터 $\mathbf{x}$를 구하여라.

$$2\mathbf{u}-\mathbf{v}+\mathbf{x}=7\mathbf{x}+\mathbf{w}$$

**11.** 벡터 (2, 4)를 서로 수직인 벡터 (3, 1)과 (−1, 3)의 일차결합으로 표시하여라.

참고 두 벡터 $\mathbf{u}$와 $\mathbf{v}$의 일차결합이란 $c\mathbf{u}+b\mathbf{v}$($c$, $b$는 스칼라)와 같은 형태를 의미한다.

**12.** 평면단위벡터는 모두 $\cos\theta\mathbf{i}+\sin\theta\mathbf{j}$꼴임을 증명하여라.

**13.** 단위벡터 $\mathbf{u}$가 $\mathbf{i}$와 이루는 각을 $\alpha$, $\mathbf{j}$와 이루는 각을 $\beta$, $\mathbf{k}$와 이루는 각을 $\gamma$라 하면

$$\mathbf{u}=\cos\alpha\mathbf{i}+\cos\beta\mathbf{j}+\cos\gamma\mathbf{k}$$

임을 증명하여라.

**14.** 벡터 $\mathbf{v} = x\mathbf{i} + y\mathbf{j} + z\mathbf{k}$가 $\mathbf{i}$와 이루는 각을 $\alpha$, $\mathbf{j}$와 이루는 각을 $\beta$, $\mathbf{k}$와 이루는 각을 $\gamma$라 하면 다음 식이 성립함을 증명하여라.

$$\mathbf{v} = \|\mathbf{v}\|(\cos\alpha\mathbf{i} + \cos\beta\mathbf{j} + \cos\gamma\mathbf{k})$$
$$\cos^2\alpha + \cos^2\beta + \cos^2\gamma = 1$$

**15.** 벡터를 이용하여 공간상의 두 점 $A(a_1, a_2, a_3)$, $B(b_1, b_2, b_3)$을 잇는 선분의 중점은

$$\left(\frac{a_1 + b_1}{2}, \frac{a_2 + b_2}{2}, \frac{a_3 + b_3}{2}\right)$$

임을 보여라.

**16.** 벡터를 이용하여 공간상의 두 점 $A(a_1, a_2, a_3)$, $B(b_1, b_2, b_3)$을 잇는 선분을 1:2로 내분하는 점은

$$\left(\frac{2a_1 + b_1}{3}, \frac{2a_2 + b_2}{3}, \frac{2a_3 + b_3}{3}\right)$$

임을 보여라.

Chapter 10

## 10.2 벡터의 내적

정의 두 벡터 **u**, **v**의 내적을

$$\mathbf{u}\cdot\mathbf{v} = \|\mathbf{u}\|\|\mathbf{v}\|\cos\theta$$

라 정의한다. 여기서 $\theta$ $(0 \le \theta \le \pi)$는 **u**, **v**의 사이각이다.

내적을 점곱(dot product) 또는 스칼라곱(scalar product)이라고도 한다.

**예제 1** 한 변의 길이가 3인 정육면체 $ABCD-EFGH$에서 $\overrightarrow{AF}\cdot\overrightarrow{AH}$의 값을 구하여라.

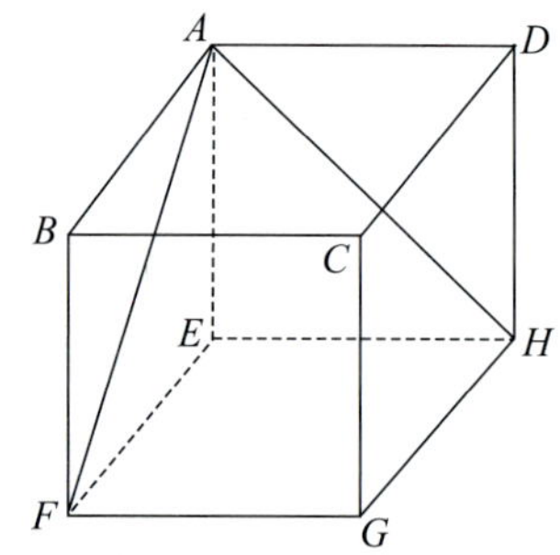

그림 10.2.1

**풀이** $\|\overrightarrow{AF}\| = \|\overrightarrow{AH}\| = 3\sqrt{2}$ 이고

$\angle FAH = \dfrac{\pi}{3}$ 이므로

$$\overrightarrow{AF}\cdot\overrightarrow{AH} = (3\sqrt{2})^2\cos\frac{\pi}{3} = 9$$

■

**정리 10.2.1**

$\mathbf{u} = (u_1, u_2, u_3)$, $\mathbf{v} = (v_1, v_2, v_3)$이면

$$\mathbf{u}\cdot\mathbf{v} = u_1v_1 + u_2v_2 + u_3v_3$$

이다.

**증명.** $\mathbf{u} = \overrightarrow{OP}$, $\mathbf{v} = \overrightarrow{OQ}$라 하면 $P(u_1, u_2, u_3)$, $Q(v_1, v_2, v_3)$이다. $\triangle POQ$에서 $\angle POQ = \theta$이므로 코싸인제2정리에 의하여

$$\cos\theta = \frac{\overline{OP}^2 + \overline{OQ}^2 - \overline{PQ}^2}{2\overline{OP}\,\overline{OQ}}$$

이다. 따라서

$$\begin{aligned}\mathbf{u}\cdot\mathbf{v} &= \|\mathbf{u}\|\|\mathbf{v}\|\cos\theta \\ &= \|\overrightarrow{OP}\|\|\overrightarrow{OQ}\|\cos\theta \\ &= \overline{OP}\,\overline{OQ}\left(\frac{\overline{OP}^2 + \overline{OQ}^2 - \overline{PQ}^2}{2\overline{OP}\,\overline{OQ}}\right) \\ &= \frac{1}{2}\left(\overline{OP}^2 + \overline{OQ}^2 - \overline{PQ}^2\right)\end{aligned}$$

$$= \frac{1}{2}\left(u_1^2 + u_2^2 + u_3^2 + v_1^2 + v_2^2 + v_3^2 - ((v_1 - u_1)^2 + (v_2 - u_2)^2 + (v_3 - u_3)^2)\right)$$
$$= u_1 v_1 + u_2 v_2 + u_3 v_3$$

이다. ■

**예제 2** 두 벡터 $\mathbf{u} = (1, 7, -4)$, $\mathbf{v} = (2, -3, 1)$의 내적을 구하여라.

**풀이** 정리 10.2.1에 의하여

$$\mathbf{u} \cdot \mathbf{v} = 1 \times 2 + 7 \times (-3) + (-4) \times 1 = -23$$ ■



내적의 기본적인 성질을 다음 정리에서 소개한다.

**정리 10.2.2**

$\mathbf{u}$, $\mathbf{v}$, $\mathbf{w}$가 벡터, $k$가 스칼라일 때 다음이 성립한다.

(1) $\mathbf{u} \cdot \mathbf{v} = \mathbf{v} \cdot \mathbf{u}$

(2) $\mathbf{u} \cdot (\mathbf{v} + \mathbf{w}) = \mathbf{u} \cdot \mathbf{v} + \mathbf{u} \cdot \mathbf{w}$

(3) $(k\mathbf{u}) \cdot \mathbf{v} = \mathbf{u} \cdot (k\mathbf{v}) = k(\mathbf{u} \cdot \mathbf{v})$

(4) $\mathbf{u} \cdot \mathbf{u} = \|\mathbf{u}\|^2$

**증명.** 성질 (2)만 증명한다.

$\mathbf{u} = (u_1, u_2, u_3)$, $\mathbf{v} = (v_1, v_2, v_3)$, $\mathbf{w} = (w_1, w_2, w_3)$라 하자.

$$\begin{aligned} \mathbf{u} \cdot (\mathbf{v} + \mathbf{w}) &= (u_1, u_2, u_3) \cdot (v_1 + w_1, v_2 + w_2, v_3 + w_3) \\ &= u_1(v_1 + w_1) + u_2(v_2 + w_2) + u_3(v_3 + w_3) \\ &= u_1 v_1 + u_2 v_2 + u_3 v_3 + u_1 w_1 + u_2 w_2 + u_3 w_3 \\ &= \mathbf{u} \cdot \mathbf{v} + \mathbf{u} \cdot \mathbf{w} \end{aligned}$$ ■

$|\cos\theta| \leq 1$이므로 내적의 정의로부터 다음 부등식을 얻는다. 이 부등식을 꼬시-슈바르쯔 부등식(Cauchy-Schwarz inequality)이라 부른다.

**정리 10.2.3(꼬시-슈바르츠 부등식)**

두 벡터 $\mathbf{u} \cdot \mathbf{v}$에 대하여 다음 부등식이 성립한다.

$$|\mathbf{u} \cdot \mathbf{v}| \leq \|\mathbf{u}\| \|\mathbf{v}\|$$

단, 등호가 성립하는 것은 두 벡터가 평행인 경우와 동치이다.

**예제 2** 두 벡터 $\mathbf{u} = (2, -1, 1)$, $\mathbf{v} = (2, 2, 4)$의 사이각을 구하여라.

**풀이** 두 벡터 $\mathbf{u}, \mathbf{v}$의 사이각을 $\theta$라 하자.

$$\|\mathbf{u}\| = \sqrt{6},\ \|\mathbf{v}\| = 2\sqrt{6},\ \mathbf{u}\cdot\mathbf{v} = 6$$

이므로

$$\cos\theta = \frac{\mathbf{u}\cdot\mathbf{v}}{\|\mathbf{u}\|\|\mathbf{v}\|} = \frac{6}{\sqrt{6}\sqrt{24}} = \frac{1}{2}$$

$0 \le \theta \le \pi$이므로 사이각 $\theta$는 $\frac{\pi}{3}$이다. ■

영벡터가 아닌 두 벡터 $\mathbf{u}, \mathbf{v}$의 사이각이 $90°$일 때 두 벡터 $\mathbf{u}, \mathbf{v}$는 서로 수직이라고 하며 $\mathbf{u} \perp \mathbf{v}$로 표시한다. 그리고 영벡터 $\mathbf{0}$는 모든 벡터에 수직하다고 정의한다.

내적의 정의에 의하여 두 벡터 $\mathbf{u}, \mathbf{v}$가 서로 수직이면

$$\mathbf{u}\cdot\mathbf{v} = \|\mathbf{u}\|\|\mathbf{v}\|\cos\frac{\pi}{2} = 0$$

이고 역으로 $\mathbf{u}\cdot\mathbf{v} = 0$이면 $\cos\theta = 0$ 즉, $\theta = \frac{\pi}{2}$이다. 따라서 다음 정리가 성립한다.

**정리 10.2.4**

두 벡터 $\mathbf{u}, \mathbf{v}$가 서로 수직이기 위한 필요충분조건은 $\mathbf{u}\cdot\mathbf{v} = 0$이다.

**예제 4** 두 벡터 $\mathbf{u} = (2, 2, -1)$, $\mathbf{v} = (3, -4, -k)$가 서로 수직일 때 $k$의 값을 구하여라.

**풀이** $0 = \mathbf{u}\cdot\mathbf{v} = 6 - 8 - k$이므로 $k = -2$ ■

### 벡터의 사영

그림 10.2.2와 같이 영벡터가 아닌 두 벡터 $\mathbf{u}, \mathbf{v}$가 주어졌을 때 벡터 $\mathbf{v}$ 위로 또는 $\mathbf{v}$의 연장선 위로 내린 벡터 $\mathbf{u}$의 사영을 생각하자.

그림에서 벡터 $\mathbf{v}$ 위로 또는 $\mathbf{v}$의 연장선 위로 내린 벡터 $\mathbf{u}$의 사영에 해당하는 벡터는 $\overrightarrow{PQ}$이다. 이 벡터 $\overrightarrow{PQ}$를 $\mathbf{v}$방향으로의 $\mathbf{u}$의 사영이라 하고 $P_{\mathbf{v}}(\mathbf{u})$로 표시한다.

$P_{\mathbf{v}}(\mathbf{u})$와 $\mathbf{v}$는 평행하므로 $\mathbf{v}$방향의 단위벡터를 $\mathbf{e}$라 하면 적당한 상수 $c$가 존

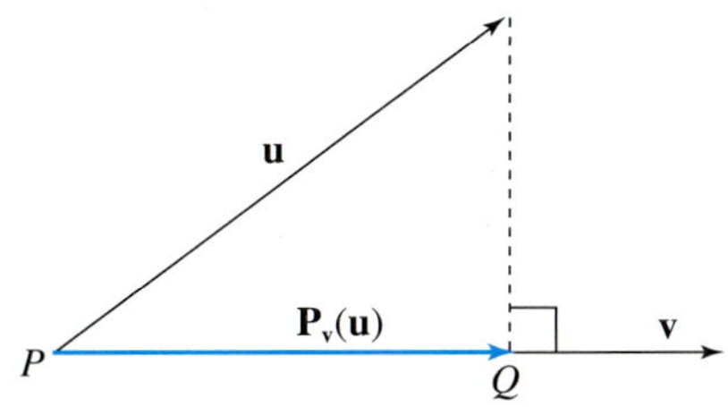


그림 10.2.2

재하여 다음이 성립한다.

$$P_{\mathrm{v}}(\mathbf{u}) = c\mathbf{e}$$

이때 $c$를 **v**방향으로의 **u**의 성분이라 한다.



**정리 10.2.5**

벡터 **v** 방향으로의 **u**의 사영 $P_{\mathrm{v}}(\mathbf{u})$ 와 성분 $c$는 다음과 같다.

$$\mathbf{P}_{\mathbf{v}}(\mathbf{u}) = c\mathbf{e} = \frac{c}{\|\mathbf{v}\|}\mathbf{v}, \quad c = \frac{\mathbf{u}\cdot\mathbf{v}}{\|\mathbf{v}\|}$$

**증명.** 벡터 **v** 방향으로의 **u**의 성분 $c$의 성질에 의해 다음이 성립한다.

$$\mathbf{P}_{\mathbf{v}}(\mathbf{u}) = c\mathbf{e} = \frac{c}{\|\mathbf{v}\|}\mathbf{v}$$

$\mathbf{u} - \mathbf{P}_{\mathbf{v}}(\mathbf{u})$와 **v**는 서로 수직임을 이용하면

$$\begin{aligned}(\mathbf{u} - \mathbf{P}_{\mathbf{v}}(\mathbf{u}))\cdot\mathbf{v} &= (\mathbf{u} - c\mathbf{e})\cdot\mathbf{v} \\ &= \mathbf{u}\cdot\mathbf{v} - c(\mathbf{e}\cdot\mathbf{v}) = 0\end{aligned}$$

$\mathbf{e}\cdot\mathbf{v} = \|\mathbf{v}\|$이므로 **v** 방향으로의 **u**의 성분과 사영을 구하면

$$c = \frac{\mathbf{u}\cdot\mathbf{v}}{\mathbf{e}\cdot\mathbf{v}} = \frac{\mathbf{u}\cdot\mathbf{v}}{\|\mathbf{v}\|}$$

$$\mathbf{P}_{\mathbf{v}}(\mathbf{u}) = \frac{c}{\|\mathbf{v}\|}\mathbf{v} = \frac{\mathbf{u}\cdot\mathbf{v}}{\|\mathbf{v}\|^2}\mathbf{v}$$

■

**예제 5** $\mathbf{u} = (2, -1, 1)$, $\mathbf{v} = (2, 2, 4)$ 일 때 **v** 방향으로의 **u**의 사영과 성분을 구하여라.

**풀이** **v** 방향으로의 **u**의 사영을 구하면

$$\begin{aligned}\mathbf{P}_{\mathbf{v}}(\mathbf{u}) &= \frac{\mathbf{u}\cdot\mathbf{v}}{\|\mathbf{v}\|^2}\mathbf{v} \\ &= \frac{(2, -1, 1)\cdot(2, 2, 4)}{\|(2, 2, 4)\|^2} \\ &= \frac{6}{24}\mathbf{v} = \left(\frac{1}{2}, \frac{1}{2}, 1\right)\end{aligned}$$

그리고 $\mathbf{v}$ 방향으로의 $\mathbf{u}$의 성분 $c$를 구하면

$$\begin{aligned} c &= \frac{\mathbf{u}\cdot\mathbf{v}}{\|\mathbf{v}\|} \\ &= \frac{(2,\ -1,\ 1)\cdot(2,\ 2,\ 4)}{\|(2,\ 2,\ 4)\|} = \sqrt{\frac{3}{2}} \end{aligned}$$

■

**정리 10.2.6**

평면에서 벡터 $(a, b)$는 직선 $ax+by+c=0$에 수직이다.

**증명.** $P(x_1,\ y_1)$, $Q(x_2,\ y_2)$가 직선 $ax+by+c=0$ 위의 두 점이면

$$ax_1+by_1+c=0, \qquad ax_2+by_2+c=0$$

따라서

$$\begin{aligned} (a, b)\cdot\overrightarrow{PQ} &= (a, b)\cdot(x_2-x_1,\ y_2-y_1) \\ &= a(x_2-x_1)+b(y_2-y_1) \\ &= (ax_2+by_2)-(ax_1+by_1) \\ &= (-c)-(-c)=0 \end{aligned}$$

그러므로 벡터 $(a, b)$는 직선 $ax+by+c=0$에 수직이다. ■

**예제 6** 평면에서 다음 두 직선이 만나서 이루는 사이각의 크기를 구하여라.

$$\begin{aligned} &(\sqrt{3}-1)x+(\sqrt{3}+1)y+\sqrt{3}=0, \\ &\sqrt{3}\,x+y-\sqrt{2}=0 \end{aligned}$$

**풀이** 정리 10.2.6으로부터 다음의 두 벡터는 주어진 두 직선에 각각 수직하다.

$$\mathbf{u}=(\sqrt{3}-1,\ \sqrt{3}+1),\ \mathbf{v}=(\sqrt{3},\ 1)$$

따라서 두 직선이 만나서 이루는 사이각은 두 벡터 $\mathbf{u}, \mathbf{v}$의 사이각과 같다. 두 벡터 $\mathbf{u}, \mathbf{v}$의 사이각을 $\theta$라 하면

$$\cos\theta = \frac{\mathbf{u}\cdot\mathbf{v}}{\|\mathbf{u}\|\|\mathbf{v}\|} = \frac{4}{\sqrt{8}\sqrt{4}} = \frac{1}{\sqrt{2}}$$

$0 \le \theta \le \pi$이므로 $\theta = \dfrac{\pi}{4}$

그러므로 두 직선이 만나서 이루는 각의 크기는 $45°$이다. ■

**정리 10.2.7**

점 $P(x_0,\ y_0)$에서 직선 $ax+by+c=0$까지 거리 $d$는 다음과 같다.

$$d = \frac{|ax_0+by_0+c|}{\sqrt{a^2+b^2}}$$

**증명.** $Q(x_1, y_1)$을 직선 $ax+by+c=0$ 위의 한 점이라고 하면

$$ax_1+by_1+c=0$$

이다.

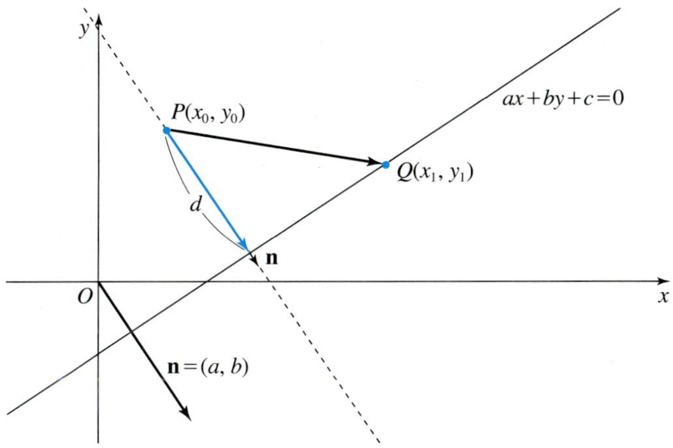


그림 10.2.3

$\mathbf{u}=\overrightarrow{PQ}$라 하자. 벡터 $\mathbf{n}=(a, b)$는 직선 $ax+by+c=0$에 수직하므로, 점 $P(x_0, y_0)$에서 직선 $ax+by+c=0$까지 거리 $d$는 벡터 $\mathbf{u}$의 $\mathbf{n}$ 위로의 사영의 크기와 같다.

따라서

$$\begin{aligned} d &= \|\mathbf{P}_{\mathbf{n}}(\mathbf{u})\| = \frac{|\mathbf{u}\cdot\mathbf{n}|}{\|\mathbf{n}\|} \\ &= \frac{|(x_1-x_0,\ y_1-y_0)\cdot(a,\ b)|}{\sqrt{a^2+b^2}} \\ &= \frac{|(ax_1+by_1)-(ax_0+by_0)|}{\sqrt{a^2+b^2}} \\ &= \frac{|ax_0+by_0+c|}{\sqrt{a^2+b^2}} \end{aligned}$$ ■

**예제 7** 다음 두 직선 사이의 거리를 구하여라.

$$3x+4y+1=0,\ 6x+8y-2=0$$

**풀이** 두 직선에 수직인 벡터는 각각 $(3, 4)$와 $(6, 8)$인데 두 벡터는 평행하다. 따라서 두 직선 역시 평행하다. 따라서 직선 $6x+8y-2=0$ 위에 있는 임의의 한 점을 잡아 그 점에서 직선 $3x+4y+1=0$까지의 거리를 구하면 두 직선 사이의 거리가 된다.

점 $(-1, 1)$은 직선 $6x+8y-2=0$ 위에 있는 점이다. 점 $(-1, 1)$에서 직선 $3x+4y+1=0$까지의 거리 $d$를 구하면

$$d = \frac{|-3+4+1|}{\sqrt{3^2+4^2}} = \frac{2}{5}$$

그러므로 두 평행선 사이의 거리는 $\frac{2}{5}$이다. ■

다음 정리는 두 벡터와 그 합은 삼각형을 이루므로 삼각부등식으로 불린다.

**정리 10.2.8**

두 벡터 $\mathbf{u}$, $\mathbf{v}$에 대하여 다음 부등식이 성립한다.

$$\|\mathbf{u}+\mathbf{v}\| \le \|\mathbf{u}\| + \|\mathbf{v}\|$$

**증명.**

$$\begin{aligned} \|\mathbf{u}+\mathbf{v}\|^2 &= (\mathbf{u}+\mathbf{v})\cdot(\mathbf{u}+\mathbf{v}) \\ &= \mathbf{u}\cdot\mathbf{u} + 2\mathbf{u}\cdot\mathbf{v} + \mathbf{v}\cdot\mathbf{v} \\ &= \|\mathbf{u}\|^2 + 2\mathbf{u}\cdot\mathbf{v} + \|\mathbf{v}\|^2 \\ &\le \|\mathbf{u}\|^2 + 2|\mathbf{u}\cdot\mathbf{v}| + \|\mathbf{v}\|^2 \\ &\le \|\mathbf{u}\|^2 + 2\|\mathbf{u}\|\|\mathbf{v}\| + \|\mathbf{v}\|^2 \\ &= (\|\mathbf{u}\| + \|\mathbf{v}\|)^2 \end{aligned}$$

이므로 삼각부등식이 성립한다. ■

## 일(work)

직선 위를 움직이는 어떤 물체에 직선방향으로 일정한 힘 $F$를 작용하여 물체를 거리 $d$만큼 이동시켰을 때 한 일 $W$를 $W = Fd$로 정의한다. 그런데 이 경우는 힘이 물체가 움직인 방향으로 작용했을 때에만 적용된다. 그러나 그림 10.2.4에서와 같이 어떤 물체를 직선경로와 일정한 각을 이루면서 일정한 힘 $F$를 작용하여 직선경로를 따라 $A$지점에서 $B$지점까지 거리 $d$만큼 물체를 이동시켰다고 가정하자. 이때 당기는 힘으로 작용한 벡터 $\mathbf{F}$를 힘벡터, $\overrightarrow{AB}$를 변위벡터라 한다.

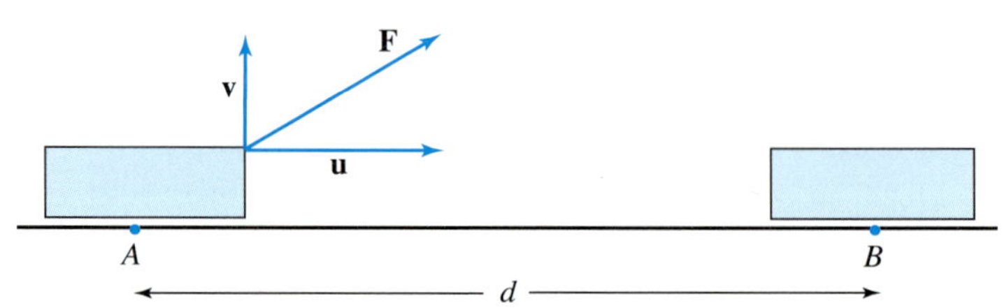


$W = \mathbf{F}\cdot\overrightarrow{AB}$

그림 10.2.4

힘벡터 **F**를 물체가 진행하는 직선경로 방향의 벡터 **u**와 수직방향의 벡터 **v**로 분해하자.

이때 벡터 **u**는 물체가 이동하는 동안 직선경로 방향으로 상자에 작용한 힘을 나타내는 벡터이고 두 벡터 **F**와 **u**의 사이각을 $\theta$라 하면 이동방향으로 물체에 가해진 힘 $F$는 다음과 같다.

$$F = \|\mathbf{u}\|\|\mathbf{F}\|\cos\theta$$

$\|\overrightarrow{AB}\| = d$ 이므로 거리 $d$만큼 물체를 이동하는 동안 한 일 $W$는 다음과 같다.

$$\begin{aligned} W &= Fd = \|\mathbf{F}\|\cos\theta\|\overrightarrow{AB}\| \\ &= \mathbf{F}\cdot\overrightarrow{AB} \end{aligned}$$

그러므로 일은 힘벡터와 변위벡터의 내적으로 주어진다.



**예제 8** 어떤 견인차가 고장난 승용차를 안전하게 옮기려면 지면에 대하여 30° 각도로 3000N의 힘을 지속적으로 작용하여야 한다고 하자. 이 견인차가 고장난 승용차를 20km 옮길 때 한 일을 구하여라.

**풀이** 고장난 승용차를 $x$-축을 따라 원점에서부터 $A(29\times10^4,\ 0)$까지 이동하였다고 하자. 승용차에 작용한 힘 벡터 **F**는 $x$-축에 대하여 30° 각도를 이루고 크기가 3000인 벡터이므로

$$\mathbf{F} = (1500\sqrt{3},\ 1500)$$

승용차를 원점에서 $A$지점까지 이동하였으므로 변위벡터는 다음과 같다.

$$\overrightarrow{OA} = (29\times10^4,\ 0)$$

따라서 고장난 승용차를 20km 옮길 때 한 일 $W$는

$$W = \mathbf{F}\cdot\overrightarrow{OA} = 3\sqrt{3}\times10^7\,\mathrm{J}$$ ■

■

## 연습문제 10.2

**1.** 다음에서 $\mathbf{u}\cdot\mathbf{v}$를 구하여라.

(1) $\mathbf{u} = (4, 7, -1)$ $\quad \mathbf{v} = (-2, 1, 4)$

(2) $\mathbf{u} = (-1, -2, -3)$ $\quad \mathbf{v} = (2, 8, -6)$

(3) $\mathbf{u} = (1, -1, 1)$ $\quad \mathbf{v} = (\pi, 2\pi, 3\pi)$

(4) $\mathbf{u} = (7, 6, 2)$ $\quad \mathbf{v} = (3, 1, 2)$

**2.** $\mathbf{u} = (3, 4)$, $\mathbf{v} = (5, -1)$, $\mathbf{w} = (7, 1)$일 때 다음을 구하여라.

(1) $\mathbf{u}\cdot(7\mathbf{v}+\mathbf{w})$ $\quad$ (2) $\|(\mathbf{u}\cdot\mathbf{v})\mathbf{w}\|$

(3) $\|\mathbf{u}\|(\mathbf{uv}\cdot\mathbf{w})$ (4) $(\|\mathbf{u}\|\mathbf{v})\cdot\mathbf{w}$

3. 두 벡터 $\mathbf{u}, \mathbf{v}$의 사이각을 구하여라.
(1) $\mathbf{u} = (1, 2, 2)$ $\mathbf{v} = (3, 4, 0)$
(2) $\mathbf{u} = (6, 0, 2)$ $\mathbf{v} = (5, 3, -2)$
(3) $\mathbf{u} = (1, 2)$ $\mathbf{v} = (12, -5)$
(4) $\mathbf{u} = (3, 1)$ $\mathbf{v} = (2, 4)$

4. $\mathbf{v}$ 방향으로의 $\mathbf{u}$의 사영과 성분을 구하여라.
(1) $\mathbf{u} = (6, 2)$ $\mathbf{v} = (3, -9)$
(2) $\mathbf{u} = (-1, -2)$ $\mathbf{v} = (-2, 3)$
(3) $\mathbf{u} = (3, 1, -7)$ $\mathbf{v} = (1, 0, 5)$
(4) $\mathbf{u} = (1, 0, 0)$ $\mathbf{v} = (4, 3, 8)$

5. 벡터 $\mathbf{u}$를 벡터 $\mathbf{v}$와 평행한 벡터 $\mathbf{x}$와 $\mathbf{v}$에 수직한 벡터 $\mathbf{y}$의 합으로 나타내어라.
(1) $\mathbf{u} = (1, 2, 2)$ $\mathbf{v} = (1, 1, 0)$
(2) $\mathbf{u} = (6, 0, 2)$ $\mathbf{v} = (1, 1, -1)$
(3) $\mathbf{u} = (1, 2, 0)$ $\mathbf{v} = (1, 0, 1)$
(4) $\mathbf{u} = (1, 3, 1)$ $\mathbf{v} = (0, 2, 4)$

6. 두 벡터 $\mathbf{u}, \mathbf{v}$에 대하여 다음을 증명하여라.
(1) $\|\mathbf{u}+\mathbf{v}\|^2 + \|\mathbf{u}-\mathbf{v}\|^2 = 2\|\mathbf{u}\|^2 + 2\|\mathbf{v}\|^2$
(2) $\|\mathbf{u}+\mathbf{v}\|^2 = \|\mathbf{u}\|^2 + \|\mathbf{v}\|^2 + 2\mathbf{u}\cdot\mathbf{v}$
(3) $\|\mathbf{u}+\mathbf{v}\|^2 - \|\mathbf{u}-\mathbf{v}\|^2 = 4\mathbf{u}\cdot\mathbf{v}$

7. 다음에서 점 $P$와 직선 사이의 거리를 구하여라.
(1) $x+3y = 6,\ \ P(2, 8)$
(2) $4x+3y+4 = 0,\ \ P(-3, 1)$
(3) $4x+y-2 = 0,\ \ P(2, -5)$
(4) $3x+y = 5,\ \ P(1, 8)$

8. 평면 위의 어떤 물체에 힘 $\mathbf{F} = 3\mathbf{i}+10\mathbf{j}$ 가 작용하여 이 물체가 북쪽으로 10m 움직였다. 이 때 이루어진 일의 양을 구하여라. (단, 힘의 단위는 N)

9. 손잡이가 수평보다 $30^\circ$ 위쪽 방향으로 달려있는 수레를 일정한 힘 50N으로 밀어서 수평한 길을 따라 100m의 거리를 이동하였다. 이 때 한 일의 양을 구하여라.

10. 점 $P(2, 4, -3)$에서 $xy$-평면위의 직선 $y = x$에 내린 수선의 발을 $Q$라 할 때 점 $Q$의 좌표를 구하여라.

11. 정육면체에서 한 면의 대각선과 정육면체의 대각선이 한 점에서 만날 때 이들이 이루는 각의 크기를 구하여라.

12. 정육면체에서 한 변과 정육면체의 대각선이 한 점에서 만날 때 이들이 이루는 각의 크기를 구하여라.

13. 마름모(네 변의 길이가 같은 평행사변형)의 두 대각선은 서로 수직함을 증명하여라.

14. 두 대각선이 서로 수직한 직사각형은 정사각형이 됨을 증명하여라.

15. 두 벡터 $\mathbf{u}, \mathbf{v}$가 서로 수직이기 위한 필요충분조건은

$$\|\mathbf{u}+\mathbf{v}\|^2 = \|\mathbf{u}\|^2 + \|\mathbf{v}\|^2$$

임을 증명하여라.

16. 두 벡터 $\mathbf{u}, \mathbf{v}$가 서로 평행이기 위한 필요충분조건은

$$|\mathbf{u}\cdot\mathbf{v}| = \|\mathbf{u}\|\|\mathbf{v}\|$$

임을 증명하여라.

17. 두 벡터 $\mathbf{u}, \mathbf{v}$의 크기가 같기 위한 필요충분조건은

$$(\mathbf{u}+\mathbf{v}) \perp (\mathbf{u}-\mathbf{v})$$

임을 증명하여라.

18. 벡터 $\mathbf{w} = \|\mathbf{v}\|\mathbf{u} + \|\mathbf{u}\|\mathbf{v}$는 두 벡터 $\mathbf{u}, \mathbf{v}$의 사이각을 이등분함을 증명하여라.

19. 원의 한 지름의 양 끝을 각각 $A, B$라 하고 원주 위의 한 점 $P$가 주어졌을 때 두 벡터 $\overrightarrow{PA}, \overrightarrow{PB}$는 서로 수직임을 증명하여라.

**20.** $\mathbf{v}$ 방향으로의 $\mathbf{u}$의 사영 $P_{\mathrm{v}}(\mathbf{u})$와 성분 $c$에 대하여 다음이 성립함을 보여라.

a) $\mathbf{u}\cdot\mathbf{v} \geq 0$ 이면 $c = \|P_{\mathrm{v}}(\mathbf{u})\|$

b) $\mathbf{u}\cdot\mathbf{v} \leq 0$ 이면 $c = -\|P_{\mathrm{v}}(\mathbf{u})\|$

**21.** 두 벡터 $\mathbf{u}, \mathbf{v}$의 사이각을 $\theta$, $\mathbf{v}$ 방향으로의 $\mathbf{u}$의 성분을 $c$라 하면 다음이 성립함을 증명하여라.

a) $c \geqq 0$ 일 필요충분조건은 $\theta \leqq \dfrac{\pi}{2}$ 이다.

b) $c \leqq 0$ 일 필요충분조건은 $\theta \geqq \dfrac{\pi}{2}$ 이다.

**22.** 두 직선 $ax + by + c = 0$과 $a'x + b'y + c' = 0$이 수직할 필요충분조건은 $aa' + bb' = 0$임을 증명하여라.

**23.** 정리 10.2.2를 증명하여라.

## 10.3 벡터곱

연산의 결과가 스칼라로 주어지는 연산인 내적과 달리 벡터곱은 연산의 결과가 벡터로 주어진다. 그리고 내적은 평면벡터, 공간벡터, 4차원 벡터 등 모든 차원의 벡터에 대하여 생각할 수 있으나 벡터곱은 오직 공간벡터의 경우에 한하여 생각할 수 있다.

**정의 10.3.1**

두 벡터 $\mathbf{u} = (u_1, u_2, u_3)$, $\mathbf{v} = (v_1, v_2, v_3)$의 벡터곱(vector product)을 다음과 같이 정의한다.

$$\mathbf{u} \times \mathbf{v} = (u_2 v_3 - u_3 v_2,\ u_3 v_1 - u_1 v_3,\ u_1 v_2 - u_2 v_1)$$

벡터곱을 외적(cross product) 또는 가위곱(cross product)이라고도 부른다.

2차 행렬식을

$$\begin{vmatrix} a_{11} & a_{12} \\ a_{21} & a_{22} \end{vmatrix} = a_{11}a_{22} - a_{12}a_{21}$$

이라 정의하고 3차 행렬식을

$$\begin{vmatrix} a_{11} & a_{12} & a_{13} \\ a_{21} & a_{22} & a_{23} \\ a_{31} & a_{32} & a_{33} \end{vmatrix}$$
$$= a_{11}a_{22}a_{33} + a_{12}a_{23}a_{31} + a_{13}a_{21}a_{32} - a_{11}a_{23}a_{32} - a_{12}a_{21}a_{33} - a_{13}a_{22}a_{31}$$

이라 정의한다. 3차 행렬식을 각 행에 대하여 전개하면 다음과 같다.

1행에 대한 전개식

$$\begin{vmatrix} a_{11} & a_{12} & a_{13} \\ a_{21} & a_{22} & a_{23} \\ a_{31} & a_{32} & a_{33} \end{vmatrix} = a_{11}\begin{vmatrix} a_{22} & a_{23} \\ a_{32} & a_{33} \end{vmatrix} - a_{12}\begin{vmatrix} a_{21} & a_{23} \\ a_{31} & a_{33} \end{vmatrix} + a_{13}\begin{vmatrix} a_{21} & a_{22} \\ a_{31} & a_{32} \end{vmatrix}$$

2행에 대한 전개식

$$\begin{vmatrix} a_{11} & a_{12} & a_{13} \\ a_{21} & a_{22} & a_{23} \\ a_{31} & a_{32} & a_{33} \end{vmatrix} = -a_{21}\begin{vmatrix} a_{12} & a_{13} \\ a_{32} & a_{33} \end{vmatrix} + a_{22}\begin{vmatrix} a_{11} & a_{13} \\ a_{31} & a_{33} \end{vmatrix} - a_{23}\begin{vmatrix} a_{11} & a_{12} \\ a_{31} & a_{32} \end{vmatrix}$$

3행에 대한 전개식

$$\begin{vmatrix} a_{11} & a_{12} & a_{13} \\ a_{21} & a_{22} & a_{23} \\ a_{31} & a_{32} & a_{33} \end{vmatrix} = a_{31}\begin{vmatrix} a_{12} & a_{13} \\ a_{22} & a_{23} \end{vmatrix} - a_{32}\begin{vmatrix} a_{11} & a_{13} \\ a_{21} & a_{23} \end{vmatrix} + a_{33}\begin{vmatrix} a_{11} & a_{12} \\ a_{21} & a_{22} \end{vmatrix}$$

위의 3가지 전개식의 결과는 모두 같다(연습문제 10.3.14).

벡터곱의 결과는 공간벡터가 되며 3차 행렬식을 이용하여 간단히 나타낼 수 있다.

**정리 10.3.2**

$\mathbf{u} = (u_1, u_2, u_3)$, $\mathbf{v} = (v_1, v_2, v_3)$일 때 다음이 성립한다.

$$\mathbf{u} \times \mathbf{v} = \begin{vmatrix} \mathbf{i} & \mathbf{j} & \mathbf{k} \\ u_1 & u_2 & u_3 \\ v_1 & v_2 & v_3 \end{vmatrix}$$

**증명.** 3차 행렬식을 1행에 관하여 전개하면

$$\begin{aligned}\begin{vmatrix} \mathbf{i} & \mathbf{j} & \mathbf{k} \\ u_1 & u_2 & u_3 \\ v_1 & v_2 & v_3 \end{vmatrix} &= \begin{vmatrix} u_2 & u_3 \\ v_2 & v_3 \end{vmatrix}\mathbf{i} - \begin{vmatrix} u_1 & u_3 \\ v_1 & v_3 \end{vmatrix}\mathbf{j} + \begin{vmatrix} u_1 & u_2 \\ v_1 & v_2 \end{vmatrix}\mathbf{k} \\ &= (u_2v_3 - u_3v_2)\mathbf{i} + (u_3v_1 - u_1v_3)\mathbf{j} + (u_1v_2 - u_2v_1)\mathbf{k} \\ &= (u_2v_3 - u_3v_2,\ u_3v_1 - u_1v_3,\ u_1v_2 - u_2v_1) \\ &= \mathbf{u} \times \mathbf{v}\end{aligned}$$

■

**예제 1** $\mathbf{u} = (2, 1, -3)$, $\mathbf{v} = (3, 1, 1)$일 때 다음을 계산하여라.

(1) $\mathbf{u} \times \mathbf{v}$

(2) $\mathbf{v} \times \mathbf{u}$

(3) $\mathbf{u} \cdot (\mathbf{u} \times \mathbf{v})$

(4) $\mathbf{v} \cdot (\mathbf{u} \times \mathbf{v})$

**풀이** (1) $\mathbf{u} \times \mathbf{v} = (6, -15, -1)$

(2) $\mathbf{v} \times \mathbf{u} = (-6, 15, 1)$

(3) $\mathbf{u} \cdot (\mathbf{u} \times \mathbf{v}) = 0$

(4) $\mathbf{v} \cdot (\mathbf{u} \times \mathbf{v}) = 0$

■

**정리 10.3.3**

기본단위벡터 $\mathbf{i}, \mathbf{j}, \mathbf{k}$에 대하여 다음이 성립한다.

(1) $\mathbf{i} \times \mathbf{j} = \mathbf{k}$, $\mathbf{j} \times \mathbf{i} = -\mathbf{k}$

(2) $\mathbf{j} \times \mathbf{k} = \mathbf{i}$, $\mathbf{k} \times \mathbf{j} = -\mathbf{i}$

(3) $\mathbf{k} \times \mathbf{i} = \mathbf{j}$, $\mathbf{i} \times \mathbf{k} = -\mathbf{j}$

(4) $\mathbf{i} \times \mathbf{i} = \mathbf{j} \times \mathbf{j} = \mathbf{k} \times \mathbf{k} = \mathbf{0}$

**증명.** $\mathbf{i} = (1, 0, 0)$, $\mathbf{j} = (0, 1, 0)$, $\mathbf{t} = (0, 0, 1)$이므로

$$\mathbf{i} \times \mathbf{j} = \begin{vmatrix} \mathbf{i} & \mathbf{j} & \mathbf{k} \\ 1 & 0 & 0 \\ 0 & 1 & 0 \end{vmatrix} = (0, 0, 1) = \mathbf{k}$$

$$\mathbf{j} \times \mathbf{k} = \begin{vmatrix} \mathbf{i} & \mathbf{j} & \mathbf{k} \\ 0 & 1 & 0 \\ 0 & 0 & 1 \end{vmatrix} = (1, 0, 0) = \mathbf{i}$$

$$\mathbf{k} \times \mathbf{i} = \begin{vmatrix} \mathbf{i} & \mathbf{j} & \mathbf{k} \\ 0 & 0 & 1 \\ 1 & 0 & 0 \end{vmatrix} = (0, 1, 0) = \mathbf{j}$$

■

**정리 10.3.4**

공간벡터 $\mathbf{u}, \mathbf{v}, \mathbf{w}$와 스칼라 $c$에 대하여 다음이 성립한다.

(1) $\mathbf{u} \times \mathbf{v} = -\mathbf{u} \times \mathbf{v}$

(2) $\mathbf{u} \times (\mathbf{v} + \mathbf{w}) = \mathbf{u} \times \mathbf{v} + \mathbf{u} \times \mathbf{w}$

(3) $(c\mathbf{u}) \times \mathbf{v} = \mathbf{u} \times (c\mathbf{v}) = c(\mathbf{u} \times \mathbf{v})$

(4) $\mathbf{u} \times \mathbf{u} = \mathbf{0}$

(5) $\mathbf{u} \times \mathbf{0} = \mathbf{0} \times \mathbf{u} = \mathbf{0}$

**증명.** (2)를 증명하고 나머지는 연습문제로 남긴다.

$\mathbf{u} = (u_1, u_2, u_3)$, $\mathbf{v} = (v_1, v_2, v_3)$, $\mathbf{w} = (w_1, w_2, w_3)$라 하면 행렬식의 성질에 의하여

$$\begin{aligned} \mathbf{u} \times (\mathbf{v} + \mathbf{w}) &= \begin{vmatrix} \mathbf{i} & \mathbf{j} & \mathbf{k} \\ u_1 & u_2 & u_3 \\ v_1 + w_1 & v_2 + w_2 & v_3 + w_3 \end{vmatrix} \\ &= \begin{vmatrix} \mathbf{i} & \mathbf{j} & \mathbf{k} \\ u_1 & u_2 & u_3 \\ v_1 & v_2 & v_3 \end{vmatrix} + \begin{vmatrix} \mathbf{i} & \mathbf{j} & \mathbf{k} \\ u_1 & u_2 & u_3 \\ w_1 & w_2 & w_3 \end{vmatrix} \\ &= \mathbf{u} \times \mathbf{v} + \mathbf{v} \times \mathbf{w} \end{aligned}$$

■

**예제 2** $\mathbf{u} = 2\mathbf{i} + \mathbf{j} - 3\mathbf{j}$, $\mathbf{v} = 3\mathbf{i} + 2\mathbf{j} + \mathbf{k}$일 때 $\mathbf{u} \times \mathbf{v}$를 구하여라.

**풀이** 이번에는 벡터곱의 성질을 이용하여 구해보자. 정리 10.3.4를 이용하면

$$\begin{aligned} \mathbf{u} \times \mathbf{v} &= (2\mathbf{i} + \mathbf{j} - 3\mathbf{k}) \times (3\mathbf{i} + \mathbf{j} + \mathbf{k}) \\ &= 6\mathbf{i} \times \mathbf{i} + 4\mathbf{i} \times \mathbf{j} + 2\mathbf{i} \times \mathbf{k} + 3\mathbf{j} \times \mathbf{i} + 2\mathbf{j} \times \mathbf{j} + \mathbf{j} \times \mathbf{k} - 9\mathbf{k} \times \mathbf{i} - 6\mathbf{k} \times \mathbf{j} - 3\mathbf{k} \times \mathbf{k} \end{aligned}$$

정리 10.3.4를 이용하면

$$\begin{aligned} \mathbf{u} \times \mathbf{v} &= 4\mathbf{k} - 2\mathbf{j} - 3\mathbf{k} + \mathbf{i} - 9\mathbf{j} + 6\mathbf{i} \\ &= 7\mathbf{i} - 11\mathbf{j} - \mathbf{k} \end{aligned}$$

따라서

$$\mathbf{u}\times\mathbf{v} = 7\mathbf{i}-11\mathbf{j}+\mathbf{k} = (7,\ -11,\ 1)$$ ■

다음 정리에서 벡터곱과 스칼라곱의 관계를 살펴본다.

**정리 10.3.5**

공간벡터 **u**, **v**에 대하여 다음이 성립한다.

(1) $\|\mathbf{u}\times\mathbf{v}\| = \|\mathbf{u}\|\|\mathbf{v}\|\sin\theta$

(2) $\mathbf{u}\cdot(\mathbf{u}\times\mathbf{v}) = 0$

(3) $\mathbf{v}\cdot(\mathbf{u}\times\mathbf{v}) = 0$

**증명.** (1)
$$\begin{aligned}\|\mathbf{u}\cdot\mathbf{v}\|^2 &= \|\mathbf{u}\|^2\|\mathbf{v}\|^2-(\mathbf{u}\cdot\mathbf{v})^2\\ &= \|\mathbf{u}\|^2\|\mathbf{v}\|^2-(\|\mathbf{u}\|\|\mathbf{v}\|\cos\theta)^2\\ &= \|\mathbf{u}\|^2\|\mathbf{v}\|^2(1-\cos^2\theta)\\ &= \|\mathbf{u}\|^2\|\mathbf{v}\|^2\sin^2\theta\end{aligned}$$

$0\le\theta\le\pi$ 이므로 $\sin\theta\ge 0$, 따라서

$$\|\mathbf{u}\times\mathbf{v}\| = \|\mathbf{u}\|\|\mathbf{v}\|\sin\theta$$

(2) $\mathbf{u} = (u_1,\ u_2,\ u_3)$, $\mathbf{v} = (v_1,\ v_2,\ v_3)$ 라 하면

$$\begin{aligned}\mathbf{u}\cdot(\mathbf{u}\times\mathbf{v}) &= u_1(u_2v_3-u_3v_2)+u_2(u_3v_1-u_1v_3)+u_3(u_1v_2-u_2v_1)\\ &= 0\end{aligned}$$

(3) 위와 마찬가지 방법으로 $\mathbf{v}\cdot(\mathbf{u}\times\mathbf{v}) = 0$ 임을 보일 수 있다. ■

물리학에서는 벡터곱을 다음과 같이 정의한다.

$\mathbf{u}\times\mathbf{v}$는 **u**에서 **v**방향으로 (가까운 쪽으로) 나사를 돌렸을 때 나사의 진행방향을 방향으로 하고 **u**와 **v**를 두 변으로 하는 평행사변형의 넓이를 크기로 갖는 벡터이다.

이 정의로부터 정리 10.3.3의 결과가 곧 얻어지고 벡터곱의 선형성을 이용하면 3절의 시작부분에서 벡터곱을 정의할 때 사용된 식이 유도된다.

실제로 $\mathbf{u} = (u_1,\ u_2,\ u_3)$, $\mathbf{v} = (v_1,\ v_2,\ v_3)$라 하면

$$\begin{aligned}\mathbf{u}\times\mathbf{v} &= (u_1\mathbf{i}+u_2\mathbf{j}+u_3\mathbf{k})\times(v_1\mathbf{i}+v_2\mathbf{j}+v_3\mathbf{k})\\ &= u_1v_1\mathbf{i}\times\mathbf{i}+u_1v_2\mathbf{i}\times\mathbf{j}+u_1v_3\mathbf{i}\times\mathbf{k}+u_2v_1\mathbf{i}\times\mathbf{i}+u_2v_2\mathbf{j}\times\mathbf{j}\\ &\qquad+u_2v_3\mathbf{j}\times\mathbf{k}+u_3v_1\mathbf{k}\times\mathbf{i}+u_3v_2\mathbf{k}\times\mathbf{j}+u_3v_3\mathbf{k}\times\mathbf{k}\\ &= u_1v_2\mathbf{k}-u_1v_3\mathbf{j}-u_2v_1\mathbf{k}+u_2v_3\mathbf{i}-u_3v_1\mathbf{j}-u_3v_1\mathbf{k}\end{aligned}$$

$$= (u_2 v_3 - u_3 v_2)\mathbf{i} + (u_3 v_1 - u_1 v_3)\mathbf{j} + (u_1 v_2 - u_2 v_1)\mathbf{k}$$
$$= (u_2 v_3 - u_3 v_2,\ u_3 v_1 - u_1 v_3,\ u_1 v_2 - u_2 v_1)$$

$\mathbf{v} \times \mathbf{u} = -\mathbf{u} \times \mathbf{v}$, $\mathbf{u} \times \mathbf{v} \perp \mathbf{u}$, $\mathbf{u} \times \mathbf{v} \perp \mathbf{v}$,, $\mathbf{u}$와 $\mathbf{v}$의 사이각이 $\theta$일 때

$$\|\mathbf{u} \times \mathbf{v}\| = \|\mathbf{u}\| \|\mathbf{v}\| \sin\theta$$

라는 사실도 정의로부터 곧 얻어진다.

**예제 3** 세 점 $P(1, 2, 0)$, $Q(2, 1, 1)$, $R(3, 2, -2)$를 지나는 평면에 수직인 단위벡터를 구하여라.

**풀이** 세 점 $P, Q, R$을 지나는 평면을 $\alpha$라 하자. 두 벡터 $\overrightarrow{PQ}$, $\overrightarrow{PR}$은 평면 $\alpha$ 위에 놓여 있으므로 $\overrightarrow{PQ} \times \overrightarrow{PR}$은 평면 $\alpha$에 수직이다. $\overrightarrow{PQ} = (1, -1, 1)$, $\overrightarrow{PR} = (2, 0, -2)$이므로

$$\begin{aligned} \overrightarrow{PQ} \times \overrightarrow{PR} &= \begin{vmatrix} \mathbf{i} & \mathbf{j} & \mathbf{k} \\ 1 & -1 & 1 \\ 2 & 0 & -2 \end{vmatrix} \\ &= 2\mathbf{i} + 4\mathbf{j} + 2\mathbf{k} \\ &= (2,\ 4,\ 2) \end{aligned}$$

따라서 평면 $\alpha$에 수직인 벡터는 벡터 $(2, 4, 2)$와 평행하다. 그러므로 평면 $\alpha$에 수직인 단위벡터는

$$\pm\frac{1}{2\sqrt{6}}(2,\ 4,\ 2) = \pm\frac{1}{\sqrt{6}}(1,\ 2,\ 1)$$

이다. ■

**예제 4** 세 점 $P(1, 2, 0)$, $Q(2, 3, 2)$, $R(3, 5, -1)$을 꼭지점으로 하는 삼각형 $\triangle PQR$의 넓이를 구하여라.

**풀이** $\triangle PQR$의 넓이는 두 벡터 $\overrightarrow{PQ}$, $\overrightarrow{PR}$로 만들어지는 평행사변형의 넓이의 반이다.

$$\triangle PQR = \frac{1}{2}\|\overrightarrow{PQ} \times \overrightarrow{PR}\|$$

$\overrightarrow{PQ} = (1, 1, 2)$, $\overrightarrow{PR} = (2, 3, -1)$이므로

$$\begin{aligned} \overrightarrow{PQ} \times \overrightarrow{PR} &= \begin{vmatrix} \mathbf{i} & \mathbf{j} & \mathbf{k} \\ 1 & 1 & 2 \\ 2 & 3 & -1 \end{vmatrix} \\ &= -7\mathbf{i} + 5\mathbf{j} + \mathbf{k} \\ &= (-7,\ 5,\ 1) \end{aligned}$$

따라서 $\triangle PQR$의 넓이 $= \frac{1}{2}\|(-7, 5, 1)\| = \frac{5}{2}\sqrt{3}$ ■

### 벡터의 삼중적

세 공간벡터 $\mathbf{u}, \mathbf{v}, \mathbf{w}$에 대하여

$$(\mathbf{u}\times\mathbf{v})\cdot\mathbf{w}$$

를 삼중적이라 하며 간단히 $\mathbf{u}\times\mathbf{v}\cdot\mathbf{w}$로 표시한다.



**정리 10.3.7**

세 공간벡터 $\mathbf{u}, \mathbf{v}, \mathbf{w}$로 만들어진 평행육면체의 부피는

$$|\mathbf{u}\times\mathbf{v}\cdot\mathbf{w}|$$

이다.

**증명.** 세 벡터 $\mathbf{u}, \mathbf{v}, \mathbf{w}$로 만들어진 평행육면체는 다음과 같다.

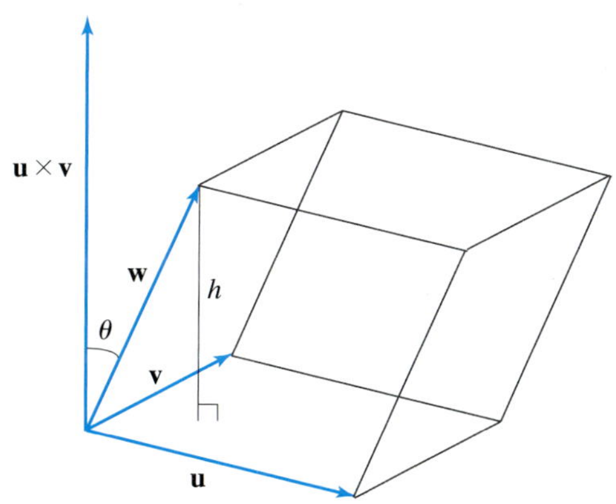


그림 10.3.1

두 벡터 $\mathbf{u}\times\mathbf{v}$와 $\mathbf{w}$의 사이각을 $\theta$라 하면

$$|\mathbf{u}\times\mathbf{v}\cdot\mathbf{w}| = \|\mathbf{u}\times\mathbf{v}\|\|\mathbf{w}\||\cos\theta|$$

평행육면체의 밑면의 넓이는 $\|\mathbf{u}\times\mathbf{v}\|$이므로

$$\begin{aligned}\text{평행육면체의 부피} &= \text{밑면의 넓이}\times\text{높이}\\ &= \|\mathbf{u}\times\mathbf{v}\|\|\mathbf{w}\||\cos\theta|\\ &= |\mathbf{u}\times\mathbf{v}\cdot\mathbf{w}|\end{aligned}$$

■

**예제 5** 공간에서 원 점 $O$와 세 점 $P(1, 1, 2), Q(2, 3, -1), R(1, 2, 6)$로 만들어지는 사면체의 부피를 구하여라.

**풀이** 그림은 네 점 $O, P, Q, R$로 만들어지는 평행육면체이다.

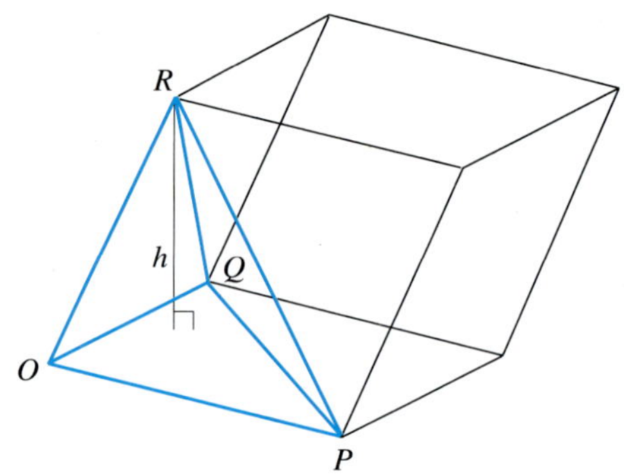


그림 10.3.2

꼭지점 $R$에서 밑면까지의 거리를 $h$라 하면

$$\begin{aligned}\text{사면체 } OPQR\text{의 부피} &= \frac{1}{3}\times \triangle OPQ\text{의 넓이}\times h \\ &= \frac{1}{3}\times\frac{1}{2}\|\overrightarrow{OP}\times\overrightarrow{OQ}\|\times h \\ &= \frac{1}{6}\times \text{평행육면체의 부피} \\ &= \frac{1}{6}|\overrightarrow{OP}\times\overrightarrow{OQ}\cdot\overrightarrow{OR}| \\ &= \frac{1}{6}\begin{vmatrix}1 & 1 & 2\\ 2 & 3 & -1\\ 1 & 2 & 6\end{vmatrix} \\ &= \frac{3}{2}\end{aligned}$$

■

벡터곱을 행렬식으로 표현하는 방법을 이용하면 벡터의 삼중적도 행렬식으로 표시할 수 있다.

**정리 10.3.8**

$\mathbf{u}=(u_1, u_2, u_3)$, $\mathbf{v}=(v_1, v_2, v_3)$, $\mathbf{w}=(w_1, w_2, w_3)$일 때 다음이 성립한다.

$$\mathbf{u}\times\mathbf{v}\cdot\mathbf{w}=\begin{vmatrix}u_1 & u_2 & u_3\\ v_1 & v_2 & v_3\\ w_1 & w_2 & w_3\end{vmatrix}$$

**증명.** 3차 행렬식을 3행에 대하여 전개하면

$$\begin{aligned}\mathbf{u}\times\mathbf{v}\cdot\mathbf{w} &= \begin{vmatrix}\mathbf{i} & \mathbf{j} & \mathbf{k}\\ u_1 & u_2 & u_3\\ v_1 & v_2 & v_3\end{vmatrix}\cdot(w_1\mathbf{i},\ w_2\mathbf{j},\ w_3\mathbf{k}) \\ &= \left(\begin{vmatrix}u_2 & u_3\\ v_2 & v_3\end{vmatrix}\mathbf{i}-\begin{vmatrix}u_1 & u_3\\ v_1 & v_3\end{vmatrix}\mathbf{j}+\begin{vmatrix}u_1 & u_2\\ v_1 & v_2\end{vmatrix}\mathbf{k}\right)\cdot(w_1\mathbf{i},\ w_2\mathbf{j},\ w_3\mathbf{k})\end{aligned}$$

$$= w_1\begin{vmatrix} u_2 & u_3 \\ v_2 & v_3 \end{vmatrix} - w_2\begin{vmatrix} u_1 & u_3 \\ v_1 & v_3 \end{vmatrix} + w_3\begin{vmatrix} u_1 & u_2 \\ v_1 & v_2 \end{vmatrix}$$
$$= \begin{vmatrix} u_1 & u_2 & u_3 \\ v_1 & v_2 & v_3 \\ w_1 & w_2 & w_3 \end{vmatrix}$$ ■

정리 10.3.8과 행렬식의 성질을 이용하면 다음이 성립함을 보일 수 있다.

**정리 10.3.9**

공간벡터 **u**, **v**, **w**에 대하여 다음이 성립한다.

$$\mathbf{u}\times\mathbf{v}\cdot\mathbf{w} = \mathbf{v}\times\mathbf{w}\cdot\mathbf{u} = \mathbf{w}\times\mathbf{u}\cdot\mathbf{v}$$

**예제 6** $\mathbf{u} = (1, 1, 2)$, $\mathbf{v} = (2, 3, -1)$, $\mathbf{w} = (1, 2, 6)$일 때 $\mathbf{u}\times\mathbf{v}\cdot\mathbf{w}$와 $\mathbf{u}\times\mathbf{w}\cdot\mathbf{v}$를 구하여라.

**풀이** 정리 10.3.8을 이용하면

$$\mathbf{u}\times\mathbf{v}\cdot\mathbf{w} = \begin{vmatrix} 1 & 1 & 2 \\ 2 & 3 & -1 \\ 1 & 2 & 6 \end{vmatrix} = 9$$
$$\mathbf{u}\times\mathbf{w}\cdot\mathbf{v} = -\mathbf{w}\times\mathbf{u}\cdot\mathbf{v} = -\mathbf{u}\times\mathbf{v}\cdot\mathbf{w} = -9$$ ■

## 벡터곱의 응용-토크

벡터곱의 개념은 흔히 물리학에 나타난다. 어떤 물체를 점 $O$를 지나는 한 직선 $l$을 축으로 하여 회전시키려고 한다. 회전축 $l$에서 떨어져 있는 한 지점 $P$에 힘을 가하여 물체가 회전하였다면 이때 물체를 회전시키는 힘을 토크(torque) 또는 돌림힘이라 한다.

토크의 크기는 물체의 회전축에서 힘이 작용하는 지점까지의 거리와 물체가 회전하는 방향의 접선방향으로 작용하는 힘의 크기의 곱이다.

그림에서 보면 힘 **F**가 원판위의 한 점 $P$에서 위치벡터 $\overrightarrow{OP}$와 $\theta$의 사이각을 이루면서 작용하여 원판을 회전시키고 있다. 이때 토크 $\vec{\tau}$와 토크의 크기 $\|\vec{\tau}\| = \tau$는 다음과 같다.

$$\vec{\tau} = \overrightarrow{OP}\times\mathbf{F}$$
$$\tau = \|\overrightarrow{OP}\|\|\mathbf{F}\|\sin\theta = \|\overrightarrow{OP}\times\mathbf{F}\|$$

회전을 유발시키는 **F**의 성분은 $\overrightarrow{OP}$와 수직인 것이고 그 크기는 $\|\mathbf{F}\|\sin\theta$임

Chapter 10

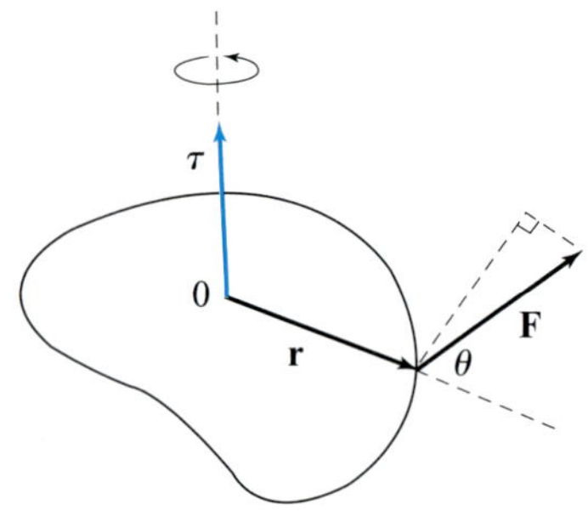


그림 10.3.3

에 주목하라. 이때 토크 $\vec{\tau}$ 의 방향은 회전축의 방향이 된다.

**예제 8** 그림과 같이 길이가 20cm인 렌치를 이용하여 볼트를 조이고 있다. 렌치에 대하여 60°의 각도를 이루면서 50N의 힘으로 볼트를 조이고 있다고 한다. 볼트에 가해지는 토크와 토크의 크기를 구하여라.

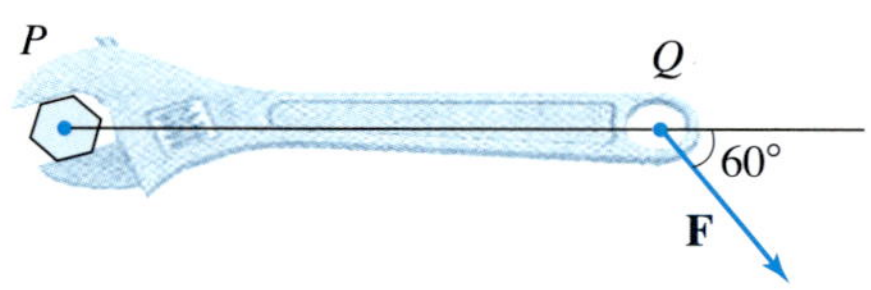


그림 10.3.4

**풀이** 볼트의 위치를 원점으로 놓고 렌치가 $x$-축을 이루고 있으며 힘은 $z$-축과 수직한 방향으로 작용한다고 하자. 이때 토크는 다음과 같다.

$$\vec{\tau} = \overrightarrow{PQ} \times \mathbf{F}$$

벡터 $\mathbf{F}$는 렌치와 시계방향으로 60°의 각을 이루면서 50N이므로

$$\mathbf{F} = 25\mathbf{i} - 25\sqrt{3}\,\mathbf{j}$$

$\overrightarrow{PQ} = \frac{1}{5}\mathbf{i}$ 이므로

$$\vec{\tau} = \frac{1}{5}\mathbf{i} \times (25\mathbf{i} - 25\sqrt{3}\,\mathbf{j}) = -5\sqrt{3}\,\mathbf{k}$$

따라서 볼트에 가해지는 토크 $\tau$는 다음과 같다.

$$\tau = \|\vec{\tau}\| = 54\sqrt{3}\,\mathbf{J}$$ ■

**예제 8** 길이가 40cm인 렌치를 사용하여 원점에 있는 볼트를 조이고 있다. 렌치의 끝에서 (0, 4, 3) 방향으로 힘을 가하여 100J의 일을 하도록 하려고 한다. 렌치에 어느 정도의 힘을 작용하여야 하는지 구하여라. 단, 렌치가 $x$-축을 이룬다고 가정하여라.

**풀이** 렌치의 끝을 점 $P$라 하면

$$\overrightarrow{OP} = \left(\frac{2}{5},\ 0,\ 0\right) = \frac{2}{5}\mathbf{i}$$

점 $P$에서 (0, 4, 3) 방향으로 힘을 작용하므로 렌치에 작용하는 힘을 벡터 $\mathbf{F}$로 나타내면 다음과 같다. 단, $c > 0$이다.

$$\mathbf{F} = (0,\ 4c,\ 3c) = 4c\mathbf{j} + 3c\mathbf{k}$$

따라서 렌치에 작용하는 힘의 크기 $F$는 다음과 같다.

$$Ff = \|\mathbf{F}\| = 5c\,\mathrm{N}$$

토크를 구하면

$$\vec{\tau} = \overrightarrow{OP} \times \mathbf{F} = \frac{2}{5}\mathbf{i} \times (4c\,\mathbf{j} + 3c\,\mathbf{k}) = -\frac{6c}{5}\mathbf{j} + \frac{8c}{5}\mathbf{k}$$

따라서 토크의 크기를 구하면

$$\tau = \|\vec{\tau}\| = 2c$$

토크의 크기가 100J이 되어야 하므로

$$2c = 100$$

따라서 렌치에 작용해야하는 힘의 크기 $F$는 다음과 같다.

$$F = 5c = 250\,\mathrm{N}$$ ■



## 연습문제 10.3

**1.** 다음에서 $\mathbf{u} \times \mathbf{v}$를 구하여라.

(1) $\mathbf{u} = (1,\ 0,\ 1)$ $\quad \mathbf{v} = (0,\ 1,\ 0)$

(2) $\mathbf{u} = (2,\ -1,\ -1)$ $\quad \mathbf{v} = (-1,\ 2,\ 0)$

**2.** 다음 두 벡터 $\mathbf{u}, \mathbf{v}$에 수직인 단위 벡터를 구하여라.

(1) $\mathbf{u} = (2,\ -2,\ 4)$ $\quad \mathbf{u} = (-1,\ 1,\ -2)$

(2) $\mathbf{u} = (2,\ 1,\ -3)$ $\quad \mathbf{v} = (1,\ 0,\ -2)$

**3.** 다음에서 $\triangle PQR$의 넓이를 구하여라.

(1) $P(1,\ -1,\ 2),\ Q(2,\ 0,\ -1),\ R(0,\ 2,\ 1)$

(2) $P(1,\ 1,\ 1),\ Q(2,\ 1,\ 3),\ R(-3,\ 1,\ 1)$

**4.** 세 점 $P,\ Q,\ R$을 지나는 평면에 수직인 단위 벡터를 구하여라.

(1) $P(2,\ -2,\ 1),\ Q(3,\ -1,\ 2),\ R(3,\ -1,\ 1)$

(2) $P(-2,\ 2,\ 0),\ Q(0,\ 1,\ -1),\ R(-1,\ 2,\ -2)$

**5.** 다음에서 $\mathbf{u} \times \mathbf{v} \cdot \mathbf{w}$를 계산하여라.

(1) $\mathbf{u} = (-1,\ 2,\ 4),\ \ \mathbf{u} = (3,\ 4,\ -2),\ \ \mathbf{w} = (-1,\ 2,\ 5)$

(2) $\mathbf{u} = (3,\ -1,\ 6),\ \ \mathbf{u} = (2,\ 4,\ 3),\ \ \mathbf{w} = (5,\ -1,\ 2)$

**6.** 세 벡터 $\mathbf{u}, \mathbf{v}, \mathbf{w}$로 만들어진 평행육면체의 부피를 구하여라.

(1) $\mathbf{u} = (5,\ -2,\ 1),\ \ \mathbf{u} = (4,\ -1,\ 1),\ \ \mathbf{w} = (1,\ -1,\ 0)$

(2) $\mathbf{u} = (3,\ 2,\ -1),\ \ \mathbf{u} = (0,\ 2,\ -3),\ \ \mathbf{w} = (2,\ 6,\ 7)$

**7.** $\mathbf{u}\times\mathbf{v}\cdot\mathbf{w} = 3$일 때 다음을 구하여라.

(1) $\mathbf{u}\cdot(\mathbf{w}\times\mathbf{v})$ (2) $(\mathbf{v}\times\mathbf{w})\cdot\mathbf{u}$

(3) $\mathbf{v}\cdot(\mathbf{u}\times\mathbf{w})$ (4) $(\mathbf{w}\times\mathbf{u})\cdot\mathbf{v}$

(5) $\mathbf{w}\cdot(\mathbf{u}\times\mathbf{v})$ (6) $(\mathbf{v}\times\mathbf{u})\cdot\mathbf{w}$

**8.** 세 점 $P(1, 2, -1)$ $Q(3, -1, 4)$ $R(2, 1, 2)$이 평행사변형 $PQRS$의 세 꼭지점이다.

(a) 점 $S$의 좌표를 구하라.

(b) 평행사변형$PQRS$의 넓이를 구하여라.

**9.** $(\mathbf{u}\times\mathbf{v})\times\mathbf{w} = \mathbf{u}\times(\mathbf{v}\times\mathbf{w})$인 예를 들어라.

**10.** $\mathbf{u}\neq\mathbf{0}$이고 $\mathbf{u}\times\mathbf{v} = \mathbf{u}\times\mathbf{w}$이지만 $\mathbf{v}\neq\mathbf{w}$인 예를 들어라.

**11.** 두 공간벡터 $\mathbf{u}, \mathbf{v}$가 단위벡터일 때 벡터곱 $\mathbf{u}\times\mathbf{v}$이 단위벡터가 될 필요충분조건은 $\mathbf{u}\cdot\mathbf{v} = 0$임을 보여라.

**12.** 공간벡터 $\mathbf{u}, \mathbf{v}, \mathbf{w}$가 한 평면 위에 있기 위한 필요충분조건은 $\mathbf{u}\times\mathbf{v}\cdot\mathbf{w} = 0$임을 증명하여라.

**13.** 공간벡터 $\mathbf{u}, \mathbf{v}, \mathbf{w}, \mathbf{p}, \mathbf{q}$에 대하여 다음 식이 성립함을 증명하여라.

(1) $(\mathbf{u}-\mathbf{v})\times(\mathbf{u}+\mathbf{v}) = 2(\mathbf{u}\times\mathbf{v})$

(2) $(\mathbf{u}\times\mathbf{v})\times\mathbf{w} = (\mathbf{w}\cdot\mathbf{u})\mathbf{v}-(\mathbf{w}\cdot\mathbf{v})\mathbf{u}$

(3) $(\mathbf{u}\times\mathbf{v})\times\mathbf{w} = \mathbf{w}\times(\mathbf{v}\times\mathbf{u})$

(4) (야코비 항등식)

$$(\mathbf{u}\times\mathbf{v})\times\mathbf{w}+(\mathbf{v}\times\mathbf{w})\times\mathbf{u}+(\mathbf{w}\times\mathbf{u})\times\mathbf{v} = \mathbf{0}$$

(5) (라그랑즈 항등식)

$$(\vec{u}\times\vec{v})\cdot(\vec{p}\times\vec{q}) = \begin{vmatrix} \vec{u}\cdot\vec{p} & \vec{v}\cdot\vec{p} \\ \vec{u}\cdot\vec{q} & \vec{v}\cdot\vec{q} \end{vmatrix}$$

**14.** 3차 행렬식에 대하여 다음을 증명하여라.

(1) 1행에 대한 전개식, 2행에 대한 전개식 그리고 3행에 대한 전개식이 모두 같음을 증명하여라.

(2) 두 행의 위치를 바꾸면 행렬식의 값은 부호가 반대가 됨을 보여라.

(3) 두 행이 같은 행렬식의 값은 0임을 보여라.

**15.** $\mathbf{u}, \mathbf{v}, \mathbf{n}$가 공간벡터이고 $\mathbf{n}$이 단위벡터이면 $|\mathbf{u}\times\mathbf{v}\cdot\mathbf{n}|$은 $\mathbf{u}\times\mathbf{v}$로 만들어지는 평행사변형을 $\mathbf{0}$에 수직한 평면으로 사영한 도형의 넓이가 됨을 증명하여라.

**16.** (헤론의 공식) 세 변의 길이가 각각 $a$, $b$, $c$인 삼각형의 넓이 $A$는 다음가 같이 주어짐을 증명하여라.

$$A = \sqrt{s(s-a)(s-b)(s-c)}$$

단 $s = \dfrac{a+b+c}{2}$이다.

**17.** (3차원 피타고라스 정리) 옆의 그림은 세 면이 직각으로 만나는 직각 사면체이다. 직각으로 만나는 세 면의 넓이를 각각 $a$, $b$, $c$, 나머지 한 면의 넓이를 $d$라 할 때 다음 식이 성립함을 증명하여라.

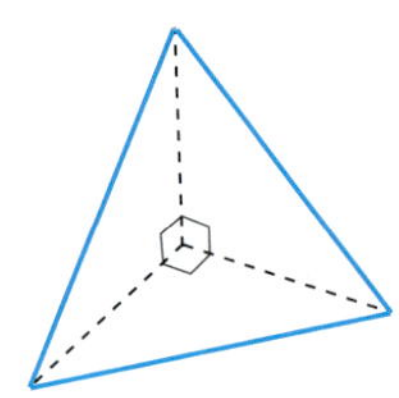

$$a^2+b^2+c^2 = d^2$$

# 10.4 평면과 직선의 방정식

## 평면의 방정식

공간에서 점 $P(x_0, y_0, z_0)$를 지나고 벡터 $\mathbf{n} = (a, b, c)$에 수직인 평면은 유일하게 결정된다. 이 평면 $\alpha$의 방정식을 구해보자.

그림과 같이 평면 $\alpha$ 위의 임의의 점을 $Q(x, y, z)$라 하면 벡터 $\overrightarrow{PQ}$는 벡터 n에 수직이다.

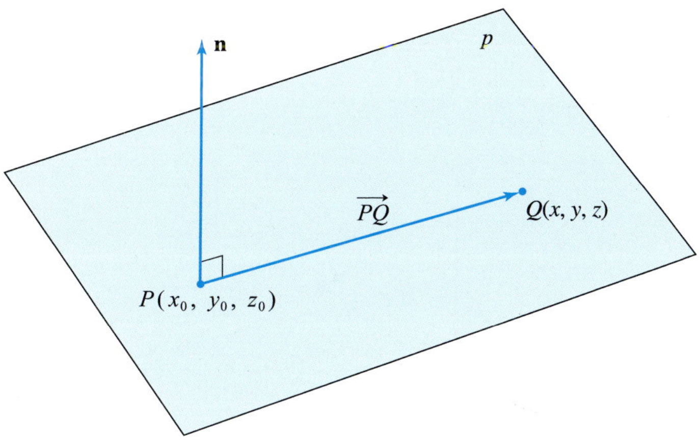

그림 10.4.1

$\overrightarrow{PQ} = (x - x_0, y - y_0, z - z_0)$이므로

$$\begin{aligned}\mathbf{n} \cdot \overrightarrow{PQ} &= (a, b, c) \cdot (x - x_0, y - y_0, z - z_0) \\ &= a(x - x_0) + b(y - y_0) + c(z - z_0)\end{aligned}$$

따라서 다음 식

$$a(x - x_0) + b(y - y_0) + c(z - z_0) = 0$$

또는

$$ax + by + cz = ax_0 + by_0 + cz_0$$

을 얻을 수 있으며 평면 $\alpha$의 방정식이라 한다.

이때 평면 $\alpha$에 수직인 벡터 $\mathbf{n} = (a, b, c)$를 평면 $\alpha$의 법선벡터라 한다.

Chapter 10

**예제 1** 점 $P(1, 1, 1)$을 지나고 벡터 $\mathbf{n} = (2, 1, 3)$에 수직인 평면의 방정식을 구하고 개형을 그려라.

**풀이** 구하는 평면을 $\alpha$라 하고 평면 $\alpha$ 위의 임의의 점을 $Q(x, y, z)$라 하자. 벡터 $\overrightarrow{PQ}$는 벡터 $\mathbf{n}$에 수직이고 $\overrightarrow{PQ} = (x-1, y-1, z-1)$이므로

$$\mathbf{n} \cdot \overrightarrow{PQ} = (2, 1, 3) \cdot (x-1, y-1, z-1) = 0$$

따라서

$$2(x-1) + (y-1) + 3(z-1) = 0$$

그러므로 평면 $\alpha$의 방정식은

$$2x + y + 3z - 6 = 0$$

평면 $\alpha$가 $x$-축, $y$-축, $z$-축과 만나는 점의 좌표는 각각 다음과 같다.

$$(3, 0, 0),\ (0, 6, 0),\ (0, 0, 2)$$

따라서 평면 $\alpha$ 의 개형은 다음과 같다.

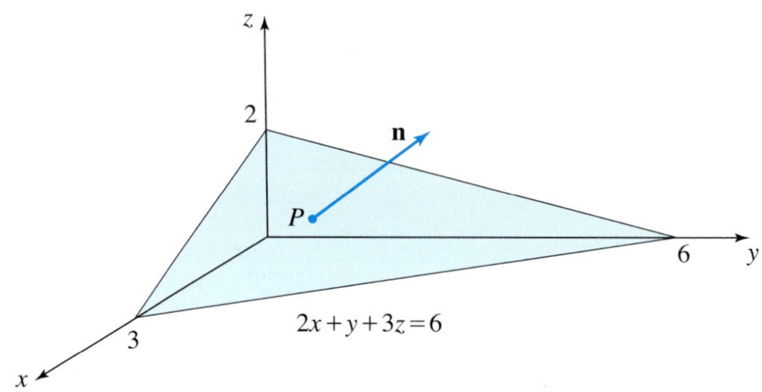


그림 10.4.2

■

서로 다른 세 점을 지나는 평면은 유일하게 결정됨을 알고 있다. 세 점을 지나는 평면의 방정식을 벡터를 이용하여 구해보자.

**예제 2** 세 점 $P(1, 2, -2)$, $Q(2, 2, 1)$, $R(3, -1, 1)$을 지나는 평면의 방정식을 구하여라.

**풀이** 세 점 $P$, $Q$, $R$을 지나는 평면을 $\alpha$ 라 하면 벡터 $\overrightarrow{PQ} \times \overrightarrow{PR}$는 평면 $\alpha$ 에 수직이다. $\overrightarrow{PQ} = (1, 0, 3)$, $\overrightarrow{PR} = (2, -3, 3)$이므로 $\overrightarrow{PQ} \times \overrightarrow{PR}$를 구하면

$$\overrightarrow{PQ} \times \overrightarrow{PR} = \begin{vmatrix} \mathbf{i} & \mathbf{j} & \mathbf{k} \\ 1 & 0 & 3 \\ 2 & -3 & 3 \end{vmatrix} = (9, 3, -3)$$

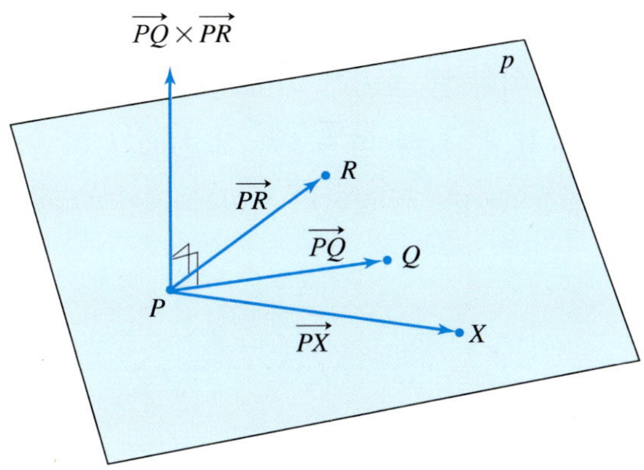


그림 10.4.3

따라서 평면 $\alpha$는 점 $P$를 지나고 벡터 $(9, 3, -3)$에 수직하다.

그러므로 평면 $\alpha$ 위의 임의의 점을 $X(x, y, z)$라 하면

$$\overrightarrow{PX} \cdot (9, 3, -3) = 0$$

따라서 다음 식이 성립한다.

$$9(x-1) + 3(y-2) - 3(z+2) = 0$$

그러므로 평면 $\alpha$의 방정식은 다음과 같다.

$$3x + y - z = 7$$ ■

**정리 10.4.1**

벡터 $\mathbf{n} = (a, b, c)$은 평면 $ax + by + cz + d = 0$의 법선벡터이다.

**증명.** 평면 $ax + by + cz + d = 0$을 $\alpha$라 하자.

두 점 $P(x_1, y_1, z_1)$과 $Q(x_2, y_2, z_2)$가 평면 $\alpha$ 위의 서로 다른 두 점이라고 하면 다음의 두 식이 성립한다.

$$ax_1 + by_1 + cz_1 + d = 0$$
$$ax_2 + by_2 + cz_2 + d = 0$$

$\overrightarrow{PQ} = (x_2 - x_1, y_2 - y_1, z_2 - z_1)$이므로

$$\begin{aligned}\mathbf{n} \cdot \overrightarrow{PQ} &= a(x_2 - x_1) + b(y_2 - y_1) + c(z_2 - z_1) \\ &= ax_2 + by_2 + cz_2 - ax_1 + by_1 + cz_1 \\ &= (-d) - (-d) \\ &= 0\end{aligned}$$

즉, 벡터 $\mathbf{n} = (a, b, c)$와 평면 $\alpha$ 위의 임의의 벡터 $\overrightarrow{PQ}$는 서로 수직하다. 그러므로 벡터 $\mathbf{n} = (a, b, c)$은 평면 $\alpha$의 법선벡터이다. ■

두 평면이 만나는 부분은 직선이 된다. 두 평면 $\alpha_1, \alpha_2$가 만나서 생기는 직선을 $l$이라 하자. 직선 $l$ 위의 한 점 $P$를 지나고 평면 $\alpha_1, \alpha_2$ 위에 있으며 직선 $l$에 수직한 직선을 각각 $l_1, l_2$라 하자. 두 직선 $l_1, l_2$의 사이각을 두 평면 $\alpha_1, \alpha_2$의 사이각으로 정의한다. 두 평면의 사이각을 이면각이라 부른다.

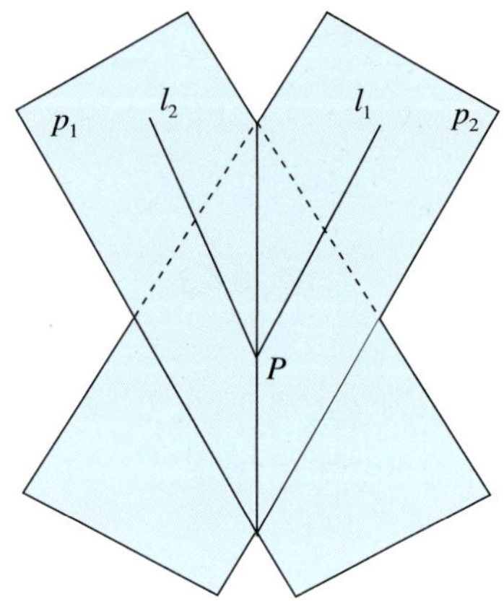


그림 10.4.4

**예제 3** 정사면체의 이면각을 $\theta$라 할 때 $\cos\theta$의 값을 구하여라.

**풀이** 한 변의 길이가 $a$이고 네 꼭지점이 $A, B, C, D$인 정사면체를 생각하자.
선분 $BC$의 중점을 $M$이라 하면 $AM \perp BC$이고 $DM \perp BC$이다. 따라서 $\triangle ABC$와 $\triangle DBC$의 이면각 $\theta$는 $\theta = \angle AMD$이다. 그러므로

$$\cos\theta = \frac{\left(\frac{\sqrt{3}}{2}a\right)^2 + \left(\frac{\sqrt{3}}{2}a\right)^2 - a^2}{2 \times \frac{\sqrt{3}}{2}a \times \frac{\sqrt{3}}{2}a} = \frac{1}{3}$$

이 된다. ■

**예제 4** 두 평면 $x + 2y - 2z = 3$과 $2x - 4y - 2z = 9$의 사이각의 코싸인을 구하여라.

**풀이** 두 평면 $x + 2y - 2z = 3$, $2x - 4y - 2z = 9$을 각각 $\alpha$, $\beta$라 하자. 두 평면 $\alpha$, $\beta$의 법선벡터를 각각 $\vec{n}_1$, $\vec{n}_2$라 하면

$$\vec{n}_1 = (1, 2, -2), \quad \vec{n}_2 = (2, -4, -2)$$

두 법선벡터 $\vec{n}_1$, $\vec{n}_2$의 사이각을 $\theta$라 하면

$$\begin{aligned}\cos\theta &= \frac{\vec{n}_1 \cdot \vec{n}_2}{\|\vec{n}_1\|\|\vec{n}_2\|} \\ &= \frac{-2}{3\sqrt{24}} = -\frac{1}{3\sqrt{6}}\end{aligned}$$

$\cos\theta < 0$ 이므로 $\frac{\pi}{2} < \theta < \pi$ 이다. 그러므로 두 평면 $\alpha, \beta$ 의 사이각은 $\pi - \theta$ 이다. 사이각의 코싸인을 구하면

$$\cos(\pi - \theta) = -\cos\theta = \frac{1}{3\sqrt{6}}$$ ■

**정리 10.4.2(점에서 평면까지의 거리)**

점 $P(x_0, y_0, z_0)$에서 평면 $ax + by + cz + d = 0$까지의 거리 $h$는 다음과 같다.

$$h = \frac{|ax_0 + by_0 + cz_0 + d|}{\sqrt{a^2 + b^2 + c^2}}$$

**증명.** 방정식이 $ax + by + cz + d = 0$인 평면을 $\alpha$라 하자. 점 $Q(x_1, y_1, z_1)$가 평면 $\alpha$ 위의 한 점이면 다음이 성립한다.

$$ax_1 + by_1 + cz_1 + d = 0$$

$\mathbf{u} = \overrightarrow{QP}$ 라 하자. 벡터 $\mathbf{n} = (a, b, c)$가 평면 $\alpha$에 수직하므로 점 $P$에서 평면 $\alpha$까지의 거리 $h$는 벡터 $\mathbf{u}$의 $\mathbf{n}$위로의 사영 $P_v(\mathbf{u})$의 크기와 같다.

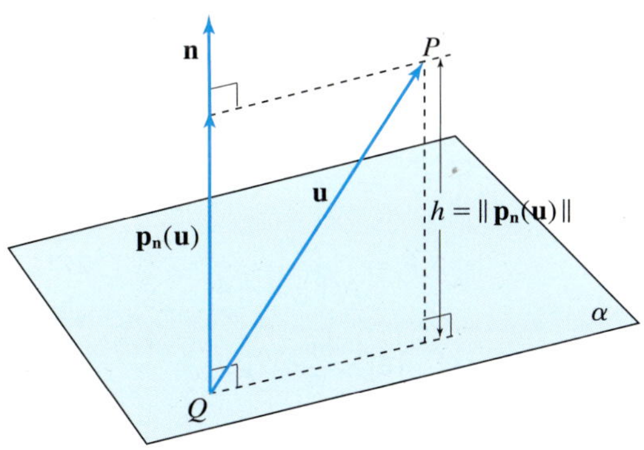


그림 10.4.5

$\mathbf{u} = \overrightarrow{QP} = (x_0 - x_1, y_0 - y_1, z_0 - z_1)$이므로

$$\|P_n(\vec{n})\| = \left\| \frac{\vec{u}\cdot\vec{n}}{\|\vec{n}\|^2}\vec{n} \right\| = \frac{\vec{u}\cdot\vec{n}}{\|\vec{n}\|}$$
$$= \frac{|a(x_0 - x_1) + b(y_0 - y_1) + c(z_0 - z_1)|}{\sqrt{a^2 + b^2 + c^2}}$$
$$= \frac{|ax_0 + by_0 + cz_0 + d|}{\sqrt{a^2 + b^2 + c^2}}$$

그러므로 점 $P$에서 평면 $\alpha$까지의 거리 $h$는 다음과 같다.

$$h = \frac{|a(x_0 - x_1) + b(y_0 - y_1) + c(z_0 - z_1)|}{\sqrt{a^2 + b^2 + c^2}}$$ ■

**예제 5** 점 (1, 1, 1)에서 평면 $3x - 4y + 5z = 2$까지 거리를 구하여라.

**풀이** 정리 10.4.2를 이용하면, 점 (1, 1, 1)로 부터 평면 $3x - 4y + 5z = 2$까지 거리 $h$는 다음과 같다.

$$h = \frac{|3 - 4 + 5 - 2|}{\sqrt{3^2 + (-4)^2 + 5^2}} = \frac{2}{5\sqrt{2}} = \frac{\sqrt{2}}{5}$$ ■

**예제 6** 두 평면 $x + 2y - 2z = 3$과 $2x + 4y - 4z = 8$은 평행함을 보이고 두 평면 사이의 거리를 구하여라.

**풀이** 방정식이 $x + 2y - 2z = 3$, $2x + 4y - 4z = 8$인 평면을 각각 $\alpha$, $\beta$라 하면 두 평면 $\alpha$, $\beta$의 법선벡터는 각각 다음과 같다.

$$\vec{n_1} = (1,\ 2,\ -2), \quad \vec{n_2} = (2,\ 4,\ -4)$$

$\vec{n_2} = 2\vec{n_1}$이므로 두 법선벡터 $\vec{n_1}$, $\vec{n_2}$는 서로 평행하다.
따라서 두 평면 $\alpha$, $\beta$은 서로 평행하며 두 평면 사이의 거리는 평면 $\beta$ 위의 한 점에서 평면 $\alpha$까지의 거리와 같다.

점 $P(4, 0, 0)$는 평면 $\beta$ 위의 점이므로 점 $P(4, 0, 0)$에서 평면 $\alpha$까지의 거리가 두 평면 $\alpha$, $\beta$ 사이의 거리가 된다. 점 $P(4, 0, 0)$에서 평면 $2x + 2y - 2z = 3$까지 거리 $h$를 구하면

$$h = \frac{1}{\sqrt{1 + 4 + 4}} = \frac{1}{3}$$

따라서 두 평면 $\alpha$, $\beta$ 사이의 거리는 $\frac{1}{3}$이다. ■

### 직선의 매개방정식

공간의 한 점 $P(x_0, y_0, z_0)$를 지나고 영벡터가 아닌 벡터 $\mathbf{v} = (a, b, c)$에 평행한 직선은 유일하게 결정된다. 이 직선 $l$의 방정식을 구해보자.

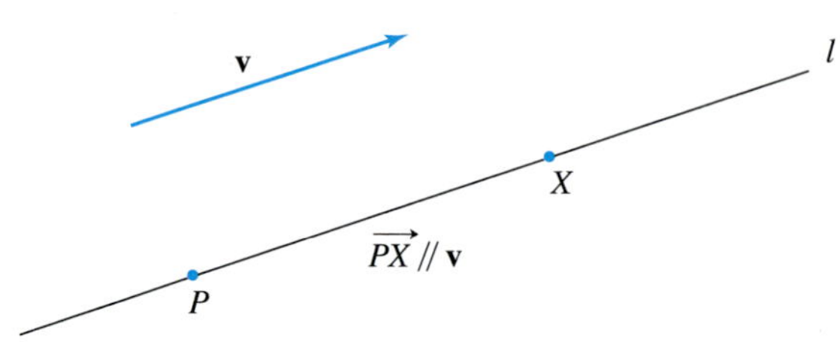


그림 10.4.6

점 $X(x, y, z)$를 직선 $l$ 위의 점이라고 하면 벡터 $\overrightarrow{PX}$와 벡터 $\mathbf{v}$는 서로 평행하다. 따라서 적당한 스칼라 $t$에 대하여 다음이 성립한다.

$$\overrightarrow{PX} = t\mathbf{v}$$

$\overrightarrow{PX} = (x - x_0,\ y - y_0,\ z - z_0)$ 이므로

$$(x - x_0,\ y - y_0,\ z - z_0) = (ta,\ tb,\ tc)$$

그러므로 다음과 같이 쓸 수 있다.

$$x = x_0 + at, \quad y = y_0 + bt, \quad z = z_0 + ct$$

이 식을 직선 $l$의 매개방정식이라 한다. 그리고 벡터 $\mathbf{v} = (a, b, c)$를 직선 $l$의 방향벡터라 부른다.



**예제 7** 점 $P(2, 2, -3)$을 지나고 벡터 $\mathbf{v} = (2, 1, -1)$에 평행인 직선의 매개방정식을 구하여라.

**풀이** 구하는 직선을 $l$이라 하자. 점 $X(x, y, z)$를 직선 $l$ 위의 점이라 하면 벡터 $\overrightarrow{PX}$는 벡터 $\mathbf{v}$에 평행하다. 따라서 적당한 스칼라 $t$에 대해서 다음이 성립한다.

$$\overrightarrow{PX} = t\mathbf{v}$$

$\overrightarrow{PX} = (x - 2,\ y - 2,\ z + 3)$ 이므로

$$(x - 2,\ y - 2,\ z + 3) = t(2,\ 1,\ -1)$$

그러므로 직선 $l$의 매개방정식은 다음과 같다.

$$x = 2 + 2t, \quad y = 2 + t, \quad z = -3 - t$$ ■

**예제 8** 두 점 $P(-3, 2, -1)$, $Q(1, 1, -1)$를 지나는 직선의 매개방정식을 구하여라.

**풀이** 두 점 $P, Q$를 지나는 직선을 $l$이라 하면 직선 $l$은 점 $P$를 지나고 벡터 $\overrightarrow{PQ}$에 평행하다. 따라서 직선 $l$ 위의 점 $X(x, y, z)$에 대하여 다음 식이 성립한다.

$$\overrightarrow{PX} = t\overrightarrow{PQ}$$

$\overrightarrow{PX} = (x + 3,\ y - 2,\ z - 1)$, $\overrightarrow{PQ} = (4,\ -1,\ -2)$ 이므로

$$(x + 3,\ y - 2,\ z - 1) = t(4,\ -1,\ -2)$$

따라서 직선 $l$의 매개방정식은 다음과 같다.

$$x = -3 + 4t,\ y = 2 - t,\ z = 1 - 2t$$ ■

### 직선의 대칭방정식

직선 $l$의 방정식이 다음과 같이 주어졌다고 하자.

$$x = x_0 + at, \quad y = y_0 + bt, \quad z = z_0 + ct$$

만일 $a \neq 0$, $b \neq 0$, $c \neq 0$이라면

$$t = \frac{x - x_0}{a}, \quad t = \frac{y - y_0}{b}, \quad t = \frac{z - z_0}{c}$$

따라서 다음의 식을 얻는다.

$$\frac{x - x_0}{a} = \frac{y - y_0}{b} = \frac{z - z_0}{c}$$

이 방정식을 직선의 대칭방정식이라고 한다.

**예제 9** 예제 7에서 구한 직선의 대칭방정식을 구하여라.

**풀이** 예제 7에서 구한 직선의 매개방정식은 다음과 같다.

$$x = 2 + 2t, \quad y = 2 + t, \quad z = -3 - t$$

여기서 매개변수 $t$를 풀면

$$t = \frac{x - 2}{2} = y - 2 = -z - 3$$

따라서 구하는 대칭방정식은 다음과 같다.

$$\frac{x - 2}{2} = y - 2 = -z - 3$$

■

**예제 10** 두 평면 $x - 2y - 2z = 2$와 $2x + 3y - z = 11$이 만남을 보이고 두 평면이 만나서 생기는 직선의 방정식을 구하여라.

**풀이** 방정식이 $x - 2y - 2z = 2$와 $2x + 3y - z = 11$인 두 평면을 각각 $\alpha$, $\beta$라 하자. 두 평면 $\alpha$, $\beta$의 법선벡터를 각각 $\vec{n}_1$, $\vec{n}_2$라 하면 다음이 성립한다.

$$\vec{n}_1 = (1, -2, -2), \quad \vec{n}_2 = (2, 3, -1)$$

여기서 $\vec{n}_2 = t\vec{n}_1$인 상수 $t$가 존재하지 않으므로 $\vec{n}_1$, $\vec{n}_2$는 서로 평행하지 않다. 따라서 두 평면 $\alpha$, $\beta$는 서로 평행하지 않으며 교차하게 된다.

두 평면 $\alpha$, $\beta$가 교차하여 생기는 직선을 $l$의 방정식을 구하자. 먼저 직선 $l$ 위의 한 점을 구하자. 두 평면의 방정식에서

$$x - 2y - 2z = 2$$
$$2x + 3y - z = 11$$

에서 $z = 0$이라 하면

$$x-2y=2$$
$$2x+3y=11$$

위의 연립방정식을 풀면

$$x=4, \quad y=1$$

따라서 점 $P(4, 1, 0)$은 직선 $l$ 위의 한 점이다.

직선 $l$은 두 평면 $\alpha$, $\beta$의 법선벡터 $\vec{n}_1$, $\vec{n}_2$ 각각에 수직하므로 직선 $l$은 두 법선벡터 $\vec{n}_1$, $\vec{n}_2$의 벡터곱 $\vec{n}_1 \times \vec{n}_2$에 평행하다.

$$\begin{aligned}\vec{n}_1 \times \vec{n}_2 &= \begin{vmatrix} \mathbf{i} & \mathbf{j} & \mathbf{k} \\ 1 & -2 & -2 \\ 2 & 3 & -1 \end{vmatrix} \\ &= (8, -3, 7)\end{aligned}$$

따라서 직선 $l$은 점 $P(4, 1, 0)$을 지나고 벡터 $(8, -3, 7)$에 평행하다. 그러므로 두 평면 $\alpha$, $\beta$가 만나서 생기는 직선의 매개방정식은

$$\frac{x-4}{8}=\frac{y-1}{-3}=\frac{z}{7}$$ ■

**예제 11** 직선 $x-3=\dfrac{y-1}{3}=\dfrac{z-2}{-2}$은 평행함을 보이고 직선과 평면사이의 거리를 구하여라.

**풀이** 직선 $x-3=\dfrac{y-1}{3}=\dfrac{z-2}{-2}$을 $l$, 평면 $x+y+2z=3$을 $\alpha$, 직선 $l$의 방향벡터를 $\mathbf{v}$, 평면 $\alpha$의 법선벡터를 $\mathbf{n}$이라 하면

$$\mathbf{v}=(1, 3, -2), \quad \mathbf{n}=(1, 1, 2)$$

방향벡터 $\mathbf{v}$와 법선벡터 $\mathbf{n}$의 내적을 구하면

$$\mathbf{v}\cdot\mathbf{n}=1+3+(-4)=0$$

이므로 $\mathbf{v}\perp\mathbf{n}$이고 따라서 $l \mathbin{/\!/} \alpha$이다. 직선 $l$과 평면 $\alpha$ 사이의 거리는 직선 $l$ 위의 한 점에서 평면 $\alpha$까지의 거리와 같다. 직선 $l$ 위의 한 점을 구하자. 직선 $l$의 매개방정식

$$x=3+t, \quad y=1+3t, \quad z=2-2t$$

에 $t=0$을 대입하면

$$x=3, \quad y=1, \quad z=2$$

따라서 점 $P(3, 1, 2)$는 직선 $l$ 위의 점이다. 점 $P(3, 1, 2)$에서 평면 $x+y+2z=3$까지의 거리 $h$를 구하면

$$h=\frac{|3+1+4-3|}{\sqrt{1+1+4}}=\frac{5}{\sqrt{6}}$$

따라서 직선 $l$과 평면 $\alpha$ 사이의 거리는 $\dfrac{5}{\sqrt{6}}$이다. ■

직선 $l$과 평면 $\alpha$가 점 $P$에서 만날 때 직선 $l$ 위의 한 점 $P_1$에서 평면 $\alpha$ 위에 내린 수선의 발이 $P_2$이면 $\angle P_1PP_2$를 직선 $l$과 평면 $\alpha$의 사이각으로 정의한다.

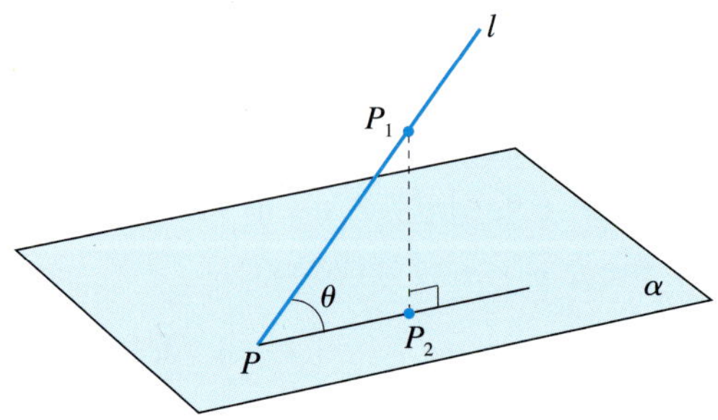


그림 10.4.7

**예제 12** 직선 $x-3=-y+1=\dfrac{z-2}{4}$와 평면 $x+2y-2z=10$이 만나는 점을 구하고 직선과 평면의 사이각을 구하여라.

**풀이** 직선 $x-3=-y+1=\dfrac{z-2}{4}$을 $l$, 평면 $x+2y-2z=10$을 $\alpha$, 직선 $l$의 방향벡터를 $\mathbf{v}$, 평면 $\alpha$의 법선벡터를 $\mathbf{n}$이라 하면

$$\mathbf{v}=(1,\ -1,\ 4),\qquad \mathbf{n}=(1,\ 2,\ -2)$$

방향벡터 $\mathbf{v}$와 법선벡터 $\mathbf{n}$의 내적을 구하면

$$\mathbf{v}\cdot\mathbf{n}=1+(-2)+(-8)=-9$$

따라서 직선 $l$의 방향벡터와 평면 $\alpha$의 법선벡터는 서로 수직하지 않으므로 직선 $l$과 평면 $\alpha$는 서로 평행하지 않으며 한 점에서 만나게 된다.

직선 $l$의 방정식

$$x=3+t,\qquad y=1-t,\qquad z=2+4t$$

를 평면 $\alpha$의 방정식 $x+2y-2z=10$에 대입하면

$$3+t+2(1-t)-2(2+4t)=10$$

이 식을 풀면 $t=-1$이 값을 직선 $l$의 방정식

$$x=3+t,\qquad y=1-t,\qquad z=2+4t$$

에 대입하여

$$x=2,\qquad y=2,\qquad z=-2$$

를 얻는다. 따라서 점 $P(2,\ 2,\ -2)$는 직선 $l$과 평면 $\alpha$가 만나는 점이다.

방향벡터 $\mathbf{v}$와 법선벡터 $\mathbf{n}$의 사이각을 $\theta$라 하면

$$\cos\theta=\frac{1+(-2)+(-8)}{\sqrt{1+1+16}\sqrt{1+4+4}}=-\frac{1}{\sqrt{2}}$$

따라서 직선 $l$의 방향벡터 $\mathbf{v}$와 평면 $\alpha$의 법선벡터 $\mathbf{n}$의 사이각은 $135°$이다. 그러

므로 직선 $l$과 평면 $\alpha$의 사이각은 $45°$이다. ■

공간에서 두 직선의 방향벡터가 평행할 때 두 직선은 평행하다고 한다. 그리고 두 직선이 평행하지 않으면서도 서로 만나지 않는 경우가 있는데 이때 두 직선은 꼬인 위치에 있다고 말한다.

**예제 13** 다음의 두 직선 $l_1$, $l_2$는 꼬인 위치에 있음을 보여라

$$l_1 : \frac{x-3}{2} = \frac{y-1}{-2} = \frac{z-2}{3}$$
$$l_2 : x-1 = \frac{y-2}{2} = -z+1$$

**풀이** 두 직선 $l_1$, $l_2$의 방향벡터를 각각 $\vec{v}_1$, $\vec{v}_2$라 하면

$$\vec{v}_1 = (2, -2, 3), \quad \vec{v}_2 = (1, 2, -1)$$

여기서 두 방향벡터 $\vec{v}_1$, $\vec{v}_2$는 서로 평행하지 않음을 알 수 있다. 따라서 두 직선 $l_1$, $l_2$는 서로 평행하지 않다.

두 직선 $l_1$, $l_2$가 한 점 $(x_0, y_0, z_0)$에서 만난다고 가정하면 적당한 $t, s$에 대하여 다음이 성립한다.

$$x_0 = 3+2t, \quad y_0 = 1-2t, \quad z_0 = 2+3t$$
$$x_0 = 1+s, \quad y_0 = 2+2s, \quad z_0 = 1-s$$

따라서 다음의 식을 얻는다.

$$2t - s = -2$$
$$2t + 2s = -1$$
$$3t + 2s = -1$$

그러나 이 연립방정식은 불능이므로 해를 갖지 않는다. 따라서 두 직선 $l_1$, $l_2$는 만나지 않는다. 그러므로 두 직선 $l_1$, $l_2$는 꼬인 위치에 있다. ■

**예제 14** 다음 두 직선의 공통수선을 구하여라.

$$\frac{x-3}{-2} = \frac{y+3}{2} = z, \quad \frac{x+6}{4} = -y+3 = z+3$$

**풀이** 주어진 두 직선을 $l_1$, $l_2$라 하자. $l_1$ 위의 점 $P(3-2t, -3+2t, t)$와 $l_2$ 위의 점 $Q(-6+4s, 3-s, -3+s)$에 대하여 선분 $PQ$가 두 직선 $l_1$, $l_2$의 공통수선이라 하자.

벡터 $\overrightarrow{PQ} = (-9+2t+4s, 6-2t-s, -3-t+s)$가 두 직선 $l_1$, $l_2$의 방향벡터 $\vec{v}_1 = (-2, 2, 1)$, $\vec{v}_2 = (4, -1, 1)$ 모두에 수직이므로

$$\vec{v_1} \cdot \overrightarrow{PQ} = -9t - 9s + 27 = 0$$
$$\vec{v_2} \cdot \overrightarrow{PQ} = 9t + 18s - 45 = 0$$

이를 연립하여 풀면 $t = 1$, $s = 2$ 따라서 $P(1, -1, 1)$, $Q(2, 1, -1)$ 그러므로 구하는 공통수선은

$$x - 1 = \frac{y+1}{4} = \frac{z-1}{-2}$$ ■

## 연습문제 10.4

1. 점 $P$를 지나고 벡터 $\mathbf{n}$에 수직인 평면의 방정식을 구하여라.
   (1) $P(-1, 3, -2)$, $\mathbf{n} = (-2, 1, -1)$
   (2) $P(1, 1, 4)$, $\mathbf{n} = (1, 9, 8)$

2. 세 점 $P, Q, R$을 지나는 평면의 방정식을 구하여라.
   (1) $P(-4, -1, -1)$, $Q(-2, 0, 1)$, $R(-1, -2, -3)$
   (2) $P(5, 4, 3)$, $Q(4, 3, 1)$, $R(1, 5, 4)$

3. 점 $P$에서 주어진 평면까지의 거리를 구하여라.
   (1) $P(3, 1, -2)$, $x + 2y - 2z = 4$
   (2) $P(-1, 2, 1)$, $2x + 3y - 4z = 1$

4. 점 $P$를 지나고, 주어진 평면에 평행인 평면의 방정식을 구하여라.
   (1) $P(0, 3, -2)$, $x - y - z = 3$
   (2) $P(1, -2, 1)$, $2x + 4y + z = 1$

5. 주어진 두 평면의 사이각의 코싸인을 구하여라.
   (1) $7x - 2y + 3z + 2 = ,\quad 3x + y + 2z + 5 = 0$
   (2) $3x - y + z - 4 = 0,\quad x + 2y - z + 7 = 0$

6. 점 $P$를 지나고 벡터 $\mathbf{v}$에 평행인 직선의 매개방정식과 대칭방정식을 구하여라.
   (1) $P(-3, 2, 1)$, $\mathbf{v} = (2, 1, 3)$
   (2) $P(-2, 3, 3)$, $\mathbf{v} = (-1, -1, 2)$

7. 주어진 두 직선이 만나는 점을 구하여라.
   (1) $x - 3 = \frac{y-1}{3} = \frac{z-2}{2},\quad \frac{x-1}{-2} = y - 2 = \frac{z-4}{2}$
   (2) $\frac{x+9}{4} = \frac{y+1}{2} = \frac{z-35}{-2},\quad \frac{x+3}{2} = y - 2 = z - 4$

8. 주어진 두 평면이 서로 만남을 보이고 교선의 매개방정식을 구하여라.
   (1) $x - 2y + 3z = 4,\quad -2x + 5y + 4z = -1$
   (2) $2x - y + z = 1,\quad x + y + 2z = -1$

9. 점 $P$를 지나고, 주어진 직선에 수직인 평면의 방정식을 구하여라.
   (1) $P(-2, 1, 7)$, $\frac{x-4}{2} = \frac{y-2}{-3} = \frac{z}{-5}$
   (2) $P(1, 1, -2)$, $\frac{x-2}{-3} = \frac{y-3}{-2} = -z - 1$

10. 주어진 직선과 평면의 사이각을 구하여라.
    (1) $\frac{x+5}{-4} = -y + 1 = \frac{z-12}{2},\quad x + 2y + 3z - 5 = 0$
    (2) $\frac{x}{3} = \frac{y-1}{2} = -z + 2,\quad 4x - y + 2z = 7$

11. 점 $P$에서 점 $Q$를 지나며 방향벡터가 $\mathbf{v}$인 직선까지의 거리 $d$는 다음과 같음을 보여라.

$$d = \frac{\|\overrightarrow{QP} \times \vec{v}\|}{\|\vec{v}\|}$$

12. 서로 다른 두 점 $P(a_1, b_1, c_1)$, $Q(a_2, b_2, c_2)$에서 같은 거리에 있는 점으로 이루어지는 평면의 방정식을 구하여라.

**13.** 평행한 두 평면 $ax+by+cz=d_1$, $ax+by+cz=d_2$ 사이의 거리는 다음과 같음을 증명하여라.

$$\frac{|d_1-d_2|}{\sqrt{a^2+b^2+c^2}}$$

**14.** 꼬인 위치에 있는 두 직선의 방향벡터가 각각 $\vec{v}_1$, $\vec{v}_2$이고 점 $P$와 점 $Q$가 각각 두 직선 위의 점일 때 두 직선의 거리 $d$는 다음과 같음을 증명하여라.

$$d=\frac{|\overrightarrow{PQ}\cdot\vec{v}_1\times\vec{v}_2|}{\|\vec{v}_1\times\vec{v}_2\|}$$

# 제 11 장 극좌표계

### 데카르트(René Descartes)

데카르트(1596-1650)는 프랑스 투르 근교의 부유한 가정에서 태어나 라 플레쉬에 있는 예수회 학교에서 훌륭한 초기 교육을 받고 자랐다. 후에 그는 별 관심없는 법률 공부를 마치고 몇 년간은 군생활을 하였지만 직업군인은 아니었다. 군 생활 후 4,5년의 유럽여행과 몇 년간의 파리 체류 후에 네덜란드로 이주해 20년간을 머물면서 철학, 수학, 과학에 몰두하였다. 그 후 스웨덴으로 이주하여 그 곳에서 생을 마쳤지만 그의 중요한 저술이 완성된 것은 네덜란드 체류기간이었다.

데카르트와 페르마에 의하여 현대 해석기하학이 탄생하였다고 볼 수 있다. 1637년에 발간된 유명한 저서 〈방법서설(Discours de la méthode pour bien conduire sa raison et chercher la vérité dans les sciences)〉에서 데카르트는 모든 것은 물질과 운동으로 설명할 수 있다고 가정하고 모든 과학에 대한 철학적 접근을 시도하였다. 이 책에는 세 개의 부록이 있는데 세 번째가 그 유명한 약 100쪽 가량의 〈기하학(La géométrie)〉으로 이로 인하여 그는 현대 해석기하학에 지대한 공헌을 하였다. 데카르트는 천정에 기어다니는 파리를 보면서 인접한 두 벽으로부터 파리까지의 거리를 나타내는 방법만 있다면 파리의 움직이는 경로를 표시할 수 있겠다는 생각이 들어 이것이 동기가 되어 해석기하학을 만들게 되었다는 이야기가 전해오고 있다.

# 11.1 극좌표계

프랑스의 철학자이자 수학자인 데카르트(Rene Descartes 1596~1650)가 도입한 직교좌표계는 평면 위에 좌표축이라 불리는 직교하는 두 수직선을 잡고 이 두 수직선을 이용하여 평면 위의 점과 실수의 순서쌍을 일대일 대응시키는 방법이다. 점 $P$를 지나며 수직축($y$축)과 평행한 직선이 수평축($x$축)과 만나는 점의 눈금이 $a$이고 점 $P$를 지나며 수평축과 평행한 직선이 수직축과 만나는 점의 눈금이 $b$일 때 순서쌍 $(a, b)$를 점 $P$의 좌표라 부른다. 그러나 이 방법이 평면 위의 점에 실수의 순서쌍을 대응시키는 유일한 방법은 아니다.

이제 뉴턴(Isaac Newton 1643~1727)에 의하여 도입된 극좌표계에 대하여 알아보자.

## 극좌표계의 정의

평면 위에 극(pole)이라 불리는 한 점 $O$를 잡고(보통의 경우 직교좌표계의 원점으로 잡는다) 기선(initial line)이라 불리는 $O$에서 시작하는 반직선 $\overrightarrow{OX}$를 잡는다.(보통의 경우 직교좌표계의 양의 방향의 $x$축으로 잡는다) 평면 위의 점 $P$에 대하여 $\overline{OP} = r$이고 반직선 $\overrightarrow{OP}$가 기선과 이루는 각이 $\theta$라디안 일 때 순서쌍 $(r, \theta)$를 점 $P$의 극좌표(polar coordinate)라 부른다. 역으로 실수의 순서쌍 $(r, \theta)$에 대하여 $(r, \theta)$를 극좌표로 갖는 점 $P$를 찾자. $r = 0$이면 $\theta$에 관계없이 $P$는 극이다. $r > 0$이면 $P$는 기선 $\overrightarrow{OX}$를 극을 중심으로 각 $\theta$만큼 회전시켜 얻어진 반직선 $\overrightarrow{OX'}$ 위의 점으로 극으로부터 거리가 $r$인 점이고 $r < 0$이면 $P$는 $\overrightarrow{OX'}$과 반대방향의 반직선 $\overrightarrow{OX''}$ 위의 점으로 극으로부터 거리가 $-r$인 점이다. 즉 $r < 0$일 때

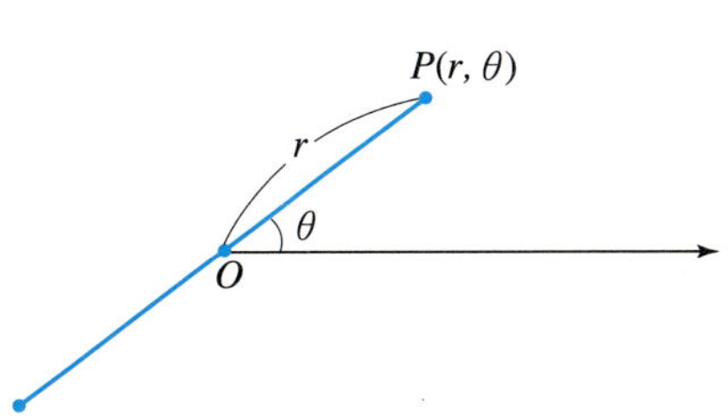


그림 11.1.1

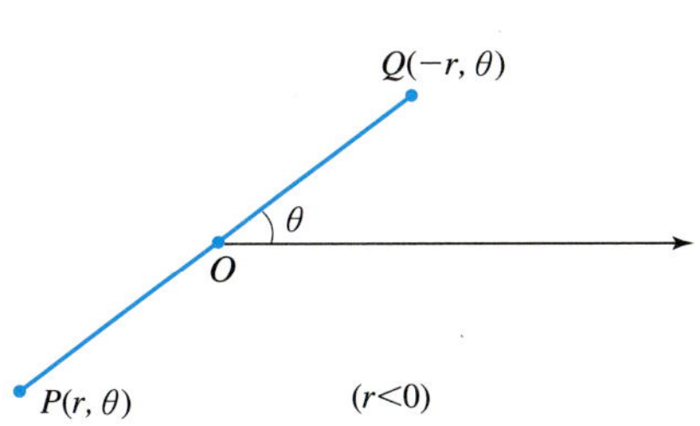


그림 11.1.2

$$(r, \theta) = (-r, \theta + \pi)$$

가 된다.

주어진 극좌표에 대응하는 점은 유일하게 결정되지만 위에서 보았듯이 한 점을 극좌표로 표시하는 방법은 수 없이 많다. 이는 기선과 만나서 이루는 각이 $\theta$와 $\theta + 2n\pi$ ($n$은 임의의 정수)인 두 개의 반직선은 동일하기 때문이다. 예를 들어 다음의 극좌표들은 모두 동일한 점을 나타낸다.

$$\left(2, \frac{\pi}{4}\right), \quad \left(-2, \frac{5\pi}{4}\right), \quad \left(2, \frac{9\pi}{4}\right), \quad \left(2, -\frac{7\pi}{4}\right)$$

## 극좌표와 직교좌표 사이의 변환

평면상에서 직교좌표계의 원점과 극좌표계의 극을 일치시키고 직교좌표계의 양의 $x$-축을 극좌표계의 기선으로 정하면 점 $P$의 극좌표 $(r, \theta)$와 직교좌표 $(x, y)$ 사이에는 변환공식

$$x = r\cos\theta, \quad y = r\sin\theta$$

또는

$$x^2 + y^2 = r^2, \quad \theta = \tan^{-1}\frac{y}{x}$$

이 성립한다.

**예제 1** 직교좌표는 극좌표로 극좌표는 직교좌표로 변환하여라.

(1) $(-1, \sqrt{3})$ (2) $\left(2, \frac{\pi}{6}\right)$

**풀이** (1) $r = \sqrt{(-1)^2 + \sqrt{3}^2} = 2$이고

$$\theta = \tan^{-1}\left(\frac{\sqrt{3}}{-1}\right) = \frac{2\pi}{3}$$

이므로 극좌표는 $\left(2, \frac{2\pi}{3}\right)$이다.

(2) $x = 2\cos\frac{\pi}{6} = \sqrt{3}$, $y = 2\sin\frac{\pi}{6} = 1$이므로 직교좌표는 $(\sqrt{3}, 1)$이다. ■

**예제 2** 다음 직교방정식을 극방정식으로 변환하여라.

(1) $y = \frac{1}{\sqrt{3}}x$ (2) $x^2 + y^2 - 5y = 0$

**풀이** (1) 변환식 $x = r\cos\theta$, $y = r\sin\theta$를 $y = \frac{1}{\sqrt{3}}x$에 대입하면

$$r\sin\theta = \frac{1}{\sqrt{3}}\, r\cos\theta$$

즉, $\tan\theta = \frac{1}{\sqrt{3}}$ 이다. 따라서 극방정식은 $\theta = \frac{\pi}{6}$ 이다.

(2) $x = r\cos\theta,\ y = r\sin\theta$ 를 $x^2 + y^2 - 5y = 0$ 에 대입하면

$$(r\cos\theta)^2 + (r\sin\theta)^2 - 5r\sin\theta = 0$$

이고 이를 간단히 하면 극방정식은

$$r = 5\sin\theta$$

이다. ■

**예제 3** 다음 극방정식을 직교방정식으로 변환하여라.

(1) $r = \frac{1}{1-\cos\theta}$ (2) $r = 4\cos\theta$

(3) $r = \theta$

**풀이** (1) 주어진 극방정식은 $r = r\cos\theta + 1$ 이고 $y = r\cos\theta$ 를 대입하면 $r = y + 1$ 양변을 제곱하고 $r^2 = x^2 + y^2$ 을 대입하면

$$x^2 + y^2 = (y+1)^2$$

이 식을 정돈하면 포물선의 방정식

$$y^2 = 2x + 1$$

을 얻는다.

(2) $r = 4\cos\theta$ 의 양변에 $r$ 을 곱하면 식 $r^2 = 4r\cos\theta$ 를 얻는다. 이 식에 변환식 $x^2 + y^2 = r^2$ 과 $y = r\cos\theta$ 를 대입하면 원의 방정식

$$x^2 + y^2 = 4x$$

를 얻는다.

(3) $r = \theta$ 로부터 $\tan r = \tan\theta$ 이 나오고 이 식에 변환식

$$r = \sqrt{x^2 + y^2}, \quad \tan\theta = \frac{y}{x}$$

을 대입하면 구하는 직교방정식은

$$\tan\sqrt{x^2 + y^2} = \frac{y}{x}$$

이다. ■

위의 예제 2와 예제 3에서 보듯이 극방정식이 직교방정식보다 간단한 경우도 있고 그 반대인 경우도 있다. 이제 직선, 원 그리고 원추곡선의 극방정식에 대하여 알아보자.

Chapter 11

## 직선의 극방정식

극을 지나고 기선과 이루는 각이 $\theta_0$인 직선상의 점의 극좌표는 임의의 $r$에 대하여 $(r, \theta_0)$이므로 극방정식은

$$\theta = \theta_0$$

이다.

극을 지나지 않는 직선의 경우 극에서 직선까지의 거리가 $d > 0$이고 극에서 직선에 내린 수선과 기선이 이루는 각이 $\theta_0$이면 직선위의 임의의 점 $P$의 극좌표 $(r, \theta)$는

$$r\cos(\theta - \theta_0) = d$$

를 만족하므로 이 직선의 극방정식은 $r = \dfrac{d}{\cos(\theta - \theta_0)}$이다.

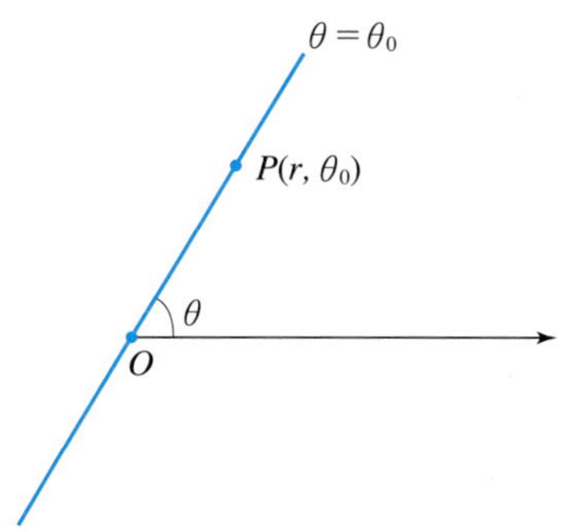


그림 11.1.3

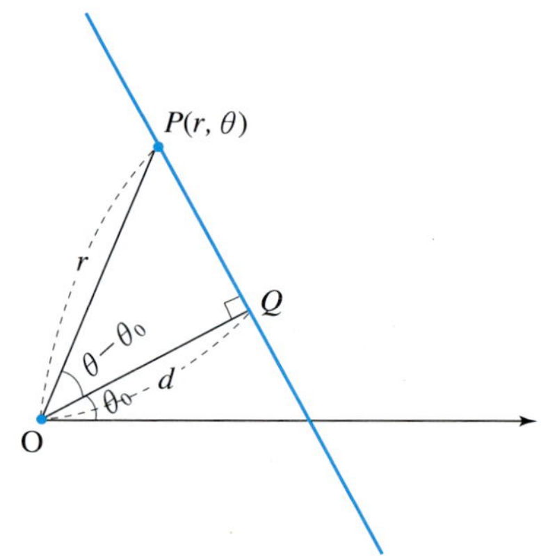


그림 11.1.4

**예제 4** 다음 직선의 극방정식을 구하여라.

(1) $x - \dfrac{1}{\sqrt{3}}y = 0$  (2) $y = -x + 2\sqrt{2}$

**풀이** (1) 직선 $x - \dfrac{1}{\sqrt{3}}y = 0$는 극을 지나고 기울기가 $\sqrt{3}$이다. 따라서 기선과 이루는 각을 $\theta_0$라 하면 $\tan\theta_0 = \sqrt{3}$이므로 극방정식은 $\theta = \dfrac{\pi}{3}$이다.

(2) 직선 $y = -x + 2\sqrt{2}$의 기울기가 $-1$이므로 극에서 이 직선에 내린 수선의 기울기는 1이다. 따라서 기선과 이루는 각을 $\theta_0$라 하면 $\tan\theta_0 = 1$이므로 $\theta_0 = \dfrac{\pi}{4}$이다. 또한 극에서 이 직선까지의 거리는 2이므로 극방정식은

$$r = \frac{2}{\cos\left(\theta - \frac{\pi}{4}\right)}$$

이다. ■

### 원의 극방정식

반지름이 $a$인 원의 극방정식에 대하여 알아보자. 중심이 극에 있으면 원위의 점의 극좌표는 $(a, \theta)$이고 $\theta$는 임의의 실수이다. 따라서 이 원의 극방정식은

$$r = a$$

이다. 중심 $C(r_0, \theta_0)$가 극이 아닌 경우 원위의 임의의 점을 $P(r, \theta)$라 하고 $\triangle OPC$에 코싸인 제2법칙을 적용하면 극방정식 $a^2 = r_0^2 + r^2 - 2rr_0\cos(\theta - \theta_0)$를 얻는다.

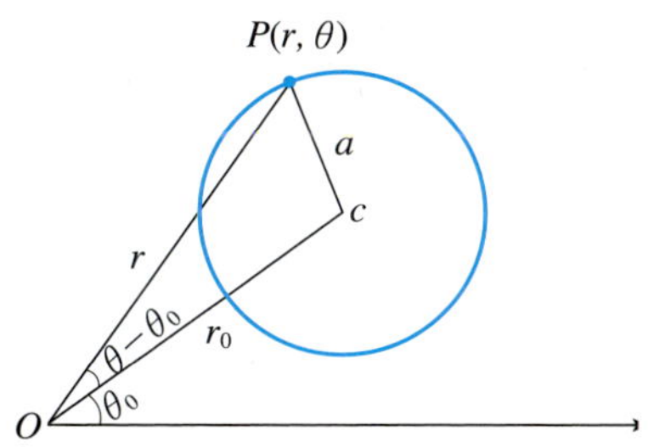


그림 11.1.5

원이 극을 지나면 $r_0 = a$이므로

$$r = 2a\cos(\theta - \theta_0)$$

이다. 원이 극을 지나면서 중심이 기선 또는 기선과 수직인 직선위에 있으면 위 식은 더욱 간단하게 되는데 예를 들어 중심이 $(a, 0)$, $\left(a, \frac{\pi}{2}\right)$이면 극방정식은 각각

$$r = 2a\cos\theta \text{(그림 11.1.6)}$$
$$r = 2a\cos\left(\theta - \frac{\pi}{2}\right) = 2a\sin\theta \text{(그림 11.1.7)}$$

이다.

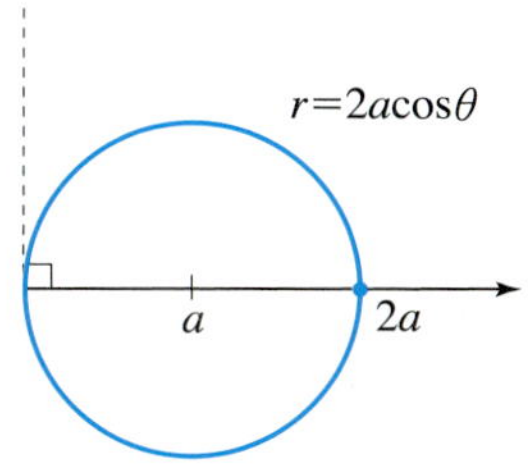


그림 11.1.6

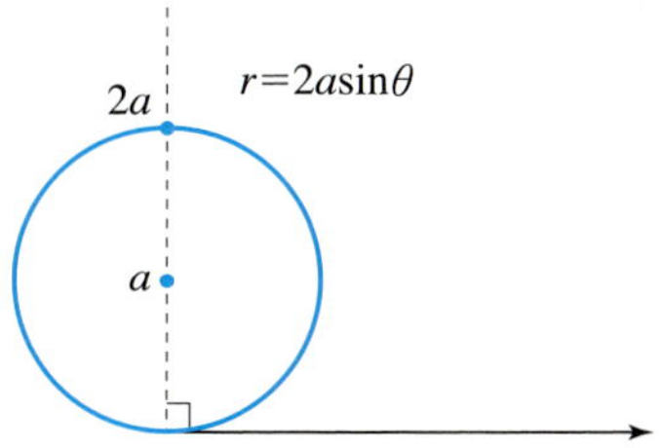


그림 11.1.7

**예제 5** 중심의 극좌표가 $\left(2, \frac{\pi}{3}\right)$이고 반지름이 3인 원의 극방정식을 구하여라.

**풀이** $a = 3,\ r_0 = 2,\ \theta_0 = \frac{\pi}{3}$이므로

$$3^2 = 2^2 + r^2 - 2r(2)\cos\left(\theta - \frac{\pi}{3}\right)$$

즉

$$r^2 - 4r\cos\left(\theta - \frac{\pi}{3}\right) - 5 = 0$$

이다. ■

## 원추곡선의 극방정식

$F$를 평면위의 고정점(초점이라 부른다), $l$을 고정직선(준선이라 부른다)이라 하고 $e$를 고정된 양수(이심률이라 부른다)라 하자. $P$에서 $l$에 내린 수선의 발을 $Q$라 할 때 평면에서

$$\frac{\overline{PF}}{\overline{PQ}} = e$$

가 되도록 움직이는 점 $P$의 자취는 원추곡선이다.

원추곡선은

(1) $e < 1$이면 타원

(2) $e = 1$이면 포물선

(3) $e > 1$이면 쌍곡선이 된다.

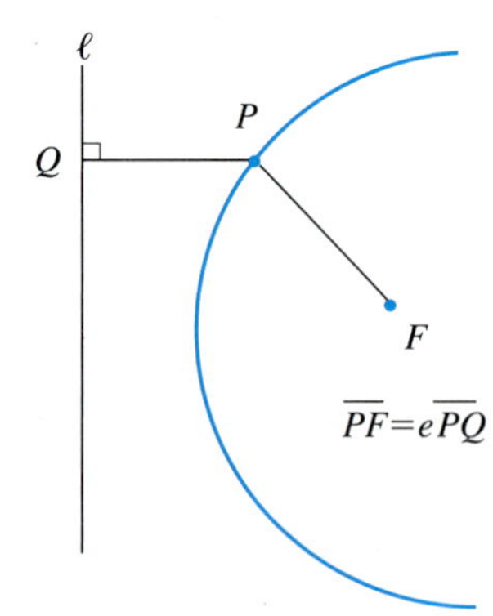


그림 11.1.8

초점과 극을 일치시키고 원추곡선의 극방정식을 구하자. 극과 준선의 거리를 $d > 0$, 극에서 준선에 내린 수선과 기선이 이루는 각을 $\theta_0$라고 하면

$$\overline{PQ} = \overline{OB} - \overline{OA} = d - r\cos(\theta - \theta_0)$$

이다. 정의 $r = \overline{PO} = \overline{PF} = e\overline{PQ}$에 의하여 원추곡선의 극방정식은

$$\frac{r}{e} = d - r\cos(\theta - \theta_0)$$

또는

$$r = \frac{ed}{1 + e\cos(\theta - \theta_0)}$$

이다. (그림 11.1.9)

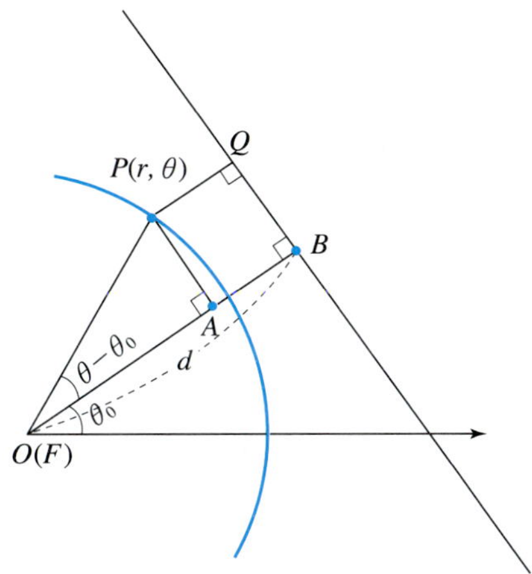


그림 11.1.9

특히 준선이 기선과 수직($\theta_0 = 0$)이거나 평행($\theta_0 = \pi/2$)이면 흔히 접하는 포물선, 타원 또는 쌍곡선으로 극방정식은 각각

$$r = \frac{ed}{1 + e\cos\theta}\ (\theta_0 = 0)$$

$$r = \frac{ed}{1 + e\sin\theta}\left(\theta_0 = \frac{\pi}{2}\right)$$

이다.

**예제 6** 이심율이 2/3이고 준선이 $y = 3$인 타원의 극방정식을 구하여라.

**풀이** $e = \frac{2}{3}$, $d = 3$, $\theta_0 = \frac{\pi}{2}$이므로 극방정식은

$$r = \frac{ed}{1 + e\cos(\theta - \theta_0)} = \frac{3}{1 + \frac{2}{3}\sin\theta} = \frac{9}{3 + 2\sin\theta}$$

이다. ■

**예제 7** 다음 원추곡선의 이심률, 준선, 종류를 구하여라.

(1) $r = \dfrac{6}{2+3\cos\theta}$ (2) $r = \dfrac{3}{2-2\sin\theta}$

**풀이** 주어진 식을 원추곡선의 표준식

$$r = \frac{ed}{1+e\cos(\theta-\theta_0)}$$

로 표시하고 이심률, 준선, 종류를 구하면 된다.

(1) $r = \dfrac{\frac{3}{2}\times 4}{1+\frac{3}{2}\cos\theta}$ 이므로 $e = \dfrac{3}{2}$, $d = 4$, $\theta_0 = 0$이다. 따라서 준선이 $x = 4$ 인 쌍곡선이다.

(2) $r = \dfrac{\frac{3}{2}}{1+\cos\left(\theta+\frac{\pi}{2}\right)}$ 이므로 $e = 1$, $d = \dfrac{3}{2}$, $\theta_0 = 0$이다. 따라서 준선이 $y = -\dfrac{3}{2}$ 인 포물선이다. ■

## 극방정식의 그래프

직교방정식에서 그랬듯이 방정식을 만족하는 몇 개의 점 $(r, \theta)$들을 찍고 이 점들을 부드럽게 연결하면 극방정식 $r = f(\theta)$의 그래프를 그릴 수 있다. $r = a\theta$의 그래프를 아르키메데스의 와선이라고 하는데 $a = 1$인 경우에 그래프를 그려보자.

**예제 8** 와선 $r = \theta$의 그래프를 그려라.

**풀이** $\theta$와 $r$의 대응값을 표로 만들고 이 점들을 부드럽게 연결하면 그림 11.1.10과 같다. ■

예제 2의 (3)에 의하면 와선 $r = \theta$의 직교방정식은

$$\tan\sqrt{x^2+y^2} = \frac{y}{x}$$

인데 이를 보고 그래프가 그림 11.1.10과 같다는 것을 파악하기는 쉽지 않다. 이렇게 직교방정식보다 극방정식이 훨씬 간단하여 극 방정식을 보면 그 특징을 쉽게 파악할 수 있는 곡선들이 많다. 우선 극좌표계에서의 그래프에 대한 이해를 돕기 위하여 대칭성 판정법을 정리하자.

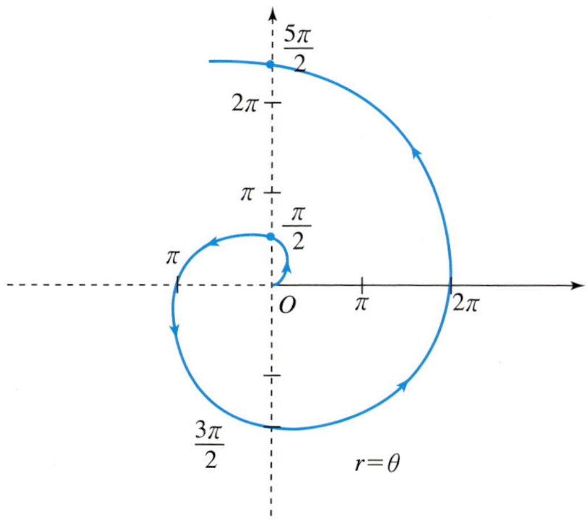


그림 11.1.10

## 극방정식의 그래프의 대칭성 판정법

(a) $x$-축에 대한 대칭: $(r, \theta)$ 대신 $(r, -\theta)$를 대입해도 동일한 방정식

(b) $y$-축에 대한 대칭: $(r, \theta)$ 대신 $(r, \pi-\theta)$를 대입해도 동일한 방정식

(c) 원점에 대한 대칭: $(r, \theta)$ 대신 $(-r, \theta)$를 대입해도 동일한 방정식

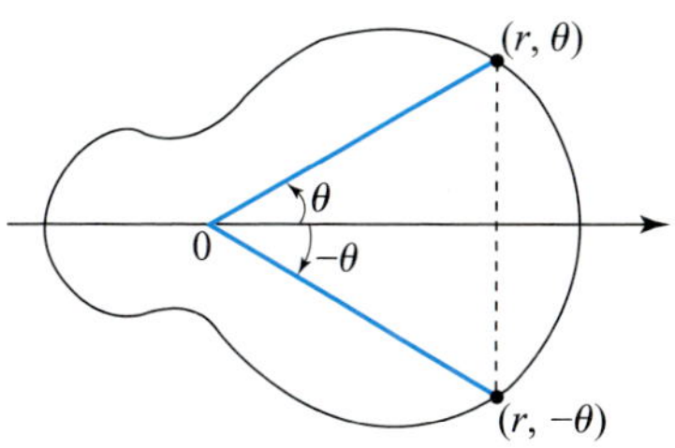


(a)

그림 11.1.11

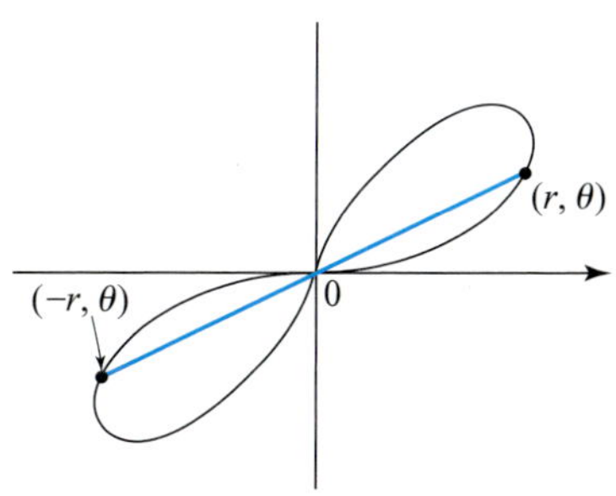


(b)

그림 11.1.12

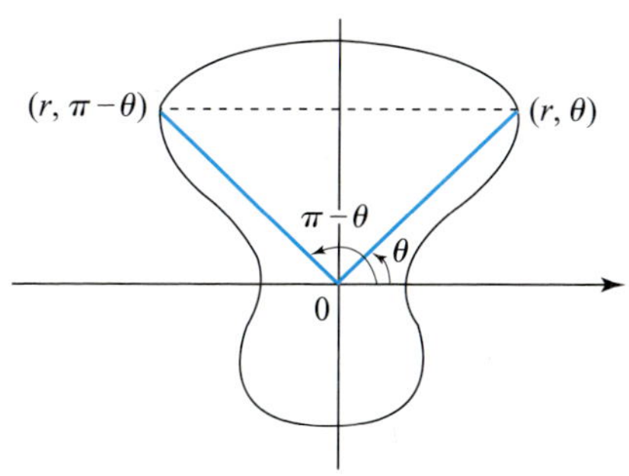


(c)

그림 11.1.13

## 와우선과 심장형

와우선의 일반식은

$$r = a \pm b\cos\theta, \quad r = a \pm b\sin\theta \ \ (a, b > 0)$$

이고 특히 $a = b$인 경우를 심장형이라고 한다. $a$와 $b$의 크기에 따라 각기 특징이 다른데 다음 세 가지가 전형적인 $r = a + b\cos\theta$의 그래프이다.

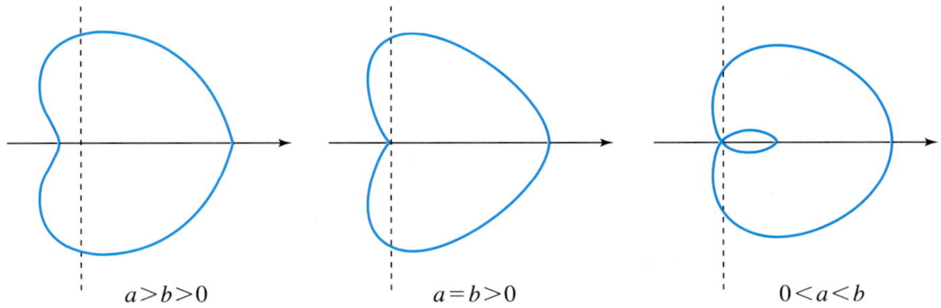


그림 11.1.14

**예제 9** 와우선 $r = 2 + 4\cos\theta$ 의 그래프를 그려라.

**풀이** $\theta$와 $r$의 대응값을 표로 만들고 이 점들을 부드럽게 연결하면 다음 그림과 같다.

| $\theta$ | $0$ | $\frac{\pi}{3}$ | $\frac{\pi}{2}$ | $\frac{2\pi}{3}$ | $\pi$ | $\frac{4\pi}{3}$ | $\frac{3\pi}{2}$ | $\frac{5\pi}{3}$ | $2\pi$ |
|---|---|---|---|---|---|---|---|---|---|
| $r$ | 6 | 4 | 2 | 0 | $-2$ | 0 | 2 | 4 | 6 |

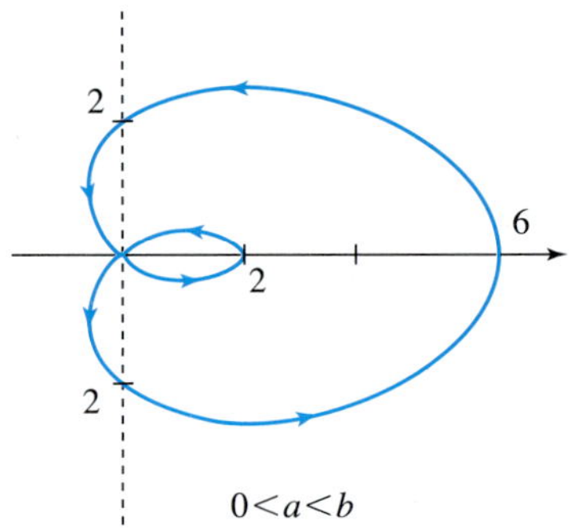


그림 11.1.15

■

**예제 10** 심장형 $r = 1 - \sin\theta$ 의 그래프를 그려라.

**풀이** $\theta$와 $r$의 대응값을 표로 만들고 이 점들을 부드럽게 연결하면 다음의 그림과 같다.

| $\theta$ | $0$ | $\frac{\pi}{6}$ | $\frac{\pi}{2}$ | $\frac{5\pi}{6}$ | $\pi$ | $\frac{7\pi}{6}$ | $\frac{3\pi}{2}$ | $\frac{11\pi}{6}$ | $2\pi$ |
|---|---|---|---|---|---|---|---|---|---|
| $r$ | 1 | $\frac{1}{2}$ | 0 | $\frac{1}{2}$ | 1 | $\frac{3}{2}$ | 2 | $\frac{3}{2}$ | 1 |

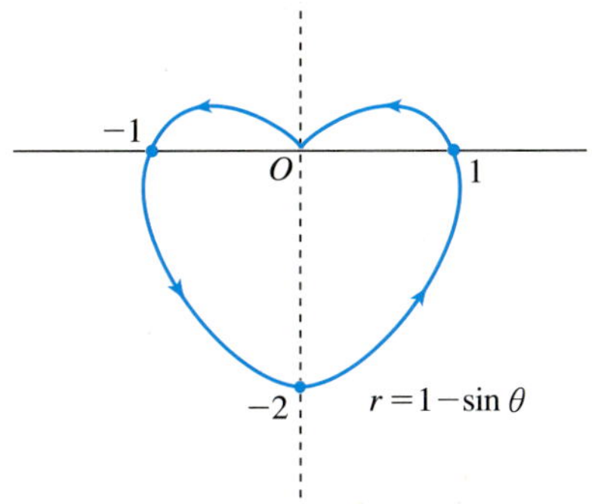


그림 11.1.16

■

## 장미

극방정식

$$r = a\cos k\theta, \qquad r = a\sin k\theta$$

의 그래프는 장미 꽃잎 모양으로 $k$가 홀수이면 꽃잎이 $k$개, $k$가 짝수이면 꽃잎이 $2k$개이다.

**예제 11** 삼엽 장미 $r = \cos 3\theta$의 그래프를 그려라.

**풀이** $\theta$와 $r$의 대응값을 표로 만들고 이 점들을 부드럽게 연결하면 다음 그림과 같다.

| $\theta$ | 0 | $\frac{\pi}{6}$ | $\frac{\pi}{3}$ | $\frac{\pi}{2}$ | $\frac{2\pi}{3}$ | $\frac{5\pi}{6}$ | $\pi$ | $\frac{7\pi}{6}$ | $\frac{4\pi}{3}$ | $\frac{3\pi}{2}$ | $\frac{5\pi}{3}$ | $\frac{11\pi}{6}$ | $2\pi$ |
|---|---|---|---|---|---|---|---|---|---|---|---|---|---|
| $r$ | 1 | 0 | −1 | 0 | 1 | 0 | −1 | 0 | 1 | 0 | −1 | 0 | 1 |

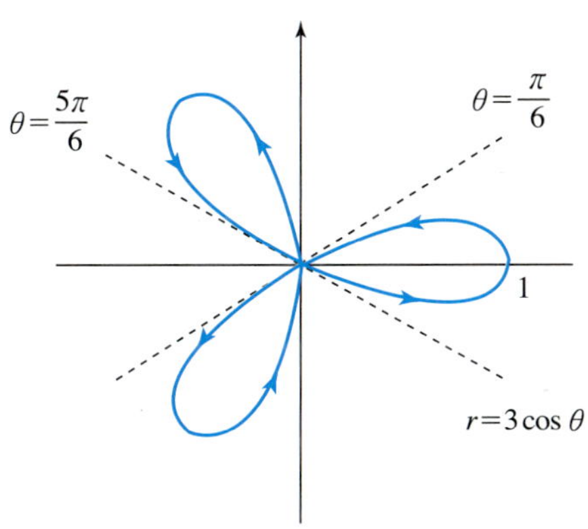


그림 11.1.17

■

## 곡선의 접선

곡선 $r = f(\theta)$에 대한 접선을 구하기 위해서는 $\theta$를 매개변수로 여기고 직교좌표계에서 곡선 $r = f(\theta)$의 매개변수방정식을

$$x = r\cos\theta = f(\theta)\cos\theta, \quad y = r\sin\theta = f(\theta)\sin\theta$$

로 쓴다. 그러면 매개변수곡선의 기울기를 구하는 방법을 이용하여

$$\frac{dy}{dx} = \frac{\dfrac{dy}{d\theta}}{\dfrac{dx}{d\theta}} = \frac{\dfrac{dr}{d\theta}\sin\theta + r\cos\theta}{\dfrac{dr}{d\theta}\cos\theta - r\sin\theta}$$

를 얻는다.

$\dfrac{dy}{d\theta} = 0$, $\dfrac{dx}{d\theta} \neq 0$인 점들을 구함으로써 수평접선을 알아낸다. 마찬가지로 $\dfrac{dx}{d\theta} = 0$, $\dfrac{dy}{d\theta} \neq 0$인 점들을 구함으로써 수직접선도 알아낸다.

극점에서의 접선을 찾으려면 $r = 0$이므로 위의 방정식은 간단히

$$\frac{dy}{dx} = \tan\theta \left(\frac{dr}{d\theta} \neq 0\right)$$

가 된다. 예를 들면 $r = \cos 2\theta$에서 $\theta = \dfrac{\pi}{4}, \dfrac{3\pi}{4}$일 때 $r = 0$이다. $\tan\dfrac{\pi}{4} = 1$, $\tan\dfrac{3\pi}{4} = -1$이므로 직선 $y = x$, $y = -x$가 원점에서 $r = \cos 2\theta$에 대한 접선이다.

**예제 12** 곡선 $r = 1 + \sin\theta$에 대하여

(1) $\theta = \dfrac{\pi}{3}$일 때의 접선의 기울기를 구하여라.

(2) 접선이 수평 또는 수직이 되는 점들을 구하여라.

**풀이** $r = 1 + \sin\theta$일 때

$$\frac{dy}{dx} = \frac{\dfrac{dr}{d\theta}\sin\theta + r\cos\theta}{\dfrac{dr}{d\theta}\cos\theta - r\sin\theta} = \frac{\cos\theta\sin\theta + (1+\sin\theta)\cos\theta}{\cos\theta\cos\theta - (1+\sin\theta)\sin\theta}$$

$$= \frac{\cos\theta(1 + 2\sin\theta)}{1 - 2\sin^2\theta - \sin\theta} = \frac{\cos\theta(1+2\sin\theta)}{(1+\sin\theta)(1-2\sin\theta)}$$

가 된다.

(1) $\theta = \dfrac{\pi}{3}$인 점에서의 접선의 기울기는

$$\left.\frac{dy}{dx}\right|_{\theta = \frac{\pi}{3}} = -1$$

(2) $\dfrac{dy}{d\theta} = 0$, $\dfrac{dx}{d\theta} = 0$인 곳을 알아보자.

$$\frac{dy}{d\theta} = \cos\theta(1+2\sin\theta) = 0 \;\Leftrightarrow\; \theta = \frac{\pi}{2}, \frac{3\pi}{2}, \frac{7\pi}{6}, \frac{11\pi}{6}$$
$$\frac{dx}{d\theta} = (1+\sin\theta)(1-2\sin\theta) = 0 \;\Leftrightarrow\; \theta = \frac{3\pi}{2}, \frac{\pi}{6}, \frac{5\pi}{6}$$

그러므로 점 $\left(2, \frac{\pi}{2}\right), \left(\frac{1}{2}, \frac{7\pi}{6}\right), \left(\frac{1}{2}, \frac{11\pi}{6}\right)$에서 수평접선이 존재하고 점 $\left(\frac{3}{2}, \frac{\pi}{6}\right)$와 점 $\left(\frac{3}{2}, \frac{5\pi}{6}\right)$에서 수직접선이 존재한다. $\theta = \frac{3\pi}{2}$일 때 $\frac{dy}{d\theta}$와 $\frac{dx}{d\theta}$가 모두 0이므로 주의해야만 한다. 이제 로피탈 정리를 이용하여

$$\begin{aligned}\lim_{\theta\to\frac{3\pi}{2}^-} \frac{dy}{dx} &= -\frac{1}{3}\lim_{\theta\to\frac{3\pi}{2}^-} \frac{\cos\theta}{1+\sin\theta} \\ &= -\frac{1}{3}\lim_{\theta\to\frac{3\pi}{2}^-} \frac{-\sin\theta}{\cos\theta} = \infty\end{aligned}$$

를 얻는다. 대칭성에 의해

$$\lim_{\theta\to\frac{3\pi}{2}^+} \frac{dy}{dx} = \infty$$

그러므로 극점에서 수직접선이 존재한다.

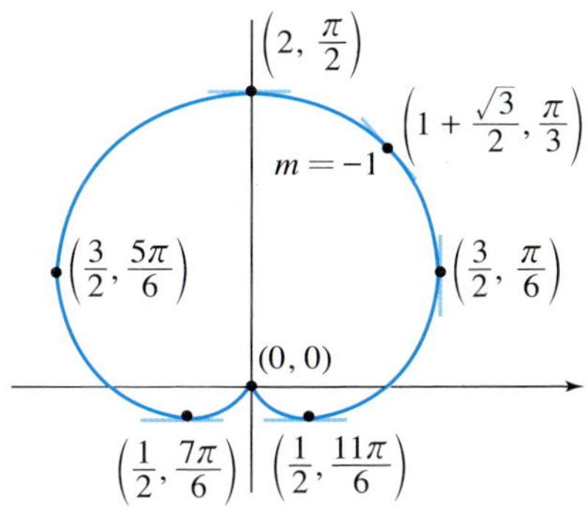


그림 11.1.18

■

## 연습문제 11.1

1. 극좌표는 직교좌표로, 직교좌표는 극좌표로 변환하여라.
   (1) $\left(3, \frac{\pi}{3}\right)$ (2) $\left(-4, -\frac{\pi}{2}\right)$
   (3) $(-5, \pi)$ (4) $\left(3, \frac{10\pi}{3}\right)$
   (5) $(5\sqrt{3}, 5)$ (6) $(5, 5)$
   (7) $(-\sqrt{3}, 1)$ (8) $(1, -2)$

2. 다음 직교방정식을 극방정식으로 변환하여라.
   (1) $y = -4$ (2) $x + y = 1$
   (3) $x^2 + (y-3)^2 = 1$ (4) $x^2 = 4y$

3. 다음 극방정식을 직교방정식으로 변환하여라.
   (1) $\theta = \frac{\pi}{6}$ (2) $r = 4\cos\theta$

(3) $r = \dfrac{5}{3\cos\theta - 2\sin 6}$ (4) $r\cos\left(\theta - \dfrac{\pi}{6}\right) = 3$

**4.** 다음 직선의 극방정식을 구하여라.

(1) 원점을 지나고 기울기가 $-1$인 직선

(2) 원점까지의 거리가 5이고 원점에서 이 직선에 내린 수선이 기선과 이루는 각이 $\dfrac{\pi}{6}$인 직선

(3) 원점까지의 거리가 5이고 원점에서 이 직선에 내린 수선이 기선과 이루는 각이 $-\dfrac{\pi}{3}$인 직선

**5.** 다음 원의 극방정식을 구하여라.

(1) 중심이 $(2, 0)$이고 반지름이 2인 원

(2) 중심이 $(0, -3)$이고 반지름이 3인 원

(3) 중심이 $(5\sqrt{3}, 5)$이고 반지름이 4인 원

**6.** 다음에 주어진 이심률과 준선을 가지는 원추곡선의 극방정식을 구하여라.

(1) $e = 0.7,\ x = 3$ (2) $e = 1,\ x = -2$

(3) $e = 2,\ y = -3$ (4) $e = 1,\ x + y = 3$

**7.** 다음 극방정식이 나타내는 곡선의 종류를 말하고 원추곡선이면 이심률, 초점, 준선을 구하여라.

(1) $\theta = 2$ (2) $r\cos\theta = 5$

(3) $r = 4\cos\theta$ (4) $r = 4\sec\left(\theta - \dfrac{\pi}{6}\right)$

(5) $r = \dfrac{8}{3 + 3\sin\theta}$ (6) $r = \dfrac{1}{1 - \sin\theta}$

(7) $r = \dfrac{6}{2+3\cos\left(\theta - \dfrac{\pi}{4}\right)}$ (8) $r = 2$

(9) $r\sin\theta = -5$ (10) $r = -4\sin\theta$

(11) $r = \dfrac{8}{4 + \cos\theta}$ (12) $r = \dfrac{8}{2 + 3\cos\theta}$

(13) $r = \dfrac{1}{1 + 2\cos\theta}$ (14) $r = \dfrac{6}{5+3\cos\left(\theta - \dfrac{\pi}{6}\right)}$

**8.** 다음 와우선을 그려라.

(1) $r = \dfrac{1}{2} + \cos\theta$ (2) $r = -\dfrac{1}{2} + \sin\theta$

(3) $r = \dfrac{3}{2} + \cos\theta$ (4) $r = 3 + 2\sin\theta$

**9.** 다음 심장형을 그려라.

(1) $r = 2 + 2\cos\theta$ (2) $r = -2 - 2\cos\theta$

(3) $r = 2 - 2\sin\theta$ (4) $r = -2 + 2\sin\theta$

**10.** 다음 장미를 그려라.

(1) $r = 2\cos 3\theta$ (2) $r = 4\sin 2\theta$

**11.** 연주형이라 불리는 8자 모양의 곡선의 방정식은

$$r^2 = a\cos 2\theta \quad \text{또는} \quad r^2 = a\sin 2\theta$$

이다. 다음의 그래프를 그려라.

(1) $r^2 = 4\cos 2\theta$ (2) $r^2 = \sin 2\theta$

(3) $r^2 = -4\cos 2\theta$ (4) $r^2 = -\sin 2\theta$

**12.** 아르키메데스의 나선의 일반형은 $r = a\theta$이다. $r = 3\theta\ (\theta \geq 0)$의 그래프를 그려라.

## 11.2 극좌표계에서의 길이와 면적

### 곡선의 길이

극좌표계에서의 곡선 $r = f(\theta)(\alpha \le \theta \le b)$의 길이를 구하기 위하여 $\theta$를 매개변수로 보고 직교좌표계에서 곡선 $r = f(\theta)$의 매개변수 방정식을 구하면 다음과 같다.

$$x = r\cos\theta = f(\theta)\cos\theta$$
$$y = r\sin\theta = f(\theta)\sin\theta$$

직교좌표계에서 매개방정식으로 주어진 곡선의 길이 구하는 방법을 적용하자.

$$\frac{dx}{d\theta} = \frac{dr}{d\theta}\cos\theta - r\sin\theta$$
$$\frac{dy}{d\theta} = \frac{dr}{d\theta}\sin\theta + r\cos\theta$$

이므로

$$\begin{aligned}
\left(\frac{dx}{d\theta}\right)^2 + \left(\frac{dy}{d\theta}\right)^2 &= \left(\frac{dr}{d\theta}\cos\theta - r\sin\theta\right)^2 + \left(\frac{dr}{d\theta}\sin\theta + r\cos\theta\right)^2 \\
&= \left(\frac{dr}{d\theta}\right)^2 \cos^2\theta - 2r\frac{dr}{d\theta}\cos\theta\sin\theta + r^2\sin^2\theta \\
&\qquad + \left(\frac{dr}{d\theta}\right)^2 \sin^2\theta + 2r\frac{dr}{d\theta}\cos\theta\sin\theta + r^2\cos^2\theta \\
&= r^2 + \left(\frac{dr}{d\theta}\right)^2
\end{aligned}$$

따라서 구하는 곡선의 길이는 다음과 같다.

**정리 11.2.1**

도함수 $f'(\theta)$가 연속이면 곡선 $r = f(\theta)$, $a \le Q \le b$의 길이 $L$은

$$\begin{aligned}
L &= \int_a^b \sqrt{\left(\frac{dx}{d\theta}\right)^2 + \left(\frac{dy}{d\theta}\right)^2}\, d\theta \\
&= \int_a^b \sqrt{r^2 + \left(\frac{dr}{d\theta}\right)^2}\, d\theta
\end{aligned}$$

이다.

**예제 1** 심장형 $r = 1 - \cos\theta$의 길이를 구하여라.

**풀이**

$$\begin{aligned} r^2 + \left(\frac{dr}{d\theta}\right)^2 &= (1-\cos\theta)^2 + \sin^2\theta \\ &= 2(1-\cos\theta) \\ &= 4 \times \frac{1-\cos\theta}{2} \\ &= 4\sin^2\frac{\theta}{2} \end{aligned}$$

이므로 구하는 곡선의 길이는

$$\begin{aligned} \int_0^{2\pi} \sqrt{4\sin^2\frac{\theta}{2}}\, d\theta &= \int_0^{2\pi} 2\sin\frac{\theta}{2}\, d\theta \\ &= \left[-4\cos\frac{\theta}{2}\right]_0^{2\pi} \\ &= 8 \end{aligned}$$

■

## 영역의 넓이

극좌표계에서 곡선 $r = f(\theta)$와 두 직선 $\theta = \alpha$, $\theta = b$로 둘러싸인 영역

$$R = \{(r, \theta) \mid 0 \le r \le f(\theta),\ \alpha \le \theta \le b\}$$

의 넓이를 구하자. $f(\theta)$는 연속인 양함수이고 $0 < b - \alpha < 2\pi$이다. 넓이를 구하기 위하여 직교좌표계에서는 영역을 작은 직사각형들로 나누고 그들의 합의 극한을 구하였지만 극좌표계에서는 영역을 작은 부채꼴들로 나누고 그들의 합의 극한을 구한다.

구간 $\alpha \le \theta \le b$를

$$P : a = \theta_0 < \theta_1 < \cdots < \theta_n = b$$

로 분할하면 영역 $R$은 작은 영역

$$R_i = \{(r, \theta) \mid 0 \le r \le f(\theta),\ \theta_{i-1} \le \theta \le \theta_i\}$$

들의 합이다. $\bar{\theta}_i \in [\theta_{i-1}, \theta_i]$이라면 중심각이 $\Delta\theta_i \equiv \theta_i - \theta_{i-1}$이고 반지름이 $f(\bar{\theta}_i)$인 부채꼴의 넓이 $\frac{1}{2} f(\bar{\theta}_i)^2 \Delta\theta_i$는 $\Delta\theta_i$가 0에 가까워질수록 작은 영역 $R_i$의 넓이로 수렴할 것이다. 따라서 이들의 합

$$\sum_{i=1}^{n} \frac{1}{2} f(\bar{\theta}_i)^2 \Delta\theta_i$$

는 영역 $R$의 넓이의 근사값이고 이는 함수 $\frac{1}{2} f(\theta)^2$에 대한 리만합이므로 정적

분의 정의에 의하여

$$\lim_{\|P\|\to 0} \sum_{i=1}^{n} \frac{1}{2} f(\overline{\theta}_i)^2 \Delta\theta_i = \frac{1}{2}\int_a^b f(\theta)^2\, d\theta$$

이다.

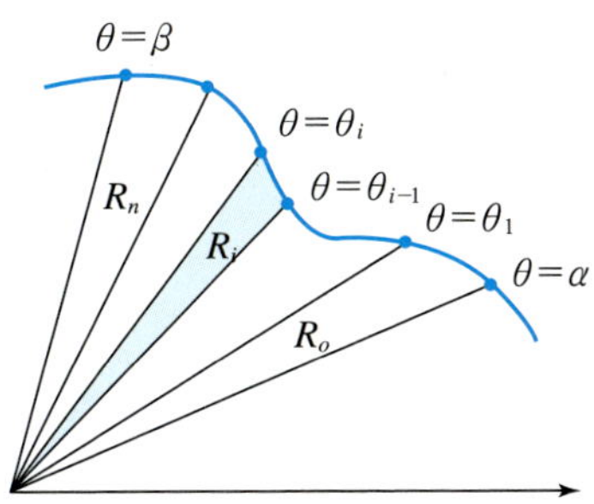


그림 11.2.1

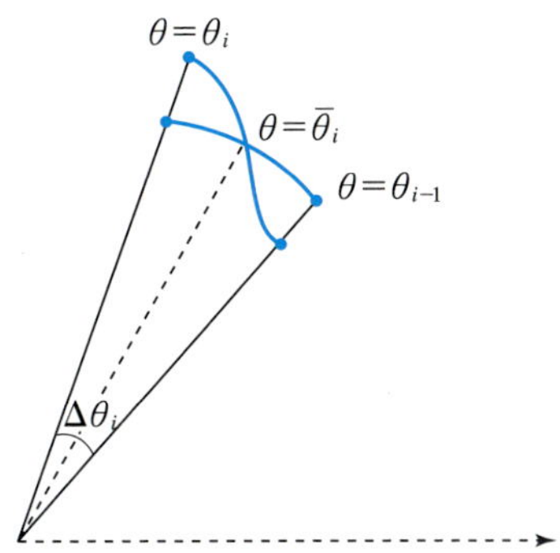


그림 11.2.2

**정리 11.2.2**

$f(\theta)$가 구간 $[a, b]$에서 연속인 양함수이면 곡선 $r = f(\theta)$와 두 직선 $\theta = a, \theta = b$로 둘러 싸인 영역

$$R = \{(r, \theta) | 0 \le r \le f(\theta),\ a \le \theta \le b\}$$

의 넓이 $A$는

$$A = \frac{1}{2}\int_a^b f(\theta)^2\, d\theta = \frac{1}{2}\int_a^b r^2\, d\theta$$

이다. 단, $0 < b - a < 2\pi$..

**예제 2** 심장형 $r = 1 + \cos\theta$의 내부영역의 넓이를 구하여라.

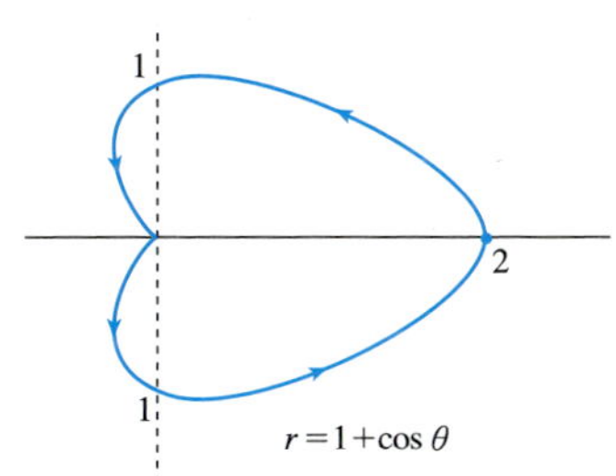


그림 11.2.3

**풀이**

$$\begin{aligned} A &= \frac{1}{2}\int_0^{2\pi} (1+\cos\theta)^2\, d\theta \\ &= \frac{1}{2}\int_0^{2\pi} (1 + 2\cos\theta + \cos^2\theta)\, d\theta \\ &= \frac{1}{2}\int_0^{2\pi} \left(1 + 2\cos\theta + \frac{1+2\cos 2\theta}{2}\right) d\theta \\ &= \frac{1}{2}\left[\frac{3}{2}\theta + 2\sin\theta + \frac{1}{4}\sin 2\theta\right]_0^{2\pi} \\ &= \frac{3\pi}{2} \end{aligned}$$

■

**예제 3** 와우선 $r = 1 + 2\cos\theta$ 의 작은 고리와 큰 고리 사이의 넓이를 구하여라.

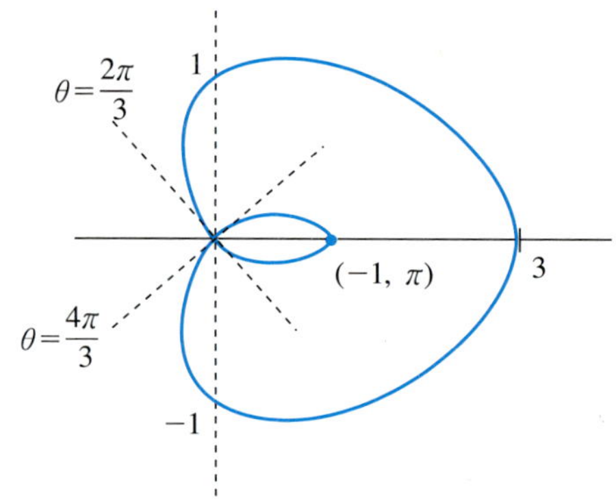


그림 11.2.4

**풀이** $1 + 2\cos(-\theta) = 1 + 2\cos\theta$ 이므로 주어진 와우선의 그래프는 $x$-축에 대하여 대칭이다. 따라서 $x$-축 위 부분의 넓이를 구하여 2배하면 된다. $\theta$ 가 0에서 $\frac{2\pi}{3}$ 까지 변할 때 $x$-축 위의 큰 루프가 완성되고 $\theta$ 가 $\pi$ 에서 $\frac{4\pi}{3}$ 까지 변할 때 $x$-축 위의 작은 루프가 완성된다. 따라서 구하는 넓이는

$$\begin{aligned} A &= 2\left(\frac{1}{2}\int_0^{\frac{2\pi}{3}} (1 + 2\cos\theta)^2\, d\theta - \frac{1}{2}\int_\pi^{\frac{4\pi}{3}} (1 + 2\cos\theta)^2\, d\theta\right) \\ &= \pi + 3\sqrt{3} \end{aligned}$$

■

구간 $[a, b]$에서 $g(\theta) \leq f(\theta)$이면 두 곡선 $r = f(\theta)$, $r = g(\theta)$와 두 직선 $\theta = a$, $\theta = b$로 둘러싸인 영역

$$R = \{(r, \theta) \mid g(\theta) \leq r \leq f(\theta),\ a \leq \theta \leq b\}$$

의 넓이 $A$는

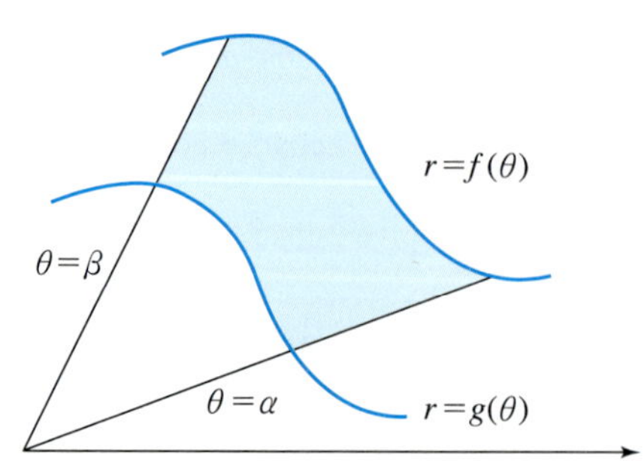


그림 11.2.5

$$A = \frac{1}{2}\int_a^b f(\theta)^2\,d\theta - \frac{1}{2}\int_a^b g(\theta)^2\,d\theta$$
$$= \frac{1}{2}\int_a^b (f(\theta)^2 - g(\theta)^2)\,d\theta$$

이다.

**예제 4** 심장형 $r = 1 + \cos\theta$의 외부와 원 $r = 2\sin\theta$의 내부의 공통부분의 넓이를 구하여라.

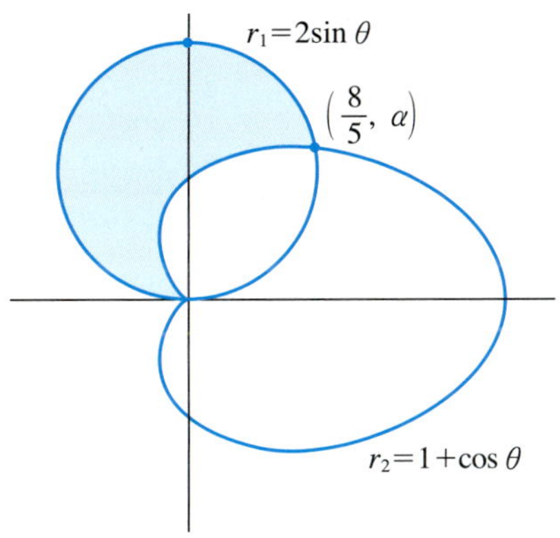


그림 11.2.6

**풀이** 두 곡선의 교점을 구하자.

$$1 + \cos\theta = 2\sin\theta$$

의 양변을 제곱하면

$$(1 + \cos\theta)^2 = 4\sin^2\theta = 4(1 - \cos^2\theta)$$

정리하면

$$0 = 5\cos^2\theta + 2\cos\theta - 3 = (5\cos\theta - 3)(\cos\theta + 1)$$

따라서 두 곡선의 교점은

$$\left(\frac{8}{5},\ a \equiv \cos^{-1}\frac{3}{5}\right),\ (0,\ \pi)$$

이다. 그러므로 구하는 넓이는

$$A = \frac{1}{2}\int_a^\pi [4\sin^2\theta - (1 + \cos\theta)^2]\,d\theta$$
$$= \frac{1}{2}\int_a^\pi \left(4 \times \frac{1 - 2\cos\theta}{2} - 1 - 2\cos\theta - \frac{1 + 2\cos\theta}{2}\right)d\theta$$
$$= \frac{1}{2}\int_a^\pi \left(\frac{1}{2} - 2\cos\theta - \frac{5}{2}\cos 2\theta\right)d\theta$$
$$= \frac{1}{2}\left[\frac{\theta}{2} - 2\sin\theta - \frac{5}{4}\sin 2\theta\right]_a^\pi$$
$$= \frac{1}{4}\left(\pi - \cos^{-1}\frac{3}{5}\right) + \frac{7}{5}$$

■

## 연습문제 11.2

1. 다음 곡선의 길이를 구하여라.

(1) 포물선 $r = \dfrac{2}{1+\sin\theta},\ 0 \le \theta \le \dfrac{\pi}{2}$

(2) 심장형 $r = 1+\sin\theta,\ 0 \le \theta \le 2\pi$

(3)심장형 $r = a(1-\cos\theta),\ 0 \le \theta \le 2\pi$

(4) 포물선 $r = \dfrac{5}{1-\cos\theta},\ 0 \le \theta \le \pi$

(5) 나선 $r = \theta,\ -7 \le \theta \le 7$

(6) 곡선 $r = \sqrt{1+\sin 2\theta},\ 0 \le \theta \le \dfrac{\pi}{2}$

(7) 로그나선 $r = e^{\theta},\ 0 \le \theta \le 2\pi$

(8) 곡선 $r = 6\cos\theta + 8\sin\theta,\ 0 \le \theta \le \pi$

2. 다음의 넓이를 구하여라.

(1) 리마송 $r = 1+2\cos\theta$의 작은 고리

(2) 리마송 $r = 1+2\cos\theta$의 작은 고리의 외부와 큰 고리의 내부의 공통영역

(3) 리마송 $r = 3+2\cos\theta$

(4) 심장형 $r = 1+\cos\theta$의 내부와 원 $r = \sqrt{3}$의 외부의 공통부분

3. 다음의 넓이를 구하여라.

(1) 원 $r = 2$의 내부와 심장형 $r = 2+2\sin\theta$의 외부의 공통부분

(2) 원 $r = 1$의 내부와 심장형 $r = 1-\cos\theta$의 내부의 공통부분

(3) 원 $r = 3\cos\theta$의 내부와 심장형 $r = 1+\cos\theta$의 외부의 공통부분

4. 다음의 넓이를 구하여라.

(1) 연주형 $r^2 = 4\cos 2\theta$

(2) 연주형 $r^2 = 6\cos 2\theta$의 내부와 원 $r = \sqrt{3}$의 외부의 공통부분

5. 사엽 장미 $r = \cos 2\theta$의 한 잎의 넓이를 구하여라.

6. 두 심장형 $r = 1-\cos\theta,\ r = 1+\sin\theta$의 내부가 이루는 영역의 넓이를 구하여라.

7. 다음의 넓이를 구하여라.

(1) 심장형 $r = 1-\cos\theta$의 외부와 심장형 $r = 1+\sin\theta$의 내부가 이루는 영역

(2) 심장형 $r = 1-\cos\theta$의 외부와 심장형 $r = 1+\sin\theta$의 내부가 이루는 영역중에서 제 1 사분면에 있는 부분

(3) 심장형 $r = 1-\cos\theta$의 외부와 심장형 $r = 1+\sin\theta$의 내부가 이루는 영역중에서 제 4 사분면에 있는 부분

8. 두 원 $r = 2\cos\theta$와 $r = 4\sin\theta$로 둘러싸인 영역의 넓이를 구하여라.

9. 다음 직교좌표로 주어진 곡선의 식을 극방정식으로 변형하고 이 곡선들로 둘러싸인 영역의 넓이를 구하여라.

(1) $(x^2+y^2)^3 = 16x^2y^2$

(2) $(x^2+y^2)^2 = 4(x^2-y^2)$

(3) $y = 4x^2,\ y = x$

(4) $x^2(3-x^2) = y^2(1+x^2)$

# 제 12 장 벡터함수

## 페렐만(Grigori Yakovlevich Perelman)

페렐만(1966~)은 러시아의 수학자이다. 수학계의 중요한 난제 중 하나인 푸앵카레 추측을 증명하였다. 1982년에 페렐만은 국제 수학 올림피아드에 소련 국가대표로 출전하여 만점으로 금메달을 받았다. 이후 레닌그라드 대학교에 진학하여 1990년 수학 및 역학 학부에서 박사 학위를 받았다. 푸앵카레 추측은 1904년 프랑스의 수학자 앙리 푸앵카레에 의해 제기되었으며 위상기하학에서 가장 유명한 문제로 여겨진다. 그후 100년 가까이 많은 수학자들이 이 문제를 증명하려 했지만 2002년 페렐만이 증명하기 전까지 성공한 사람은 없었다. 2000년 클레이 수학연구소는 이 문제를 7개의 밀레니엄 문제 중 하나로 채택하고 상금 100만 달러를 걸었다. 하지만 페렐만은 2010년 클레이 수학연구소의 상금 100만 달러를 거부하였고 2006년 스페인 마드리드에서 열린 세계 수학자 대회에서 페렐만은 필즈상 수상자 네 명 중 하나로 선정되었으나 이 수상 역시 거부하였다. 현재는 러시아 상트페테르부르크의 아파트에서 노모와 같이 어려운 생활을 하며 홀로 연구를 하고 있는 것으로 알려져 있다.

# 12.1 벡터함수

벡터를 함수값으로 가지는 벡터함수를 소개하고 벡터함수의 연산, 벡터함수의 극한, 연속성 등 벡터함수의 성질을 알아보자.

## 벡터함수

실수집합 $\mathbb{R}$의 부분집합을 정의역으로 하고 함수값이 실수인 함수를 스칼라 함수(scalar function, scalar valued function)라 하고, 함수값이 벡터가 되는 함수를 벡터함수(vector function, vector valued function)라 한다.

함수값이 $n$차원 벡터 즉 $\mathbb{R}^n$의 원소가 되는 함수를 $n$차원 벡터함수($n$ dimensional vector function)라 한다. 여기서는 함수값이 3차원 벡터 즉 $\mathbb{R}^3$의 원소가 되는 3차원 벡터함수를 중심으로 살펴보도록 한다.

다음은 실수집합 $\mathbb{R}$의 부분집합 $D$에서 정의되는 (3차원)벡터함수 $\mathbf{r}$이다.

$$\begin{aligned} \mathbf{r} : D &\to \mathbb{R}^3 \\ t &\mapsto \mathbf{r}(t) \end{aligned}$$

벡터함수 $\mathbf{r}$의 함수값 $\mathbf{r}(t)$는 3차원 벡터이므로 세 성분으로 이루어진다. 그리고 $\mathbf{r}(t)$의 세 성분은 각각 변수 $t$에 따라 변하므로 $t$의 함수가 된다. 3차원 벡터 $\mathbf{r}(t)$의 세 성분을 각각 $t$의 함수 $f_1(t)$, $f_2(t)$, $f_3(t)$로 나타내면 벡터함수 $\mathbf{r}$을 다음과 같이

$$\mathbf{r}(t) = (f_1(t), f_2(t), f_3(t)), \quad t \in D$$

또는

$$\mathbf{r}(t) = f_1(t)\mathbf{i} + f_2(t)\mathbf{j} + f_3(t)\mathbf{k}, \quad t \in D$$

로 표시할 수 있다. 이 때 $f_1(t)$, $f_2(t)$, $f_3(t)$를 각각 벡터함수 $\boldsymbol{r}$의 첫째, 둘째, 셋째 성분함수라 한다.

**예제 1** 다음 벡터함수를 다른 방법으로 표시하여라.

$$\begin{aligned} \mathbf{r}_1(t) &= t^3\mathbf{i} + 8t\mathbf{j} + te^t\mathbf{k}, \quad t > 0 \\ \mathbf{r}_2(t) &= (t+2)^2\mathbf{i} + t\,\mathbf{j} + t^2\mathbf{k}, \quad 0 \le t \le 1 \\ \mathbf{r}_3(t) &= \cos t\,\mathbf{i} + (t-1)^2\,\mathbf{j} + e^t\mathbf{k}, \quad -1 \le t \le 1 \end{aligned}$$

**풀이** 위의 벡터함수들을 각각 다음과 같이 나타낼 수 있다.

$$\mathbf{r}_1(t) = (t^3,\ 8t,\ te^t),\quad t>0$$
$$\mathbf{r}_2(t) = ((t+2)^2,\ t,\ t^2),\quad 0\le t\le 1$$
$$\mathbf{r}_3(t) = (\cos t,\ (t-1)^2,\ e^t),\quad -1\le t\le 1$$

■

## 공간곡선

3차원 공간의 곡선을 매개변수 $t$를 이용하여 다음과 같이 매개방정식으로 나타낼 수 있다.

$$x = f_1(t),\quad y = f_2(t),\quad z = f_3(t),\quad a\le t\le b$$

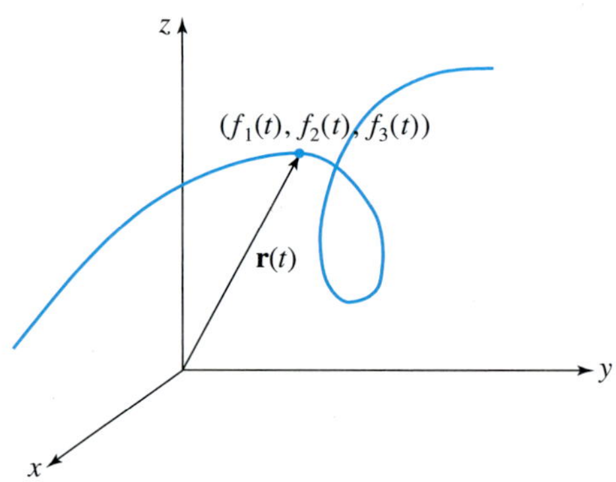


그림 12.1.1

이 곡선의 매개방정식을 다음과 같이 벡터함수로 표현할 수 있다.

$$\mathbf{r}(t) = f_1(t)\mathbf{i} + f_2(t)\mathbf{j} + f_3(t)\mathbf{k},\quad a\le t\le b$$

이 때 벡터함수의 상(image)은 다음 집합이 된다

$$\{(f_1(t),\ f_2(t),\ f_3(t))|\ a\le t\le b\}$$

이 벡터함수의 상을 좌표공간에 표시하면 위의 그림에서 보는 곡선이 되며 벡터함수 $\mathbf{r}$이 그리는 곡선이라 한다.

위에서 보는 바와 같이 벡터함수를 이용하여 공간곡선을 표시함으로서 시간 $t$에 따른 운동체의 움직임 등 물리적인 성질을 효과적으로 관찰하고 분석할 수 있다.

**예제 2** 다음 벡터함수는 어떤 곡선을 나타내는가? 그림으로 나타내어라.

$$\mathbf{r}(t) = \cos t\,\mathbf{i} + \sin t\,\mathbf{j} + t\,\mathbf{k}, \qquad t \geq 0$$

**풀이** 곡선은 다음과 같다. 이 곡선을 원나선(circular helix)이라 한다.

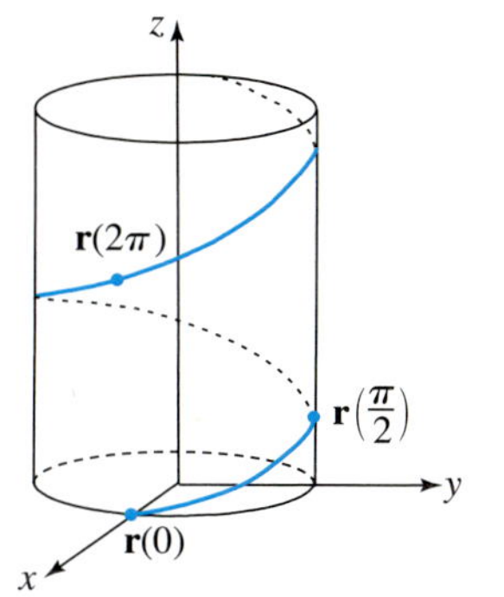


그림 12.1.2 ■

**예제 3** 다음 2차원 벡터함수는 어떤 곡선을 나타내는가?

$$\mathbf{r}(t) = a\cos t\mathbf{i} + a\sin t\mathbf{j}, \qquad 0 \leqq t \leqq 2\pi$$

**풀이** 곡선은 $xy$ 평면위의 평면곡선으로 반지름이 $a$인 원이다.

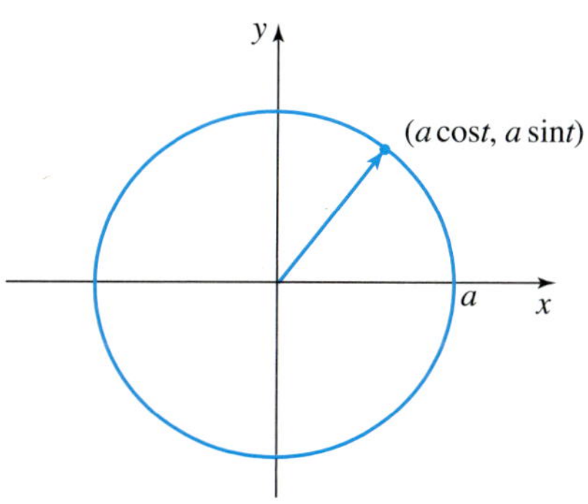


그림 12.1.3 ■

**예제 4** 벡터함수

$$\mathbf{r}(t) = (t+1)\mathbf{i} + (5t+2)\mathbf{j} + (6t-1)\mathbf{k}, \qquad -\infty < t < \infty$$

가 그리는 곡선을 설명하여라.

**풀이** 대응되는 매개변수방정식은

$$x = t+1, \qquad y = 5t+2, \qquad z = 6t-1$$

이다. 이 식은 점 $(1, 2, -1)$을 지나고 벡터 $1\mathbf{i} + 5\mathbf{j} + 6\mathbf{k}$에 평행인 직선의 매개변수방정식이므로 주어진 곡선은 직선임을 알 수 있다. ■

**예제 5** 실린더(cylinder) $x^2 + y^2 = 1$과 평면 $y + z = 2$가 만나서 생기는 곡선을 벡터함수로 나타내어라.

**풀이** 실린더 $x^2 + y^2 = 1$을 평면 $y + z = 2$로 비스듬하게 자르면 타원이 된다.

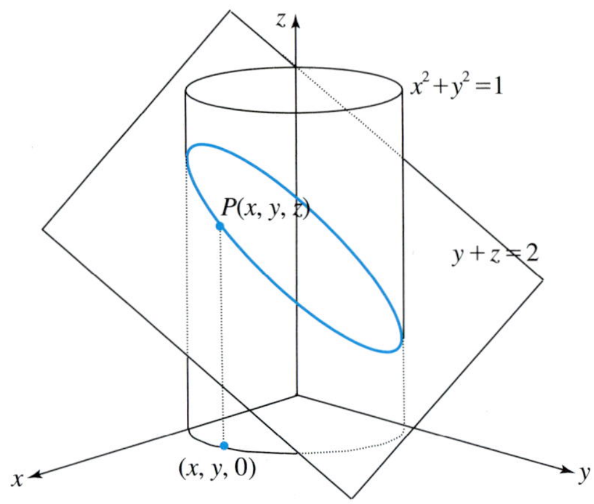


그림 12.1.4

곡선 위의 한 점 $P(x, y, z)$를 $xy$평면 위로 사영시킨 점$(x, y, 0)$는 단위원 $x^2 + y^2 = 1$위의 점이다. 따라서 $x, y$를 다음과 같이 표시할 수 있다.

$$x = \cos t,\ y = \sin t, \quad 0 \le t \le 2\pi$$

점 $P(x, y, z)$는 평면 $y + z = 2$ 위의 점이므로

$$z = 2 - y = 2 - \sin t$$

따라서 곡선의 매개방정식은

$$x = \cos t,\ y = \sin t,\ z = 2 - \sin t, \quad 0 \le t \le 2\pi$$

그러므로 이 곡선을 그리는 벡터함수 $\mathbf{r}$은 다음과 같다.

$$\mathbf{r}(t) = (\cos t,\ \sin t,\ 2 - \sin t), \quad 0 \le t \le 2\pi$$ ■

## 벡터함수의 극한

벡터함수 $\mathbf{r}(t)$와 실수 $c$에 대하여, $t$가 $c$에 가까이 접근할수록 공간의 점 $\mathbf{r}(t)$가 공간의 점 $\mathbf{L}$에 가까이 접근할 때 벡터함수 $\mathbf{r}$은 $c$에서 극한 $\mathbf{L}$을 가진다고 하고 다음과 같이 표시한다.

$$\lim_{t \to c} \mathbf{r}(t) = \mathbf{L}$$

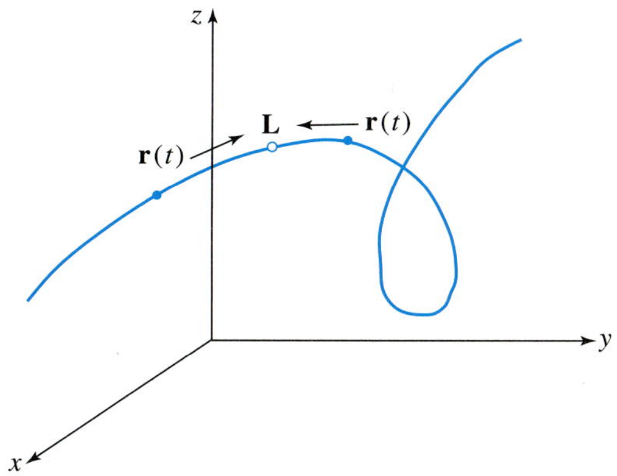


그림 12.1.5

극한의 엄밀한 정의는 $\varepsilon-\delta$ 방법으로 전개하지만 여기서는 극한의 정의를 직관적으로 이해하도록 한다. $\varepsilon-\delta$ 방법에 따른 극한의 정의는 뒤의 심화학습(12.4절)에서 소개한다.

다음 정리에서 소개하는 벡터함수의 극한에 대한 성질은 벡터함수의 극한을 성분함수의 극한으로 구할 수 있음을 보여준다.

**정리 12.1.1(벡터함수의 극한)**

벡터함수 $\mathbf{r}(t)=(f_1(t), f_2(t), f_3(t))$의 각 성분함수가 $c$에서의 극한이 존재하면 $\mathbf{r}(t)$도 $c$에서의 극한이 존재하고 다음과 같다.

$$\lim_{t\to c}\mathbf{r}(t)=\left(\lim_{t\to c}f_1(t), \lim_{t\to c}f_2(t), \lim_{t\to c}f_3(t)\right)$$

**예제 6** $t=0$에서 벡터함수 $\mathbf{r}(t)=(t-2)\mathbf{i}+(e^t+\sin t)\mathbf{j}+\sqrt{t^2+1}\,\mathbf{k}$의 극한을 구하여라.

**풀이** 정리 12.1을 이용하여 계산한다.

$$\begin{aligned}\lim_{t\to 0}\mathbf{r}(t) &= \lim_{t\to 0}\left((t-2)\mathbf{i}+(e^t+\sin t)\mathbf{j}+\sqrt{t^2+1}\,\mathbf{k}\right)\\ &= \lim_{t\to 0}\left(t-2,\ e^t+\sin t,\ \sqrt{t^2+1}\right)\\ &= (-2, 1, 1)\\ &= -2\mathbf{i}+\mathbf{j}+\mathbf{k}\end{aligned}$$

■

벡터의 연산인 내적, 벡터곱을 벡터함수에도 적용하면 벡터함수를 이용하여 새로운 스칼라함수, 벡터함수가 얻어질 수 있음을 알 수 있다.

**정의 12.1.2(벡터함수의 내적과 벡터곱)**

두 벡터함수 $\mathbf{u}(t) = (f_1(t), f_2(t), f_3(t))$와 $\mathbf{v}(t) = (g_1(t), g_2(t), g_3(t))$의 내적 $(\mathbf{u}\cdot\mathbf{v})(t)$와 벡터곱 $(\mathbf{u}\times\mathbf{v})(t)$을 다음과 같이 정의한다.

$$(\mathbf{u}\cdot\mathbf{v})(t) = \mathbf{u}(t)\cdot\mathbf{v}(t)$$
$$(\mathbf{u}\times\mathbf{v})(t) = \mathbf{u}(t)\times\mathbf{v}(t)$$

$\mathbf{u} = (u_1, u_2, u_3),\ \mathbf{v} = (v_1, v_2, v_3)$

$\mathbf{u}\cdot\mathbf{v} = u_1v_1 + u_2v_2 + u_3v_3$

$$\mathbf{u}\times\mathbf{v} = \begin{vmatrix} \mathbf{i} & \mathbf{j} & \mathbf{k} \\ u_1 & u_2 & u_3 \\ v_1 & v_2 & v_3 \end{vmatrix} = \left( \begin{vmatrix} u_2 & u_3 \\ v_2 & v_3 \end{vmatrix}, -\begin{vmatrix} u_1 & u_3 \\ v_1 & v_3 \end{vmatrix}, \begin{vmatrix} u_1 & u_3 \\ v_1 & v_3 \end{vmatrix} \right) = (u_2v_3 - u_3v_2,\ u_3v_1 - u_1v_3,\ u_1v_2 - u_2v_1)$$

두 벡터함수 $\mathbf{u}(t) = (f_1(t), f_2(t), f_3(t))$와 $\mathbf{v}(t) = (g_1(t), g_2(t), g_3(t))$에 대하여 $(\mathbf{u}\cdot\mathbf{v})(t)$와 $(\mathbf{u}\times\mathbf{v})(t)$을 성분함수로 표현하면 다음과 같다.

$$\begin{aligned}(\mathbf{u}\cdot\mathbf{v})(t) &= (f_1(t), f_2(t), f_3(t))\cdot(g_1(t), g_2(t), g_3(t)) \\ &= f_1(t)g_1(t) + f_2(t)g_2(t) + f_3(t)g_3(t)\end{aligned}$$

$$\begin{aligned}(\mathbf{u}\times\mathbf{v})(t) &= (f_1(t), f_2(t), f_3(t))\times(g_1(t), g_2(t), g_3(t)) \\ &= \left( \begin{vmatrix} f_2(t) & f_3(t) \\ g_2(t) & g_3(t) \end{vmatrix}, -\begin{vmatrix} f_1(t) & f_3(t) \\ g_1(t) & g_3(t) \end{vmatrix}, \begin{vmatrix} f_1(t) & f_2(t) \\ g_1(t) & g_2(t) \end{vmatrix} \right) \\ &= (f_2(t)g_3(t) - f_3(t)g_2(t),\ f_3(t)g_1(t) \\ &\qquad - f_1(t)g_3(t),\ f_1(t)g_2(t) - f_2(t)g_1(t))\end{aligned}$$

두 (3차원) 벡터함수의 내적은 스칼라함수가 되고 벡터곱은 (3차원) 벡터함수가 됨을 알 수 있다.

다음 정리에서 벡터함수의 합, 스칼라배, 내적, 벡터곱의 극한에 대한 성질을 소개한다.

**정리 12.1.3(벡터함수의 극한의 성질)**

두 벡터함수 $\mathbf{u}(t)$, $\mathbf{v}(t)$가 각각 $c$에서 극한을 가지면 다음이 성립한다.

(1) $\lim_{t\to c}(\mathbf{u}(t) + \mathbf{v}(t)) = \lim_{t\to c}\mathbf{u}(t) + \lim_{t\to c}\mathbf{v}(t)$

(2) $\lim_{t\to c}a\mathbf{u}(t) = a\lim_{t\to c}\mathbf{u}(t)$ (단, $a$는 실수)

(3) $\lim_{t\to c}(\mathbf{u}\cdot\mathbf{v})(t) = \lim_{t\to c}\mathbf{u}(t)\cdot\lim_{t\to c}\mathbf{v}(t)$

(4) $\lim_{t\to c}(\mathbf{u}\times\mathbf{v})(t) = \lim_{t\to c}\mathbf{u}(t)\times\lim_{t\to c}\mathbf{v}(t)$

**예제 7** 두 벡터함수 $\mathbf{u}(t) = 3t^2\mathbf{i} + e^t\mathbf{j} + \sin t\mathbf{k}$, $\mathbf{v}(t) = e^t\mathbf{i} + (t^2+t)\mathbf{j} + \cos t\mathbf{k}$에 대하여 다음을 구하여라.

(1) $(\mathbf{u}\cdot\mathbf{v})(t)$, $(\mathbf{u}\times\mathbf{v})(t)$

(2) $\lim_{t\to 0}(\mathbf{u}\cdot\mathbf{v})(t)$, $\lim_{t\to 0}(\mathbf{u}\times\mathbf{v})(t)$

**풀이** (1) $(\mathbf{u}\cdot\mathbf{v})(t)$와 $(\mathbf{u}\times\mathbf{v})(t)$을 구하면

$$\begin{aligned}(\mathbf{u}\cdot\mathbf{v})(t) &= (3t^2, e^t, \sin t)\cdot(e^t, t^2+t, \cos t)\\ &= 3t^2e^t + e^t(t^2+t) + \sin t\cos t\\ &= e^t(4t^2+t) + \sin t\cos t\end{aligned}$$

$$\begin{aligned}(\mathbf{u}\times\mathbf{v})(t) &= (3t^2, e^t, \sin t)\times(e^t, t^2+t, \cos t)\\ &= \left(\begin{vmatrix} e^t & \sin t\\ t^2+t & \cos t\end{vmatrix}, -\begin{vmatrix} 3t^2 & \sin t\\ e^t & \cos t\end{vmatrix}, \begin{vmatrix} 3t^2 & e^t\\ e^t & t^2+t\end{vmatrix}\right)\\ &= (e^t\cos t - (t^2+t)\sin t,\ e^t\sin t - 3t^2\cos t,\ 3t^2(t^2+t) - e^{2t})\end{aligned}$$

(2) 두 벡터함수의 극한을 구하면

$$\lim_{t\to 0}\mathbf{u}(t) = \lim_{t\to 0}(3t^2, e^t, \sin t) = (0, 1, 0)$$
$$\lim_{t\to 0}\mathbf{v}(t) = \lim_{t\to 0}(e^t, t^2+t, \cos t) = (1, 0, 1)$$

따라서 정리 12.1.3으로부터

$$\lim_{t\to 0}(\mathbf{u}\cdot\mathbf{v})(t) = (0, 1, 0)\cdot(1, 0, 1) = 0$$
$$\begin{aligned}\lim_{t\to 0}(\mathbf{u}\times\mathbf{v})(t) &= (0, 1, 0)\times(1, 0, 1)\\ &= \left(\begin{vmatrix} 1 & 0\\ 0 & 1\end{vmatrix}, -\begin{vmatrix} 0 & 0\\ 1 & 1\end{vmatrix}, \begin{vmatrix} 0 & 1\\ 1 & 0\end{vmatrix}\right) = (1, 0, -1)\end{aligned}$$

이다. ■

## 벡터함수의 연속성

벡터함수 $\mathbf{r}$이 다음 식

$$\lim_{t\to c}\mathbf{r}(t) = \mathbf{r}(c)$$

을 만족할 때 벡터함수 $\mathbf{r}$은 $c$에서 연속(continuous)이라 한다.

정리 12.1.1의 벡터함수의 극한의 성질을 이용하면 벡터함수의 연속성에 대한 다음의 정리가 성립함을 쉽게 증명할 수 있다.

**정리 12.1.4(벡터함수의 연속성)**

벡터함수 $\mathbf{r}(t) = (f_1(t), f_2(t), f_3(t))$가 $c$에서 연속이기 위한 필요충분조건은 벡터함수 $\boldsymbol{r}$의 성분함수 $f_1(t), f_2(t), f_3(t)$가 $c$에서 연속이 되는 것이다.

**예제 8** 벡터함수 $\mathbf{r}(t) = \frac{1}{t+2}\mathbf{i} + \cos t\,\mathbf{j} + \ln(t+1)\mathbf{k}$가 연속이 되는 $t$의 범위를 구하여라.

**풀이** 각 성분함수가 연속이 되는 범위는 다음과 같다.

$$\frac{1}{t+2}: (-\infty, -2) \cup (-2, \infty) \text{에서 연속}$$
$$\cos t: (-\infty, \infty)\text{에서 연속}$$
$$\ln(1+t): (-1, \infty)\text{에서 연속}$$

따라서 성분함수들이 모두 연속이 되는 범위는 $(-1, \infty)$이다. 그러므로 벡터함수 $\mathbf{r}$은 $(-1, \infty)$에서 연속이다. ■

## 연습문제 12.1

**1.** 다음 벡터함수의 극한을 구하여라.

(1) $\lim_{t\to 2}\left(\frac{t+3}{t+2}\mathbf{i} + \frac{t^2-5t+6}{t^2-2}\mathbf{j} + \ln t\,\mathbf{k}\right)$

(2) $\lim_{t\to 0}\left(\frac{2\sin t\cos t}{t}\mathbf{i} + \frac{\tan t}{t}\mathbf{j} + (t^2-4)\mathbf{k}\right)$

(3) $\lim_{t\to 0}\left(t\cos t\mathbf{i} + \frac{\sin 2t}{t+1}\mathbf{j} + \frac{\cos 2t}{t^2-1}\mathbf{k}\right)$

(4) $\lim_{t\to 1}(\cos t\mathbf{i} + \sin 2t\mathbf{j} + t\ln t\mathbf{k})$

**2.** 다음 벡터함수가 나타내는 곡선을 그리고 주어진 $t$에서의 점을 표시하여라.

(1) $\mathbf{r}(t) = (t^2+1)\mathbf{i} + t\,\mathbf{j} + \mathbf{k}$, $t = -1, 0, 1$

(2) $\mathbf{r}(t) = (t+1)\mathbf{i} + t\mathbf{j} + (t+3)\mathbf{k}$, $t = -1, 0, 1$

(3) $\mathbf{r}(t) = 2\sin t\mathbf{i} + 3\cos t\mathbf{j}$, $t = 0, \frac{\pi}{2}, \pi$

(4) $\mathbf{r}(t) = e^t\mathbf{i} + e^{-t}\mathbf{j}$, $t = -1, 0, 1$

**3.** 두 벡터함수 $\mathbf{u}, \mathbf{v}$에 대하여

(a) $\lim_{t\to 0}(\mathbf{u}+\mathbf{v})(t)$

(b) $\lim_{t\to 0}(\mathbf{u}\cdot\mathbf{v})(t)$

(c) $\lim_{t\to 0}(\mathbf{u}\times\mathbf{v})(t)$

을 각각 구하여라.

(1) $\mathbf{u}(t) = (t^2+t)\mathbf{i} + 2t\mathbf{j} + 3\mathbf{k}$

$\mathbf{v}(t) = (t-1)\mathbf{i} + t^2\mathbf{j} + (t^2+3)\mathbf{k}$

(2) $\mathbf{u}(t) = 2\sin t\mathbf{i} + 3\cos t\mathbf{j} + 2t\mathbf{k}$

$\mathbf{v}(t) = e^t\mathbf{i} + e^{-t}\mathbf{j} + t\mathbf{k}$

**4.** 다음 벡터함수가 연속이 되는 범위를 구하여라.

(1) $\mathbf{r}(t) = \sin t^2\mathbf{i} + \cos t\mathbf{j} + t\mathbf{k}$

(2) $\mathbf{r}(t) = e^{-t}\mathbf{i} + \ln(t+3)\mathbf{j} + \frac{t-2}{t^2-4}\mathbf{k}$

(3) $\mathbf{r}(t) = \frac{|t|}{t}\mathbf{i} + \frac{t\sin t}{t^2+2}\mathbf{j} + (t^3-4t+1)\mathbf{k}$

(4) $\mathbf{r}(t) = \dfrac{1}{\sqrt{t}}\mathbf{i} + \dfrac{t+1}{t^2-4t+3}\mathbf{j} + 3t\mathbf{k}$

5. 다음 두 곡면이 만나서 생기는 곡선을 그리고 벡터함수로 나타내어라.

(1) 실린더 $x^2+y^2=1$, 평면 $x+y=1$

(2) 실린더 $x^2+y^2=1$, 포물면 $z=x^2+2y^2$

(3) 원뿔 $z=\sqrt{x^2+y^2}$, 평면 $y+z=1$

(4) 포물면 $z=2x^2+3y^2$, 곡면 $y=x^2$

6. 정리 12.1.3을 증명하여라.

7. 정리 12.1.4를 증명하여라.

# 12.2 벡터함수의 미분과 적분

벡터함수의 미분과 적분을 정의하고 연쇄법칙, 속도와 가속도 등 미분과 적분의 성질을 살펴보고 이를 응용한다.

**정의 12.2.1(벡터함수의 미분)**

벡터함수 $\mathbf{r}(t)$의 $c$에서의 미분(derivative) $\mathbf{r}'(c)$를 다음과 같이 정의한다.

$$\mathbf{r}'(c) = \lim_{h \to 0} \frac{\mathbf{r}(c+h) - \mathbf{r}(c)}{h}$$

이때 벡터함수 $\mathbf{r}(t)$는 $c$에서 미분가능(differentiable)하다고 한다.
벡터함수 $\mathbf{r}(t)$의 미분 $\mathbf{r}'(t)$는 벡터함수 $\mathbf{r}(t)$가 미분가능한 범위에서 정의되는 새로운 벡터함수이다.

$f$가 실수값을 갖는 함수일 때

$$f'(a) = \lim_{h \to 0} \frac{f(a+h) - f(a)}{h}$$

벡터함수 $\mathbf{r}(t)$의 1계 미분, 2계 미분 등을 다음과 같이 표시한다.

$$\mathbf{r}'(t) = \frac{dr}{dt} = \frac{d}{dt}\mathbf{r}(t)$$
$$\mathbf{r}''(t) = \frac{d}{dt}\left(\frac{dr}{dt}\right) = \frac{d^2\mathbf{r}}{dt^2} = \frac{d^2}{dt^2}\mathbf{r}(t)$$

벡터함수의 극한, 연속성은 벡터함수를 구성하는 성분함수에 의하여 결정됨을 보았다. 벡터함수의 도함수도 각 성분함수들의 도함수에 의하여 결정됨을 다음 정리에서 소개한다.

**정리 12.2.2(벡터함수의 미분)**

벡터함수 $\mathbf{r}(t) = f_1(t)\mathbf{i} + f_2(t)\mathbf{j} + f_3(t)\mathbf{k}$가 $c$에서 미분가능하기위한 필요충분조건은 각 성분함수 $f_1(t)$, $f_2(t)$, $f_3(t)$가 $c$에서 미분가능인 것이다. 이 경우 다음이 성립한다.

$$\frac{d\mathbf{r}}{dt} = \frac{df_1}{dt}\mathbf{i} + \frac{df_2}{dt}\mathbf{j} + \frac{df_3}{dt}\mathbf{k}$$

즉,

$$\mathbf{r}'(t) = f_1'(t)\mathbf{i} + f_2'(t)\mathbf{j} + f_3'(t)\mathbf{k}$$

**예제 1** 벡터함수 $\mathbf{r}(t) = \cos t\mathbf{i} + \sin 2t\mathbf{j} + t\mathbf{k}$ 에 대하여 다음을 구하여라.

(a) $\dfrac{d\mathbf{r}}{dt}(0)$ (b) $\left\| \dfrac{d\mathbf{r}}{dt}(0) \right\|$

(c) $\dfrac{d^2\mathbf{r}}{dt^2}(0)$ (d) $\left\| \dfrac{d^2\mathbf{r}}{dt^2}(0) \right\|$

**풀이** 정리 12.2.2를 이용하여 $\dfrac{d\mathbf{r}}{dt}$ 와 $\dfrac{d^2\mathbf{r}}{dt^2}$ 를 구하면

$$\frac{d\mathbf{r}}{dt}(t) = \frac{d}{dt}\cos t\,\mathbf{i} + \frac{d}{dt}\sin 2t\,\mathbf{j} + \frac{d}{dt}t\mathbf{k} = -\sin t\mathbf{i} + 2\cos 2t\mathbf{j} + \mathbf{k}$$

$$\frac{d^2\mathbf{r}}{dt^2}(t) = \frac{d}{dt}\left(\frac{d\mathbf{r}}{dt}\right) = \frac{d}{dt}(-\sin t\,\mathbf{i} + 2\cos 2t\mathbf{j} + \mathbf{k}) = -\cos t\mathbf{i} - 4\sin 2t\,\mathbf{j}$$

따라서

$$\frac{d\mathbf{r}}{dt}(0) = 2\mathbf{j} + \mathbf{k},\quad \left|\frac{d\mathbf{r}}{dt}(0)\right| = |(0,\ 2,\ 1)| = \sqrt{5},$$

$$\frac{d^2\mathbf{r}}{dt^2}(0) = -1\mathbf{i},\quad \left|\frac{d^2\mathbf{r}}{dt^2}(0)\right| = |(-1,\ 0,\ 0)| = \sqrt{1}$$

■



## 벡터함수의 미분과 접선벡터

그림과 같이 벡터함수 $\mathbf{r}(t)$가 그리는 곡선 위의 점 $P$에서 접선 $l$, 접선 $l$ 위의 점 $S$가 주어져 있다고 하자. 곡선 위의 점 $P$, $Q$, $R$에서의 위치벡터를 각각 $\mathbf{r}(c)$, $\mathbf{r}(c+h)$, $\mathbf{r}(c+k)$(단, $h>0$, $k<0$)라 하면

$$\overrightarrow{PQ} = \mathbf{r}(c+h) - \mathbf{r}(c),\quad \overrightarrow{RP} = \mathbf{r}(c) - \mathbf{r}(c+k)$$

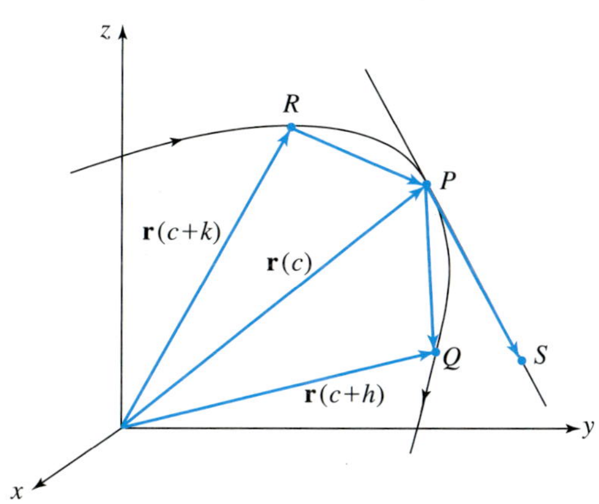


그림 12.2.1

$h>0$, $k<0$이므로

$$\text{벡터 } \frac{\mathbf{r}(c+h)-\mathbf{r}(c)}{h} \text{ 와 벡터 } \overrightarrow{PQ} \text{ 는 같은 방향}$$

$$\text{벡터 } \frac{\mathbf{r}(c+k)-\mathbf{r}(c)}{k} \text{ 와 벡터 } \overrightarrow{RP} \text{ 는 같은 방향}$$

$h>0$가 0에 접근하면 점 $Q$는 곡선을 따라 점 $P$에 접근하게 되므로 벡터 $\dfrac{\mathbf{r}(c+h)-\mathbf{r}(c)}{h}$의 방향은 벡터 $\overrightarrow{PS}$의 방향에 가까워진다.

$k<0$가 0에 접근하면 점 $R$는 곡선을 따라 점 $P$에 접근하게 되므로 벡터 $\dfrac{\mathbf{r}(c+k)-\mathbf{r}(c)}{k}$의 방향은 벡터 $\overrightarrow{PS}$의 방향에 가까워진다.

따라서 $\mathbf{r}'(c)$는 벡터 $\overrightarrow{PS}$와 같은 방향이 되고 접선 $l$과 평행하게 된다.

그러므로 $\mathbf{r}'(c)$는 점 $P$에서 곡선 $\mathbf{r}(t)$의 접선벡터(tangent vector)가 된다.

**예제 2** 곡선 $\mathbf{r}(t) = \sqrt{t}\,\mathbf{i} + (1+t)\mathbf{j}$에 대하여 $\mathbf{r}'(t)$를 구하고, 접선벡터 $\mathbf{r}'(1)$을 그려라.

**풀이** 각 성분을 미분하면 $\mathbf{r}'(t) = \dfrac{1}{2\sqrt{t}}\mathbf{i} + \mathbf{j}$이고, $\mathbf{r}'(1) = \dfrac{1}{2}\mathbf{i} + \mathbf{j}$이다. 주어진 곡선은 평면곡선으로 방정식 $x = \sqrt{t}$, $y = 1+t$에서 매개변수를 소거하면 $y = 1+x^2$, $x \geq 0$을 얻는다. 그림 12.2.2는 점(1, 2)에서 시작하는 접선벡터 $\mathbf{r}'(1)$를 나타낸다.

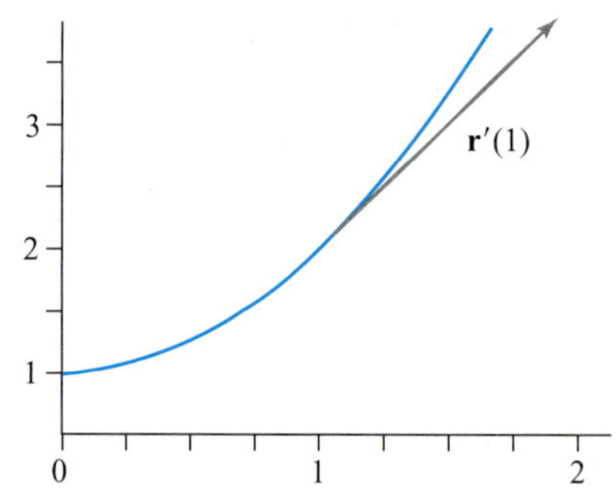

그림 12.2.2

다음 정리에서 벡터함수들의 연산 즉, 벡터함수들의 합, 스칼라배, 스칼라곱 그리고 벡터곱 등으로 얻어지는 함수들의 미분을 소개한다. 벡터함수의 미분의 경우에도 2.3절에서 배운 스칼라함수의 경우와 유사한 형식의 공식들이 성립함을 알 수 있다.

**정리 12.2.3(벡터함수의 미분의 성질)**

두 벡터함수 $\mathbf{u}(t)$, $\mathbf{v}(t)$가 미분가능하고, 스칼라함수 $f(t)$가 미분가능하면 다음이 성립한다.

(1) $\dfrac{d}{dt}(c\mathbf{u}) = c\dfrac{d\mathbf{u}}{dt}$, (단, $c$는 상수).

(2) $\dfrac{d}{dt}(\mathbf{u}+\mathbf{v}) = \dfrac{d\mathbf{u}}{dt} + \dfrac{d\mathbf{v}}{dt}$

(3) $\dfrac{d}{dt}(f\mathbf{u}) = \dfrac{df}{dt}\mathbf{u} + f\dfrac{d\mathbf{u}}{dt}$

(4) $\dfrac{d}{dt}(\mathbf{u}\cdot\mathbf{v}) = \dfrac{d\mathbf{u}}{dt}\cdot\mathbf{v} + \mathbf{u}\cdot\dfrac{d\mathbf{v}}{dt}$

(5) $\dfrac{d}{dt}(\mathbf{u}\times\mathbf{v}) = \dfrac{d\mathbf{u}}{dt}\times\mathbf{v} + \mathbf{u}\times\dfrac{d\mathbf{v}}{dt}$



**증명.** (4)를 증명하고 나머지는 연습문제로 남긴다.

$$\mathbf{u}(t) = (f_1(t),\ f_2(t),\ f_3(t)), \qquad \mathbf{v}(t) = (g_1(t),\ g_2(t),\ g_3(t))$$

라 하면

$$\mathbf{u}(t)\cdot\mathbf{v}(t) = f_1(t)g_1(t) + f_2(t)g_2(t) + f_3(t)g_3(t)$$

따라서

$$\begin{aligned}
\frac{d}{dt}(\mathbf{u}(t)\cdot\mathbf{v}(t)) &= \frac{d}{dt}(f_1(t)g_1(t) + f_2(t)g_2(t) + f_3(t)g_3(t)) \\
&= \frac{df_1}{dt}g_1 + f_1\frac{dg_1}{dt} + \frac{df_2}{dt}g_2 + f_2\frac{dg_2}{dt} + \frac{df_3}{dt}g_3 + f_3\frac{dg_3}{dt} \\
&= \frac{df_1}{dt}g_1 + \frac{df_2}{dt}g_2 + \frac{df_3}{dt}g_3 + f_1\frac{dg_1}{dt} + f_2\frac{dg_2}{dt} + f_3\frac{dg_3}{dt} \\
&= \left(\frac{df_1}{dt},\ \frac{df_2}{dt},\ \frac{df_3}{dt}\right)\cdot(g_1,\ g_2,\ g_3) + (f_1,\ f_2,\ f_3)\cdot\left(\frac{dg_1}{dt},\ \frac{dg_2}{dt},\ \frac{dg_3}{dt}\right) \\
&= \frac{d\mathbf{u}}{dt}\cdot\mathbf{v} + \mathbf{u}\cdot\frac{d\mathbf{v}}{dt}
\end{aligned}$$

■

**예제 3** $\mathbf{r}(t) = e^t\mathbf{i} + e^{-t}\mathbf{j} + \sin t\mathbf{k}$일 때 $\dfrac{d}{dt}(\ln t\,\mathbf{r}(t))$를 구하여라.

**풀이** 정리 12.2.3의 (3)에 의하여

$$\begin{aligned}
\frac{d}{dt}(\ln t\,\mathbf{r}(t)) &= \frac{d}{dt}(\ln t)\mathbf{r}(t) + \ln t\frac{d\mathbf{r}}{dt} \\
&= \frac{1}{t}(e^t\mathbf{i} + e^{-t}\mathbf{j} + \sin t\mathbf{k}) + \ln t\,(e^t\mathbf{i} - e^{-t}\mathbf{j} + \cos t\mathbf{k}) \\
&= e^t\left(\frac{1}{t} + \ln t\right)\mathbf{i} + e^{-t}\left(\frac{1}{t} - \ln t\right)\mathbf{j} + \left(\frac{\sin t}{t} + \cos t\ln t\right)\mathbf{k}.
\end{aligned}$$

■

**예제 4** $\mathbf{r}(t) = a\cos t\mathbf{i} + a\sin t\mathbf{j} + b\mathbf{k}$ 일 때

(1) $\|\mathbf{r}(t)\|$는 상수함수임을 보여라

(2) $\mathbf{r}(t)$와 $\dfrac{d\mathbf{r}}{dt}$는 서로 수직함을 보여라.

**풀이** (1) $\|\mathbf{r}(t)\|$를 구하면

$$\|\mathbf{r}(t)\| = \sqrt{(a\cos t)^2 + (a\sin t)^2 + b^2} = \sqrt{a^2 + b^2}$$

따라서 $\|\mathbf{r}(t)\|$는 상수함수이다.

(2) $\mathbf{r}(t)$의 미분을 구하면

$$\frac{d\mathbf{r}}{dt} = -a\sin t\mathbf{i} + a\cos t\mathbf{j}$$

따라서

$$\mathbf{r}(t)\cdot\frac{d\mathbf{r}}{dt} = (a\cos t,\ a\sin t,\ b)\cdot(-a\sin t,\ a\cos t,\ 0) = 0$$

그러므로 $\mathbf{r}(t)$와 $\dfrac{d\mathbf{r}}{dt}$는 서로 수직하다. ■

**예제 5** 모든 $t$에 대하여 $\|\mathbf{r}(t)\| = c$($c$는 상수)이면 $\mathbf{r}(t)$와 $\dfrac{d\mathbf{r}}{dt}$는 서로 수직함을 증명하여라.

**풀이** $\|\mathbf{r}(t)\| = c$($c$는 상수)이므로 양변을 제곱하면

$$\|\mathbf{r}(t)\|^2 = \mathbf{r}(t)\cdot\mathbf{r}(t) = c^2$$

정리 12.2.3의 (4)를 이용하여 미분하면

$$\frac{d\mathbf{r}}{dt}\cdot\mathbf{r}(t) + \mathbf{r}(t)\cdot\frac{d\mathbf{r}}{dt} = 0$$

따라서 $\mathbf{r}(t)\cdot\dfrac{d\mathbf{r}}{dt} = 0$

그러므로 $\mathbf{r}(t)$와 $\dfrac{d\mathbf{r}}{dt}$는 서로 수직이다. ■

## 연쇄법칙

벡터함수와 스칼라함수를 합성한 합성함수의 미분을 나타내는 식을 연쇄법칙(chain rule)이라 한다. 2.4절에서 배운 스칼라함수의 경우와 마찬가지로 벡터함수의 경우에도 합성함수의 미분은 합성한 두 함수의 미분의 곱으로 나타난다.

**정리 12.2.4(벡터함수의 연쇄법칙)**

함수 $t = h(s)$가 $s = s_0$에서 미분가능하고 벡터함수 $\mathbf{r}(t)$가 $t = t_0$ $(= h(s_0))$에서 미분가능하면 합성함수 $(\mathbf{r} \circ h)(s) = \mathbf{r}(h(s))$는 $s = s_0$에서 미분가능하다. 이 때 $\mathbf{r}(h(s))$의 도함수 $\dfrac{d(\mathbf{r} \circ h)}{ds}$를 $\dfrac{d\mathbf{r}}{ds}$로 표시하며 다음이 성립한다.

$$\frac{d\mathbf{r}}{ds}(s_0) = \frac{d\mathbf{r}}{dt}(h(s_0))\frac{dh}{ds}(s_0)$$

즉, 다음이 성립한다.

$$\frac{d\mathbf{r}}{ds} = \frac{d\mathbf{r}}{dt}\frac{dt}{ds}$$

**증명.** $\mathbf{r}(t) = (f_1(t),\ f_2(t),\ f_3(t))$라 하면

$$\begin{aligned}\mathbf{r}(h(s)) &= (f_1(h(s)),\ f_2(h(s)),\ f_3(h(s))) \\ &= ((f_1 \circ h)(s),\ (f_2 \circ h)(s),\ (f_3 \circ h)(s))\end{aligned}$$

스칼라함수의 연쇄법칙을 이용하여 $\mathbf{r}(h(s))$의 도함수를 구하면

$$\begin{aligned}\frac{d\mathbf{r}}{ds}(s) &= \frac{d}{ds}\mathbf{r}(h(s)) \\ &= \frac{d}{ds}((f_1 \circ h)(s),\ (f_2 \circ h)(s),\ (f_3 \circ h)(s)) \\ &= \left(\frac{d}{ds}(f_1 \circ h)(s),\ \frac{d}{ds}(f_2 \circ h)(s),\ \frac{d}{ds}(f_3 \circ h)(s)\right) \\ &= \left(\frac{df_1}{dt}(h(s))\frac{dh}{ds}(s),\ \frac{df_2}{dt}(h(s))\frac{dh}{ds}(s),\ \frac{df_3}{dt}(h(s))\frac{dh}{ds}(s)\right) \\ &= \left(\frac{df_1}{dt}(h(s)),\ \frac{df_2}{dt}(h(s)),\ \frac{df_3}{dt}(h(s))\right)\frac{dh}{ds}(s) \\ &= \frac{d\mathbf{r}}{dt}(h(s))\frac{dh}{ds}(s) = \frac{d\mathbf{r}}{dt}(h(s))\frac{dt}{ds}(s)\end{aligned}$$

따라서, $\dfrac{d\mathbf{r}}{ds}(s_0) = \dfrac{d\mathbf{r}}{dt}(h(s_0))\dfrac{dt}{ds}(s_0)$ ■

**예제 6** $\mathbf{r}(t) = -\sin t\mathbf{i} + e^{-t}\mathbf{j} + \cos t\mathbf{k},\ t = s^2+1$일 때, $\dfrac{d\mathbf{r}}{ds}$를 구하여라.

**풀이** 연쇄법칙을 이용하면

$$\begin{aligned}\frac{d\mathbf{r}}{ds}(s) &= \frac{d\mathbf{r}}{dt}(s^2+1)\frac{dt}{ds}(s) \\ &= (-\cos(s^2+1)\mathbf{i} - e^{-(s^2+1)}\mathbf{j} - \sin(s^2+1)\mathbf{k})(2s) \\ &= -2s\cos(s^2+1)\mathbf{i} - 2se^{-(s^2+1)}\mathbf{j} - 2s\sin(s^2+1)\mathbf{k}\end{aligned}$$ ■

Chapter 12

## 속도, 속력, 가속도

$\mathbf{r}(t) = (f_1(t), f_2(t), f_3(t))$가 시간이 $t$일 때 공간에서 움직이고 있는 물체의 위치를 나타낼 때, $\mathbf{r}'(t)$를 속도(velocity), $\mathbf{r}''(t)$를 가속도(acceleration)라 하고 각각 $\mathbf{v}(t)$, $\mathbf{a}(t)$로 표시한다. 즉,

$$\text{속도: } \mathbf{v}(t) = \frac{d\mathbf{r}}{dt}$$

$$\text{가속도: } \mathbf{a}(t) = \frac{d^2\mathbf{r}}{dt^2}$$

그리고 속도벡터의 크기 $\|\mathbf{v}(t)\|$를 속력(speed)이라 한다.

**예제 7** 움직이고 있는 물체의 위치가 시간이 $t$일 때 다음과 같다고 한다.

$$\mathbf{r}(t) = 3\cos t\mathbf{i} + 3\sin t\mathbf{j} + t^2\mathbf{k}$$

(1) $t = 2$일 때 속력을 구하여라.

(2) 속도와 가속도가 서로 수직이 되는 시간을 구하여라.

**풀이** 물체의 속도 $\mathbf{v}(t)$와 가속도 $\mathbf{a}(t)$를 구하면

$$\mathbf{v}(t) = \frac{d\mathbf{r}}{dt} = -3\sin t\mathbf{i} + 3\cos t\mathbf{j} + 2t\mathbf{k}$$

$$\mathbf{a}(t) = \frac{d^2\mathbf{r}}{dt^2} = -3\cos t\mathbf{i} - 3\sin t\mathbf{j} + 2\mathbf{k}$$

(1) $t = 2$일 때 속력은 $\|\mathbf{v}(2)\|$이므로

$$\begin{aligned}\|\mathbf{v}(2)\| &= \|-3\sin 2\,\mathbf{i} + 3\cos 2\,\mathbf{j} + 4\mathbf{k}\| \\ &= \sqrt{(-3\sin 2)^2 + (3\cos 2)^2 + 4^2} \\ &= 5\end{aligned}$$

(2) 속도 $\mathbf{v}(t)$와 가속도 $\mathbf{a}(t)$의 내적을 구하면

$$\mathbf{v}(t)\cdot\mathbf{a}(t) = (-3\sin t,\ 3\cos t,\ 2t)\cdot(-3\cos t, -3\sin t,\ 2) = 4t$$

따라서 속도 $\mathbf{v}(t)$와 가속도 $\mathbf{a}(t)$가 수직이 되는 시간은 $t = 0$이다. ■

## 벡터함수의 적분

**정의 12.2.5(벡터함수의 적분)**

벡터함수 $\mathbf{u}(t) = f_1(t)\mathbf{i} + f_2(t)\mathbf{j} + f_3(t)\mathbf{k}$에 대하여 부정적분과 정적분을 각각 다음과 같이 정의한다.

(1) $\dfrac{d}{dt}\mathbf{v}(t) = \mathbf{u}(t)$일 때 벡터함수 $\mathbf{v}(t)$를 $\mathbf{u}(t)$의 부정적분이라 한다.

(2) $\mathbf{u}(t)$의 성분함수 $f_1(t)$, $f_2(t)$, $f_3(t)$가 각각 구간 $[a, b]$에서 적분가능할 때 벡터함수 $\mathbf{u}(t)$는 적분가능하다고 하며 $\mathbf{u}(t)$의 정적분을 다음과 같이 정의한다.

$$\int_a^b \mathbf{u}(t)dt = \left(\int_a^b f_1(t)dt\right)\mathbf{i} + \left(\int_a^b f_2(t)dt\right)\mathbf{j} + \left(\int_a^b f_3(t)dt\right)\mathbf{k}$$

Chapter 12

**예제 8** $\mathbf{r}(t) = (t^2+t)\mathbf{i} + e^{-t}\mathbf{j} + \sin t\mathbf{k}$에 대하여 $\displaystyle\int_0^1 \mathbf{r}(t)dt$을 구하여라.

**풀이**

$$\begin{aligned}\int_0^1 \mathbf{r}(t)dt &= \left(\int_0^1 (t^2+t)dt\right)\mathbf{i} + \left(\int_0^1 e^{-t}dt\right)\mathbf{j} + \left(\int_0^1 \sin t\,dt\right)\mathbf{k} \\ &= \left(\left[\frac{1}{3}t^3 + \frac{1}{2}t^2\right]_0^1\right)\mathbf{i} + \left([-e^{-t}]_0^1\right)\mathbf{j} + \left([-\cos t]_0^1\right)\mathbf{k} \\ &= \frac{5}{6}i + \left(1 - \frac{1}{e}\right)\mathbf{j} + (1-\cos 1)\mathbf{k}.\end{aligned}$$

■

벡터함수 $\mathbf{u}(t) = f_1(t)\mathbf{i} + f_2(t)\mathbf{j} + f_3(t)\mathbf{k}$의 세 성분함수 $f_1(t)$, $f_2(t)$, $f_3(t)$ 각각의 부정적분 즉,

$$\int f_1(t)dt + c_1, \quad \int f_2(t)dt + c_2, \quad \int f_3(t)dt + c_3$$

을 구할 수 있다고 하자. 단 $c_1$, $c_2$, $c_3$는 적분상수이다.

다음의 벡터함수 $\mathbf{v}(t)$를 생각하자. 단 $\mathbf{c} = (c_1, c_2, c_3)$

$$\begin{aligned}\mathbf{v}(t) &= \left(\int f_1(t)dt + c_1\right)\mathbf{i} + \left(\int f_2(t)dt + c_2\right)\mathbf{j} + \left(\int f_3(t)dt + c_3\right)\mathbf{k} \\ &= \left(\int f_1(t)dt\right)\mathbf{i} + \left(\int f_2(t)dt\right)\mathbf{j} + \left(\int f_3(t)dt\right)\mathbf{k} + \mathbf{c}\end{aligned}$$

벡터함수 $\mathbf{v}(t)$의 미분을 구하면

$$\begin{aligned}\frac{d}{dt}\mathbf{v}(t) &= \frac{d}{dt}\left(\int f_1(t)dt + c_1\right)\mathbf{i} + \left(\int f_2(t)dt + c_2\right)\mathbf{j} + \left(\int f_3(t)dt + c_3\right)\mathbf{k} \\ &= f_1(t)\mathbf{i} + f_2(t)\mathbf{j} + f_3(t)\mathbf{k} = \mathbf{u}(t)\end{aligned}$$

따라서 벡터함수 $\mathbf{v}(t)$는 벡터함수 $\mathbf{u}(t)$의 부정적분이 된다. 그러므로 다음 정리가 성립한다.

**정리 12.2.6(벡터함수의 부정적분)**

벡터함수 $\mathbf{u}(t) = f_1(t)\mathbf{i} + f_2(t)\mathbf{j} + f_3(t)\mathbf{k}$의 세 성분함수 $f_1(t), f_2(t), f_3(t)$ 각각의 부정적분이 존재하면 벡터함수 $\mathbf{u}(t)$도 부정적분이 존재하고 다음과 같다.

$$\int \mathbf{u}(t)\,dt = \left(\int f_1(t)\,dt\right)\mathbf{i} + \left(\int f_2(t)\,dt\right)\mathbf{j} + \left(\int f_3(t)\,dt\right)\mathbf{k} + \mathbf{c}$$

단, $\mathbf{c}$는 상수벡터이다.

**예제 9** 움직이고 있는 물체의 가속도 $\mathbf{a}(t)$가 다음과 같다고 한다.

$$\mathbf{a}(t) = \cos t\mathbf{i} + \sin t\mathbf{j}$$

초기속도와 초기위치가 각각 $\mathbf{v}(0) = \mathbf{j}$, $\mathbf{r}(0) = 2\mathbf{i}$이다. 시간이 $t$일 때 물체의 위치 $\mathbf{r}(t)$를 구하여라.

**풀이** $\mathbf{v}'(t) = \mathbf{a}(t)$이므로 $\mathbf{a}(t)$를 적분하여 $\mathbf{v}(t)$를 구하면

$$\begin{aligned}\mathbf{v}(t) &= \int \mathbf{a}(t)\,dt + c \\ &= \left(\int \cos t\,dt\right)\mathbf{i} + \left(\int \sin t\,dt\right)\mathbf{j} + c \\ &= \sin t\mathbf{i} - \cos t\mathbf{j} + c\end{aligned}$$

$\mathbf{v}(0) = \mathbf{j}$이므로 $\mathbf{c} = 2\mathbf{j}$, 따라서

$$\mathbf{v}(t) = \sin t\mathbf{i} + (-\cos t + 2)\mathbf{j}$$

$\mathbf{r}'(t) = \mathbf{v}(t)$이므로 $\mathbf{v}(t)$를 적분하여 $\mathbf{r}(t)$를 구하면

$$\begin{aligned}\mathbf{r}(t) &= \int \mathbf{v}(t)\,dt + d = \left(\int \sin t\,dt\right)\mathbf{i} + \left(\int (-\cos t + 2)\,dt\right)\mathbf{j} + \mathbf{d} \\ &= -\cos t\mathbf{i} + (-\sin t + 2t)\mathbf{j} + \mathbf{d}\end{aligned}$$

$\mathbf{r}(0) = 2\mathbf{i}$이므로 $\mathbf{d} = 3\mathbf{i}$, 따라서

$$\mathbf{r}(t) = (3 - \cos t)\mathbf{i} + (-\sin t + 2t)\mathbf{j}$$

■

**예제 10** 좌표공간의 원점의 위치에서 $x$축의 양의 방향을 향하여 각 $\theta_0$만큼 위를 향하여 야구공을 던졌다. 초기 속력이 $v_0$m/sec일 때 다음 물음에 답하여라. 단, 공기저항은 무시하고 중력가속도는 $-9.8\,\text{m/sec}^2$ 으로 한다.

(1) 야구공의 위치 $\mathbf{r}(t)$와 속도 $\mathbf{v}(t)$를 구하여라.

(2) 야구공이 떨어지는 지점의 좌표를 구하여라.

(3) 야구공이 떨어질 때 지면과 이루는 각을 구하여라.

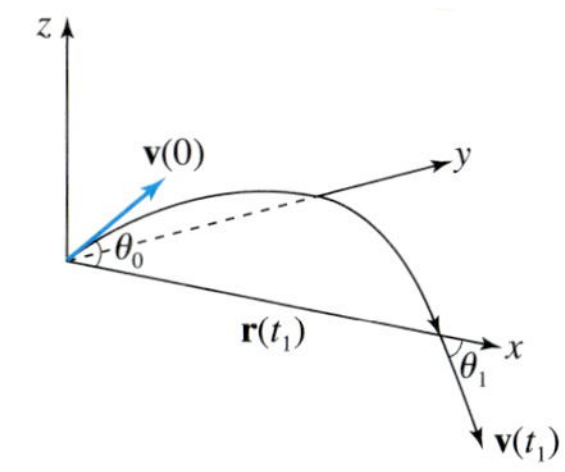

그림 12.2.3

**풀이** (1) 야구공의 운동에 대한 초기조건은 다음과 같다.

$$\mathbf{v}(0) = v_0\cos\theta_0\,\mathbf{i} + v_0\sin\theta_0\,\mathbf{k},\qquad \mathbf{r}(0) = \mathbf{0}$$

$\mathbf{a}(t) = -9.8\mathbf{k}$ 이므로 속도 $\mathbf{v}(t)$를 구하면

$$\begin{aligned}\mathrm{v}(t) &= \int \mathbf{a}(t)dt = \left(\int -9.8dt\right)\mathbf{k}\\ &= -9.8t\mathbf{k} + \mathbf{c}\end{aligned}$$

$\mathbf{v}(0) = v_0\cos\theta_0\,\mathbf{i} + v_0\sin\theta_0\,\mathbf{k}$ 이므로

$$\mathbf{c} = v_0\cos\theta_0\,\mathbf{i} + v_0\sin\theta_0\,\mathbf{k}$$

따라서

$$\mathbf{v}(t) = v_0\cos\theta_0\,\mathbf{i} + (v_0\sin\theta_0 - 9.8t)\mathbf{k}$$

위치 $\mathbf{r}(t)$를 구하면

$$\begin{aligned}\mathbf{r}(t) &= \int \mathbf{v}(t)dt\\ &= \left(\int v_0\cos\theta_0\,dt\right)\mathbf{i} + \left(\int (-9.8t + v_0\sin\theta_0)dt\right)\mathbf{k} + \mathbf{d}\\ &= tv_0 cos\theta_0\,\mathbf{i} + (tv_0\sin\theta_0 - 4.9t^2)\mathbf{k} + \mathbf{d}\end{aligned}$$

$\mathbf{r}(0) = \mathbf{0}$ 이므로 $\mathbf{d} = \mathbf{0}$, 따라서

$$\mathbf{r}(t) = tv_0\cos\theta_0\,\mathbf{i} + (tv_0\sin\theta_0 - 4.9t^2)\mathbf{k}$$

(2) 시간이 $t_1$일 때 야구공이 떨어졌다고 하자.

야구공이 떨어지는 지점은 $\mathbf{r}(t_1)$이므로 $\mathbf{r}(t_1)$의 $\mathbf{k}$성분은 0이다. 즉

$$t_1 v_0\sin\theta_0 - 4.9t_1^2 = t_1(v_0\sin\theta_0 - 4.9t_1) = 0$$

따라서 야구공이 떨어지는 시간 $t_1$은 다음과 같다.

$$t_1 = \frac{v_0\sin\theta_0}{4.9}$$

그러므로 야구공이 떨어지는 지점 $\mathbf{r}(t_1)$은

$$\begin{aligned}\mathbf{r}(t_1) &= t_1 v_0\cos\theta_0\,\mathbf{i} = \frac{1}{4.9}v_0^2\cos\theta_0\sin\theta_0\,\mathbf{i}\\ &= \frac{1}{9.8}v_0^2\sin 2\theta_0\,\mathbf{i}\end{aligned}$$

즉, 야구공이 떨어지는 지점의 좌표는 $\left(\frac{1}{9.8}v_0^2\sin 2\theta_0,\ 0,\ 0\right)$

(3) 야구공이 떨어지는 순간 지면과 이루는 각을 $\theta_1$이라 하면

$\theta_1 = \mathbf{v}(t_1)$이 지면과 이루는 각
$= \mathbf{v}(t_1)$이 $x$축의 양의 방향과 이루는 각
$= \mathbf{v}(t_1)$이 벡터 $\mathbf{i}$와 이루는 각

야구공이 떨어지는 순간의 속도 $\mathbf{v}(t_1)$을 구하면

$$\begin{aligned}\mathbf{v}(t_1) &= v_0 \cos\theta_0 i + (v_0 \sin\theta_0 - 9.8t_1)\mathbf{k} \\ &= v_0 \cos\theta_0 \mathbf{i} - v_0 \sin\theta_0 \mathbf{k}\end{aligned}$$

따라서

$$\cos\theta_1 = \frac{\mathbf{v}(t_1)\cdot\mathbf{i}}{\|\mathbf{v}(t_1)\|} = \frac{v_0\cos\theta_0}{v_0} = \cos\theta_0$$

그러므로 야구공이 떨어질 때 지면과 이루는 각은 $\theta_0$이다. ■

## 벡터와 극좌표계를 이용한 케플러의 법칙

독일의 수학자이자 천문학자인 케플러는 덴마크의 천문학자인 티코 브라헤가 오랜 기간 동안 수집한 천체 관측 자료를 분석하여 1627년에 다음과 같은 법칙을 공식화하였다.

1. 케플러의 제1법칙: 모든 행성은 태양을 한 초점으로 하는 타원 궤도를 운동한다.
2. 케플러의 제2법칙: 태양과 행성을 잇는 선분이 같은 시간 동안에 휩쓸고 지나간 면적은 일정하다(면적 속도 일정의 법칙).
3. 케플러의 제3법칙: 행성의 공전주기의 제곱은 타원 궤도의 긴 반지름의 세제곱에 비례한다.

이러한 케플러의 법칙은 뉴턴의 1687년 저서인 "Principia Mathematica"에서 뉴턴의 제2법칙과 만유인력의 법칙으로부터 얻어짐을 알 수 있었다. 그럼 케플러의 제1법칙을 증명해 보자. 먼저 행성에 대한 태양의 인력은 다른 천체로부터 미치는 힘에 비하여 훨씬 크기 때문에 태양과 그 주위를 공전하는 행성을 제외한 모든 우주 물체를 무시해도 무방하다. 3차원 공간에서 태양을 원점으로 생각하고 행성의 위치벡터를 $\mathbf{R}(t)$라고 하자. 그리고 태양과 행성의 질량을 각각 $M$, $m$이라고 하고 $G$를 중력 상수라고 하자. $G$의 근사값은 $6.67\times10^{-11}$ $\mathrm{Nm^2/kg^2}$이다. 만유인력의 법칙에 의하여 질량이 $M$인 태양이 질량이 $m$인 행성에 작용하는 힘 $\mathbf{F}$의 크기는 다음과 같다(증명은 15.2 연습문제 5번 참조)

$$\mathbf{F} = \frac{GMm}{r^2}\mathbf{r}$$

단, $r$은 두 질량 중심사이의 거리이고 $\mathbf{r}$은 $M$의 질량 중심에서 $m$의 질량 중심으로 향하는 단위벡터이다. 그림 12.2.4와 같이 태양의 중심을 원점이라고 하자. $\mathbf{r}(t)$과 $\mathbf{s}(t)$를 각각 행성의 위치벡터 $\mathbf{R}(t)$과 속도벡터 $\mathbf{r}'(t)$ 방향의 단위

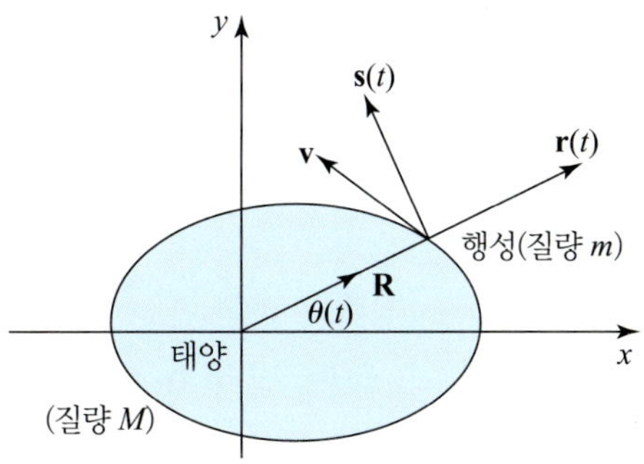


그림 12.2.4

벡터라고 하자. $\mathbf{r}(t)\cdot\mathbf{r}(t)=1$으로부터 $\mathbf{r}(t)\cdot\mathbf{r}'(t)=0$, 즉 $\mathbf{r}(t)\cdot\mathbf{s}(t)=0$임을 알 수 있다. 위의 그림으로부터 $\mathbf{r}(t)=(\cos\theta(t), \sin\theta(t))$, $\mathbf{s}(t)=(-\sin\theta(t), \cos\theta(t))$으로 표현하면

$$\frac{d\mathbf{r}}{dt}=\frac{d\theta}{dt}\mathbf{s}, \quad \frac{d\mathbf{s}}{dt}=-\frac{d\theta}{dt}\mathbf{r}$$

을 얻을 수 있다. 뉴턴의 법칙으로부터 얻은 방정식

$$-\frac{GMm}{r^2}\mathbf{r}=m\frac{d^2\mathbf{R}}{dt^2}$$

에서 $\dfrac{d^2\mathbf{R}}{dt^2}$을 계산해 보자.

$$\mathbf{v}=\frac{d\mathbf{R}}{dt}=\frac{d}{dt}(r\mathbf{r})=\frac{dr}{dt}\mathbf{r}+r\frac{d\mathbf{r}}{dt}=\frac{dr}{dt}\mathbf{r}+r\frac{d\theta}{dt}\mathbf{s},$$

와

$$\begin{aligned} \mathrm{a}&=\frac{d\mathbf{v}}{dt}=\frac{d}{dt}\left(\frac{dr}{dt}\mathbf{r}+r\frac{d\theta}{dt}\mathbf{s}\right)\\ &=\left[\frac{d^2r}{dt^2}-r\left(\frac{d\theta}{dt}\right)^2\right]\mathbf{r}+\left(2\frac{dr}{dt}\frac{d\theta}{dt}+r\frac{d^2\theta}{dt^2}\right)\mathbf{s} \end{aligned}$$

의 결과와

$$\mathbf{a}=-\frac{GM}{r^2}\mathbf{r}$$

에 의하여

$$\frac{d^2r}{dt^2}-r\left(\frac{d\theta}{dt}\right)^2=-\frac{GM}{r^2}$$

와

$$2\frac{dr}{dt}\frac{d\theta}{dt}+r\frac{d^2\theta}{dt^2}=0$$

임을 알 수 있다. 이제 케플러의 법칙을 증명하자.

Chapter 12

### 케플러 제1법칙 증명

우선 $\mathbf{a} = -\dfrac{GM}{r^3}\mathbf{R}(t)$이기 때문에 $\mathbf{R}$과 $\mathbf{a}$는 서로 평행이고 $\mathbf{R}\times\mathbf{a} = 0$이다. 또한

$$\frac{d}{dt}(\mathbf{R}\times\mathbf{v}) = \frac{d\mathbf{R}}{dt}\times\mathbf{v}+\mathbf{R}\times\frac{d\mathbf{v}}{dt} = \mathbf{v}\times\mathbf{v}+\mathbf{R}\times\mathbf{a} = 0+0 = 0$$

이므로 $\mathbf{R}\times\mathbf{v} = \mathbf{b}$(상수)을 얻을 수 있다. 만약 $\mathbf{b} = 0$이면 $\mathbf{R}$과 $\mathbf{v}$가 모든 점에서 평행이기 때문에 행성은 태양으로부터 계속 가까워지거나 혹은 멀어져간다. 따라서 $\mathbf{b}\neq 0$라고 가정해도 무방하다. 또한

$$\mathbf{b} = \mathbf{R}\times\mathbf{v} = \mathbf{R}\times\frac{d\mathbf{R}}{dt} = r\mathbf{r}\times\frac{d}{dt}(r\mathbf{r}) = r\mathbf{r}\times\left(\frac{dr}{dt}\mathbf{r}+r\frac{d\mathbf{r}}{dt}\right) = r^2\mathbf{r}\times\mathbf{r}',$$

을 적용하면 다음을 얻을 수 있다.

$$\begin{aligned}\mathbf{a}\times\mathbf{b} &= -\frac{GM}{r^2}\mathbf{r}\times(r^2\mathbf{r}\times\mathbf{r}') = -GM\mathbf{r}\times(\mathbf{r}\times\mathbf{r}')\\ &= -GM\left[(\mathbf{r}\cdot\mathbf{r}')\mathbf{r}-(\mathbf{r}\cdot\mathbf{r})\mathbf{r}'\right] = -GM\left[(\mathbf{r}\cdot\mathbf{r}')\mathbf{r}-\mathbf{r}'\right] = GM\mathbf{r}'.\end{aligned}$$

따라서

$$\mathbf{a}\times\mathbf{b} = GM\mathbf{r}',\quad (\mathbf{v}\times\mathbf{b})' = \mathbf{v}'\times\mathbf{b} = \mathbf{a}\times\mathbf{b} = GM\mathbf{r}'$$

에 의하여

$$\mathbf{v}\times\mathbf{b} = GM\mathbf{r}+\mathbf{c}$$

을 만족하는 상수벡터 $\mathbf{c}$가 존재한다. $\mathbf{v}\times\mathbf{b}$와 $\mathbf{r}$는 모두 $\mathbf{b}$에 수직이므로 벡터 $\mathbf{c}$도 $\mathbf{b}$와 수직이다. 이제 $\mathbf{i}, \mathbf{k}$를 $\mathbf{c}, \mathbf{b}$와 각각 방향이 같은 단위표준벡터가 되도록 좌표계 $x$축, $y$축, $z$축을 선택하고 $\mathbf{j} = \mathbf{k}\times\mathbf{i}$라고 하자. 앞에서 정의된 좌표계에서 벡터 $\mathbf{c}$와 $\mathbf{R}$ 이루는 각도를 $\theta$라 하면 $(r, \theta)$는 행성의 극좌표가 된다.

$$\begin{aligned}\mathbf{R}\cdot(\mathbf{v}\times\mathbf{b}) &= \mathbf{R}\cdot(GM\mathbf{r}+\mathbf{c}) = GM\mathbf{R}\cdot\mathbf{r}+\mathbf{R}\cdot\mathbf{c}\\ &= GMr\mathbf{r}\cdot\mathbf{r}+|\mathbf{R}||\mathbf{c}|\cos\theta = GMr+|\mathbf{R}||\mathbf{c}|\cos\theta\end{aligned}$$

임을 알 수 있다. 만약 $e = \dfrac{|\mathbf{c}|}{GM}$, $d = \dfrac{|\mathbf{b}|^2}{|\mathbf{c}|}$라고 정의하면

$$r = \frac{\mathbf{R}\cdot(\mathbf{v}\times\mathbf{b})}{GM+|\mathbf{c}|\cos\theta} = \frac{(\mathbf{R}\times\mathbf{v})\cdot\mathbf{b}}{GM(1+e\cos\theta)} = \frac{\mathbf{b}\cdot\mathbf{b}}{GM(1+e\cos\theta)} = \frac{ed}{1+e\cos\theta}$$

을 얻을 수 있다. 결론적으로 행성의 극좌표 $(r, \theta)$가 만족하는 아래의 방정식은 이심율이 $e$인 원뿔곡선의 방정식이고 타원임을 알 수 있다.

$$r = \frac{ed}{1+e\cos\theta}$$

### 케플러의 제2법칙 증명

그림 12.2.5과 같이 행성 $\mathbf{R}(t)$가 시간 $t_1$에서 $t_2$사이에 휩쓸고 간 영역의 면적 $S$을 극좌표를 이용하면

$$S = \frac{1}{2}\int_{\theta_1}^{\theta_2} r^2\, d\theta = \frac{1}{2}\int_{t_1}^{t_2} r^2 \frac{d\theta}{dt}\, dt$$

을 얻는다. 그런데

$$\frac{d}{dt}\left(r^2\frac{d\theta}{dt}\right) = r\left(2\frac{dr}{dt}\frac{d\theta}{dt} + r^2\frac{d^2\theta}{dt^2}\right) = 0$$

으로부터 $r^2\frac{d\theta}{dt} = L$(상수)임을 이용하면 $S = \frac{1}{2}L(t_2 - t_1)$이 성립하여 케플러의 제2법칙을 증명하였다. 케플러의 제3법칙의 증명은 연습문제로 남기겠다.

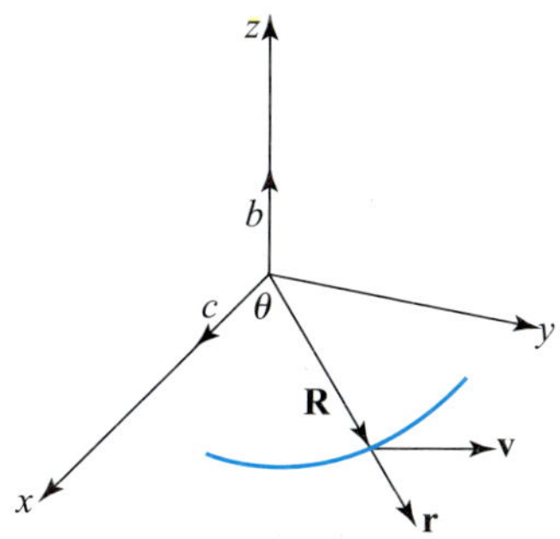


그림 12.2.5



## 연습문제 12.2

1. $\mathbf{u}(t) = t^2\mathbf{i} - 3t\mathbf{k}$, $\mathbf{v}(t) = -4t^3\mathbf{j} + \sin t\mathbf{k}$, $\mathbf{w}(t) = t\mathbf{i} + \mathbf{k}$ 일 때, 다음을 구하여라.
   (1) $\frac{d}{dt}(\mathbf{u}\cdot\mathbf{v})$ (2) $\frac{d}{dt}(\mathbf{u}\times\mathbf{v})$
   (3) $\frac{d}{dt}(\mathbf{u}\cdot\mathbf{v}\times\mathbf{w})$ (4) $\frac{d}{dt}\left(\mathbf{u}\cdot\frac{d\mathbf{u}}{dt}\right)$
   (5) $\frac{d}{dt}(\mathbf{u}\times\mathbf{v}\times\mathbf{w})$ (6) $\frac{d}{dt}(\mathbf{u}\times(\mathbf{v}\times\mathbf{w}))$

2. 다음에서 $\frac{d}{dt}(h(t)\mathbf{r}(t))$을 구하여라.
   (1) $\mathbf{r}(t) = e^{-t}\mathbf{i} + 2\cos 3t\mathbf{j} + 2\sin 3t\mathbf{k}$, $h(t) = t^2$
   (2) $\mathbf{r}(t) = (1+t)\mathbf{i} + \sqrt{2}\,t^2\mathbf{j} + 3t^3\mathbf{k}$, $h(t) = e^t$
   (3) $\mathbf{r}(t) = 4\cos t\mathbf{i} - 3\sin t\mathbf{j} + 2t\mathbf{k}$, $h(t) = \tan t$
   (4) $\mathbf{r}(t) = \frac{1}{t+1}\mathbf{i} + t^2\mathbf{j} + 2\ln t\mathbf{k}$, $h(t) = \tan t$

3. 다음에서 $\frac{d\mathbf{r}}{ds}$을 구하여라.
   (1) $\mathbf{r}(t) = \sin t\mathbf{i} + (t+1)\mathbf{j} - 3t\mathbf{k}$, $t = s^2$
   (2) $\mathbf{r}(t) = \tan^{-1}t\mathbf{i} + \ln(1+t)\mathbf{k}$, $t = e^s$
   (3) $\mathbf{r}(t) = t^2\mathbf{i} + t^3\mathbf{j} + t\mathbf{k}$, $t = \tan s$
   (4) $\mathbf{r}(t) = e^t\mathbf{i} + e^{-t}\mathbf{j} + \cos t\mathbf{k}$, $t = \tan s$

4. 다음 주어진 곡선위의 점 $P$에서 접선의 매개방정식을 구하여라.
   (1) $x = t^2$, $y = t^3$, $z = t^4$, $P(1, -1, 1)$

(2) $x = t^2 - 1,\ y = t^3 + 1,\ z = t + 1,\quad P(0, 2, 2)$

(3) $x = e^t \cos t,\ y = e^t \sin t,\ z = e^t,\quad P(1, 0, 1)$

(4) $x = t^2,\ y = \ln t,\ z = \sqrt{t},\quad P(1, 0, 1)$

5. 움직이는 물체의 가속도 $\mathbf{a}(t)$와 초기조건이 다음과 같이 주어졌을 때 물체의 위치 $\mathbf{r}(t)$를 구하여라.

(1) $\mathbf{a}(t) = -3t\mathbf{i},\ \mathbf{v}(0) = 2\mathbf{j},\ \mathbf{r}(0) = 4\mathbf{i}$

(2) $\mathbf{a}(t) = 3t\mathbf{i} + 2t\mathbf{j} + \mathbf{k},\ \mathbf{v}(0) = -3\mathbf{j},\ \mathbf{r}(0) = 2\mathbf{k}$

(3) $\mathbf{a}(t) = e^{-t}\mathbf{i} + 2t\mathbf{j} + \cos t\mathbf{k},\ \mathbf{v}(0) = \mathbf{k},\ \mathbf{r}(0) = -\mathbf{i}$

(4) $\mathbf{a}(t) = t^{-1/2}\mathbf{i} + \sin t\mathbf{j} + e^t\mathbf{k},\ \mathbf{v}(0) = 2\mathbf{i},\ \mathbf{r}(0) = -3\mathbf{k}$

6. 어떤 물체가 일정한 속력으로 움직이고 있다. 이 물체의 속도와 가속도는 서로 수직임을 증명하여라.

7. 어떤 물체가 평면 위에서 일정한 가속도 $\mathbf{a}(t) = a\mathbf{j}$로 움직이고 있다. 이 물체가 움직이는 경로는 포물선 또는 직선임을 증명하여라.

8. 지표면에서 1.2미터 높이의 수평한 탁자 위에서 작은 공이 초속 6미터의 속력으로 굴러서 아래로 떨어졌다. 공이 지표면에 떨어지는 순간의 공의 속력과 지표면과 이루는 각을 구하여라.

9. 벡터함수 $\mathbf{r}(t)$가 미분가능하고 모든 $t$에 대하여 $\mathbf{r}(t) \cdot \dfrac{d\mathbf{r}}{dt} = 0$이면 $\|\mathbf{r}(t)\|$는 상수함수임을 증명하여라.

10. $\mathbf{a}, \mathbf{b}$가 벡터이고 $\omega$는 상수이다.

$$\mathbf{r}(t) = \cos\omega t\mathbf{a} + \sin\omega t\mathbf{b}$$

에 대하여 다음 식을 증명하여라.

$$\mathbf{r} \times \frac{d\mathbf{r}}{dt} = \omega(\mathbf{a} \times \mathbf{b})$$

11. 벡터함수 $\mathbf{u}(t), \mathbf{v}(t), \mathbf{w}(t)$가 미분가능하면 다음 식이 성립함을 증명하여라.

$$\frac{d}{dt}(\mathbf{u} \cdot \mathbf{v} \times \mathbf{w}) = \frac{d\mathbf{u}}{dt} \cdot \mathbf{v} \times \mathbf{w} + \mathbf{u} \cdot \frac{d\mathbf{v}}{dt} \times \mathbf{w} + \mathbf{u} \cdot \mathbf{v} \times \frac{d\mathbf{w}}{dt}$$

[참고] 위 식은 다음과 같이 나타낼 수도 있다.

$$\frac{d}{dt}\begin{vmatrix} f_1 & f_2 & f_3 \\ g_1 & g_2 & g_3 \\ h_1 & h_2 & h_3 \end{vmatrix} = \begin{vmatrix} f_1' & f_2' & f_3' \\ g_1 & g_2 & g_3 \\ h_1 & h_2 & h_3 \end{vmatrix} + \begin{vmatrix} f_1 & f_2 & f_3 \\ g_1' & g_2' & g_3' \\ h_1 & h_2 & h_3 \end{vmatrix} + \begin{vmatrix} f_1 & f_2 & f_3 \\ g_1 & g_2 & g_3 \\ h_1' & h_2' & h_3' \end{vmatrix}$$

12. 벡터함수 $\mathbf{r}(t)$가 미분가능하고 $\|\mathbf{r}(t)\| \neq 0$이면 다음이 성립함을 증명하여라.

(1) $\dfrac{d}{dt}(\|\mathbf{r}(t)\|) = \dfrac{1}{\|\mathbf{r}(t)\|}\left(\mathbf{r}(t) \cdot \dfrac{d\mathbf{r}}{dt}\right)$

(2) $\dfrac{d}{dt}\left(\dfrac{\mathbf{r}(t)}{\|\mathbf{r}(t)\|}\right) = \dfrac{\dfrac{d\mathbf{r}}{dt}(\mathbf{r}(t) \cdot \mathbf{r}(t)) - \mathbf{r}(t)\left(\mathbf{r}(t) \cdot \dfrac{d\mathbf{r}}{dt}\right)}{(\mathbf{r}(t) \cdot \mathbf{r}(t))^{3/2}}$

13. 벡터함수 $\mathbf{r}(t)$가 3차 미분가능하면 다음 식이 성립함을 증명하여라.

$$\frac{d}{dt}\left(\mathbf{r} \cdot \frac{d\mathbf{r}}{dt} \times \frac{d^2\mathbf{r}}{dt^2}\right) = \mathbf{r} \cdot \frac{d\mathbf{r}}{dt} \times \frac{d^3\mathbf{r}}{dt^3}$$

14. 만약 $\mathbf{R}(t)$가 구간 $[a, b]$에서 벡터함수 $\mathbf{r}(t)$의 부정적분이면

$$\int_a^b \mathbf{r}(t)\,dt = \mathbf{R}(b) - \mathbf{R}(a)$$

임을 보여라.

15. 정리 12.2.2를 증명하여라.

16. 정리 12.2.3을 증명하여라.

17. 정리 12.2.6을 증명하여라.

18. $T$를 태양에 대한 행성의 주기라고 하자. 즉, 행성이 케플러의 제1법칙에 의하여 태양을 한 초점으로 하는 타원궤도를 한 번 도는데 걸리는 시간이 $T$이다. 그리고 $A(t)$를 태양과 행성을 잇는 벡터 $\mathbf{R}(t)$가 구간 $[t_0, t]$ 동안 스치고 지나간 영역의 면적이라고 하면 케플러의 제2법칙에 의하여 $\dfrac{dA(t)}{dt} = \dfrac{1}{2}h$(상수)이 성립한다. 타원의 장축및 단축의 길이를 $2a$와 $2b$라고 하자.

(1) $T = \dfrac{2\pi ab}{h}$ 임을 증명하여라.

(2) $\dfrac{h^2}{GM} = ed = \dfrac{b^2}{a}$ 임을 증명하여라. ($e$와 $d$는 케플러 제1법칙 증명에서 정의되었다.)

(3) (1) 과 (2)를 이용하여 $T^2 = \dfrac{4\pi^2 a^3}{GM}$ 임을 보여라.

# 12.3 곡선의 길이와 곡률

공간 곡선의 길이와 곡률을 구하고 단위접선벡터, 단위법선벡터, 종법선벡터 등 곡선의 특징을 나타내는 벡터들을 구하는 방법을 소개한다.

## 곡선의 길이

5.5절에서 평면곡선 $C$의 매개방정식이 다음과 같이 주어졌을 때

$$x = x(t), \quad y = y(t) \quad (a \le t \le b)$$

곡선 $C$의 길이 $L$은 다음과 같다는 것을 배웠다.

$$L = \int_a^b \sqrt{\left(\frac{dx}{dt}\right)^2 + \left(\frac{dy}{dt}\right)^2}\, dt$$

$\mathbf{r}(t) = x(t)\mathbf{i} + y(t)\mathbf{j}$이면

$$\frac{dr}{dt} = \frac{dx}{dt}\mathbf{i} + \frac{dy}{dt}\mathbf{j}$$

곡선 $C$의 매개방정식을 다음과 같이 벡터함수로 나타낼 수 있다.

$$\mathbf{r}(t) = x(t)\mathbf{i} + y(t)\mathbf{j}, \quad a \le t \le b$$

이때,

$$\left\|\frac{dr}{dt}\right\| = \left\|\frac{dx}{dt}\mathbf{i} + \frac{dy}{dt}\mathbf{j}\right\| = \sqrt{\left(\frac{dx}{dt}\right)^2 + \left(\frac{dy}{dt}\right)^2}$$

이므로 곡선 $C$의 길이 $L$을 다음과 같이 나타낼 수 있다.

$$L = \int_a^b \left\|\frac{d\mathbf{r}}{dt}\right\| dt$$

평면곡선만이 아니라 공간곡선의 경우에도 위와 같은 식이 성립함을 다음 정리에서 소개한다. 이 정리의 증명은 심화학습(12.4절)에서 찾아볼 수 있다.

**정리 12.3.1**

연속인 미분을 가지는 벡터함수 $\mathbf{r}(t) = x(t)\mathbf{i} + y(t)\mathbf{j} + z(t)\mathbf{k}(a \le t \le b)$로 표시되는 곡선 $C$의 길이 $L$은 다음과 같다.

$$L = \int_a^b \left\|\frac{d\mathbf{r}}{dt}\right\| dt$$

즉,

$$L = \int_a^b \sqrt{\left(\frac{dx}{dt}\right)^2 + \left(\frac{dy}{dt}\right)^2 + \left(\frac{dz}{dt}\right)^2}\, dt$$

**예제 1** 원 나선 $\mathbf{r}(t) = \cos 2t\mathbf{i} + \sin 2t\mathbf{j} + t\mathbf{k}$ 위의 점 (1, 0, 0)에서 점 (1, 0, $\pi$)까지의 곡선의 길이를 구하여라.

**풀이** $(1, 0, 0) = \mathbf{r}(0)$, $(1, 0, \pi) = \mathbf{t}(\pi)$이므로 곡선의 길이 $L$은 다음과 같다.

$$L = \int_0^\pi \left\| \frac{d\mathbf{r}}{dt} \right\| dt$$

따라서

$$\begin{aligned} L &= \int_0^\pi \left\| \frac{d\mathbf{r}}{dt} \right\| dt = \int_0^\pi \left\| \frac{d}{dt}(\cos 2t\mathbf{i} + \sin 2t\mathbf{j} + t\mathbf{k}) \right\| dt \\ &= \int_0^\pi \| -2\sin 2t\mathbf{i} + 2\cos 2t\mathbf{j} + \mathbf{k}) \| dt \\ &= \int_0^\pi \sqrt{(-2\sin 2t)^2 + (2\cos 2t)^2 + 1)}\, dt \\ &= \int_0^\pi \sqrt{5}\, dt = \sqrt{5}\pi \end{aligned}$$

■

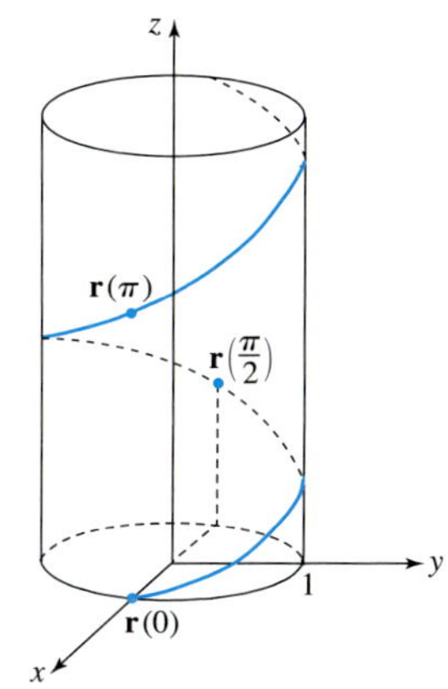

그림 12.3.1

## 길이함수와 길이변수

앞의 결과로부터 벡터함수 $\mathbf{r}(t) = x(t)\mathbf{i} + y(t)\mathbf{j} + z(t)\mathbf{k}(a \le t \le b)$로 표시되는 곡선 $C$를 따라 $\mathbf{r}(a)$에서 $\mathbf{r}(t)$까지의 곡선의 길이 $\sigma(t)$는 다음과 같다.

$$\sigma(t) = \int_a^t \left\| \frac{d\mathbf{r}}{du} \right\| du = \int_a^t \|\mathbf{r}'(u)\| du$$

즉,

$$\begin{aligned} \sigma(t) &= \int_a^t \sqrt{\frac{d\mathbf{r}}{du} \cdot \frac{d\mathbf{r}}{du}}\, du \\ &= \int_a^t \sqrt{\left(\frac{dx}{du}\right)^2 + \left(\frac{dy}{du}\right)^2 + \left(\frac{dz}{du}\right)^2}\, du \end{aligned}$$

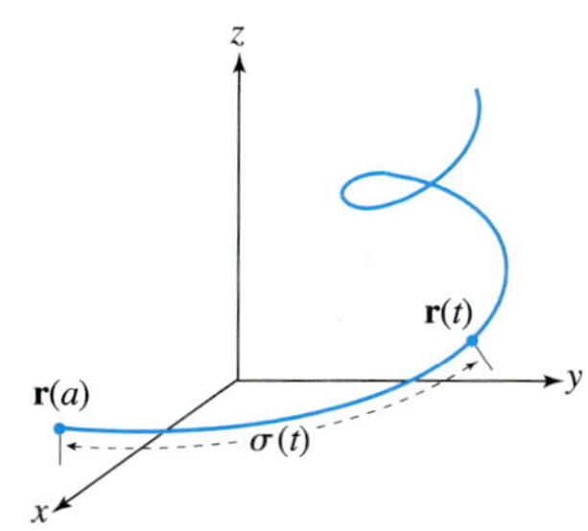

그림 12.3.2

곡선 전체의 길이를 $L$이라 하면, 함수 $s = \sigma(t)$는 정의역이 $[a, b]$이고 치역이 $[0, L]$인 증가함수가 된다.

$$\begin{aligned} \sigma : [a, b] &\rightarrow [0, L] \\ t &\mapsto s = \sigma(t) = \int_a^t \|\mathbf{r}'(u)\| du \end{aligned}$$

이 때 함수 $s = \sigma(t)$를 길이함수(arc length function), 길이함수의 종속변수 $s$를 길이변수(arc length variable)라 한다.

벡터함수 $\mathbf{r}(t) = x(t)\mathbf{i} + y(t)\mathbf{j} + z(t)\mathbf{k}$가 $[a, b]$에서 연속인 미분을 가지면 성분함수 $x(t)$, $y(t)$, $z(t)$도 각각 $[a, b]$에서 연속인 미분을 가지므로

$$\left\|\frac{d\mathbf{r}}{dt}\right\| = \sqrt{\left(\frac{dx}{dt}\right)^2 + \left(\frac{dy}{dt}\right)^2 + \left(\frac{dz}{dt}\right)^2}$$

도 $[a, b]$에서 연속이다. 그러므로 정리 5.2.2에 의하여 길이함수

$$\sigma(t) = \int_a^t \left\|\frac{d\mathbf{r}}{du}\right\| du$$

는 $[a, b]$에서 연속이고 미분가능하며 다음 식이 성립한다.

$$\frac{ds}{dt} = \sigma'(t) = \left\|\frac{d\mathbf{r}}{dt}\right\|$$

그러므로 다음 정리가 성립한다.

**정리 12.3.2**

벡터함수 $\mathbf{r}(t) = x(t)\mathbf{i} + y(t)\mathbf{j} + z(t)\mathbf{k}$가 $[a, b]$에서 연속인 미분을가지면 길이함수 $s = \sigma(t)$는 $[a, b]$에서 연속이고 미분가능하며 다음이 성립한다.

$$\frac{ds}{dt} = \left\|\frac{d\mathbf{r}}{dt}\right\|$$

**예제 2** 원 나선 $\mathbf{r}(t) = a\cos t\mathbf{i} + a\sin t\mathbf{j} + (t-1)\mathbf{k}$, $(0 \le t \le 2\pi)$의 길이함수 $\sigma(t)$와 $\dfrac{ds}{dt}$를 구하여라.

**풀이** 먼저 $\left\|\dfrac{d\mathbf{r}}{dt}\right\|$를 구하면

$$\begin{aligned}\left\|\frac{d\mathbf{r}}{dt}\right\| &= \left\|\frac{d}{dt}(a\cos t\mathbf{i} + a\sin t\mathbf{j} + (t-1)\mathbf{k})\right\| \\ &= \|-a\sin t\mathbf{i} + a\cos t\mathbf{j} + \mathbf{k}\| \\ &= \sqrt{(-a\sin t)^2 + (a\cos t^2) + 1^2} \\ &= \sqrt{a^2+1}\end{aligned}$$

따라서

$$\begin{aligned}\sigma(t) &= \int_0^t \left\|\frac{d\mathbf{r}}{du}\right\| du = \int_0^t \sqrt{a^2+1}\, du = \sqrt{a^2+1}\, t \\ \frac{ds}{dt} &= \left\|\frac{d\mathbf{r}}{dt}\right\| = \sqrt{a^2+1}\end{aligned}$$

■

### 단위접선벡터

곡선 $C$가 미분가능한 벡터함수 $\mathbf{r}(t) = x(t)\mathbf{i} + y(t)\mathbf{j} + z(t)\mathbf{k}$, $(a \le t \le b)$로 주어지면 $\mathbf{r}'(t)$는 점 $P(x(t), y(t), z(t))$에서 곡선 $C$의 접선벡터가 된다.

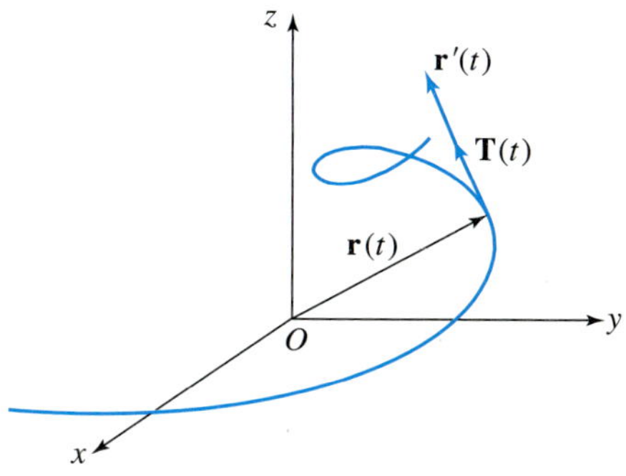


그림 12.3.3

이 때 접선벡터 방향의 단위벡터

$$\mathbf{T}(t) = \frac{\mathbf{r}'(t)}{\|\mathbf{r}'(t)\|}$$

를 단위접선벡터(unit tangent vector)라 한다.

**예제 3** $t = \frac{\pi}{6\omega}$에서 원나선 $\mathbf{r}(t) = a\cos\omega t\mathbf{i} + a\sin\omega t\mathbf{j} + b\omega t\mathbf{k}$의 단위접선벡터 $\mathbf{T}\left(\frac{\pi}{6\omega}\right)$를 구하여라. 단 $\omega > 0$이다.

**풀이** 먼저 $\mathbf{r}'(t)$, $\|\mathbf{r}'(t)\|$를 구하자.

$$\begin{aligned}\mathbf{r}'(t) &= \frac{d}{dt}(a\cos\omega t\mathbf{i} + a\sin\omega t\mathbf{j} + b\omega t\mathbf{k}) \\ &= -a\omega\sin\omega t\mathbf{i} + a\omega\cos\omega t\mathbf{j} + b\omega\mathbf{k} \\ \|\mathbf{r}'(t)\| &= \|-a\omega\sin\omega t\mathbf{i} + a\omega\cos\omega t\mathbf{j} + b\omega\mathbf{k}\| \\ &= \sqrt{(-a\omega\sin\omega t)^2 + (a\omega\cos\omega t)^2 + (b\omega)^2} \\ &= \omega\sqrt{a^2 + b^2}\end{aligned}$$

따라서, 단위접선벡터는

$$\begin{aligned}\mathbf{T}(t) &= \left\|\frac{dr}{dt}\right\|^{-1}\frac{dr}{dt} \\ &= \frac{1}{\omega\sqrt{a^2+b^2}}(-a\omega\sin\omega t\mathbf{i} + a\omega\cos\omega t\mathbf{j} + b\omega\mathbf{k}) \\ &= \frac{1}{\sqrt{a^2+b^2}}(-a\sin\omega t\mathbf{i} + a\cos\omega t\mathbf{j} + b\mathbf{k})\end{aligned}$$

그러므로 $t = \frac{\pi}{6\omega}$에서의 단위접선벡터는 다음과 같다.

$$\mathbf{T}\left(\frac{\pi}{6\omega}\right) = \frac{-a\mathbf{i} + \sqrt{3}\,a\mathbf{j} + 2b\mathbf{k}}{2\sqrt{a^2+b^2}}$$ ■

Chapter 12

곡선 $C$를 나타내는 벡터함수 $\mathbf{r}(t)$가 다음의 두 가지 성질

(a) 벡터함수 $\mathbf{r}(t)$는 연속인 2차 미분을 가진다.

(b) 모든 $t$에 대하여 $\left\|\frac{d\mathbf{r}}{dt}\right\| \neq 0$이다.

을 만족할 때 곡선 $C$를 매끈한 곡선(smooth curve)이라 한다.

**예제 4** $\mathbf{r}(t) = t^3\mathbf{i} + t^2\mathbf{j}$는 매끈한 곡선이 아님을 증명하여라.

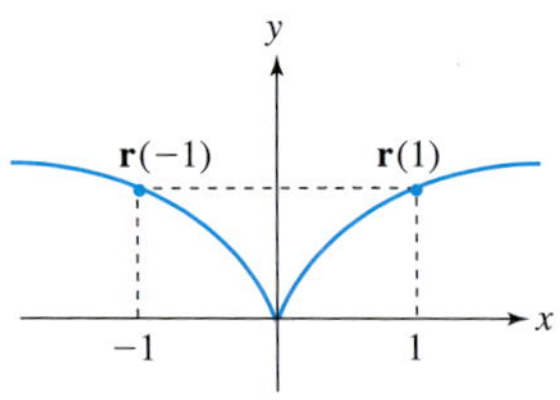

그림 12.3.4

**풀이** $\mathbf{r}(t) = t^3\mathbf{i} + t^2\mathbf{j}$의 두 성분함수 $t^3$, $t^2$은 모두 연속인 2차 미분을 가진다. 따라서 벡터함수 $\mathbf{r}(t)$는 연속인 2차 미분을 가진다.

$\frac{d\mathbf{r}}{dt}$를 구하면

$$\frac{d\mathbf{r}}{dt} = \frac{d}{dt}(t^3\mathbf{i} + t^2\mathbf{j}) = 3t^2\mathbf{i} + 2t\mathbf{j}$$

따라서

$$\left\|\frac{d\mathbf{r}}{dt}\right\| = \|3t^2\mathbf{i} + 2t\mathbf{j}\| = \sqrt{9t^4 + 4t^2}$$

$\mathbf{r}'(0) = \mathbf{0}$이므로 매끈한 곡선의 조건 (b)를 만족하지 않는다.

그러므로 이 곡선은 매끈한 곡선이 아니다. ■

곡선 $C$가 매끈한 곡선이면

$$\frac{ds}{dt} = \left\|\frac{d\mathbf{r}}{dt}\right\| > 0$$

따라서 길이함수 $s = \sigma(t)$는 정의역이 $[a, b]$, 치역이 $[0, L]$인 일대일 증가함수이고 $\sigma(a) = 0$, $\sigma(b) = L$이므로 미분가능한 역함수 $t = \sigma^{-1}(s)$를 갖는다.

그러므로

$$\frac{dt}{ds} = \frac{d\sigma^{-1}}{ds} = \left(\frac{d\sigma}{dt}\right)^{-1} = \left(\frac{ds}{dt}\right)^{-1} = \left\|\frac{d\mathbf{r}}{dt}\right\|^{-1}$$

길이함수 $s = \sigma(t)$의 역함수 $\sigma^{-1}(s)$와 벡터함수 $\mathbf{r}(t)$의 합성함수 $\mathbf{r}(\sigma^{-1}(s))$를 $\mathbf{r}(t)$의 길이변수 $s$로의 변수변환이라 하고 $\mathbf{r}(s)$로 표시한다. 그리고 $\mathbf{r}(s) = \mathbf{r}(\sigma^{-1}(s))$의 미분을 $\frac{d\mathbf{r}}{ds}$로 표시한다. 즉,

$$\mathbf{r}(s) = \mathbf{r}(\sigma^{-1}(s))$$
$$\frac{d\mathbf{r}}{ds} = \frac{d}{ds}(r \circ \sigma^{-1})(s)$$

**예제 5** 벡터함수 $\mathbf{r}(t) = a\cos\omega t\mathbf{i} + a\sin\omega t\mathbf{j} + b\omega t\mathbf{k}$, $(0 \le t \le 2\pi)$의 길이변수 $s$로의 변수변환 $\mathbf{r}(s)$를 구하고 $\dfrac{d\mathbf{r}}{ds}$를 구하여라. 단 $\omega > 0$.

**풀이** $\mathbf{r}'(t)$, $\|\mathbf{r}'(t)\|$를 구하면

$$\begin{aligned}\mathbf{r}'(t) &= (a\cos\omega t,\ a\sin\omega t,\ b\omega t)\\ &= (-a\omega\sin\omega t,\ a\omega\cos\omega t,\ b\omega)\\ \|\mathbf{r}'(t)\| &= \sqrt{(-a\omega\sin\omega t)^2 + (a\omega\cos\omega t)^2 + (b\omega)^2}\\ &= \omega\sqrt{a^2+b^2}\end{aligned}$$

따라서

$$\begin{aligned}s = \sigma(t) &= \int_0^t \|\mathbf{r}'(u)\|\,du = \int_0^t \left\|\omega\sqrt{a^2+b^2}\right\|du\\ &= \omega\sqrt{a^2+b^2}\,t\end{aligned}$$

그러므로 $s = \sigma(t)$의 역함수 $t = \sigma^{-1}(s)$는 다음과 같다.

$$t = \sigma^{-1}(s) = \frac{s}{\omega\sqrt{a^2+b^2}}, \qquad 0 \le s \le \frac{2\pi}{\omega\sqrt{a^2+b^2}}$$

그리고 $\mathbf{r}(t)$의 길이변수 $s$로의 변수변환 $\mathbf{r}(s)$는 다음과 같다.

$$\mathbf{r}(s) = \mathbf{r}(\sigma^{-1}(s)) = \left(a\cos\frac{s}{\sqrt{a^2+b^2}},\ a\sin\frac{s}{\sqrt{a^2+b^2}},\ \frac{bs}{\sqrt{a^2+b^2}}\right)$$

$\mathbf{r}(s)$를 미분하여 $\dfrac{d\mathbf{r}}{ds}$를 구하면

$$\frac{d\mathbf{r}}{ds} = \left(\frac{-a}{\sqrt{a^2+b^2}}\sin\frac{s}{\sqrt{a^2+b^2}},\quad \frac{a}{\sqrt{a^2+b^2}}\cos\frac{s}{\sqrt{a^2+b^2}},\ \frac{b}{\sqrt{a^2+b^2}}\right)$$ ■

길이함수의 역함수 $\sigma^{-1}(s)$와 벡터함수 $\mathbf{T}(t)$의 합성함수 $\mathbf{T}(\sigma^{-1}(s))$를 $\mathbf{T}(s)$의 길이변수 $s$로의 변수변환이라 하고 $\mathbf{T}(s)$로 표시한다. 즉,

$$\mathbf{T}(s) = \mathbf{T}(\sigma^{-1}(s))$$

실제로 $\mathbf{T}(s)$는 벡터함수 $\mathbf{r}(s)$의 미분이 됨을 다음 정리에서 소개한다.

**정리 12.3.3**

곡선 $\mathbf{r}(t)$가 매끈한 곡선이면, 다음이 성립한다.

$$\mathbf{T}(s) = \frac{d\mathbf{r}}{ds}$$

**증명.** 연쇄법칙을 이용하여 $\mathbf{r}(s) = \mathbf{r}(\sigma^{-1}(s))$의 미분 $\dfrac{d\mathbf{r}}{ds}$를 구하자.

$$\frac{d\mathbf{r}}{ds} = \frac{d}{ds}\mathbf{r}(\sigma^{-1}(s)) = \frac{d(\mathbf{r}\circ\sigma^{-1})}{ds} = \frac{d\mathbf{r}}{dt}\frac{d\sigma^{-1}}{ds}$$

$\frac{dt}{ds} = \frac{d\sigma^{-1}}{ds} = \left\| \frac{d\mathbf{r}}{dt} \right\|^{-1}$ 이므로

$$\frac{d\mathbf{r}}{ds} = \frac{d\mathbf{r}}{dt}\frac{d\sigma^{-1}}{ds} = \frac{d\mathbf{r}}{dt}\left\| \frac{d\mathbf{r}}{dt} \right\|^{-1}$$

그러므로

$$\mathbf{T}(s) = \mathbf{T}(\sigma^{-1}(s)) = \mathbf{T}(t) = \left\| \frac{d\mathbf{r}}{dt} \right\|^{-1} \frac{d\mathbf{r}}{dt} = \frac{d\mathbf{r}}{ds}$$ ■

## 곡률과 단위법선벡터

벡터함수 $\mathbf{r}(t)$로 주어진 곡선 위를 움직이면 각 점에서의 단위접선벡터가 변화할 것이다. 이러한 변화는 단위접선벡터의 방향이 바뀌기 때문에 일어나는 현상이다. 따라서 단위접선벡터의 변화는 곡선의 구부러진 정도를 반영한다.

**정의 12.3.4**

곡선 $\mathbf{r}(t)$의 단위접선벡터 $\mathbf{T}(t)$의 길이변수 $s$에 대한 변화율의 크기를 곡률(curvature)이라 하고 $\varkappa(t)$로 표시한다. 즉

$$\varkappa(t) = \left\| \frac{d\mathbf{T}}{ds} \right\|$$

단위접선벡터 $T(t)$의 길이변수 $s$에 대한 변화율 $\frac{d\mathbf{T}}{ds}$은 벡터함수 $T(t)$의 길이변수 $s$로의 변수변환 $\mathbf{T}(s) = \mathbf{T}(\sigma^{-1}(s))$를 길이변수 $s$에 대하여 미분한 것이다. 따라서 연쇄법칙을 이용하여 $\frac{d\mathbf{T}}{ds}$를 구하면

$$\frac{d\mathbf{T}}{ds} = \frac{d(\mathbf{T} \circ \sigma^{-1})}{ds} = \frac{d\mathbf{T}}{dt}\frac{d\sigma^{-1}}{ds} = \frac{d\mathbf{T}}{dt}\left\| \frac{d\mathbf{r}}{dt} \right\|^{-1}$$

그러므로

$$\varkappa(t) = \left\| \frac{d\mathbf{T}}{ds} \right\| = \left\| \frac{d\mathbf{T}}{dt} \right\| \left\| \frac{d\mathbf{r}}{dt} \right\|^{-1}$$

따라서 다음의 정리를 얻는다.

**정리 12.3.5**

매끈한 곡선 $\mathbf{r}(t)$의 곡률 $\varkappa(t)$는 다음과 같다.

$$\varkappa(t) = \left\| \frac{d\mathbf{T}}{dt} \right\| \left\| \frac{d\mathbf{r}}{dt} \right\|^{-1}$$

**예제 6** 반지름이 $a>0$인 원의 곡률은 모든 점에서 $\frac{1}{a}$임을 증명하여라.

**증명.** $xy$ 평면 위에서 원점을 중심으로 하고 반지름이 $a>0$인 원을 벡터함수로 다음과 같이 나타낼 수 있다.

$$\mathbf{r}(t) = a\cos t\mathbf{i} + a\sin t\mathbf{j}$$

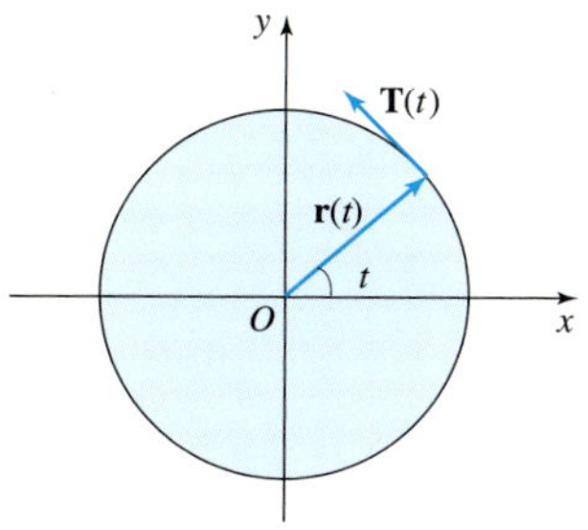

그림 12.3.5

$\mathbf{r}'(t)$, $\|\mathbf{r}'(t)\|$를 구하면

$$\mathbf{r}'(t) = -a\sin t\mathbf{i} + a\cos t\mathbf{j}$$
$$\|\mathbf{r}'(t)\| = \sqrt{(-a\sin t)^2 + (a\cos t)^2} = a$$

따라서 $\mathbf{T}(t)$, $\frac{d\mathbf{T}}{dt}$는 다음과 같다.

$$\mathbf{T}(t) = \left\|\frac{d\mathbf{r}}{dt}\right\|^{-1}\frac{d\mathbf{r}}{dt} = -\sin t\mathbf{i} + \cos t\mathbf{j}$$
$$\frac{d\mathbf{T}}{dt} = -\cos t\mathbf{i} - \sin t\mathbf{j}$$

그러므로 곡률 $\varkappa(t)$는 다음과 같다.

$$\varkappa(t)\left\|\frac{d\mathbf{T}}{dt}\right\|\left\|\frac{d\mathbf{r}}{dt}\right\|^{-1} = \frac{1}{a}\|-\cos t\mathbf{i} - \sin t\mathbf{j}\| = \frac{1}{a}$$

따라서 반지름이 $a$인 원은 모든 점에서 곡률이 같으며 그 곡률은 $\frac{1}{a}$이다. ■

**예제 7** $t = \frac{\pi}{6\omega}$에서 원나선 $\mathbf{r}(t) = a\cos\omega t\mathbf{i} + a\sin\omega t\mathbf{j} + b\omega t\mathbf{k}$의 곡률을 구하여라. 단 $a>0$, $\omega>0$.

**풀이** $\|\mathbf{r}'(t)\|$, $\mathbf{T}(t)$, $\mathbf{T}(t)$는 다음과 같다.

$$\|\mathbf{r}'(t)\| = \omega\sqrt{a^2+b^2}$$
$$\mathbf{T}(t) = \frac{1}{\sqrt{a^2+b^2}}(-a\sin\omega t\mathbf{i} + a\cos\omega t\mathbf{j} + b\mathbf{k})$$
$$\frac{d\mathbf{T}}{dt} = \frac{1}{\sqrt{a^2+b^2}}(-a\omega\cos\omega t\mathbf{i} - a\omega\sin\omega t\mathbf{j})$$

정리 12.4.5를 이용하여 곡률 $\varkappa(t)$을 구하면

$$\begin{aligned}\varkappa(t) &= \left\|\frac{d\mathbf{T}}{dt}\right\|\left\|\frac{d\mathbf{r}}{dt}\right\|^{-1}\\ &= \frac{1}{\omega(a^2+b^2)}\|-a\omega\cos\omega t\mathbf{i} - a\omega\sin\omega t\mathbf{j}\|\\ &= \frac{a}{a^2+b^2}\|\cos\omega t\mathbf{i} + \sin\omega t\mathbf{j}\|\\ &= \frac{a}{a^2+b^2}\end{aligned}$$

따라서 이 곡선은 모든 점에서 곡률이 같으며 곡률은 $\frac{a}{a^2+b^2}$이다.
그러므로 $\varkappa\left(\frac{\pi}{6\omega}\right) = \frac{a}{a^2+b^2}$ ■

매끈한 곡선 $\mathbf{r}(t)$에서 단위접선벡터 $\mathbf{T}(t)$는 단위벡터이므로

$$\mathbf{T}(t)\cdot\mathbf{T}(t) = 1$$

양변을 $t$에 대하여 미분하면

$$\frac{d\mathbf{T}}{dt}\cdot\mathbf{T}+\mathbf{T}\cdot\frac{d\mathbf{T}}{dt} = 0$$

따라서 $\frac{d\mathbf{T}}{dt}\cdot\mathbf{T} = 0$. 즉 단위접선벡터 $\mathbf{T}$와 $\frac{d\mathbf{T}}{dt}$는 서로 수직하다.

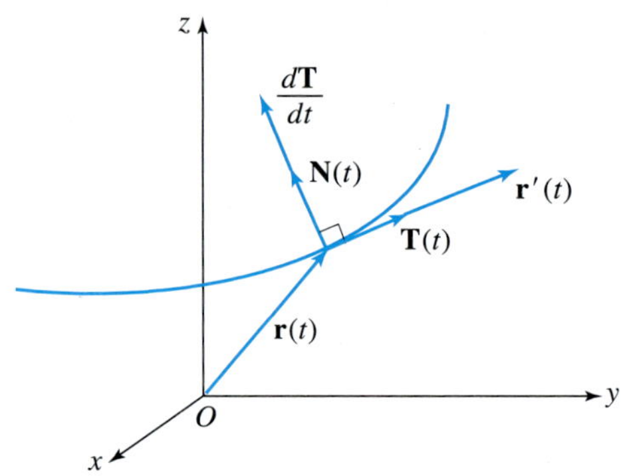


그림 12.3.6

곡선 $\mathbf{r}(t)$에서 단위접선벡터 $\mathbf{T}(t)$의 미분 $\frac{d\mathbf{T}}{dt}$와 같은 방향의 단위벡터를 단위법선벡터(unit normal vector)라 하고 $\mathbf{N}(t)$로 표시한다. 즉

$$\mathbf{N}(t) = \left\|\frac{d\mathbf{T}}{dt}\right\|^{-1}\frac{d\mathbf{T}}{dt}$$

$\frac{d\mathbf{T}}{ds} = \frac{d\mathbf{T}}{dt}\left\|\frac{d\mathbf{r}}{dt}\right\|^{-1}$ 이므로

$$\left\|\frac{d\mathbf{T}}{ds}\right\|^{-1}\frac{d\mathbf{T}}{ds} = \left\|\frac{d\mathbf{T}}{dt}\right\|^{-1}\frac{d\mathbf{T}}{dt}$$

따라서

$\mathbf{N}(t) = \left\|\frac{d\mathbf{T}}{ds}\right\|^{-1}\frac{d\mathbf{T}}{ds}$, $\kappa(t) = \left\|\frac{d\mathbf{T}}{ds}\right\|$이므로 다음 정리가 성립한다.

**정리 12.3.6**

매끈한 곡선 $\mathbf{r}(t)$에 대해 다음이 성립한다.

$$\frac{d\mathbf{T}}{ds} = \kappa(t)\mathbf{N}(t)$$

매끈한 곡선 $\mathbf{r}(t)$에 대해 단위접선벡터 $\mathbf{T}(t)$와 단위법선벡터 $\mathbf{N}(t)$에 동시에 수직인 종법선벡터(binormal vector) $\mathbf{B}(t)$를 다음과 같이 정의한다.

$$\mathbf{B}(t) = \mathbf{T}(t) \times \mathbf{N}(t)$$

단위접선벡터 $\mathbf{T}(t)$와 단위법선벡터 $\mathbf{N}(t)$는 수직인 단위벡터이므로

$$\|\mathbf{B}(t)\| = \|\mathbf{T}(t) \times \mathbf{N}(t)\| = \|\mathbf{T}(t)\| \|\mathbf{N}(t)\| \sin\frac{\pi}{2} = 1$$

따라서 종법선벡터 $\mathbf{B}(t)$는 단위벡터이다. 그리고 벡터곱의 성질에 의하여 세 벡터 $\mathbf{T}(t)$, $\mathbf{N}(t)$, $\mathbf{B}(t)$는 서로 수직이고 오른손법칙을 만족한다.

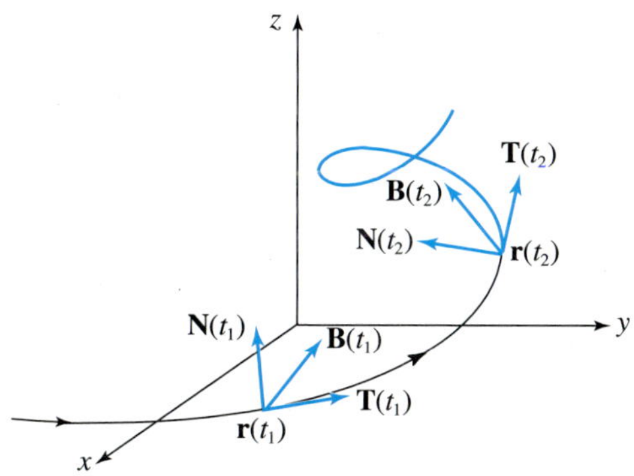


그림 12.3.7

**예제 8** 원나선 $\mathbf{r}(t) = a\cos\omega t\mathbf{i} + a\sin\omega t\mathbf{j} + b\omega t\mathbf{k}$의 곡률 $\varkappa(t)$와 단위법선벡터 $\mathbf{T}(t)$, 단위법선벡터 $\mathbf{N}(t)$, 종법선벡터 $\mathbf{B}(t)$를 구하여라. 단 $a > 0$, $\omega > 0$.

**풀이** $\|\mathbf{r}'(t)\|$, $\mathbf{T}(t)$, $\dfrac{d\mathbf{T}}{dt}$, $\dfrac{d\mathbf{T}}{ds}$를 구하면

$$\|\mathbf{r}'(t)\| = \omega\sqrt{a^2 + b^2}$$

$$\mathbf{T}(t) = \frac{1}{\sqrt{a^2+b^2}}(-a\sin\omega t\mathbf{i} + a\cos\omega t\mathbf{j} + b\mathbf{k})$$

$$\frac{d\mathbf{T}}{dt} = \frac{1}{\sqrt{a^2+b^2}}(-a\omega\cos\omega t\mathbf{i} - a\omega\sin\omega t\mathbf{j})$$

$$\frac{d\mathbf{T}}{ds} = \frac{1}{\|\mathbf{r}'(t)\|}\frac{d\mathbf{T}}{dt} = \frac{a}{a^2+b^2}(-\cos\omega t\mathbf{i} - \sin\omega t\mathbf{j})$$

$$\frac{d\mathbf{r}}{ds} = \frac{d\mathbf{r}}{dt}\frac{dt}{ds} = \left(\frac{ds}{dt}\right)^{-1}\frac{d\mathbf{r}}{dt} = \frac{1}{\|\mathbf{r}'(t)\|}\frac{d\mathbf{r}}{dt}$$

$$\frac{d\mathbf{T}}{ds} = \frac{d\mathbf{T}}{dt}\frac{dt}{ds} = \left(\frac{ds}{dt}\right)^{-1}\frac{d\mathbf{T}}{dt} = \frac{1}{\|\mathbf{r}'(t)\|}\frac{d\mathbf{T}}{dt}$$

따라서

$$\varkappa(t) = \left\|\frac{d\mathbf{T}}{ds}\right\| = \frac{a}{a^2+b^2}$$

단위법선벡터 $\mathbf{N}(t)$, 종법선벡터 $\mathbf{B}(t)$는 각각 다음과 같다.

$$\begin{aligned}
\mathbf{N}(t) &= \frac{1}{\varkappa(t)}\frac{d\mathbf{T}}{ds} = -\cos\omega t\mathbf{i} - \sin\omega t\mathbf{j} \\
\mathbf{B}(t) &= \mathbf{T}(t)\times\mathbf{N}(t) \\
&= \frac{1}{\sqrt{a^2+b^2}}\begin{vmatrix} \mathbf{i} & \mathbf{j} & \mathbf{k} \\ -a\sin\omega t & a\cos\omega t & b \\ -\cos\omega t & -\sin\omega t & 0 \end{vmatrix} \\
&= \frac{1}{\sqrt{a^2+b^2}}(b\sin\omega t\mathbf{i} - b\cos\omega t\mathbf{j} + a\mathbf{k})
\end{aligned}$$

■

## 곡률의 계산

정리 12.3.3과 곡률의 정의에서

$$\varkappa(t) = \left\|\frac{d\mathbf{T}}{ds}\right\| = \left\|\frac{d}{ds}\frac{d\mathbf{r}}{ds}\right\| = \left\|\frac{d^2\mathbf{r}}{ds^2}\right\|$$

즉, 곡선 $\mathbf{r}(t)$의 곡률은 $\mathbf{r}(t)$의 $s$에 대한 2차 미분의 크기이다.

다음 정리에서 변수 $t$에 대한 곡선의 매개방정식의 미분을 이용하여 곡률을 구하는 방법을 소개한다.

**정리 12.3.7**

매끈한 곡선 $\mathbf{r}(t)$의 곡률 $\varkappa(t)$는 다음과 같다.

$$\varkappa(t) = \frac{\|\mathbf{r}'(t)\times\mathbf{r}''(t)\|}{\|\mathbf{r}'(t)\|^3}$$

**예제 9** 점 (0, 0, 0)에서 곡선 $\mathbf{r}(t) = (t,\ t^2 - t,\ t^3)$의 곡률을 구하여라.

**풀이** 먼저 필요한 성분들을 계산한다.

$$\begin{aligned}
\mathbf{r}'(t) &= (1,\ 2t-1,\ 3t^2) \qquad \mathbf{r}''(t) = (0,\ 2,\ 6t) \\
|\mathbf{r}'(t)| &= \sqrt{2+4t^2-4t+9t^2} \\
\mathbf{r}'(t)\times\mathbf{r}''(t) &= \begin{vmatrix} i & j & k \\ 1 & 2t-1 & 3t^2 \\ 0 & 2 & 6t \end{vmatrix} = (6t^2-6t)\mathbf{i} - 6t\mathbf{j} + 2\mathbf{k} \\
|\mathbf{r}'(t)\times\mathbf{r}''(t)| &= \sqrt{36t^4-72t^3+72t^2+4}
\end{aligned}$$

이제 정리 12.3.7로부터

$$\varkappa(t) = \frac{\|\mathbf{r}'(t)\times\mathbf{r}''(t)\|}{\|\mathbf{r}'(t)\|^3} = \frac{\sqrt{36t^4-72t^3+72t^2+4}}{\left(\sqrt{2+4t^2-4t+9t^2}\right)^3}$$

이다. 따라서 원점에서의 곡률은 $\varkappa(0) = \dfrac{1}{\sqrt{2}}$이다. ■

**정의 12.3.8**

벡터함수 $\mathbf{r}(t)$로 주어지는 매끈한 공간곡선 $C$의 한 점 $\mathbf{r}(t)$를 지나고 두 벡터 $\mathbf{T}(t)$, $\mathbf{N}(t)$로 만들어지는 평면을 접촉평면(osculating plane)이라 한다. $\kappa(t)>0$일 때 반지름이 $\rho(t)=\dfrac{1}{\kappa(t)}$, 중심이 $\mathbf{r}(t)+\rho(t)\mathbf{N}(t)$이고 접촉평면 위에 있는 원을 곡선 $C$의 곡률원(circle of curvature)이라 한다. 이때 곡률원의 반지름을 곡률반경(radius of curvature), 곡률원의 중심을 곡률중심(center of curvature)이라 한다.

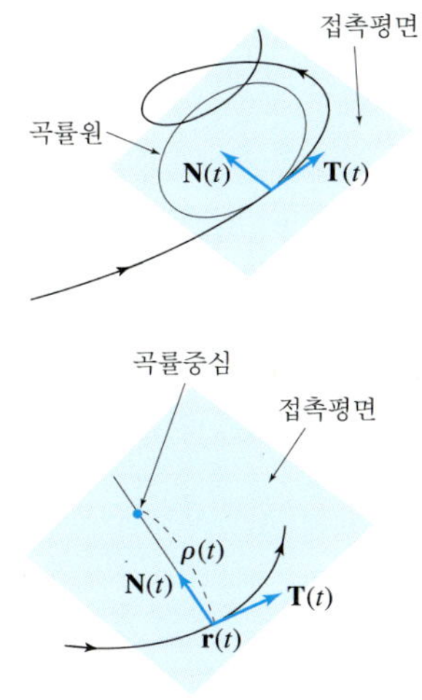


그림 12.3.8

즉, 곡률원과 곡선은 같은 단위접선벡터, 단위법선벡터를 가지며 곡률원의 중심은 곡선의 법선 위에 있으며 반지름은 곡선의 곡률의 역수가 된다.

$\mathbf{r}(t)$에 시점을 두는 법선벡터는 곡률원의 중심을 지나며 곡률중심은 $\mathbf{r}(t)$에서 법선벡터를 따라 $\rho(t)=\dfrac{1}{\kappa(t)}$만큼 떨어진 지점에 있다.

**예제 10** 곡선 $\mathbf{r}(t)=t^2\mathbf{i}+t\mathbf{j}+t\mathbf{k}$에 대하여 곡률, 곡률반경, 곡률중심, 접촉평면, 곡률원을 구하여라.

**풀이** $\mathbf{r}'(t)=2t\mathbf{i}+\mathbf{j}+\mathbf{k}$, $\mathbf{r}''(t)=2\mathbf{i}$이므로

$$\mathbf{r}'(t)\times\mathbf{r}''(t)=\begin{vmatrix}\mathbf{i}&\mathbf{j}&\mathbf{k}\\2t&1&1\\2&0&0\end{vmatrix}=2\mathbf{j}-2\mathbf{k}$$

그러므로 곡률 $\kappa(t)$와 곡률반경 $\rho(t)$는 다음과 같다.

$$\kappa(t)=\frac{\|\mathbf{r}'(t)\times\mathbf{r}''(t)\|}{\|\mathbf{r}'(t)\|^3}=\frac{\|2\mathbf{j}-2\mathbf{k}\|}{\|2t\mathbf{i}+\mathbf{j}+\mathbf{k}\|^3}=\frac{2\sqrt{2}}{(2+4t^2)^{3/2}}=\frac{1}{(1+2t^2)^{3/2}}$$

$$\rho(t)=(1+2t^2)^{\frac{3}{2}}$$

단위접선벡터 $\mathbf{T}(t)$와 미분 $\mathbf{T}'(t)$를 구하자.

$$\mathbf{T}(t)=\frac{1}{\|\mathbf{r}'(t)\|}\mathbf{r}'(t)=\frac{1}{\sqrt{2+4t^2}}(2t\mathbf{i}+\mathbf{j}+\mathbf{k})$$

$$\mathbf{T}'(t)=\frac{-4t}{(2+4t^2)^{3/2}}(2t\mathbf{i}+\mathbf{j}+\mathbf{k})+\frac{2}{\sqrt{2+4t^2}}\mathbf{i}=\frac{4}{(2+4t^2)^{3/2}}(\mathbf{i}-t\mathbf{j}-t\mathbf{k})$$

단위법선벡터 $\mathbf{N}(t)$는 $\mathbf{T}'(t)$와 같은 방향의 단위벡터이고 $\mathbf{T}'(t)$는 $\mathbf{i}-t\mathbf{j}-t\mathbf{k}$와 같은 방향이므로

$$\mathbf{N}(t)=\frac{1}{\|\mathbf{i}-t\mathbf{j}-t\mathbf{k}\|}(\mathbf{i}-t\mathbf{j}-t\mathbf{k})=\frac{1}{\sqrt{1+2t^2}}(\mathbf{i}-t\mathbf{j}-t\mathbf{k})$$

따라서 곡률중심 $\mathbf{r}(t)+\rho(t)\mathbf{N}(t)$은 다음과 같다.

$$\begin{aligned}\mathbf{r}(t)+\rho(t)\mathbf{N}(t)&=(t^2\mathbf{i}+t\mathbf{j}+t\mathbf{k})+\frac{(1+2t^2)^{3/2}}{\sqrt{1+2t^2}}(\mathbf{i}-t\mathbf{j}-t\mathbf{k})\\&=(t^2\mathbf{i}+t\mathbf{j}+t\mathbf{k})+(1+2t^2)(\mathbf{i}-t\mathbf{j}-t\mathbf{k})\\&=(1+3t^2)\mathbf{i}-2t^3\mathbf{j}-2t^3\mathbf{k}\\&=(1+3t^2,\ -2t^3,\ -2t^3)\end{aligned}$$

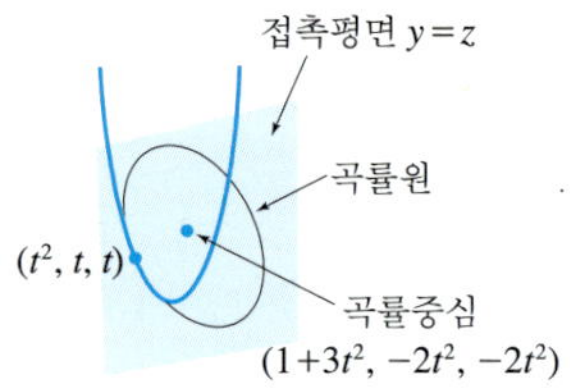


그림 12.3.9

곡선 $x = t^2$, $y = t$, $z = t$의 모든 점에서접촉평면은 $y = z$이므로 곡선 $x = t^2$, $y = t$, $z = t$은 평면 $y = z$ 위에 있다.

접촉평면은 $(t^2, t, t)$을 지나고 $\mathbf{T}(t)$와 $\mathbf{N}(t)$로 만들어지는 평면이므로 $\mathbf{B}(t)$에 수직한 평면이다. $\mathbf{B}(t)$를 구하면

$$\begin{aligned}\mathbf{B}(t) &= \mathbf{T}(t) \times \mathbf{N}(t) \\ &= \frac{1}{\sqrt{2}\,(1+2t^2)}(2t\mathbf{i} + \mathbf{j} + \mathbf{k}) \times (\mathbf{i} - t\mathbf{j} - t\mathbf{k}) \\ &= \frac{1}{\sqrt{2}\,(1+2t^2)}\begin{vmatrix} \mathbf{i} & \mathbf{j} & \mathbf{k} \\ 2t & 1 & 1 \\ 1 & -t & -t \end{vmatrix} = \frac{1}{\sqrt{2}}(\mathbf{j} - \mathbf{k})\end{aligned}$$

$(t^2, t, t)$을 지나고 $\mathbf{B}(t)$에 수직한 평면의 방정식을 구하면

$$\frac{1}{\sqrt{2}}(\mathbf{j} - \mathbf{k}) \cdot ((x - t^2)\mathbf{i} + (y - t)\mathbf{j} + (z - t)\mathbf{k}) = 0$$

정리하면 $y - z = 0$. 따라서 점 $(t^2, t, t)$에서의 접촉평면의 방정식은 $y = z$이다. 그러므로 곡선위의 점 $(t^2, t, t)$에서의 곡률원은 공간의 평면 $y = z$ 위에 있으며 중심이 $(1 + 3t^2, -2t^3, -2t^3)$, 반지름이 $(1 + 2t^2)^{3/2}$인 원이다. ■

## 곡선운동의 속도와 가속도

곡선 $C$를 따라 동점 $P$가 움직이고 있다. 시간 $t$에서 동점 $P$의 위치가 $\mathbf{r}(t)$일 때 속도벡터(velocity vector) $\mathbf{v}(t)$를 다음과 같이 정의한다.

$$\mathbf{v}(t) = \frac{d\mathbf{r}}{dt}$$

속도벡터의 크기 $\|\mathbf{v}(t)\|$를 동점의 속력(speed)이라 한다.

그리고, 시간에 대한 속도벡터의 미분을 가속도벡터(acceleration vector)라 정의하고 $\mathbf{a}(t)$로 표시한다. 즉,

$$\mathbf{a}(t) = \frac{d\mathbf{v}}{dt} = \frac{d^2\mathbf{r}}{dt^2}$$

$\dfrac{d\mathbf{r}}{ds} = \mathbf{T}(t)$이므로 연쇄법칙을 이용하면

$$\mathbf{v}(t) = \frac{d\mathbf{r}}{dt} = \frac{d\mathbf{r}}{ds}\frac{ds}{dt} = \frac{ds}{dt}\mathbf{T}(t)$$

$\dfrac{ds}{dt} = \|\mathbf{r}'(t)\| \geq 0$이고 $\mathbf{T}(t)$는 단위벡터이므로

$$\|\mathbf{v}(t)\| = \left\|\frac{d\mathbf{r}}{dt}\right\| = \frac{ds}{dt}$$

따라서 속도벡터는 단위접선벡터와 같은 방향을 가지며, 속력은 이동거리의 시간에 대한 미분이다.

가속도벡터 $\mathbf{a}(t)$는 단위접선벡터 $\mathbf{T}(t)$와 단위법선벡터 $\mathbf{N}(t)$의 일차결합으로 표시할 수 있다.

**정리 12.3.9**

곡선을 따라 움직이고 있는 동점의 시간 $t$에서 위치를 $\mathbf{r}(t)$라 할 때 가속도벡터 $\mathbf{a}(t)$에 대하여 다음이 성립한다.

$$\mathbf{a}(t) = a_{\mathrm{T}}(t)\mathbf{T}(t) + a_{\mathrm{N}}(t)\mathbf{N}(t)$$
$$\|\mathbf{a}(t)\|^2 = a_{\mathrm{T}}(t)^2 + a_{\mathrm{N}}(t)^2$$

단, $a_{\mathrm{T}}(t) = \dfrac{d^2 s}{dt^2}$, $a_{\mathrm{N}}(t) = \varkappa(t)\left(\dfrac{ds}{dt}\right)^2$

**증명.** $\mathbf{v}(t) = \dfrac{ds}{dt}\mathbf{T}(t)$이므로 연쇄법칙을 이용하여 계산하면

$$\begin{aligned}\mathbf{a}(t) &= \frac{d\mathbf{v}}{dt} = \frac{d}{dt}\left(\frac{ds}{dt}\mathbf{T}(t)\right)\\ &= \frac{d^2 s}{dt^2}\mathbf{T}(t) + \frac{ds}{dt}\frac{d\mathbf{T}}{dt}\\ &= \frac{d^2 s}{dt^2}\mathbf{T}(t) + \frac{ds}{dt}\frac{d\mathbf{T}}{ds}\frac{ds}{dt}\\ &= \frac{d^2 s}{dt^2}\mathbf{T}(t) + \left(\frac{ds}{dt}\right)^2\frac{d\mathbf{T}}{ds}\\ &= \frac{d^2 s}{dt^2}\mathbf{T}(t) + \varkappa(t)\left(\frac{ds}{dt}\right)^2\mathbf{N}(t)\end{aligned}$$

연쇄법칙을 이용하면

$$\frac{d\mathbf{T}}{dt} = \frac{d\mathbf{T}}{ds}\frac{ds}{dt}$$

곡률과 단위법선벡터의성질에서

$$\frac{d\mathbf{T}}{ds} = \varkappa(t)\mathbf{N}(t)$$

거리변수 s

$$s = \int_a^t \|\mathbf{r}'(u)\|du$$
$$\frac{ds}{dt} = \|\mathbf{r}'(t)\| = \|\mathbf{v}(t)\|$$

여기서 $a_{\mathrm{T}}(t) = \dfrac{d^2 s}{dt^2}$, $a_{\mathrm{N}}(t) = \varkappa(t)\left(\dfrac{ds}{dt}\right)^2$라 두면

$$\mathbf{a}(t) = a_{\mathrm{T}}(t)\mathbf{T}(t) + a_{\mathrm{N}}(t)\mathbf{N}(t).$$

그리고, 단위접선벡터 $\mathbf{T}(t)$와 단위법선벡터 $\mathbf{N}(t)$는 서로 수직인 단위벡터이므로

$$\|\mathbf{a}(t)\|^2 = a_{\mathrm{T}}(t)^2 + a_{\mathrm{N}}(t)^2$$ ■

**예제 11** 곡선운동 $\mathbf{r}(t) = t\cos t\mathbf{i} + t\sin t\mathbf{j} + t\mathbf{k}$에 대하여 속도벡터 $\mathbf{v}(t)$, 속력, 가속도벡터 $\mathbf{a}(t)$ 그리고, $a_{\mathrm{T}}(t)$, $a_{\mathrm{N}}(t)$을 구하여라.

**풀이** 속도벡터 $\mathbf{v}(t)$의 정의에 의하여

$$\mathbf{v}(t) = \mathbf{r}'(t) = (\cos t + t\sin t)\mathbf{i} + (\sin t - t\cos t)\mathbf{j} + \mathbf{k}$$

따라서 속력 $\|\mathbf{v}(t)\|$는 다음과 같다.

$$\|\mathrm{v}(t)\| = \sqrt{(\cos t - t\sin t)^2 + (\sin t + t\cos t)^2 + 1} = \sqrt{2+t^2}$$

가속도벡터 $\mathbf{a}(t)$를 구하면

$$\mathbf{a}(t) = \frac{d\mathbf{v}}{dt} = -(2\sin t + t\cos t)\mathbf{i} + (2\cos t - t\sin t)\mathbf{j}$$

따라서

$$\|\mathbf{a}(t)\|^2 = (2\sin t + t\cos t)^2 + (2\cos t - t\sin t)^2 = 4 + t^2$$

그러므로 정리 12.3.9에 의하여

$$a_{\mathrm{T}}(t) = \frac{d^2 s}{dt^2} = \frac{d}{dt}\left(\frac{ds}{dt}\right) = \frac{d}{dt}\sqrt{2+t^2} = \frac{t}{\sqrt{2+t^2}}$$

$$a_{\mathrm{N}}(t) = \sqrt{\|\mathbf{a}\|^2 - a_T^2} = \sqrt{\frac{t^4+5t^2+8}{t^2+2}}$$

■

**정리 12.3.10**

곡선을 따라 움직이고 있는 동점의 시간 $t$에서 위치를 $\mathbf{r}(t)$라 할 때 곡선의 곡률 $\varkappa(t)$는 다음과 같다.

$$\varkappa(t) = \frac{\|\mathbf{v}(t) \times \mathbf{a}(t)\|}{\|\mathbf{v}(t)\|^3}$$

**증명.** 정리 12.3.7에서

$$\varkappa(t) = \frac{\|\mathbf{r}'(t) \times \mathbf{r}''(t)\|}{\|\mathbf{r}'(t)\|^3}$$

$\mathbf{r}'(t) = \mathbf{v}(t)$, $\mathbf{r}''(t) = \mathbf{a}(t)$이므로

$$\varkappa(t) = \frac{\|\mathbf{v}(t) \times \mathbf{a}(t)\|}{\|\mathbf{v}(t)\|^3}$$

을 얻는다. ■

**예제 12** $t = 1$에서 곡선 $\mathbf{r}(t) = t\mathbf{i} + t^2\mathbf{j} + t^3\mathbf{k}$의 곡률을 구하여라.

**풀이** 속도벡터 및 가속도벡터는 각각 다음과 같다.

$$\mathbf{v}(t) = \mathbf{i} + 2t\mathbf{j} + 3t^2\mathbf{k}$$
$$\mathbf{a}(t) = 2\mathbf{j} + 6t\mathbf{k}$$

따라서

$$\mathbf{v}(1) = \mathbf{i} + 2\mathbf{j} + 3\mathbf{k}, \quad \mathbf{a}(1) = 2\mathbf{j} + 6\mathbf{k}$$

$$\mathbf{v}(1) \times \mathbf{a}(1) = \begin{vmatrix} \mathbf{i} & \mathbf{j} & \mathbf{k} \\ 1 & 2 & 3 \\ 0 & 2 & 6 \end{vmatrix} = 6\mathbf{i} - 6\mathbf{j} + 2\mathbf{k}$$

그러므로

$$\varkappa(1) = \frac{\|\mathbf{v}(1) \times \mathbf{a}(1)\|}{\|\mathbf{v}(1)\|^3} = \frac{\|6\mathbf{i} - 6\mathbf{j} + 2\mathbf{k}\|}{14^{3/2}} = \frac{\sqrt{266}}{98}$$

■

## 연습문제 12.3

**1.** 다음 곡선의 길이를 구하여라.

(1) $\mathbf{r}(t) = 2t^{3/2}\mathbf{i} + (t-3)\mathbf{j} + 3t\mathbf{k}, \quad (3 \le t \le 6)$

(2) $\mathbf{r}(t) = (\cos t + t\sin t)\mathbf{i} + (\sin t - t\cos t)\mathbf{j},$
$(0 \le t \le \pi)$

(3) $\mathbf{r}(t) = e^t\cos t\mathbf{i} + e^t\sin t\mathbf{j} + e^t\mathbf{k}, \quad (0 \le t \le \pi)$

(4) $\mathbf{r}(t) = 3\cosh 2t\mathbf{i} + 3\sinh 2t\mathbf{j} + 6t\mathbf{k}, \quad (0 \le t \le \pi)$

**2.** 다음 곡선의 단위접선벡터 $\mathbf{T}(t)$, 단위법선벡터 $\mathbf{N}(t)$, 종법선벡터 $\mathbf{B}(t)$, 곡률 $\varkappa(t)$를 구하여라.

(1) $\mathbf{r}(t) = (\cos t + t\sin t)\mathbf{i} + (\sin t - t\cos t)\mathbf{j} + 4\mathbf{k},$
$t > 0$

(2) $\mathbf{r}(t) = t^2\mathbf{i} + t^2\mathbf{j} + (1+2t)\mathbf{k}$

(3) $\mathbf{r}(t) = (2-t)\mathbf{i} + 3\mathbf{j} + \sqrt{t}\,\mathbf{k}$

(4) $\mathbf{r}(t) = t\mathbf{i} + e^t\mathbf{j} + e^t\mathbf{k}$

**3.** 점 $P$에서 다음 곡선의 접촉평면과 곡률원을 구하여라.

(1) $\mathbf{r}(t) = (2-t^2)\mathbf{i} + 2t^3\mathbf{j} + t^2\mathbf{k}, \quad P(1, 2, 1)$

(2) $\mathbf{r}(t) = \sin t\mathbf{i} + \cos 2t\mathbf{j} + 6t\mathbf{k}, \quad P(1/2, 1/2, \pi)$

(3) $\mathbf{r}(t) = (t^2-t)\mathbf{i} + (t^2+t)\mathbf{j} + t^2\mathbf{k}, \quad P(6, 2, 4)$

(4) $\mathbf{r}(t) = t\mathbf{i} + e^t\mathbf{j} + e^{2t}\mathbf{k}, \quad P(0, 1, 1)$

**4.** 곡선을 따라 움직이고 있는 동점의 시간 $t$에서 위치가 $\mathbf{r}(t)$일 때 다음 주어진 $t$의 값에서 $\mathbf{v}(t)$, $\mathbf{a}(t)$, $a_{\mathrm{T}}(t)$, $a_{\mathrm{N}}(t)$를 구하여라.

(1) $\mathbf{r}(t) = t\mathbf{i} + (4-2t)\mathbf{j}, \quad t = 1$

(2) $\mathbf{r}(t) = (\cos t + t\sin t)\mathbf{i} + (\sin t - t\cos t)\mathbf{j}, \quad t = \dfrac{\pi}{2}$

(3) $\mathbf{r}(t) = e^t\cos t\mathbf{i} + e^t\sin t\mathbf{j} + e^t\mathbf{k}, \quad t = 0$

(4) $\mathbf{r}(t) = 3\cosh 2t\mathbf{i} + 3\sinh 2t\mathbf{j} + 6t\mathbf{k}, \quad t = 0$

**5.** 직선의 곡률은 0임을 증명하여라.

**6.** 매끈한 곡선 $\mathbf{r}(t)$의 곡률 $\varkappa(t)$는 다음과 같음을 증명하여라.

$$\varkappa(t) = \frac{\sqrt{(\|\mathbf{r}'(t)\|\|\mathbf{r}''(t)\|)^2 - (\mathbf{r}'(t)\cdot\mathbf{r}''(t))^2}}{\|\mathbf{r}'(t)\|^3}$$

**7.** 정리 12.3.7을 증명하여라.

**8.** 입자의 처음 위치가 $\mathbf{r}(0) = \mathbf{i} - \mathbf{k}$이고, 초기속도는 $\mathbf{v}(0) = \mathbf{i} + \mathbf{j} - \mathbf{k}$라 하자. 가속도가 $\mathbf{a}(t) = 4t\mathbf{i} + 6t\mathbf{j} + \mathbf{k}$일 때, 시각 $t$에서의 입자의 속도와 위치를 구하여라.

## 12.4 심화학습

이 절에서는 12장에서 생략하거나 간략하게 다룬 내용을 좀 더 자세하게 소개한다.

### 공간곡선의 길이

벡터함수 $\mathbf{r}(t) = x(t)\mathbf{i} + y(t)\mathbf{j} + z(t)\mathbf{k}$ $(a \le t \le b)$로 표시되는 공간곡선 $C$의 길이는 다음정리와 같이 적분을 이용하여 구할 수 있다.

**정리 12.4.1**

연속인 미분을 가지는 벡터함수 $\mathbf{r}(t) = x(t)\mathbf{i} + y(t)\mathbf{j} + z(t)\mathbf{k}$ $(a \le t \le b)$로 표시되는 곡선 $C$의 길이 $L$은 다음과 같다.

$$L = \int_a^b \left\| \frac{d\mathbf{r}}{dt} \right\| dt$$

즉,

$$L = \int_a^b \sqrt{\left(\frac{dx}{dt}\right)^2 + \left(\frac{dy}{dt}\right)^2 + \left(\frac{dz}{dt}\right)^2}\, dt$$

**증명.** 벡터함수 $\mathbf{r}(t)$의 정의구역 $[a, b]$를 다음과 같이 분할하자.

$$P : a = t_0 < t_1 < t_2 < \cdots < t_n = b$$

$t_i - t_{i-1} = \Delta t_i$라 하고 $t_i$에 대응하는 점 $\mathbf{r}(t_i)$를 각각 곡선위에 표시하면 다음 그림과 같다. $(i = 0, 1, 2, \cdots, n)$

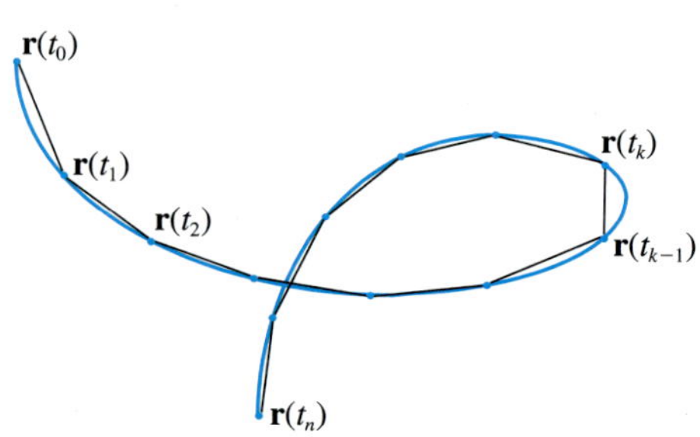


그림 12.4.1

곡선 위의 점 $\mathbf{r}(t_{i-1})$과 $\mathbf{r}(t)$ 사이의 직선거리 $L_i$를 구하면

$$\begin{aligned} L_i &= \|(x(t_i),\ y(t_i),\ z(t_i)) - (x(t_{i-1}),\ y(t_{i-1}),\ z(t_{i-1}))\| \\ &= \sqrt{[x(t_i) - x(t_{i-1})]^2 + [y(t_i) - y(t_{i-1})]^2 + [z(t_i) - z(t_{i-1})]^2} \end{aligned}$$

벡터함수 $\mathbf{r}(t)$의 성분함수 $x(t)$, $y(t)$, $z(t)$는 $[a,\ b]$에서 미분가능하므로 평균값 정리(3.2절)에 의하여 적당한 $t_i'$, $t_i''$, $t_i'''$가 구간 $(t_{i-1},\ t_i)$ 사이에 존재하여 다음이 성립한다.

$$\begin{aligned} x(t_i) - x(t_{i-1}) &= x'(t_i')(t_i - t_{i-1}) \\ y(t_i) - y(t_{i-1}) &= y'(t_i'')(t_i - t_{i-1}) \\ z(t_i) - z(t_{i-1}) &= z'(t_i''')(t_i - t_{i-1}) \end{aligned}$$

따라서

$$L_i = \sqrt{x'(t_i')^2 + y'(t_i'')^2 + z'(t_i''')^2}\ \Delta t_i$$

그러므로

$$\sum_{i=1}^{n} L_i = \sum_{i=1}^{n} \sqrt{x'(t_i')^2 + y'(t_i'')^2 + z'(t_i''')^2}\ \Delta t_i$$

곡선의 실제 길이는 분할의 크기 $\|P\|$이 0으로 갈 때 $\sum_{i=1}^{n} L_i$의 극한이므로

$$L = \lim_{\|P\|\to 0} \sum_{i=1}^{n} \sqrt{x'(t_i')^2 + y'(t_i'')^2 + z'(t_i''')^2}\ \Delta t_i$$

벡터함수 $\mathbf{r}(t)$의 성분함수 $x(t)$, $y(t)$, $z(t)$는 $[a,\ b]$에서 연속인 미분을 가지므로 $\sqrt{x'(t)^2 + y'(t)^2 + z'(t)^2}$은 연속함수이고 따라서 적분가능하다. 그러므로

$$L = \int_a^b \sqrt{x'(t)^2 + y'(t)^2 + z'(t)^2}\ dt$$

■

**평균값 정리**

함수 $f$가 $[a,\ b]$에서 미분가능하면 적당한 $c \in (a,\ b)$가 존재하여 다음이 성립한다.

$$f(b) - f(a) = f'(c)(b - a)$$

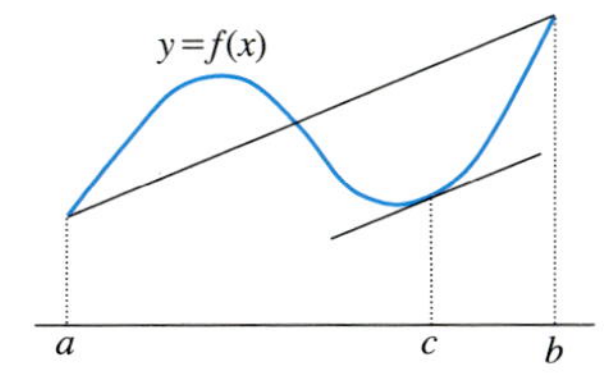

그림 12.4.2

## 벡터함수의 극한

벡터함수 $\mathbf{r}(t)$와 실수 $c$에 대하여, $t$가 $c$에 가까이 접근하면 곡선 위의 점 $\mathbf{r}(t)$가 점 $\mathbf{L}$에 가까이 접근할 때 벡터함수 $\mathbf{r}$은 $c$에서 극한 $\mathbf{L}$을 가진다 하고 다

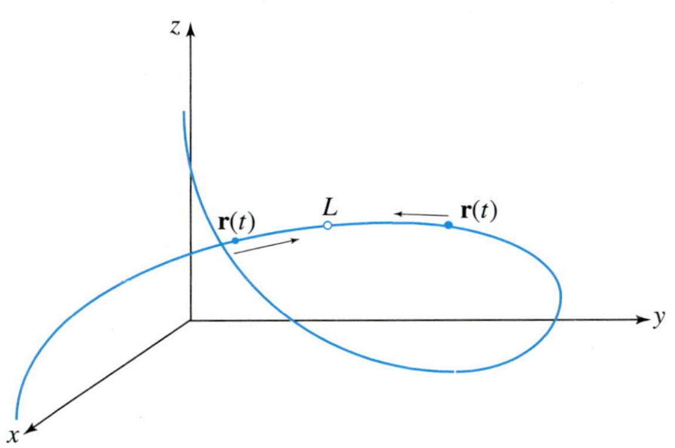

그림 12.4.3

Chapter 12

음과 같이 표시한다.

$$\lim_{t \to c} \mathbf{r}(t) = \mathbf{L}$$

위에서 극한의 직관적인 의미를 소개하였다. 극한의 엄밀한 정의는 다음과 같이 주어진다.

**정의 12.4.2**

벡터함수 $\mathbf{r}(t)$와 실수 $c$가 주어졌다. 임의의 양수 $\varepsilon$에 대하여 적당한 양수 $\delta$가 존재하여 $0<|t-c|<\delta$인 모든 $t$에 대하여 $\|\mathbf{r}(t)-\mathbf{L}\|<\varepsilon$가 성립할 때 $\mathbf{L}$을 $c$에서 $\mathbf{r}(t)$의 극한이라 하고 다음과 같은 기호로 나타낸다.

$$\lim_{t \to c} \mathbf{r}(t) = \mathbf{L}$$

극한의 정의를 그림으로 살펴보면 다음과 같다.

임의로 택한 $\varepsilon>0$에 대하여 다음 성질을 만족하는 $\delta>0$를 항상 찾을 수 있다.

$$0<|t-c|<\delta \Rightarrow \|\mathbf{r}(t)-\mathbf{L}\|<\varepsilon$$

즉, $c$를 중심으로 거리가 $\delta$ 이내에 있는 $t$의 함수값 $\mathbf{r}(t)$는 $\mathbf{L}$을 중심으로 반경 $\varepsilon$ 범위 이내에 있다.

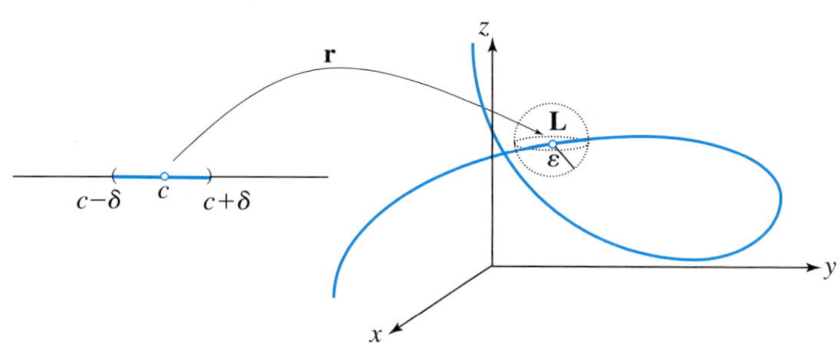


$$0<|t-c|<\delta \Rightarrow \|\mathbf{r}(t)-\mathbf{L}\|<\varepsilon$$

그림 12.4.4

이 때 $\delta$는 $\varepsilon$에 따라 달라진다. 그리고 $c$에서 벡터함수 $\mathbf{r}(t)$가 정의되지 않아도 $c$에서의 극한을 생각할 수 있다.

**예제 1** $\mathbf{r}(t) = t\mathbf{i} + (t+3)\mathbf{j} + (t-2)\mathbf{k}$ 일 때 다음 식을 증명하여라.

$$\lim_{t \to 3} \mathbf{r}(t) = 3\mathbf{i} + 6\mathbf{j} + \mathbf{k}$$

**풀이** 임의의 $\varepsilon > 0$에 대하여 적당한 $\delta > 0$가 존재하여 다음이 성립함을 보이자.

$$0 < |t-3| < \delta \;\Rightarrow\; \|\mathbf{r}(t) - \mathbf{L}\| < \varepsilon$$

여기서 $\mathbf{L} = 3\mathbf{i} + 6\mathbf{j} + \mathbf{k}$ 이다. 먼저 $\|\mathbf{r}(t) - L\|$을 계산하면

$$\begin{aligned} \|\mathbf{r}(t) - L\| &= \|t\mathbf{i} + (t+3)\mathbf{j} + (t-2)\mathbf{k} - (3\mathbf{i} + 6\mathbf{j} + \mathbf{k})\| \\ &= \|(t-3)\mathbf{i} + (t-3)\mathbf{j} + (t-3)\mathbf{k}\| \\ &= |t-3|\,\|\mathbf{i} + \mathbf{j} + \mathbf{k}\| \\ &= \sqrt{3}\,|t-3| \end{aligned}$$

따라서 임의의 $\varepsilon > 0$에 대하여 $\delta = \dfrac{\varepsilon}{\sqrt{3}}$이라 하면 다음이 성립한다.

$$0 < |t-3| < \delta \;\Rightarrow\; |\mathbf{r}(t) - L| < \varepsilon$$

그러므로 극한식 $\lim_{t \to 3} \mathbf{r}(t) = \mathbf{L}$이 성립한다. ■

벡터함수의 극한은 성분함수의 극한으로 이루어진다.

**정리 12.4.3(벡터함수의 극한)**

벡터함수 $\mathbf{r}(t) = f_1(t)\mathbf{i} + f_2(t)\mathbf{j} + f_3(t)\mathbf{k}$가 $t = c$에서 극한이 존재할 필요충분조건은 각 성분함수 $f_1(t)$, $f_2(t)$, $f_3(t)$가 $t = c$에서 극한이 존재하는 것이다. 그리고 이 경우 다음이 성립한다.

$$\lim_{t \to c} \mathbf{r}(t) = \lim_{t \to c} f_1(t)\mathbf{i} + \lim_{t \to c} f_2(t)\mathbf{j} + \lim_{t \to c} f_3(t)\mathbf{k}$$

**증명.** 벡터함수 $\mathbf{r}(t) = f_1(t)\mathbf{i} + f_2(t)\mathbf{j} + f_3(t)\mathbf{k}$가 $t = c$에서 극한 $\mathbf{L} = L_1\mathbf{i} + L_2\mathbf{j} + L_3\mathbf{k}$을 갖는다 하자. 즉

$$\lim_{t \to c} \mathbf{r}(t) = L_1\mathbf{i} + L_2\mathbf{j} + L_3\mathbf{k}$$

다음 식이 성립함을 증명하면 충분하다.

$$\lim_{t \to c} f_i(t) = L_i \quad (i = 1, 2, 3)$$

극한식 $\lim_{t \to c} \mathbf{r}(t) = \mathbf{L}$이 성립하므로 극한의 정의에서 다음이 성립한다.
임의의 양수 $\varepsilon$에 대하여 다음 식이 성립하는 적당한 양수 $\varepsilon$가 존재한다.

$$0 < |t-c| < \delta \;\Rightarrow\; \|\mathbf{r}(t) - \mathbf{L}\| < \varepsilon$$

한편

벡터 $\mathbf{u} = (u_1, u_2, u_3)$에 대하여

$$\|\mathbf{u}\| = \sqrt{u_1^2 + u_2^2 + u_3^2} \geq |u_i|$$
$$(i = 1, 2, 3)$$

$$\begin{aligned}\|\mathbf{r}(t)-L\| &= \|f_1(t)\mathbf{i}+f_2(t)\mathbf{j}+f_3(t)\mathbf{k}-(L_1\mathbf{i}+L_2\mathbf{j}+L_3\mathbf{k})\| \\ &= \|(f_1(t)-L_1)\mathbf{i}+(f_2(t)-L_2)\mathbf{j}+(f_3(t)-L_3)\mathbf{k}\| \\ &\geq |f_i(t)-L_i|, \quad (i=1,\ 2,\ 3)\end{aligned}$$

따라서, $0<|t-c|<\delta$ 이면

$$|f_i(t)-L_i| \leq \|\mathbf{r}(t)-\mathbf{L}\| < \varepsilon \quad (i=1,\ 2,\ 3)$$

그러므로 함수의 극한의 정의에 의하여 다음식이 성립한다.

$$\lim_{t\to c} f_i(t) = L_i. \quad (i=1,\ 2,\ 3)$$

반대로 각 성분함수 $f_i(t)$가 $t=c$에서 극한 $L_i$를 갖는다고 가정하자. 즉

$$\lim_{t\to c} f_i(t) = L_i. \quad (i=1,\ 2,\ 3)$$

이때 다음식이 성립함을 보여야 한다.

$$\lim_{t\to c}\mathbf{r}(t) = L(=L_1\mathbf{i}+L_2\mathbf{j}+L_3\mathbf{k})$$

극한의 정의로부터 임의의 양수 $\varepsilon$에 대하여 각 $i$마다, 다음 식이 성립하는 적당한 양수 $\delta_i$가 존재한다.

$$0<|t-c|<\delta_i \quad \Rightarrow \quad |f_i(t)-L_i|<\varepsilon/\sqrt{3}$$

$\delta$를 $\delta_1,\ \delta_2,\ \delta_3$ 중에서 최솟값이라 하자.
$0<|t-c|<\delta$ 이면

$$\begin{aligned}\|\mathbf{r}(t)-\mathbf{L}\| &= \|f_1(t)\mathbf{i}+f_2(t)\mathbf{j}+f_3(t)\mathbf{k}-(L_1\mathbf{i}+L_2\mathbf{j}+L_3\mathbf{k})\| \\ &= \|(f_1(t)-L_1)\mathbf{i}+(f_2(t)-L_2)\mathbf{j}+(f_3(t)-L_3)\mathbf{k}\| \\ &= \sqrt{(f_1(t)-L_1)^2+(f_2(t)-L_2)^2+(f_3(t)-L_3)^3} < \varepsilon\end{aligned}$$

따라서 벡터함수의 극한의 정의로부터 $\lim_{t\to c}\mathbf{r}(t)=\mathbf{L}$을 얻는다. ■

## 평면곡선의 곡률

3절에서 곡선의 곡률을 정의하고 곡률원 등 곡률과 관련된 사항들을 배웠다. 평면곡선은 공간곡선의 경우에서 $z$성분이 0인 경우로 생각하면 된다. 하지만 평면곡선의 특성을 활용하여 평면곡선의 곡률을 구하는 방법을 살펴보는 것도 중요한 의미가 있다. 여기서는 $xy$평면에 있는 평면곡선의 곡률을 구하는 방법을 몇 가지 소개한다.

$xy$평면에 있는 평면곡선 위의 한 점 $\mathbf{r}(t)$에서 그은 접선이 $x$축과 만나서 생기는 각을 $\mathbf{r}(t)$에서의 곡선의 방향각(direction angle)이라 하고 $\phi(t)$로 표시한다.

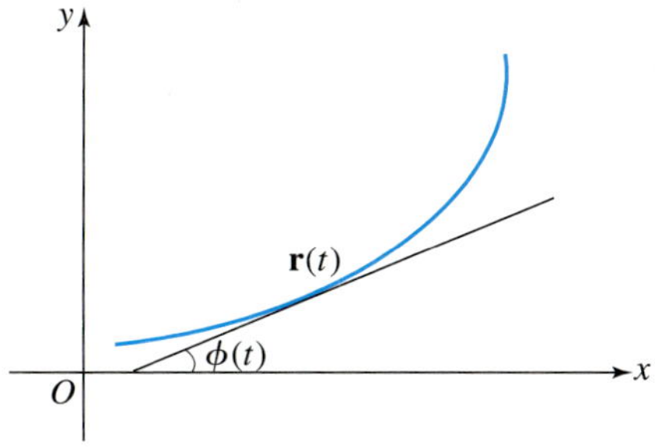


그림 12.4.5

곡선을 따라 각 점에서 방향각의 변화를 살펴보면 곡선의 구부러질수록 방향각이 많이 변화함을 알 수 있다. 실제로 방향각의 변화율이 곡선의 구부러진 정도 즉, 곡률을 반영한다.

**정리 12.4.4**

$xy$평면에 있는 평면곡선의 곡률은 다음과 같다.

$$\kappa = \left|\frac{d\phi}{ds}\right|$$

**증명.** $\mathbf{r}(t)$에서의 방향각이 $\phi(t)$이므로 단위접선벡터 $\mathbf{T}(t)$는 다음과 같다.

$$\mathbf{T}(t) = \pm(\cos\phi(t)\mathbf{i} + \sin\phi(t)\mathbf{j})$$

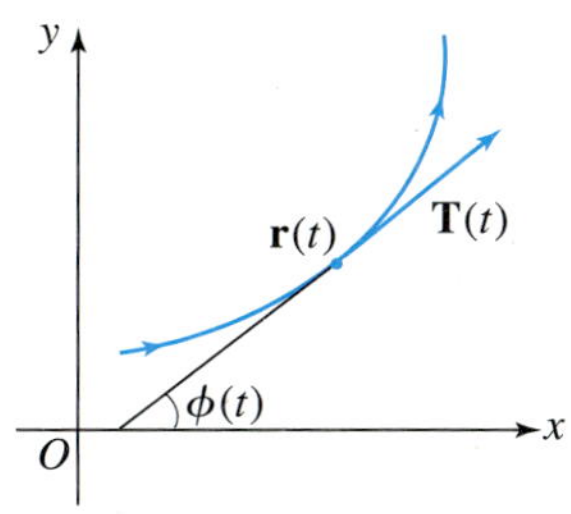


그림 12.4.7

$\mathbf{T}(t)$를 변수 $\phi$에 대하여 미분하면

$$\frac{d\mathbf{T}}{d\phi} = \pm(-\sin\phi\mathbf{i} + \cos\phi\mathbf{j})$$

따라서

$$\left\|\frac{d\mathbf{T}}{d\phi}\right\| = 1$$

$\mathbf{T}(t)$를 길이변수 $s$에 대하여 미분하면, 연쇄법칙에 의하여

**단위접선벡터의 방향**

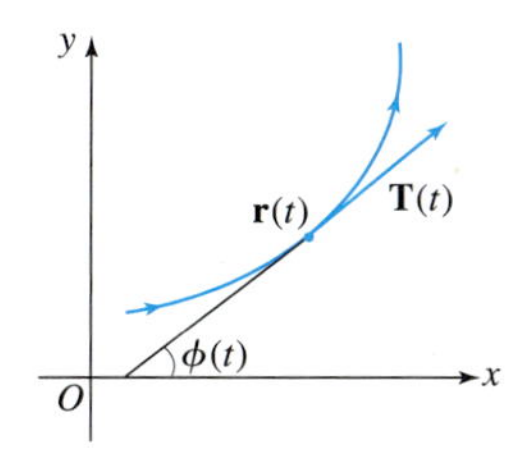


$\mathbf{T}(t) = \cos\phi(t)\mathbf{i} + \sin\phi(t)\mathbf{j}$

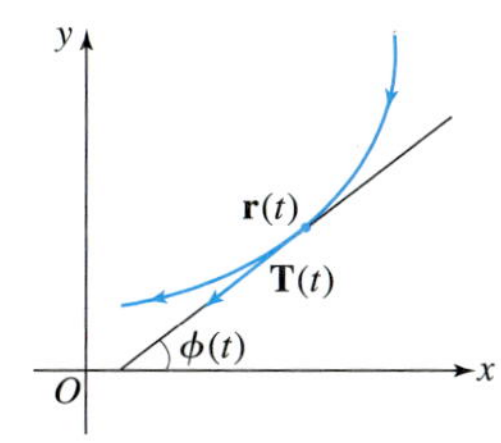


$\mathbf{T}(t) = -\cos\phi(t)\mathbf{i} - \sin\phi(t)\mathbf{j}$

그림 12.4.6

$$\frac{d\mathbf{T}}{ds} = \frac{d\mathbf{T}}{d\phi}\frac{d\phi}{ds}$$

따라서

$$\kappa = \left\| \frac{d\mathbf{T}}{ds} \right\| = \left\| \frac{d\mathbf{T}}{d\phi}\frac{d\phi}{ds} \right\| = \left| \frac{d\phi}{ds} \right|$$ ■

$xy$평면에 있는 평면곡선의 매개방정식

$$x = x(t), \quad y = y(t)$$

에 대하여 다음과 같은 기호( $\dot{}$ : dot)를 사용한다.

$$\dot{x} = \frac{dx}{dt}, \quad \dot{y} = \frac{dy}{dt}, \quad \ddot{x} = \frac{d^2x}{dt^2}, \quad \ddot{y} = \frac{d^2y}{dt^2}$$

다음 정리에서 평면곡선의 매개방정식을 변수 $t$에 대하여 미분하여 곡률을 구하는 방법을 살펴본다.

**정리 12.4.5**

$xy$평면에 있는 평면곡선 $x = x(t)$, $y = y(t)$의 곡률은 다음과 같다.

$$\kappa(t) = \frac{|\dot{x}\ddot{y} - \ddot{x}\dot{y}|}{\left(\dot{x}^2 + \dot{y}^2\right)^{\frac{3}{2}}}$$

**증명.** 곡선 위의 점 $\mathbf{r}(t)$에서의 접선의 기울기는

$$\frac{dy}{dx} = \frac{dy}{dt}\left(\frac{dx}{dt}\right)^{-1} = \frac{\dot{y}}{\dot{x}}$$

그리고 접선의 기울기는 방향각 $\phi(t)$의 tangent 값이므로

$$\tan\phi(t) = \frac{\dot{y}}{\dot{x}}$$

양변을 $t$에 대하여 미분하면

$$\frac{d\phi}{dt} = \frac{1}{\sec^2\phi(t)}\frac{\dot{x}\ddot{y} - \ddot{x}\dot{y}}{\dot{x}^2}$$

$\sec^2\theta = 1 + \tan^2\theta$ 이므로

$$\sec^2\phi(t) = 1 + \tan^2\phi(t) = 1 + \left(\frac{\dot{y}}{\dot{x}}\right)^2 = \frac{\dot{x}^2 + \dot{y}^2}{\dot{x}^2}$$

따라서

$$\frac{d\phi}{dt} = \frac{1}{\sec^2\phi(t)}\frac{\dot{x}\ddot{y} - \ddot{x}\dot{y}}{\dot{x}^2}$$
$$= \frac{\dot{x}^2}{\dot{x}^2 + \dot{y}^2}\frac{\dot{x}\ddot{y} - \ddot{x}\dot{y}}{\dot{x}^2}$$

$\frac{ds}{dt} = |\mathbf{r}'(t)|\left(\dot{x}^2 + \dot{y}^2\right)^{\frac{1}{2}}$ 이므로

$$\varkappa(t) = \left|\frac{d\phi}{ds}\right| = \left|\frac{d\phi}{dt}\frac{dt}{ds}\right| = \left|\frac{d\phi}{dt}\left(\frac{ds}{dt}\right)^{-1}\right|$$
$$= \frac{|\dot{x}\ddot{y} - \ddot{x}\dot{y}|}{\left(\dot{x}^2 + \dot{y}^2\right)^{\frac{3}{2}}}$$

■

**예제 2** 평면곡선

$$x = 2t - 3, \qquad y = t^2 - 1$$

의 최대곡률을 구하라.

**풀이** 정리 12.4.5를 이용하자. $\dot{x} = 2$, $\dot{y} = 2t$, $\ddot{x} = 0$, $\ddot{y} = 2$ 이므로

$$\varkappa(t) = \frac{4}{(4 + 4t^2)^{3/2}} = \frac{1}{2(1 + t^2)^{3/2}}$$

따라서 이 곡선의 곡률은 $t = 0$일 때 최대가 된다. 즉, 점 $(-3, -1)$에서 최대의 곡률 1/2을 갖는다. ■

평면곡선 $x = 2t - 3$, $y = t^2 - 1$의 매개방정식에서 매개변수 $t$를 소거하면

$$y = \frac{1}{4}(x + 3)^2 - 1$$

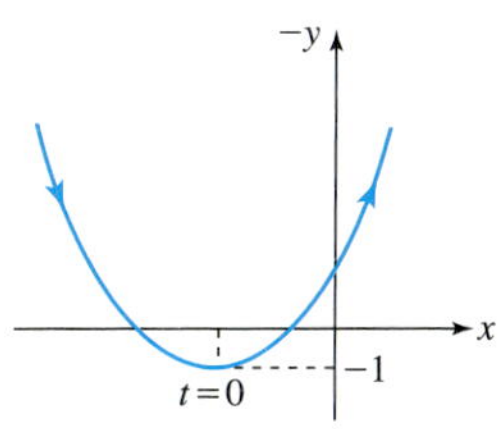


그림 12.4.8

이 곡선은 꼭지점 $(-3, -1)$에서 최대의 곡률을 가진다.

**예제 3** 내파선(hypocycloid)

$$\mathbf{r}(t) = 8\cos^3 t\,\mathbf{i} + 8\sin^3 t\,\mathbf{j}$$

의 곡률을 구하여라.

**풀이** $x = 8\cos^3 t$, $y = 8\sin^3 t$ 이므로

$$\begin{aligned}\dot{x} &= -24\cos^2 t\sin t\\ \dot{y} &= 24\sin^2 t\cos t\\ \ddot{x} &= 48\cos t\sin^2 t - 24\cos^3 t\\ \ddot{y} &= 48\sin t\cos^2 t - 24\sin^3 t\end{aligned}$$

따라서

$$\begin{aligned}\dot{x}\ddot{y} - \ddot{x}\dot{y} &= -24\cos^2 t\sin t(48\sin t\cos^2 t - 24\sin^3 t)\\ &\quad -24\sin^2 t\cos t(48\cos t\sin^2 t - 24\cos^3 t)\\ &= -24^2(2\sin^2 t\cos^4 t - \sin^4 t\cos^2 t)\\ &\quad - 24^2(2\sin^4 t\cos^2 t - \sin^2 t\cos^4 t)\\ &= -24^2\sin^2 t\cos^2 t\\ \dot{x}^2 + \dot{y}^2 &= 24^2(\cos^4 t\sin^2 t + \sin^4 t\cos^2 t)\\ &= 24^2\sin^2 t\cos^2 t\end{aligned}$$

**내파선**

매개방정식

$$x = 8\cos^3 t, \quad y = 8\sin^3 t$$

에서 매개변수 $t$를 소거하면

$$\left(\frac{x}{8}\right)^{\frac{2}{3}} + \left(\frac{y}{8}\right)^{\frac{2}{3}} = 1$$

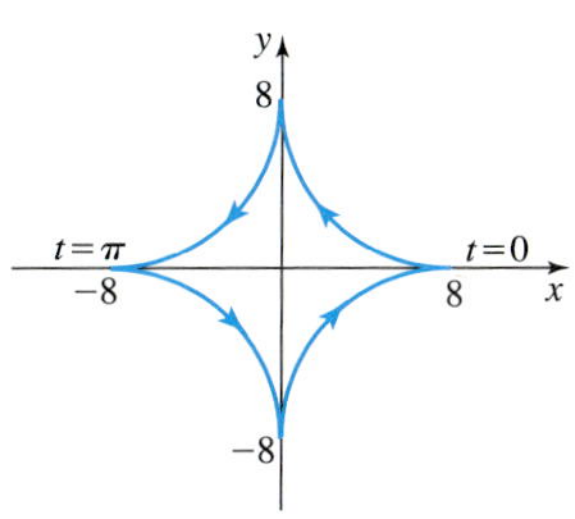


그림 12.4.9

따라서

$$\kappa(t) = \frac{|\dot{x}\ddot{y} - \ddot{x}\dot{y}|}{(\dot{x}^2 + \dot{y}^2)^{\frac{3}{2}}} = \frac{1}{24\sin t\cos t} = \frac{1}{12\sin 2t}$$ ■

타원 $\frac{x^2}{16} + \frac{y^2}{9} = 1$의 매개방정식과 곡선의 그림은 다음과 같다.

$$x = 4\cos t,\ y = 3\sin t$$

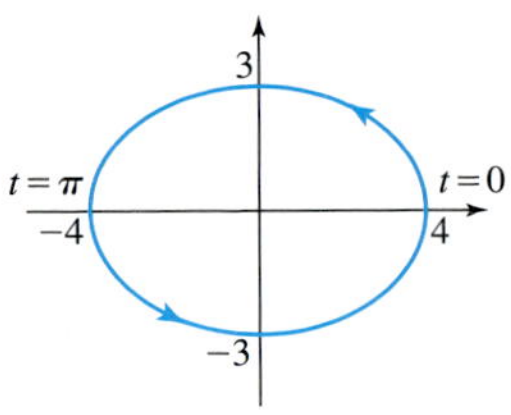


그림 12.4.10

점 (4, 0), (−4, 0)에서 곡률이 가장 크고 점 (0, 3), (0, −3)에서 곡률이 가장 작다.

**예제 4** 타원

$$\frac{x^2}{16} + \frac{y^2}{9} = 1$$

에서 곡률의 최댓값과 최솟값을 구하여라.

**풀이** 타원 $\frac{x^2}{16} + \frac{y^2}{9} = 1$의 매개방정식은 다음과 같다.

$$x = 4\cos t, \quad y = 3\sin t \ \ (0 \le t \le 2\pi)$$

따라서

$$\dot{x} = -4\sin t, \quad \dot{y} = 3\cos t$$
$$\ddot{x} = -4\cos t, \quad \ddot{y} = -3\sin t$$

정리 12.4.5를 이용하여 곡률을 구하면

$$\kappa(t) = \frac{12}{(9 + 7\sin^2 t)^{3/2}}$$

따라서 곡률 $\kappa(t)$는 $\sin t = 0$일 때 최댓값 $\frac{4}{9}$를 가지고 $\sin t = 1$일 때 최솟값 $\frac{3}{16}$을 가진다. 즉

$$\text{곡률의 최댓값} = \kappa(0) = \kappa(\pi) = \frac{4}{9}$$
$$\text{곡률의 최솟값} = \kappa\left(\frac{\pi}{2}\right) = \kappa\left(\frac{3\pi}{2}\right) = \frac{3}{16}$$ ■

함수 $y = f(x)$, $(a \le x \le b)$의 그래프로 주어지는 평면곡선의 매개방정식은 $x = t$, $y = f(t)$, $(a \le t \le b)$이다. 이 매개방정식을 정리 12.4.5에 적용하면 다음의 정리를 얻을 수 있다.

**정리 12.4.6**

함수 $y = f(x)$, $(a \le x \le b)$의 그래프로 주어지는 평면곡선의 곡률은 다음과 같다.

$$\kappa = \frac{|f''(x)|}{\left[1 + (f'(x))^2\right]^{3/2}}$$

**예제 5** 점 (0, 0), (1, 2)에서 포물선 $y = 2x^2$의 곡률을 구하여라.

**풀이** 정리 12.4.6에 의하여

$$\kappa(x) = \frac{|f''(x)|}{[1+(f'(x))^2]^{3/2}} \text{ 이고}$$

$y = f(x) = 2x^2$이라고 하면 $f'(x) = 4x$와 $f''(x) = 4$이므로 위의 공식에 대입하면

$$\kappa(x) = \frac{4}{(1+16x^2)^{3/2}}$$

이다. 점 (0, 0)에서의 곡률은 $\kappa(0) = 4$이다. 점 (1, 2)에서는
$\kappa(1) = \dfrac{4}{17^{3/2}} \approx 0.06$이다. ■



## 연습문제 12.4

**1.** 극한의 정의에 따라 다음 식을 증명하여라.

(1) $\lim_{t\to 2}((t+3)\mathbf{i} + (t-5)\mathbf{j} + t\mathbf{k}) = 5\mathbf{i} - 3\mathbf{j} + 2\mathbf{k}$

(2) $\lim_{t\to 1}(t\mathbf{i} + t^2\mathbf{j} + t\mathbf{k}) = \mathbf{i} + \mathbf{j} + \mathbf{k}$

**2.** 다음 평면곡선의 곡률을 구하여라.

(1) $\mathbf{r}(t) = e^t\mathbf{i} + e^{2t}\mathbf{j}$

(2) $\mathbf{r}(t) = \tan t\mathbf{i} + \sec t\mathbf{j}$

(3) $\mathbf{r}(t) = t^{1/2}\mathbf{i} + t^{3/2}\mathbf{j}$

(4) $\mathbf{r}(t) = a(\theta - \sin\theta)\mathbf{i} + a(1-\cos\theta)\mathbf{j}$

**3.** 다음 평면곡선의 매개방정식을 구하고 점 $P$에서 곡률을 구하여라.

(1) $x^{2/3} + y^{2/3} = 1,\quad P\left(\frac{1}{8}, \frac{3\sqrt{3}}{8}\right)$

(2) $x^3 + y^3 = 4xy,\quad P(2, 2)$

(3) $x(x+y)^2 = 9 + (x+y)^2,\quad P(2, 1)$

(4) $y = x^4 - x^2,\quad P(0, 0)$

**4.** 다음 함수의 그래프에서 곡률이 최대가 되는 점을 구하고 그 점에서 곡률원을 구하여라.

(1) $y = x^{1/2}$

(2) $y = e^x$

(3) $y = \ln x^2$

(4) $y = \frac{1}{16}x^4 + \frac{1}{2}x^2$

(5) $y = \ln\sec x$

(6) $y = \sinh x$

**5.** 함수 $y = f(x)$에서 $f'(x)$, $f''(x)$가 모두 양수이면 곡선 $y = f(x)$의 곡률중심은 다음과 같음을 증명하여라.

$$\left(x - \frac{\dot{y}(1+\dot{y}^2)}{\ddot{y}},\quad y + \frac{1+\dot{y}^2}{\ddot{y}}\right)$$

# 제 13 장 편도함수

**타오(Terence Chi-Shen Tao)**

타오(1975~)는 조화 해석학, 편미분 방정식, 조합론, 해석적 수론, 표현론 등을 주로 연구하는 오스트레일리아의 수학자이다. 타오는 어린 시절부터 신동으로 소문이 났으며 특히 매우 뛰어난 수학적 재능을 보였다. 2살 때 가족모임에서 5살된 아이에게 산수와 영어를 가르치려고 했다는 일화가 있다. 1986년, 1987년, 1988년 3년 동안, 타오는 국제 수학 올림피아드에서 가장 어린 참가자였으며, 각각 동메달, 은메달, 금메달을 수상하였다. 그는 현재까지도 각 메달을 최연소 수상자이다. 1996년 프린스턴 대학에서 박사 학위를 받고 같은 해 캘리포니아 대학교 로스앤젤레스(UCLA)의 교수가 되었다. 2004년 그는 벤 그린과 함께 지금은 그린-타오 정리로 알려진 결과를 증명하였다. 이 결과는 소수들만으로 이루어진 임의의 길이의 등차수열이 항상 존재한다는 것으로 두 수의 차가 2인 소수의 쌍이 무한히 많다는 쌍둥이 소수 추측과 관련된 것이다. 이 결과를 포함하여 조화해석학, 편미분 방정식, 조합론, 해석적 수론에서의 공로로 2006년 필즈상을 수상하였다.

# 13.1 부등식의 영역과 다변수함수

## 부등식의 영역

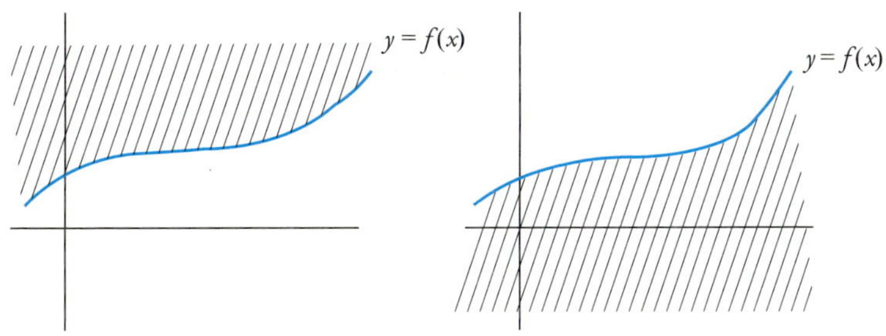


그림 13.1.1



좌표평면 위에서 $x, y$에 대한 부등식을 만족하는 점 $(x, y)$ 전체의 집합을 부등식의 영역이라고 한다. 직교좌표계 위에 곡선 $y = f(x)$가 있을 때, 점 $(a, b)$가 곡선에 포함된 점이라고 하자. 즉 $b = f(a)$이고 직선 $x = a$와 곡선 $y = f(x)$의 교점 중 하나이다. 이때 직선 $x = a$를 따라서 점 $(a, b)$ 위에 있는 점을 $(a, b_1)$이라고 하면 $b_1 > b = f(a)$이므로 점 $(a, b_1)$은 부등식 $y > f(x)$를 만족한다. 비슷하게 직선 $x = a$를 따라서 점 $(a, b)$ 아래에 있는 점을 $(a, b_2)$라고 하면 $b_2 < b = f(a)$이므로 점 $(a, b_2)$는 부등식 $y < f(x)$를 만족한다. 이처럼 곡선 윗부분에 포함 된 점들은 부등식 $y > f(x)$를, 아랫부분에 포함된 점들은 부등식 $y < f(x)$을 만족하므로 부등식의 영역임을 알 수 있다.

**예제 1** 다음의 부등식의 영역을 구하여라 $y < e^x - x$

**풀이** $y < e^x - x$이므로 부등식의 영역은 $y = e^x - x$의 그래프 아래 부분이 된다. ■

다음은 좌표평면 위에 있는 중심이 $(0, 0)$이고 반지름이 $r$인 원 $x^2 + y^2 = r^2$을 생각하자. 원 $x^2 + y^2 = r^2$의 내부에 있는 한 점을 $(a_1, b_1)$이라고 하면 원의 중심 $(0, 0)$에서 점 $(a_1, b_1)$까지 거리는 $\sqrt{a_1^2 + b_1^2}$이고 반지름 $r$보다 작다. 즉, $a_1^2 + b_1^2 < r^2$이다. 따라서 원 $x^2 + y^2 = r^2$의 내부에 있는 점 $(a_1, b_1)$은 부등식 $x^2 + y^2 < r^2$을 만족한다. 같은 방법으로 원 $x^2 + y^2 = r^2$ 외부에 있는 점을 $(a_2, b_2)$라고 하면 원의 중심 $(0, 0)$와 $(a_2, b_2)$의 거리는 $r$보다 크므로

$a_2^2+b_2^2>r^2$. 즉, 원 $x^2+y^2=r^2$의 외부에 있는 점 $(a_2, b_2)$은 부등식 $x^2+y^2>r^2$을 만족한다. 따라서 부등식 $x^2+y^2<r^2$의 영역은 원 $x^2+y^2=r^2$의 내부이고 부등식 $x^2+y^2>r^2$의 영역은 원 $x^2+y^2=r^2$의 외부이다. 일반적인 원 $(x-a)^2+(y-b)^2=r^2$은 $X=x-a, Y=y-b$라고 치환하면 $X^2+Y^2=r^2$으로 표현가능 하므로 평행이동을 통해서 그림 13.1.2와 같이 부등식 $(x-a)^2+(y-b)^2<r^2$의 영역은 원 내부이고 $(x-a)^2+(y-b)^2>r^2$의 영역은 원 외부임을 쉽게 이해 할 수 있다.

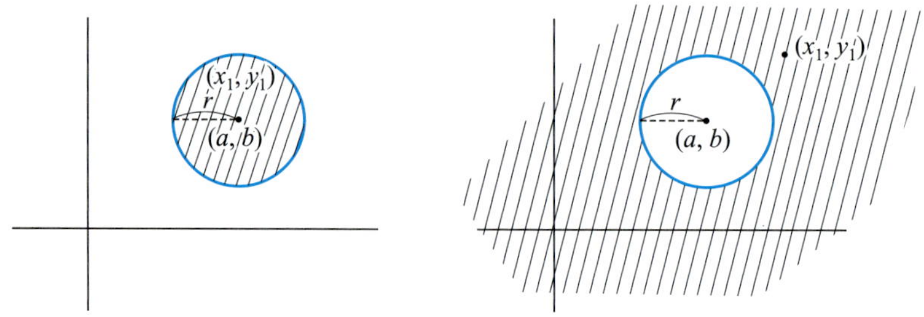

그림 13.1.2

**예제 2** 부등식 $x^2+y^2+2x-4y+1<0$의 영역을 좌표평면 위에 나타내어라.

**풀이** $x^2+y^2+2x-4y+1=(x+1)^2+(y-2)^2-4<0$이므로 주어진 부등식의 영역은 $(x+1)^2+(y-2)^2<4$이므로 원 $(x+1)^2+(y-2)^2=4$의 내부이다. ■

다음 예제에서는 두 개의 부등식을 만족하는 부등식의 영역을 구해보자.

**예제 3** 연립부등식 $\begin{cases} x+y\geq 1 \\ (x-1)^2+y^2\leq 4 \end{cases}$의 영역을 좌표평면 위에 나타내어라.

**풀이** 첫 번째 부등식 $x+y\geq 1$은 $y=-x+1$의 그래프 윗부분이고 두 번째 부등식 $(x-1)^2+y^2\leq 4$은 원 $(x-1)^2+y^2=4$의 내부이므로 공통부분은

$$\left\{(x, y) \mid 1-\sqrt{2}\leq x\leq 1+\sqrt{2},\ -x+1\leq y\leq \sqrt{4-(x-1)^2}\right\}$$

이고 그림 13.1.3과 같다.

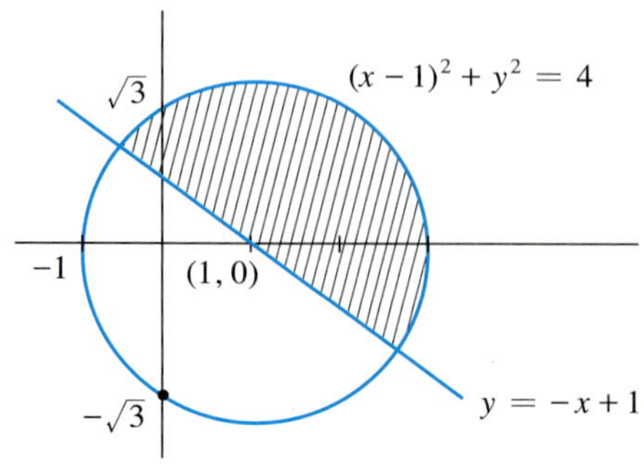

그림 13.1.3 ■

여기서는 다변수함수의 그래프, 등고선, 극한, 연속성 등 다변수함수의 성질을 파악하는데 필요한 사항들을 이변수함수의 경우를 중심으로 배운다.

## 다변수함수

밑면의 반지름이 $x$ cm, 높이가 $y$ cm인 원뿔의 부피 $z$ cm$^3$는 다음과 같다.

$$z = \frac{1}{3}\pi x^2 y$$

즉, 원뿔의 부피 $z$는 밑면의 반지름 $x$와 높이 $y$ 두 가지 요소에 의하여 결정되며 부피의 식 $z = \frac{1}{3}\pi x^2 y$을 이변수함수라 한다.

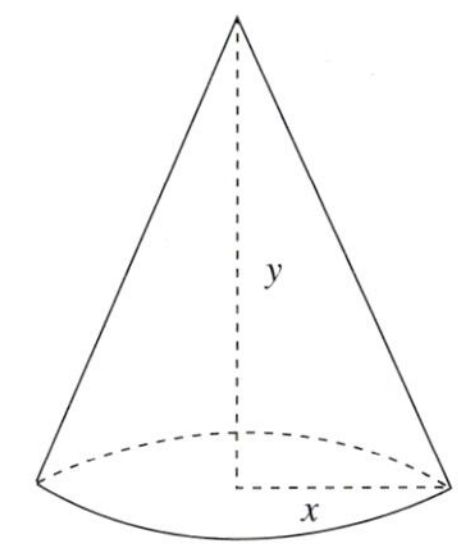

그림 13.1.4

이변수함수(function of two variables) $f$는 평면 $\mathbb{R}^2$의 부분집합 $D$를 정의역으로 실수집합 $\mathbb{R}$을 공역으로 하는 함수이다. 평면의 부분집합 $D$의 원소는 순서쌍 $(x, y)$로 표시되므로 두 개의 독립변수 $x, y$와 종속변수 $z$를 사용하여

$$z = f(x, y)$$

로 나타낸다. 즉, 다음과 같이 나타낼 수 있다.

$$\begin{aligned} f : D &\to \mathbb{R} \\ (x, y) &\mapsto f(x, y) \end{aligned}$$

이때 이변수함수 $z = f(x, y)$의 치역 Ran$(f)$은 다음과 같다.

$$\text{Ran}(f) = \{f(x, y) | (x, y) \in D\}$$

그리고 이변수함수 $z = f(x, y)$의 그래프 G$(f)$는 다음과 같이 주어지며

$$\text{G}(f) = \{(x, y, z) \,|\, z = f(x, y), (x, y) \in \text{Dom}(f)\}$$

3차원 공간 $\mathbb{R}^3$의 부분집합이 된다.

**예제 4** 이변수 함수 $f(x, y) = 2\sqrt{4 - x^2 - 4y^2}$의 정의역과 치역을 구하여라.

**풀이** 함숫값이 정의될 수 있으려면 $4 - x^2 - 4y^2 \geq 0$이어야 하므로 함수 $f$의 정의역 Dom$(f)$는 다음과 같다.

$$\text{Dom}(f) = \{(x,y) |\ 4 - x^2 - 4y^2 \geq 0\}$$

그리고 $x, y$를 적당히 주면 $2\sqrt{4 - x^2 - 4y^2}$으로 0 이상 그리고 4 이하의 모든 실수를 만들 수 있다.

따라서 함수 $f$의 치역 Ran$(f)$는 다음과 같다.

$$\text{Ran}(f) = \{z | 0 \leq z \leq 4\} = [0, 4]$$ ■

**함수의 정의역**

함수의 정의역이 구체적으로 언급되지 않은 경우 함수값이 정의될 수 있는 모든 점들의 집합을 정의역으로 한다.

**예제 5** 이변수함수 $f(x, y) = \sqrt{16 - x^2 - y^2}$ 의 정의역, 치역 및 그래프를 구하여라.

**풀이** $\sqrt{\ }$ 의 내부는 0 이상이어야 하므로 함수 $f$의 정의역 $\mathrm{Dom}(f)$은 다음과 같다.

$$\mathrm{Dom}(f) = \{(x, y) \mid 16 - x^2 - y^2 \geq 0\}$$

정의역 $\mathrm{Dom}(f)$을 좌표평면에 표시하면 다음과 같다.

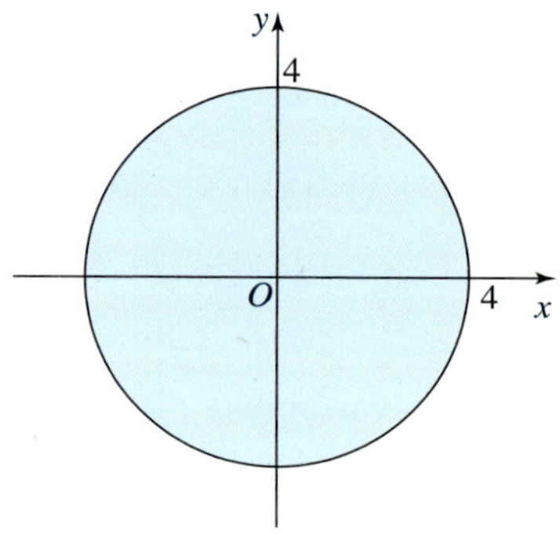


$\mathrm{Dom}(f) = \{(x, y) \mid x^2 + y^2 \leq 16\}$

그림 13.1.5

함수 $f$의 정의역에서 생각하면

$$0 \leq 16 - x^2 - y^2 \leq 16$$

따라서

$$0 \leq \sqrt{16 - x^2 - y^2} \leq 4$$

그러므로 함수 $f$의 치역 $\mathrm{Ran}(f)$은 다음과 같다.

$$\mathrm{Ran}(f) = \{z \mid 0 \leq z \leq 4\}$$

함수 $f$의 그래프 $\mathrm{G}(f)$는 다음과 같이 3차원 공간 3의 부분집합이 된다.

$$\mathrm{G}(f) = \left\{(x, y, z) \mid 16 - x^2 - y^2 \geq 0, \quad z = \sqrt{16 - x^2 - y^2}\right\}$$

그래프 $\mathrm{G}(f)$를 3차원 공간에 표시하면 다음과 같이 반구를 이룬다.

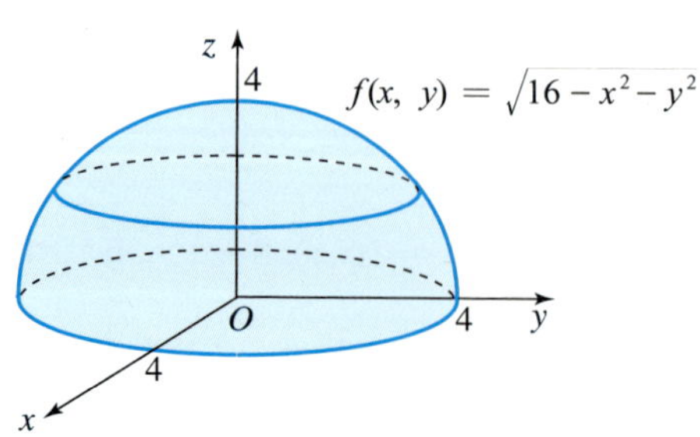


그림 13.1.6

■

이변수함수와 유사하게 삼변수함수, 사변수함수, ⋯ 등 여러 가지의 다변수 함수를 생각할 수 있다. 즉 함수의 정의역이 $\mathbb{R}^3$의 부분집합이면 삼변수함수, $\mathbb{R}^4$의 부분집합이면 사변수함수가 된다.

**다변수함수의 표현**

이변수함수

$$z = f(x, y)$$

삼변수함수

$$w = f(x, y, z)$$

$n$변수함수

$$y = f(x_1, x_2, \cdots, x_n)$$

**예제 6** 삼변수함수 $f(x, y, z) = \sqrt{16 - x^2 - y^2 - z^2}$의 정의역, 치역 및 그래프를 구하여라.

**풀이** $\sqrt{\phantom{x}}$ 속은 0 이상이어야 하므로 함수 $f$의 정의역 Dom$(f)$은 다음과 같다.

$$\text{Dom}(f) = \{(x, y, z) \mid 16 - x^2 - y^2 - z^2 \geq 0\}$$

Dom$(f)$는 3차원 공간 $\mathbb{R}^3$의 부분집합으로 반지름이 4인 구의 내부이다.

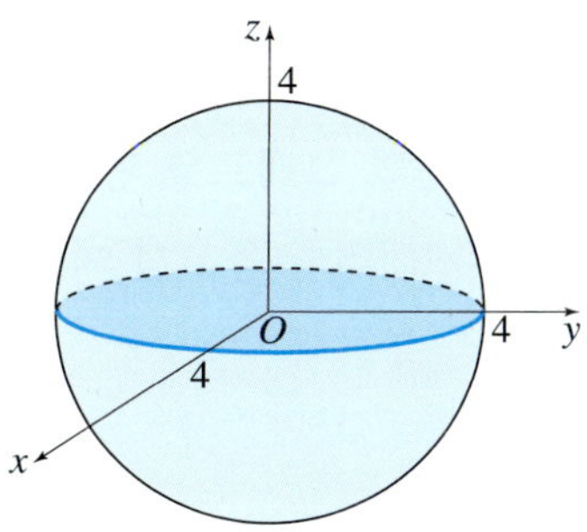


$$\text{Dom}(f) = \{(x, y, z) \mid 16 - x^2 - y^2 - z^2 \geq 0\}$$

그림 13.1.7

함수 $f$의 정의역에서 생각하면

$$0 \leq 16 - x^2 - y^2 - z^2 \leq 16$$

따라서

$$0 \leq \sqrt{16 - x^2 - y^2 - z^2} \leq 4$$

그러므로 함수 $f$의 치역 Ran$(f)$은 다음과 같다.

$$\begin{aligned} \text{Ran}(f) &= \{f(x, y, z) \mid (x, y, z) \in \text{Dom}(f)\} \\ &= \left\{\sqrt{16 - x^2 - y^2 - z^2} \mid (x, y, z) \in \text{Dom}(f)\right\} \\ &= [0, 4] \end{aligned}$$

함수 $f$의 그래프 G$(f)$는 다음과 같이 4차원 공간 $\mathbb{R}^4$의 부분집합이다.

$$\text{G}(f) = \{(x, y, z, f(x, y, z)) \mid (x, y, z) \in \text{Dom}(f)\}$$

이 경우 함수 $f$의 그래프 G$(f)$를 그림으로 표시하는 것은 불가능하다. ■

Chapter 13

위의 예제에서 살펴본 이변수함수 $f(x, y) = \sqrt{16 - x^2 - y^2}$ 의 경우와 같이 일반적으로 이변수함수 $z = f(x, y)$는 3차원 공간 $\mathbb{R}^3$에서 곡면을 이룬다. 그러나 이변수함수의 그래프로 주어지는 곡면을 한눈에 보고 파악할 수 있도록 평면위에 그림으로 나타내기는 어렵다.

이변수함수의 그래프로 주어지는 곡면의 형태를 파악하는 방법으로 곡면을 잘라서 생기는 곡선의 형태를 파악하는 방법이 있다. 지도에서 사용하는 등고선이 바로 그러한 방법 중 하나로서 3차원공간의 입체도형인 곡면을 평면 위에 표시하는 방법이다.

이변수함수 $z = f(x, y)$의 치역에 있는 어떤 수 $k$에 대하여 다음의 식

$$f(x, y) = k$$

는 $xy$평면에서 곡선으로 나타나는데 이 곡선을 등고선(level curve)이라 부른다. 이 등고선은 함수 $z = f(x, y)$의 그래프를 평면 $z = k$로 잘라서 생긴 곡선을 $xy$평면으로 사영한 곡선이다. 이러한 등고선 여러 개를 적당한 간격으로 한 평면에 그린 것을 등고선지도라 부른다

**예제 7** 함수 $f(x, y) = \sqrt{16 - x^2 - y^2}$ 의 등고선지도를 구하여라.

**풀이** 함수 $f$의 치역은 $[0, 4]$이므로 $z = 0, 1, 2, 3, 4$ 등 5개의 등고선을 그려 등고선 지도를 만들자.

$z = 0$일 때 $\sqrt{16 - x^2 - y^2} = 0$, 즉 $x^2 + y^2 = 16$

$z = 1$일 때 $\sqrt{16 - x^2 - y^2} = 1$, 즉 $x^2 + y^2 = 15$

$z = 2$일 때 $\sqrt{16 - x^2 - y^2} = 2$, 즉 $x^2 + y^2 = 12$

$z = 3$일 때 $\sqrt{16 - x^2 - y^2} = 3$, 즉 $x^2 + y^2 = 7$

$z = 4$일 때 $\sqrt{16 - x^2 - y^2} = 4$, 즉 $x^2 + y^2 = 0$

위의 5개의 등고선은 모두 원점을 중심으로 하는 원이다. 이 5개의 등고선을 한 평면에 모두 그린 등고선 지도는 다음과 같다.

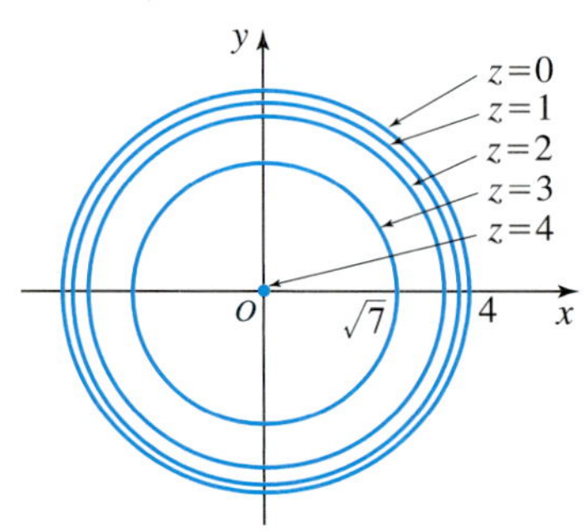


그림 13.1.8

■

**예제 8** 함수 $z = -x^2 + y^2$의 등고선지도와 그래프를 그려라.

쌍곡선

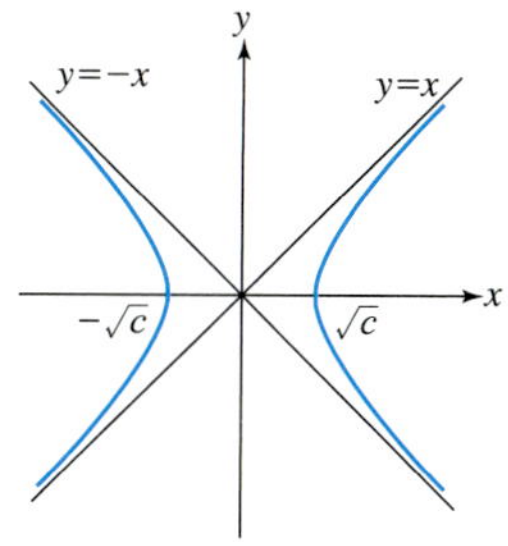


$x^2 - y^2 = c(c > 0)$

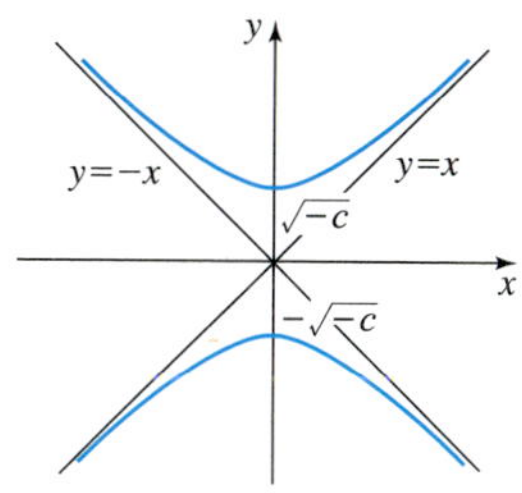


$x^2 - y^2 = c(c < 0)$

그림 13.1.9

**풀이** 함수 $z = -x^2 + y^2$의 두 변수 $x$, $y$ 각각에 어떠한 수를 대입해도 문제가 발생하지 않는다. 따라서

$$\text{Dom}(f) = \{(x,\ y) | \ x,\ y \in \mathbb{R}\} = \mathbb{R}^2$$

그리고 함수 $z = -x^2 + y^2$의 함수값으로 모든 수가 가능하다. 즉

$$\text{Ran}(f) = \left\{f(x,\ y) | \ x,\ y \in \mathbb{R}^2\right\} = \mathbb{R}$$

등고선 $z = k$의 방정식은 $-x^2 + y^2 = k$으로 쌍곡선이다. 따라서 함수 $z = -x^2 + y^2$의 등고선 지도는 다음과 같다.

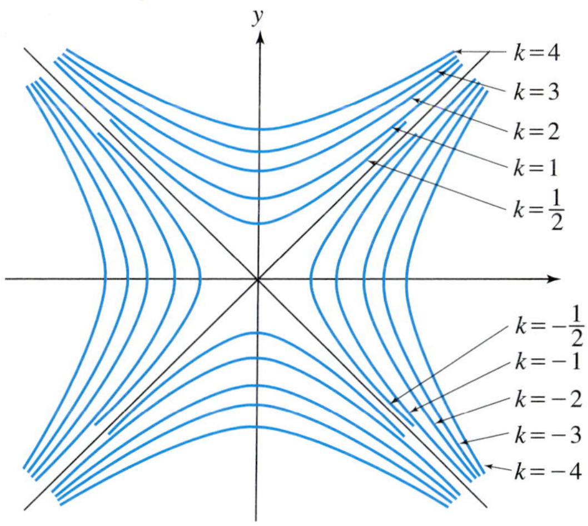


그림 13.1.10

함수 $z = -x^2 + y^2$의 등고선 지도를 참고하여 $z = -x^2 + y^2$의 그래프를 그리면 다음과 같다.

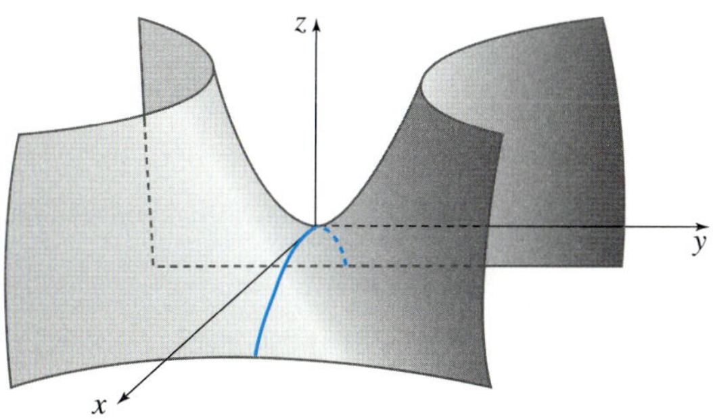


그림 13.1.11 ■

삼변수함수 $w = f(x, y, z)$의 경우 $f(x, y, z) = k$는 3차원공간의 곡면이 되며 이 곡면을 등고면(level surface)이라 한다.

## 이변수함수의 극한

평면에서 점 $(x, y)$가 점 $(a, b)$로 접근할 때 이변수함수 $z = f(x, y)$의 값이 어떤 수 $L$에 접근하면, $L$을 $(a, b)$에서 $f(x, y)$의 극한이라 하고 다음과 같이 나타낸다.

$$\lim_{(x, y) \to (a, b)} f(x, y) = L$$

이변수함수의 극한의 정의를 여기서는 직관적인 방법으로 소개하였다. 그러나 극한의 엄밀한 정의는 일변수함수의 경우와 마찬가지로 $\varepsilon - \delta$방법으로 하며 이러한 정의는 심화학습(13.8절)에서 소개한다.

**일변수함수의 극한**

$$\lim_{x \to a} f(x) = L$$
$$\Updownarrow$$
$$\lim_{x \to a^+} f(x) = \lim_{x \to a^-} f(x) = L$$

$y = f(x)$의 극한이 존재하려면 좌극한과 우극한이 일치해야 한다.

일변수함수 $y = f(x)$의 경우 $a$에서의 극한을 생각할 때 $x$는 수직선을 따라 $a$에 접근하게 되며, 접근하는 방법은 왼쪽에서 접근하는 방법과 오른쪽에서 접근하는 방법 등 두 가지 방법이 있다. 그리고 극한이 존재하려면 좌극한과 우극한이 일치해야 한다.

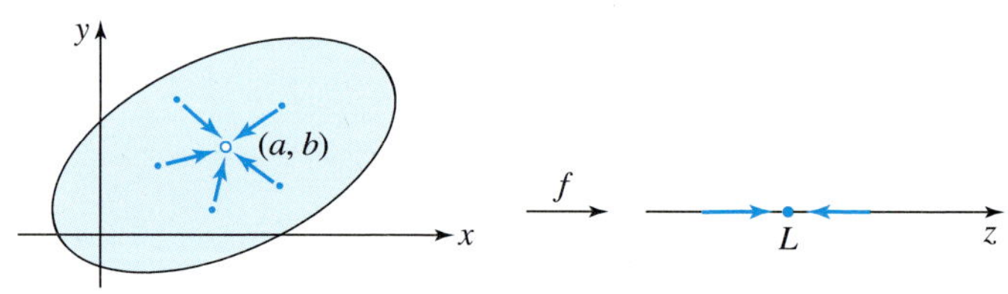


그림 13.1.12

그러나 이변수함수 $z = f(x, y)$의 경우 $(a, b)$에서 $f(x, y)$의 극한을 생각할 때 점 $(x, y)$는 평면에서 점 $(a, b)$로 접근하게 되며 이때 접근하는 방법의 가짓수는 무수히 많다. 하지만 극한이 존재하려면 접근하는 방법에 상관없이 $f(x, y)$의 값이 일정한 값으로 접근하여야 한다.

그리고 함수 $f$가 점 $(a, b)$에서 정의되지 않아도 $(a, b)$에서 함수 $f$의 극한을 생각할 수 있다.

극한의 정의를 이용하여 극한식을 증명하는 예제는 심화학습(13.8절)에서 찾아볼 수 있다. 다음 예제에서 극한이 존재하지 않는 경우를 살펴본다.

**예제 9** $f(x, y) = \dfrac{3xy^2}{x^2+y^4}$ 일 때, $\lim_{(x, y)\to(0, 0)} f(x, y)$는 극한을 갖지 않음을 보여라.

**풀이** $x = 0$인 $y$을 따라 극한을 계산하면

$$\lim_{\substack{(x, y)\to(0, 0)\\ y\text{축}}} \frac{3xy^2}{x^2+y^4} = \lim_{\substack{(x, y)\to(0, 0)\\ x=0}} \frac{3(0)y^2}{(0)^2+y^4} = \lim_{y\to 0}\frac{0}{y^4} = 0$$

이고 $y = 0$인 $x$축을 따라 극한을 계산하면

$$\lim_{\substack{(x, y)\to(0, 0)\\ x\text{축}}} \frac{3xy^2}{x^2+y^4} = \lim_{\substack{(x, y)\to(0, 0)\\ y=0}} \frac{3x(0)^2}{x^2+(0)^4} = \lim_{x\to 0}\frac{0}{x^2} = 0$$

이다. 따라서 $x$축, $y$축을 따라서 극한을 계산하면 0이지만 이것이 주어진 함수의 극한이 0임을 보여주는 것은 아니다. 이번엔 포물선 $x = y^2$을 따라 $(x, y)\to(0, 0)$이면

$$\lim_{\substack{(x, y)\to(0, 0)\\ x=y^2}} \frac{3xy^2}{x^2+y^4} = \lim_{\substack{(x, y)\to(0, 0)\\ x=y^2}} \frac{3y^4}{y^4+y^4} = \lim_{y\to 0}\frac{3y^4}{2y^4} = \frac{3}{2}$$

이므로 $x = y^2$를 따라 $(x, y)\to(0, 0)$이면 $f(x, y)\to\frac{3}{2}$이다. 따라서 다른 경로에 따라 다른 극한값을 가지므로 주어진 함수의 극한은 존재하지 않는다. ■

**예제 10** 함수 $f(x, y) = \dfrac{x^2-2y^2}{x^2+y^2}$은 원점 $(0, 0)$에서 극한을 갖지 않음을 보여라.

**풀이** 이 함수는 원점 $(0, 0)$에서 정의되지 않지만 극한을 생각할 수 있다. 점 $(x, y)$가 원점으로 접근하는 방법에 따라 $f(x, y)$의 값이 서로 다른 값으로 접근함을 보임으로서 $f(x, y)$가 원점에서 극한을 갖지 않음을 증명하자.

(1) 점 $(x, y)$가 $x$축을 따라 원점 $(0, 0)$로 접근할 때 $y = 0$이고 $x$가 0으로 접근하므로

$$\lim_{\substack{(x, y)\to(0, 0)\\ x\text{축}}} \frac{x^2-2y^2}{x^2+y^2} = \lim_{\substack{(x, y)\to(0, 0)\\ y=0}} \frac{x^2-2y^2}{x^2+y^2} = \lim_{x\to 0}\frac{x^2}{x^2} = 1$$

(2) 점 $(x, y)$가 $y$축을 따라 원점 $(0, 0)$로 접근할 때 $x = 0$이고 $y$가 0으로 접근하므로

$$\lim_{\substack{(x, y)\to(0, 0)\\ y\text{축}}} \frac{x^2-2y^2}{x^2+y^2} = \lim_{\substack{(x, y)\to(0, 0)\\ x=0}} \frac{x^2-2y^2}{x^2+y^2} = \lim_{y\to 0}\frac{-2y^2}{y^2} = -2$$

따라서 접근하는 방법에 따라 그 극한값이 다르므로 함수 $f(x, y) = \dfrac{x^2-2y^2}{x^2+y^2}$는 원점 $(0, 0)$에서 극한을 갖지 않는다. ■

일변수함수의 극한의 정리(정리 1.2.2)와 유사한 형태의 이변수함수의 극한의 경우에도 성립한다. 이 정리를 증명에는 극한의 정의 및 극한에 관련된 몇 가지의 성질이 필요하며 심화학습(13.8절)에서 소개한다.

Chapter 13

**정리 13.1.1(이변수함수의 극한의 성질 1)**

함수 $f, g$가 점 $(a, b)$에서 극한을 갖는다고 하자. $\lim_{(x, y)\to(a, b)} f(x, y) = A$, $\lim_{(x, y)\to(a, b)} g(x, y) = B$라 하면 다음 식이 성립한다.

(1) $\lim_{(x, y)\to(a, b)} kf(x, y) = kA$ ($k$는 상수)

(2) $\lim_{(x, y)\to(a, b)} (f(x, y) + g(x, y)) = A + B$

(3) $\lim_{(x, y)\to(a, b)} (f(x, y) - g(x, y)) = A - B$

(4) $\lim_{(x, y)\to(a, b)} f(x, y)g(x, y) = AB$

(5) $\lim_{(x, y)\to(a, b)} \dfrac{f(x, y)}{g(x, y)} = \dfrac{A}{B}$ (단, $B \neq 0$)

(6) $\lim_{(x, y)\to(a, b)} \sqrt{f(x, y)} = \sqrt{A}$ (단, $A \geq 0$)

(7) $\lim_{(x, y)\to(a, b)} |f(x, y)| = |A|$

(8) $\lim_{(x, y)\to(a, b)} x = a$, $\lim_{(x, y)\to(a, b)} y = b$

(9) $\lim_{(x, y)\to(a, b)} k = k$ ($k$는 상수)

정리 13.1.1을 이용하여 이변수함수의 극한을 계산하여 보자.

**예제 11** $\lim_{(x, y)\to(1, -2)} \dfrac{x + y}{x^2 + y^2 + 2}$을 구하여라.

**풀이** 정리 13.1.1을 이용하자.

$$\lim_{(x, y)\to(1, -2)} (x + y) = -1 \qquad \text{(정리 13.1.1(2),(8))}$$
$$\lim_{(x, y)\to(1, -2)} (x^2 + y^2 + 2) = 7 \qquad \text{(정리 13.1.1(2),(4),(8),(9))}$$

따라서 정리 13.1.1(5)에 의하여

$$\lim_{(x, y)\to(1, -2)} \frac{x + y}{x^2 + y^2 + 2} = \frac{\lim_{(x, y)\to(1, -2)} (x + y)}{\lim_{(x, y)\to(1, -2)} (x^2 + y^2 + 2)} = -\frac{1}{7}$$ ■

**예제 12** $\lim_{(x, y)\to(2, -3)} \sqrt{\dfrac{x^2 - y^2}{x^3 + 3xy}}$을 구하여라.

**풀이** 정리 13.1.1을 이용하면

$$\lim_{(x, y)\to(2, -3)} (x^2 - y^2) = -5, \quad \lim_{(x, y)\to(2, -3)} (x^3 + 3xy) = -10$$

따라서

$$\lim_{(x, y)\to(2, -3)} \frac{x^2 - y^2}{x^3 + 3xy} = \frac{\lim_{(x, y)\to(2, -3)} (x^2 - y^2)}{\lim_{(x, y)\to(2, -3)} (x^3 + 3xy)} = \frac{1}{2}$$

그러므로

$$\lim_{(x, y)\to(2, -3)} \sqrt{\frac{x^2 - y^2}{x^3 + 3xy}} = \frac{1}{\sqrt{2}}$$ ■

다음 정리에서 극한을 구할 때 유용한 몇 가지 성질들을 소개한다. 이 정리의 증명은 심화학습(13.8절)에서 찾아볼 수 있다.

**정리 13.1.2(이변수함수의 극한의 성질 2)**

(1) $\lim_{(x,\ y)\to(a,\ b)} |f(x,\ y)| = 0$이면 $\lim_{(x,\ y)\to(a,\ b)} f(x,\ y) = 0$이다.

(2) 점 $(a, b)$의 근방의 $(x,\ y) \neq (a,\ b)$에 대하여 $f(x,\ y) \leq g(x,\ y)$이면 다음이 성립한다.

$$\lim_{(x,\ y)\to(a,\ b)} f(x,\ y) \leq \lim_{(x,\ y)\to(a,\ b)} g(x,\ y)$$

정리 13.1.1의 (7)에서 극한이 0인 경우 역이 성립함을 정리 13.1.2의 (1)에서 알 수 있다. 그리고 점 $(a, b)$의 근방(neighborhood)이라 함은 점 $(a, b)$를 중심으로 하는 적당한 원의 내부를 의미한다.

**예제 13** $\lim_{(x,\ y)\to(0,\ 0)} \dfrac{4x^2 y}{x^2+y^2}$을 구하여라.

**풀이** 함수 $\dfrac{4x^2 y}{x^2+y^2}$의 분자는 3차 분모는 2차이므로 전체적으로 1차이므로 극한이 0일 가능성이 크다. 정리 13.1.2의 (2)를 이용하자. $(x,\ y) \neq (0,\ 0)$이면

$$\left|\frac{x^2}{x^2+y^2}\right| \leq 1$$

따라서

$$\left|\frac{4x^2 y}{x^2+y^2}\right| \leq \left|4y\,\frac{x^2}{x^2+y^2}\right| \leq |4y|, \qquad (x,\ y) \neq (0,\ 0)$$

그러므로

$$\lim_{(x,\ y)\to(0,\ 0)} \left|\frac{4x^2 y}{x^2+y^2}\right| \leq \lim_{(x,\ y)\to(0,\ 0)} |4y| = 0$$

즉, $\lim_{(x,\ y)\to(0,\ 0)} \left|\dfrac{4x^2 y}{x^2+y^2}\right| = 0$. 따라서 $\lim_{(x,\ y)\to(0,\ 0)} \dfrac{4x^2 y}{x^2+y^2} = 0$ ■

### 이변수함수의 연속

일변수함수의 경우 함수값과 극한값이 같을 때 연속이라고 정의하였다(1.4절). 이변수함수의 경우에도 같은 방법으로 연속성을 정의한다.

일변수함수의 연속

$y = f(x)$는 $x = a$에서 연속이다.

$\Longleftrightarrow \lim_{x \to a} f(x) = f(a)$

**정의 13.1.3(이변수함수의 연속)**

함수 $f(x, y)$가 점 $(a, b)$를 포함하는 근방에서 정의되고 다음 식을 만족할 때 점 $(a, b)$에서 연속(continuous)이라고 한다.

$$\lim_{(x, y) \to (a, b)} f(x, y) = f(a, b)$$

함수 $f(x, y)$가 영역 $D \subset \mathbb{R}^2$의 각 점에서 연속일 때 $f(x, y)$는 영역 $D$에서 연속(continuous)이라고 한다.

함수 $f(x, y)$가 점 $(a, b)$에서 정의가 되지 않아도 극한을 생각할 수 있다. 그러나 함수 $f(x, y)$가 점 $(a, b)$에서 연속이 되려면 점 $(a, b)$에서 정의되어야 하며 극한이 $f(a, b)$가 되어야 한다.

**예제 14** 다음 함수가 연속이 되는 점들의 집합을 구하여라.

$$f(x) = \begin{cases} \dfrac{x^2 - 2y^2}{x^2 + y^2}, & (x, y) \neq (0, 0) \\ 0, & (x, y) = (0, 0) \end{cases}$$

**풀이** $(a, b) \neq (0, 0)$이면

$$\lim_{(x, y) \to (a, b)} f(x, y) = \lim_{(x, y) \to a, b)} \frac{x^2 - 2y^2}{x^2 + y^2} = \frac{a^2 - 2b^2}{a^2 + b^2} = f(a, b)$$

따라서 함수 $f$는 $(a, b)$에서 연속이다. 한편 $f$는 원점에서 극한을 가지지 않으므로(예제 10) 원점에서 연속이 아니다. 따라서 $f$가 연속이 되는 점들의 집합은 $\mathbb{R}^2 - (0, 0)$이다. ■

**예제 15** 다음 함수가 연속이 되는 점들의 집합을 구하여라.

$$f(x) = \begin{cases} \dfrac{4x^2 y}{x^2 + y^2}, & (x, y) \neq (0, 0) \\ 0, & (x, y) = (0, 0) \end{cases}$$

**풀이** $(a, b) \neq (0, 0)$이면

$$\begin{aligned} \lim_{(x, y) \to (a, b)} f(x, y) &= \lim_{(x, y) \to (a, b)} \frac{4x^2 y}{x^2 + y^2} \\ &= \frac{4a^2 b}{a^2 + b^2} = f(a, b) \end{aligned}$$

따라서 함수 $f$는 $(a, b)$에서 연속이다. 한편 예제 13에서

$$\lim_{(x, y) \to (0, 0)} \frac{4x^2 y}{x^2 + y^2} = 0$$

따라서 함수 $f$는 원점에서도 연속이다. 그러므로 함수 $f$가 연속이 되는 점들의 집합은 $\mathbb{R}^2$ 이다. ■

다음 정리에서 이변수함수의 연속성이 합, 차, 곱, 나눗셈, 절대값 및 제곱근에서 보존됨을 소개한다. 이 정리는 극한의 성질(정리 13.1.1)을 사용하면 쉽게 증명할 수 있다.

**정리 13.1.4(연속함수의 성질)**

이변수함수 $f(x, y)$와 $g(x, y)$가 평면영역 $D \subset \mathbb{R}^2$에서 연속이면

(1) $f(x, y) + g(x, y)$는 $D$에서 연속이다.

(2) $f(x, y) - g(x, y)$는 $D$에서 연속이다.

(3) $f(x, y)g(x, y)$는 $D$에서 연속이다.

(4) $|f(x, y)|$는 $D$에서 연속이다.

(5) $f(x, y) \geq 0$이면 $\sqrt{f(x, y)}$는 $D$에서 연속이다.

(6) $D$에서 $g(x, y) \neq 0$이면 $\dfrac{f(x, y)}{g(x, y)}$는 $D$에서 연속이다.

다음 정리에서 연속인 이변수함수와 일변수함수의 합성함수의 연속성에 대하여 소개한다. 이 정리의 증명은 심화학습(13.8절)에서 소개한다.

**정리 13.1.5(합성함수의 연속성)**

이변수함수 $z = f(x, y)$가 $D$에서 연속이고 $w = g(z)$가 $f$의 치역에서 연속이면 합성함수 $w = g(f(x, y))$도 $D$에서 연속이다.

**예제 16** $z = e^{x+y}$는 $\mathbb{R}^2$에서 연속함수임을 증명하여라.

**풀이** $f(x, y) = x + y$, $g(z) = e^z$라 하면

$$\mathrm{Dom}(f) = \mathbb{R}^2, \quad \mathrm{Ran}(f) = \mathbb{R}, \quad \mathrm{Dom}(g) = \mathbb{R}$$

$\mathrm{Ran}(f) \subset \mathrm{Dom}(g)$이므로 합성함수 $g \circ f$가 정의되고

$$(g \circ f)(x, y) = g(f(x, y)) = e^{x+y}$$

그리고

$$f(x, y) = x + y \ : \ \mathbb{R}^2\text{에서 연속}$$
$$g(z) = e^z \ : \ \mathbb{R}\text{에서 연속}$$

Chapter 13

따라서 정리 13.3.4에 의하여 $g(f(x, y)) = e^{x+y}$는 $\mathbb{R}^2$에서 연속이다. ■

**예제 17** $z = \ln(x^2 + y^2 + 1)$는 $\mathbb{R}^2$에서 연속함수임을 증명하여라.

**풀이** $f(x, y) = x^2 + y^2 + 1,\ g(z) = \ln z$라 하면

$$\text{Dom}(f) = \mathbb{R}^2,\quad \text{Ran}(f) = [1, \infty],\quad \text{Dom}(g) = (0, \infty)$$

$\text{Ran}(f) \subset \text{Dom}(g)$이므로 합성함수 $g \circ f$가 정의되고

$$(g \circ f)(x, y) = g(f(x, y)) = \ln(x^2 + y^2 + 1)$$

그리고

$$\begin{aligned} f(x, y) &= x^2 + y^2 + 1 &&: \mathbb{R}^2\text{에서 연속} \\ g(z) &= \ln z &&: (0, \infty)\text{에서 연속} \end{aligned}$$

따라서 정리 13.3.4에 의하여 $g(f(x, y)) = \ln(x^2 + y^2 + 1)$는 $\mathbb{R}^2$에서 연속이다. ■

## 연습문제 13.1

**(1~5)** 함수 $f$에 대하여 (1)~(4)를 구하여라.

**1.** 다음 부등식의 영역을 좌표평면 위에 나타내어라.

(1) $2x + 3y > 1$

(2) $x^2 - x + y + 3 \geq x + \sqrt{3}$

(3) $x^2 + y^2 - 2x + 2y \leq 2$

(4) $x^2 + y^2 - 4x - 2y + 4 \geq 0$

(5) $(x + y)(x - 2y + 3) \geq 0$

(6) $\begin{cases} x - 2y < 1 \\ x^3 - y \geq 0 \end{cases}$

(7) $\begin{cases} y < x + 1 \\ y - 1 < 0 \\ x^2 + y^2 \leq 4 \end{cases}$

(8) $\begin{cases} y - x > 0 \\ y + \dfrac{1}{2}x < 1 \\ x^2 + y^2 + x - 2y - \dfrac{3}{4} \leq 0 \end{cases}$

**2.** $f(x, y) = x^2 + y^2 - 4xy + 7y + 5$

(1) $f(1, 0)$ (2) $f(2, -3)$

(3) $f(0, 5)$ (4) $f(-3, -4)$

**3.** $f(x, y) = \ln(xy + x - 1)$

(1) $f(2, 0)$ (2) $f(1, e)$

(3) $f(1, e^2)$ (4) $f(1, e^{-3})$

**4.** $f(x, y) = \dfrac{2x - 3y}{x^2 + y^2 + 2}$

(1) $f(1, 0)$ (2) $f(3, 2)$

(3) $f(-3, 2)$ (4) $f(5, -3)$

**5.** $f(x, y) = e^x \cos y$

(1) $f(0, 0)$ (2) $f(1, \pi/3)$

(3) $f(-1, \pi/4)$ (4) $f(-2, 5\pi/4)$

**6.** 다음 함수 $f$의 정의역과 치역을 구하여라.

(1) $f(x, y) = 2x^2 + y^2 - 3$

(2) $f(x, y) = \sqrt{36 - 4x^2 - 9y^2}$

(3) $f(x, y) = \dfrac{1}{x+y}$

(4) $f(x, y) = \dfrac{y}{x}$

**7.** 다음 함수 $f$의 등고선지도와 그래프를 그려라.

(1) $f(x, y) = x^2 + y^2 + 1$

(2) $f(x, y) = -x - 2y + 4$

(3) $f(x, y) = x^2 + 2y^2$

(4) $f(x, y) = x^2 + xy + 2y^2$

(5) $f(x, y) = x^3 - x$

(6) $f(x, y) = \sqrt{x^2 + 4y^2}$

(8) $f(x, y) = \cos y$

(9) $f(x, y) = xy$

(10) $f(x, y) = \dfrac{y}{x}$

(11) $f(x, y) = e^{xy}$

(12) $f(x, y) = \dfrac{-5x}{x^2 + y^2 + 1}$

**8.** 다음 함수 $f$의 등고면을 그려라.

(1) $f(x, y, z) = -x^2 - y^2 - z^2$

(2) $f(x, y, z) = 4x^2 + 9y^2 + z^2$

(3) $f(x, y, z) = x^2 + y^2$

(4) $f(x, y, z) = xy + yz$

**9.** 다음 극한을 구하여라.

(1) $\displaystyle\lim_{(x, y)\to(1, -2)} (x^2 + 3y^2)y$

(2) $\displaystyle\lim_{(x, y)\to(0, 1)} e^x y$

(3) $\displaystyle\lim_{(x, y)\to(-3, 4)} \sqrt{x^2 + y^2 + 4}$

(4) $\displaystyle\lim_{(x, y)\to(0, 0)} \frac{x^2}{\sqrt{x^2 + y^2}}$

(5) $\displaystyle\lim_{(x, y)\to(2, 0)} \frac{x^2 - y^2 - 2x + 2y}{x + y - 2}$

(6) $\displaystyle\lim_{(x, y)\to(0, 2)} \frac{x^2 - y^2 - 2x + 2y}{x + y - 2}$

**10.** 다음 극한이 존재하는지 확인하여라.

(1) $\displaystyle\lim_{(x, y)\to(0, 0)} \frac{\sin(2x + y)}{2x - y}$

(2) $\displaystyle\lim_{(x, y)\to(0, 0)} \frac{2x - y}{x + y}$

(3) $\displaystyle\lim_{(x, y)\to(0, 0)} \frac{(x + y)^2}{x^2 + y^2}$

(4) $\displaystyle\lim_{(x, y)\to(0, 0)} \frac{8x^2 y^2}{x^4 + y^4}$

**11.** 다음 함수 $f$에서 연속이 되는 점들의 집합을 찾아라.

(1) $f(x, y) = \dfrac{x^2 + y^2 + 1}{x^2 + y^2 - 1}$

(2) $f(x, y) = \dfrac{x^4 - y^4}{x^3 + y^3}$

(3) $f(x, y) = \dfrac{x^2 + y^2}{e^{2x-3y} - 1}$

(4) $f(x, y) = \ln(x + 2y)$

(5) $f(x, y) = \sqrt{x + y} - \sqrt{x - y}$

(6) $f(x, y) = \ln(4 - x^2 + 2y^2)$

**12.** 정리 13.1.4를 증명하여라.

Chapter 13

## 13.2 편도함수

2장에서 우리는 함수 $y = f(x)$의 함수값의 변화에 변수 $x$가 미치는 영향 즉, 변수 $x$에 대한 $f$의 변화율을 미분이라 하고 $f'(x)$로 표시하였다.

이변수함수 $z = f(x, y)$에서는 두 변수 $x, y$가 각각 $f$의 함수값의 변화에 영향을 미친다. 두 변수 중 하나의 변수는 고정하고 나머지 하나의 변수가 함수값의 변화에 미치는 변화율인 편미분을 생각해보자.

함수 $z = f(x, y)$에서 $y$를 상수 $b$로 고정시키면 변수 $x$에 대한 일변수함수 $z = f(x, b)$가 된다. 이 함수의 미분은 변수 $y$를 $b$로 고정했을 때 변수 $x$에 대한 변화율이 된다. 마찬가지 방법으로 함수 $z = f(x, y)$에서 변수 $x$를 상수 $a$로 고정시키면 변수 $y$에 대한 일변수함수 $z = f(a, y)$가 되고 이 함수의 미분은 변수 $x$를 $a$로 고정했을 때 변수 $y$에 대한 변화율이 된다.

**정의 13.2.1**

이변수함수 $z = f(x, y)$에서 $y$를 상수 $b$로 고정시켜 얻은 일변수함수 $z = f(x, b)$가 $x = a$에서 미분가능할 때 함수 $z = f(x, y)$는 점 $(a, b)$에서 $x$에 대하여 편미분가능(partial differentiable with respect to $x$)하다고 한다. 이때 함수 $z = f(x, b)$의 미분을 점 $(a, b)$에서 함수 $z = f(x, y)$의 $x$에 대한 편미분계수(partial derivative with respect to $x$)이라 하고, $\frac{\partial f}{\partial x}(a, b)$로 나타낸다. 즉,

$$\frac{\partial f}{\partial x}(a, b) = \lim_{\Delta x \to 0} \frac{f(a + \Delta x, b) - f(a, b)}{\Delta x}$$

마찬가지 방법으로 $z = f(x, y)$에서 $x$를 상수 $a$로 고정시켜 얻은 일변수함수 $z = f(a, y)$가 $y = b$에서 미분가능할 때 함수 $z = f(x, y)$는 점 $(a, b)$에서 $y$에 대하여 편미분가능(partial differentiable with respect to $y$)하다고 한다. 이 때 함수 $z = f(a, y)$의 미분을 점 $(a, b)$에서 함수 $z = f(x, y)$의 $y$에 대한 편미분계수(partial derivative with respect to $y$)이라 하고, $\frac{\partial f}{\partial x}(a, b)$로 나타낸다. 즉,

$$\frac{\partial f}{\partial x}(a, b) = \lim_{\Delta y \to 0} \frac{f(a, b + \Delta y) - f(a, b)}{\Delta y}$$

일변수함수의 미분

$$f'(a) = \lim_{x \to 0} \frac{f(a + \Delta x) - f(a)}{\Delta x}$$

**예제 1** 함수 $f(x, y) = x^2 + y + 3xy - 1$가 $(4, -5)$에서 $x$에 대하여 그리고 $y$에 대하여 편미분 가능함을 보이고 $x$에 대한 편미분계수와 $y$에 대한 편미분계수를 구하여라.

**풀이** $(4, -5)$에서 편미분 가능함을 보여야 하므로 $x$를 4로, $y$를 $-5$로 고정한 $f(4, y)$, $f(x, -5)$가 각각 $y$에 대하여, $x$에 대하여 미분 가능함을 보여야 한다.
$z = f(x, y)$에서 $y$를 $-5$로 고정시키면

$$f(x, -5) = x^2 - 15x - 6$$

$f(x, -5)$은 $x = 4$에서 미분 가능하므로 $z = f(x, y)$는 $(4, -5)$에서 $x$에 대하여 편미분가능하다. $(4, -5)$에서 $x$에 대한 편미분계수를 구하면

$$\begin{aligned} \frac{\partial f}{\partial x}(4, -5) &= \lim_{\Delta x \to 0} \frac{f(4 + \Delta x, -5) - f(4, 5)}{\Delta x} \\ &= \lim_{\Delta x \to 0} \frac{[(4 + \Delta x)^2 - 15(4 + \Delta x) - 6] - [(4)^2 - 15(4) - 6])}{\Delta x} \\ &= \lim_{\Delta x \to 0} \frac{(\Delta x)^2 - 7(\Delta x)}{\Delta x} = -7 \end{aligned}$$

$z = f(x, y)$에서 $x$를 4로 고정시키면

$$f(4, y) = 13y + 15$$

$f(4, y)$은 $y = -5$에서 미분 가능하므로 $z = f(x, y)$는 $(4, -5)$에서 $y$에 대하여 편미분가능하다. $(4, -5)$에서 $y$에 대한 편미분계수를 구하면

$$\begin{aligned} \frac{\partial f}{\partial x}(4, -5) &= \lim_{\Delta y \to 0} \frac{f(4, -5 + \Delta y) - f(4, -5)}{\Delta y} \\ &= \lim_{\Delta y \to 0} \frac{[13(-5 + \Delta y)^2 + 15] - [13(-5) + 5]}{\Delta y} \\ &= \lim_{\Delta y \to 0} \frac{13(\Delta y)}{\Delta y} = 13 \end{aligned}$$

■

함수 $z = f(x, y)$의 $x$에 대한 편미분 $\frac{\partial f}{\partial x}(x, y)$가 존재하는 점 $(x, y)$ 전체의 집합을 $D$라 하면 $\frac{\partial f}{\partial x}$는 집합 $D$에서 정의되는 함수가 된다. 이 함수 $\frac{\partial f}{\partial x}$를 $z = f(x, y)$의 $x$에 대한 편도함수(partial derivative of $f$ with respect to $x$) 또는 $x$에 대한 1계 편도함수(1st order partial derivative of $f$ with respect to $x$)라 한다.

$z = f(x, y)$의 $y$에 대한 편도함수(partial derivative of $f$ with respect to $x$)와 $y$에 대한 1계 편도함수(1st order partial derivative ) $\frac{\partial f}{\partial x}$도 마찬가지 방법으로 정의한다.

이변수 함수 $z = f(x, y)$의 편도함수를 나타낼 때 다음과 같은 기호를 사용한다.

일변수함수의 미분 기호

$\frac{df}{dx}(x)$, $f'(x)$, $\frac{dy}{dx}(x)$, $y'(x)$

Chapter 13

$$x\text{에 대한 편미분}: \frac{\partial f}{\partial x}(x,y),\ \ f_x(x,\ y),\ \ \frac{\partial z}{\partial x}(x,\ y),\ \ z_x(x,\ y)$$

$$y\text{에 대한 편미분}: \frac{\partial f}{\partial y}(x,\ y),\ \ f_y(x,\ y),\ \ \frac{\partial z}{\partial y}(x,\ y),\ \ z_y(x,\ y)$$

삼변수함수 또는 그 이상의 다변수함수에 대한 편미분가능, 편미분도 위와 같은 방법으로 정의하고 표시한다.

## 편도함수를 계산하는 방법

다변수함수 $f(x, y)$, $g(x, y, z)$의 $x$에 대한 편도함수 $f_x$, $g_x$는 함수식 $f(x, y)$, $g(x, y, z)$를 각각 변수 $x$에 대하여 미분하여 계산한다. 이때 $x$ 외의 다른 변수($f(x, y)$에서는 $y$, $g(x, y, z)$에서는 $y$와 $z$)는 모두 상수로 취급한다. 함수 $f$, $g$의 $y$에 대한 편도함수 $f_y$, $g_y$ 그리고 함수 $g$의 $z$에 대한 편도함수 $g_z$도 마찬가지 방법으로 계산한다.

**예제 2** 함수 $f(x, y) = x^2 + 4y^2 - 8xy + 4$의 1계 편도함수를 구하여라.

**풀이** $f(x, y)$에서 $y$를 상수로 취급하고 변수 $x$에 대하여 미분하면

$$f_x(x,\ y) = 2x - 8y$$

$f(x, y)$에서 $x$를 상수로 취급하고 변수 $y$에 대하여 미분하면

$$f_y(x,\ y) = 8y - 8x$$

■

**예제 3** 함수 $f(x, y, z) = xy\cos(xy^2z)$의 1계 편도함수를 구하여라.

**풀이** $f(x, y, z)$에서 $y$, $z$를 상수로 취급하고 변수 $x$에 대하여 미분하면

$$\begin{aligned} f_x(x,\ y,\ z) &= y\cos(xy^2z) - xy(\sin(xy^2z))y^2z \\ &= y\cos(xy^2z) - xy^3z\sin(xy^2z) \end{aligned}$$

$f(x, y, z)$에서 $x$, $z$를 상수로 취급하고 변수 $y$에 대하여 미분하면

$$\begin{aligned} f_y(x,\ y,\ z) &= x\cos(xy^2z) - xy(\sin(xy^2z))2xyz \\ &= x\cos(xy^2z) - 2x^2y^2z\sin(xy^2z) \end{aligned}$$

$f(x, y, z)$에서 $x$, $y$를 상수로 취급하고 변수 $z$에 대하여 미분하면

$$\begin{aligned} f_z(x,\ y,\ z) &= -xy(\sin(xy^2z))xy^2 \\ &= -x^2y^3\sin(xy^2z) \end{aligned}$$

■

**예제 4** $f(x, y) = e^x(\cos x + \sin y)$의 편미분 $f_x\left(0, \frac{2}{3}\pi\right)$, $f_y\left(0, \frac{2}{3}\pi\right)$를 구하여라.

**풀이** 편미분을 구하면

$$\begin{aligned} f_x(x, y) &= e^x(\cos x + \sin y) + e^x(-\sin x) \\ &= e^x(\cos x - \sin x + \sin y) \\ f_y(x, y) &= e^x \cos y \end{aligned}$$

그러므로 $f_x\left(0, \frac{2}{3}\pi\right) = e^0\left(\cos 0 - \sin 0 + \sin\frac{2}{3}\pi\right) = 1 + \frac{\sqrt{3}}{2}$

$f_y\left(0, \frac{2}{3}\pi\right) = e^0 \cos\frac{2}{3}\pi = -\frac{1}{2}$ ■

**예제 5** 삼변수함수 $f(x, y, z) = e^{xy}\ln(y^2 + z^2)$의 편미분 $f_x(1, 0, e)$, $f_y(1, 0, e)$, $f_z(1, 0, e)$를 구하여라.

**풀이** $(1, 0, e)$에서의 편미분 $f_x$, $f_y$, $f_z$를 각각 구하면

$$\begin{aligned} f_x(1, 0, e) &= [ye^{xy}\ln(y^2 + z^2)]_{(x,\ y,\ z)\ =\ (1,\ 0,\ e)} = 0 \\ f_y(1, 0, e) &= \left[xe^{xy}\ln(y^2 + z^2) + e^{xy}\frac{2y}{y^2 + z^2}\right]_{(x,\ y,\ z)\ =\ (1,\ 0,\ e)} = 2 \\ f_z(1, 0, e) &= \left[e^{xy}\frac{2z}{y^2 + z^2}\right]_{(x,\ y,\ z)\ =\ (1,\ 0,\ e)} = \frac{2}{e} \end{aligned}$$ ■

## 편도함수의 기하학적의미

함수 $z = f(x, y)$가 점 $(a, b)$에서 편미분가능하다고 하자. 곡선 $z = f(x, b)$는 곡면 $z = f(x, y)$와 평면 $y = b$가 만나서 생긴 곡선이다.

도함수의 기하학적 의미

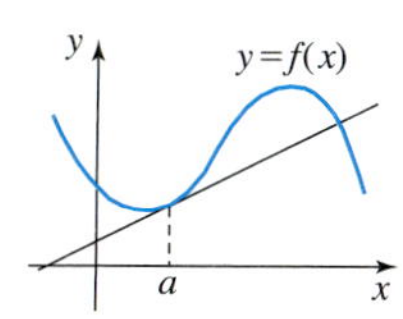


그림 13.2.1

$f'(a)$는 $f$의 그래프 위의 점 $(a, f(a))$에서 접선의 기울기가 된다.

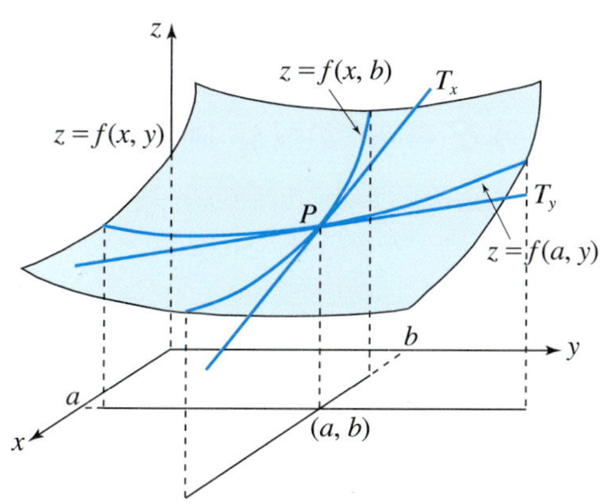


그림 13.2.2

점 $P$에서 곡선 $z = f(x, b)$의 접선 $T_x$의 기울기를 구해보자.

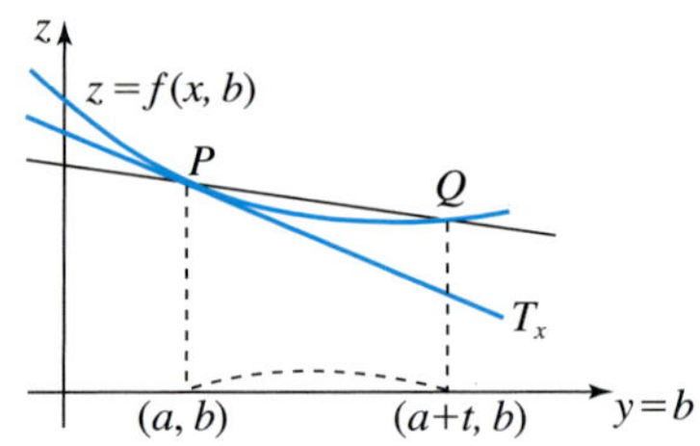


그림 13.2.3

그림 13.2.3와 같이 곡선 $z = f(x, b)$, 직선 $y = b$, 접선 $T_x$를 한 평면에 나타내고 직선 $y = b$를 따라 점 $(a, b)$에서 $t$만큼 떨어진 점 $(a+t, b)$에서 곡선 $z = f(x, b)$ 위의 점을 $Q$라 하자. 점 $P$, $Q$의 좌표는 각각 $(a, b, f(a, b))$, $(a+t, b, f(a+t, b))$이므로 두 점 $P, Q$를 지나는 직선의 기울기는

$$\frac{f(a+t, b) - f(a, b)}{t}$$

$t$가 0으로 접근하면 점 $Q$는 곡선 $z = f(x, b)$를 따라서 점 $P$에 접근하게 되고 두 점 $P, Q$를 지나는 직선은 점 $P$에서의 접선 $T_x$로 접근하게 된다. 따라서

$$T_x \text{ 의 기울기} = \lim_{t \to 0} \frac{f(a+t, b) - f(a, b)}{t} = f_x(a, b)$$

마찬가지 방법으로 다음을 얻을 수 있다.

$$T_y \text{ 의 기울기} = \lim_{t \to 0} \frac{f(a, b+t) - f(a, b)}{t} = f_y(a, b)$$

따라서 다음 정리가 성립한다.

**정리 13.2.2**

이변수함수 $z = f(x, y)$가 점 $(a, b)$에서 편미분가능하면 함수 $f$의 그래프 위의 점 $P(a, b, f(a, b))$에서 그래프의 접선에 대하여 다음이 성립한다.

$$\text{점 } P\text{에서 } x\text{축 방향의 접선의 기울기} = f_x(a, b)$$
$$\text{점 } P\text{에서 } y\text{축 방향의 접선의 기울기} = f_y(a, b)$$

**예제 6** 곡면 $f(x, y) = 9 - x^2 - \frac{1}{4}y^2$과 평면 $y = 3$이 만나서 생긴 곡선 $C$의 매개방정식을 구하여라. 또 곡선 $C$ 위의 점 (2, 3, 11/4)에서 접선의 기울기를 구하여라.

**풀이** $f(x, y)$에서 $y = 3$이면

$$f(x, 3) = -x^2 + \frac{27}{4}.$$

따라서 평면 $y = 3$과 곡면 $z = 9 - x^2 - \frac{1}{4}y^2$이 만나서 생긴 곡선 $C$는 다음의 성질을 만족한다.

$$y = 3, \quad z = -x^2 + \frac{27}{4}$$

따라서 곡선 $C$의 매개방정식은

$$x = t, \quad y = 3, \quad z = -t^2 + \frac{27}{4}$$

$f(2, 3) = -2^2 + \frac{27}{4} = \frac{11}{4}$이므로, 점 (2, 3, 11/4)는 곡선 $C$ 위의 점이다. 그리고 점 (2, 3, 11/4)에서 곡선 $C$의 접선의 기울기는 $\frac{\partial f}{\partial x}(2, 3)$이다.

$$\frac{\partial f}{\partial x}(2, 3) = [-2x]_{\substack{x=2\\y=3}} = -4$$

그러므로 점 (2, 3, 11/4)에서 곡선 $C$의 접선의 기울기는 $-4$이다. ■

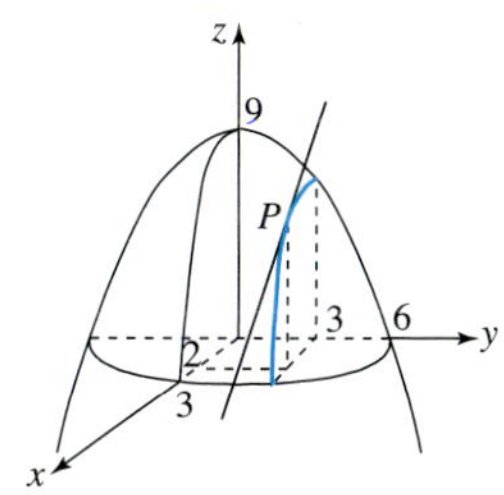


$z = 9 - x^2 - \frac{1}{4}y^2$

그림 13.2.4

## 고계 편도함수

이변수함수 $z = f(x, y)$의 1계 편도함수 $f_x(x, y)$, $f_y(x, y)$도 $x$, $y$에 대한 이변수함수이다. 이변수함수 $f_x(x, y)$, $f_y(x, y)$를 다시 $x$ 또는 $y$에 대하여 편미분하여 얻은 결과를 $f$의 2계 편도함수(2nd order partial derivative of $f$)이라 한다. 2계 편미분은 다음과 같은 기호를 사용하여 나타낸다.

$$\frac{\partial}{\partial x}\left(\frac{\partial f}{\partial x}\right) = \frac{\partial^2 f}{\partial x^2} = f_{xx} = \frac{\partial^2 z}{\partial x^2} = z_{xx}$$

$$\frac{\partial}{\partial y}\left(\frac{\partial f}{\partial x}\right) = \frac{\partial^2 f}{\partial y \partial x} = f_{xy} = \frac{\partial^2 z}{\partial y \partial x} = z_{xy}$$

$$\frac{\partial}{\partial x}\left(\frac{\partial f}{\partial y}\right) = \frac{\partial^2 f}{\partial x \partial y} = f_{yx} = \frac{\partial^2 z}{\partial x \partial y} = z_{yx}$$

$$\frac{\partial}{\partial y}\left(\frac{\partial f}{\partial y}\right) = \frac{\partial^2 f}{\partial y^2} = f_{yy} = \frac{\partial^2 z}{\partial y^2} = z_{yy}$$

**예제 7** $f(x, y) = xe^y - \sin x + x^2 y$ 의 2계 편도함수를 구하여라.

**풀이** 먼저 1계 편도함수를 구하자.

$$f_x(x, y) = e^y - \cos x + 2xy$$
$$f_y(x, y) = xe^y + x^2$$

2계 편도함수를 구하면

$$f_{xx}(x, y) = \sin x + 2y$$
$$f_{xy}(x, y) = e^y + 2x$$
$$f_{yx}(x, y) = e^y + 2x$$
$$f_{yy}(x, y) = xe^y$$

■

2계 편도함수와 마찬가지 방법으로 3계 편도함수 등 고계 편도함수도 마찬가지 방법으로 정의하며 다음과 같이 표시한다.

$$\frac{\partial}{\partial x}\left(\frac{\partial^2 f}{\partial x^2}\right) = \frac{\partial^3 f}{\partial x^3} = f_{xxx} = \frac{\partial^3 z}{\partial x^3} = z_{xxx}$$
$$\frac{\partial}{\partial y}\left(\frac{\partial^2 f}{\partial x^2}\right) = \frac{\partial^3 f}{\partial y \partial x^2} = f_{xxy} = \frac{\partial^3 z}{\partial y \partial x^2} = z_{xxy}$$
$$\frac{\partial}{\partial x}\left(\frac{\partial^2 f}{\partial y \partial x}\right) = \frac{\partial^3 f}{\partial x \partial y \partial x} = f_{xyx} = \frac{\partial^3 z}{\partial x \partial y \partial x} = z_{xyx}$$
$$\frac{\partial}{\partial y}\left(\frac{\partial^3 f}{\partial x \partial y^2}\right) = \frac{\partial^4 f}{\partial y \partial x \partial y^2} = f_{yyxy} = \frac{\partial^4 z}{\partial y \partial x \partial y^2} = z_{yyxy}$$

**예제 8** 함수 $f(x, y) = e^{2x}\cos y$ 의 편도함수 $\frac{\partial^3 f}{\partial x^3}$, $\frac{\partial^3 f}{\partial y \partial x^2}$, $\frac{\partial^4 f}{\partial x \partial y \partial x^2}$ 를 구하여라.

**풀이** $f_x$, $f_{xx}$, $f_{xxx}$, $f_{xxy}$, $f_{xxyx}$ 의 순서로 편도함수를 구하자.

$$\frac{\partial f}{\partial x} = 2e^{2x}\cos y$$
$$\frac{\partial^2 f}{\partial x^2} = \frac{\partial}{\partial x}(2e^{2x}\cos y) = 4e^{2x}\cos y$$
$$\frac{\partial^3 f}{\partial x^3} = \frac{\partial}{\partial x}(4e^{2x}\cos y) = 8e^{2x}\cos y$$
$$\frac{\partial^3 f}{\partial y \partial x^2} = \frac{\partial}{\partial y}\left(\frac{\partial^2 f}{\partial x^2}\right) = \frac{\partial}{\partial y}(4e^{2x}\cos y) = -4e^{2x}\sin y$$
$$\frac{\partial^4 f}{\partial x \partial y \partial x^2} = \frac{\partial}{\partial x}(-4e^{2x}\sin y) = -8e^{2x}\sin y$$

■

예제 7의 풀이에서 $f_{xy}(x, y) = f_{yx}(x, y)$가 성립함을 보았다. 그러나 이러한 성질이 항상 성립하지는 않는다. 다음 정리에서 이러한 성질이 성립하기위한 조건을 소개한다. 이 정리의 증명은 심화학습(13.8절)에서 소개한다.

**정리 13.2.3**

이변수함수 $z = f(x, y)$의 2계 편도함수 $f_{xy}(x, y)$, $f_{yx}(x, y)$가 $xy$평면의 영역 $D$에서 연속이면 영역 $D$ 내부의 모든 점 $(a, b)$에서 다음이 성립한다.

$$f_{xy}(a, b) = f_{yx}(a, b)$$

**예제 9** $f(x, y) = x\cos y + ye^x$에서 2계 편도함수 $f_{xy}(x, y)$, $f_{yx}(x, y)$를 구하고 같음을 밝혀라. 그리고 $f_{xyy}(x, y) = f_{yyx}(x, y) = f_{yxy}(x, y)$임을 확인하여라.

**풀이** $f_{xy}(x, y)$, $f_{yx}(x, y)$를 구하면

$$f_x = \cos y + ye^x, \qquad f_{xy} = -\sin y + e^x$$
$$f_y = -x\sin y + e^x, \qquad f_{yx} = -\sin y + e^x$$

따라서 $f_{xy} = f_{yx}$.

그리고 $f_{xyy}$, $f_{yyx}$, $f_{yxy}$를 구하면

$$f_{xyy} = -\cos y$$
$$f_{yy} = -x\cos y, \qquad f_{yyx} = -\cos y$$
$$f_{yxy} = -\cos y$$

그러므로 $f_{xyy} = f_{yyx} = f_{yxy}$. ■

**예제 10** 편도함수를 포함한 방정식을 편미분방정식이라 한다. 예를 들어 $\frac{\partial^2 f}{\partial x^2} + \frac{\partial^2 f}{\partial y^2} = 0$은 라플라스 방정식이라 한다. 다음 함수 $f(x, y) = e^x \sin y$는 라플라스 방정식의 해가 되는지 확인하여라.

**풀이** $f_x = e^x \sin y$, $f_y = e^x \cos y$, $f_{xx} = e^x \sin y$, $f_{yy} = -e^x \sin y$ 이므로

$$f_{xx} + f_{yy} = e^x \sin y - e^x \sin y = 0$$

따라서 주어진 함수 $f(x, y) = e^x \sin y$는 라플라스 방정식의 해가 된다. ■

## 연습문제 13.2

**1.** 다음 함수 $f(x, y)$와 $P(a, b)$에 대하여 $g(x) = f(x, b)$, $h(y) = f(a, y)$라 하고 $g'(a) = f_x(a, b)$, $h'(b) = f_y(a, b)$임을 확인하여라.

(1) $f(x, y) = 2 + 2xy^2 - y$, $P(1, 2)$

(2) $f(x, y) = xy\cos(xy)$, $P(1, 0)$

(3) $f(x, y) = xy\ln(xy)$, $P(2, e)$

(4) $f(x, y) = \frac{x - 2y}{1 + 2x + 3y}$, $P(-1, -2)$

**2.** 다음 함수 $f$의 1계 편도함수를 구하여라.

(1) $f(x, y) = 2x^2 + 2xy^2 - y^3$

(2) $f(x, y) = \tan(x^2 y)$

(3) $f(x, y) = e^x \cos 2y$

(4) $f(x, y) = \ln(xy - y^2)$

**3.** 다음 함수 $f$에 대하여 $f_{xy}$, $f_{yx}$를 각각 구하고 비교하여라.

(1) $f(x, y) = \sin^2 x \cos y$

(2) $f(x, y) = \sqrt{2x^2 + 5xy + y^2}$

(3) $f(x, y) = \tan(x^2 + y^2)$

(4) $f(x, y) = \dfrac{x - y}{1 - xy}$

**4.** 다음 함수 $f$의 2계 편도함수를 모두 구하여라.

(1) $f(x, y, z) = \sin(xy)\cos(yz)$

(2) $f(x, y, z) = 2x^2 y + yz + z^2$

(3) $f(x, y, z) = \ln(x^2 + y^2 + z^2)$

(4) $f(x, y, z) = e^{x^2 + y^2 + z^2}$

**5.** 다음 함수 $f$의 그래프를 주어진 평면 $x = a$ 또는 $y = b$로 잘랐을 때 생기는 곡선의 매개방정식을 구하고 그림을 그려라. 그리고 곡선 위의 점 $P(a, b)$에서 접선의 기울기를 구하여라.

(1) $f(x, y) = \frac{1}{9}x^2 + \frac{1}{4}y^2, \quad x = 1, \quad P(1, 2, f(1, 2))$

(2) $f(x, y) = 4 - x^2 - 2y^2, \quad y = 2, \quad P(2, 2, f(2, 2))$

(3) $f(x, y) = x^2 + 4y^2, \quad x = 2, \quad P(2, 1, f(2, 1))$

(4) $f(x, y) = 1 - 4x^2 - y^2, \quad y = 3, \quad P(2, 3, f(2, 3))$

**6.** 다음 함수 $f$에 대하여 다음의 편도함수들을 구하여라.

(1) $f(x, y, s, t) = \dfrac{x^2 + y^2}{s^2 + t^2}, \quad \dfrac{\partial^2 f}{\partial x \partial s}, \quad \dfrac{\partial^2 f}{\partial s \partial x}$

(2) $f(x, y) = x^3 \sin 2y + e^x \cos 2y, \quad \dfrac{\partial^5 f}{\partial x^2 \partial y^3}, \quad \dfrac{\partial^5 f}{\partial x \partial y \partial x \partial y^2}$

(3) $f(x, y) = e^x(e^y + e^{-y}), \quad \dfrac{\partial^3 f}{\partial x^2 \partial y}, \quad \dfrac{\partial^3 f}{\partial y \partial x^2}$

(4) $f(x, y) = x^2 y + \cos y + y \sin x, \quad \dfrac{\partial^3 f}{\partial x^2 \partial y}, \quad \dfrac{\partial^3 f}{\partial y \partial x \partial y}$

[정의] 다음 식을 만족하는 함수 이변수함수 $u(x, y)$를 조화함수(harmonic function)라 한다.

$$\frac{\partial^2 u}{\partial x^2} + \frac{\partial^2 u}{\partial y^2} = 0$$

**7.** 다음 함수 $u(x, y)$가 조화함수임을 보여라.

(1) $u(x, y) = x^2 - y^2$

(2) $u(x, y) = xy$

(3) $u(x, y) = e^x \cos y$

(4) $u(x, y) = \ln(x^2 + y^2)$

**8.** 함수 $f$가 다음과 같이 정의 되어 있다.

$$f(x, y) = \begin{cases} \dfrac{xy}{x^2 + y^2} & (x, y) \neq (0, 0) \\ 0 & (x, y) = (0, 0) \end{cases}$$

(1) $(x, y) \neq (0, 0)$일 때 $f_x(x, y)$, $f_y(x, y)$를 구하여라.

(2) 편미분계수의 정의를 이용하여 $f_x(0, 0)$, $f_y(0, 0)$를 구하여라.

(3) 함수 $f$가 $(0, 0)$에서 불연속임을 보여라.

(4) 함수 $f_x$, $f_y$가 각각 $(0, 0)$에서 불연속임을 보여라.

**9.** 함수 $f$가 다음과 같이 정의 되어있다.

$$f(x, y) = \begin{cases} \dfrac{xy(x^2 - y^2)}{x^2 + y^2} & (x, y) \neq (0, 0) \\ 0 & (x, y) = (0, 0) \end{cases}$$

(1) $(x, y) \neq (0, 0)$일 때 $f_x(x, y)$, $f_y(x, y)$를 구하여라.

(2) 편미분의 정의를 이용하여 $f_x(0, 0)$, $f_y(0, 0)$를 구하여라.

(3) $f_{xy}(0, 0) = -1$, $f_{yx}(0, 0) = 1$임을 보여라.

(4) 함수 $f$에 대하여 정리 13.2.2가 성립하지 않는 이유를 설명하여라.

# 13.3 연쇄법칙

이번 절에서는 이변수함수 또는 삼변수함수를 변수변환한 후 새로운 변수에 대한 편도함수를 구하는 방법인 연쇄법칙을 소개한다. 그리고 삼변수의 음함수에 대한 음함수 정리를 이용하여 특정 변수에 대한 편도함수를 구하는 음함수 편미분법을 소개한다.

## 연쇄법칙

연쇄법칙은 합성함수의 미분을 나타내는 식을 의미하며 일변수함수의 연쇄법칙(2.4절), 벡터함수의 연쇄법칙(12.2절)을 앞에서 배웠다. 여기서는 다변수함수의 연쇄법칙을 소개한다.

이변수함수 $z = f(x, y)$의 두 변수 $x, y$가 각각 다음의 두 함수

$$x = x(s), \quad y = y(s)$$

에 의하여 변수 $s$로 표시된다고 하자. 두 변수 $x, y$ 대신 위의 두 식을 $z = f(x, y)$에 대입하면

$$z = f(x(s), y(s))$$

따라서 $f$는 변수변환에 의하여 변수 $s$에 의한 일변수함수가 되므로 변수 $s$에 대한 $f$의 미분을 생각할 수 있으며 다음과 같이 표시한다.

$$\frac{df}{ds} \quad \text{또는} \quad \frac{dz}{ds}$$

**예제 1** $f(x, y) = x + y,\ x = 2\cos t,\ y = 2\sin t$일 때 $\frac{df}{dt}$와 $\frac{df}{dt}\left(\frac{\pi}{3}\right)$를 구하여라.

**풀이** $f(x, y) = x + y$에 $x = 2\cos t,\ y = 2\sin t$를 대입하면

$$f(x(t), y(t)) = 2\cos t + 2\sin t$$

변수 $t$에 대해여 미분하면

$$\frac{df}{dt} = \frac{d}{dt}(2\cos t + 2\sin t) = -2\sin t + 2\cos t.$$

따라서

$$\frac{df}{dt}\left(\frac{\pi}{3}\right) = -2\sin\frac{\pi}{3} + 2\cos\frac{\pi}{3} = -2\left(\frac{\sqrt{3}}{2}\right) + 2\left(\frac{1}{2}\right) = 1 - \sqrt{3}$$ ■

예제 1에서는 $f(x, y)$에 $x, y$를 $t$의 식으로 나타낸 변수변환식을 직접 대입하여 얻은 $t$의 함수를 미분하여 $t$에 대한 $f$의 도함수를 구하였다. 다음 정리에서는 변수변환식을 대입하지 않고 이러한 미분을 계산하는 방법을 소개한다. 이 정리의 증명은 심화학습(13.8절)에서 다룬다.

**정리 13.3.1(이변수함수의 연쇄법칙 1)**

이변수함수 $z = f(x, y)$가 미분가능하고, 두 함수

$$x = x(s), \quad y = y(s)$$

가 각각 $s$에 대해 미분가능한 함수이면 일변수함수 $z = f(x(s), y(s))$도 $s$에 대해 미분가능하고 다음이 성립한다.

$$\frac{dz}{ds} = \frac{\partial z}{\partial x}\frac{dx}{ds} + \frac{\partial z}{\partial y}\frac{dy}{ds}$$

**예제 2** $f(x, y) = x + y$, $x = 2\cos t$, $y = 2\sin t$일 때 $\frac{df}{dt}$와 $\frac{df}{dt}\left(\frac{\pi}{3}\right)$를 구하여라.

**풀이** 정리 13.3.1을 이용하자.

$$\begin{aligned}\frac{df}{dt} &= \frac{\partial f}{\partial x}\frac{dx}{dt} + \frac{\partial f}{\partial y}\frac{dy}{dt} = 1(-2\sin t) + 1(2\cos t)\\ &= -2\sin t + 2\cos t\end{aligned}$$

따라서

$$\frac{df}{dt}\left(\frac{\pi}{3}\right) = \left(-2\sin\frac{\pi}{3}\right) + \left(2\cos\frac{\pi}{3}\right) = -2\left(\frac{\sqrt{3}}{2}\right) + 2\left(\frac{1}{2}\right) = 1 - \sqrt{3}$$ ■

이변수함수를 일변수함수로 변수변환하고 미분을 구하는 방법을 알아보았다. 이번에는 이변수함수 $z = f(x, y)$를 다른 두 변수 $s, t$에 의한 두변수함수로 변수변환하고 새로운 변수에 대한 편도함수를 구해보자.

두변수함수 $z = f(x, y)$의 두 변수 $x, y$가 각각 다음의 두 함수

$$x = x(s, t), \quad y = y(s, t)$$

에 의하여 두 변수 $s, t$에 의하여 표시된다. 두 변수 $x, y$ 대신 위의 두 식을 $z = f(x, y)$에 대입하면

$$z = f(x(s, t), y(s, t))$$

따라서 $f$는 $s, t$에 대한 이변수함수로 변수변환되므로 두 변수 $s, t$ 대한 편미분을 생각할 수 있으며 다음과 같이 표시한다.

$$\frac{\partial f}{\partial s} \text{ 또는 } \frac{\partial z}{\partial s}, \quad \frac{\partial f}{\partial t} \text{ 또는 } \frac{\partial z}{\partial t}$$

다음 정리에서 이러한 편도함수를 계산하는 방법을 소개한다.

**정리 13.3.2(이변수함수의 연쇄법칙 2)**

이변수함수 $z = f(x, y)$가 미분가능하고, 두 함수

$$x = x(s, t), \quad y = y(s, t)$$

가 각각 미분가능하면 $s, t$에 대한 이변수함수 $z = f(x(s, t), y(s, t))$도 미분가능하며 다음 식이 성립한다.

$$\frac{\partial z}{\partial s} = \frac{\partial z}{\partial x}\frac{\partial x}{\partial s} + \frac{\partial z}{\partial y}\frac{\partial y}{\partial s}$$
$$\frac{\partial z}{\partial t} = \frac{\partial z}{\partial x}\frac{\partial x}{\partial t} + \frac{\partial z}{\partial y}\frac{\partial y}{\partial t}$$

**예제 3** $z = \ln(x^2 + y^2)$, $x = se^{-t}$, $y = -te^s$일 때 $\frac{\partial z}{\partial s}, \frac{\partial z}{\partial t}$를 구하여라.

**풀이** 정리 13.3.2의 연쇄법칙을 이용하여 계산한다.

$$\begin{aligned}\frac{\partial z}{\partial s} &= \frac{\partial z}{\partial x}\frac{\partial x}{\partial s} + \frac{\partial z}{\partial y}\frac{\partial y}{\partial s} \\ &= \frac{2x}{x^2+y^2}e^{-t} + \frac{2y}{x^2+y^2}(-te^s) \\ &= \frac{2}{x^2+y^2}(xe^{-t} - yte^s) \\ &= \frac{2}{s^2e^{-2t}+t^2e^{2s}}(se^{-2t} + t^2e^{2s})\end{aligned}$$

$$\begin{aligned}\frac{\partial z}{\partial t} &= \frac{\partial z}{\partial x}\frac{\partial x}{\partial t} + \frac{\partial z}{\partial y}\frac{\partial y}{\partial t} \\ &= \frac{2x}{x^2+y^2}(-se^{-t}) + \frac{2y}{x^2+y^2}(-e^s) \\ &= \frac{2}{x^2+y^2}(-xse^{-t} - ye^s) \\ &= \frac{2}{s^2e^{-2t}+t^2e^{2s}}(-s^2e^{-2t} + te^{2s})\end{aligned}$$

■

$n$변수함수를 새로운 변수에 대한 일변수함수 또는 $m$변수함수로 변수변환하고 새로운 변수에 대한 미분 또는 편도함수를 구하는 방법을 소개한다.

**정리 13.3.3(다변수함수의 연쇄법칙)**

$n$ 변수함수 $w = f(x_1, x_2, \cdots, x_n)$가 미분가능하다.

(1) 함수

$$x_1 = x_1(t), \quad x_2 = x_2(t), \quad \cdots, \quad x_n = x_n(t)$$

가 각각 미분가능하면 $t$에 대한 일변수함수 $f(x_1(t), x_2(t), \cdots, x_n(t))$는 미분가능하며 다음이 성립한다.

$$\frac{dw}{dt} = \frac{\partial w}{\partial x_1}\frac{dx_1}{dt} + \frac{\partial w}{\partial x_2}\frac{dx_2}{dt} + \cdots + \frac{\partial w}{\partial x_n}\frac{dx_n}{dt}$$

(2) 함수

$$x_1 = x_1(t_1, t_2, \cdots, t_m),\ x_2 = x_2(t_1, t_2, \cdots, t_m),\ \cdots,\ x_n = x_n(t_1, t_2, \cdots, t_m)$$

가 각각 미분가능하면 $t_1, t_2, \cdots, t_m$에 대한 $m$ 변수함수

$$f(x_1(t_1, t_2, \cdots, t_m),\ x_2(t_1, t_2, \cdots, t_m),\ \cdots,\ x_n(t_1, t_2, \cdots, t_m))$$

도 미분가능하며 다음의 식이 성립한다.

$$\begin{aligned}
\frac{\partial w}{\partial t_1} &= \frac{\partial w}{\partial x_1}\frac{\partial x_1}{\partial t_1} + \frac{\partial w}{\partial x_2}\frac{\partial x_2}{\partial t_1} + \cdots + \frac{\partial w}{\partial x_n}\frac{\partial x_n}{\partial t_1} \\
\frac{\partial w}{\partial t_2} &= \frac{\partial w}{\partial x_1}\frac{\partial x_1}{\partial t_2} + \frac{\partial w}{\partial x_2}\frac{\partial x_2}{\partial t_2} + \cdots + \frac{\partial w}{\partial x_n}\frac{\partial x_n}{\partial t_2} \\
&\cdots \\
\frac{\partial w}{\partial t_m} &= \frac{\partial w}{\partial x_1}\frac{\partial x_1}{\partial t_m} + \frac{\partial w}{\partial x_2}\frac{\partial x_2}{\partial t_m} + \cdots + \frac{\partial w}{\partial x_n}\frac{\partial x_n}{\partial t_m}
\end{aligned}$$

**예제 4** $w = x^2y^2 + y^2z^2 + x^2z^2$, $x = st$, $y = s + t$, $z = s - t$일 때 $w(s, t)$의 편미분 $\frac{\partial w}{\partial s}(1, 2)$과 $\frac{\partial w}{\partial t}(2, 1)$을 구하여라.

**풀이** 정리 13.3.3의 연쇄법칙을 이용하여 계산하자.

$$\begin{aligned}
\frac{\partial w}{\partial s} &= \frac{\partial w}{\partial x}\frac{\partial x}{\partial s} + \frac{\partial w}{\partial y}\frac{\partial y}{\partial s} + \frac{\partial w}{\partial z}\frac{\partial z}{\partial s} \\
&= (2xy^2 + 2xz^2)t + (2x^2y + 2yz^2) + (2y^2z + 2x^2z) \\
&= 2x(y^2 + z^2)t + 2y(x^2 + z^2) + 2z(y^2 + x^2) \\
&= 4st^2(s^2 + t^2) + 2(s + t)((st)^2 + (s - t)^2) + 2(s - t)((s + t)^2 + (st)^2) \\
&= 4st^2(s^2 + t^2) + 4s(s^2t^2 + s^2 - t^2)
\end{aligned}$$

$$\begin{aligned}\frac{\partial w}{\partial t} &= \frac{\partial w}{\partial x}\frac{\partial x}{\partial t} + \frac{\partial w}{\partial y}\frac{\partial y}{\partial t} + \frac{\partial w}{\partial z}\frac{\partial z}{\partial t} \\ &= (2xy^2 + 2xz^2)s + (2x^2y + 2yz^2) - (2y^2z + 2x^2z) \\ &= 2x(y^2 + z^2)s + 2y(x^2 + z^2) - 2z(y^2 + x^2) \\ &= 4s^2t(s^2 + t^2) + 2(s+t)((st)^2 + (s-t)^2) - 2(s-t)((s+t)^2 + (st)^2) \\ &= 4s^2t(s^2 + t^2) + 4t(s^2t^2 - s^2 + t^2)\end{aligned}$$

따라서

$$\frac{\partial w}{\partial s}(1,\ 2) = 80 + 4 = 84,$$
$$\frac{\partial w}{\partial t}(2,\ 1) = 80 + 4 = 84.$$

■

## 물리화학 분야에서의 응용

물리화학 분야에서 이산화탄소와 같은 기체의 성질을 연구할 때, 온도($T$), 압력($P$), 부피($V$)의 변화에 따라 주어진 양의 이산화탄소의 내부에너지($U$)가 어떻게 변화하는지에 대하여 생각해보자. 위의 물리량 온도($T$), 압력($P$)과 부피($V$)는 각각 독립적으로 변화하지 않는다. 예를 들면 이상기체 법칙에 따라 $T$, $P$, $V$는 다음과 같은 방정식을 만족한다.

$$PV = kT \ (k\text{는 기체의 양에만 의존하는 상수}).$$

이런 경우의 내부에너지는 $T$, $P$, $V$ 중 두 가지 변수에 의존하는 함수($U$)로 다음과 같이 표현할 수 있다.

$$U = U_1(T,\ P) = U_2(T,\ V) = U_3(P,\ V)$$

$U$를 $T$와 $P$의 함수라고 생각했을 때 $P$를 고정하고 $T$만 변화하는 경우에는 $\left(\frac{\partial U}{\partial T}\right)_P$를 다음과 같이 정의하자.

$$\left(\frac{\partial U}{\partial T}\right)_P = \frac{\partial U_1(T,\ P)}{\partial T}$$

마찬가지로 $U$를 $T$와 $V$의 함수라고 생각했을 때 $V$를 고정하고 $T$만 변화하는 경우 $\left(\frac{\partial U}{\partial T}\right)_V$를

$$\left(\frac{\partial U}{\partial T}\right)_V = \frac{\partial U_2(T,\ V)}{\partial T}$$

으로 정의하자.

이와 같이 $U_1, U_2, U_3$를 이용하여 각각 아래와 같은 내부에너지 변화식을 유도할 수 있다.

$$dU = dU_1 = \left(\frac{\partial U}{\partial T}\right)_P dT + \left(\frac{\partial U}{\partial P}\right)_T dP$$
$$dU = dU_2 = \left(\frac{\partial U}{\partial T}\right)_V dT + \left(\frac{\partial U}{\partial V}\right)_T dV$$
$$dU = dU_3 = \left(\frac{\partial U}{\partial P}\right)_V dP + \left(\frac{\partial U}{\partial V}\right)_P dV$$

위 식의 여섯 개의 편도함수들은 물리적 의미를 가지고 있지만 한 실험을 통해서 동시에 구할 수 없고 연쇄법칙을 통해 편도함수들 간의 관계식을 이용하여 얻을 수 있다.

**예제 5** 기체 A가 $PV = 2T$를 만족하고 $P = 3$일 때 $V = 4$라고 하자. 앞에서 정의한 내부에너지 $U$에 대하여 $\left(\frac{\partial U}{\partial P}\right)_V = 7$, $\left(\frac{\partial U}{\partial V}\right)_P = 8$일 때 $\left(\frac{\partial U}{\partial P}\right)_T$와 $\left(\frac{\partial U}{\partial T}\right)_P$를 구하여라.

**풀이** $\left(\frac{\partial U}{\partial P}\right)_V = 7$, $\left(\frac{\partial U}{\partial V}\right)_P = 8$이므로 $P$와 $V$를 이용한 식 $U_3$에 의하여 얻어진 방정식은 다음과 같다.

$$dU = \left(\frac{\partial U}{\partial P}\right)_V dP + \left(\frac{\partial U}{\partial V}\right)_P dV$$
$$dU = 7dP + 8dV.$$

$PV = 2T$ 이므로

$$PdV + VdP = 2dT,$$
$$3dV + 4dP = 2dT.$$

$dV = \dfrac{2dT - 4dP}{3}$ 이므로

$$dU = 7dP + 8\left(\frac{2dT - 4dP}{3}\right)$$
$$dU = -\frac{11}{3}dP + \frac{16}{3}dT.$$

를 얻을 수 있다.

$U_1$으로부터 얻어진 방정식이

$$dU = \left(\frac{\partial U}{\partial T}\right)_P dT + \left(\frac{\partial U}{\partial P}\right)_T dP,$$

이므로

$$\left(\frac{\partial U}{\partial T}\right)_P = \frac{16}{3} \quad \text{와} \quad \left(\frac{\partial U}{\partial P}\right)_T = -\frac{11}{3}.$$

임을 알 수 있다. ■

**예제 6** $\left(\frac{\partial U}{\partial T}\right)_V$, $\left(\frac{\partial U}{\partial V}\right)_T$, $\left(\frac{\partial V}{\partial T}\right)_P$를 이용하여 $\left(\frac{\partial U}{\partial T}\right)_P$를 유도하여라.

**풀이** $U$를 $T$와 $V$의 함수로 표현하면

$$dU = \left(\frac{\partial U}{\partial T}\right)_V dT + \left(\frac{\partial U}{\partial V}\right)_T dV$$

이고 $V$는 $T$와 $P$의 함수이므로

$$dV = \left(\frac{\partial V}{\partial T}\right)_P dT + \left(\frac{\partial V}{\partial P}\right)_T dP.$$

이다. 따라서 아래 식을 위 식에 대입하면 다음을 만족한다.

$$\begin{aligned} dU &= \left(\frac{\partial U}{\partial T}\right)_V dT + \left(\frac{\partial U}{\partial V}\right)_T \left(\left(\frac{\partial V}{\partial T}\right)_P dT + \left(\frac{\partial V}{\partial P}\right)_T dP\right) \\ &= \left(\left(\frac{\partial U}{\partial T}\right)_V + \left(\frac{\partial U}{\partial V}\right)_T \left(\frac{\partial V}{\partial T}\right)_P\right) dT + \left(\frac{\partial U}{\partial V}\right)_T \left(\frac{\partial V}{\partial P}\right)_T dP \end{aligned}$$

이다. 또한 내부에너지 변화식이

$$dU = \left(\frac{\partial U}{\partial T}\right)_P dT + \left(\frac{\partial U}{\partial P}\right)_T dP$$

으로 표현되므로 두 식을 비교하여 다음 식을 얻을 수 있다.

$$\left(\frac{\partial U}{\partial T}\right)_P = \left(\frac{\partial U}{\partial T}\right)_V + \left(\frac{\partial U}{\partial V}\right)_T \left(\frac{\partial V}{\partial T}\right)_P$$

■

## 음함수의 미분

일반적으로 함수의 함수식은 $y = f(x)$, $z = f(x, y)$, $w = f(x, y, z)$ 등과 같이 종속변수가 독립변수들의 식으로 표시되어 있으며 이러한 함수를 양함수(explicit function)라 한다. 그러나 독립변수와 종속변수가 구분되어 있지 않은 식에서 변수들 사이의 관계를 생각하여야 하는 경우도 있다. 예를 들면 다음의 식

$$x^2 + y^2 + z^2 - 1 = 0$$

에서는 독립변수와 종속변수가 구분되어있지 않다. 이 식은 그림과 같이 3차원 공간의 단위구(unit sphere)를 나타낸다.

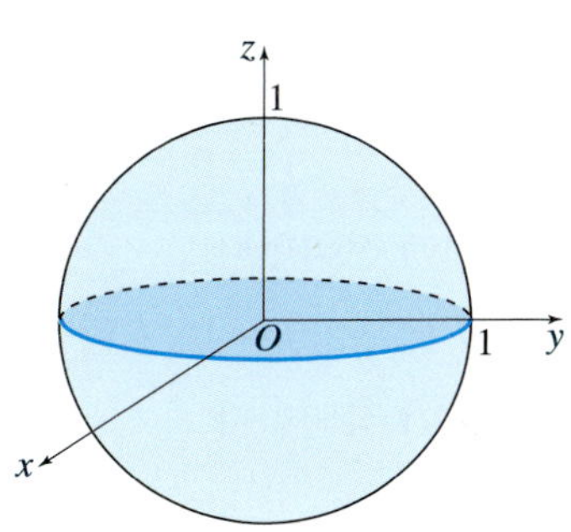


$x^2 + y^2 + z^2 = 1$

그림 13.3.1

구면 전체는 이변수함수의 그래프가 될 수 없으나 구면을 좌표평면으로 나누면 각각의 반구면은 이변수함수의 그래프가 된다. 실제로

$xy$ 평면으로 나누면

윗부분 : $z = \sqrt{1 - x^2 - y^2}$ 의 그래프

아랫부분 : $z = -\sqrt{1 - x^2 - y^2}$ 의 그래프

$xz$ 평면으로 나누면

오른쪽부분 : $y = \sqrt{1 - x^2 - z^2}$ 의 그래프

왼쪽부분 : $y = -\sqrt{1 - x^2 - z^2}$ 의 그래프

$yz$ 평면으로 나누면

앞쪽부분 : $x = \sqrt{1 - y^2 - z^2}$ 의 그래프

뒤쪽부분 : $x = -\sqrt{1 - y^2 - z^2}$ 의 그래프

따라서 구면 위의 모든 점은 적당한 이변수함수의 그래프 위에 있다. 구면 위의 점 $(x_0, y_0, z_0)$ 근처의 구면의 일부분이 이변수함수 $z = f(x, y)$의 그래프가 될 때, 방정식 $x^2 + y^2 + z^2 - 1 = 0$는 점 $(x_0, y_0, z_0)$에서 $z$를 $x, y$의 함수로 음함수적으로(implicitly) 정의한다고 한다.

다음의 음함수정리(Implicit Function Theorem)는 고등미적분학에서 자세하게 배우게 되며 여기서는 이해를 돕기 위해 증명없이 소개한다.

**정리 13.3.4(음함수 정리)**

미분가능한 삼변수함수 $F(x, y, z)$와 다음 식이 주어졌다.

$$F(x, y, z) = 0$$

점 $P_0(x_0, y_0, z_0)$가 위의 방정식이 나타내는 곡면 $S$ 위의 한 점일 때

(1) $F_z(x_0, y_0, z_0) \neq 0$ 이면 점 $P_0$ 근방의 곡면 $S$의 일부분은 적당한 이변수함수 $z = f(x, y)$의 그래프가 된다. 즉, $F(x, y, z) = 0$는 점 $P_0$에서 $z$를 $x, y$의 함수로 음함수적으로(implicitly) 정의한다.

(2) $F_x(x_0, y_0, z_0) \neq 0$ 이면 $F(x, y, z) = 0$는 점 $P_0$에서 $x$를 $y, z$의 함수로 음함수적으로(implicitly) 정의한다.

(3) $F_y(x_0, y_0, z_0) \neq 0$ 이면 $F(x, y, z) = 0$는 점 $P_0$에서 $y$를 $x, z$의 함수로 음함수적으로(implicitly) 정의한다.

**예제 7** 구면 $x^2+y^2+z^2-1=0$에 음함수정리를 적용하고 확인하여라.

**풀이** $F(x, y, z)=x^2+y^2+z^2-1$이라 하면 구면의 방정식은 $F(x, y, z)=0$이다. 그리고

$$\frac{\partial F}{\partial x}=2x, \quad \frac{\partial F}{\partial y}=2y, \quad \frac{\partial F}{\partial z}=2z$$

점 $P_0(x_0, y_0, z_0)$가 구면위의 점이라 하자.

1) $P_0(x_0, y_0, z_0)$가 $xy$ 평면의 위쪽에 있으면

$$F_z(x_0, y_0, z_0)=2z_0>0$$

점 $P_0$의 근방 : $z=\sqrt{1-x^2-y^2}$의 그래프

$P_0(x_0, y_0, z_0)$가 $xy$ 평면의 아래쪽에 있으면

$$F_z(x_0, y_0, z_0)=2z_0<0$$

점 $P_0$의 근방 : $z=-\sqrt{1-x^2-y^2}$의 그래프

2) $P_0(x_0, y_0, z_0)$가 $xz$ 평면의 오른쪽에 있으면

$$F_y(x_0, y_0, z_0)=2y_0>0$$

점 $P_0$의 근방 : $y=\sqrt{1-x^2-z^2}$의 그래프

$P_0(x_0, y_0, z_0)$가 $xz$ 평면의 왼쪽에 있으면

$$F_y(x_0, y_0, z_0)=2y_0<0$$

점 $P_0$의 근방 : $y=-\sqrt{1-x^2-z^2}$의 그래프

3) $P_0(x_0, y_0, z_0)$가 $yz$ 평면의 앞쪽에 있으면

$$F_x(x_0, y_0, z_0)=2x_0>0$$

점 $P_0$의 근방 : $x=\sqrt{1-y^2-z^2}$의 그래프

$P_0(x_0, y_0, z_0)$가 $yz$ 평면의 왼쪽에 있으면

$$F_x(x_0, y_0, z_0)=2x_0<0$$

점 $P_0$의 근방 : $x=-\sqrt{1-y^2-z^2}$의 그래프

그러므로 음함수 정리의 결과와 일치함을 알 수 있다. ■

미분가능한 함수 $F(x, y, z)$에 대하여 다음의 식을 생각하자.

$$F(x, y, z)=0$$

위의 방정식 $F(x, y, z)=0$이 나타내는 곡면 $S$ 위의 점 $P_0(x_0, y_0, z_0)$에서

$$F_z(x_0, y_0, z_0)\neq 0$$

이라 하자. 즉,

$$F(x_0, y_0, z_0) = 0, \quad F_z(x_0, y_0, z_0) \neq 0$$

음함수정리에 의하여 점 $P_0$ 근방의 곡면 $S$의 일부분은 적당한 이변수함수 $z = f(x, y)$의 그래프가 된다. 즉, 점 $P_0$ 근방에서 다음이 성립한다.

$$F(x, y, z) = 0, \quad z = f(x, y)$$

여기서 연쇄법칙을 사용하여 $\frac{\partial z}{\partial x}, \frac{\partial z}{\partial y}$를 구할 수 있다. 함수 $F(x, y, z)$를 다음과 같이 이변수함수로 변수변환하자.

$$x = x, \quad y = y, \quad z = f(x, y)$$

연쇄법칙을 사용하여 $\frac{\partial F}{\partial x}, \frac{\partial F}{\partial y}$를 구하면, $F(x, y, z) = 0$이므로

$$\frac{\partial F}{\partial x} = \frac{\partial F}{\partial x}\frac{\partial x}{\partial x} + \frac{\partial F}{\partial y}\frac{\partial y}{\partial x} + \frac{\partial F}{\partial z}\frac{\partial z}{\partial x} = 0$$
$$\frac{\partial F}{\partial y} = \frac{\partial F}{\partial x}\frac{\partial x}{\partial y} + \frac{\partial F}{\partial y}\frac{\partial y}{\partial y} + \frac{\partial F}{\partial z}\frac{\partial z}{\partial y} = 0$$

$\frac{\partial x}{\partial x} = 1, \frac{\partial y}{\partial x} = 0$이므로 위 식에서 $\frac{\partial z}{\partial x}, \frac{\partial z}{\partial y}$를 구하면 다음과 같다.

$$\frac{\partial z}{\partial x} = -\frac{\frac{\partial F}{\partial x}}{\frac{\partial F}{\partial z}}, \quad \frac{\partial z}{\partial y} = -\frac{\frac{\partial F}{\partial y}}{\frac{\partial F}{\partial z}}$$

따라서 다음의 정리가 성립한다.

**정리 13.3.5(음함수 미분)**

$F(x, y, z)$가 미분가능하고 점 $P_0(x_0, y_0, z_0)$가 방정식

$$F(x, y, z) = 0$$

을 만족한다. $F_z(x_0, y_0, z_0) \neq 0$이면 $P_0(x_0, y_0, z_0)$에서 다음이 성립한다.

$$\frac{\partial z}{\partial x} = -\frac{\frac{\partial F}{\partial x}}{\frac{\partial F}{\partial z}}, \quad \frac{\partial z}{\partial y} = -\frac{\frac{\partial F}{\partial y}}{\frac{\partial F}{\partial z}}$$

실제로 방정식 $F(x, y, z) = 0$에서 변수 $z$ 자리에 이변수함수 $f(x, y)$가 있다고 생각하고 편도함수를 계산하면 $\frac{\partial z}{\partial x}, \frac{\partial z}{\partial y}$를 구할 수 있다.

**예제 8** $x^2+y^2+z^2-1=0$에서 $\frac{\partial z}{\partial x}$, $\frac{\partial z}{\partial y}$를 구하여라.

**풀이** 방정식 $x^2+y^2+z^2-1=0$에서 변수 $z$ 자리에 이변수함수 $f(x, y)$가 있다고 생각하고 편도함수를 계산하자.

$x^2+y^2+z^2-1=0$이고 $\frac{\partial x}{\partial x}=1$, $\frac{\partial y}{\partial x}=0$이므로

$$\begin{aligned}\frac{\partial}{\partial x}(x^2+y^2+z^2-1) &= \frac{\partial}{\partial x}(x^2)+\frac{\partial}{\partial x}(y^2)+\frac{\partial}{\partial x}(z^2-1)\\ &= 2x+2z\frac{\partial z}{\partial x}=0\end{aligned}$$

$x^2+y^2+z^2-1=0$이고 $\frac{\partial y}{\partial y}=1$, $\frac{\partial x}{\partial y}=0$이므로

$$\begin{aligned}\frac{\partial}{\partial y}(x^2+y^2+z^2-1) &= \frac{\partial}{\partial y}(x^2)+\frac{\partial}{\partial y}(y^2)+\frac{\partial}{\partial y}(z^2-1)\\ &= 2y+2z\frac{\partial z}{\partial y}=0\end{aligned}$$

따라서 $z\neq 0$이면 $\frac{\partial z}{\partial x}=-\frac{x}{z}$, $\frac{\partial z}{\partial y}=-\frac{y}{z}$ ■

**예제 9** $x^3+y^3+z^3-3xyz=1$에서 $\frac{\partial z}{\partial x}$, $\frac{\partial z}{\partial y}$를 구하여라.

**풀이** $F(x, y, z)=x^3+y^3+z^3-3xyz-1$이라 하면 정리 13.3.5에 의하여

$$\begin{aligned}\frac{\partial z}{\partial x} &= -\frac{F_x}{F_z} = -\frac{3x^2-3yz}{3z^2-3xy} = -\frac{x^2-yz}{z^2-xy}\\ \frac{\partial z}{\partial y} &= -\frac{F_y}{F_z} = -\frac{3y^2-3xz}{3z^2-3xy} = -\frac{y^2-xz}{z^2-xy}\end{aligned}$$ ■

## 연습문제 13.3

1. 연쇄법칙을 사용하여 $\frac{dz}{dt}$ 또는 $\frac{dw}{dt}$를 구하여라.
   (1) $z=xy^2+x^2y$, $x=1+2t^2$, $y=1-2t^2$
   (2) $z=\sqrt{x^2+y^2}$, $x=e^t$, $y=e^{-t^2}$
   (3) $z=\ln(x^2+2y^2)$, $x=\sqrt{1+t^2}$, $y=1-t^2$
   (4) $w=x^2yz+xy^2z+xyz^2$, $x=1+t$, $y=1-t$, $z=t^2$
   (5) $w=x^3+y^3+z^3+4z+4$, $x=2t$, $y=t-1$, $z=t^2$
   (6) $w=xy+yz+zx$, $x=e^t$, $y=\cos t$, $z=\sin t$

2. 연쇄법칙을 사용하여 $\frac{\partial z}{\partial s}$, $\frac{\partial z}{\partial t}$를 구하여라.
   (1) $z=x^2+y^2$, $x=s+2t$, $y=3st$
   (2) $z=\sin x\cos y$, $x=s-t$, $y=s^2+t^3$
   (3) $z=e^{xy}\tan y$, $x=se^t$, $y=s^2+2t$
   (4) $z=xe^y-ye^x$, $x=st$, $y=s^2+t^2$

3. 주어진 점에서 다음의 편도함수와 편미분계수를 구하여라.
   (1) $w=x^2+y^2+z^2-2x$, $x=st$, $y=\sin t$, $z=\cos t$, $\frac{\partial w}{\partial s}$, $\frac{\partial w}{\partial t}$, $(s, t)=\left(2, \frac{2\pi}{3}\right)$

(2) $z = x^2\tan y,\quad x = t^2u + v^2,\quad y = u^2 + t^2v$

$\dfrac{\partial z}{\partial t}, \dfrac{\partial z}{\partial u}, \dfrac{\partial z}{\partial v}, \quad (t, u, v) = (-1, 1, 1)$

(3) $w = xy + yz + zx,\quad x = e^{st},\quad y = s^2 + t^2,$

$z = \ln st,\quad \dfrac{\partial w}{\partial s}, \dfrac{\partial w}{\partial t}, \quad (s, t) = (-1, -2)$

(4) $w = \dfrac{x+y}{y+z},\quad x = s^2 + t^2 + u + v$

$y = s + t^2 + u^2 + v,\quad z = s + t + u^2 + v^2,$

$\dfrac{\partial w}{\partial s}, \dfrac{\partial w}{\partial t}, \dfrac{\partial w}{\partial u}, \dfrac{\partial w}{\partial v}, \quad (s, t, u, v) = (1, -1, -1, 1)$

**4.** 음함수미분으로 $\dfrac{\partial z}{\partial x}, \dfrac{\partial z}{\partial y}$를 구하여라.

(1) $x^2 - 3xy + y^3 = 1$

(2) $x^4 + 2x^3y^2 + 4x^2y + y^5 = 3$

(3) $\sin(x^2 + y^2 + z^2) = xyz$

(4) $\ln(x^2y + y^2z) = xy + yz + zx$

**5.** $f$가 미분가능함수일때 물음에 답하여라.

(1) $z = f(x, y),\ x = r\cos\theta,\ y = r\sin\theta$ 일 때 다음 식이 성립함을 증명하여라.

$$\left(\frac{\partial z}{\partial x}\right)^2 + \left(\frac{\partial z}{\partial y}\right)^2 = \left(\frac{\partial z}{\partial r}\right)^2 + \frac{1}{r^2}\left(\frac{\partial z}{\partial \theta}\right)^2$$

(2) $z = f(x, y),\ x = e^s\cos t,\ y = e^s\sin t$ 일 때 다음 식이 성립함을 증명하여라.

$$\left(\frac{\partial z}{\partial x}\right)^2 + \left(\frac{\partial z}{\partial y}\right)^2 = e^{-2s}\left[\left(\frac{\partial z}{\partial s}\right)^2 + \left(\frac{\partial z}{\partial t}\right)^2\right]$$

(3) $z = f(x, y),\ x = s + t,\ y = s - t$ 이면 다음 식이 성립함을 증명하여라.

$$\left(\frac{\partial z}{\partial x}\right)^2 - \left(\frac{\partial z}{\partial y}\right)^2 = \frac{\partial z}{\partial s}\frac{\partial z}{\partial t}$$

(4) $z = f(x - y)$ 이면 다음 식이 성립함을 증명하여라.

$$\frac{\partial z}{\partial x} + \frac{\partial z}{\partial y} = 0$$

(5) $z = f(s^3 - t^3, t^3 - s^3),\ x = s^3 - t^3,\ y = t^3 - s^3$ 일 때, 다음 식이 성립함을 증명하여라.

$$t^2\frac{\partial g}{\partial s} + s^2\frac{\partial g}{\partial t} = 0$$

# 13.4 방향도함수와 그래디언트

이변수함수 $z = f(x, y)$의 편도함수 $f_x(x, y)$, $f_y(x, y)$는 각각 $x$축 방향, $y$축 방향의 $f$의 변화율이 된다. 이번 절에서는 좌표축 방향이 아닌 다른 방향으로의 변화율인 방향도함수에 대하여 살펴본다.

## 방향도함수

$\mathbf{u} = (a, b)$가 $xy$ 평면의 단위벡터일 때 $P(x_0, y_0)$에서 함수 $z = f(x, y)$의 $\mathbf{u}$방향으로의 변화율을 살펴보자.

$z_0 = f(x_0, y_0)$라 하면 점 $Q(x_0, y_0, z_0)$는 함수 $f$의 그래프 위의 점이다. $xy$ 평면에서 점 $P(x_0, y_0)$를 지나고 단위벡터 $\mathbf{u}$에 평행한 직선 $L$은 함수 $f$에 의하여 $f$의 그래프 위에 곡선으로 나타난다. 이 곡선을 $C$라 하면 점 $Q$에서 곡선 $C$의 접선의 기울기가 함수 $z = f(x, y)$의 $\mathbf{u}$방향으로의 변화율을 나타낸다.

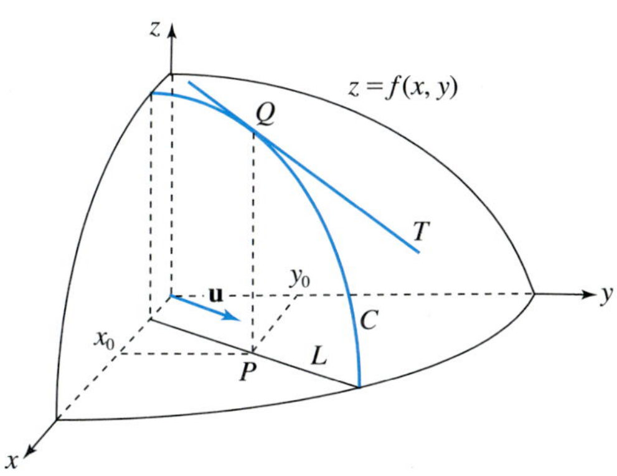


그림 13.4.1

점 $Q$에서 곡선 $C$의 접선 $T$의 기울기를 구하기 위해 그림 13.4.2와 같이 곡선 $C$, 직선 $L$, 접선 $T$를 한 평면에 나타내자.

직선 $L$을 따라 점 $P$에서 $t$만큼 떨어진 점을 $P_1$이라 하면 $\mathbf{u}$가 단위벡터이므로

$$\overrightarrow{PP_1} = t\mathbf{u} = (ta, tb)$$

이므로 $P_1$의 좌표는

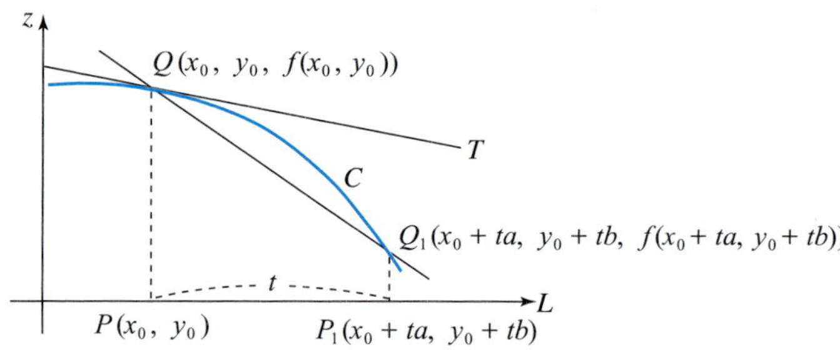


그림 13.4.2

$$P_1 = P + t\mathbf{u} = (x_0, y_0) + (ta, tb) = (x_0 + ta, y_0 + tb)$$

$P_1$에 대응하는 곡선 $C$ 위의 점을 $Q_1$이라 하자. 점 $Q$, $Q_1$의 좌표는 각각 $(x_0, y_0, f(x_0, y_0))$, $(x_0 + ta, y_0 + tb, f(x_0 + ta, y_0 + tb))$이므로 두 점 $Q$, $Q_1$을 지나는 직선의 기울기는 다음과 같다.

$$\frac{f(x_0 + ta, y_0 + tb) - f(x_0, y_0)}{t}$$

$t$가 0으로 접근하면 점 $Q_1$은 곡선 $C$를 따라 점 $Q$에 접근하게 되고 두 점 $Q$, $Q_1$을 지나는 직선은 점 $Q$에서의 접선 $T$로 접근하게 된다. 따라서

$$\text{접선 } T\text{의 기울기} = \lim_{t \to 0} \frac{f(x_0 + ta, y_0 + tb) - f(x_0, y_0)}{t}$$

위에서 구한 접선 $T$의 기울기는 점 $P(x_0, y_0)$에서 단위벡터 $\mathbf{u} = (a, b)$ 방향으로의 함수 $z = f(x, y)$의 변화율이다. 이 변화율을 방향도함수라 하며 다음과 같이 정의한다.

**정의 13.4.1(방향도함수)**

$\mathbf{u} = (a, b)$가 단위벡터일 때 점 $P(x_0, y_0)$에서 함수 $z = f(x, y)$의 $\mathbf{u}$방향으로의 방향도함수(directional derivative) $D_{\mathbf{u}} f(x_0, y_0)$를 다음과 같이 정의한다.

$$D_{\mathbf{u}} f(x_0, y_0) = \lim_{t \to 0} \frac{f(x_0 + ta, y_0 + tb) - f(x_0, y_0)}{t}$$

벡터 $\mathbf{i} = (1, 0)$, $\mathbf{j} = (0, 1)$ 방향으로의 방향도함수를 구해보면

$$D_{\mathbf{i}} f(x_0, y_0) = \lim_{t \to 0} \frac{f(x_0 + t, y_0) - f(x_0, y_0)}{t} = f_x(x_0, y_0)$$

$$D_{\mathbf{j}} f(x_0, y_0) = \lim_{t \to 0} \frac{f(x_0, y_0 + t) - f(x_0, y_0)}{t} = f_y(x_0, y_0)$$

즉, 함수 $z = f(x, y)$의 $x$ 편도함수는 $\mathbf{i}$방향으로의 방향도함수, $y$ 편도함수는 $\mathbf{j}$방향으로의 방향도함수임을 알 수 있다.

다음 정리에서 방향도함수를 구하는 방법을 소개한다.

**정리 13.4.2**

함수 $z = f(x, y)$가 연속인 편도함수를 가지면 점 $P(x_0, y_0)$에서 단위벡터 $\mathbf{u} = (a, b)$ 방향으로 $f$의 방향도함수는 다음과 같다.

$$D_{\mathbf{u}} f(x_0, y_0) = \mathbf{u} \cdot (f_x(x_0, y_0), f_y(x_0, y_0)) = af_x(x_0, y_0) + bf_y(x_0, y_0)$$

**증명.** 다음과 같이 함수 $g$를 정의하자.

$$g(t) = f(x_0 + ta, y_0 + tb)$$

방향도함수의 정의에 의하여

$$\begin{aligned} D_{\mathbf{u}} f(x_0, y_0) &= \lim_{t \to 0} \frac{f(x_0 + ta, y_0 + tb) - f(x_0, y_0)}{t} \\ &= \lim_{t \to 0} \frac{g(t) - g(0)}{t} \\ &= g'(0) \end{aligned}$$

한편, $g(t) = f(x_0 + ta, y_0 + tb)$는 $f(x, y)$에 $x = x_0 + ta$, $y = y_0 + tb$를 대입하여 얻어진 함수이다. 따라서 연쇄법칙을 이용하면

$$\begin{aligned} g'(t) &= \frac{d}{dt} f(x_0 + ta, y_0 + tb) \\ &= \frac{\partial f}{\partial x}\frac{dx}{dt} + \frac{\partial f}{\partial y}\frac{dy}{dt} \\ &= f_x(x_0 + ta, y_0 + tb)a + f_y(x_0 + ta, y_0 + tb)b \end{aligned}$$

따라서

$$g'(0) = af_x(x_0, y_0) + bf_y(x_0, y_0)$$

그러므로

$$D_{\mathbf{u}} f(x_0, y_0) = af_x(x_0, y_0) + bf_y(x_0, y_0)$$ ■

**이변수함수의 연쇄법칙**

$z = f(x, y)$, $x = x(t)$, $y = y(t)$

$\Rightarrow \dfrac{dz}{dt} = \dfrac{\partial z}{\partial x}\dfrac{dx}{dt} + \dfrac{\partial z}{\partial y}\dfrac{dy}{dt}$

**예제 1** $f(x, y) = 2x^2 + y^2 + 8x - 6y + 20$ $\mathbf{u} = \left(\frac{-2}{\sqrt{13}}, \frac{3}{\sqrt{13}}\right)$일 때 $f$의 방향미분 $D_{\mathbf{u}} f(x, y)$와 $D_{\mathbf{u}} f(1, 2)$를 구하여라.

**풀이** 정리 13.4.2를 이용하자. $f_x = 4x + 8$, $f_y = 2y - 6$이므로

$$\begin{aligned} D_{\mathbf{u}} f(x, y) &= \left(\frac{-2}{\sqrt{13}}, \frac{3}{\sqrt{13}}\right) \cdot (f_x(x, y), f_y(x, y)) \\ &= \frac{-2}{\sqrt{13}} f_x(x, y) + \frac{3}{\sqrt{13}} f_y(x, y) \\ &= \frac{-8x + 6y - 34}{\sqrt{13}} \end{aligned}$$

그러므로 $D_{\mathbf{u}} f(1, 2) = -\frac{30}{\sqrt{13}}$. ■

**예제 2** 단위벡터 $\mathbf{u}$가 $x$축과 이루는 각이 $\pi/3$일 때 $f(x, y) = x^2 + 4xy + 6y^2$의 방향도함수 $D_{\mathbf{u}} f(x, y)$와 $D_{\mathbf{u}} f(1, 0)$를 구하여라.

**풀이** $x$축과 이루는 각이 $\pi/3$이므로 단위벡터 $\mathbf{u}$는 다음과 같다.

$$\mathbf{u} = \left(\cos\frac{\pi}{3}, \sin\frac{\pi}{3}\right) = \left(\frac{1}{2}, \frac{\sqrt{3}}{2}\right)$$

$f_x = 2x + 4y$, $f_y = 4x + 12y$이므로

$$\begin{aligned} D_{\mathbf{u}} f(x, y) &= \frac{1}{2} f_x(x, y) + \frac{\sqrt{3}}{2} f_y(x, y) \\ &= (1 + 2\sqrt{3})x + (2 + 6\sqrt{3})y \end{aligned}$$

그러므로 $D_{\mathbf{u}} f(1, 0) = 1 + 2\sqrt{3}$. ■

**예제 3** 함수 $f(x, y) = x^3 + x^2 y + y^3$의 벡터 (1, 2) 방향으로의 방향도함수를 구하여라.

벡터 $\mathbf{v}$와 같은 방향의 단위벡터

$$\frac{1}{\|\mathbf{v}\|}\mathbf{v}$$

**풀이** 벡터 (1, 2)와 같은 방향의 단위벡터를 $\mathbf{u}$라 하면 벡터 (1, 2) 방향의 방향도함수는 단위벡터를 $\mathbf{u}$ 방향의 방향도함수이다. 단위벡터를 $\mathbf{u}$를 구하면

$$\mathbf{u} = \left(\frac{1}{\sqrt{5}}, \frac{2}{\sqrt{5}}\right)$$

$f_x = 3x^2 + 2xy$, $f_y = x^2 + 3y^2$이므로

$$\begin{aligned} D_{\mathbf{u}} f(x, y) &= \mathbf{u} \cdot (f_x(x, y), f_y(x, y)) \\ &= \left(\frac{1}{\sqrt{5}}, \frac{2}{\sqrt{5}}\right) \cdot (3x^2 + 2xy, x^2 + 3y^2) \\ &= \frac{5x^2 + 2xy + 6y^2}{\sqrt{5}} \end{aligned}$$

■

**예제 4** 점 (2, 1)에서 이변수함수 $f(x, y) = x^2 + 2y^2$의 방향도함수의 최댓값과 최솟값을 구하고 그때의 방향을 구하여라.

**풀이** 단위벡터 $\mathbf{u}$가 $x$축 양의 방향과 이루는 각을 $\theta$라 하면

$$\mathbf{u} = (\cos\theta,\ \sin\theta)$$

$f_x = 2x,\ f_y = 4y$ 이므로

$$D_{\mathbf{u}} f(x,\ y) = 2x\cos\theta + 4y\sin\theta$$
$$D_{\mathbf{u}} f(2, 1) = 4\cos\theta + 4\sin\theta.$$

이제 $g(\theta) = 4\cos\theta + 4\sin\theta$의 최댓값과 최솟값을 구해보자.

$$g'(\theta) = -4\sin\theta + 4\cos\theta$$

따라서

$$g'(\theta) = 0 \iff \sin\theta = \cos\theta \iff \theta = \frac{\pi}{4},\ \frac{5\pi}{4}$$

$\theta = 0,\ \frac{\pi}{4},\ \frac{5\pi}{4},\ 2\pi$ 에서 $g(\theta)$의 값을 각각 구하면

$$g(0) = 4(\cos 0 + \sin 0) = 4$$
$$g\left(\frac{\pi}{4}\right) = 4\left(\cos\frac{\pi}{4} + \sin\frac{\pi}{4}\right) = 4\left(\frac{\sqrt{2}}{2} + \frac{\sqrt{2}}{2}\right) = 4\sqrt{2}$$
$$g\left(\frac{5\pi}{4}\right) = 4\left(\cos\frac{5\pi}{4} + \sin\frac{5\pi}{4}\right) = 4\left(-\frac{\sqrt{2}}{2} - \frac{\sqrt{2}}{2}\right) = -4\sqrt{2}$$
$$g(2\pi) = 4(\cos 2\pi + \sin 2\pi) = 4$$

그러므로

$\mathbf{u} = \left(\frac{1}{\sqrt{2}},\ \frac{1}{\sqrt{2}}\right)$일 때 $D_{\mathbf{u}} f(2, 1)$은 최댓값 $4\sqrt{2}$를 갖는다.

$\mathbf{u} = \left(-\frac{1}{\sqrt{2}},\ -\frac{1}{\sqrt{2}}\right)$일 때 $D_{\mathbf{u}} f(2, 1)$은 최솟값 $-4\sqrt{2}$를 갖는다. ■

## 그래디언트

**정의 13.4.3**

편도함수가 존재하는 이변수함수 $z = f(x,\ y)$에 대하여 $f$의 그래디언트(gradient)란 다음과 같이 정의되는 벡터함수 $\nabla f(x,\ y)$이다.

$$\nabla f(x,\ y) = (f_x(x,\ y),\ f_y(x,\ y)) = f_x(x,\ y)\mathbf{i} + f_y(x,\ y)\mathbf{j}$$

$\nabla f$ 는 "del $f$"로 읽는다. grad$(f)(x,\ y)$로 표기하기도 한다.

그래디언트를 사용하면 방향도함수를 다음과 같이 나타낼 수 있다.

$$D_{\mathbf{u}} f(x, y) = \mathbf{u} \cdot (f_x(x, y), f_y(x, y)) = \mathbf{u} \cdot \nabla f(x, y)$$

**예제 5** $f(x, y) = \cos 2x + e^{xy}$에 대하여 $\nabla f(x, y)$를 구하여라. 그리고 $\mathbf{u} = \left(-\frac{3}{5}, \frac{4}{5}\right)$일 때 $D_{\mathbf{u}} f\left(\frac{\pi}{3}, 0\right)$를 구하여라.

**풀이** $f_x = -2\sin 2x + ye^{xy}$, $f_y = xe^{xy}$이므로

$$\begin{aligned} \nabla f(x, y) &= (-2\sin 2x + ye^{xy}, xe^{xy}) \\ \nabla f\left(\frac{\pi}{3}, 0\right) &= \left(-2\sin\frac{2\pi}{3}, \frac{\pi}{3}\right) = \left(-\sqrt{3}, \frac{\pi}{3}\right) \end{aligned}$$

따라서

$$\begin{aligned} D_{\mathbf{u}} f\left(\frac{\pi}{3}, 0\right) &= \mathbf{u} \cdot \nabla f\left(\frac{\pi}{3}, 0\right) = \left(-\frac{3}{5}, \frac{4}{5}\right) \cdot \left(-\sqrt{3}, \frac{\pi}{3}\right) \\ &= \frac{9\sqrt{3} + 4\pi}{15} \end{aligned}$$

■

이변수함수에 대하여 정의한 방향도함수와 그래디언트를 3변수함수, 일반적으로 $n$변수함수의 경우에도 비슷한 방법으로 정의할 수 있다.

$\mathbf{u} = (a, b, c)$가 단위벡터일 때 $P(x_0, y_0, z_0)$에서 $\mathbf{u}$ 방향으로 $w = f(x, y, z)$의 방향도함수 $D_{\mathbf{u}} f(P)$를 다음과 같이 정의한다.

$$\begin{aligned} D_{\mathbf{u}} f(P) &= \lim_{t \to 0} \frac{f(x_0 + ta, y_0 + tb, z_0 + tc) - f(x_0, y_0, z_0)}{t} \\ &= \lim_{t \to 0} \frac{f(P + tu) - f(P)}{t} \end{aligned}$$

일반적으로 $\mathbf{u} \in \mathbb{R}^n$가 단위벡터일 때 점 $P \in \mathbb{R}^n$에서 $\mathbf{u}$방향으로 함수 $y = f(x_1, x_2, \cdots, x_n)$의 방향도함수 $D_{\mathbf{u}} f(P)$를 다음과 같이 정의한다.

$$D_{\mathbf{u}} f(P) = \lim_{t \to 0} \frac{f(P + t\mathbf{u}) - f(P)}{t}$$

삼변수함수 $w = f(x, y, z)$의 점 $P \in \mathbb{R}^3$에서의 그래디언트 $\nabla f(P)$를 다음과 같이 정의한다.

$$\nabla f(P) = (f_x(P), f_y(P), f_z(P))$$

일반적으로 $n$변수함수 $y = f(x_1, x_2, \cdots, x_n)$의 점 $P \in \mathbb{R}^n$에서의 그래디언트 $\nabla f(P)$를 다음과 같이 정의한다.

$$\nabla f(P) = (f_{x_1}(P), f_{x_2}(P), \cdots, f_{x_3}(P))$$

일반적으로 $n$변수함수의 방향도함수에 대하여 정리 13.4.2와 같은 성질이 성립하며 다음 정리에서 소개한다.

**정리 13.4.4**

삼변수함수 $w = f(x, y, z)$가 연속인 편도함수를 가지면 점 $P$에서 단위벡터 $\mathbf{u} \in \mathbb{R}^3$의 방향으로 $f$의 방향도함수는 다음과 같다.

$$D_{\mathbf{u}} f(P) = \mathbf{u} \cdot (f_x(P), f_y(P), f_z(P)) = \mathbf{u} \cdot \nabla f(P)$$

$n$변수함수 $y = f(x_1, x_2, \cdots, x_n)$가 연속인 편도함수를 가지면 점 $P$에서 단위벡터 $\mathbf{u} \in \mathbb{R}^n$의 방향으로 $f$의 방향도함수는 다음과 같다.

$$D_{\mathbf{u}} f(P) = \mathbf{u} \cdot (f_{x_1}(P), f_{x_2}(P), \cdots, f_{x_n}(P)) = \mathbf{u} \cdot \nabla f(P)$$

Chapter 13

**예제 6** 점 $\left(1, 2, \frac{\pi}{6}\right)$에서 벡터 $(1, 2, -1)$ 방향으로 $f(x, y, z) = x\cos(yz)$의 방향도함수를 구하여라.

**풀이** 벡터 $(1, 2, -1)$ 방향의 단위벡터를 $\mathbf{u}$라 하면

$$\mathbf{u} = \left(\frac{1}{\sqrt{6}}, \frac{2}{\sqrt{6}}, -\frac{1}{\sqrt{6}}\right)$$

따라서 구하는 방향도함수는 $D_{\mathbf{u}} f\left(1, 2, \frac{\pi}{6}\right)$이다.

점 $\left(1, 2, \frac{\pi}{6}\right)$에서 $f$의 그래디언트 $\nabla f\left(1, 2, \frac{\pi}{6}\right)$를 구하면

$$\begin{aligned}\nabla f(x, y, z) &= (\cos yz, -xz\sin yz, -xy\sin yz) \\ \nabla f(1, 2, \tfrac{\pi}{6}) &= \left(\cos\frac{\pi}{3}, -\frac{\pi}{6}\sin\frac{\pi}{3}, -2\sin\frac{\pi}{3}\right) \\ &= \left(\frac{1}{2}, -\frac{\sqrt{3}}{12}\pi, -\sqrt{3}\right)\end{aligned}$$

따라서

$$\begin{aligned}D_{\mathbf{u}} f\left(1, 2, \frac{\pi}{6}\right) &= \mathbf{u} \cdot \nabla f\left(1, 2, \frac{\pi}{6}\right) \\ &= \left(\frac{1}{\sqrt{6}}, \frac{2}{\sqrt{6}}, -\frac{1}{\sqrt{6}}\right) \cdot \left(\frac{1}{2}, -\frac{\sqrt{3}}{12}\pi, -\sqrt{3}\right) \\ &= \frac{3 - \sqrt{3}\pi + 6\sqrt{3}}{6\sqrt{6}}\end{aligned}$$

■

## 방향도함수의 최댓값, 최솟값

위의 정리 13.4.2 또는 정리 13.4.4에 의하면 함수 $f$의 정의역에 있는 점 $P$에서 단위벡터 $\mathbf{u}$의 방향으로 $f$의 방향도함수는 다음과 같다.

$$D_{\mathbf{u}} f(P) = \mathbf{u} \cdot \nabla f(P)$$

따라서 $\theta$가 단위벡터 $\mathbf{u}$와 $\nabla f(P)$의 사이각일 때 방향도함수의 크기는

$$\begin{aligned}|D_{\mathbf{u}} f(P)| &= |\mathbf{u} \cdot \nabla f(P)| \\ &= \|\mathbf{u}\| \|\nabla f(P)\| \cos\theta \\ &= \|\nabla f(P)\| \cos\theta\end{aligned}$$

따라서 방향도함수는

$$\cos\theta = 1 \text{일 때 최댓값 } \|\nabla f(P)\|$$
$$\cos\theta = -1 \text{일 때 최솟값 } -\|\nabla f(P)\|$$

을 가진다. 한편 $0 \le \theta \le \pi$ 이므로

$$\cos\theta = 1 \iff \theta = 0 \iff \mathbf{u}\text{는 } \nabla f(P)\text{와 같은 방향}$$
$$\cos\theta = -1 \iff \theta = \pi \iff \mathbf{u}\text{는 } \nabla f(P)\text{와 반대 방향}$$

그러므로

$$D_{\mathbf{u}} f(P)\text{의 최댓값} = \nabla f(P) \text{ 방향의 방향도함수} = \|\nabla f(P)\|$$
$$D_{\mathbf{u}} f(P)\text{의 최솟값} = -\nabla f(P) \text{ 방향의 방향도함수} = -\|\nabla f(P)\|$$

따라서 다음 정리가 성립한다.

**정리 13.4.5**

함수 $f$가 연속인 편도함수를 가지면 $f$의 정의역의 점 $P$에서 $f$의 방향도함수의 최댓값, 최솟값은 다음과 같다.

(1) 방향도함수의 최댓값 $= \nabla f(P)$ 방향으로의 방향도함수 $= \|\nabla f(P)\|$

(2) 방향도함수의 최솟값 $= -\nabla f(P)$ 방향으로의 방향도함수 $= -\|\nabla f(P)\|$

**예제 7** 점 $(1, -1, 1)$에서 $f(x, y, z) = x^2 y + y^2 z + z^2 x$의 방향도함수의 최댓값과 최솟값을 구하고 그 때의 방향을 구하여라.

**풀이** 정리 13.4.5를 이용하자.

$\nabla f(x, y, z) = (2xy + z^2,\ x^2 + 2yz,\ y^2 + 2zx)$ 이므로

$$\nabla f(1, -1, 1) = (-1, -1, 3)$$

따라서 $\nabla f(1, -1, 1)$ 방향의 단위벡터 는 다음과 같다.

$$\mathbf{u} = \left(-\frac{1}{\sqrt{11}}, -\frac{1}{\sqrt{11}}, \frac{3}{\sqrt{11}}\right)$$

따라서 점 $(1, -1, 1)$에서 $f$의 방향도함수의 최댓값과 최솟값은 다음과 같다.

방향도함수의 최댓값 $=$ $\mathbf{u}$ 방향의 방향미분 $= D_{\mathbf{u}} f(-1, -1, 1) = \sqrt{11}$
방향도함수의 최솟값 $= -\mathbf{u}$ 방향의 방향미분 $= D_{-\mathbf{u}} f(-1, -1, 1) = -\sqrt{11}$

■

**예제 8** 어느 지방의 지형이 함수 $z = 9 - 2x^2 - 4y^2$의 그래프로 나타난다. 그래프 위의 점 $(1, 1, 3)$에서 가장 경사가 가파르게 올라가는 방향과 가장 경사가 가파르게 내려오는 방향을 구하고 각각의 경사도를 구하여라.

**풀이** 점 $(1, 1)$에서 이변수함수 $f(x, y) = 9 - 2x^2 - 4y^2$의 방향도함수가 최대, 최소가 되는 방향과 그때의 방향도함수를 구하면 된다.
$\nabla f(x, y) = (-4x, -8y)$이므로

$$\nabla f(1, 1) = (-4, -8)$$
$$\|\nabla f(1, 1)\| = \|(-4, -8)\| = 4\sqrt{5}$$

따라서

방향도함수가 최대가 되는 방향 : $\nabla f(1, 1)$, 방향도함수의 최댓값 : $4\sqrt{5}$
방향도함수가 최소가 되는 방향 : $-\nabla f(1, 1)$, 방향도함수의 최댓값 : $-4\sqrt{5}$

그러므로

가장 경사가 가파르게 올라가는 방향 : $(-4, -8)$, 경사도 $4\sqrt{5}$
가장 경사가 가파르게 내려가는 방향 : $(4, 8)$, 경사도 $-4\sqrt{5}$ ■

## 등고선과 그래디언트

입체적인 지형을 평면에 나타내는 지도에서 등고선은 해발높이가 같은 지점을 곡선으로 표시한 것이다. 따라서 등고선을 따라 움직이면 계속 같은 경로를 반복하여 움직이게 될 것이다. 그러므로 산악지형에서 가장 경사가 가파른 방향은 등고선과 수직한 방향이 되리라는 것을 짐작할 수 있다. 그리고 예제 8에서 보는 바와 같이 이변수함수 $f$의 그래프로 나타나는 지형에서 경사가 가장 가파른 방향은 함수 $f$의 그래디언트 방향이다. 따라서 그래디언트는 등고선과 수직한 방향임을 짐작할 수 있다. 이러한 성질이 실제로 성립함을 확인해보자.

이변수함수 $z = f(x, y)$의 정의역의 한 점 $P(x_0, y_0)$을 지나는 등고선을 $L$

이라 하고 $L$의 매개방정식이 다음과 같이 주어졌다고 하자.

$$\mathbf{r}(t) = (x(t),\ y(t))$$

$\mathbf{r}(t_0) = (x_0, y_0)$, $f(x_0,\ y_0) = k$라 하면 다음이 성립한다.

$$f(x(t),\ y(t)) = k$$

연쇄법칙을 사용하면

**연쇄법칙**

$z = f(x, y),\ x = x(t),\ y = y(t)$

이면 다음이 성립한다.

$$\frac{df}{dt} = \frac{\partial f}{\partial x}\frac{dx}{dt} + \frac{\partial f}{\partial y}\frac{dy}{dt}$$

$$\begin{aligned}\frac{d}{dt}[f(x(t_0),\ y(t_0))] &= \frac{\partial f}{\partial x}(x(t_0),\ y(t_0))\frac{dx}{dt}(t_0) + \frac{\partial f}{\partial y}(x(t_0),\ y(t_0))\frac{dy}{dt}(t_0)\\ &= \frac{\partial f}{\partial x}(x_0,\ y_0)\frac{dx}{dt}(t_0) + \frac{\partial f}{\partial y}(x_0,\ y_0)\frac{dy}{dt}(t_0)\\ &= \left(\frac{\partial f}{\partial x}(x_0,\ y_0),\ \frac{\partial f}{\partial y}(x_0,\ y_0)\right)\cdot\left(\frac{dx}{dt}(t_0),\ \frac{dy}{dt}(t_0)\right)\\ &= \nabla f(x_0,\ y_0)\cdot\mathbf{r}'(t_0)\end{aligned}$$

$f(x(t),\ y(t)) = k$ ($k$는 상수)이므로

$$\nabla f(x_0,\ y_0)\cdot\mathbf{r}'(t_0) = 0$$

즉, $P(x_0,\ y_0)$에서 $f$의 그래디언트 $\nabla f(x_0,\ y_0)$와 등고선 $L$의 접선벡터 $\mathbf{r}'(t_0)$는 서로 수직이다. 따라서 다음 정리가 성립한다.

**정리 13.4.6**

$z = f(x,\ y)$의 정의역의 한 점 $P(x_0,\ y_0)$을 지나는 등고선을 $L$이라 하면 점 $P(x_0,\ y_0)$에서 등고선 $L$의 접선과 $f$의 그래디언트 $\nabla f(x_0,\ y_0)$은 서로 수직이다.

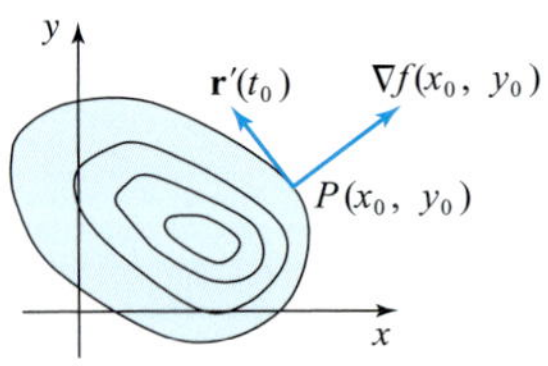


그림 13.4.3

**예제 9** 방정식 $x^2 + 5y^2 = 9$으로 주어지는 $xy$ 평면의 곡선 $C$가 있다. 곡선위의 점 $(2, 1)$에서 곡선에 수직한 직선의 방정식을 구하여라.

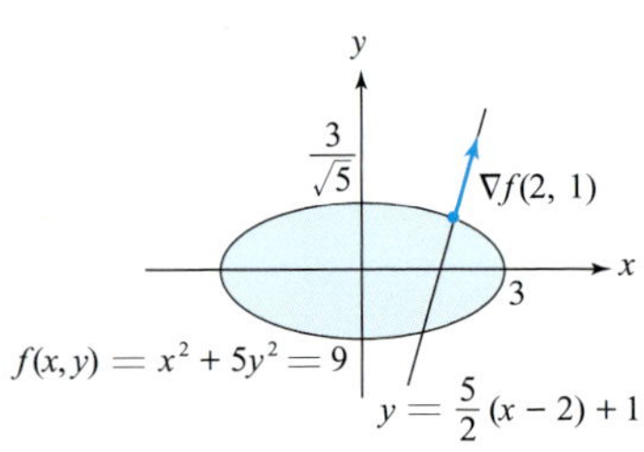


그림 13.4.4

**풀이** $f(x,\ y) = x^2 + 5y^2$라 하면 곡선 $C$를 점 $f(x,\ y) = 9$인 등고선이 된다. 그리고 등고선 위의 점 $(2,\ 1)$에서 등고선에 수직한 방향은 $\nabla f(2,\ 1)$이다. $\nabla f(x,\ y) = (2x, 10y)$이므로

$$\nabla f(2,\ 1) = (4,\ 10)$$

따라서 점 $(2, 1)$에서 곡선 $C$에 수직한 방향은 벡터 $(4, 10)$ 방향이다. 즉, 점 $(2, 1)$에서 곡선 $C$에 수직한 직선의 기울기는 $10/4$이다. 그러므로 점 $(2, 1)$에서 곡선 $C$에 수직한 직선의 방정식은 다음과 같다.

$$y = \frac{5}{2}(x-2)+1$$

■

## 연습문제 13.4

**1.** 다음 함수 $f$의 방향도함수 $D_{\mathbf{u}} f(P)$을 구하여라.

(1) $f(x, y) = x^2y - y^3x$, $P(2, -3)$, $\mathbf{u} = (-3/5, 4/5)$

(2) $f(x, y) = x\ln(x^2 + y^2)$, $P(2, 4)$, $\mathbf{u} = (4/5, 3/5)$

(3) $f(x, y) = \cos(x^2 - y^2)$, $P(\sqrt{\pi}, \sqrt{\pi}/2)$, $\mathbf{u} = (1/\sqrt{2}, -1/\sqrt{2})$

(4) $f(x, y) = \dfrac{x+y}{x-y}$, $P(4, 5)$, $\mathbf{u} = (\sqrt{3}/2, -1/2)$

**2.** 벡터 $\mathbf{v}$방향으로 점 $P$에서 함수 $f$의 방향도함수를 구하여라.

(1) $f(x, y) = \dfrac{1}{x^2 + y^2}$, $P(2, 3)$, $\mathbf{v} = (0, 2)$

(2) $f(x, y) = \dfrac{\sin xy}{x + y}$, $P(1,0)$, $\mathbf{v} = (1, -1)$

(3) $f(x, y) = (x - y)\ln(x + y)$, $P(1, 1)$, $\mathbf{v} = (1, 2)$

(4) $f(x, y) = e^{xy-x}$, $P(\ln 2, 1)$, $\mathbf{v} = (-2, 1)$

**3.** 점 $P$에서 이변수함수 $f$의 방향도함수가 최대가 되는 방향과 최소가 되는 방향을 구하고 방향도함수의 최댓값과 최솟값을 구하여라.

(1) $f(x, y) = x^3y^2 - xy$, $P(2, 1)$

(2) $f(x, y) = \dfrac{\sin(x + y)}{\cos(x - y)}$, $P(\pi/2, \pi/4)$

(3) $f(x, y) = e^x\cos y$, $P(1, \pi)$

(4) $f(x, y) = \dfrac{\ln(x + y)}{x + y}$, $P(1, 2)$

**4.** 벡터 $\mathbf{v}$방향으로 점 $P$에서 함수 $f$의 방향도함수를 구하여라.

(1) $f(x, y, z) = xyz^3$, $P(2, 3, 1)$, $\mathbf{v} = (0, 2, 1)$

(2) $f(x, y, z) = x\sin yz$, $P(1, 2, \pi/4)$, $\mathbf{v} = (1, 0, -1)$

(3) $f(x, y, z) = \ln(x + y^2 + z)$, $P(1, 0, 1)$, $\mathbf{v} = (1, 2, 1)$

(4) $f(x, y, z) = e^{xy-yz}$, $P(2, -1, 1)$, $\mathbf{v} = (-2, 0, 1)$

**5.** 점 $P$에서 삼변수함수 $f$의 방향도함수가 최대가 되는 방향과 최소가 되는 방향을 구하고 방향도함수의 최댓값과 최솟값을 구하여라.

(1) $f(x, y, z) = x^3y^2 - yz^3$, $P(2, -1, 1)$

(2) $f(x, y, z) = \sin(x + y + z^2)$, $P(\pi/2, \pi/4, \pi/2)$

(3) $f(x, y, z) = e^x\cos y\sin z$, $P(1, \pi/3, \pi/6)$

(4) $f(x, y, z) = \dfrac{\ln(x + y)}{y + z}$, $P(1, 1, 2)$

**6.** 주어진 조건으로부터 함수 $f(x, y)$의 편도함수 $f_x(P)$, $f_y(P)$를 구하여라.

(1) $\mathbf{u} = (0, 1)$, $\mathbf{v} = (1/\sqrt{2}, 1/\sqrt{2})$
$D_{\mathbf{v}} f(P) = 2\sqrt{2}$, $D_{\mathbf{v}} f(P) = 3\sqrt{2}$

(2) $\mathbf{u} = (3/5, 4/5)$, $\mathbf{v} = (1/\sqrt{2}, 1/\sqrt{2})$
$D_{\mathbf{u}} f(P) = 2\sqrt{2}$, $D_{\mathbf{v}} f(P) = \sqrt{2}$

(3) $\mathbf{u} = (5/13, 12/13)$, $\mathbf{v} = (-12/13, 5/13)$
$D_{\mathbf{u}} f(P) = 19$, $D_{\mathbf{v}} f(P) = 22$

(4) $\mathbf{u} = (1/2, -\sqrt{3}/2)$, $\mathbf{v} = (1/\sqrt{2}, 1/\sqrt{2})$
$D_{\mathbf{u}} f(P) = 3$, $D_{\mathbf{v}} f(P) = 0$

**7.** 곡면 $z = x^2 + y^2$과 평면 $x + 2y = 2$의 만나서 생긴 곡선 위의 점 $P(-2, 2, 8)$에서 곡선의 접선벡터를 구하여라.

**8.** 점 $(2, -1)$에서 $z = 9x^2 + 4y^2$의 방향도함수가 최대가 되는 방향각(벡터가 $x$축과 이루는 각)을 구하여라.

**9.** 점 $(2, -1)$에서 함수 $z = x^2y + 2xy^2$의 증가율이 최대가 되는 방향을 구하여라.

**10.** 점 $(1, -1)$에서 함수 $z = x^2 + 2xy^2$의 방향도함수가 4가 되는 방향을 구하여라.

**11.** 평행이 아닌 단위벡터 $u$, $v$ 방향으로의 주어진 점에서 $f(x, y)$의 방향도함수를 알고 있을 때, 이 주어진 점에서 $\nabla f$를 구할 수 있는가? 구할 수 있다면 어떻게 구할 수 있는가?

# 13.5 접평면과 전미분

함수 $y = f(x)$의 그래프 등 곡선 위의 점에서 접선을 구하고 접선을 이용하여 함수값의 증분의 근사값을 구하는 방법을 미적분학 1에서 소개하였다. 여기서는 곡면 위의 점에서 접평면을 구하고 접평면을 이용하여 두변수함수의 증분의 근사값으로 전미분을 구하는 방법을 소개한다.

## 접평면

공간에 있는 곡면 $S$의 방정식이 $F(x, y, z) = 0$이고 점 $P(a, b, c)$가 곡면 $S$ 위의 점이라 하자. 이 때 함수 $F(x, y, z)$는 연속인 편미분을 가진다고 하자.

곡선 $C$가 곡면 위에 있고 점 $P$를 지나며 다음의 미분가능한 벡터함수 $\mathbf{r}(t)$로 표시된다고 하자.

$$\mathbf{r}(t) = (x(t),\ y(t),\ z(t))$$

이 때 $\mathbf{r}(t_0) = (a, b, c)$라 하자. 곡선 $C$는 곡면 위에 있으므로 모든 $t$에 대하여 다음 식이 성립한다.

$$F(x(t),\ y(t),\ z(t)) = 0$$

삼변수함수의 연쇄법칙

$w = F(x, y, z)$

$x = x(t),\ y = y(t),$

$z = z(t)$

$\Rightarrow \frac{dF}{dt} = \frac{\partial F}{\partial x}\frac{dx}{dt} + \frac{\partial F}{\partial y}\frac{dy}{dt} + \frac{\partial F}{\partial z}\frac{dz}{dt}$

연쇄법칙을 이용하여 변수 $t$에 대하여 미분하면

$$\begin{aligned}&\frac{d}{dt}F(x(t), y(t), z(t))\\ &\quad = F_x(x(t), y(t), z(t))x'(t) + F_y(x(t), y(t), z(t))y'(t)\\ &\qquad + F_z(x(t), y(t), z(t))z'(t)\\ &\quad = 0\end{aligned}$$

$t = t_0$이면

$$F_x(a, b, c)x'(t_0) + F_y(a, b, c)y'(t_0) + F_z(a, b, c)z'(t_0) = 0$$

따라서 다음 식이 성립한다.

$$\nabla F(a, b, c) \cdot (x'(t_0), y'(t_0), z'(t_0)) = 0$$

즉

$$\nabla F(a, b, c) \cdot \mathbf{r}'(t_0) = 0$$

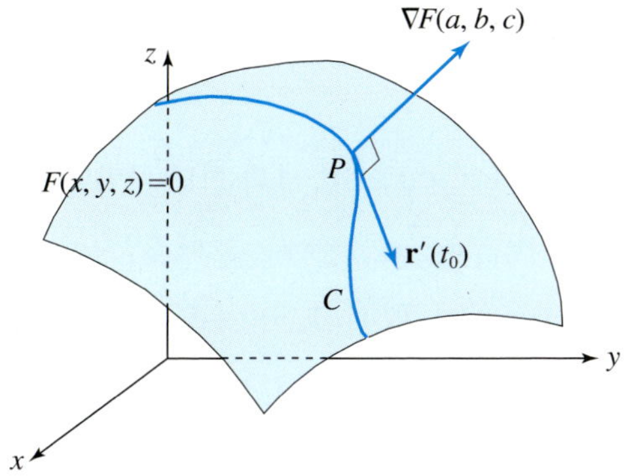


그림 13.5.1

그러므로 점 $P$에서 함수 $F(x, y, z)$의 그래디언트와 곡선 $\mathbf{r}(t)$의 접선이 수직함을 알 수 있다. 따라서 다음 정리를 얻을 수 있다.

**정리 13.5.1**

$F(x, y, z)$는 미분가능한 함수이다. 곡선 $\mathbf{r}(t)$가 곡면 $F(x, y, z) = 0$ 위에 있는 곡선이고 점 $P = \mathbf{r}(t_0)$를 지나면 점 $P$에서 $F$의 그래디언트는 곡선의 접선에 수직하다. 즉

$$\nabla F(P) \cdot \mathbf{r}'(t_0) = 0$$

정리 13.5.1에 의하면 곡면 $F(x, y, z) = 0$ 위에 있고 점 $P$를 지나는 모든 곡선의 점 $P$에서의 접선은 $\nabla F(P)$에 수직하다. 따라서 이러한 접선들은 모두 점 $P$를 지나고 $\nabla F(P)$에 수직한 평면 위에 있게 된다. 이 평면을 곡면의 접평면이라 한다.

**정의 13.5.2**

공간에 있는 곡면 $S$의 방정식이 $F(x, y, z) = 0$일 때 곡면 $S$ 위의 점 $P(a, b, c)$에서 곡면 $S$의 **접평면**(tangent plane)은 점 $P$를 지나고 $\nabla F(a, b, c)$에 수직인 평면이다. 즉, 접평면의 방정식은 다음과 같다.

$$F_x(a, b, c)(x-a) + F_y(a, b, c)(y-b) + F_z(a, b, c)(z-c) = 0$$

**예제 1** 곡면 $(x-1)^2+y^2+(z-3)^2=1$ 위의 점 $(1, 1, 3)$에서의 접평면의 방정식을 구하여라.

**풀이** $F(x, y, z)=(x-1)^2+y^2+(z-3)^2-1$라 하면 곡면의 방정식은 $F(x, y, z)=0$이다. 그리고 $F_x=2x-2$, $F_y=2y$, $F_z=2z-6$이므로

$$\nabla F(1, 1, 3)=(0, 2, 0)$$

그러므로 $(1, 1, 3)$에서의접평면은 점 $(1, 1, 3)$을 지나고 $(0, 2, 0)$에 수직한 평면이다. 따라서 접평면의 방정식은

$$0(x-1)+2(y-1)-0(z-3)=0$$

즉, $2y-2=0$, $y=1$이다. ■

이변수함수 $z=f(x, y)$의 그래프로 주어지는 곡면의 방정식은 다음과 같다.

$$f(x, y)-z=0$$

따라서 접평면의 정의에서 다음 정리를 얻을 수 있다.

**정리 13.5.3**

함수 $z=f(x, y)$의 그래프 위의 점 $P(a, b, c)$에서 접평면의 방정식은 다음과 같다.

$$f_x(a, b)(x-a)+f_y(a, b)(y-b)-(z-c)=0$$

단, $c=f(a, b)$이다.

**예제 2** 함수 $z=3x^2+2y^2$의 그래프 위의 점 $(1, 1, 5)$에서의 접평면의 방정식을 구하여라.

**풀이** $f(x, y)=3x^2+2y^2$에 정리 13.5.3을 적용하자.
$f_x(1, 1)=6$, $f_y(1, 1)=4$이므로 접평면의 방정식은

$$6(x-1)+4(y-1)-(z-5)=0$$ ■

## 전미분

이변수 함수 $z=f(x, y)$에서 $x$의 증분이 $\Delta x$, $y$의 증분이 $\Delta y$일 때 $z$의 증분(increment) $\Delta z$는 다음과 같다.

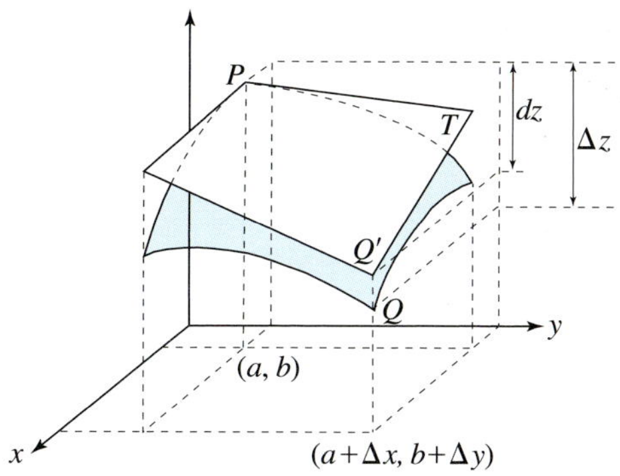


그림 13.5.2

$$\Delta z = f(x + \Delta x,\ y + \Delta y) - f(x,\ y)$$

그림 13.5.2에서 평면 $T$는 함수 $z = f(x, y)$의 그래프 위의 점 $P(a, b, f(a, b))$에서의 접평면이다. 따라서 평면 $T$의 방정식은

$$f_x(a,\ b)(x - a) + f_y(a,\ b)(y - b) - (z - f(a,\ b)) = 0$$

$xy$ 평면의 점 $(a + \Delta x,\ b + \Delta y)$에 대응하는 그래프위의 점 $Q$와 접평면 위의 점 $Q'$의 좌표는 각각 다음과 같다.

$$Q = (a + \Delta x,\ b + \Delta y,\ f(a + \Delta x,\ b + \Delta y))$$
$$Q' = (a + \Delta x,\ b + \Delta y,\ f(a,\ b) + f_x(a,\ b)\Delta x + f_y(a,\ b)\Delta y)$$

그림 13.5.2에서 $\Delta z$는 점 $P(a, b, f(a, b))$에 대한 점 $Q$의 $z$ 좌표의 증분이다. 즉

$$\Delta z = f(x + \Delta x,\ y + \Delta y) - f(x,\ y)$$

그리고 $dz$는 점 $P(a, b, f(a, b))$에 대한 점 $Q'$의 $z$ 좌표의 증분이다. 즉

$$dz = f_x(a,\ b)\Delta x + f_y(a,\ b)\Delta y$$

그림에서 보는 바와 같이 $x$ 증분 $\Delta x$, $y$ 증분 $\Delta y$가 작을수록 점 $Q$와 점 $Q'$ 사이의 거리는 가까워짐을 알 수 있다. 따라서 $\Delta x$, $\Delta y$가 작을수록 $\Delta z$와 $dz$의 값은 가까워지므로 $\Delta x$, $\Delta y$가 작으면 증분 $\Delta z$의 근사값으로 $dz$를 사용할 수 있음을 알 수 있다.

위의 식에서 $z$에 $x$와 $y$를 각각 대입하면 $dx = \Delta x$, $dy = \Delta y$이므로 $dz$는 다음과 같다.

$$dz = f_x(a,\ b)dx + f_y(a,\ b)dy$$

**일변수함수의 전미분**

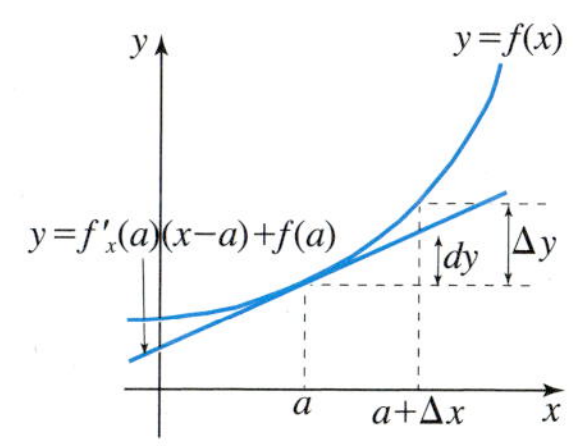


그림 13.5.3

증분 $\Delta y = f(a + \Delta x) - f(a)$
전미분 $dy = f'(a)dx$

$dz$를 $(a, b)$에서 $f(x, y)$의 전미분(total differential)이라 하며 $\Delta x$, $\Delta y$가 작을수록 $dz$의 값은 $\Delta z$에 가까워진다.

**예제 3** $(x, y)$가 $(2, 3)$에서 $(2.05, 2.96)$으로 변할 때 함수 $f(x, y) = 2x^3 + xy - y^3$의 증분과 전미분을 구하여라.

**풀이** $z$의 증분 $\Delta z$를 구하자.

$$\begin{aligned}\Delta z &= f(x+\Delta x,\ y+\Delta y) - f(x,\ y)\\ &= 2(x+\Delta x)^3 + (x+\Delta x)(y+\Delta y) - (y+\Delta y)^3 - 2x^3 - xy + y^3\end{aligned}$$

$x$가 2에서 2.05로, $y$가 3에서 2.96으로 변하므로

$$\Delta x = 0.05, \qquad \Delta y = -0.04$$

따라서

$$\begin{aligned}\Delta z &= f(2.05,\ 2.96) - f(2,\ 3)\\ &= 2(2.05)^3 + (2.05)(2.96) - (2.96)^3 - 2\cdot 2^3 - 2\cdot 3 + 3^3\\ &= 2.36391\end{aligned}$$

전미분 $dz$를 구하면

$$\begin{aligned}dz &= f_x(x,\ y)\,dx + f_y(x,\ y)\,dy\\ &= (6x^2 + y)\,dx + (x - 3y^2)\,dy\end{aligned}$$

$x = 2,\ y = 3,\ dx = \Delta x = 0.05,\ dy = \Delta y = -0.04$이므로

$$dz = (6\cdot 2^2 + 3)(0.05) + (2 - 3\cdot 3^2)(-0.04) = 2.35$$ ■

**예제 4** 어떤 기체의 부피 $V$, 압력 $P$, 온도 $T$ 사이에 다음과 같은 관계식이 성립한다.

$$P = k\frac{T}{V}$$

단, $k$는 상수이다. 온도를 측정할 때 최대 0.5%의 오차가 생기고 부피를 측정할 때 최대 0.7%의 오차가 발생한다면 압력을 계산할 때 생기는 최대 오차율의 근사값을 구하여라.

**풀이** 압력을 계산할 때 생기는 오차를 $\Delta P$라 하면, $\Delta P$의 근사값은 $dP$이다.

$P = k\frac{T}{V}$에서 $dP$를 구하면

$$dP = \frac{\partial P}{\partial T}dT + \frac{\partial P}{\partial V}dV = \frac{k}{V}dT - \frac{kT}{V^2}dV$$

온도를 측정할 때 0.5%의 오차가, 부피를 측정할 때 0.7%의 오차가 발생하므로

$$|dT| = |\Delta T| \le 0.005T, \qquad |dV| = |\Delta T| \le 0.007V$$

따라서 $|dP|$의 범위를 구하면,

$$\begin{aligned}|dP| &= \left|\frac{k}{V}dT - \frac{kT}{V^2}dV\right| \\ &\le \left|\frac{k}{V}dT\right| + \left|\frac{kT}{V^2}dV\right| \\ &\le \left|\frac{k}{V}0.005T\right| + \left|\frac{kT}{V^2}0.007V\right| \\ &= 0.012|P|\end{aligned}$$

따라서 최대 오차율의 근사값은 1.2%이다. ■

세 개 이상의 변수를 가지는 함수에 대한 전미분도 이변수함수의 경우와 같이 정의한다. 즉, 삼변수함수 $w = f(x, y, z)$의 증분(increment) $\Delta w$와 전미분(total differential) $dw$는 각각 다음과 같다.

$$\begin{aligned}\Delta w &= f(x+\Delta x,\ y+\Delta y,\ z+\Delta z) - f(x, y, z) \\ dw &= f_x(x, y, z)dx + f_y(x, y, z)dy + f_z(x, y, z)dz\end{aligned}$$

여기서 $dx = \Delta x$, $dy = \Delta y$, $dz = \Delta z$이다. 그리고 $\Delta x, \Delta y, \Delta z$가 작을수록 전미분 $dw$는 증분 $\Delta w$에 가까워진다.

**예제 5** 직육면체의 부피를 구하기 위하여 변의 길이를 측정하였더니 가로 70cm, 세로 60cm, 높이 40cm로 측정되었다. 측정하는 과정에서 생기는 오차의 한계가 0.2cm라 한다. 부피를 구할 때 생기는 오차의 근사값을 구하여라.

**풀이** 직육면체의 가로를 $x$cm, 세로를 $y$cm, 높이를 $z$cm, 부피를 $V$라 하면

$$V = xyz$$

따라서 $x = 70$, $y = 60$, $z = 40$일 때 $V$의 전미분 $dV$를 구하면 된다.
$V$의 전미분 $dV$를 구하면

$$\begin{aligned}dV &= V_x(x, y, z)dx + V_y(x, y, z)dy + V_z(x, y, z)dz \\ &= yzdx + xzdy + xydz\end{aligned}$$

따라서 $|dx| \le 0.2$, $|dy| \le 0.2$, $|dz| \le 0.2$이므로 $x = 70$, $y = 60$, $z = 40$일 때 $V$의 전미분 $dV$의 크기 $|dV|$는

$$\begin{aligned}|dV| &= |2400dx + 2800dy + 4200dz| \\ &\le 9400 \times 0.2 = 1880\end{aligned}$$

따라서 변의 길이의 측정에서 생기는 오차의 한계가 0.2cm이면 부피의 계산에서 생기는 최대 오차의 근사값은 $1880\text{cm}^3$이다. ■

## 연습문제 13.5

1. 다음 곡면 위의 점 $P$에서 접평면의 식을 구하여라.
   (1) $x^2+y^2+z^2=16,\quad P(2,3,\sqrt{3})$
   (2) $x^2-y^2+z^2=16,\quad P(1,3,\sqrt{7})$
   (3) $x^2+y^2-z^2-2xy+4xz=4,\quad P(1,0,1)$
   (4) $x=y^2+z^2-2,\quad P(-1,1,0)$

2. 다음 함수 $f$의 그래프 위의 점 $(P, f(P))$에서 곡면에 수직한 벡터와 곡면의 접평면을 구하여라.
   (1) $f(x,y)=xy-x^3+y^2,\quad P(1,2)$
   (2) $f(x,y)=\dfrac{\sin x}{\cos y},\quad P(\pi/3,\pi/3)$
   (3) $f(x,y)=\ln(2+x^2+y^2),\quad P(1,3)$
   (4) $f(x,y)=e^{x^2+xy-y^2},\quad P(1,1)$
   (5) $f(x,y)=\dfrac{x^2}{4}+\dfrac{y^2}{4},\quad P(2,2)$
   (6) $f(x,y)=2e^{3y}\cos 2x,\quad P(\pi/3,0)$
   (7) $f(x,y)=x^2+y^3,\quad P(3,1)$
   (8) $f(x,y)=x^2+y^4+e^{xy},\quad P(1,0)$

3. $(x, y)$가 $P$에서 $Q$로 변할 때 함수 $f$의 전미분을 구하여라.
   (1) $f(x,y)=x^2+4y^2,\quad P(2,3),\quad Q(2.02, 2.98)$
   (2) $f(x,y)=\sin(x+y),\quad P(\pi/2,\pi/4),$
   $Q(6\pi/10, 11\pi/60)$
   (3) $f(x,y)=\dfrac{x}{\sqrt{1+x^2+y^2}},\quad P(2,2),\quad Q(1.9, 2.1)$
   (4) $f(x,y)=\ln(1+\sqrt{x}-y),\quad P(9,3),\quad Q(9.3, 3.2)$

4. 전미분을 이용하여 다음의 근사값을 구하여라.
   (1) $8.98\sqrt{9.98-1.02}$
   (2) $\sqrt{0.89}\,e^{0.02}$
   (3) $\sqrt{3.02^2+4.03^2+5.98^2}$
   (4) $\dfrac{\ln 1.02}{2.97^2}$

5. 원통의 반지름을 측정할 때 1%의 오차가 발생하고 높이를 재는데 2%의 오차가 발생하였다면 원통의 부피를 계산하는데 발생하는 최대 오차의 근사값을 구하여라.

6. 곡면 $z=x^2-2xy-y^2-8x+4y$ 위의 점 중에서 접평면이 $xy$평면과 평행한 점을 모두 구하여라.

7. 두 곡면

$$x^2+4y+z^2-13=0,\qquad x^2+y^2+z^2-9=0$$

은 점 $(1, 2, 2)$에서 서로 접하고 있음을 보여라.

8. 직선 $x=1+2t,\ y=3+8t,\ z=2-6t$에 수직인 접평면을 가지는 곡면 $x^2+2y^2+3z^2=12$ 위의 점을 구하여라.

[정의] 두 곡면이 만날 때 만나는 점에서 두 곡면의 접평면의 사이각을 **두 곡면의 사이각**이라 한다. 곡면과 직선이 만날 때 곡면의 접평면과 직선이 이루는 각을 **곡면과 직선의 사이각**이라 한다.

9. 두 곡면

$$9x^2+4y^2+4z^2-41=0,\quad 2x^2-y^2+3z^2-10=0$$

이 점 $(1, 2, 2)$에서 만남을 보이고 두 곡면의 사이각을 구하여라.

10. 두 곡면

$$x^2+y^2+z^2-16=0,\qquad x-2y+3z=0$$

이 만나는 점에서 두 곡면의 사이각을 구하여라.

11. 다음의 구면과 직선

$$x^2+y^2+z^2-25=0$$
$$x=3t+6,\qquad y=4t+8,\qquad z=5t+5$$

이 만나는 두 점에서 구면과 직선의 사이각을 구하여라.

# 13.6 극댓값과 극솟값

우리는 3.1절에서 일변수함수 $y = f(x)$, $x \in [a, b]$의 최댓값이나 최솟값을 구할 때 함수 $f$의 극값, 즉 극댓값이나 극솟값을 먼저 구하였다. 그리고 극값과 끝점, 즉 $x = a$, $x = b$에서의 함수값을 비교하여 최댓값과 최솟값을 구하였다. 그리고 미분을 이용하여 극대점, 극소점을 구하는 방법을 배웠다.

이번 절에서는 일변수함수의 경우와 유사한 방법으로 이변수함수의 극대점, 극소점을 정의하고 편미분을 이용하여 극대점, 극소점을 구하는 방법을 소개한다.



## 이변수함수의 극댓값, 극솟값

이변수함수의 최댓값, 최솟값, 극댓값, 극솟값을 다음과 같이 정의한다.

**정의 13.6.1**

이변수함수 $z = f(x, y)$가 $xy$ 평면의 부분집합 $D$를 정의역으로 하고 $(a, b)$가 정의역 $D$의 한 점이라 하자.

$f(a, b)$가 정의역 $D$에서 함수 $f$의 가장 큰 함수값일 때 즉,

$$f(a, b) \geq f(x, y), \quad (x, y) \in D$$

$f(a, b)$를 함수 $f$의 최댓값(maximum value)이라 한다. 반대로 $f(a, b)$가 정의역 $D$에서 함수 $f$의 가장 작은 함수값일 때 즉,

$$f(a, b) \leq f(x, y), \quad (x, y) \in D$$

$f(a, b)$를 함수 $f$의 최솟값(minimum value)이라 한다.

$f(a, b)$가 점 $(a, b)$의 적당한 근방과 정의역의 교집합 $N$에서 함수 $f$의 최댓값이 될 때 즉,

$$f(a, b) \geq f(x, y), \quad (x, y) \in N$$

일 때 $f(a, b)$를 함수 $f$의 극댓값(local maximum value), 점 $(a, b)$를 극대점(local maximum point)이라 한다.

점 $(a, b)$의 근방 : 점 $(a, b)$를 중심으로 하는 적당한 원의 내부

$f(a, b)$가 점 $(a, b)$의 적당한 근방과 정의역의 교집합 $N$에서 함수 $f$의 최솟값이 될 때 즉,

$$f(a, b) \le f(x, y), \quad (x, y) \in N$$

일 때 $f(a, b)$를 함수 $f$의 극솟값(local minimum value), 점 $(a, b)$를 극소점(local minimum point)이라 한다.
그리고 극댓값, 극솟값을 극값(extreme value), 극대점, 극소점을 극점(extreme point)이라 한다.

함수 $z = f(x, y)$의 최댓값 또는 최솟값은 당연히 극댓값 또는 극솟값이 된다. 따라서 극댓값 또는 극솟값을 모두 찾으면 그 중에 최댓값 또는 최솟값이 포함되어 있다.

**예제 1** 함수 $f(x, y) = (x+2)^2 + (y-3)^2 - 9$의 편도함수 $f_x(x, y)$, $f_y(x, y)$의 값이 모두 0이 되는 점과 최댓값 또는 최솟값을 구하여라.

**풀이** $f(x, y) = (x+2)^2 + (y-3)^2 - 9$의 편도함수를 구하면

$$f_x(x, y) = 2x + 4, \quad f_y(x, y) = 2y - 6$$

따라서 $f_x(-2, 3) = f_y(-2, 3) = 0$. 한편, $f$의 함수식에서

$$\begin{aligned} f(x, y) &= (x+2)^2 + (y-3)^2 - 9 \\ &= (x+2)^2 + (y-3)^2 - 9 \ge -9 \end{aligned}$$

따라서 함수 $f(x, y)$의 함수값은 $-9$보다 작지 않으므로 $-9$가 함숫값이 된다면 바로 최솟값이 될 것이다. 한편 $f(-2, 3) = -9$이므로 함수 $f(x, y)$의 최솟값은 $-9$이다. 그리고 함수 $f$는 $(-2, 3)$에서 편도함수가 0이 된다. 한편 $f(x, y)$는 원 $(x+2)^2 + (y-3)^2 = 9$외부에서 무한히 커질 수 있으므로 최댓값은 존재하지 않는다. ■

일변수함수 $y = f(x)$가 $x = x_0$에서 미분가능하고 극값을 가질 경우 $f'(x_0) = 0$이 성립함을 배웠다(정리 3.1.4). 이러한 성질은 이변수함수 $z = f(x, y)$의 경우에도 성립한다.

**정리 13.6.2**

함수 $z = f(x, y)$가 $(x_0, y_0)$에서 편미분가능하고 극값을 가지면

$$f_x(x_0, y_0) = f_y(x_0, y_0) = 0$$

**증명.** 함수 $z = f(x, y)$가 $(x_0, y_0)$에서 극댓값을 가진다고 하자. 다음과 같이 함수 $\phi(x)$와 $\psi(y)$를 정의하자.

$$\phi(x) = f(x, y_0)$$
$$\psi(y) = f(x_0, y)$$

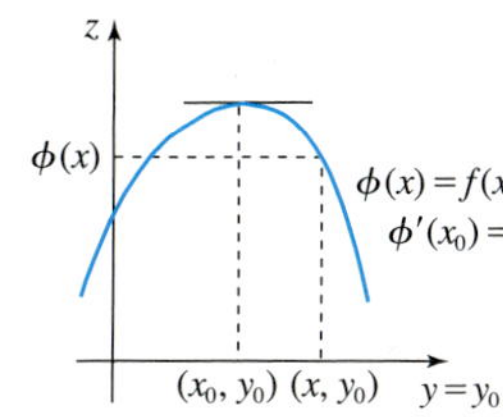

그림 13.6.1

따라서

함수 $\phi$의 그래프 = $f(x, y)$의 그래프와 평면 $y = y_0$가 만나서 생기는 곡선
함수 $\psi$의 그래프 = $f(x, y)$의 그래프와 평면 $x = x_0$가 만나서 생기는 곡선

그리고 $f$가 $(x_0, y_0)$에서 편미분가능하므로 $\phi(x)$는 $x = x_0$에서 $\psi(y)$는 $y = y_0$에서 미분가능하고 다음이 성립한다.

$$\phi'(x_0) = \frac{\partial f}{\partial x}(x_0, y_0)$$
$$\psi'(y_0) = \frac{\partial f}{\partial y}(x_0, y_0)$$

한편 $f$가 $(x_0, y_0)$에서 극댓값을 가지므로 $\phi(x)$는 $x = x_0$에서 $\psi(y)$는 $y = y_0$ 각각 극댓값을 가진다. 따라서 일변수함수의 극값에 대한 성질((Fermat정리(정리 3.1.4))을 이용하면

$$\phi'(x_0) = 0, \quad \psi'(y_0) = 0$$

그러므로 $f_x(x_0, y_0) = 0$, $f_y(x_0, y_0) = 0$ ■

**정의 13.6.3**

이변수함수 $z = f(x, y)$에 대하여 점 $P_0(x_0, y_0)$에서

(1) $f_x(P_0) = 0$, $f_y(P_0) = 0$일 때 점 $P_0$를 정점(stationary point).

(2) $f_x(P_0)$ 또는 $f_y(P_0)$가 존재하지 않을 때 점 $P_0$를 특이점(singular point)이라 한다.

그리고 정점과 특이점을 임계점(critical point)이라 한다.

정리 13.6.2에 의하면 이변수함수 $f(x, y)$가 극점을 가질 경우 극점은 임계점이 됨을 알 수 있다. 따라서 함수 $f(x, y)$의 극점을 구하려면 먼저 함수의 임계점을 찾아야 함을 알 수 있다.

곡면 $z=-x^2+y^2$을 $xz$평면으로 자른 단면

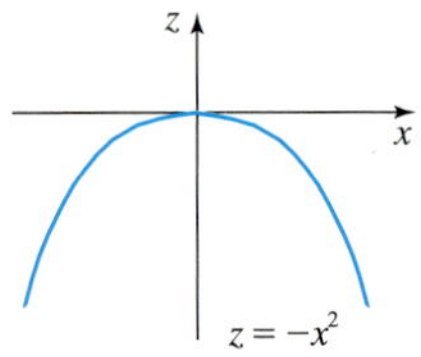


곡면 $z=-x^2+y^2$을 $yz$평면으로 자른 단면

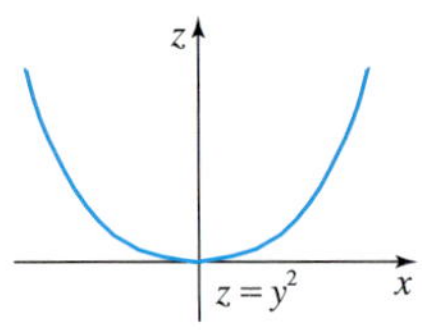


그림 13.6.2

**예제 2** 함수 $f(x, y)=-x^2+y^2$의 임계점을 모두 구하고 임계점 중에 극점이 있는지 확인하여라.

**풀이** $f(x, y)=-x^2+y^2$는 모든 점에서 편미분가능하므로 특이점은 존재하지 않는다. 따라서 임계점은 함수 $f$의 정점들이다. 함수 $f$의 편도함수를 구하면

$$f_x(x, y)=-2x, \qquad f_y(x, y)=2y$$

따라서 함수 $f$의 임계점은 $(0, 0)$ 하나이다. 함수 $f(x, y)=-x^2+y^2$의 그래프의 개형은 다음과 같다.

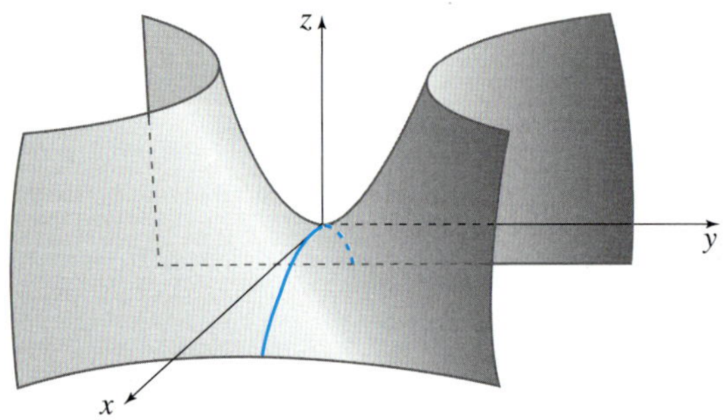


그림 13.6.3

$x$축과 $y$축 위에서 $f(x, y)=-x^2+y^2$의 함수값을 살펴보면

$$x\text{축 방향 : } f(x, 0)=-x^2, \qquad f(0, 0)=0\text{는 최댓값}$$
$$y\text{축 방향 : } f(0, y)=y^2, \qquad f(0, 0)=0\text{는 최솟값}$$

따라서 원점의 어떠한 근방에서도 $f(0, 0)$는 최댓값이나 최솟값이 될 수 없다. 그러므로 $f(0, 0)$는 극값이 아니다. ■

예제 2에서 함수 $f(x, y)=-x^2+y^2$는 $(0, 0)$에서 편도함수는 모두 0이지만 $(0, 0)$에서의 함수값은 방향에 따라 극댓값도 되고 극솟값도 된다. 이러한 점을 안장점(saddle point)이라 한다.

## 이변수함수의 극값 판정법

함수 $y=f(x)$에서 $f'(x_0)=0$이 성립할 때 $f$가 $x=x_0$에서 극점을 가지는지의 여부를 $f$의 2계미분으로 판단할 수 있다(정리 3.4.3). 즉,

$$f''(x_0)>0 \text{ 이면 } x=x_0\text{는 극소점이다.}$$
$$f''(x_0)<0 \text{ 이면 } x=x_0\text{는 극대점이다.}$$
$$f''(x_0)=0 \text{ 이면 판정할 수 없다.}$$

이변수함수 $z = f(x, y)$의 경우에도 2계 편도함수를 이용하여 극값을 가지는지 여부를 판단할 수 있으며 다음 정리에서 이러한 방법을 소개한다. 이 정리의 증명은 고등미적분학에서 찾아볼 수 있다.

이변수함수 $z = f(x, y)$가 점 $P_0$에서 연속인 2계 편도함수를 가질때 $f$의 판별식(discriminant) $D(f, P_0)$을 다음과 같이 정의한다.

$$\begin{aligned} D(f, P_0) &= \begin{vmatrix} f_{xx}(P_0) & f_{xy}(P_0) \\ f_{xy}(P_0) & f_{yy}(P_0) \end{vmatrix} \\ &= f_{xx}(P_0) f_{yy}(P_0) - (f_{xy}(P_0))^2 \end{aligned}$$

**정리 13.6.4**

이변수함수 $z = f(x, y)$가 점 $P_0$의 근방에서 연속인 2계 편도함수를 가지고 $f_x(P_0) = f_y(P_0) = 0$이면 다음이 성립한다.

(1) $D(f, P_0) > 0$, $f_{xx}(P_0) < 0$이면 $f(P_0)$는 극댓값이다.

(2) $D(f, P_0) > 0$, $f_{xx}(P_0) > 0$이면 $f(P_0)$는 극솟값이다.

(3) $D(f, P_0) < 0$이면 점 $P_0$는 안장점이 된다.

(4) $D(f, P_0) = 0$이면 판정할 수 없다.

**예제 3** 함수 $f(x, y) = ax^2 + by^2\,(ab \neq 0)$가 $(0, 0)$에서 극댓값, 극솟값 그리고 안장점을 가질 $a, b$의 조건을 각각 구하여라.

**풀이** 먼저 $f$의 판별식을 구하면 $f_{xx} = 2a$, $f_{yy} = 2b$이므로

$$D = f_{xx} f_{yy} - (f_{xy})^2 = 4ab \neq 0$$

따라서 $a > 0$, $b > 0$이면 $f(0, 0)$은 극솟값, $a < 0$, $b < 0$이면 $f(0, 0)$은 극댓값 그리고 $ab < 0$이면 $f(0, 0)$은 안장점이 된다. ■

위의 예제에서 $a, b$의 부호에 따라 그래프의 개형을 그려보면 정리 13.6.4와 잘 일치한다는 것을 확인할 수 있다.

**예제 4** 함수 $f(x, y) = x^2 + 3y^3 + 4x - 9y$의 극점과 안장점을 찾아라.

**풀이** $f$의 편도함수가 0이 되는 점을 찾자.

$f_x(x, y) = 2x + 4$, $f_y(x, y) = 9y^2 - 9$이므로 $f_x(x, y) = f_y(x, y) = 0$에서

$$x = -2, \quad y = \pm 1$$

두 임계점 $(-2, 1)$, $(-2, -1)$이 극점이 되는지 판정해보자.

$f_{xx}(x, y) = 2$, $f_{xy}(x, y) = 0$, $f_{yy}(x, y) = 18y$ 이므로

$$D = f_{xx} f_{yy} - (f_{xy})^2 = 36y$$

점 $(-2, 1)$에서

$$D = 36 > 0, \quad f_{xx}(-2, 1) = 2 > 0$$

따라서 $(-2, 1)$은 극소점이고 극솟값은 $f(-2, 1) = -10$이다. 점 $(-2, -1)$에서

$$D = -36 < 0$$

따라서 $(-2, -1)$은 안장점이다. ■

평면에서 연속이고 최댓값 또는 최솟값을 가지는 이변수함수 $z = f(x, y)$가 점 $P_0$에서 유일한 극점을 가진다면 점 $P_0$에서 최댓값 또는 최솟값을 가질 것이다. 그러나 유일한 극점을 가지지만 최댓값 또는 최솟값을 가지지 않는 경우도 있다. (13.8절 심화학습 예제 6, 7 참고) 따라서 최댓값 또는 최솟값을 찾는 문제의 경우 최댓값 또는 최솟값의 존재 여부를 먼저 확인할 필요가 있다.

**예제 5** 원점에서 곡면 $z^2 = -2x - 4y + 12$까지의 최소거리를 구하고 원점에서 가장 가까이 있는 곡면 위의 점을 구하여라.

**풀이** 원점에서 곡면 위의 점 $(x, y, z)$까지의 거리를 $d(x, y, z)$라 하면

$$d^2 = x^2 + y^2 + z^2 = x^2 + y^2 - 2x - 4y + 12$$

다음과 같이 함수 $f$를 정의하자.

$$f(x, y) = x^2 + y^2 - 2x - 4y + 12$$

함수 $f$의 그래프는 $z = x^2 + y^2$과 유사하므로 최솟값을 가진다. 따라서 함수 $f$의 최솟값은 극솟값 중 가장 작은 값이다.

$f_x(x, y) = 2x - 2$, $f_y(x, y) = 2y - 4$ 이므로

$$f_x(1, 2) = f_y(1, 2) = 0$$

그러므로 $f$의 극점이 될 수 있는 점은 $(1, 2)$이다. 그리고

$$f_{xx}(1, 2) = 2, \quad f_{yy}(1, 2) = 2, \quad f_{xy}(1, 2) = 0$$

따라서

$$D(f, (1, 2)) = 4 > 0, \quad f_{xx}(1, 2) > 0$$

그러므로 $f$는 하나의 극점 $(1, 2)$에서 극솟값 $f(1, 2) = 7$을 가진다. 따라서 함수 $f$는 $(1, 2)$에서 최솟값 7을 가진다. 그리고 곡면의 식에서 $x = 1$, $y = 2$이면 $z = \sqrt{2}$이므로

$$d(x, y, z)\text{의 최솟값} = d\left(1, 2, \sqrt{2}\right) = \sqrt{7}.$$

즉, 곡면에서 원점에 가장 가까이 있는 점은 $\left(1, 2, \sqrt{2}\right)$이다. ■

**예제 6** 용량이 $20\text{m}^3$이고 뚜껑이 있는 직육면체의 상자를 만들려고 한다. 상자를 만드는데 사용되는 재료의 가격이 뚜껑이나 바닥 재료는 20원/$\text{m}^2$이고 앞, 뒤, 좌, 우면의 재료는 30원/$\text{m}^2$이다. 가장 비용을 적게 들이고 상자를 만들려면 상자의 규격을 어떻게 하여야 하는가?

**풀이** 상자의 가로, 세로, 높이의 길이를 각각 $x$, $y$, $z$(m)라 하자. 상자의 용량이 $20\text{m}^3$이므로 $xyz = 20$. 따라서 $z = \dfrac{20}{xy}$

상자를 만드는데 소요되는 비용을 구하자.

$$\text{뚜껑과 바닥 재료의 비용} : 2 \times 20xy = 40xy$$
$$\text{앞면과 뒷면 재료의 비용} : 2 \times 30xz = 60xz = \frac{1200}{y}$$
$$\text{좌, 우 옆면 재료의 비용} : 2 \times 30yz = 60yz = \frac{1200}{x}$$

따라서 총 소요비용 $f(x, y)$는 다음과 같다.

$$f(x, y) = 40xy + \frac{1200}{x} + \frac{1200}{y}$$

함수 $f$의 정의역은 $x > 0$, $y > 0$이다. 그리고

$$x \to 0\text{이면 } f(x, y) \to \infty, \quad y \to 0\text{이면 } f(x, y) \to \infty$$
$$x \to \infty\text{이면 } f(x, y) \to \infty, \quad y \to \infty\text{이면 } f(x, y) \to \infty$$

따라서 함수 $f$는 정의역의 경계, $x = 0$, $y = 0$, $x = \infty$, $y = \infty$, 부분으로 갈수록 함수 값이 무한대로 커진다. 그리고 함수 $f$는 연속이고 $f(x, y) > 0$이므로 함수 $f$는 최솟값을 가진다.

함수 $f(x, y)$의 1계 편도함수는

$$f_x(x, y) = 40y - \frac{1200}{x^2}$$
$$f_y(x, y) = 40x - \frac{1200}{y^2}$$

$f_x(x, y) = f_y(x, y) = 0$에서

$$y = \frac{30}{x^2}, \quad x = \frac{30}{y^2}$$

$y = \dfrac{30}{x^2}$을 $x = \dfrac{30}{y^2}$에 대입하면

$$30x = x^4$$

$x > 0$ 이므로

$$x = 30^{1/3}, \quad y = 30^{1/3}$$

따라서 함수 $f$는 하나의 임계점을 $P_0(30^{1/3}, 30^{1/3})$에서 갖는다. 함수 $f$의 2계 편도함수를 구하면

$$f_{xx}(x, y) = \frac{2400}{x^3}, \quad f_{yy}(x, y) = \frac{2400}{y^3}, \quad f_{xy}(x, y) = 40$$

판별식을 구하면

$$D(f, (x, y)) = f_{xx}f_{yy} - (f_{xy})^2 = \frac{576 \times 10^4}{x^3 y^3} - 1600$$

따라서

$$D(f, P_0) = \frac{576 \times 10^4}{30^2} - 1600 = 64 \times 10^2 - 1600 > 0$$

$$f_{xx}(P_0) = \frac{2400}{30} > 0$$

정리 13.6.4에 의하여 임계점 $P_0(30^{1/3}, 30^{1/3})$에서 함수 $f$는 극솟값을 갖는다. 함수 $f$가 유일한 극점을 가지므로 점 $P_0(30^{1/3}, 30^{1/3})$에서 함수 $f$는 최솟값을 갖는다. 그러므로 비용이 최소인 경우의 가로($x$), 세로($y$), 높이($z$)의 길이는 다음과 같다.

$$x = 30^{1/3}, \quad y = 30^{1/3}, \quad z = 20 \cdot 30^{-2/3}$$

그리고 이 경우의 소요비용은 다음과 같다.

$$\begin{aligned} f(x, y) &= 40xy + \frac{1200}{x} + \frac{1200}{y} = 40 \times 30^{2/3} + 40 \times 30^{2/3} + 40 \times 30^{2/3} \\ &= 120 \times 30^{2/3}\text{(원)} \end{aligned}$$

■

## 연습문제 13.6

1. 다음 함수 $f$의 극대, 극소, 안장점을 구하여라.

(1) $f(x, y) = -2x^2 - 2y^2 + 4x + 8y + 7$

(2) $f(x, y) = x^2 - 4xy + y^2 + 6x + 8y + 6$

(3) $f(x, y) = x^3 - y^3 - 6xy + 8$

(4) $f(x, y) = 3x^3 + 2y^3 - 6xy$

(5) $f(x, y) = \dfrac{-5x}{x^2 + y^2 + 1}$

(6) $f(x, y) = 3xy + \dfrac{3}{x} + \dfrac{2}{y}$

(7) $f(x, y) = (x - 2)(y + 1)x$

(8) $f(x, y) = (3 + x + y)xy$

(9) $f(x, y) = \sin x + \cos y$

(10) $f(x, y) = \ln(1 + x^2 + y^2)$

2. 함수 $f$의 1계 편도함수가 다음과 같이 주어졌을 때 극대점, 극소점, 안장점을 구하여라.

(1) $f_x(x, y) = 2x - 4y,\ f_y(x, y) = 2y - 4x$

(2) $f_x(x, y) = 2(x - 1),\ f_y(x, y) = 2(y - 2)$

(3) $f_x(x, y) = 9x^2 - 9,\ f_y(x, y) = 2y + 4$

(4) $f_x(x, y) = 3x^2 - 4y^2,\ f_y(x, y) = x^3 - 8y$

3. 평면 $3x + 2y + z = 6$ 위의 점으로서 원점에서 가장 가까이 있는 점을 구하여라.

4. 곡면 $z = x^2 + 8y^2$ 위의 점으로서 $(0, 0, 1)$에서 가장 가까이 있는 점을 구하여라.

5. 구면 $(x - 4)^2 + (y - 2)^2 + (z - 3)^2 = 1$ 위의 점으로서 원점에서 가장 가까이 있는 점을 구하여라.

6. 합이 100인 세 양수로서 곱이 최대가 되는 경우를 구하여라.

7. 타원면 $4x^2 + 9y^2 + 36z^2 = 36$에 내접하고 각 변이 좌표축과 평행한 직육면체로서 최대의 부피를 가지는 직육면체를 구하여라.

## 13.7 Lagrange 승수

제약조건이 주어졌을 때 이변수함수 및 삼변수함수의 극댓값, 극솟값을 찾는 방법을 소개하고 이를 이용하여 닫힌 유계영역에서 다변수함수의 최댓값과 최솟값을 구하는 방법을 소개한다.

다음 문제를 생각해보자.

> $xy$ 평면에서 점 $(0, 2)$에서 가장 가까이 있는 쌍곡선 $x^2 - y^2 = 4$ 위의 점을 구하고 점 $(0, 2)$에서 쌍곡선까지의 거리를 구하여라.

이 문제는 다음과 같이 바꾸어 나타낼 수 있다.

$$f(x, y) = x^2 + (y-2)^2,\ g(x, y) = x^2 - y^2 - 4 \text{ 일 때 영역}$$
$$D = \{(x, y) | \, g(x, y) = 0\}$$

에서 $f(x, y)$의 최솟값과 최솟값을 가지는 점을 구하여라. 이 때 구하는 거리는 $f(x, y)$의 최솟값의 제곱근이다.

영역 $D$에서 정의되는 함수 $z = f(x, y)$의 최댓값 또는 최솟값을 찾는 문제를 다룰 때 주어진 함수 $f$의 최댓값 또는 최솟값의 존재 여부를 먼저 판단하여야 한다. 다음 정리에서 함수 $f$가 최댓값 또는 최솟값을 가지는 경우를 소개한다. 이 정리의 증명은 고등미적분학에서 찾아볼 수 있다.

**정리 13.7.1**

함수 $z = f(x, y)$가 닫힌 유계집합 $D$에서 연속이면 함수 $f$는 $D$에서 최댓값과 최솟값을 갖는다.

닫힌 유계집합 $D$에서 연속인 함수 $z = f(x, y)$의 최댓값, 최솟값의 존재는 정리 13.7.1에 의하여 분명하지만 최댓값, 최솟값을 구체적으로 구하는 문제는 간단하지 않으며 여러 가지 방법이 사용된다. 최댓값, 최솟값을 구하는 일반적인 과정은 다음과 같다.

**닫힌 유계집합 $D$에서 연속인 함수 $f$의 최댓값과 최솟값 찾기**

1) 영역 $D$의 내부에서 함수 $f$의 임계점(정점 또는 특이점)을 모두 찾는다.
2) 영역 $D$의 경계에서 함수 $f$의 극점을 모두 찾는다.
3) 1), 2)의 과정에서 찾은 임계점과 극점에서의 함수값 중에서 가장 큰 값이 최댓값이고 가장 작은 값이 최솟값이다.

$P_0$ : $f(x, y)$의 정점
$\Longleftrightarrow f_x(P_0)=0,\ f_y(P_0)=0$
$P_0$ : $f(x, y)$의 특이점
$\Longleftrightarrow f_x(P_0)$ 또는 $f_y(P_0)$가 존재하지 않을 때
$P_0$ : $f(x, y)$의 임계점
$\Longleftrightarrow P_0$ : 정점 또는 특이점

위의 방법에서 (1)의 단계에서 함수 $f$의 극점을 모두 찾아야하지만 임계점의 범위에 극점이 모두 포함되므로 임계점만 찾아도 된다. 임계점은 편미분이 모두 0이거나 편미분이 존재하지 않는 경우이므로 편미분의 계산을 통하여 찾을 수 있다. 지금부터 (2) 단계 즉, 영역의 경계에서 $f$의 극점을 찾는 방법을 알아보자.

영역 $D$의 경계가 $g(x, y)=0$로 주어지고 함수 $z=f(x, y)$가 영역 $D$의 경계점 $P_0$에서 극값을 가지면 함수 $f$는 $g(x, y)=0$라는 조건 하에 $P_0$에서 극값을 가지는 것이다. 이 때 $g(x, y)=0$을 제약조건(constraint)이라 하며 함수 $f$는 제약조건 $g(x, y)=0$하에 $P_0$에서 극값을 가진다고 한다.

다음 정리에서 제약조건하에서 극값을 가질 때 극점의 성질을 소개한다.

**정리 13.7.2(이변수함수의 라그랑주 승수법)**

함수 $f(x, y)$와 $g(x, y)$가 미분가능한 함수이다. 함수 $f$가 제약조건 $g(x, y)=0$하에 점 $P_0$에서 극값을 가진다면 적당한 상수 $\lambda$가 존재하여 다음이 성립한다.

$$\nabla f(P_0)=\lambda\nabla g(P_0),\qquad g(P_0)=0$$

이 때 $\lambda$를 라그랑주 승수(Lagrange multiplier)라 한다.

**증명.** 그림 13.7.1은 $f$의 등고선과 곡선 $g(x, y)=0$을 그린 것이다. 등고선과 곡선 $g(x, y)=0$이 교차하는 점 $P_1$은 극점이 아니며, 등고선과 $g(x, y)=0$가 접하는 점인 $P_0$는 극점이 됨을 보이자.

점 $P_1$에서는 등고선 $f(x, y)=k_1$과 곡선 $g(x, y)=0$이 교차하고 있다. 그림 13.7.2에서 $\nabla f(P_1)$은 점 $P_1$에서 $f$의 함수값이 가장 빨리 증가하는 방향이고 $-\nabla f(P_1)$은 $f$의 함수값이 가장 빨리 감소하는 방향이다. 그리고 등고선 방향 즉,

**함수값이 증가하는 방향**
점 $P$에서 함수 $f(x, y)$의 방향미분이 최대(최소)가 되는 방향은 $\nabla f(P)(-\nabla f(P))$이다. 즉, 함수값이 가장 빨리 증가(감소)하는 방향은 $\nabla f(P)(-\nabla f(P))$이다. 이 방향은 등고선과 수직한 방향이다.

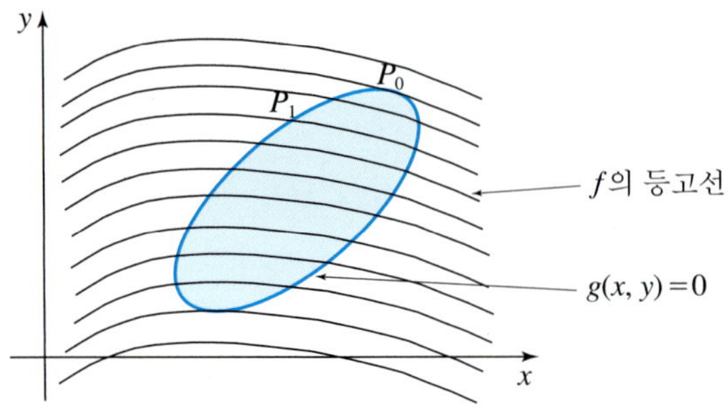


그림 13.7.1

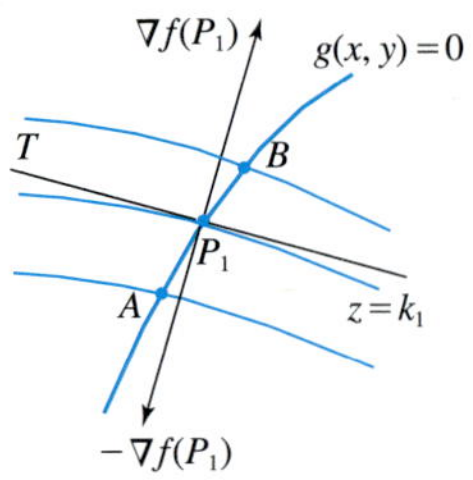


그림 13.7.2

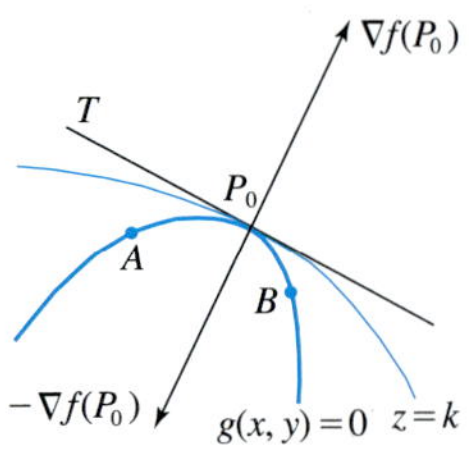


그림 13.7.3

함수 $f$의 등고선 $f(x, y) = k$ 위의 점 $P$에서 $\nabla f(P)$는 등고선에 수직하다. (정리 13.4.6) 곡선 $g(x, y) = 0$는 함수 $g$의 등고선이므로 $\nabla f(P_0)$는 곡선 $g(x, y) = 0$에 수직하다.

등고선의 접선 $T$의 방향은 함수값의 변화가 없는 방향이다. 그러므로 $P_1$에서 곡선 $g(x, y) = 0$을 따라 위쪽(점 $B$로 향하는 방향)으로 조금 이동하면 함수값이 증가하게 되고, 아래쪽(점 $A$로 향하는 방향)으로 조금 이동하면 함수값이 감소하게 될 것이다.

따라서 $g(x, y) = 0$을 따라 위쪽, 아래쪽으로 근방의 점을 각각 $A, B$라 하면

$$f(A) \le f(P_1) \le f(B)$$

즉, $f(P_1)$은 $g(x, y) = 0$을 따라 점 $P_1$의 근방에서 최댓값도 최솟값도 아니다. 그러므로 곡선 $g(x, y) = 0$를 따라서 함수 $f$는 점 $P_1$에서 극값을 가지지 않는다.

그림 13.7.3에서 곡선 $g(x, y) = 0$는 등고선 $f(x, y) = k$의 아래쪽에 위치하고 있으며 등고선 $f(x, y) = k$과 점 $P_0$에서 접하고 있다. $T$는 두 곡선의 공통접선이다.

$\nabla f(P_0)$은 점 $P_0$에서 $f$의 함수값이 가장 빨리 증가하는 방향이고 $-\nabla f(P_0)$은 $f$의 함수값이 가장 빨리 감소하는 방향이다. 그리고 접선 $T$의 방향은 함수값의 변화가 없는 방향이다.

따라서 $g(x, y) = 0$을 따라 $P_0$의 근방에서 $-\nabla f(P_0)$의 영향으로 $f$의 함수값이 감소하게 된다. 즉, $g(x, y) = 0$을 따라 $P_0$의 근방에서 $f(P_0)$가 최댓값이 된다. 그러므로 곡선 $g(x, y) = 0$를 따라서 함수 $f$는 점 $P_0$에서 극댓값 가진다.

점 $P_0$에서 두 곡선 $f(x, y) = k$과 $g(x, y) = 0$이 접하고, $\nabla f(P_0)$는 등고선 $f(x, y) = k$와 수직하고 $\nabla g(P_0)$는 곡선 $g(x, y) = 0$와 수직하므로 $\nabla f(P_0)$와 $\nabla g(P_0)$는 서로 평행하다.

그러므로 적당한 상수 $\lambda$가 존재하여 $\nabla f(P_0) = \lambda \nabla g(P_0)$이 성립한다. ■

**예제 1** $xy$ 평면에서 점 $(0, 2)$에서 가장 가까이 있는 쌍곡선 $x^2 - y^2 = 4$ 위의 점을 구하고 점 $(0, 2)$에서 쌍곡선까지의 거리를 구하여라.

**풀이** $f(x, y) = x^2 + (y-2)^2$, $g(x, y) = x^2 - y^2 - 4$라 하고 제약조건

$$g(x, y) = x^2 - y^2 - 4 = 0$$

하에 함수 $f$의 극값을 구하자. 제약조건하에 함수 $f$가 점 $(x, y)$에서 극값을 가진다면 다음 식이 성립한다.

$$\nabla f(x, y) = \lambda \nabla g(x, y)$$
$$x^2 - y^2 - 4 = 0$$

$\nabla f(x, y) = \lambda \nabla g(x, y)$을 풀면

$$(2x, 2(y-2)) = \lambda (2x, -2y)$$

따라서

$$(1-\lambda)x = 0, \quad (1+\lambda)y = 2$$

$x^2 - y^2 - 4 = 0$에서 $x \neq 0$이므로 $\lambda = 1$, 따라서

$$y = 1, \quad x = \sqrt{5}$$

그러므로 구하는 극점과 극값은 다음과 같다.

$$\text{극점} : (\sqrt{5}, 1), (-\sqrt{5}, 1)$$
$$\text{극값} : f(\sqrt{5}, 1) = f(-\sqrt{5}, 1) = 6$$

따라서 쌍곡선의 좌, 우에 각각 극점이 하나씩 있고 극값은 6이다.
이제 구한 극점들이 최소점이 됨을 보이자. 먼저 오른쪽 쌍곡선에 대하여 생각하자. 오른쪽 쌍곡선 위의 점에서 점 $(0, 2)$까지의 거리의 최솟값이 존재함은 분명하다. 그림 13.7.4에서 볼 때 오른쪽 쌍곡선 위에 있는 함수 $f$의 극점 $(\sqrt{5}, 1)$은 극소점이다. 따라서 함수 $f$는 $(\sqrt{5}, 1)$에서 최솟값을 가지며 최솟값은 $f(\sqrt{5}, 1) = 6$이다. 그러므로 점 $(0, 2)$에서 가장 가까이 있는 오른쪽 쌍곡선 위의 점은 $(\sqrt{5}, 1)$이고 쌍곡선까지의 거리는 $\sqrt{6}$이다. 마찬가지 방법으로 계산하면 점 $(0, 2)$에서 가장 가까이 있는 왼쪽 쌍곡선 위의 점은 $(-\sqrt{5}, 1)$이고 쌍곡선까지의 거리는 $\sqrt{6}$이다. ■

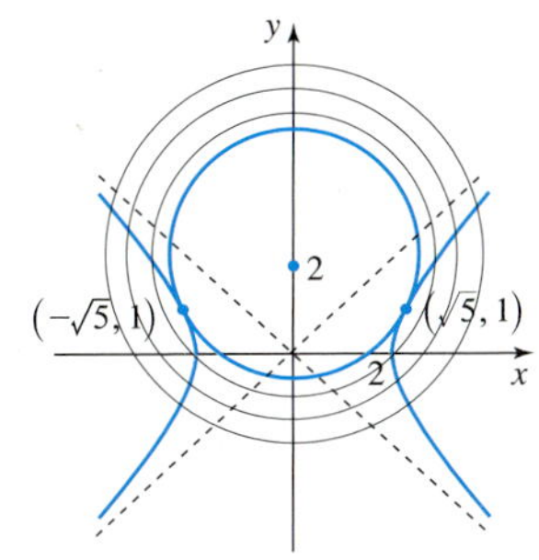

그림 13.7.4

점 $(0, 2)$를 중심으로 하는 원이 $x^2 - y^2 - 4 = 0$와 접하는 점은 $(\sqrt{5}, 1)$ $(-\sqrt{5}, 1)$이다.

유계집합에서 연속인 함수의 최댓값과 최솟값을 찾는 문제를 라그랑주 승수법을 이용하여 풀어보자

**예제 2** 타원판 $D = \{(x, y) \mid x^2 + 4y^2 \leq 36\}$ 위에서 함수 $f(x, y) = 3x^2 + y^2$의 최댓값과 최솟값을 구하여라.

**풀이** 타원판 $D$는 닫힌 유계영역이고 함수 $f$는 영역 $D$ 위에서 연속이므로 최댓값과 최솟값을 가진다. 따라서 영역 $D$에서 함수 $f$의 극점을 모두 구해야 한다.

(1) 영역의 내부에 있는 $f$의 임계점

$f_x = 6x,\ f_y = 2y$이므로 영역의 내부에서 함수 $f$의 임계점은 $(0, 0)$이다.

(2) 영역의 경계에 있는 $f$의 극점

라그랑주 승수법을 이용하자. $g(x, y) = x^2 + 4y^2 - 36$이라 하고 제약조건

$$g(x, y) = x^2 + 4y^2 - 36 = 0$$

하에 함수 $f$의 극값을 구하자.

제약조건 하에 함수 $f$가 점 $(x, y)$에서 극값을 가진다면 다음 식이 성립한다.

$$g(x, y) = x^2 + 4y^2 - 36 = 0$$
$$\nabla f(x, y) = \lambda \nabla g(x, y)$$

즉,

$$x^2 + 4y^2 - 36 = 0$$
$$(6x, 2y) = \lambda(2x, 8y)$$

따라서

$$x^2 + 4y^2 = 36$$
$$(3 - \lambda)x = 0, \quad (1 - 4\lambda)y = 0$$

$(3 - \lambda)x = 0$에서

$$\lambda = 3 \quad \text{또는} \quad x = 0.$$

$\lambda = 3$이면 $y = 0$ 그리고 $x = \pm 6$. 따라서

$$(x, y) = (6, 0), \quad (-6, 0)$$

$x = 0$이면 $y = \pm 3$. 따라서

$$(x, y) = (0, 3), \quad (0, -3)$$

그러므로 영역의 경계에 있는 극점은 $(6, 0), (-6, 0), (0, 3), (0, -3)$이다.

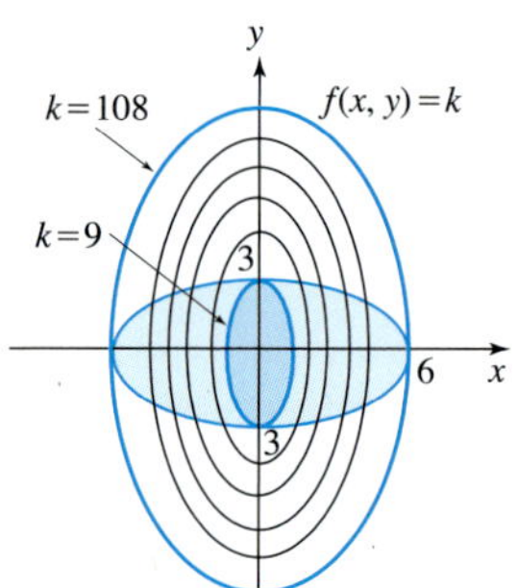

그림 13.7.5

(3) 임계점과 극점에서의 함수값

영역 내부의 임계점과 영역 경계의 극점에서 함수값을 구하면 다음과 같다.

$$f(0, 0) = 0,$$
$$f(6, 0) = 108, \quad f(-6, 0) = 108$$
$$f(0, 3) = 9, \quad f(0, -3) = 9$$

따라서 최댓값은 $f(6, 0) = f(-6, 0) = 108$, 최솟값은 $f(0, 0) = 0$이다.

■

앞에서 제약조건하에서 이변수함수의 극값을 구하는 라그랑주 승수법을 배웠다. 제약조건하에서 삼변수함수의 경우에도 이변수함수의 경우와 유사한 방법으로 극값을 구할 수 있다. 다음 정리에서 삼변수함수 경우의 라그랑주 승수법을 소개한다. 증명은 심화학습(3.8절)에서 찾아볼 수 있다.

**정리 13.7.3(삼변수함수의 라그랑주 승수법)**

함수 $f(x, y, z)$와 $g(x, y, z)$가 미분가능한 함수이다. 함수 $f$가 제약조건 $g(x, y, z) = 0$하에 점 $P_0$에서 극값을 가진다면 적당한 상수 $\lambda$가 존재하여 다음이 성립한다.

$$\nabla f(P_0) = \lambda \nabla g(P_0)$$

이 때 $\lambda$를 라그랑주 승수(Lagrange multiplier)라 한다.

**예제 3** 구면 $x^2 + y^2 + z^2 = 9$ 위의 점으로 점 $(1, -2, 1)$에서 가장 가까이 있는 점과 가장 멀리 있는 점을 구하여라.

**풀이** $f(x, y, z)$, $g(x, y, z)$를 다음과 같이 정의하자.

$$f(x, y, z) = (x-1)^2 + (y+2)^2 + (z-1)^2$$
$$g(x, y, z) = x^2 + y^2 + z^2 - 9$$

구면 $x^2 + y^2 + z^2 - 9 = 0$은 닫힌 유계집합이고 함수 $f$는 구면 위에서 연속이므로 정리 13.7.1에 의하여 함수 $f$는 구면 위에서 최댓값과 최솟값을 갖는다. 먼저, 구면 위에서 함수 $f$의 극값을 라그랑주 승수법으로 찾아보자.

제약조건

$$g(x, y, z) = x^2 + y^2 + z^2 - 9 = 0$$

하에서 함수 $f$가 점 $(x, y, z)$에서 극값을 가진다면 다음 식이 성립한다.

$$\nabla f(x, y, z) = \lambda \nabla g(x, y, z)$$
$$g(x, y, z) = x^2 + y^2 + z^2 - 9 = 0$$

$\nabla f(x, y, z) = \lambda \nabla g(x, y, z)$을 풀면

$$(2x-2, 2y+4, 2z-2) = \lambda(2x, 2y, 2z)$$

따라서

$$(1-\lambda)x = 1, \quad (1-\lambda)y = -2, \quad (1-\lambda)z = 1$$

다음과 같이 $x, y, z$를 $\lambda$의 식으로 나타낼 수 있다.

$$x = \frac{1}{1-\lambda}, \quad y = \frac{-2}{1-\lambda}, \quad z = \frac{1}{1-\lambda}$$

위의 식을 제약조건식 $x^2 + y^2 + z^2 - 9 = 0$에 대입하여 정리하면

$$\frac{6}{(1-\lambda)^2} = 9$$

즉, $\lambda = 1 \pm \dfrac{\sqrt{6}}{3}$, 따라서 극점은 다음과 같다.

$$\left(\frac{\sqrt{6}}{2}, -\sqrt{6}, \frac{\sqrt{6}}{2}\right), \quad \left(-\frac{\sqrt{6}}{2}, \sqrt{6}, -\frac{\sqrt{6}}{2}\right)$$

각 점에서의 극값을 구하면 .

$$f\left(\frac{\sqrt{6}}{2}, -\sqrt{6}, \frac{\sqrt{6}}{2}\right) = 15 - 6\sqrt{6}$$
$$f\left(-\frac{\sqrt{6}}{2}, \sqrt{6}, -\frac{\sqrt{6}}{2}\right) = 15 + 6\sqrt{6}$$

그러므로 구면 위에서

함수 $f$의 최댓값 : $f\left(-\dfrac{\sqrt{6}}{2}, \sqrt{6}, -\dfrac{\sqrt{6}}{2}\right) = 15 + 6\sqrt{6}$

함수 $f$의 최솟값 : $f\left(\dfrac{\sqrt{6}}{2}, -\sqrt{6}, \dfrac{\sqrt{6}}{2}\right) = 15 - 6\sqrt{6}$

따라서

점 $(1, -2, 1)$에서 가장 가까이 있는 점 : $\left(\dfrac{\sqrt{6}}{2}, -\sqrt{6}, \dfrac{\sqrt{6}}{2}\right)$

점 $(1, -2, 1)$에서의 거리 : $\sqrt{15 - 6\sqrt{6}} = \sqrt{15 - 2\sqrt{54}} = \sqrt{9} - \sqrt{6}$

$(\sqrt{a} \pm \sqrt{b})^2 = (a + b) \pm 2\sqrt{ab}$

따라서 $a \geq b$이면

$\sqrt{(a + b) \pm 2\sqrt{ab}} = \sqrt{a} \pm \sqrt{b}$

그리고

점 $(1, -2, 1)$에서 가장 멀리 있는 점 : $\left(-\dfrac{\sqrt{6}}{2}, -\sqrt{6}, -\dfrac{\sqrt{6}}{2}\right)$

점 $(1, -2, 1)$에서의 거리 : $\sqrt{15 + 6\sqrt{6}} = \sqrt{15 + 2\sqrt{54}} = \sqrt{9} + \sqrt{6}$ ■

경우에 따라 제약조건이 2개 이상 주어지는 경우도 있을 것이다. 다음 정리에서 제약조건이 두 개인 경우에 극값을 구하는 방법을 소개한다.

**정리 13.7.4**

함수 $f(x, y, z)$, $g(x, y, z)$, $h(x, y, z)$가 미분가능한 함수이다. 함수 $f$가 두 제약조건

$$g(x, y, z) = 0, \quad h(x, y, z) = 0$$

하에 점 $P_0$에서 극값을 가진다면 적당한 상수 $\lambda$, $\mu$가 존재하여 다음이 성립한다.

$$\nabla f(P_0) = \lambda \nabla g(P_0) + \mu \nabla h(P_0)$$
$$g(P_0) = 0, \quad h(P_0) = 0$$

이 때 $\lambda$, $\mu$를 라그랑주 승수(Lagrange multiplier)라 한다.

**예제 4** 평면 $2x + y + z = 16/5$과 곡면 $x^2 + y^2 + z = 2$이 만나서 만들어진 곡선 위의 점에 대하여 $z$성분의 최댓값과 최솟값을 구하여라.

**풀이** 두 곡면이 만나서 생기는 곡선위에서 함수 $f(x, y, z) = z$의 최댓값, 최솟값을 구하는 문제이다. 먼저 최댓값과 최솟값의 존재여부를 판단해보자.
두 곡면의 식 $2x + y + z = 16/5$, $x^2 + y^2 + z = 2$에서 $z$를 소거하면

$$x^2 + y^2 - 2x - y + 6/5 = 0$$

정리하면 $(x-1)^2 + \left(y - \frac{1}{2}\right)^2 = \frac{1}{20}$.

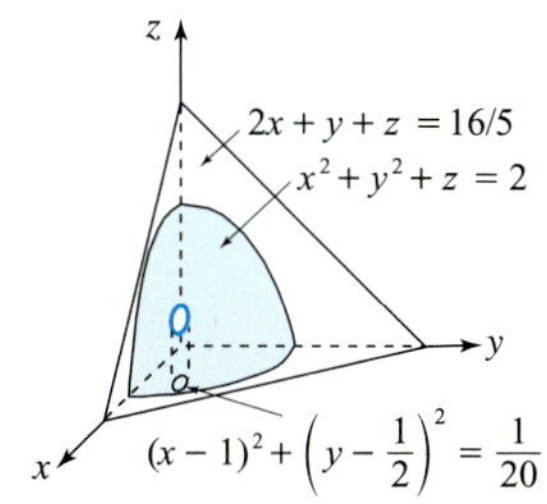

그림 13.7.6

이 곡선은 평면 $2x + y + z = 16/5$ 위에 있으면서 $xy$평면으로 내린 사영이 원 $(x-1)^2 + \left(y - \frac{1}{2}\right)^2 = \frac{1}{20}$이 되는 곡선이며(그림 13.7.6) 닫힌 유계집합이다. 그리고 함수 $f$는 이 곡선 위에서 연속이므로 정리 13.7.1에 의하여 최댓값과 최솟값을 가진다. 곡선 위에서 함수 $f$의 극점을 라그랑주 승수법으로 찾아보자.
$g(x, y, z)$, $h(x, y, z)$를 다음과 같이 정의하자.

$$g(x, y, z) = 2x + y + z - 16/5$$
$$h(x, y, z) = x^2 + y^2 + z - 2$$

제약조건

$$g(x, y, z) = 2x + y + z - 16/5 = 0$$
$$h(x, y, z) = x^2 + y^2 + z - 2 = 0$$

하에서 함수 $f$가 점 $(x, y, z)$에서 극값을 가진다면 다음 식이 성립한다.

$$\nabla f(x, y, z) = \lambda \nabla g(x, y, z) + \mu \nabla(x, y, z)$$
$$g(x, y, z) = 2x + y + z - 16/5 = 0$$
$$h(x, y, z) = x^2 + y^2 + z - 2 = 0$$

$\nabla f = \lambda \nabla g + \mu \nabla h$을 풀면

$$(0, 0, 1) = \lambda(2, 1, 1) + \mu(2x, 2y, 1)$$

즉,

$$2\lambda + 2\mu x = 0, \quad \lambda + 2\mu y = 0, \quad \lambda + \mu = 1$$

$\lambda + \mu = 1$이므로 $\lambda = 1 - \mu$를 대입하면

$$\mu(1 - x) = 1, \quad \mu(1 - 2y) = 1$$

따라서 $\mu \neq 0$, $\mu = \frac{1}{1-x} = \frac{1}{1-2y}$이므로 $x = 2y$. $x = 2y$를 두 제약조건에 대입하여 정리하면

$$5y + z - 16/5 = 0, \quad 5y^2 + z - 2 = 0$$

$z$를 소거하면 다음의 이차방정식을 얻는다.

$$5y^2 - 5y + 6/5 = 0$$

위의 이차방정식의 해를 구하면 $y = \frac{2}{5}, \frac{3}{5}$,

그러므로 구하는 극점은 $\left(\frac{4}{5}, \frac{2}{5}, \frac{6}{5}\right), \left(\frac{6}{5}, \frac{3}{5}, \frac{1}{5}\right)$

따라서 $f$의 극값은

$$f\left(\frac{4}{5}, \frac{2}{5}, \frac{6}{5}\right) = \frac{6}{5}$$
$$f\left(\frac{6}{5}, \frac{3}{5}, \frac{1}{5}\right) = \frac{1}{5}$$

그러므로 $f$의 최댓값은 $\frac{6}{5}$, $f$의 최솟값은 $\frac{1}{5}$.

## 연습문제 13.7

**1.** 제약조건 $g(x, y) = 0$ 하에서 $z = f(x, y)$의 극값을 구하여라.

(1) $f(x, y) = 9 - x^2 - y^2,\quad g(x, y) = x + 3y - 12$

(2) $f(x, y) = x^2 y,\quad g(x, y) = x + y - 3$

(3) $f(x, y) = \sin^2 x + \sin^2 y,\quad g(x, y) = x + y - \pi$

(4) $f(x, y) = y^2 - x^2,\quad g(x, y) = 2x + y - 4$

**2.** 제약조건 $g(x, y) = 0$ 하에서 $z = f(x, y)$의 최댓값과 최솟값을 구하여라.

(1) $f(x, y) = xy,\quad g(x, y) = x^2 + 2y^2 - 1$

(2) $f(x, y) = xy + y^2,\quad g(x, y) = 2x^2 + y^2 - 2$

(3) $f(x, y) = x^2 + y^2,\quad g(x, y) = x^2 - 2x + y^2 - 4y$

(4) $f(x, y) = (x+1)^2 + y^2,\quad g(x, y) = x^2 + 4y^2 - 16$

**3.** 제약조건 $g(x, y, z) = 0$ 하에서 $w = f(x, y, z)$의 극값을 구하여라.

(1) $f(x, y, z) = 2x + 6y + 10z$,
$g(x, y, z) = x^2 + y^2 + z^2 - 35$

(2) $f(x, y, z) = xyz,\quad g(x, y, z) = x + y + z^2 - 16$

(3) $f(x, y, z) = x^2 + y^2 + z^2$,
$g(x, y, z) = x^4 + y^4 + z^4 - 1$

(4) $f(x, y, z) = x^2 y^2 z^2$,
$g(x, y, z) = x^2 + y^2 + z^2 - 1$

**4.** 두 제약조건 $g(x, y, z) = 0$, $h(x, y, z) = 0$ 하에서 $w = f(x, y, z)$의 극값을 구하여라.

(1) $f(x, y, z) = 2x + y,\quad g(x, y, z) = x + y + z - 1$,
$h(x, y, z) = y^2 + z^2 - 4$

(2) $f(x, y, z) = 3x - 3y - z$,
$g(x, y, z) = x - y + z - 1$,
$h(x, y, z) = x^2 + 2y^2 - 2$

(3) $f(x, y, z) = xy + yz,\quad g(x, y, z) = yz - 1$,
$h(x, y, z) = x^2 + y^2 - 1$

(4) $f(x, y, z) = x^2 + y^2,\quad g(x, y, z) = x + y + z - 6$,
$h(x, y, z) = x + 3y - z - 12$

**5.** 영역 $D$에서 $w = f(x, y, z)$의 최댓값과 최솟값을 구하여라.

(1) $f(x, y) = 2x^2 + 3y^2 - 2x + 3y + 5$,
$D : 2x^2 + 3y^2 \leq 25$

(2) $f(x, y) = e^{-2xy},\quad D : 9x^2 + 4y^2 \leq 36$

(3) $f(x, y) = x^2 + 2y^2,\quad D : x^2 + 4y^2 \leq 1$

(4) $f(x, y) = x^2 + 2y^2 - 2xy + 3y$,
$D : 4x^2 + y^2 \leq 1$

**6.** 점 $(-1, 0)$에서 가장 가까운 포물선 $y = x^2 + 2x$ 위의 점을 구하여라.

**7.** 곡선 $x^2 + xy + y^2 = 1$ 위의 점으로서 원점에서 가장 가까이 있는 점과 가장 멀리 있는 점을 구하여라.

**8.** 곡면 $z^2 = xy + 4$ 위의 점으로서 원점에서 가장 가까운 점을 구하여라.

**9.** 타원 $\frac{x^2}{16} + \frac{y^2}{9} = 1$에 내접되어 있고 각 변이 좌표축에 평행한 직사각형으로 면적이 최대가 되는 경우를 구하여라.

**10.** 철판 위의 점 $(x, y)$에서의 온도 $T(x, y)$가

$$T(x, y) = 4x^2 - 4xy + y^2$$

이다. 철판 위에 원점을 중심으로 하고 반경이 5인 원에서 가장 높은 온도와 낮은 온도를 구하여라.

**11.** 평면 $x + 2y + 3z = 13$ 위의 점으로서 점 $(1, 1, 1)$에서 가장 가까운 점을 구하여라.

**12.** 곡면 $x^2 + y^2 - z^2 = 1$ 위의 점으로서 원점에서 가장 가까운 점을 구하여라.

**13.** 공간의 점 $(x, y, z)$에서 온도가 $T(x, y, z) = 400xyz^2$ 나타난다. 단위구 $x^2 + y^2 + z^2 = 1$ 위에서 온도가 가장 높은 점과 낮은 점을 구하여라.

**14.** 곡면 $z = x^2 + y^2$과 평면 $z = x + y + 1$이 만나서 생기는 곡선 위의 점으로서 원점에서 가장 가까운 점을 구하여라.

**15.** 곡면 $x^2 + y^2 + z = 1$과 평면 $x - y + 2z = 1$이 만나서 생기는 곡선 위의 점으로서 $x$축에 가장 가까운 점을 구하여라.

**16.** 뚜껑이 없는 직육면체의 상자를 $24\ \mathrm{m}^2$ 넓이의 판자로 만들 때, 이 상자의 부피의 최댓값을 구하여라.

# 13.8 심화학습

이번 절에서는 앞 절에서 생략하거나 간략하게 다룬 내용을 자세하게 소개하며 학생들의 필요에 따라 스스로 공부할 수 있도록 한다. 주요내용은 다음과 같다.

> 이변수함수의 극한, 편미분, 미분가능성, 최소제곱법, 라그랑주 승수

## 이변수함수의 극한

평면에서 점 $(x, y)$가 점 $(a, b)$로 접근할 때 이변수함수 $z = f(x, y)$의 값이 어떤 수 $L$에 접근하면, $L$을 $(a, b)$에서 $f(x, y)$의 극한이라 하고 다음과 같이 나타낸다.

$$\lim_{(x,y)\to(a,b)} f(x) = L$$

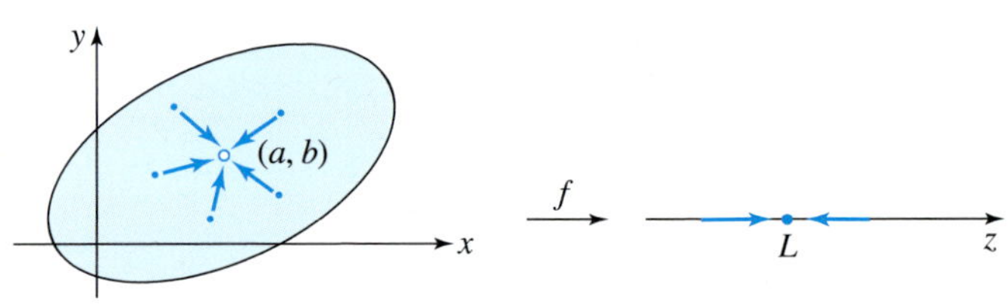


그림 13.8.1

위에서 이변수함수의 극한의 직관적인 의미를 소개하였다. 극한의 엄밀한 정의는 다음과 같다.

**정의 13.8.1(이변수함수의 극한)**

이변수함수 $f(x, y)$와 점 $(a, b)$가 주어졌다. 임의의 $\varepsilon > 0$에 대하여 적당한 $\delta > 0$ 존재하여 $0 < \sqrt{(x-a)^2 + (y-b)^2} < \delta$인 모든 $(x, y)$에 대하여 $|f(x, y) - L| < \varepsilon$가 성립할 때 함수 $f$는 $(a, b)$에서 극한 $L$을 가진다 하고 다음과 같이 나타낸다.

$$\lim_{(x,y)\to(a,b)} f(x, y) = L$$

즉, 극한식 $\lim_{(x,\ y)\to(a,\,b)} f(x, y) = L$이 성립한다면 임의로 택한 $\varepsilon > 0$에 대하여 다음을 만족하는 $\delta > 0$를 항상 찾을 수 있다.

$$0 < \sqrt{(x-a)^2 + (y-b)^2} < \delta \ \Rightarrow \ |f(x, y) - L| < \varepsilon$$

즉, 점 $(a, b)$의 $\delta$ 근방에 있는 $(x, y)$에서 함수 $f$의 함수값 $f(x, y)$는 $L$을 중심으로 반경 $\varepsilon$ 범위 이내에 있게 된다.

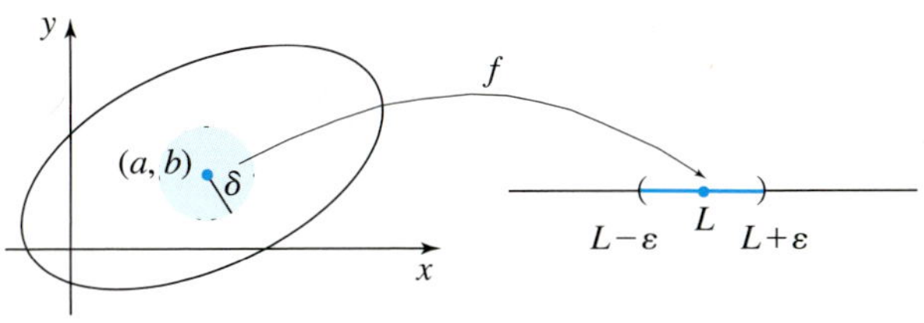


$$0 < \sqrt{(x-a)^2 + (y-b)^2} < \delta \ \Rightarrow \ |f(x, y) - L| < \varepsilon$$

그림 13.8.3

이 때 $\delta$는 $\varepsilon$에 따라 달라지는 수이다. 그리고 점 $(a, b)$ 에서 함수 $f$가 정의되지 않아도 점 $(a, b)$ 에서의 극한은 정의된다는 것에 주의하자.

**δ 근방**

부등식

$$\sqrt{(x-a)^2 + (y-b)^2} < \delta$$

을 만족하는 $(x, y)$의 범위로 점 $(a, b)$가 중심이고 반지름이 $\delta$인 원의 내부이다. 즉

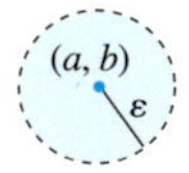


그림 13.8.2

**예제 1** 다음 식을 증명하여라.

$$\lim_{(x,\,y)\to(0,\,0)} \frac{4x+4y}{x^2+y^2+4} = 0$$

**풀이** 임의의 $\varepsilon > 0$에 대하여 적당한 $\delta > 0$가 존재하여 다음이 성립함을 보여야 한다.

$$0 < \sqrt{x^2+y^2} < \delta \ \Rightarrow \ \left|\frac{4x+4y}{x^2+y^2+4}\right| < \varepsilon$$

$|x+y| \le \sqrt{2}\sqrt{x^2+y^2}$ 이므로

$$\left|\frac{4x+4y}{x^2+y^2+4}\right| \le \left|\frac{4x+4y}{4}\right| \le \sqrt{2}\sqrt{x^2+y^2}$$

따라서 $\delta = \dfrac{\varepsilon}{\sqrt{2}}$로 놓으면

$$\begin{aligned} 0 < \sqrt{x^2+y^2} < \delta \ &\Rightarrow \ 0 < \sqrt{2}\sqrt{x^2+y^2} < \varepsilon \\ &\Rightarrow \ \left|\frac{4x+4y}{x^2+y^2+4}\right| \le \left|\frac{4x+4y}{4}\right| \le \sqrt{2}\sqrt{x^2+y^2} < \varepsilon \end{aligned}$$

그러므로 $\lim_{(x,\,y)\to(0,\,0)} \dfrac{4x+4y}{x^2+y^2+4} = 0$이 성립한다.

마지막으로, $|x+y| \le \sqrt{2}\sqrt{x^2+y^2}$ 성립함을 증명하자.

$2xy \le x^2+y^2$ 이므로 $(x+y)^2 = x^2+2xy+y^2 \le 2(x^2+y^2)$

따라서 $|x+y| \le \sqrt{2}\sqrt{x^2+y^2}$. ■

**예제 2** 다음 식을 증명하여라.

$$\lim_{(x,y)\to(0,0)} \frac{x^2y^2}{x^2+y^2} = 0$$

**풀이** 임의의 $\varepsilon > 0$에 대하여 적당한 $\delta > 0$가 존재하여 다음이 성립함을 보여야 한다.

$$0 < \sqrt{x^2+y^2} < \delta \;\Rightarrow\; \left|\frac{x^2y^2}{x^2+y^2}\right| < \varepsilon$$

$x^2 \le x^2+y^2,\ y^2 \le x^2+y^2$이므로

$$\left|\frac{x^2y^2}{x^2+y^2}\right| \le \left|\frac{(x^2+y^2)^2}{x^2+y^2}\right| = x^2+y^2$$

한편

$$x^2+y^2 \le \varepsilon \;\Leftarrow\; \sqrt{x^2+y^2} \le \sqrt{\varepsilon}$$

따라서 $\delta = \sqrt{\varepsilon}$이라 하면

$$\begin{aligned} 0 < \sqrt{x^2+y^2} \le \delta \;&\Rightarrow\; 0 < \sqrt{x^2+y^2} \le \sqrt{\varepsilon} \\ &\Rightarrow\; \left|\frac{x^2y^2}{x^2+y^2}\right| \le x^2+y^2 \le \varepsilon \end{aligned}$$

그러므로 $\displaystyle\lim_{(x,y)\to(0,0)} \frac{x^2y^2}{x^2+y^2} = 0$이 성립한다. ■

예제 2의 경우 함수 $f(x, y) = \dfrac{x^2y^2}{x^2+y^2}$는 $(0, 0)$에서 정의되지 않지만 극한을 가짐을 알 수 있다.

**예제 3** 다음 식을 증명하여라. (단, $c \ne 0$ 또는 $d \ne 0$)

$$\lim_{(x,y)\to(a,b)} (cx+dy) = ca+db$$

**풀이** 임의의 $\varepsilon > 0$에 대하여 적당한 $\delta > 0$가 존재하여 다음이 성립함을 보이자.

$$0 < \sqrt{(x-a)^2+(y-b)^2} < \delta \;\Rightarrow\; |(cx+dy)-(ca+db)| < \varepsilon$$

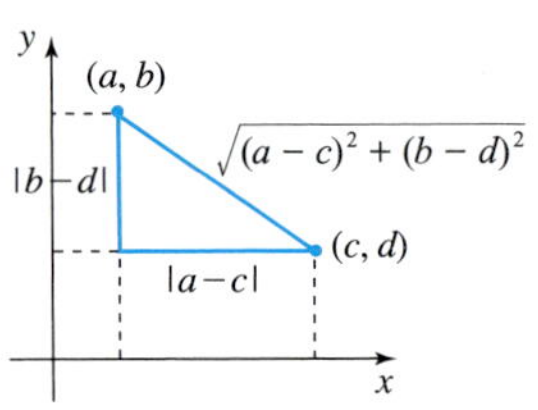

그림 13.8.4

$$|a-c| \le \sqrt{(a-c)^2+(b-d)^2}$$
$$|b-d| \le \sqrt{(a-c)^2+(b-d)^2}$$

다음 부등식이 성립한다.

$$|x-a| \le \sqrt{(x-a)^2+(y-b)^2}$$
$$|y-b| \le \sqrt{(x-a)^2+(y-b)^2}$$

따라서

$$\begin{aligned} |(cx+dy)-(ca+db)| &= |c(x-a)+d(y-b)| \\ &\le |c||x-a|+|d||y-b| \\ &\le (|c|+|d|)(|x-a|+|y-b|) \\ &\le 2(|c|+|d|)\sqrt{(x-a)^2+(y-b)^2} \end{aligned}$$

그러므로

$$2(|c|+|d|)\sqrt{(x-a)^2+(y-b)^2} < \varepsilon$$
$$\iff \sqrt{(x-a)^2+(y-b)^2} < \frac{\varepsilon}{2(|c|+|d|)}$$

따라서 $\delta = \dfrac{\varepsilon}{2(|c|+|d|)}$ 라 하면,

$$0 < \sqrt{(x-a)^2+(y-b)^2} < \delta \Rightarrow \sqrt{(x-a)^2+(y-b)^2} < \frac{\varepsilon}{2(|c|+|d|)}$$
$$\Rightarrow 2(|c|+|d|)\sqrt{(x-a)^2+(y-b)^2} < \varepsilon$$
$$\Rightarrow |(cx+dy)-(ca+db)| < \varepsilon$$

그러므로 $\lim_{(x,y)\to(a,b)}(cx+dy) = ca+db$ 이 성립한다. ■



**정리 13.8.2(극한의 성질)**

함수 $f, g$ 가 점 $(a, b)$ 에서 극한을 갖는다고 하자.

$$\lim_{(x,y)\to(a,b)} f(x,y) = A, \quad \lim_{(x,y)\to(a,b)} g(x,y) = B$$

라 하면 다음 식이 성립한다.

(1) $\lim_{(x,y)\to(a,b)} kf(x,y) = kA$ ($k$는 상수)

(2) $\lim_{(x,y)\to(a,b)} (f(x,y)+g(x,y)) = A+B$

(3) $\lim_{(x,y)\to(a,b)} (f(x,y)-g(x,y)) = A-B$

(4) $\lim_{(x,y)\to(a,b)} f(x,y)g(x,y) = AB$

(5) $\lim_{(x,y)\to(a,b)} \dfrac{f(x,y)}{g(x,y)} = \dfrac{A}{B}$ (단, $B \geq 0$)

(6) $\lim_{(x,y)\to(a,b)} \sqrt{f(x,y)} = \sqrt{A}$ (단, $A \geq 0$)

(7) $\lim_{(x,y)\to(a,b)} |f(x,y)| = |A|$

(8) $\lim_{(x,y)\to(a,b)} x = a, \quad \lim_{(x,y)\to(a,b)} y = b$

(9) $\lim_{(x,y)\to(a,b)} k = k$ ($k$는 상수)

**증명.** (1) 임의의 $\varepsilon > 0$ 에 대하여

$$0 < \sqrt{(x-a)^2+(y-b)^2} < \delta \Rightarrow |kf(x,y)-kA| < \varepsilon$$

이 성립하는 $\delta > 0$ 가 존재함을 보여야 한다.

$|kf(x,y)-kA| = |k||f(x,y)-A|$ 이므로

$$|f(x,y)-A| < \frac{\varepsilon}{|k|} \Rightarrow |kf(x,y)-kA| < \varepsilon$$

$\lim_{(x,y)\to(a,b)} f(x,y) = A$ 이므로 다음을 만족시키는 $\delta > 0$ 이 존재한다.

$$0 < \sqrt{(x-a)^2 + (y-b)^2} < \delta \;\Rightarrow\; |f(x, y) - A| < \frac{\varepsilon}{|k|}$$

따라서 주어진 $\delta$에 대해

$$0 < \sqrt{(x-a)^2 + (y-b)^2} < \delta$$
$$\Rightarrow\; |kf(x, y) - kA| = |k||f(x, y) - A| < |k|\frac{\varepsilon}{|k|} = \varepsilon$$

그러므로 $\lim_{(x, y)\to(a, b)} kf(x, y) = kA$.

(2) 임의의 $\varepsilon > 0$에 대하여

$$0 < \sqrt{(x-a)^2 + (y-b)^2} < \delta \;\Rightarrow\; |f(x, y) + g(x, y) - (A + B)| < \varepsilon$$

이 성립하는 $\delta > 0$가 존재함을 보여야 한다.

$|f(x, y) + g(x, y) - (A + B)| \le |f(x, y) - A| + |g(x, y) - B|$이므로

$$|f(x, y) - A| < \frac{\epsilon}{2},\quad |g(x, y) - B| < \frac{\varepsilon}{2} \;\Rightarrow\; |f(x, y) + g(x, y) - (A + B)| < \varepsilon$$

$\lim_{(x, y)\to(a, b)} f(x, y) = A$이므로 $\varepsilon/2$에 대응하는 $\delta_1 > 0$이 존재하여

$$0 < \sqrt{(x-a)^2 + (y-b)^2} < \delta_1 \;\Rightarrow\; |f(x, y) - A| < \frac{\varepsilon}{2}$$

$\lim_{(x, y)\to(a, b)} g(x, y) = B$이므로 $\varepsilon/2$에 대응하는 $\delta_2 > 0$이 존재하여

$$0 < \sqrt{(x-a)^2 + (y-b)^2} < \delta_2 \;\Rightarrow\; |g(x, y) - B| < \frac{\varepsilon}{2}$$

따라서 $\delta = \min\{\delta_1, \delta_2\}$라 하면,

$$0 < \sqrt{(x-a)^2 + (y-b)^2} < \delta_2 \;\Rightarrow\; |f(x, y) - A| < \frac{\varepsilon}{2},\, |g(x, y) - B| < \frac{\varepsilon}{2}$$
$$\Rightarrow\; |f(x, y) + g(x, y) - (A + B)| < \varepsilon$$

그러므로 $\lim_{(x, y)\to(a, b)} (f(x, y) + g(x, y)) = A + B$

(3) (1)과 (2)를 이용하여 증명할 수 있다.

(1)에 의하여

$$\lim_{(x, y)\to(a, b)} (-1)g(x, y) = -B$$

(2)를 이용하면

$$\begin{aligned}\lim_{(x, y)\to(a, b)} (f(x, y) - g(x, y)) &= \lim_{(x, y)\to(a, b)} (f(x, y) + (-1)g(x, y)) \\ &= \lim_{(x, y)\to(a, b)} f(x, y) + \lim_{(x, y)\to(a, b)} (-1)g(x, y) \\ &= A - B\end{aligned}$$

(4)~(6)의 증명은 생략한다. 이 부분의 증명은 극한에 대한 또 다른 성질이 필요하며 이러한 성질과 증명은 고등미적분학에서 찾아볼 수 있다.

(7) 임의의 $\varepsilon > 0$에 대하여

$$0 < \sqrt{(x-a)^2 + (y-b)^2} < \delta \Rightarrow \big||f(x, y)| - |A|\big| < \varepsilon$$

이 성립하는 $\delta > 0$가 존재함을 보여야 한다.

$\big||f(x,y)| - |A|\big| \le |f(x, y) - A|$이므로

$$|f(x, y) - A| < \varepsilon \Rightarrow \big||f(x, y)| - |A|\big| < \varepsilon$$

$\lim_{(x, y) \to (a, b)} f(x, y) = A$이므로 $\varepsilon$에 대응하는 $\delta > 0$이 존재하여

$$0 < \sqrt{(x-a)^2 + (y-b)^2} < \delta \Rightarrow |f(x, y) - A| < \varepsilon$$

따라서

$$0 < \sqrt{(x-a)^2 + (y-b)^2} < \delta \Rightarrow |f(x, y) - A| < \varepsilon \\ \Rightarrow \big||f(x, y)| - |A|\big| < \varepsilon$$

그러므로 $\lim_{(x, y) \to (a, b)} \left|\sqrt{f(x, y)}\right| = \left|\sqrt{A}\right|$.

(8) 예제 3에서 $c = 1,\ d = 0$ 또는 $c = 0,\ d = 1$이라 두면

$$\lim_{(x, y) \to (a, b)} x = a, \qquad \lim_{(x, y) \to (a, b)} y = b$$

이 성립한다.

(9)의 증명은 생략한다. ■

$$|a| = |a - b + b| \le |a - b| + |b|$$

따라서

$$|a| - |b| \le |a - b|$$

$a$와 $b$를 바꾸면

$$|b| - |a| \le |a - b|$$

즉

$$-|a - b| \le |a| - |b| \le |a - b|$$

그러므로

$$\big||a| - |b|\big| \le |a - b|$$

다음 정리에서 부등식과 관련된 극한의 성질을 증명한다.

**정리 13.8.3**

함수 $f, g$는 각각 점 $(a, b)$에서 극한을 갖는다고 하자.

(1) $\lim_{(x, y) \to (a, b)} |f(x, y)| = 0$이면 $\lim_{(x, y) \to (a, b)} f(x, y) = 0$이다.

(2) 점 $(a, b)$의 근방의 $(x, y) \ne (a, b)$에 대하여 $f(x, y) \ge 0$이면 다음이 성립한다.

$$\lim_{(x, y) \to (a, b)} f(x, y) \ge 0$$

(3) 점 $(a, b)$의 근방의 $(x, y) \ne (a, b)$에 대하여 $f(x, y) \le g(x, y)$이면 다음이 성립한다.

$$\lim_{(x, y) \to (a, b)} f(x, y) \le \lim_{(x, y) \to (a, b)} g(x, y)$$

**증명.** (1) $\lim_{(x, y) \to (a, b)} f(x, y) = 0$을 증명하려면 임의의 $\varepsilon > 0$에 대하여

$$0 < \sqrt{(x-a)^2 + (y-b)^2} < \delta \;\Rightarrow\; |f(x, y)| < \varepsilon$$

이 성립하는 $\delta > 0$가 존재함을 보여야 한다.

$\lim_{(x, y) \to (a, b)} |f(x, y)| = 0$이 성립하므로 임의의 $\varepsilon > 0$에 대하여

$$0 < \sqrt{(x-a)^2 + (y-b)^2} < \delta \;\Rightarrow\; |f(x, y)| < \varepsilon$$

이 성립하는 $\delta > 0$가 존재한다. 그러므로 다음 식이 성립한다.

$$\lim_{(x, y) \to (a, b)} f(x, y) = 0$$

(2) $\lim_{(x, y) \to (a, b)} f(x, y) = A$라 하고 $A < 0$이라 가정하자.

$\lim_{(x, y) \to (a, b)} f(x, y) = A$이므로 $\varepsilon = -\frac{A}{2} > 0$에 대하여 적당한 $\delta > 0$에 대하여

$$0 < \sqrt{(x-a)^2 + (y-b)^2} < \delta \;\Rightarrow\; |f(x, y) - A| < \varepsilon$$

가 성립한다. 따라서

$$\begin{aligned} 0 < \sqrt{(x-a)^2 + (y-b)^2} < \delta \;&\Rightarrow\; |f(x, y) - A| < \varepsilon \\ &\Rightarrow\; -\varepsilon < f(x, y) - A < \varepsilon \\ &\Rightarrow\; \frac{A}{2} < f(x, y) - A < -\frac{A}{2} \\ &\Rightarrow\; \frac{3A}{2} < f(x, y) < \frac{A}{2} < 0 \end{aligned}$$

즉, 점 $(a, b)$의 $\delta$ 근방에 있는 $(x, y) \neq (a, b)$에 대하여 $f(x, y) < 0$이 되므로 주어진 조건에 모순이다. 따라서 $A \geq 0$이다.

(3) 함수 $g(x, y) - f(x, y)$에 대하여 (2)를 적용하면

$$\lim_{(x, y) \to (a, b)} f(x, y) \leq \lim_{(x, y) \to (a, b)} g(x, y)$$

이 성립한다. ■

## 합성함수의 연속

일변수함수의 경우와 마찬가지로 두 연속함수를 합성하여 얻어진 함수는 연속함수가 된다.

합성함수
두 함수

$$f : A \to B, \quad g : C \to D$$

에서 $\text{Ran}(f) \subset C$이면 합성함수

$$g \circ f : A \to D$$

가 정의된다.

**정리 13.8.4(합성함수의 연속)**

이변수함수 $z = f(x, y)$가 $D$에서 연속이고 $w = g(z)$가 $f$의 치역에서 연속이면 합성함수 $w = g(f(x, y))$도 $D$에서 연속이다.

**증명.** $z = f(x, y)$가 $(a, b) \in D$에서 연속이고 $w = g(z)$가 $f(a, b) = z_0$에서 연속이면 합성함수 $w = g(f(x, y))$도 $(a, b)$에서 연속임을 보이자.

$$\begin{array}{ccccc} D & \xrightarrow{f} & I \subset J & \xrightarrow{g} & \mathbb{R} \\ (a, b) & \to & f(a, b) = z_0 & \to & g(z_0) \end{array}$$

즉, $\lim_{(x, y) \to (a, b)} f(x, y) = f(a, b)$, $\lim_{z \to z_0} g(z) = g(z_0)$일 때

$$\lim_{(x, y) \to (a, b)} g(f(x, y)) = g(f(a, b))$$

이 성립함을 증명하여야 한다. 즉, 다음을 증명하여야 한다.

임의의 $\varepsilon > 0$에 대하여

$$0 < \sqrt{(x-a)^2 + (y-b)^2} < \delta \Rightarrow |g(f(x, y)) - g(f(a, b))| < \varepsilon$$

이 성립하는 $\delta > 0$가 존재한다.

$\lim_{z \to z_0} g(z) = g(z_0)$이 성립하므로, 다음이 성립한다.

임의의 $\varepsilon > 0$에 대하여

$$0 < |z - z_0| < \delta_1 \Rightarrow |g(z) - g(z_0)| < \varepsilon$$

이 성립하는 $\delta_1 > 0$이 존재한다.

$\lim_{(x, y) \to (a, b)} f(x, y) = f(a, b)$이 성립하므로, 다음이 성립한다.

$\delta_1 > 0$에 대하여

$$0 < \sqrt{(x-a)^2 + (y-b)^2} < \delta \Rightarrow |f(x, y) - f(a, b)| < \delta_1$$

이 성립하는 $\delta > 0$가 존재한다.

따라서 $f(x, y) = z$, $f(a, b) = z_0$이므로

$$\begin{aligned} 0 < \sqrt{(x-a)^2 + (y-b)^2} < \delta &\Rightarrow |f(x, y) - f(a, b)| < \delta_1 \\ &\Rightarrow |g(f(x, y)) - g(f(x_0, y_0))| < \varepsilon \end{aligned}$$

그러므로 다음 식이 성립하여

$$\lim_{(x, y) \to (a, b)} g(f(x, y)) = g(f(a, b))$$

합성함수 $w = g(f(x, y))$는 $(a, b)$에서 연속이 된다. ■

### 2계편미분의 성질

2계편미분에서 편미분의 순서에 상관없이 같은 결과가 얻어지는 즉,

$$f_{xy}(x, y) = f_{yx}(x, y)$$

이 성립하기 위한 조건을 증명한다.

**정리 13.8.5(2계편미분의 성질)**

이변수함수 $z = f(x, y)$의 2계 편도함수 $f_{xy}(x, y)$, $f_{yx}(x, y)$가 $xy$평면의 영역 $D$에서 연속이면 영역 $D$ 내부의 모든 점에서 다음이 성립한다.

$$f_{xy}(x, y) = f_{yx}(x, y)$$

**증명.** 점 $(x_0, y_0)$를 영역 $D$ 내부의 점이라 하자. $(x_0 + \Delta x,\ y_0 + \Delta y)$가 영역 $D$의 내부에 있도록 $\Delta x$와 $\Delta y$를 충분히 작을 때 다음과 같이 함수 $G$를 정의한다.

$$\begin{aligned} G(\Delta x, \Delta y) = {} & f(x_0 + \Delta x, y_0 + \Delta y) - f(x_0 + \Delta x, y_0) \\ & - f(x_0, y_0 + \Delta y) + f(x_0, y_0) \end{aligned}$$

그리고 함수 $\phi$를 다음과 같이 정의한다.

$$\phi(x) = f(x, y_0 + \Delta y) - f(x, y_0)$$

함수 $\phi$를 이용하면 함수 $G$를 다음과 같이 쓸 수 있다.

$$G(\Delta x, \Delta y) = \phi(x_0 + \Delta x) - \phi(x_0)$$

구간 $[x_0, x_0 + \Delta x]$에서 함수 $\phi$에 평균값정리를 적용하면

$$\phi(x_0 + \Delta x) - \phi(x_0) = \Delta x \phi'(x_0 + \theta \Delta x)$$

여기서 $\theta$는 0 과 1 사이의 적당한 수이다. 함수 $\phi$의 미분을 구하면

$$\begin{aligned} \phi'(x) &= \frac{d}{dx}(f(x, y_0 + \Delta y) - f(x, y_0)) \\ &= f_x(x, y_0 + \Delta y) - f_x(x, y_0) \end{aligned}$$

그러므로

$$\begin{aligned} G(\Delta x, \Delta y) &= \phi(x_0 + \Delta x) - \phi(x_0) \\ &= \Delta x \phi'(x_0 + \theta \Delta x) \\ &= \Delta x [f_x(x_0 + \theta \Delta x, y_0 + \Delta y) - f_x(x_0 + \theta \Delta x, y_0)] \end{aligned}$$

이제 함수 $\psi$를 다음과 같이 정의한다.

$$\psi(y) = f_x(x_0 + \theta \Delta x, y)$$

함수 $\psi$를 이용하면 함수 $G$를 다음과 같이 쓸 수 있다.

$$G(\Delta x, \Delta y) = \Delta x(\psi(y_0 + \Delta y) - \psi(y_0))$$

구간 $[y_0, y_0 + \Delta y]$에서 함수 $\psi$에 평균값정리를 적용하면

$$\psi(y_0 + \Delta y) - \psi(y_0) = \Delta y \psi'(y_0 + \theta' \Delta y)$$

여기서 $\theta'$은 0과 1 사이의 적당한 수이다. 함수 $\psi$의 미분을 구하면

$$\begin{aligned}\psi'(y) &= \frac{d}{dy}(f_x(x_0 + \theta\Delta x, y)) \\ &= f_{xy}(x_0 + \theta\Delta x, y)\end{aligned}$$

위에서 구한 식들을 종합하면

$$\begin{aligned}G(\Delta x, \Delta y) &= \Delta x(\psi(y_0 + \Delta y) - \psi(y_0)) = \Delta x \Delta y \psi'(y_0 + \theta'\Delta y) \\ &= \Delta x \Delta y f_{xy}(x_0 + \theta\Delta x, y_0 + \theta'\Delta y)\end{aligned}$$

따라서 다음 식을 얻는다.

$$G(\Delta x, \Delta y) = \Delta x \Delta y f_{xy}(x_0 + \theta\Delta x, y_0 + \theta'\Delta y)$$

여기서 $\theta, \theta'$은 0과 1 사이의 적당한 수이다.

위에서 $G(\Delta x, \Delta y)$의 식을 구하는 과정에서 $x$에 대한 함수 $\phi$를 정의하고 나중에 $y$에 대한 함수 $\psi$를 정의하였다. 이번에는 $y$에 대한 함수 $\phi$를 먼저 정의하고 $x$에 대한 함수 $\psi$를 나중에 정의하는 방법으로 $G(\Delta x, \Delta y)$의 식을 구하면 다음과 같은 식을 얻을 수 있다.

$$G(\Delta x, \Delta y) = \Delta x \Delta y f_{yx}(x_0 + \lambda\Delta x, y_0 + \lambda'\Delta y)$$

여기서 $\lambda, \lambda'$은 0과 1 사이의 적당한 수이다.

그러므로 다음 식이 성립한다.

$$f_{xy}(x_0 + \theta\Delta x, y_0 + \theta'\Delta y) = f_{yx}(x_0 + \lambda\Delta x, y_0 + \lambda'\Delta y)$$

$\Delta x \to 0$, $\Delta y \to 0$이면 $f_{xy}(x, y)$, $f_{yx}(x, y)$가 $(x_0, y_0)$에서 연속이므로

$$f_{xy}(x_0, y_0) = f_{yx}(x_0, y_0)$$ ■

## 미분가능성

다음의 이변수함수 $f(x, y)$는 $(0, 0)$에서 편미분가능하지만 $(0, 0)$에서 불연속이다(13.2절 연습문제 8번).

$$f(x, y) = \begin{cases} \dfrac{xy}{x^2 + y^2} & (x, y) \neq (0, 0) \\ 0 & (x, y) = (0, 0) \end{cases}.$$

이 함수의 경우에서 보는 바와 같이 편미분가능이 연속성을 보장하지 않음

을 알 수 있다. 하지만 일변수함수의 경우에는 미분가능성이 연속성을 보장함을 잘 알고 있다. 따라서 이변수함수의 편미분가능성은 일변수함수의 미분가능성과는 성질이 다름을 알 수 있다.

이변수함수의 경우 미분가능성을 다음과 같이 정의한다.

**정의 13.8.6(이변수함수의 미분가능성)**

이변수함수 $f(x, y)$가 점 $(x_0, y_0)$의 근방 $D$에서 정의되고 다음 성질이 성립할 때 점 $(x_0, y_0)$에서 미분가능(differentiable)하다고 한다.

(1) 함수 $f$는 점 $(x_0, y_0)$에서 편미분가능하다.

(2) 점 $(x_0, y_0)$ 근방의 점 $(x_0+\Delta x,\ y_0+\Delta y)$에 대하여 다음이 성립한다.

$$f(x_0+\Delta x, y_0+\Delta y) = f(x_0, y_0) + f_x(x_0, y_0)\Delta x + f_y(x_0, y_0)\Delta y + \varepsilon_1 \Delta x + \varepsilon_2 \Delta y$$

단, $\lim\limits_{(x, y)\to(x_0, y_0)} \varepsilon_1 = 0,\ \lim\limits_{(x, y)\to(x_0, y_0)} \varepsilon_2 = 0$

또한, 이변수함수 $f(x, y)$가 영역 $D$의 모든 점에서 미분가능하면 함수 $f(x, y)$는 $D$에서 미분가능하다고 한다.

미분가능한 일변수함수는 연속함수가 된다. 미분가능한 이변수함수도 연속함수가 됨을 다음 정리에서 소개한다.

**정리 13.8.7(미분과 연속성)**

함수 $f(x, y)$가 점 $P_0(x_0, y_0)$에서 미분가능하면 함수 $f$는 점 $P_0(x_0, y_0)$에서 연속이다.

**증명.** 점 $P_0(x_0, y_0)$에서 미분가능하므로 점 $P_0(x_0, y_0)$의 근방에서

$$f(x, y) = f(P_0) + f_x(P_0)(x-x_0) + f_y(P_0)(y-x_0) + \varepsilon_1(x-x_0) + \varepsilon_2(y-y_0)$$

한편

$$\lim_{(x, y)\to(x_0, y_0)} f_x(P_0)(x-x_0) = 0$$
$$\lim_{(x, y)\to(x_0, y_0)} f_y(P_0)(y-x_0) = 0$$
$$\lim_{(x, y)\to(x_0, y_0)} \varepsilon_1 = 0,\quad \lim_{(x, y)\to(x_0, y_0)} \varepsilon_2 = 0$$

따라서

$$\lim_{(x,y)\to(x_0,y_0)} f(x, y) = f(x_0, y_0)$$

그러므로 함수 $f$는 점 $P_0(x_0, y_0)$에서 연속이다. ■

함수 $f(x, y)$가 점 $P_0(x_0, y_0)$에서 미분가능하면 함수 $f$는 점 $P_0(x_0, y_0)$에서 편미분가능함을 알 수 있다. 그러나 편미분가능함이 미분가능함을 보장하지는 않는다. 예를 들면 함수

$$f(x, y) = \begin{cases} \dfrac{xy}{x^2 + y^2} & (x, y) \neq (0, 0) \\ 0 & (x, y) = (0, 0) \end{cases}$$

에서 편미분가능하지만 $(0, 0)$에서 연속이 아니다. 따라서 $f(x, y)$는 므로 $(0, 0)$에서 미분가능하지 않다.

따라서 미분가능성은 편미분가능성보다 더 강한 성질임을 알 수 있다. 실제로 미분가능성은 편미분의 연속성과 밀접한 관계가 있다.

정의에 의한 방법으로는 미분가능성을 판단하기가 쉽지 않다. 다음의 정리는 편미분의 연속성으로 미분가능성을 판단할 수 있음을 보여주며 미분가능성을 판단하는 편리한 방법이기도 하다. 정리의 증명은 고등미적분학에서 찾아볼 수 있다.

**정리 13.8.8**

함수 $f(x, y)$가 점 $P_0(x_0, y_0)$에서 연속인 편미분을 가지면 함수 $f$는 점 $P_0(x_0, y_0)$에서 미분가능하다.

**예제 4** 함수 $f(x, y) = \dfrac{y}{1 + x^2}$가 평면 전체에서 미분가능함을 보여라.

**풀이** 정리 2를 이용하자. 편미분을 구하면

$$f_x(x, y) = \frac{-2xy}{(1 + x^2)^2}, \qquad f_y(x, y) = \frac{1}{1 + x^2}$$

따라서 $f_x(x, y)$, $f_y(x, y)$는 평면전체에서 연속이다. 그러므로 $f$는 평면전체에서 미분가능하다. ■

이변수함수와 마찬가지 방법으로 $n$ 변수함수의 미분가능과 미분을 정의할 수 있다.

$n$ 변수함수 $f(x_1, x_2, \cdots, x_n)$가 점 $P_0(a_1, a_2, \cdots, a_n)$의 적당한 근방에서 다음 성질이 성립할 때 점 $P_0$에서 미분가능(differentiable)하다고 한다.

1) 함수 $f$는 점 $P_0$에서 편미분가능하다.

2) 점 $P_0$의 근방의 점 $P$에 대하여 다음 식이 성립한다.

$$f(P) = f(P_0) + f_{x_1}(P_0)(x_1 - a_1) + f_{x_2}(P_0)(x_2 - a_2) + \cdots + f_{x_n}(P_0)(x_n - a_n) + \varepsilon_1(x_1 - a_1) + \varepsilon_2(x_2 - a_2) + \cdots + \varepsilon_n(x_n - a_n)$$

$$\text{단, } \lim_{(x, y) \to (x_0, y_0)} \varepsilon_i = 0,\ i = 1, 2, \cdots, n$$

$n$ 변수함수 $f(x_1, x_2, \cdots, x_n)$의 경우에도 정리 13.8.6, 정리 13.8.7과 같은 성질이 성립한다. 이러한 성질들의 증명은 고등미적분학에서 다루게 된다.

(1) 함수 $f(x_1, x_2, \cdots, x_n)$가 점 $P_0$에서 미분가능하면 함수 $f$는 점 $P_0$에서 연속이다.

(2) 함수 $f(x_1, x_2, \cdots, x_n)$가 점 $P_0$에서 연속인 편미분을 가지면 함수 $f$는 점 $P_0$에서 미분가능하다.

**예제 5** 함수 $f(x, y, z) = \ln(x^2 + y^2 + z^2 + 1)$가 평면전체에서 미분가능함을 증명하여라.

**풀이** 함수 $f$의 편미분을 구하면

$$f_x(x, y, z) = \frac{2x}{x^2 + y^2 + z^2 + 1}$$
$$f_y(x, y, z) = \frac{2y}{x^2 + y^2 + z^2 + 1}$$
$$f_z(x, y, z) = \frac{2z}{x^2 + y^2 + z^2 + 1}$$

따라서 $f_x(x, y, z)$, $f_y(x, y, z)$, $f_y(x, y, z)$는 평면전체에서 연속이다. 그러므로 함수 $f$는 평면전체에서 미분가능하다. ■

## 연쇄법칙

다변수함수를 일변수함수 또는 다른 변수로의 다변수함수로 변수변환하여 미분하는 방법을 연쇄법칙이라 한다.

**정리 13.8.9(이변수함수의 연쇄법칙 1)**

이변수함수 $z = f(x, y)$가 미분가능하고, 두 함수

$$x = x(s), \quad y = y(s)$$

가 각각 $s$에 대해 미분가능한 함수이면 일변수함수 $z = f(x(s), y(s))$도 $s$에 대해 미분가능하고 다음이 성립한다.

$$\frac{dz}{ds} = \frac{\partial z}{\partial x}\frac{dx}{ds} + \frac{\partial z}{\partial y}\frac{dy}{ds}$$

**증명.** 변수 $s$에 대한 일변수함수 $z(s)$의 미분은 다음과 같다.

$$\frac{dz}{ds} = \lim_{\Delta s \to 0}\frac{z(s+\Delta s) - z(s)}{\Delta s}$$

$z(s) = f(x(s), y(s))$이므로

$$z(s+\Delta s) - z(s) = f(x(s+\Delta s),\ y(s+\Delta s)) - f(x(s),\ y(s))$$

다음의 기호를 사용하자.

$$\begin{aligned}\Delta x &= x(s+\Delta s) - x(s)\\ \Delta y &= y(s+\Delta s) - y(s)\end{aligned}$$

함수 $z = f(x, y)$가 미분가능하므로

$$\begin{aligned}&f(x(s+\Delta s),\ y(s+\Delta s))\\ &\quad = f(x(s),\ y(s)) + f_x(x(s),\ y(s))\Delta x + f_y(x(s),\ y(s))\Delta y + \varepsilon_1\Delta x + \varepsilon_2\Delta y\end{aligned}$$

여기서 $\Delta x \to 0 \Rightarrow \varepsilon_1 \to 0,\ \Delta y \to 0 \Rightarrow \varepsilon_2 \to 0,\ \Delta s \to 0 \Rightarrow \Delta x \to 0,\ \Delta y \to 0$이므로

$$\lim_{\Delta s \to 0}\varepsilon_1 = \lim_{\Delta s \to 0}\varepsilon_2 = 0$$

그리고

$$\begin{aligned}\lim_{\Delta s \to 0}\frac{\Delta x}{\Delta s} &= \lim_{\Delta s \to 0}\frac{x(s+\Delta s) - x(s)}{\Delta s} = \frac{dx}{ds}\\ \lim_{\Delta s \to 0}\frac{\Delta y}{\Delta s} &= \lim_{\Delta s \to 0}\frac{y(s+\Delta s) - y(s)}{\Delta s} = \frac{dy}{ds}\end{aligned}$$

따라서

$$\begin{aligned}\frac{dz}{ds} &= \lim_{\Delta s \to 0}\frac{z(s+\Delta s) - z(s)}{\Delta s}\\ &= \lim_{\Delta s \to 0}\frac{f_x(x(s),\ y(s))\Delta x + f_y(x(s),\ y(s))\Delta y + \varepsilon_1\Delta x + \varepsilon_2\Delta y}{\Delta s}\\ &= f_x(x(s),\ y(s))\lim_{\Delta s \to 0}\frac{\Delta x}{\Delta s} + f_y(x(s),\ y(s))\lim_{\Delta s \to 0}\frac{\Delta y}{\Delta s}\\ &\quad + \lim_{\Delta s \to 0}\varepsilon_1\frac{\Delta x}{\Delta s} + \lim_{\Delta s \to 0}\varepsilon_2\frac{\Delta y}{\Delta s}\\ &= f_x(x(s),\ y(s))\frac{dx}{ds} + f_y(x(s),\ y(s))\frac{dy}{ds}\end{aligned}$$

그러므로 일변수함수 $z = f(x(s),\ y(s))$는 미분가능하고 다음 식이 성립한다.

$$\frac{dz}{ds} = f_x(x(s),\ y(s))\frac{dx}{ds} + f_y(x(s),\ y(s))\frac{dy}{ds}$$ ■

**정리 13.8.10(이변수함수의 연쇄법칙 2)**

이변수함수 $z = f(x, y)$가 미분가능하고, 두 함수

$$x = x(s, t), \qquad y = y(s, t)$$

가 각각 미분가능하면 $s, t$에 대한 이변수함수 $z = f(x(s, t), y(s, t))$도 미분가능하며 다음 식이 성립한다.

$$\frac{\partial z}{\partial s} = \frac{\partial z}{\partial x}\frac{\partial x}{\partial s} + \frac{\partial z}{\partial y}\frac{\partial y}{\partial s}$$
$$\frac{\partial z}{\partial t} = \frac{\partial z}{\partial x}\frac{\partial x}{\partial t} + \frac{\partial z}{\partial y}\frac{\partial y}{\partial t}$$

**증명.** $z = f(x(s, t),\ y(s, t))$의 미분가능성에 대한 증명은 생략하고 편미분에 대한 식만 증명한다. $z = f(x(s, t),\ y(s, t))$의 $s$에 대한 편미분을 구하자.

$$\begin{aligned}\frac{\partial z}{\partial s} &= \lim_{\Delta s \to 0}\frac{z(s + \Delta s, t) - z(s, t)}{\Delta s}\\ &= \lim_{\Delta s \to 0}\frac{f(x(s + \Delta s, t),\ y(s + \Delta s, t)) - f(x(s, t),\ y(s, t))}{\Delta s}\end{aligned}$$

다음의 기호를 사용하자.

$$\begin{aligned}\Delta x &= x(s + \Delta s, t) - x(s, t)\\ \Delta y &= y(s + \Delta s, t) - y(s, t)\end{aligned}$$

$z = f(x, y)$가 미분가능하므로

$$\begin{aligned}&f(x(s + \Delta s, t),\ y(s + \Delta s, t))\\ &\quad = f(x(s, t),\ y(s, t)) + f_x(x(s, t),\ y(s,t))\Delta x + f_y(x(s, t),\ y(s, t))\Delta y\\ &\qquad + \varepsilon_1 \Delta x + \varepsilon_2 \Delta y\end{aligned}$$

여기서

$$\begin{aligned}\Delta x \to 0 &\Rightarrow \varepsilon_1 \to 0\\ \Delta y \to 0 &\Rightarrow \varepsilon_2 \to 0\end{aligned}$$

두 함수 $x = x(s, t)$, $y = y(s, t)$가 연속이므로

$$\Delta s \to 0 \Rightarrow \Delta x \to 0, \qquad \Delta y \to 0$$

따라서

$$\lim_{\Delta s \to 0}\varepsilon_1 = \lim_{\Delta s \to 0}\varepsilon_2 = 0$$

그리고

$$\lim_{\Delta s \to 0} \frac{\Delta x}{\Delta s} = \lim_{\Delta s \to 0} \frac{x(s+\Delta s,\ t) - x(s,\ t)}{\Delta s} = \frac{\partial x}{\partial s}$$
$$\lim_{\Delta s \to 0} \frac{\Delta y}{\Delta s} = \lim_{\Delta s \to 0} \frac{y(s+\Delta s,\ t) - y(s,\ t)}{\Delta s} = \frac{\partial y}{\partial s}$$

따라서

$$\begin{aligned}\frac{\partial z}{\partial s} &= \lim_{\Delta s \to 0} \frac{z(s+\Delta s, t) - z(s, t)}{\Delta s} \\ &= \lim_{\Delta s \to 0} \frac{f_x(x(s, t),\ y(s, t))\Delta x + f_y(x(s, t),\ y(s, t))\Delta y + \varepsilon_1 \Delta x + \varepsilon_2 \Delta y}{\Delta s} \\ &= f_x(x(s, t),\ y(s, t)) \lim_{\Delta s \to 0} \frac{\Delta x}{\Delta s} + f_y(x(s, t),\ y(s, t)) \lim_{\Delta s \to 0} \frac{\Delta y}{\Delta s} \\ &\quad + \lim_{\Delta s \to 0} \varepsilon_1 \frac{\Delta x}{\Delta s} + \lim_{\Delta s \to 0} \varepsilon_2 \frac{\Delta y}{\Delta s} \\ &= f_x(x(s, t),\ y(s, t)) \frac{\partial x}{\partial s} + f_y(x(s, t),\ y(s, t)) \frac{\partial y}{\partial s}\end{aligned}$$

그러므로 다음 식이 성립한다.

$$\frac{\partial z}{\partial s} = f_x(x(s, t),\ y(s, t)) \frac{\partial x}{\partial s} + f_y(x(s, t),\ y(s, t)) \frac{\partial y}{\partial s}$$

마찬가지 방법으로 $z = f(x(s, t),\ y(s, t))$의 $t$에 대한 편미분을 구하면

$$\frac{\partial z}{\partial t} = f_x(x(s, t),\ y(s, t)) \frac{\partial x}{\partial t} + f_y(x(s, t),\ y(s, t)) \frac{\partial y}{\partial t}$$

즉 다음식이 성립한다.

$$\frac{\partial z}{\partial s} = \frac{\partial z}{\partial x}\frac{\partial x}{\partial s} + \frac{\partial z}{\partial y}\frac{\partial y}{\partial s}$$
$$\frac{\partial z}{\partial t} = \frac{\partial z}{\partial x}\frac{\partial x}{\partial t} + \frac{\partial z}{\partial y}\frac{\partial y}{\partial t}$$ ■

## 극값의 존재와 최댓값, 최솟값의 존재

미분가능한 일변수함수가 단 하나의 임계점을 극댓값으로 가진다면 극댓값은 최댓값이 된다. 그리고 단 하나의 임계점을 극솟값으로 가진다면 극솟값은 최솟값이 된다. 그러나 이러한 성질은 이변수함수의 경우에는 성립하지 않는다.

**예제 6** 함수 $f(x, y) = 3xe^y - x^3 - e^{3y}$는 단하나의 임계점을 가지고, 임계점에서는 극댓값을 가지지만 최댓값을 가지지 않는다.

**풀이** 함수 $f$의 편미분이 0이 되는 점을 찾자.

$$f_x(x, y) = 3e^y - 3x^2 = 0, \qquad f_y(x, y) = 3xe^y - 3e^{3y} = 0$$

정리하면 $x = e^{2y}$, $x^2 = e^y$, 따라서 $x = 1,\ y = 0$.

그러므로 함수 $f$는 하나의 임계점을 가지며 임계점은 $(1, 0)$이다. 임계점 $(1, 0)$의

극대, 극소 여부를 판별하자.

$$f_{xx}(x, y) = -6x, \quad f_{xy}(x, y) = 3e^{y}, \quad f_{yy}(x, y) = 3xe^{y} - 9e^{3y}$$

따라서

$$D(f, (1, 0)) = 27, \quad f_{xx}(1, 0) = -6 < 0$$

그러므로 $f(1, 0)$는 극댓값이다. 한편 $f(x, 0) = 3x - x^3 - 1$이므로

$$x \to -\infty \;\Rightarrow\; f(x, 0) \to \infty$$

그러므로 함수 $f$는 최댓값을 가지지 않는다. ■

**예제 7** 함수 $f(x, y) = -y^4 - e^{-x^2} + 2y^2\sqrt{e^x + e^{-x^2}}$는 단하나의 임계점을 가지고, 임계점에서는 극솟값을 가지지만 최솟값을 가지지 않는다.

**풀이** $f_x(x, y) = 0,\ f_y(x, y) = 0$에서 $y = 0,\ x = 0$.
따라서 함수 $f$는 하나의 임계점을 가지며 임계점은 $(0, 0)$이다.
$f_{xx}(0, 0) = 2,\ f_{yy}(0, 0) = 4,\ f_{xy}(0, 0) = 0$이므로

$$D(f, (0, 0)) = 8 > 0, \quad f_{xx}(0, 0) = 2 > 0$$

그러므로 $f(0, 0)$는 극솟값이다.
한편 $f(0, y) = -y^4 - 1 + 2\sqrt{2}\,y^2 = -(y^2 - \sqrt{2})^2 + 1$이므로

$$y \to \infty \;\Rightarrow\; f(0, y) \to -\infty$$

그러므로 함수 $f$는 최솟값을 가지지 않는다. ■

**예제 8** 함수 $y = f(x)$가 미분가능하고 $x = x_0$에서 단하나의 임계점을 가지고, 임계점에서는 극댓값을 가지면 함수 $f$는 $x = x_0$에서 최댓값을 가짐을 증명하여라.

## 극대극소문제의 응용 – 최소제곱법

평면 위에 있는 점들의 분포를 직선으로 나타내는 방법을 생각해보자.

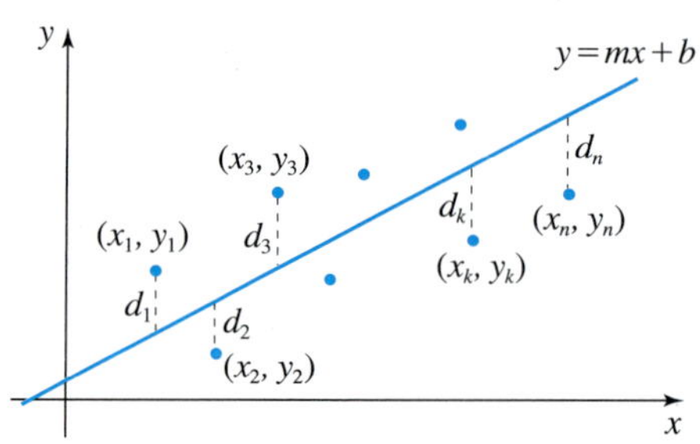


그림 13.8.5

평면 위에 있는 점이 두 개라면 두 점은 하나의 직선 위에 있게 된다. 하지만 한 직선 위에 있지 않은 3개 이상의 점

$$(x_1, y_1), \quad (x_2, y_2), \quad \cdots (x_n, y_n)$$

이 그림과 같이 평면위에 흩어져 있을 때 이 점들의 분포를 직선을 이용하여 나타내보자.

평면 위에 있는 직선 $y = mx + b$와 평면위의 점들 사이의 편차를 다음과 같이 점과 직선 사이의 수직편차의 제곱의 합을 다음과 같이 두 변수 $m, b$의 함수로 나타내자.

$$f(m, b) = \sum_{i=1}^{n} d_i^2 = \sum_{i=1}^{n} (y_i - (mx_i + b))^2$$

함수 $f(m, b)$가 $(m_0, b_0)$에서 최솟값을 가진다면 직선 $y = m_0 x + b_0$은 $n$개의 점 $(x_1, y_1), (x_2, y_2), \cdots (x_n, y_n)$과 직선사이의 수직편차를 최소화하는 직선일 것이다. 이 직선을 최소제곱직선(least square line)이라 하며 이 직선을 구하는 방법을 최소제곱법(least square method)이라 한다.

다음과 같은 기호를 사용하자.

$$\mathbf{x} = (x_1,\ x_2,\ \cdots,\ x_n)$$
$$\mathbf{y} = (y_1,\ y_2,\ \cdots,\ y_n)$$
$$\overline{x} = \frac{1}{n}\sum_{i=1}^{n}(x_1 + x_2 + \cdots + x_n) : x_1,\ x_2,\ \cdots,\ x_n \text{의 평균}$$
$$\overline{y} = \frac{1}{n}\sum_{i=1}^{n}(y_1 + y_2 + \cdots + y_n) : y_1,\ y_2,\ \cdots,\ y_n \text{의 평균}$$

따라서 다음 식이 성립한다.

$$\sum_{i=1}^{n} x_i y_i = \mathbf{x} \cdot \mathbf{y}, \quad \sum_{i=1}^{n} x_i^{\,2} = \mathbf{x} \cdot \mathbf{x}$$
$$\sum_{i=1}^{n} x_i = n\overline{x}, \quad \sum_{i=1}^{n} y_i = n\overline{y}$$

다음 정리에서 최소제곱법에 의한 최소제곱직선의 방정식을 소개한다.

**정리 13.8.11(최소제곱법)**

한 직선 위에 있지 않은 평면 위의 $n \geq 3$개의 점

$$(x_1, y_1), \quad (x_2, y_2), \quad \cdots (x_n, y_n)$$

에 대한 최소제곱직선은 $y = m_0 x + b_0$이다.

$$m_0 = \frac{\mathbf{x} \cdot \mathbf{y} - n\overline{x}\,\overline{y}}{\mathbf{x} \cdot \mathbf{x} - n\overline{x}\,\overline{x}}, \quad b_0 = \frac{\overline{y}(\mathbf{x} \cdot \mathbf{x}) - \overline{x}(\mathbf{x} \cdot \mathbf{y})}{\mathbf{x} \cdot \mathbf{x} - n\overline{x}\,\overline{x}}$$

**증명.** 다음과 같이 이변수함수 $f(m, b)$를 정의하자.

$$f(m, b) = \sum_{i=1}^{n} d_i^{\,2} = \sum_{i=1}^{n} (y_i - (mx_i + b))^2$$

$$f(m, b) = \sum_{i=1}^{n} \left[(mx_i + b)^2 - 2y_i(mx_i + b) + y_i^2\right]$$이므로

$$m \to \pm\infty \;\Rightarrow\; f(m, b) \to \infty$$
$$b \to \pm\infty \;\Rightarrow\; f(m, b) \to \infty, \quad f(m, b) > 0$$

따라서 $f(m, b)$는 최솟값을 가진다.

$f(m, b)$의 최소점을 구하여 보자. 함수 $f$를 편미분하면

$$\begin{aligned}\frac{\partial f}{\partial m} &= -2\sum_{i=1}^{n} x_i(y_i - mx_i - b)\\ &= -2\sum_{i=1}^{n} x_i y_i + 2m\sum_{i=1}^{n} x_i^{\,2} + 2b\sum_{i=1}^{n} x_i\\ \frac{\partial f}{\partial b} &= -2\sum_{i=1}^{n} (y_i - mx_i - b)\\ &= -2\sum_{i=1}^{n} y_i + 2m\sum_{i=1}^{n} x_i + 2nb\end{aligned}$$

$\dfrac{\partial f}{\partial m}(m, b) = 0,\ \dfrac{\partial f}{\partial b}(m, b) = 0$을 간단히 나타내면

$$-\mathbf{x}\cdot\mathbf{y} + m\mathbf{x}\cdot\mathbf{x} + n\overline{x}b = 0$$
$$-\overline{y} + m\overline{x} + b = 0$$

$\dfrac{\partial f}{\partial m}(m, b) = 0,\ \dfrac{\partial f}{\partial b}(m, b) = 0$의 해를 $m_0$, $b_0$라 하면 다음과 같다.

$$m_0 = \frac{\mathbf{x}\cdot\mathbf{y} - n\overline{x}\,\overline{y}}{\mathbf{x}\cdot\mathbf{x} - n\overline{x}\,\overline{x}}$$
$$b_0 = \frac{\overline{y}(\mathbf{x}\cdot\mathbf{x}) - \overline{x}(\mathbf{x}\cdot\mathbf{y})}{\mathbf{x}\cdot\mathbf{x} - n\overline{x}\,\overline{x}}$$

한편

$$f_{mm} = 2\sum_{i=1}^{n} x_i^{\,2}, \qquad f_{bb} = 2n, \qquad f_{mb} = 2\sum_{i=1}^{n} x_i$$

따라서 판별식을 구하면

$$D(f, (m_0, b_0)) = 4n\sum_{i=1}^{n} x_i^{\,2} - \left(2\sum_{i=1}^{n} x_i\right)^2$$

한편

$$\begin{aligned}\sum_{i=1}^{n} (x_i - \overline{x})^2 &= \sum_{i=1}^{n} (x_i^2 - 2x_i\overline{x} + \overline{x}^2)\\ &= \sum_{i=1}^{n} x_i^2 - 2\overline{x}\sum_{i=1}^{n} x_i + \sum_{i=1}^{n} \overline{x}^2\\ &= \sum_{i=1}^{n} x_i^2 - 2\overline{x}\sum_{i=1}^{n} x_i + n\overline{x}^2\\ &= \sum_{i=1}^{n} x_i^2 - \frac{1}{n}\left(\sum_{i=1}^{n} x_i\right)^2\end{aligned}$$

$n$개의 점이 한 직선 위에 있지 않으므로

$$\sum_{i=1}^{n}(x_i - \overline{x})^2 > 0$$

따라서

$$D(f, (m_0, b_0)) = 4n\left[\sum_{i=1}^{n}x_i^2 - \frac{1}{n}\left(\sum_{i=1}^{n}x_i\right)^2\right] > 0$$

$$f_{mm}(m_0, b_0) = 2\sum_{i=1}^{n}x_i^2 > 0$$

따라서 $f(m_0, b_0)$는 함수 $f(m, b)$의 극솟값이 된다. $f(m, b)$는 하나의 극값을 가지므로 극솟값 $f(m_0, b_0)$는 최솟값이 된다. 그러므로 직선 $y = m_0x + b_0$는 최소제곱직선이다. ■

## 삼변수함수에 대한 라그랑주 승수

이변수함수에 대한 라그랑주 승수 해법은 13.7절에서 자세하게 설명하였다. 여기서는 삼변수함수에 대한 라그랑주 승수법을 증명한다.

**정리 13.8.12(세변수함수의 라그랑주 승수법)**

함수 $f(x, y, z)$와 $g(x, y, z)$가 미분가능한 함수이다. 함수 $f$가 제약조건 $g(x, y, z) = 0$하에 점 $P_0$에서 극값을 가진다면 적당한 상수 $\lambda$가 존재하여 다음이 성립한다.

$$\nabla f(P_0) = \lambda \nabla g(P_0), \ \ g(P_0) = 0$$

이 때 $\lambda$를 라그랑즈 승수(Lagrange multiplier)라 한다.

**증명.** 함수 $f$가 제약조건 $g(x, y, z) = 0$ 하에 점 $P_0$에서 극값을 가진다고 하자. 즉, 곡면 $g(x, y, z) = 0$ 위에서 함수 $f$가 $P_0$에서 극값을 가진다.

따라서 곡면 $g(x, y, z) = 0$ 위에 있는 곡선 $\mathbf{r}(t) = (x(t), y(t), z(t))$가 $t = t_0$에서 점 $P_0$를 지나면 $t$에 대한 일변수함수 $f(\mathbf{r}(t))$는 $t_0$에서 극값을 가진다. 그러므로

$$\frac{df}{dt}(t_0) = 0$$

연쇄법칙에 의하여

$$\begin{aligned}\frac{d}{dt}f(x(t), y(t), z(t)) &= \frac{\partial f}{\partial x}(\mathbf{r}(t))\frac{dx}{dt} + \frac{\partial f}{\partial y}(\mathbf{r}(t))\frac{dy}{dt} + \frac{\partial f}{\partial z}(\mathbf{r}(t))\frac{dz}{dt} \\ &= \left(\frac{\partial f}{\partial x}, \frac{\partial f}{\partial y}, \frac{\partial f}{\partial z}\right)\cdot\left(\frac{dx}{dt}, \frac{dy}{dt}, \frac{dz}{dt}\right) \\ &= \nabla f(\mathbf{r}(t))\cdot\mathbf{r}'(t)\end{aligned}$$

Chapter 13

$\frac{df}{dt}(t_0) = 0$ 이므로

$$\nabla f(\mathbf{r}(t_0)) \cdot \mathbf{r}'(t_0) = 0$$

그리고 정리 13.5.1에 의해

$$\nabla g(\mathbf{r}(t_0)) \cdot \mathbf{r}'(t_0) = 0$$

그러므로 두 벡터 $\nabla f(\mathbf{r}(t_0))$, $\nabla g(\mathbf{r}(t_0))$는 모두 $\mathbf{r}'(t_0)$에 수직하다. 따라서 두 벡터 $\nabla f(\mathbf{r}(t_0))$, $\nabla g(\mathbf{r}(t_0))$는 서로 평행하므로 적당한 상수 $\lambda$가 존재하여 다음 식이 성립한다.

$$\nabla f(P_0) = \lambda \nabla g(P_0)$$

## 연습문제 13.8

1. $f$가 정의역에서 미분가능함수임을 증명하여라.

(1) $f(x, y) = \dfrac{2xy}{(x^2 + y^2)^2}$

(2) $f(x, y) = \dfrac{xy}{\sqrt{x^2 + y^2}}$

(3) $f(x, y) = \dfrac{x^2 y}{x^4 + y^2}$

(4) $f(x, y) = \dfrac{x}{y} + \dfrac{y}{x}$

(5) $f(x, y, z) = xe^{-x^2 - y^2 - z^2}$

(6) $f(x, y, z) = \dfrac{xyz}{x^2 + y^2 + z^2}$

(7) $f(x, y, z) = z^2 e^x \cos y$

(8) $f(x, y, z) = (x + z)e^{x - y}$

# 제 14 장 중적분

## 그린(George Green)

그린(1793-1841)은 영국 수학자이며 물리학자이다. 1828년에 쓴 책 *An Essay on the Application of Mathematical Analysis to the Theories of Electricity and Magnetism* 에서 그는 현재의 그린 정리와 유사한 정리, 물리학에서 사용되는 잠재함수, 그리고 이제는 그린 함수라 불리는 개념 등 몇몇 중요한 개념과 결과를 소개하였다. 그린은 전자기학에 대한 수학 이론을 처음으로 만들었으며 그의 이론은 맥스웰, 톰슨 등과 같은 과학자들의 연구에 기초를 이룬다. 그는 허약한 체질이었지만 5살 때부터 제빵사인 아버지를 도와 일을 했으며 8살 때 오직 1년간의 교육만 받고 그 후론 아버지의 일을 도우면서 혼자서 공부하였다. 1828년 그린은 수학을 제대로 전공하지 않았기 때문에 그의 결과를 저명한 잡지에 투고하지 않고 자비로 책을 출간하였다. 그 후 그 책을 본 수학자 브롬헤드(Edward Bromhead)의 추천으로 그린은 1832년 40세의 나이로 대학에 입학하였다. 1838년 우수한 성적으로 학부를 졸업한 후, 캠브리지 철학회(the Cambridge Philosophical Society)의 회원이 되어 그 후 2년간의 짧은 기간 동안 유체역학, 음향학 그리고 광학에 대한 6편의 논문을 발표하였다.

# 14.1 반복적분

두변수함수의 적분인 이중적분의 개념과 정의를 소개하기 전에 직사각형 영역에서 양수값을 가지는 함수의 경우를 통하여 중적분의 기하학적 의미를 소개한다. 그리고 일변수 적분을 이용하여 입체의 부피를 계산하는 Cavalieri 정리, 적분을 반복하여 계산하는 반복적분을 소개한다.

## 입체의 부피와 반복적분

이변수함수 $f(x, y)$는 직사각형 영역 $R = \{(x, y) \mid a \le x \le b,\ c \le y \le d\}$에서 연속이고 $f(x, y) \ge 0$이다. 그리고 영역 $R$ 위에서 함수 $f(x, y)$의 그래프로 만들어지는 입체영역를 $V$라 하자. 즉,

$$V = \{(x, y, z) \mid (x, y) \in R,\ 0 \le z \le f(x, y)\}$$

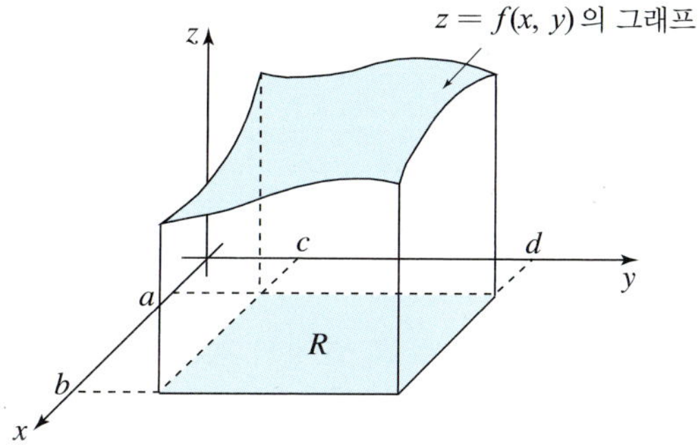


그림 14.1.1

입체영역 $V$의 부피를 함수 $f$의 영역 $R$ 위에서의 이중적분(double integral)이라 하고 다음과 같이 나타낸다.

$$\iint_R f(x, y)\, dA$$

또는

$$\iint_R f(x, y)\, dx\, dy$$

**직사각형 영역의 표시방법**

직사각형 영역

$R = \{(x, y) \mid a \le x \le b,\ c \le y \le d\}$

을 다음과 같이 표시한다.

$$R = [a, b] \times [c, d]$$

Chapter 14

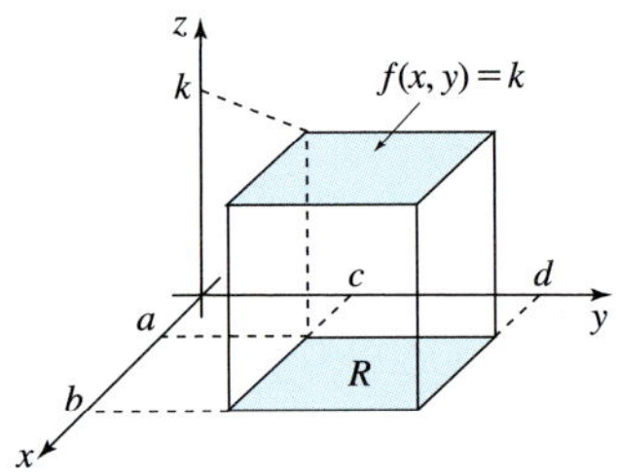


그림 14.1.2

**예제 1** 함수 $f(x, y) = k\ (k > 0)$의 $R = [a, b] \times [c, d]$ 위에서의 중적분을 구하여라.

**풀이** 영역 $R = [a, b] \times [c, d]$ 위에서 함수 $f(x, y) = k$의 그래프로 만들어지는 입체는 직사각형 $R$이 밑면이 되고 높이가 $k$인 직육면체이다.
이 입체의 부피는 $k(b-a)(d-c)$이므로

$$\iint_R k\, dA = k(b-a)(d-c)$$ ■

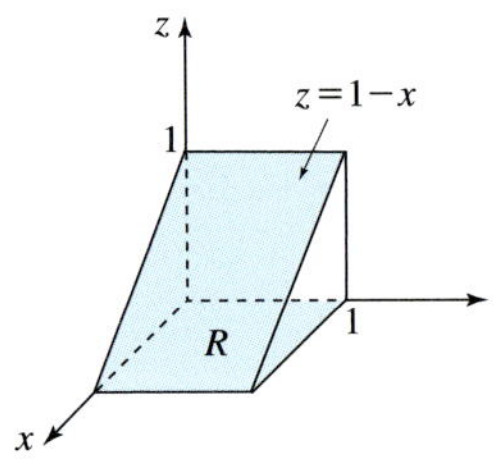


그림 14.1.3

**예제 2** 함수 $f(x, y) = 1 - x$의 $R = [0, 1] \times [0, 1]$ 위에서의 중적분을 구하여라.

**풀이** 영역 $R = [0, 1] \times [0, 1]$ 위에서 함수 $f(x, y) = 1 - x$의 그래프로 만들어지는 입체는 그림 14.1.2에서 보는 바와 같이 삼각기둥이 된다.
이 입체의 부피는 1/2이므로

$$\iint_R (1 - x) dA = \frac{1}{2}$$ ■

입체도형의 단면적이 일변수함수로 표시가 되면 일변수함수의 적분을 이용하여 그 부피를 구할 수 있다. 다음 정리는 정리 5.3.1이다.

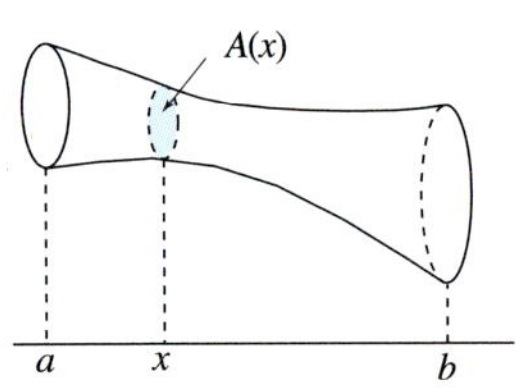


그림 14.1.4

**정리 14.1.1(Cavalieri 정리)**

$x$축 위의 점 $x, a \le x \le b$, 에서 $x$축에 수직인 평면으로 자른 단면적이 $A(x)$인 입체 도형의 부피는 $\int_a^b A(x) dx$이다.

Cavalieri 정리를 이용하여 영역 $R$ 위에서 함수 $f(x, y)$의 그래프로 만들어지는 입체영역의 부피를 구해보자.

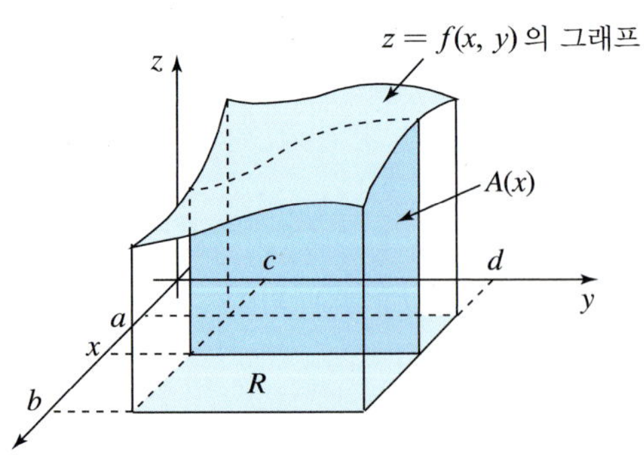


그림 14.1.5

위의 그림에서 $x$축의 한 점 $a \le x \le b$에서 $x$축에 수직한 평면으로 자른 단면의 넓이 $A(x)$는 다음과 같다.

$$A(x) = \int_c^d f(x, y)\,dy$$

따라서 Cavalieri 정리에 의하여

$$V\text{의 부피} = \int_a^b A(x)\,dx = \int_a^b \left(\int_c^d f(x, y)\,dy\right) dx$$

위 식의 $\int_a^b \left(\int_c^d f(x, y)\,dy\right) dx$을 반복적분(iterated integral)이라 하며 괄호를 생략하여 $\int_a^b \int_c^d f(x, y)\,dy\,dx$으로 표시한다. 즉,

$$V\text{의 부피} = \int_a^b A(x)\,dx = \int_a^b \int_c^d f(x, y)\,dy\,dx$$

입체영역 $V$의 부피를 구하는 과정에서 $x$와 $y$의 역할을 바꾸어 같은 방법으로 계산하면 다음 식을 얻는다.

$$V\text{의 부피} = \int_c^d A(y)\,dy = \int_c^d \int_a^b f(x, y)\,dx\,dy$$

따라서 다음의 정리가 성립한다.

**정리 14.1.2(반복적분)**

두변수함수 $f(x, y)$가 $R = [a, b] \times [c, d]$에서 연속이고 $f(x, y) \geq 0$이면 다음 식이 성립한다.

$$\iint_R f(x, y)\,dx\,dy = \int_a^b \int_c^d f(x, y)\,dy\,dx = \int_c^d \int_a^b f(x, y)\,dx\,dy$$

**예제 3** 영역 $[0, 1] \times [2, 3]$ 위에서 함수 $z = x(y^2 - 4)$의 그래프로 둘러싸인 입체도형의 부피를 구하여라.

**풀이** 영역 $[0, 1] \times [2, 3]$에서 $z = x(y^2 - 4) \geq 0$이므로

$$\text{부피} = \iint_R x(y^2 - 4)\,dx\,dy$$

정리 14.1.2에 의하여

$$\begin{aligned}\iint_R x(y^2 - 4)\,dx\,dy &= \int_0^1 \int_2^3 x(y^2 - 4)\,dy\,dx \\ &= \int_0^1 x\left[\frac{1}{3}y^3 - 4y\right]_{y=2}^3 dx \\ &= \int_0^1 \frac{7}{3}x\,dx = \frac{7}{6}\end{aligned}$$

■

Chapter 14

**예제 4** $R=[-1,1]\times[0,1]$일 때 $\iint_R (x^2+y^2)\,dx\,dy$를 두 가지 반복적분으로 계산하고 비교하여라.

**풀이** $\int_{-1}^{1}\int_{0}^{1}(x^2+y^2)\,dy\,dx$, $\int_{0}^{1}\int_{-1}^{1}(x^2+y^2)\,dx\,dy$을 계산하자.

$$\begin{aligned}\int_{-1}^{1}\int_{0}^{1}(x^2+y^2)\,dy\,dx &= \int_{-1}^{1}\left[x^2y+\frac{1}{3}y^3\right]_{y=0}^{1}dx\\ &= \int_{-1}^{1}\left(x^2+\frac{1}{3}\right)dx\\ &= \left[\frac{1}{3}x^3+\frac{1}{3}x\right]_{x=-1}^{1}=\frac{4}{3}\end{aligned}$$

$$\begin{aligned}\int_{0}^{1}\int_{-1}^{1}(x^2+y^2)\,dx\,dy &= \int_{0}^{1}\left[\frac{1}{3}x^3+y^2x\right]_{x=-1}^{1}dy\\ &= \int_{0}^{1}\left(\frac{2}{3}+2y^2\right)dy\\ &= \left[\frac{2}{3}y+\frac{2}{3}y^3\right]_{0}^{1}=\frac{4}{3}\end{aligned}$$

그러므로

$$\begin{aligned}\iint_R (x^2+y^2)\,dx\,dy &= \int_{-1}^{1}\int_{0}^{1}(x^2+y^2)\,dy\,dx\\ &= \int_{0}^{1}\int_{-1}^{1}(x^2+y^2)\,dx\,dy\end{aligned}$$

■

**예제 5** $R=[0,\pi/2]\times[0,\pi/2]$일 때 $\iint_R \cos x\sin y\,dx\,dy$를 계산하여라.

**풀이** 정리 14.1.2를 이용하여 중적분을 반복적분으로 바꾸면

$$\begin{aligned}\iint_R \cos x\sin y\,dx\,dy &= \int_{0}^{\pi/2}\left[\int_{0}^{\pi/2}\cos x\sin y\,dx\right]dy\\ &= \int_{0}^{\pi/2}\sin y\left[\int_{0}^{\pi/2}\cos x\,dx\right]dy\\ &= \int_{0}^{\pi/2}\sin y[\sin x]_{x=0}^{\pi/2}dy\\ &= \int_{0}^{\pi/2}\sin y\,dy\\ &= [-\cos y]_{0}^{\pi/2}=1\end{aligned}$$

■

**예제 6** 주어진 영역 $R=[0,\pi]\times[1,2]$에 대해서 다음 값을 구하여라.

$$\iint_R x\cos(xy)\,dA$$

**풀이** 1 먼저 $y$에 대해서 적분을 하면 다음의 결과를 얻는다.

$$\begin{aligned}\iint_R x\cos(xy)\,dA &= \int_0^{\pi}\int_1^2 x\cos(xy)\,dy\,dx \\ &= \int_0^{\pi}[\sin(xy)]_{y=1}^{y=2}\,dx \\ &= \int_0^{\pi}(\sin(2x)-\sin(x))\,dx \\ &= \left[-\frac{\cos(2x)}{2}+\cos(x)\right]_0^{\pi} \\ &= -2\end{aligned}$$

**풀이 2** 만약 적분의 순서를 바꾸면

$$\iint_R x\cos(xy)\,dA = \int_1^2\int_0^{\pi} x\cos(xy)\,dx\,dy$$

가 되는데 안쪽의 적분을 계산하기 위하여 부분적분법을 사용한다. 즉 치환을

$$u = x, \qquad v = \frac{\sin(xy)}{y}$$

로 하면

$$\begin{aligned}\int_0^{\pi} x\cos(xy)\,dx = \int_0^{\pi} uv'dx &= \left[\frac{x\sin(xy)}{y}\right]_{x=0}^{x=\pi} - \int_0^{\pi}\frac{\sin(xy)}{y}\,dx \\ &= = \frac{\pi\sin(\pi y)}{y} + [\frac{\cos(xy)}{y^2}]_{x=0}^{x=\pi} \\ &= \frac{\pi\sin(\pi y)}{y} + \frac{\cos(\pi y)}{y^2} - \frac{1}{y^2}\end{aligned}$$

이다. 치환

$$u = \frac{1}{y}, \qquad v = -\cos(\pi y)$$

을 사용하여 첫 항에 대해 부분적분법을 사용하면

$$\int \frac{\pi\sin(\pi y)}{y}\,dy = -\frac{\cos(\pi y)}{y} - \int \frac{\cos(\pi y)}{y^2}\,dy$$

가 되므로

$$\int\left(\frac{\pi\sin(\pi y)}{y} + \frac{\cos(\pi y)}{y^2} - \frac{1}{y^2}\right)dy = -\frac{\cos(\pi y)}{y} - \int\frac{1}{y^2}\,dy$$

이다. 따라서

$$\int_1^2\int_0^{\pi} x\cos(xy)\,dx\,dy = \left[-\frac{\cos(\pi y)}{y}\right]_1^2 - \int_1^2\frac{1}{y^2}\,dy = -2 \qquad ■$$

Chapter 14

## 연습문제 14.1

**1.** 다음 반복적분을 계산하여라.

(1) $\int_0^1 \int_2^3 e^{x+y} dx\, dy$

(2) $\int_2^3 \int_0^1 e^{x+y} dy\, dx$

(3) $\int_0^1 \int_{-2}^2 (4-2x-3y^2)\, dx\, dy$

(4) $\int_{-2}^2 \int_0^1 (4-2x-3y^2)\, dy\, dx$

(5) $\int_{-1}^1 \int_0^2 (1-3x^2y)\, dx\, dy$

(6) $\int_0^2 \int_{-1}^1 (1-3x^2y)\, dy\, dx$

(7) $\int_1^2 \int_{-1}^0 (-x\ln y)\, dx\, dy$

(8) $\int_{-1}^0 \int_1^2 (-x\ln y)\, dy\, dx$

**2.** $R=[0,2]\times[-1,0]$일 때 다음 이중적분을 계산하여라.

(1) $\iint_R (x^2y^2+x)\, dx\, dy$

(2) $\iint_R \left(|y|\cos\frac{1}{4}\pi x\right) dx\, dy$

(3) $\iint_R \left(-xe^x\sin\frac{1}{2}\pi y\right) dx\, dy$

(4) $\iint_R (x^2+y^2+2x)\, dx\, dy$

(5) $\iint_R (xye^{2x+y})\, dx\, dy$

(6) $\iint (x^2y^2-2xy)\, dx\, dy$

**3.** 영역 $R$위에서 함수 $f(x, y)$의 그래프로 만들어지는 입체영역의 부피를 구하여라.

(1) $f(x, y)=1+2x+3y,\ R=[0,1]\times[0,2]$

(2) $f(x, y)=4-2x-y,\ R=[0,2]\times[0,4]$

(3) $f(x, y)=x^4+y^2,\ R=[-1,1]\times[-3,-2]$

(4) $f(x, y)=4-x-\left(1-\frac{x}{4}\right)y^2,\ R=[0,1]\times[0,2]$

# 14.2 이중적분

구간 $[a, b]$에서 일변수함수 $y = f(x)$의 정적분은 다음과 같이

$$\int_a^b f(x)dx = \lim_{\|P\|\to 0} \sum_{k=1}^{n} f(\bar{x}_k)\Delta x_k$$

리만합의 극한으로 정의하였다(4.3절). 이변수함수 $z = f(x, y)$의 적분인 이중적분을 마찬가지 방법으로 정의하고 그 성질을 살펴본다.

14.1절에서는 직사각형 영역위에서 $f(x, y) \geq 0$인 함수에 대하여 이중적분을 직관적으로 정의하였다. 이제부터는 이러한 조건 "$f(x, y) \geq 0$"을 가정하지 않으며 영역의 형태도 직사각형 영역의 경우에서 시작하여 일반적인 영역의 경우까지 이중적분의 정의를 확장한다.

**유계함수**
적당한 양수 $M$에 대하여 함수 $f(x, y)$가 다음의 성질

$$|f(x, y)| \leq M, \quad (x, y) \in R$$

을 만족할 때 함수 $f$는 영역 $R$에서 유계함수라고 한다.



## 직사각형 영역에서의 이중적분

이변수함수 $z = f(x, y)$가 직사각형 영역 $R = [a, b] \times [c, d]$에서 정의되는 유계함수라 하자. 다음과 같이 구간 $[a, b]$에서의 분할 $P_x$와 구간 $[c, d]$에서의 분할 $P_y$가 주어졌다고 하자.

$$P_x : a = x_0 < x_1 < \cdots < x_i < \cdots < x_m = b$$
$$P_y : c = y_0 < y_1 < \cdots < y_j < \cdots < y_n = d$$

구간에서의 분할 $P_x$와 $P_y$에 의하여 다음과 같이 영역 $R$의 분할(partition) $P$가 주어진다.

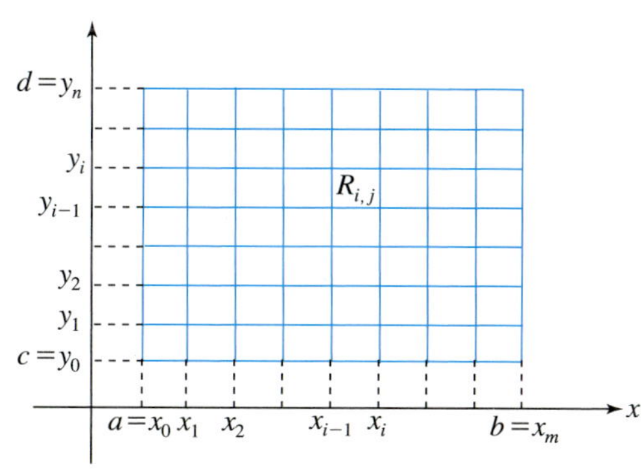


그림 14.2.1

$$P : \{R_{i,j} : 1 \le i \le m,\ 1 \le j \le n\}$$

단, $R_{i,j} = [x_{i-1}, x_i] \times [y_{j-1}, y_j]$이다.

$\text{diag}(R_{ij})$
$= R_{i,j}$의 대각선 길이
$= \sqrt{(\Delta x_i)^2 + (\Delta y_j)^2}$

다음과 같은 기호를 사용한다.

$$\Delta x_i = x_i - x_{i-1}, \quad \Delta y_j = y_j - y_{j-1}, \quad \Delta A_{i,j} = \Delta x_i \Delta y_j$$
$$\|P\| = \max\{\text{diag}(R_{ij}) : 1 \le i \le m,\ 1 \le j \le n\}$$

여기서 $\Delta A_{i,j}$는 $R_{i,j}$의 넓이이다. 그리고 $\|P\|$를 분할의 크기라 한다.

각각의 $R_{i,j}$에서 임의로 택한 표본점(sample point) $P_{i,j}(\overline{x}_{i,j}, \overline{y}_{i,j})$에 대하여 다음을 분할 $P$에 대한 리만합(Riemann sum)이라 한다.

$$S_P = \sum_{i=1}^{m}\sum_{j=1}^{n} f(\overline{x}_{i,j}, \overline{y}_{i,j})\Delta A_{i,j} = \sum_{i=1}^{m}\sum_{j=1}^{n} f(\overline{x}_{i,j}, \overline{y}_{i,j})\Delta y_j \Delta x_i$$

$f(x, y) \ge 0$인 경우를 생각하자. 영역 $R$ 위에서 함수 $f$의 그래프로 만들어지는 입체영역의 부피를 $V$, 영역 $R_{i,j}$ 위에서 함수 $f$의 그래프로 만들어지는 입체영역의 부피를 $V_{i,j}$라 하면

$$V = \sum_{i,j} V_{i,j}$$

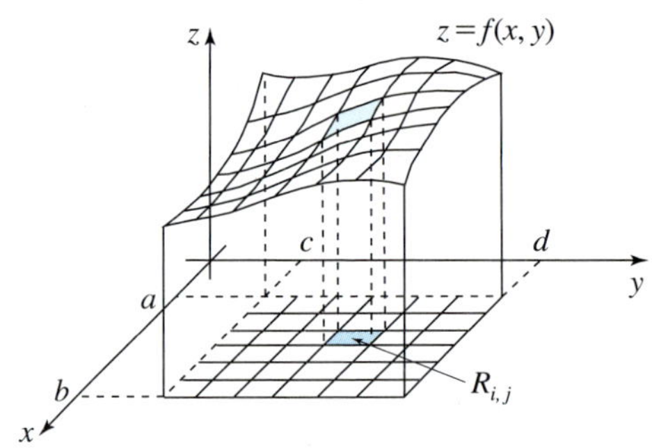


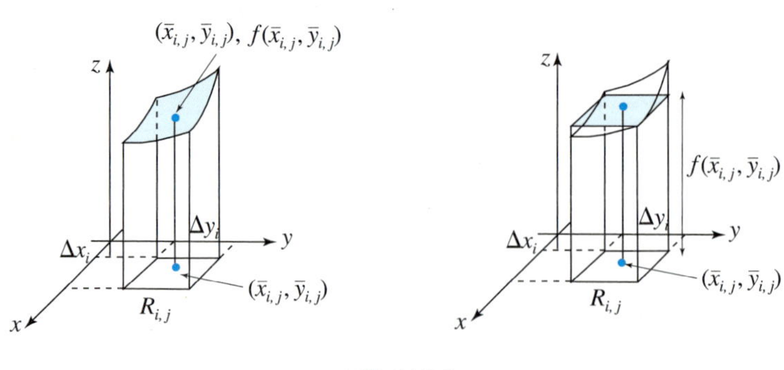


그림 14.2.2

높이가 $f(\overline{x}_{i,j}, \overline{y}_{i,j})$인 직육면체의 부피를 $V_{i,j}$의 근사값으로 택하면

$$V_{i,j} \approx f(\overline{x}_{i,j}, \overline{y}_{i,j})\Delta x_i \Delta y_j$$

따라서 입체영역의 부피 $V$의 근사값을 구하게 된다.

$$V \approx \sum_{i=1}^{m}\sum_{j=1}^{n} f(\overline{x}_{i,j}, \overline{y}_{i,j})\Delta x_i \Delta y_j$$

즉, 함수 $f$의 그래프로 만들어지는 입체의 부피의 근사값으로 리만합을 사용할 수 있다.

리만합을 이용하여 부피의 근사값을 구하면 오차가 많이 발생할 것이다. 하지만 분할의 크기 $\|P\|$가 작아지면 오차가 줄어들게 됨을 알 수 있다. 따라서 분할의 크기 $\|P\|$가 작아질수록 리만합이 특정한 값으로 접근한다면 그 값은 입체의 부피일 것이다.

"$f(x, y) \geq 0$"이 아닌 일반적인 경우의 이중적분을 리만합의 극한으로 다음과 같이 정의한다.

**정의 14.2.1(이중적분)**

영역 $R = [a, b] \times [c, d]$에서 정의되는 유계함수 $z = f(x, y)$에 대하여 분할의 크기가 0으로 접근할 때 표본점의 선택에 무관하게 리만합의 극한

$$\lim_{\|P\|\to 0} \sum_{i=1}^{m}\sum_{j=1}^{n} f(\overline{x}_{i,j}, \overline{y}_{i,j})\Delta x_i \Delta y_j$$

이 존재할 때 함수 $f$는 영역 $R$에서 적분가능(integrable)하다고 한다. 이 때 극한값을 $R$에서의 $f$의 이중적분(double integral)이라 하며,

$$\iint_R f(x, y)\,dA \quad \text{또는} \quad \iint_R f(x, y)\,dx\,dy$$

로 표시한다.

이중적분의 정의에서 다음 정리가 성립함을 알 수 있다.

**정리 14.2.2(이중적분과 입체의 부피)**

함수 $z = f(x, y)$가 영역 $R = [a, b] \times [c, d]$에서 적분가능하고 $f(x, y) \geq 0$이면 영역 $R$ 위에서 함수 $f(x, y)$의 그래프로 만들어지는 입체의 부피 $V$는

$$\iint_R f(x, y)\,dA$$

**정칙분할**
구간 $[a, b]$를 등분하는 분할을 정칙분할(regular partition)이라 한다.

구간 $[a, b]$에서의 분할 $P_x$와 구간 $[c, d]$에서의 분할 $P_y$가 각각 정칙분할로 주어졌다면

$$x_i = a + \frac{b-a}{m}i, \quad y_j = c + \frac{d-c}{n}j$$
$$\Delta x_i = \frac{b-a}{m}, \quad \Delta y_j = \frac{d-c}{n}$$
$$\Delta A_{i,j} = \Delta x_i \Delta y_j$$

각각의 $R_{i,j}$에서 표본점을 오른쪽 위의 꼭지점, 즉,

$$(\overline{x}_{i,j}, \overline{y}_{i,j}) = (x_i, y_j)$$

으로 택하면, 분할 $P$에 대한 리만합은 다음과 같다.

$$S_P = \sum_{i=1}^{m}\sum_{j=1}^{n} f(\overline{x}_{i,j}, \overline{y}_{i,j})\Delta y_j \Delta x_i$$
$$= \sum_{i=1}^{m}\sum_{j=1}^{n} f\left(a + \frac{b-a}{m}i,\ c + \frac{d-c}{n}j\right)\frac{b-a}{m}\frac{d-c}{n}$$

이 때 $\|P\| \to 0 \Longleftrightarrow n \to \infty,\ m \to \infty$

적분가능한 함수의 경우 정칙분할을 사용하고 표본점을 오른쪽 위의 점을 택하여 리만합의 극한을 구함으로서 이중적분을 구할 수 있다. 따라서 다음 정리가 성립한다.

**정리 14.2.3(정칙분할)**

함수 $z = f(x, y)$가 영역 $R = [a, b] \times [c, d]$에서 적분가능하면 다음이 성립한다.

$$\iint_R f(x, y)\,dA = \lim_{\substack{m\to\infty \\ n\to\infty}} \sum_{i=1}^{m}\sum_{j=1}^{n} f\left(a + \frac{b-a}{m}i,\ c + \frac{d-c}{n}j\right)\frac{b-a}{m}\frac{d-c}{n}$$

이변수함수 $z = f(x, y)$의 적분가능성을 판단하는 방법을 다음 정리에서 소개한다. 이 정리의 증명은 고등미적분학에서 찾아볼 수 있다.

**정리 14.2.4(적분가능성)**

함수 $z = f(x, y)$는 직사각형 영역 $R$에서 정의된 유계함수이다. 함수 $f$의 불연속점들의 집합이 유한개의 연속인 일변수함수의 그래프에 포함되면 함수 $f$는 영역 $R$에서 적분가능하다.

## 이중적분의 성질

이중적분은 극한을 이용하여 정의되므로 극한의 성질이 이중적분의 성질에 영향을 미친다. 다음 정리에 이중적분의 성질을 소개한다. 정리의 증명은 극한의 성질과 이중적분의 정의로부터 증명할 수 있다.

**정리 14.2.5(이중적분의 성질)**

(1) 함수 $f(x, y)$, $g(x, y)$가 직사각형 영역 $R$에서 적분가능한 함수이고 $k$가 상수이면 $f+g$, $kf$도 적분가능하고 다음이 성립한다.

(a) $\iint_R [f(x, y)+g(x, y)]dA = \iint_R f(x, y)dA + \iint_R g(x, y)dA$

(b) $\iint_R kf(x, y)dA = k\iint_R f(x, y)dA$

(c) 영역 $R$에서 $f(x, y) \le g(x, y)$이면

$$\iint_R f(x, y)dA \le \iint_R g(x, y)dA$$

(2) 직사각형 영역 $R$이 여러 개의 직사각형 영역 $R_i$, $(i=1, 2, \cdots, n)$로 나누어져 있다. 즉 $R=\bigcup_{i=1}^{n} R_i$, $R_i \cap R_j$는 $R_i$의 경계의 일부이다.
함수 $f(x, y)$가 각각의 직사각형 영역 $R_i$에서 적분가능하면 함수 $f$는 영역 $R$에서도 적분가능하며 다음 식이 성립한다.

$$\iint_R f(x, y)dA = \sum_{i=1}^{n}\iint_{R_i} f(x, y)dA$$

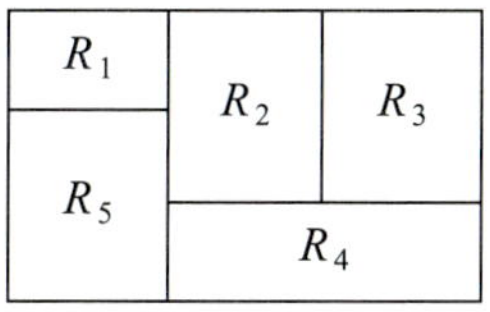


그림 14.2.3

$$\iint_R f(x, y)dA = \sum_{i=1}^{5}\iint_{R_i} f(x, y)dA$$

## 이중적분과 반복적분

13.1절에서 직사각형 영역 $R$에서 연속이고 $f(x, y) \ge 0$인 함수의 그래프로 만들어지는 입체의 부피가 반복적분으로 표시됨을 배웠다. 즉

$$\iint_R f(x, y)dx\,dy = \int_a^b\int_c^d f(x, y)dy\,dx = \int_c^d\int_a^b f(x, y)dx\,dy$$

이러한 성질은 "$f(x, y) \ge 0$"이 아닌 함수의 경우에도 성립함을 다음 정리에서 소개한다. 이 정리의 증명은 고등미적분학에서 찾아볼 수 있다.

**정리 14.2.6(Fubini 정리)**

함수 $f(x, y)$가 영역 $R = [a, b] \times [c, d]$에서 연속이면

$$\iint_R f(x, y)\,dx\,dy = \int_a^b \int_c^d f(x, y)\,dy\,dx = \int_c^d \int_a^b f(x, y)\,dx\,dy$$

**예제 1** $R = [-2, 3] \times [-1, 1]$일 때 $f(x, y) = x^2 - y^3 - 2xy$일 때 $\iint_R f(x, y)\,dx\,dy$를 구하여라.

**풀이** Fubini 정리를 사용하자.

$$\begin{aligned}\iint_R f(x, y)\,dx\,dy &= \int_{-2}^{3} \int_{-1}^{1} (x^2 - y^3 - 2xy)\,dy\,dx \\ &= \int_{-2}^{3} \left[x^2 y - \frac{y^4}{4} - xy^2\right]_{y=-1}^{y=1} dx \\ &= \int_{-2}^{3} (2x^2)\,dx \\ &= 2\left[\frac{x^3}{3}\right]_{-2}^{3} = \frac{70}{3}\end{aligned}$$

적분 순서를 바꾸어서 계산해도 같은 결과를 얻는다.

$$\begin{aligned}\int_{-1}^{1} \int_{-2}^{3} (x^2 - y^3 - 2xy)\,dx\,dy &= \int_{-1}^{1} \left[\frac{x^3}{3} - y^3 x - yx^2\right]_{x=-2}^{x=3} dy \\ &= \int_{-1}^{1} \left(-5y^3 - 5y + \frac{35}{3}\right) dy \\ &= \left[-\frac{5}{4}y^4 - \frac{5}{2}y^2 + \frac{35}{3}y\right]_{-1}^{1} = \frac{70}{3}\end{aligned}$$

■

**예제 2** 곡면 $4x^2 + y^2 + 4z = 36$, 평면 $x = 2$, $y = 3$ 그리고 세 좌표평면으로 둘러싸인 입체의 부피를 구하여라.

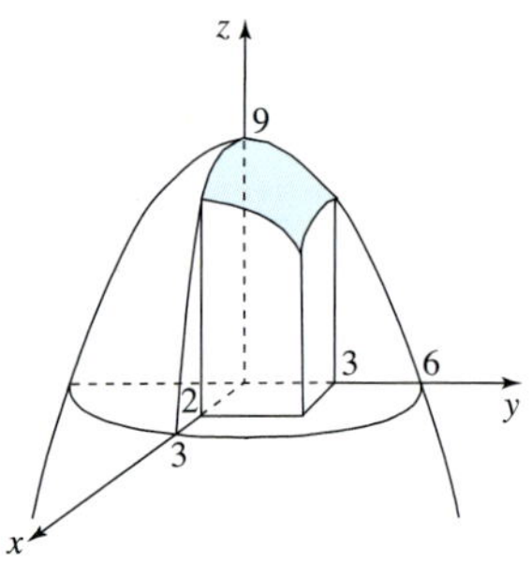

그림 14.2.4

**풀이** 주어진 입체는 직사각형 영역 $[0, 2] \times [0, 3]$에서 함수 $z = -x^2 - \frac{1}{4}y^2 + 9$의 그래프로 만들어지는 영역이다(그림 14.2.4). 따라서 입체의 부피는

$$\begin{aligned}\int_0^3 \int_0^2 \left(-x^2 - \frac{1}{4}y^2 + 9\right) dx\,dy &= \int_0^3 \left[-\frac{1}{3}x^3 - \frac{1}{4}y^2 x + 9x\right]_{x=0}^{x=2} dy \\ &= \int_0^3 \left(\frac{46}{3} - \frac{1}{2}y^2\right) dy \\ &= \left[\frac{46}{3}y - \frac{1}{6}y^3\right]_0^3 = \frac{83}{2}\end{aligned}$$

■

연속함수 $f(x, y)$가 $R=[a, b]\times[c, d]$에서 $x$의 함수와 $y$의 함수의 곱으로 되어있는 경우가 있다. 즉 $f(x, y)=g(x)h(y)$인 경우 Fubini 정리에 의하여

$$\begin{aligned}\iint_R f(x, y)\,dx\,dy &= \int_a^b\int_c^d f(x, y)\,dy\,dx \\ &= \int_a^b\left[\int_c^d g(x)h(y)\,dy\right]dx \\ &= \int_a^b\left[g(x)\int_c^d h(y)\,dy\right]dx \\ &= \int_a^b g(x)\,dx\int_c^d h(y)\,dy\end{aligned}$$

따라서 다음 정리가 성립한다.

**정리 14.2.7**

함수 $g(x)$가 $[a, b]$에서 연속이고, $h(x)$가 $[c, d]$에서 연속이면

$$\iint_R g(x)h(y)\,dx\,dy = \int_a^b g(x)\,dx\int_c^d h(y)\,dy$$

단, $R=[a, b]\times[c, d]$.

**예제 3** 영역 $[0, \pi]\times[0, \pi]$에서 함수 $f(x, y)=\sin x\cos\frac{1}{2}y$의 그래프로 만들어지는 입체의 부피를 구하여라.

**풀이** $f(x, y)$가 $x$의 함수와 $y$의 함수의 곱으로 되어 있으므로

$$\begin{aligned}\iint_R \sin x\cos\frac{1}{2}y\,dx\,dy &= \int_0^\pi \sin x\,dx\int_0^\pi \cos\frac{1}{2}y\,dy \\ &= [-\cos x]_0^\pi\left[2\sin\frac{1}{2}y\right]_0^\pi = 4\end{aligned}$$

그러므로 입체의 부피는 4이다. ■

## 일반적인 영역에서의 이중적분

지금까지는 직사각형 영역에서 이중적분을 생각하였다. 직사각형이 아닌 영역에서의 이중적분을 다루기 위하여 영역을 $x$-단순영역, $y$-단순영역 두 가지의 유형으로 나눈다.

$\phi_1(x)$, $\phi_2(x)$가 $[a, b]$에서 연속이고 $\phi_1(x)\le\phi_2(x)$일 때 다음의 평면영역

$$D=\{(x, y)|x\in[a, b],\ \phi_1(x)\le y\le\phi_2(x)\}$$

를 $y$-단순영역($y$-simple region)이라 한다.

**단순영역**

$y$-단순영역은 $x$축의 같은 구간에서 정의되고, 그래프가 위, 아래에 있으면서 연속인 두 함수의 그래프 사이의 영역이다.

$x$-단순영역은 $y$축의 같은 구간에서 정의되고, 그래프가 위, 아래에 있으면서 연속인 두 함수의 그래프 사이의 영역이다.

**예제 4** 다음의 영역들은 모두 $y$-단순영역이다.

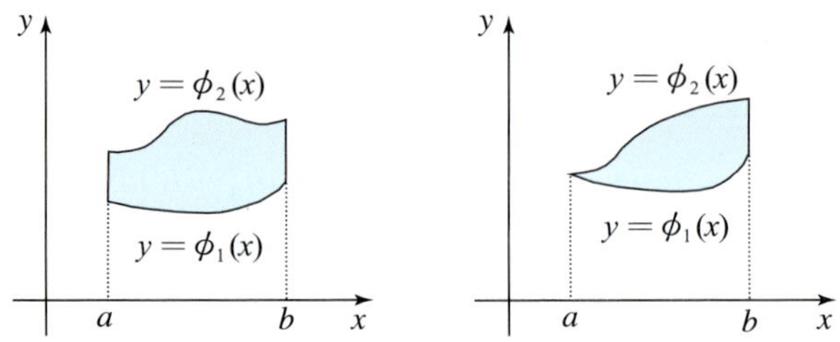


그림 14.2.5

■

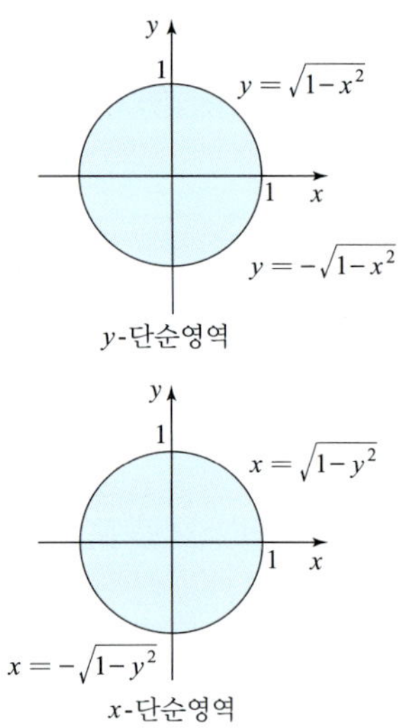


그림 14.2.7

$\psi_1(y)$, $\psi_2(y)$가 $[c, d]$에서 연속이고 $\psi_1(y) \le \psi_2(y)$일 때 다음의 평면영역

$$D = \{(x, y) | \psi_1(y) \le x \le \psi_2(y),\ y \in [c, d]\}$$

를 $x$-단순영역($x$-simple region)이라 한다.

**예제 5** 다음의 영역들은 모두 $x$-단순영역이다.

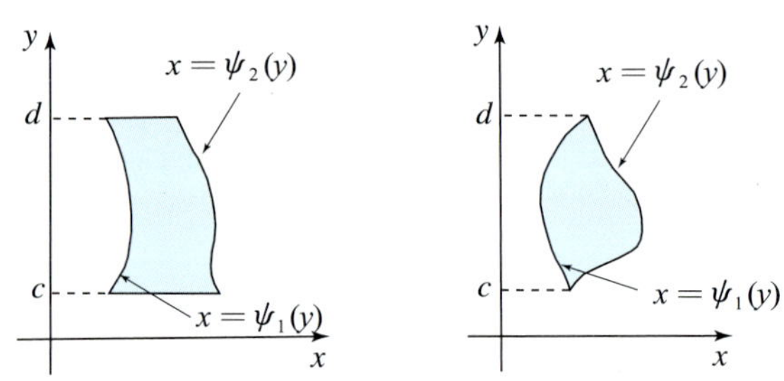


그림 14.2.6

■

$x$-단순영역 또는 $y$-단순영역인 영역을 기본영역(elementary region)이라 하고, 두 가지 단순영역의 성질을 모두 가지는 영역을 단순영역(simple region)이라 한다.

닫힌 기본영역 $D$에서 연속인 함수 $z = f(x, y)$를 생각하자. 영역 $D$를 포함하는 직사각형 영역 $R$을 정하고 다음과 같이 함수 $f^*$를 정의하자.

$$f^*(x, y) = \begin{cases} f(x, y) & (x, y) \in D \\ 0 & (x, y) \in R - D \end{cases}$$

함수 $f^*$는 $R$에서 $D$의 경계를 제외한 나머지 부분에서 연속이다. 그리고 영역 $D$의 경계는 연속함수들의 그래프로 이루어져 있으므로 정리 14.2.4에 의하여 함수 $f^*$는 적분가능하다.

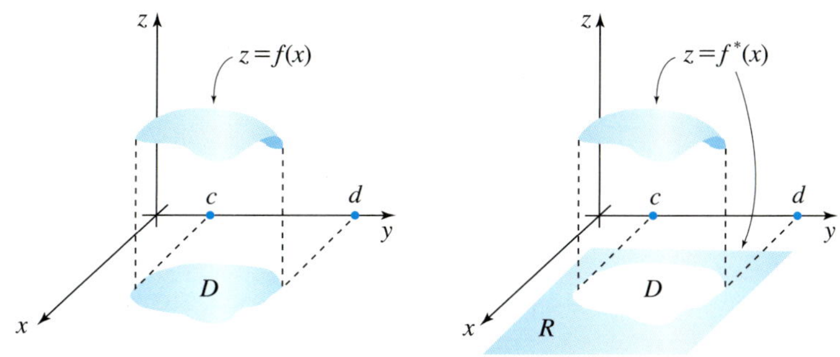


그림 14.2.8

단순영역 $D$에서 연속인 함수 $f(x, y)$의 이중적분을 다음과 같이 정의한다.

**정의 14.2.8(기본영역에서의 이중적분)**

닫힌 기본영역 $D$에서 연속인 함수 $z = f(x, y)$의 이중적분을 다음과 같이 정의한다.

$$\iint_D f(x, y)\,dx\,dy = \iint_D f^*(x, y)\,dx\,dy$$

직사각형 영역 $R = [a, b] \times [c, d]$에서의 이중적분을 다음과 같이 반복적분으로 분해할 수 있었다(정리 14.2.6).

$$\iint_R f(x, y)\,dx\,dy = \int_a^b \int_c^d f(x, y)\,dy\,dx = \int_c^d \int_a^b f(x, y)\,dx\,dy$$

다음 정리에서는 기본영역에서 연속인 함수의 이중적분을 반복적분으로 분해하는 방법을 소개한다.

**정리 14.2.9(이중적분과 반복적분)**

함수 $f(x, y)$가 기본영역 $D$에서 연속이면 다음이 성립한다.

(1) $D$가 $y$-단순영역 즉, $D = \{(x, y) | x \in [a, b],\ \phi_1(x) \le y \le \phi_2(x)\}$이면

$$\iint_D f(x, y)\,dx\,dy = \int_a^b \int_{\phi_1(x)}^{\phi_2(x)} f(x, y)\,dy\,dx$$

(2) $D$가 $x$-단순영역 즉, $D = \{(x, y) | \psi_1(y) \le x \le \psi_2(y),\ y \in [c, d]\}$이면

$$\iint_D f(x, y)\,dx\,dy = \int_c^d \int_{\psi_1(y)}^{\psi_2(y)} f(x, y)\,dx\,dy$$

**증명.** (1)만 증명한다.

영역 $D$을 포함하는 직사각형 영역을 $R = [a, b] \times [c, d]$이라 하면 잡는다. 단순영역에서의 이중적분의 정의와 정리 14.2.6에 의하여

$$\iint_D f(x, y)\,dx\,dy = \iint_D f^*(x, y)\,dx\,dy = \int_a^b \int_c^d f^*(x, y)\,dy\,dx$$

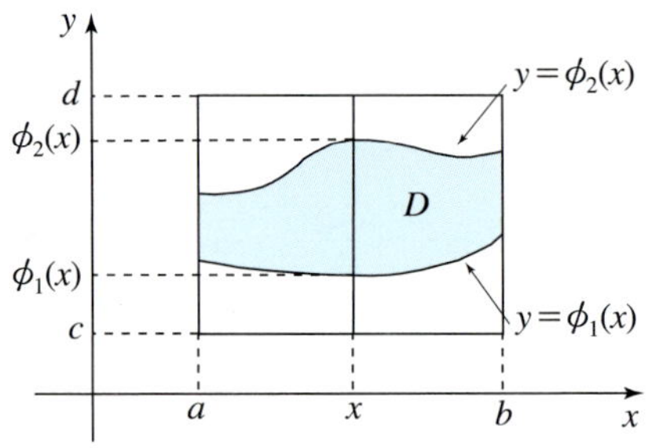


그림 14.2.9

영역 $R$에서 $x$를 고정하면 구간 $[c, d]$는 다음의 세 부분으로 나누어진다.

$$[c, d] = [c, \phi_1(x)] \cup [\phi_1(x), \phi_2(x)] \cup [\phi_2(x), d]$$

$x$를 고정하고 구간 $[c, d]$에서 $f^*(x, y)$를 $y$에 대하여 적분하면

$$\int_c^d f^*(x, y)\,dy = \int_c^{\phi_1(x)} f^*(x, y)\,dy + \int_{\phi_1(x)}^{\phi_2(x)} f^*(x, y)\,dy + \int_{\phi_2(x)}^d f^*(x, y)\,dy$$

$[c, \phi_1(x)], [\phi_2(x), d]$에서 $f^*(x, y) = 0$이므로

$$\int_c^{\phi_1(x)} f^*(x, y)\,dy = \int_{\phi_2(x)}^d f^*(x, y)\,dy = 0$$

$[\phi_1(x), \phi_2(x)]$에서 $f^*(x, y) = f(x, y)$이므로

$$\int_c^d f^*(x, y)\,dy = \int_{\phi_1(x)}^{\phi_2(x)} f(x, y)\,dy$$

그러므로

$$\begin{aligned}\iint_D f(x, y)\,dx\,dy &= \iint_R f^*(x, y)\,dx\,dy \\ &= \int_a^b \int_c^d f^*(x, y)\,dy\,dx \\ &= \int_a^b \int_{\phi_1(x)}^{\phi_2(x)} f(x, y)\,dy\,dx\end{aligned}$$

■

**예제 6** 곡선 $y = x^2$과 직선 $y = 2x+3$으로 둘러싸인 영역 $D$ 위에서 $f(x, y) = 4xy$의 이중적분을 구하여라.

**풀이** 곡선 $y = x^2$과 직선 $y = 2x+3$의 교점을 구하자.
$x^2 = 2x+3$에서 $x = -1, 3$. 따라서 교점은 $(-1, 1)$, $(3, 9)$이다.
영역 $D$은 $y$-단순영역이므로(그림 14.2.10) 이중적분을 분해하여 계산하면

$$\begin{aligned}\iint_D 4xy\,dx\,dy &= \int_{-1}^{3}\int_{x^2}^{2x+3} 4xy\,dy\,dx \\ &= \int_{-1}^{3}\left[2xy^2\right]_{y=x^2}^{2x+3} dx \\ &= \int_{-1}^{3} 2x\left[(2x+3)^2 - x^4\right]dx \\ &= \int_{-1}^{3}(-2x^5 + 8x^3 + 24x^2 + 18x)\,dx \\ &= \left[-\frac{2}{6}x^6 + \frac{8}{4}x^4 + \frac{24}{3}x^3 + \frac{18}{2}x^2\right]_{-1}^{3} = \frac{640}{3}\end{aligned}$$

■

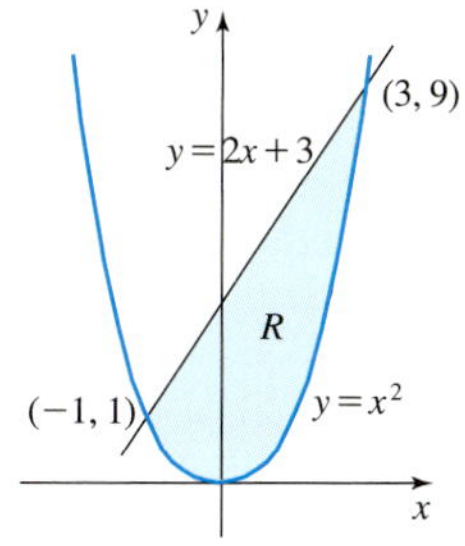

그림 14.2.10

**예제 7** 곡선 $y^2 = 2x+6$과 직선 $y = x-1$으로 둘러싸인 영역 $D$ 위에서 $f(x, y) = 2x + y$의 이중적분을 구하여라.

**풀이** 곡선 $y^2 = 2x+6$과 직선 $y = x-1$의 교점을 구하자.
$2x+6 = (x-1)^2$에서 $x^2 - 4x - 5 = 0$. 따라서 $x = -1, 5$
교점은 $(-1, 1)$, $(5, 4)$이다. 영역 $D$은 $x$-단순영역이므로(그림 14.2.11) 이중적분을 반복적분으로 분해하면

$$\begin{aligned}\iint_D (2x+y)\,dx\,dy &= \int_{-2}^{4}\int_{\frac{1}{2}y^2-3}^{y+1}(2x+y)\,dx\,dy \\ &= \int_{-2}^{4}\left[x^2 + yx\right]_{x=\frac{1}{2}y^2-3}^{y+1} dy \\ &= \int_{-2}^{4}\left[(y+1)^2 + y(y+1) - \left(\left(\frac{1}{2}y^2-3\right)^2 + y\left(\frac{1}{2}y^2-3\right)\right)\right]dy \\ &= \int_{-2}^{4}\left[-\frac{1}{4}y^4 - \frac{1}{2}y^3 + 5y^2 + 6y - 8\right]dy \\ &= \left[-\frac{1}{20}y^5 - \frac{1}{8}y^4 + \frac{5}{3}y^3 + 3y^2 - 8y\right]_{-2}^{4} = \frac{126}{5}\end{aligned}$$

■

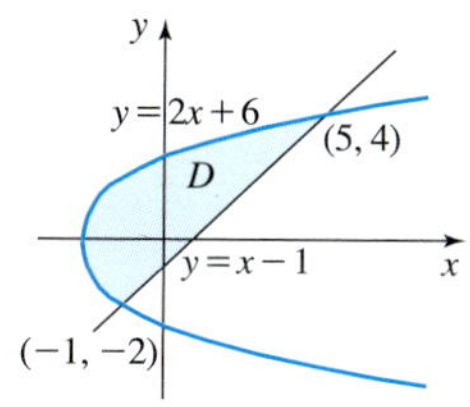

그림 14.2.11

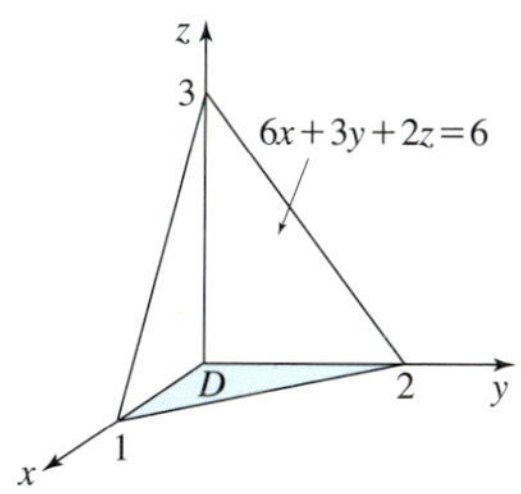


**예제 8** 좌표평면과 평면 $6x + 3y + 2z = 6$으로 둘러싸인 입체의 부피를 구하여라.

**풀이** 평면 $6x + 3y + 2z = 6$이 세 좌표축과 만나는 점은 각각 $(1, 0, 0)$, $(0, 2, 0)$, $(0, 0, 3)$이므로 주어진 입체는 세 점 $(1, 0, 0)$, $(0, 2, 0)$, $(0, 0, 3)$과 원점을 꼭지점으로 하는 삼각뿔이 된다(그림 14.2.12).
이 삼각뿔은 밑면인 영역 $D$와 함수 $z = -3x - \frac{3}{2}y + 3$로 만들어지는 입체이다. 그러므로 이 입체의 부피는 다음의 이중적분이 된다.

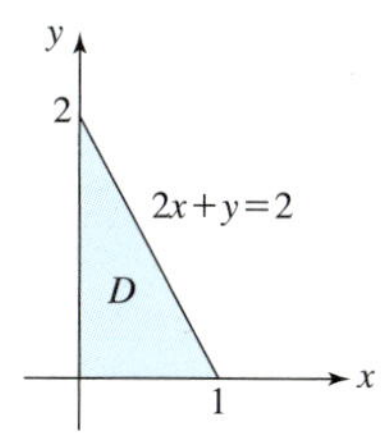

그림 14.2.12

$$\iint_D \left(-3x - \frac{3}{2}y + 3\right) dx\,dy$$

영역 $D$는 $x$축, $y$축, 직선 $2x + y = 2$으로 둘러싸인 삼각형으로 $x$-단순영역이면서 $y$-단순영역이 된다. $x$-단순영역의 방법으로 이중적분을 분해하여 계산하자.

$$\begin{aligned}\iint_D \left(-3x - \frac{3}{2}y + 3\right) dx\,dy &= \int_0^2 \int_0^{1-\frac{1}{2}y} \left(-3x - \frac{3}{2}y + 3\right) dx\,dy \\ &= \int_0^2 \left[-\frac{3}{2}x^2 - \frac{3}{2}yx + 3x\right]_{x=0}^{1-\frac{1}{2}y} dy \\ &= \int_0^2 \left[-\frac{3}{2}\left(1 - \frac{1}{2}y\right)^2 - \left(\frac{3}{2}y - 3\right)\left(1 - \frac{1}{2}y\right)\right] dy \\ &= \int_0^2 \frac{3}{8}(y-2)^2\,dy \\ &= \left[\frac{1}{8}(y-2)^3\right]_0^2 = 1\end{aligned}$$

■

## 반복적분의 적분순서

적분영역이 단순영역, 즉 $x$-단순영역이면서 $y$-단순영역인 경우 이중적분을 두 가지 방법의 반복적분으로 분해할 수 있다. 하지만 반복적분으로 분해하는 방법에 따라 적분의 계산이 어려운 경우도 있고 쉬운 경우도 있다. 따라서 적분의 계산이 어려운 경우 반복적분으로 분해하는 방법을 바꾸어서 시도해볼 필요가 있다.

**예제 9** 영역 $D$가 $x$축, 직선 $y = x$와 직선 $x = 1$로 둘러싸인 삼각형일 때 함수 $f(x, y) = e^{x^2}$의 이중적분을 구하여라.

**풀이** 영역 $D$는 $x$-단순영역이면서 $y$-단순영역인 단순영역이다(그림 14.2.13).
영역 $D$를 $x$-단순영역으로 이해하면 다음과 같이 이중적분을 분해할 수 있다.

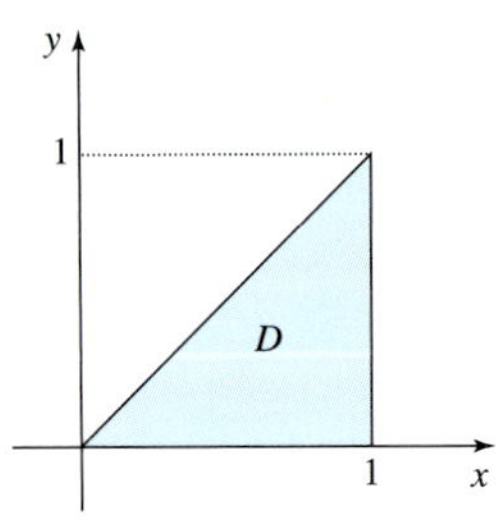

그림 14.2.13

$$\iint_D e^{x^2}\,dx\,dy = \int_0^1 \int_y^1 e^{x^2}\,dx\,dy$$

적분 $\int e^{x^2}\,dx$을 계산하기 어려우므로 이중적분을 분해하는 방법을 바꾸어 보자.
영역 $D$를 $y$-단순영역으로 하여 분해하고 계산하면

$$\begin{aligned}\iint_D e^{x^2}\,dx\,dy &= \int_0^1 \int_0^x e^{x^2}\,dy\,dx \\ &= \int_0^1 \left[e^{x^2}y\right]_{y=0}^{x} dx \\ &= \int_0^1 xe^{x^2}\,dx = \left[\frac{1}{2}e^{x^2}\right]_0^1 = \frac{1}{2}(e-1)\end{aligned}$$

■

## 반복적분의 적분순서를 바꾸는 방법

함수 $f(x, y)$의 반복적분이 다음과 같이 주어졌다.

$$\int_a^b \int_{\phi_1(x)}^{\phi_2(x)} f(x, y)\,dy\,dx$$

위에서 적분순서는 $y$ 적분, $x$ 적분의 순서로 되어있다. 현재의 적분순서를 바꾸어서 $x$ 적분, $y$ 적분의 순서가 되도록 바꾸어 보자. 적분의 순서를 바꾸려면 다음과 같이 한다.

(1) 적분영역 $D$를 찾는다. 즉 다음과 같이 나타낸다.

$$\int_a^b \int_{\phi_1(x)}^{\phi_2(x)} f(x, y)\,dy\,dx = \iint_D f(x, y)\,dx\,dy$$

(2) 영역 $D$를 다음과 같이 $x$-단순영역의 형태로 표시한다.

$$D = \{(x, y) | \psi_1(y) \le x \le \psi_2(y),\ y \in [c, d]\}$$

(3) $x$-단순영역 $D$에서의 이중적분을 반복적분으로 분해한다.

$$\iint_D f(x, y)\,dx\,dy = \int_c^d \int_{\psi_1(y)}^{\psi_2(y)} f(x, y)\,dx\,dy$$

**예제 10** $\int_0^4 \int_{\frac{1}{2}x}^{\sqrt{x}} f(x, y)\,dy\,dx$ 에서 적분순서를 바꾸어 나타내어라.

**풀이** 주어진 반복적분의 적분영역 $D$를 구하자.

$0 \le x \le 4$ 인 $x$에 대하여 $\frac{1}{2}x \le y \le \sqrt{x}$ 이므로 영역 $D$은 (그림 14.2.14(a))와 같다.

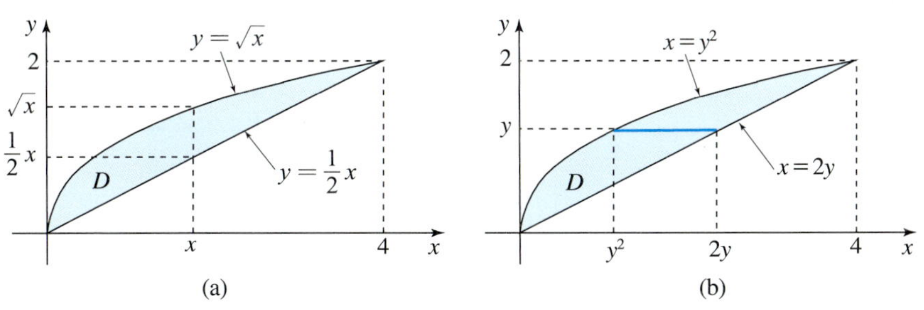


그림 14.2.14

영역 $D$는 $y$-단순영역이고 다음과 같이 쓸 수 있다(그림 14.2.14(b)).

$$D = \{(x, y) | y \in [0, 2],\ y^2 \le x \le 2y\}$$

따라서 반복적분으로 분해하면

$$\iint_D f(x, y)\,dx\,dy = \int_0^2 \int_{y^2}^{2y} f(x, y)\,dx\,dy$$

Chapter 14

그러므로 적분순서를 바꾸면 다음과 같다.

$$\int_0^4 \int_{\frac{1}{2}x}^{\sqrt{x}} f(x, y)\,dy\,dx = \int_0^2 \int_{y^2}^{2y} f(x, y)\,dx\,dy$$ ■

## 영역의 면적

평면영역 $D$의 넓이는 영역 $D$를 밑면으로 하고 높이가 1인 입체의 부피를 구하면 된다. 즉

$$\text{영역 } D \text{의 넓이} = \iint_D dx\,dy$$

**예제 11** 반복적분 $\int_0^1 \int_y^1 \sin(x^2)\,dxdy$를 구하여라.

**풀이** 주어져 있는 그대로 이 적분을 계산하려고 한다면, 먼저 $\int \sin(x^2)\,dx$를 계산해야 한다. 그런데 $\int \sin(x^2)\,dx$는 초등함수가 아니기 때문에 유한개의 항에 대한 적분을 구하는 것은 어렵다. 그래서 적분순서를 바꾸어야 하는데, 주어진 반복적분을 이중적분으로 바꾸면 된다.

$$\int_0^1 \int_y^1 \sin(x^2)\,dx\,dy = \iint_D \sin(x^2)\,dA$$

단,

$$D = \{(x, y) \mid y \le x \le 1, \quad 0 \le y \le 1\}$$

그림 14.2.15(a)에 이 영역 $D$가 그려져 있다. 그런 다음 그림 14.2.15(b)로부터 $D$를 다음과 같이 고쳐 쓴다.

$$D = \{(x, y) \mid 0 \le x \le 1, \quad 0 \le y \le x\}$$

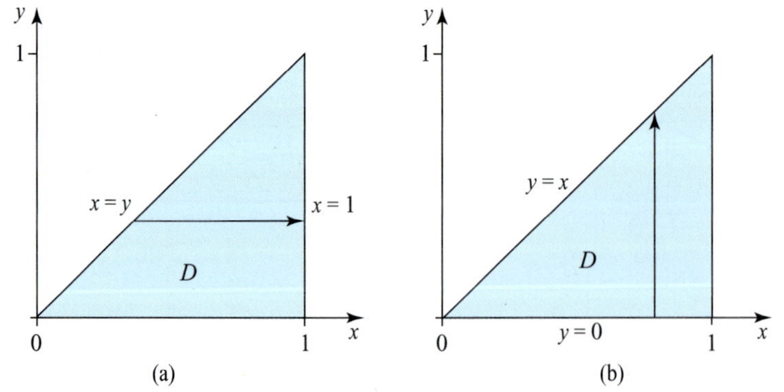


그림 14.2.15

이렇게 하면 이중적분을 반복적분으로 적분순서를 바꾸어서 나타낼 수 있다.

$$\int_0^1 \int_y^1 \sin(x^2)\,dxdy = \iint_D \sin(x^2)\,dA$$
$$= \int_0^1 \int_0^x \sin(x^2)\,dydx = \int_0^1 [y\sin(x^2)]_{y=0}^{y=x}\,dx$$
$$= \int_0^1 x\sin(x^2)\,dx = \left[\frac{-\cos(x^2)}{2}\right]_0^1 = \frac{(1-\cos(1))}{2}$$

■

**예제 12** 다음 반복적분의 값을 구하시오

$$\int_0^1 \int_{\sqrt[3]{x}}^1 \sqrt{1+y^4}\,dydx$$

**풀이** 주어져 있는 그대로 이 적분을 계산하는 것은 어렵다. 그래서 적분순서를 바꾸어야 하는데, 주어진 반복적분을 이중적분으로 바꾸면 된다.

$$\int_0^1 \int_{\sqrt[3]{x}}^1 \sqrt{1+y^4}\,dydx = \iint_D \sqrt{1+y^4}\,dA$$
$$D = \{(x,\ y) |\ 0 \le x \le 1,\quad \sqrt[3]{x} \le y \le 1\}$$

그림 14.2.16(a)에 이 영역 $D$가 그려져 있다. 그런 다음 그림 14.2.16(b)로부터 $D$를 다음과 같이 고쳐 쓴다.

$$D = \{(x,\ y) |\ 0 \le x \le y^3,\quad 0 \le y \le 1\}$$

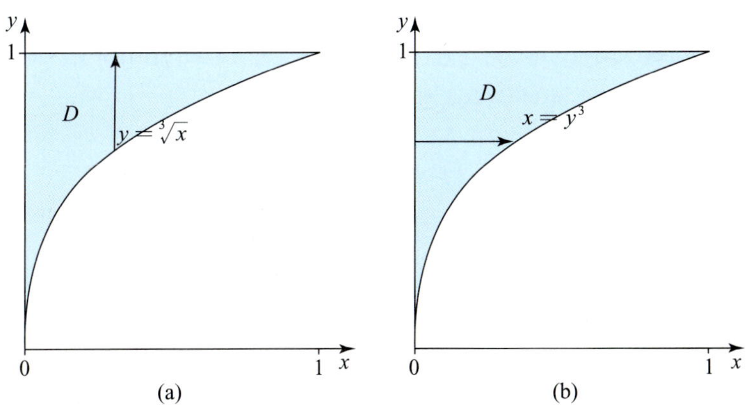


그림 14.2.16

다음 이중적분을 반복적분으로 적분순서를 바꾸어서 나타낼 수 있다.

$$\iint_D \sqrt{1+y^4}\,dA = \int_0^1 \int_0^{y^3} \sqrt{1+y^4}\,dxdy$$
$$= \int_0^1 \left[x\sqrt{1+y^4}\right]_{x=0}^{x=y^3} dy = \int_0^1 y^3\sqrt{1+y^4}\,dy$$

여기에서 $\sqrt{1+y^4} = t,\ y^3dy = \frac{1}{2}tdt,\quad 1 \le t \le \sqrt{2}$ 이기에

$$\int_0^1 y^3\sqrt{1+y^4}\,dy = \int_1^{\sqrt{2}} \frac{t}{2}\,tdt$$
$$= \left[\frac{1}{6}t^3\right]_{t=1}^{t=\sqrt{2}} = \frac{\sqrt{2}}{3} - \frac{1}{6}$$

■

**예제 13** 곡선 $y = x^2$과 직선 $y = x + 2$로 둘러싸인 영역의 면적을 구하여라.

**풀이** 영역 $D$는 $y$-단순영역이다.(그림 14.2.15(a)) 이중적분을 분해하여 넓이를 구하면

$$넓이 = \iint_d dx\,dy = \int_{-1}^{2}\int_{x^2}^{x+2} dy\,dx = \int_{-1}^{2}(x + 2 - x^2)\,dx$$
$$= \left[\frac{1}{2}x^2 + 2x - \frac{1}{3}x^3\right]_{-1}^{2} = \frac{9}{2}$$

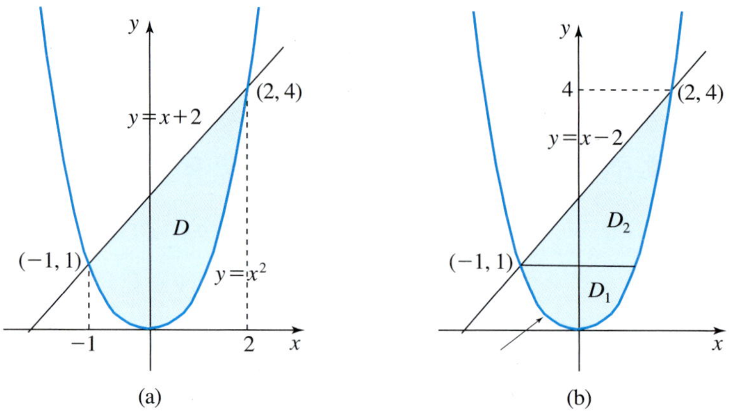


그림 14.2.17

적분순서를 바꾸어 계산하려면 영역 $D$를 (그림 14.2.17(b))와 같이 영역 $D$를 $D_1$, $D_2$ 두 영역으로 나누어야 계산을 할 수 있다.

$$넓이 = \iint_D dx\,dy = \iint_{D_1} dx\,dy + \iint_{D_2} dx\,dy$$
$$= \int_0^1\int_{-\sqrt{y}}^{\sqrt{y}} dx\,dy + \int_1^4\int_{y-2}^{\sqrt{y}} dx\,dy = \frac{9}{2}$$

따라서 이 경우 $y$-단순영역으로 이중적분을 구하는 방법이 효율적임을 알 수 있다. ■

## 연습문제 14.2

**1.** 반복적분을 계산하고 적분영역을 구하여라.

(1) $\int_0^{\pi}\int_0^{\sin x} y\,dy\,dx$ (2) $\int_0^1\int_0^{y^3} e^{x/y}\,dx\,dy$

(3) $\int_{-3}^{3}\int_{-x}^{x}(e^x+e^y)\,dy\,dx$ (4) $\int_0^{\pi}\int_0^{x} x\sin y\,dy\,dx$

(5) $\int_{-1}^{1}\int_{(x+1)^2}^{8-(x+1)^2} 3x\,dy\,dx$ (6) $\int_1^{64}\int_{x^{1/2}}^{x^{1/3}}\frac{y}{x}\,dy\,dx$

(7) $\int_0^2\int_{x/4}^{4x}(2x-1)y^{1/2}\,dy\,dx$

(8) $\int_0^1\int_y^{\sqrt{y}} 2xe^y\,dx\,dy$ (9) $\int_{\pi/2}^{\pi}\int_0^{\sin x} 4x\,dy\,dx$

(10) $\int_1^3\int_{x-1}^{x+1} y^{1/2}(x+1)\,dy\,dx$

**2.** 영역 $D$에서 함수 $z=f(x,y)$의 이중적분을 구하여라. (단, $D$는 주어진 곡선으로 둘러싸인 영역이다.)

(1) $z=6x-4y$ $D$: $y=2x,\ y=x^2-1$

(2) $z=\cos x$ $D$: $y=x,\ y=2x,\ x=\pi$

(3) $z=xe^y$ $D$: $y=0,\ y=2x-6,\ x=4,\ x=7$

(4) $z=y\sqrt{x}$

$D$: $x=3,\ x=4,\ y=x^3-3x,\ y=x^2+8$

(5) $z=y^2/x^2$

$D$: $y=-5,\ y=-3,\ x=y^2,\ x=5$

(6) $z=y\sin x$

$D$: $y=\cos x,\ y=\sin x,\ x=0,\ x=\pi/4$

**3.** 주어진 곡면으로 둘러싸인 입체의 부피를 구하여라.

(1) $z=x^2+y^2,\ z=0,\ y=x^2,\ x=y^2$

(2) $z=x^2+3y^2,\ z=0,\ y=x,\ y=x^2-x$

(3) $z=x^2+y^2+2,\ x=0,\ y=0,\ z=0,\ x+y=1$

(4) $x^2+y^2=4,\ z+y=3,\ x=0,\ y=0,\ z=0$

(5) $z=y-x^2,\ z=0,\ y=1$

(6) $z=xy,\ z=0,\ x=1,\ y=1,\ x+3y=7$

(7) $z=4-x^2-y,\ y=0,\ z=0$

(8) $z=x^2+y^2,\ z=4$

**4.** 반복적분의 적분순서를 바꾸어서 나타내어라.

(1) $\int_0^1\int_{x^2}^{x} f(x,y)\,dy\,dx$

(2) $\int_0^1\int_{\sqrt{x}}^{1}\cos(x+y)\,dy\,dx$

(3) $\int_0^1\int_{-\sqrt{1-x^2}}^{\sqrt{1-x^2}} x^2+y^2\,dy\,dx$

(4) $\int_0^1\int_{-\sqrt{y}}^{2\sqrt{y}} f(x,y)\,dx\,dy$

**5.** 반복적분의 적분순서를 바꾸어서 계산하여라.

(1) $\int_0^{\pi}\int_x^{\pi}\frac{\sin y}{y}\,dy\,dx$

(2) $\int_0^1\int_y^1 x^2e^{xy}\,dx\,dy$

(3) $\int_0^1\int_y^1\frac{1}{\sqrt{x^2+1}}\,dx\,dy$

(4) $\int_0^1\int_{2y}^{y}\cos x^2\,dx\,dy$

**6.** 곡선으로 둘러싸인 영역의 면적을 구하여라.

(1) $\frac{x}{a}+\frac{y}{b}=1,\ x=0,\ y=0$

(2) $y=3x,\ y=5,\ x=0$

(3) $y=e^x,\ x=0,\ x=1,\ y=0$

(4) $y=\ln x,\ x=0,\ x=e,\ y=0$

(5) $x=y^2,\ x=2y+3$

(6) $y=\sqrt{a^2-x^2},\ x=\pm\frac{1}{2}a,\ y=0$

(7) $x=y^2,\ x=2y-y^2$

# 14.3 삼중적분

일변수함수의 정적분, 이변수함수의 이중적분을 정의하는 방법과 유사하게 삼변수함수의 삼중적분을 정의하고 그 성질을 살펴보자.

## 직육면체 영역에서의 삼중적분

삼변수함수 $w = f(x, y, z)$가 직육면체 영역 $B = [a, b]\times[c, d]\times[p, q]$에서 정의되는 유계함수라 하자. 다음과 같이 구간 $[a, b]$에서의 분할 $P_x$, 구간 $[c, d]$에서의 분할 $P_y$, 구간 $[p, q]$에서의 분할 $P_z$가 주어졌다고 하자.

$$P_x : a = x_0 < x_1 < \cdots < x_i < \cdots < x_l = b$$
$$P_y : c = y_0 < y_1 < \cdots < y_j < \cdots < y_m = d$$
$$P_z : p = z_0 < z_1 < \cdots < z_k < \cdots < z_n = q$$

구간에서의 분할 $P_x$, $P_y$, $P_z$에 의하여 다음과 같이 영역 $B$가 작은 직육면체 $B_{i,j,k}$로 나누어진다. 이 때 작은 직육면체 $B_{i,j,k}$들의 집합을 영역 $B$의 분할(partition)이라 하고 $P$로 표시한다. 즉,

$$P : \{B_{i,j,k} : 1 \le i \le l,\ 1 \le j \le m,\ 1 \le k \le n\}$$

단, $B_{i,j,k} = [x_{i-1}, x_i]\times[y_{j-1}, y_j]\times[z_{k-1}, z_k]$

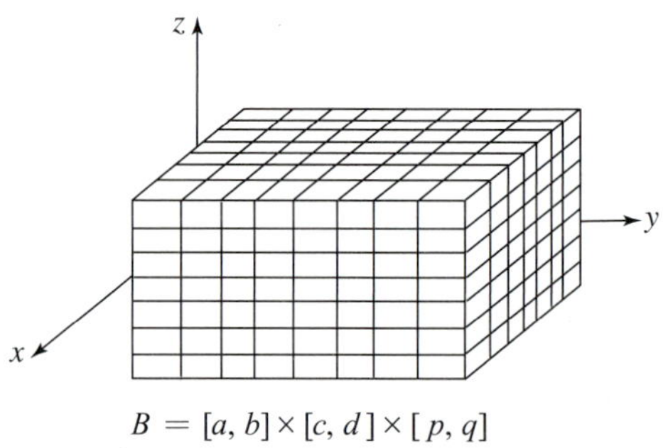


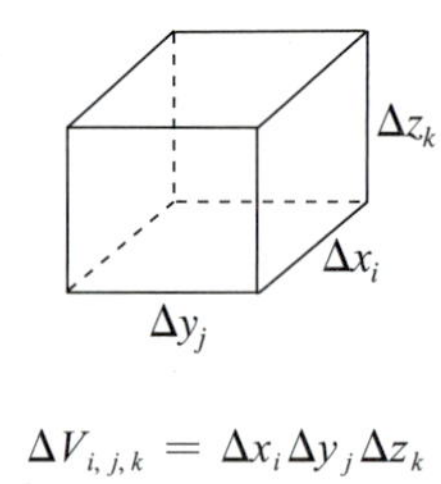


그림 14.3.1

다음과 같은 기호를 사용한다.

$$\Delta x_i = x_i - x_{i-1}, \quad \Delta y_j = y_j - y_{j-1}, \quad \Delta z_k = z_k - z_{k-1}$$
$$\Delta V_{i,j,k} = \Delta x_i \Delta y_j \Delta z_k$$
$$\|P\| = \max\{\operatorname{diag}(B_{i,j,k}) : 1 \le i \le l,\ 1 \le j \le m,\ 1 \le k \le n\}$$

$\operatorname{diag}(B_{i,j,k})$
$= B_{i,j,k}$의 대각선 길이
$= \sqrt{(\Delta x_i)^2 + (\Delta y_j)^2 + (\Delta z_k)^2}$

여기서 $\Delta V_{i,j,k}$는 $B_{i,j,k}$의 부피이다. 그리고 $\|P\|$를 분할의 크기라 한다. 영역 $B$를 분할하여 얻은 작은 직육면체 $B_{i,j,k}$에서 임의로 한 점 $(\overline{x}_{i,j,k}, \overline{y}_{i,j,k}, \overline{z}_{i,j,k})$을 택하여 표본점(sample point)이라 하고 다음과 같이 분할 $P$에 대한 리만합(Riemann sum) $S_P$를 정의한다.

$$\begin{aligned} S_P &= \sum_{i=1}^{l}\sum_{j=1}^{m}\sum_{k=1}^{n} f(\overline{x}_{i,j,k}, \overline{y}_{i,j,k}, \overline{z}_{i,j,k})\Delta V_{i,j,k} \\ &= \sum_{i=1}^{l}\sum_{j=1}^{m}\sum_{k=1}^{n} f(\overline{x}_{i,j,k}, \overline{y}_{i,j,k}, \overline{z}_{i,j,k})\Delta x_i \Delta y_j \Delta z_k \end{aligned}$$

이변수함수의 경우 그래프로 만들어지는 입체도형의 부피의 근사값으로 리만합을 생각하고 리만합의 극한을 구함으로서 근사값의 오차를 줄여 입체의 부피를 구하여 이중적분으로 정의하였다.

삼변수함수의 경우 그래프로 만들어지는 도형이 4차원공간의 부분집합이 되므로 그래프의 그림을 그려서 시각적으로 이해하는 방법을 사용할 수 없다. 따라서 3차원공간에서 이루어진 이중적분의 경우와 유사하게 4차원공간의 경우로 일반화하여 삼중적분을 정의한다.

**정의 14.3.1(삼중적분)**

영역 $B = [a, b]\times[c, d]\times[p, q]$에서 정의되는 유계함수 $w = f(x, y, z)$에 대하여 분할의 크기가 0으로 접근할 때 표본점의 선택에 무관하게 리만합의 극한

$$\lim_{\|P\|\to 0}\sum_{i=1}^{l}\sum_{j=1}^{m}\sum_{k=1}^{n} f(\overline{x}_{i,j,k}, \overline{y}_{i,j,k}, \overline{z}_{i,j,k})\Delta x_i \Delta y_j \Delta z_k$$

이 존재할 때 함수 $f$는 영역 $B$에서 적분가능(integrable)하다고 한다. 이 때 극한값을 $B$에서 $f$의 삼중적분(triple integral)이라 하며,

$$\iiint_B f(x, y, z)\,dV \quad \text{또는} \quad \iiint_B f(x, y, z)\,dx\,dy\,dz$$

로 표시한다.

이변수함수 $z = f(x, y)$가 불연속인 점들의 집합이 유한개의 곡선(연속인 일변수함수의 그래프가 되는 곡선)으로 구성되면 함수 $z = f(x, y)$는 적분가능하다(정리 14.2.4). 삼변수함수 $w = f(x, y, z)$의 적분가능성도 이중적분의 경우와 유사한 방법으로 판단할 수 있으며 다음 정리에서 소개한다. 이 정리의 증명은 고등미적분학에서 찾아볼 수 있다.

**정리 14.3.2(적분가능성)**

함수 $w = f(x, y, z)$는 직육면체 영역 $B$에서 정의된 유계함수이다. 함수 $f$의 불연속점들의 집합이 유한개의 연속인 두변수함수의 그래프에 포함되면 함수 $f$는 영역 $B$에서 적분가능하다.

## 삼중적분의 성질

삼중적분의 성질도 이중적분의 경우와 유사하다. 다음 정리에서 삼중적분의 성질을 소개하며 정리의 증명은 이중적분의 경우와 비슷하다.

**정리 14.3.3(삼중적분의 성질)**

(1) 함수 $f(x, y, z)$, $g(x, y, z)$가 직사각형 영역 $B$에서 적분가능한 함수이고 $k$가 상수이면 $f+g$, $kf$도 적분가능하고 다음이 성립한다.

(a) $\iiint_B [f(x,y,z)+g(x,y,z)]dV = \iiint_B f(x,y,z)dV + \iiint_B g(x,y,z)dV$

(b) $\iiint_B kf(x, y, z)dV = k\iiint_B f(x, y, z)dV$

(c) 영역 $B$에서 $f(x, y, z) \le g(x, y, z)$이면

$$\iiint_B f(x, y, z)dV \le \iiint_B g(x, y, z)dV$$

(2) 직사각형 영역 $B$이 여러 개의 직육면체 영역 $B_i$, $(i = 1, 2, \cdots, n)$로 나누어져있다. 즉 $B = \bigcup_{i=1}^{n} B_i$, $B_i \cap B_j$는 $B_i$의 경계의 일부이다.
함수 $f(x, y, z)$가 각각의 직사각형 영역 $B_i$에서 적분가능하면 함수 $f$는 영역 $B$에서도 적분가능하며 다음 식이 성립한다.

$$\iiint_B f(x, y, z)dV = \sum_{i=1}^{n} \iiint_{B_i} f(x, y, z)dV$$

## 삼중적분과 반복적분

직사각형 영역 $R = [a, b] \times [c, d]$에서 연속인 이변수함수 $f(x, y)$의 이중적분은 다음과 같이 반복적분으로 표시됨을 보았다(정리 14.2.6).

$$\iint_R f(x, y)\,dx\,dy = \int_a^b \int_c^d f(x, y)\,dy\,dx = \int_c^d \int_a^b f(x, y)\,dx\,dy$$

이러한 성질이 삼중적분에서도 성립함을 다음 정리에서 소개한다. 이 정리의 증명은 고등미적분학에서 찾아볼 수 있다.

**정리 14.3.4(Fubini 정리)**

함수 $w = f(x, y, z)$가 영역 $B = [a, b]\times[c, d]\times[p, q]$에서 연속이면

$$\iiint_B f(x, y, z)\,dx\,dy\,dz = \int_a^b\int_c^d\int_p^q f(x, y, z)\,dz\,dy\,dx$$
$$= \int_p^q\int_c^d\int_a^b f(x, y, z)\,dx\,dy\,dz$$

실제로 직육면체 영역에서의 삼중적분을 반복적분으로 분해하는 방법은 세 변수 $x, y, z$에 대한 적분의 순서에 따라 6가지 방법이 있으나 6가지 방법에 의한 계산의 결과는 모두 일치 한다.

**예제 1** $B = [0, 1]\times[0, 1]\times[1, 2]$에서 $f(x, y, z) = x^2y^2z$의 삼중적분을 구하여라.

**풀이** Fubini 정리(정리 14.3.4)을 이용하여 삼중적분을 반복적분으로 분해하여 계산하면

$$\iiint_B x^2y^2z\,dx\,dy\,dz = \int_0^1\int_0^1\int_1^2 x^2y^2z\,dz\,dy\,dx$$
$$= \int_0^1\int_0^1\left[\frac{1}{2}x^2y^2z^2\right]_{z=1}^{2} dy\,dx$$
$$= \int_0^1\int_0^1 \frac{3}{2}x^2y^2\,dy\,dx$$
$$= \int_0^1\left[\frac{1}{2}xy^3\right]_{y=0}^{1} dx$$
$$= \int_0^1\frac{1}{2}x\,dx = \left[\frac{1}{4}x^2\right]_0^1 = \frac{1}{4}$$

■

## 일반적인 영역에서의 삼중적분

지금까지는 직육면체 영역에서 삼중적분을 생각하였지만 직육면체가 아닌 영역에서의 삼중적분을 다루어 보자. 3차원 공간의 일반적인 영역에서 적분을 계산하기 위하여 영역의 형태에 따라 영역을 $x$-단순영역, $y$-단순영역, $z$-단순영역 세 가지 유형으로 나눈다.

이변수함수 $\phi_1(x, y)$와 $\phi_2(x, y)$가 $xy$평면의 영역 $D$에서 연속이고 $\phi_1(x, y) \le \phi_2(x, y)$일 때 다음과 같은 입체영역

$$W = \{(x, y, z)\,|\,(x, y)\in D,\ \phi_1(x, y)\le z\le \phi_2(x, y)\}$$

를 $z$-단순영역($z$-simple region)이라 한다. 즉 $z$-단순영역은 $xy$평면의 영역 $D$에서 연속인 두변수함수 $\phi_1(x, y)$의 그래프와 $\phi_2(x, y)$의 그래프 사이의 영역이

다. 이 때 영역 $W$를 $xy$평면으로 사영하면 영역 $D$가 된다.

$z$-단순영역과 마찬가지의 방법으로 $x$-단순영역, $y$-단순영역을 정의하며 세 가지 유형의 단순영역을 모두 기본영역(elementary region)이라한다. 그리고 $x$-단순영역, $y$-단순영역, $z$-단순영역의 성질을 모두 가지는 영역을 단순영역(simple region)이라 한다.

다음의 영역은 $z$-단순영역이다.

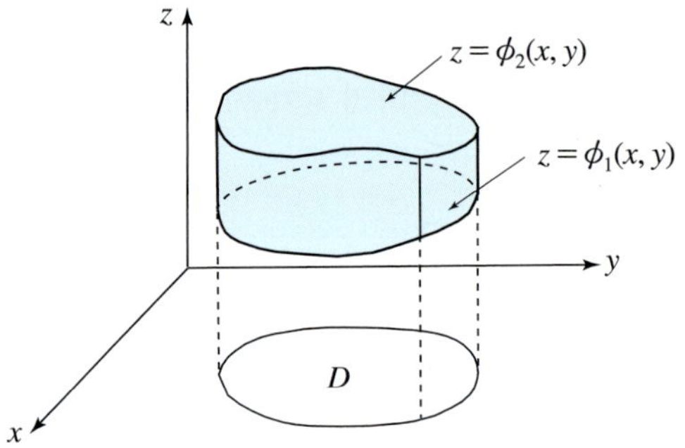


$W = \{(x, y, z) \mid (x, y) \in D,\ \phi_1(x, y) \le z \le \phi_2(x, y)\}$

그림 14.3.2

닫힌 기본영역 $W$에서 연속인 함수 $w = f(x, y, z)$를 생각하자. 영역 $W$를 포함하는 직육면체 영역 $B$를 정하고 다음과 같이 함수 $f^*$를 정의하자.

$$f^*(x, y, z) = \begin{cases} f(x, y, z) & (x, y, z) \in W \\ 0 & (x, y, z) \in B - W \end{cases}$$

함수 $f^*$는 $B$에서 $W$의 경계를 제외한 나머지 부분에서 연속이다. 그리고 영역 $W$의 경계는 연속함수들의 그래프로 이루어져 있으므로 정리 14.3.2에 의하여 함수 $f^*$는 적분가능하다.

기본영역 $W$에서 연속인 삼변수함수 $w = f(x, y, z)$의 삼중적분을 다음과 같이 정의한다.

**정의 14.3.5(기본영역에서의 삼중적분)**

닫힌 기본영역 $W$에서 연속인 함수 $w = f(x, y, z)$의 삼중적분을 다음과 같이 정의한다.

$$\iiint_W f(x, y, z)\,dx\,dy\,dz = \iiint_B f^*(x, y, z)\,dx\,dy\,dz$$

기본영역에서 연속인 이변수함수의 이중적분을 반복적분으로 분해하여 적분을 계산할 수 있다.(정리 14.2.8) 예를 들면 함수 $f(x, y)$가 $y$-단순영역 $D = \{(x, y) \mid x \in [a, b], \phi_1(x) \le y \le \phi_2(x)\}$에서 연속이면

$$\iint_D f(x, y)\,dx\,dy = \int_a^b \int_{\phi_1(x)}^{\phi_2(x)} f(x, y)\,dy\,dx$$

삼중적분의 경우에도 기본영역위에서는 반복적분으로 분해할 수 있음을 다음 정리에서 소개한다. 증명은 이중적분의 경우와 유사하다.

**정리 14.3.6(삼중적분과 반복적분)**

$W$가 $z$-단순영역 즉,

$$W = \{(x, y, z) \mid (x, y) \in D, \phi_1(x, y) \le z \le \phi_2(x, y)\}$$

이고 함수 $f(x, y, z)$가 $W$에서 연속이면 함수 $f(x, y, z)$의 삼중적분은 다음과 같이 이중적분과 정적분의 반복적분으로 분해된다.

$$\iiint_W f(x, y, z)\,dx\,dy\,dz = \iint_D \int_{\phi_1(x, y)}^{\phi_2(x, y)} f(x, y, z)\,dz\,dy\,dx$$

$W$가 $y$-단순영역 $W$또는 $x$-단순영역일 때도 비슷한 방법으로 이중적분과 정적분의 반복적분으로 분해된다.

입체영역 $W$가 다음과 같은 $z$-단순영역이면

$$W = \{(x, y, z) \mid (x, y) \in D, \phi_1(x, y) \le z \le \phi_2(x, y)\}$$

영역 $W$를 $xy$평면으로 사영한 영역 $D$가 다음과 같은 $y$-단순영역이라면

$$D = \{(x, y) \mid x \in [a, b], \psi_1(x) \le y \le \psi_2(x)\}$$

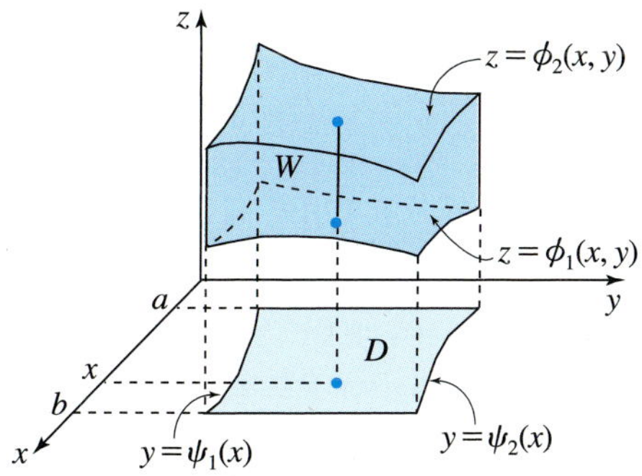


그림 14.3.3

다음과 같이 반복적분으로 분해됨을 알 수 있다.

$$\iiint_W f(x, y, z)\,dx\,dy\,dz = \iint_D \int_{\phi_1(x, y)}^{\phi_2(x, y)} f(x, y, z)\,dz\,dy\,dx$$
$$= \int_a^b \int_{\psi_1(x)}^{\psi_2(x)} \int_{\phi_1(x, y)}^{\phi_2(x, y)} f(x, y, z)\,dz\,dy\,dx$$

**예제 2** 포물면 기둥 $z = 2 - \frac{1}{2}x^2$과 평면 $z = 0,\ y = x,\ y = 0$로 둘러싸이고 $x, y, z \geq 0$인 입체영역 $W$에서 $f(x, y, z) = 2xyz$의 삼중적분을 계산하여라.

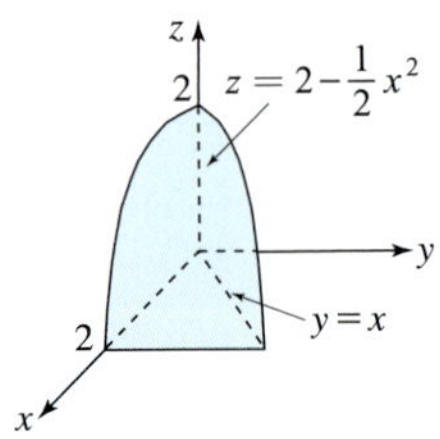

그림 14.3.4

**풀이** 영역 $W$는 $z$-단순영역이다(그림 14.3.4). $W$에서의 삼중적분을 반복적분으로 분해하여 계산하면

$$\iiint_W f(x, y, z)\,dx\,dy\,dz = \int_0^2 \int_0^x \int_0^{2-\frac{1}{2}x^2} 2xyz\,dz\,dy\,dx$$
$$= \int_0^2 \int_0^x [xyz^2]_{z=0}^{2-\frac{1}{2}x^2}\,dy\,dx$$
$$= \int_0^2 \int_0^x xy\left(2 - \frac{1}{2}x^2\right)^2 dy\,dx$$
$$= \int_0^2 \int_0^x \left(4xy - 2x^3y + \frac{1}{4}x^5y\right) dy\,dx$$
$$= \int_0^2 \left[2xy^2 - x^3y^2 + \frac{1}{8}x^5y^2\right]_{y=0}^{x} dx$$
$$= \int_0^2 \left(2x^3 - x^5 + \frac{1}{8}x^7\right) dx$$
$$= \left[\frac{1}{2}x^4 - \frac{1}{6}x^6 + \frac{1}{64}x^8\right]_0^2 = \frac{4}{3}$$

■

**예제 3** 반복적분 $\int_0^1 \int_0^{x^2} \int_0^y f(x, y, z)\,dzdydx$를 삼중적분으로 나타내어라. 그런 다음 삼중적분을 $x, z, y$에 관한 순서로 적분하는 반복적분으로 다시 나타내어라.

**풀이** 주어진 반복적분은 다음과 같이 삼중적분으로 나타낼 수 있다. 단,

$$E = \{(x,\ y,\ z) |\ 0 \leq x \leq 1,\ \ 0 \leq y \leq x^2,\ \ 0 \leq z \leq y\}$$

이다.

$$\int_0^1 \int_0^{x^2} \int_0^y f(x,\ y,\ z)\,dzdydx = \iiint_E f(x,\ y,\ z)\,dV$$

$E$를 이렇게 나타내면 세 개의 좌표평면에 대한 정사영은 다음과 같다.

$xy$평면에 대한 정사영: $D_1 = \{(x,\ y) |\ 0 \leq x \leq 1,\ \ 0 \leq y \leq x^2\}$
$= \{(x, y) |\ 0 \leq y \leq 1,\ \ \sqrt{y} \leq x \leq 1\}$

$yz$평면에 대한 정사영: $D_2 = \{(y,\ z) |\ 0 \leq y \leq 1,\ \ 0 \leq z \leq y\}$

$xz$평면에 대한 정사영: $D_3 = \{(x,\ z) |\ 0 \leq x \leq 1,\ \ 0 \leq z \leq x^2\}$

세 좌표평면에 대한 정사영의 결과로부터 이 입체는 평면 $z = 0,\ x = 1,\ y = z$와 포물기둥 $y = x^2$으로 둘러싸여 있음을 알 수 있다.

만약 적분순서를 $x, z, y$의 순서로 적분을 한다면 다음과 같이 다른 식을 사용해서 $E$를 나타낸다.

$$E = \{(x,\ y,\ z) \mid 0 \le y \le 1,\ \ 0 \le z \le y,\ \ \sqrt{y} \le x \le 1\}$$

따라서

$$\iiint_E f(x,\ y,\ z)\,dV = \int_0^1 \int_0^y \int_{\sqrt{y}}^1 f(x,\ y,\ z)\,dx\,dz\,dy$$

가 된다. ■

## 연습문제 14.3

**1.** 다음 반복적분을 계산하여라.

(1) $\int_0^1 \int_0^1 \int_0^1 (x + 2y + 3z)\,dz\,dy\,dx$

(2) $\int_0^1 \int_0^2 \int_0^3 (x^2 + y^2 + z^2)\,dz\,dy\,dx$

(3) $\int_4^2 \int_x^{x+1} \int_x^{x+y} (6x - 3z)\,dz\,dy\,dx$

(4) $\int_{-2}^2 \int_0^{2+y} \int_{y-x}^{y} 3x\,dz\,dx\,dy$

(5) $\int_1^4 \int_{-z}^{z} \int_{y-z}^{y+z} (x + 3)\,dx\,dy\,dz$

(6) $\int_3^5 \int_2^z \int_0^{\sqrt{z^2 - x^2}} 6y\,dy\,dx\,dz$

(7) $\int_e^{e^2} \int_{1/2y}^{1/y} \int_1^y \frac{4}{z}\,dz\,dx\,dy$

(8) $\int_0^3 \int_y^{2y} \int_z^{z+y} 8xyz\,dx\,dz\,dy$

(9) $\int_0^{\pi/2} \int_0^x \int_x^z 2\cos y\,dy\,dz\,dx$

(10) $\int_{-3}^{-2} \int_0^{2y} \int_0^z 16ye^{-z^2} x\,dx\,dz\,dy$

**2.** 주어진 곡면으로 둘러싸인 입체의 부피를 삼중적분으로 나타내고 부피를 구하여라.

(1) $y = x^2,\ \ z = 1 - y,\ \ z = -1 + y$

(2) $x + 2y + 4z = 8,\ \ y = x/2,\ \ x = 0,\ \ z = 0$

(3) $y = x^2,\ \ z = -y + 4,\ \ z = 0$

(4) $6x + 3y + 2z = 6,\ \ x = 0,\ \ y = 0,\ \ z = 0$

(5) $z = 5 - x^2,\ \ z = 4x^2,\ \ y = 0,\ \ x + y = 1$

(6) $x = y^2,\ \ z = 0,\ \ x + z = 1$

**3.** 영역 $W$가 주어진 곡면으로 둘러싸인 입체일 때 다음 삼중적분을 계산하여라.

(1) $\iiint_W (x + 2y)\,dV$

$W: x = z,\ z = 0,\ y = x,\ y = x^2$

(2) $\iiint 2x^2\,dV$

$W: x = 0, x = 1, y = 0, y = 2 - x, z = 0,$

$z = 2 - x - y$

(3) $\iiint_W (xy + z)\,dV$

$W: x = 0,\ y = 0,\ z = 0,\ z = 2 + 7x,$

$y = 4 - x^2$

(4) $\iiint_W \sqrt{x + 2y + 3z}\,dV$

$W: x = 0, x = 1, y = 0, y = x, z = -2y/3,$

$z = 2y$

**4.** 다음 반복적분의 적분영역을 그려라.

(1) $\int_0^2 \int_x^{x+1} \int_x^y f(x, y, z)\,dz\,dy\,dx$

(2) $\int_{-1}^1 \int_y^{y+3} \int_{x+2}^{x+4} f(x, y, z)\,dz\,dy\,dy$

(3) $\int_{-3}^3 \int_{-\sqrt{9-y^2}}^{\sqrt{9-y^2}} \int_{-x-y-2}^{x+y+2} f(x, y, z)\,dz\,dy\,dy$

(4) $\int_1^4 \int_y^6 \int_y^{x^2} f(x, y, z)\,dz\,dx\,dy$

**5.** 다음 반복적분의 적분순서를 바꾸어서 표시하여라.

(1) $\int_0^1 \int_0^{x^2} \int_0^y f(x, y, z)\, dz\, dy\, dx$

(2) $\int_{-1}^0 \int_2^{37} \int_{x+1}^{\sqrt{x+1}} f(x, y, z)\, dz\, dy\, dx$

(3) $\int_0^1 \int_0^{\sqrt{1-x^2}} \int_0^{1-x^2-y^2} f(x, y, z)\, dz\, dy\, dx$

(4) $\int_{-4}^4 \int_9^{25-x^2} \int_{-\sqrt{25-x^2-y}}^{\sqrt{25-x^2-y}} f(x, y, z)\, dz\, dy\, dx$

**6.** 다음 영역의 부피를 반복적분으로 나타내어라.

(1) 원기둥 $x^2+z^2=4$와 평면 $y=3$으로 둘러싸인 제일팔분공간의 영역

(2) 아래로 $xy$평면, 위로 포물면 $z=x^2+y^2$ 그리고 옆면이 원기둥 $x^2+y^2=4$인 영역

(3) 두 곡면 $z=8-x^2-y^2$과 $z=x^2+3y^2$으로 둘러싸인 영역

(4) 구 $x^2+y^2+z^2=4a^2$와 원기둥 $x^2+y^2=a^2$의 공통부분

(5) 원뿔 $z^2=x^2+y^2$ 위로 구 $x^2+y^2+z^2=8$로 둘러싸인 제일팔분공간의 영역

(6) 포물면 $z=5-x^2-y^2$과 포물면 $z=4x^2+4y^2$으로 둘러싸인 영역

(7) 타원면 $\frac{x^2}{a^2}+\frac{y^2}{b^2}+\frac{z^2}{c^2}=1$으로 둘러싸인 영역

(8) 원기둥 $x^2+y^2=a^2$과 평면 $x=a$, $y=a$, $z=0$, $z=x+y$로 둘러싸인 제일팔분공간의 영역

# 14.4 중적분과 변수변환

일변수함수의 정적분을 계산할 때 치환적분 즉, 피적분함수를 다른 변수의 함수로 바꾸어서 나타내는 방법을 사용하여 적분계산을 쉽게하는 경우가 많다.

이중적분, 삼중적분도 변수변환을 통하여 피적분함수와 적분영역의 형태를 바꾸어서 이중적분, 삼중적분을 쉽게 계산할 수 있다.

이중적분의 변수변환은 이변수 2차원 벡터함수의 미분의 성질을 이용하며 삼중적분의 변수변환은 삼변수 3차원 벡터함수의 미분의 성질을 이용한다. 이러한 내용은 고등미적분학에서 자세하게 다루며 여기서는 적분의 변수변환에 대한 사항만 간략하게 요점만 소개한다.



## 이중적분의 변수변환

평면영역 $E \subset \mathbb{R}^2$에서 정의되는 함수 $T : E \to \mathbb{R}^2$가 주어졌다. 함수 $T$는 이변수함수이고 2차원벡터함수이므로 다음과 같이 표현할 수 있다.

$$T(u, v) = (x(u, v),\ y(u, v))$$

함수 $T$의 두 성분함수 $x(u, v)$, $y(u, v)$가 각각 연속인 편미분을 가지면 다음과 같이 Jacobian을 정의한다.

$$\frac{\partial(x, y)}{\partial(u, v)} = \begin{vmatrix} \dfrac{\partial x}{\partial u} & \dfrac{\partial x}{\partial v} \\ \dfrac{\partial y}{\partial u} & \dfrac{\partial y}{\partial v} \end{vmatrix}$$

함수 $T$가 $uv$평면의 영역 $R = \Delta u \times \Delta v$을 $xy$평면의 영역 $T(R)$로 대응하면

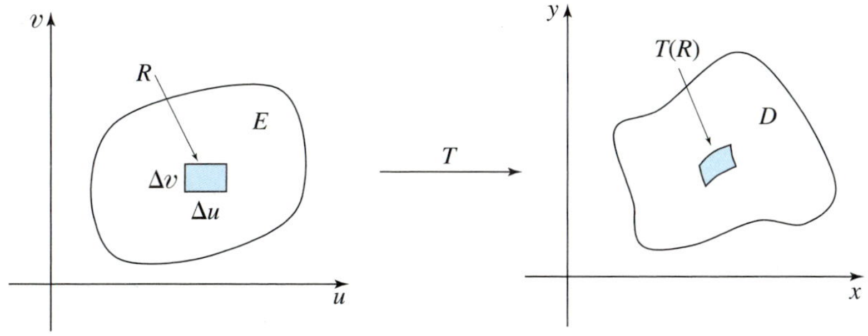


그림 14.4.1

다음이 성립한다.

$$T(R)\text{의 면적} = \Delta x \Delta y \approx \left| \frac{\partial(x, y)}{\partial(u, v)} \right| \Delta u \Delta v$$

여기서 $\Delta u$, $\Delta v$가 작아질수록 근사값의 오차가 적어지며 다음과 같이 쓸 수 있다.

$$dx\,dy = \left| \frac{\partial(x, y)}{\partial(u, v)} \right| du\,dv$$

이 식을 면적요소(area element)의 변환식이라 한다. 즉, 변환 $T$에 의하여 변환후의 면적과 변환전의 면적의 비는 Jacobian의 절대값과 같다. 따라서 다음과 같이 이중적분의 변수변환에 대한 정리를 얻을 수 있다. 일변수함수의 치환적분에 대한 결과와 비교해보라(정리 4.6.2).

**일대일대응**

함수 $T : E \to D$가 일대일대응
$\Longleftrightarrow$ 1) $T$ : 일대일 함수
2) $T(E) = D$

**정리 14.4.1(이중적분의 변수변환)**

$E$, $D \subset \mathbb{R}^2$가 기본영역이고 일대일대응 $T : E \to D$가 연속인 편미분을 가진다. 함수 $f$가 $D$에서 적분가능하면 다음이 성립한다.

$$\iint_D f(x, y)\,dx\,dy = \iint_E f(x(u, v),\, y(u, v)) \left| \frac{\partial(x, y)}{\partial(u, v)} \right| du\,dv$$

즉

$$\iint_D f(x, y)\,dx\,dy = \iint_E (f \circ T)(u, v) \left| \frac{\partial(x, y)}{\partial(u, v)} \right| du\,dv$$

이 때 위 식의 우변을 변환 $T$에 대한 이중적분의 변수변환이라 한다.

**예제 1** 변수변환 $x = u^2 - v^2$, $y = 2uv$를 사용하여 적분 $\iint_R (y + x)\,dA$의 값을 구하여라(단, $R$은 $x$축과 포물선 $y^2 = 4 - 4x$와 $y^2 = 4 + 4x$, $y \geq 0$에 의해 둘러싸인 영역이다.).

**풀이** 영역 $R$는 그림 14.4.2에 그려져 있다.

$R$에 대응하는 $uv$-평면의 영역 $S$를 찾기 위하여 다음을 살펴보자. $R$의 변들

$$y = 0, \quad x = 1 - \frac{y^2}{4}, \quad x = \frac{y^2}{4} - 1$$

위에 있으며, 방정식 $x = u^2 - v^2$, $y = 2uv$에 의해 $uv$-평면에 있는 상들은

$$u = 0, \quad u = 1, \quad v = 0, \quad v = 1$$

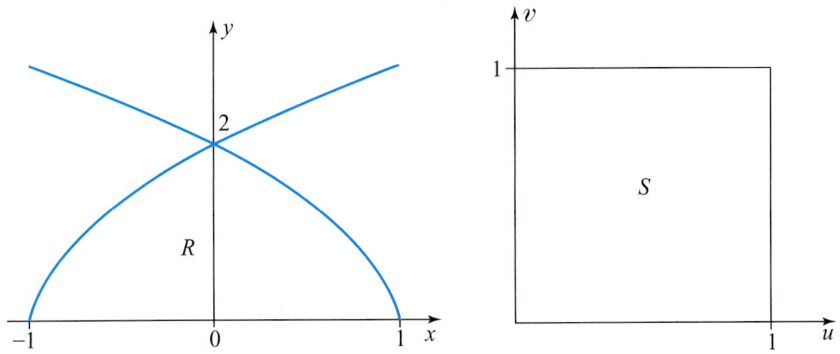


그림 14.4.2

이 된다. 즉, $S$는 정사각형 $[0, 1]\times[0, 1]$이다. 실제로, 이 적분을 계산하기 위하여 변수변환을 하는 이유는 $S$가 $R$보다 훨씬 더 단순한 영역이라는 것이다. 먼저

$$\frac{\partial(x, y)}{\partial(u, v)} = \begin{vmatrix} \frac{\partial x}{\partial u} & \frac{\partial x}{\partial v} \\ \frac{\partial y}{\partial u} & \frac{\partial y}{\partial v} \end{vmatrix} = \begin{vmatrix} 2u & -2v \\ 2v & 2u \end{vmatrix} = 4u^2 + 4v^2 > 0$$

이 성립하기 때문에 정리 14.4.1에 의하여

$$\begin{aligned} \iint_R (y+x)\,dA &= \iint_S (2uv + u^2 - v^2)\left|\frac{\partial(x, y)}{\partial(u, v)}\right| dA \\ &= \int_0^1\int_0^1 (2uv + u^2 - v^2)\,4(u^2+v^2)\,dudv \\ &= \int_0^1\int_0^1 4(u^4 - v^4 + 2u^3v + 2uv^3)\,dudv \\ &= 4\int_0^1 \left[\frac{1}{5}u^5 - v^4u + \frac{u^4v}{2} + u^2v^3\right]_{u=0}^{u=1} dv \\ &= 4\int_0^1 \left(\frac{1}{5} - v^4 + \frac{v}{2} + v^3\right)dv \\ &= 4\left[\frac{v}{5} - \frac{v^5}{5} + \frac{v^2}{4} + \frac{v^4}{4}\right]_0^1 \\ &= 2 \end{aligned}$$

■

## 이중적분의 극좌표변환

이중적분의 극좌표변환은 직교좌표계($x$, $y$좌표계)에서 극좌표계($r$, $\theta$좌표계)로의 변수변환이며 이 때 사용되는 대응관계는 다음과 같다.

$$T(r, \theta) = (r\cos\theta,\ r\sin\theta)$$

즉,

$$x = r\cos\theta,\ y = r\sin\theta$$

극좌표변환에 따른 Jacobian을 구하면

$$\frac{\partial(x, y)}{\partial(r, \theta)} = \begin{vmatrix} \dfrac{\partial x}{\partial r} & \dfrac{\partial x}{\partial \theta} \\ \dfrac{\partial y}{\partial r} & \dfrac{\partial y}{\partial \theta} \end{vmatrix} = \begin{vmatrix} \cos\theta & -r\sin\theta \\ \sin\theta & r\cos\theta \end{vmatrix} = r$$

극좌표에서 $r \geq 0$이므로 면적요소의 변환식은 다음과 같다.

$$dx\,dy = r\,dr d\theta$$

따라서 극좌표변환에 대한 다음의 정리를 얻을 수 있다.

**정리 14.4.2(이중적분의 극좌표변환)**

극좌표변환에 의하여 $r\theta$평면(극좌표계)의 영역 $E$가 $xy$평면(직교좌표계)의 영역 $D$로 일대일대응되고 함수 $f$가 $D$에서 미분가능하면 다음이 성립한다.

$$\iint_D f(x, y)\,dx\,dy = \iint_E f(r\cos\theta,\ r\sin\theta)\,r\,dr d\theta$$

**예제 2** 원기둥 $x^2 + y^2 = 1$, $xy$평면, 평면 $x - y + z = 0$으로 둘러싸이고 $xy$평면 위에 있는 영역의 부피를 구하여라.

영역 $D$의 극좌표변환은 다음의 일대일대응으로 주어진다.

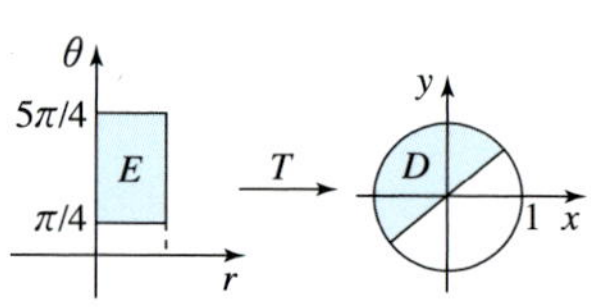


$T : E \to D$

$(r, \theta) \mapsto (r\cos\theta,\ r\sin\theta)$

그림 14.4.4

**풀이** 주어진 입체영역(그림 14.4.3(a))은 평면영역 $D$(그림 14.4.3(b))를 정의역으로 하는 함수 $z = y - x$의 그래프로 만들어지는 영역과 같다.

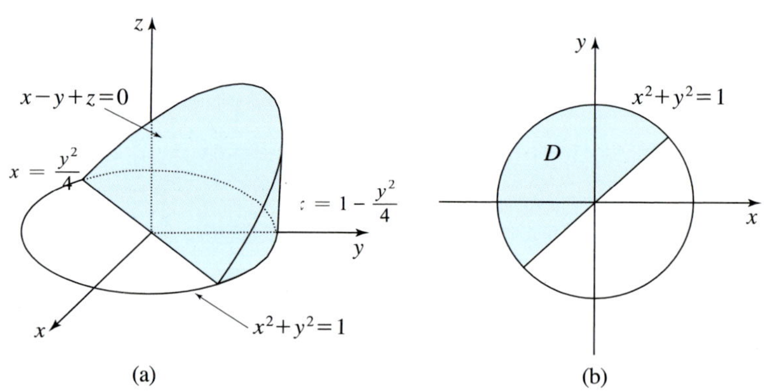


그림 14.4.3

따라서 영역의 부피 $V$는 다음의 이중적분으로 표현된다.

$$V = \iint_D (y - x)\,dx\,dy$$

이 이중적분을 극좌표로 변수변환하자. 영역 $D$를 극좌표로 표시하면 다음 영역과 같다.

$$E = \{(r, \theta) \mid 0 \le r \le 1,\ \pi/4 \le \theta \le 5\pi/4\} = [0, 1] \times [\pi/4, 5\pi/4]$$

그리고 $x = r\cos\theta,\ y = r\sin\theta,\ dx\,dy = rdrd\theta$ 이므로 이중적분을 극좌표로 변수변환하여 계산하면

$$\begin{aligned}V &= \iint_D (y - x)dxdy \\ &= \iint_E (r\sin\theta - r\cos\theta)rdrd\theta \\ &= \int_{\pi/4}^{5\pi/4}\int_0^1 (r\sin\theta - r\cos\theta)r\,dr\,d\theta \\ &= \int_{\pi/4}^{5\pi/4} (\sin\theta - \cos\theta)\left[\frac{r^3}{3}\right]_{r=0}^1 d\theta \\ &= \frac{1}{3}\int_{\pi/4}^{5\pi/4} (\sin\theta - \cos\theta)d\theta \\ &= \frac{1}{3}[-\cos\theta - \sin\theta]_{\pi/4}^{5\pi/4} = \frac{2\sqrt{2}}{3}.\end{aligned}$$

■

**예제 3** 두 타원 포물면 $z = 4x^2 + y^2$과 $z = 10 - x^2 - 4y^2$으로 둘러싸인 입체의 체적을 구하여라.

**풀이** 두 식을 연립하여 두 곡면이 만나는 점을 구하면
$4x^2 + y^2 = 10 - x^2 - 4y^2$에서 $x^2 + y^2 = 2$.
즉 두 곡면이 만나는 부분을 $xy$평면으로 사영하면 원 $x^2 + y^2 = 2$이 된다.
그리고 두 곡면으로 둘러싸인 입체 $W$(그림 14.4.5(a))는 평면영역 $D$(그림 14.4.5(b)) 위에서 함수 $z = 4x^2 + y^2$의 그래프와 $z = 10 - x^2 - 4y^2$의 그래프 사이의 영역이다.
따라서 입체영역 $W$의 부피는 다음과 같다.

$$\begin{aligned}W\text{의 부피} &= \iint_D [(10 - x^2 - 4y^2) - (4x^2 + y^2)]dx\,dy \\ &= \iint_D (10 - 5x^2 - 5y^2)dx\,dy\end{aligned}$$

이 이중적분을 극좌표로 변수변환하자. 영역 $D$를 극좌표로 표시하면 다음 영역과 같다.

$$E = \left\{(r, \theta) \mid 0 \le r \le \sqrt{2},\ 0 \le \theta \le 2\pi\right\} = [0, \sqrt{2}] \times [0, 2\pi]$$

그리고 $x = r\cos\theta,\ y = r\sin\theta,\ dxdy = rdrd\theta$ 이므로 이중적분을 극좌표로 변수변환하여 계산하면

$$\begin{aligned}W\text{의 부피} &= \iint_D (10 - 5x^2 - 5y^2)dx\,dy \\ &= \iint_E (10 - 5r^2)rdrd\theta\end{aligned}$$

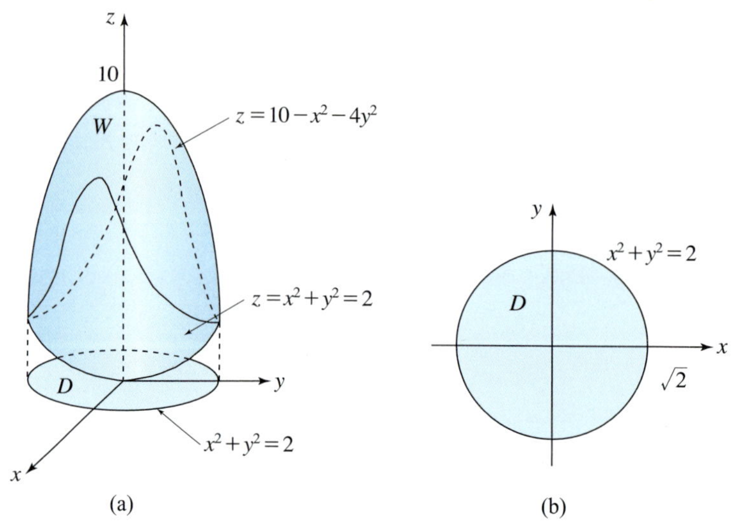


그림 14.4.5

영역 $D$의 극좌표변환은 다음의 일대일대응으로 주어진다.

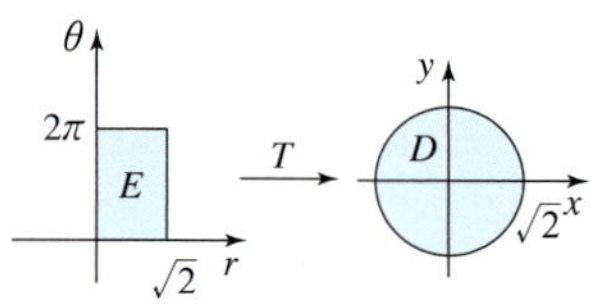


그림 14.4.6

$$= \int_0^{2\pi}\int_0^{\sqrt{2}} (10-5r^2)\,r\,dr\,d\theta$$

$$= \int_0^{2\pi}\left[5r^2 - \frac{5}{4}r^4\right]_{r=0}^{\sqrt{2}} d\theta = \int_0^{2\pi} 5d\theta = 10\pi$$

**예제 4** 극방정식 $r = 3\sin 3\theta$의 그래프에서 한 잎의 넓이를 하여라.

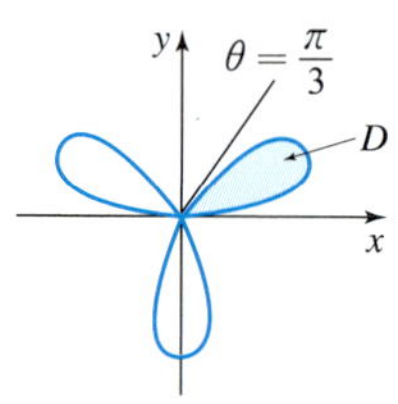


그림 14.4.7

**풀이** $xy$평면에 그린 극방정식 $r = 3\sin 3\theta$의 그래프에서 한 잎을 그리는 범위는 $0 \le \theta \le \pi/3$이다. (그림 14.4.8) 따라서 한 잎의 내부영역 $D$의 넓이는

$$\text{넓이} = \iint_D dx\,dy$$

이 이중적분을 극좌표로 변수변환하자. 영역 $D$를 극좌표로 표시하면 다음 영역과 같다.

$$E = \left\{(r, \theta) \mid 0 \le r \le 3\sin 3\theta,\ 0 \le \theta \le \frac{\pi}{3}\right\}.$$

영역 $D$의 극좌표변환은 다음의 일대일대응으로 주어진다.

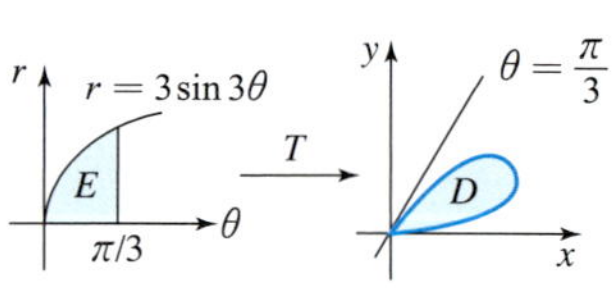


그림 14.4.8

그리고 $x = r\cos\theta,\ y = r\sin\theta,\ dxdy = rdrd\theta$이므로 이중적분을 극좌표로 변수변환하여 계산하면

$$\text{넓이} = \iint_D dx\,dy = \iint_E r\,dr\,d\theta$$

$$= \int_0^{\pi/3}\int_0^{3\sin 3\theta} r\,dr\,d\theta$$

$$= \int_0^{\pi/3}\left[\frac{1}{2}r^2\right]_{r=0}^{3\sin 3\theta} d\theta$$

$$= \frac{9}{2}\int_0^{\pi/3} \sin^2 3\theta\,d\theta$$

$$= \frac{9}{2}\int_0^{\pi/3} \frac{1-\cos 6\theta}{2}\, d\theta$$
$$= \frac{9}{2}\left[\frac{1}{2}\theta - \frac{1}{12}\sin 6\theta\right]_0^{\pi/3} = \frac{3}{4}\pi$$ ■

**예제 5** 원 $r = 2$의 바깥부분과 심장형그래프 $r = 2(1+\cos\theta)$의 내부와의 공통부분중 제1사분면에 있는 영역을 $D$라 할 때 $\iint_D y\,dxdy$를 계산하여라.

**풀이** 주어진 영역 $D$는 다음과 같다.

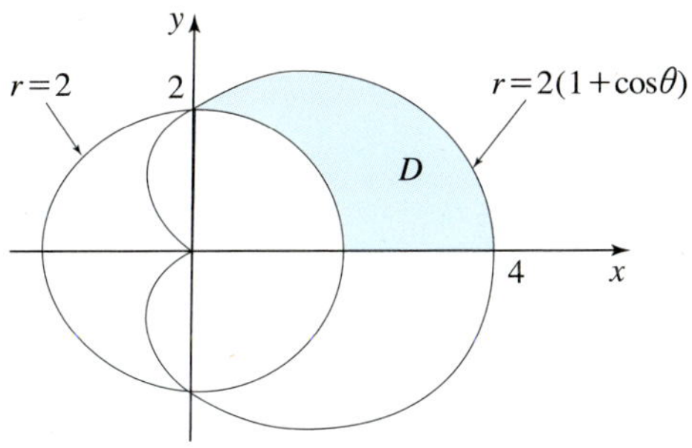


그림 14.4.9

영역 $D$의 극좌표변환은 다음의 일대일대응으로 주어진다.

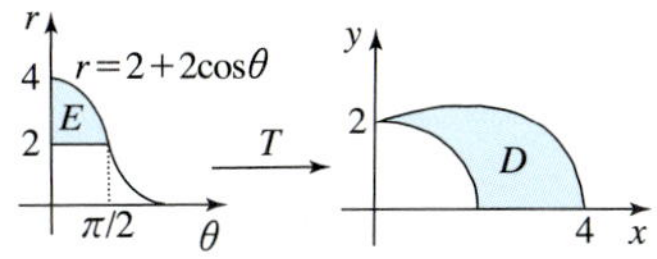


그림 14.4.10

영역 $D$를 극좌표로 표시하면 다음 영역과 같다.

$$E = \left\{(r,\theta) \mid 2 \le r \le 2(1+\cos\theta),\ 0 \le \theta \le \frac{\pi}{2}\right\}.$$

그리고 $x = r\cos\theta$, $y = r\sin\theta$, $dxdy = rdrd\theta$이므로 이중적분을 극좌표로 변수변환하여 계산하면

$$\iint_D y\,dxdy = \iint_E r^2 \sin\theta\, dr\, d\theta$$
$$= \int_0^{\pi/2}\int_2^{2(1+\cos\theta)} r^2 \sin\theta\, dr\, d\theta$$
$$= \int_0^{\pi/2}\left[\frac{r^3}{3}\sin\theta\right]_2^{2(1+\cos\theta)} d\theta$$
$$= \frac{8}{3}\int_0^{\pi/2}\left[(1+\cos\theta)^3\sin\theta - \sin\theta\right] d\theta$$
$$= \frac{8}{3}\left[-\frac{1}{4}(1+\cos\theta)^4 + \cos\theta\right]_0^{\pi/2} = \frac{22}{3}$$ ■

## 삼중적분의 변수 변환

입체영역 $E \subset \mathbb{R}^3$에서 정의되는 함수 $T : E \to \mathbb{R}^3$가 주어졌다. 함수 $T$는 세변수함수이고 3차원벡터함수이므로 다음과 같이 표현할 수 있다.

$$T(u, v, w) = (x(u, v, w),\ y(u, v, w),\ z(u, v, w))$$

함수 $T$의 성분함수 $x(u, v, w)$, $y(u, v, w)$, $z(u, v, w)$가 각각 연속인 편미분을 가지면 다음과 같이 Jacobian을 정의한다.

$$\frac{\partial(x, y, z)}{\partial(u, v, w)} = \begin{vmatrix} \frac{\partial x}{\partial u} & \frac{\partial x}{\partial v} & \frac{\partial x}{\partial w} \\ \frac{\partial y}{\partial u} & \frac{\partial y}{\partial v} & \frac{\partial y}{\partial w} \\ \frac{\partial z}{\partial u} & \frac{\partial z}{\partial v} & \frac{\partial z}{\partial w} \end{vmatrix}$$

함수 $T$가 $uvw$공간의 영역 $B = \Delta u \times \Delta v \times \Delta w$를 $xyz$공간의 영역 $T(B)$로 대응한다면

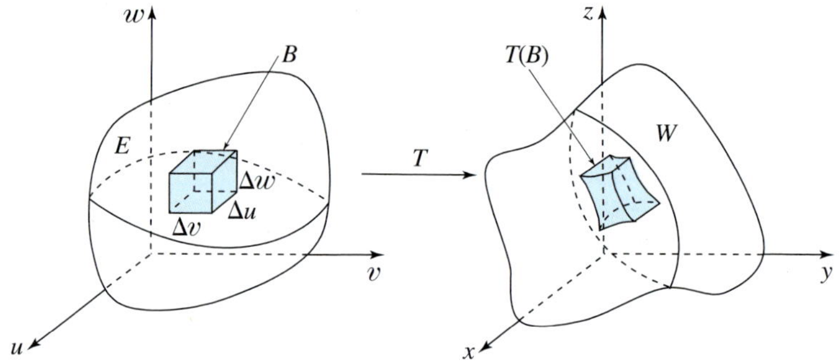


그림 14.4.11

다음이 성립한다.

$$T(B)\text{의 부피} = \Delta x \Delta y \Delta z \approx \left|\frac{\partial(x, y, z)}{\partial(u, v, w)}\right| \Delta u \Delta v \Delta w$$

여기서 $\Delta u \Delta v \Delta w$가 작아질수록 근사값의 오차가 적어진다. 따라서 다음과 같이 쓸 수있다.

$$dx\,dy\,dz = \left|\frac{\partial(x, y, z)}{\partial(u, v, w)}\right| du\,dv\,dz$$

이 식을 부피요소(volume element)의 변환식이라 한다. 즉, 변환 $T$에 의한 변환후의 부피와 변환전의 부피의 비는 Jacobian의 절대값과 같다. 따라서 다음과 같이 삼중적분의 변수변환에 대한 정리를 얻을 수 있다.

**정리 14.4.3(삼중적분의 변수변환)**

$E, W \subset \mathbb{R}^3$가 기본영역이고 일대일대응 $T: E \to W$이고 연속인 편미분을 가진다. 함수 $f$가 $W$에서 적분가능하면 다음이 성립한다.

$$\iiint_W f(x, y, z)\,dx\,dy\,dz$$
$$= \iiint_E f(x(u, v, w),\ y(u, v, w),\ y(u, v, w))\left|\frac{\partial(x, y, z)}{\partial(u, v, w)}\right| du\,dv\,dw$$

## 원기둥좌표계

공간의 점의 좌표를 다음과 같이 나타내는 내는 좌표계를 원기둥좌표계(Cylindrical coordinate system)라 한다.

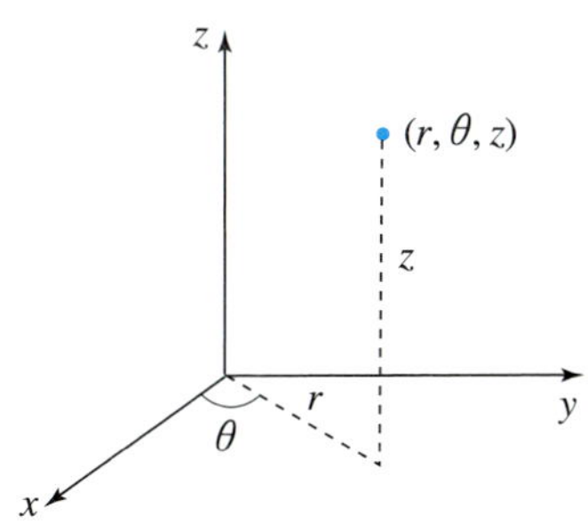


그림 14.4.12

**원기둥좌표계**

원기둥좌표계에서 $r = r_0$, $\theta = \theta_0$가 나타내는 도형은 각각 다음과 같다.

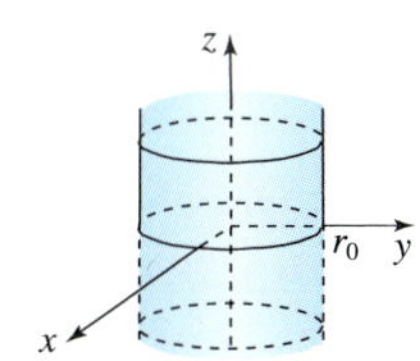


$r = r_0$ : 반지름이 $r_0$인 원기둥

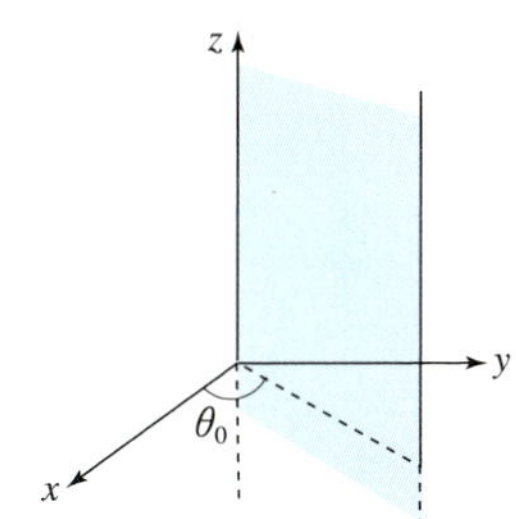


$\theta = \theta_0$ : $x$축과의 사이각이 $\theta_0$인 평면

그림 14.4.13

즉 원기둥좌표계는 $xy$평면에서는 극좌표계를 사용하는 좌표계이다. 직교좌표계와 원기둥 좌표계의 관계는 다음과 같다.

$$T(r, \theta, z) = (r\cos\theta,\ r\sin\theta,\ z)$$

즉,

$$x = r\cos\theta, \quad y = r\sin\theta, \quad z = z$$

원기둥좌표계로의 변환에 따른 Jacobian을 구하면

$$\frac{\partial(x, y, z)}{\partial(r, \theta, z)} = \begin{vmatrix} \frac{\partial x}{\partial r} & \frac{\partial x}{\partial \theta} & \frac{\partial x}{\partial z} \\ \frac{\partial y}{\partial r} & \frac{\partial y}{\partial \theta} & \frac{\partial y}{\partial z} \\ \frac{\partial z}{\partial r} & \frac{\partial z}{\partial \theta} & \frac{\partial z}{\partial z} \end{vmatrix} = \begin{vmatrix} \cos\theta & -r\sin\theta & 0 \\ \sin\theta & r\cos\theta & 0 \\ 0 & 0 & 1 \end{vmatrix} = r$$

$r \geq 0$이므로 면적요소의 변환식은 다음과 같다.

$$dxdydz = rdrd\theta dz$$

따라서 원기둥좌표변환에 대한 다음의 정리를 얻을 수 있다.

**정리 14.4.4(삼중적분의 원기둥좌표변환)**

원기둥좌표계로의 변환에 의하여 $xyz$공간(직교좌표계)의 영역 $W$와 $r\theta z$공간(원기둥좌표계)의 영역 $E$가 일대일대응하고 함수 $f$가 $W$에서 미분가능하면 다음이 성립한다.

$$\iiint_W f(x, y, z)\,dx\,dy\,dz = \iiint_E f(r\cos\theta, r\sin\theta, z)\,rdrd\theta dz$$

평면에서 극방정식 $r = 2a\sin\theta$은 중심이 $(a, 0)$반지름이 $a$인 원을 나타낸다.

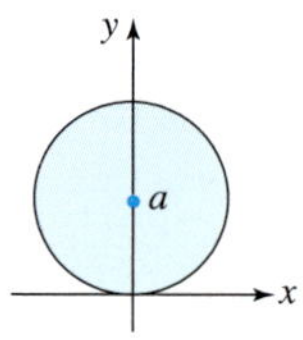


$r = 2a\sin\theta$

그림 14.4.14

**예제 6** $xy$평면, 구면 $x^2 + y^2 + z^2 = 4a^2$과 원주면 $r = 2a\sin\theta$로 둘러싸이고 $xy$평면 위에 있는 영역 $W$의 부피를 구하여라. (단 $a > 0$)

**풀이** 주어진 입체영역 $W$는 그림과 같다.

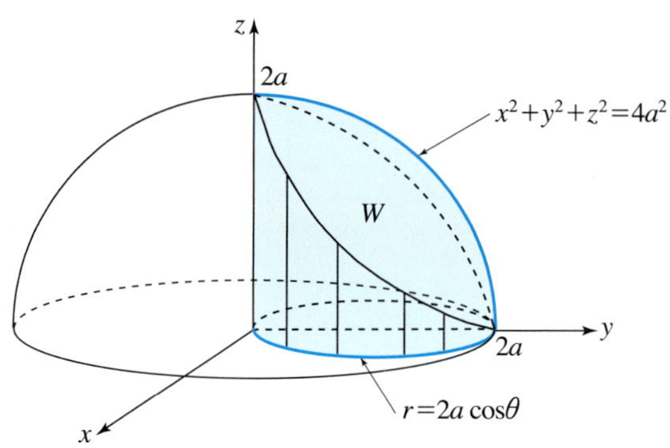


그림 14.4.15

영역 $W$의 원기둥좌표변환은 다음의 일대일대응으로 주어진다.

$$T(r, \theta, z) = (r\cos\theta, r\sin\theta, z)$$

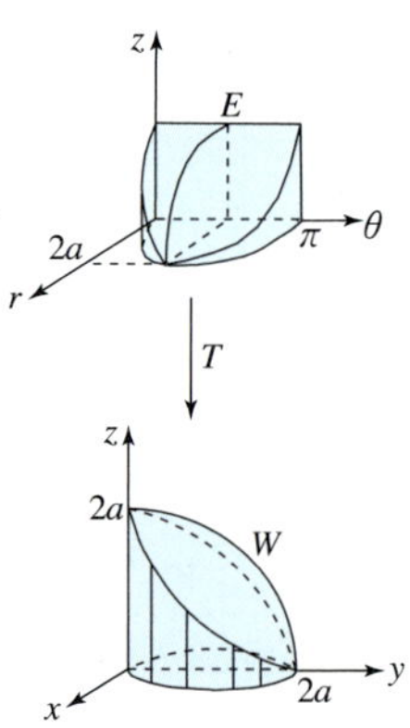


그림 14.4.16

그리고 영역 $W$의 부피는 다음과 같이 삼중적분으로 주어진다.

$$W\text{의 부피} = \iiint_W dxdydz$$

영역 $W$를 원기둥좌표로 표시하면 다음의 영역 $E$와 같다.

$$E = \left\{(r, \theta, z) \mid 0 \le r \le 2a\sin\theta,\ 0 \le \theta \le \pi,\ 0 \le z \le \sqrt{4a^2 - r^2}\right\}.$$

원기둥좌표로 변수변환하여 $W$의 부피를 계산하면

$$\begin{aligned}\iint_W dxdydz &= \iiint_E rdr\,d\theta\,dz \\ &= \int_0^{\pi}\int_0^{2a\sin\theta}\int_0^{\sqrt{4a^2 - r^2}} r\,dzdr\,d\theta \\ &= \int_0^{\pi}\int_0^{2a\sin\theta} r\sqrt{4a^2 - r^2}\,dr\,d\theta\end{aligned}$$

$\sqrt{4a^2 - r^2} = t$로 치환하여 $\int_0^{2a\sin\theta} r\sqrt{4a^2 - r^2}\,dr$를 계산하자.

$$\sqrt{4a^2 - r^2} = t \Rightarrow 4a^2 - r^2 = t^2$$
$$\Rightarrow r\,dr = -t\,dt$$
$$r = 2a\sin\theta \Rightarrow t = 2a\sqrt{1 - \sin^2\theta} = 2a|\cos\theta|$$
$$r = 0 \Rightarrow t = 2a$$

따라서

$$\int_0^{2a\sin\theta} r\sqrt{4a^2 - r^2}\,dr = \int_{2a}^{2a|\cos\theta|} (-t^2)\,dt = \frac{8a^3}{3}(1 - |\cos^3\theta|)$$

그러므로

$$\iiint_W dxdydz = \int_0^\pi \frac{8a^3}{3}(1 - |\cos^3\theta|)\,d\theta = \frac{8a^3}{3}\left(\pi - \int_0^\pi |\cos^3\theta|\,d\theta\right) = \frac{8a^3}{3}\left(\pi - 2\int_0^{\frac{\pi}{2}} \cos^3\theta\,d\theta\right) = \frac{8a^3}{3}\left(\pi - \frac{4}{3}\right)$$ ■

$r\theta z$ 공간의 입체영역 $E$는 $r\theta$ 평면의 평면영역 $D$에서 정의되는 함수 $z = \sqrt{4a^2 - r^2}$의 그래프로 만들어지는 입체이다.

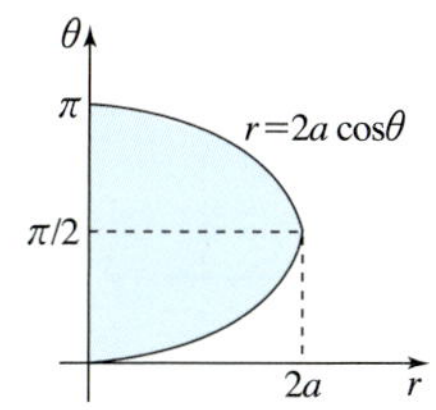

그림 14.4.17

**$\cos^3\theta$의 적분**

$$\int \cos^3\theta\,d\theta = \frac{1}{3}(2 + \cos^2\theta)\sin\theta + C$$

**예제 7** 구면 $x^2 + y^2 + z^2 = 2$과 포물면 $z = x^2 + y^2$으로 둘러싸인 영역 $W$의 부피를 구하여라.

**풀이** 두 곡면의 식을 연립하면

$$x^2 + y^2 + z^2 = 2, \qquad z = x^2 + y^2$$

$z^2 + z - 2 = 0$에서 $z = 1$. 따라서 두 곡면의 교선은

$$x^2 + y^2 = 1, \qquad z = 1$$

그러므로 주어진 입체영역 $W$는 그림과 같다.

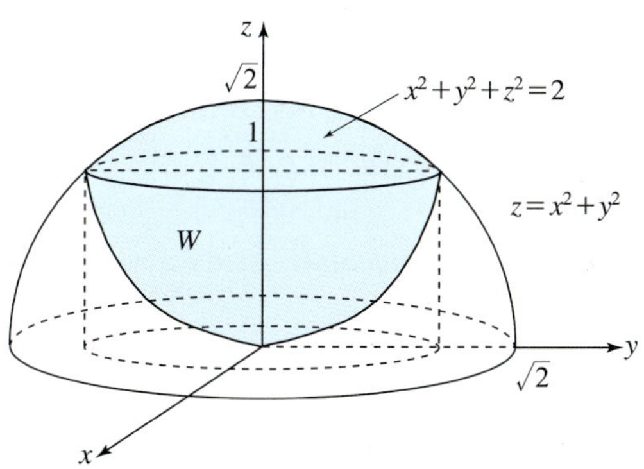

그림 14.4.18

영역 $W$의 원기둥좌표변환은 다음의 일대일대응으로 주어진다.
$T(r, \theta, z) = (r\cos\theta, r\sin\theta, z)$

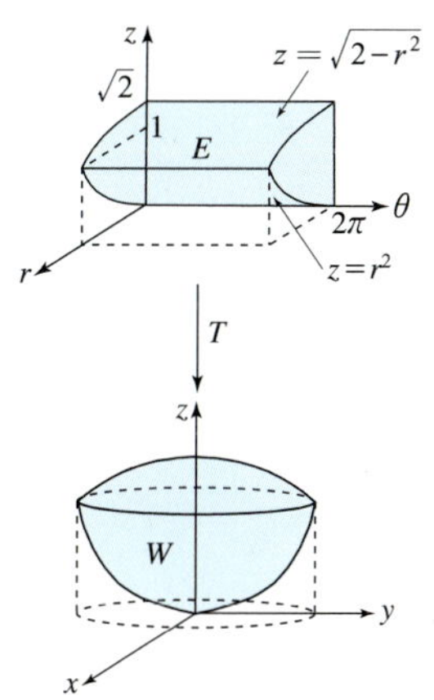

그림 14.4.19

$r\theta z$ 공간의 입체영역 $E$는 $r\theta$ 평면의 평면영역 $D$에서 정의되는 두 함수 $z = \sqrt{2-r^2}$, $z = r^2$의 그래프사이의 영역이다.

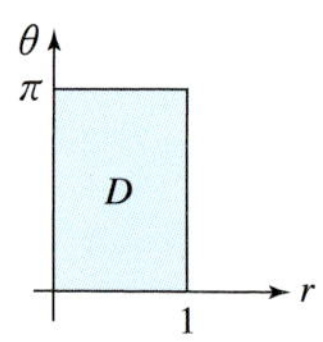


그림 14.4.20

그리고 영역 $W$의 부피는 다음과 같이 삼중적분으로 주어진다.

$$W\text{의 부피} = \iiint_W dxdydz$$

영역 $W$를 원기둥좌표로 표시하면 다음의 영역 $E$와 같다.

$$E = \left\{(r, \theta, z) \mid 0 \le r \le 1,\ 0 \le \theta \le 2\pi,\ r^2 \le z \le \sqrt{2-r^2}\right\}.$$

원기둥좌표로 변수변환하여 $W$의 부피를 계산하면

$$\begin{aligned}\iiint_W dxdydz &= \iiint_E r dr\, d\theta\, dz \\ &= \int_0^{2\pi}\int_0^1\int_{r^2}^{\sqrt{2-r^2}} r\, dzdr\, d\theta \\ &= \int_0^{2\pi}\int_0^1 \left(\sqrt{2-r^2} - r^2\right) r\, dr\, d\theta \\ &= \int_0^{2\pi}\left[-\frac{1}{3}(2-r^2)^{3/2} - \frac{1}{4}r^4\right]_0^1 d\theta \\ &= \frac{8\sqrt{2}-7}{6}\pi\end{aligned}$$

■

구면좌표계

구면좌표계에서 $\rho = \rho_0, \phi = \phi_0$, $\theta = \theta_0$가 나타내는 도형

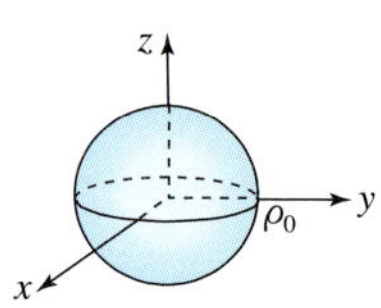


$\rho = \rho_0$ : 반지름이 $\rho_0$인 구면

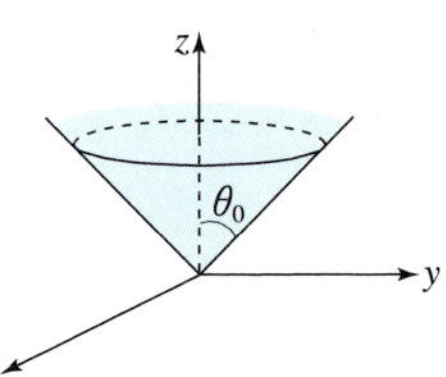


$\phi = \phi_0$ : 꼭지각이 $\phi_0$인 원뿔

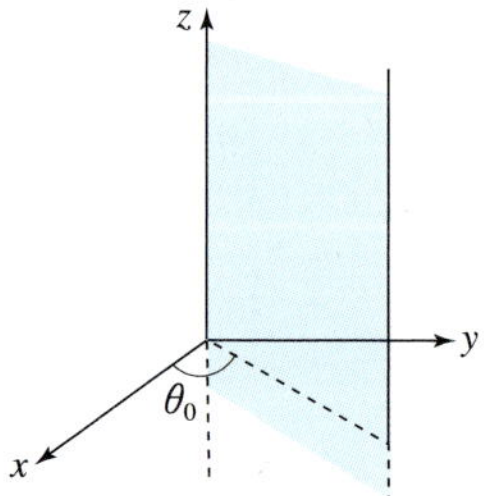


$\theta = \theta_0$ : $x$축과의 사이각이 $\theta_0$인 평면

그림 14.4.22

## 구면좌표계

공간의 점의 좌표를 다음과 같이 나타내는 좌표계를 구면좌표계(Spherical coordinate system)라 한다.

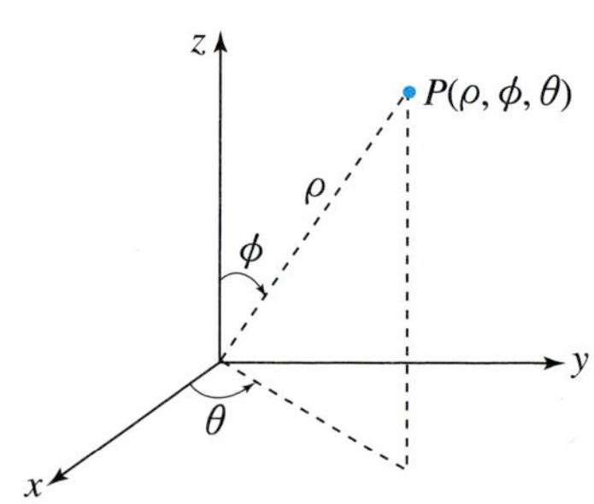


그림 14.4.21

점 $P$가 구면좌표계에서 $(\rho, \phi, \theta)$, 직교좌표계에서 $(x, y, z)$라면 직교좌표계와 구면좌표계의 관계는 다음과 같다.

$$T(\rho, \phi, \theta) = (\rho\sin\phi\cos\theta,\ \rho\sin\phi\sin\theta,\ \rho\cos\phi)$$

즉,

$$x = \rho\sin\phi\cos\theta, \quad y = \rho\sin\phi\sin\theta, \quad z = \rho\cos\phi$$

구면좌표계로의 변환에 따른 Jacobian을 구하면

$$\frac{\partial(x,y,z)}{\partial(\rho,\phi,\theta)} = \begin{vmatrix} \frac{\partial x}{\partial \rho} & \frac{\partial x}{\partial \phi} & \frac{\partial x}{\partial \theta} \\ \frac{\partial y}{\partial \rho} & \frac{\partial y}{\partial \phi} & \frac{\partial y}{\partial \theta} \\ \frac{\partial z}{\partial \rho} & \frac{\partial z}{\partial \phi} & \frac{\partial z}{\partial \theta} \end{vmatrix}$$

$$= \begin{vmatrix} \sin\phi\cos\theta & \rho\cos\phi\cos\theta & -\rho\sin\phi\sin\theta \\ \sin\phi\sin\theta & \rho\cos\phi\sin\theta & \rho\sin\phi\cos\theta \\ \cos\phi & -\rho\sin\phi & 0 \end{vmatrix}$$

$$= \rho^2\sin\phi$$

따라서 면적요소의 변환식은 다음과 같다.

$$dx\,dy\,dz = \rho^2\sin\phi\,d\rho\,d\phi\,d\theta$$

그러므로 구면좌표변환에 대한 다음의 정리를 얻을 수 있다.

**정리 14.4.5(삼중적분의 구면좌표변환)**

구면좌표계로의 변환에 의하여 $xyz$공간(직교좌표계)의 영역 $W$와 $\rho\phi\theta$공간(구면좌표계) 영역 $E$가 일대일대응하고 함수 $f$가 $W$에서 적분가능하면 다음이 성립한다.

$$\iiint_W f(x,y,z)\,dx\,dy\,dz = \iiint_E f(\rho\sin\phi\cos\theta,\ \rho\sin\phi\sin\theta,\ \rho\cos\phi)\,\rho^2\sin\phi\,d\rho\,d\phi\,d\theta$$

**예제 8** 구면 $\rho = a$와 원뿔 $\phi = \alpha$ 사이 영역의 부피를 구하여라.

**풀이** 구면 $\rho = a$와 원뿔 $\phi = \alpha$ 사이 영역은 그림과 같다.

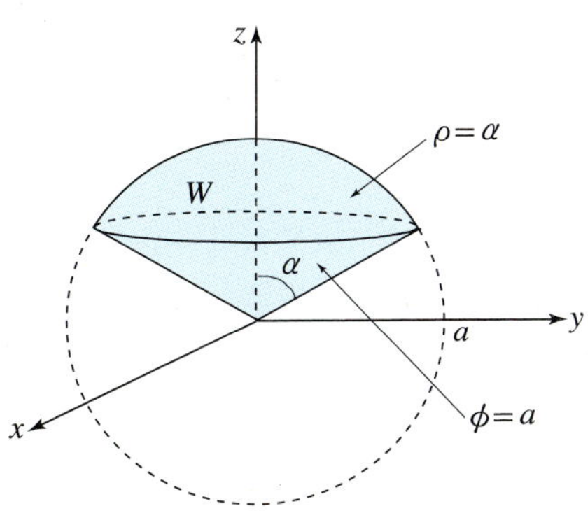


그림 14.4.23

영역 $W$의 구면좌표변환은 다음의 일대일대응으로 주어진다.

$T(\rho,\phi,\theta)$
$=(\rho\sin\phi\cos\theta,\ \rho\sin\phi\sin\theta,\ \rho\cos\phi)$

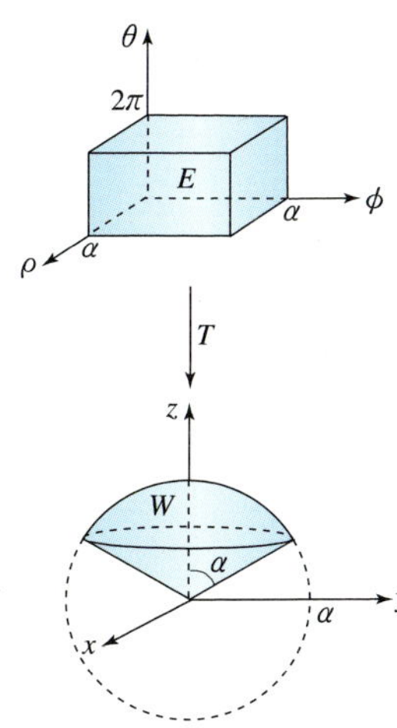


그림 14.4.24

그리고 영역 $W$의 부피는 다음과 같이 삼중적분으로 주어진다.

$$W\text{의 부피} = \iiint_W dxdydz$$

영역 $W$를 구면좌표로 표시하면 다음의 영역 $E$와 같다.

$$E = \{(\rho, \phi, \theta) \mid 0 \le \rho \le a,\ 0 \le \phi \le \alpha,\ 0 \le \theta \le 2\pi\}.$$

구면좌표계로 변수변환하여 $W$의 부피를 계산하면

$$\begin{aligned}\iiint_W dxdydz &= \iiint_E \rho^2 \sin\phi \, d\rho \, d\phi \, d\theta \\ &= \int_0^{2\pi}\int_0^{\alpha}\int_0^{a} \rho^2 \sin\phi \, d\rho \, d\phi \, d\theta \\ &= \int_0^{2\pi}\int_0^{\alpha}\left[\frac{1}{3}\rho^3 \sin\phi\right]_{\rho=0}^{a} d\phi \, d\theta \\ &= \int_0^{2\pi}\int_0^{\alpha}\left(\frac{a^3}{3}\sin\phi\right) d\phi \, d\theta \\ &= \int_0^{2\pi}\left[-\frac{a^3}{3}\cos\phi\right]_{\phi=0}^{\alpha} d\theta \\ &= \int_0^{2\pi}\frac{a^3}{3}(1-\cos\alpha)\, d\theta \\ &= \frac{2\pi a^3}{3}(1-\cos\alpha)\end{aligned}$$ ■

예제 8에서 $\alpha = \pi$이면 영역 $W$는 반지름이 $a$인 구가 된다. 따라서 반지름이 $a$인 구의 부피는 $\frac{4\pi a^3}{3}$임을 확인할 수 있다.

**예제 9** 영역 $W$가 단위구(unit ball)이다. 즉,

$$W = \{(x, y, z) \mid x^2 + y^2 + z^2 \le 1\}$$

일 때 다음 삼중적분을 계산하여라.

$$\iiint_W e^{(x^2+y^2+z^2)^{3/2}} dxdydz$$

**풀이** 영역 $W$를 구면좌표계로 나타내면 다음의 영역 $E$가 되며 직육면체영역으로 나타난다.

$$E = \{(\rho, \phi, \theta) \mid 0 \le \rho \le 1,\ 0 \le \phi \le \pi,\ 0 \le \theta \le 2\pi\}.$$

따라서 구면좌표계로 변수변환하여 적분을 계산하자.

$x = \rho\sin\phi\cos\theta$, $y = \rho\sin\phi\sin\theta$, $z = \rho\cos\phi$이므로

$$x^2 + y^2 + z^2 = \rho^2$$

따라서

$$\begin{aligned}\iiint_W e^{(x^2+y^2+z^2)^{3/2}}\,dxdydz &= \iiint_E e^{\rho^3}\rho^2\sin\phi\, d\rho\, d\phi\, d\theta\\ &= \int_0^{2\pi}\int_0^{\pi}\int_0^1 e^{\rho^3}\rho^2\sin\phi\, d\rho\, d\phi\, d\theta\\ &= \int_0^{2\pi}\int_0^{\pi}\left[\frac{1}{3}e^{\rho^3}\sin\phi\right]_{\rho=0}^{1} d\phi\, d\theta\\ &= \int_0^{2\pi}\int_0^{\pi}\left(\frac{e-1}{3}\sin\phi\right)d\phi\, d\theta\\ &= \int_0^{2\pi}\frac{2(e-1)}{3}\,d\theta = \frac{3(e-1)}{4}\pi\end{aligned}$$ ■

**예제 10** 원뿔 $z=\sqrt{x^2+y^2}$과 반구면 $z=1+\sqrt{1-x^2-y^2}$으로 둘러싸인 영역의 부피를 원기둥좌표계, 구면좌표계로의 변수변환 두 가지 방법으로 구하여라.

**풀이** $z=1+\sqrt{1-x^2-y^2}$의 그래프는 (0, 0, 1)을 중심으로 반지름이 1인 구면의 윗부분이다. 그리고 영역 $W$는 다음 그림과 같다.

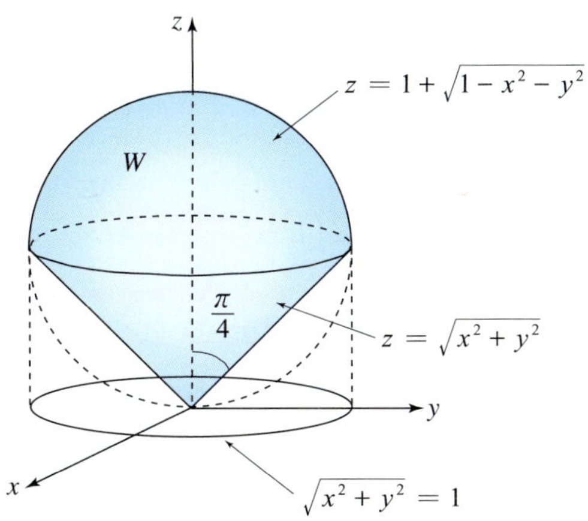


그림 14.4.25

원뿔과 구면의 식을 연립하면

$$\sqrt{x^2+y^2} = 1+\sqrt{1-x^2-y^2}$$

따라서

$$x^2+y^2=1,\ z=1$$

원뿔과 구면이 만나서 생기는 곡선은 반지름이 1인 원이다.

(1) 영역 $W$를 원기둥좌표계로 나타내면 다음의 영역 $E$와 같다.

$$E=\left\{(r,\theta,z)\,|\,0\le r\le 1,\ 0\le\theta\le 2\pi,\ r\le z\le 1+\sqrt{1-r^2}\right\}.$$

원기둥좌표로 변수변환하여 $W$의 부피를 계산하면

$$\begin{aligned}\iiint_W dxdydz &= \iiint_E r\,dr\,d\theta\,dz\\ &= \int_0^{2\pi}\int_0^1\int_r^{1+\sqrt{1-r^2}} r\,dz\,dr\,d\theta\\ &= \int_0^{2\pi}\int_0^1\left(1+\sqrt{1-r^2}-r\right)r\,dr\,d\theta\\ &= \int_0^{2\pi}\left[\frac{1}{2}r^2-\frac{1}{3}(1-r^2)^{3/2}-\frac{1}{3}r^3\right]_{r=0}^{1} d\theta\\ &= \int_0^{2\pi}\frac{1}{2}\,d\theta = \pi\end{aligned}$$

그림에서 $\rho = 2\cos\phi$

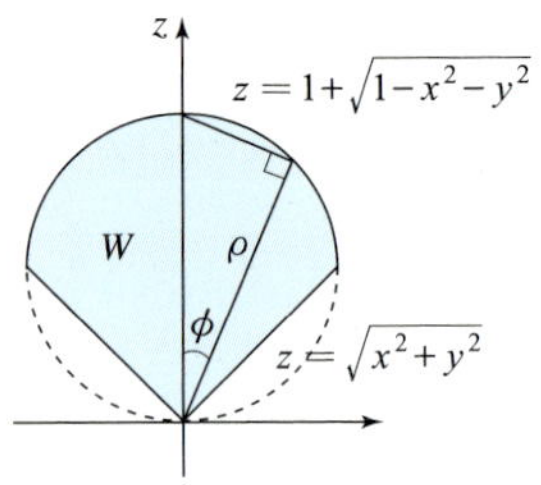


그림 14.4.26

따라서 영역 $W$에서 $\rho$의 범위는

$$0 \le \rho \le 2\cos\phi$$

이다.

(2) 영역 $W$를 구면좌표계로 나타내면 다음의 영역 $E$와 같다.

$$E = \{(\rho, \phi, \theta) \mid 0 \le \rho \le 2\cos\phi,\ 0 \le \phi \le \pi/4,\ 0 \le \theta \le 2\pi\}.$$

구면좌표계로 변수변환하여 $W$의 부피를 계산하면

$$\begin{aligned}\iiint_W dxdydz &= \iiint_E \rho^2 \sin\phi\, d\rho\, d\phi\, d\theta \\ &= \int_0^{2\pi}\int_0^{\pi/4}\int_0^{2\cos\phi} \rho^2 \sin\phi\, d\rho\, d\phi\, d\theta \\ &= \int_0^{2\pi}\int_0^{\pi/4}\left[\frac{1}{3}\rho^3\sin\phi\right]_{\rho=0}^{2\cos\phi} d\phi\, d\theta \\ &= \int_0^{2\pi}\int_0^{\pi/4}\left(\frac{8}{3}\cos^3\phi\sin\phi\right) d\phi\, d\theta \\ &= \int_0^{2\pi}\left[-\frac{2}{3}\cos^4\phi\right]_0^{\pi/4} d\theta \\ &= \int_0^{2\pi}\frac{1}{2}\, d\theta = \pi\end{aligned}$$

■

## 연습문제 14.4

**1.** 적분영역을 그리고 적분을 계산하여라.

(1) $\displaystyle\int_{-a}^{a}\int_{-\sqrt{a^2-x^2}}^{\sqrt{a^2-x^2}} x^2 + y^2\, dy\, dx$

(2) $\displaystyle\int_0^{2a}\int_0^{\sqrt{2ay-y^2}} y^2\, dx\, dy$

(3) $\displaystyle\int_0^2\int_0^{\sqrt{4-x^2}} \frac{xy}{\sqrt{x^2+y^2}}\, dy\, dx$

(4) $\displaystyle\int_0^2\int_{-\sqrt{4-y^2}}^{\sqrt{4-y^2}} x^2y^2\, dx\, dy$

(5) $\displaystyle\int_0^2\int_0^{\sqrt{2x-x^2}} \sqrt{x^2+y^2}\, dy\, dx$

(6) $\displaystyle\int_{-a}^{a}\int_0^{\sqrt{a^2-y^2}} (x^2+y^2)^{3/2}\, dx\, dy$

(7) $\displaystyle\int_0^1\int_y^{\sqrt{2-y^2}} \frac{1}{1+x^2+y^2}\, dxdy$

**2.** 주어진 곡선으로 둘러싸인 영역 $D$에서 적분을 계산하여라.

(1) $\displaystyle\iint_D \frac{1}{1-x^2-y^2}\, dA,\quad D: x^2+y^2 = a^2$

(2) $\displaystyle\iint_D e^{-x^2-y^2}\, dA,\quad D: x = \sqrt{4-y^2},\ x = 0$

(3) $\displaystyle\iint_D \sqrt{x^2+y^2}\, dA,\quad D: 1 \le x^2+y^2 \le 9,\ y \ge 0$

(4) $\displaystyle\iint_D (x^2+y^2)\, dA,\quad D: r = \theta,\ r = 2\theta\ (0 \le \theta \le 2\pi)$

**3.** 주어진 곡선으로 둘러싸인 영역의 넓이를 계산하여라.

(1) $r^2 = 2a^2\cos 2\theta$

(2) $r = 1 - \cos\theta$

(3) $r = 4\sin 3\theta$

(4) $r = 1 + \cos\theta,\quad r = 6 - \sin\theta$

**4.** 주어진 곡면으로 둘러싸인 영역의 부피를 계산하여라.

(1) $z = 4 - x^2 - y^2$, $xy$ 평면

(2) $(x-2)^2 + y^2 = 4$, $z = x^2 + y^2$, $xy$ 평면

(3) $z = 2x^2 + 2y^2 + 4$, $z = -4x^2 - 4y^2 - 4$, $x^2 + y^2 = 16$

(4) $z^2 - x^2 - y^2 = 1$, $z = 4$

(5) $x^2 + y^2 + z^2 = 20$, $z = x^2 + y^2$

(6) $x^2 + y^2 + z^2 = 4$, $x^2 + (y-1)^2 = 1$

**5.** 다음 반복적분의 적분영역을 그리고 직교좌표계, 원기둥좌표계, 구면좌표계로 나타내어라.

(1) $\int_0^{2\pi}\int_0^1\int_0^{\sqrt{4-r^2}} r\, dz\, dr\, d\theta$ (직교좌표계)

(2) $\int_0^a\int_0^{\sqrt{a^2-x^2}}\int_0^{\sqrt{a^2-x^2-y^2}} dz\, dy\, dx$ (구면좌표계)

(3) $\int_0^4\int_0^1\int_{2y}^2 \frac{4\cos(x^2)}{2\sqrt{z}}\, dx\, dy\, dz$

**6.** 영역 $W$에서 $f$의 삼중적분을 계산하여라.

(1) $f(x, y, z) = x^2 + y^2 + z^2$

$W : x^2 + y^2 \le 1,\ \ 0 \le z \le 2$

(2) $f(x, y, z) = x^2 + y^2 + z^2$

$W : b^2 \le x^2 + y^2 + z^2 \le a^2$

(3) $f(x, y, z) = xz + yz$

$W : 0 \le x \le 2,\ \ 0 \le y \le \sqrt{4 - x^2},\ \ 0 \le z \le x^2 + y^2$

(4) $f(x, y, z) = z$ $W : \rho \le 2a\sin\phi$

**7.** 주어진 영역의 부피를 계산하여라.

(1) 구 $x^2 + y^2 + z^2 = 4a^2$와 원기둥 $x^2 + y^2 = a^2$의 공통부분

(2) 원뿔 $z^2 = x^2 + y^2$과 구 $x^2 + y^2 + z^2 = 8$로 둘러싸인 제일팔분공간의 영역

(3) 포물면 $z = 5 - x^2 - y^2$과 포물면 $z = 4x^2 + 4y^2$으로 둘러싸인 영역

(4) 구 $\rho = 2$의 내부와 평면 $z = \sqrt{2}$의 윗 부분

(5) 구 $\rho = a$와 평면 $\theta = 0,\ \theta = \frac{\pi}{6}$로 둘러싸인 제일팔분공간안의 영역

(6) 곡면 $\rho = 1 + \cos\phi$의 내부와 구 $\rho = 2$의 외부의 영역

Chapter 14

## 14.5 중적분의 응용

그래프의 넓이를 이중적분을 이용하여 계산하는 방법을 소개한다. 그리고 평면영역과 입체영영의 질량, 모멘트와 질량중심, 관성모멘트 등을 이중적분, 삼중적분을 이용하여 계산한다.

### 그래프의 넓이

직사각형 영역 $R=[a,b]\times[c,d]$에서 정의되는 두변수함수 $z=f(x,y)$의 그래프 $S$의 넓이를 계산해보자.

중적분을 정의할 때와 같이 구간 $[a,b]$와 구간 $[c,d]$을 각각 분할하고 이를 이용하여 다음과 같이 영역 $R$의 분할(partition) $P$가 주어졌다고 하자.

$$P:\{R_{i,j}:1\le i\le m,\ 1\le j\le n\}$$

영역 $R$의 분할에 따라 함수 $f$의 그래프도 아래의 그림처럼 분할된다.

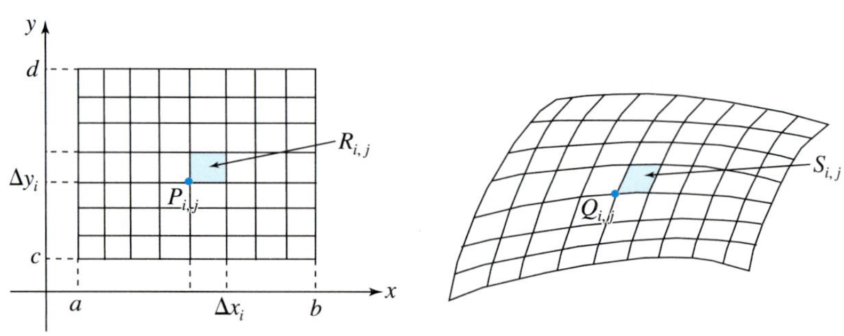


그림 14.5.1

함수 $f$에 의하여 $xy$평면의 영역 $R_{i,j}$는 그래프 조각 $S_{i,j}$에 대응한다.

그림 14.5.2에서 $T_{i,j}$는 점 $Q_{i,j}$에서의 접평면의 조각으로 $xy$평면으로 사영하면 $R_{i,j}$와 일치한다. 여기서 $T_{i,j}$의 넓이 $A(T_{i,j})$를 $S_{i,j}$의 넓이 $A(S_{i,j})$의 근사값으로 택하자. 즉

$$A(S_{i,j})\approx A(T_{i,j})$$

$T_{i,j}$는 두 벡터 $\overrightarrow{Q_{i,j}Q_1}$와 $\overrightarrow{Q_{i,j}Q_2}$로 만들어지는 평행사변형이므로

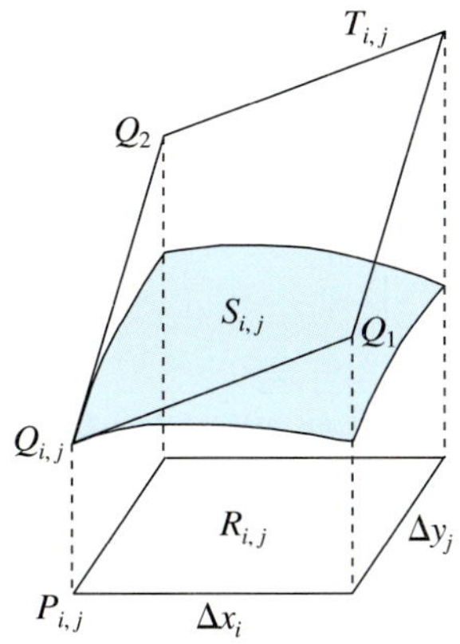


그림 14.5.2

$$A(T_{i,j}) = \left\| \overrightarrow{Q_{i,j}Q_1} \times \overrightarrow{Q_{i,j}Q_2} \right\|$$

한편 점 $Q_{i,j}$ 에서의 접평면의 방정식은

$$z = f_x(x_i, y_j)(x - x_i) + f_y(x_i, y_j)(y - y_j) + f(x_i, y_j)$$

두 벡터 $\mathbf{u}$와 $\mathbf{v}$로 만들어지는 평행사변형의 넓이 $A$는

$$A = \|\mathbf{u} \times \mathbf{v}\|$$

따라서 두 점 $Q_1, Q_2$의 좌표는 각각 다음과 같다.

$$Q_1 = (x_i + \Delta x_i,\ y_j,\ f_x(x_i, y_j)\Delta x_i + f(x_i, y_j))$$
$$Q_2 = (x_i,\ y_j + \Delta y_j,\ f_y(x_i, y_j)\Delta y_j + f(x_i, y_j))$$

$\overrightarrow{Q_{i,j}Q_1} \times \overrightarrow{Q_{i,j}Q_2}$을 계산하면

$$\begin{aligned}\overrightarrow{Q_{i,j}Q_1} \times \overrightarrow{Q_{i,j}Q_2} &= (\Delta x_i,\ 0,\ f_x(x_i, y_j)\Delta x_i) \times (0,\ \Delta y_j,\ f_y(x_i, y_j)\Delta y_j) \\ &= \Delta x_i \Delta y_j(-f_x(x_i, y_j), -f_y(x_i, y_j), 1)\end{aligned}$$

따라서

$$A(T_{i,j}) = \sqrt{(f_x(x_i, y_j))^2 + (f_y(x_i, y_j))^2 + 1}\,\Delta x_i \Delta y_j$$

그러므로

$$A(S_{i,j}) \approx \sqrt{(f_x(x_i, y_j))^2 + (f_y(x_i, y_j))^2 + 1}\,\Delta x_i\,\Delta y_j$$

여기서 다음과 같이 $A(S)$의 근사값을 얻는다.

$$\begin{aligned}A(S) &= \sum_{i,j} A(S_{i,j}) \\ &\approx \sum_{i,j} \sqrt{(f_x(x_i, y_j))^2 + (f_y(x_i, y_j))^2 + 1}\,\Delta x_i \Delta y_j\end{aligned}$$

한편 함수 $f$가 연속인 일계편미분을 가지면 함수 $\sqrt{(f_x)^2 + (f_y)^2 + 1}$는 적분가능하므로 이중적분의 정의에 따라 다음이 성립한다.

$$\lim_{\|P\|\to 0} \sum_{i,j} \sqrt{(f_x(x_i, y_j))^2 + (f_y(x_i, y_j))^2 + 1}\,\Delta x_i \Delta y_j$$
$$= \iint_R \sqrt{(f_x(x, y))^2 + (f_y(x,y))^2 + 1}\, dxdy$$

그러므로 다음 식이 성립한다.

$$A(S) = \iint_R \sqrt{(f_x(x, y))^2 + (f_y(x, y))^2 + 1}\, dxdy$$

위에서 직사각형 영역에서 정의된 함수의 그래프의 넓이를 구해보았다. 실제로 직사각형이 아닌 일반적인 영역에서도 위와 같은 식이 성립한다.

**정리 14.5.1(그래프의 넓이)**

영역 $D$에서 연속인 미분을 가지는 함수 $z = f(x, y)$의 그래프 $S$의 넓이 $A(S)$는 다음과 같다.

$$A(S) = \iint_D \sqrt{(f_x(x, y))^2 + (f_y(x, y))^2 + 1}\, dxdy$$

**예제 1** 포물면 $z = x^2 + y^2$을 평면 $z = 1$로 자른 아래 부분의 넓이를 구하여라.

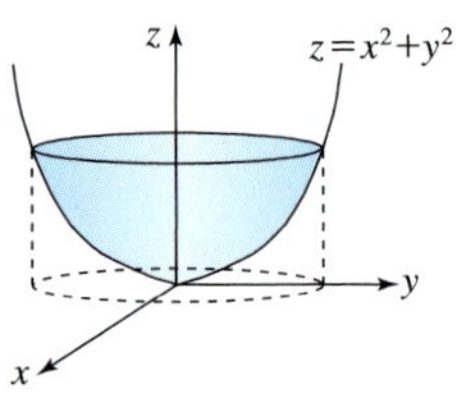

그림 14.5.3

**풀이** 주어진 곡면 $S$는 $D = \{(x, y) : x^2 + y^2 \le 1\}$에서 정의된 함수 $f(x, y) = x^2 + y^2$의 그래프이다(그림 14.5.3). 따라서 곡면의 넓이 $A(S)$는 다음과 같다.

$$A(S) = \iint_D \sqrt{(f_x(x, y))^2 + (f_y(x, y))^2 + 1}\, dxdy$$

한편

$$\sqrt{(f_x(x, y))^2 + (f_y(x, y))^2 + 1} = \sqrt{4x^2 + 4y^2 + 1}$$

그러므로

$$A(S) = \iint_D \sqrt{4x^2 + 4y^2 + 1}\, dxdy$$

영역 $D$를 극좌표로 표시하면 다음 영역 $E$와 같다.

$$E = \{(r, \theta) \mid 0 \le r \le 1,\ 0 \le \theta \le 2\pi\}$$

따라서 극좌표변환하여 이중적분을 계산하면

$$\begin{aligned} A(S) &= \iint_E \sqrt{4r^2 + 1}\, rdrd\theta \\ &= \int_0^{2\pi} \int_0^1 \sqrt{4r^2 + 1}\, rdrd\theta \\ &= \int_0^{2\pi} \frac{1}{12}(5\sqrt{5} - 1)d\theta = \frac{\pi}{6}(5\sqrt{5} - 1) \end{aligned}$$

■

**예제 2** 반구면 $x^2+y^2+z^2=a^2(z \geq 0)$이 원주면 $x^2+y^2=b^2(0<b<a)$에 의하여 잘려진 곡면의 넓이를 구하여라.

**풀이** 주어진 곡면 $S$는 $D=\{(x, y): x^2+y^2 \leq b^2\}$에서 정의된 함수

$$f(x, y)=\sqrt{a^2-x^2-y^2}$$

의 그래프이다(그림 14.5.4). 따라서 곡면의 넓이 $A(S)$는 다음과 같다.

$$A(S)=\iint_D \sqrt{(f_x(x, y))^2+(f_y(x, y))^2+1}\, dxdy$$

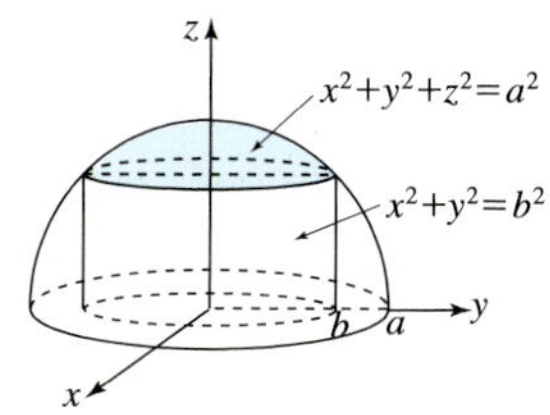

그림 14.5.4

한편

$$f_x(x, y)=-\frac{x}{\sqrt{a^2-x^2-y^2}}$$

$$f_y(x, y)=-\frac{y}{\sqrt{a^2-x^2-y^2}}$$

따라서

$$\begin{aligned}\sqrt{(f_x(x, y))^2+(f_y(x, y))^2+1} &= \left[\frac{x^2+y^2}{a^2-x^2-y^2}+1\right]^{\frac{1}{2}} \\ &= \frac{a}{\sqrt{a^2-x^2-y^2}}\end{aligned}$$

그러므로

$$A(S)=\iint_D \frac{a}{\sqrt{a^2-x^2-y^2}}\, dxdy$$

영역 $D$를 극좌표로 표시하면 다음 영역 $E$와 같다.

$$E=\{(r, \theta) \mid 0 \leq r \leq b,\ 0 \leq \theta \leq 2\pi\}$$

따라서 극좌표로 변환하여 이중적분을 계산하면

$$\begin{aligned}A(S) &= \iint_E \frac{a}{\sqrt{a^2-r^2}}\, rdrd\theta \\ &= \int_0^{2\pi}\int_0^b \frac{a}{\sqrt{a^2-r^2}}\, rdrd\theta \\ &= a\int_0^{2\pi}(-\sqrt{a^2-b^2}+a)\,d\theta \\ &= 2\pi a(a-\sqrt{a^2-b^2})\end{aligned}$$

그러므로 곡면 $S$의 넓이는 $2\pi a\left(a-\sqrt{a^2-b^2}\right)$이다. ■

예제 2에서 $b=a$인 경우를 생각하면 반지름이 $a$인 반구의 겉넓이는 $2\pi a^2$이므로 구의 겉넓이는 $4\pi a^2$임을 확인할 수 있다.

Chapter 14

## 질량

$xy$평면의 직사각형 영역 $R$의 각 점에서의 밀도를 나타내는 밀도함수가 연속함수 $\delta(x, y)$로 주어질 때 영역의 질량(mass) $M$을 구해보자.

영역 $R$을 작은 직사각형 영역 $R_{i,j}$로 분할하고

$$P : \{R_{i,j} : 1 \le i \le m,\ 1 \le j \le n\}$$

각각의 $R_{i,j}$에서 표본점 $\left(\overline{x}_{i,j}, \overline{y}_{i,j}\right)$를 택하면

$$R_{i,j} \text{의 질량} \approx \delta(\left(\overline{x}_{i,j}, \overline{y}_{i,j}\right))\Delta A_{i,j}$$

따라서

$$R \text{의 질량} \approx \sum_{i,j} \delta(\left(\overline{x}_{i,j}, \overline{y}_{i,j}\right))\Delta A_{i,j}$$

한편 $\delta(x, y)$가 연속함수이므로

$$\lim_{\|P\|\to 0} \sum_{i,j} \delta\left(\overline{x}_{i,j}, \overline{y}_{i,j}\right)\Delta A_{i,j} = \iint_R \delta(x, y)\,dA$$

그러므로 영역의 질량 $M$은 다음과 같다.

$$M = \iint_R \delta(x, y)\,dA$$

일반적인 평면영역이나 입체의 질량도 마찬가지 방법으로 정의한다.

**정의 14.5.2(질량)**

(1) $xy$평면의 평면영역 $D$에서의 밀도함수가 연속함수 $\delta(x, y)$로 주어진다면 평면영역 $D$의 질량(mass) $M$은 다음과 같다.

$$M = \iint_D \delta(x, y)\,dA$$

(2) $xyz$ 공간의 입체영역 $W$에서의 밀도함수가 연속함수 $\delta(x, y, z)$로 주어진다면 입체영역 $W$의 질량(mass) $M$은 다음과 같다.

$$M = \iiint_D \delta(x, y, z)\,dV$$

**예제 3** 영역 $D$가 꼭지점이 $(0, 0)$, $(1, 0)$, $(0, 2)$인 삼각형이고 영역 $D$에서의 밀도함수가 $\delta(x, y) = 1 + 4x + y$로 주어진다. 영역 $D$의 질량을 구하여라.

**풀이** 영역 $D$는 $2x+y=2$, $x$축, $y$축으로 둘러싸인 영역이다(그림 14.5.5). 영역 $D$의 질량 $M$을 계산하면

$$\begin{aligned} M &= \iint_D (1+4x+y)\,dA \\ &= \int_0^1 \int_0^{2-2x} (1+4x+y)\,dy\,dx \\ &= \int_0^1 (-6x^2+2x+4)\,dx = 3 \end{aligned}$$

■

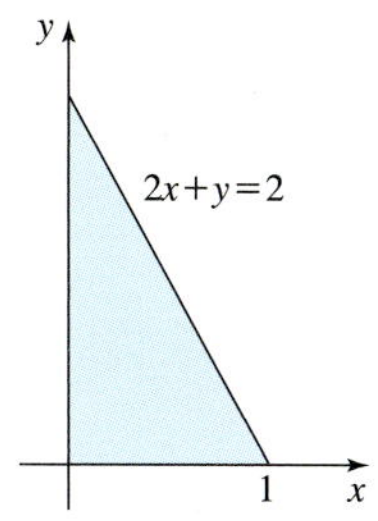

그림 14.5.5

**예제 4** 다음과 같이 주어진 입체영역 $W$

$$W = \{(x, y, z) \mid 0 \le x \le y+z,\ 1 \le y \le 2,\ -1 \le z \le 1\}$$

에서 밀도함수가 $\delta(x, y, z) = 2x+y$로 주어졌다. $W$의 질량을 구하여라.

**풀이** 입체영역 $W$는 6개의 평면 $x=0$, $x=y+z$, $y=1$, $y=2$, $z=-1$, $z=1$으로 둘러싸인 영역이다(14.5.6). 영역 $W$의 질량 $M$을 구하면

$$\begin{aligned} M &= \iiint_W (2x+y)\,dV \\ &= \int_{-1}^1 \int_1^2 \int_0^{y+z} (2x+y)\,dx\,dy\,dz \\ &= \int_{-1}^1 \int_1^2 (2y^2+3yz+z^2)\,dy\,dz \\ &= \int_{-1}^1 \left(z^2+\frac{9}{2}z+\frac{14}{3}\right)dz = 10 \end{aligned}$$

■

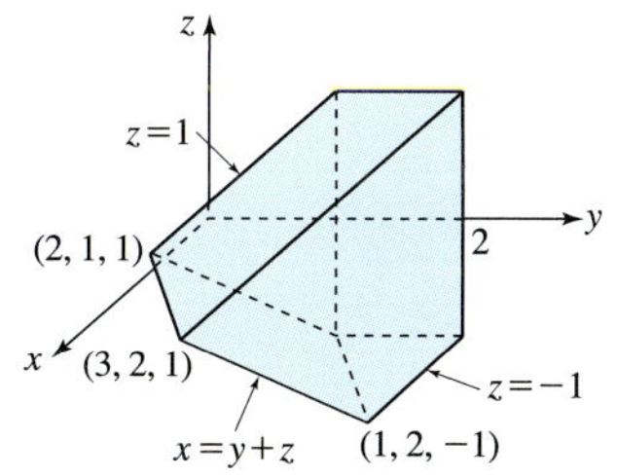

그림 14.5.6

## 모멘트와 질량중심

$xy$평면 위의 점 $(x_1, y_1), \cdots, (x_n, y_n)$에 질량이 각각 $m_1, \cdots, m_n$인 $n$개의 입자들이 있다고 하자. $n$개의 입자들의 $x$축에 대한 모멘트(moment) $M_x$는 각 입자들의 질량과 $x$축까지의 거리의 곱을 합한 것이다. 즉,

$$M_x = \sum_{k=1}^{n} y_k m_k$$

마찬가지 방법으로 $y$축에 대한 모멘트 $M_y$는 다음과 같다.

$$M_y = \sum_{k=1}^{n} x_k m_k$$

그리고 질량중심(center of mass)의 좌표 $(\bar{x}, \bar{y})$는 다음과 같다.

$$\bar{x} = \frac{M_y}{M} = \frac{\sum_{k=1}^{n} x_k m_k}{\sum_{k=1}^{n} m_k}, \quad \bar{y} = \frac{M_x}{M} = \frac{\sum_{k=1}^{n} y_k m_k}{\sum_{k=1}^{n} m_k}$$

이제 영역에서의 모멘트와 질량중심을 생각해보자.

$xy$평면의 직사각형 영역 $R$에서 밀도함수가 연속함수인 $\delta(x, y)$로 주어진다고 하자. 영역 $R$을 작은 직사각형 영역 $R_{i,j}$로 분할하고

$$P:\{R_{i,j}: 1 \le i \le m,\ 1 \le j \le n\}$$

각각의 직사각형 영역 $R_{i,j}$에서 표본점 $(\overline{x}_{i,j}, \overline{y}_{i,j})$를 택하면

$$R_{i,j} \text{의 질량 } \approx \delta(\overline{x}_{i,j}, \overline{y}_{i,j})\Delta A_{i,j}$$

$$x\text{축에 대한 } R_{i,j} \text{의 모멘트} \approx \overline{y}_{i,j}\delta(\overline{x}_{i,j}, \overline{y}_{i,j})\Delta A_{i,j}$$

따라서

$$x\text{축에 대한 } R\text{의 모멘트} \approx \sum_{i,j} \overline{y}_{i,j}\delta(\overline{x}_{i,j}, \overline{y}_{i,j})\Delta A_{i,j}$$

한편 $\delta(x, y)$가 연속함수이므로

$$\lim_{\|P\|\to 0}\sum_{i,j} \overline{y}_{i,j}\delta(\overline{x}_{i,j}, \overline{y}_{i,j})\Delta A_{i,j} = \iint_R y\delta(x, y)\,dA$$

그러므로

$$x\text{축에 대한 모멘트} : M_x = \iint_R y\delta(x, y)\,dA$$

마찬가지 방법으로 다음을 얻을 수 있다.

$$y\text{축에 대한 모멘트} : M_y = \iint_R x\delta(x, y)\,dA$$

그리고 영역 $R$의 질량을 $M$이라 하면 영역 $R$의 질량중심(center of mass)의 좌표 $(\overline{x}, \overline{y})$는 다음과 같다.

$$\overline{x} = \frac{M_y}{M}, \quad \overline{y} = \frac{M_x}{M}$$

일반적인 평면영역의 경우에도 마찬가지 방법으로 각 좌표축에 대한 모멘트와 질량중심을 정의한다. 그리고 입체영역의 경우에는 각 좌표평면에 대한 모멘트를 정의하고 이를 이용하여 질량중심을 정의한다.

**정의 14.5.3(모멘트와 질량중심)**

(1) $xy$평면의 평면영역 $D$에서 밀도함수가 연속함수 $\delta(x, y)$로 주어진다면 평면영역 $D$의 좌표축에 대한 모멘트(moment)와 질량중심(center of mass)의 좌표 $(\bar{x}, \bar{y})$는 다음과 같다.

$$x\text{축에 대한 모멘트} : M_x = \iint_R y\delta(x, y)\,dA$$

$$y\text{축에 대한 모멘트} : M_y = \iint_R x\delta(x, y)\,dA$$

$$\text{질량중심} : \bar{x} = \frac{M_y}{M}, \quad \bar{y} = \frac{M_x}{M}$$

단, $M$은 $D$의 질량이다.

(2) $xyz$ 공간의 입체영역 $W$에서의 밀도함수가 연속함수 $\delta(x, y, z)$로 주어진다면 입체영역 $W$의 각 좌표평면에 대한 모멘트(moment)와 질량중심(center of mass)의 좌표 $(\bar{x}, \bar{y}, \bar{z})$는 다음과 같다.

$$xy\text{평면에 대한 모멘트} : M_{xy} = \iiint_W z\delta(x, y, z)\,dV$$

$$yz\text{평면에 대한 모멘트} : M_{yz} = \iiint_W x\delta(x, y, z)\,dV$$

$$xz\text{평면에 대한 모멘트} : M_{xz} = \iiint_W y\delta(x, y, z)\,dV$$

$$\text{질량중심} : \bar{x} = \frac{M_{yz}}{M}, \quad \bar{y} = \frac{M_{xz}}{M}, \quad \bar{z} = \frac{M_{xy}}{M}$$

단, $M$은 $W$의 질량이다.

**예제 5** 예제 3의 평면영역 $D$의 질량중심을 구하여라.

**풀이** $\delta(x, y) = 1 + 4x + y$이므로 $x$축, $y$축에 대한 모멘트 $M_x$, $M_y$를 각각 구하면

$$\begin{aligned} M_x &= \iint_D (1 + 4x + y)y\,dA \\ &= \int_0^1 \int_0^{2-2x} (1 + 4x + y)y\,dy\,dx \\ &= \frac{2}{3}\int_0^1 (x-1)^2(8x+7)\,dx = 2 \\ M_y &= \iint_D (1 + 4x + y)x\,dA \\ &= \int_0^1 \int_0^{2-2x} (1 + 4x + y)x\,dy\,dx \\ &= \int_0^1 (-6x^3 + 2x^2 + 4x)\,dx = \frac{7}{6} \end{aligned}$$

영역 $D$의 질량은 3이므로 질량중심 $(\bar{x}, \bar{y})$은 다음과 같다.

$$(\bar{x}, \bar{y}) = \left(\frac{M_y}{M}, \frac{M_x}{M}\right) = \left(\frac{2}{3}, \frac{7}{18}\right)$$

■

Chapter 14

**예제 6** 예제 4의 입체영역 $W$의 질량중심을 구하여라.

**풀이** $\delta(x, y, z) = 2x + y$이므로 좌표평면에 대한 모멘트 $M_{xy}$, $M_{yz}$, $M_{xz}$를 각각 구하면

$$\begin{aligned} M_{xy} &= \iiint_W z(2x+y)\,dV \\ &= \int_{-1}^{1}\int_{1}^{2}\int_{0}^{y+z} z(2x+y)\,dx\,dy\,dz \\ &= \int_{-1}^{1}\int_{1}^{2} (2zy^2 + 3yz^2 + z^3)\,dy\,dz \\ &= \int_{-1}^{1}\left(\frac{14}{3}z + \frac{9}{2}z^2 + z^3\right)dz = 3 \\ M_{yz} &= \iiint_W x(2x+y)\,dV \\ &= \int_{-1}^{1}\int_{1}^{2}\int_{0}^{y+z} x(2x+y)\,dx\,dy\,dz \\ &= \int_{-1}^{1}\int_{1}^{2}\left(\frac{7}{6}y^3 + 3zy^2 + \frac{5}{2}z^2y + \frac{2}{3}z^3\right)dy\,dz \\ &= \int_{-1}^{1}\int_{1}^{2}\left(\frac{7}{6}y^3 + 3zy^2 + \frac{5}{2}z^2y + \frac{2}{3}z^3\right)dy\,dz = \frac{45}{4} \\ M_{xz} &= \iiint_W y(2x+y)\,dV \\ &= \int_{-1}^{1}\int_{1}^{2}\int_{0}^{y+z} y(2x+y)\,dx\,dy\,dz \\ &= \int_{-1}^{1}\int_{1}^{2} (2y^3 + 3zy^2 + yz^2)\,dy\,dz \\ &= \int_{-1}^{1}\left(\frac{15}{2} + 7z + \frac{3}{2}z^2\right)dz = 16 \end{aligned}$$

영역 $D$의 질량은 10이므로 질량중심 $(\bar{x}, \bar{y}, \bar{z})$은 다음과 같다.

$$(\bar{x}, \bar{y}, \bar{z}) = \left(\frac{M_{yz}}{M}, \frac{M_{xz}}{M}, \frac{M_{xy}}{M}\right) = \left(\frac{9}{8}, \frac{8}{5}, \frac{3}{10}\right)$$

■

## 관성모멘트

$xy$ 평면 위의 점 $(x_1, y_1), \cdots, (x_n, y_n)$에 질량이 각각 $m_1, \cdots, m_n$인 $n$개의 입자들의 $x$축에 대한 관성모멘트(moment of inertia) $I_x$는 각 입자들의 질량과 $x$축까지의 거리의 제곱을 곱하여 합한 것이다. 즉,

$$I_x = \sum_{k=1}^{n} y_k^2 m_k$$

마찬가지로 $y$축에 대한 관성모멘트(moment of inertia) $I_y$는

$$I_y = \sum_{k=1}^{n} x_k^2 m_k$$

이제 영역에서의 관성모멘트와 질량중심을 생각해보자.

$xy$ 평면의 직사각형 영역 $R$에서 밀도함수가 연속함수인 $\delta(x, y)$로 주어진다고 하자. 영역 $R$를 작은 직사각형 영역 $R_{i,j}$로 분할하고

$$P:\{R_{i,j}: 1 \le i \le m,\ 1 \le j \le n\}$$

각각의 $R_{i,j}$에서 표본점 $(\bar{x}_{i,j}, \bar{y}_{i,j})$를 택하면

$$x\text{축에 대한 } R_{i,j}\text{의 관성모멘트} \approx \bar{y}_{i,j}{}^2\delta(\bar{x}_{i,j}, \bar{y}_{i,j})\Delta A_{i,j}$$

따라서

$$x\text{축에 대한 } R\text{의 관성모멘트} \approx \sum_{i,j} \bar{y}_{i,j}{}^2\delta(\bar{x}_{i,j}, \bar{y}_{i,j})\Delta A_{i,j}$$

한편 $\delta(x, y)$가 연속함수이므로

$$\lim_{\|P\|\to 0}\sum_{i,j} \bar{y}_{i,j}{}^2\delta(\bar{x}_{i,j}, \bar{y}_{i,j})\Delta A_{i,j} = \iint_R y^2\delta(x, y)\,dA$$

그러므로

$$x\text{축에 대한 관성모멘트 : } I_x = \iint_R y^2\delta(x, y)\,dA$$

마찬가지 방법으로 다음을 얻을 수 있다.

$$y\text{축에 대한 관성모멘트 : } I_y = \iint_R x^2\delta(x, y)\,dA$$

일반적인 평면영역이나 입체영역의 경우에도 마찬가지 방법으로 각 좌표축에 대한 관성모멘트를 정의한다.

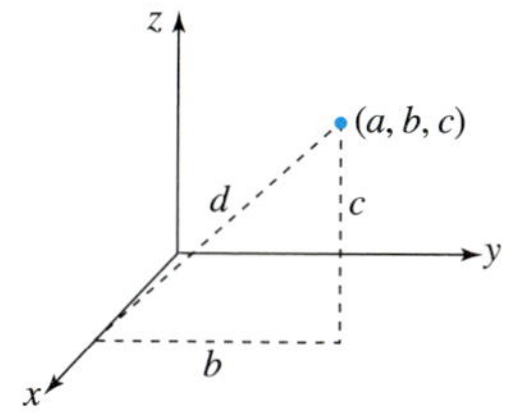

그림 14.5.7

점 $(a, b, c)$에서

$x$축까지의 거리 : $\sqrt{b^2 + c^2}$
$y$축까지의 거리 : $\sqrt{a^2 + c^2}$
$z$축까지의 거리 : $\sqrt{a^2 + b^2}$

**정의 14.5.4(관성모멘트)**

(1) $xy$ 평면의 평면영역 $D$에서 밀도함수가 $\delta(x, y)$로 주어지면 평면영역 $D$의 각 좌표축에 대한 관성모멘트(moment of inertia)는 다음과 같다.

$$x\text{축에 대한 관성모멘트 : } I_x = \iint_D y^2\delta(x, y)\,dA$$
$$y\text{축에 대한 관성모멘트 : } I_y = \iint_D x^2\delta(x, y)\,dA$$

(2) $xyz$ 공간의 입체영역 $W$에서의 밀도함수가 $\delta(x, y)$이면 입체영역 $W$의 각 좌표축에 대한 관성모멘트(moment of inertia)는 다음과 같다.

$$x\text{축에 대한 관성모멘트 : } I_x = \iiint_W (y^2 + z^2)\delta(x, y, z)\,dV$$
$$y\text{축에 대한 관성모멘트 : } I_x = \iiint_W (z^2 + x^2)\delta(x, y, z)\,dV$$
$$x\text{축에 대한 관성모멘트 : } I_z = \iiint_W (x^2 + y^2)\delta(x, y, z)\,dV$$

**예제 7** 예제 3의 영역 $D$의 관성모멘트를 구하여라.

**풀이** 영역 $D$의 $x$축, $y$축에 대한 관성모멘트 $I_x$, $I_y$를 각각 구하면 다음과 같다.

$$\begin{aligned} I_x &= \iint_D y^2(1+4x+y)\,dA \\ &= \int_0^1 \int_0^{2-2x} y^2(1+4x+y)\,dy\,dx \\ &= -\frac{20}{3}\int_0^1 (x-1)^3(x+1)\,dx = -2 \\ I_y &= \iint_D x^2(1+4x+y)\,dA \\ &= \int_0^1 \int_0^{2-2x} x^2(1+4x+y)\,dy\,dx \\ &= \int_0^1 (-6x^4+2x^3+4x^2)\,dx = \frac{19}{30} \end{aligned}$$

■

**예제 8** 예제 4의 입체영역 $W$의 관성모멘트를 구하여라.

**풀이** 영역 $W$의 좌표축에 대한 관성모멘트 $I_x$, $I_y$, $I_z$를 각각 구하면 다음과 같다.

$$\begin{aligned} I_x &= \iiint_W (y^2+z^2)(2x+y)\,dV \\ &= \int_{-1}^1 \int_1^2 \int_0^{y+z} (y^2+z^2)(2x+y)\,dx\,dy\,dz \\ &= \int_{-1}^1 \int_1^2 (2y^4+3zy^3+3z^2y^2+3yz^3+z^4)\,dy\,dz \\ &= \int_{-1}^1 \left(\frac{62}{5}+\frac{45}{4}z+7z^2+\frac{9}{2}z^3+z^4\right)dz = \frac{448}{15} \end{aligned}$$

마찬가지방법으로 삼중적분을 풀면

$$\begin{aligned} I_y &= \iiint_W (z^2+x^2)(2x+y)\,dV \\ &= \int_{-1}^1 \int_1^2 \int_0^{y+z} (z^2+x^2)(2x+y)\,dx\,dy\,dz = \frac{304}{15} \\ I_z &= \iiint_W (x^2+y^2)(2x+y)\,dV \\ &= \int_{-1}^1 \int_1^2 \int_0^{y+z} (x^2+y^2)(2x+y)\,dx\,dy\,dz = \frac{388}{9} \end{aligned}$$

■

## 연습문제 14.5

**1.** 곡면의 면적을 구하여라.

(1) 포물면 $z = x^2 + y^2$에서 평면 $z = 4$으로 잘린 부분

(2) 포물면 $z = 9 - x^2 - y^2$에서 두 평면 $z = 0$, $z = 8$으로 잘린 부분

(3) $xy$평면에서 $x = 1$, $y = 0$, $y = x$로 유계된 삼각형 위에 있는 곡면 $x^2 + z^2 = 1$

(4) $z = x^2 + 2y^2$에서 원기둥 $(x-1)^2 + y^2 = 1$로 잘린 부분

(5) 반구면 $z = \sqrt{4 - x^2 - y^2}$에서 $r = 2\cos\theta$로 잘린 부분

(6) 구면 $x^2 + y^2 + z^2 = 2a^2$에서 원뿔 $x^2 + y^2 = z^2$의 윗부분

(7) 평면 $ax + by + cz = d$ $(a, b, c, d > 0)$에서 좌표평면으로 잘린 삼각형

(8) 곡면 $z = y^2 - x^2$에서 원기둥 $x^2 + y^2 = a^2$으로 잘린 부분

**2.** 밀도함수가 $\delta$인 평면영역 $D$의 질량, 질량중심 그리고 관성모멘트를 구하여라.

(1) $D : y = 0,\ x = 2,\ y = \dfrac{x^2}{2}$으로 둘러싸인 영역
$\delta(x, y) = \dfrac{xy}{2}$

(2) $D : x = 0,\ x = y,\ y = 1$으로 둘러싸인 영역
$\delta(x, y) = x + y$

(3) $D : y = x,\ y = x^2$으로 둘러싸인 영역
$\delta(x, y) = 1$

(4) $D : \dfrac{x}{a} + \dfrac{y}{b} = 1$로 잘린 제일사분면의 삼각형영역
$\delta(x, y) = 1$(단, $a > 0,\ b > 0$)

(5) $D$ : 꼭지점이 $(0, 0), (1, 0), (1, 1), (0, 1)$인 사각형
$\delta(x, y) = x^2$

(6) $D : y = a,\ y = x/2,\ y = x$로 둘러싸인 영역
$\delta(x, y) = y^2$

(7) $D : x = y^2,\ y = x - 2$로 둘러싸인 영역
$\delta(x, y) = 1$

(8) $D : -1 \le x \le 1,\ 0 \le y \le 1/\sqrt{1 + x^2}$
$\delta(x, y) = y$

**3.** 밀도함수가 $\delta$인 입체영역 $W$의 질량과 질량중심 그리고 관성능률을 구하여라.

(1) $W$ : 가로, 세로, 높이가 각각 $a, b, c$인 직육면체
$\delta(x, y, z) = 1$

(2) $W$ : 밑면이 반지름이 $a$, 높이가 $h$인 원기둥
$\delta(x, y, z) = 1$

(3) $W$ : 좌표평면과 $\dfrac{x}{a} + \dfrac{y}{b} + \dfrac{z}{c} = 1$로 둘러싸인 사면체 $\delta(x, y, z) = 1$(단, $a, b, c > 0$)

(4) $W$ : 좌표평면과 $x + y + z = 1$로 둘러싸인 사면체 $\delta(x, y, z) = x + y + z$

(5) $W$ : $xy$ 평면과 포물면 $z = 4 - x^2 - y^2$으로 둘러싸인 영역 $\delta(x, y, z) = 1$

(6) $W$ : $x^2 + y^2 + z^2 = a^2$ , $0 \le z \le \sqrt{x^2 + y^2}$
$\delta(x, y, z) = 1$

# 제 15 장 벡터미적분학

## 톰슨(William Thomson, 1st Baron Kelvin)

윌리엄 톰슨(1824-1907)은 아일랜드에서 태어난 영국의 수리물리학자이며 공학자이다. 글래스고 대학교에서 일하면서 전기와 열역학에 대한 많은 수학적인 분석을 했으며, 물리학을 오늘날의 형태로 정립한 중요한 공헌자이다. 그이 이름을 따서 지은 절대 온도의 단위 켈빈으로 더 잘 알려져 있다. 그의 다른 이름 켈빈은 작위를 받을 때, 스코틀랜드의 글래스고 대학교 앞에 흐르던 켈빈 강을 따 지은 것이다. 그는 전자기학, 열역학, 지구물리학 등의 여러 분야에서 많은 업적을 남겼고, 그 중에서도 열역학 분야에 남긴 업적이 가장 크다. 윌리엄 톰슨은 수학자였던 아버지 제임스 톰슨과 아주 친밀한 관계를 가지며 어릴 때부터 직접 교육을 받았다. 10살이 되던 해 글래스고 대학교에 입학하였다. 1845년에 톰슨은 조지 그린의 연구 결과를 읽고 큰 영향을 받았다. 1846년, 톰슨은 22세의 나이에 글래스고 대학교로 돌아와서 물리학 교수가 된다. 1848년 그는 열역학적 지식을 기반으로 '절대 온도' 개념을 제안한다. 지금 알려진 절대 온도는 에너지 보존의 개념이 자리 잡은 후에 다시 정확하게 정의되었지만, 그가 1848년에 처음으로 제안했기 때문에 이후 그의 이름을 딴 켈빈(K)이 단위로 지정되었다. 1850년 그는 스토크스에게 보낸 편지에서 오늘날 스토크스 정리라 불리우는 결과의 처음형태를 언급하였다. 사후 그는 아이작 뉴턴의 옆에 묻혔으며 현재 영국 100파운드 지폐에 삽입된 인물이다.

# 15.1 선적분

공간에서 곡선을 따라 놓인 철사와 유사한 형태의 물체의 질량을 계산하기 위해, 우리는 구간 $[a, b]$가 아닌 공간상의 곡선 $C$에서 적분을 해야 한다. 이번 절에서는 일변수 함수의 적분을 다변수 함수로 일반화하는 방법 중 하나인 선적분을 배울 것이다.

## 선적분의 정의

벡터함수 $\mathbf{r}(t) = x(t)\mathbf{i} + y(t)\mathbf{j} + z(t)\mathbf{k}$ $(a \le t \le b)$로 표시되는 곡선 $C$를 생각하자. 그림 15.1.1처럼 구간 $[a, b]$의 분할 $P$에 따라 곡선 $C$는 $n$개로 분할되고 각 소원호의 길이를 $\Delta s_k$라 하자.

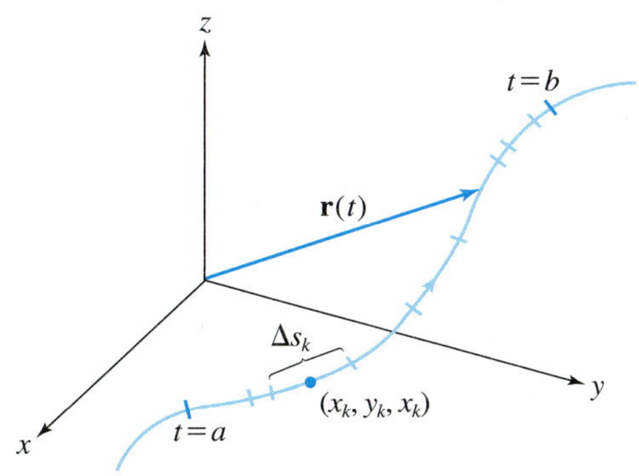


그림 15.1.1

각 소원호에서 점 $(x_k, y_k, z_k)$를 선택하여 그 점에서 $f$의 함수값과 소원호의 길이 $\Delta s_k$를 곱해서 합하면 다음과 같은 리만 합과 유사한 식을 얻는다.

$$S_P = \sum_{k=1}^{n} f(x_k, y_k, z_k)\Delta s_k$$

곡선 $C$가 매끈한 곡선(즉, $r'(t)$가 연속이고 구간 $[a, b]$에서 0이 아닌 곡선, 12.3절 참조)이고 함수 $f$가 $C$에서 연속이라고 하면, $\|P\| \to 0$에 따라 $\Delta s_k \to 0$으로 가고 위의 합도 수렴하게 된다.

**정의 15.1.1(선적분)**

함수 $f$가 벡터함수 $\mathbf{r}(t) = x(t)\mathbf{i} + y(t)\mathbf{j} + z(t)\mathbf{k}$ $(a \le t \le b)$로 표시되는 곡선 $C$ 위에서 연속인 스칼라 함수라 하자. 곡선 $C$에서의 $f$의 선적분은 다음과 같이 정의한다.

$$\int_C f(x, y, z)\,ds = \lim_{\|P\| \to 0} \sum_{k=1}^{n} f(x_k, y_k, z_k)\Delta s_k$$

정리 12.3.2로부터 $ds = \|\mathbf{r}'(t)\|\,dt$로 표현할 수 있으므로 우리는 다음과 같이 곡선 $C$에서 $f$의 선적분을 구할 수 있다.

$$\int_C f(x, y, z)\,ds = \int_a^b f(x(t), y(t), z(t))\|\mathbf{r}'(t)\|\,dt$$

만약 $f(x, y, z) = 1$이면 곡선 $C$에서 $f$의 선적분은 곡선 $C$의 길이가 된다는 것에 주목하자(정리 12.3.1). 또한, 곡선 $C$가 만약 유한개의 매끈한 곡선 $C_1, C_2, \dots, C_n$을 연결한 곡선이라면, 곡선 $C$에서의 선적분은 다음과 같이 정의한다.

$$\int_C f\,ds = \int_{C_1} f\,ds + \int_{C_2} f\,ds + \cdots + \int_{C_n} f\,ds$$

**예제 1** 곡선 $C$가 점 $(1, 0, 0)$에서 점 $(3, 2, -1)$를 잇는 선분일 때, 선적분 $\int_C (x^2 - y^2 + 4z)\,ds$를 구하여라.

**풀이** 먼저 11.4절로부터 두 점을 지나는 직선의 방정식은

$$x = 1 + 2t,\ y = 2t,\ z = -t$$

이다. 따라서, 구하는 선분의 매개변수 표현은

$$\mathbf{r}(t) = (1 + 2t)\mathbf{i} + 2t\mathbf{j} + (-t)\mathbf{k}\ \ (0 \le t \le 1)$$

임을 알 수 있다. 이 때

$$\|\mathbf{r}'(t)\| = \sqrt{2^2 + 2^2 + (-1)^2} = 3$$

를 얻는다. 따라서 선적분의 정의로부터

$$\begin{aligned}\int_C (x^2 - y^2 + 4z)\,ds &= \int_0^1 ((1 + 2t)^2 - (2t)^2 + 4(-t))3\,dt \\ &= 3\int_0^1 dt \\ &= 3\end{aligned}$$

■

공간에서 곡선 $C$를 따라 놓인 철사와 유사한 형태의 물체의 밀도함수가 연속함수 $\delta(x, y, z)$로 주어질 때, 물체의 질량 $M$은 곡선 $C$에서 밀도함수 $\delta$의 선적분이 된다. 즉,

$$M = \int_a^b \delta(x(t), y(t), z(t))\sqrt{\left(\frac{dx}{dt}\right)^2 + \left(\frac{dy}{dt}\right)^2 + \left(\frac{dz}{dt}\right)^2}\, dt$$

이 된다. 마찬가지로 곡선 $C$를 따라 놓인 철사와 유사한 형태의 물체의 질량, 모멘트, 질량중심 및 관성모멘트도 다음과 같이 선적분을 이용하여 구할 수 있다.

질량: $M = \int_C \delta\, ds$

좌표평면에 대한 모멘트:

$$M_{yz} = \int_C x\delta\, ds, \quad M_{xz} = \int_C y\delta\, ds, \quad M_{xy} = \int_C z\delta\, ds$$

질량중심: $\bar{x} = \frac{M_{yz}}{M}, \quad \bar{y} = \frac{M_{xz}}{M}, \quad \bar{z} = \frac{M_{xy}}{M}$

좌표축에 대한 관성모멘트:

$$I_x = \int_C (y^2 + z^2)\delta\, ds, \quad I_y = \int_C (x^2 + z^2)\delta\, ds, \quad I_z = \int_C (x^2 + y^2)\delta\, ds$$

**예제 2** 곡선 $C$가 $y = x^3$ 위에 두 점 $(0, 0)$, $(1, 1)$ 사이의 호 $C_1$과 $(1, 1)$, $(2, 1)$를 잇는 선분 $C_2$로 주어졌을 때 $\int_C 3x^3\, ds$를 구하여라.

**풀이** 곡선 $C$를 2개의 곡선 $C_1$, $C_2$로 나누어서 생각하면 $C_1$의 매개변수 표현은 $x = t,\ y = t^3$이므로 곡선을

$$\mathbf{r}(t) = t\mathbf{i} + t^3\mathbf{j}\ (0 \le t \le 1)$$

로 나타낼 수 있다. 이 때

$$\|\mathbf{r}'(t)\| = \sqrt{1^2 + 9t^4}$$

를 얻고 따라서 $C_1$에서 선적분은

$$\int_{C_1} 3x^3\, ds = \int_0^1 3t^3\sqrt{1 + 9t^4}\, dt = \left[\frac{1}{18}(1 + 9t^4)^{\frac{3}{2}}\right]_0^1 = \frac{1}{18}\left((10)^{\frac{3}{2}} - 1\right)$$

그 다음 $C_2$의 매개변수 표현은 $x = t,\ 1 \le t \le 2,\ y = 1$이므로 곡선을

$$\mathbf{r}(t) = t\mathbf{i} + \mathbf{j}\ (1 \le t \le 2)$$

로 나타내고 이 때 $\|\mathbf{r}'(t)\| = \sqrt{1 + 0} = 1$이므로 $C_2$에서 선적분은

$$\int_{C_2} 3x^3\,ds = \int_1^2 3t^3\,dt = \left[\frac{3}{4}t^4\right]_1^2 = \frac{3}{4}(16-1) = \frac{45}{4}$$

이다. 따라서

$$\int_C 3x^3\,ds = \int_{C_1} 3x^3\,ds + \int_{C_2} 3x^3\,ds = \frac{1}{18}\left((10)^{\frac{3}{2}}-1\right) + \frac{45}{4}$$

■

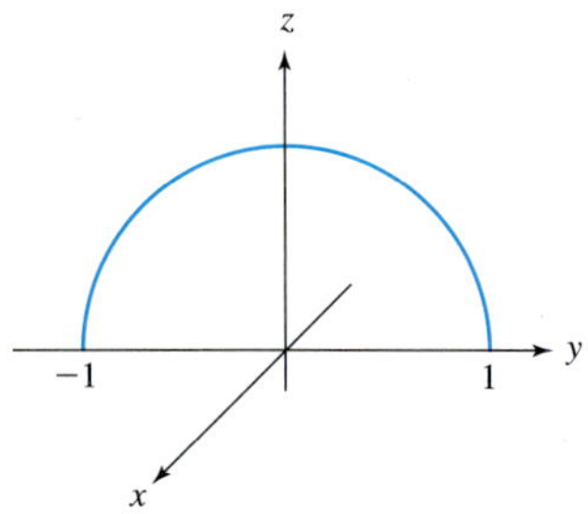

그림 15.1.2

**예제 3** 일정한 밀도 $\delta$를 가진 철사가 그림 15.1.2처럼 $yz$평면에 반원 $y^2+z^2=1$ $(z \geq 0)$ 모양으로 놓여있다. 이때, 철사의 질량중심을 구하여라.

**풀이** 대칭성으로부터 $\bar{x}=\bar{y}=0$은 바로 알 수 있다. $\bar{z}$를 구하기 위해 $M$, $M_{xy}$를 구해야 하는데, 밀도가 일정하므로 질량 $M$은 (곡선의 길이)×밀도 $=\pi\delta$이다. 반원의 매개변수 표현을 구하기 위해 곡선위의 점이 $y$축 양의 방향과의 각도를 $\theta$라 하면 좌표는 $(0, \cos\theta, \sin\theta)$이다. 따라서 $\mathbf{r}(\theta) = \cos\theta\,\mathbf{j} + \sin\theta\,\mathbf{k}$ $(0 \leq \theta \leq \pi)$는 곡선의 매개변수 표현임을 알 수 있다. 이때,

$$\|\mathbf{r}'(\theta)\| = \sqrt{0^2+(-\sin\theta)^2+(\cos\theta)^2} = 1$$

따라서,

$$\begin{aligned} M_{xy} &= \int_C z\delta\,ds = \delta\int_0^{\pi}\sin\theta\,d\theta \\ &= \delta[-\cos\theta]_0^{\pi} = 2\delta \end{aligned}$$

이 되어 $\bar{z} = 2\delta/\pi\delta = 2/\pi$임을 알 수 있다. 따라서 철사의 질량중심은 $(0, 0, 2/\pi)$이다. ■

## 평면에서의 선적분

벡터함수 $\mathbf{r}(t) = x(t)\mathbf{i} + y(t)\mathbf{j}$ $(a \leq t \leq b)$로 표시되는 평면곡선 $C$와 $C$에서 정의되는 함수 $f(x, y)$의 경우, 공간에서와 마찬가지로 선적분을 정의하고 다음과 같이 구한다.

$$\int_C f(x, y)\,ds = \int_a^b f(x(t), y(t))\|\mathbf{r}'(t)\|\,dt$$

곡선 $C$에서 $f(x, y) \geq 0$인 경우, 선적분은 아래와 그림 15.1.3처럼 "담장"의 면적과 같아지는 것을 쉽게 확인할 수 있다.

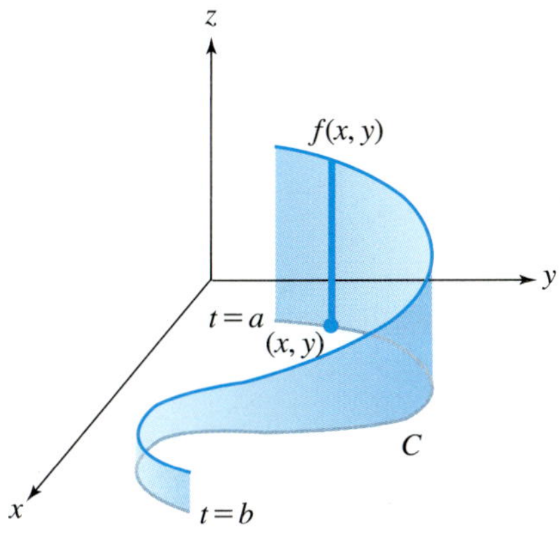


그림 15.1.3



## 연습문제 15.1

**1.** 다음 곡선을 나타내는 벡터함수를 구하여라.

(1) 공간에서 점 (0, 0, −1)과 점 (0, 0, 1)을 잇는 선분

(2) 평면에서 원 $x^2 + y^2 = 4$에서 일사분면에($x$축, $y$축 포함) 포함되는 곡선

(3) 평면에서 $y = x^2$의 그래프에서 $0 \le x \le 2$인 부분에 해당하는 곡선

(4) 공간에서 두 곡면 $z = 4x^2 + y^2$과 $z = 10 - x^2 - 4y^2$의 교선

**2.** 다음 주어진 곡선 $C$와 함수 $f$에 대해, 선적분 $\int_C f\,ds$를 구하여라.

(1) $C$: 문제 1(1)번의 곡선, $f(x, y, z) = y$

(2) $C$: 문제 1(2)번의 곡선, $f(x, y) = xy$

(3) $C$: $x = 2\cos t$, $y = 2\sin t$, $z = 2t$ $(0 \le t \le 2\pi)$, $f(x, y, z) = x + y + 2z$

(4) $C$: $x = t$, $y = 2t$, $z = 3t$ $(0 \le t \le 2)$, $f(x, y, z) = 2xz$

(5) $C$: $x = 2t$, $y = -t$ $(0 \le t \le 2)$, $f(x, y) = xe^{y^2}$

(6) $C$: $x = t$, $y = t^2$ $(0 \le t \le 1)$, $x = 2 - t$, $y = 2 - t$ $(0 \le t \le 2)$, $f(x, y) = x + \sqrt{y}$

**3.** (a) 평면에서 다음 곡선 $C$를 나타내는 세 벡터함수들 $\mathbf{r}_1$, $\mathbf{r}_2$, $\mathbf{r}_3$, $\mathbf{r}_4$에 대해 선적분 $\int_C f(x, y)\,ds$은 $f$에 관계없이 항상 같은 값임을 보여라.

$\mathbf{r}_1(t) = (t, t), \quad (0 \le t \le 1),$

$\mathbf{r}_2(t) = (2t, 2t), \quad (0 \le t \le 1/2),$

$\mathbf{r}_3(t) = (t^2, t^2), \quad (0 \le t \le 1),$

(b) (a)의 현상을 일반화하여라.

**4.** 철사가 일정한 밀도 $\delta$를 가지고 문제 1(4)번의 곡선을 따라 주어졌을 때, 질량중심과 관성모멘트를 구하라.

# 15.2 벡터장과 선적분

이번 절에서는 벡터장을 소개한 후, 우리는 곡선에서 벡터장의 선적분에 대해 배울 것이다.

## 벡터장

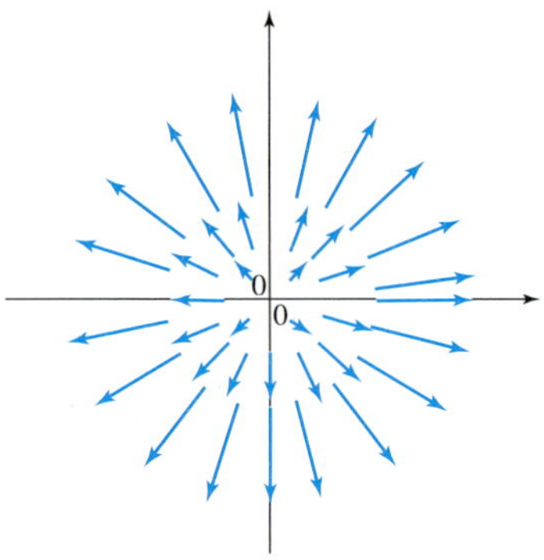

$\mathbf{F}(x, y) = x\mathbf{i} + y\mathbf{j}$

그림 15.2.1

13.4절에서 우리는 이변수함수 $z = f(x, y)$에 대하여 그래디언트 $\nabla f(x, y)$를 정의하였다. 그래디언트는 (평면에서) 그림 15.2.1처럼 정의역의 각 점에 벡터를 대응시키는 함수이다. 일반적으로 이런 함수를 벡터장이라고 한다.

**정의 15.2.1(벡터장)**

$D$가 $R^2$의 부분집합일 때, 함수 $\mathbf{F}: D \to R^2$를 평면에서의 벡터장(vector field)이라고 한다.

마찬가지로 $D$가 $\mathbb{R}^3$의 부분집합일 때, 함수 $\mathbf{F}: D \to R^3$를 공간에서의 벡터장(vector field)이라고 한다. 만약 $\mathbf{F}$의 성분함수들이 $D$에서 연속이면 $\mathbf{F}$를 연속인 벡터장이라고 한다.

**예제 1** $\mathbf{F}(x, y) = y\mathbf{i} - x\mathbf{j}$로 주어진 평면에서의 벡터장을 그림 15.2.1과 같이 벡터 $\mathbf{F}(x, y)$를 몇 개 그려서 개형을 파악해 보아라.

**풀이** $\mathbf{F}(1, 0) = -\mathbf{j}$이므로 점 $(1, 0)$을 시점으로 하는 벡터 $-\mathbf{j} = (0, -1)$을 그린다. 또한 $\mathbf{F}(0, 1) = \mathbf{i}$이므로 점 $(0, 1)$을 시점으로 하는 벡터 $\mathbf{i} = (1, 0)$을 그린다. 이런 식으로 몇 개의 점을 그려보면 다음 그림과 같은 것을 얻을 것이다.

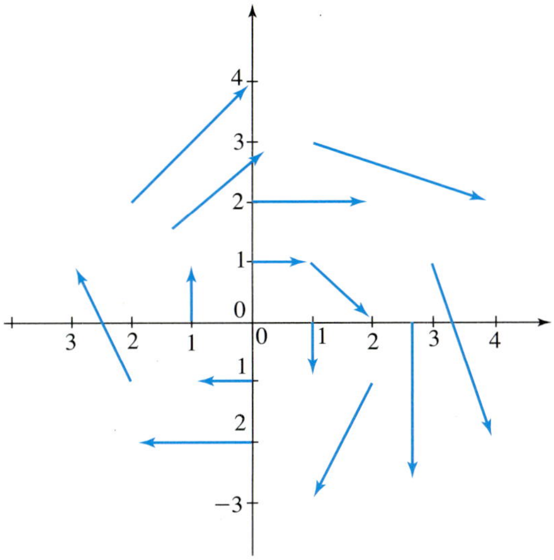

그림 15.2.2

■



## 벡터장에서의 선적분

11.2절에서 우리는 한 물체에 힘 $\mathbf{F}$를 작용하여 점 A에서 점 B까지 직선경로로 움직였을 때 행해진 일의 양이 $\mathbf{F}\cdot\overrightarrow{AB}$라는 것을 알았다. 이제 우리는 힘 $\mathbf{F}$가 일정하지 않고 (공간의) 각 점마다 다른 힘 벡터가 주어진다고 가정하자. 즉 $\mathbf{F}$는 공간에서의 벡터장 $\mathbf{F}(x, y, z)$라 하자. 또한 물체는 직선경로가 아닌 (매끈한) 곡선 $C$: $\mathbf{r}(t)$ $(a \le t \le b)$를 따라 움직인다고 가정하자. 구간 $[a, b]$를 $a = t_0 < t_1 < \cdots < t_n = b$로 분할하면 다음의 그림 15.2.3과 같이 곡선 $C$를 길이 $\Delta s_i$인 부분호 $\mathbf{r}(t_{i-1})\mathbf{r}(t_i)$ $(i = 1, \ldots, n)$들로 나눌 수 있다.

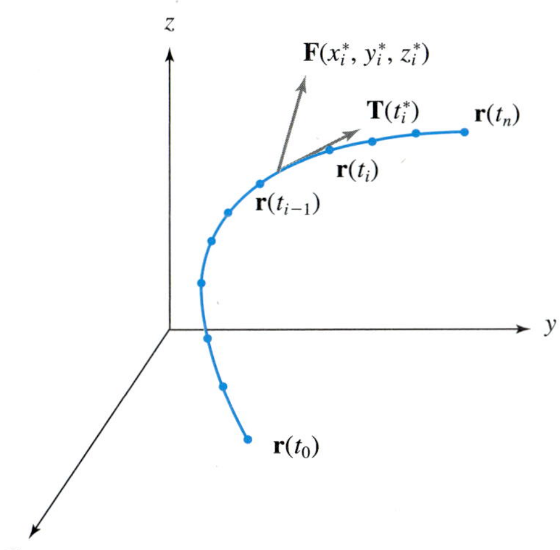


그림 15.2.3

부분호 $\overrightarrow{\mathbf{r}(t_{i-1})\mathbf{r}(t_i)}$에서 표본점 $(x_i^*, y_i^*, z_i^*)$를 고르고 $\mathbf{r}(t_i^*) = (x_i^*, y_i^*, z_i^*)$라 하면 부분호 $\overrightarrow{\mathbf{r}(t_{i-1})\mathbf{r}(t_i)}$를 따라 물체가 움직이는 동안 행해진 일의 양은 근사적으로 $\mathbf{F}(x_i^*, y_i^*, z_i^*)\cdot\overrightarrow{\mathbf{r}(t_{i-1})\mathbf{r}(t_i)}$이라고 할 수 있다. 그리고 벡터 $\overrightarrow{\mathbf{r}(t_{i-1})\mathbf{r}(t_i)}$는 근사적으로 $\mathbf{T}(t_i^*)\Delta s_i$(여기서 $\mathbf{T}(t)$는 $\mathbf{r}(t)$로 주어진 곡선 $C$의 단위접선벡터, 즉 $\dfrac{\mathbf{r}'(t)}{\|\mathbf{r}'(t)\|}$)이므로, 부분호 $\overrightarrow{\mathbf{r}(t_{i-1})\mathbf{r}(t_i)}$를 따라 물체가 움직이는 동안 행해진 일의 양은 근사적으로

$$\mathbf{F}(x_i^*, y_i^*, z_i^*)\cdot\mathbf{T}(t_i^*)\Delta s_i$$

이다. 따라서 곡선 $C$를 따라 물체가 움직이도록 한 힘이 한 일의 전체 양은 근사적으로

$$\sum_{i=1}^{n}\mathbf{F}(x_i^*, y_i^*, z_i^*)\cdot\mathbf{T}(t_i^*)\Delta s_i$$

이다. 분할의 크기를 점점 0으로 갈수록 이 값이 참값에 가까워지므로 힘의 벡터장 $\mathbf{F}$상에서 곡선 $C$를 따라 행해진 일의 양 $W$를 다음과 같이 정의한다.

$$W = \int_C \mathbf{F}(x, y, z)\cdot\mathbf{T}(x, y, z)\,ds = \int_C \mathbf{F}\cdot\mathbf{T}\,ds$$

$\mathbf{T}(t) = \dfrac{\mathbf{r}'(t)}{\|\mathbf{r}'(t)\|}$이므로 정의 15.1.1로부터 위의 식은 다음과 같이 정리할 수 있다.

$$W = \int_a^b \left(\mathbf{F}(\mathbf{r}(t))\cdot\frac{\mathbf{r}'(t)}{\|\mathbf{r}'(t)\|}\right)\|\mathbf{r}'(t)\|\,dt = \int_a^b \mathbf{F}(\mathbf{r}(t))\cdot\mathbf{r}'(t)\,dt$$

이 적분은 $\mathbf{T}(s) = \dfrac{d\mathbf{r}}{ds}$(정리 12.3.3)이므로 $\int_C \mathbf{F}\cdot d\mathbf{r}$이라고도 쓴다. 일반적인 연속인 벡터장에 대한 선적분도 다음과 같이 유사하게 정의한다.

**정의 15.2.2(벡터장에서의 선적분)**

함수 $\mathbf{F}$가 벡터함수 $\mathbf{r}(t) = x(t)\mathbf{i} + y(t)\mathbf{j} + z(t)\mathbf{k}\ (a \le t \le b)$로 표시되는 매끈한 곡선 $C$ 위에서 정의된 연속인 벡터장이라고 하자. 곡선 $C$에서의 $F$의 선적분은 다음과 같이 정의한다.

$$\int_C \mathbf{F}\cdot\mathbf{T}\,ds = \int_C \left(\mathbf{F}\cdot\frac{d\mathbf{r}}{ds}\right)ds = \int_C \mathbf{F}\cdot d\mathbf{r}$$

15.1절로부터 $\int_C \mathbf{F}\cdot d\mathbf{r} = \int_a^b \mathbf{F}(\mathbf{r}(t))\cdot\mathbf{r}'(t)\,dt$를 이용하여 선적분을 하면 된다.

**예제 2** 곡선 $C$: $x = \sin(t^2)$, $y = \cos(t^2)$, $(0 \le t \le \pi)$에서의 $\mathbf{F}(x, y) = y\mathbf{i} - x\mathbf{j}$의 선적분을 구하여라.

**풀이** 곡선 $C$를 나타내는 벡터함수는 $\mathbf{r}(t) = \sin(t^2)\mathbf{i} + \cos(t^2)\mathbf{j}$ $(0 \le t \le \pi)$이므로 $\mathbf{r}'(t) = (2t)\cos(t^2)\mathbf{i} - (2t)\sin(t^2)\mathbf{j}$이고 이때

$$\begin{aligned}\mathbf{F}(\mathbf{r}(t)) \cdot \mathbf{r}'(t) &= (\cos(t^2), -\sin(t^2)) \cdot ((2t)\cos(t^2), -(2t)\cos(t^2)) \\ &= (2t)\cos^2(t^2) + (2t)\sin^2(t^2) \\ &= 2t\end{aligned}$$

이다. 따라서, 구하는 선적분은 다음과 같다.

$$\begin{aligned}\int_C \mathbf{F} \cdot d\mathbf{r} &= \int_a^b \mathbf{F}(\mathbf{r}(t)) \cdot \mathbf{r}'(t)\,dt \\ &= \int_0^\pi (2t)\,dt = \pi^2\end{aligned}$$

■

마지막으로 벡터장에서의 선적분을 벡터장의 성분함수로 표현해보자.

$$\mathbf{F}(x, y, z) = F_1(x, y, z)\mathbf{i} + F_2(x, y, z)\mathbf{j} + F_3(x, y, z)\mathbf{k}$$

라 하면 선적분의 정의로부터

$$\begin{aligned}\int_C \mathbf{F} \cdot d\mathbf{r} &= \int_a^b \mathbf{F}(\mathbf{r}(t)) \cdot \boldsymbol{r}'(t)\,dt \\ &= \int_a^b (F_1(x, y, z)\mathbf{i} + F_2(x, y, z)\mathbf{j} + F_3(x, y, z)\mathbf{k}) \cdot (x'(t)\mathbf{i} \\ &\quad + y'(t)\mathbf{j} + z'(t)\mathbf{k})\,dt \\ &= \int_a^b (F_1(x(t), y(t), z(t))x'(t) + F_2(x(t), y(t), z(t))y'(t) \\ &\quad + F_3(x(t), y(t), z(t))z'(t))\,dt\end{aligned}$$

를 얻는다. 다음과 같이 간단히 나타낸다.

$$\int_C \mathbf{F} \cdot d\mathbf{r} = \int_C F_1\,dx + F_2\,dy + F_3\,dz$$

**예제 3** 곡선 $C$가 (0, 0, 0), (1, 1, 1)을 잇는 선분과 (1, 1, 1), (2, 1, 3)을 잇는 선분으로 이루어져 있을 때, $\mathbf{F}(x, y, z) = (xz + y)\mathbf{i} + 2y\mathbf{j} + xyz\mathbf{k}$ 의 선적분을 구하여라.

**풀이** (0, 0, 0), (1, 1, 1)을 잇는 선분을 $C_1$, (1, 1, 1), (2, 1, 3)을 잇는 선분을 $C_2$라 하자. $C_1$의 매개변수 표현은 $\mathbf{r}(t) = t\mathbf{i} + t\mathbf{j} + t\mathbf{k}$, $(0 \le t \le 1)$이고 따라서 $\mathbf{r}'(t) = \mathbf{i} + \mathbf{j} + \mathbf{k}$ 이므로

$$\begin{aligned}\int_{C_1} \mathbf{F}\cdot d\mathbf{r} &= \int_0^1 \mathbf{F}(\mathbf{r}(t))\cdot\mathbf{r}'(t)\,dt\\ &= \int_0^1 \left(t^2+3t+t^3\right)dt\\ &= \left[\frac{1}{3}t^3+\frac{3}{2}t^2+\frac{1}{4}t^4\right]_0^1\\ &= \frac{25}{12}\end{aligned}$$

$C_2$의 매개변수 표현은 $\mathbf{r}(t) = (t+1)\mathbf{i}+\mathbf{j}+(2t+1)\mathbf{k}\ (0\le t\le 1)$이고 $\mathbf{r}'(t) = \mathbf{i}+0\mathbf{j}+2\mathbf{k}$이므로

$$\begin{aligned}\int_{C_2} \mathbf{F}\cdot d\mathbf{r} &= \int_0^1 \mathbf{F}(\mathbf{r}(t))\cdot\mathbf{r}'(t)\,dt\\ &= \int_0^1 (6t^2+9t+4)\,dt\\ &= \left[2t^3+\frac{9}{2}t^2+4t\right]_0^1\\ &= \frac{21}{2}\end{aligned}$$

이다. 따라서 $\int_C \mathbf{F}\cdot d\mathbf{r} = \frac{25}{12}+\frac{21}{2} = \frac{151}{12}$ ■

## 연습문제 15.2

1. 주어진 평면에서의 벡터장 $\mathbf{F}$를 간략히 그려라.
   (1) $\mathbf{F}(x, y) = (1, 1)$
   (2) $\mathbf{F}(x, y) = (1, 0)$
   (3) $\mathbf{F}(x, y) = (x, 0)$
   (4) $\mathbf{F}(x, y) = (y, x)$
   (5) $\mathbf{F}(x, y) = \dfrac{x}{\sqrt{x^2+y^2}}\mathbf{i}+\dfrac{y}{\sqrt{x^2+y^2}}\mathbf{j}$
   (6) $\mathbf{F}(x, y) = \dfrac{y}{\sqrt{x^2+y^2}}\mathbf{i}-\dfrac{x}{\sqrt{x^2+y^2}}\mathbf{j}$

2. 다음 함수 $f$의 그래디언트 벡터장을 구하여라.
   (1) $f(x, y) = x^2+y^2$
   (2) $f(x, y) = xy$
   (3) $f(x, y, z) = \sqrt{x^2+y^2+z^2}$
   (4) $f(x, y, z) = e^x\cos y+\dfrac{z^2}{2}$

3. 다음과 같이 벡터함수 $\mathbf{r}(t)$로 나타낸 곡선 $C$에서의 선적분 $\int_C \mathbf{F}\cdot d\mathbf{r}$을 구하여라.
   (1) $\mathbf{r}(t) = t^3\mathbf{i}+t^4\mathbf{j}\,(0\le t\le 1)$, $\mathbf{F}(x, y) = x^2\mathbf{i}+xy\mathbf{j}$
   (2) $\mathbf{r}(t) = \cos t\mathbf{i}+\sin t\mathbf{j}\,(0\le t\le 2\pi)$,
   $\mathbf{F}(x, y) = x\mathbf{i}+y\mathbf{j}$
   (3) $\mathbf{r}(t) = \cos t\mathbf{i}+\sin t\mathbf{j}\,(0\le t\le 2\pi)$,
   $\mathbf{F}(x, y) = 2\mathbf{i}+3\mathbf{j}$
   (4) $\mathbf{r}(t) = \cos t\mathbf{i}+\sin t\mathbf{j}+t\mathbf{k}\,(0\le t\le 2\pi)$,
   $\mathbf{F}(x, y, z) = y\mathbf{i}+\mathbf{j}+(x+y)\mathbf{k}$

4. 다음 벡터장 $\mathbf{F}$의 점 $(0, 0)$부터 점 $(1, 1)$까지 가는 다음 경로들 $C_1$, $C_2$, $C_3$, $C_4$에서의 선적분을 구하여라.
   $C_1$: $x = t,\ y = t\ (0\le t\le 1)$
   $C_2$: $x = t,\ y = t^2\ (0\le t\le 1)$
   $C_3$: $x = t,\ y = 0\ (0\le t\le 1)$, $x = 1,\ y = t-1$, $(1\le t\le 2)$
   $C_4$: $x = 0,\ y = t\ (0\le t\le 1)$, $x = t-1,\ y = 1$,

$(1 \leq t \leq 2)$

(1) $\mathbf{F}(x, y) = y\mathbf{i} - x\mathbf{j}$

(2) $\mathbf{F}(x, y) = y\mathbf{i} + x\mathbf{j}$

(3) $\mathbf{F}(x, y) = 2\mathbf{i} + 3\mathbf{j}$

**5.** 뉴튼의 중력법칙은 모든 물체는 두 물체의 질량을 곱한 양에 비례하고 두 물체 사이의 거리를 제곱한 양에 반비례하는 힘으로 서로 다른 물체를 끌어당긴다는 것이다. 즉, 두 물체의 질량을 $m, M$이라고 하고 두 물체 사이의 거리를 $r$, 중력상수를 $G$라 하면 중력의 크기는

$$|\mathbf{F}| = \frac{mMG}{r^2}$$

이다.

(1) 지구의 질량을 $M$, 지구의 중심을 원점으로 놓고 질량 $m$인 물체의 위치벡터를 $\mathbf{r} = (x, y, z)$라 할 때, 그 물체에 작용하는 중력벡터 $\mathbf{F}$는 다음을 만족함을 보여라.

$$\mathbf{F}(x, y, z) = -\frac{mMG}{|\mathbf{r}|^3}\mathbf{r}$$

(2) $f(x, y, z) = \dfrac{mMG}{\sqrt{x^2+y^2+z^2}}$이라고 할 때, $\mathbf{F}$가 $f$의 그래디언트 벡터장, 즉, $\mathbf{F} = \nabla f$ 임을 보여라.

(3) 질량 $m$인 물체가 곡선 $C$: $\mathbf{r}(t) = \cos t\mathbf{i} + \sin t\mathbf{k}$ $(0 \leq t \leq 2\pi)$을 따라 움직였을 때, 중력이 한 일을 구하여라.

## 15.3 선적분의 기본정리

여기서는 경로의 독립, 보존적 벡터장, 잠재적 함수 등과 같은 벡터장과 선적분에 관한 중요한 개념들과 선적분의 기본정리를 소개하겠다.

$A$, $B$가 공간 상의 두 점일 때, $A$에서 $B$로 가는 경로 $C$에서의 벡터장 $\mathbf{F}$의 선적분은 경로 $C$에 따라 그 값이 달라진다. 그러나 몇몇 특별한 벡터장의 경우, 적분값이 $A$에서 $B$로 가는 모든 경로에 대해 같다.

**정의 15.3.1**

$\mathbf{F}$가 공간상의 영역 $D$에서 정의된 벡터장이다. $D$ 안의 임의의 두 점 $A$, $B$에 대해, $A$에서 $B$로 가는 경로 $C$에서의 $\mathbf{F}$의 선적분 $\int_C \mathbf{F}\cdot d\mathbf{r}$이 $A$에서 $B$로 가는 모든 경로에 대해 같은 값이면, 이때 선적분 $\int_C \mathbf{F}\cdot d\mathbf{r}$은 $D$에서 경로의 독립(path independent in $D$)이라고 하고 벡터장 $\mathbf{F}$는 $D$에서 보존적(conservative)이라고 한다.

**정의 15.3.2**

$\mathbf{F}$가 공간상의 영역 $D$에서 정의된 벡터장이고 어떤 스칼라 함수 $f$가 있어서 $\mathbf{F} = \nabla f$를 만족시키면, $f$를 $\mathbf{F}$에 대한 잠재적 함수(potential function)라고 한다.

벡터장 $\mathbf{F}$가 $\mathbf{F} = \nabla f$를 만족시키면 미적분학의 기본정리(정리 4.5.3)과 유사하게 다음과 같은 그래디언트 벡터장의 선적분에 대한 결과를 얻을 수 있다.

**정리 15.3.3(선적분의 기본정리)**

곡선 $C$가 벡터함수 $\mathbf{r}(t)$로 주어지고 (평면 또는 공간상의) 두 점 $A$, $B$를 잇는 매끈한 곡선이라고 하자. $f$는 미분가능하고 그래디언트 벡터장 $\nabla f$는 $C$를 포함하는 적당한 영역 $D$에서 연속이라고 하면 다음이 성립한다.

$$\int_C \nabla f\cdot d\mathbf{r} = f(B) - f(A)$$

**증명.** 간단히 $\mathbf{r}(t) = x\mathbf{i} + y\mathbf{j} + z\mathbf{k}\ (a \le t \le b)$로 표시하면

$$\begin{aligned}\nabla f \cdot \frac{d\mathbf{r}}{dt} &= \left(\frac{\partial f}{\partial x}\mathbf{i} + \frac{\partial f}{\partial y}\mathbf{j} + \frac{\partial f}{\partial z}\mathbf{k}\right)\cdot\left(\frac{dx}{dt}\mathbf{i} + \frac{dy}{dt}\mathbf{j} + \frac{dz}{dt}\mathbf{k}\right)\\ &= \frac{\partial f}{\partial x}\frac{dx}{dt} + \frac{\partial f}{\partial y}\frac{dy}{dt} + \frac{\partial f}{\partial z}\frac{dz}{dt} = \frac{df}{dt}\end{aligned}$$

이 된다. 따라서,

$$\begin{aligned}\int_C \nabla f \cdot d\mathbf{r} &= \int_a^b \nabla f \cdot \frac{d\mathbf{r}}{dt}\,dt = \int_a^b \frac{df}{dt}\,dt\\ &= f(x(b),\ y(b),\ z(b)) - f(x(a),\ y(a),\ z(a))\\ &= f(B) - f(A)\end{aligned}$$

■

**예제 1** 곡선 $C$가 그림 15.3.1처럼 선분과 반원을 합친 것으로 주어졌을 때, 선적분 $\int_C 2xyzdx + x^2zdy + x^2ydz$을 구하여라.

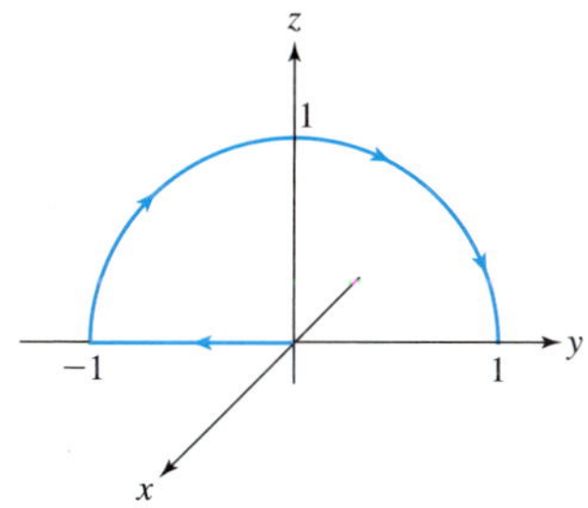

그림 15.3.1

**풀이** $f(x,\ y,\ z) = x^2yz$라 하면 $2xyz\mathbf{i} + x^2z\mathbf{j} + x^2y\mathbf{k} = \nabla f$ 이므로

$$\int_C 2xyzdx + x^2zdy + x^2ydz = \int_C \nabla f \cdot d\mathbf{r}$$

따라서 정리 15.3.3으로부터 다음을 얻는다.

$$\int_C yzdx + xzdy + xydz = f(0,1,0) - f(0,1,0) = 0$$

연습문제 3번에서 기본정리를 사용하지 않고 직접 구해도 같은 결과가 나오는 것을 확인할 수 있다. ■

만약 평면 (또는 공간상의) 영역 $D$가 그 안의 어떤 점에 대해서도 그 점을 중심으로 하고 $D$에 포함되는 적당한 원판 (혹은 구)가 존재하면, $D$가 열려있다(open)고 한다. 또한 평면 (또는 공간상의) 영역 $D$ 안의 어떤 두 점에 대해서도 그 두 점을 잇는 매끈한 곡선이 존재하면, $D$가 연결되었다(connected)고 한다.

**정리 15.3.4(경로의 독립과 보존적 벡터장)**

$\mathbf{F}$가 열려있고 연결된 영역 $D$에서 연속인 벡터장이라고 하자. $\mathbf{F}$는 $D$에서 보존적인 것은 $\mathbf{F}$가 적당한 미분가능 함수 $f$의 그래디언트 벡터장 $\nabla f$인 것과 동치이다.

**증명.** 선적분의 기본정리로 부터 $\mathbf{F} = \nabla f$ 일 때, $\mathbf{F}$가 $D$에서 보존적인 것은 자명하다. $\mathbf{F}$가 $D$에서 보존적이라고 가정하자. 또한, 편의상 $\mathbf{F}$가 평면상의 벡터장이라고 가정하자.

먼저 $D$ 안의 점 $A(a,\ b)$를 고정하자. $D$안의 임의의 점 $B(x,\ y)$와 점 $A$, $B$를 잇

는 (임의의) 경로 $C$에 대해, 아래와 같이 함수 $f$를 정의한다.

$$f(x, y) = \int_C \mathbf{F} \cdot d\mathbf{r}$$

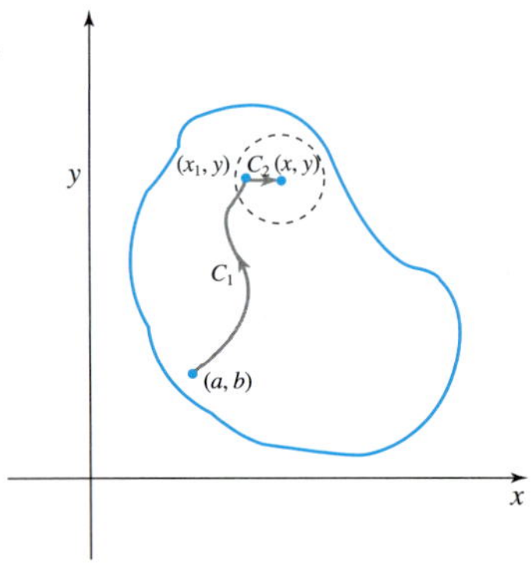


그림 15.3.2

$\mathbf{F}$가 $D$에서 보존적이므로 $f$는 잘 정의된다. 지금부터 $\mathbf{F} = \nabla f$ 임을 보일 것이다. 이를 위해 먼저 점 $(x, y)$를 포함하는 $D$안의 원판을 찾고($D$가 열려있으므로 항상 가능하다) 그 내부에서 점 $(x, y)$와 $y$좌표가 같은 한 점 $(x_1, y)$를 고른다. 경로 $C$를 그림 15.3.2와 같이 점 $(a, b)$와 $(x_1, y)$를 잇는 임의의 매끈한 경로 $C_1$과 점 $(x_1, y)$와 $(x, y)$를 잇는 수평경로 $C_2$를 합친 것으로 선택하자. 이때,

$$f(x, y) = \int_{C_1} \mathbf{F} \cdot d\mathbf{r} + \int_{C_2} \mathbf{F} \cdot d\mathbf{r}$$

을 얻는다. 점 $(x, y)$를 원판 내부에서 수평으로 움직이면(즉, $y$좌표를 고정하고 $x$좌표만 바꾸면) 점 $(x_1, y)$는 고정시켜도 상관없다. 따라서, $\int_{C_1} \mathbf{F} \cdot d\mathbf{r}$ 는 $x$에 독립적이므로

$$\frac{\partial}{\partial x} f(x, y) = 0 + \frac{\partial}{\partial x} \int_{C_2} \mathbf{F} \cdot d\mathbf{r}$$

를 얻는다. 15.2절의 선적분공식으로부터 $\int_{C_2} \mathbf{F} \cdot d\mathbf{r} = \int_{C_2} F_1\,dx + F_2\,dy$ 이고 경로 $C_2$를 벡터함수 $\mathbf{r}(t) = t\mathbf{i} + y\mathbf{j}\ (x_1 \le t \le x)$로 나타내면 $dx = dt,\ dy = 0$이므로 $\int_{C_2} \mathbf{F} \cdot d\mathbf{r} = \int_{x_1}^{x} F_1(t, y)\,dt$ 을 얻는다. 따라서

$$\frac{\partial}{\partial x} f(x, y) = \frac{\partial}{\partial x} \int_{x_1}^{x} F_1(t, y)\,dt = F_1(x, y)$$

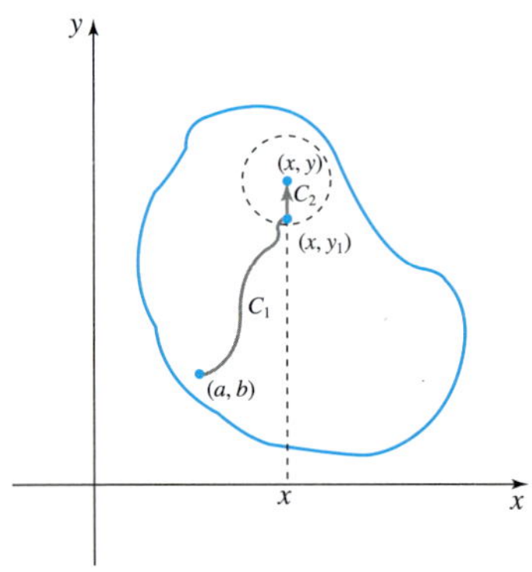


그림 15.3.3

를 얻는다. 비슷한 방법으로 그림 15.3.3와 같이 경로 $C$를 원판 내부의 $(x, y)$와 $x$좌표가 같은 점 $(x, y_1)$을 선택해서 $(a, b)$에서 $(x, y_1)$까지의 경로 $C_1$과 $(x, y_1)$부터 $(x, y)$까지의 수직경로 $C_2$를 합친 것이라고 하면

$$\frac{\partial}{\partial y} f(x, y) = \frac{\partial}{\partial y} \int_{y_1}^{y} F_2(x, t)\,dt = F_2(x, y)$$

따라서

$$\nabla f = \frac{\partial f}{\partial x}\mathbf{i} + \frac{\partial f}{\partial y}\mathbf{j} = F_1\mathbf{i} + F_2\mathbf{j} = \mathbf{F}$$

를 얻는다. 따라서 $\mathbf{F}$는 보존적이다. ■

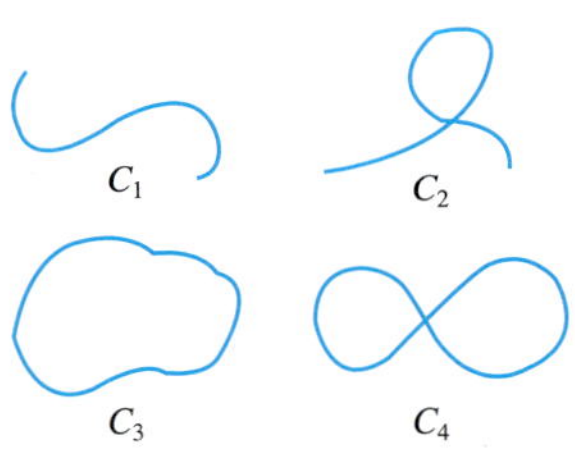


그림 15.3.4

닫힌 곡선(closed curve)이란 시작점과 끝점이 같은 곡선을 말한다. 단순 곡선(simple curve)이란 그 곡선을 나타내는 벡터함수가 일대일인 경우를 말한다. 평면 곡선들을 나타낸 그림 15.3.4에서 곡선 $C_1$은 단순 곡선이지만 닫힌 곡선은 아니고 $C_2$는 단순 곡선도 아니고 닫힌 곡선도 아니며 $C_3$는 단순 닫힌 곡선이며 $C_4$는 닫힌 곡선이지만 단순 곡선은 아니다.

선적분의 기본 정리와 정리 15.3.4로부터 닫힌 곡선에서 보존적 벡터장의 선

적분은 항상 0이 되는 것은 자명하다. 그 역도 성립한다.

**정리 15.3.5**

영역 $D$ 안의 모든 닫힌 곡선 $C$에 대해 $\int_C \mathbf{F}\cdot d\mathbf{r} = 0$인 것은 벡터장 $\mathbf{F}$가 $D$에서 보존적인 것과 동치이다.

**증명.** 벡터장 $\mathbf{F}$가 영역 $D$ 안의 모든 닫힌 곡선 $C$에 대해 $\int_C \mathbf{F}\cdot d\mathbf{r} = 0$을 만족한다고 하자. $D$ 안의 점 $A$에서 $B$로의 임의의 경로 $C$에 대해 $-C$를 경로 $C$와 같은 곡선을 지나고 시작점과 끝점이 반대인, 즉, $B$에서 $A$로의 경로를 나타낸다고 하면 각각의 단위접선벡터 $\mathbf{T}_1, \mathbf{T}_2$에 대해 $\mathbf{T}_2 = -\mathbf{T}_1$이 성립하므로 $\int_{-C} \mathbf{F}\cdot d\mathbf{r} = -\int_C \mathbf{F}\cdot d\mathbf{r}$가 성립한다.

$D$ 안의 임의의 두 점 $A, B$와 $A$에서 $B$로의 임의의 경로 $C_1, C_2$에 대해 경로 $C_1$과 경로 $-C_2$를 합친 경로 $C$는 닫힌 경로가 되므로 가정으로부터

$$0 = \int_C \mathbf{F}\cdot d\mathbf{r} = \int_{C_1} \mathbf{F}\cdot d\mathbf{r} + \int_{-C_2} \mathbf{F}\cdot d\mathbf{r} = \int_{C_1} \mathbf{F}\cdot d\mathbf{r} - \int_{C_2} \mathbf{F}\cdot d\mathbf{r}$$

을 얻는다. 즉, $\int_{C_1} \mathbf{F}\cdot d\mathbf{r} = \int_{C_2} \mathbf{F}\cdot d\mathbf{r}$가 성립하므로 $\mathbf{F}$는 $D$에서 보존적이다. ■

이제 주어진 벡터장 $\mathbf{F}$가 보존적인지 아닌지 어떻게 결정할 것인지 그리고 보존적이라면 그 때 잠재적 함수 $f$는 어떻게 구할 것인지 궁금할 것이다. 만약 영역 $D$ 안의 어떤 닫힌 곡선도 그 영역 안에서 한 점으로 줄일 수 있으면 단순연결 영역(simply connected domain)이라고 한다. 가령 오른쪽 그림 15.3.5의 (평면의) 두 영역 $D_1, D_2$는 모두 단순연결 영역이 아니다.

그림 15.3.5

**정리 15.3.6**

$\mathbf{F}(x, y, z) = F_1(x, y, z)\mathbf{i} + F_2(x,y,z)\mathbf{j} + F_3(x, y, z)\mathbf{k}$가 연결되고 단순연결 영역에서 정의된 벡터장이고 성분함수들이 연속인 편미분을 갖는다고 하자. $\mathbf{F}$가 보존적인 것은 다음과 동치이다.

$$\frac{\partial F_3}{\partial y} = \frac{\partial F_2}{\partial z}, \quad \frac{\partial F_1}{\partial z} = \frac{\partial F_3}{\partial x}, \quad \frac{\partial F_2}{\partial x} = \frac{\partial F_1}{\partial y}$$

**증명.** 먼저 $\mathbf{F}$가 보존적이라고 하자. 즉,

$$\mathbf{F}(x, y, z) = F_1\mathbf{i} + F_2\mathbf{j} + F_3\mathbf{k} = \frac{\partial f}{\partial x}\mathbf{i} + \frac{\partial f}{\partial y}\mathbf{j} + \frac{\partial f}{\partial z}\mathbf{k}$$

라 하면,

$$\frac{\partial F_3}{\partial y} = \frac{\partial}{\partial y}\left(\frac{\partial f}{\partial z}\right) = \frac{\partial}{\partial z}\left(\frac{\partial f}{\partial y}\right) = \frac{\partial F_2}{\partial z}$$

이다. 다른 식들도 비슷하게 증명할 수 있다. 반대방향의 증명은 15.7절의 스토크스의 정리를 이용하여 증명할 것이다. ■

만약 벡터장 $\mathbf{F}$가 평면에서의 벡터장 $\mathbf{F}(x, y) = F_1(x, y)\mathbf{i} + F_2(x, y)\mathbf{j}$이라면, $\mathbf{F}_3 = 0$으로 보고 $\mathbf{F}_1, \mathbf{F}_2$가 $z$에 독립적인 함수로 보면 공간에서의 벡터장으로 보고 정리 15.3.6을 적용할 수 있다. 이 경우, $\boldsymbol{F}$가 보존적인 것은 $\frac{\partial F_2}{\partial x} = \frac{\partial F_1}{\partial y}$와 동치임을 알 수 있다. 그리고 벡터장 $\mathbf{F}$가 보존적이라는 것을 알아냈다면,

$$\mathbf{F}(x, y, z) = F_1\mathbf{i} + F_2\mathbf{j} + F_3\mathbf{k} = \frac{\partial f}{\partial x}\mathbf{i} + \frac{\partial f}{\partial y}\mathbf{j} + \frac{\partial f}{\partial z}\mathbf{k}$$

로부터 잠재적 함수 $f$를 쉽게 구할 수 있다.

**예제 2** $\mathbf{F}(x, y) = (1 - 2xy)\mathbf{i} + (-x^2 + 3y^2)\mathbf{j}$일 때, $\mathbf{F}(x, y) = \nabla f$가 되는 $f$를 찾고 $C$가 $\mathbf{r}(t) = e^t\cos t\mathbf{i} + e^t\sin t\mathbf{j}$ $(0 \le t \le \pi)$일 때, 선적분 $\int_C \mathbf{F}\cdot d\mathbf{r}$를 구하여라.

**풀이** $\mathbf{F}(x, y) = F_1(x, y)\mathbf{i} + F_2(x, y)\mathbf{j}$라고 하면 주어진 함수 $\mathbf{F}(x, y)$는 $\frac{\partial F_2}{\partial x} = -2x = \frac{\partial F_1}{\partial y}$임을 알 수 있고 $\mathbf{F}(x, y) = \nabla f$를 만족하는 잠재적 함수 $f$가 존재함을 알 수 있다.

$$\frac{\partial f}{\partial x} = 1 - 2xy, \quad \frac{\partial f}{\partial y} = -x^2 + 3y^2$$

이므로 첫 번째 식에서

$$f(x, y) = x - x^2 y + g(y)$$

를 얻고 이를 두 번째 식에 대입하면

$$\frac{\partial f}{\partial y} = -x^2 + 3y^2 = -x^2 + g'(y)$$

이므로 모든 상수 $K$에 대해 $g(y) = y^3 + K$를 얻는다. 따라서

$$f(x, y) = x - x^2 y + y^3 + K$$

간단히 $K = 0$이라 하면 $f(x, y) = x - x^2 y + y^3$이고, 정리 15.3.3에 따라

$$\int_C \mathbf{F}\cdot d\mathbf{r} = \int_C \nabla f \cdot dr = f(-e^{\pi}, 0) - f(1, 0) = -e^{\pi} - 1$$

■

**예제 3** 벡터장 $\mathbf{F}(x, y, z) = (e^x \cos y)\mathbf{i} - (e^x \sin y)\mathbf{j} + z\mathbf{k}$ 이 보존적인지 결정하고 보존적 벡터장일 경우 그 잠재적 함수를 구하여라.

**풀이**

$$\frac{\partial}{\partial y}(z) = 0 = \frac{\partial}{\partial z}(-e^x \sin y),$$
$$\frac{\partial}{\partial z}(e^x \cos y) = 0 = \frac{\partial}{\partial x}(z),$$
$$\frac{\partial}{\partial x}(-e^x \sin y) = -e^x \sin y = \frac{\partial}{\partial y}(e^x \cos y)$$

이므로 정리 15.3.6으로부터 $\mathbf{F}$는 보존적이다. 따라서 그 잠재적 함수를 $f$라 하면

$$\frac{\partial f}{\partial x} = e^x \cos y, \quad \frac{\partial f}{\partial y} = -e^x \sin y, \quad \frac{\partial f}{\partial z} = z$$

이므로 첫 번째 식으로부터

$$f(x, y, z) = e^x \cos y + g(y, z)$$

두 번째 식에 대입하면 $\partial g/\partial y = 0$이므로 $g(y, z) = h(z)$이고, 세 번째 식에 대입하면 $h'(z) = z$이므로 적당한 상수 $K$가 있어서 $h(z) = z^2/2 + K$이다. 즉,

$$f(x, y, z) = e^x \cos y + \frac{z^2}{2} + K$$

모든 $K$값에 대해 잠재적 함수가 되며 간단히 $K = 0$이라고 하면 $\mathbf{F}$의 잠재적 함수 $e^x \cos y + \dfrac{z^2}{2}$를 얻는다. ■

## 연습문제 15.3

**1.** 다음 벡터장 $\mathbf{F}$가 보존적인지 아닌지를 결정하여라. 보존적인 경우, 그 잠재적함수 $f$를 구하여라.

(1) $\mathbf{F}(x, y) = y\mathbf{i} - x\mathbf{j}$

(2) $\mathbf{F}(x, y) = x\mathbf{i} - y\mathbf{j}$

(3) $\mathbf{F}(x, y) = e^x \sin y\mathbf{i} + e^x \cos y\mathbf{j}$

(4) $\mathbf{F}(x, y) = e^x \cos y\mathbf{i} + e^x \sin y\mathbf{j}$

(5) $\mathbf{F}(x, y, z) = yz\mathbf{i} + xz\mathbf{j} + xy\mathbf{k}$

(6) $\mathbf{F}(x, y, z) = yz\mathbf{i} + (xz + y)\mathbf{j} + (xy + 1)\mathbf{k}$

**2.** 다음 주어진 곡선 $C$에서의 선적분을 구하여라.

(1) $\int_C x dx - y dy$, $C$; 점 $(-1, 1)$에서 점 $(4, 2)$까지의 직선

(2) $\int_C e^y dx + xe^y dy$, $C$: 점 $(1, 1)$에서 점 $(2, 2)$까지의 임의의 경로

(3) $\int_C yz dx + xz dy + xy dz$, $C$: 원점에서 점 $(0, 0, 1)$로, 점 $(0, 0, 1)$에서 점 $(1, 0, 0)$으로, 점 $(1, 0, 0)$에서 점 $(1, 1, 1)$까지의 직선 경로들의 합

(4) $\int_C (y\cos z - yze^x)dx + (x\cos z - ze^x)dy - (xy\sin z + ye^x)dz$, $C$: 점 $(1, 1, 0)$에서 점 $\left(0, -2, \frac{\pi}{2}\right)$까지의 임의의 경로

**3.** 곡선 $C$가 아래의 그림처럼 주어졌을 때, 선적분의 기본정리를 이용하지 않고 선적분

$$\int_C yzdx + xzdy + xydz$$

을 구하여라.

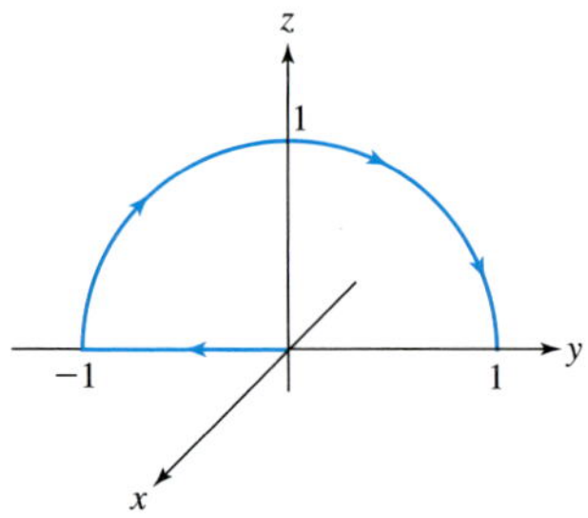


**4.** 질량이 $m$인 입자가 점 $P_1$에서 점 $P_2$로 움직였을 때, 중력장 $\mathbf{F}(x, y, z) = -\frac{mMG}{|\mathbf{r}|^3}\mathbf{r}$(연습문제 15.2.5 참조)이 한 일을 구하여라. 단, 원점에서 두 점 $P_1, P_2$까지의 거리는 각각 $d_1, d_2$이다.

**5.** 벡터장 $\mathbf{F}(x, y) = y\mathbf{i} - x\mathbf{j}$을 단위원을 나타내는 두 벡터함수 $\mathbf{r}_1(\mathrm{t}) = \cos t\mathbf{i} + \sin t\mathbf{j}$, $(0 \le t \le 2\pi)$과 $\mathbf{r}_2(t) = \cos t\mathbf{i} - \sin t\mathbf{j}$, $(0 \le t \le 2\pi)$ 각각에 대해서 선적분을 구하여라.

# 15.4 그린의 정리

이번 절에서는 단순 닫힌 곡선 $C$에서의 선적분과 $C$로 둘러싸인 평면영역 $D$에서의 중적분과의 관계를 말해주는 그린의 정리에 대해 알아볼 것이다. 또한 발산과 회전이라는 벡터장에 적용되는 중요한 두 가지 연산에 대해서도 배우고 그린의 정리와의 관계를 알아볼 것이다.

## 그린의 정리

단순 닫힌 곡선 $C$의 양의 방향(positive orientation)이란, $C$를 나타내는 벡터 함수 $\mathbf{r}(t)\,(a \le t \le b)$에 대해 $C$를 따라 움직이는 점 $\mathbf{r}(t)$의 왼쪽에 $C$로 둘러싸인 영역 $D$가 있는 것을 말한다. 예를 들어 그림 15.4.1의 왼쪽 곡선은 양의 방향을 갖고 있고 오른쪽 곡선은 음의 방향을 갖고 있다.

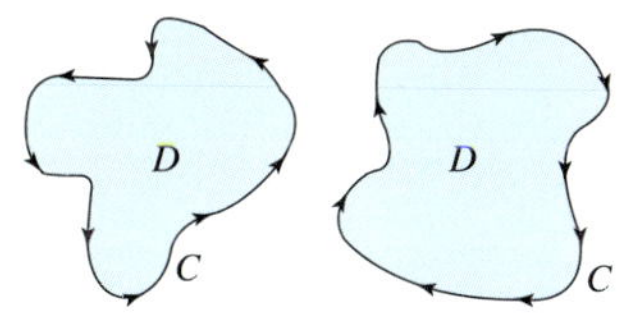

그림 15.4.1

**정리 15.4.1(그린의 정리)**

$C$가 양의 방향을 갖고 부분적으로 매끈한 단순 닫힌 곡선이고 $D$는 $C$로 둘러싸인 평면영역이라 하자. 이변수함수 $F_1, F_2$가 $D$에서 정의되고 연속인 편도함수를 갖는다고 하면 다음이 성립한다.

$$\int_C F_1\,dx + F_2\,dy = \iint_D \left(\frac{\partial F_2}{\partial x} - \frac{\partial F_1}{\partial y}\right) dxdy$$

**증명.** 일반적인 경우는 어려우므로 여기서는 영역 $D$가 단순영역($x$-단순영역이면서 동시에 $y$-단순영역인 경우, 14.2절 참조)인 경우에만 증명하도록 하자.

$D$가 $y$-단순영역인 경우

$$\int_C F_1\,dx = -\iint_D \frac{\partial F_1}{\partial y}\,dx\,dy$$

임을 보일 것이다. $D = \{(x, y) | a \le x \le b,\ \phi_1(x) \le y \le \phi_2(x)\}$라 하자. 먼저 우변은 정리 14.2.9로부터 다음과 같이 정리할 수 있다.

$$\iint_D \frac{\partial F_1}{\partial y}\,dx\,dy = \int_a^b \int_{\phi_1(x)}^{\phi_2(x)} \frac{\partial F_1}{\partial y}\,dy\,dx = \int_a^b (F_1(x, \phi_2(x)) - F_1(x, \phi_1(x)))dx$$

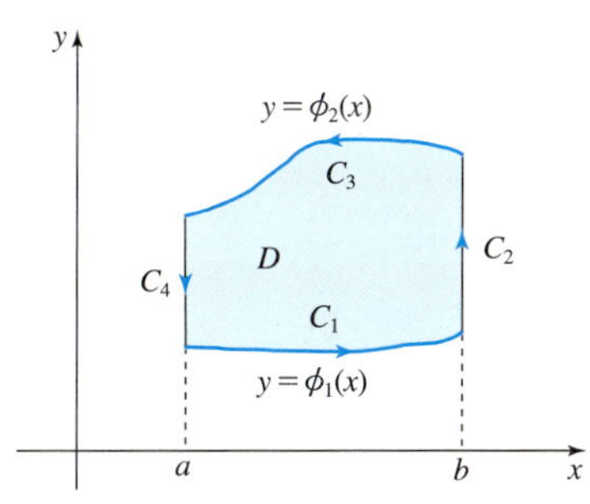

그림 15.4.2

이제 좌변을 정리하기 위해 그림 15.4.2처럼 경로 $C$를 네 개의 경로 $C_1, C_2, C_3, C_4$로 나누어 계산한다. 먼저 $C_1$은 벡터함수 $\mathbf{r}_1(t) = t\mathbf{i} + \phi_1(t)\mathbf{j}\,(a \le t \le b)$로

나타낼 수 있고 이때 $x'(t) = 1$이므로

$$\int_{C_1} F_1\,dx = \int_a^b F_1(t, \phi_1(t))x'(t)\,dt = \int_a^b F_1(t, \phi_1(t))\,dt$$

임을 알 수 있다. 경로 $C_3$의 경우 반대방향의 경로 $-C_3$를 벡터함수 $\mathbf{r}_3(t) = t\mathbf{i} + \phi_2(t)\mathbf{j}\ (a \le t \le b)$로 나타낼 수 있으므로 (혹은 직접 $C_3$를 나타내는 벡터함수를 $\mathbf{r}_3(t) = (a+b-t)\mathbf{i} + \phi_2(a+b-t)\mathbf{j}\ (a \le t \le b)$로 놓고 정리해도 된다) 이 경우,

$$\int_{C_3} F_1\,dx = -\int_{-C_3} F_1\,dx = -\int_a^b F_1(t, \phi_2(t))\,dt$$

를 얻는다. $C_2, C_4$의 경우 곡선이 $x$축과 수직이므로 $x'(t) = 0$이므로

$$\int_{C_2} F_1\,dx = \int_{C_4} F_1\,dx = 0$$

를 얻는다. 따라서 각 경로 $C_i (i = 1, 2, 3, 4)$에서의 선적분을 모두 합하면

$$\int_C F_1\,dx = \int_a^b (F_1(x, \phi_1(x)) - F_1(x, \phi_2(x)))\,dx = -\iint_D \frac{\partial F_1}{\partial y}\,dx\,dy$$

를 얻는다.

$D$가 $x$-단순영역인 경우도 비슷한 방법으로 하면

$$\int_C F_2\,dy = \iint_D \frac{\partial F_2}{\partial x}\,dx\,dy$$

임을 보일 수 있다(연습문제 6번 참조). 따라서 $D$가 단순영역인 경우 그린의 정리를 얻는다. ■

**예제 1** $D = \{(x, y) \mid x^2 + y^2 \le 1,\ y \ge 0\}$이고 $F_1(x, y) = x + y^2$, $F_2(x, y) = x^2 - y$인 경우 그린의 정리를 확인해 보아라.

**풀이** 먼저 면적분을 계산해 보자.

$$\frac{\partial F_2}{\partial x} - \frac{\partial F_1}{\partial y} = \frac{\partial}{\partial x}(x^2 - y) - \frac{\partial}{\partial y}(x + y^2) = 2x - 2y$$

이므로

$$\begin{aligned}\iint_D \left(\frac{\partial F_2}{\partial x} - \frac{\partial F_1}{\partial y}\right) dxdy &= \iint_D 2x - 2y\ dxdy \\ &= \int_0^\pi \int_0^1 2(r\cos\theta - r\sin\theta)\,r\,dr\,d\theta \\ &= \int_0^\pi \int_0^1 2r^2(\cos\theta - \sin\theta)\,dr\,d\theta \\ &= \frac{2}{3}\int_0^\pi (\cos\theta - \sin\theta)\,d\theta \\ &= -\frac{4}{3}\end{aligned}$$

이다.

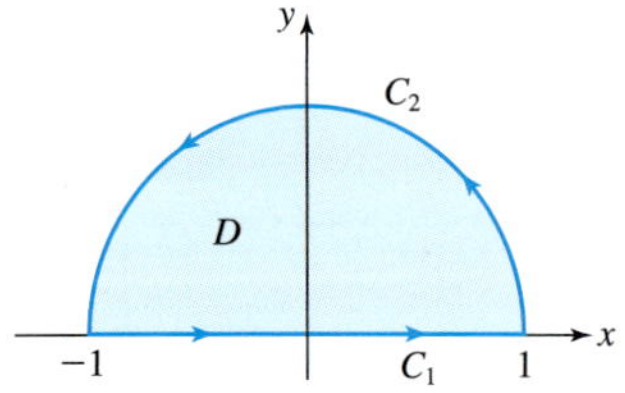

그림 15.4.3

선적분을 계산하기 위해 경로 $C$를 그림 15.4.3과 같이 두 부분 $C_1$, $C_2$로 나누자. 그러면 $C_1$은 $\mathbf{r}(t) = t\mathbf{i}\ (-1 \le t \le 1)$로 나타낼 수 있고 이때 $\mathbf{r}'(t) = \mathbf{i}$이므로

$$\int_{C_1} \mathbf{F} \cdot d\mathbf{r} = \int_{-1}^{1} \mathbf{F}(\mathbf{r}(t)) \cdot \mathbf{r}'(t)\,dt = \int_{-1}^{1} t\,dt = 0$$

$C_2$는 $\mathbf{r}(t) = \cos t\mathbf{i} + \sin t\mathbf{j}\ (0 \le t \le \pi)$로 나타낼 수 있고 이때 $\mathbf{r}'(t) = -\sin t\,\mathbf{i} + \cos t\,\mathbf{j}$이므로

$$\begin{aligned}\int_{C_2} \mathbf{F} \cdot d\mathbf{r} &= \int_0^{\pi} \mathbf{F}(\mathbf{r}(t)) \cdot \mathbf{r}'(t)\,dt \\ &= \int_0^{\pi} \left((\cos t + \sin^2 t)\mathbf{i} + (\cos^2 t - \sin t\mathbf{j}) \cdot (-\sin t\,\mathbf{i} + \cos t\,\mathbf{j})\right) dt \\ &= \int_0^{\pi} (\cos^3 t - \sin^3 t - 2\cos t \sin t)\,dt = \int_0^{\pi} (-\sin^3 t - 2\cos t \sin t)\,dt \\ &= \left[\frac{2\cos t}{3} + \frac{\cos 2t}{2}\right]_0^{\pi} = \left(-\frac{2}{3} + \frac{1}{2}\right) - \left(\frac{2}{3} + \frac{1}{2}\right) = -\frac{4}{3}\end{aligned}$$

을 얻는다. 따라서 이 경우 그린의 정리가 성립함을 확인할 수 있다. ■

예제 1에서 선적분 대신 그린의 정리를 이용하여 면적분으로 바꾸면 간단하게 계산할 수 있다는 것도 알 수 있다.

**예제 2** 경로 $C$가 그림 15.4.4처럼 (양의 방향을 갖고) 세 점 $(0, 0)$, $(1, 0)$, $(0, 1)$을 꼭지점으로 갖는 삼각형의 곡선일 때, $\int_C x^3 dx + xy\,dy$를 구하여라.

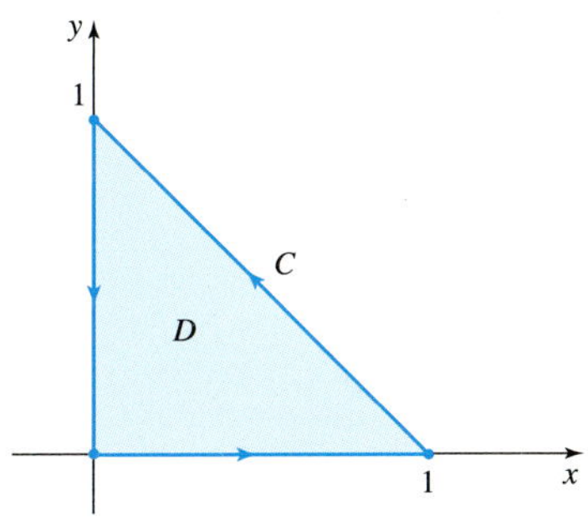

그림 15.4.4

**풀이** 영역 $D$가 $C$로 둘러싸인 삼각형이라고 하면 그린의 정리로부터

$$\int_C x^3 dx + xy\,dy = \iint_D \left(\frac{\partial}{\partial x}(xy) - \frac{\partial}{\partial y}(x^3)\right) dx\,dy$$

이다. $D = \{(x, y) \mid 0 \le x \le 1,\ 0 \le y \le 1 - x\}$이므로

$$\begin{aligned}\iint_D \left(\frac{\partial}{\partial x}(xy) - \frac{\partial}{\partial y}(x^3)\right) dxdy &= \int_0^1 \int_0^{1-x} y\,dydx \\ &= \int_0^1 \left[\frac{y^2}{2}\right]_{y=0}^{y=1-x} dx \\ &= \int_0^1 \frac{(1-x)^2}{2} dx \\ &= \left[-\frac{1}{6}(1-x)^3\right]_{x=0}^{x=1} = \frac{1}{6}\end{aligned}$$

■

**예제 3** $\int_C (2y + e^{x\sin x})dx + \left(4x + \sqrt{y^5 + 1}\right)dx$를 구하여라. 여기서 $C$는 $x^2 + y^2 = 4$인 원이고 방향이 반시계 방향이다.

**풀이** $C$의 안쪽 영역 $D$는 $x^2 + y^2 \le 4$인 원판이므로 그린의 정리를 써서 극좌표로 바꾸어 계산하면

$$\begin{aligned}
&\int_C (2y + e^{x\sin x})\,dx + \left(4x + \sqrt{y^5+1}\right)dx \\
&= \iint_D \left[\frac{\partial}{\partial x}\left(4x + \sqrt{y^5+1}\right) - \frac{\partial}{\partial y}\left(2y + e^{x\sin x}\right)\right] dxdy \\
&= \int_0^{2\pi}\int_0^2 (4-2)\,r\,drd\theta \\
&= 2\int_0^{2\pi} d\theta \int_0^2 r dr = 2(2\pi)(2) = 8\pi
\end{aligned}$$

이는 일반적으로 적분이 불가능한 경우에 그린정리를 사용하면 적분이 가능함을 보여준다. ■

## 발산과 회전

발산과 회전 연산을 정의하기 위해 먼저 그래디언트 연산자 $\nabla$을 다음과 같이 정의한다.

$$\nabla = \mathbf{i}\frac{\partial}{\partial x} + \mathbf{j}\frac{\partial}{\partial y} + \mathbf{k}\frac{\partial}{\partial z}$$

이 연산자를 써서 삼변수 함수 $f$의 그래디언트를 다음처럼 쓸 수 있다.

$$\nabla f = \left(\mathbf{i}\frac{\partial}{\partial x} + \mathbf{j}\frac{\partial}{\partial y} + \mathbf{k}\frac{\partial}{\partial z}\right) f = \mathbf{i}\frac{\partial f}{\partial x} + \mathbf{j}\frac{\partial f}{\partial y} + \mathbf{k}\frac{\partial f}{\partial z}$$

먼저 발산은 그래디언트 연산자와 벡터장의 내적으로 정의한다.

**정의 15.4.2(발산)**

공간상의 벡터장 $\mathbf{F} = F_1\mathbf{i} + F_2\mathbf{j} + F_3\mathbf{k}$에 대해 $\mathbf{F}$의 발산(divergence)은 다음의 삼변수 함수로 정의된다.

$$\operatorname{div}\mathbf{F} = \nabla\cdot\mathbf{F} = \frac{\partial F_1}{\partial x} + \frac{\partial F_2}{\partial y} + \frac{\partial F_3}{\partial z}$$

**예제 4** $\mathbf{F}(x, y, z) = xyz\mathbf{i} + y^2z\mathbf{j} - x^2\mathbf{k}$일 때 $\operatorname{div}\mathbf{F}$을 구하여라.

**풀이** 발산의 정의로부터 다음과 같이 구한다.

$$\operatorname{div}\mathbf{F} = \frac{\partial}{\partial x}(xyz) + \frac{\partial}{\partial y}(y^2z) + \frac{\partial}{\partial z}(-x^2) = yz + 2yz = 3yz$$ ■

만약 벡터장이 기체 (혹은 유체)의 속도 벡터장이라고 하면 발산은 기체 (혹은 유체)의 확장 또는 압축되는 정도를 나타낸다. 만약 $\operatorname{div}\mathbf{F} > 0$이면 기체가 점점 확장되고 있다고 보면 되고 $\operatorname{div}\mathbf{F} < 0$이면 점점 압축되고 있다고 보면 된다.

만약 벡터장이 정의된 영역에서 항상 $\operatorname{div} \mathbf{F} = 0$ 이면 비압축(incompressible)이라고 한다. 예를 들어 15.2절의 예제 1번의 벡터장의 경우가 바로 비압축 벡터장이다.

벡터장의 회전 연산은 그래디언트 연산자와 벡터장의 외적으로 정의된다.

**정의 15.4.3(회전)**

공간상의 벡터장 $\mathbf{F} = F_1\mathbf{i} + F_2\mathbf{j} + F_3\mathbf{k}$ 에 대해 $\mathbf{F}$ 의 회전(curl)은 다음의 벡터장으로 정의된다.

$$\operatorname{curl}\mathbf{F} = \nabla \times \mathbf{F} = \begin{vmatrix} \mathbf{i} & \mathbf{j} & \mathbf{k} \\ \dfrac{\partial}{\partial x} & \dfrac{\partial}{\partial y} & \dfrac{\partial}{\partial z} \\ F_1 & F_2 & F_3 \end{vmatrix}$$
$$= \left(\frac{\partial F_3}{\partial y} - \frac{\partial F_2}{\partial z}\right)\mathbf{i} + \left(\frac{\partial F_1}{\partial z} - \frac{\partial F_3}{\partial x}\right)\mathbf{j} + \left(\frac{\partial F_2}{\partial x} - \frac{\partial F_1}{\partial y}\right)\mathbf{k}$$

**예제 5** $\mathbf{F}(x, y, z) = xyz\mathbf{i} + y^2z\mathbf{j} - x^2\mathbf{k}$ 일 때 $\operatorname{curl}\mathbf{F}$ 을 구하여라.

**풀이** 회전의 정의로부터 다음과 같이 구한다.

$$\operatorname{curl}\mathbf{F} = \left(\frac{\partial}{\partial y}(-x^2) - \frac{\partial}{\partial z}(y^2 z)\right)\mathbf{i} + \left(\frac{\partial}{\partial z}(xyz) - \frac{\partial}{\partial x}(-x^2)\right)\mathbf{j}$$
$$+ \left(\frac{\partial}{\partial x}(y^2 z) - \frac{\partial}{\partial y}(xyz)\right)\mathbf{k}$$
$$= -y^2\mathbf{i} + x(y+2)\mathbf{j} - xz\mathbf{k}$$ ■

벡터장 F가 유체흐름에서의 속도장이라고 하면 주어진 점에서 주변의 입자들이 (만약 회전한다면) 회전하는 축의 방향은 $\operatorname{curl}\mathbf{F}$ 의 방향이 되며 $\operatorname{curl}\mathbf{F}$ 의 크기는 회전하는 정도를 나타낸다. 만약 벡터장이 정의된 영역에서 항상 $\operatorname{curl}\mathbf{F} = 0$ 이면 비회전(irrotational)이라고 한다. 비회전 벡터장이면 흐름에 따라 움직이지만 자신의 축에 대해 회전은 하지 않는다.

**정리 15.4.4**

연속인 2계 편도함수를 갖는 삼변수 함수 $f$ 에 대해 $\operatorname{curl}(\nabla f) = 0$ 이다.

**증명.** 삼변수 함수에 대한 정리 13.2.2와 유사한 결과로부터 다음을 얻는다.

$$\operatorname{curl}(\nabla f) = \nabla \times (\nabla f) = \begin{vmatrix} \mathbf{i} & \mathbf{j} & \mathbf{k} \\ \dfrac{\partial}{\partial x} & \dfrac{\partial}{\partial y} & \dfrac{\partial}{\partial z} \\ \dfrac{\partial f}{\partial x} & \dfrac{\partial f}{\partial y} & \dfrac{\partial f}{\partial z} \end{vmatrix}$$

$$= \left(\frac{\partial^2 f}{\partial y \partial z} - \frac{\partial^2 f}{\partial z \partial y}\right)\mathbf{i} + \left(\frac{\partial^2 f}{\partial z \partial x} - \frac{\partial^2 f}{\partial x \partial z}\right)\mathbf{j} + \left(\frac{\partial^2 f}{\partial x \partial y} - \frac{\partial^2 f}{\partial y \partial x}\right)\mathbf{k}$$
$$= 0\mathbf{i} + 0\mathbf{j} + 0\mathbf{k} = 0$$ ■

$\mathbf{F}$가 보존적 벡터장이면 $\mathbf{F} = \nabla f$ 인 $f$가 존재하므로 보존적 벡터장의 회전은 $\mathbf{0}$임을 알 수 있다. 그 역도 정리 15.3.6으로부터 단순연결 영역에서 정의된 벡터장이면 성립함을 알 수 있다.

**정리 15.4.5**

공간상의 벡터장 $\mathbf{F}$가 단순연결 영역에서 정의된 벡터장이고 성분함수들이 연속인 편도함수를 갖고 $\operatorname{curl} \mathbf{F} = 0$이면, F는 보존적 벡터장이다.

**예제 6** 벡터장 $\mathbf{F}(x, y, z) = xyz\mathbf{i} + y^2z\mathbf{j} - x^2\mathbf{k}$은 보존적 벡터장이 아님을 보여라.

**풀이** 예제 5로부터 $\operatorname{curl} \mathbf{F} = -y^2\mathbf{i} + x(y+2)\mathbf{j} - xz\mathbf{k} \neq 0$이므로 정리 15.4.5로부터 $\mathbf{F}$는 보존적 벡터장이 아니다. ■

다음 정리는 회전과 발산 연산 사이의 기본적인 관계를 보여준다.

**정리 15.4.6**

공간상의 벡터장 $\mathbf{F}$의 성분함수들이 연속이 2계 편도함수를 갖으면 다음이 성립한다.

$$\operatorname{div} \operatorname{curl} \mathbf{F} = 0$$

**증명.** 회전과 발산의 정의로부터

$$\begin{aligned}\operatorname{div} \operatorname{curl} \mathbf{F} &= \nabla \cdot (\nabla \times \mathbf{F}) \\ &= \frac{\partial}{\partial x}\left(\frac{\partial F_3}{\partial y} - \frac{\partial F_2}{\partial z}\right) + \frac{\partial}{\partial y}\left(\frac{\partial F_1}{\partial z} - \frac{\partial F_3}{\partial x}\right) + \frac{\partial}{\partial z}\left(\frac{\partial F_2}{\partial x} - \frac{\partial F_1}{\partial y}\right) \\ &= \frac{\partial^2 F_3}{\partial x \partial y} - \frac{\partial^2 F_2}{\partial x \partial z} + \frac{\partial^2 F_1}{\partial y \partial z} - \frac{\partial^2 F_3}{\partial y \partial x} + \frac{\partial^2 F_2}{\partial z \partial x} - \frac{\partial^2 F_1}{\partial z \partial y}\end{aligned}$$

를 얻는다. 정리 15.4.4와 마찬가지로 여기에서도 삼변수 함수에 대한 정리 13.2.2와 유사한 결과가 사용되었다. ■

## 그린의 정리의 벡터 형식

그린의 정리는 회전과 발산 연산자를 이용하여 벡터 형식으로 다시 쓸 수 있다.

**정리 15.4.7**

$D$가 그린의 정리를 적용할 수 있는 평면영역이고 $C$가 양의 방향을 갖는 $D$의 경계라고 하자. $\mathbf{F} = F_1\mathbf{i} + F_2\mathbf{j}$는 연속인 편미분을 갖는 $D$에서 정의된 벡터장이라고 하면 다음이 성립한다.

(1) $\int_C \mathbf{F}\cdot\mathbf{T}\,ds = \iint_D (\operatorname{curl}\mathbf{F})\cdot\mathbf{k}\,dA$

(2) $\int_C \mathbf{F}\cdot\mathbf{n}\,ds = \iint_D \operatorname{div}\mathbf{F}\,dA$

여기서 $\mathbf{n}$은 $\mathbf{r}(t) = x(t)\mathbf{i} + y(t)\mathbf{j}\,(a \le t \le b)$가 양의 방향을 갖는 경로 $C$를 나타낼 때, $\mathbf{n} = \dfrac{y'(t)}{\|\mathbf{r}'(t)\|}\mathbf{i} - \dfrac{x'(t)}{\|\mathbf{r}'(t)\|}\mathbf{j}$로 주어지는 $C$의 외부방향의 단위법선 벡터이다.

**증명.** (1) $\mathbf{F}$를 $\mathbf{k}$성분이 0인 공간상의 벡터장으로 보면

$$\operatorname{curl}(\mathbf{F}) = \begin{vmatrix} \mathbf{i} & \mathbf{j} & \mathbf{k} \\ \dfrac{\partial}{\partial x} & \dfrac{\partial}{\partial y} & \dfrac{\partial}{\partial z} \\ F_1(x,y) & F_2(x,y) & 0 \end{vmatrix} = \left(\frac{\partial F_2}{\partial x} - \frac{\partial F_1}{\partial y}\right)\mathbf{k}$$

이므로 그린의 정리로부터 식 (1)을 증명할 수 있다.

(2) 선적분의 정의로부터

$$\begin{aligned}\int_C \mathbf{F}\cdot\mathbf{n}\,ds &= \int_a^b (\mathbf{F}\cdot\mathbf{n})(t)\,\|\mathbf{r}'(t)\|\,dt \\ &= \int_a^b \left(F_1(x(t),\ y(t))\frac{y'(t)}{\|\mathbf{r}'(t)\|} - F_2(x(t),y(t))\frac{x'(t)}{\|\mathbf{r}'(t)\|}\right)\|\mathbf{r}'(t)\|\,dt \\ &= \int_a^b (F_1(x(t),\ y(t))y'(t) - F_2(x(t),\ y(t))x'(t))\,dt \\ &= \int_C F_1\,dy - F_2\,dx\end{aligned}$$

를 얻는다. $\int_C F_1\,dy - F_2\,dx$는 그린의 정리로부터 $\iint_D \left(\dfrac{\partial F_1}{\partial x} + \dfrac{\partial F_2}{\partial y}\right)dxdy$이므로 $\int_C \mathbf{F}\cdot\mathbf{n}\,ds = \iint_D \operatorname{div}\mathbf{F}\,dA$를 얻는다. ■

Chapter 15

## 연습문제 15.4

1. 다음 영역 $D$와 함수 $F_1, F_2$에 대해 그린의 정리를 확인하여라.
   (1) $D = \{(x, y) \mid x^2 + y^2 \le 1\}$, $F_1(x, y) = xy^2$, $F_2(x, y) = -x^2 y$
   (2) $D$: 꼭지점이 $(0, 0)$, $(1, 0)$, $(0, 1)$인 삼각형 내부, $F_1(x, y) = x^3$, $F_2(x, y) = xy$
   (3) $D = \{(x, y) \mid x^2 + y^2 \le 4,\ x \ge 0,\ y \ge 0\}$, $F_1(x, y) = xy = F_2(x, y)$
   (4) $D = \{(x, y) \mid -1 \le x \le 1,\ -1 \le y \le 1\}$, $F_1(x, y) = -y$, $F_2(x, y) = x$

2. 그린의 정리를 이용하여 양의 방향으로 주어진 다음 곡선에서의 선적분을 구하여라.
   (1) $\int_C (x-y)dx + (x+y)dy$, $C$: $x$축, $y$축, $x=1$, $y=1$을 네 변으로 갖는 정사각형
   (2) $\int_C 2xy\,dx + xy^2 dy$, $C$: 꼭지점이 $(0, 0)$, $(1, 0)$, $(0, 1)$인 삼각형
   (3) $\int_C \frac{1}{2}x^2y^2dx + \frac{1}{3}x^3y\,dy$, $C$: 원점을 중심으로 하고 $(1, 0)$을 꼭지점으로 갖는 정육각형
   (4) $\int_C (x^3 - e^x \cos y)dx + (x + e^x \sin y)dy$, $C$: 원 $x^2 + y^2 = 4$

3. 다음 벡터장의 회전과 발산을 구하여라.
   (1) $\mathbf{F}(x, y, z) = yz\mathbf{i} + xz\mathbf{j} + xy\mathbf{k}$
   (2) $\mathbf{F}(x, y, z) = yz\mathbf{i} + (xz+y)\mathbf{j} + (xy+1)\mathbf{k}$
   (3) $\mathbf{F}(x, y) = y\mathbf{i} - x\mathbf{j}$
   (4) $\mathbf{F}(x, y, z) = x\mathbf{i} + y\mathbf{j} + z\mathbf{k}$

4. 다음 함수 $f$에 대해 $\text{curl}(\nabla f) = 0$이 성립함을 확인하여라.
   (1) $f(x, y, z) = xy + yz + xz$
   (2) $f(x, y, z) = x^2 yz$
   (3) $f(x, y, z) = \dfrac{1}{\sqrt{x^2+y^2+z^2}}$
   (4) $f(x, y, z) = \sin(xyz)$

5. 평면영역 $D$는 그린의 정리가 적용가능한 영역이고 $C$는 양의 방향을 갖는 $D$의 경계라고 할 때, $D$의 넓이 $A$에 대한 다음 공식들을 증명하여라. (힌트: 그린의 정리를 이용하여라.)
   (1) $A = \int_C x\,dy$
   (2) $A = -\int_C y\,dx$
   (3) $A = \frac{1}{2}\int_C x\,dy - y\,dx$

6. 그린의 정리(정리 15.4.1)에서 $D$가 $x$-단순영역인 경우

$$\int_C F_2\,dy = \iint_D \frac{\partial F_2}{\partial x}\,dx\,dy$$

가 성립함을 보여라.

7. 문제 5를 이용하여 다음 질문에 답하여라.
   (1) 타원 $\dfrac{x^2}{a^2} + \dfrac{y^2}{b^2} = 1$로 둘러싸인 영역의 넓이를 구하여라.
   (2) 곡선 $C$가 점 $(a, b)$에서 점 $(c, d)$까지의 선분이라고 할 때, $\int_C x\,dy - y\,dx = ad - bc$임을 보여라.
   (3) 반시계방향으로 주어진 점들 $(x_1, y_1)$, $(x_2, y_2)$, …, $(x_n, y_n)$을 꼭지점으로 갖는 다각형의 넓이는

$$A = \frac{1}{2}\left( \begin{vmatrix} x_1 & y_1 \\ x_2 & y_2 \end{vmatrix} + \begin{vmatrix} x_2 & y_2 \\ x_3 & y_3 \end{vmatrix} + \cdots + \begin{vmatrix} x_{n-1} & y_{n-1} \\ x_n & y_n \end{vmatrix} + \begin{vmatrix} x_n & y_n \\ x_1 & y_1 \end{vmatrix} \right)$$

   임을 보여라.

# 15.5 면적분

15.1절과 15.2절에서 우리는 곡선에서의 스칼라 함수와 벡터 함수(벡터장)의 선적분에 대해 배웠다. 이번 절에서는 곡면에서의 함수들의 면적분에 대해 알아볼 것이다.

## 매개변수 곡면

우리는 이미 13절에서 이변수 함수 $z = f(x, y)$의 그래프로 주어지는 곡면에 대해 배웠지만 그런 곡면은 매우 제한적이므로 좀 더 일반적인 곡면들을 나타내는 방법이 필요하다. 13장에서 공간상의 일반적인 곡선들을 매개변수를 이용하여 나타냈듯이 이와 비슷한 방법으로 공간상의 곡면을 나타내보자.

**정의 15.5.1(매개변수 곡면)**

평면영역 $D$와 벡터함수 $\mathbf{r}: D \to R^3$에 대해 $\mathbf{r}$의 치역을 매개변수 곡면 $S$라 한다. $r(u, v) = (x(u, v), y(u, v), z(u, v))$라 하면

$$x = x(u, v), \quad y = y(u, v), \quad z = z(u, v)$$

를 곡면 $S$의 매개변수 방정식이라 한다.

**예제 1** 구면 $x^2 + y^2 + z^2 = a^2\ (a > 0)$의 매개변수 방정식을 구하여라.

**풀이** 14.4절의 구면좌표계에서 구면은 $\rho = a$로 나타낼 수 있었다. 따라서 구면의 매개변수로 $\phi, \theta$를 선택하면 14.4절로부터

$$x = a\sin\phi\cos\theta, \quad y = a\sin\phi\sin\theta, \quad z = a\cos\phi$$

이고 $0 \le \phi \le \pi,\ 0 \le \theta \le 2\pi$임을 알 수 있다.

따라서, 벡터함수 $\mathbf{r}(\phi, \theta) = a\sin\phi\cos\theta\,\mathbf{i} + a\sin\phi\sin\theta\,\mathbf{j} + a\cos\phi\,\mathbf{k}$는 $D = [0, \pi] \times [0, 2\pi]$를 정의역으로 하고 주어진 구면을 나타낸다. ■

Chapter 15

## 스칼라 함수의 면적분

이제 매개변수 곡면 $S$에서의 스칼라 함수 $f(x, y, z)$의 면적분에 대해 알아보자. 매개변수 곡면 $S$가 벡터함수 $\mathbf{r}(u, v) = x(u, v)\mathbf{i} + y(u, v)\mathbf{j} + z(u, v)\mathbf{k}$, $(u, v) \in D$로 주어져 있다고 하자. 14.5절에서 곡면의 넓이를 구하는 과정을 떠올려보자. 편의상 영역 $D$가 직사각형 영역 $R = [a, b] \times [c, d]$라고 생각하고 이를 분할하여 그 중 하나의 작은 직사각형을 $R_{ij}$라 하고 $\mathbf{r}$에 의한 상을 $S_{ij}$라 하자. $S_{ij}$에서 표본점 $Q_{ij}^*$를 골라 그 점에서 함수값 $f(Q_{ij}^*)$를 계산하고 소곡면 $S_{ij}$의 넓이 $\Delta S_{ij}$를 곱한 후 이를 모든 조각에 대해 합한 리만 합의 극한 $\lim_{\|P\| \to 0} \sum_{i,j} f(Q_{ij}^*) \Delta S_{ij}$을 곡면 $S$에서의 $f$의 면적분으로 정의한다.

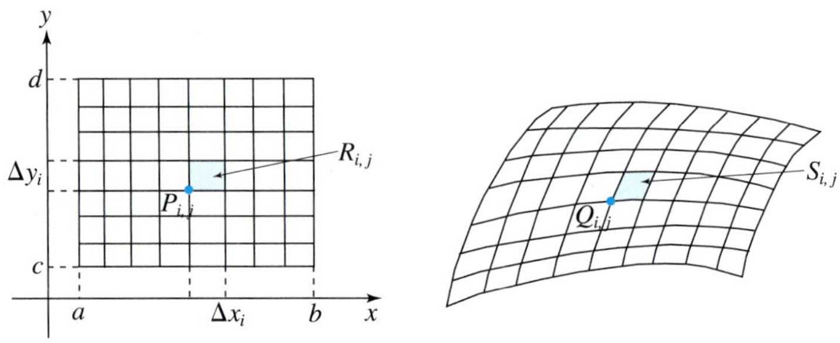


그림 15.5.1

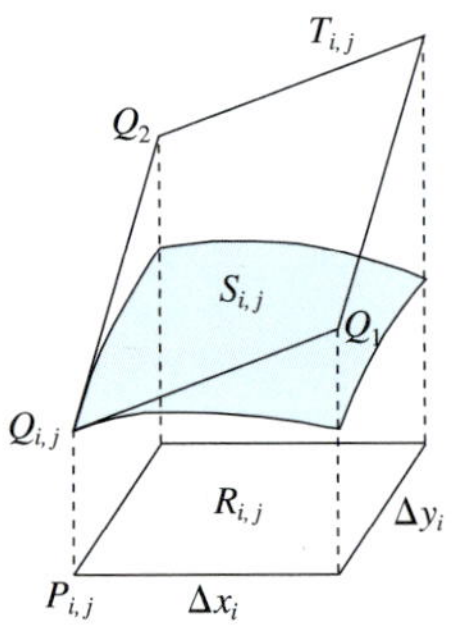


그림 15.5.2

14.5절에서와 마찬가지로 $\Delta S_{ij}$는 근사적으로 점 $Q_{ij}$에서 곡면에 대한 접평면 $T_{ij}$의 면적과 같고 $T_{ij}$의 면적은 그림 15.5.2에서 $\|\overrightarrow{Q_{i,j}Q_1} \times \overrightarrow{Q_{i,j}Q_2}\|$이다. 여기서 $\overrightarrow{Q_{i,j}Q_1} = \mathbf{r}_u(x_i, y_j)\Delta x_i$, $\overrightarrow{Q_{i,j}Q_2} = \mathbf{r}_v(x_i, y_j)\Delta y_j$이므로

$$\Delta S_{ij} \approx |\mathbf{r}_u(x_i, y_j) \times \mathbf{r}_v(x_i, y_j)| \Delta x_i \Delta y_j$$

를 얻는다. 따라서 다음과 같이 곡면에서의 스칼라 함수의 면적분을 정의한다.

**정의 15.5.2(스칼라 함수의 면적분)**

$\mathbf{r}(u, v) = x(u, v)\mathbf{i} + y(u, v)\mathbf{j} + z(u, v)\mathbf{k}$, $(u, v) \in D$로 주어진 매개변수 곡면 $S$에서 연속인 함수 $f(x, y, z)$에 대해, 곡면 $S$에서의 $f$의 면적분을 다음과 같이 정의한다.

$$\iint_S f(x, y, z)\, dS = \iint_D f(r(u, v)) \|\mathbf{r}_u \times \mathbf{r}_v\|\, dudv$$

$f = 1$인 경우 면적분은 바로 곡면 $S$의 면적이 된다. 그리고 선적분(정의 15.1.1)과도 비교해보라.

**예제 2** 구면 $S: x^2 + y^2 + z^2 = a^2\ (a > 0)$에서 면적분 $\iint_S z^2 dS$을 구하여라.

**풀이** 예제 1에서 구면 $S$는 $\mathbf{r}(\phi, \theta) = a\sin\phi\cos\theta\mathbf{i} + a\sin\phi\sin\theta\mathbf{j} + a\cos\phi\mathbf{k}$, $D = [0, \pi]\times[0, 2\pi]$로 나타낼 수 있었다. 벡터곱의 정의로부터 $\|\mathbf{r}_\phi \times \mathbf{r}_\theta\| = a^2\sin\phi$임을 쉽게 구할 수 있다 (연습문제 15.5.4) 따라서,

$$\begin{aligned}\iint_S z^2 dS &= \int_0^{2\pi}\int_0^{\pi} a^4\cos^2\phi\sin\phi\, d\phi d\theta \\ &= \int_0^{2\pi}\left[-\frac{a^4\cos^3\phi}{3}\right]_{\phi=0}^{\phi=\pi} d\theta \\ &= \int_0^{2\pi}\frac{2a^4}{3}d\theta = \frac{4\pi a^4}{3}\end{aligned}$$

■

곡면 $S$가 함수 $z = g(x, y), (x, y)\in D$의 그래프로 주어지면 $x = x$, $y = y$, $z = g(x, y)$을 방정식으로 갖는 매개변수 곡면으로 볼 수 있다. 이 경우 $\mathbf{r}_x = \mathbf{i} + \left(\frac{\partial g}{\partial x}\right)\mathbf{k}$, $\mathbf{r}_y = \mathbf{j} + \left(\frac{\partial g}{\partial y}\right)\mathbf{k}$ 이므로

$$\mathbf{r}_x \times \mathbf{r}_y = -\frac{\partial g}{\partial x}\mathbf{i} - \frac{\partial g}{\partial y}\mathbf{j} + \mathbf{k}, \quad \|\mathbf{r}_x \times \mathbf{r}_y\| = \sqrt{\left(\frac{\partial g}{\partial x}\right)^2 + \left(\frac{\partial g}{\partial y}\right)^2 + 1}$$

을 얻는다. 따라서 함수의 그래프로 주어지는 곡면에서의 면적분은 다음과 같다.

$$\iint_S f(x, y, z)dS = \iint_D f(x, y, g(x, y))\sqrt{\left(\frac{\partial g}{\partial x}\right)^2 + \left(\frac{\partial g}{\partial y}\right)^2 + 1}\,dxdy$$

스칼라 함수의 면적분을 이용하면 14.5절과 15.1절에서와 유사한 방법으로 얇은 곡면의 모양을 가진 물체의 질량, 모멘트, 질량중심 및 관성모멘트를 구할 수 있다. 얇은 곡면 $S$의 밀도함수가 $\delta(x, y, z)$로 주어졌을 때, 다음이 성립한다.

질량: $M = \iint_S \delta dS$

좌표평면에 대한 모멘트:

$$M_{yz} = \iint_S x\delta dS, \quad M_{xz} = \iint_S y\delta dS, \quad M_{xy} = \iint_S z\delta dS$$

질량중심: $\bar{x} = \frac{M_{yz}}{M}$, $\bar{y} = \frac{M_{xz}}{M}$, $\bar{z} = \frac{M_{xy}}{M}$

좌표축에 대한 관성모멘트:

$$I_x = \iint_S (y^2 + z^2)\delta dS, \quad I_y = \iint_S (x^2 + z^2)\delta dS, \quad I_z = \iint_S (x^2 + y^2)\delta dS$$

## 벡터장의 면적분

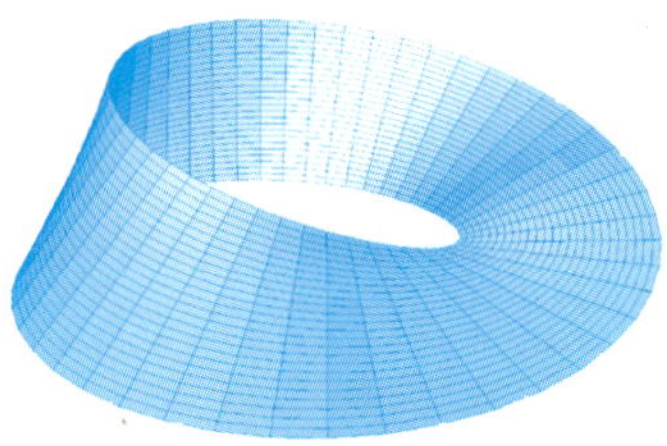
그림 15.5.3

공간상의 곡면은 항상 두 면을 갖는 것처럼 생각되지만 그림 15.5.3의 뫼비우스 띠처럼 한 면만을 갖는 경우도 있다. 유향곡면(oriented surface)란 두 면을 갖고 있고 그 중 한 면을 양의 방향(positive orientation) 혹은 바깥 방향(outside)으로 정한 곡면을 말한다. 곡면의 각 점마다 두 개의 단위 법선벡터 $\mathbf{n}_1, \mathbf{n}_2(\mathbf{n}_2 = -\mathbf{n}_1)$를 갖는데 그 중 하나의 법선벡터를 선택함으로서 그 벡터의 방향을 양의 방향으로 갖는 유향곡면을 생각한다. 만약 곡면 $S$가 성분함수들이 연속인 편미분을 갖는 $\mathbf{r}(u, v)$로 주어지고 모든 점에서 $\|\mathbf{r}_u \times \mathbf{r}_v\| \neq 0$인 경우 매끈한 곡면(smooth surface)이라 한다. 이때 $\dfrac{\mathbf{r}_u \times \mathbf{r}_v}{\|\mathbf{r}_u \times \mathbf{r}_v\|}$는 모든 점에서 정의되는 곡면의 단위 법선벡터가 되므로, 매개변수 곡면을 단위법선벡터를 따로 지정하지 않고 유향곡면이라고 하면 $\mathbf{n} = \dfrac{\mathbf{r}_u \times \mathbf{r}_v}{\|\mathbf{r}_u \times \mathbf{r}_v\|}$을 양의 방향의 단위 법선벡터로 생각한다.

**정의 15.5.3(벡터장의 면적분)**

$\mathbf{F}$가 단위 법선벡터 $\mathbf{n}$을 가진 유향곡면 $S$에서 연속인 벡터장일 때, 곡면 $S$에서 $\mathbf{F}$의 면적분을 다음과 같이 정의한다.

$$\iint_S \mathbf{F} \cdot d\mathbf{S} = \iint_S \mathbf{F} \cdot \mathbf{n}\, dS$$

만약 곡면 $S$가 $\mathbf{r}(u, v)$로 주어졌고 $\mathbf{n} = \dfrac{\mathbf{r}_u \times \mathbf{r}_v}{\|\mathbf{r}_u \times \mathbf{r}_v\|}$으로 주어졌다면 $S$에서 $\mathbf{F}$의 면적분은 정의 15.5.2로부터 다음을 얻는다.

$$\iint_S \mathbf{F} \cdot d\mathbf{S} = \iint_D \mathbf{F} \cdot (\mathbf{r}_u \times \mathbf{r}_v)\, dA$$

만약 벡터장이 유체 (혹은 기체)의 속도의 벡터장이라면 면적분은 단위시간당 곡면 $S$를 (안쪽 방향에서 바깥 방향으로) 지나가는 유체의 양을 의미한다. 그래서 벡터장의 면적분을 $S$를 통과하는 $\mathbf{F}$의 유량(flux)이라고도 한다.

**예제 3** 단위구면 $x^2 + y^2 + z^2 = 1$을 통과하는 벡터장 $\mathbf{F}(x, y, z) = 2\mathbf{k}$의 유량을 구하여라.

**풀이** 예제 1로부터 구면의 매개변수 방정식 $\mathbf{r}(\phi, \theta) = \sin\phi \cos\theta\, \mathbf{i} + \sin\phi \sin\theta\, \mathbf{j} + \cos\phi\, \mathbf{k}$, $D = [0, \pi] \times [0, 2\pi]$로부터

$$\mathbf{F}(\mathbf{r}(u,v)) = 2\mathbf{k}, \quad \mathbf{r}_\phi \times \mathbf{r}_\theta = \sin^2\phi\cos\theta\mathbf{i} + \sin^2\phi\sin\theta\,\mathbf{j} + \sin\phi\cos\phi\,\mathbf{k}$$

를 얻는다 (연습문제 15.5.4 참조) 그러므로 구하는 유량은

$$\begin{aligned}\iint_S \mathbf{F}\cdot d\mathbf{S} &= \iint_D \mathbf{F}\cdot(\mathbf{r}_u \times \mathbf{r}_v)\,dA \\ &= \int_0^{2\pi}\int_0^{\pi} 2\sin\phi\cos\phi\,d\phi\,d\theta \\ &= \int_0^{2\pi}\left[-\frac{\cos 2\phi}{2}\right]_{\phi=0}^{\phi=\pi} d\theta \\ &= \int_0^{2\pi} 0\,d\theta = 0\end{aligned}$$

이 결과는 한 방향으로 일정하게 흐르는 유체가 닫힌 곡면에 들어가고 나오는 유량은 같다는 결과와 잘 맞는다. ■

## 연습문제 15.5

**1.** 다음 곡면의 매개변수 방정식을 구하여라.

(1) $x^2 + y^2 = 4, \quad 0 \le z \le 1$

(2) $z = \sqrt{x^2 + y^2}$

(3) $-1 \le z \le \sqrt{3}$

(4) $xz$평면에서 점 $(b, 0, 0)$을 중심으로 하고 반지름 $a(a < b)$인 원을 $z$축을 축으로 회전시킨 원환면

**2.** 다음 면적분을 구하여라.

(1) $\iint_S (x+y+z)dS$, $S$: 세 점 (1, 0, 0), (0, 1, 0), (0, 0, 1)을 꼭지점으로 하는 삼각형

(2) $\iint_S xy\,dS$, $S$: 구 $x^2+y^2+z^2 = 1$

(3) $\iint_S x\,dS$, $S$: $x^2+y^2 = 4, \quad 0 \le z \le 1$

(4) $\iint_S (z-y)dS$, $S$: $z = \sqrt{x^2+y^2}\ (0 \le z \le 2)$

(5) $\iint_S (z-y)dS$, $S$: 벡터함수 $\mathbf{r}(\theta,\phi) = ((R + r\cos\phi)\cos\theta,\ (R + r\cos\phi)\sin\theta,\ R\sin\phi),\ (0 \le \theta \le 2\pi,\ 0 \le \phi \le 2\pi)$로 주어진 곡면

(6) $\iint_S xyz\,dS$, $S$: 평면 $x+y+z = 1$, $xy$평면, $yz$평면, $xz$평면으로 둘러싸인 입체의 경계면

**3.** 다음의 벡터장 $\mathbf{F}$과 유향곡면 $S$에 대해 면적분 $\iint_S \mathbf{F}\cdot d\mathbf{S}$를 구하여라.

(1) $\mathbf{F}(x, y, z) = y\mathbf{i} - x\mathbf{j} + z\mathbf{k}$, $S$: 바깥 방향을 가진 단위구면

(2) $\mathbf{F}(x, y, z) = yz\mathbf{i} + xz\mathbf{j} + xy\mathbf{k}$, $S$: 세 점 (1, 0, 0), (0, 1, 0), (0, 0, 1)을 꼭지점으로 하고 위로 방향을 가진 삼각형

(3) $\mathbf{F}(x, y, z) = x\mathbf{i} + y\mathbf{j} + z^3\mathbf{k}$, $S$: $z = \sqrt{x^2+y^2}$ $(0 \le z \le 2)$을 만족하고 위로 방향을 가진 곡면

(4) $\mathbf{F}(x, y, z) = x\mathbf{i} + y\mathbf{j} + z\mathbf{k}$, $S$: 바깥 방향을 가진 반구 $x^2 + y^2 + z^2 = 1,\ z \ge 0$

(5) $\mathbf{F}(x, y, z) = x\mathbf{i} + y\mathbf{j} - e^{x+y}z\mathbf{k}$, $S$: 원점에서 멀어지는 방향을 가진 곡면 $x^2+y^2 = 4,\ 0 \le z \le 1$

(6) $\mathbf{F}(x, y, z) = (y-2z)\mathbf{i} - (x-2y)\mathbf{j} + x^2\mathbf{k}$, $S$: 평면 $x+y+z = 1$, $xy$평면, $yz$평면, $xz$평면으로 둘러싸인 입체의 바깥 방향을 갖는 경계면

**4.** 구면 $x^2 + y^2 + z^2 = a^2\,(a > 0)$의 매개변수 방정식 $\mathbf{r}(\phi,\theta) = a\sin\phi\cos\theta\mathbf{i} + a\sin\phi\sin\theta\mathbf{j} + a\cos\phi\mathbf{k}$, $D = [0, \phi]\times[0, 2\pi]$에 대해 다음을 보여라.

(1) $\mathbf{r}_\phi \times \mathbf{r}_\theta = a^2\sin^2\phi\cos\theta\mathbf{i} + a^2\sin^2\phi\sin\theta\,\mathbf{j} + a^2\sin\phi\cos\phi\,\mathbf{k}$

(2) $\|\mathbf{r}_\phi \times \mathbf{r}_\theta\| = a^2\sin\phi$

**5.** 일정한 밀도를 갖는 반구면 $x^2+y^2+z^2 = 1,\ z \ge 0$의 질량중심을 구하여라.

# 15.6 스토크스의 정리와 발산 정리

이번 절에서는 스토크스의 정리와 발산 정리에 대해 배울 것이다. 스토크스의 정리는 공간상의 단순 닫힌 곡선 $C$에서의 벡터장의 선적분과 $C$를 경계로 하는 곡면에서의 면적분과의 관계를 알려준다. 따라서 이 정리는 그린의 정리와 많이 유사하다. 또한 발산 정리는 닫힌 곡면에서 벡터장의 면적분과 곡면으로 둘러싸인 입체에서의 벡터장의 발산의 적분이 같다는 것을 알려준다. 그린의 정리와 더불어 이 세 정리는 기하학적 대상에서의 적분이 그 대상의 경계에서의 적분과 관계가 있음을 알려준다.

## 스토크스의 정리

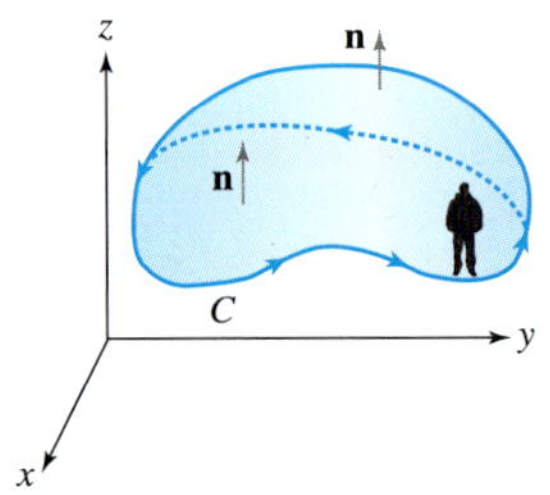

그림 15.6.1

곡면 $S$와 그 경계 곡선 $C$에는 각각 방향이 있다. 그리고 벡터장의 선적분과 면적분은 방향에 따라 그 값의 부호가 바뀌므로 곡면과 경계 곡선의 방향을 연결시켜야 한다. 곡면의 양의 방향 $\mathbf{n}$이 정해지면 그림 15.6.1과 같이 곡선의 방향을 따라 움직일 때 왼쪽에 곡면이 놓이도록 하는 방향을 경계 곡선의 양의 방향으로 정하고 이것을 $\mathbf{n}$에 의해 유도된 방향이라고 한다.

**보조정리 15.6.1**

$S$를 매끈한 단순 닫힌 곡선 $C$를 경계로 갖는 매끈한 유향곡면이고 벡터함수

$$\Phi : D \subset \mathbf{R}^2 \to \mathbf{S}$$
$$(u, v) \to \Phi(u, v)$$

를 $S$의 매끈한 매개화라고 가정하자. $U$를 $S$를 포함하는 $\mathbb{R}^3$의 열린 영역이고, 벡터장 $\mathbf{F} : U \to \mathbf{R}^3$의 성분함수들이 연속인 편도함수를 가질 때 다음 성질을 만족한다.

$$[\operatorname{curl}\mathbf{F}(\Phi(u, v)]\cdot\left(\frac{\partial\Phi}{\partial u}\times\frac{\partial\Phi}{\partial v}\right) = \frac{\partial\mathbf{F}(\Phi(u, v))}{\partial u}\cdot\frac{\partial\Phi}{\partial v} - \frac{\partial\mathbf{F}(\Phi(u, v))}{\partial v}\cdot\frac{\partial\Phi}{\partial u}$$

**증명.** 먼저 $\mathbf{F} = (\mathbf{F}_1, \mathbf{F}_2, \mathbf{F}_3)$, $(x, y, z) = \Phi(u, v)$라 하고 $\operatorname{curl}\mathbf{F}(\Phi(u, v))$와 $\dfrac{\partial\Phi}{\partial u}\times\dfrac{\partial\Phi}{\partial v}$를 계산하면 다음과 같다.

$$\text{curl}\mathbf{F}(\Phi(u, v)) = \left(\frac{\partial \mathbf{F}_3}{\partial u} - \frac{\partial \mathbf{F}_2}{\partial z}, -\left(\frac{\partial \mathbf{F}_3}{\partial x} - \frac{\partial \mathbf{F}_1}{\partial z}\right), \frac{\partial \mathbf{F}_2}{\partial z} - \frac{\partial \mathbf{F}_1}{\partial y}\right),$$

$$\frac{\partial \Phi}{\partial u} \times \frac{\partial \Phi}{\partial v} = \left(\frac{\partial y}{\partial u}\frac{\partial z}{\partial v} - \frac{\partial z}{\partial u}\frac{\partial y}{\partial v}, -\left(\frac{\partial x}{\partial u}\frac{\partial z}{\partial v} - \frac{\partial x}{\partial v}\frac{\partial z}{\partial u}\right), \frac{\partial x}{\partial u}\frac{\partial y}{\partial v} - \frac{\partial x}{\partial v}\frac{\partial z}{\partial u}\right).$$

따라서

$$\begin{aligned}
&\text{curl}\mathbf{F}(\Phi(u, v)) \cdot \left(\frac{\partial \Phi}{\partial u} \times \frac{\partial \Phi}{\partial v}\right) \\
&= \left(\frac{\partial \mathbf{F}_3}{\partial y} - \frac{\partial \mathbf{F}_2}{\partial z}\right)\left(\frac{\partial y}{\partial u}\frac{\partial z}{\partial v} - \frac{\partial z}{\partial u}\frac{\partial y}{\partial v}\right) + \left(\frac{\partial \mathbf{F}_3}{\partial x} - \frac{\partial \mathbf{F}_1}{\partial z}\right)\left(\frac{\partial x}{\partial u}\frac{\partial z}{\partial v} - \frac{\partial x}{\partial v}\frac{\partial z}{\partial u}\right) \\
&\quad + \left(\frac{\partial \mathbf{F}_2}{\partial x} - \frac{\partial \mathbf{F}_1}{\partial y}\right)\left(\frac{\partial x}{\partial u}\frac{\partial y}{\partial v} - \frac{\partial x}{\partial v}\frac{\partial y}{\partial u}\right) \\
&= \left(\frac{\partial \mathbf{F}_1}{\partial z}\frac{\partial z}{\partial u} + \frac{\partial \mathbf{F}_1}{\partial y}\frac{\partial y}{\partial u}\right)\frac{\partial x}{\partial v} - \left(\frac{\partial \mathbf{F}_1}{\partial z}\frac{\partial z}{\partial v} + \frac{\partial \mathbf{F}_1}{\partial y}\frac{\partial y}{\partial v}\right)\frac{\partial x}{\partial u} \\
&\quad + \left(\frac{\partial \mathbf{F}_3}{\partial y}\frac{\partial y}{\partial u} + \frac{\partial \mathbf{F}_3}{\partial x}\frac{\partial x}{\partial u}\right)\frac{\partial z}{\partial v} - \left(\frac{\partial \mathbf{F}_3}{\partial y}\frac{\partial y}{\partial v} + \frac{\partial \mathbf{F}_3}{\partial x}\frac{\partial x}{\partial v}\right)\frac{\partial z}{\partial u} \\
&\quad + \left(\frac{\partial \mathbf{F}_2}{\partial z}\frac{\partial z}{\partial u} + \frac{\partial \mathbf{F}_2}{\partial x}\frac{\partial x}{\partial u}\right)\frac{\partial y}{\partial v} - \left(\frac{\partial \mathbf{F}_2}{\partial z}\frac{\partial z}{\partial v} + \frac{\partial \mathbf{F}_2}{\partial x}\frac{\partial x}{\partial v}\right)\frac{\partial y}{\partial u} \\
&= \left(\frac{\partial \mathbf{F}_1}{\partial u}\frac{\partial x}{\partial v} - \frac{\partial \mathbf{F}_1}{\partial v}\frac{\partial x}{\partial u}\right) + \left(\frac{\partial \mathbf{F}_2}{\partial u}\frac{\partial y}{\partial v} - \frac{\partial \mathbf{F}_2}{\partial v}\frac{\partial y}{\partial u}\right) + \left(\frac{\partial \mathbf{F}_3}{\partial u}\frac{\partial z}{\partial v} - \frac{\partial \mathbf{F}_3}{\partial v}\frac{\partial z}{\partial u}\right) \\
&= \frac{\partial \mathbf{F}(\Phi(u, v))}{\partial u} \cdot \frac{\partial \Phi(u, v)}{\partial v} - \frac{\partial \mathbf{F}(\Phi(u, v))}{\partial v} \cdot \frac{\partial \Phi(u, v)}{\partial u}
\end{aligned}$$

임을 알 수 있다. 위의 마지막 두번째 등식은 $\frac{\partial \mathbf{F}_1}{\partial x}\frac{\partial x}{\partial u}\frac{\partial x}{\partial v}$, $\frac{\partial \mathbf{F}_3}{\partial z}\frac{\partial z}{\partial u}\frac{\partial z}{\partial v}$, $\frac{\partial \mathbf{F}_2}{\partial y}\frac{\partial y}{\partial u}\frac{\partial y}{\partial v}$를 각각 더하고 뺀 후 정리하여 얻어졌다. ■

**정리 15.6.2(스토크스의 정리)**

$S$를 앞의 보조정리에서와 같다고 가정하자. $S$의 매개화 벡터함수 $\Phi : D \subset \mathbf{R}^2 \to S$의 각각의 성분함수가 연속인 이차편도함수를 가진다고 가정하자. 벡터장 $\mathbf{F} : U \to \mathbf{R}^3$는 성분함수들이 연속인 편도함수를 갖고 $U$는 $S$를 포함하는 $\mathbf{R}^3$의 부분영역이라 하면 다음이 성립한다.

$$\int_C \mathbf{F} \cdot d\mathbf{r} = \iint_S \text{curl}\mathbf{F} \cdot d\mathbf{S}$$

**증명.** 다음의 그림 15.6.2에서와 같이 $D$의 경계곡선 $\Gamma$의 매개화를

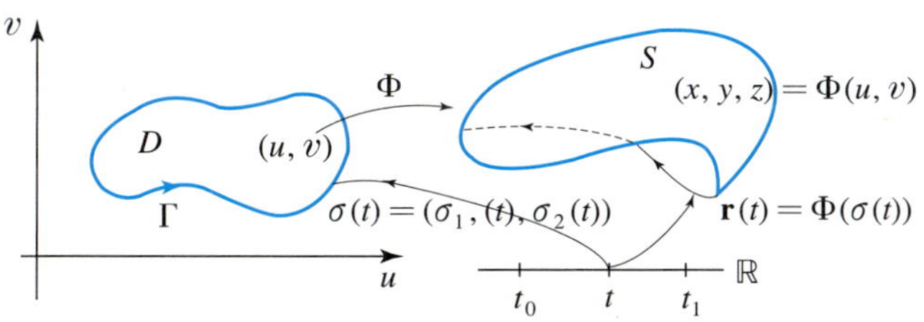


그림 15.6.2

$$\sigma : [t_0, t_1] \to \Gamma$$
$$t \to \sigma(t) = (\sigma_1(t), \sigma_2(t))$$

라고 하면 $\Phi(\sigma(t))$는 $S$의 경계곡선 $C$의 매개화임을 알 수 있다. 먼저 유향곡면 $S$ 위에 점 $\Phi(u, v)$에서 단위법선 벡터장 $\mathbf{n}$이 다음과 같다고 가정하자.

$$\mathbf{n}(\Phi(u, v)) = \frac{\dfrac{\partial \Phi}{\partial u} \times \dfrac{\partial \Phi}{\partial v}}{\left| \dfrac{\partial \Phi}{\partial u} \times \dfrac{\partial \Phi}{\partial v} \right|}$$

보조정리 15.6.1과 정리 15.4.1에 의하여

$$\begin{aligned}
\iint_S \operatorname{curl}\mathbf{F} \cdot d\mathbf{S} &= \iint_S \operatorname{curl}\mathbf{F} \cdot \mathbf{n} dS \\
&= \iint_D \operatorname{curl}\mathbf{F}(\Phi(u, v)) \cdot \left( \frac{\partial \Phi}{\partial u} \times \frac{\partial \Phi}{\partial v} \right) dA \\
&= \iint_D \left( \frac{\partial \mathbf{F}}{\partial u} \cdot \frac{\partial \Phi}{\partial v} - \frac{\partial \mathbf{F}}{\partial v} \cdot \frac{\partial \Phi}{\partial u} \right) dA \\
&= \iint_D \left[ \frac{\partial}{\partial u}\left( \mathbf{F}(\Phi(u, v)) \cdot \frac{\partial \Phi}{\partial v} \right) - \frac{\partial}{\partial v}\left( \mathbf{F}(\Phi(u, v)) \cdot \frac{\partial \Phi}{\partial u} \right) \right] dA \\
&= \int_\Gamma \mathbf{F}(\Phi(u, v)) \cdot \frac{\partial \Phi}{\partial v} du + \mathbf{F}(\Phi(u, v)) \cdot \frac{\partial \Phi}{\partial u} dv \\
&= \int_{t_0}^{t_1} \mathbf{F}(\Phi(\sigma(t))) \cdot \frac{\partial \Phi(\sigma(t))}{\partial t} dt = \int_{t_0}^{t_1} \mathbf{F}(\mathbf{r}(t)) \cdot \mathbf{r}'(t) dt = \int_C \mathbf{F} \cdot d\mathbf{r}
\end{aligned}$$

을 얻을 수 있다. 따라서

$$\iint_S \operatorname{curl}\mathbf{F} \cdot d\mathbf{S} = \int_C \mathbf{F} \cdot d\mathbf{r}$$

임을 증명하였다. ■

**정리 15.6.3**

$S$를 조각마다 매끈한 단순 닫힌 곡선 $C$를 경계로 갖는 조각마다 매끈한 유향곡면이라고 하자. $\mathbf{F}$는 성분함수들이 연속인 편도함수를 갖는 $\mathbf{S}$를 포함하는 열린집합 $U$에서 정의 된 벡터장이라고 하면 다음이 성립한다.

$$\int_C \mathbf{F} \cdot d\mathbf{r} = \iint_S \operatorname{curl}\mathbf{F} \cdot d\mathbf{s}$$

**증명.** 정리 15.6.2를 이용하여 증명할 수 있지만 복잡하여 생략하겠다. ■

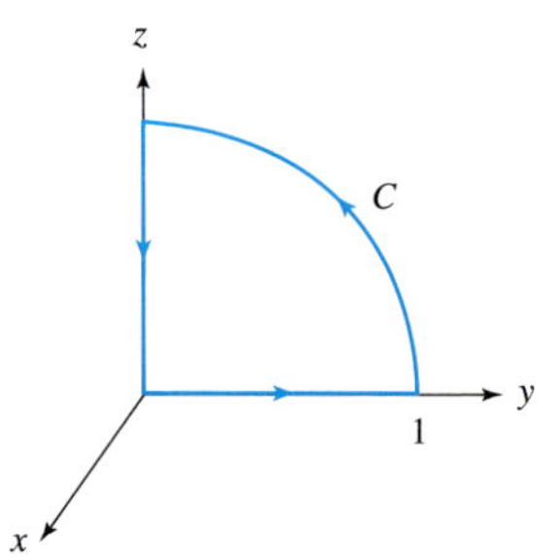

그림 15.6.3

**예제 1** 그림 15.6.3처럼 주어진 곡선 $C$와 벡터장 $\mathbf{F}(x, y, z) = y\mathbf{i} + z\mathbf{j} + x\mathbf{k}$에 대해 스토크스의 정리를 확인해보아라.

**풀이** $C$를 경계로 갖는 어떤 곡면도 $S$가 될 수 있지만 여기서는 가장 간단하게 $C$로 둘러싸인 $yz$평면상의 부채꼴로 잡자. 먼저

$$\text{curl }\mathbf{F} = \nabla \times \mathbf{F} = \begin{vmatrix} \mathbf{i} & \mathbf{j} & \mathbf{k} \\ \dfrac{\partial}{\partial x} & \dfrac{\partial}{\partial y} & \dfrac{\partial}{\partial z} \\ y & z & x \end{vmatrix}$$
$$= -\mathbf{i} - \mathbf{j} - \mathbf{k}$$

이다. 다음으로 부채꼴의 매개변수 방정식은 $yz$평면에서 극좌표계를 이용하자. 즉 $\theta$를 $y$축 양의 방향과의 각도로 생각하면 $\mathbf{r}(r, \theta) = r\cos\theta\mathbf{j} + r\sin\theta\mathbf{k}$, $(r, \theta) \in [0, 1] \times [0, \pi/2]$로 나타낼 수 있다. 이때, $\mathbf{r}_r = \cos\theta\mathbf{j} + \sin\theta\mathbf{k}$, $\mathbf{r}_\theta = -r\sin\theta\mathbf{j} + r\cos\theta\mathbf{k}$가 되므로

$$\mathbf{r}_r \times \mathbf{r}_\theta = (r\cos^2\theta + r\sin^2\theta)\mathbf{i} = r\mathbf{i}$$

를 얻는다. 즉, 곡면 $S$의 방향은 곡선 $C$의 방향과 일치한다. 이제

$$\begin{aligned}\iint_S \text{curl }\mathbf{F} \cdot d\mathbf{S} &= \int_0^{\pi/2}\int_0^1 \text{curl }\mathbf{F}(\mathbf{r}(r, \theta)) \cdot (\mathbf{r}_r \times \mathbf{r}_\theta)\, drd\theta \\ &= \int_0^{\pi/2}\int_0^1 (-\mathbf{i} - \mathbf{j} - \mathbf{k}) \cdot r\mathbf{i}\, drd\theta \\ &= \int_0^{\pi/2}\int_0^1 -r\, drd\theta \\ &= -\frac{\pi}{4}\end{aligned}$$

이번에는 $\int_C \mathbf{F} \cdot \mathbf{dr}$를 구해보자. 곡선 $C$를 그림 15.6.4처럼 $C_1, C_2, C_3$ 세 부분으로 나눠보자. 먼저 $C_1$은 $\mathbf{r}_1(t) = t\mathbf{j}\ (0 \le t \le 1)$으로 나타내면 되므로

$$\begin{aligned}\int_{C_1} \mathbf{F} \cdot d\mathbf{r} &= \int_0^1 \mathbf{F}(\mathbf{r}_1(t)) \cdot \mathbf{r}_1'(t)\, dt \\ &= \int_0^1 t\mathbf{i} \cdot \mathbf{j} dt = \int_0^1 0 dt = 0\end{aligned}$$

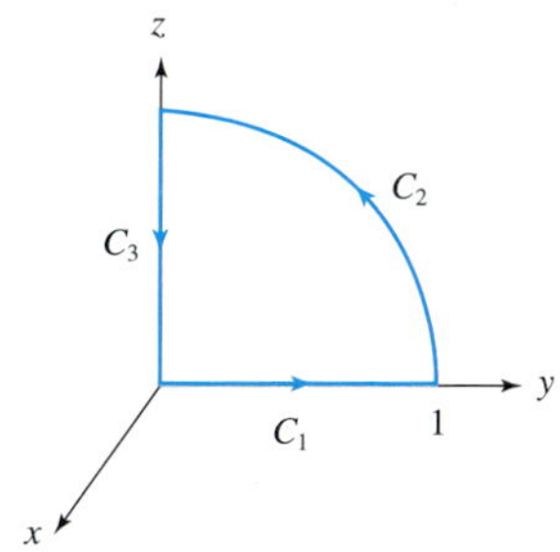

그림 15.6.4

이다. 유사하게

$$\int_{C_3} \mathbf{F} \cdot d\mathbf{r} = 0$$

을 얻는다. 곡선 $C_2$의 경우 $\mathbf{r}_2(t) = \cos t\mathbf{j} + \sin t\mathbf{k}\ (0 \le t \le \pi/2)$으로 나타내면 되므로

$$\begin{aligned}\int_{C_2} \mathbf{F} \cdot d\mathbf{r} &= \int_0^{\pi/2} \mathbf{F}(\mathbf{r}_2(t)) \cdot \mathbf{r}_2'(t)\, dt \\ &= \int_0^{\pi/2} \mathbf{F}(0, \cos t, \sin t) \cdot (-\sin t\mathbf{j} + \cos t\mathbf{k})\, dt \\ &= \int_0^{\pi/2} (\cos t\mathbf{i} + \sin t\mathbf{j}) \cdot (-\sin t\mathbf{j} + \cos t\mathbf{k})\, dt \\ &= \int_0^{\pi/2} -\sin^2 t\, dt \\ &= \int_0^{\pi/2} \frac{\cos 2t - 1}{2}\, dt = -\frac{\pi}{4}\end{aligned}$$

을 얻어 스토크스의 정리가 성립함을 확인할 수 있다. ■

Chapter 15

## 발산 정리

우리는 14.3절에서 공간상에서 $x$-단순영역, $y$-단순영역, $z$-단순영역을 정의하고 동시에 세 가지 단순영역으로 볼 수 있는 공간상의 영역을 단순영역이라고 하였다.

**정리 15.6.4(발산 정리)**

$W$를 단순영역이라 하고 $S$를 바깥 쪽 방향을 갖는 $W$의 경계 곡면이라고 하자. $\mathbf{F}$가 성분함수들이 연속인 편도함수를 갖는 $W$ 위의 벡터장이라고 하면 다음이 성립한다.

$$\iint_S \mathbf{F}\cdot d\mathbf{S} = \iiint_W \operatorname{div}\mathbf{F}\, dV$$

**증명.** $\mathbf{F} = F_1\mathbf{i} + F_2\mathbf{j} + F_3\mathbf{k}$ 라 하면,

$$\operatorname{div}\mathbf{F} = \frac{\partial F_1}{\partial x} + \frac{\partial F_2}{\partial y} + \frac{\partial F_3}{\partial z}$$

이므로

$$\iiint_W \operatorname{div}\mathbf{F}\, dV = \iiint_W \frac{\partial F_1}{\partial x}\, dV + \iiint_W \frac{\partial F_2}{\partial y}\, dV + \iiint_W \frac{\partial F_3}{\partial z}\, dV$$

로 쓸 수 있다. 한편,

$$\begin{aligned}\iint_S \mathbf{F}\cdot dS &= \iint_S (F_1\mathbf{i} + F_2\mathbf{j} + F_3\mathbf{k})\cdot\mathbf{n}\,dS \\ &= \iint_S F_1\mathbf{i}\cdot\mathbf{n}\,dS + \iint_S F_2\mathbf{j}\cdot\mathbf{n}\,dS + \iint_S F_3\mathbf{k}\cdot\mathbf{n}\,dS\end{aligned}$$

로 쓸 수 있다. 따라서 발산 정리는 다음 세 등식을 보이면 된다.

$$\begin{aligned}\iint_S F_1\mathbf{i}\cdot\mathbf{n}\,dS &= \iiint_W \frac{\partial F_1}{\partial x}\, dV \\ \iint_S F_2\mathbf{i}\cdot\mathbf{n}\,dS &= \iiint_W \frac{\partial F_2}{\partial x}\, dV \\ \iint_S F_3\mathbf{i}\cdot\mathbf{n}\,dS &= \iiint_W \frac{\partial F_3}{\partial x}\, dV\end{aligned}$$

세 등식 모두 비슷한 방식으로 증명 가능하므로 여기서는 마지막 등식만 보이도록 하겠다.

$W$가 $z$-단순영역이므로

$$W = \{(x, y, z)\ |(x, y) \in D,\quad \phi_1(x, y) \le z \le \phi_2(x, y)\}$$

로 나타낼 수 있다. 정리 14.3.6으로부터

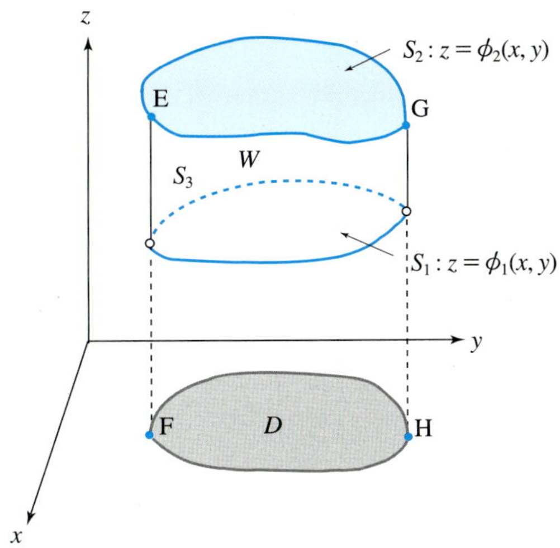


그림 15.6.5



$$\iiint_W \frac{\partial F_3}{\partial z}\, dV = \iint_D \left( \int_{\phi_1(x,y)}^{\phi_2(x,y)} \frac{\partial F_3}{\partial z}\, dz \right) dxdy$$
$$= \iint_D [F_3(x, y, \phi_2(x, y)) - F_3(x, y, \phi_1(x, y))]dxdy$$

를 얻는다. $\iint_S F_3\mathbf{k}\cdot\mathbf{n}\, dS$를 계산하기 위해 $W$의 경계 곡면 $S$를 그림 15.6.5처럼 세 개의 부분 곡면 $S_1, S_2, S_3$로 나누자. 먼저 옆 면 $S_3$에서는 단위 법선벡터가 $z$축에 수직이므로 $\mathbf{k}\cdot\mathbf{n}$이 항상 0이다. 따라서,

$$\iint_S F_3\mathbf{k}\cdot\mathbf{n}\, dS = \iint_{S_1} F_3\mathbf{k}\cdot\mathbf{n}\, dS + \iint_{S_2} F_3\mathbf{k}\cdot\mathbf{n}\, dS$$

이다. 단위 법선벡터 $\mathbf{n}$은 입체의 바깥쪽 방향으로 고정되었음에 주의하라. 바닥 곡면 $S_1$은 $\mathbf{r}(x, y) = x\mathbf{i} + y\mathbf{j} + \phi_1(x, y)\mathbf{k},\ (x, y) \in D$로 나타낼 수 있다.

이 때, $\mathbf{r}_x \times \mathbf{r}_y = -\dfrac{\partial\phi_1}{\partial x}\mathbf{i} - \dfrac{\partial\phi_1}{\partial y}\mathbf{j} + \mathbf{k}$가 되는데 이 방향은 바닥 면에서 $z$축 양의 방향이므로 바깥쪽이 아닌 안쪽 방향이다. 따라서, $\mathbf{n} = -\dfrac{\mathbf{r}_x \times \mathbf{r}_y}{\|\mathbf{r}_x \times \mathbf{r}_y\|}$으로 선택해서 면적분을 해야 한다. 이 경우 $\mathbf{k}\cdot\mathbf{n} = -1$이 되어

$$\iint_{S_1} F_3\mathbf{k}\cdot\mathbf{n}\, dS = -\iint_D F_3(x, y, \phi_1(x, y))dxdy$$

를 얻는다. 윗 곡면 $S_2$는 $\mathbf{r}(x, y) = x\mathbf{i} + y\mathbf{j} + \phi_2(x, y)\mathbf{k},\ (x,y) \in D$로 나타낼 수 있다. 이 경우 $\mathbf{r}_x \times \mathbf{r}_y$는 윗 곡면에서 $z$축 양의 방향이므로 바깥쪽 방향이다. 따라서, $\mathbf{n} = \dfrac{\mathbf{r}_x \times \mathbf{r}_y}{\|\mathbf{r}_x \times \mathbf{r}_y\|}$으로 선택해서 면적분을 하면 되고, 이 경우 $\mathbf{k}\cdot\mathbf{n} = 1$이 되어

$$\iint_{S_2} F_3\mathbf{k}\cdot\mathbf{n} dS = \iint_D F_3(x, y, \phi_2(x, y))dxdy$$

를 얻는다. 따라서,

$$\iint_S F_3\mathbf{k}\cdot\mathbf{n}\,dS = -\iint_D F_3(x, y, \phi_1(x, y))dxdy + \iint_D F_3(x, y, \phi_2(x, y))dxdy$$
$$= \iiint_W \frac{\partial F_3}{\partial z}dV$$

를 얻는다. ■

**예제 2** 구면 $x^2+y^2+z^2=a^2\,(a>0)$과 벡터장 $\mathbf{F}=x\mathbf{i}+y\mathbf{j}+z\mathbf{k}$의 경우 발산 정리가 성립한다는 것을 확인해 보아라.

**풀이** 정리 13.5.1로부터 $f(x, y, z)=x^2+y^2+z^2-a^2$의 그래디언트는 구면 $S$의 바깥쪽 방향으로의 법선벡터가 된다는 것을 알 수 있다. 따라서,

$$\mathbf{n}=\frac{2x\mathbf{i}+2y\mathbf{j}+2z\mathbf{k}}{\sqrt{4x^2+4y^2+4z^2}}=\frac{x\mathbf{i}+y\mathbf{j}+z\mathbf{k}}{a}$$

을 얻는다. 따라서,

$$\mathbf{F}\cdot\mathbf{n}=\frac{x^2+y^2+z^2}{a}=a$$

이므로

$$\iint_S \mathbf{F}\cdot d\mathbf{S}=\iint_S \mathbf{F}\cdot\mathbf{n}\,d\mathbf{S}=\iint_S a\,dS=4\pi a^3$$

이다(반지름이 $a$인 구면의 면적은 $4\pi a^2$이다). 한편,

$$\text{div}\,\mathbf{F}=\frac{\partial}{\partial x}(x)+\frac{\partial}{\partial y}(y)+\frac{\partial}{\partial z}(z)=3$$

이므로

$$\iiint_W \text{div}\,\mathbf{F}\,dV=\iiint_W 3\,dV=3\left(\frac{4\pi a^3}{3}\right)=4\pi a^3$$

이 되어 이 경우 발산 정리가 성립함을 확인할 수 있다. ■

**예제 3** 발산 정리를 이용하여 원기둥 $D=\{(x, y, z)\,|\,x^2+y^2\le 1,\ 0\le z\le 2\}$을 통과하는 벡터장 $\mathbf{F}(x, y, z)=1\mathbf{i}+2\mathbf{j}+3\mathbf{k}$의 유량을 구하여라.

**풀이** 먼저 $\mathbf{F}$의 발산을 구하면

$$\text{div}\,\mathbf{F}=\frac{\partial}{\partial x}(1)+\frac{\partial}{\partial y}(2)+\frac{\partial}{\partial z}(3)=0$$

이므로 원기둥을 통과하는 $\mathbf{F}$의 유량은 0이다. ■

예제 3번은 15.5절의 예제 3번과 같은 문제인데 발산 정리를 이용하여 쉽게 계산할 수 있었다는 점에 주목하라.

**예제 4** 곡면 $S: 3x^2+2y^2+z^2=4,\ z\geq 1$에 대하여 다음 적분을 구하여라.

$$\iint_S \frac{6x^2z+2ye^z\sin x - z^3}{\sqrt{9x^2+4y^2+z^2}}\,d\mathbf{S}$$

**풀이** $$\iint_S \frac{6x^2z+2ye^z\sin x - z^3}{\sqrt{9x^2+4y^2+z^2}}\,d\mathbf{S} = \iint_S (2xz,\ e^z\sin x,\ -z^2)\cdot\frac{(3x,\ 2y,\ z)}{\sqrt{9x^2+4y^2+z^2}}\,d\mathbf{S}$$
$$= \iint_S \mathbf{F}\cdot d\mathbf{S} \quad (\mathbf{F}=(2xz,\ e^z\sin x,\ -z^2))$$

$S'=\{(x,\ y,\ z)|\ 3x^2+2y^2\leq 3,\ z=1\}$이라 두고 $S\cup S'$으로 둘러싸인 영역을 $R$이라 하자. 발산 정리에 의해

$$\iint_S \mathbf{F}\cdot d\mathbf{S}+\iint_{S'}\mathbf{F}\cdot d\mathbf{S}=\iint_{S\cup S'}\mathbf{F}\cdot d\mathbf{S}=\iiint_R \operatorname{div}\mathbf{F}\,dV$$

$\operatorname{div}\mathbf{F}=2z-2z=0$이고 $S'$상에서 $\mathbf{n}=(0,\ 0,\ -1)$, $\mathbf{F}=(2x,\ e\sin s,\ -1)$이므로

$$\begin{aligned}\iint_S \mathbf{F}\cdot d\mathbf{S} &= -\iint_{S'}\mathbf{F}\cdot d\mathbf{S}\\ &= -\iint_{S'}\mathbf{F}\cdot\mathbf{n}\,d\mathbf{S}=\iint_{3x^2+2y^2\leq 3}(-1)\,dxdy\\ &= 4\int_0^1\int_0^{\sqrt{\frac{3}{2}(1-x^2)}}(-1)\,dydx=-\sqrt{\frac{3}{2}}\pi\end{aligned}$$ ■

발산정리에 대한 물리적 해석 또는 응용은 다음과 같다.

원점 $O$에서 전하 $q$에 생기는 전기장 $\mathbf{E}$의 잠재적 함수는

$$\phi(x,\ y,\ z)=\frac{q}{4\pi r}=\frac{q}{4\pi\sqrt{x^2+y^2+z^2}}$$

이다. 만약 $\mathbf{r}=(x,\ y,\ z)$이라고 하면,

$$\mathbf{E}=-\nabla\phi=\frac{q}{4\pi}\frac{\mathbf{r}}{r^3}$$

이다. 임의의 단순영역 $W$의 경계곡면을 $S$라고 할 때 $\iint_S \mathbf{E}\cdot\mathbf{n}dS$의 값은 표면 $S$를 통해 빠져나가는 전기유량이다.

다음 예제를 살펴보자.

**예제 5** $W$를 단순영역이라 하고 $S$를 바깥 방향을 갖는 $W$의 경계곡면이라 하자. 그리고 원점을 $O$라 하고, $O\notin S$라 하자. $\mathbf{r}=(x,\ y,\ z)\in S$이고 $r=\sqrt{x^2+y^2+z^2}$일 때 다음 식이 성립함을 증명하여라.

$$\iint_S \mathbf{r}\cdot\frac{\mathbf{n}}{r^3}dS=\begin{cases}4\pi & O\in W,\\ 0 & O\notin W.\end{cases}$$

**풀이** 첫 번째로 $O\notin W$인 경우를 살펴보자. $\frac{\mathbf{r}}{r^3}$은 $W$와 $S$상에서 연속미분가능한 벡터장이다. 따라서 정리 15.6.2에 의해

$$\iint_S \mathbf{r} \cdot \frac{\mathbf{n}}{r^3}\, dS = \iiint_W \nabla \cdot \frac{\mathbf{r}}{r^3}\, dV$$
$$= \iiint_W \left(\left(\nabla \frac{1}{r^3}\right) \cdot \mathbf{r} + \frac{1}{r^3} \nabla \cdot \mathbf{r}\right) dV$$

이다.

여기서 $\nabla \cdot \mathbf{r} = 3$이고, $\nabla\left(\frac{1}{r^3}\right) = \frac{(r^{-3})'}{r}\mathbf{r} = -3r^{-5}\mathbf{r}$이므로 위의 식은

$$\iiint_W \left(-3r^{-5}\mathbf{r} \cdot \mathbf{r} + \frac{3}{r^3}\right) dV = \iiint_W \left(\frac{-3}{r^3} + \frac{3}{r^3}\right) dV = 0$$

이다. 두 번째로 $O \in W$라고 가정하자. $B_\epsilon(0)$을 원점을 중심으로 하고 반지름이 $\epsilon$인 구의 내부라고 하면 적당히 작은 $\epsilon > 0$에 대하여 $B_\epsilon(0) \subset W$이 성립한다. $W_\epsilon = W - B_\epsilon(0)$은 단순영역이고, $D$를 $W_\epsilon$의 경계곡면이라고 하면 $O \notin W_\epsilon$이므로 첫 번째 경우의 결과에 의하여

$$\iint_D \frac{\mathbf{r} \cdot \mathbf{n}}{r^3}\, dS = 0$$

임을 알 수 있다.

$B_\epsilon(0)$의 경계곡면을 $S_\epsilon$이라 하면 $D$는 $S_\epsilon$와 $S$로 이루어져 있고, $S_\epsilon$상에서의 단위 법선벡터는 원점으로 향한다. 즉 $S_\epsilon$상의 바깥방향 단위 법선벡터는 $\mathbf{n} = -\frac{\mathbf{r}}{\epsilon}$이다. 따라서

$$0 = \iint_D \frac{\mathbf{r} \cdot \mathbf{n}}{r^3}\, dS = \iint_S \frac{\mathbf{r} \cdot \mathbf{n}}{r^3}\, dS + \iint_{S_\epsilon} \frac{\mathbf{r} \cdot \mathbf{n}}{r^3}\, dS$$

이므로

$$\iint_S \frac{\mathbf{r} \cdot \mathbf{n}}{r^3}\, dS = -\iint_{S_\epsilon} \frac{\mathbf{r} \cdot \mathbf{n}}{r^3}\, dS$$

얻는다. 마지막으로

$$\begin{aligned}
\iint_S \frac{\mathbf{r} \cdot \mathbf{n}}{r^3}\, dS &= -\iint_{S_\epsilon} \frac{\mathbf{r} \cdot \left(-\frac{\mathbf{r}}{\epsilon}\right)}{r^3}\, dS \\
&= \frac{1}{\epsilon}\iint_{S_\epsilon} \frac{r^2}{r^3}\, dS \\
&= \frac{1}{\epsilon}\iint_{S_\epsilon} \frac{1}{r}\, dS \\
&= \frac{1}{\epsilon^2}\iint_{S_\epsilon} dS \qquad (S_\epsilon \text{ 위에서 } r = \epsilon \text{이므로}) \\
&= \frac{1}{\epsilon^2}(4\pi\epsilon^2) \\
&= 4\pi
\end{aligned}$$

이 성립하여 증명이 끝난다. ■

## 연습문제 15.6

1. 스토크스의 정리를 이용하여 $\int_C \mathbf{F} \cdot d\mathbf{r}$을 구하여라. 여기서, 곡선 $C$는 모두 위에서 봤을 때 반시계방향을 갖는다.
   (1) $\mathbf{F}(x, y, z) = x^3\mathbf{i} + 3x\mathbf{j} + z\mathbf{k}$, $C$: 원 $x^2 + y^2 = 4$
   (2) $\mathbf{F}(x, y, z) = (x+y)\mathbf{i} + (x+z)\mathbf{j} + x^2\mathbf{k}$, $C$: 세 점 $(1, 0, 0), (0, 1, 0), (0, 0, 1)$을 꼭지점으로 하는 삼각형
   (3) $\mathbf{F}(x, y, z) = y^3\mathbf{i} - x^3\mathbf{j} + z^2\mathbf{k}$, $C$: 평면 $x + y + z = 1$과 $x^2 + y^2 = 1$의 교선
   (4) $\mathbf{F}(x, y, z) = 2y\mathbf{i} + y^2\mathbf{j} + e^z\mathbf{k}$, $C$: 타원 $\dfrac{x^2}{4} + \dfrac{y^2}{9} = 1$

2. 벡터장 $\mathbf{F}(x, y, z) = (x^3 - y)\mathbf{i} + z^2\mathbf{j} + x^2\mathbf{k}$과 위쪽 방향을 갖는 다음 두 곡면 $S_1, S_2$에 대해 다음을 구하여라.
   $S_1$: $z = \sqrt{x^2 + y^2}\,(0 \le z \le 2)$,
   $S_2$: $x^2 + y^2 \le 4,\ z = 2$
   (1) $\iint_{S_1} \operatorname{curl} \mathbf{F} \cdot d\mathbf{S}$
   (2) $\iint_{S_2} \operatorname{curl} \mathbf{F} \cdot d\mathbf{S}$
   (3) (1), (2) 번의 결과를 비교하고 스토크스의 정리를 이용하여 설명하여라.

3. 스토크스의 정리를 이용하여 $\iint_S \operatorname{curl} \mathbf{F} \cdot d\mathbf{S}$를 구하여라. (힌트: $S$와 같은 경계를 갖고 계산이 간단해지는 곡면을 찾아라.)
   (1) $\mathbf{F}(x, y, z) = (2y + z)\mathbf{i} + x\mathbf{j} + xe^y\mathbf{k}$,
   $S$: $x^2 + y^2 + (z-2)^2 = 5$, $z \ge 0$인 바깥쪽 방향의 곡면
   (2) $\mathbf{F}(x, y, z) = yz\mathbf{i} + (x+z)\mathbf{j} + (x+y)\mathbf{k}$,
   $S$: $z = 4 - x^2 - y^2$, $z \ge 0$인 위쪽 방향의 곡면

4. 발산정리가 다음 벡터장 $\mathbf{F}$와 영역 $W$에 대해 참이라는 것을 확인하여라.
   (1) $\mathbf{F}(x, y, z) = x\mathbf{i} + y\mathbf{j} + z\mathbf{k}$, $W$: 평면 $x = 1$, $y = 1$, $z = 1$, $xy$평면, $yz$평면, $xz$평면으로 둘러싸인 영역
   (2) $\mathbf{F}(x, y, z) = y\mathbf{i} + z\mathbf{j} + xz\mathbf{k}$, $W$: $x^2 + y^2 \le 4$, $0 \le z \le 2$

5. 발산정리를 이용하여 $\iint_S \mathbf{F} \cdot d\mathbf{S}$를 구하여라. 여기서 $S$는 바깥 방향을 갖는 곡면이다.
   (1) $\mathbf{F}(x, y, z) = x^3\mathbf{i} + 3yz^2\mathbf{j} + 3y^2z\mathbf{k}$, $S$: 구면 $x^2 + y^2 + z^2 = 4$
   (2) $\mathbf{F}(x, y, z) = (xy^2 + z)\mathbf{i} + x^2y\mathbf{j} + e^{xy}\mathbf{k}$, $S$: 원기둥 $x^2 + y^2 = 4$와 평면 $z = 0$, $z = 1$로 둘러싸인 입체의 경계
   (3) $\mathbf{F}(x, y, z) = x^2\mathbf{i} + y^2\mathbf{j} + z^2\mathbf{k}$, $S$: 평면 $x + y + z = 1$과 $xy$평면, $yz$평면, $xz$평면으로 둘러싸인 입체의 경계
   (4) $\mathbf{F}(x, y, z) = 2xy\mathbf{i} + (y - y^2)\mathbf{j} + 3z\mathbf{k}$, $S$: 원뿔 $z = \sqrt{x^2 + y^2}$과 구 $x^2 + y^2 + z^2 = 8$로 둘러싸인 제일팔분공간의 영역의 경계

6. 구간 $[3, 9]$에서 정의된 함수 $f(x) = -\dfrac{1}{3}x^2 + \dfrac{13}{3}x - 10$에 대하여 $y = f(x)$의 그래프를 $x$축을 중심으로 회전시킨 곡면을 $S$라고 하자. $R^3 - (9, 0, 0)$에서 정의된 벡터장

$$\mathbf{F}(x,\ y,\ z) = \frac{(x,\ y,\ z) - (9,\ 0,\ 0)}{|(x,\ y,\ z) - (9,\ 0,\ 0)|^3}$$

에 대하여 $\iint_S \mathbf{F} \cdot d\mathbf{S}$의 값을 구하여라. (단, 곡면 $S$의 단위법벡터장 $\mathbf{n}$은 점 $(6, 0, 0)$을 벗어나는 방향으로 주어진다.)

# 적 분 표

## ■ 삼각함수의 적분

1. $\int \sin x\,dx = -\cos x + C$
2. $\int \cos x\,dx = \sin x + C$
3. $\int \tan x\,dx = -\ln|\cos x| + C$
4. $\int \csc x\,dx = -\ln|\csc x + \cot x| + C$
5. $\int \sec x\,dx = \ln|\sec x + \tan x| + C$
6. $\int \cot x\,dx = \ln|\sin x| + C$
7. $\int \sin^2 x\,dx = \frac{1}{2}x - \frac{1}{4}\sin 2x + C$
8. $\int \cos^2 x\,dx = \frac{1}{2}x + \frac{1}{4}\sin 2x + C$
9. $\int \tan^2 x\,dx = \tan x - x + C$
10. $\int \csc^2 x\,dx = -\cot x + C$
11. $\int \sec^2 x\,dx = \tan x + C$
12. $\int \cot^2 x\,dx = -\cot x - x + C$
13. $\int \sin^3 x\,dx = -\frac{1}{3}(2 + \sin^2 x)\cos x + C$
14. $\int \cos^3 x\,dx = \frac{1}{3}(2 + \cos^2 x)\sin x + c$
15. $\int \tan^3 x\,dx = \frac{1}{2}\tan^2 x + \ln|\cos x| + C$
16. $\int \csc^3 x\,dx = -\frac{1}{2}\csc x \cot x + \frac{1}{2}\ln|\csc x - \cot x| + C$
17. $\int \sec^3 x\,dx = \frac{1}{2}\sec x \tan x + \frac{1}{2}\ln|\sec x + \tan x| + C$
18. $\int \cot^3 x\,dx = -\frac{1}{2}\cot^2 x - \ln|\sin x| + C$
19. $\int \sin^n x\,dx = -\frac{1}{n}\sin^{n-1} x \cos x + \frac{n-1}{n}\int \sin^{n-2} x\,dx$
20. $\int \cos^n x\,dx = \frac{1}{n}\cos^{n-1} x \sin x + \frac{n-1}{n}\int \cos^{n-2} x\,dx$
21. $\int \tan^n x\,dx = \frac{1}{n-1}\tan^{n-1} x - \int \tan^{n-2} x\,dx$
22. $\int \csc^n x\,dx = -\frac{1}{n-1}\csc^{n-2} x \cot x + \frac{n-2}{n-1}\int \csc^{n-2} x\,dx$
23. $\int \sec^n x\,dx = \frac{1}{n-1}\sec^{n-2} x \tan x + \frac{n-2}{n-1}\int \sec^{n-2} x\,dx$
24. $\int \cot^n x\,dx = -\frac{1}{n-1}\cot^{n-1} x - \int \cot^{n-2} x\,dx$
25. $\int \sin ax \sin bx\,dx = -\frac{1}{2(a+b)}\sin(a+b)x + \frac{1}{2(a-b)}\sin(a-b)x + C$
26. $\int \cos ax \cos bx\,dx = \frac{1}{2(a+b)}\sin(a+b)x + \frac{1}{2(a-b)}\sin(a-b)x + C$

27. $\int \sin ax \cos bx\,dx = -\frac{1}{2(a+b)}\cos(a+b)x - \frac{1}{2(a-b)}\cos(a-b)x + C$

28. $\int \sin^m x \cos^n x\,dx = -\frac{\sin^{m-1}x\cos^{n+1}x}{m+n} + \frac{m-1}{m+n}\int \sin^{m-2}x\cos^n x\,dx$

$= \frac{\sin^{m+1}x\cos^{n-1}x}{m+n} + \frac{n-1}{m+n}\int \sin^m x\cos^{n-2}x\,dx$

29. $\int \sec x \tan x\,dx = \sec x + C$

30. $\int \csc x \cot x\,dx = -\csc x + C$

31. $\int x\sin x\,dx = -x\cos x + \sin x + C$

32. $\int x\cos x\,dx = x\sin x + \cos x + C$

33. $\int x^2\sin x\,dx = -x^2\cos x + 2x\sin x + 2\cos x + C$

34. $\int x^2\cos x\,dx = x^2\sin x + 2x\cos x - 2\sin x + C$

35. $\int x^n\sin x\,dx = -x^n\cos x + n\int x^{n-1}\cos x\,dx$

36. $\int x^n\cos x\,dx = x^n\sin x - n\int x^{n-1}\sin x\,dx$

## ■ 역삼각함수의 적분

37. $\int \sin^{-1}x\,dx = x\sin^{-1}x + \sqrt{1-x^2} + C$

38. $\int \cos^{-1}x\,dx = x\cos^{-1}x - \sqrt{1-x^2} + C$

39. $\int \tan^{-1}x\,dx = x\tan^{-1}x - \frac{1}{2}\ln(x^2+1) + C$

40. $\int \csc^{-1}x\,dx = x\csc^{-1}x + \ln|x + \sqrt{x^2-1}| + C$

41. $\int \sec^{-1}x\,dx = x\sec^{-1}x - \ln|x + \sqrt{x^2-1}| + C$

42. $\int \cot^{-1}x\,dx = x\cot^{-1}x + \frac{1}{2}\ln(x^2+1) + C$

43. $\int x\sin^{-1}x\,dx = \frac{2x^2-1}{4}\sin^{-1}x + \frac{x\sqrt{1-x^2}}{4} + C$

44. $\int x\cos^{-1}x\,dx = \frac{2x^2-1}{4}\cos^{-1}x - \frac{x\sqrt{1-x^2}}{4} + C$

45. $\int x\tan^{-1}x\,dx = \frac{x^2+1}{2}\tan^{-1}x - \frac{x}{2} + C$

46. $\int x^n\sin^{-1}x\,dx = \frac{1}{n+1}\left[x^{n+1}\sin^{-1}x - \int \frac{x^{n+1}}{\sqrt{1-x^2}}dx\right]$

47. $\int x^n\cos^{-1}x\,dx = \frac{1}{n+1}\left[x^{n+1}\cos^{-1}x + \int \frac{x^{n+1}}{\sqrt{1-x^2}}dx\right]$

48. $\int x^n\tan^{-1}x\,dx = \frac{1}{n+1}\left[x^{n+1}\tan^{-1}x - \int \frac{x^{n+1}}{1+x^2}dx\right]$

## ■ 지수함수 및 로그함수의 적분

49. $\int e^x\,dx = e^x + C$

50. $\int a^x\,dx = \frac{a^x}{\ln a} + C$

51. $\int xe^x\,dx = xe^x - e^x + C$

52. $\int x^n e^x\,dx = x^n e^x - n\int x^{n-1}e^x\,dx$

53. $\int x^n a^x\,dx = \frac{x^n a^x}{\ln a} - \frac{n}{\ln a}\int x^{n-1}a^x\,dx + C$

54. $\int \frac{1}{x}dx = \ln|x| + C$

55. $\int \ln x\,dx = x\ln x - x + C$

56. $\int (\ln x)^n\,dx = x(\ln x)^n - n\int (\ln x)^{n-1}\,dx$

57. $\int \frac{1}{x \ln x} dx = \ln|\ln x| + C$

58. $\int x^n \ln x\, dx = \frac{1}{n+1} x^{n+1} \ln x - \frac{1}{(n+1)^2} x^{n+1} + C$

59. $\int e^{ax} \sin bx\, dx = \frac{e^{ax}}{a^2+b^2}(a \sin bx - b \cos bx) + C$

60. $\int e^{ax} \cos bx\, dx = \frac{e^{ax}}{a^2+b^2}(a \cos bx + b \sin bx) + C$

## ■ 쌍곡선함수의 적분

61. $\int \sinh x\, dx = \cosh x + C$

62. $\int \cosh x\, dx = \sinh x + C$

63. $\int \tanh x\, dx = \ln \cosh x + C$

64. $\int \sinh^2 x\, dx = \frac{1}{4} \sinh 2x - \frac{1}{2} x + C$

65. $\int \cosh^2 x\, dx = \frac{1}{4} \sinh 2x + \frac{1}{2} x + C$

66. $\int \operatorname{csch} x\, dx = \ln\left|\tanh \frac{1}{2} x\right| + C$

67. $\int \operatorname{sech} x\, dx = \arctan(\sinh x) + C$

68. $\int \coth x\, dx = \ln|\sinh x| + C$

69. $\int \operatorname{sech}^2 x\, dx = \tanh x + C$

70. $\int \operatorname{csch}^2 x\, dx = -\coth x + C$

71. $\int \operatorname{sech} x \tanh x\, dx = -\operatorname{sech} x + C$

72. $\int \operatorname{csch}^2 x \coth x\, dx = -\operatorname{csch} x + C$

73. $\int e^{ax} \sinh bx\, dx = \frac{e^{ax}}{a^2-b^2}(a \sinh bx - b \cosh bx) + C$

74. $\int e^{ax} \cosh bx\, dx = \frac{e^{ax}}{a^2-b^2}(a \cosh bx - b \sinh bx) + C$

## ■ $a^2 - x^2$ 형태의 적분

75. $\int \frac{1}{a^2-x^2} dx = \frac{1}{2a} \ln\left|\frac{x+a}{x-a}\right| + C$

76. $\int \frac{1}{\sqrt{a^2-x^2}} dx = \arcsin \frac{x}{a} + C$

77. $\int \sqrt{a^2-x^2}\, dx = \frac{x}{2}\sqrt{a^2-x^2} + \frac{a^2}{2} \arcsin \frac{x}{a} + C$

78. $\int x^2 \sqrt{a^2-x^2}\, dx = \frac{x}{8}(2x^2-a^2)\sqrt{a^2-x^2} + \frac{a^4}{8} \arcsin \frac{x}{a} + C$

79. $\int \frac{\sqrt{a^2-x^2}}{x} dx = \sqrt{a^2-x^2} - a \ln\left|\frac{a+\sqrt{a^2-x^2}}{x}\right| + C$

80. $\int \frac{\sqrt{a^2-x^2}}{x^2} dx = -\frac{1}{x}\sqrt{a^2-x^2} - \arcsin \frac{x}{a} + C$

81. $\int \frac{x^2}{\sqrt{a^2-x^2}} dx = -\frac{x}{2}\sqrt{a^2-x^2} + \frac{a^2}{2} \arcsin \frac{x}{a} + C$

82. $\int \frac{1}{x\sqrt{a^2-x^2}} dx = -\frac{1}{a} \ln\left|\frac{a+\sqrt{a^2-x^2}}{x}\right| + C$

83. $\int \frac{1}{x^2\sqrt{a^2-x^2}}dx = -\frac{1}{a^2x}\sqrt{a^2-x^2}+C$

84. $\int (a^2-x^2)^{3/2}\,dx = -\frac{x}{8}(2x^2-5a^2)\sqrt{a^2-x^2}+\frac{3a^4}{8}\arcsin\frac{x}{a}+C$

85. $\int \frac{1}{(a^2-x^2)^{3/2}}dx = \frac{x}{a^2\sqrt{a^2-x^2}}+C$

## ■ $x^2+a^2$ 형태의 적분

86. $\int \frac{1}{x^2+a^2}dx = \frac{1}{a}\tan^{-1}\frac{x}{a}+C$

87. $\int \sqrt{x^2+a^2}\,dx = \frac{x}{2}\sqrt{x^2+a^2}+\frac{a^2}{2}\ln|x+\sqrt{x^2+a^2}|+C$

88. $\int x^2\sqrt{x^2+a^2}\,dx = \frac{x}{8}(2x^2+a^2)\sqrt{x^2+a^2}-\frac{a^4}{8}\ln|x+\sqrt{x^2+a^2}|+C$

89. $\int \frac{\sqrt{x^2+a^2}}{x}dx = \sqrt{x^2+a^2}-a\ln\left|\frac{a+\sqrt{x^2+a^2}}{x}\right|+C$

90. $\int \frac{\sqrt{x^2+a^2}}{x^2}dx = -\frac{\sqrt{x^2+a^2}}{x}+\ln|x+\sqrt{x^2+a^2}|+C$

91. $\int (x^2+a^2)^{3/2}\,dx = \frac{x}{8}(2x^2+5a^2)\sqrt{x^2+a^2}+\frac{3a^4}{8}\ln|x+\sqrt{x^2+a^2}|+C$

92. $\int \frac{1}{\sqrt{x^2+a^2}}dx = \ln|x+\sqrt{x^2+a^2}|+C = \sinh^{-1}\frac{x}{a}+C$

93. $\int \frac{x^2}{\sqrt{x^2+a^2}}dx = \frac{x}{2}\sqrt{x^2+a^2}-\frac{a^2}{2}\ln|x+\sqrt{x^2+a^2}|+C$

94. $\int \frac{1}{x\sqrt{x^2+a^2}}dx = -\frac{1}{a}\ln\left|\frac{a+\sqrt{x^2+a^2}}{x}\right|+C = -\frac{1}{a}\sinh^{-1}\frac{a}{x}+C$

95. $\int \frac{1}{x^2\sqrt{x^2+a^2}}dx = -\frac{\sqrt{x^2-a^2}}{a^2x}+C$

96. $\int \frac{1}{(x^2+a^2)^{3/2}}dx = \frac{x}{a^2\sqrt{x^2+a^2}}+C$

## ■ $x^2-a^2$ 형태의 적분

97. $\int \frac{1}{x^2-a^2}dx = \frac{1}{2a}\ln\left|\frac{x-a}{x+a}\right|+C$

98. $\int \frac{1}{x\sqrt{x^2-a^2}}dx = \frac{1}{a}\sec^{-1}\left|\frac{x}{a}\right|+C$

99. $\int \sqrt{x^2-a^2}\,dx = \frac{x}{2}\sqrt{x^2-a^2}-\frac{a^2}{2}\ln|x+\sqrt{x^2-a^2}|+C$

100. $\displaystyle\int x^2\sqrt{x^2-a^2}\,dx=\frac{x}{8}(2x^2-a^2)\sqrt{x^2-a^2}-\frac{a^4}{8}\ln|x+\sqrt{x^2-a^2}|+C$

101. $\displaystyle\int \frac{\sqrt{x^2-a^2}}{x}dx=\sqrt{x^2-a^2}-a\sec^{-1}\left|\frac{x}{a}\right|+C$

102. $\displaystyle\int \frac{\sqrt{x^2-a^2}}{x^2}dx=-\frac{\sqrt{x^2-a^2}}{x}+\ln|x+\sqrt{x^2-a^2}|+C$

103. $\displaystyle\int (x^2-a^2)^{3/2}\,dx=\frac{x}{8}(2x^2-5a^2)\sqrt{x^2-a^2}+\frac{3a^4}{8}\ln|x+\sqrt{x^2-a^2}|+C$

104. $\displaystyle\int \frac{1}{\sqrt{x^2-a^2}}dx=\ln|x+\sqrt{x^2-a^2}|+C=\cosh^{-1}\frac{x}{a}+C$

105. $\displaystyle\int \frac{x^2}{\sqrt{x^2-a^2}}dx=\frac{x}{2}\sqrt{x^2-a^2}+\frac{a^2}{2}\ln|x+\sqrt{x^2-a^2}|+C$

106. $\displaystyle\int \frac{1}{x^2\sqrt{x^2-a^2}}dx=\frac{\sqrt{x^2-a^2}}{a^2x}+C$

107. $\displaystyle\int \frac{1}{(x^2-a^2)^{3/2}}dx=-\frac{x}{a^2\sqrt{x^2-a^2}}+C$

## ■ $a+bx$ 형태의 적분

108. $\displaystyle\int \frac{x}{a+bx}\,dx=\frac{1}{b^2}(a+bx-a\ln|a+bx|)+C$

109. $\displaystyle\int \frac{x^2}{a+bx}\,dx=\frac{1}{b^3}\left[\frac{1}{2}(a+bx)^2-2a(a+bx)+a^2\ln|a+bx|\right]+C$

110. $\displaystyle\int \frac{x}{(a+bx)^2}\,dx=\frac{1}{b^2}\left(\frac{a}{a+bx}+\ln|a+bx|\right)+C$

111. $\displaystyle\int \frac{x}{(a+bx)^2}\,dx=\frac{1}{b^3}\left(a+bx-\frac{a^2}{a+bx}-2a\ln|a+bx|\right)+C$

112. $\displaystyle\int \frac{1}{x(a+bx)}dx=\frac{1}{a}\ln\left|\frac{x}{a+bx}\right|+C$

113. $\displaystyle\int \frac{1}{x^2(a+bx)}dx=-\frac{1}{ax}+\frac{b}{a^2}\ln\left|\frac{a+bx}{x}\right|+C$

114. $\displaystyle\int \frac{1}{x(a+bx)^2}dx=\frac{1}{a(a+bx)}+\frac{1}{a^2}\ln\left|\frac{x}{a+bx}\right|+C$

## ■ $\sqrt{a+bx}$ 형태의 적분

115. $\displaystyle\int x\sqrt{a+bx}\,dx=\frac{2}{15b^3}(3bx-2a)(a+bx)^{3/2}+C$

116. $\displaystyle\int x^n\sqrt{a+bx}\,dx=\frac{2x^n(a+bx)^{3/2}}{b(2n+3)}-\frac{2an}{b(2n+3)}\int x^{n-1}\sqrt{a+bx}\,dx$

117. $\displaystyle\int \frac{x}{\sqrt{a+bx}}\,dx = \frac{2}{3b^2}(bx-2a)\sqrt{a+bx}+C$

118. $\displaystyle\int \frac{x^n}{\sqrt{a+bx}}\,dx = \frac{2x^n\sqrt{a+bx}}{b(2n+1)} - \frac{2an}{b(2n+1)}\int \frac{x^{n-1}}{\sqrt{a+bx}}\,dx$

119. $\displaystyle\int \frac{1}{x\sqrt{a+bx}}\,dx = \begin{cases} \dfrac{1}{\sqrt{a}}\ln\left|\dfrac{\sqrt{a+bx}-\sqrt{a}}{\sqrt{a+bx}+\sqrt{a}}\right|+C & \text{if } a>0 \\ \dfrac{2}{\sqrt{-a}}\tan^{-1}\sqrt{\dfrac{a+bx}{-a}}+C & \text{if } a<0 \end{cases}$

120. $\displaystyle\int \frac{1}{x^n\sqrt{a+bx}}\,dx = -\frac{\sqrt{a+bx}}{a(n-1)x^{n-1}} - \frac{b(2n-3)}{2a(n-1)}\int \frac{1}{x^{n-1}\sqrt{a+bx}}\,dx$

121. $\displaystyle\int \frac{\sqrt{a+bx}}{x}\,dx = 2\sqrt{a+bx}+a\int \frac{1}{x\sqrt{a+bx}}\,dx$

122. $\displaystyle\int \frac{\sqrt{a+bx}}{x^n}\,dx = -\frac{(a+bx)^{3/2}}{a(n-1)x^{n-1}} - \frac{b(2n-5)}{2a(n-1)}\int \frac{\sqrt{a+bx}}{x^{n-1}}\,dx$

## ■ $\sqrt{2ax-x^2}$ 형태의 적분

123. $\displaystyle\int \sqrt{2ax-x^2}\,dx = \frac{x-a}{2}\sqrt{2ax-x^2}+\frac{a^2}{2}\cos^{-1}\left(\frac{1-x}{a}\right)+C$

124. $\displaystyle\int x\sqrt{2ax-x^2}\,dx = \frac{2x^2-ax-3a^2}{6}\sqrt{2ax-x^2}+\frac{a^3}{2}\cos^{-1}\left(1-\frac{x}{a}\right)+C$

125. $\displaystyle\int \frac{\sqrt{2ax-x^2}}{x}\,dx = \sqrt{2ax-x^2}+a\cos^{-1}\left(1-\frac{x}{a}\right)+C$

126. $\displaystyle\int \frac{\sqrt{2ax-x^2}}{x^2}\,dx = \frac{2\sqrt{2ax-x^2}}{x} - \cos^{-1}\left(1-\frac{x}{a}\right)+C$

127. $\displaystyle\int \frac{1}{\sqrt{2ax-x^2}}\,dx = \arccos\left(1-\frac{x}{a}\right)+C$

128. $\displaystyle\int \frac{x}{\sqrt{2ax-x^2}}\,dx = -\sqrt{2ax-x^2}+a\cos^{-1}\left(1-\frac{x}{a}\right)+C$

129. $\displaystyle\int \frac{x^2}{\sqrt{2ax-x^2}}\,dx = -\frac{x+3a}{2}\sqrt{2ax-x^2}+\frac{3a^2}{2}a\cos^{-1}\left(1-\frac{x}{a}\right)+C$

130. $\displaystyle\int \frac{1}{x\sqrt{2ax-x^2}}\,dx = -\frac{\sqrt{2ax-x^2}}{ax}+C$

131. $\displaystyle\int \frac{1}{(2ax-x^2)^{3/2}}\,dx = \frac{x-a}{a^2\sqrt{2ax-x^2}}+C$

# 찾아보기

**미분적분학(개정판)**

2019년 2월 28일 개정판 발행
2026년 2월 25일 재판 발행

저　자　**강동오 · 강명민 · 강병련 · 구남집 · 김학만**
**민성홍 · 박종서 · 박진해 · 신동수 · 안재현**
**오세권 · 오세영 · 이건희 · 이상훈 · 이윤희**
**주항연**(가나다순)
발행자　**신 동 수**
발행처　도서출판 **신 성**
주　소　서울시 동작구 흑석로6길 8
전　화　814-7655
팩　스　812-7109
등　록　1989년 10월 27일
등록번호　제14-85호
E-mail　putin9@hanmail.net
http://www.신성출판사.com

정가 35,000원　ISBN 978-89-6361-57-3 93410